Hearing Aids（Second Edition）

助听器
（第二版）

[澳]哈维·迪龙（Harvey Dillon）◎著

胡向阳◎主　译（审）

韩睿　龙墨◎副主译（审）

北 京

《助听器》（第二版）
著译者名单

作　者　哈维·迪龙（Harvey Dillon）
主　译　胡向阳
副主译　韩　睿　龙　墨
译　者　（按姓氏笔画排序）
　　　　王晓翠　申　敏　刘爱姝　刘　惠
　　　　李　炬　吴玺宏　陈　婧　梁　爽
　　　　梁　琦　蒋　涛　魏佩芳

审　校　胡向阳　韩　睿　龙　墨

译 者 序

2013年7月，我率队访问澳大利亚听力服务组织（Australian Hearing）时见到哈维·迪龙（Harvey Dillon）先生，当时听他讲《助听器》一书的第二版刚刚出版。我知道该书是全球公认的优质助听器专著，在国际听力学界享有极高声誉。于是，和Harvey Dillon先生谈了引进、翻译这本书的想法。之后，通过他帮助，中国聋儿康复研究中心（现已更名为"中国听力语言康复研究中心"，简称"中语康"）和华夏出版社一起与Boomerang出版社协商，达成了引进版权的协议。

《助听器》（第二版）共17章，涵盖了有关助听器的最新理论和实用知识，对助听器的基本构造、工作原理、信号处理技术以及助听器的预设、适应证选择、电声学性能和康复效果评估、故障处理等进行了全面、深入地介绍，并系统介绍了压缩、方向性麦克风、自适应降噪、移频、中耳植入等新技术和各类辅听设备、技术，是一本立足于最新实证研究的、极其严谨的、百科全书式的教科书和参考书，适合临床听力师、验配师及相关专业学生使用，也适合助听器研发人员和听力学研究者学习、参考。

提出引进、翻译《助听器》（第二版）的主要目的，一是把国际上有关助听器的最新文献介绍到国内，帮助国内不能阅读英文文献的同道能够阅读到权威的助听器著作；二是推动中语康进一步发挥国家级中心的作用，为国内听力学学科建设作出更多知识贡献。我有幸于2007年初到2015年初在中语康工作了8个年头，深感中语康在推动全国听力语言康复事业发展中承担着重要责任，主张用"国家级中心"的意识统领中语康的工作。我和同事们认为，国家级中心作为一个领域的"国家队"就要承担与自身定位相符的责任，有与自身定位相符的做事标准，作出与自身定位相符的贡献。我们认为，国家级中心不仅要靠组织、政策等优势发挥作用，更要成为本领域的知识中心、技术创新中心，要能站在技术进步前沿为行业发展贡献知识和技术成果。我们清醒地看到，经过近几十年的努力，我国听力学学科建设及现代听力语言康复事业发展从零起步，取得了长足进步，但至今，在专业服务水平和科学研究水平上距国际先进水准还有明显差距。在听力学及助听器研发等领域的人才培养、科学研究等方面，我们仍是跟随者、学习者，需要脚踏实地，付出长期艰苦的努力。大家能静心读一读《助听器》（第二版），就会对这一点有更清醒的认识。《助听器》（第二版）引用的文献多达1975条，涉及与助听器相关的声学、电子学、听力学等各研究领域，但其中基本没有来自中国的文献。这说明，至少在这本书出版之前，我们在这个领域的原创性贡献还极少，甚至基本没有。本书探讨问题的广度、深度也远非国内同类书籍、文章，甚至是部分研究性论文所能比。正因为如此，我和同事们认为我们有责任从最基础的事情做起，首先把本领域国际上最好的专业书籍和最新知识介绍给国内同行，我们有责任从一个知识"搬运者"做起，为国内听力学和听力语言康复事业发展作一些贡献！

本书的引进和翻译由我负责总体策划、组织，中语康的多名同事，还有北京大学信息科学技术学院等多个单位的老师、专家参与了本书的翻译、审校。承担各章翻译、审校的人员如下：前言，胡向阳；第1章，胡向阳；第2章，王晓翠；第3章，梁爽；第4章，李炬；第5章，刘惠；第6章，韩睿；第7章，吴玺宏、陈婧；第8章，吴玺宏、陈婧；第9章，梁爽；第10章，魏佩芳；第11章，韩睿；第12章，王晓翠；第13章，王晓翠；第14章，胡向阳；第15章，李炬；第16章，梁爽；第17章，李炬。我负责对全书的译稿、中文稿进行终审，韩睿协助我进行了全书审校，龙墨、吴玺宏、陈婧、李炬、梁爽、王晓翠、蒋涛、梁琦等参与了部分译稿的审校。刘爱姝、申敏协助我承担了译者及出版社联络工作，申敏同时参与了部分内容的翻译、审校。梁爽、刘惠协助我整理了全书词表。华夏出版社的张冬爽承担了全书编辑工作。在此，我向所有参与本书翻译、审校以及为本书引进、出版、发行作出贡献、提供帮助的全体同事和朋友表示真诚的感谢！我还要特别感谢 Harvey Dillon 先生，他不仅创作了该书，还对本书的引进给予了热情支持。他在书中引用文献之广、探讨问题之精微更为我们治学树立了很好的榜样！

由于本书涉及声学、电子学、听力学等多个学科的理论、实践知识，内容丰富，综合性极强，Harvey Dillon 先生在遣词造句方面又极为讲究，因此，翻译该书对译者是一个极大的挑战！本书的翻译始于 2014 年初，2015 年初我调离中语康。因工作环境、任务性质发生较大变化，翻译计划的推进受到了较大冲击。由于工作繁忙，此后两年，我只能利用业余时间断续进行翻译、审校，导致该书出版时间一再延宕。因为翻译、审校过程不连贯，一定程度上也造成了书中各章的翻译质量不太均衡，一些译法在全书中还不够统一。对此，我甚感愧疚。我真诚期盼各界读者不吝指教，坦诚指出书中存在的疏漏、错误，使我和同事们有机会在将来使其更加完善。

最后，我还要特别感谢我的夫人与女儿！没有她们的理解、支持，这些年，我无法坚持把这一辛苦的工作完成。在此，谨向所有曾与我在听力语言康复战线上并肩奋斗的同事们表达最诚挚的敬意和感谢！

胡向阳

2018 年 4 月 1 日

中 文 序

我非常感谢胡向阳博士和他的同事将我的著作《助听器》翻译成中文。我一直努力将听力师验配助听器所必须了解的所有知识收入该书，因此，我非常理解翻译这本书是一项艰巨的工作。当前，中国在许多专业领域取得了世界领先的地位，我真诚希望《助听器》的中文版能为中国在听力康复领域同样实现世界一流提供些许帮助。同时，我也期待分享中国的听力学研究成果！

哈维·迪龙 博士
澳大利亚国家听力学实验室 高级科学家
麦考瑞大学 教授

2018 年 7 月 28 日

Preface

I am very grateful to Dr. Hu for organising the translation of my book, as I know what a big job that is. I have tried to put in my book everything that a clinician needs to know to fit hearing aids. In so many areas of knowledge, China is achieving a world-leading position. I am humbled that a translation of my book may play some small part in making this true in hearing rehabilitation as well. In turn, I look forward to learning from the hearing research that is coming out of China.

Prof Harvey Dillon, PhD.

Senior Research Scientist, NAL
Professor, Macquarie University

Jul, 28, 2018

前　言

本书主要特点

　　本书汇总了有关助听器的各方面知识，可供听力师、学生和助听器开发者使用。我在写作过程中，努力将实用性与理论性统一，注重解释而不是描述问题，努力依据实证研究给出操作建议。对于实证研究不足的建议或结论，我在书中都给予了说明。

　　本书可以供各类读者使用。想简要了解某一专题的读者，可以阅读各章前的概要，其他读者可以进行深入阅读。为方便简要阅读的读者，我将概要部分用蓝框标出，在其中介绍了最基本的知识要点，读者可不用借助其他材料直接阅读、理解。概要部分包含了全书近一半的内容，实际上相当于本书的一个缩略版，有些专业课程可以只使用概要部分。除概要外，书的其他部分包含了更详尽的知识。在脚注中可以找到最详细的参考资料。书内的绿色框部分介绍的是理论知识，蓝色框部分介绍的是实用知识，粉色框部分则是相关内容的小结。

　　我在写作第二版时，与写作该书首版时一样，对于如何称呼因听力损失而就诊的听力障碍者，一直觉得是个难题。因为无论使用"患者"、"客户"、"消费者"，还是"顾客"等称呼，都会冒犯其中一部分人。也许，在不同场合选择使用不同的称呼更加合适。在评估一个人的听力时，可以称其为患者；在一个人考虑是购买更先进（昂贵），还是较基本的助听器时，可以称其为消费者；当一个人接受听力师指导，解决交流障碍问题时，可以称其为客户；当一个人权衡产品和服务是否划算时，可以称其为消费者。从听力障碍者的角度来看，听力师的服务态度与其提供的意见和服务同样重要。因此，重要的是听力师对听力障碍者的态度，而不是使用什么称呼，除非某种称呼影响了听力师的态度。本书十分重视以客户（患者）为中心的康复原则。为了与多数人的使用习惯和一项有关患者（在医院听力门诊就诊）对称呼偏好的调查结果（抽样存在偏性）保持一致[1302a]，我在书中大多采用了"患者"这一称呼。读者可以根据自己的判断选择使用不同的称呼。

第二版的主要修改

　　创作第二版时，我对第一版内容进行了全面审核。对其中部分内容只进行了很小的改动，而对有的内容改动较大。我在第二版中新增了一章专门介绍方向性麦克风和数字信号处理策略。各章的改动主要基于两方面考虑：

　　——过去十年，有无研究成果导致对某些问题的理解发生了变化，或者会导致临床实践的改变。

　　——助听产品（助听器、辅听装置、听力植入装置）有无听力师必须了解的技术进步。

　　如果在上述两个方面变化不大，那第一版的相应内容也就改动不大。过去十年的研究也许会强化第一版中的某些结论，也许会对某些结论提出挑战，根据这些情况，我在第二版中对有关内容进行了相应调整。对于书中所有依据有关研究得出的结论，我都尽量说明其确信程度。相对于第一版，我在第二版中对许多结论的确信程度进行了微调。在介绍某些结论时，我会使用"也许"或者"可能"等表述，说明这一结论的研究依据依然不足，还需要进行更多研究予以证实。

　　第二版的一个重要变化是对开放式验配进行了更多介绍。开放式耳模虽不是新技术，在第一版中也已进行过介绍，但由于近年来反馈啸叫抑制技术和细管式耳道配件得到了广泛应用，大量患者可以受益于开放式验配，因此，我在书中许多地方对开放式验配进行了介绍。

鸣谢

世界各地的大量朋友、专家都曾欣然阅读、点评过本书的部分章、节和一部分手稿，我对他们充满了感激。大家的帮助使本书可以将专著的优点（一致性与内部关联性）与合著的广度、宽度优势结合在一起（否则，读者会遇到很多麻烦）。在此，我谨向以下所有提供过帮助，审核或提供过有关资料的朋友们表示深深的感谢：哈维·艾布拉姆斯（Harvey Abrams）、艾丽斯·阿尔魏勒（Iris Arweiler）、马丁娜·贝拉诺瓦（Martina Bellanova）、弗吉尼亚·贝斯特（Virginia Best）、阿尔然·博斯曼（Arjan Bosman）、埃里克·博武（Eric Burwood）、彼得·巴斯比（Peter Busby）、沙伦·卡梅伦（Sharon Cameron）、西蒙·卡莱尔（Simon Carlile）、特雷莎·陈（Teresa Ching）、特里·启森（Terry Chisolm）、劳雷尔·克里斯坦森（Laurel Christensen）、辛西娅·康普顿（Cynthia Compton）、罗宾·考克斯（Robyn Cox）、欢平·戴（Huanping Dai）、奥利·迪伦德（Ole Dyrlund）、克里斯·英格利希（Kris English）、卡罗尔·弗莱克塞尔（Carol Flexer）、马克·弗林（Mark Flynn）、柯西·加德纳－贝里（Kirsy Gardner-Berry）、梅甘·格利佛（Megan Gilliver）、海伦·格里德（Helen Glyde）、戴维·哈特利（David Hartley）、海克·霍伊尔曼（Heike Heuermann）、路易丝·希克森（Louise Hickson）、拉里·休姆斯（Larry Humes）、厄尔·约翰逊（Earl Johnson）、迪尔克·朱尼厄斯（Dirk Junius）、吉特·凯瑟（Gitte Keidser）、艾利森·金（Alison King）、琳达·科兹马－斯潘德克（Linda Kozma-Spytek）、索菲娅·克雷默（Sophia Kramer）、弗朗西丝·库克（Frances Kuk）、阿里亚纳·拉普朗特－莱韦斯克（Ariane Laplante-Levesque）、斯蒂芬·劳纳（Stefan Launer）、当娜·刘易斯（Dawna Lewis）、布雷恩·穆尔（Brian Moore）、汉斯·马尔德（Hans Mulder）、凯文·芒罗（Kevin Munro）、格雷厄姆·内勒（Graham Naylor）、安娜·奥布赖恩（Anna O'Brien）、安·西丽·奥尔森（Unn Siri Olsen）、温迪·皮尔斯（Wendy Pearce）、雷纳·普拉茨（Rainer Platz）、戴维·普利维斯（David Preves）、亨宁·普德（Henning Puder）、加里·兰斯（Gary Rance）、贾森·里奇韦（Jason Ridgway）、加比·桑德斯（Gabi Saunders）、理查德·泽瓦尔德（Richard Seewald）、卡罗利娜·斯梅兹（Karolina Smeds）、保利娜·史密斯（Pauline Smith）、迈克尔·斯通（Michael Stone）、罗伯特·思维托（Robert Sweetow）、珍妮特·索伯恩（Janette Thorburn）、彼得·范赫尔文（Peter Van Gerwen）、安迪·冯兰唐（Andi Vonlanthen）、韦恩·威尔逊（Wayne Wilson）、贾斯廷·扎基斯（Justin Zakis）。本书还保留了一些在第一版中已采纳的其他一些同事的意见，在此，一并致谢。同时，我还要感谢本书的编辑史蒂文·班宁（Steven Banning）。书中所有疏漏都是我的责任，我非常欢迎读者提出宝贵意见。如您有任何意见、建议，可联系 publisher@Boomerangpress.com.au。

三十多年来，我一直在一所致力于用基于循证的临床技术为听力障碍者提供康复服务的专业机构工作。在这里，许多杰出的人士曾在研究或临床工作上给我以教育、启发，我在本书中的许多知识和观念正是受益于他们。其中，对我帮助最大的是丹尼斯·拜内（Denis Byrney）以及我最亲密的合作者特雷莎·陈和吉特·凯瑟。我特别感谢那些曾给过我指点、鼓励和友谊的国外的朋友们，他们是阿瑟·布思罗伊德（Arthur Boothroyd）、唐德克斯（Don Dirks）和哈里·莱维特（Harry Levitt）。斯图尔特·盖特豪斯（Stuart Gatehouse）去世后，我对他的思念与日俱增，他的睿智和贡献值得我永远缅怀。

最后，最重要的是，我要感谢我的夫人菲奥娜·麦卡斯基尔（Fiona Macaskill），没有她的支持这本书的第一版、第二版都不可能顺利面世。当我投入两个三年的时间写作这本书的第一版与第二版时，菲奥娜承担了照顾我们家庭的全部责任。另外，菲奥娜的临床专长帮助我对听力学有了更深的认识，我的点滴进步都离不开她的帮助。

致菲奥娜（Fiona）、路易莎（Louisa）和尼古拉斯（Nicholas），
感谢他们一直以来的耐心和理解。

目 录

第 1 章　基本概念 ·· 1
 1.1　听力障碍者面临的问题 ·· 2
  1.1.1　可听度减退 ··· 2
  1.1.2　动态范围缩小 ·· 2
  1.1.3　频率解析能力降低 ·· 3
  1.1.4　时域解析能力降低 ·· 4
  1.1.5　听力损失的生理原因 ··· 5
  1.1.6　综合缺陷 ·· 5
 1.2　声学测量 ·· 6
  1.2.1　基础物理量度 ·· 6
  1.2.2　线性放大与增益 ··· 8
  1.2.3　饱和声压级 ··· 8
  1.2.4　耦合腔与真耳 ·· 9
 1.3　助听器的类型 ··· 9
 1.4　发展历史 ·· 11
  1.4.1　声学时代 ··· 12
  1.4.2　碳晶时代 ··· 13
  1.4.3　真空管时代 ··· 13
  1.4.4　晶体管与集成电路时代 ·· 14
  1.4.5　数字时代 ··· 15
  1.4.6　无线时代 ··· 15

第 2 章　助听器元件 ·· 17
 2.1　方框图 ··· 18
 2.2　麦克风 ··· 19
  2.2.1　工作原理 ··· 19
  2.2.2　麦克风的频率响应曲线 ·· 20
  2.2.3　麦克风的缺点 ·· 20
  2.2.4　方向性麦克风 ·· 21
  2.2.5　麦克风的位置 ·· 23
 2.3　放大器 ··· 23
  2.3.1　放大技术 ··· 23
  2.3.2　削峰和失真 ··· 24
  2.3.3　压缩放大器 ··· 25
 2.4　数字电路 ·· 25
  2.4.1　模/数转换器 ·· 26

2.4.2	数字信号处理器	27
2.4.3	固定线路数字处理	28
2.4.4	通用运算数字处理	28
2.4.5	连续处理，单元处理，助听器时延	28
2.4.6	数/模转换器	30
2.4.7	数字助听器参数	30
2.4.8	数字助听器与模拟助听器比较	31

2.5 滤波器、音调控制器和滤波器结构 … 31
    2.5.1 滤波器 … 31
    2.5.2 音调控制器 … 32
    2.5.3 滤波器的结构 … 32
2.6 受话器 … 33
    2.6.1 工作原理 … 33
    2.6.2 受话器的频响 … 33
2.7 声阻尼器 … 34
2.8 电感线圈 … 35
2.9 音频输入 … 36
2.10 遥控器 … 36
2.11 骨导麦克风 … 37
2.12 电池 … 37
    2.12.1 工作原理 … 37
    2.12.2 工作电压 … 38
    2.12.3 电容量和体积 … 38
    2.12.4 充电电池 … 39
2.13 结语 … 39

第3章 助听器系统 … 40

3.1 定制助听器和通用助听器 … 41
    3.1.1 定制助听器 … 41
    3.1.2 通用助听器 … 41
    3.1.3 半通用与半定制助听器 … 42
    3.1.4 助听器的可靠性 … 42
3.2 双侧同步助听器 … 42
3.3 助听器编程 … 43
    3.3.1 编程器、中继设备与编程软件 … 43
    3.3.2 多记忆或多程序助听器 … 44
    3.3.3 配对比较 … 44
3.4 遥感与发射助听器系统 … 44
3.5 感应环路 … 45
    3.5.1 磁场均一性与方向性 … 46
    3.5.2 磁场强度 … 47
    3.5.3 线圈频响 … 47
3.6 射频发射 … 49
    3.6.1 调频 … 50

3.6.2　数字调制技术 ……………………………………………………………… 51
　　　3.6.3　与助听器耦合 ………………………………………………………………… 52
　　　3.6.4　无线麦克风与助听器麦克风联合使用 ……………………………………… 52
　3.7　红外线发射 …………………………………………………………………………… 55
　3.8　教室声场放大 ………………………………………………………………………… 55
　3.9　磁感应线圈系统、无线调频系统、红外线发射系统和声场放大系统利弊比较 ……… 57
　3.10　辅听设备 ……………………………………………………………………………… 58
　3.11　与其他设备的连接和整合 …………………………………………………………… 59
　　　3.11.1　助听器外接电子设备 ………………………………………………………… 59
　　　3.11.2　整合 …………………………………………………………………………… 60
　　　3.11.3　手机和助听器间的干扰 ……………………………………………………… 62
　3.12　结语 …………………………………………………………………………………… 63

第 4 章　电声性能与测量 …………………………………………………………………… 64
　4.1　用耦合腔和耳模拟器测量助听器 …………………………………………………… 65
　　　4.1.1　耦合腔和耳模拟器 …………………………………………………………… 65
　　　4.1.2　测试箱 ………………………………………………………………………… 67
　　　4.1.3　测试信号 ……………………………………………………………………… 69
　　　4.1.4　增益频率响应与饱和声压级频率响应 ……………………………………… 70
　　　4.1.5　输入 – 输出函数 ……………………………………………………………… 71
　　　4.1.6　失真 …………………………………………………………………………… 72
　　　4.1.7　内部噪声 ……………………………………………………………………… 74
　　　4.1.8　磁感应 ………………………………………………………………………… 74
　　　4.1.9　ANSI、ISO 和 IEC 标准 ……………………………………………………… 75
　4.2　真耳耦合腔差值（RECD）…………………………………………………………… 76
　　　4.2.1　影响 RECD 的因素 …………………………………………………………… 77
　　　4.2.2　RECD 的测量 ………………………………………………………………… 78
　　　4.2.3　RECD 和 REDD ……………………………………………………………… 80
　4.3　真耳助听增益 ………………………………………………………………………… 80
　　　4.3.1　REAG 测量时探针放置的位置 ……………………………………………… 81
　　　4.3.2　REAG、耦合腔增益和耳模拟器增益的关系 ……………………………… 83
　　　4.3.3　找出错误的助听测量 ………………………………………………………… 84
　4.4　插入增益 ……………………………………………………………………………… 85
　　　4.4.1　测量插入增益时放置探针的位置 …………………………………………… 86
　　　4.4.2　插入增益、耦合腔增益和耳模拟器增益的关系 …………………………… 86
　　　4.4.3　发现插入增益测量的错误 …………………………………………………… 88
　　　4.4.4　插入增益测量的精确性 ……………………………………………………… 88
　4.5　在真耳测试中的实际问题 …………………………………………………………… 89
　　　4.5.1　探针的校准 …………………………………………………………………… 89
　　　4.5.2　控制麦克风 …………………………………………………………………… 89
　　　4.5.3　耵聍的影响 …………………………………………………………………… 90
　　　4.5.4　背景噪声的污染 ……………………………………………………………… 90
　　　4.5.5　助听器饱和 …………………………………………………………………… 90
　　　4.5.6　扬声器指向 …………………………………………………………………… 91

		4.5.7 测试信号的特征	91
	4.6	助听听阈测试和功能增益	93
	4.7	助听器反馈	94
		4.7.1 反馈机制	94
		4.7.2 反馈对音质的影响	95
		4.7.3 探针测量和反馈	95
	4.8	检修故障助听器	96
	4.9	结语	100
第 5 章	助听器耳模、定制机机壳及耦合系统		101
	5.1	耳模、定制机机壳及式样	103
		5.1.1 BTE 耳模的种类	104
		5.1.2 ITE、ITC 和 CIC 机壳的式样	106
	5.2	耳模、定制机机壳和耳道配件的声学概述	107
	5.3	通气孔	107
		5.3.1 通气孔对助听器增益和 OSPL90 的影响	108
		5.3.2 通气和堵耳效应	112
		5.3.3 通气孔和漏声对反馈啸叫的影响	115
		5.3.4 通气孔与数字信号处理技术的关系	117
		5.3.5 平行通气孔与 Y 形（或斜形）通气孔	117
		5.3.6 开放耳道式配件小结	118
	5.4	声孔：导声管，号角，反号角	119
		5.4.1 声学号角及反号角	119
		5.4.2 导声管插入深度	122
	5.5	阻尼器	123
	5.6	特定的导声管、阻尼器和通气孔配置	124
	5.7	选择耳模及定制机机壳声学性能的程序	124
	5.8	耳印	126
		5.8.1 标准取耳印技术	126
		5.8.2 CIC 助听器及高增益助听器的耳印技术	127
		5.8.3 耳印材料	129
	5.9	耳模及定制机机壳	130
		5.9.1 耳模及定制机机壳的制作	130
		5.9.2 耳模及定制机机壳的材料	130
		5.9.3 速成耳模及助听器	132
		5.9.4 修改及修理耳模和定制机机壳	133
	5.10	结语	134
第 6 章	压缩技术在助听器中的应用		135
	6.1	压缩的主要作用：缩小信号的动态范围	136
	6.2	压缩器的基本特征	137
		6.2.1 动态压缩特性：启动和释放时间	137
		6.2.2 静态压缩特征	140
		6.2.3 输入和输出控制	141

	6.2.4	多通道压缩	142
6.3	压缩应用原理	143
	6.3.1	避免不适、失真和损害	143
	6.3.2	减少音节和音素间的强度差异	143
	6.3.3	减少长时声级中的差异	145
	6.3.4	增加声音舒适性	146
	6.3.5	响度正常化	146
	6.3.6	改善可懂度	148
	6.3.7	减少噪声	148
	6.3.8	经验方法	150
6.4	助听器的压缩器组合	151
6.5	不同压缩技术的利弊	151
	6.5.1	线性放大的压缩	151
	6.5.2	多通道相对单通道压缩的优势	154
	6.5.3	慢速与快速压缩	155
6.6	结语	156

第 7 章 方向性麦克风及阵列 — 157

7.1	方向性麦克风技术	158
	7.1.1	一阶减法方向性麦克风	158
	7.1.2	加法方向性麦克风阵列	162
	7.1.3	复杂定向阵列	163
	7.1.4	双侧方向性	168
7.2	方向性的量化	170
	7.2.1	二维和三维方向指数	170
	7.2.2	清晰度方向指数	172
7.3	方向性效果	173
	7.3.1	聆听环境的影响	173
	7.3.2	客观临床效果与实际生活中的自我报告效果	175
	7.3.3	方向性与其他技术的交互	176
	7.3.4	方向性的不足	176
	7.3.5	方向性麦克风的适用者	177
	7.3.6	方向性麦克风的临床评价	177
7.4	结语	178

第 8 章 高级信号处理策略 — 179

8.1	自适应降噪	180
	8.1.1	自适应降噪技术	180
	8.1.2	自适应降噪的优点	184
	8.1.3	脉冲噪声抑制	185
8.2	反馈抑制	185
	8.2.1	通过增益 – 频率响应控制进行反馈抑制	185
	8.2.2	通过相位控制减少反馈	186
	8.2.3	通过反馈消除通道抑制反馈	187

	8.2.4	通过频移的反馈抑制	188
	8.2.5	组合的反馈抑制系统	189
8.3	频率下移	189
	8.3.1	频率下移规则	189
	8.3.2	频率下移技术	190
	8.3.3	商用的频率下移方案	192
	8.3.4	频率下移、言语可懂度和适用者	192
8.4	言语线索增强	193
8.5	其他信号处理方案	195
8.6	结语	199

第 9 章　助听器适用者评估　201

9.1	影响可否助听的因素		203
	9.1.1	态度和动机	203
	9.1.2	纯音听力损失程度和听力图构型	206
	9.1.3	言语识别能力	208
	9.1.4	听力残疾的自我评价	208
	9.1.5	噪声接受能力	209
	9.1.6	聆听环境、聆听需求及期望值	210
	9.1.7	对外观的担心	212
	9.1.8	操作与使用	213
	9.1.9	年龄	214
	9.1.10	性格特征	214
	9.1.11	听觉中枢处理障碍	215
	9.1.12	耳鸣	216
	9.1.13	综合因素	216
	9.1.14	举例：如何给拒绝助听器的患者提供咨询	216
9.2	极重度听力损失的助听		220
	9.2.1	言语识别能力差	220
	9.2.2	助听器还是人工耳蜗？	221
	9.2.3	助听器与人工耳蜗：双模式与混合 / 声电联合刺激	222
	9.2.4	助听器还是触觉助听器？	224
9.3	助听器验配的禁忌证	225
9.4	结语	225

第 10 章　助听器的预设　226

10.1	预设法相关概念及简史		227
10.2	针对线性助听器的增益和频率响应的预设		229
	10.2.1	POGO	229
	10.2.2	NAL	230
	10.2.3	DSL	231
	10.2.4	举例和比较：POGO II，NAL-RP 和 DSL	233
10.3	预设中的难点问题		235
	10.3.1	增益和频率响应的习服与适应	235

目录

- 10.3.2 响度偏好 ... 236
- 10.3.3 死区 ... 236
- 10.3.4 重度听力损失、有效可听度和高频放大 ... 238
- 10.3.5 规定压缩阈 ... 241
- 10.3.6 对预设准确性的要求 ... 242
- 10.4 非线性助听器的增益、频率响应和输入 – 输出功能 ... 243
  - 10.4.1 LGOB ... 243
  - 10.4.2 IHAFF/Contour ... 243
  - 10.4.3 ScalAdapt ... 244
  - 10.4.4 FIG6 ... 245
  - 10.4.5 DSL [i/o] 和 DSLm [i/o] ... 246
  - 10.4.6 NAL-NL1 和 NAL-NL2 ... 247
  - 10.4.7 CAMREST、CAMEQ 和 CAMEQ2-HF ... 249
  - 10.4.8 公式比较 ... 249
- 10.5 关于传导性和混合性听力损失的考虑 ... 252
- 10.6 为多记忆助听器选择选项 ... 253
  - 10.6.1 音乐程序 ... 254
  - 10.6.2 多记忆助听器的适用者 ... 255
- 10.7 OSPL90 的预设 ... 255
  - 10.7.1 一般原则：避免不适、损坏和失真 ... 256
  - 10.7.2 限制的类型：压缩或削峰 ... 256
  - 10.7.3 OSPL90 预设程序 ... 256
  - 10.7.4 预设不同频率的 OSPL90 ... 259
  - 10.7.5 非线性助听器的 OSPL90 ... 261
  - 10.7.6 传导性和混合性听力损失的 OSPL90 ... 262
- 10.8 过度放大和继发性听力损失 ... 263
- 10.9 结语 ... 264

第 11 章 选择、调整和验证助听器 ... 267

- 11.1 助听器种类的选择：CIC、ITC、ITE、BTE、眼镜式和盒式 ... 268
- 11.2 助听器性能的选择 ... 272
- 11.3 助听器的选择与调整 ... 275
- 11.4 个体耳朵大小及形状对耦合腔预设程序的影响 ... 277
- 11.5 验证并获得预设的真耳响应 ... 278
- 11.6 验证信号处理功能 ... 279
- 11.7 评估和精细调节 OSPL90 ... 279
- 11.8 结语 ... 281

第 12 章 解决问题和精细调节 ... 282

- 12.1 解决常见问题 ... 283
  - 12.1.1 操作困难 ... 283
  - 12.1.2 耳模（壳）不舒服 ... 284
  - 12.1.3 耳模（壳）稳固性差 ... 284
  - 12.1.4 自话音的质量和堵耳效应 ... 284

		12.1.5 反馈啸叫	285
		12.1.6 音质	286
		12.1.7 噪声、清晰度和响度	288
	12.2	系统的精细调节流程	290
		12.2.1 配对比较	291
		12.2.2 音质绝对分级	292
		12.2.3 用配对比较进行系统选择	292
		12.2.4 通过配对比较进行参数的适应性调整	294
		12.2.5 通过音质绝对分级进行适应性调节	295
		12.2.6 使用多程序或可训练助听器在家精细调节助听器	296
	12.3	结语	296

第13章 助听器佩戴者的患者教育和咨询 … 298

13.1	了解听力损失	299
13.2	选用助听器	300
13.3	使用助听器	302
13.4	适应新的声音和助听器	302
13.5	助听器保养	303
13.6	聆听策略	306
	13.6.1 观察说话者或周围环境	307
	13.6.2 调整交流方式	307
	13.6.3 调整环境	309
	13.6.4 教授聆听策略	310
13.7	动员家人和朋友	310
13.8	听觉训练	312
13.9	以计算机为基础的家庭听觉训练	313
13.10	避免助听器造成听力损失	313
13.11	辅听设备	313
13.12	咨询支持	314
13.13	接触不同个性的患者	314
13.14	合理安排门诊	316
	13.14.1 门诊评估	316
	13.14.2 验配门诊	317
	13.14.3 随访门诊	317
	13.14.4 小组的力量	318
13.15	结语	320

第14章 听力康复效果评估 … 322

14.1	效果的分类	323
14.2	言语理解测试	323
	14.2.1 言语测试的局限性	324
	14.2.2 言语测试在效果评估中的作用	325
14.3	自我评价问卷	325
	14.3.1 问卷理论	325

	14.3.2 实用自我评价方法	328
14.4	满足需要和目标	330
14.5	使用情况、故障、满意度评估	334
14.6	国际助听器效果问卷	337
14.7	效果的时间性	338
14.8	听力损失与助听器对健康相关生活质量的影响	340
	14.8.1 听力损失对健康相关生活质量的影响	340
	14.8.2 助听器对健康相关生活质量的影响	341
14.9	结语	342

第 15 章　双耳和双侧助听器验配的思考　345

15.1	双耳定位的作用	346
	15.1.1 健听人的定位线索	346
	15.1.2 听力障碍对定位的影响	349
15.2	双耳察觉和识别	350
	15.2.1 头部的衍射效应	350
	15.2.2 双耳静噪	351
	15.2.3 双耳冗余	353
	15.2.4 双耳响度累加	353
15.3	双侧验配的优势	354
	15.3.1 言语可懂度	354
	15.3.2 定位	356
	15.3.3 音质	359
	15.3.4 避免迟发性听觉剥夺	359
	15.3.5 耳鸣的抑制	360
	15.3.6 其他方面的优势	360
15.4	双侧验配的劣势	361
	15.4.1 费用	361
	15.4.2 双耳干扰	361
	15.4.3 自我印象	363
	15.4.4 其他方面的劣势	363
15.5	双侧优势的测试	363
	15.5.1 单侧条件下选择参考耳的偏差	364
	15.5.2 用言语测听评估双侧的敏感度	365
	15.5.3 言语测试在评估双侧优势中的作用	365
	15.5.4 定位测试	366
15.6	不对称听力损失的验配	367
	15.6.1 不对称听力损失的双侧和单侧验配	367
	15.6.2 好耳与差耳的单侧验配	368
	15.6.3 替代选择：FM 和 CROS	370
15.7	决定双侧和单侧验配	370
15.8	双侧和单侧验配对电声预设的影响	373
15.9	结语	374

第 16 章　儿童验配助听器的特殊问题 ··· 375

- 16.1 听觉经验，听觉剥夺，以及助听器验配适应证 ··· 376
  - 16.1.1 双耳刺激 ··· 376
  - 16.1.2 单侧听力损失 ··· 376
  - 16.1.3 轻微听力损失 ··· 378
  - 16.1.4 人工耳蜗植入 ··· 378
  - 16.1.5 听神经病谱系障碍 ··· 379
- 16.2 听力损失评估 ··· 380
  - 16.2.1 频率特异性评估与分耳测听 ··· 380
  - 16.2.2 小耳道与校准问题 ··· 381
  - 16.2.3 听觉处理障碍 ··· 382
  - 16.2.4 评估中的其他问题 ··· 382
- 16.3 助听器类型与耳模类型 ··· 382
  - 16.3.1 助听器类型 ··· 382
  - 16.3.2 耳模类型 ··· 383
- 16.4 儿童助听器的预设 ··· 384
  - 16.4.1 言语识别能力与放大需求 ··· 384
  - 16.4.2 以阈值为基础 VS 以响度为基础的验配过程 ··· 387
  - 16.4.3 适用于小耳道的方法 ··· 387
  - 16.4.4 信号处理特性 ··· 390
  - 16.4.5 辅听设备 ··· 394
- 16.5 真耳效果验证 ··· 394
- 16.6 助听效果评估 ··· 395
  - 16.6.1 言语测听 ··· 395
  - 16.6.2 配对比较 ··· 396
  - 16.6.3 不舒适评价 ··· 396
  - 16.6.4 主观问卷评估 ··· 398
  - 16.6.5 清晰度指数（AI）或言语可懂度指数（SII） ··· 399
  - 16.6.6 诱发皮质反应 ··· 400
  - 16.6.7 言语生成和语言获得 ··· 402
- 16.7 帮助家长 ··· 403
- 16.8 听力康复目标 ··· 405
  - 16.8.1 婴儿的康复目标和策略 ··· 405
  - 16.8.2 幼儿的康复目标和方法 ··· 406
  - 16.8.3 学龄前儿童的康复目标和方法 ··· 406
  - 16.8.4 小学段患儿的康复目标和方法 ··· 406
- 16.9 青少年患者及其对美观的顾虑 ··· 407
- 16.10 安全问题 ··· 407
- 16.11 结语 ··· 408

第 17 章　信号对传、骨导和植入式助听器 ··· 409

- 17.1 CROS 助听器 ··· 410
  - 17.1.1 简易 CROS 助听器 ··· 410
  - 17.1.2 双侧 CROS（BICROS）助听器 ··· 412

		17.1.3	立体声 CROS（CRIS-CROS）助听器	413
		17.1.4	经颅 CROS 助听器	414
17.2	骨导助听器			415
		17.2.1	骨导助听器的应用	415
		17.2.2	骨导助听器的输出能力	415
		17.2.3	预设、调节和验证骨导助听器的电声特性	416
		17.2.4	骨导助听器的缺点	418
17.3	骨锚式助听器			418
		17.3.1	针对单侧传导性或混合性听力损失的 BAHA	420
		17.3.2	针对双耳传导性或混合性听力损失的双侧 BAHA	420
		17.3.3	针对单侧感音神经性听力损失的 BAHA	421
		17.3.4	使用 BAHA 的并发症	421
17.4	中耳植入式助听器			421
		17.4.1	输出换能器	422
		17.4.2	麦克风	423
		17.4.3	完整的系统	423
		17.4.4	适应证和益处	425
		17.4.5	中耳植入的并发症	426
17.5	结语			426

参考文献 428

术语及索引 488

第 1 章
基本概念

概 要

助听器可以部分克服听力损失带来的问题。感音神经性听力损失造成多方面问题，导致有些声音听不到，有些声音虽可以察知，但由于只能听到部分频率，所以难以准确识别。感音神经性听力损失者的听阈范围，即能听到的最小声音和能忍受的最大声音间的范围比正常人小，需要助听器对较小的声音进行更多放大。另外，感音神经性听力损失会损害在同时存在其他频率信号时，人察知、分析特定频率信号的能力。听力损失者聆听前后连贯的不同信号的能力会降低。听力损失者根据声音传入方向分辨声音的能力也会降低。解析能力（频率、时域、空间）的降低意味着噪声，甚至言语频谱中的其他部分会对听力损失者听到的言语进行更多掩蔽。

感音神经性听力损失的生理病变包括内毛细胞或外毛细胞功能减退、耳蜗内电位降低、耳蜗力学性能改变等。上述变化造成的听力缺陷意味着感音神经性听力损失者需要有比健听人更高的信噪比才能有效交流。即使在使用助听器时，情况同样如此。相对而言，传导性听力损失仅减弱通过中耳的声音，因此通过助听器放大，传导性听力损失者基本能够恢复正常听力。

为了更好地理解助听器的工作原理，首先需要了解声音的物理特性。声音的物理特性包括：频率、周期、波长、衍射、声压、频谱、频带、速率和阻抗。

助听器的放大器可分为线性与非线性。线性放大器无论输入信号大小或有无其他声音都会对输入的特定频率的声音进行等量放大。非线性放大器则根据输入信号的大小进行不同的放大。放大程度可以用频率–增益图表示（增益频率响应），也可用输入强度–输出水平图表示（输入–输出曲线）。助听器的最大声输出水平为饱和声压级（SSPL）。饱和声压级一般通过测量声输入强度为 90dB SPL 时的声输出压（OSPL90）进行测定。助听器的声输出可以在人的耳道内测量，也可以在小型耦合腔或容积接近人耳大小的模拟器中测量。

助听器可根据佩戴部位进行分类。按照体积从大到小依次为：盒式、眼镜式、耳背式、耳内式、耳道式、深耳道式。耳背式助听器又可根据受话器（输出转换器）是在助听器内，还是在耳道内进行划分。

助听器一直在向小型化方向发展。助听器的发展可划分为六个阶段：声学时代、碳晶时代、真空管时代、晶体管时代、数字化时代和无线时代。在刚刚开启的无线传输时代，助听器将获得比以往任何时代更加显著的进步。

助听器可以帮助听力障碍者克服困难，提高生活质量。为更好地理解助听器的作用和局限，我们简要回顾一下发生听力损失时，听觉能力是如何减退的。

1.1 听力障碍者面临的问题

听力损失会造成多重的听觉能力损失。以下是感音神经性听力损失（*sensorineural hearing loss*）的常见表现。

1.1.1 可听度减退

听力障碍者可能完全听不到某些声音。对于重度或极重度的听力障碍者，除非近距离冲他们大喊，否则可能听不到任何言语。轻度或中度的听力障碍者很可能只会听到部分声音，对某些轻柔的音素，[①] 通常是辅音，可能完全听不到。譬如，"i, e, a, ar"四个音出自"pick the black harp"，但很可能被听成"kick the cat hard"。为了听到声音，必须对其进行放大，这正是助听器的作用。

由于听不到某些音素中的成分，听力障碍者在理解言语上也会存在困难。为了识别言语，听觉系统需要确认哪个频率中包含的能量最大。譬如元音"oo"与"ee"的区别如图 1.1 所示，主要是第二共振峰（*the second formant*）的位置不同。如果听力损失如图 1.1 阴影部分所示，所有 700Hz 以上的频率都听不到，则两个元音难以分辨。虽然两个元音都能被察知，但由于其第一共振峰相同，两个音可能被听成是同一个音。

言语中的高频部分比低频部分能量弱。[227] 约 90% 的听力障碍成人和 75% 的听力障碍儿童的听损程度从 500Hz 到 4kHz 逐渐加重。[1113] 因此，听力障碍者通常会丢掉高频信息。由于言语响度主要来自低频部分，即使在没有听懂的情况下，听力障碍者也经常意识不到自己没有听到全部言语。听力障碍者经常会说"他说话声音大，但不清楚"，"就怕别人说话嘟哝"。

为了克服上述问题，助听器需要对言语中包含较低能量的那部分频率，即听力损失较严重的那部分频率进行更多放大（通常是高频部分）。助听器能为不同频率成分提供不同的增益。多年来，选择助

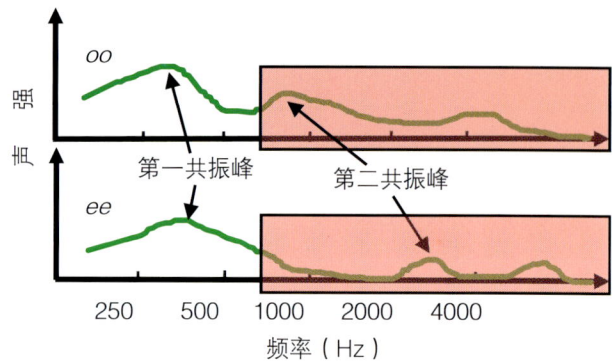

图 1.1 当听力损失导致第二个共振峰（粉色区域）无法听到时，元音 oo 和 ee 基本相同。

听器的主要考虑就是选择和调整各频率的增益。这一目标可以通过选择适当类型的助听器并合理调节音调控制来实现。

1.1.2 动态范围缩小

如前所述，仅通过放大，就能听到细微的声音。但遗憾的是，如果按照细微声音可以被听到的放大量来放大所有声音就会出现问题。感音神经性听力损失对听阈的升高显著高于对响度不适阈（*threshold of loudness discomfort*）的升高。[1695] 事实上，对于轻度和部分中度听力损失者，即使听阈提高了 50dB，[846, 1393, 1579] 响度不适阈的变化也可能微乎其微。由于感音神经性听力损失者的听力动态范围（*dynamic range*）（不适阈高于听阈的量）小于健听人，因此，在每当声音强度升高时都会使听力障碍者比健听人感受到更多的响度提升。[716] 这一现象被称作重振（*recruitment*）。

听力动态范围缩小的现象如图 1.2 所示。对于健听人 Norm 来说，环境中的各类声音都处在其听阈和他能忍受的最大响度之间（图中的白色部分），而对于感音神经性听力损失者 Sam 来说，环境中的部分声音超出了其听力动态范围。图中（b）表示在没有放大的情况下，Sam 将听不到轻度和中度音量的声音。图中（c）表示当最小声音放大到可以听到时，中度和较大的声音就会超出 Sam 的可忍受范围。要想环境中的声音都处在 Sam 的听力动态范围内，助听器就必须对小的声音（比对大的声音）进行更多地放大。这种把环境中较大动态范围的声音压缩成助听器较小范围输出的技术叫作压缩（*compression*）。事实上，压缩器就是一个能够在声音变大时自动调

[①] 音素是言语的基本声音单位，如单个的辅音或元音。

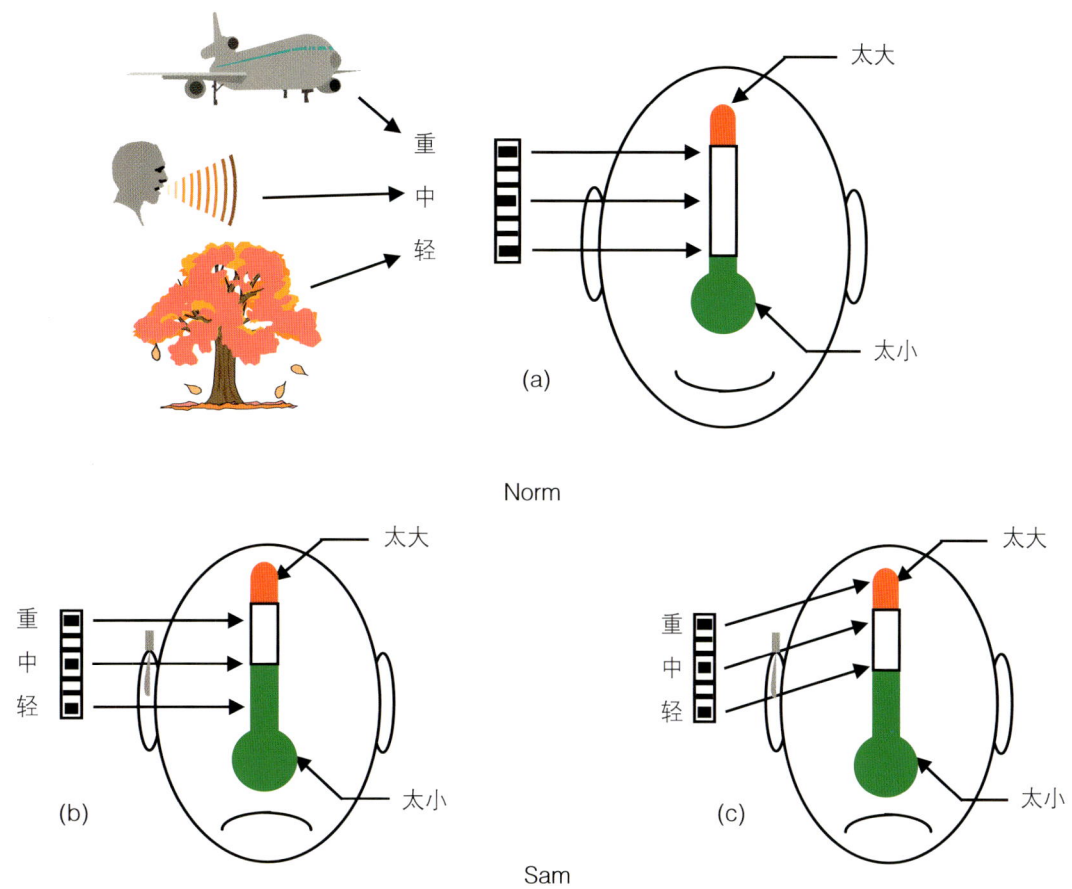

图 1.2　环境中声音的动态范围与人听力动态范围的关系：(a) 健听人，(b) 未佩戴助听器的感音神经性听力损失者，(c) 对所有输入强度声音进行等量放大的感音神经性听力损失者。

低放大量的放大器。

助听器能很好地压缩信号的动态范围，压缩技术有多种应用方法。在本书第 6 章和第 10 章可以看到，尽管我们还不能确定最好的动态压缩方法，但确实已有多种方案可供选择。

1.1.3　频率解析能力降低

感音神经性听力损失者面临的另外一个困难是区分不同频率的声音。耳蜗内不同的部位对应不同的频率。窄带声音（能量集中在极小频率范围的声音）可以在正常耳蜗基底膜上引出一个清晰的振动相对强烈的区域，进而在听觉皮质激活清晰明确的功能区。在复杂的言语中，每个包含声音主要能量的频率区域都会在耳蜗内激活一个狭窄、清晰的功能区。

如果背景噪声中包含的某个频率与言语中某个成分的频率非常接近，健耳可以很好地把不同信号传递给大脑，每个信号对应着耳蜗中不同的功能区。

然后，大脑能够分析所获得的所有频谱信息，以及视觉信息（如，读唇的信息）、声源方向信息（通过比较两只耳接收的声音）、上下文的信息（对于语音尤其重要）。利用以上所有信息，大脑就可以部分忽略噪声引起的冲动，仅解码目标言语引起的冲动。只要能将一定强度的言语成分与噪声在频率上区分清楚，人耳就具备足够精确的**频率解析（*frequency resolution*）**或**频率选择能力（*frequency selectivity*）**，以帮助大脑将语音从噪声中分离。①

感音神经性听力损失者的频率解析能力会降低。外毛细胞一般会增强耳蜗对特定频率的敏感性，耳蜗的相应部位已对这些频率调谐。当外毛细胞失去放大能力时，耳蜗就会部分失去频率选择能力。心理声学将这一现象表示为**迎合掩蔽曲线（*flatter masking curves*）**和**调谐曲线（*tuning curves*）**。[1969] 这

---

① 健听人对两种频率的声音进行分别处理，最低要求是其间隔必须大于一个临界带宽（在 1.2.1 中有释义）。

一缺陷造成的影响是当言语成分的频率和噪声的频率虽不同但又非常接近时，耳蜗将只有一个宽泛的功能区兴奋。因而，大脑也就无法将言语信号从噪声中分离。

如图 1.3 所示，在（a）中，正常耳蜗向大脑传送的信息是 1000Hz 附近的两束不同能量。其中，一束能量可能来自聆听者的谈话对象，另一束能量可能来自起干扰作用的声音。不同的是，受损耳蜗向大脑传递的信息仅有一组 1000Hz 左右的能量。因此，大脑无法分辨言语和噪声。

频率解析能力降低将直接损害言语理解力，即使没有噪声时，情况依然如此。如果频率解析能力严重受损，言语中能量较强的低频成分（如，第一共振峰）可能掩蔽能量较弱的高频成分（如，第二和更高的共振峰，以及声道中发出的高频摩擦音），这一现象被称为**向上掩蔽**（*upward spread of masking*）。[387, 1146] 在由噪声造成听力损失的猫身上，这一现象非常明显。在正常情况下，仅对第二共振峰发生同步反应的神经纤维会被其他谐波的波形，特别是能量较强的第一共振峰俘获。[1194] 随着听力损失加重，频率解析能力和言语理解力的损害都将加重。人为损害的频率选择能力对高频的影响更甚于低频。[1102] 验配较好的助听器可以通过防止言语在特定频率上过强，从而有效减少向上和向下的掩蔽。

频率解析能力降低之所以影响严重还有另外一个原因。即使是健听人，其对强音的解析能力也会低于对弱音的解析能力，听力障碍者，尤其是重度、极重度听力损失者，为了听清声音必须加大音量。这样，他们分辨声音的困难就会一部分来自耳蜗受损，而另一部分则是因为必须聆听放大的声音。[484]

关于频率解析能力降低对言语理解力的影响程度还有争论。很显然，随着听力损失加重，频率解析能力会逐步降低。轻度和部分中度听力损失者言语可懂度的下降很可能主要由可听度降低引起（即部分言语低于听阈）。而对重度、极重度听力损失者和部分中度听力损失者来说，频率解析能力的降低很可能也是重要原因。[624] 因为，对他们而言，言语可懂度的下降程度很难完全用可听度的降低来解释。[293]

同一频率范围的言语和噪声从同一方向进入助听器混合后，助听器尚无法对其进行区分以有效提升可懂度。目前所有助听器针对频率解析能力降低而采取的主要措施包括：

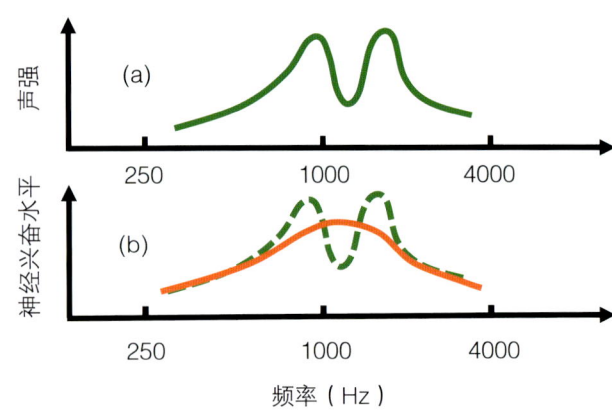

图 1.3 （a）频谱图，（b）健听人（绿色虚线）和感音神经性听力损失者（红色实线）听觉系统中可能的表征。

· 通过远距离拾取信号并传递给助听器以防止噪声传入助听器（请参阅第 3 章 3.4～3.11）；

· 使用方向性麦克风强化从特定方向传来的目标信号和（或）部分压制从其他方向传来的非目标信号（请参阅第 2 章 2.2.4 和第 7 章）；

· 对不同频率提供差异化增益以保证言语和噪声的低频成分不会掩蔽言语的高频成分（请参阅第 10 章 10.2 和 10.4），并且确保噪声所在频率部分不会高于言语所在频率部分（请参阅第 8 章 8.2）。

1.1.4　时域解析能力降低

时域解析能力（*temporal resolution*）是一个非常宽泛的用词。首先，强音会掩蔽紧邻其前或其后的弱音。这种**时域掩蔽**（*temporal masking*）现象在感音神经性听力损失者身上比在健听人身上表现得更明显，[388, 1970] 并且能够损害言语可懂度。[624] 时域掩蔽现象的加重可能是由于受损耳蜗难以像正常耳蜗一样，在掩蔽信号停止后又恢复敏感度。[1372]

现实生活中的许多背景噪声波动会很迅速，健听人可以在背景噪声变弱的间隙获取有用的信息片段。这一现象被称作**间隙性听取**（*listening in the gaps*）。听力障碍者，特别是老年听力障碍者，部分丧失了在掩蔽噪声的间歇期听取的能力。[177, 492, 540, 791, 1403, 1435] 随着听力损失加重，在较强掩蔽噪声的短暂间歇中听取弱音的能力会逐渐降低。[293] 间隙性听取能力降低的原因部分是由于即使是健听人在信噪比提高时也会丧失部分间隙性听取的能力，而听力障碍者要想理解言语又必须有较高的信噪比。[119]

时域解析能力的另外一个重要方面是利用耳蜗

基底膜上各处存在的波形周期变化时序中所包含的信息的能力。波形周期变化的时序被称为波形的**时域精细结构**（*temporal fine structure*），对时域精细结构利用能力较弱的人，在掩蔽噪声中理解言语的能力也较差。[1077] 对时域精细结构利用能力的降低可能是由于神经放电定时精度的降低。无论生理原因是什么，损害波形的精细结构——或者是因为波形抖动，或者是因为发生正弦波替代以保持波谱的整体形态，[761] 都会造成噪声中言语可懂度的降低。

助听器只能有限补偿时域解析能力的降低。快速压缩技术——声音微弱时迅速提高增益，声音变强时迅速降低增益，可以使强音后连接的弱音更易被听到，从而稍微改善其可懂度。[1240] 遗憾的是，这一技术也会使起干扰作用的微弱噪声更易被听到。

1.1.5 听力损失的生理原因

外耳和中耳的各类异常会导致**传导性听力损失**（*conductive hearing loss*）。主要异常有：外耳或外耳道缺失——**闭锁**（*atresia*），鼓膜穿孔或缺失，中耳听小骨固定，感染造成的中耳积液，中耳听小骨离断（或者听小骨完全缺失）。上述问题都会造成声音在到达耳蜗前被减弱。

耳蜗内某些区域的**内毛细胞**（*inner hair cell*，*IHC*）或**外毛细胞**（*outer hair cell*，*OHC*），或者两者有时会丧失正常功能，也就意味着耳蜗在某些频率的正常功能会丧失。如果仅是外毛细胞失去正常功能，那么听阈会升高，动态范围减小，频率和时域解析能力会降低。如果仅是内毛细胞失去正常功能，听阈同样会升高，但频率解析能力会保持或基本接近正常。由于具备正常功能的内毛细胞减少或连接每个内毛细胞的突触数量减少，脑干内信号的定时精度会降低。当内毛细胞失去功能时，它们所连接的螺旋神经节细胞会在一到两年内进行性死亡。毛细胞内的异常、毛细胞所连接突触的异常，或者毛细胞的完全损坏都会引起内毛细胞和外毛细胞功能的减退。

毛细胞也可能会因为耳蜗"电池"（血管纹）生成的电压不足而功能不良。[1573] 通常情况下，离子被血管纹产生的电压推向毛细胞。离子在静纤毛被基底膜的运动弯曲时可以流过细胞。因为血管纹功能问题造成的听力损失被称为**血管纹感音神经性听力损失**（*strial sensorineural loss*）。耳蜗内听力损失的另一个原因是蜗管内结构的物理特征（如，硬化）发生了改变，如**耳蜗传导性听力损失**（*cochlear conductive loss*）。任何影响耳蜗内振动转化为神经信号的缺陷都被称作感音性听力损失。

当耳蜗及耳蜗前的所有结构都正常，但与听神经的连接或者听神经的传导存在缺陷时，造成的听力损失被称为**神经性**（*neural*）听力损失。当外毛细胞功能正常，但内毛细胞或者内毛细胞与神经的连接或者听神经本身存在缺陷时造成的听力损失被称为**听神经病谱系障碍**（*auditory neuropathy spectrum disorder*）。这类障碍常见于出生时需要在新生儿重症监护病房留院观察的儿童。[40]

当耳蜗局部的内毛细胞完全停止向听神经传递信息时，耳蜗的这个地方就被称作"**死区**"（*dead region*）（请参阅第10章10.3.3）。目前，已有检测"死区"的简便方法。[1233, 1235, 1602, 936] 遗憾的是，尽管"死区"、听神经病谱系障碍以及神经性听力损失的含义并不相同，但三者在界定标准上仍存在交叉。

一般认为，感音神经性听力损失主要是由内毛细胞和（或）外毛细胞的功能异常引起的，因此事实上应被称作感音性听力损失。许多人的耳蜗听力损失可能由多种原因造成。[1573] 因此，本书在针对助听器进行探讨时采用了简单的区分方法，将听力损失划分为传导性、感音神经性以及听神经病谱系障碍。

1.1.6 综合缺陷

前述听力损失的各种问题（可听度、动态范围以及频率和时域解析能力的下降，"死区"的产生）都会引起可懂度的减低。当上述问题同时存在时会造成听力障碍者在同样环境下的理解力比健听人差，即使佩戴了助听器仍然会存在这种情况。从另外的角度看，听力障碍者需要比健听人有更高的信噪比才能理解言语信号中相同的内容。[1434]

另外一个需要提高信噪比的是**听觉处理障碍**（*auditory processing disorders*）。这类脑干、中脑或听觉皮质的障碍可以与各类外周听力损失独立存在，也可以是受损耳蜗向脑干传递有缺陷的信号引起的。[299]

目前对听觉处理障碍中的一类问题，即基于声源方位从竞争性信号中分辨目标信号的能力，已有较为深入的研究。当目标信号与竞争性信号在空间上分离时（常见的真实生活情景），听力障碍者感到的信噪比不足会比两信号来自同一方向或来自耳机时（常见的门诊测试情景）严重。[131, 177, 178, 492, 604, 1335, 1400] 这种现象即使在声音经助听器放大后可以被清晰听到时仍然存在，被称作空间处理障碍（*spatial processing disorder*），或者掩蔽信号空间分离（*spatial release from masking*）缺陷。

处理空间分离信号时感觉信噪比不足的缺陷在临床上可以通过异位的噪声下言语听力测试（Listening in Spatialized Noise Sentences，LiSN-S）进行评估。[241] 该缺陷的严重程度一般与感音神经性听力损失程度成正比。[628, 1142] 即使排除听力损失的影响，该缺陷也会随年龄增长而加剧。[628, 1288]

感音神经性听力损失造成的耳蜗失真会损害健听人利用双耳处理机制专注于某一方向，而抑制其他方向声音的能力。

通常，感音神经性听力损失的程度越重，获得目标言语可懂度所需要的信噪比就越高。有几种因素影响听力损失者的信噪比需求。在下述情况下，患者对信噪比的要求更高：

- 竞争性信号波动幅度较大，譬如，仅存在一个竞争性谈话者的时候；[1403]
- 听力障碍者的年龄显著高于与他们进行比较的健听人时；[299, 470, 1403]
- 言语信号与竞争性信号来自不同方向时；[628, 1142, 1400]
- 竞争性信号存在频谱间隙时，会对感音神经性听力损失者造成更显著的掩蔽作用。[444]

如果对患者进行噪声下的言语听力测试时，采用波谱连续的非波动性噪声，且噪声和言语没有空间差异，所得出的结果相对于健听人来说，会低估患者在真实生活环境中感受到的信噪比不足。

实验发现，按四个频点测定的平均听力损失每增加 10dB，要想维持恒定噪声中的言语可懂度，需要将受试者的信噪比平均提高 1~3dB。[109, 169, 444, 628, 914, 1675, 1924]

当言语信号与噪声在空间上处于不同位置时，[628] 信噪比需要提高的幅度最大。这说明运用空间线索从噪声中区分言语信号的能力减弱，这可能是造成听力障碍者即便使用调适得当的助听器也难以听懂言语的重要原因之一。

不同试验和受试者在信噪比缺陷上存在着显著差异，部分是由于受试的听力障碍者能听到的言语频率范围存在差异。如果听阈升高造成听力障碍者在声音被放大后，也难以听到某一频率范围的言语，那么，只有提高总体信噪比，才能使患者像健听人一样，在同样的噪声环境下听清其他部分频率中包含的信息。在通过施加噪声，模拟听力损失，剥夺健听人的听力后，他们的言语可懂度评分会降低到与同等听力损失者相同的水平。[483, 1968] 即便如此，通过声音放大，感音神经性听力损失者仍会有显著的信噪比不足现象，而且听力损失越重，信噪比不足越明显。[169, 293, 628, 1395, 1435]

传导性听力损失的言语可懂度问题相对简单。传导性听力损失仅减弱声音，通过助听器放大声音后，仍然完好的耳蜗能像健听人的耳蜗一样解析传入的声音。因此，助听器对传导性听力损失者非常有益。随着传导性听力损失加重，通过骨传导进入耳蜗的声音也会增加（请参阅第 15 章 15.1.2）。所以，传入两耳的信号相似度会提高，大脑通过结合双耳信号从而选择性关注某一方向声音的能力就会减弱。助听器可以提高气导传入信号的比例，但是在存在严重传导性听力损失的情况下，双侧的耳蜗仍会部分混合到达左、右助听器的信号。因而，与健听人相比，传导性听力损失者的空间听觉能力仍然会降低。

当耳蜗不能传递某一频率范围（"死区"）的信号时，听觉皮质中负责接收这些信号的神经细胞就可能中断已建立的连接，转而对仍被耳蜗有效传递的临近频率发生反应，[935, 1166] 甚至会对其他刺激发生反应，譬如，视觉信号。这是神经可塑性（*neural plasticity*）的一个极端例子，对听觉康复有着重要意义。听力障碍者需要花费数月才能完全学会利用放大后的声音。[63, 1382] 对于接受人工耳蜗植入的长期患有极重度听力损失者的极端案例来说，患者利用耳蜗发出信号的能力可能会一直较低。因此，神经可塑性是有一定限度的。

1.2 声学测量

1.2.1 基础物理量度

理解本书内容必须首先了解频率、周期、波长、衍射、压力、声压级（SPL）、波形、波谱等关于声音的计量。

频率（*Frequency*） 指声波每秒内从正压到负

压再回到起始值的变换次数。频率用每秒周期变化数表示，常表示为赫兹（Hz）或千赫兹（kHz）。

周期（Period） 指重复变化的声波每完成一次变化所需的时间。周期用秒（s）或毫秒（ms）表示，等于频率的倒数。

相位（Phase） 是描述一个声音相对于其他声音或声音中的某一部分相对于其他部分的时间度量。波的一个完整周期相当于360°的相位变化（*phase shift*）或者2π的弧度。波形相似但极性不同的两个声音呈反相（*out of phase*），相当于各频率的波发生了180°的相位变化。

波长（Wavelength） 指声波在一次振动中传播的距离。声波用米（m）表示，等于用声音的速度（345m/s）除以频率。频率较低的声音有较长的波长（数米），频率较高的声音波长较短（数厘米）。

衍射（Diffraction） 指声波遇到障碍物后改变传播方向。当声在传播过程中遇到诸如人的头颅等障碍物时，声波的波长与障碍物大小的比例会决定波的传播方式。当声波的波长明显小于障碍物尺寸时，声波难以越过障碍物传播，会在障碍物的背面形成声影（即声音被削弱）。障碍物也会导致面向声源的一面声压加大。当波长显著大于障碍物的尺寸时，声音能不受损失地顺利在障碍物周围通过，会在障碍物表面形成均匀的声压。

声压（Pressure） 指声波在传播途中，对遇到的物体（如，鼓膜）表面，每单位面积施加的力量。声压用帕（Pa）、兆帕（mPa）或微帕（μPa）表示。

声压级（Sound pressure level，SPL） 指声压高于大家公认的参考值2×10^{-5}Pa（即20μPa）的分贝数。声压级等于实际声压与基准声压的比例取常对数后再乘以20。声压提高1倍，声压级增高6dB；声压提高10倍，声压级增高20dB。

均方根（Root mean square，RMS） 指信号的均方根值。它是一种用单一数值表示固定时间内信号振动强度的方法，反映信号的平均功率。

波形（Waveform） 指声波压力随时间变化的形态。纯音的波形是正弦波。

频谱（Spectrum） 指纯音的组合，当纯音叠加在一起时，会在特定时间内形成一定的复合声音。一个完整的频谱应该表示出每个纯音的波幅和相位，但通常，人们只关注波幅。当复合音呈**周期变化**（*periodic*）时（即每次循环都与上一次循环一样），其中的纯音被称为**谐波**（*harmonics*）。各谐波的频率是**基频**（*fundamental frequency*）的整数倍。基频是复合波自身重复的频率。**傅里叶变换**（*Fourier transform*）是在波形已知时，计算频谱的一种数学处理方法。反之，反傅里叶变换是在频谱已知时，计算波形。因此，频谱和波形是描述同一声波的两种方式。

倍频程与1/3倍频程 指一个倍频程和1/3倍频程所代表的频率范围。通过用临近倍频程或1/3倍频程过滤并计算各个带宽中成分的RMS可以分析声学信号的频谱。一个**倍频程**（*octave*）相当于一个频率的两倍。倍频程来源于西方音乐，西方音乐中的第八个音符是第一个音符频率的两倍。

临界带宽（Critical bands） 指一个特定的频率区域，在这个区域中人耳难以区分不同频率的声音。[1560]声音被多个临界带宽分隔后更易被大脑分别识别，至少对健听人如此。考虑听神经分别处理不同的声信号，可以把临界带宽理解为耳蜗通过遍布各处（代表不同频率）的**听觉滤波器**（*auditory filters*）所处理的一组声音。虽然带通滤波器（请参阅第2章2.5.1）会逐渐减弱远离中心频率的声音，但每个滤波器的带宽仍可用**等效矩形带宽**（*equivalent rectangular bandwidth, ERB*）来表示。①,[1217]当中心频率为1000Hz时，ERB约等于倍频程的1/6。[1217]ERB的频率随着中心频率的提高而成比例地提高。当中心频率降低到1000Hz以下时，ERB也会降低，但相对带宽（用倍频程表示）会提高。当中心频率为100Hz时，ERB大约为30Hz，相当于倍频程的1/2。[843]

阻抗（Impedance） 指传播介质（如，空气）在声压下振动的难易程度。在自由空间，阻抗等于声压与**质点速度**（*particle velocity*）的比例。质点速度是声音传播时，介质中的粒子来回振动的速度。阻抗是由介质物理性质决定（密度和弹性）的一个恒定值。导声管中，阻抗有不同的定义，它等于声压与**体积速度**（*volume velocity*）的比值。体积速度可以看成是声音穿过与密封导声管纵径垂直的特定平面的总量。

---

① 术语临界带宽与听觉滤波器的等效矩形带宽（ERB）会被交替使用，因为它们代表相同的概念。较早期、精确性较差的临界带宽比目前应用的临界带宽范围更宽。

1.2.2 线性放大与增益

增益反映任一设备输出信号的振幅与输入信号的振幅的关系，等于输出信号的振幅除以输入信号的振幅。无论以伏（V）计量振幅的电信号，还是以帕（Pa）计量振幅的声信号，其增益的含义是相同的。当一个 20mPa 的输入信号被放大为 200mPa 的输出信号时，助听器的增益就是 10 倍。增益的这种表示方式可以较好地反映**线性放大**（*linear amplifer*）的作用，即对输入信号进行固定倍数的放大。这种等量放大机制可以将一个 1mPa 的输入信号成倍放大为 10mPa 的输出信号。

用分贝数（如，dB SPL）来表示增益的做法更加普遍和方便。此时，增益等于输出分贝数减去输入分贝数，单位为分贝。在前述第一个例子中，输入信号相当于 60dB SPL，输出信号相当于 80dB SPL，所以增益为 20dB SPL。无论输入信号大小，经过同样的线性放大，输出信号都将比输入信号提高 20dB。

特定频率声压级的输入输出关系常用**输入–输出（I–O）曲线**表示。图 1.4 是增益量为 85dB 的线性放大助听器的 I-O 曲线。由于针对任何输入的放大量都相同，所以图中的线是倾斜角为 45°的直线。

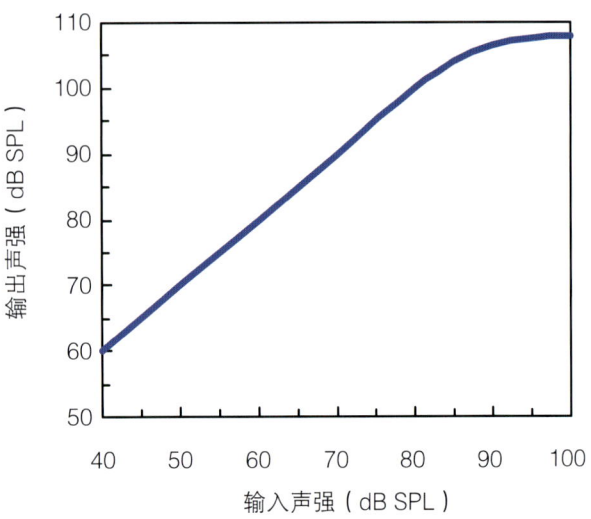

图 1.4 助听器增益为 20dB 时的输入–输出曲线，对于特定信号，反映输出的 SPL 如何随输入的 SPL 变化。

无论同时输入多少信号，线性放大器的作用都不受影响。当单独输入信号 A 时，如果它的放大量为 30dB，那么当同时输入其他信号时，信号 A 的放大量仍不变。

电信号放大器的增益与频率密切相关，助听器同样如此。为了全面描述一个线性放大器的增益，应当对所关注频率范围中的每个频点的增益进行说明。设备的**增益频率响应**（*gain-frequency response*）反映的就是这一内容，如图 1.5 所示。图中实线部分反映的是一个耳内式助听器的增益频率响应，这一实线也被称为**增益曲线**（*gain curve*）。

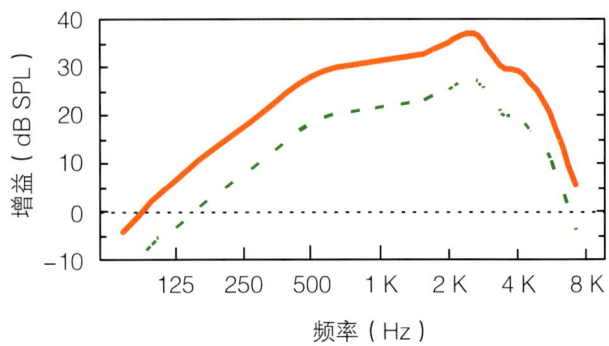

图 1.5 耳内式助听器分别在最大音量位置（红色实线）和降低音量位置（绿色虚线）的增益频率响应。

有时人们会说某助听器的增益为 30dB，这其实是一种很含糊，且没有多少实际意义的说法。它可能是指增益量最大的频点上的增益，也可以指某几个参考频点上的增益，还可以指某几个频点上的平均增益。人们有时也把增益频率响应简称为频率响应，这其实也是一种含糊的说法，常用于说明增益随频率变化的情况，而不考虑各频点的实际增益量。举例来说，图 1.5 中的虚线和实线形状相同，可以说有同样的频率响应，但两者在各频点上的增益量并不相同。通过在同一助听器上调整音量大小就可得到图 1.5 中实线和虚线所代表的情形。只有在说明助听器的测试条件，尤其是音量设置的情况下，讨论增益频率响应才有意义。

对于非线性放大设备，如，采用压缩技术的放大设备，放大量会根据输入信号的强度或其他特征而变化。此时，只有明确说明输入信号的特征，测定频率响应曲线才有价值。

1.2.3 饱和声压级

当输入或输出信号超出一定范围后，所有的放大器都会变成非线性的，这是因为放大器无法处理超出供电电池电压的信号。出于多方面考虑，必须将助听器的最大输出设定在电池电压以及受话器所允许的最高限度内。助听器能产生的最大声压级被称为**饱和声压级**（*saturation sound pressure level*，*SSPL*）。与增益一样，SSPL 随频率变化而变化，可以通过 SSPL 响应曲线表示。图 1.6 表示的是一个耳内式助听器的 SSPL 响应曲线。

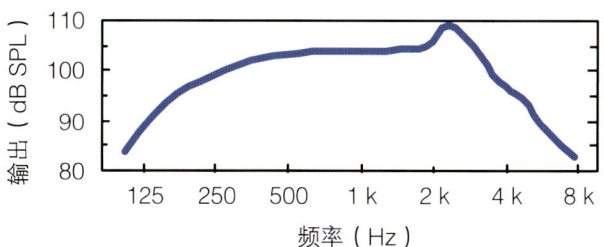

图 1.6 耳内式助听器的 SSPL 频率响应。

与 SSPL 相关的术语有 90dB SPL 输入时的输出声压级（*OSPL 90*）和**最大输出功率**（*maximum power output*，*MPO*）。虽然人们经常使用 MPO，但该叫法并不准确，因为实际测量的值是 SPL，而不是功率。由于明确说明了测量助听器最大输出是在输入信号为 90 dB SPL 时，因此，OSPL 90 是最精确的指标。之所以选择 90 dB SPL 作为标准，是因为这一输入水平基本能使助听器达到饱和（除非将助听器的音量设置为极小）。后面还有多个章节探讨非线性放大设备。

1.2.4　耦合腔与真耳

前面讨论增益和 SSPL 时已提到助听器输出的 SPL，但没有介绍 SPL 的测量方式与位置。测量方式与位置可以有两种选择。考虑助听器用在耳朵上，因此，测量助听器输出的首选位置是佩戴者的耳道。该种测量只能通过使用连接在麦克风上的一个柔软、纤细的**探管**（*probe-tube*）来进行。本书第 4 章 4.3 和 4.4 介绍了两种使用探管的**真耳测试**（*real-ear measurement*）方法。

采用标准化的方式对助听器进行测量，而不用将助听器戴在人耳上是非常必要的。每次测量助听器时都找一个佩戴者极不方便，而且测量结果会因人而异。使用**耦合腔**（*coupler*）可以对助听器进行标准化测试。耦合腔是一个不大的容器。助听器被连接在耦合腔内的一端，另一端装有麦克风，麦克风连接声级计。耦合器常用的内腔体积为 2cm³，因此被称为 2-cc 耦合腔。本书第 4 章 4.1.1 将对耦合腔以及其更复杂、更接近真实情况的"变种"——**耳模拟器**（*ear simulators*）进行详细介绍。

要验证助听器是否工作正常，耦合腔和耳模拟器是必不可少的。由于人的耳道形状不同，助听器与人耳的连接方式不同，因此，需要在每个听力障碍者佩戴助听器时，对其性能进行测试。

1.3　助听器的类型

助听器本质上是一个缩微的扩音装置。它的基本元件包括：

- 一个或多个麦克风，负责将声音转换成电信号；
- 一个放大器，负责增强电信号，放大过程中还要改变声平衡，通常相对于低频和强音，要更加突出高频和弱音；
- 一个缩微的扬声器，称为受话器，[①]负责将电信号还原成声音；
- 用于将放大声音与耳道连接的装置；
- 电池，负责给放大器供电。

麦克风与受话器并称为**换能器**（*transducers*），因为它们负责将某种形式的能量转换为另一种。现在几乎所有助听器的放大器都采用了**数字信号处理技术**（*digital signal processing*），也就是说放大器中包含将连续的电信号[即**模拟信号**（*analog*）]转换为数字，对数字进行数学处理后又在助听器的输出端重新转换成模拟声学信号的电路。

助听器的划分方法有多种。最简单的是根据佩戴部位划分，佩戴部位也决定了可采用的助听器的体积大小。体积最大的一类助听器是**盒式助听器**（*body aid*），体积一般为 60mm × 40mm × 15mm。如同名称所示，盒式助听器戴在人身体的某个部位上：在衣服口袋内、颈部的吊带或腰带上。体佩部分通过内含 2、3 根金属线的导线与受话器相连，受话器负责产生放大声音。受话器通常与根据个人耳道和外耳定制的耳模连在一起。

耳背式助听器（*behind-the-ear, BTE*）体积小，同样由两部分构成。麦克风与电子元件一般被封装在外形如同香蕉的外壳里，或者其他进行过艺术处理的外壳里。长期以来，耳背式助听器的受话器也

---

① 麦克风曾被称为发射机，这可解释为何要将发出声音的元件称为受话器。

被封装在壳里。受话器发出的声音通过一个与定制耳模或软帽连接的导声管进行声学传输，软帽可以保持导声管的末端在耳道内处于开放状态。

耳背式助听器的一个最新进展是**外置受话器**（*receiver-in-the-ear canal*，*RITE*）的应用，受话器被放置在耳道内而不是被封装在助听器的外壳里，耳道内放的是连接电子元件的导线而不是导声管。RITE 耳背式助听器也被称作 RIC、RITC 和 CRT 助听器。耳背式助听器有时也按照助听器机壳与耳道内留置部分的连接方式进行划分。传统的耳背式助听器被称为**标准声管**（*standard tube*）或**细导声管**（*thin-tube*）耳背式助听器，RITE 耳背式助听器被称为导线耳背式助听器。本书将传统的耳背式助听器（无论导声管粗细）称为**内置受话器**（*receiver-in-the-aid*，*RITA*）耳背式助听器，以区别 RITE 助听器。

图 1.7 显示的分别是使用标准声管、细导声管和导线与耳道内配件连接的耳背式助听器。通常，使用标准声管的耳背式助听器与定制耳模连接，使用细导声管和导线的耳背式助听器则与一个柔韧的、模块化的、标准大小的耳塞连接。可在一定标准范围内选择各种长度的导声管用于连接助听器外壳与耳塞，也可在一定标准范围内选择不同直径的耳塞。

助听器的另一种类型是**耳内式助听器**（*in-the-ear*，*ITE*）。耳内式助听器大小不一，全耳甲腔式的耳内式助听器，如同其名称，会占满整个耳甲腔和耳道的近一半。稍小的耳内式助听器是**半耳甲腔式**（*half-concha*）或**半壳式**（*half-shell*），仅占用耳甲腔的下部（耳甲腔），上缘至耳轮脚的部分。还有的耳内式助听器仅占用外耳的上部［**耳甲艇**（*cymba*）］，通过 RITE 技术连接至耳道。还有一种**内隐**（*low profile*）的耳内式助听器，其露出耳道的部分不足以遮盖耳甲腔。耳朵的结构特征可见图 5.2。

当耳内式助听器仅占用耳甲腔的极小部分且外面与耳道口平行时，称作**耳道式助听器**（*in-the-canal*，*ITC*）。（人们可能认为耳道式助听器应该是完全在耳道内的，但实际上这个名称仅是为了市场推广，并没有精确反映助听器的佩戴位置。）

真正完全放在耳道内的助听器是**深耳道式助听器**（*completely-in-the-canal*，*CIC*）。这类助听器使用的元件极小，没有任何一部分暴露在耳甲腔。从耳道内拿出这种助听器比较困难，因此，一般会在助听器上安置一个小的手柄——类似末端有个小帽的尼龙鱼线。这一手柄会露出耳甲腔。当深耳道式助听器的末端距鼓膜仅有几毫米时，也被称为**近鼓膜深耳道式助听器**（*peri-tympanic CIC*）。

图 1.8 展示的是耳内式、耳道式和深耳道式助听器。图 1.9 展示的是典型的标准声管耳背式助听器与耳道式助听器。细导声管耳背式助听器的元件位置

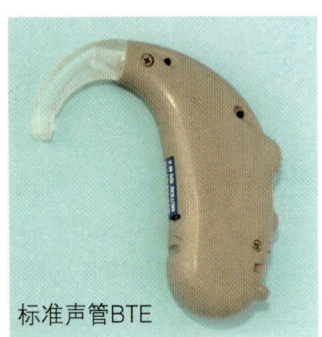
标准声管BTE

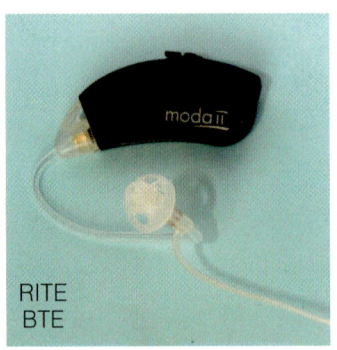
RITE BTE

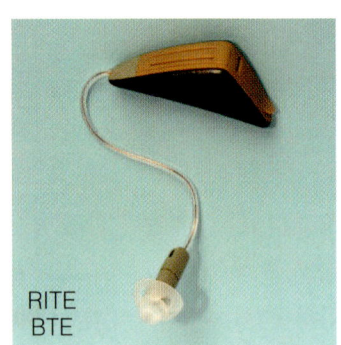
RITE BTE

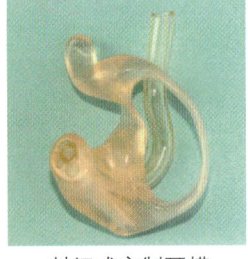
封闭式定制耳模

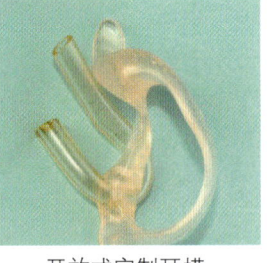
开放式定制耳模

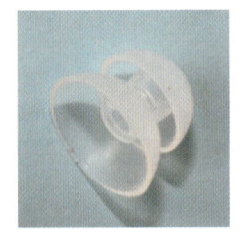
封闭式耳塞

开放式耳塞

图 1.7　耳背式助听器与耳塞。左上方的标准声管 BTE 可与开放式或封闭式的定制耳模连接。RITA BTE 与 RITE BTE 可与定制耳模或预制的耳塞（开放式或封闭式皆可）连接。

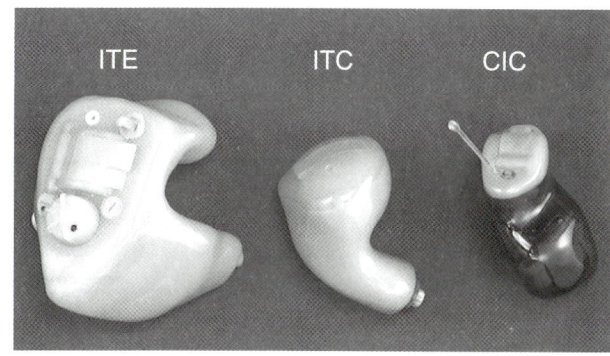

图 1.8 耳内式、耳道式和深耳道式助听器。

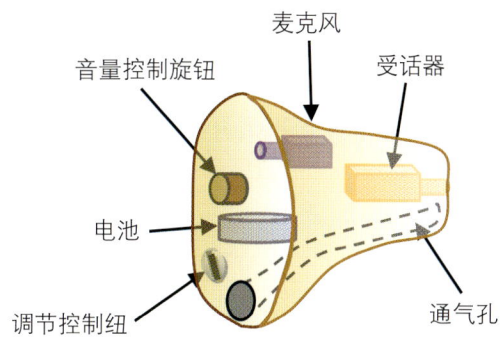

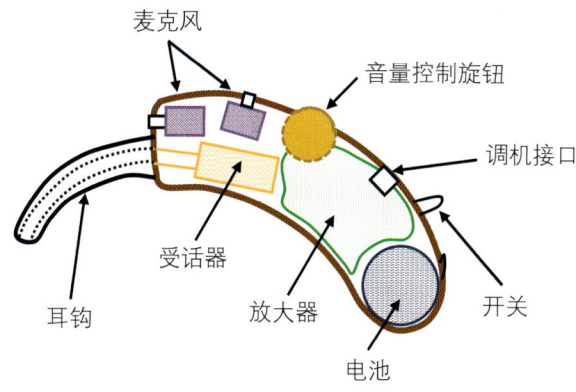

图 1.9 耳道式助听器与标准声管耳背式助听器的典型元件位置。

与标准声管耳背式助听器的位置相同，只是没有耳钩。导线耳背式助听器也没有耳钩，且受话器不在机身内。许多细导声管和导线耳背式助听器制作得非常小，因此，只有电池仓，没有音量控制旋钮或开关。

还有一种**眼镜式助听器**（*spectacle/eye-glass aid*），把眼镜和一只或两只助听器结合在一起。实际上，眼镜式助听器有两种。一种是将助听器的元件放在眼镜的整个边框内，这种老式的眼镜式助听器外观比较笨重。现代的眼镜式助听器是将普通眼镜腿的耳后部分锯下来粘上一个短接头（图 1.10），再将眼镜式助听器（主要是耳背式助听器）与该接头连接，并通过导声管连接受话器与耳道。这种眼镜式助听器外观不显眼，从前面看，与佩戴普通眼镜差别不大，特别是当不使用耳模仅用导声管连接耳道时，外观效果更好。[1865]

由于元件小型化（也包括整个机身）、应用细导声管（几乎看不见）、无须定制、可靠性高等优点，耳背式助听器已成为目前市场上应用最广的产品。其他应用较广的还有耳内式、耳道式与深耳道式助听器。

1.4 发展历史

20 世纪以来，助听器最大的变化就是小型化。追求更小、更隐蔽成为推动技术进步的不竭动力。有时为了追求小型化必须牺牲性能，但有时小型化又促进了性能的提高。相比过去任何时代，现代助听器的保真度（宽频、低失真）更高，调整的灵活性更好，针对不同聆听环境的适应性更强。

下面主要依据 Sam Lybarger（1988）的经典著作对助听器技术发展进行简要的历史回顾，Sam Lybarger 在数十年中为助听器发展做出了许多开创性贡献。读者如果想更详尽地了解助听器的发展历史

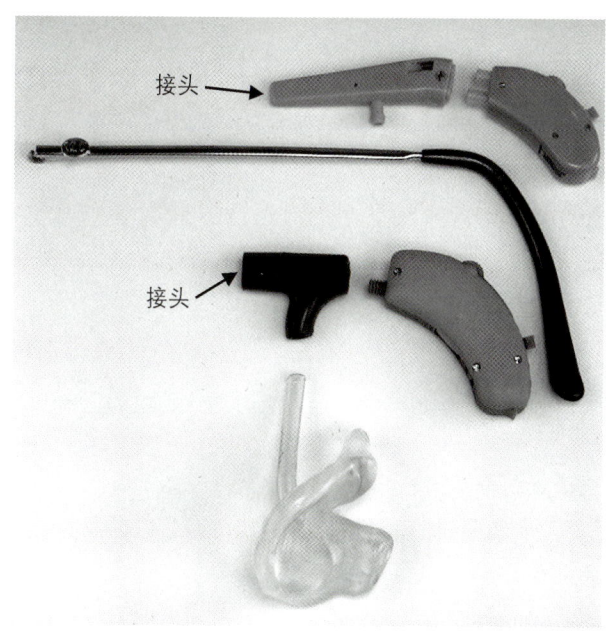

图 1.10 眼镜式助听器连接系统，包括两个不同的接头与耳背式助听器、一个耳模及一个眼镜腿。眼镜腿会在白线（所示）处切下，并将其左半部分插入接头中。

可以阅读 Sam Lybarger（1988）和 Berger（1984）的著作。有关助听器验配技术的发展放在第 10 章 10.1 中讨论，此处不再介绍。

助听器的发展可以划分为六个时代：声学时代、碳晶时代、真空管时代、晶体管时代、数字化时代和无线时代。每个时代的技术进步都使助听器的性能、外观发生巨大改变。在此节中提到的多数技术在以后的章节中还会讨论，对部分读者而言，此处的介绍可能稍显简略。

1.4.1　声学时代

声学时代起步于最初人们把手（也可能是爪子）拢在耳后。拢耳可以收集到更多声音，能够在中、高频段产生 5~10dB 的增益。[409, 1865] 拢耳还能遮蔽来自后方的声音，至少在中、高频段起到有效的降噪作用。

更高效的声学助听工具是各种形似喇叭（*trumpet*）、号角（*horn*）或漏斗（*funnel*）的装置。有关号角的图解出现在 1673 年和 1650 年。[114, 789] 原理就是用巨大的开口尽可能收集更多的声音，再将声音的能量通过逐渐变细的管道传递给耳朵。如果传递管道陡然变细，多数声音将被反射回去，难以传到人耳。因此，用于集声的喇叭，口要大，体形要长。

长期以来，人们一直努力使助听器小型化。据 Lybarger（1988）介绍，从 1692 年起人们就有了把喇叭盘绕起来以缩小体积的想法。把助听器隐蔽起来的愿望也早已有之，集声喇叭曾被隐藏到大礼帽、扶手椅、扇子和大胡须中。[636]

当喇叭口靠近讲话者的时候可以收集到更强、更多的声音。图 1.11 中的讲话筒（*speaking tube*）就是为了起到这样的作用。讲话筒用一条长管把一个

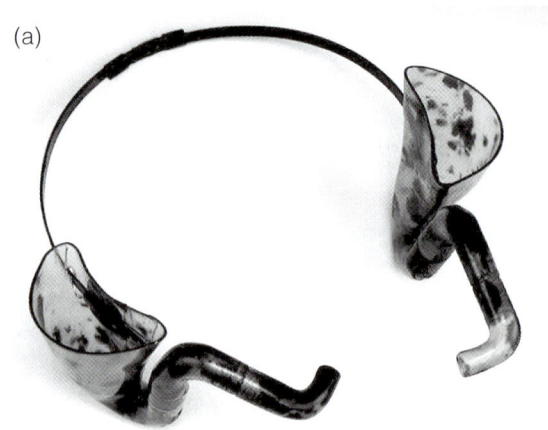

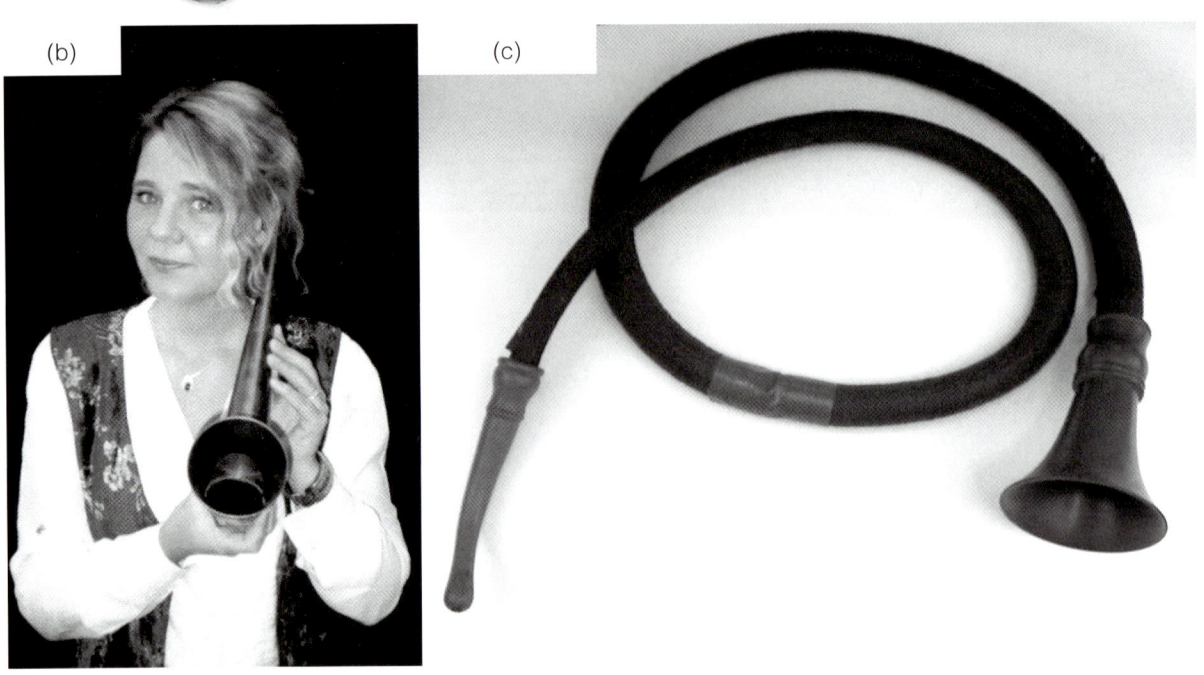

图 1.11　声学时代（集声器时代）的工具。
（a）耳郭式助听器；
（b）号角；
（c）讲话筒。

像号一样的开口和一个细小的耳塞连接起来。如果说话者对着讲话筒的开口讲话，输入声音的信噪比要远好于自然状态时，经过一定的放大，讲话筒改善信噪比的功能甚至好于现在最精巧的单侧助听器。

考虑到今天即使是健听人也会在不利的听环境中用手拢耳，因此，我们还不能说助听器的声学时代已经结束。

1.4.2 碳晶时代

最简单的碳晶助听器由一个**碳晶麦克风**（*carbon microphone*），一个 3~6 V 的**电池**（*battery*）和一个**磁性受话器**（*magnetic receiver*），通过一组简单的电路连接而成。碳晶麦克风中有碳粉、碳粒、碳小球。① 当声音冲击麦克风膜片时，膜片的运动会使碳成分变紧或变松，从而改变麦克风的电阻。电阻的变化会引起电流的变化，当电流通过受话器内的线圈时就会形成一个变化的磁场。变化的磁场进而推拉一块永久性磁铁，使受话器中的膜片随着传到麦克风的声音而发生内外运动。碳晶助听器受话器（装入密封腔后）发出的声音可以比麦克风接收的声音高出 20~30dB。[1096]

为了获得更高的增益，人们发明了**碳晶放大器**（*carbon amplifier*）。既然一组麦克风和受话器可以放大声音，人们有理由推测多加一组（两组共享同一膜片）可以获得更高增益。碳晶放大器中包含一个线圈，通过振动膜片来推动碳粒或碳小球以产生更大振荡的电流。

最早的碳晶助听器出现在 1899 年，是一台名叫 Akolallion 的大型台式助听器。[114, 610] 不久后，在 1902 年，诞生了第一台可以佩戴的碳晶助听器（被称作 Akouphone 或 Acousticon）。[836] 图 1.12 是一个没有连接电池（体积庞大）的助听器，包括麦克风和受话器。碳晶助听器一直沿用到 20 世纪 40 年代，但仅对轻、中度听力损失者有较好效果。

在碳晶时代，人们有了对不同频率进行不同放大（适应不同的听力损失）的设想，并通过组合不同的麦克风、受话器、放大器进行了实践。在碳晶时代，耦合腔和高质量的电容式测量麦克风也开始出现。耦合腔最初的容积为 0.5cc。

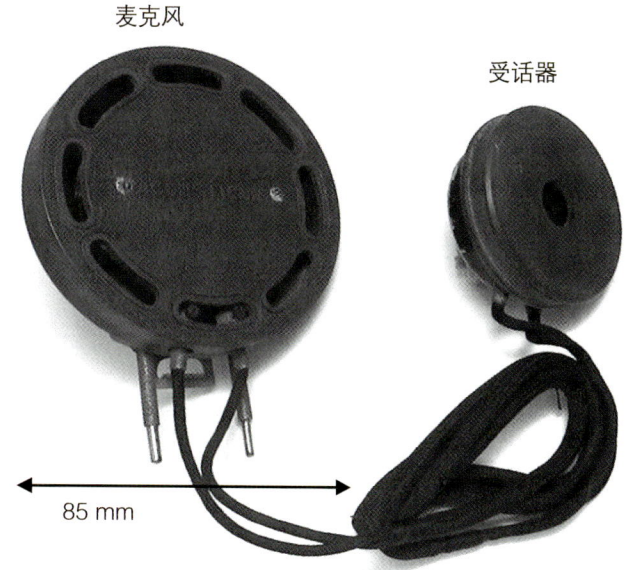

图 1.12　一个没有连接电池的碳晶助听器。

辅听设备（*Assistive Listening Devices*，ALD）是听力障碍者仅佩戴其部分元件的一种助听器，在碳晶时代也开始出现。Johnston（1977）回忆曾在 1916 年一所教堂中看到讲坛上装着麦克风，并用线连接到下面几个座位上的手持受话器。这一装置可能在更早的 10 年前就开始使用了。[1321]

1.4.3 真空管时代

真空管电子放大器出现在 1907 年，1920 年开始应用于助听器。[1096] 真空管使来自麦克风的微小电压能够控制较大电流的振荡。通过串联几个真空管可以制作出高性能的放大器（产生 70dB 增益，最大输出达到 130dB SPL），扩大了对不同程度听力损失的适用范围。进一步改进的电子元件也使助听器的增益频率响应比碳晶时代更易控制。

真空管助听器的最大问题是体积太大。由于军事需要，真空管的体积显著变小，但仍需要两个电池才能工作。首先要有一个低压电池 A 加热管内的电极丝，然后要有一个高压电池 B 驱动放大电路。20 世纪 30 年代，真空管助听器开始实用化。直到 1944 年，因为电池太大，两个电池还必须与麦克风和受话器分开，进行分别封装（图 1.13）。1944 年，真空管和电池技术的进步使助听器的一体化成为可能。电池、麦克风、放大器被封装在同一个体佩盒

---

① 碳粒代替碳粉，又于 1901 年被碳小球取代，体现出每次重大技术进步后的技术改进。

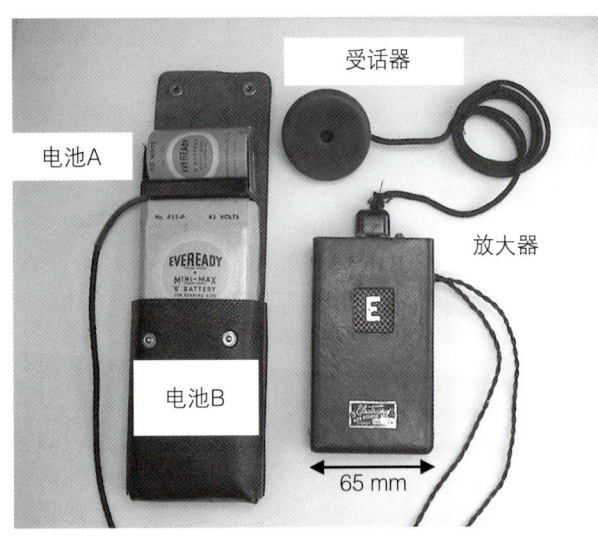

图 1.13 有两个独立电池的较晚时期的真空管助听器。

子里,再通过导线与耳边的受话器相连。在真空管时代,为了隐藏助听器,有了许多创新设计,包括把换能器以外的电子元件都隐藏到一个笔形的盒子里,[611] 把麦克风藏到胸针和手表里,把连接受话器的导线藏到珍珠项链里。[611]

在真空管时代还发明了耳模通气孔、磁性麦克风、压电式麦克风和压缩放大器。[1096] 压电材料的晶体结构在被扭曲或弯曲时会产生电压。在麦克风内用膜片连接压电材料的一角或边缘,从而可以引起压电材料弯曲。令人惊讶的是,压缩技术出现后一直到 20 世纪 80 年代才被人们重视,而到了 20 世纪 90 年代晚期压缩技术已经成为高端助听器的主流。

1.4.4 晶体管与集成电路时代

1952 年晶体管开始了商业应用。[1639] 由于晶体管大幅降低了对电池的消耗,到 1953 年所有新的助听器已经用晶体管代替了真空管。[610] 晶体管体积小,所应用的电池体积也变小,因此从 1954 年起,助听器的所有元件都可以戴在头部。助听器戴在头部有几个好处:麦克风不会因为衣服的摩擦产生杂音;人体不会对来自不同方向的声音的音调平衡产生不利影响;不再需要导线;可以使用真正的双耳助听器。

最早佩戴在头部的助听器是发卡式助听器、眼镜式助听器。发卡式助听器类似盒式助听器,有一个外置的受话器。发卡式助听器有多种样子,可以戴在头发上,也可以戴在头发下(或者戴在领结、西服翻领、衣领等处),① 还有些制作成珠宝配饰的样子。[1639] 眼镜式助听器将所有的元件都封装在眼镜的边框里。随着电子元件持续、迅速地变小,助听器的所有元件很快就被放到了耳后,或者作为眼镜腿的一部分,或者作为独立封装的一部分再接到锯掉的眼镜腿上,还有的变成独立佩戴的耳背式助听器。在随后的十年间,耳背式助听器逐渐取代眼镜式助听器成为主流。在美国一直到 20 世纪 80 年代中期,在欧洲一直到 20 世纪 90 年代,耳带式助听器都是主流。

随着电子元件进一步变小,耳内式助听器在 20 世纪 50 年代中晚期开始出现。[1639] 最早的耳内式助听器,按现在的标准来看仍然太大,Lybarger(1988)将它们称为耳外式助听器。

20 世纪 60 年代,电子元件的体积和性能发生了两次大的飞跃。首先,在 1964 年,集成电路(IC)应用到助听器上。这意味着所有的晶体管、电阻器可以组装成一个元件,元件的体积仅相当于过去一个晶体管的大小。其次,在 1968 年,压电式麦克风与一种封装在金属壳内的新型晶体管——**场效应晶体管(*field effect transistor*,FET)**结合,造就了第一个可以用在助听器上的小型、坚固、有着良好平稳的宽频响应性能的麦克风。[916] 几年后,采用同样技术的方向性麦克风诞生。

1971 年,随着驻极体/FET 麦克风(请参阅第 2 章 2.2)出现,麦克风技术获得了进一步发展,[917] 这使麦克风的声音响应性能更好,体积更小。在晶体管时代,受话器的体积从 1800mm³ 减少到 39mm³(楼式*FS),而麦克风的体积从 5000mm³ 减少到 23mm³(楼式 TM)。受话器的体积变化主要发生在 1970 年以前,所以,未来受话器的体积可能不会有大的变化,而麦克风的体积很可能会继续变小。[504]

到 20 世纪 80 年代早期,耳内式助听器已经减小到可以把大部分元件放到耳道内,耳道式助听器应运而生。[653] 随着电池技术进步,放大器效率提高,换能器减小,到了 20 世纪 90 年代助听器已可以全部放置在耳道内,深耳道式助听器开始出现,助听器终于可以看不见了。这一变化还给声学处理带来了好处:佩戴助听器时,耳郭的集声和掩蔽功能得

---

① 发卡式助听器发明于 20 世纪早期,是非常现代的 RITE BTE 的放大版。

* 楼式(Knowles model):品牌名。(译者注)

到更好应用，风噪也被大大降低。在美国，自20世纪80年代中期起，耳内式、耳道式、深耳道式助听器开始取代耳背式助听器成为主流。

晶体管时代的进展还包括：

· 锌-空气电池出现，使同样电量下的电池体积减小了一半（请参阅第2章2.12）；

· 声音过滤技术进步，使响应方式更易调控，多声道处理技术得到应用（请参阅第2章2.5）；

· 电位器小型化，使听力师可以对极小型助听器的放大性能进行调整；

· 无线传输助听器出现，助听器连接到或内置一个无线受话器，受话器通过调谐与远处说话者佩戴的发射器接通（请参阅第3章3.4）；

· D级放大器在以最小失真方式获得同等输出的情况下进一步减少了电池消耗；

· 对耳模（壳）声学性能的认识进一步加深，使增益频率响应更加合理，[909] 堵耳和反馈问题得到改善，但尚未根本解决（请参阅第5章）；

· 在助听器中应用双麦克风，使佩戴者可以根据需要选择方向或全向性能（请参阅第2章2.2.4）。

还有一个非常有意义的进展，也有人认为这一进展可以归入另一个发展阶段，就是数字控制电路和数字存储器在1986年应用到助听器中。数字电路在助听器内占用更小的空间，使许多"调控"成为可能，因此，取代了电位器。数字电路的应用使得听力师可以更灵活、更精确地调整助听器的放大性能。数字控制电路还有一个副产物，就是使助听器使用者可以自己很方便地调整助听器的性能（通常借助遥控器）。这一改变使多记忆助听器，即使是耳道式和深耳道式的多记忆助听器，更加实用。

1.4.5 数字时代

如上所述，数字电子元件最早应用于助听器是将数字电路作为普通助听器的控制系统。真正的革命是在声波本身被转化为数字，并由数字电路进行处理后。

数字处理技术的研究最早开始于20世纪60年代的贝尔实验室（Bell's Laboratory）。[1045] 由于当时计算机的运行速度慢，处理助听器输出信号的运算速度远跟不上输入信号的速度。直到20世纪70年代末，计算机处理输出信号的速度才能跟上信号的输入。直到80年代，计算机的电消耗与体积才减小到可以应用于可佩戴的助听器。

由于第一款数字式助听器是盒式，而且声音处理性能与耳戴的模拟信号助听器基本相当，所以没有取得商业上的成功，很快就停止了生产。尽管之前几年，曾出现过应用数字反馈抑制技术的模拟信号助听器，[502] 但直到1996年，全数字的耳背式、耳内式和耳道式助听器才真正开始商业化。Levitt（1987，1997）对数字助听器的进步做过很好地概括。

数字技术已显现的优势包括：

· 可以更灵活、精确地调控响应方式与压缩性能；

· 可以根据对每个频率区内信号与噪声的评估，对增益频率响应进行智能化调整；

· 可以智能化调整不同方向声音的增益（即方向性），有效降低噪声；

· 提高增益，并消除反馈啸叫；

· 比模拟信号助听器体积小，消耗电量少；

· 可以将包含言语信息的高频信号移至低频，方便使用者在听力更好的频率区间聆听；

· 可以与靠近耳朵的电话自动连通；

· 助听器能自动学习以适应佩戴者在不同情境下对放大性能的需要。

在不远的将来，数字处理技术极可能带来更多的优良性能，包括：至少在某些情况下，进一步改进对声反馈的控制；进一步减少背景噪声的影响。本书中许多地方都会对数字处理技术的影响进行介绍。虽然从20世纪80年代末到90年代末，[732, 946, 1390] 助听器的使用率和满意度并未显著增长，但2000年以来的调查显示，助听器的使用率[834, 1869]、满意度[953, 1869]、舒适度[834] 确实获得了改善。

1.4.6 无线时代

无线电磁传输可以使信号无衰减地传输，从而避免声波在传播时因为噪声、混响而必然衰减。虽然助听器早已可以通过导线与无线受话器连接，但现在无线受话器正被更多地放入或固定在头部佩戴的助听器上。无线技术主要有四方面应用。

· 远程接收：通过房间接收麦克风和说话者佩戴的发射器发出的信号；

· 协调控制双侧助听器：通过手动或自动，对左右耳助听器的放大进行同步调整；

· 与通信设备连接：接收移动电话、计算机、个人立体声播放设备、卫星导航设备等发出的音频信号；

·应用于双耳阵列助听器：使左右耳助听器的声信号完全接通，从而获得超强的定向听取能力，以提高噪声环境中的言语可懂度。

无线传输技术的上述第一项和第四项应用可以大大提高噪声环境下的言语可懂度，甚至可以使听力受损者在噪声环境下获得比健听人更好的听力。因此，使用助听器将不再代表使用者有残疾，而是代表使用者有更好的听力。这将显著促进听力损失者选择使用助听器，也将显著提高助听器使用者的使用效果和满意度。

第 2 章
助听器元件

概　要

　　功能性方框图是介绍助听器的最好方式，可显示任何一款助听器信号传输的方式。声信号遇到的第一个方框是麦克风，将声信号转换为电信号。现代微型驻极体麦克风音质极佳，由内部噪声及振动造成的问题极小。方向性麦克风有两个声入口，相对其他方向的声音，对前方的声音更灵敏。与全向性麦克风相比，方向性麦克风能将助听器信噪比提高几个分贝（视具体声学条件而定），进而提高噪声下的言语可懂度。在不同聆听条件下，双麦克风助听器可自动或者由用户手动切换到方向性或者全向性麦克风。

　　助听器放大器可将麦克风产生的微弱信号放大，但是过度放大会导致放大器削峰，出现信号失真，严重的失真会降低声音的音质和可懂度。为了避免失真和缩小声音的动态范围，大部分助听器采用压缩放大器。当信号过大时，放大器会降低增益，这有点像声音过大时，人们便会旋转旋钮把音量调低一样。

　　放大器可通过模拟或数字方式再现声音。模拟放大器的信号是模拟其代表的声波的波形。数字放大器则用一串数字再现信号，通过对这一串数字进行计算便能改变其代表信号的大小和特征。可针对不同助听器设计不同的全数字电路，采用专门方式进行声音处理，也可使用同一全数字电路并利用软件来进行各种方式的声音处理。

　　信号过滤是助听器改变声信号的常用方法。人们可用滤波器改变低、中、高频信号的相对振幅。当滤波器设有可变、可控参数时，其功能可以像助听器用户或听力师调试音调旋钮一样来操作。滤波器可将信号分成不同的频率范围，根据听力障碍者的听力损失情况，在不同频率范围使用不同的放大器。

　　受话器即微型耳机，可由电磁方式将放大、调制的电信号转化成声信号。受话器的频率响应特征受众多波峰和波谷影响，部分原因是和受话器内空气的共振有关，部分原因是和连接受话器与耳道的导声管内的空气的共振有关。在受话器或导声管内放置一个声学阻尼器（阻尼子），可以平滑这些波峰和波谷。阻尼子可吸收与其峰值对应的相关频率的能量，改善音质，提高舒适度。

　　此外，尚有其他几种传输方式可以将信号输入助听器。电感线圈可接收磁信号并将其转化成电信号。无线电受话器可感应到电磁波，将其转化成电信号。直接音频信号连接器可将电声信号直接传送给助听器。

　　助听器用户可通过助听器机壳上的电机械开关或遥控器来操作助听器。助听器通过电池供电运行所有功能。不同的电池尺寸和电容量大小可适应不同助听器对电量和体积大小的要求。

本章介绍现代助听器的各种组成元件,包括将声信号转换成电信号以及将电信号转换成声信号的换能器,还有对代表声音的电信号进行调节的元件。我们将用功能性方框图而不是采用电路图或数字算式来介绍这些电子元件。方框图分别由各种功能框组成,后面将介绍到,无论这些元件是模拟还是数字电路,方框图都能表达其功能。现代助听器采用数字放大器,但在其输出和输入端也可结合模拟电路使用。

2.1 方框图

20 年前,无论助听器采用何种控制设置,只需要几张频率增益和频率函数图、最大输出声级和频率函数图就可看出大多数助听器的运行原理。而现在的助听器更复杂,于是方框图(*block diagrams*)成为理解复杂助听器如何处理信号的唯一方式。

方框图可显示助听器如何处理信号以及这些操作的流程,同时还可将助听器听力师和用户各自控制钮的位置显示在其工作流程中,以帮助听力师了解调整控制钮会产生什么样的结果。

图 2.1 列出了本书中使用的各种方框图符号。大部分方框图还要在本章后半部分进行更详细的介绍,其中有些方框同义,比如 AC/DC 转换器(*AC/DC converter*)用于压缩放大器时,又称为能级检示器(*level detector*)、均衡电路(*averaging circuit*)或检波器(*envelope detector*)。混频器(*adder*)有时也称为添加器(*summer*)。

带斜箭头的方框表示其性能可由听力师或用户调整,有时也可由其他方框的输出来改变。图 2.1 中给出了一个可变化增益放大器的例子,除了麦克风和受话器,其他方框都可用这种方式来表示是可变化的。大多数方框有一个(或多个)输入和一个输出。

但是,方框图采用的符号并无绝对的标准。图 2.1 显示的是常用方框图符号,还有其他符号可供选择。有些符号的来源非常明显。第三行的滤波器和压缩放大器仅仅表示,采用典型的电声学性能测试方式时得到的结果曲线。滤波器方框内显示的是频率增益曲线,压缩放大器方框内显示的是输入-输出图。

仅使用简单的方框图难以显示高级助听器处理信号的复杂过程。遇到这种情况,可采用适当的方框图符号,并在其内部简单写明信号处理过程。

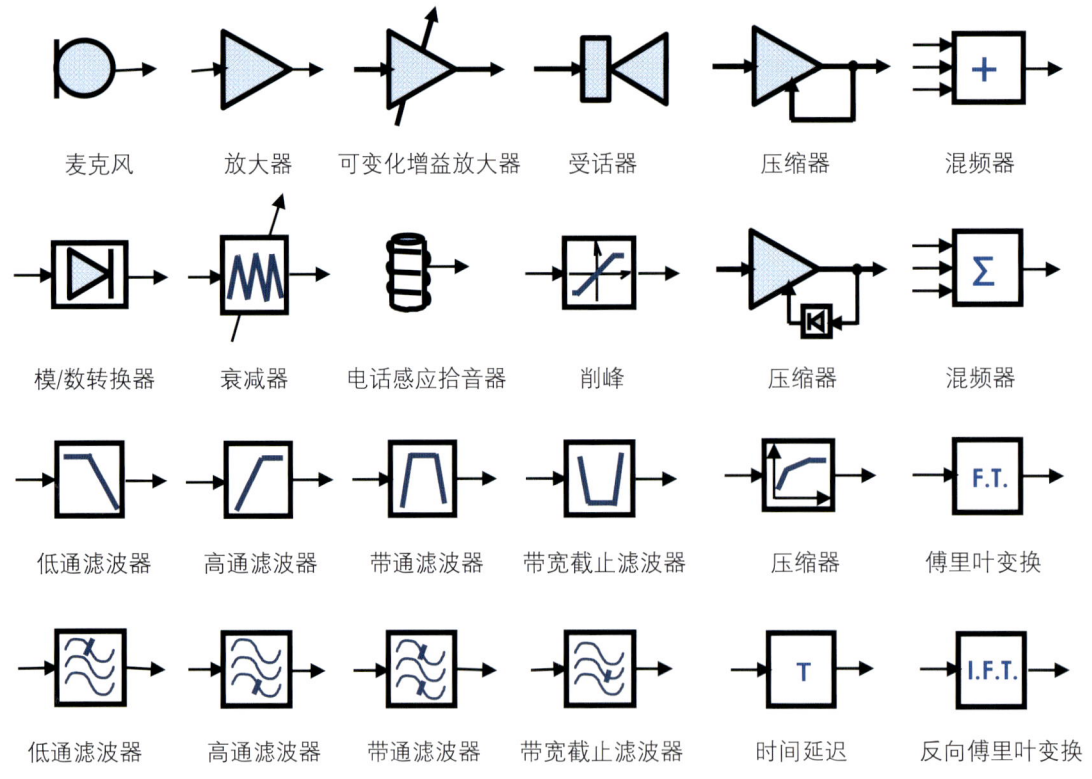

图 2.1　方框图采用的符号。

制作方框图需遵循一些惯例和规则。连接方框的箭头表示信号从一个方框到另一个方框。按惯例，方框图显示的信号处理一般是从左到右，但在复杂的方框图内常有例外，连接线上的箭头可以清楚地标明走向。一条规则是当一个元件的输出端同时与其他几个元件的输入端相连时，整个输出信号会全部输入到与其相连的每一个元件。另一条规则是一个输入端只能与一个输出端相连，因为当两个输出端同时与一个输入端相连时，两个元件都试图向同一个元件输入，会产生逻辑上的冲突。尽管难以避免，但还是建议最好不要有交叉线连接不同的方框图，可以在交叉点处划个圆点表明其连接状态。图 2.2 是一个三通道助听器的方框图，高频通道有一个削峰，低频和中频有一个压缩。

以图 2.2 为例，具体说明方框图能提供什么信息。当您读完本章和第 6 章后，学到了更多关于方框图，尤其是压缩器作用的知识，可能会更有兴趣重温这部分内容。麦克风将输入信号转换成电信号，不同类型的压缩放大器将这些电信号放大，再将电信号分成低频、中频和高频部分。信号的低频波段按照一定量降低，中频波段按照一定量放大，再经一个压缩放大器继续放大，高频波段按照一定量放大，再被削峰。三种处理后的信号重新组合到一起，再经用户或者听力师调试后，传送到受话器。操作助听器时将产生的调试效果可以被推测出来，但上述例子说明了使用方框图能更明白地呈现信息。

2.2 麦克风

麦克风的作用是将声音转换成电流，因其将一种能量转换成另一种能量，所以又被称为**换能器**（*transducer*）。最佳的麦克风（或接近完美）可以完全复制声信号的波形，转化成电信号。麦克风按照线性原理工作，例如输入信号压力加倍，输出电压也会加倍，直到超过麦克风的最大输出电压。麦克风的**灵敏度**（*sensitivity*）是指输入电压与输出声压之比。一般助听器的麦克风的灵敏度为 16mV/Pa，即 70dB SPL 的声压，可以产生大约 1mV 的电压。

2.2.1　工作原理

虽然有几种不同性质的技术可用来制作麦克风，不过从 20 世纪 80 年代起，助听器其实仅仅用了一种麦克风——驻极体麦克风。[917, 1606] 图 2.3 显示的是一种驻极体麦克风的外观，有些驻极体麦克风是圆柱形的。图 2.4 显示的是驻极体麦克风工作原理的横断面图。声音通过入口到达一个表面有金属涂层的很窄、很有弹性的薄片的一侧，称为**振膜**（*diaphragm*）。声波压力波动导致振膜上下振动（振动幅度非常小，肉眼看不到）。一个很小的空隙将振膜与一块坚硬的金属板隔开，这块金属板被称为**背板**（*back-plate*），背板表面涂有一层薄薄的聚四氟乙烯被称为**驻极体**（*electret*）。背板上的隆起处将振膜撑起，背板的小孔允许气流通过。

驻极体，顾名思义，指其永久储存的电荷，由一边较多的电子和一边较少的电子构成。这些电荷会吸引反向电荷到振膜和背板。声压推动振膜振动时，振膜与驻极体之间的距离发生变化，从而引起相对电荷间的作用力变化，换言之，也就是背板和振膜之间的电压发生变化。振膜的振动将声信号转化成电信号。麦克风内置放大器，其作用是将麦克风产生的微弱电压放大并传输到助听器的主放大器。麦克风放大器有时也被称为**场效应晶体管**（*Field Effect Transistor*，*FET*），因为它是由一种被称为 FET 的晶体管制成的。麦克风放大器也被称为**缓冲放大器**

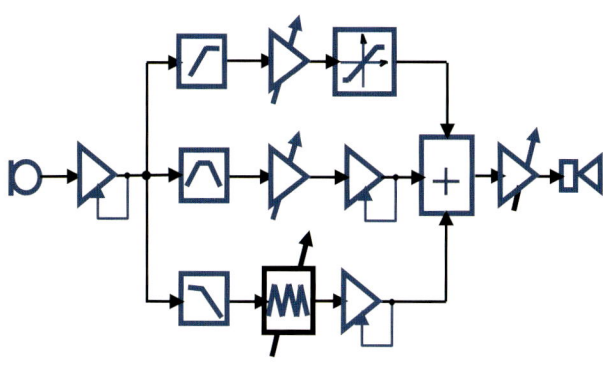

图 2.2　三通道压缩助听器。

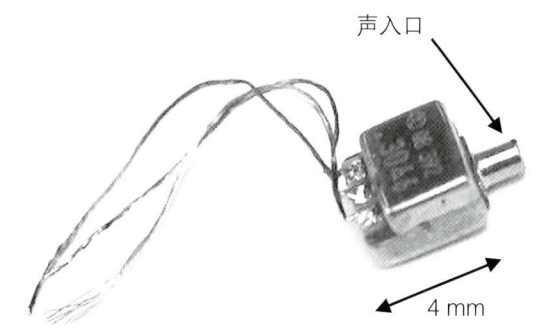

图 2.3　驻极体麦克风。

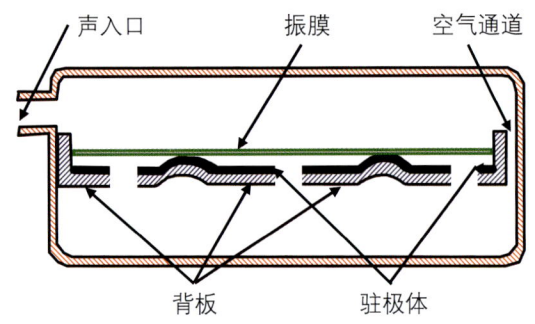

图 2.4　驻极体麦克风横断面图。

（buffer amplifier）（因为它处在主放大器与麦克风之间）或跟随器（follower）（因为麦克风放大器输出的电压随背板和振膜之间的电压变化而变化或与之相同）。

完全电子麦克风已经投入使用。硅麦克风（silicon microphone），也称为晶体管（solid state）、集成（integrated）或微电子机械系统（micro-electro-mechanical system，MEMS）麦克风，与集成电路制作工艺一样，将硅材料刻蚀一部分，然后在腐蚀处镀上几层其他材料。当然麦克风厂家希望在彻底解决灵敏度较低和内部噪声高等问题后（目前技术已经非常接近），能用硅麦克风取代驻极体麦克风，从而使之体积更小、更可靠，而且可以批量生产（可以提高方向性麦克风的可预测性）。未来硅麦克风价格应该更低，因为生产工艺更自动化，还能采用与助听器放大器所用的集成电路硅材料相同的材料。

2.2.2　麦克风的频率响应曲线

虽然由于设计或意外等原因，驻极体麦克风的频响曲线偶有变化，但基本上，其频响曲线还是较平坦的。助听器采用的驻极体麦克风经常有意采用低频截止，这样会降低助听器对环境中高强度的低频声音的灵敏度。尽管健听人也难以感知这些低频噪声，但如果不降低这些声音强度，低频噪声会使麦克风或整个助听器过载。

实现低频截止其实很简单：振膜前后之间有一个很小的通道，允许低频声音同时振动振膜的两端，从而降低振膜的振动效果。开口越大，衰减越多，衰减的频率范围也越宽。开口也可以起到平衡振膜前后之间压力的作用，与咽鼓管平衡中耳与大气压的功能类似。定制式助听器内可采用低频截止效果不同的麦克风来帮助助听器达到预期的增益频

率响应。

第二个影响麦克风频响曲线的因素是麦克风内的声学共振。麦克风入口处的空气（声质量）会与振膜上面的空气（声顺或弹簧）产生共振。振膜的机械顺应性和振膜下面的空气性也会增强共振，这一现象称为亥姆霍兹共振（Helmholtz resonance）①。该共振导致增益频响曲线在 4~10 kHz 处，出现一个约 5dB 的峰值。声入口越短、越粗，共振频率越高，其结果是高频的带宽越宽。图 2.5 显示了一个低频截止低于 500 Hz、共振频率在 5 kHz 的麦克风的增益频响曲线。由于共振的存在，在共振频率之上，频率升高时，麦克风的灵敏度会降低。

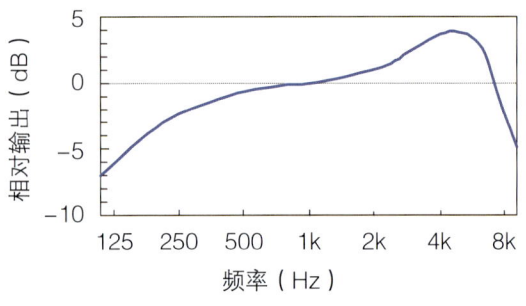

图 2.5　声入口有导声管的典型驻极体麦克风的频响曲线。

2.2.3　麦克风的缺点

麦克风的主要缺点是，如果接触到像汗水一样的化学物质，就会出现故障。

简单讲，电子元件都会产生少量的随机电气噪声（random electrical noise），麦克风也不例外。空气分子随机运动撞击振膜与麦克风放大器内部的随机电活动都会产生噪声。助听器的放大器将这些噪声放大后，用户在安静环境下，有时能听到这些噪声，尤其是某些频率的听力基本正常的用户更易听到。采用了内部声学通道来迅速衰减低频响应的助听器麦克风，其噪声最大。

麦克风的第二个缺点是不仅对声音敏感，对振动（vibrations）也敏感。因为麦克风振动时，振膜的物理惯性导致振膜移动幅度比麦克风外壳的振动幅度要小。这种振动类似声波，导致麦克风产生出一个反映该振动幅度和频率特点的电压。这一现象

---

① 当处在赫姆霍兹共振频率，导声管内空气和与管道相连体积内的空气相应产生共振，正如在弹簧上的物体很容易在其共振频率处振动一样。

的后果是什么呢?

麦克风对振动敏感的第一个结果就是会将所有振动都放大成令人烦恼的噪声。譬如助听器机身与外部摩擦的声音(如盒式助听器与衣服的摩擦)就会被听到。而身体的直接振动,如在坚硬的地面上跑步,也会产生恼人的巨大噪声。

第二个结果是当助听器受话器工作时,不仅会产生声音,也会产生振动,麦克风会拾取这些振动,将其转化成电信号放大,再传到受话器后,又会进一步产生更多的振动。

如果从受话器传输到麦克风的振动过大并且(或)助听器的增益过高,整个反馈环路可能会产生低频啸叫。助听器设计者通过小心安装和放置麦克风及受话器,可以避免这种情况发生,但是一旦有任何一个元件移位,助听器就会由于内部反馈环路而变得不稳定。

ITE、ITC 或 CIC 助听器更有可能出现换能器移位,因为它们体积较小,且为定制机,修理时可以对一个或两个换能器进行复位。通过测试助听器耦合腔反应可识别人耳听不到的**内部声反馈**(*internal feedback*)。音量或增益较高时,通过频响曲线上出现的起伏可发现内部声反馈。

麦克风的第三个缺点是当输入声压过大时,麦克风会发生过载或失真。

助听器的设计或制作出现问题时,有可能造成麦克风的第四个缺点。如果麦克风的声入口处安置的是一根又细又长的导声管,会导致前面所提到的赫姆霍兹共振的共振频率下降,从而导致增益频响曲线出现较大的峰值,在该峰值频率以上的频率的增益会快速下降。

麦克风的最后一个缺点是**风噪声**(*wind noise*)。当风撞到障碍物,例如头、耳郭或助听器时,会产生湍流。[458]湍流本身有明显的压力变化。如果麦克风不加选择地将这些变化转化成声音,便会产生以低中频为主的可听到的噪声。即使是中等风速也会在麦克风输入端产生非常高的声压级,有时足以导致麦克风过载。[1954]

麦克风输入端远离风流可减小风噪声的能量。一种解决方法是在麦克风入口处放置一点泡沫塑料,虽然外观不雅,但是非常有效。[651]比较美观的方法是将麦克风放置在耳道内,如 CIC 助听器。[1954] 助听器面板在耳道的位置越深,越容易避免风噪声。另一个方法是将声入口做大,并罩上筛网或防风罩。[459]这样可以减小噪声,因为大开口之间的声压变化会相互抵消,从而降低风噪声,这是小开口做不到的。对有些人来讲,更有效的方法是围一个轻便的围巾,围巾编织宽松,既不妨碍声音传导,也不会产生反馈啸叫。[191]这样能阻止风吹击助听器和耳郭,更重要的是可以防止头部产生的湍流进入麦克风入口。

2.2.4　方向性麦克风

方向性麦克风(*directional microphones*)在对某一方向的声音保持很好的灵敏度的同时可以抑制其他方向的声音。

人们经常采用**方向性灵敏度模式**(*polar sensitivity pattern,PSP*)表示麦克风的方向灵敏度。图 2.7 是文本框中所描述麦克风的 PSP 示意图。由于呈心形,故又被称为**心形曲线**(*cardioid*)。在第 7 章将进一步介绍通过改变内外部时延比(见文本框)如何生成一系列方向性灵敏度模式。与方向性麦克风相对的是**全向性**(*omni-directional*)麦克风(即非方向性麦克风),仅有一个声入口和一个方向模式。

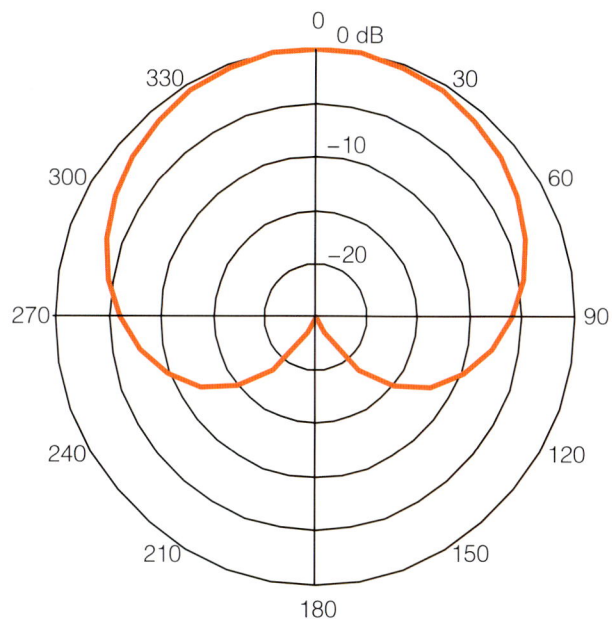

图 2.7　具有心形曲线灵敏度模式的麦克风的方向灵敏度(dB)。

最佳方向模式是什么?在现实生活环境中,不想听到的噪声几乎来源于各个方向。即使只有一个或两个噪声源,房间的反射也会使噪声从各个方向

> **方向性麦克风工作原理**
>
> 如图 2.6 所示,声音从两个独立的声入口(麦克风导声管的开口端)传送到振膜的两端,麦克风的灵敏度依赖于声到达的方向。以下两种延迟决定了麦克风的方向性性能。
>
> - 最大程度外部时间延迟:这种时延无论从前面还是后面,都是声音从一个声入口到达另一个声入口所需的时间,这种时延约等于两个声入口之间的距离除以头部附近的声音速度。*
> - 内部时间延迟:这种时延出现是因为后声入口设置有阻尼器(请参阅第 2 章 2.7),与振膜下面的空腔一起,形成一个低通滤波器,允许大多数频率声音无衰减地通过,但滤波器自身会产生延迟。[255]
>
>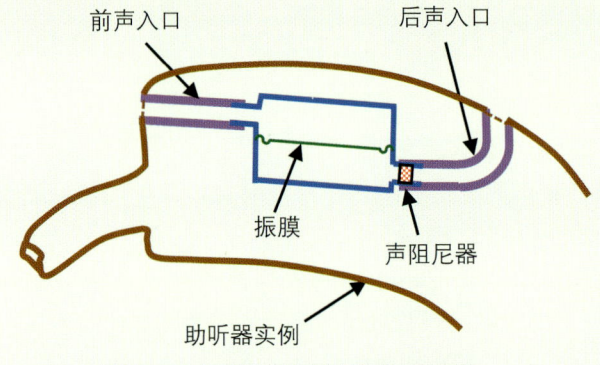
>
> 图 2.6 方向性麦克风内部的声通道。
>
> 从后方传来的声音进入前声入口比后声入口晚,而低通滤波器使后声入口的声音延迟。如果内部时延和外部时延相等,则后方来的声音可同时到达振膜的两端,这样振膜就不会振动,这样的麦克风对后方的声音不敏感。如果内部时延比外部时延短,那么这样的麦克风对其他方向传来的声音就敏感。
>
> * 声音的有效速度比头部附近的声音速度慢,因为头部附近的波会围绕头部产生两个方向的衍射。[1121]

传递给助听器佩戴者。相反,如果助听器佩戴者靠近他想聆听的讲话者时,大部分想听到的信号可直接从前方传来。如果想在噪声环境下达到最高的可懂度,好的方向性麦克风应该对正前方声音最敏感,而对所有其他方向噪声的平均灵敏度要尽可能低。

对前方声音的灵敏度与其他方向平均灵敏度的比值称为**方向指数**(*directivity index*,DI)。①"其他方向"可限定在水平面上(二维 DI)或空间里的所有方向(三维 DI)。

有时,助听器参数会引用前向灵敏度与后向灵敏度的比值。这个**前后比值**(*front-to-back ratio*)除了来自助听器佩戴者后方的噪声外,并未对助听器抑制来自其他方向噪声的有效性进行任何说明,因而会产生误导。

图 2.7 显示的是只有将助听器悬挂在自由声场中才会得到的方向性模式,因为戴上助听器时,头部自身会产生一个独有的方向性模式。事实上,即便全向性麦克风戴在头上也会出现一定方向性,对两侧声音的灵敏度会高于前方,BTE 助听器更是如此。这是因为头部和耳郭会使来自声源和麦克风之间的声音衰减;而当麦克风处在头部、耳郭和声源之间时,又会使声音强度增强,因而形成了方向性。头部衍射引起的增强和衰减效应会随着频率增加而增强(图 15.6)。

BTE、ITE 助听器应用方向性麦克风已有数十年,BTE 助听器的应用最普遍。[1458] 早期助听器的方向性麦克风设计比较简陋,即便戴上助听器,其方向性也并未明显改善。[91]

当助听器佩戴者想听清楚后方人讲话时,方向性麦克风会起到负面作用。现在市场上有两种方法解决这个问题。第一种是在助听器内同时内置方向性和全向性麦克风,由助听器使用者(或助听器本身)决定哪种情况下使用哪种麦克风最合适。

第二种方法应用更广,是在助听器内放置两个独立的全向性麦克风,每个麦克风都只有一个声入口。当需要全向性灵敏度模式时,助听器会选择使用一个麦克风的输出或将两个麦克风的输出叠加。当需要方向性灵敏度模式时,两个麦克风将以不同的方式组合使用。在这种**双麦克风**(*dual-microphone*)技术中,第二个麦克风的输出会被电子延迟并从第一个麦克风的输出中减掉,与使用一个方向性麦克风的声学处理过程完全相同。

不管采用哪种解决方式,使用者可以在方向性

---

① 更精确地讲,**方向性因数**(*directivity factor*)是指麦克风对前方声源输出的能量与麦克风对其他所有方向声源输出的能量的比值。**方向指数**是指该方向性因数的分贝值。

和全向性两种方式之间切换，可以充分享用方向性麦克风的优势。[1460]

图 2.8 显示的是不同种类助听器的方向指数与频率关系的曲线。需要注意的是，助听器的实际 DI 有可能大于或小于图示，这和设计（主要是声入口的间隔和内部低通滤波器或采用的时延方式）相关。手持式、胸挂式、眼镜式或双侧麦克风阵列的 DI 比图 2.8 所示得更大。在自由场中测量全向性麦克风的 DI 为 0dB，但是戴在头上后，DI 的值取决于麦克风的位置，低频在 -1 ~ 0dB 之间变化，高频在 -1 ~ 2dB 之间变化。

方向性麦克风本身的频响曲线为高通增益频响曲线，逐渐降低 2kHz 以下的增益。可采用电子滤波器增加低频增益，这样可以补偿一部分低频增益，但是这个滤波器也会增加麦克风的内部噪声，导致麦克风过载。

助听器佩戴者抱怨最多的问题是背景噪声的干扰。方向性麦克风对助听器非常重要，因为它们是可以提高**信噪比（Signal-to-Noise Ratio，SNR）**，并提高可懂度的唯一信号处理技术。有研究已经证明了方向性麦克风的优势。[705, 923, 1034, 1824] 通过平均各频率的方向性可以预测常用方向性麦克风改善佩戴者在噪声环境下理解无回响言语能力的程度。环境中的混响越多，这种改善作用越小，除非声源可以非常靠近聆听者。

第 7 章将更详细介绍常用的高级方向性麦克风、麦克风阵列的技术、测试、优点和缺点。

2.2.5 麦克风的位置

助听器的麦克风经常位于助听器内，但也可放在辅听设备中，例如，手持式麦克风、无线发射系统或放在头部另一侧的卫星麦克风。第 3 章和第 17 章将详述这些设备。第 4 章 4.3.2 将讨论麦克风在不同位置时的声学效果。

2.3 放大器

放大器的基本功能很简单，就是将微弱电信号放大为强电信号。由于麦克风已经将声音转化成电压和电流，放大器有以下三种放大的方法：第一，仅放大电压，但是不影响电流；第二，仅放大电流，但是不影响电压（我们已在麦克风时见过一例）；第三，也是最常见的，将电流和电压都放大。① 三种方法都能使从放大器输出的信号相对于输入信号获得更多的能量。当然，这些增加的能量必须有出处才行。放大器的功能就是从电池获得能量，并按照输入的要求将能量传递给放大器的输出信号。因此，放大器的输出波形（电压、电流，或二者）不过是输入波形的放大而已。

2.3.1 放大技术

晶体管（transistor）是模拟放大器的重要元件，它允许一个比较小的电流（或电压）控制另一个电流。虽然单一晶体管也有放大功能，但是几乎所有放大器都是由几个晶体管和电阻器组成的，可以起到比单一晶体管更好的放大作用。我们采用电子照相和化学技术将这些晶体管和电阻器制作成**集成电路（integrated circuit，IC）**。制作晶体管有两种不同的技术：双极和互补金属氧化物半导体（Complementary Metal Oxide Semiconductor，CMOS），二者各有利弊。双极晶体管的内部噪声较低，而 CMOS 晶体管的耗电量较低。这两种类型在助听器中均有应用，且内部噪声和耗电量都在可接受范围之内。一个 IC 放大器有可能包含几十个到几千个晶体管，这取决于助听器的复杂程度。现在几乎所有的助听器都采用数字信号处理技术（请参阅第 2 章 2.4），本章介绍的模拟放大器应用已较少，主要用在助听器的输入和

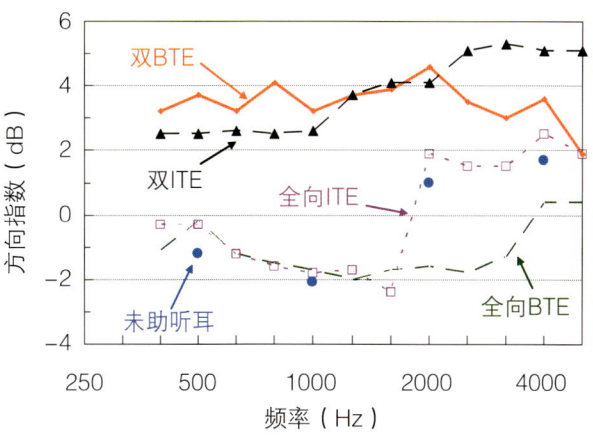

图 2.8 在水平面上测量的方向性 / 全向性 BTE 和 ITE 助听器的方向指数，[1504] 以及在 KEMAR 上测量的未助听耳的方向指数（蓝色的点）。[454]

---

① 对于电压和电流不熟悉的读者，以水为例来解释可能更容易理解：电压就相当于水压，而电流就相当于水流。

输出上,这和过去其在全模拟助听器中承担主要放大功能已大不相同了。

完整的放大器也需要其他的电子元件。二极管（*diodes*）可以让电流单向移动,而不是双向,用它来感知信号大小,并把其做到集成电路中。电容器（*capacitors*）有许多作用,包括制作滤波器。如果电容器体积足够小,可以做到集成电路里。如果体积较大,就要采用独立的电容器。

如图2.9所示,大多数助听器的集成电路都已嵌入到有印制接口的电路板（*circuit boards*）中。制作电路板可采用玻璃纤维（坚硬的）或塑料（柔软的）,也可以采用陶瓷制作电路板,它被称为基板（*substrates*）。电路板有两个功能。第一,它们连接IC与各独立元件（如电容器）。第二,与把连接点直接做到IC上相比,电路板使助听器组装人员（或机器）更容易将其他元件（如电池终端和音量控制钮）连接到放大器上。人们将IC的电路板、内部连接点,有时包括其他元件,统称为混合物（*hybrids*）（因为它们包括不同类型的电气元件）,虽然有时这个词是指陶瓷电路板。

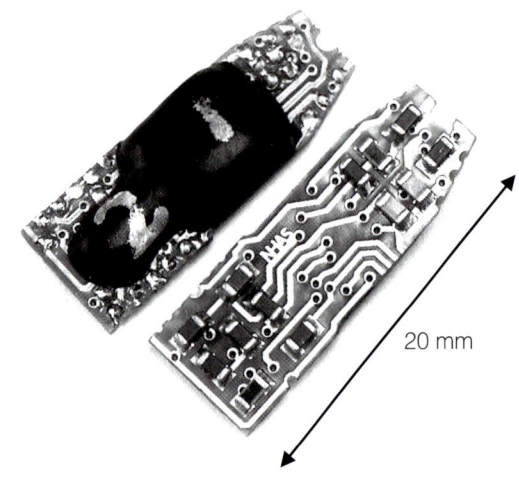

图 2.9 大功率BTE助听器的放大器电路板。集成电路嵌在一侧（在保护涂层下）,其他元件嵌在另一侧。保护涂层可保护集成电路免受物理损伤以及潮气和污染物的侵蚀。

2.3.2 削峰和失真

理想的放大器应该具有理想的增益频响性能,不产生内部噪声,不管输入信号多大,都不会失真。当然,现实中的放大器与理想中的有不同程度的差距。最明显的差距是当输入信号过大时,放大器便无法正常运行。

放大器产生的信号电压不能超过规定的最大值。这个最大值一般与电池的电压相等或相关。一旦放大器内最大的信号（通常是输出信号）接近最大值,则无论是输入信号的强度还是放大器的增益增加时,放大器都会削减（移除）信号的峰值。正如第2章2.3.3讨论的,压缩放大器是个例外。

图2.10显示的是当输入信号为正弦波时,削峰（*peak clipping*）产生的输出信号的波形。虚线表示的是没有削峰发生时输出的波形。因为输出不再是正弦波,它包含了输入信号中没有的频率成分。这些额外的成分被称为失真产物（*distortion products*）。当输入信号为正弦波时,失真产物的频率为输入频率的谐波（即整数倍）。因此,该过程被称为谐波失真（*harmonic distortion*,HD）。所有放大器都会产生失真,如果将信号充分削峰,所有放大器都会产生大量失真。如果削峰是对称的,则仅在奇数次谐波处产生失真产物。如果不是对称的,则会在奇数次和偶数次谐波处都产生失真产物。通常,次序靠后（第二或第三）的谐波能量最大,所以我们有时用这两种成分的能量相对于目标信号的能量来量化失真。更常用的做法是用所有失真产物能量的总和与所需输出信号的能量相比,称为总谐波失真（*Total Harmonic Distortion*,THD）。

失真量过多时会破坏言语或其他信号的音质。[16, 370, 701, 858, 969, 1734, 1769] 当能量较大时,也会降低可懂度。[369, 370, 620, 826] 即使当失真仅占所有信号的10%

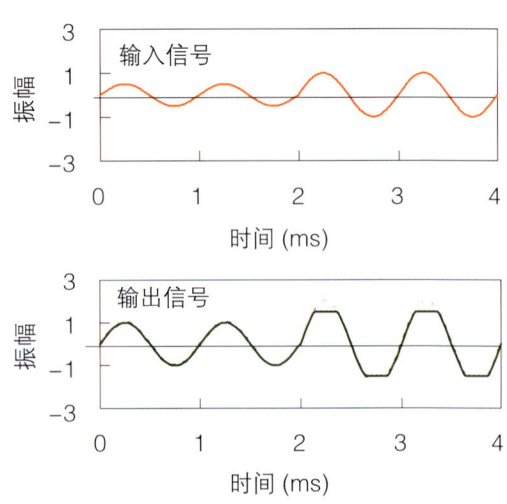

图 2.10 信号被线性放大（0~2ms）,但是只要输出信号（2~4ms）达到放大器能传输的最大信号幅度时,就会发生削峰。

时，也会对言语质量产生不利的影响。[1031] 我们将在第 10 章 10.7.2 讨论在什么情况下可以使用削峰，甚至应该推荐使用削峰。

当对复杂信号削峰时，失真产物可在输入信号中各频率的谐波以及所有谐波结合后的频率处产生。例如，如果两个纯音输入的频率为 f_1 和 f_2，失真产物将在如 $2f_1$、$3f_1$、$4f_1$、$2f_2$、$3f_2$、$4f_2$、f_2-f_1、$2f_2-f_1$、$2f_1-f_2$、$3f_1-f_2$ 等频率处产生，这几处频率仅是举例。虽然失真的原理几乎与谐波失真（削峰是最常见的原因）一样，但是由于失真产物是在输入信号的每个成分与其他成分互相调制（相互交替）的过程中产生的，所以这种失真又被称为**互调失真**（*intermodulation distortion*）。

虽然我们这里仅从放大器工作的角度来讨论削峰和失真，但是助听器的麦克风（不常见）和受话器（更常见）也可对信号削峰。数字信号处理器过载时，也会产生削峰和失真，甚至会出现更严重的失真。

模拟助听器一般将几个放大器串联，最后的输出放大器将耗用大部分的电池电流。根据助听器的功率和其他设计要求，可以采用几种类型的放大器（A 类、B 类、C 类和 H 类）。[436] 数字助听器一般在模/数转换器之前设有一个前置放大器，或者使用一个输出放大器，以在数/模转换器后获得最大输出功率（请参阅第 2 章 2.4.6）。

2.3.3 压缩放大器

第 1 章 1.1.2 讨论了感音神经性听力障碍者的听觉动态范围较健听人窄的情况，所以高强度输入信号的增益要比低强度输入信号的增益小。第 6 章和第 10 章 10.4 将详细介绍当输入信号强度增加时，为什么要降低增益，以及该怎样降低增益。当输入声音强度变化时，压缩放大器的工作就是改变增益。这个概念很简单，可追溯到 1937 年。[1695] **压缩器**（*compressor*）本质就是一种在放大器的输入（或输出）增加时，可以降低自身增益的放大器。

图 2.11 显示的是**反馈压缩器**（*feedback compressor*）的方框图。在反馈点 F 的信号被反馈给强度识别元件，它将快速变化的音频信号转化成缓慢变化的控制信号。控制信号的大小代表了 F 点处一定时间内信号的平均强度。将控制信号反馈给压缩放大器的输入控制 C，给压缩放大器发出指令，以选择给输入

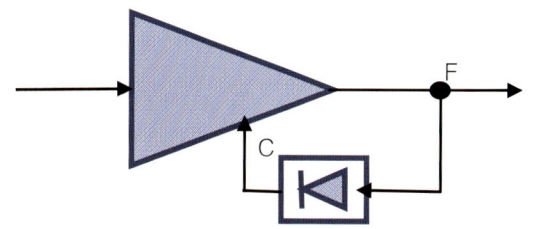

图 2.11 基本的反馈压缩放大器方框图。

信号多大的增益。压缩放大器的输入控制不能直接采用 F 点的瞬时声波的原因是，如果压缩器增益随着瞬时声波增大而降低，压缩器会对声波的精细结构造成失真。当压缩器逐渐改变声波的增益时，并没有改变声波的精细结构。我们也称压缩放大器为**自动增益控制**（*automatic gain control, AGC*）或**自动音量控制**（*automatic volume control, AVC*）。只有当放大器非常缓慢地改变增益时才采用最后一个术语。

图 2.12 显示的是压缩器对强度变化的输入信号的影响。注意信号内低强度和高强度之间的差异在缩小，但是对声波细节并无明显影响。当输出信号强度增加时，压缩器的功能就像在助听器内有个人的手指，能迅速但平稳地调低音量。

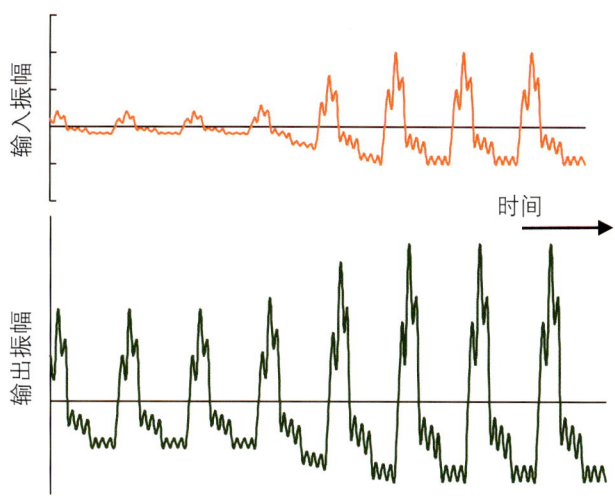

图 2.12 压缩器对不同幅度波形的影响。

2.4 数字电路

前面章节讨论的放大器和信号无疑都与**模拟**（*analog*）技术相关。模拟技术大约出现在电话发明以后，因用电压（或电流）模拟声压而得名。声压

加倍，麦克风输出的电压也加倍。在20世纪90年代中期，一项已有20年研究历史的新技术被用到耳背式助听器的商业市场上，这就是数字（digital）技术，而现在市售的助听器几乎都采用数字技术。数字技术的优点包括更易准确调试，内部噪声较低，以及可以在体积很小、低功耗的集成电路上进行复杂运算。

与模拟助听器一样，数字助听器的麦克风将声信号转化成模拟电信号。如图2.13所示，模/数转换器根据将在下节中讨论的原则，将电压转换成一系列数字。随后，在数/模转换器将这些数字转化成模拟信号之前（请参阅第2章2.4.6），助听器数字信号处理器会对这些数字进行运算（请参阅第2章2.4.2 ~ 2.4.5）。

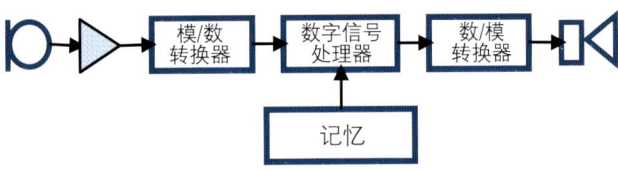

图2.13 数字助听器的基本元件包括前置放大器、模/数转换器、数字信号处理器、数/模转换器和有特定放大特性的记忆程序。

2.4.1 模/数转换器

在数字技术里，一串不断变化的数字代表声音。模/数转换器（Analog-to-digital converter，ADC）的功能就是将麦克风传来的模拟电信号转换成数字信号。这个过程中，采样（sampling）是第一步。助听器首先按一定时间间隔记录下信号大小，而完全忽略在这些采样点间出现的信号值。如果希望采集的信号能更好地再现源信号，采样频率最好连续不断，采样必须一个接一个，其速度必须抢在信号声波发生明显的方向变化之前。数学运算证明如果采样频率（sampling frequency），也称为采样速度（sampling rate），是复杂声信号中最高频率的2倍以上，就可获得源信号的所有信息。因此，当助听器放大一个10kHz信号时，其采样率至少应该为20kHz，这意味着每秒采样20000次，即每50μs采样1次。

助听器必须有一个低通滤波器，以确保传到模/数转换器的信号频率低于采样频率的1/2。[①]这种滤波器称为抗混叠滤波器（anti-aliasing filter）。如果到达模/数转换器的信号频率高于采样频率的1/2，助听器也会把它当成是低于采样频率1/2的信号处理。即将高频率信号混叠为较低频率信号。抗混叠滤波器有时可作为模/数转换器的一部分，以防止发生失真。任何滤波器都会有瑕疵，部分刚刚高出截止频率的声音有可能通过滤波器，所以实际上采样频率应该比理论最小值高出10% ~ 20%。

如图2.14中每一个箭头所示，当声波采样后，可用一个数字代表一个采样点。数字采样系统的设计者决定使用多少个不同数字。简单讲，假设只允许用-3到+3之间的8个整数，图2.14底部方框内的数字（称为编码）就可体现该图上方的波形。因为这些数字在可允许应用数字范围内，且与采样点处的值最接近。采样后的声波被数字化（digitized）了。

接下来就是必须将这些数字编码分解成二进制数字（bit）。[②]日常生活中常用的数字有10个（0 ~ 9），我们可以将这些数字与10、100、1000等相乘，变成更大的数字。二进制数字只有两个值（0、1），我们可以将这两个值与2、4、8、16等相乘变成更大的数字。表2.1的第一列显示了图2.14底部方框里的数字，其他列显示了与这些数字相一致的二进制数字。因为我们需要表达数字的正负，所以数字的第一个字节就代表了它的正负。

我们可以很容易看出，就像3位字符可以表达8个数字一样，我们可用4位字符表达16个数字，5位字符表达32个数字等等。家庭CD播放机采用16位字符表达声音，16位字符可表达65536个不同的数字。助听器采用相似数量的二进制数字。8个二进制数字组成一个字节（byte），计算机爱好者炫耀他们的电脑或硬盘有多大内存时，会提到字节。人们常用兆字节（一百万字节）、千兆字节（十亿字节）和兆兆字节（一万亿字节）衡量这些设备的内存容量。助听器需要的内存较小，只要设定的电声性能令使用者满意即可。

---

① 这个频率与采样频率的1/2相等，称为奈奎斯特（Nyquist）频率。

② 实际上，在ADC内部的操作就是，选择最接近的允许值，并以二进制数字的形式表达这个值。

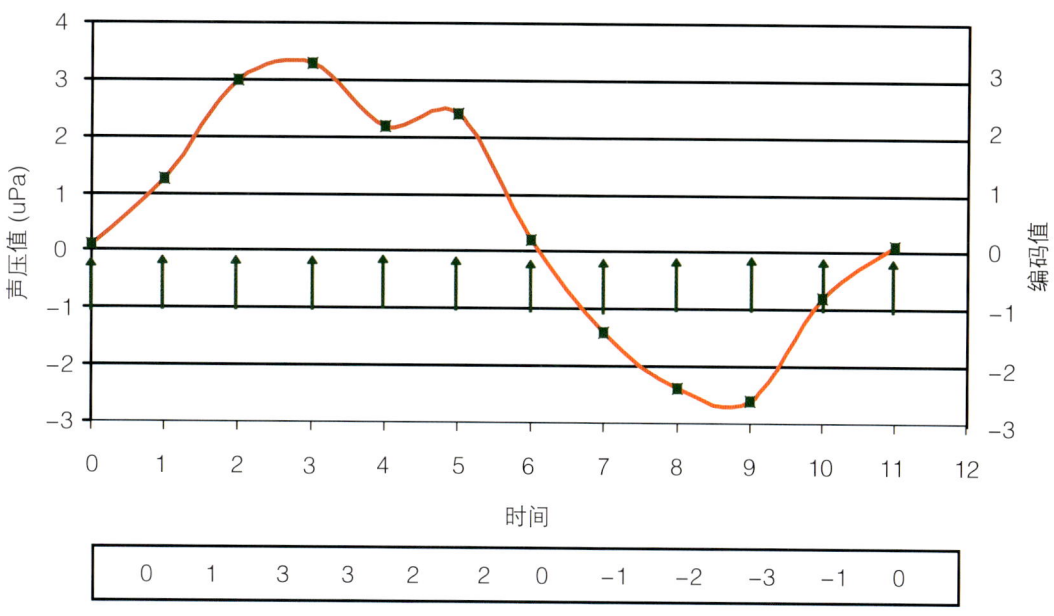

图 2.14 模拟波形（左侧纵轴描绘），采样值（波形上的圆点表示），采样信号（一系列的箭头代表），数字编码（可从右侧纵轴读出），采样值（在时间轴下面的方框里）。

表 2.1 将图 2.14 的数字编码值分解成三位字符

数字编码		四位	二位	一位
0	=	1	0	0
1	=	1	0	1
3	=	1	1	1
3	=	1	1	1
2	=	1	1	0
2	=	1	1	0
0	=	0	0	0
−1	=	0	0	1
−2	=	0	1	0
−3	=	0	1	1
−1	=	0	0	1
0	=	1	0	0

为什么必须把采样点的值变成二进制数字？第一，对电脑来讲比较方便，因为它们用"开"或"关"，最有效地表达信号，且很容易将其看作是二进制数字。① 更重要的是，只有两个值的话，在保存、传输或以任何方式使用信号时，信号几乎不受影响。假设助听器内"0"相当于 0V，"1"相当于 1V。当信号在助听器内从一处传到另一处时，如果助听器内部噪声将 0V 的信号转化成 0.1V，你知道会出现什么结果吗？什么都没有！因为助听器知道只有 0V 或 1V 的信号是允许的，便会把受到影响的信号当作其最接近的允许值进行处理，即 0V。助听器的内部噪声不会导致任何计算上的错误；然而，对于模拟信号，这个噪声会不可避免地与信号混在一起，最终传递到使用者的耳朵。需要注意的是，这个优点仅适用于助听器数字电路产生的内部噪声，对助听器拾取的噪声，麦克风、前置放大器或 ADC 产生的噪声并不适用。

2.4.2 数字信号处理器

除了免受噪声的干扰外，数字化还有第二个优点。一旦声音由一系列数字来表达的话，我们只需对这些数字进行运算，就可以修改声音。例如，如果我们想将声音放大 6dB，以前我们必须将声音强度加倍。而数字电路每个样本乘以 2 即可做到。想要更大的增益，每个采样点的值乘以更大的数字就可以。适当结合算数运算可实现对声音的其他改变。例如，我们可以将前一个样本的一部分加入随后的声音样本中，这样就可以制造出低通滤波器。我们可以认为这是对一系列数字的平均或平滑，这样可降低任何急剧波动的幅度（如高频成分）。通过运算我们可以像应用模拟电子技术时一样对声音进行各种修改。值得庆幸的是，正如第 7 章和第 8 章将讲到的那样，数字电子技术不仅能完成模拟电子技

---

① 在计算机或数字信号处理器内部，有电压通过传输器即为"0"，没有电压通过传输器即为"1"，反之亦然。

对信号的处理，还可以进行更多工作。助听器采用的两种差别较大的数字信号处理器，分别被称为 固定线路（hard wired）和通用运算处理器（general arithmetic processor），以下两节会讲到。

2.4.3 固定线路数字处理

固定线路数字助听器使用的处理器，其不同部分行使不同的功能（如压缩器或滤波器）。这些元件以特有的固定顺序连接到一起。也就是说，声波的采样点以特定的顺序通过处理过程中的各个元件，而每个元件仅能执行已经设计好的功能（如压缩、滤波）。

换一种方式来解释，假如我们用方框图来表示数字助听器的话，数字助听器只能按照方框图描述的方式来处理声音。因此，对数字助听器放大或滤波的量可以进行灵活编程。如果方框图适合使用者的听力损失，且每一个调试元件的参数值（压缩率，滤波器转折频率）也适合使用者，则固定线路数字助听器没有缺点。现在市售的固定线路数字助听器的放大特性均可被灵活地调试。

2.4.4 通用运算数字处理

内核仅含有运算处理器的数字助听器是固定线路数字助听器外的另一选择。这样的助听器怎样工作呢？与计算机一样，靠软件工作！如果软件告诉助听器将信号滤波成三个平行的频带，然后在每个频带内对信号进行压缩，再将三个信号合并在一起，那么此时这个通用运算处理器就好像是一个三通道压缩助听器。如果将不同的软件下载到助听器，助听器就可能像一个单通道削峰助听器。原则上讲，这类助听器的功能基本不受限制。但是，如第6章和第8章所述，目前这类助听器所具备的功能还很有限。（当然，我们希望助听器放大的声音总是舒适、清晰且不含任何噪声的。但是很可惜，除非我们知道数字信号处理器通过怎样的程序才能达到如此美妙的境地，否则我们的愿望是不切实际的。）

如果内置通用处理器的助听器在工作前必须被调制成某种特定的方框图，那么采用通用处理器还有用吗？答案是肯定的，通用处理器的超强灵活性至少可以在以下四个方面体现优势。第一，助听器组装好后，根据厂家安装的软件，可将助听器以不同的类型推向市场，厂家由此降低了成本，最终也会使消费者受益；第二，助听器厂家可将助听器作为超级灵活的助听器推出，用户可用遥控器选择不同信号的处理程序（每个都有自己的方框图）；第三，当研发出新的、更好的处理程序时，如果用户的助听器有足够的处理能力，他只需购买新的软件用在自己的助听器上；第四，一个新的运算方法从开发到广泛应用所需的时间应该远比开发一个专用集成电路所需的时间短。

正因为如此，我们应该将助听器看成是一台计算机，由硬件和软件（除验配软件外）两部分组成，每个部分可以单独升级，而不必改变另一部分。现在有专门提供助听器信号处理软件的公司，他们把软件销售给助听器生产公司。将来，这些软件公司也有可能直接将软件卖给听力师。

然而，提高灵活性是要付出代价的。与固定电路数字助听器相比，通用处理器助听器的每一个独立的运算均需要更多运算能力（要耗费更多电量）。换言之，与通用运算处理器相比，在使用同等电量时，固定电路处理器可以进行更多复杂的运算。

有时也可将通用运算处理器助听器称为 开放平台（open platform）。[1394] 因为除了集成电路厂家能嵌入其编写的运行软件外，它对大众是开放的。现在有些市售的助听器是属于开放平台的。

虽然我们将固定线路和通用运算处理器作为仅有的两种选择进行介绍，但是实际上它们只是两个极端。通用运算处理器也可包含特定的固定线路以更高效地进行经常重复的计算。相反，固定线路处理器也可以包含一个小的通用运算处理器，来控制如何设定固定线路电路的各部分。相信不久，大多数数字助听器可能是固定线路和通用运算处理器的混合体。将来，运用通用运算处理器进行处理的比例会越来越大。

这意味着听力师无须关注信号是怎样处理的，而只要知道助听器包含什么性能可以使患者受益以及是否能按照患者的需要来灵活选择这些性能就行了。实际上，助听器是由固定数字线路、通用数字电路、模拟电路，还是由其他什么组成的都无关紧要。助听器并不是因为它们采用了什么技术就一定能提供更多的好处。

2.4.5 连续处理，单元处理，助听器时延

助听器放大声音的方式随频率而变化。为了实现基于频率的放大，数字助听器采用两种不同的方

式处理声音。第一种方式与模拟助听器处理信号类似,以连续时序(*sequentially*)方式处理输入信号。在任何特定时间内,计算机都在处理输入信号的当前样本,但是对这个样本的处理常常取决于前面样本的值。例如,对于缓动压缩器,当前样本的增益可能取决于之前数千个样本的值。

第二种方式,**单元处理**(*block processing*),也称**帧处理**(*frame processing*)或**信号开窗**(*windowing the signal*)。在进行计算前先将一组样本(典型的 64、128、256 或 512)输入助听器。这样,助听器就可采用**傅里叶变换**(*Fourier transform*)一次处理一个完整单元的输入信号,并用各频率(即频谱)的振幅和相位来表示这一完整单元,而不是用每个时间点的波形瞬时值。在一个时间点上输入的采样量越多,助听器对特定频率的表达就越精细。我们可以说现在这个信号在该**频域**(*frequency domain*)内得到了表达。傅里叶变换需要大量运算,因此必须采用高效的计算方法。最常用的方法就是**快速傅里叶变换**(*fast Fourier transform*,*FFT*)。将整个单元的数据处理完后,我们采用**反 FFT**(*inverse FFT*)再将其转换为时域信号,再由助听器将这个单元的每一个样本一个个输出。

助听器如何利用这些信息主要取决于我们希望达到的目的。助听器可以逐个单元监控频谱的变化进而推断何时会出现声反馈啸叫,然后它会自动改变增益直至啸叫消失。或者,当声音有一个显著的高频成分时,助听器会选择一种频率响应特性,而当声音有一个显著的低频成分时,助听器会选择另一个不同的频率响应特性。例如,助听器可逐个单元检测频谱的变化,进而推断该信号是以噪声为主,还是以言语声为主,然后以恰当的方式改变放大特性。

虽然单元处理可以完成复杂操作,但单元过长就会有一个缺点,即根据输入样本,输出样本会延迟最少一个单元的长度。即使是连续处理,输出信号也会由于输入信号发生时延。ADC、滤波以及其他的信号处理过程中,都有可能产生时延。每一个频率的**群时延**(*group delay*)可以反映出滤波器对信号延迟的复杂情况。每一个频率的群时延描述了在这个频域范围内信号包络的时延情况。[330]

但是,并不是助听器使用者接受的所有声音都会被延迟,因为低频声音可通过通气孔(耳模的通气孔)到达鼓膜,或通过颅骨到达外耳道(请参阅第 5 章 5.3.1)。这些通道都绕过了助听器。使用开放耳道式助听器时,未经放大的声通道全在 1000Hz 或 1500Hz 以下占据主导。

对于轻中度听力损失者,放大声通道上的任何延迟,甚至包括模拟助听器内非常短的延迟,都会破坏整个系统的增益频响曲线。未放大的(没有延迟)声音和放大的(有延迟)声音在特定频率上可能相互抵消,但是在这些频率的中间频率有可能相加。频响曲线内一系列的波峰和波谷被称为**梳状滤波**(*comb filtering*)。在未放大声音和放大声音的强度非常相似的频率区,问题最严重。延迟越长时,在这个频率范围内相互抵消的可能性就越大。

即使在放大声通道上,一些滤波方式对低频声音的延迟会比对高频声音的延迟更明显。滤波带宽模拟了耳蜗带宽的助听器最可能发生这种现象。

因此,由于各种原因,助听器的输出会相对于输入发生延迟,并且有可能在一些频率上的延迟比其他频率更多。延迟的影响大小取决于我们评估延迟要的是哪些感知结果。

当放大声音相对于无时延的低频声音大约有 5ms 的时延时,助听器佩戴者可以在理想的、有助于比较有延迟和无延迟声音的环境下将其识别出来。[17, 658] 虽然可以区分出 5ms 与 10ms 的延迟,但其音质都可被接受。[166] 当时延超过 10ms 后,音质会下降,尤其是佩戴者自己的音质会下降,尽管时延达到 20ms 时有时也可以忍受。[17, 1722, 1723, 1727] 同样,当低频相对于高频出现时延时,5ms 的延迟也能被查知。[1203] 当助听器佩戴者说话时,时延大约 10ms 时就会令人不适,时延 15ms 时会影响输入言语的可懂度。[1725]

整个信号的时延超过 30ms 时会妨碍助听器佩戴者讲话。[1723] 时延 40ms 或更长会导致听觉信息与视觉信息不同步,这样就会破坏唇读,尤其会影响唇读比较好的患者。[1167, 1744] 然而,其他研究显示,患者反映视听不同步时,声音相对于视觉的时延要达到上述数值的几倍。[706]

总的来说,数字助听器可接受的最大时延主要是由不同频域间时延的影响决定,而不是由视听的同步差异来决定。

由于放大声音和正常传导的声音间有不同的时序,会在 1 ~ 2 个倍频程间互相影响,其相位间的干扰有可能影响助听器佩戴者对声音的定位。针对这个问题需要进行更多的研究。

助听器设计者对可接受的最大时延以及它与频率的关系非常感兴趣，因为信号时延越长，越有利于采用各种信号处理技术（如压缩、适应性噪声抑制）。可接受的时延长，助听器便可有效地提前察觉信号变化的情况，更平缓地、恰当地改变放大特性，同时仍然可以对声音的变化做出及时的反应。目前，大多数助听器的时延低于 5ms，这与有关可接受时延和提前监测信号的益处的研究结论相比，略显保守。

2.4.6 数/模转换器

数字信号处理器按要求调节声音后，助听器必须把调节后放大的声音传递给助听器用户。因为对于他们而言，给出一串数字没有任何用处，必须将数字转换成声音。这种转化就是**数/模转换器（digital-to-analog converters，DAC）**和助听器受话器的作用。传统的数字设备采用 DAC 输出模拟信号，再将模拟信号输送到受话器进而转化成声音。

为了降低耗电量，数字助听器采用不同的处理技术。它将构成样本的多个字符用高于样本数倍的频率转换成单一字符。我们称这样的转化器为**数/数转换器（digital-to-digital converter）**。从这个转换器传出的高速连续的数字再被传向受话器，由受话器将高速变化的数字信号转换成平滑的模拟信号。数/数转换器和受话器一起组成了一个数/模转换器。数/模转换器的电子元件可以和其他放大器零件安装在一起，也可以放置在包裹受话器的金属部件内。

2.4.7 数字助听器参数

数字助听器和模拟处理器一样，有同样的测试参数，例如增益、最大声输出、频响曲线调整范围、压缩特性、内部噪声和耗电量。然而，数字助听器还有一些其他参数可以表明助听器潜在的音质及处理能力。以下参数会明显影响助听器的音质和处理的精细程度。

每秒指令次数：人们可以用每秒运行的指令数或运算量（如乘法或加法）评价数字处理器的性能。例如，一个特定的处理器能够做到 40MIPS，它表示每秒可执行 4 千万个指令。[①]与相对简单的信号处理程序相比，复杂的信号处理程序需要更高的每秒指令次数。例如，压缩程序比削峰复杂，多通道处理比单通道处理复杂，各种高效的自动反馈抑制比音量控制复杂。针对特定的集成电路，为了进行更复杂的处理，增加每秒指令次数将增加耗电量，从而降低电池寿命。但是，我们不能认为采用 40MIPS 的助听器就比采用 10MIPS 的助听器进行了更复杂的运算，因为低速助听器中的每条"指令"很可能比高速助听器的指令更复杂。

采样速度：又称为采样频率（请参阅第 2 章 2.4.1），指助听器每秒钟对输入信号的采样次数。这个参数决定了助听器能放大的最高频率，因为助听器能放大的声音只能达到采样频率的 40%～45%，理论上能达到的最大值是 50%。第二个影响是，无限制的增加采样频率会限制助听器进行复杂处理的能力。这是因为助听器每秒钟必须处理更多的言语样本，会超出助听器受话器所允许的频率上限。因此助听器针对每一个样本的运算能力就会减少。任何助听器的带宽都受到最窄带宽元件的限制，所以其他元件即使有超宽的带宽也无任何用处。

二进制数字：第 2 章 2.4.1 显示我们可以用一个数字代表声音的一个采样点。也就是说一串二进制数字可以代表声波。二进制数字越多，我们能用于模拟声压的数字就越多。如果用于区分的数字过少，那描述源信号的近似值就很粗糙。选择近似值时发生的错误与在信号中加入噪声相似，称为**量化噪声（quantization noise，QN）**。因此，字符的数量越多，数字对信号的近似就会越好，量化噪声也就越低。与不过载的最大声信号相比较，可以很容易地对量化噪声进行估计。量化噪声大约比最大声信号低 6b dB，b 代表字符的数量。也就是说，12 位系统的噪声会比最大声信号低 72dB。当最大可能声信号输入助听器时，SNR 为 72dB。尽管，这一 SNR 听起来很高，但如果将输入声降低 70dB，那么 SNR 就只有 2dB，这样就不能接受了。助听器的不同部分可采用不同数量的二进制数字，这取决于每一部分需要的动态范围。我们也可以采用更先进的编码方案，使用较少的二进制数字来生成与采用了较多二进制数字，但编码方案较简单的程序生成的同样质量的声音。在比较不同数字助听器的性能时，对二进制数字的数量应该进行详细解释。一般认为，二进制数字越多越好，因为这样助听器将能在不增加自身噪声的情况下处理更大范围的信号。

耗电量：耗电量、电池的寿命和体积取决于每秒指令次数、集成电路运行的电压值和制造 IC 所采

[①] 可替代 MIP 的指标是 MOP，代表每秒百万次操作。

用的技术。作为听力师，我们无须弄懂和调节这些参数，但是耗电量直接影响助听器的体积和外观。随着计算机技术的不断发展，对于给定的每秒指令次数，数字处理的耗电量会越来越少。

处理时延：前面章节提到助听器从输入到输出如存在过多的时延将会降低音质，尤其是影响佩戴者自己的音质，但更长时间的延迟有利于进行更复杂的信号处理，可使助听器迅速并平稳地应对信号的动态变化。与时延较短的助听器相比，时延较长的助听器并不一定具备更复杂的处理能力。

体积：复杂的电路，尤其是当其包含助听器编程所需的大量计算机内存时，会需要几毫米大小的IC。在过去的50年里，换能器的体积一直在缩小，因此IC的体积对助听器的体积有很大的影响。

2.4.8 数字助听器与模拟助听器比较

数字助听器有很多优点，由于人们不再开发新的模拟助听器，它已经完全取代了模拟助听器。与模拟助听器相比，数字助听器最大的优点就是可以进行更复杂的运算。有些运算（如单元处理，可以更精细地表示某频域内的信号）模拟助听器不能执行，并且在进行同样的运算时，数字助听器需要的电量较少，电池的体积也较小。数字助听器还可以根据周围声环境的变化，选择不同的处理方法。另外，如果有足够的处理能力，当有新的处理方案或患者的听力损失变化时，还可以对使用通用运算处理器的数字电路进行升级。

19世纪末，由于数字技术进展迅速，因此，与模拟助听器相比，数字助听器在进行相同的复杂运算时，需要较少的电量和较小的体积。一直以来，数字助听器需要的电量少和体积小等优点不断突显。如果集成电路体积更小，助听器的体积还可以做得更小。如果集成电路的耗电量更少，也可以选择体积更小而有相同寿命的电池，因此，助听器也可以做得更小。换言之，使用同样的电量可以实现更多复杂的功能。数字助听器唯一的缺点是在输入和输出之间存在较长的时延（请参阅第2章2.4.5）。相对于数字信号处理的许多优点来说，这一代价是完全可以接受的。

当然，也有必要指出数字助听器的局限。有人说数字助听器有CD的音质，但这种类比只是部分准确：数字助听器与CD播放器播放器使用的技术种类是一样的。将声音变成数字信号后，处理声音时就不会混杂进助听器自身产生的噪声。但遗憾的是，在助听器处理声音前，背景噪声就已经混入了转入助听器的声音。同时，麦克风也会在声信号变为数字信号前加进某些噪声，而CD都是在安静的录音棚里录制的，因此，CD中基本没有噪声，但助听器永远也难以做到这一点。

2.5 滤波器、音调控制器和滤波器结构

音调控制和以此为基础的滤波非常重要，因为他们可以使助听器在不同的频率范围有不同的放大特性。

2.5.1 滤波器

滤波器是使增益随频率变化的电子元件。根据滤波器对信号的影响，将其分为：

- **高通滤波器** 对高频声的增益大于对低频声的增益，呈现高音或尖声音质。
- **低通滤波器** 对低频声的增益大于对高频声的增益，呈现沉闷或低沉音质。
- **带通滤波器** 对一个特定频率范围的声音的增益大于对它周围频率的声音的增益。
- **带阻滤波器** 对一个特定频率范围的声音的增益小于对它周围频率的声音的增益。

助听器应用较多的是高通滤波器、低通滤波器和带通滤波器。如图2.15所示，也有将滤波器设计成任意响应曲线形状的。

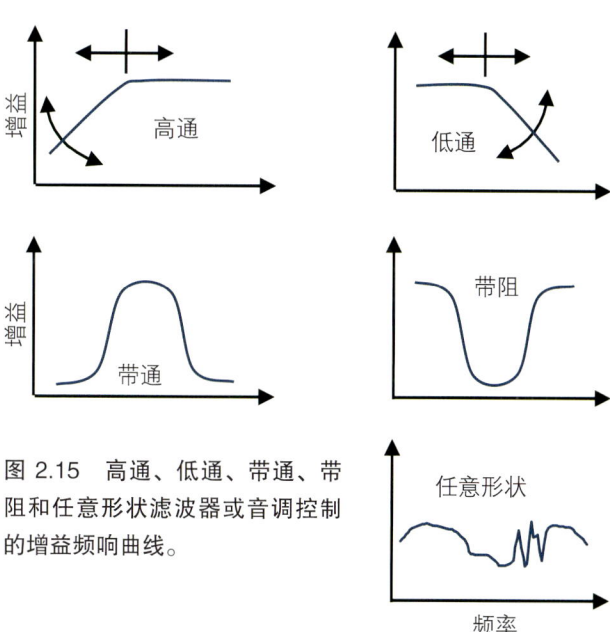

图2.15 高通、低通、带通、带阻和任意形状滤波器或音调控制的增益频响曲线。

助听器内几乎所有的滤波都是信号在数字模式时（如第 2 章 2.4.1 讨论，由数字代表）通过数学运算实现的。滤波常用的一个方法是，把当前输入样本的一个片段加到前面 n 个样本中与其相对应的各个片段上，从而计算出输出样本，n 就是滤波器的长度（为了利用前面的输入样本，会将他们暂时保存，在每次加入新的样本后，就会抛弃最前面的样本）。这种滤波器有一个**有限脉冲响应**（*finite impulse response*，*FIR*），因为一旦输入信号停止，输出就会在一个短的但有限的时间内完全消失。这个时间与 n 个样本通过的时间相等。更复杂的是，任意形状的响应曲线更易作为数字助听器的 FIR 滤波器来使用，可以应用它们为助听器提供所需要的增益频响曲线。

第二种滤波方法是利用前面的输出样本来决定特定时间的输出样本。每一个输入信号都会对输出信号产生影响，并且从理论上来讲，这个影响一直存在（虽然随着时间它的影响会连续、快速地变小）。我们称这样的滤波器拥有**无限脉冲响应**（*infinite impulse response*，*IIR*）。与 FIR 滤波器相比，IIR 滤波器的优势是应用较少的运算就可以产生复杂的滤波波形，它们对信号的时延较少。它们的缺点是如果计算精度不够高，会变得不稳定且易振荡，或者会对信号进行不必要的改变。

2.5.2　音调控制器

音调控制器在助听器中的功能与其在家庭音响中的功能相同，即，使放大器的增益随频率变化而变化。音调控制器是由于声音通过后，**音调质量**（*tonal quality*）或**音色**（*timbre*）会发生变化而得名。可利用滤波器来构建音调控制器。例如高频滤波器，如图 2.15 中箭头所示，可通过改变滤波器的**转角频率**（*corner frequency*，*CF*）（也称为**截止频率**）或改变滤波器的**斜率**（*slope*）来改变它的响应曲线。滤波器的斜率一般是在每个倍频程上为 6dB 的整数倍（如每个倍频程 6dB、12dB、18dB、24dB）。

2.5.3　滤波器的结构

滤波器包括串联、并联或串并联结构。
串联结构
图 2.16 显示的是由低通和高通滤波器组成的助听器的方框图。这个组成就是串联结构，因为声音是一个接一个地通过所有方框。模拟助听器中这种

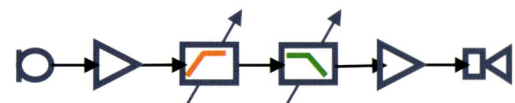

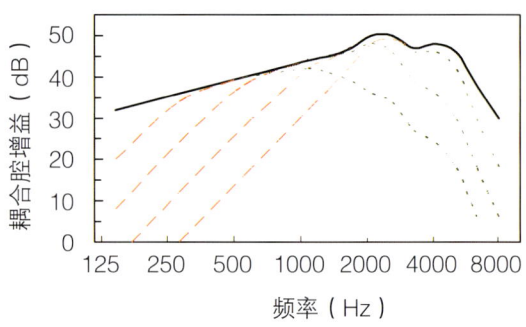

图 2.16　单通道助听器串联结构的方框图，基本频响曲线（实线）经高通（红色虚线）和低通（绿色虚线）滤波后的变化图。

结构应用比较普遍，但是现在已应用比较少了。该图也显示了该助听器能提供的频响范围。在串联结构中将低通和高通滤波器结合起来，虽然也可以使频响曲线的形态有一定的灵活性，但串联结构能提供的灵活性一般比较有限，除非其中一个滤波器的频响曲线是任意形状的。

并联结构

即使是简单的滤波器，使用并联结构一般也可提供更强的灵活性，如图 2.2 中的方框图。滤波器将声音分成相邻的频域，一般称其为**频带**（*band*）或**频道**（*channel*）。并联结构概念简单，因为每个频域的声音可以被或多或少地放大（或以其他的方式变化），并且与其他频域的声音相对独立。[①] 每部分的信号放大到其所需要的水平后，再将这些部分重新组合。并联结构可能存在的一个缺点是，因为每一个带通滤波器从通过频率到拒绝频率都有一个渐变的过程，个别的频率成分有可能同时在两个或更多的相邻频道内出现。当所有频道的输出重新组合时，一个频率成分多次出现的不同样貌在某些频率可能以破坏性的方式重新组合，而在其他频率以建设性的方式组合，这样在增益频响曲线上就会产生一个多余的波痕。[②] 还有另一种失真可能发生，就是由于不同的滤

[①] 在每个频域范围内的增益控制与其他频域相对独立，这种工作模式使得每个滤波器都会产生一个斜率，这个斜率非常陡，足以阻止一个频率范围的声信号泄漏至临近的频率范围内。

[②] 如果所有滤波器在所有频率都采用相同的时延，将能够有效避免临近滤波的输出发生不良组合。

> **术语：多频带还是多频道？**
>
> 虽然有些作者或助听器公司对**多频带（*Multi-band*）**和**多频道（*Multi-channel*）**进行了区分，但是人们一般都混用。许多助听器会对一定频率范围内的信号成分进行选择性地滤波，并且对这些成分与其他频率上信号的成分做不同的处理。这类处理（如放大、压缩）非常重要，但是没有哪种处理能指定这类信号成分应该被称为频带或是频道。有人将通过特定压缩器的所有频率称为频道，而将由单个增益来控制振幅的所有频率称为频带。如果该解释正确的话，有些助听器的频带要比频道多。
>
> 对频带和频道做如下定义可能会有所帮助，即：频带指所提到的频率范围或成分，频道指元件组成的电子线路或频带信号成分通过电子链时的数学运算。

波器对通过它们的声音的时延程度不同，会抹掉重新组合后的部分信号（请参阅第 2 章 2.4.5）。

串－并联结构

通过仔细设计可以避免上述中提到的失真，就像图 2.17 所示，串－并联结构保证不会发生前述失真。图中使用带通滤波器（或等同于快速傅里叶变换）的并联结构来确定每一个频道呈现信号的强度或其他特征。接着用这些特征确定即将对该信号进行滤波的串联滤波器的滤波特性。如果这个串联滤波器是一个 FIR 滤波器，就更易确保不会发生前面提到的时间和频率失真。

受话器由磁力驱动。[504] 电流通过一个围绕金属的线圈，暂时性的将这块金属转化为磁铁。当电流方向交替变化时，这块金属被称为**电枢（*armature*）**，其极性也会发生交替改变，会被两块永久性磁铁交替吸引和排斥。电枢非常细且可弯曲，电枢的游离端可以在磁铁之间自由上下移动。电枢的游离端通过一个传动销与振膜相连，以使振膜前后移动产生声音。图 2.18 只显示出振膜的一部分。这个换能器看起来简单，但是它的频响范围宽、耗能低、磁漏声少，而且体积小，这都是重要的技术优势。

受话器构造的一个缺点是受话器会产生削峰，一旦电枢的振动幅度增大，会碰到磁铁的一端，就不能进行线性放大了。受话器要达到更大的输出，必须使用一个更大的振膜，但这会导致受话器的体积增大，或者需要磁铁的距离更远，这样受话器的耗电量也会增加。

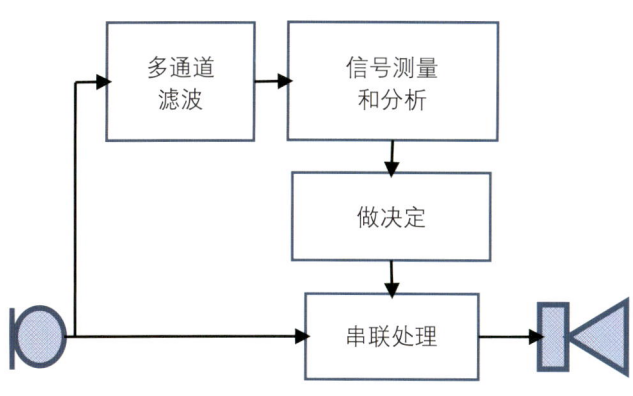

图 2.17 助听器中常用的串联信号流动和并联分析结构。仅在串联通道上发生信号改变。

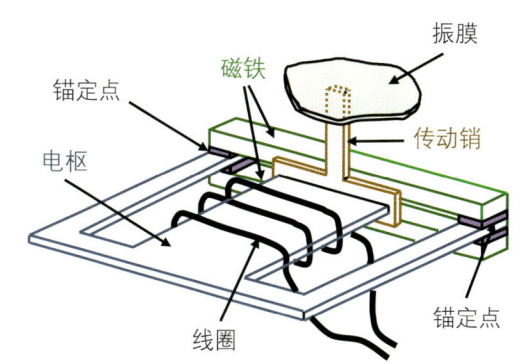

图 2.18 移动线圈受话器的工作原理。

2.6 受话器

受话器将放大的、调试过的电信号转化成声信号输出。与图 2.3 所示的麦克风看起来非常相似。

2.6.1 工作原理

图 2.18 显示的是受话器的工作原理和基本结构。

2.6.2 受话器的频响

图 2.19 显示的是一个受话器的频响曲线，该受话器通过导声管与 BTE 助听器使用的耳模连接。是

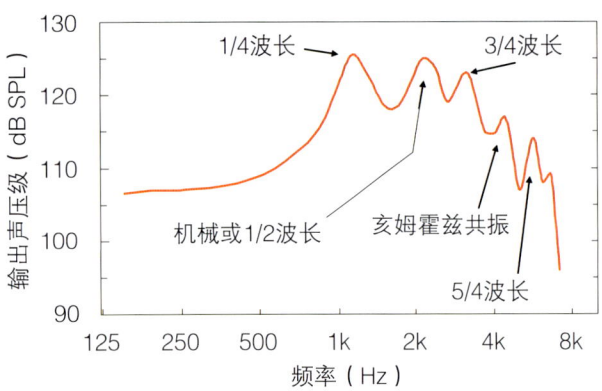

图 2.19 BTE 助听器受话器的频响曲线。

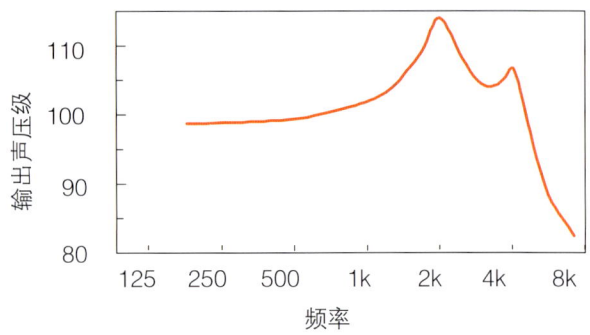

图 2.20 ITE、ITC 和 RITC 助听器受话器的频响曲线，通过长 10mm、宽 1mm 的管与 2cc 耦合腔相连。

什么造成曲线上的这些高低起伏的小波？主要是导声管。导声管是由 BTE 助听器内一段短的标准声管、耳钩和一条末端到耳模的软管组成。细管 BTE 助听器的耳钩和耳模管被一条直径很细的管子完全取代。这些导声管的长度加在一起一般是 76.2mm 或 75mm。导声管的耳道端开口于耳道，耳道直径比导声管宽，产生的声阻抗比导声管小。导声管另一端一般与受话器相连。因为受话器非常小，所以它的声学输出阻抗较高（与导声管里空气的阻抗相比）。从声学上讲，导声管一端几乎是开放的，而另一端几乎是封闭的。

这类导声管的**波长共振**（*wavelength resonance*）频率大约等于声速的奇数倍除以 4 倍的导声管长度（就像管风琴、双簧管或迪吉里杜管）。① 在 1kHz，3kHz 和 5kHz 处会出现共振。在 4kHz 处发生的共振类似**亥姆霍兹共振**（*Helmholtz resonance*），是导声管里声质量与受话器内部气体体积（即顺应性）的共振。2kHz 处的峰值主要是由于受话器的**机械共振**（*mechanical resonance*）造成的：振膜的质量和弹性或顺应性与受话器内空气的顺应性的作用结果。导声管对这一共振也有影响。在这一共振频率上，受话器的声阻抗值较低，所以在这个频率上，导声管的两端在声学上基本都是开放的，所以会在相当于声速的倍数除以导声管长度的 2 倍处发生共振。这

个共振大约发生在 2kHz 处，所以图 2.19 显示的第二个波峰实际上是受话器和导声管共振的结果。[336]

图 2.20 显示的是 ITE、ITC 或 RITE 助听器受话器的频响曲线。只有两个峰值，一个大约在 2.2 ~ 3kHz 处，另一个在 5kHz 处。第一个峰值是受话器内的机械共振。BTE 助听器的机械共振频率较高，因为 ITE/ITC/RITE 的受话器较小，其内部的振膜较轻、较硬。助听器设计者通过选择不同类型的受话器和改变放大器的输出阻抗，可以获得不同的共振频率。理想的受话器应该在 2.5 ~ 3kHz 处出现峰值，因为成人外耳道在该频率范围有一个自然共振（还是外耳道 1/4 声波共振的结果）。因此，受话器共振可帮助助听器恢复由耳模插入外耳道损失的自然共振和增益。在佩戴助听器且外耳道仍大部分开放时，外耳道共振全被保留下来，这会影响在外耳道测量的受话器的频率响应（请参阅第 4 章 4.2.1 和第 5 章 5.3.6）。ITE、ITC 和 CIC 助听器在 5kHz 处的峰值主要是由于受话器导声管的 1/4 波长共振导致的。

如果将受话器与合适的导声管（请参阅第 5 章）和阻尼器（见下节）连接，受话器可以在高达 8kHz 甚至更高的频率范围内有一个平滑且较宽的频响曲线，可以让佩戴者听到好的音质。然而大功率受话器很难获得一个范围能达到 8kHz 的平滑频响曲线。

2.7 声阻尼器

受话器频响曲线出现波峰和波谷是否会有问题？导致这些波峰和波谷的原因重要吗？答案是肯定的。增益频响曲线的波峰和波谷（尤其是波峰）都会对放大声音的言语可懂度和音质产生不利影响。[404, 822]

---

① 声波在导声管内传播时，只要遇到导声管内径变化引起阻抗变化，声波就会产生后向反射，这一过程可产生波长共振。一端开口、另一端堵塞的管道是阻抗极端变化的一个例子。因为管道的长度等于 1/4 的共振波长，所以在这种管道内会产生一个 4 倍管道长度的声波共振。因此，共振频率与管道长度有关。但非常细的管道会使共振频率轻微下移。

1032, 1243, 1830 它们降低可懂度的一个原因是，会在每一个放大声音上产生一个波峰，该波峰的频率与助听器响应曲线上波峰的频率相同。在某些情况下，这种不恰当的波峰会改变声音的性质，而使其成为在该频率上真正有波峰的是一个声音。1681 如果这些峰值高于平滑曲线连接倾角处 6dB 以上，听起来就令人非常讨厌。454, 1830 当大量波峰的间隔大约是 1 个倍频程时，对音质产生的不利影响比波峰间隔更小或更大时要大。1243 受话器和导声管产生的波峰对助听器最大输出曲线形态的影响与对增益频响曲线形态的影响一致。这些波峰对在防止部分声音过响的情况下，获得足够的响度非常不利（请参阅第 10 章 10.7）。

搞清楚波峰和波谷的原因很重要，因为产生波峰的原因决定了它能被减小的程度。在导声管合适的位置放置声学阻尼（也叫作阻尼器）可以降低峰值。如图 2.21 所示，这种阻尼器由细筛孔（就像是阻止非常小的昆虫的防蚊蝇纱）插入一个小的金属圆柱体或套管组成。当受导声管内声波驱动，空气粒子前后移动时，它们不得不稍微改变路线，绕开筛孔的网线以通过筛上的小孔，因此会失去部分能量。当网眼增多时，空气粒子流动越快，失去的能量越多。在导声管内，空气粒子在以下情况下流动最快：

- 在共振频率处。
- 在导声管的开口端。
- 在所有距开口端半个波长的位置。

因此，只要把阻尼器放在合适的位置就可以在共振频率处最大程度地降低受话器的声输出（请参阅第 5 章 5.5）。

除了刚刚描述的熔固网阻尼器，也可以用烧结不锈钢（金属微粒）制造阻尼器。另一种类型是用塑料制造的看起来像星星形状的棱柱体，称为星状阻尼器。羊毛和塑料泡沫也可用来制造阻尼器。阻尼器的精细度、长度和孔的数量决定了其阻抗，进而决定了降低共振峰的程度。熔固网阻尼器和烧结不锈钢阻尼器有一系列标准阻抗。星状阻尼器、羊毛阻尼器和泡沫阻尼器的阻抗随原料长度的变化而变化。

阻尼器可放置于连接受话器的管中，少数助听器将阻尼器放置在麦克风的声入口中。一些受话器在生产时就放入了阻尼器。第 5 章 5.5 将介绍阻尼器在不同的位置上能达到的特殊效果。

2.8 电感线圈

电感线圈（telecoil）是一个非常小的导线线圈，当交替的磁场穿过时，可以产生电压。电感线圈拾取的磁场由电流产生，该电流的波形与声信号相同。磁场也可能是一些设备（例如电话的麦克风或受话器）的副产物，或者是由围绕一个房间或其他小区域的线圈产生的。电流在一定距离诱导线圈产生电压的过程称为感应（induction）。第 3 章 3.5 会详述电磁电感线圈系统。

为了增加电感线圈的有效性可将导线缠绕在铁氧体（ferrite）原料做成的棒上。铁氧体与铁相似，但效果更好，更方便磁场通过。因此，它可以"吸引"并集中磁通量（magnetic flux）。通过的磁通量越多，线圈产生的电压越大，从而可以使声信号的强度超过助听器的内部噪声。也可以通过增加线圈横断面的面积或增加导线的圈数来提高线圈的灵敏度。但是这两种方法会增大线圈的体积，进而增大整个助听器的体积。

虽然几乎所有大功率 BTE 助听器和许多其他 BTE 和 ITE 助听器都有线圈，但是并不是所有的助听器都有线圈。助听器佩戴者将助听器上的按钮切换到 T（电感线圈）档，选择线圈放大，就可以替代麦克风。现在大多数的助听器有一个程序选择按钮，而不是一个单独的 M-T 按钮。按钮切换到电话程序（telephone program）就可以选择电感线圈。在选择其他程序时（或以前的助听器的 M 档），只有麦克风与助听器的放大器相连。有些助听器可被设置成麦克风和线圈同时提供信号，如图 2.22 所示，有些老式助听器将按钮调至 MT 档，也可实现这一功能。如果助听器佩戴者想同时听到声信号和磁信号时，使用 MT 档非常有用，但是也有一定缺点，使用 MT

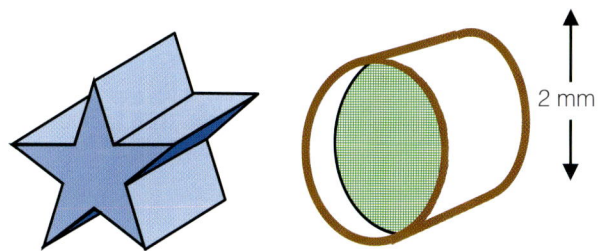

图 2.21　星状阻尼器和熔固网阻尼器，可以放入内径 1.93mm 的 13# 管中。

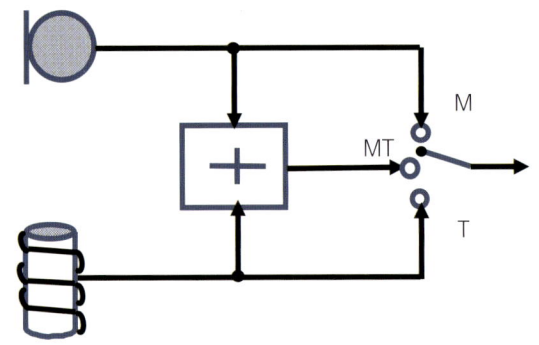

图 2.22 有 M、T 和 MT 档的助听器在声音输入阶段的方框图。

档时,当助听器佩戴者只想听磁信号时,同时存在的声学噪声也会被放大。

当助听器切换到 T 档的同时,输入来自一个房间内的磁感线圈时,助听器内唯一放大的声音是磁信号。当输入信号来自电话时,电话的麦克风会拾取所有声音,电话的侧音会将这些声音转化成助听器可感知和放大的磁信号。因此,当用 T 档听电话时,为了降低噪声,助听器佩戴者应该盖住电话麦克风(当不说话时!)。

2.9 音频输入

用导线与助听器相连是将声信号传到助听器的另一种方式,即<u>直接音频输入</u>(*direct audio input*,*DAI*)。电子音频信号可来自 MP3、手持麦克风和 FM 无线受话器(请参阅第 3 章 3.6.3 和 3.11.1)。如果设备产生的信号(没有过多的噪声和混响)是自己接收或提前录好的,这个设备应该可以给助听器输出清晰的信号。如果输入到助听器的信号不会太大以致助听器过载,或太小以致被助听器内部噪声掩盖,那么助听器应该也可以输出清晰的信号。另外,助听器还能针对佩戴者进行信号调节,就像调节助听器麦克风自己拾取的声音一样,调节音频输入信号的频响曲线、最大声输出和其他放大特性。

实际上,直接音频连接器和助听器麦克风都连接在助听器的同一部分。这就意味着其输入信号的大小应该与麦克风的相同,标准输入强度大约为 1mV。有些助听器的输入连接器和麦克风直接连接到一起。老式助听器通过一个开关将两者连在一起,所以使用者可以选择使用麦克风输入、音频输入或混合输入。现在最常见的情况是,在助听器或遥控器上使用一个按钮就可以轻松地在各个程序间循环,其中一个程序可以将 DAI 信号与放大器相连。还有一种方式是当用 DAI 连接器或音靴连接助听器后,助听器就自动选择 DAI 信号。

2.10 遥控器

助听器遥控器的功能与电视或录像机遥控器的功能一样,即让使用者不接触设备就可以改变其功能。使用助听器遥控器的优点主要体现在体积上。由于助听器体积非常小,所以很难安装过多的用户控制钮。同时,因为助听器戴在耳内或耳后,用户看不到控制钮,所以可能找不到,在助听器有多个按钮时找到按钮就更难。

遥控器的按键比助听器的按钮更容易操作,一方面是因为遥控器的按键较大,另一方面是因为使用者操作时可以直接看到遥控器。另外,一些使用者喜欢在口袋里操作遥控器,这样不会引起旁人对助听器的注意,而对助听器本身进行操作时会引起别人注意。

遥控器上一般有一个音量控制钮。使用者也可以用遥控器选择一个或几个替换程序(请参阅第 3 章 3.3.2)。遥控器的其他功能还包括电感线圈选择、电子音频输入、方向性或全向性麦克风响应、音调控制和开关。

遥控器的作用是向助听器发出信号。助听器上的按钮功能都可以通过遥控器实现。针对现在的助听器可采用几种不同的传输方法,在第 3 章会详细(在传输声信号的情况下)介绍。

红外线:红外线技术与电视遥控器技术相同,即传输红外线波。遥控器必须在助听器的可接受范围内,且必须对准助听器才行。助听器表面有一个红外线探测器。强烈阳光可能会干扰传输(在欧洲看起来这不是问题)。

超声波:遥控器以人耳听不到的频率传输声波,但是助听器麦克风能接收到(须在助听器可接受范围内)。

无线电波:遥控器发出一个电磁波,由助听器内的小天线接收。

磁感应:遥控器通过一个磁场将控制信号传输给助听器,人耳听不到这个磁场的频率。助听器可通过特制的线圈，也可用原有的用于接受声音的磁场信号的磁感应线圈接收控制信息。

如表2.2所示，每一种方法都有它的优点。[1865]磁感应和无线电遥控器已基本或完全取代了红外线和超声波遥控器。

表2.2 不同遥控技术的优点。干扰是指其他设备对遥控操作的干扰。

	超声波	红外线	无线电波	磁感应
不受干扰		√		
不受距离限制			√	√
便于双侧同步操作			√	√
技术方便性	√	√		√

有时人们担心遥控器会对心脏起搏器（*pacemakers*）造成潜在干扰。因为起搏器通过感知微弱电压工作，这种对于电或磁能源干扰的担心是有道理的。但是，因为遥控器输出的能量很小（如与移动电话相比），所以在靠近起搏器操作遥控器时，也是安全的。随着频率增加，人体对无线电的衰减量增加，但是人体对磁场没有任何衰减。因为起搏器有很多品牌，遥控器也有很多品牌，所以每个设备的厂家都不能保证不受干扰。助听器厂家可遵循IEC601-1-2标准，确定起搏器不受遥控器干扰的最小安全距离。

实验表明操作遥控器不会干扰起搏器，但显示遥控器会干扰正在使用的起搏器的编程，会干扰使用遥测法读出起搏器的数据。[1489]有心脏起搏器的人必须使用遥控器时，除非特定起搏器的厂家或特定遥控器的厂家可以保证不会干扰起搏器，否则稳妥起见，可优先选择使用红外线或超声波传输的遥控器（如果有的话），或者可使用频率非常高的无线电传输。

2.11 骨导麦克风

骨导麦克风是为由于各种原因不能佩戴连接外耳道的受话器的人们准备的一种替代性输出换能器。骨导换能器直接振动颅骨，通过几种传输方式将这些振动传到耳蜗。骨导麦克风的工作与受话器遵循相似的原理。不同是通过线圈的电流振动的是质量较重的振膜而不是质量较轻的振膜。振膜的惯性导致它抗拒被振动，所以骨导振子振动的方向与振膜的方向相反。这个振动会传导到颅骨。为了更有效

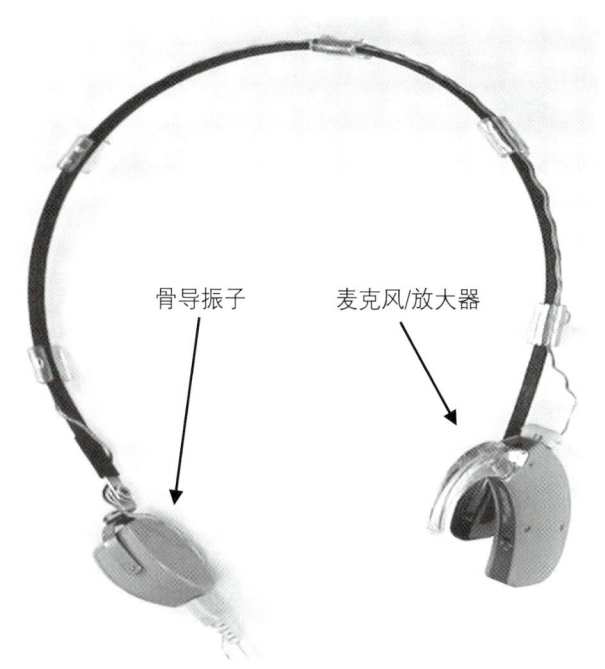

图2.23 骨导助听器。

地传输能量，必须通过头带或眼镜框将换能器紧贴颅骨。这个能量与骨导体的较小接触面结合在一起，会在头皮上产生有效的压力，但佩戴很不舒服。[1]持续佩戴骨导麦克风会在佩戴者颅骨上产生一个永久的压痕。幸运的是，新的振子已可使用，它的功率强大，失真小，接触面较大，能充分分散压力，形成安全的接触面。骨导麦克风换能器需要大量的能量，所以一般都是由大功率助听器驱动。如图2.23所示，助听器放大器的声输出通过导线或插座与骨导麦克风换能器相连，而不是与常规的受话器相连。

2.12 电池

电池是助听器为用户提供放大的声信号时所需能量的来源。电池的重要特性包括电压（*voltage*）、容量（*capacity*）、最大电流（*maximum current*）、电阻抗（*electrical impedance*）和体积（*physical size*）。

2.12.1 工作原理

电池将两种不同的原料（称为电极）放在一种介质中（称为电解质），以离子的形式传导电流。电

---

[1] 骨导振子的压力明显比毛细血管内血液的压力大，所以在骨导振子下的皮肤，有可能使骨头失去血液供应，长期应用会导致组织变薄。

极将带电粒子从一个电极吸引到另一个电极，只有通过外部电流，电子才能从一个电极流到另一个电极。当然，电子的外部电流是助听器放大器使用的。该过程会持续到一端的电极用尽，不能再提供带电粒子和电子为止，即电池电量耗尽了。

2.12.2 工作电压

电池产生的电压完全取决于电极材料。常见的助听器电池采用锌和氧气作为负极和正极，所以这种电池称为锌-空气（*zinc-air*）电池。这种电池无论体积大小，都会在不使用时产生大约1.4V的电压，在使用时产生大约1.25V的电压。当锌快用尽时，电池电压瞬间下降，且助听器声音变弱，失真加大，一旦电压变得过低，助听器就会最终停止工作。当电池电压低于1.0V时，仍有少数助听器能正常工作。当电池快用尽时，有些助听器会变得不稳定，并且产生一些低频声音或噪声，听起来像机动船，这个现象被称为马达效应。我们可以认为这些声音没用，也可以认为这些声音是低电量的提示！大多数助听器能感知电压降低，并通过发出警告声音，告知用户电池即将没电。一旦电压低于数字电路正常运转需要的最小电压，有些助听器会自动关闭。当电压接近最小电压时，有些助听器也会自动降低OSPL90，使助听器声音逐渐变小，而不是突然停止工作。

还有其他电极材料，如氧化汞和锌，也常用于一些助听器，可产生1.35V的电压。还有一种已应用较少的材料是氧化银和锌，可产生1.5V的电压。盒式助听器采用较大的电池，如AA或AAA型。这种以二氧化锰和锌作为电极材料的电池也可以产生1.5V的电压。盒式助听器有时也使用其他电池，在负极采用锂代替锌，在正极采用其他材料。这类电池电容量较高，可产生3V的电压，价格更贵。

2.12.3 电容量和体积

电极材料越多，电池供电时间越长。化学成分含量相同时，电池体积越大，供电时间越长。我们采用**毫安培每小时**（*milliamp hours*，**mAh**）评价电池的**电容量**（*capacity*）。例如电容量为100mAh的电池能提供0.5mA的电流200小时、1mA的电流100小时、2mA的电流50小时。在任何情况下，电池能产生的电流都有一个上限。如果产生的电流过大，即使短于1s，电池电压也会由于内部电阻而迅速下降。瞬间的高强度噪声会导致电压瞬间下降，电压下降至一定程度时，助听器会突然停止工作而产生一个失真很大的声音。体积较大的电池能提供的最大电流较大，电容量也较大。AA和AAA电池的电容量分别为2000mAh和800mAh。

大功率助听器需要极大的电流，有广告宣称一些电池可以在不损失太多电压的情况下，提供大功率助听器需要的强电流。我们将这些电池称为**大功率**（*High Performance / High Power*，**HP**）电池，并且在其名称前面加一个前缀H。这些电池也是锌-空气电池，但是有一个更大的洞，可以使氧气更快地进入，并且其电极在强电流时电压损失较少。如果助听器需要高峰值电流，HP电池的寿命应该比一般电池长，但是如果助听器需要低峰值电流，那么HP电池的寿命较短。当助听器工作饱和时，需要8mA（13或312电池）或18mA（675电池）以上的电流，应该使用HP电池。[1152]我们可以将音量调至90dB SPL，采用500Hz的信号，在一个装有电池片的盒子

实用技巧：电池

- 锌-空气电池上的不干胶贴阻止空气与锌电极接触，去掉不干胶贴前，电池不会放电，一旦移除不干胶贴，仅在几周内电池电量就会耗尽。

- 如果不干胶贴密封性好，电池不会马上起作用，只有等到空气渗透进电池才开始。在电池放进助听器之前，最好放置一会，以便加快空气进入。

- 如果一个新的电池不能工作，移除不干胶贴之后，放置几分钟，有可能就恢复工作！

- 如果一段时间不使用助听器（几周或几个月）应该将电池取出，以防止电池泄漏，腐蚀助听器（尤其是电池连接处）。

- 对于需要高峰值电流的助听器，需要关注HP电池的电池寿命和使用它能获得的音质。

里测试所需的峰值电流,即一给声就读出电流读数。对于开放式助听器,也可采用较高的频率 2000Hz 进行测试,因为听力师可能会将开放式助听器的低频增益设置为 0。

表 2.3 列出了不同大小的锌-空气电池的电容量。一些品牌宣称可提供较大的电容量,另一些则较小。对于相同大小的电池,锌-空气电池的电容量大约是氧化汞电池的两倍。我们列出了两种分类标识,第一列的标识是最常用的,第二列的标识是国际标准规定的。[795] 图 2.24 显示的是每一种电池的实际大小。

表 2.3 不同大小的锌-空气电池的名字和常见电容量,以及最常用的助听器类型。

类型	标准标识	电容量 (mAh)	助听器类型
675	PR44	600	BTE
13	PR48	300	BTE, ITE
312	PR41	175	BTE, ITE, ITC
A10 (10A, 230)	PR70	90	BTE, CIC
A5	PR63	35	CIC

图 2.24 不同种类电池的实际大小 (mm)。最小和最大误差尺寸比图中标出的尺寸大或小 0.1~0.2mm。

锌-空气电池是非充电电池中最受欢迎的一种,因为价格最低(每 mAh),更换频率比氧化汞和氧化银电池低,丢弃后对环境的不利影响也比氧化汞电池低。现在氧化汞电池已很少使用,因为丢弃后汞有毒,尤其是被人吸收后。过去,所有锌-空气电池都含少量汞,但是已有越来越多的电池不再含汞,可通俗地称其为绿色电池。

2.12.4 充电电池

一些厂家提供助听器**充电电池**(*rechargeable batteries*),其主要优点是更便利,无须更换电池。充电电池可以充放电几百次,1~3 年更换一次即可。佩戴助听器的许多老年人发现更换电池最困难,需要非常精细的操作。充电电池避免了这一不便,也避免了电池放反时对电池仓的损害。充电电池最大的缺点是它们的电容量仅是相同大小的非充电电池的 10%,所以必须经常充电,每晚充电一次,要求使用者有耐心才行。另一个缺点是应用无线技术会进一步增加耗电量。许多情况下,当使用无线设备时,充电电池不能提供足够的电流和(或)必须频繁充电。

助听器(以及其他电子设备)常用的充电电池是镍氢(NiMH)电池,正极是氢氧化镍,负极是金属合金。它们可产生 1.2V 的电压,在电池放电过程中可保持不变。现在较少用的盒式助听器可使用充电型 AA 或 AAA 电池,采用镍和镉作为电极,提供 1.3V 电压。同样体积的电池,镍镉(NiCad)电池的电容量比镍氢电池低,如果每个周期充电不足,电量会很快放完,并且镉丢弃后有毒性。镍镉电池应该充满电以防止电容量下降,如果电池重复充电且放电不全,就会发生电容量下降(成为记忆效应)。

充电电池的一个潜在优点是他们可使用太阳能充电,可以在世界各地使用,尤其是在那些既没有可靠的一次性电池,又没有可靠电源的地方。盒式(在外面的太阳能电池)和耳背式(单独充电装置上的太阳能电池可以晚上充电)助听器都可以使用。

将来,以碳氢化合物(如甲醇)为燃料的燃料电池可能替代现在的电池。这种电池只需更换消耗完的甲醇就实现了充电。

2.13 结语

助听器的主要元件(换能器、放大器和电池)问世已超过一个多世纪,质量有了显著提高,体积也明显减小。这些技术进步使助听器可以提供越来越多的复杂且有效的放大方式。

数字技术的进步革新了助听器处理声音的方式。但在某些方面最终的效果(助听器输出的声音)与模拟助听器的效果还没有显著不同。幸运的是,正如第 7 章、第 8 章所介绍的,数字助听器对声音的许多处理方式,在模拟助听器上是不可能实现的。

在下一章,我们将介绍如何将各种元件组成完整的助听器和放大系统。

第 3 章
助听器系统

概 要

助听器的元件可以根据佩戴者个人需求和最适合佩戴者耳朵的最佳安装位置进行定制化组装。通用助听器则是另一种类型，部分耳道式和所有耳背式助听器都属于按标准程序预制的通用助听器，还有很多助听器介于定制和通用之间。

现在，位于头部两侧的助听器可通过无线方式传递信息，当声学环境发生变化或使用者进行调节时，两台助听器的放大特性（方向性、降噪、压缩特性、输入信号源）可以保持协调同步。有些情况下，一侧耳接受的声信号可以被完整地传输到另一侧耳，这样双耳可以同时听电话，还有助于研发超方向性麦克风。

助听器的放大特性可以由计算机通过适当的有线或者无线编程器进行调试，以满足助听器佩戴者的需求。通常助听器内可设置多个有不同放大参数的程序，可以让助听器在不同的聆听环境中自动选择，也可由佩戴者手动选择。

提高言语可懂度最有效的方式是把助听器麦克风放在讲话者嘴巴附近，这样可以显著降低背景噪声和混响的干扰。但需要借助一定的技术，才能将言语信号从麦克风发送给一定距离外的助听器佩戴者。目前可以采用的技术有：(1) 利用电磁感应，将信号从环路线圈传递到助听器的电感线圈；(2) 利用无线电传输调频或数字调制的电磁波；(3) 利用红外线传输调幅电磁波；(4) 利用声波传输放大的声信号。上述技术各有利弊，前三种方法对于提高信噪比和言语可懂度有很大帮助。同时调试助听器和无线系统以使两种方式输入的信号互不干扰，都能为佩戴者提供最佳效果，这具有很大难度。目前，越来越多的无线受话器被内置入助听器，大大美化了外观，并使使用更加便捷。无线系统的主要用途是帮助学生能在教室内更易聆听教师的讲课，当然也可供儿童和成人在其他聆听环境中使用。

助听器的无线连接系统还能方便接收如电视、MP3、计算机和手机等众多电子产品的电信号。现在蓝牙受话器和发射器的普遍应用妨碍了将其直接内置入助听器。因此，在多数情况下，上述连接还需要一种无线中继设备。手机信号干扰助听器也是问题，不过随着助听器设计水平的提高和手机发射系统的改进，这一问题逐渐得到了改善。通过助听器使用手机已经不是问题。鉴于此，助听器有可能成为全世界的可携带音频设备，并且不再限于听力障碍者使用。

辅听设备能使助听器佩戴者听到除助听器自身放大以外的各种声音。辅听设备包括前面介绍的各种成对的发射器和受话器，它们可以远距离接收和传输言语或音乐，辅听设备也包括能在声源附近改变信号的设备，如电话放大器等。其他类型的辅听设备包括能够帮助助听器用户感知报警声音的装置，如门铃、电话铃、烟雾警报。这些设备有些通过无线发射将声信号传至助听器，有些则将声信号转换成其他感官信号，如闪烁灯光或振动。

柜台销售、网络销售以及一次性助听产品的出现使传统的助听器销售与验配方式受到了极大挑战。

第 3 章 助听器系统

第 2 章介绍了助听器的各种元件，本章将会介绍如何将这些元件组装在一起成为完整的助听器以及可以在教室内远距离发射与接收信号的助听系统。

3.1 定制助听器和通用助听器

助听器的基本类型（盒式、BTE、ITC、RITC、CIC）已在第 1 章 1.3 中做过介绍。耳内式、耳道式、深耳道式助听器可以针对助听器佩戴者量身定制（custom-made）。另外，任何类型的助听器都可以按照完全标准化的形状和大小来制作，被称为通用结构（modular construction）；也可以采取折中的方式进行组装，被称为半定制（semi-custom）或半通用（semi-modular）或助听器。下文将对上述各种类型的助听器进行详细介绍。

3.1.1 定制助听器

定制助听器（耳内式、耳道式、深耳道式）完全依照患者的耳道大小和形状制作而成。首先，需要听力师为患者取一个耳印（ear impression）或利用激光扫描获得患者的耳道耳郭图像，然后助听器厂家再通过翻模或激光扫描，依据耳印制作适合患者耳道和耳甲腔的助听器机壳。

助听器的各种元件可以按照不同需求进行定制。制作助听器的主要过程是组装面板（faceplate）。面板是一个塑料平板或异形片，被切割后变成助听器的外表面。通常面板出厂时已是一个半成品，上面集成了放大器、麦克风、音量控制钮、电池仓、电感线圈和开关（有些助听器没有开关）。与助听器内其他元件相比，受话器的放置位置不是固定的，可以根据患者耳道的形状调整受话器的位置以充分利用耳道空间，因此面板上的受话器通常被松散地附着在其他元件上。图 3.1 显示的是一个面板，上面集成了助听器的所有元件，面板旁边是即将与其组装在一起的助听器机壳。

助听器其他元件的位置有时也不固定，也可以根据患者耳道的外形调整放置位置以充分利用耳道空间，这样可以将助听器外形做到最小。助听器制作的最后一道工序是将面板粘到外壳上，并将多余部分切割掉。如果助听器出现故障需要修理时，还需将面板与外壳分离，绝大多数情况下，这样做

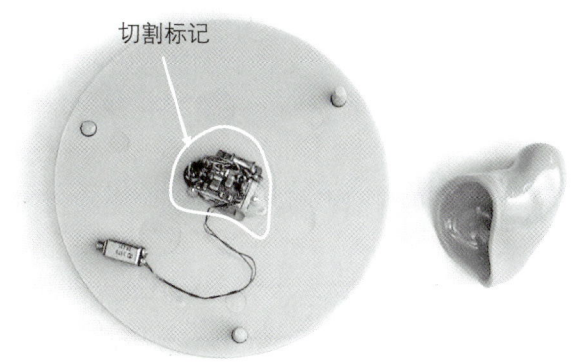

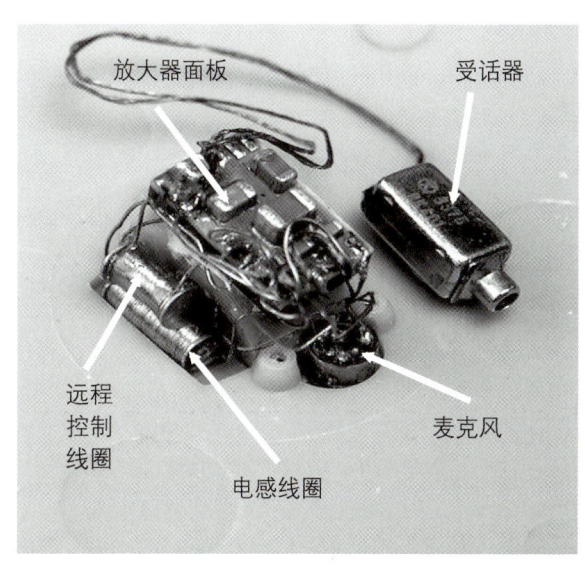

图 3.1
（上图）集成了助听器元件的面板，旁边是一个耳道式助听器机壳。两部分粘在一起后，技师会沿着切割标记将面板上其余材料切除。
（下图）集成在面板上的助听器各种元件。

不会损伤其他元件。

3.1.2 通用助听器

通用耳道式、耳内式及深耳道式助听器出厂时各元件已组装好，特别是耳道式助听器，已经制成了适合不同患者的多种标准形状，是随时可佩戴的助听器。验配助听器时，只需选择一款最适合佩戴者耳道和耳甲腔的即可。

通用助听器有几个方面的优点和缺点。首先，通用助听器的制作和检测过程高度自动化，这样可降低成本，提高可靠性。其次，对听力师和佩戴者非常有吸引力。因为一旦听力检测结束，马上就可以验配助听器。反之，还需要取印，等做好后再约

佩戴者进行调试、试戴。通用助听器的缺点也非常明显。对于许多患者而言可能难以找到一种标准的助听器，既能佩戴合适，又能充分发挥效能。通用助听器可能会因为偏小，从耳道内掉出来，或者因为助听器周围空隙太大，而出现啸叫，这时，不得不通过降低患者所需增益来避免啸叫，因而影响到可听度。

邮购的低价助听器基本属于通用助听器。有些通用助听器在耳道处安置一个泡沫圈，以防止助听器佩戴过松，产生啸叫。不足之处是泡沫圈容易老化，需定期更换。

21 世纪早期出现的另一款通用助听器是**一次性耳道式助听器**（*disposable ITC hearing aid*），而后发展为**一次性耳背式助听器**（*disposable BTE hearing aid*）。这类助听器含密封电池，一旦电量耗尽，助听器就不能用了。这种助听器成本极低（针对单个助听器，而不是每年使用量而言），所用电子元件和传感器的质量良好。如果是耳道式助听器，还有多种增益频响曲线类型可选。与昂贵的助听器相比，这类助听器的频响、内部噪声和失真等性能，毫不逊色。[1242, 1882] 这充分证明了助听器的高昂价格主要与研发成本高、产量低，以及市场营销、销售和验配、后续服务成本较高密切相关，而实际生产成本并不高。就像其他通用助听器，一次性助听器的舒适度和在耳道内的固定性能基本不如定制助听器。[1882]

耳背式和盒式助听器也是通用助听器，其电子元件大小和外形都是固定的，需要连接定制的耳模或耳塞后才可使用。有的耳背式助听器直接通过导声管与耳塞连接，有的将受话器放置在耳道内（RITE）。所有耳背式助听器都属于通用助听器，可在获得患者听力图当天完成验配。耳背式助听器通常不被称为通用助听器，因为还没有可以定制耳背式助听器的方法（定制耳模除外）。

3.1.3 半通用与半定制助听器

ITE 或 ITC 助听器可综合应用通用机芯和定制机壳，所以被称为半通用或半定制助听器。助听器的模块通常是经过修剪放入机壳的，而不是用胶粘在一起的。这样与定制助听器相比，会更容易修理，且成本低，不易损坏外壳或面板。但是，缺点在于这种制作方法无法充分利用耳道空间，所以会比同类助听器的体积大。

完全定制助听器和完全通用助听器其实是助听器的两个极端：完全定制助听器需要根据每一个用户的需要来选择不同的助听器元件和位置，而完全通用助听器和前面所述一样，需按照标准程序生产。

大多数市售的深耳道式、耳内式、耳道式助听器非常接近完全定制助听器，基本上都是由一个粘住的面板与电池仓、音量控制钮和一个位置相对固定的编程插座（如果不在电池仓内）组成，麦克风和集成电路通常也被固定在面板上，只有受话器可以根据定制外壳来选择安装位置。

3.1.4 助听器的可靠性

日常生活中患者常会在不利环境中佩戴助听器，如在下雨、出汗、有耵聍、使用发胶以及潮湿等情况下使用助听器，这些情形会产生腐蚀作用，导致助听器的电子元件和换能器无法正常工作。最容易出问题的就是那些暴露在空气中并有活动零件的元件，包括电池仓、换能器、音量控制钮和开关。

许多助听器采用了创新技术，可以大大提高助听器的可靠性，包括：

· **自动音量控制**　包括宽动态范围压缩技术，这种技术使得许多助听器不再需要手动调节音量。

· **电子编程**　与使用螺丝刀手动调节相比，这种技术大大减少了对活动元件的使用。

· **防水材料**　如采用 Gore® 等防水透气材料覆盖在麦克风声入口上，可有效阻挡水汽进入。

· **防水膜**　可保护扬声器免受湿气（甚至水蒸气）和耵聍的腐蚀，还不影响声波传导。

· **密封垫和防水纤维**　既能保证锌-空气电池所需的氧气，又能防止电池仓进水受潮。

· **纳米涂层**　一种含有纳米粒的亮漆，涂过纳米涂层的助听器表面特别光滑，可以使水凝结成滴，从而减少水浸入助听器内部的风险。

· **触控**　可以通过感受手指的移动来改变助听器设置（如音量、程序等），从而减少了使用活动元件或有空隙的元件。

3.2　双侧同步助听器

双耳佩戴助听器由来已久，但双侧助听器信息互传功能却始于 21 世纪，这种功能可以使双侧助听器协调工作。双侧同步通过无线传输来实现。

为何需要双侧同步技术？有两个主要原因：可以提高便捷性和改善性能。当佩戴者想调节助听器音量时，大多数情况下，会希望调节两侧助听器的音量。如果只需调节一只助听器的增益，而另一只助听器会自动调整，佩戴者会感到非常方便。此时，另一只助听器也无须安装音量控制钮，这样，就可以在其增加的空间里安装程序按钮（请参阅第3章3.3.2）。当然，按钮必须能够同时调节双侧助听器。对佩戴者而言，使用两个功能按钮会更加容易。

双侧同步技术对助听性能改善不太明显，不过仍有积极价值。当患者需要使用双耳功能对声源定位时，双侧助听器同时选择同样类型的方向性麦克风功能，能大大减少助听器造成的双耳时间差和强度差，这对患者定位声源非常有用。（请参阅第7章7.1.4和第15章15.1.1）。对双侧助听器的压缩和自适应降噪技术进行协调，可以减小其导致的耳间强度差，否则，则会出现问题。助听器双侧同步技术对定位和声音自然度有一定改善，对双耳方向性麦克风的设置进行同步时，改善效果会最明显。

双侧同步助听器能对何时从M档切换到T档做出最佳选择。如果佩戴者无意经过一台正在发射强磁场信号的设备时，单独工作的助听器可能因探测到磁场信号而误切至T档，双侧同步助听器却能够比较不同耳接收的信息强度以避免这一情况。当电话靠近耳朵时，能产生比远处信号源更强烈的磁场信号，这种双耳磁场强度差距悬殊的现象在信号源比较远时并不常见，所以当话筒接近耳朵时，近侧助听器能够很可靠地检测到信号，并自动切换到T档。同时，根据听力师的设置，远侧助听器可自动关掉麦克风，或者处于常规聆听模式。

同理，双侧同步技术也可帮助助听器判断输出信号中的强音是源自放大的音乐（在这种情况下，双侧助听器输出应该都有），还是由反馈振荡所致（在这种情况下，只有一侧助听器的输出有偏高的信号强度）。这种助听器间的比较可以帮助避免由数字降噪系统（请参阅第8章8.2.3）引起的音乐失真。

在本文撰写之际，双侧助听器可同步的信息包括：音量控制设置、程序控制设置、方向性麦克风设置以及当前压缩器正提供的增益信息等。这些同步信息有一个共同点就是变化速率很慢，所以这些信息可采用较低的无线电带宽来传递，所需能量较低，耗电量也非常低。

有些助听器之间传递的是完整的音频带宽信号，部分助听器通过**近场电磁感应耦合**（*near-field magnetic inductive coupling*）方式传递音频信号，这与第3章3.5介绍的音频磁感应原理相同，但使用的频率更高，如1~10MHz的频率。有些助听器通过电磁射频传输方式传递音频信号，后者的工作频率范围更高，在0.9~2.4GHz之间。①

无论采用哪种技术，只要可以实现完整音频带宽信号在两耳间传递，也就是说，一侧助听器觉察的信号也能同时被另一侧助听器接收，就能实现以下几种重要的应用：

· 将一侧助听器麦克风信号放大后，再无线传递到另一侧助听器，使其成为一只无线CROS助听器（请参阅第17章17.1）。

· 与传统CROS助听器不同，这种信号传递可以是双向的，可根据主要说话人的位置不时改变。这便于人们乘坐汽车时交谈，因为此时人们位置相对固定，人数有限，患者某一侧的信噪比通常比另一侧更大。[1496]

· 将电磁信号从一侧传递至另一侧助听器，使患者双耳能同时听到电话声音。

· 最让人兴奋的是，助听器可整合来自头部两侧麦克风接收的声信号，从而使前向或任一方向的方向性更加明显（请参阅第7章7.1.4）。

在本文撰写之际，这种全带宽的耳对耳信息传输功能耗电量仍较大，所以仅限于在最嘈杂环境中使用，不过这一问题在不久的将来可能会得到改进。这种功能令人兴奋，因为它有助于加速研发所谓的超方向性助听器，从而帮助轻度甚至中度听力损失者在许多噪声环境中比健听人听得更清楚。

3.3　助听器编程

3.3.1　编程器、中继设备与编程软件

听力师常用编程设备来改变数字控制线路的内容。虽然现在仍有少数特定品牌的助听器还用小的专用编程器来编程，但绝大多数助听器都已应用计算机编程。现实中，所有助听器厂家都按NOAH通用标准来储存数据，通过计算机向助听器传输信息。

---

① 声音频率越高，越能被微型天线有效传送，但同时当信号在两耳间传递时，也越易被头部衰减。

NOAH 标准规定了如何存储患者信息（如听力图、患者年龄等），也规定了如何用计算机向助听器读取和传递信息。[1515] 编程不同品牌的助听器时，需要使用厂家提供的编程软件，一旦患者信息被输入后，就可以通过各个厂家的编程软件获取存储的信息，这样就可对不同厂家之间的验配信息进行比较。

由于助听器传输的电信号和计算机提供的信号不同，因此助听器和计算机之间需要中继设备。有一种最常见的中继设备叫 HiPro，带有连接助听器和计算机的接口。HiPro 有的是一个单独的小盒子，有的则是将接口线路整合在其他检测设备上。虽然 HiPro 使用广泛，但也有很多其他类型的中继设备能够替代其功能。

• NOAH-link 无线中继设备与 HiPro 相同，通过编程线与助听器连接，不同的是，NOAH-link 可以通过蓝牙与计算机连接。调机时患者可以将 NOAH-link 挂在脖子上，在房间内自由活动（活动范围应在蓝牙工作距离内：大约 10 米）。如果听力师用的是笔记本电脑，那么可以在任何地方随时对助听器进行编程。

• NOAH-link 无线中继设备能插入 nEARCom，这是一个钩状的、佩戴在患者颈部的设备，包含一个发射频率在 10.6MHz 的感应式发射/接收模块，用于向助听器发射与接收信号。虽然发射/接收模块由不同助听器厂家提供，但一台 nEARCom 能同时连接 5 款此类产品。

• 有几个厂家研发了自用的发射/接收设备，可通过 USB 接口与助听器编程计算机连接，再以无线方式与助听器连接。其中有一个产品采用的是速度非常快的数字调制 2.4GHz 信号。

以上三种中继设备都可以使患者摆脱有编码时和计算机连接在一起，后两种中继设备与助听器连接时甚至都不需要编程线。

3.3.2 多记忆或多程序助听器

计算机和中继设备给助听器传输的数据被存储在助听器内存里。每一组数据为助听器设定一组特定性能（如增益、频响、麦克风方向性），多组数据便能为助听器设定多组特定性能，因此，可将每组性能视为一个程序。助听器佩戴者或助听器自身可根据需要切换这些程序。助听器佩戴者为什么要切换程序呢？这并不是为了用一个程序听话剧，用另一个程序听喜剧。

第一个原因是，输入助听器的声音在不同环境里有显著不同的声学特征，为了达到最佳效果，应该让助听器在不同环境中有不同的放大特性。虽然，助听器能够自动探测到声学环境的改变并自动改变其放大特性（许多助听器都能做到），但患者手动选择的程序可能比助听器自动切换的程序更合适。

第二个原因是患者需要多个聆听程序以满足不同的聆听目的，而一个自动程序是难以满足这些需求的。由于患者聆听需求不同（如对某人谈话的兴趣，或希望聆听非言语声音），所以他有时需要提高聆听的清晰度，有时需要提高舒适度。这些不同的需求要求助听器具有不同程序。[864, 1886] 无论自动程序智能化程度多高，也难以在所有时候分清楚哪些选择标准更重要。

对于大多数多记忆程序助听器来说，一个程序内能调节的所有参数，也可在其他一个或多个程序中进行调节。患者只需要按一下按钮，便能切换到由听力师预先验配好的两个或多个程序，聆听不同放大的声音效果。多数情况下，除了一两个关键参数，或者对不同输入信号的选择外，如电磁感应、无线调频、方向性麦克风，各个聆听程序的参数设置大致相同。设定助听器多记忆程序的方法详见第 10 章 10.6。

3.3.3 配对比较

如果助听器有两个或多个程序，在验配过程中，能在几个程序间快速切换，这样能够让患者以很快的速度连续比较两个不同的响应，并告诉听力师更喜欢哪个程序的声音。听力师可根据患者的喜好对助听器进行精细调节。配对比较（*paired comparisons*）的方法可见第 12 章 12.2。

3.4 遥感与发射助听器系统

在声波从声源发出并向外传播的过程中，随着传播距离增加，声波的能量逐渐衰减，这会从两方面影响声音的可懂度：一是降低声音强度，使声音更容易被淹没在背景噪声中；二是声音的反射产生**混响**（*reverberation*），在直达声中添加了被延迟的原始声音。混响声音的时间发生了改变，毫无疑问，会影响言语可懂度，在混响时间长的房间内，问题尤为严重。随着聆听者与声源距离增大，噪声和混

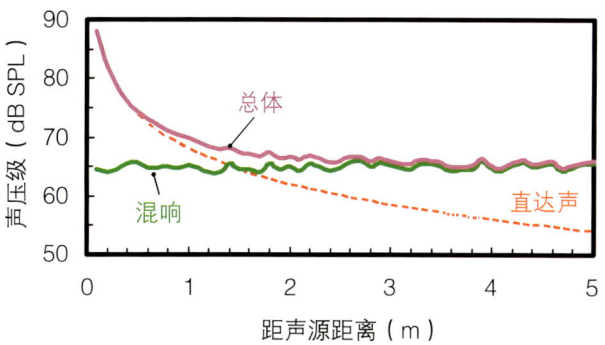

图 3.2 随着离房间声源距离增大出现的声压级（SPL）变化，显示直达声场、混响声场和总体声压级（SPL）。在这个房间内，直达声场和混响声场的声压级相等处为临界距离，约 1.5m 处。

响这两大因素对言语可懂度的影响会越来越显著。

图 3.2 显示的是在房间内，随着到讲话者距离的增大，声压级（SPL）出现的常见变化。临界距离（critical distance），又称混响半径（reverberation radius），是指混响声压级与声源声压级刚好相等时距声源的距离。超出临界距离后，反射的混响声音成分会占据主导。房间越大，混响越小，临界距离越大。通常，教室内的临界距离为 1~2m，起居室内的临界距离小于 1m。

临界距离（米）的计算公式为：[175, 1971]

$$d_c = 0.1\sqrt{\frac{QV}{\pi T_{60}}} \quad \cdots 3.1$$

公式中，V 代表房间体积，单位是 m^3，T_{60} 代表混响时间，单位是秒（s），Q 是声源的方向性因数。方向性高的声源向前投射的声音比向其他方向投射得更多。人类讲话声中低频成分的方向性因数 Q 约为 1.3，高频约为 4.0。[113]

解决混响声掩蔽直达信号的措施之一是在言语信号最强和最清楚处拾取信号（讲话者的嘴巴处最远离临界距离），并通过电磁波或磁场传递至佩戴者的助听器。只要佩戴者的助听设备能够将电磁信号或磁场信号转换为声波，那么患者所听到的信号就犹如靠近讲话者唇边听到的一样清晰。目前有三种无线发射系统可以将信号从讲话者传递到聆听者，以下三节中将会对其进行详细介绍。

> **声音的重要概念**
>
> 临界距离（critical distance）这一概念可以帮助我们理解为什么需要遥感和发射系统，以及在不同环境中方向性麦克风工作如何。（请参阅第 7 章 7.3.1）

3.5 感应环路

电和磁有内在的关联。感应环路（Induction loop）正是利用这一原理，将声信号转换为围绕线圈流动的电流，然后变成以光速在空间传播的磁场，再由线圈遥测到，并在线圈内诱发出电压（请参阅第 2 章 2.8）。该电压经过放大处理后，再由受话器转换为声波。图 3.3 显示了声信号从讲话者到聆听者的整个过程。产生磁场的线圈可以大到覆盖整个运动球场，小到可以同助听器一起放到耳背后，还有的线圈可以环绕聆听者（安装在地板或椅子上）或

> **实用技巧：室内环路**
>
> - 在紧邻构成环路的导线上方或下方，磁场流动几乎呈水平状。若助听器内的线圈是垂直放置的，获取的信号将会不足。因此，室内环路的范围应该比其要发挥作用的范围大一些才好。
> - 环路附近的建筑钢材会显著衰减磁场强度，并改变磁场方向。
> - 专用设计的磁场放大器应包含一个压缩器，这样可以使磁场强度始终保持最适强度，包括针对轻微言语。
> - 由于磁场会溢出感应环路系统，所以，如果在同一栋建筑物内需要设置两个拾取不同声信号的感应环路，就应该进行隔离安装。
> - 许多家用音响有足够大的功率可直接驱动一个小的感应环路，但是，当需要平衡地驱动电磁环路和扬声器时，就需要加装一个额外的高功率音量控制（还需要有电子设备的操作经验）。
> - 铺设在地板上的感应环路产生的磁场可以通过大门溢出，但不会影响其性能。

佩戴在聆听者的颈部。除了一些体积特别小的助听器，拾取磁感应信号的线圈都可安装在助听器内。

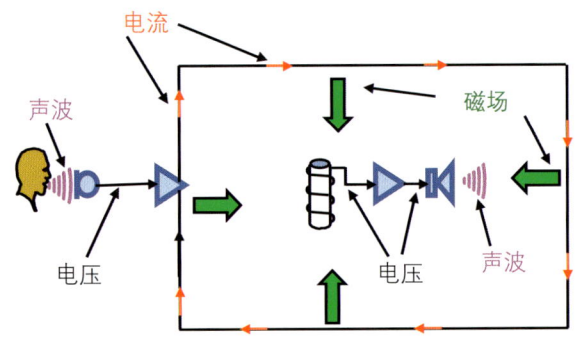

图 3.3 从声波输入到声波输出，磁环路感应系统的完整过程。

3.5.1 磁场均一性与方向性

虽然磁场是从线圈和产生磁场的电流向外辐射，但如图 3.4 所示，磁力线（*magnetic lines of force*）以及所产生的磁通量（*magnetic flux*），也就是磁流，实际上，是围绕产生磁场的电流在做环形运动。距离电流越远，磁场强度及磁通量越弱。伸开右手，使拇指与其余四个手指垂直，且与手掌在同一平面，拇指伸直，其余四指弯曲。当拇指指向电流方向时，四指所指的方向就是磁力线环绕电流的方向。（实际上，工程师称其为右手定则，用来判定磁力线环绕的方向。）

我们用上面的原理假想一个场景：你现在坐着的房间地板上有一个电流环路，这个环路就隐藏在地板和墙根交接处（实际上通常是这样）。如图 3.5 所示，当你俯视地板时，电流沿顺时针方向环绕房间流动。现在将你的大拇指靠近某面墙旁边的假想环路，注意你弯曲手指的指向，想象一下磁力线（不同直径）环绕着墙边导线的情况。在紧邻的每一条导线的上面，你的手指和磁场都应水平指向房间。而在房间的地板平面处，无论你想象哪一段导线为磁场源，磁场都应垂直指向下方。

上述事实对人非常有帮助，前面说过环绕磁力线离导线越远，磁场就越弱，但在房间内当你远离某一部分导线时你也会靠近另一部分导线。另外，当线路铺在地板上，助听器佩戴者坐着或者站着时，环路内的磁场更多是处于水平方向，（可以用你的右手自己来试一下。）这些会使得在头部高度处，磁场的垂直分量在房间里的大部分地方都是恒定的，除了在紧邻环路处。在紧邻环路处，总磁场最强，但

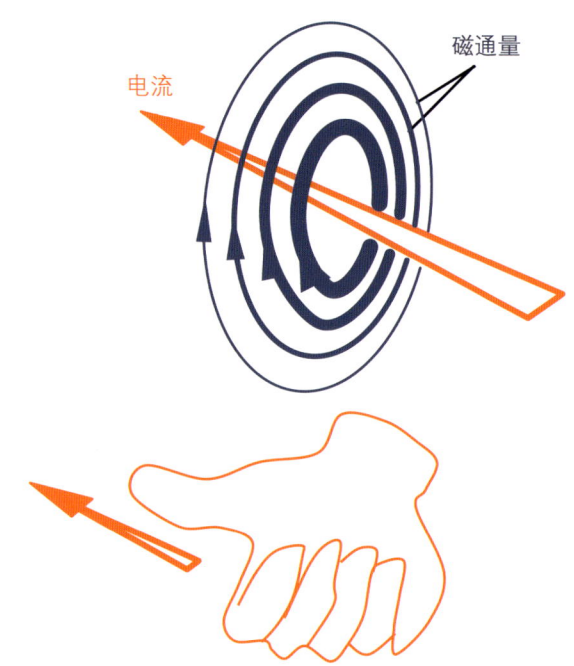

图 3.4 磁力线为环绕通电导体的同心圆。根据右手定则，弯曲手指可以想象为指向磁场方向，拇指指向产生磁场的导体内电流的方向。

垂直部分很弱。这一点非常重要，因为如果助听器的接收线圈是垂直安装的话，那么只能接收到磁场的垂直分量。[1]为了尽可能利用室内环路，佩戴助听器时，其电感线圈必须处在垂直方向上。遗憾的是，电话靠近耳朵时，其产生的最大磁场常常不在垂直方向，而不同电话的最大值方向又常是不同的。如注释所示，磁场部分（但不是全部）偏离垂直方向是可以接受的。

以上我们谈论的电流是沿一个方向流动的，但如果电流来自音频信号，其方向会根据声源声波的正负压变化，一秒钟内发生多次改变。相应的，由其产生的环绕磁场也会在一秒钟之内变换多次方向。实际上，正是由于磁通量不停地变化，才使电感线圈得以感受到磁场并产生音频电压。（地球的磁场不能使线圈产生电压，因为地球磁场的强度和方向是恒定的）。

---

[1] 呈中间角度的磁场，例如与垂直线呈 30° 角，可以被看作是垂直分量叠加到水平分量上。其垂直分量的磁场强度等于实际磁场强度乘以磁场与垂直方向夹角的余弦。45° 角磁场的垂直和水平分量是相等的，但当磁场为水平方向时，一个垂直放置的线圈将感受不到任何磁场强度。同理，一个水平放置的线圈如果被置入垂直分布的磁场也感受不到任何磁场强度。

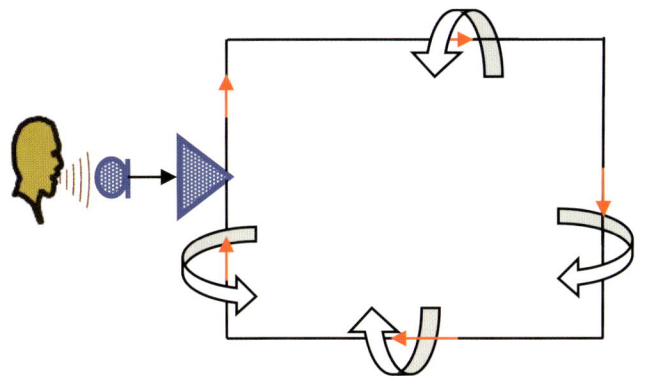

图 3.5 一个完整的感应环路系统，显示了来自环绕线圈不同部分的磁力线如何在封闭区域内产生叠加效应。

3.5.2 磁场强度

靠近房间中心处的磁场强度与环路内的电流强度和匝数成正比，而与环路的线径成反比。国际标准（IEC 60118-4，BS7594）规定，磁场的有效磁场强度值为 100mA/m（即每米 100 毫安）。

一个直径为 a 米、n 匝的圆形电流环路产生的实际中心磁场强度可以用公式 3.2 来计算：

$$H = \frac{nI}{a} \quad \cdots 3.2$$

其中，H 代表磁场强度，单位是 Amps/m，I 代表电流强度，单位是 Amps。形状为方形（长宽均为 a 米）的环路，其磁场强度要比用公式 3.2 计算得出的值小 10%。如果一个环路要产生 100mA/m 的有效磁场强度，那么该环路输出的磁场强度至少应为 400mA/m（更好的为 560mA/m），这样才能避免讲话时高强度声音的波峰被部分削峰。磁场强度通常用 dB re 1 A/m 来表示，100mA/m 等于 –20 dB re 1 A/m。

确保环路的输出磁场不低于规定值非常重要。一个建筑物中存在着很多能够产生磁场的导线，不仅只有环路。所有建筑物内的导线都会按照电源的频率（50Hz 或 60Hz，依国家而定）和其谐波频率产生磁场。这会引起磁场干扰以及背景噪声（这些噪声的特点是低音的嗡嗡声）。如果音频磁场强度太低，信噪比将会明显不足。①

小型助听器内置的线圈很小，这些电感线圈的灵敏度依靠一个单独的线圈信号前置放大器来增强。

---
① 在安装环路之前，为了确保背景干扰不是太大，可以测量背景干扰的强度，或者用助听器 T 档，通过试听筒或临时耳模来聆听是否有干扰。

使用者可调大音量控制钮来补偿弱磁场，不过，这样很不方便，尤其是当使用者需要不停地在 T 档和 M 档之间切换的时候。另外，这种补偿还要取决于助听器是否设有音量控制钮，是否有预留增益，是否能够升高增益而又不引发啸叫。即便助听器处在 T 档，如果增益过大也会产生反馈啸叫。如同受话器声音漏回到麦克风会导致声波产生反馈一样，当助听器处在 T 档时，磁场也会从受话器漏回到电感线圈引起反馈。

理论上，所有电话都可能产生 100mA/m 的磁场强度，但事实并非如此。很多老式电话可以产生足够的磁场强度，因为这些电话漏磁。新式电话和公用电话均设计了发射专用磁场的功能，以满足听力障碍者的使用（如 ANSI C63.19 标准要求移动电话产生的磁场强度不低于 125mA/m）。[970] 我们的问题是处在二者之间的那些电话，这些电话仍在使用，它们能保证有效的声波输出，但外泄的磁场信号强度很弱。

根据环路和电话采用的标准，如果助听器针对 60～100 mA/m 的磁场中可以产生类似于 65dB SPL 声输入的输出，助听器使用者就可无须调试音量，自由在 M 档和 T 档之间切换。[840a]

3.5.3 线圈频响

虽然并不常见，但是感应环路和助听器电感线圈的频响效果有时不好。由于助听器频响曲线是根据佩戴者听力损失设定的，所以感应环路与助听器电感线圈叠加的频响曲线不能和助听器的声学频响有太大差别。但是也有例外，例如，由于在 500Hz 以下的频率处容易发生磁干扰，所以对特殊环境下的某些患者而言，削减 500Hz 以下的频率效果会更好。但对极重度听力损失者来说，这个频率范围也是最重要的。庆幸的是，多记忆助听器（请参阅第 3 章 3.3.2）一般允许针对电感线圈和麦克风分别调节频响曲线，以使助听器使用者能选择最佳的电感频响曲线。一些遥控器甚至还能让使用者在需要的情况下，选择使用低频截止功能，例如在有大量磁场干扰时（如日光灯和有暗光功能的灯干扰最明显）。由于电磁干扰具有持续或缓慢变化的特性（该声音会影响患者聆听同一频率的言语），助听器的自适应降噪技术（请参阅第 8 章 8.1）也可以在降低电磁干扰方面发挥作用。

导致患者在 T 档与在 M 档感受到不同频响曲线的原因有两个。一是环路针对高频声信号发射的磁场强度低于针对低频声信号发射的磁场强度,这是因为环路线圈的电阻抗由电感(*inductance*)和电阻(*resistance*)两部分构成。电感强度随着频率增加而增大,因此,当电感线圈的频率超过转角频率(*corner frequency*)时,总阻抗值开始增加。(在转角频率时,电感阻抗等于电阻阻抗)。如果感应环路是由普通的音频功率放大器驱动,超过转角频率后,线圈内电流以及由此产生的磁场强度都会减小。解决这一问题的方法是使转角频率等于或大于 5kHz。

可以采用以下方法:
- 用细的导线制作电感线圈(前提是线圈不会被烧坏);
- 使用特殊电流驱动的功率放大器(该放大器有较高的输出电阻抗);
- 安装多个环路来覆盖同一个区域;
- 线圈使用尽量少的匝数,或仅一匝;
- 加装图示均衡器;
- 外接一个串联电阻。

采用后三个方法时需要一个更大的功放。另外,使用小的环路系统更容易在不导致线圈过热的情况

实用技巧:安装或改进电感线圈系统

- 尽量使用小环路,较大的区域可考虑用两套或四套环路。

- 环路的阻抗不应小于功率放大器的安全驱动范围(可使用多用表测量或使用下方的公式计算以获得阻抗值),推荐阻抗大于等于 4Ω(ohm)(一般是安全的),安装前一定要认真阅读功率放大器的使用说明书!

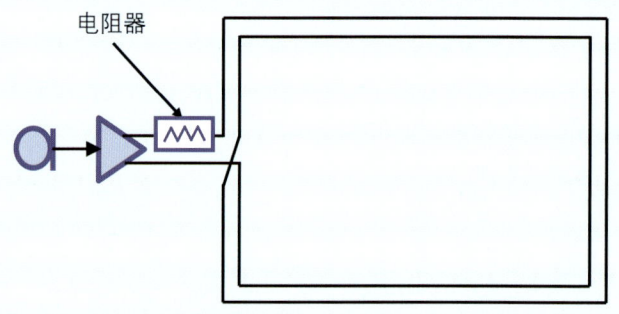

图 3.6 包含 2 条独立导线的电缆绕成 2 圈的连接方法。电阻器的串联连接位置在图中也有显示。

- 面积为 5m×5 m 的房间,可以选直径为 0.4mm 的线圈绕 2 圈,用功率为 10W 及以上的功放。或者,为了获得最小的总电阻,可在环路上串联一个功率 10W、电阻 3～5Ω 的电阻器,这时可以用更密集的线圈以方便电阻器的连接。图 3.6 显示了双芯电缆线圈系统的连接方法。

如果你不想使用公式获得阻抗值,请忽略下述内容!

- 对于一个有 b 个串联感应环路覆盖的房间,每个线圈有 n 匝,每个线圈每匝周长为 p m,线圈导线的直径为 d mm(不包括绝缘材料的厚度),产生的磁场强度最大处为 0.4 A/m,我们可以通过以下公式对感应环路进行设计或检查。当房间内只有一个(由 n 匝组成的)环路覆盖(大多数的布局)时,b=1。

最小功放功率 = $\dfrac{bp^3}{2800nd^2}$(W)

避免过热的最小导线直径 = $\sqrt{\dfrac{p}{62n}}$(mm)

转角频率 = $\dfrac{7610}{nd^2 \log_{10}(446p/d)}$(Hz)

线圈阻抗 = $0.022 \dfrac{bnp}{d^2}$(Ω)

以上计算公式部分来源于 Philbrick(1982)和英国标准 7594,前提是假设没有额外电阻器增加总电阻。如果使用了额外电阻,最小功放功率和转角频率都会随环路自身电阻的增加而增大。为了将削峰降到最低,需要放大器的功率为上述计算得出的最小功率的两倍。

下，获得合适的电阻、磁场强度和频率响应，而大的环路系统实现起来较困难（成本高，且不实用）。

另外一个解决方法是使用一组网状的小型环路系统，不过必须安装在地毯或地垫下，而不是环绕房间。[35] 这样做也能避免磁场信号溢出房间，干扰到隔壁。这种地垫嵌入式的环路系统可以在市面上购买到，并按图3.7的方式安装。

还有一个更有效的处理方法，就是在一个较大的区域内使用两套独立的感应环路系统，用独立的功放驱动，两套系统产生的信号相位差为90°，产生的磁场范围可以互补，使其所覆盖的区域没有死角，90°的相位差可以避免在两套系统的磁场都很强的地方出现磁场相互抵消。我们称这种组合方式

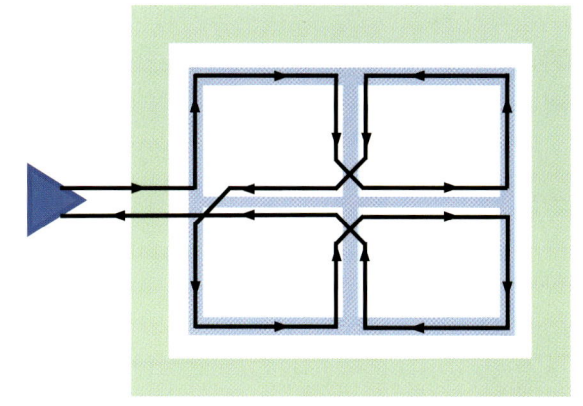

图3.7 多组相连的环路可覆盖较大区域，并达到较高的转角频率。蓝色阴影处的垂直磁场强度较弱，相当于礼堂的过道，图中绿色阴影的内部和外部区域也是如此。

实用技巧：佩戴发射机和麦克风

- 由于头戴式麦克风就在嘴边，传递信号时不会受到转头等动作的影响，因此使用头戴式麦克风的信噪比比衣领式或悬挂式麦克风的信噪比高10dB。
- 把麦克风夹在衣领上的信噪比比夹在腰上的信噪比高10dB。（许多人会将麦克风夹在较低的位置，尤其是腰部！）
- 发射机上的方向性麦克风能够解决距离说话者口部较远的问题。[1058]
- 将自带麦克风的发射机放在衣服下面虽然方便，但由于会产生衣服摩擦声并且衰减声信号，所以要避免采取这种方式。

为**相控阵线圈**（*phased-array loop*），即使在空间非常大的区域，相控阵线圈也能生成一个非常均匀的磁场，同时磁场溢出的量很小。

T档与M档频响不同的第二个原因与助听器本身有关。电感线圈自身会产生随频率增大而变大的电压。助听器研发人员可以通过把电感线圈连接到助听器放大器对电感线圈内的电压进行部分或全部补偿，但是这种处理方法的弊端会造成低频衰减。[①, 840a] 每台助听器都会在技术参数表中标明对应于M档频响曲线的T档频响曲线，也可以使用助听器分析仪测出T档的频响曲线（请参阅第4章4.1.8）。

3.6 射频发射

射频发射系统为说话者和聆听者间言语信号的传递提供了一个更便捷的方法，可有效消除噪声和混响的影响。说话者佩戴一个小型的**发射机**（*transmitter*），内置麦克风的发射机可以佩戴在说话者颈部周围。对于使用导线连接麦克风的发射机，可以将发射机夹在说话者的腰带上或放在兜里，而将麦克风夹在衣领上或带在头上。连接麦克风和发射机的导线也可以作为发射机的天线。

听力障碍者佩戴**受话器**（*receiver*）的方法包括：

・可通过导线与助听器连接（如直接音频输入）；

・可通过磁电感线圈（可通过颈圈或轮廓线圈）与助听器连接；

・可直接插在助听器上；

・受话器可整合在助听器内（请参阅第3章3.6.3）

---

① 因此，设置有感应环路的房间最好安装低频强化器，以补偿助听器内电感线圈的低频截止。同时它还能提高信号/干扰比，后者以低频为主。

射频发射系统中，音频电信号并不直接转换成另一种能量（就像从环路发射到助听器内电感线圈产生的电磁感应一样），而是用于调整或调制（*modulates*）电磁波。这种被调制的电磁波叫作载波（*carrier*）。没有声信号的载波通常是正弦波。只有被声信号调制后，才能传递信息。理论上讲，有许多模拟或数字调制技术可用于声信号的调制，但最常用的两种短程发射技术是调频技术和跳频扩频调制技术。我们将在下面两节详细介绍这两种技术。

3.6.1 调频

在助听器领域，对载波频率的调整最常见，因此我们称之为调频（*frequency modulation*，*FM*）。图 3.8 显示的是声波，未经调制的载波以及调制后的载波。受话器用于接收载波，并按原声信号的一定比例生成电压。从载波中恢复出原调制信号的过程叫作解调（*demodulation*）。

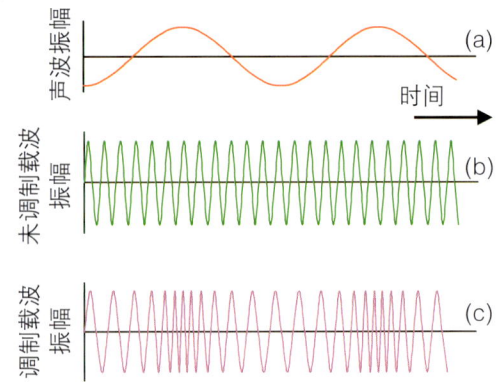

图 3.8　原始载波（b），调制后载波（c），声波（a）。

其他常用的调制方式还有调幅（*amplitude modulation*），声信号调制的是载波的振幅而不是频率。调幅的优势是受话器解调声信号后的强度与载波强度无关，因此信号传输的强弱不受发射机与受话器间距离的影响。但是，随着载波强度变弱，受话器会逐渐给声波增加噪声，当载波强度变得非常弱时，受话器便停止工作了。

在你所处的房间内，可能会有成百上千个发射机发出成百上千种电磁波。受话器如何能准确接收到携带声信号的电磁波呢？这需要我们将受话器调节到对某一载波频率最敏感的频段，只有当受话器的接收频率与发射机的发射频率一致时，受话器才会接收到该电磁波。如果两台发射机在同一频道上工作将会怎样？这样会使受话器接收到错误信号。许可证颁发机构为不同类型发射机设置了不同的电磁波发射频段（不同的载波频段），以尽量减少这种错误的发生。在许多国家，助听设备专用频段为 37、43、72-76、173、183、216、900 和 2400 MHz。在上述任一频段内又细分了许多不同的发射频率，我们称各细分频率范围为发射频道（*transmission channel*）。

在无线调频信号的发射和接收中，当受话器同时遇到两台发射机发射出的电磁波或遇到频率相同或差别很小的两个波时，还有另外一个现象会提供帮助。因为受话器解调是先锁定载波，然后通过测量载波频率随时间的变化量进行信息解调，所以当有两个载波同时出现时，首先要锁定的是较强的载波。我们称只有较强信号被解调的现象为调频捕获效应（*FM capture effect*），因为受话器被较强的信号优先捕获。当两个功率相同的发射机发射出两个电磁信号时，离受话器距离较近的那个发射机的信号

实用技巧：故障排查

- 检查发射机和受话器电池，看电量是否充足。
- 排除连线、接口、音靴断开等连接问题（可通过更换新配件，或在问题断断续续出现时揉一下连线来判断）。
- 检查发射机与受话器的天线有无断开或弯曲。
- 重新调整教室座位，使教师和学生的距离尽量靠近，远离大的金属导体。
- 更换发射机（和受话器）的工作频道。
- 对于手持式发射机，确保使用者的手或者手指没有遮住麦克风的声入口。
- 如果条件允许，逐一替换发射机、受话器和助听器，依次查找问题来源。

就会较强。与声信号的原理一样，电磁波的信号强度与发射机距离的平方成反比，我们称之为平方反比定律（inverse square law）。射频波能够穿透非导体介质（如砖墙）。当射频波穿过较大的导体（如金属板）时，强度会被削弱。当通过人体时，强度也会被稍微削弱。

调频捕获效应有利于 FM 系统在学校使用。如果两个班级教室距离足够远，班内每个学生接收到本班教师的发射机发出的信号强度，比其他班级使用相同频道发射机发出的信号强得多，那么这两个班级可共用相同频道。但遗憾的是，两台发射机究竟距离多远合适经常无法确定。如果电磁波附近有较大的金属导体，平方反比定律就不再完全适用，在建筑物内，这是很常见的现象。长的金属导体能增强受话器接收到的信号强度，同时，金属对电磁波也有反射作用。如果反射电磁波遇到传递过来的电磁波，会相互抵消，就会导致交汇处的信号强度很弱，受话器难以探测，这种现象叫信号中断（dropout）。此时患者听到的全是噪声。先进的精密受话器能自动探测到信号中断，并关掉或者降低输出信号，当受话器无法接收载波时，会出现静音。

由于可能会出现信号强度过高或过低的现象，所以如果相邻的几个教室都需要使用 FM 系统，可以给几个发射机设置不同的发射频率，通过受话器自动刷频，使同班级内的发射机与受话器频率一致。

上面讨论的有关多台发射机间的相互干扰问题主要是针对仅有一台发射机的 FM 系统。现在有的 FM 系统已允许多个麦克风和发射机的输出同时输入一个受话器。这意味着，多个人可以分别佩戴发射机并同时与一个助听器佩戴者说话。这在集体教学或教学互动时非常有用。因为，所有同学都是重要的说话者。

3.6.2　数字调制技术

另一种适用于数字信号（包括数字音频）的调制技术，是将差分二进制相位变化键控技术（differential binary phase-shift keying）[①]和跳频扩频技术（frequency-hopping spread spectrum）结合应用。

在差分二进制相位变化键控技术中，数字"1"

---

① 差分指相位变化显著，而不是相位本身；二进制指只用两种不同的相位变化；相位变化键控指依据相位的特征给二进制数据赋值。

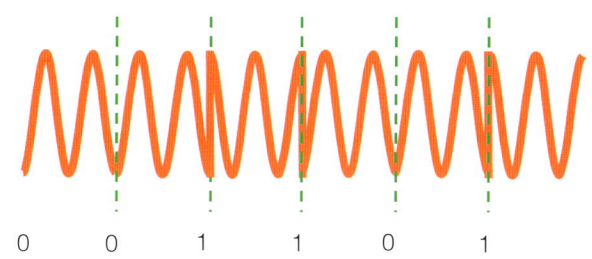

图 3.9　通过差分二进制相位变化键控技术传输数字数据，每次数字"1"出现时相位翻转，"0"出现时相位不变。

和"0"代表射频载波相位。例如，每次"1"出现时，载波的相位变化为 180°，即相位翻转（如图 3.9 所示）；每次"0"出现时，载波的相位不变。因此，受话器可以通过检测载波的相位变化来恢复数字数据。但是与 FM 相同，这种发射技术也存在不足之处，同一频率上发射的信号会对受话器接收信号产生干扰。

干扰较小的是跳频扩频技术。发射机会按预设以每秒 n 次的速度，看似随机地跳到新的载波频率，如果受话器知道调频的次序，也会同时跳频，这样信号发射就会以不中断的方式连续进行。在每一个新的载波频率上，受话器都会探测到载波的相位变化，并恢复出数据。与两台发射机同时在同一较窄的频道上工作相比，跳频技术的优点是：即使发射机用很小的发射功率在每个频率上发射，发射机之间的干扰也会很小。为了将信息量控制在最低，可用数据压缩算法减少数字音频信号的比特率。在受话器中，编码信号得到解码，使原始信号得以复现。

蓝牙采用的就是跳频扩频技术。发射频率在 79 个 1MHz 频道间跳跃，频率范围在 2402～2480MHz 之间，跳频速率为每秒 1600 次。如果在任一载波频率上遇到干扰，发射机和受话器将默认之后跳过这个频率，这样将大大减少与传统窄频发射机的相互干扰。这种技术我们称之为自适应跳频技术（adaptive frequency hopping）。蓝牙系统发射距离短，一般为 10m，在声学领域中应用广泛。本章 3.3.1 提到的 Noah-link 中继设备就是采用蓝牙技术。本章 3.11.1 也将介绍如何通过蓝牙中继设备将助听器连接至手机。

但蓝牙技术也有不足，主要是耗电量太大，因此尚不能嵌入助听器内依靠助听器电池供电。高频（2400MHz 或 2.4GHz）跳频可以采用很小的天线。目前专门针对频段设计的跳频系统已开始嵌入到助听器系统之中。

蓝牙技术的另一不足之处是有些应用程序采用了握手协议①，该协议对声信号的传输速度有很大延迟。因此，声音和视觉输入不同步，其时间差甚至会严重到影响唇读。如果患者能听到声源处的言语信号，再加上蓝牙技术发射来的时延信号（如第2章2.4.5中讨论的一样），所产生的干扰会更严重。如果没有视觉提示，也没有其他听觉信号，蓝牙的时延不会造成问题，除非有其他听觉信号经蓝牙传递给了聆听者。

目前一个新的低功率蓝牙技术标准刚刚颁布，耗电量低，声音时延小，因此，将来，蓝牙也有可能被嵌入助听器内。

3.6.3 与助听器耦合

由无线受话器收到的声信号只有传入到听力障碍者的耳道后才有意义。最简单的输出方式是用无线受话器直接驱动耳机。这种方式最大的缺点是无线受话器没有先进的声调调试设置，也没有压缩调节功能，因此，不能精细调试放大参数，来满足佩戴者个性的需求。

只有无线受话器与佩戴者本人的助听器耦合，将声信号传递给助听器后，才能满足个性化放大的需求。目前有以下4种方式可以实现两者耦合：

- 受话器通过导线与助听器上的直接音频输入接口连接。
- 受话器通过佩戴在使用者身上的颈圈，以电磁感应的方式，通过磁场传递给助听器内的电感线圈，或者传递给可以放置于使用者耳后助听器旁边的小塑料盒内的线圈。因为该线圈的形状酷似耳背式助听器，所以我们称之为轮廓线圈（*silhouette coil*）。这种线圈还有一个名字叫作感应耳钩（*inductive earhook*）。
- 受话器通过音靴与助听器连接。音靴位于助听器底部，受话器可插在音靴的插口上。
- 将受话器完全整合入助听器内部。

上述各种助听器耦合方式各有利弊，会通过不同方式影响助听器的增益频响曲线。[703]将电信号直接连接所提供的信号最为清晰。导线连接不太方便，也不美观，长期使用时可靠性差。[831]直接连接方式

的最大优点是方便实现语音控制和使用自适应系统（请参阅下节）。同时，如果声源是立体声信号，那么也有可能实现立体声（如双耳分听）收听。

如果使用体佩式受话器，佩戴颈圈最美观（青少年尤其喜爱），衣服外没有多余导线，不会影响日常活动，也不会被小伙伴牵拉。颈圈的缺点是会衰减低频声音，歪头时，磁场强度会减弱，相应的声信号强度也会减弱。（当课程枯燥无味时，学生通常会把脑袋耷拉成90°，在此角度，电感线圈不能接收任何磁感应信号，学生会感觉课程更没意思！）同时，磁感应信号更容易受周围电子设备干扰。轮廓线圈除具有导线连接的全部缺点外，抗干扰性能也很差。轮廓线圈的2个优点分别是：能连接立体声；与颈圈不同，患者头位改变时不会影响信号强度。

助听器内置受话器及助听器音靴这两种耦合方式可靠性最强，也最美观（请参阅第3章3.11.1）。实际上也是最常用的两种方法。

如果患者听力损失较轻，接近正常听力人群，无线受话器应与戴有开放式耳模或耳塞的一侧耳耦合，这样，无线传输系统不会影响人耳接收未助听的信号（如患者附近未戴发射机的说话者的言语声）。[966]当然，开放式耦合会影响整个助听系统的增益频响曲线（请参阅第5章5.3.1）。无论无线受话器是直接连接到患者耳道，还是与患者的助听器耦合，这一问题都存在。

助听器的数字信号处理会干扰助听器附近的无线受话器，这一干扰反过来又会以声信号的方式传递给助听器，因此，患者能听到干扰信号。[79],②这种干扰的产生机制与手机信号对助听器产生干扰的机制完全不同（请参阅第3章3.11.3）。因此，在助听器与无线受话器第一次耦合时，除了进行常规电声学测试外，还必须通过聆听来检查一下。

3.6.4 无线麦克风与助听器麦克风联合使用

当儿童（或成人）参加小组活动时，他们需要

---

① 握手协议：只有在发射机接收到受话器反馈回来的信号，表明接收到的信号没受到干扰时，发射机才能继续发射信号，这个过程需要耗费一定时间。在蓝牙系统中，时延长短取决于设计者采用的是哪种握手协议。

② 在许多情况下，由于从发射机接收到的信号比助听器自身产生的干扰强很多，所以在发射机距受话器很近时就听不到干扰声。干扰会缩短无线系统的作用距离。解决办法之一是选择不受助听器影响的频道频率。对于人工耳蜗患者，这个问题更明显，因为人工耳蜗的发射线圈功率更大，频率范围在5MHz，电磁波的谐波会造成干扰。解决办法是使用人工耳蜗厂家或FM厂家推荐的"干净"频道。

> **调频系统与非线性高级助听器**
>
> 　　将调频系统与非线性高级助听器耦合所面临的问题和与线性-削峰助听器耦合时一样，听力师应精细调节助听器自身的增益，还应调试 FM 信号的输出强度（请参阅下一个文本框）。如果调试成功，那无线受话器接收的信号与助听器麦克风接收的信号都会按相同方式进行处理。
>
> 　　对于非线性助听器，需要使用模拟言语频谱的宽带信号进行测试，而不能用纯音（请参阅第 4 章 4.1.3）测试。如果助听器有自适应降噪功能，在测试过程中应将其关闭，除非在使用类言语的调制信号作为测试信号时。
>
> 　　使用调频系统时，助听器的放大、压缩、噪声抑制、输出限制、移频，甚至声反馈抑制功能都会正常运行，如同输入强度为 65dB SPL 的声信号时一样（如果 FM 麦克风没有运行压缩功能，也要像声信号输入时一样，使用不同强度的信号输入）。如果接收 FM 信号时，助听器的麦克风信号会衰减，那么助听器麦克风的方向性功能就变得无关紧要了。

听到其他同伴说话，如果助听器只能接收无线信号，患者会感到非常不方便。现在有许多方法可以帮助无线系统解决这个问题。最常用的方法是让佩戴者既能接收无线发射器的信号，也能听到助听器麦克风接收的声音（请参阅第 2 章 2.9）。助听器麦克风在接收附近说话者声音的同时，也能收到噪声和混响，这会在一定程度上抵消无线系统消除混响和噪声、提高信噪比的优势。[155, 329, 699] 如图 3.10 所示，可通过混合这两种信号，将负面影响降至最小，使 FM 系统信号比助听器麦克风的信号更强。我们称二者之比为**调频优势**（*FM advantage*）、**调频优先**（*FM priority*）或**调频在前**（*FM precedence*）。有些助听器在受话器接收到发射机发出的可靠的射频信号后，会降低助听器麦克风的音量，从而达到理想的调频效果。

选择两种信号的使用是两难之举：在只接收无线信号模式下，佩戴者听到教师的声音最清晰；在只有助听器麦克风聆听时，佩戴者听到的声音可懂度最差；当两种聆听模式同时开启时，患者听到的是中等可懂度的言语。[329, 699] 两难之处在于当询问儿童更喜欢哪种聆听模式时，他们的答案与前面所述正好相反。[329] 究其原因，可能是因为当助听器麦克风声音逐步变成次要信号时，儿童会感到逐渐游离出周边环境了。

解决上述难题的最佳方法是使无线系统具有自动切换功能：当发射机麦克风有信号发射时，就衰减助听器麦克风；当发射机麦克风无信号时，就完全恢复助听器麦克风功能。这个系统，我们称之为**言语程序切换**（*speech-operated switching*，**SOX**）或**声音程序切换**（*voice-operated switching*，**VOX**）。不过和几十年前相比，这种无线系统已经不多见了。

另一种常用的解决方案是使用**动态调频技术**（*dynamic FM*）。使用动态调频系统时，调频信号自动随着背景噪声强度（发射机有探测背景噪声强度的功能）增强而增强，这样，在背景噪声环境中，增强的调频信号就可以提高言语可懂度。[1779, 1927]

无线系统提高噪声环境下言语可懂度的潜力巨大，FM 麦克风获得信号的信噪比会比助听器麦克风的信噪比高出 20dB 以上。图 3.11 显示了成人佩戴助听器或调频系统时的言语接收阈，[1059, ①] 可以看到，无线系统的优势远大于方向性麦克风助听器。双耳使用调频系统的言语接收阈还要比单耳使用低几个分贝。因为双耳佩戴 FM 可减少单耳使用时受到背景噪声的影响，所以，可以降低未使用调频系统的一

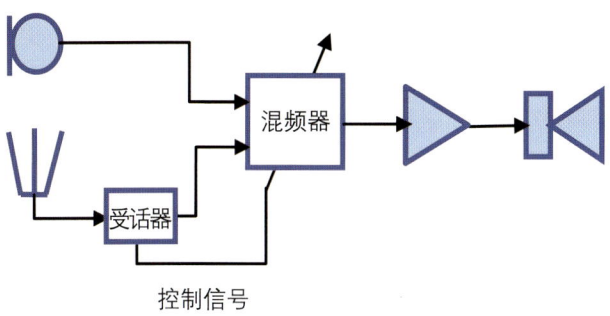

图 3.10　在这个系统中，助听器可以自动选择只使用麦克风信号，或者混合使用 FM 信号（受话器提供）与衰减的麦克风信号。

---

① 在本节讨论中，我们将调频系统和无线系统两个术语互用。虽然目前绝大多数无线系统都是调频系统，但未来未必如此。不过，如何将无线/调频信号与声输入信号结合起来仍然会是需要予以关注的问题。

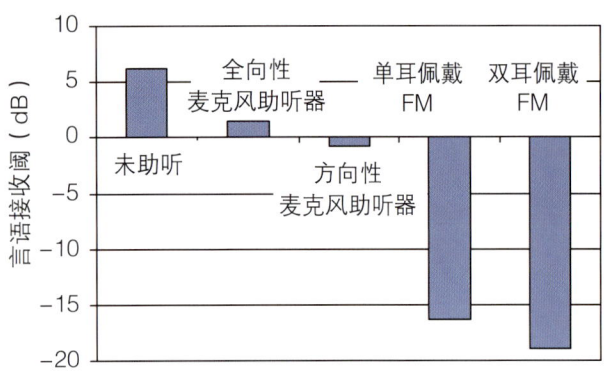

图 3.11 图中数据（Lewis et al, 2004）显示了不同聆听模式下的言语接收阈。

双耳佩戴 FM 的效果比单耳佩戴稍好，这一结果向我们提示了解决混合使用两种信号问题的另一种方法：患者一侧佩戴 FM，另一侧可以仅通过助听器麦克风输入，或者采取助听器麦克风与 FM 麦克风混合输入的方式。如果佩戴者总是能够转头以弥补不同方向声源。那么，这种适配方式对无线以及声信号的输入来讲有着类似的效果，如同在两侧耳朵上自动切换输入方式。[1422] 当然，为了在所有聆听环境中达到最佳效果，最好的聆听方案是当发射机接收到信号输入时，自动将无线信号提高（如 20dB），然后将该强度信号发射给双侧助听器；当发射机无信号输入时，就自动关闭无线接收功能。当患者需同时聆听佩戴与不佩戴 FM 发射机的人说话时，任何方案都难以提高聆听效果，即使健听人在这种情况下都同样会感到困难。

侧耳接收噪声后形成的中枢掩蔽效果。但是双耳佩戴 FM 也有弊端，不利于助听器麦克风拾取声音，这样，患者会难以听到没有佩戴发射机的说话者的言语。

调节无线接收器的输出控制

调试或者验证 FM 系统与助听器耦合后的运行情况是非常必要的。如果在 FM+HA 的模式下使用 FM 系统（常规的使用方案），验证时也应在这一模式下进行。调试的目标是：当助听器麦克风的输入信号强度为 65 dB SPL 时，助听器接收 FM 信号时的输出应当比麦克风直接拾取声音时的输出高出 10 dB。[1, 511] 似乎将助听器在直接输入 80~85 dB SPL 言语信号（FM 发射机最常接收的信号强度）时的输出强度比在直接输入 65 dB SPL 言语信号时的输出强度设定为高出 10 dB 就能实现调试目标，但是由于发射机的压缩限制以及助听器的宽动态范围压缩功能，这种方法其实并不合适。

美国听力学会（American Academy of Audiology, AAA）指南（2008）推荐了另外一种方法，[1] 引进了透明度的概念。当关闭 FM，并给予助听器 65 dB SPL 的信号输入时，其在中间频率上（最好是全频上）的输出强度如与向 FM 发射机输入 65 dB SPL 信号时的助听器输出相同，就可以说，FM 处于透明状态。多数情况下，如果发射机将其麦克风探测到的言语声强度级控制在与 75 dB SPL 电信号等值时，就能获得 10 dB 的调频优势。因为信号在助听器入口混合，所以在助听器放大处理阶段的压缩不会影响 10 dB 的调频优势（至少当两种信号同时出现时不会有影响）。

上述整个调试过程可以通过 2-cc 耦合腔完成。最理想的测试信号是言语声，如果没有实际的言语信号，或者模拟言语的动态信号，可使用言语计权噪声，这时，需关闭助听器内的自适应降噪功能。

上述调试方法会产生以下影响：

- 与单独使用助听器时所接受的声音强度相比，助听器佩戴者接受的声音强度取决于 FM 耦合并开启后，助听器麦克风的衰减程度。
- 如果佩戴者所处背景噪声低于 65 dB SPL，FM 提供的帮助将大于 10 dB；反之，如果背景噪声高于 65 dB SPL，FM 提供的帮助将低于 10 dB。
- 如果发射机发射的信号强度会自动跟随背景噪声水平变化（如动态 FM），那么上一条中提到的随背景噪声变化而出现的调频优势改变会相应减小。
- 不同 FM 系统需要不同的调试方法，譬如当有些发射机的限制不是 75 dB SPL 时。

3.7 红外线发射

与电磁波一样，红外线（*Infra-red*）与无线电都是同类的电磁能量，只是红外波的频率更高（大约 10^{14} Hz）。由于人眼能看见的比这一频率稍高的电磁波是红色的光线，所以这里使用 infra- 这个前缀，意思是低于红色光频率。通过红外电磁波传输声信号也需要使用声波调制的载波（即红外波）。

在这种情况下，最常见的是采用调幅技术。红外波通过开和关的方式发射脉冲信号，其脉冲频率是由声信号直接或间接控制的。红外受话器先探测到脉冲式红外载波，然后对其解调，恢复成声信号。更复杂的调制技术包括将调幅与调频或扩频调制结合使用，可以更有效地剔除其他红外能量的背景噪声。

与 FM 射频信号一样，红外线系统的输出信号可直接驱动耳机，也可通过电子或感应的方式与助听器耦合。虽然没有具体说明，但是红外线系统通常和单个或多个耳机直接连接使用。

红外线系统的频率范围与光波相似，因此，红外线射线的特性与光波也相同。红外线系统发射的波以直线形式传播，可被不透明障碍物阻挡，传播过程中如遇到平滑的浅色物体（如房顶或白色板子），红外线会被反射（反射时会衰减部分能量）。直射日光会干扰红外线的传播。我们通过观察家中电视或录像机的遥控器在什么条件下能正常工作，在什么条件下不能工作，就能理解在有障碍物和反射的房间内，红外线系统的工作情况。

还有一种红外线传输技术是利用可见光作为载波。[740] 日光灯的光线可以被快速调制，调制速度超过人眼和大脑可察觉的范围。音频声波或数字信号可以通过改变光线强度变化的频率来进行编码。与红外线系统工作原理一样，受话器探测到光波后，通过解调强度的变化来解调其携带的信息。如果解调后的信息是音频声波，可以传输给耳机或耦合的助听器（请参阅第 3 章 3.6.3）。如果解调后的信息是数据（如字幕），可由屏幕显示。该系统的最大优点是可以将房间内的光线转换为光调制器，而缺点是在光线充沛的白天，室外光线会覆盖室内的调制光线，难以分辨。

3.8 教室声场放大

与上述三种无线系统不同，声场放大系统通过在房间播放声波将信号传递到人耳，其工作原理是：如果由于距离说话者过远和背景噪声的影响，声信号的声压级（SPL）及信噪比降低（见图 3.2），可以通过放大声信号并在患者附近安装扬声器来最大限度地降低上述负面影响。最常见的应用是在教室，最常见的配置包括麦克风、放大器以及扬声器。

该系统显著的局限是：教师要么位于固定的麦克风旁边，要么必须使用有带有长线的麦克风。所以只有在教师和放大器之间增加射频（如 FM）或红外连接设备①，才能让教师在教室内自由移动。图 3.12 是配置四个扬声器的声场放大系统的方框图。

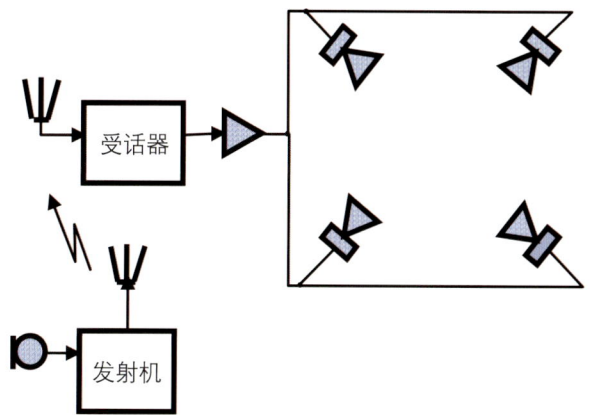

图 3.12　声场放大系统方框图，包括一台教师佩戴的发射机，一台安装在教室内适当位置的受话器和放大器，以及四台均匀分布在教室各处的扬声器。

与其他三种无线系统相比，声场放大系统有很多优势。第一，该系统无须聆听者佩戴任何额外设备，大大简化了对设备的要求（除了有些系统安装时需将扬声器固定在墙上这一环节外）。由于无须担忧儿童身上佩戴的设备会被损坏，设备使用的可靠性也大大增加。第二，除了佩戴助听器或人工耳蜗的听力障碍儿童，教室内所有儿童都能受益于声音可懂度的改善。健听儿童的学习也能从放大的声信号中获益。[371, 1156, 1953] 第三，患暂时性传导性听力损失的儿童也能受益。声场放大系统尤其适用于传导

---

① 一种红外线系统需要在房间不同位置安装三台红外受话器，以保证教师的发射机发出的信号至少能被一台受话器接收。

> **在教室使用声场放大系统的原因：**
> - 可提高言语信号的强度（对听力障碍者非常有利）。
> - 提高直达声相对于混响的比例，并且这一作用对靠近扬声器的人比对靠近老师的人更明显。（对扬声器附近的患者非常有利）。
> - 能够提高信噪比（对每个人都有好处）。
> - 效果立竿见影。[1187]
> - 一出现技术故障，教师就能发现，能及时进行故障排除。

性听力损失发病率较高的地区。波动的听力损失会导致儿童的听力时好时坏，为其验配助听器有一定困难，很难根据其听力需要及时验配和调试助听器。在有些情况下，文化因素还会导致有些人拒绝使用个人放大设备。声场放大系统还有一个优点是最初设计时没有想到的，即该系统可以在一定程度上缓解教师的嗓音疲劳，使用声场放大系统后，可以降低教师声带结节的发病率。[553]

  该系统也有不足之处。在普通教室中，声场放大系统对声信号的放大只有 10~15 dB，超过这一强度将会导致反馈啸叫。①所以，该系统提高信噪比的幅度也是 10~15 dB。如果是因为背景噪声而不是混响降低了言语可懂度，那么提高 10~15 dB 的信噪比非常有用。如果背景噪声的强度增高，那么该系统改善信噪比的效果就会降低。[1025a] 最先进的声场放大系统能够监测教室内背景噪声的强度，继而自动提高增益。当背景噪声强度提高时，会自动增强言语声的高频部分。

  尽管声场放大系统能提高每一个学生直接聆听到的声音/混响比例，但是其程度取决于学生距最近的扬声器的远近以及扬声器的方向性、学生和教师间的距离以及房间内的临界距离等因素。声场系统内的扬声器在提高直接声源强度的同时，也会加重混响，因此，如果是混响因素而非背景噪声降低了言语可懂度，在教室内安装声场放大系统就不是解决问题的最佳方案。下面介绍几种虽然不能完全消除，但是能减少混响影响的方法：

  ·扬声器可安装在房顶，或教室墙角的高处，这样可以让更多学生尽可能地靠近某一个扬声器。

  ·可以选择定向立柱扬声器，安装位置应该与学生坐着时头的位置等高。这种扬声器的阵列包含多个扬声器，水平方向发射的声音能量多于垂直方向发射声音的能量，这种布局能够增加临界距离（通过增加公式 3.1 中的 Q 值），从而提高声音/混响比例。

  ·如果一个班里只有一两个学生需要听力辅助，可以在每个需要帮助的学生书桌正前方安装一个小扬声器，[47, 796] 我们称之为**桌面/台式调频系统（desktop FM system）**。图 3.2 与其相关，不同的是图中的扬声器是声源。如果学生必须到处移动，这种装备就会显得笨拙，会让需要帮助的学生显得很特殊，而这种设备能为教室内其余大多数学生提供的帮助又十分有限。这种方法对于位置固定不变的聆听者最好，如可以帮助患病的成人经常躺在床上或坐在自己喜欢的椅子上看电视。

  原则上讲，在房间四角安装立柱扬声器的直达声/混响比例最高，但是这样一套系统安装起来非常昂贵，且市场上买不到。上述三个方案中，无论采用哪一个，都应在房间内使用吸声材料，降低混响。

  如果教师使用头戴式麦克风，就要尽量靠近麦克风说话（但不要放在嘴的正前方，以避免爆破音或干扰唇读），这样能最大限度提高声压级和信噪比。[554] 在距离嘴如此近的地方，麦克风拾取的混响和背景噪声最小（见图 3.2）。

  与其他无线系统类似，基本的声场放大系统只适用于一名说话者。但在班级教学中，或教师和学生有互动时，需要两台发射机。在这种配置下，它们的输出会叠加，或者在使用更高级配置的系统时，由系统自动选择受话器对哪个发射机作出反应。

  受话器自动选择一个麦克风，而不是将多个麦克风的输出信号叠加一起，可避免新增多个噪声源，也可避免佩戴者同时听到多个声音。在市场上可以

---

① 在房间内提高最大增益而不引起反馈啸叫主要取决于室内使用的吸声材料的性能。软装饰可以提高输出增益（在没有声场放大系统时，软装饰也能改善音质）。如果声场放大系统中有反馈管理功能，如轻微的频率压缩（见第 8 章 8.2.4），可以进一步提高增益。

购买到能让多台发射机同时工作的声场放大系统。如果要使用这一系统,那么就必须能将第二台发射机随时传递给要说话的儿童。通常,儿童在朗读或给同学演讲时都希望能控制麦克风。

很显然,声场放大系统和个人无线系统都需要教师佩戴发射机与麦克风。在一个教室同时使用这两个系统时,如果一台发射机和麦克风能同时向两个系统的受话器发射信号,教师会感到非常方便。市场上有一种无线系统能够无缝地实现兼容。在该系统中,教师佩戴的发射机内同时植入了两种发射机:一个是将信号发射给佩戴个人无线受话器的 FM 发射机;另一个是将信号发射给教室放大器或扬声器的数字调制发射机。

3.9 磁感应线圈系统、无线调频系统、红外线发射系统和声场放大系统利弊比较

我们从几个方面比较上述四种无线发射助听系统的利弊:提高信噪比的效果、提高直达声/混响比例的效果、使用是否方便、可靠性以及成本等。我们假设使用声场放大系统时,教师的麦克风已经和放大器无线连接,使用无线系统的教室内有多个听力障碍儿童且都已验配了助听器,助听器都能直接连接电子输入信号并都有内置电感线圈。在此情况下,表 3.1 列出了每种无线系统的优势。

表 3.1 用于教室内有多个听力障碍儿童的各种无线发射系统的优势比较表,"√"越多表明优势越明显。

	磁电感线圈系统	无线调频系统	红外线发射系统	声场放大系统
提高信噪比	√√	√√	√√	√
衰减混响	√√	√√	√√	
使用便捷		√	√	√
一致性和可靠性				√
隐私			√√	
低成本				√

表中前三种系统都以非声波方式传输信号,所以只要麦克风位置距离教师嘴唇足够近,就能在很大程度上提高信噪比,降低混响。这三种系统对信噪比的提高可以达到 20 dB 或更多,比教室声场放大系统提高幅度大得多。[47] 使用无线系统能在噪声环境下提高言语可懂度,因此有些重度听力损失者会放弃人工耳蜗植入,选择继续佩戴助听器。[1160] 当然,助听器和人工耳蜗患者使用无线系统的效果相同:无线系统同样能提高人工耳蜗患者在噪声下的言语可懂度。[549] 个人声场系统的扬声器距离佩戴者很近,能提供介于射频系统(红外线系统)与教室声场放大系统之间的效果。

如果仅在一个固定位置需要听力辅助时,那么使用声场放大系统最方便,此时,无须考虑受话器、放大器和扬声器等,只需设置好一台发射机即可。一旦需要放大两个人或多个人的说话时,使用起来就不方便了。这时需要调节成两台发射机同时工作的模式。[1373]

磁电感线圈安装起来有些麻烦。如果说话者的位置不是固定不变,除了要安装线圈和功率放大器外,还需安装从麦克风向线圈放大器发射信号的射频系统(如 FM)。一旦安装完毕,使用将极其方便,只要助听器内有电感线圈,学生就不需额外增加其他设备。

磁电感线圈和射频系统都存在一个问题,就是所有患者都得将助听器切换到 T 档或 DAI 档位,以接收磁感应/射频信号,这样会使他们感到与身边的声学环境分离。如果能将助听器调试成同时接收磁感应/射频信号和声信号模式,就能避免这一问题。不过如第 3 章 3.6.4 所述,解决了上述问题的同时也会降低改善信噪比的优势。

声场放大系统的效果最稳定,部分原因是因为只有一个元件可移动,还有部分原因是如果系统出现故障,教师能很快发现并及时采取措施。

安装了磁电感线圈并能产生足够强的磁信号时,磁电感线圈系统的稳定性排在第二位,原因同样是移动元件比较少。磁电感线圈系统会受到电磁干扰,但是干扰源通常相对固定,所以在安装线圈时将干扰源屏蔽掉,就会降低使用过程中受到干扰的概率。

使用无线射频系统有时不稳定,可能是因为暂时**中断**(*dropouts*),也可能是因为**干扰**(*interference*),(干扰源可能随时来自某个地方),或者是因为射频系统包含多个受话器和发射机,其中每个元件的连接导线、供电电池、连接器又都需要维护。在教室内,红外线系统不易被干扰,但经常会出现中断,原因是发射机和受话器之间可能出现障碍物。教师和学生在教室内移动位置时就很容易发生中断。红外线

系统尤其适用于聆听者全部面朝同一方向时，此时，发射机总能直接面对聆听者。在室内环境，红外线系统不会受到干扰，同时也不会出现中断。房间的设计将会影响中断发生的可能性。教师面对白墙时，红外波的反射速度比教师面对黑墙时的反射速度快，反射衰减的能量也较少。

红外线系统的私密性最高，发射机发射的信号几乎不会传递到房间外。除了保密外，由于该系统发射信号不会溢出房间，我们还可以在同一栋楼安装多套同样的红外线系统，相邻房间的各系统也不会相互干扰。其他三种系统发射的信号都会辐射到房间外，无线射频系统的辐射量最大，但是只有在受话器设置在同一频道时，才能在其他房间偷听到该射频信号。如果不用考虑发射信号的私密性，电磁溢出就不是严重问题，只要给不同房间设置不同的发射接收频道即可。具有频率选择性是避免干扰的有力措施。线圈阵列和相控阵线圈比简单的外围环路溢出要少。

最后，因为一个教室内只需要一套简单的磁电感线圈或声场放大系统，而射频和红外线系统则是每个学生必须各有一套，所以磁电感线圈或声场放大系统的安装和维护成本最低。另外，只有在声场放大系统中，学生不用佩戴助听器就能听到增强的声信号。

3.10 辅听设备

我们将任何能够帮助听力障碍者感知声音或理解言语，但又不完全佩戴在头上或身上的设备称为**辅听设备**（*assistive listening device*，*ALD*）。ALD可以与助听器耦合，也可以完全替代助听器。第3章3.6～3.9介绍的无线系统都属于ALD，有时也可把第3章3.11.1介绍的互联设备称为ALD。ALD可分为两类：一类可提高可懂度；另一类能感知周围环境。

提高可懂度的ALD。提高可懂度的方式包括将麦克风靠近说话者嘴边，或将声源（如电视）直接连接在发射机上。还可以按照使用目的的不同对提高言语可懂度的ALD进一步细分。[1678]

• 一对一交流，如在轿车里或在噪声或混响大的地方听同伴间的谈话。个人无线系统通过受话器与助听器耦合或直接与耳机耦合（如红外线或射频系统），是ALD的一种。

• 小组聆听系统，如声场系统、红外线系统或磁电感线圈系统。虽然理论上讲，每位听众都需购买一台受话器用于接收剧院等公共场所的发射机发射的信号，但是不同场所用的发射系统不同（红外线或射频），载波频率与调制方式也会不同，一台受话器很难兼容佩戴者常去的多个场所的需要。如果助听器内置电感线圈，利用磁感应系统可以克服此缺点。

• 电视伴侣，该设备可通过插座或靠近电视扬声器的麦克风拾取电视声信号。信号通过有线或无线传输，无线传输可以使用射频或磁电感线圈。磁电感线圈可以如房间、椅子或耳朵大小。理论上讲，收音机、家庭立体声音响或其他电子多媒体声源都能用上述方式连接。听力师有义务让患者了解这一能够在看电视时显著提高言语可懂度的技术。[642]

• 电话伴侣，包括：
  ◦ 扩音电话；
  ◦ 需插入电话与墙壁插座间的放大器；
  ◦ 拾取来自受话器和放大器的声信号的耦合器，它能产生更强的声输出和磁场输出，或者生成能驱动颈圈或轮廓线圈的电信号。

后续章节还会介绍其他连接方式。

麦克风靠近声源的ALD能大大提高信噪比，如果患者经常佩戴，能从中明显受益。这类ALD主要用于在教室内学习的儿童，成人用户较少。调查发现，虽然此类设备能大幅度提高信噪比但仍然很难克服使用上的不便。[153, 818, 1060] 不便因素包括：患者是否希望让交流对象使用设备、外观上的顾虑（这个限制原因逐渐弱化）、给电池充电的麻烦、FM系统相对于助听器麦克风的灵敏度以及购买设备的费用等。对话结束后，使用者还要收回麦克风，这也会比较麻烦。

但是通过正确的指导和示范，成人用户也会喜欢上无线系统。有些用户不用的原因是价格太贵。[298, 1340] 如果给成人用户在有噪声和混响的房间内试戴该系统，与声信号输入相比，ALD能对可懂度有非常显著的提高。

有些被称为ALD的设备实际是非常大的助听器，包括麦克风、放大器和压耳式耳机，需要戴到患者身上或耳朵上。优势是控制钮大，方便操作，结实耐用，不容易丢失，因此非常适用于疗养院里的患者。[146, 1042]

使用 ALD 的用户听力损失程度越重，越需要将其听力损失曲线与电声学特性很好地匹配。类似验配助听器的真耳测试方法可实现这一目标，第 4 章会对此进行详细介绍。

报警 ALD　报警系统包括感应器及与之耦合的输出设备，输出信号很容易被听力障碍者察觉到（闪光、振动、强烈的低频声）。最常用的传感器、探测器、触发器有：

- 电话铃声传感器；
- 婴儿哭声传感器；
- 烟雾探测器；
- 闹钟；
- 门铃。

ALD 包括一个或多个探测器或传感器，以及一个或多个输出换能器，最常见的有：

- 低频或音调可调的警报；
- 明亮的闪光；
- 放置在床垫下、枕头下或口袋里的呼叫振动器。

探测器和输出换能器可放在同一包装内，或者是分开放在两个装置中，通过有线或无线连接。

输出换能器的类型是否有效取决于应用情景以及患者听力损失的程度。针对常见听力损失，使用 520Hz 的方波最能有效提醒听力损失者以及其他有需要的人群，这比使用 3000Hz 的烟雾报警器、床上振动器和闪光灯更有效。[195, 196] 研究显示，闪烁的闪光灯效果最差，仅能提醒 27% 的受试者。[196] 在患者清醒时，感知强度越高的声音，在患者睡觉时叫醒他的可能性也越大。选择上述设备时，应该考虑使用时，是否需要患者一直戴着助听器，还应考虑报警声是否会使住在同一房子的家人受到惊吓。

专家咨询可以提高患者使用 ALD 的比例。听力师要明确告知患者 ALD，并帮助者从推荐的 ALD 中做出选择，而且要提供试戴体验的机会。虽然患者会告诉听力师自己的需求，但有些需求，他们自己可能也考虑不到，比如，需要在家里听到烟雾探测器报警。他们可能不知道使用 ALD 后，能很轻松地听到远处的说话。

Compton（2002）对 ALD 有更深入的介绍，他主张把 ALD 和助听器结合在一起方便患者交流，要充分考虑每位患者在家里、单位或学校，甚至在休闲场所的不同需求。针对不同场合，在面对面交流、听多媒体、打电话、提醒环境声时，使用 ALD 和助听

器，比仅使用助听器效果要好。听力师可以用一个显示聆听情景和信号种类的矩阵来描述患者的需求。矩阵中各要素的需求量随听力损失程度的加重而增加。

3.11　与其他设备的连接和整合

健听人群现在每天都要花费一些时间聆听电子设备，最常见的是用耳机听手机和 MP3 播放器。其他播放声信号的电子设备还有收音机、家庭娱乐系统、便携式视频播放器、卫星导航系统、个人数字设备和计算机等。听力障碍者有同样的聆听和交流需求，他们戴上耳机之前得摘掉助听器，这样会非常不方便。助听器是根据患者的听力损失曲线进行个性化调试的，摘掉后会影响患者的言语可懂度和音质，特别是对中度以上听力损失或陡降型听力损失者影响更大。因此，患者对将助听器和上述音频设备连接的需求越来越高，甚至干脆让助听器来实现聆听这些设备的功能。详见下文。

3.11.1　助听器外接电子设备

在第 3 章 3.6.3 中已介绍过助听器耦合无线射频系统的方法。这些方法（直接音频输入、颈圈/电感线圈、轮廓线圈）也可用于连接其他音频设备。因为小的助听器很难再接入其他任何设备，连接导线又非常不方便，所以大多数厂家都会提供一些更好的解决方案。

图 3.13 展示了 2 种将助听器连接到远端声源（如电视）的方法。上图中，无线发射机通过麦克风（麦克风放置在离电视扬声器最近的地方）拾取电视声信号，或通过音频线直接连接到电视。发射机将电视声信号以射频方式发射出去，助听器直接接收射频信号。

下图中，电视的发射机将信号通过蓝牙或专用无线技术发射给一个中继设备。① 然后中继设备再通过低频（几兆赫兹）、低功率、短程发射的方法将信号传递给助听器，通常是磁感应方法。②

---

① 目前，本节所提到的中继设备的商品名分别为：Dex, iCom, SmartLink, Streamer, Surflink streamer, Tek Connect, 以及 uDirect。
② 这些专利短程传输系统的耗电量比蓝牙低得多，与助听器内设蓝牙发射/接收设备相比，采用中继设备的方法对于助听器电池寿命影响很小。

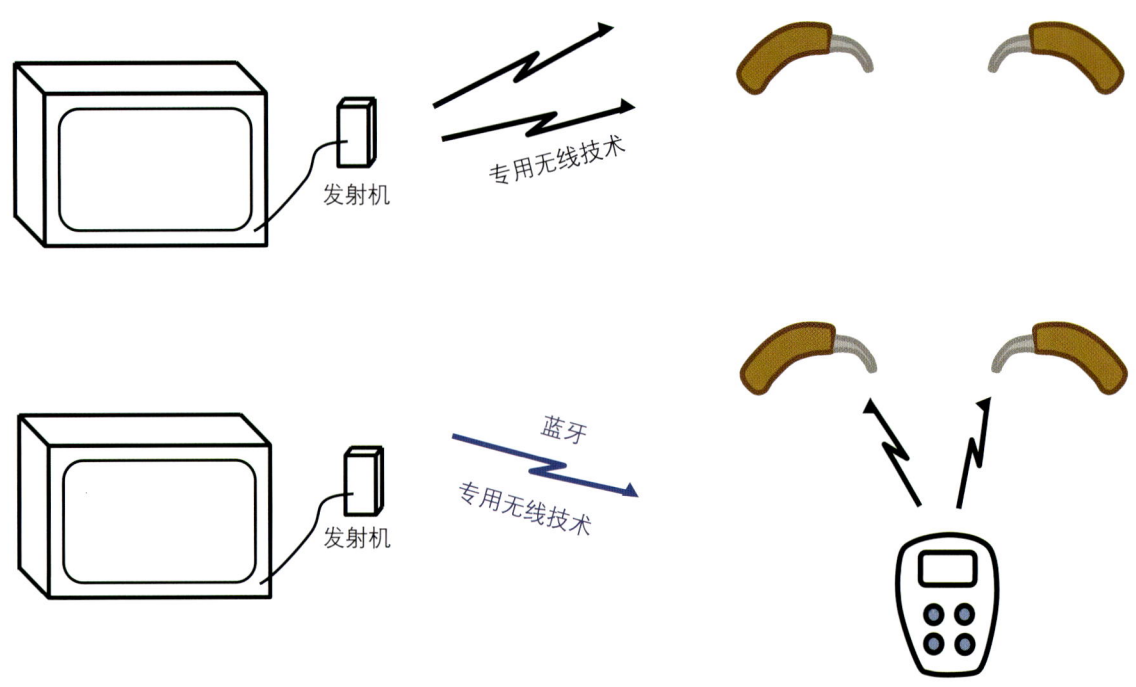

图 3.13 电视和助听器的无线连接。上图中,发射机(Tx)将信号直接发射给助听器。可用的发射方法有:150~220MHz 范围的 FM、850~900MHz 和 2.4GHz 范围的专用数字调制方法。下图中,发射机通过专用无线技术或蓝牙技术将声信号发射给患者身旁的中继设备,中继设备再通过低频、低功率的发射技术(如磁感应技术)将信号发射给助听器。

信号通过感应耦合而不是射频发射的优点是,随着距离增大,信号衰减得非常快,这样大大降低了使用者无意中会将信号发给其他佩戴者的麻烦。中继设备需要被佩戴在身上或拿在手里,有的也会被设计成颈圈,用于给助听器内的线圈发射磁感应信号。有些中继设备通过专用的低功率、超高频(UHF)数字调制电磁波(如 2.4GHz)将信号传递到助听器。无论采用哪种方法,助听器都需设置成在接收中继设备的射频信号时,要自动衰减麦克风的声输入。

使用中继设备看似复杂,但功能很多,它还能将助听器连接至手机、MP3 等其他设备(图 3.14)。因为佩戴者随身携带中继设备,所以也可为其设计其他功能,如作为遥控器或有高度方向性的手持麦克风。使用中继设备的另外一个优点是:由于中继设备同时向双侧助听器发射信号,患者双耳都能听到声音,这样可以显著提高噪声环境下的言语可懂度,尤其是对封闭式验配的助听器,效果更明显。当声源是立体声信号时(如 MP3 播放器),通过中继设备,双耳也能听到立体声。当声源是单声道时(如

手机),双耳通过中继设备将听到同样的声音。因为一台中继设备可同时连接多个不同的音频设备,所以它应该设置有优先选择,当同时接收到多台音频设备的信号时,应该确定优先将哪个信号传递给助听器。通常来自手机的信号会被设定为优先信号。

如图 3.15 所示,警示用的 ALD 也能通过相同方式与助听器整合。ALD 的传感器(如电话、门铃或烟雾报警器等设备中的)向助听器佩戴者手持的遥控器发射信号。遥控器会以振动、屏显以及向助听器发射一个音频报警信号的方式提醒助听器佩戴者注意。如果夜间遥控器在充电,它可以给床上振动器发射无线信号。

3.11.2 整合

另外一种连接助听器和音频设备的方式是将助听器与音频设备的功能集成在一个单独佩戴在耳上的设备中。随着技术发展,无线发射机、受话器以及助听器其他功能的耗电量逐渐减少,将上述功能整合在一台助听器内是未来助听器技术发展的趋势。

最易实现的第一步是让助听器成为手机的免提

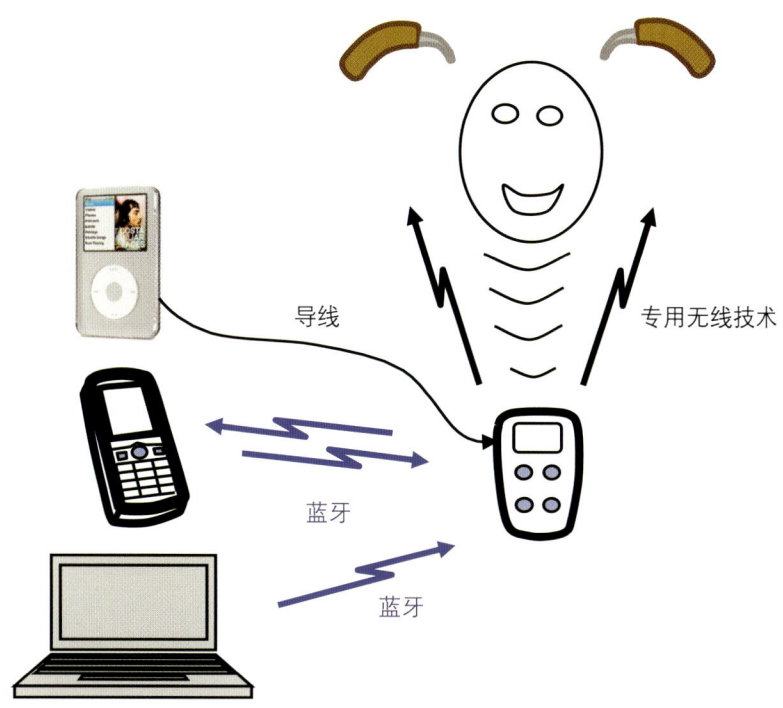

图 3.14　助听器通过中继设备连接 MP3 播放器、手机、笔记本电脑。中继设备也能通过麦克风拾取佩戴者的声音，用蓝牙将该声音传递给手机。

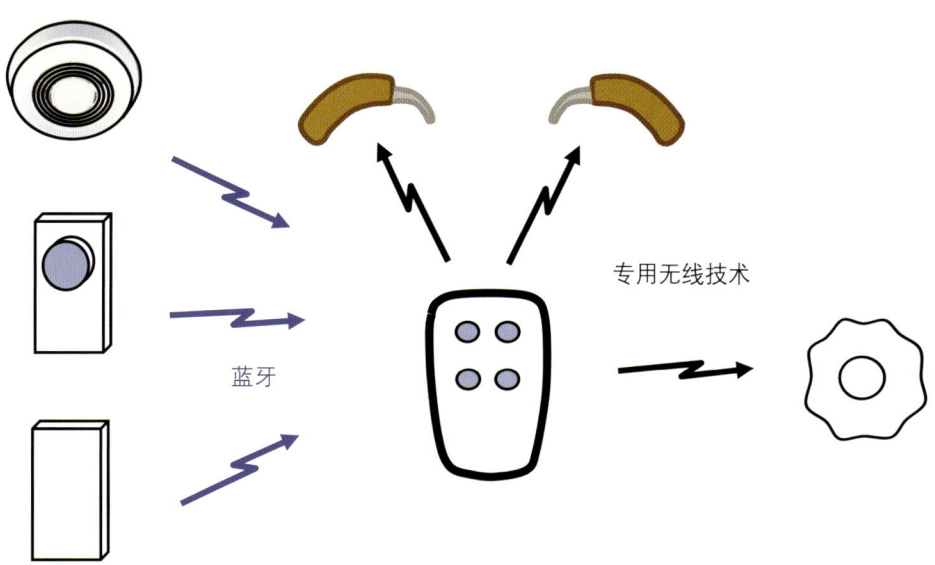

图 3.15　遥控器与环境感应设备（烟雾探测器、电话铃声、门铃）连接；遥控器发射信号至助听器或床上振动器。

麦克风/耳机。助听器也能与其他电子设备兼容，将电子设备的声信号传递至佩戴者耳内。

第 3 章 3.2 中提到，双侧助听器的同步功能能产生超指向的效果，使有些患者在噪声环境下的聆听效果优于健听人，因此健听人群在噪声环境中也能从中受益。除了能提高噪声环境下的信噪比，同时也能保护佩戴者的残余听力，避免噪声性耳聋的发生。因此，未来的设备可能是集言语增强、听力保护和声输出系统于一体的综合性言语放大电子设备。如果设备使用者恰巧是听力损失者，便能够根据患者的听力损失来放大和调节声音。未来手机、卫星导航、掌上电脑（PDA）（输出方式是音频而不是视频）等其他设备的功能，都有可能被整合在一台外形类似目前助听器的设备内。

关于聚合性还有一种理念，即将听力障碍者的声音放大和其他信号处理需求整合进其他设备（如手机）中。这种设备已经被研发出来，并处于实验阶段。

3.11.3 手机和助听器间的干扰

在过去 15 年中，手机信号成为干扰助听器的主要因素，但是干扰程度正逐渐降低。因为手机信号能产生强大的磁场，而助听器内包含许多导体，就像磁场中的天线一样能接收电磁波，这是助听器与手机间相互干扰的主要原因。手机除了发射射频信号，还发射各种强度的音频电信号和磁信号。尽管来自手机的干扰强度很大，足以使助听器佩戴者受到来自其周围的手机信号干扰，[1048] 但是，助听器的抗干扰能力也在逐渐增强，只有佩戴者拿着手机靠近自己头部时，手机信号才能干扰佩戴者的助听器。[137, 219, 1565]

干扰程度大小取决于以下因素：
- 助听器的设计；[962]
- 手机发射系统的载波和调制方法；
- 手机发射塔的位置，周围是否有障碍物（会影响手机发射信号的强度）；
- 手机的设计（天线的位置和有电流通过的导体的安装位置）；
- 助听器与手机间的距离；
- 设备间的相对位置。

在过去的十年，助听器通过采用更微型的导体，增加电容以绕过助听器内导线、元件拾取的射频信号以及给助听器机壳内部涂上一层射频信号屏蔽涂料等，增强了抗干扰性。[219, 1043, 1045] 这种对于射频干扰具有较强抵抗能力的助听器被称为**加固助听器**。

全球移动通信系统（Global System Mobile, GSM）

保证兼容性：购买之前检查参数或试戴！

在购买助听器或手机之前，需要让患者将助听器和手机放在一起试用。理论上讲，应该在无线信号强度低的区域试用（手机屏幕上能看到信号强度指示），因为手机在无线信号强度低的区域发射功率很大。

助听器的输入相关干扰强度（能在助听器数据表中查到）越低，手机和助听器在一起使用的兼容性越高。

采用的调制方法能产生很强的干扰。[968] 手机每 5ms 发射一次短脉冲无线电波，载波的调幅速率为 217Hz。如果助听器拾取到的这种射频信号足够强，会导致集成电路中的晶体管超载，助听器就会产生失真，像解调器一样生成由 217Hz 及其整倍数频率组成的声信号。这种听起来嗡嗡的干扰声会在助听器的全带宽范围内蔓延。第三代通信系统优先使用扩频调制技术，又称宽带码分多址存取（Wideband Code Division Multiple Access，W-CDMA），这种信号解调后生成的是不太容易被察觉的白噪声。

在有些国家，这两种手机操作系统可同时使用，智能手机系统之间的自动切换取决于，在某一时刻哪一种系统信号强度最高。基于这种切换，再加上当处于信号弱的地方时，手机会增加其发射功率，所以助听器佩戴者会感到干扰时有时无，却不知原因是什么。

如果助听器内无抗干扰设计，则很难提高助听器的抗干扰性能。唯一可用的方法是让助听器远离手机。为此，可以将手机的免提输出插座连接到颈圈、轮廓线圈或助听器的直接音频输入音靴上。与将手机靠近助听器，仅使用助听器麦克风拾取声信号相比，上述任何一种耦合方式都能显著提高言语可懂度。[1677] 原因在于：可以减少手机的干扰；减少拾取患者所处环境中的背景噪声；与助听器麦克风直接拾取手机扬声器发出的声信号相比，助听器耦合电感线圈能更好地保留信号频谱。

如果没有颈圈，可以使用手机的免提套件，但需要将耳机放在助听器旁边。因为免提受话器发射的信号也是磁信号，所以助听器也应转换为 T 档。不使用时，助听器需转换为 M 档。要注意如果耳机与助听器麦克风之间的耦合不好，会导致信号音质变差。

降低手机对助听器干扰的最好方法是：让手机在助听器附近发射的电信号和磁信号最低，同时，尽可能降低助听器对该电磁信号的灵敏度（除外助听器内电感线圈对电磁信号的拾取）。

ANSI/IEEE C63.19 标准建议的助听器与手机分级标准可以帮助听力师和患者更容易做出选择。适用无"T"档助听器的手机评级为 M1、M2、M3 或 M4，其中 M1 等级最低（干扰信号强度最大）。适用有"T"档助听器的手机评级为 T1、T4。① 因为翻盖手机的信号发射源距离耳朵及助听器最远，所以翻盖手机的评级最高，但这种手机已越来越少见。[968, 1589]

---

① 手机评级首先要达到 M3/M4，才能评 T3/T4 的等级。

标准上也有对助听器的评级，M1 对干扰信号最敏感，M4 最不敏感。

检查某一手机和助听器的兼容性时需要将两者的评级相加。如果总数是 4，说明该手机 – 助听器组合只是可用；5 代表好；6 或更高表示助听器完全不受手机干扰。

另外一种评估方法是 IEC 60118-13 推荐的对干扰易感性的定量判定标准。**输入相关干扰强度（Input Related Interference Level，IRIL）** 指当助听器的信号输出强度与起干扰作用的特定射频信号引起的输出强度相当时，需在助听器麦克风端输入的声音信号的强度。如果助听器的 IRIL 为 55 dB SPL，该干扰是可接受的。IRIL 越低，表明助听器受到的干扰越小。如果 IRIL 低于 55 dB SPL，可认为助听器佩戴者可直接使用手机接听电话。

本节中讨论到的手机对助听器的干扰问题同样适用于来自几百米范围内的无绳电话。这些电话，如越来越普遍的欧洲数字无绳电话（Digital European Cordless Telephone，DECT）比手机的输出功率低，产生的干扰要小。

3.12 结语

使用远程发射技术的助听器放大系统与直接戴在头上的设备相比，可以提供更高的言语可懂度。在诸如学校、商务会议等场所，可懂度高的言语非常重要，在这些场所内我们应该使用无线射频、红外线、磁电感线圈以及声场放大等远程发射系统。不是只有贵的产品才能有好的效果。几十年来，助听器内的电感线圈就是一款造价低、值得广泛应用的元件。

助听器系统更新换代速度很快。通常佩戴在颈部的中继设备，可以将助听器与其他外部设备相连，提供一个虽稍显笨拙但切实可行的方法。随着集成电路技术的发展，在未来几年，外接设备（电视机、MP3 播放器、手机等）将能够把声信号直接传递给助听器。实现这一目标最大的挑战是如何让佩戴者更容易控制聆听方式：患者可以自由选择聆听哪一台设备里的声音，自由选择声输入还是音频 + 无线信号输入。

助听器、手机和计算机技术之间有许多共同点，因此助听器会从其他更宽广领域的进步中获益。例如：

· 双侧助听器间的信息沟通功能可以显著提高助听器的降噪性能，因此能够使中度听力损失者在许多噪声环境下聆听到的言语可懂度比健听人还高。

· 助听器佩戴者可以将几个微型远端麦克风 – 发射机放在自己附近，助听器内置的无线受话器能够将远近两种信号整合后输出，可以明显提高助听器的降噪性能。

· 助听器佩戴者可以在家中放置多种传感器，其所发出的警报可直接通过助听器提醒佩戴者注意安全，而不需其他中继设备。

听力学面临的一个更加急迫的问题是如何（或是否）研发出低成本、不需专业验配的助听器，以帮助听力障碍者聆听。我们称这些设备为客户直销助听器。这种设备不需听力师验配，患者可直接通过柜台、网络 / 邮递方式购买。由于这种助听器价格便宜，所以听力障碍者选择放大设备时，将其作为首选的比例会越来越高。

廉价的设备也能拥有非常好的电声学特性，[1242] 也能为佩戴者带来益处，[1173, 1882] 还能让佩戴者自主选择与预设验配目标曲线完全匹配的机型。[1882] 但是，这种助听器不可能完全适合每一位患者，同时，还会因为有耳道佩戴不适、容易出现反馈啸叫、存储记忆功能差等缺点而导致佩戴者不满。[①, 1763, 1882] 佩戴不适以及助听器的电声性能不适合患者，都可能强化人们对助听器的负面看法和陈旧观念。

事与愿违的是，市面上许多低成本助听器，对高频增益补偿都不如对低频的补偿，因此，其增益频响曲线并不适合典型的轻度和中度听力损失者。[239, 271] 同时，许多助听器的等效输入噪声很高，因此，尽管这种助听器承诺甚至也能够提高健听人在安静环境下的聆听效果，但实际上并不适用于听力障碍者和健听人。

推广非专业验配助听器有一定困难，主要原因是不能事先了解验配对象的听力损失程度，不能了解患者的听力损失是否有临床治愈的可能性，不能选择助听器性能，不能对助听器进行精细调节，以及有可能助听器的增益设置过大，还有就是佩戴时不够服帖，因而会导致反馈啸叫或佩戴不适。

到目前为止，非专业验配助听器还无法替代有技术的听力师。听力师将助听器在电声学和佩戴方面调试到完全满足患者的需求。不过，目前对精细化自动调节助听器的研究可能会有助于未来研制出更有效的可以由患者自我调节的产品（请参阅第 8 章 8.5）。

---

① 这些实验数据是通用 ITC 的测试结果。关于使用市场上销售的细导声管圆帽式耳塞是否舒适和合适，还没有准确数据。

第 4 章
电声性能与测量

概 要

把助听器和耦合腔相连是测量助听器性能最便捷的方法。耦合腔是一个小的空腔，测试时将助听器的输出端连接到测试麦克风上。遗憾的是，标准的 2-cc 耦合腔比佩戴助听器的成人外耳道平均容积大，所以助听器在这个耦合腔内产生的声压级比在成人外耳道内产生的平均声压级低。这两者之间的差值，被称为真耳耦合腔差值（RECD）。测量这个差值对婴儿来讲很有意义，因为婴儿的外耳道容积与成人平均外耳道容积相比有很大不同。耳模拟器是一个更复杂的测试设备，可以用来更好地模拟成人外耳道的平均声学特性。

测试箱提供了一种方便的途径，可以控制声音进入助听器的方式。测试声音可选择各频率的纯音，或类似言语声的，同时包含多个频率的复杂宽带声音。宽带声音对测量许多非线性助听器非常必要和重要。使用接近言语频谱与时域特征的测试声越来越有必要，因为这样才能使助听器内各种算法中的增益调整更贴合实际。最常见的是使用测试声测量不同输入强度时各频率的增益或输出曲线，或者是各频率的输入 – 输出曲线。通常采用 90 dB SPL 纯音输入时的频率 – 输出曲线代表助听器能产生的最大强度。测试箱不常用的测量包括测试失真、内部噪声、磁场响应。这些测量用于检测助听器的各项参数是否与说明书描述一致。

测试箱测试只是了解助听器最终效果的一种方式，最终效果取决于使用过程中助听器的真实性能。对助听器真实性能的测量可以直接用一个细软的探测管插入使用者外耳道进行，称为真耳测试。真耳性能可以用真耳助听响应（REAR）（即，使用者外耳道内的声音强度）、真耳助听增益（REAG）（即，使用者外耳道内的声音强度减去靠近使用者的输入声音强度），或者真耳插入增益（REIG）（即，助听后外耳道内的声音强度减去外耳道内相同位置未佩戴助听器时的声音强度）来表示。上述的每一项测试，都需要将探针小心地定位，但是真耳助听增益或真耳助听响应对探针位置的要求比对真耳插入增益更严格。

上面的两种真耳增益都与耦合腔增益有所不同，部分是因为前面已提到的真耳耦合腔差异，部分是因为到达助听器麦克风的输入会受到头和耳周围的声音衍射情况的影响。衍射造成的 SPL 变化称为麦克风的定位效应。插入增益与耦合腔增益有更大的不同，这是因为未助听时耳内的共振效应形成了测量插入增益的基线。这个基线被称为真耳未助听增益，解释了真耳助听增益和真耳插入增益之间的联系。

许多因素会导致真耳增益测量不正确，这些因素包括：探针放置位置不正确、探针受压、耵聍阻塞探针、背景噪声、助听器达到饱和状态等。幸运的是，人们可以用一些简单的检查方法来验证测量的准确性。

反馈啸叫是助听器的一个重要问题，当助听器从麦克风到受话器的放大大于从输出又回到麦克风的漏声的衰减时，便会出现反馈啸叫。听力师必须有能力找出过度漏声的声源。其他较容易解决的问题还包括：没有声音输出、输出小、输出失真，以及噪声过多。

第 4 章 电声性能与测量

如果不测量助听器性能的话，我们就无法知道助听器的工作状态是否正常。方框图用来显示助听器的性能，只有在测试后，才能确定助听器处理声音的性能发挥得怎样。

4.1 用耦合腔和耳模拟器测量助听器

用**耦合腔**（*couplers*）和**耳模拟器**（*ear simulators*）来测量助听器最方便。利用标准的耦合腔和耳模拟器，可以让我们在相同条件下，在不同的时间和地点测量助听器。

4.1.1 耦合腔和耳模拟器

耦合腔只是一个空腔，一端与助听器相连，另一端与测试麦克风相连。利用耦合腔可以反复把助听器连接到测试麦克风，再连接到声级计，且不会出现漏声。最常见的用于测量助听器的标准耦合腔已有 60 余年历史，其容积为 2 cc（立方厘米）。[1524] 选择这个容积量是因为它接近成人佩戴助听器时外耳道的容积，即**剩余耳道容积**（*residual ear canal volume*），与鼓膜和中耳的等效容积。遗憾的是，耦合腔对人耳的模拟并不理想，特别是在高频的声阻抗上相差更多。

助听器在空腔中产生的 SPL 直接取决于腔体阻抗，而腔体阻抗又依赖于其容积，以及与腔体相连的物体的特性。成人平均外耳道容积，即剩余耳道容积约为 0.5 cc。[828] 这个容积相当于一个声音的"弹簧"，更专业的说法是**声顺**（*acoustic compliance*）。众所周知，外耳道止于鼓膜处，鼓膜另一侧是中耳腔。中耳腔和鼓膜相当于容积 0.8 cc 的声顺值。[1972] 两个容积相加为 1.3 cc，决定了低频的声阻抗。[1027] 随着频率的升高，鼓膜和听小骨的阻抗增高，剩余耳道容积的阻抗降低。但在一个简单的腔体里，随着频率升高，总阻抗并不会下降。

耳模拟器可以模拟耳的阻抗随频率变化的情况。图 4.1 显示了耳模拟器的工作原理，它不但包括一个 0.6 cc 的主腔，还有四个侧腔，每一个腔的容积从 0.10 cc 到 0.22 cc 不等，并由小管与主腔相连，其中三个小管包含阻尼器。当频率升高时，三个小管的阻抗增加，并且有效地关闭，因此就会造成有效总容积从 1.3 cc 逐渐降至 0.6 cc。

大家熟知的 Zwislocki 耦合腔是一种有四个腔

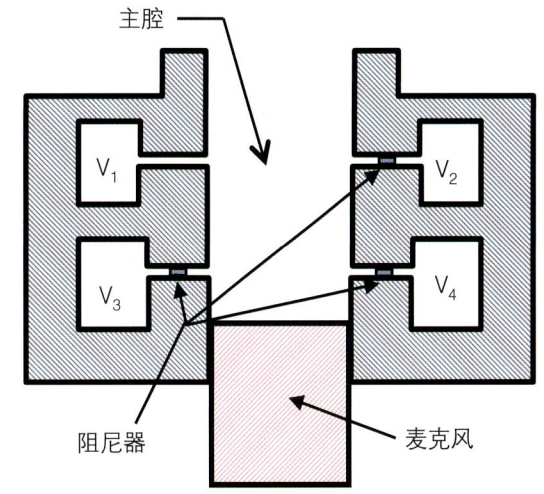

图 4.1 四腔耳模拟器的内部结构简图。

的耳模拟器，也就是市场上所见的 Knowles DB100 耳模拟器。其他的耳模拟器市场上也有，如 Bruel & Kjaer 4157 和 GRAS RA0045 耳模拟器。这些模拟器的工作原理是一样的，除了它们用两个侧腔代替四个侧腔。上述三种耳模拟器阻抗随频率变化的情况是非常相似的。它们符合人耳从 100Hz 到 10kHz 的常见变化特征（对应于鼓膜的，从声输入到麦克风处的 SPL 变化），也可用作 20Hz 到 16 kHz 的耦合腔。

美国标准研究院（American National Standards Institute，ANSI）和国际电工委员会（International Electrotechnical Commission，IEC）公布了几个标准，详细说明了怎样测量助听器（请参阅第 4 章 4.1.9），既可在 2cc 耦合腔，也可在耳模拟器内进行测量。为了准确理解助听器的性能说明，必须明确有关数据是来源于耦合腔测量还是耳模拟器测量，是在测试箱里进行的测量，还是在**声学人体模型**（*acoustic manikin*）上进行的测量，耳模拟器中测得的助听器增益和饱和声压级都要比耦合腔中测得的结果高一些。① 声学人体模型包括人体的头部和躯干，耳模拟器连在两侧耳上。正如我们所见，选择耦合腔还是耳模拟器，以及选择测试箱还是人体模型所引用的数据存在很大差异。

耦合腔和耳模拟器应该可以与任何类型的助听

---

① 在助听器的说明书上标明，采用 ANSI S3.7、ANSI 3.22 或 IEC 60318-5（曾称为 IEC 60126 和 IEC 26）表明测量使用的是 2cc 耦合腔，采用 ANSI S3.25 或 IEC 60318-4（曾被称为 IEC 711 和 IEC 60711）表明测量采用的是耳模拟器。

膜 13mm)。耳模拟器（非常接近耦合腔）代表了从此点向内的剩余耳道容积和中耳的声阻抗。ITE、ITC 和 RITE BTE 助听器均止于该点，因此，这些助听器可以直接与耦合腔和耳模拟器相连。BTE（标准声管）和盒式助听器是由耳模连接到人耳的，因此，在耦合腔或耳模拟器与助听器间还需要增加一个**耳模模拟器**（*earmold simulator*）。此外，BTE 助听器用导声管连接人耳，所以也需要用导声管与耦合腔或耳模拟器连接。尽管实际应用 CIC 助听器时，其插入外耳道的位置会超过参考平面，但测量 CIC 助听器的方式与测量 ITE 助听器、ITC 助听器的方式是相同的。

根据 ANSI S3.7 标准，2cc 耦合腔有几种不同的应用形式，最重要的是：

· **HA1 耦合腔**（*HA1 coupler*）没有耳模模拟器，用胶泥与耦合腔相连，用于测量 ITE 助听器、ITC 助听器，也可用于测量不使用耳模的 BTE 助听器，主要包括使用细导声管与耳帽的 BTE 助听器或 RITE BTE 助听器。

图 4.2　几种耦合腔与其配套的接头，以及一个耳模拟器。

器连接，但要应用一系列不同的接头。图 4.2 显示了几种耦合腔、耳模拟器和接头，图 4.3 显示了一些耦合腔的细节和尺寸。**参考平面**（*reference plane*）是一个重要概念。这个平面与外耳道的纵轴垂直，位于外耳道内耳模（壳）的末端（一般规定为距离鼓

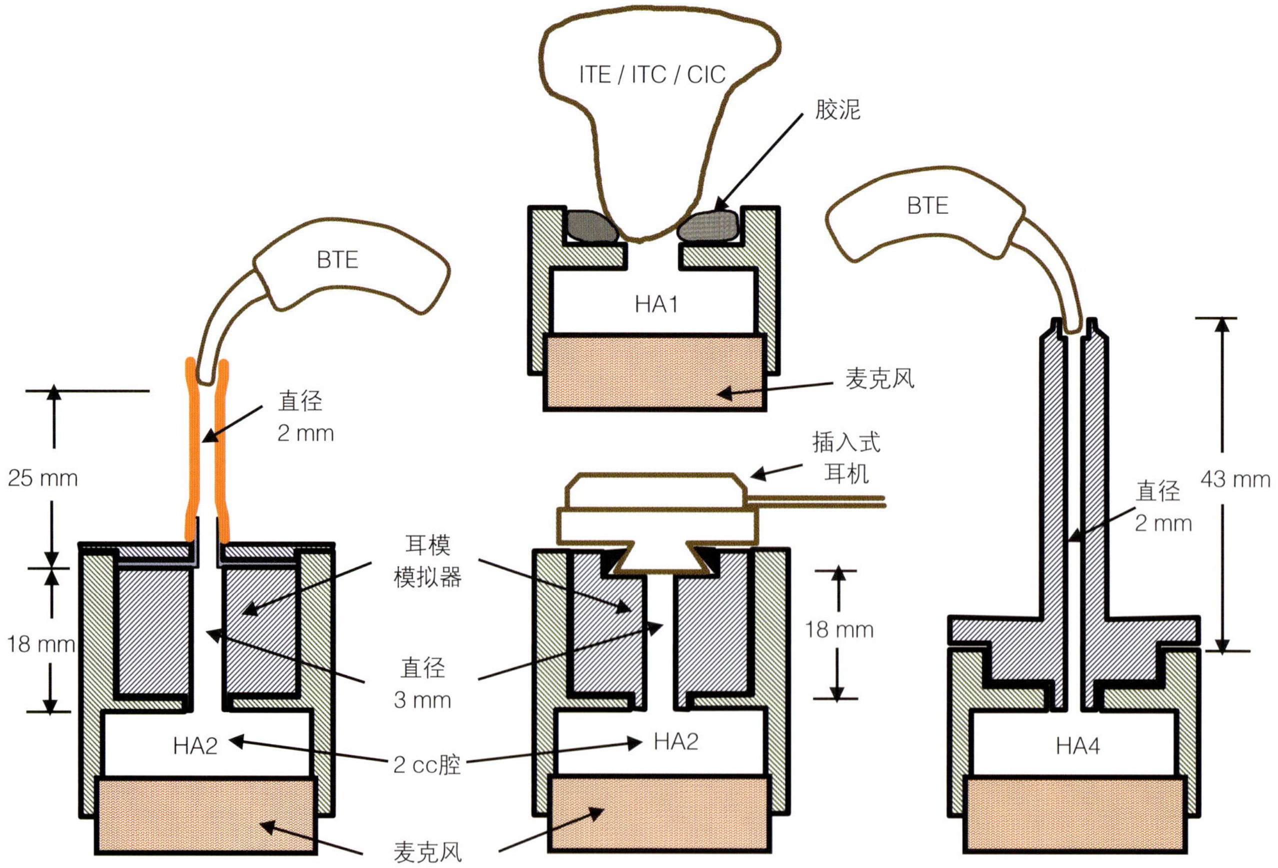

图 4.3　几种 2cc 耦合腔的内部尺寸和耦合方法。

- **HA2 耦合腔**（*HA2 coupler*）包含耳模模拟器，使用导声管与 BTE 助听器连接，或者与盒式助听器的受话器衔接在一起。HA4 耦合腔从 HA2 演变而来，用于测量 BTE 助听器和眼镜式助听器，从助听器到耳模末端的导声管直径为 2mm。虽然 BTE 助听器常用这种导声管，但是很少用于 HA4 耦合腔。

在细管 RITC 和 RITA BTE 助听器发明前，不同种类的 2cc 耦合腔已经标准化。由于这类助听器采用的细导声管直接从机身伸到外耳道内的参考测试点，而没有使用可拆卸的耳钩，因此，并不适用 HA2 耦合腔。而且，声通道长度和直径也不适合。所以常用的测试法是将细导声管的输出端（针对 RITE 助听器）或声孔（针对 RITC 助听器）直接和 HA1 2cc 耦合腔的输入端连接。有一种只有几毫米长的接头常被用于连接这类助听器，比用胶泥连接更可靠、更便捷、更容易反复操作。

耳模拟器优于 2cc 耦合腔是因为耳模拟器与多数人耳有同样的随频率变化的声阻抗值，当助听器插入普通成人耳内的参考平面时，会产生与耳模拟器相同的声压级。① 但两者相等的前提是助听器耦合到耳模拟器上的方式与助听器耦合到外耳道的方式是一样的。（不同的耦合方法对助听器响应的影响在第 5 章有介绍。）不过，即使耳模拟器也不能代表每个人耳内的真实声压级，而这是我们最终关注的事情。

耳模拟器的连接方法与 2cc 耦合腔相似。方法之一是使用一个耳道插头与耳模拟器的开口在参考平面上连接在一起。快速验配 BTE 助听器可将与细导声管相连的耳塞插入耳道模拟器中，就像在人耳上插入耳塞一样。与其他测量的一个主要差别是耳模拟器可能有明显漏声，声场的声音也会直接进入耳模拟器。一些有耳道插头的耳模拟器可以用胶泥封闭助听器导声管旁的缝隙。

与 2cc 耦合腔相比，耳模拟器的缺点是造价高且耳模拟器内部四个开放小孔可能会被阻塞。造成 2cc 耦合腔和耳模拟器测量结果不准的情况有：

- ITE、ITC、CIC 助听器的声孔在与耦合腔或耳模拟器连接时没有密封；
- 与 BTE 助听器相连的导声管变硬，以及导声管的一端没有封闭好；

---

① 耳模拟器的响应曲线与常见的真耳响应曲线只能在真耳（壳）周围漏声不明显的频率范围内匹配。

- 连接纽扣式受话器的胶圈存在磨损；
- 压力均衡小孔阻塞或过度开放。②

除了压力均衡小孔被阻塞，其他几个问题都会造成低频增益减少和助听器功率下降，而且可能会产生一个中频区域共振的假象。（通气孔相关的共振请参阅第 5 章 5.3.1）

人工乳突（*artificial mastoid*）相当于骨导助听器的耦合腔，虽然与施加在乳突上的压力不一定完全相同，但是人工乳突还是提供了一种测量骨导助听器从 125Hz 到 8000Hz 压力输出的标准方法（ANSI S3.13，IEC 60318-6）。

4.1.2 测试箱

耦合腔和耳模拟器提供了测量助听器输出的方法，同样重要的是如何将一个可控声音输入助听器。使用**测试箱**（*test box*）可以在助听器麦克风处发出规定声压级的声音。测试箱由声音和（或）噪声发生器、放大器、扬声器和控制麦克风组成。**控制麦克风**（*control microphone*），也称**参考麦克风**（*reference microphone*），放置在靠近助听器麦克风的位置（图 4.4）。控制麦克风监测由测试箱扬声器到达助听器的声压级。如果输入的声音强度超过或低于规定的强度时，控制麦克风的电路会自动将来自测试箱扬声器的声音调低或调高，直到达到规定的强度。

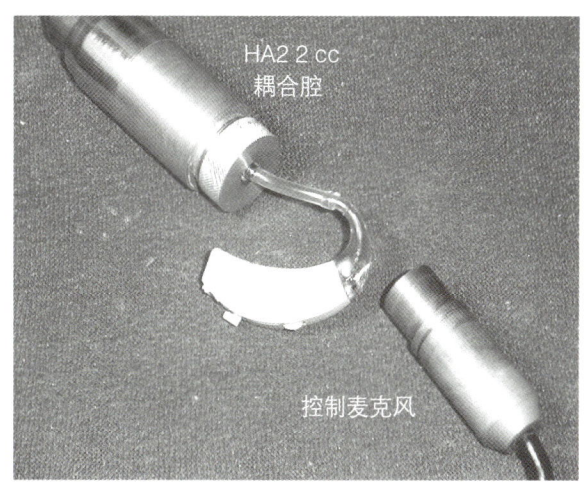

图 4.4 与耦合腔相连的助听器，控制麦克风放在助听器麦克风的旁边。

---

② 2cc 耦合腔和耳模拟器配有一个很细的压力均衡小孔，它通过钻孔形成，然后用细线进行部分填充。由于有这样的设计，细线有可能被人意外地取出。

> **实用技巧：快速校准**
>
> 　　对测试箱的全面校准包括检查输入声压是否正确，以及耦合腔或模拟器的麦克风播放声压级是否正确，并加以纠正。下面的方法并不能替代全面校准，但是作为快速检验，是有用的。
> - 如果可能的话，将麦克风与耦合腔或耳模拟器分离，另外，将耦合腔或耳模拟器的耳模模拟器去掉。
> - 在测试箱内用一个单独的控制麦克风，将控制麦克风放在耦合腔麦克风的旁边，并且用 90dB SPL 的输入强度测量频响曲线。使用替代法，首先校准或校验，然后在校准或校验的位置，用控制麦克风测量输入 90dB SPL 的频响曲线。
> - 如果耦合腔或耳模拟器的麦克风可以移动，通过耦合腔或耳模拟器所测量的输出在所有频率上应该为 90 ± 2dB SPL。
> - 如果耦合腔或耳模拟器的麦克风不能移动，输出在最高 500 Hz 的频率范围内应该为 90 ± 2dB SPL。
>
> 　　如果控制麦克风和耦合腔或耳模拟器的麦克风存在相同的偏差，这个快速校准过程是无效的。对于拥有两个麦克风的系统，与一个麦克风发生偏差的情况相比，上述这种情况极少可能发生。

　　控制麦克风有两种工作模式，一种方法是**压力法**（*pressure method*），在测量开始的时候，将控制麦克风尽量放在靠近助听器麦克风的地方。每次测量时，由控制麦克风校正声场。另一种方法是**替代法**（*substitution method*），在实际测量之前将控制麦克风先放在测试的位置上。在校准测试中，用控制麦克风测量每一频率给声的声压级，将实际测量值与给定的声压级间的误差储存下来。在接下来的测量中，测试箱会调整输出弥补所出现的误差。①

　　除了为耦合腔或耳模拟器的元件提供一个放置环境外，测试箱还有其他两个重要功能。首先，因为有能够很好封闭箱体的盖子和坚固、密实的箱壁以及箱体内的吸声材料，因此，测试箱可以有效减少环境噪声；其次，测试箱能有效减少到达助听器的反射声的量，反射和驻波的减少，使控制麦克风更容易在助听器输入端测得规定的声压级。

　　对于全向性麦克风，当使用压力法进行校准时，需要确保控制麦克风与助听器麦克风相互靠近，并且与扬声器的距离相同。（这种安排可以保证两者都不会产生声学屏障，从而给对方造成声影效应。）

　　对于方向性麦克风，需要确保来自扬声器的声音到达助听器时，角度与使用者佩戴助听器时正前方声源到达的角度一致。通常，方向性麦克风的两个声入口的连线应通过扬声器的中点，而且应保证前方声入口的位置与扬声器最为靠近。测量时，要清楚扬声器是在测试箱的顶部、底部还是前方，并且，要清楚扬声器是否处于中心位置。除非使用专门设计的有盖测试箱不是专用于测量方向性助听器的，否则，所有针对方向性助听器的测量都应该在安静的房间里将测试箱的盖子打开进行。（敞开盖子的测试箱会减少从不同方向到达助听器的反射声强度。）测试方向性助听器时经常需要使用胶泥或吸声泡沫塑料做支撑以固定方向，而全向性助听器的测试可以平放在测试箱内进行。

　　如果正对扬声器的方向性助听器在低频到中频获得的增益不能显著超过偏离扬声器的助听器获得的增益，那么这个测试箱就不适合用于方向性助听器的测量。因为反射的干扰，在测试箱内也常常不能准确测试方向性助听器的方向模式。

　　如果在测试箱内的麦克风没有校准，或者对校准没有定期复检的话，测量是无效的。隔多长时间进行例行校准并没有统一的标准，每两年进行一次全面校准，每周进行一次快速校准比较合理。

---

① 压力法可以消除助听器造成的衍射效应，但是替代法不能，因此，两种方法针对高频声音的测试答案会不同。如果应用替代法，需要将控制麦克风和助听器靠在一起进行校准和测量，测量结果才会与压力法一致。在某些测试箱应用时有些复杂，它只有一个麦克风，被同时用作控制麦克风和耦合腔麦克风。在这种情况下，当麦克风从控制位置移至耦合腔去测量助听器的输出时，一个与真麦克风大小相同的假麦克风就会被放到刚才麦克风腾出的空位上。ANSI S3.22 的附件 A 称之为等效替代测量，并给出了详尽的描述。

4.1.3 测试信号

测试箱可以使用两种不同测试信号中的一种，或者同时使用。传统的测试信号是自动扫过规定频率（125 Hz 至 8 kHz）的**纯音**（*pure tone*）。因为若干原因，用**宽带**（*broad band*）测试信号更适合测量现代助听器。这些信号可同时呈现较宽范围的频率。测试箱应用傅里叶变换（请参阅第 1 章 1.2 和第 2 章 2.4.5）或扫频的滤波器确定来自助听器每个频率范围的信号强度。因为分析仪储存了输入助听器的每个频率成分的强度，测试箱可以计算出助听器每个频率上的增益。如果助听器是线性工作的话，无论宽带信号是什么样的频谱形态，用纯音或用宽带信号进行测量都可以准确地得出相同的增益频率响应曲线。那么为什么还需要使用更复杂的测试信号呢？

大多数的助听器选择对不同输入强度的信号进行非线性放大。现在所用的助听器中，最常见的非线性放大是压缩，正如第 2 章 2.3.3 所述，这种放大器的增益由输入信号决定。假设一款助听器的放大器包括一个高通滤波器（即低频截止），并连接一个压缩器，那么用一个扫频的纯音信号进行测量时，随着频率升高，通过滤波器至压缩器的信号强度就会增加，压缩器会逐渐降低增益，这样就会部分（或者全部）抵消滤波器的效果。然而，如果将一个固定频谱形态①的宽带信号输入到助听器，压缩器将会固定在一个特定的增益上。对输出频谱的分析反映出滤波器可以对输入信号的频谱产生影响。因此，使用扫频纯音和宽带噪声会呈现非常不同的响应形态。

哪一个是助听器真的响应？都不是。真正的输入信号，像言语声，既不是像扫频纯音一样的窄带信号，也不是频谱在时间上保持不变的信号。它们的频谱复杂，且频谱形态随时间变化而变化。如果压缩器在言语的一个音节时长内迅速改变增益，那么用宽带输入信号测量得出的响应就不能显示言语流中前后频谱形态不同的信号在强度上是如何受到影响的。因此，两种测试信号都不能告诉我们完整的情形，但是用宽带信号的测量结果更接近真实。

如果我们想象一个更复杂的助听器，如图 2.2 中显示的三通道压缩助听器，测量得到的增益频响曲线也会依赖于输入的频谱形态。设想使用两个不同

---
① 不随时间变化而变化的频谱形态信号（不是随机波动的噪声信号）被称为平稳信号。

的信号：信号 A 有较强的低频成分，信号 B 有较强的高频成分。对于信号 A 而言，低频通道的压缩器会显著减少增益，对信号 B，高频通道的削峰器也将大幅减少增益。

要真实评价助听器的言语处理效果，最好是输入一个与言语频谱相似的信号。测试箱应用的宽带信号通常有这样的频谱。匹配长时言语频谱的测试信号包括：

· 频谱形态的随机噪声；

· **峰值因数**（*crest factor*）（波峰值与其均方根值的比）与言语信号相同的可重复的波形，如**伪随机噪声**（*pseudo-random noise*）（ANSI S3.42）；

· 一系列短纯音，其频率和振幅变化与言语频谱和动态范围相一致。

· 经过处理的言语声，这类言语声去除了大部分与言语可懂度相关的细节，同时保留了真实言语振幅的时域波动，如 ICRA 噪声；[475]

· 提取多种语言的音节并组合成类似言语的信号，被称为国际言语测试信号（ISTS；IEC 60118-15）；[757]

· 真实连续的言语。

遗憾的是，长时言语频谱有两种不同的版本。一种研究较深入的频谱基于世界上 21 种不同语言和口音的测试。另一种常用的频谱是一个早期较简单的言语测试的简化版，这个版本已经被有关标准采纳。使用典型的压缩比 2:1 且符合 ANSI S3.2 标准的测试信号会导致测试结果的高频增益比源于国际上通用的长时言语频谱的高频增益低约 5dB。[877]

用长时频谱形态匹配言语是一个较好的尝试，但是测试信号的动态性能也很重要。[1586] 宽动态范围压缩可导致言语测试信号与调制较少的测试信号在增益上有细微差异。通过增加压缩比以及释放时间/启动时间比率和通道数量，可以使非调制测试信号的增益超过言语信号的增益。[720]

对于多频带压缩的助听器（几乎所有的助听器都有），用扫频纯音得出的增益要低于使用言语频谱形态信号得出的增益，这是因为所有的信号能量在每个时刻都集中在一个频率上，因而会落入助听器的某一个通道。在这个通道的信号能量在相同声压级的条件下会比宽带的声音高很多，所以压缩器也会将纯音信号的增益降低更多。这种差异会随着压缩通道数量的增加而加大，并且，最大的差异会出现在高频区（言语声在高频通道能量最弱）。

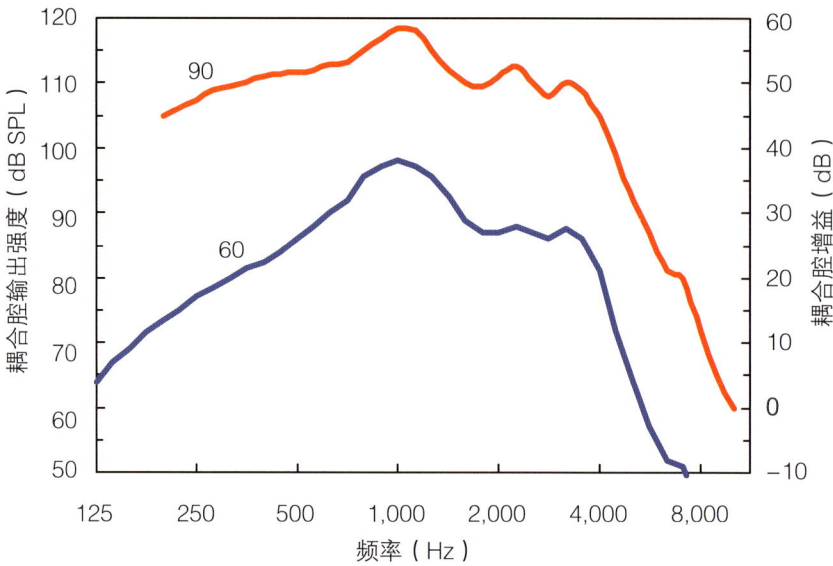

图 4.5 用扫频纯音在 2cc 耦合腔内测得的 BTE 助听器的增益频率响应（用 60dB SPL 的输入强度测量）和饱和声压级频率响应。增益频率响应曲线可以参考双侧纵轴，饱和声压级曲线只能参考左侧纵轴。

自适应降噪助听器的增益甚至有更明显的差异。这类助听器在每个通道的信噪比降低时，在每个通道的放大也随之减少（请参阅第 8 章 8.1）。这类助听器会把扫频纯音和稳态噪声当成是背景噪声，因而相应地减少这些测试信号的放大。因此，测试信号的振幅波动异常重要。自适应降噪的程度可依据调制与非调制测试信号的差异来进行估计。具有反馈抑制功能的助听器（现在大多数助听器都有）可能会把扫频纯音当成反馈啸叫，从而减少测试频率的增益。

测试越先进的助听器，使用具备真实言语特征的测试信号越重要。无疑，真实言语是有效的测试信号，唯一的问题在于，言语信号的不确定性会导致在得出稳定的增益频率响应曲线之前，需要测试时间至少持续 30 s 或更长。

4.1.4 增益频率响应与饱和声压级频率响应

最常进行的助听器测试是增益–频率响应与饱和声压级频率响应，图 4.5 显示了在 HA2 2cc 耦合腔内测得的 BTE 助听器的增益–频率响应与饱和声压级频率响应，所用的测试信号是一个扫频纯音。其中，增益频率响应是用 60 dB SPL 的输入信号测得的，其结果可用两种纵轴表示。左侧纵轴显示的是 dB SPL 输出。右侧纵轴显示的是各频率的增益。各频率上的增益是用该频率的输出声压级减去输入声压级得出的。

IEC 60118-0 和 ANSI S3.22 标准均规定测量助听器最大输出要用 90 dB SPL 输入信号，两个标准都用 OSPL90 来描述最大输出。该输入强度足以使大多数助听器在各频率上达到最高输出强度。当助听器的输出已达到最高限制时，我们称之为饱和（*saturated*）。有陡增型响应的助听器常常在低频区没有达到饱和，OSPL90 可能会低估助听器在低频区真正的最大输出。在中高频区，对于许多助听器而言，当输入强度从 90 dB SPL 提高到 100 dB SPL 或 110 dB SPL 时，输出强度还会增加，但是这种增加非常小，可忽略不计。饱和声压级频率响应曲线图的纵轴只能用 dB SPL 表示。

使用宽带测试信号时，如果纵轴显示的是增益，那么测试结果都有意义。如果纵轴显示的是输出强度，那么因为宽带信号（无论是输入还是输出信号）的能量会连续扩散到所有频率，所以能显示的输出结果只能是对有限的几个分析带宽[①]中的能量的加总。分析带宽越宽，测得的声压级越大。实际测出的声压级只能取决于测试仪器设计者主观挑选出的带宽。一种解决方案是可以显示每 1Hz 带宽[②]的声压级强度。实际最常用的方案则是显示每 1/3 倍频程的强度。实际如果纵轴显示的是增益，问题就不存在，因为对输入与输出的测量使用的是相同的分析

① 事实上，对随机噪声而言，声压存在于每个频率，所以在任何一个特殊频率上都有一个声压无限小量。

② 有时用 *SPL/√Hz* 表达，但这是一个误导的表达，因为它构成压力密度的基础，而这个压力密度（*Pa/√Hz*）是得到的声压级乘以带宽的平方根。要转换 *SPL/√Hz* 的值到较宽带 SPL（相当于在多通道助听器中的某一个通道），须加上 $10\log(B)$，B 是通道带宽，用 Hz 表示。如果每 Hz 带宽的强度在通道内有较大变化，那么这种情况会变得更复杂。

第 4 章 电声性能与测量

> **用来概括增益频率响应的术语**
>
> **高频平均（High-Frequency Average，HFA）增益**：在 1000Hz、1600Hz 和 2500Hz（ANSI S3.22）增益的平均值。
>
> **特殊目的平均增益**：间隔 2/3 倍频程的 3 个频率的增益的平均值。针对有特殊频率响应的助听器使用（ANSI S3.22）。
>
> **频率范围**：最低频率和最高频率之间的范围，这个范围的增益低于高频平均增益 20dB（ANSI S3.22）。

带宽。因此，增益与选择的分析带宽无关，相对于输入信号的频谱依赖也较小。

在测量助听器最大输出时，使用窄带和宽带信号测量可以分别揭示不同的意义。用扫频纯音测量饱和声压级时，助听器的所有能量都集中在一个窄带频率区，这可以看出助听器在每个频率上能产生多大的信号。而用宽带信号测量输出，可以看出当助听器在所有频率区域同时生成信号时，在每个频率上能产生多强的信号。这些数量上的关系取决于助听器的最大输出是由各通道分别确定，还是在信号的不同频率成分被过滤到助听器各通道之后（或之前）再来确定。与使用纯音测量的最大输出相比，使用宽带信号测量时，会低估单通道助听器在各频率上的最大输出，会高估多通道助听器的宽带输出（即总的声压级）。

助听器增益的测量值与助听器的音量和其他功能设置有关。可以将音量设置在满档位置，在这种情况下获得的增益被称为**满档增益**（*full-on gain*）；也可将音量设置在**参考测试点**（*reference-test setting*）上，在这种情况下获得的增益曲线被称为**基本频率响应**（*basic frequency response*）（IEC 60118-0）或**频率响应曲线**（*frequency response curve*）（ANSI S3.22）。将音量降至参考位置的目的是使助听器不要在输入中等强度信号时就达到饱和。在参考测试点上，用 60dB SPL 输入得到的高频平均（1.0kHz、1.6kHz 和 2.5kHz 的平均值）输出应比高频平均饱和声压级低 17dB。任何情况下，都应在满档增益设置下测量满档饱和声压级。对于增益和饱和声压级的测量，所有的其他设置通常应放到能给最宽频率响应以最大平均增益的位置。测量时必须将助听器的各种设置都记录下来，否则测量就没有意义了。

上述两个标准强调了使用 60dB SPL 输入信号进行增益-频率响应的测量。对于非线性助听器，使用不同输入声压级测量增益更有意义。常采用的两套输入强度的设置分别是 50dB SPL、60dB SPL、70dB SPL、80dB SPL、90dB SPL（ANSI S3.42，IEC 60118-15）和 50dB SPL、65dB SPL、80dB SPL。

4.1.5 输入-输出函数

增益-频率响应显示了某一输入强度（或输出强度）下各频率的增益，而**输入-输出函数**（*input-output function*）显示了在某一频率或某一频带上与各输入强度对应的输出强度。实际上，这是同类数据的两种不同表现形式。因为所有的助听器在高输入强度时都会变成非线性，并且有许多助听器在一定范围的输入强度上也是非线性的，因此，输入-输出函数对理解助听器如何处理声音非常有帮助。我们可以具体看一下输入-输出函数的含义。

图 4.6a 显示了一个有两个压缩器的助听器的输入-输出图，也显示了有不同增益量的线性助听器的输入-输出函数。这些虚线与横轴呈 45°。在标有 30 的虚线上，每一点的输出比相应的输入都高出 30 dB。这条线代表的是有 30 dB 固定增益的助听器的输入-输出函数。注意靠上面的线（或最左边）有较大增益。低于 0dB 增益的斜线是负增益，代表着声音被助听器衰减。在输入-输出图上，垂直向上或水平向左移动，或同时向这两个方向移动代表着增益增加。向上并沿着 45°向右侧同时移动则意味着助听器增益恒定。

图 4.6a 中的助听器输入-输出曲线包括四个部分。输入强度在 40dB SPL 和 50dB SPL 之间时，助听器按线性模式运行，伴有 40dB 恒定的增益。超出线性区域，在输入强度为 50 ~ 80dB 时，曲线依然向上，但是斜率小于 45°。在该区域，任何输入强度的增加仍会使输出强度小幅增加。这个效果就是压缩的结果。当输入强度是 50dB SPL，对应的输出

> **在输入–输出图上理解增益、衰减、压缩和扩展**
>
> 确保你真正理解四个术语，**增益**、**衰减**、**压缩**和**扩展**。
>
> - 增益与衰减分别描述的是与输入信号相比，输出信号有多大。它们在输入 - 输出图上对应不同区域：分别高于和低于 0dB 的对角线。它们也在增益 - 输出图上对应不同区域，分别高于和低于横轴。
> - 压缩与扩展分别描述的是助听器放大器对一个振幅随时间变化的信号的动态范围的影响。在输入 - 输出图上它们对应不同斜率：分别低于和高于 45°。线性操作对应的斜率正好是 45°。在增益 - 输入图上，压缩和扩展对应的分别是负斜率和正斜率。
>
> 压缩器使信号的动态范围变小，不管输出强度比输入强度小或者大。相反，扩展器增加动态范围。
>
> 在一个较小的指定输入强度范围内，原则上，助听器可以同时做到：
>
> - 放大和压缩；
> - 放大和扩展；
> - 衰减和压缩；
> - 衰减和扩展。
>
> 实际上，在低强度输入时，放大与扩展会同时作用，在中低强度输入时线性放大起作用，在中高强度输入时最常见的是压缩在起作用。

是 90dB SPL，增益是 40dB。当输入强度增加时，输入–输出函数横跨几条恒定的增益线，助听器的增益在逐步减小（正如对压缩器的期望），当输入强度增至 80dB SPL 时，增益降低至 20dB。

最高输入强度对应的曲线部分是水平线，这条水平线被称为**限制**（*limiting*），输出不能超过这个限制，在这个图里是 100dB SPL。单从输入–输出图看，我们不知道这个限制是削峰还是压缩限制。当输入强度增加到超过 80dB SPL 时，增益会进一步减少。实际上，输入强度上每增加 1dB，增益会相应减少 1dB。当某个频率的输入强度超过 100dB SPL 时，助听器开始起到衰减器（即耳塞）的作用，输出强度会变得小于输入强度。

当输入强度小于 40dB SPL 时，便会出现**扩展**（与压缩相反）。每当输入强度减小时，增益也会减少。**扩展**（*expansion*），也称为**静噪**（*squelch*）或**降噪**（*noise-gating*），会被用于某些助听器，对于降低很低强度的声音，包括助听器内部噪声的可听度非常有用。只要被静噪的噪声是真正不想听到的噪声，那么降低可听度就是有益的。但如果扩展阈太高（如 55dB SPL），扩展就会降低轻声言语的增益，对言语可懂度产生不良影响。[1926]

图 4.6b 的增益–输入曲线显示了与图 4.6a 完全相同的放大特性。为了理解这条曲线，可以重新阅读前文中有关增益随输入变化而变化的描述，并观察这条曲线的变化情况。

在两种不同的音量设置下，测量输入–输出曲线或增益–输入曲线可以揭示音量控制对压缩器功能的影响。我们还将在第 6 章 6.2.3 中对此进行探讨。

4.1.6 失真

关于谐波失真和互调失真的概念在第 2 章 2.3.3 中已结合削峰做过介绍。除削峰外，还有许多机制会在助听器内引起失真，但削峰是导致和产生大量失真的最常见原因。**谐波失真**（*harmonic distortion*）的测量是通过给助听器一个纯音输入，然后分析输出波形，测量出相对于信号总功率的失真成分。

失真成分的相对大小有几种表示方式。首先，可以用 dB 或百分比来表示[1]。其次，也可分别描述各个谐波的失真（经常是第二次和第三次谐波），或描述各谐波总的失真。将所有谐波的功率（与压强的平方成比例）相加，其结果被称为**总谐波失真**（*total harmonic distortion*，*THD*）：

$$THD \% = 100 \sqrt{\frac{p_2^2 + p_3^2 + p_4^2 + \cdots}{p_1^2 + p_2^2 + p_3^2 + p_4^2 \cdots}} \%$$

....4.1

---

[1] 在计算百分比之前要先求平方根，以便最终的比值反映声压或电压，而不是密度和强度。

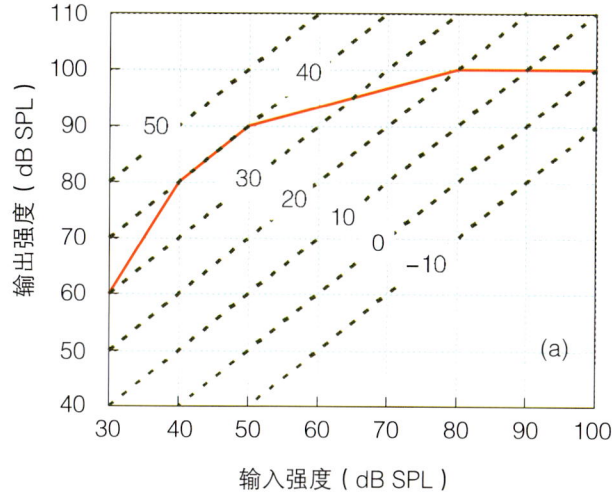

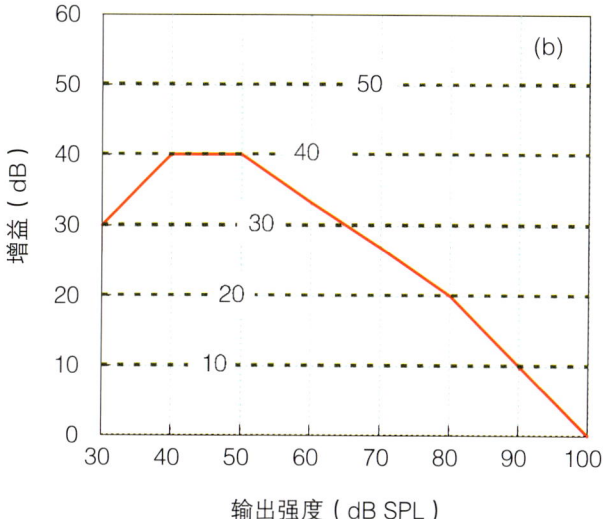

图 4.6 （a）在 2kHz（红色实线）处非线性助听器的输入 – 输出图和恒定增益（虚线）线。（b）相同放大特性的增益 – 输入图。

$$THD\ dB = 10\log_{10}\left(\frac{p_2^2+p_3^2+p_4^2+....}{p_1^2+p_2^2+p_3^2+p_4^2+....}\right)dB$$

....4.2

p_n 是第 n 个谐波的压强。第一个谐波（振幅 p_1）是信号的基频（输入信号的频率），代表信号未失真部分。听力师无须用到 4.1 和 4.2 这些方程式，测试箱会自动计算并显示计算后的结果。[①]1% 的失真等于 –40dB，3% 等于 –30dB，10% 等于 –20dB，30% 等于 –10dB。

标准规定，进行失真测量时应把音量控制设置

[①] ANSI S3.22 允许选择不同的公式，分母中仅包含主要变量。两个公式在 TND 小于 20% 时的计算结果基本相同。

在参考测试点后用中等强度信号（60 ~ 70dB SPL）进行测量。然而，了解发生在低输入强度，特别是高输入强度时的失真情况也很重要。失真结果可以用特定输入强度下失真与频率的关系来表示，也可用特定频率下失真与输入强度的关系来表示。

对于低频和高频输入，谐波失真的测量有可能对判断助听器失真产生误导。对于高频输入，失真给纯音输入施加的谐波会全部落入受话器的响应范围，尽管助听器的放大器可能被削峰得很厉害，但是并不影响声输出。然而，当输入更复杂的输入信号（宽带）时，失真产物会出现在可听范围（请参阅第 2 章 2.3.2 互调失真）的各频率，就会被听到并产生不适感。对于低频声音，如果助听器的削峰发生在滤波之前，有陡升型响应的助听器会加强低频信号的谐波。在这种情况下，对于宽带信号的失真将不会像人们认为的那么差（基于谐波失真测量）。

一种测量宽带信号失真的方法是计算输入信号和输出信号之间的一致性（*coherence*）。一致性就是计算各频率上与相同频率输入信号线性相关的输出信号所占的比例。它的变化区间从 1 到 0，1 是指没有噪声或失真，0 是指输出与输入完全没有线性相关。一致性的测量会受到助听器时延和快速压缩的不利影响。利用一致性可以推导出一个与总谐波失真（THD）相似的指标：[1461]

$$THD\ 一致性 = 100\sqrt{\frac{1-一致性}{一致性}}\%$$

....4.3

测量失真有以下几个目的：

· 确保助听器能够一直达到它的规定性能。可以在助听器维修之后进行测试，也可在助听器使用者对音质有意见时测试；

· 比较两个不同助听器的保真度；

· 确定助听器是否使用了压缩限制或削峰（因为削峰不能从输入 – 输出函数中推导出来），有压缩限制的助听器的总谐波失真阈值应该一直低于 10%。但是一旦削峰开始时，削峰助听器的总谐波失真将快速上升并高于此值；

· 找出能被助听器正常放大且不会出现明显失真的最高输入强度（对音乐特别重要，请参阅第 10 章 10.6.1）。

4.1.7 内部噪声

正如第 2 章所述，麦克风和放大器会产生噪声。助听器的内部噪声被量化表示为**等效输入噪声**（*equivalent input noise*，EIN）。等效输入噪声的量等于要使一个无噪声助听器与被测试助听器（两者放大特性一样）输出同样的噪声时，必须在无噪声助听器的输入上施加的噪声量。用与助听器输入的相对量来表示噪声主要有三个理由。第一，大多数设计良好的助听器的内部噪声主要来自麦克风，其他噪声则主要来自输入放大器；第二，鉴于噪声的来源，与输出相关的噪声会受音量设置的显著影响，而与输入相关的噪声则较少受音量设置和其他设置的影响；第三，如果噪声是以输出噪声来表示，那么高增益助听器总是比低增益的助听器噪声要大，尽管高增益助听器的使用者（重度或极重度听力损失者）可能比低增益助听器的使用者听到的内部噪声还要少。

等效输入噪声是通过测量出助听器输出端的噪声大小，再减去助听器针对轻声的增益来计算。有两种测量方法。在比较简单的测量方法中，先测出总的输出噪声的 SPL，再减去高频平均增益。这种测量难以揭示各频率范围的噪声有多少，所以不能用于比较两台有不同增益-频率响应的助听器的噪声。然而，对于确认助听器性能是否符合说明书的介绍是可行的。

一种比较全面的测量内部噪声的方法是对输出信号进行滤波，将其分成不同的频带（常为 1/3 倍频程或 1 个倍频程），再测量落到每一个频带中的输出噪声强度。计算各频率的等效输入噪声时，用每个频带的中心频率的输出强度减去其增益即可。计算的结果可用曲线图表示，在图中，等效输入噪声（应用测量时的带宽）是频率的函数。图 4.7 显示了一款典型助听器的输入噪声，以及聆听者可接受的

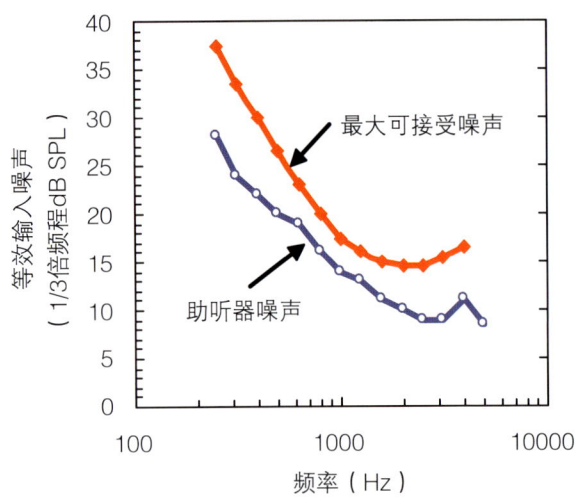

图 4.7 典型助听器的 1/3 倍频程等效输入噪声与频率的关系，以及 1/3 倍频程的最大可接受噪声。

最大等效输入噪声。[1112]

4.1.8 磁感应

磁感应的原理已经在第 2 章 2.8 和第 3 章 3.5 中进行了介绍，如果测试箱中有能产生磁场的环路，也可以测量磁感应的，否则就无法进行。测量前只需要注意：

· 当测量磁频率响应时，确保将音量设置在参考位置；

· 确定助听器的方向处于正常使用的方向。

有关标准规定助听器磁感应的测量应当在磁场强度为 31.6mA/m 的磁场中进行。助听器的输出被称为在垂直感应场内的 SPL（SPLIV；ANSI S3.22）或磁场中的 SPL（SPLI; IEC 60118-0）。① 磁频率响应的形态应与声频率响应的形态相似，但是也会有些

---

① 在编写本书时，IEC 60118-0 正在修订，其中详细说明了采用 10 mA/m 输入的测量方法，及助听器采用最大敏感度指向的要求。

实用技巧：测量内部噪声

- 确保周围噪声不会影响输出噪声的测量，关上测试箱的盖子，如果需要的话，用胶泥封住麦克风的入口周围。（如果使用胶泥会使输出噪声降低的话，就很有必要。）
- 为了测量噪声而测量增益时，必须控制输入强度，使助听器处在线性放大区域。（对于有固定的较低压缩阈或有不能关闭的低强度扩展功能的助听器，测量内部噪声会比较困难。）
- 最理想的情况是将测试箱放在一个测试房间内，或者放在其他安静的地方。

不同，因为线圈中没有与麦克风内亥姆霍兹共振类似的共振，并且线圈响应可能有低频截止功能。磁感应的测量结果可表示为在某规定输入磁场强度下，输出 SPL 相对于频率的曲线。因为输入和输出的量不同，增益的概念在此不适用。

因为电话是非常重要的磁信号来源，ANSI S3.22 规定了对电话磁场模拟器的要求，其产生的磁信号与电话产生的磁信号的强度和磁场形态类似。助听器的输出被称为针对感应电话模拟器的 SPL（SPLITS）。

ANSI S3.22 和 IEC 60118-0 介绍了另一种比较声学和电感线圈敏感度的方法。**等效测试环路敏感度**（*equivalent test loop sensitivity*，*ETLS*）和**相对模拟等效电话敏感度**（*relative simulated equivalent telephone sensitivity*，*RSETS*），它们的计算方法是将线圈输入的输出信号（分别是 SPLIV 和 SPLITS）减去声学输入 60dB SPL 时的输出信号。主要描述助听器使用者需要调整多大音量，才能使声学输出在通过线圈聆听时和通过麦克风聆听时达到的水平一样。第一个术语适用于室内环路；第二个术语适用于电话。等效测试环路敏感度和相对模拟等效电话敏感度的值接近于 0dB 时（也就是不用调节音量）是最令人满意的。[1459] 遗憾的是，在应用磁输入信号时，常常需要调高音量控制才会获得舒适的输出强度。[840a] 而当助听器没有音量控制时，就会产生问题。

4.1.9　ANSI、ISO 和 IEC 标准

前述许多文献已提及 IEC 和 ANSI 标准，对其相同和不同之处也已做过一些介绍。世界上大多数国家均采用国际标准，其中包含 IEC 和 ISO 标准。IEC 标准主要规范了电器设备，包括助听器和测量助听器的方法，而 ISO 标准则规范了与人相关的标准，例如正常听阈和测听方法。美国采用 ANSI 标准，来满足这两个目的。表 4.1 和表 4.2 列出几项和助听器直接相关的标准。与助听器关系最密切的是 ISO 发布的 ISO 12124（2007）标准，即助听器真耳声学特性的测量标准，详细规定了如何在佩戴状态下，对助听器进行测量。该标准将很快被纳入 IEC 61669 标准。

表 4.1　部分与助听器有关的 ANSI 标准，年份是最新修订的日期。随后再确认的日期没有显示。

标准编号	年份	名称	内容
C63.19	2011	无线通信装置和助听器兼容性的测量方法	详细规定了如何评价移动电话的发射强度和助听器的抗干扰强度。
S3.7	1995	耳机耦合器的校准方法	定义了 2cc 耦合腔（HA1、HA2、HA3 和 HA4）（以及耳罩式耳机的 6cc 耦合腔）。
S3.13	1987	用于校准骨质振动测量仪的人工头骨	详细规定了用于测量骨导助听器的人工乳突的阻抗和形状。
S3.22	2009	助听器性能的说明	详细规定了耦合腔测试的条件、过程和耐受性，包括所使用的 2cc 耦合腔。
S3.25	2009	封闭式耳模拟器	详细规定了封闭式耳模拟器的声学特性，并且展示了 Zwislocki 耳模拟器和 IEC 2- 分支耳模拟器的机械设计。
S3.35	2010	在模拟真耳工作环境下，测量助听器性能的方法	详细规定了如何用人体模型和耳模拟器测量助听器的增益、插入增益和方向性指数。
S3.36	1985	模拟现场空气中声测量用的人体模型规范	规定了人体模型的外形和自由场响应。
S3.37	1987	耳背式助听器的首选耳钩开口螺纹	只用于耳背式助听器的螺纹开口。
S3.42	1992	助听器的宽带噪声信号测试	详细规定了类言语频谱的噪声频谱和应用此噪声时的分析方法。
S3.46	1997	测量助听器真耳性能的方法	定义术语，并规定了在使用者身上测量助听器的方法。

表 4.2 与助听器相关的 IEC 标准。各附加年份是修正相关标准的年份，注意 IEC 60118 中的第 1 部分、第 2 部分和第 6 部分将很快被替换，其更新内容将被纳入新的 60118-0 标准中。

标准编号	年份	名称	内容
60 118-0	1983 1994	助听器.第 0 部分：电声性能的测量	详细规定了在声场中测量助听器的条件，如测试箱，包括使用的耳模拟器。
60 118-1	1999	助听器.第 1 部分：具有感应拾音线圈输入的助听器	如何测试电感线圈响应。
60 118-2	1983 1993 1997	助听器.第 2 部分：具有自动增益控制电路的助听器	如何测量输入－输出（I-O）曲线以及启动和恢复时间。
60 118-4	2006	助听器.第 4 部分：助听器用感应回路系统磁场强度	详细规定了 100mA/m 的长时强度。
60 118-5	1983	助听器.第 5 部分：插入式耳机的乳头状插头	定义了用于盒式助听器插入耳机的插头尺寸。
60 118-6	1999	助听器.第 6 部分：助听器输入电路的特性	为了确保外部设备的兼容性，详细规定了阻抗和敏感度。
60 118-7	2005	助听器.第 7 部分：助听器产品交货时质量检验的性能测量	详细规定了测试条件、过程和耐受度。
60 118-8	2005	助听器.第 8 部分：模拟实际工作条件下的助听器性能测量方法	如何测量戴在人体模型上的助听器。
60 118-9	1985	助听器.第 9 部分：带有骨振器输出的助听器特性测量方法	如何测量骨导助听器。
60 118-12	1996	助听器.第 12 部分：电连接器系统的尺寸	详细规定了连接助听器的耳塞和插座。
60 118-13	2004	助听器.第 13 部分：电磁兼容（EMC）	详细规定了此产品对移动电话使用者和周围人的抗干扰性和兼容性。
60 118-14	1998	助听器.第 14 部分：数字接口的规范	详细规定了从计算机到给助听器编程的接口。
60 118-15	2009	助听器.第 15 部分：助听器信息处理的表征方法	详细规定了类言语信号、预先设置助听器标准听力图和信号分析方法。
60318-4	2010	电声学.人头模拟器和耳模拟器：用于测量插入式耳机的封闭式耳模拟器	详细规定了闭塞式耳模拟器。 替换标准 IEC 711（稍后 60 711）。
60318-5	2006	电声学.人头模拟器和耳模拟器.第 5 部分：测量带耳塞式耳机助听器和耳塞式耳机用 2cm³ 耦合器	定义 2cc 耦合腔，以及连接不同类型助听器的方法。 替换标准 IEC 126（稍后 60 126）。
60318-6	2007	电声学.人头模拟器和耳模拟器.第 6 部分：骨振器测量用力耦合器	详细规定了用于测量骨导振子的人造乳突的阻抗和形状。 替换标准 IEC 60 373。
61669	2001	电声学.助听器真耳声学特性的测量	测量使用者真耳增益的设备。
60959	1990	临时头部和躯干模拟器声学测量和空气传导助听器	详细规定了人体模型的形状和自由场响应。

4.2 真耳耦合腔差值（RECD）

同样输入下，助听器在外耳道传播的声压级与助听器在耦合腔传播的声压级的差值，称为真耳耦合腔差值（RECD）：

$$RECD = 外耳道 SPL - 耦合腔 SPL$$

....4.4

RECD 这个概念对于助听器验配和测听有非常重要的价值，特别是针对那些耳道很小的婴幼儿验配时。了解使用者的 RECD 能使我们更准确地理解用插入式耳机测得的听阈，并可帮助我们更准确地在耦合腔内调节助听器，从而使在人耳上使用时达到理想的效果。

虽然 RECD 概念看起来非常简单（即，真耳 SPL 高于耦合腔 SPL 多少），但是对它的测量与应用必须考虑许多方面的事情。其中一个重要原因是 RECD 测量至今仍无明确的国际标准，所以有许多不同的东西都被称为 "RECD"。其中有一些除了受外耳道和耦合腔的声学因素影响外，还受其他因素的影响。

4.2.1 影响 RECD 的因素

耳道容积（ear canal volume） 第 4 章 4.1.1 介绍了外耳道 SPL 大于耦合腔 SPL 的主要原因，是因为剩余耳道容积小于用于测量助听器以及插入式耳机的 2cc 耦合腔。因此，当受话器推动空气循环进出导声管的一端时，受话器和导声管会在外耳道内产生比在 2cc 耦合腔内更大的压力。就一般人的耳朵而言，女性的耳朵小于男性的耳朵，同样，女性的 RECD 平均值要比男性高 1~2dB。人耳和 2cc 耦合腔之间的差值即使在导声管按标准深度插入时也会存在。如果耳模在耳道内插入得比较深，剩余耳道容积会更小，产生的 SPL 会更大，因此，至少对于封闭式耳模，RECD 值会更大。

漏声、通气孔和开放式验配（leakage, vents and open fittings） 耳模很少有戴好后不漏声的，即使有，也很难得。漏声也许是有意的（通气孔，请参阅第 5 章 5.3），也许是意外（通过无意的缝隙漏声）。相反，将导声管与耦合腔相连很容易做到没有漏声。正如第 5 章 5.3.1 所述，漏声和通气孔造成低频声从外耳道泄漏，会导致外耳道内 SPL 较低，相对外耳道密封很好的情况，低频的 RECD 值就减少了。漏声很容易变大以至于 RECD 值在 250Hz 甚至 500Hz 时变成负值。定制鼓膜比插入外耳道的泡沫耳塞可能漏声更多，因而在 250Hz 处的 RECD 值会更低。图 4.8 中的实线显示了来自三个成人耳的 RECD 值，实验中的成人使用的是无通气孔的定制耳模。[1277, 1283, 1286] 随着频率降低，RECD 值逐渐下降至负值，表明在受试者耳模的周围有漏声。

表 4.3 显示了有典型漏声的封闭式耳模相对于 HA1 和 HA2 2cc 耦合腔的 RECD 值。最后一行显示了典型的耳模拟器与耦合腔的差值。它与在第一行的 RECD 值有差异，因为使用耳模拟器和耦合腔测量时都没有漏声。

表 4.3 RECD：使用有漏声的封闭式耳模的常见人耳内的 SPL 减去 2cc 耦合腔内的 SPL。[1276, 1277, 1283, 1285, 1286] 第三行的值是深插入式耳模或助听器的情况。[98, 660] 最后一行显示的是耳模拟器与 HA1 耦合腔的差异。[204]

	250	500	1k	1.5k	2k	3k	4k	6k
标准插入深度，HA1 耦合腔	-2.5	4.0	6.5	8.5	10.0	9.0	10.0	10.5
标准插入深度，HA2 耦合腔	-2.0	4.5	7.0	8.0	7.5	2.5	2.5	5.5
深插入深度，HA1 耦合腔	6.0	8.0	10.0	12.5	15.0	19.0	20.0	23.0
耳模拟器与 HA1 耦合腔的差值	3.5	3.5	4.5	7.5	8.0	10.0	12.5	14.5

开放的外耳道如同一个非常大的保留了耳道共振的通气孔。因为有大的通气孔，所以，开放式验配的 RECD 在低频区会是明显的负值。因为保留了共振，开放式验配的 RECD 值与使用封闭式耳模时相比在高频区会有较高的值，特别是在外耳道的共振频率附近。这个频率在外耳道未堵塞的情况下一般是 2.7kHz，在开放式验配时，外耳道的这个频率点略低于 2.7kHz。SPL 的增加以及相对于封闭式验配的增益提高是因为在接近耳道共振的频率处，共振会使鼓膜处的 SPL 比外耳道其他任何地方都强。① 开放耳道对低频和高频处 RECD 的影响可见图 4.8 的虚线。对于开放式验配与封闭式验配增益频率响应的影响可见第 5 章 5.3.1 有关通气孔效应的介绍。

导声管（tubing） 导声管的直径会影响在导声管与耳道或耦合腔之间流动的振动空气的量，技术上称为**体积速度**（volume velocity）。如果用于 RECD 测量的人耳内的导声管的外形和耦合腔内的导声管的外形有差异，那么高频部分的 RECD 值就会有明显变化，但这种变化反映的是声音传输系统的变化，而不是外耳道相对于耦合腔的变化。因为 HA2 2cc 耦合腔非常方便使用，所以经常被用于测量 RECD，即使其使用的大开口耳模拟器并不能真实模拟实际助听器的耳模或用于测听的导声管。由于 HA2 耦合腔的声通道相对较宽，所以会产生比 HA1 耦合腔

---

① 开放耳道的共振相当于一端封闭而另一端开放的导声管内的情况。当耳道封闭时，共振的特性就转变成两端均封闭的导声管的情况，并且它的共振频率会上移以至于超出助听器的频率范围。

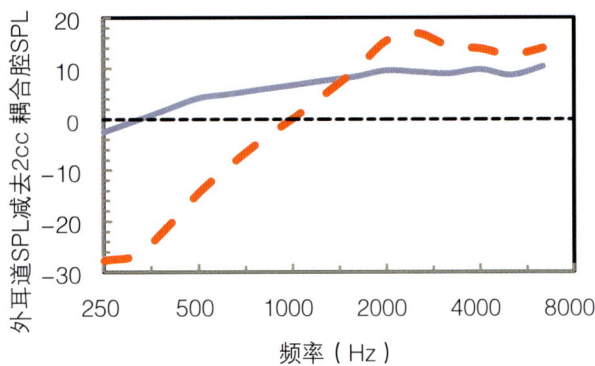

图 4.8 RECD 等于普通成人耳道内的 SPL 减去 HA1 2cc 耦合腔的 SPL。封闭耳的数据（实线）为三个实验的平均值。[1277, 1283, 1286] 开放耳道验配的数据（虚线）是通过测量 KEMAR 人体模型的 SPL 和 HA1 2cc 耦合腔的 SPL 得出的。

更高的高频 SPL。因此，用 HA2 测量的 RECD 值在高频区（在 4kHz 大约 7dB）要比用 HA1 测量的值要小，见表 4.3。

换能器类型（transducer type） 无论外耳道和耦合腔对导声管系统施加的负载如何，只有在换能器和导声管系统提供相同的体积速度时，RECD 值才能反映外耳道与耦合腔的容积差异（和阻抗）。只要源头的声阻抗明显高于负载的声阻抗，那么来自源头（受话器和导声管）的体积速度实际上就不会受到负载（耳道或耦合腔）的影响。如果这是事实，那么 RECD 值将只受外耳道和耦合腔的声学特性影响，而不会受用于测量的声源的影响。如果在任一频率上，源头的阻抗没有明显超过外耳道阻抗的话，那么 RECD 值就会低于由外耳道与耦合腔容积差造成的 RECD 值。

遗憾的是，像常用于测量 RECD 的插入式耳机 ER3A 这样的换能器，其阻抗并没有在所有频率上都比外耳道和耦合腔的阻抗高出很多倍。[1286, 1544] 耳背式助听器也会被用来做换能器，但是如果在耳钩处没有阻尼器，它们在共振频率附近的阻抗甚至低于人耳。[1286, 1544] 因此，RECD 值一定会受测量时使用的换能器的影响。[1283, 1285, 1286] 用不同的换能器测量的 RECD 值最多能相差 10dB。当使用在耳钩处没有阻尼的助听器，使用最长的导声管连接耳模，以及使用 HA2 耦合腔时，换能器的影响会最大。因此，成人耳模遇到的问题要比婴儿耳模大。

尽可能按照与应用时相同的方式来测量 RECD，可以减少前述测量误差。例如，为了修正用带有泡沫套的 ER3A 型插入式耳机测得的阈值，那么在测量 RECD 时也使用带有泡沫套的 ER3A 型插入式耳机进行人耳部分的测量，并且连接同样的耦合腔来校准听力计，就不会产生系统测量误差。在调节助听器时，最好使用佩戴者自己的耳模和助听器进行 RECD 的测量。虽然较难实施，但使用有阻尼的声音传递系统来验配助听器可以减小误差。尽管使用不同的换能器和声音传递系统可能会导致系统测量误差，但通常情况下，应用 RECD 值可以较好地预测人耳的 SPL。[1211, 1277, 1278, 1280, 1587, 1598]

不同的耳道容积、插入深度、漏声程度、中耳阻抗，以及这些因素与不同测量系统的相互作用（换能器、导声管、耳模/耳塞头和耦合腔类型）会导致个体的 RECD 值存在很大差异。这种差别有些是真实的，而且正是测量 RECD（至少对婴儿的测量）的理由，但有些可能只是测量误差或者是不同的 RECD 定义与测量方法导致的。在一项实验中成人受试者间的 RECD 值相差达到 40dB，无疑主要是由测量错误造成的。在中频段，RECD 值的差异取决于外耳道的等效容积，因此 RECD 值相差 40dB，相当于最大耳道容积与最小耳道容积相差一百倍。如果不是测量错误，那么这种结果说明受试对象里可能出现了不同物种，因为如果测量结果准确，那么这种差别就类似于大象与老鼠的尺寸差别。

与插入式耳机相比，像 TDH39/49 一类的压耳式耳机的声源阻抗较低，所以耳道容积对耳内 SPL 的影响较小。虽然不同人耳机周围漏声的不同会造成低频 SPL 的变化，不同人外耳道长度的不同也会造成高频 SPL 的变化，但是中频段的 SPL 会较为稳定。用高阻抗的插入式耳机测量的 RECD 值与用低阻抗压耳式耳机测量的结果没有相关性。RECD 的概念对于压耳式耳机同样重要，但是因为耦合腔不一样，RECD 的平均值也会不一样，RECD 的测量会因为耳机大小变得更加困难。

4.2.2　RECD 的测量

如果一个人的外耳道与成人外耳道的平均值有很大的区别，那么就有测量 RECD 的必要。差别较大的用户可分为两类：最有可能的是 5 岁以下的孩子和外耳道做过手术的人。用真耳增益分析仪测量 RECD 最容易，这种分析仪是专为 RECD 测量而设

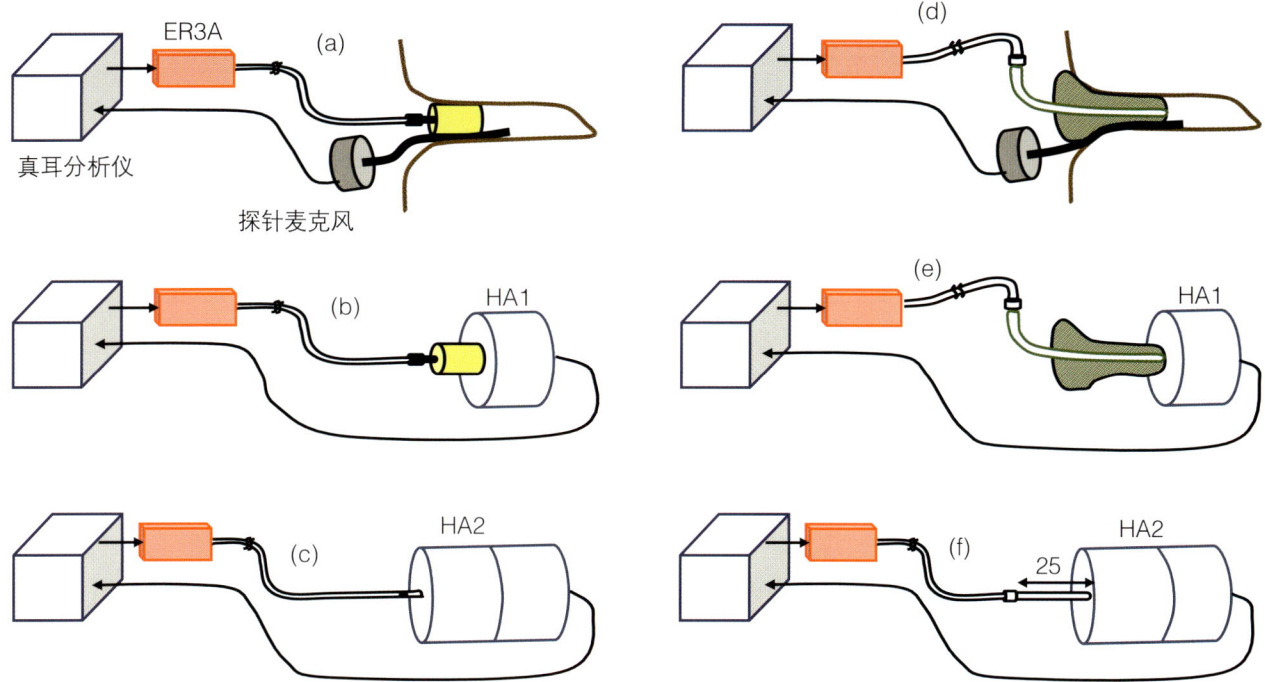

图 4.9 用真耳分析仪、插入式耳机（如 ER3A）和探针麦克风测量 RECD。针对耳内式助听器，或为了校正听阈测试，将插入式耳机连接到（a）患者耳朵中插入的泡沫耳塞，和（b）HA1 耦合腔中插入的耳塞，或直接与（c）HA2 耦合腔连接。针对连接定制耳模的耳背式助听器，将插入式耳机通过个体耳模和导声管连接到（d）患者耳朵上，将（e）HA1 耦合腔与个体耳模和导声管连接，或者将（f）HA2 耦合腔与长度为 25mm 的导声管连接。注意用 HA1 耦合腔获得的 RECD 值与用 HA2 耦合腔获得的值是不同的。

计的。用于记录人耳 SPL 测量结果的探针麦克风应按照第 4 章 4.3.1 所述插入外耳道。一些旧的真耳增益分析仪也需要用探针测量耦合腔部分，但是更先进的设备会使用耦合腔麦克风进行测量。

如果测量 RECD 是为了考虑个体外耳道声学特性对听阈的影响，那么就无须使用个人耳模，而用泡沫耳塞或其他软性插入耳塞来测量。图 4.9a 展示了人耳部分的测量。如果用 HA1 耦合腔测量，见图 4.9b，如果用 HA2 耦合腔，见图 4.9c。①

如果测量 RECD 是为了考虑个体外耳道的声学特性对助听器调试的影响，而且助听器是有定制耳模的耳背式助听器，那么测量时应使用患者自己的耳模，如图 4.9（d）。图 4.9（e）、（f）分别显示的是使用 HA1 和 HA2 2cc 耦合腔进行的测量。

还有一种测量 RECD 的方法仅适用于某些助听器，就是直接使用助听器以及调节助听器的编程软件。

测量时，需把探针放到外耳道，把另一端连接到：
- 耳内式助听器面板内的麦克风或耳背式助听器的机身；[1938] 或者，
- 直接插入连接耳背式助听器音频输入口的一个音靴。

上述两种情况下，助听器都能产生和传输刺激，进行外耳道内响应的测量，并利用 RECD 测量来针对不同耳道的特点进行助听器的调节。唯一妨碍准确预测助听器最终响应的问题是，如果刺激声由助听器产生，但对经过通气孔传入剩余耳道的声音并没有进行测量（请参阅第 5 章 5.3.1）。

患者的两只耳通常有相似的耳模和对称的外耳道，对于成人和小孩而言，双耳的 RECD 值通常相差不超过 3dB。[1276, 1279] 如果时间不允许或婴儿不配合，难以测量双耳的话，可以只测量一侧耳的 RECD，用来计算双侧耳的增益。

测量婴儿 RECD 具有重要意义，其价值远高于测量成人的 RECD（请参阅第 5 章 5.3.1），但是在测量时要十分小心，必须精心选择测量方法。否则，

---

① 测量耳背式助听器使用的长度 25mm 的导声管应该被移去，因为不同于耳模和导声管均包括在内的耦合腔，HA2 耦合腔已经考虑到在泡沫耳塞内的探针长度。

在测量或应用时,可能会产生比要解决的个体间差异问题更大的错误。错误可能发生在:

- **高频增益**——如果探针没有插入足够深或者使用了错误的 2cc 耦合腔类型;
- **中频增益**——如果测量中使用了不合适的换能器;
- **低频增益**——如果声音通过通气孔泄漏出去以及声音直接通过通气孔进入外耳道。

在 RECD 测量和真耳助听增益测量中,当频率升高时,都要增加放置探针的深度和准确性(请参阅第 4 章 4.3.1)。

4.2.3 RECD 和 REDD

与 RECD 密切相关的是**真耳表盘读数差(*Real Ear to Dial Difference*,REDD)**。其数量等于耳道内的 SPL 减去听力计表盘上设置的读数(dB HL):

REDD= 耳道 SPL - 表盘 HL   …4.5

对于经过精确校准的听力计,用于校准耳机的耦合腔内的 SPL 将等于听力计的表盘读数加上**参考等效阈值 SPL(*Reference Equivalent Threshold SPL*,RETSPL)**。常用的压耳式耳机、插入式耳机和耦合腔的 RETSPL 通常是已知的:

耦合腔 SPL= 表盘 HL+RETSPL   …4.6

公式 4.4 ~ 4.6 可合并为:

REDD = RECD + RETSPL   …4.7

图 4.10 反映了这些数值之间的关系。

RETSPL 值对特定的耳机来讲,是固定的。REDD 和 RECD 在患者身上的变化程度一致。

4.3 真耳助听增益

助听器在患者耳朵里提供的增益才真正有意义。虽然用本章和下一章提供的公式能够从耦合腔增益来估计真耳增益,然而耳朵大小、助听器或耳模的佩戴情况、导声管和通气孔的大小,以及麦克风相对于耳屏或耳甲腔的位置都会影响估计值的准确性。即使名义上相同的助听器之间也会有细微差别。因此,除非验配软件的预估值与耳道内的真实值相差不超过 5dB,否则进行真耳增益测量就非常必要。

真耳增益通过将与麦克风相连的探针放入外耳道以进行测量。真耳增益测量有两种类型。一是真耳助听增益,本节将予以介绍。二是真耳插入增益,将在下一节介绍。有些助听器预设采用真耳助听增益,有些则用插入增益。多数助听器采用二者之一。测量真耳助听增益是计算插入增益必需的一步,本章的许多信息与插入增益有关。**真耳增益(*real-ear gain*)**的含义较宽泛,可用于真耳助听增益和插入增益。

真耳助听增益(*real-ear aided gain*,REAG),用 dB 表示,为靠近鼓膜处的 SPL(A),减去头部周围某参考测试点的 SPL。这个参考测试点可以被定义为在非扰动场(F)的强度,或安装在头部表面的**控制麦克风(*control microphone*)**的强度(C),如图 4.11 所示。控制麦克风也称为**参考麦克风(*reference microphone*)**,被放置在刚刚高于或低于耳部的位置。ANSI S3.46 规定控制麦克风处的强度为**场参考**

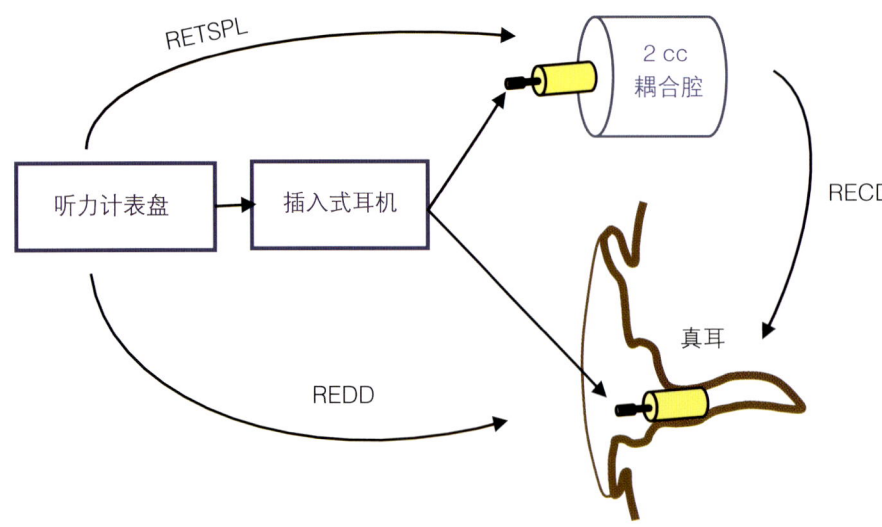

图 4.10 RETSPL(耦合腔减去表盘)、RECD(真耳减去耦合腔)和 REDD(真耳减去表盘)的关系(Munro & Lazenby,2001)。

> **理论解释：耳道内的驻波**
>
> 因为部分传入耳道的能量会被鼓膜反射回来，因此，SPL 会沿着耳道发生显著地变化。在剩余腔内的探针实际上可以探测到进出耳道的声波的增加量。在鼓膜处，这些声波几乎都是在相位上相加的，所以在这一点上的压力会达到最大。由于反射波是经过鼓膜反射回来再行进，相位变化介于入射波和反射波之间。（因为发射波要继续行进。）因此，两个波相加结构性地变小。从鼓膜至耳道的距离约等于 1/4 的声音波长，两个波是异相位的半个周期，并且部分抵消。因为这个距离取决于波长，因此取决于频率，如图 4.12 所示。探针麦克风放在这一点（即节点）上，将误导地显示在这个频率上沿着耳道行进的声音很少。
>
> 因为有些相位变化发生在声波从鼓膜被反射回来时，所以节点的位置不是精确的从鼓膜向外的 1/4 声音波长。[1865a]
>
> 因为 SPL 对距离的模式看起来总是在同一位置的波，因此这个模式被称为驻波。在鼓膜和驻波节点之间的位置，声波部分抵消，或部分相加，但是总的声压总是小于鼓膜处的声压。
>
> 注意关于入射波和反射波在近鼓膜处怎样结合的讨论，不需要任何入射波在哪儿开始的假设。因此，在近鼓膜处 SPL 的变化，当助听器插入耳道和未助听状态下完全一样。当然，实际上 SPL 会受到输入强度和助听器增益的影响。在未助听情况下，SPL 也受到声音频率相关的耳道共振频率的影响。

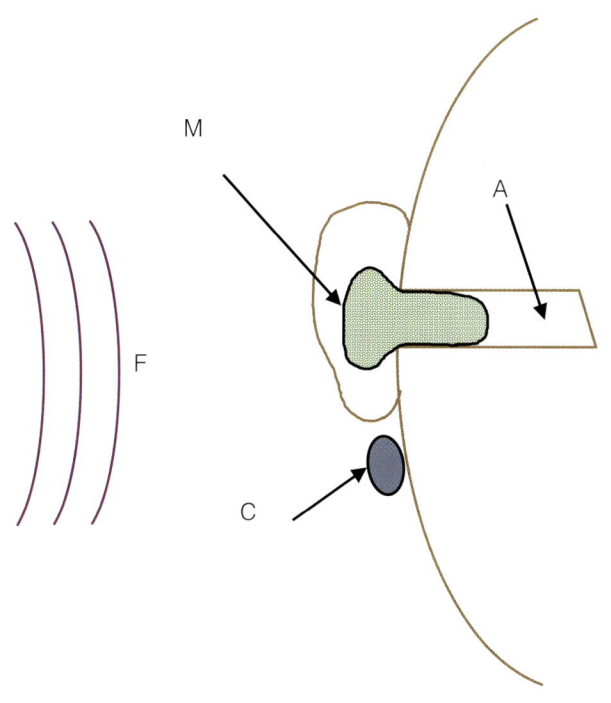

图 4.11 测量真耳助听增益时各处 SPL 的位置。F 位于非扰动场（如头部缺失），C 是头部表面控制麦克风的位置。M 是助听器麦克风的端口，并且 A 是在靠近鼓膜的剩余耳道内。

点（*field reference point*）。真耳测量设备用来自控制麦克风的信号将近耳处的声音强度控制在所需强度。与测试箱中控制强度的方式与此相同（请参阅第 4 章 4.1.2）。控制麦克风消除了从自由场到头部表面的衍射效应。当声源位于助听器佩戴者的正前方时，衍射效应最小。当声源位于 45° 时，最大效应只有 4dB 左右，并且发生在 500～1000 Hz。[1733] 因此，测量设备实际上显示的是 A 点的 SPL 减去 C 点的 SPL，而对于来自前方的声音，则相当于 A-F。

真耳助听增益（REAG）的同义词，还包括**真耳助听响应**（*real-ear aided response*，**REAR**）、**原位增益**（*in-situ gain*）和**真耳传输增益**（*real-ear transmission gain*）。有些作者在探讨整个增益-频率曲线而不是特定频率的增益时，常常用响应一词来代替增益。通常情况下，响应意味着绝对声音强度（即 dB SPL），而增益意味着两个不同 SPL（即 dB）的差值。

探针麦克风测量的是 SPL，不是增益，所以 REAG 曲线实际上是基于 REAR 的测量。两者之间的关系就是：

$$REAR = REAG + 输入 SPL \qquad \cdots 4.8$$

如果输入的是纯音，等式 4.8 的含义非常清楚。如果输入的是宽带刺激声，那么输入 SPL 和 REAR SPL 是指特定频率范围内的刺激能量（通常是每 1/3 倍频程带宽，见第 4 章 4.5.7）。注意，REAR 不仅仅是助听器的特性，它会同时受助听器增益和测量用声音的强度、频谱形态的影响。

4.3.1 REAG 测量时探针放置的位置

REAG 的测量方式非常简单。其精确程度取决于使用的设备，在所有测量中，都是将一个柔软的探针插入到外耳道内,当助听器放置好并开启后,就可以测量剩余耳道中的 SPL。通常先插入探针,然后再佩戴助听器或耳模。测量中唯一棘手的是如何将探针放置于正确的插入深度。假如探针超过了助听器或者耳模的末端,在使用封闭式耳模时,其具体位置对于 2kHz 以下信号的测量没有影响,在使用开放式耳模时,其具体位置对于 1 kHz 以下信号的测量没有影响。在这些频率以下,波长要远远大于外耳道的大小,所以在于剩余耳道内所有位置的 SPL 都是一样的。但是当频率超过上述频率时,探针的位置就变得非常关键了,因为此时剩余耳道内会存在驻波。

图 4.12 显示了外耳道内 6kHz 频率处 SPL 的变化。我们感兴趣的是在鼓膜处的声压级,如果我们希望驻波引起的误差不超过 2dB,探针麦克风距鼓膜的距离就不能超过 6mm,这相当于距离鼓膜 1/10 波长的位置。随着频率增加(和波长的减小),探针头需要越来越接近鼓膜(最大波长的距离应该一样)。表 4.4 显示如果驻波的误差能够控制在 1dB、2dB、3dB、4dB 或 5dB 时,探针应该距鼓膜多远。再譬如,如果我们希望能测量高至 8kHz 的 REAG,并将误差控制在 1dB,那么探针距鼓膜应小于 3mm。如果我们只希望测量 3kHz 以下的 REAG,并将误差控制在 5dB,那么探针距鼓膜应小于 18mm,这意味着探针几乎可以放在剩余耳道的任何位置。

如果我们可以估算出探针到鼓膜的最终距离(见文本框),又特别希望在不继续插入探针时对高频处进行准确测量,那么也可用表 4.4 进行换算。左栏显示了对应表内每一个频率上各距离的修正值。利用这些修正值,我们可以根据离鼓膜一定距离测试的 SPL 值,估计出鼓膜处的 SPL。

表 4.4 驻波引起的误差不超过图中的第一列所示误差时所允许的离鼓膜的最大距离(mm 为单位)。这些值是基于信号被鼓膜完全反射计算得出的,可用于实际工作。(部分反射时,距离不会显著增加,在鼓膜处有 45° 的相位变化时,会减少 25% ~ 50%。)

驻波误差	频率(Hz)					
(dB)	2k	3k	4k	5k	6k	8k	10k
1	13	9	6	5	4	3	3
2	18	12	9	7	6	4	4
3	22	14	11	9	7	5	4
4	24	16	12	10	8	6	5
5	27	18	13	11	9	7	5

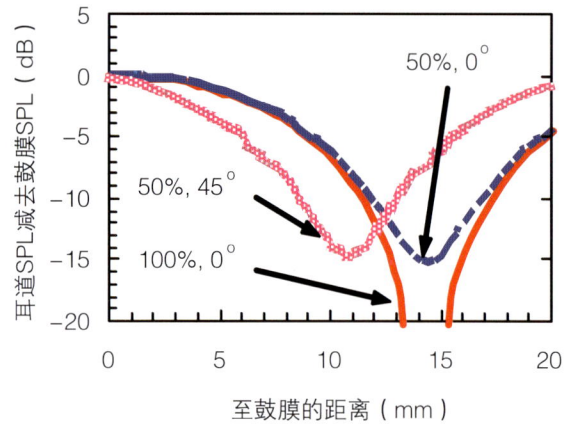

图 4.12 6kHz 时,外耳道内 SPL 相对于鼓膜距离的变化情况。红色实线反映的是声信号被鼓膜全部反射且相位没有改变的情况。蓝色虚线和粉色折线反映的是没有被完全反射的情况;蓝色虚线表示 50% 的信号能量被鼓膜反射且不存在相位变化的情况;粉色折线表示 50% 的信号能量被反射且存在 45° 相位变化的情况。不同人的鼓膜反射情况存在显著差异。[1865a]

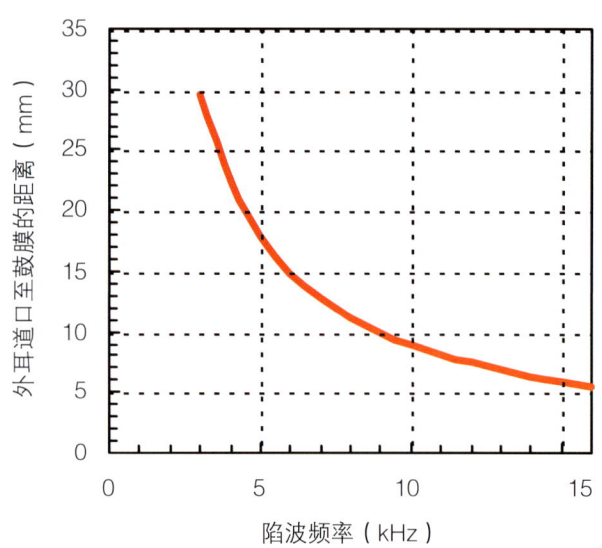

图 4.13 外耳道内 SPL 的最小值及距鼓膜的距离。

本节的理论假设是入射声波为平面波[①],且能顺利地进入外耳道。但其实在刚刚通过耳塞或助听器几毫米时,情况并非如此,因为声波从狭窄的声孔到较宽的外耳道必须有个过渡。[204] 这种情况是否会给真耳测试带来显著误差还难以确定,因为将探针超出耳模末端研究其影响时,又会受到与耳模距离

---

① 平面波在波前有相同的压力,在考察范围内构成了一个平面。

> **实用技巧：REAG 测量时探针放置的位置**
>
> - 在距离探针开口端接近 30mm 处做一个标记。
> - 给一个 6kHz 的持续音，并将探针从外耳道入口向内持续平稳地插入，探针麦克风可以监测到 SPL。通过移动几次探针找到 SPL 最小的位置。当探针处在 SPL 最小处时，探针头应该距离鼓膜的声学中心 15mm（比较图 4.12 和图 4.13）。[1731] 注意插入探针时的动作或用户头部的运动能影响声音进入外耳道的量，并且因此可能产生探针位置已到达节点的错误印象。[1741]
> - 根据需要，将探针插至距离鼓膜的合适位置。例如，为了使探针头达到离鼓膜 6mm 处，可以再向内插入 9mm。进一步向内插入时要注意探针标记的位置。
> - 一些真耳增益分析仪在操作界面上有探针插入模块，可以使用由驻波引发的频率响应中的陷波来帮助定位探针的位置。不过，这里介绍的 6kHz 方法可以用于任何真耳增益分析仪。因为所有测量都使用一个频率，6 kHz 方法还可以避免由扬声器或室内声场引起的频谱中的伪陷波问题。
> - 如果柔软的探针头轻轻触碰到鼓膜，不会出现物理性损伤或由机械外力引起疼痛，但可能引起响度不适或听觉疼痛。
> - 外耳道末端接近鼓膜处的皮肤是很敏感的，如果探针被推到这一区域的耳道壁上，就会造成疼痛。
> - 对于一般成人耳朵而言，距离鼓膜脐部 6mm 相当于从耳道入口处进入外耳道 18mm（对于男性，再增加 1.5mm；对于女性，要减少 1.5mm），或者相当于距离耳屏间切迹 29mm。[203, 1542] 如果依靠这些标识代替前述声学方法进行操作，那么在插入过程中，要借助耳镜观察探针头与鼓膜的位置，并且可行的话，要尽量使用较浅的插入深度。

不同的效应的影响。[238, 1588] 慎重起见，如果助听器本身没有放置在离鼓膜 6mm 之内的地方（即至少超过外耳道第二弯几毫米处），则不宜将探针放置在这个区域。对于在外耳道内放置得如此深的助听器，无须将探针超出助听器末端的深度就可进行 6kHz 以下的测量。[1588] 不过要测量的频率高达 8kHz 时，还应将探针尽量延伸，以更接近鼓膜。

4.3.2 REAG、耦合腔增益和耳模拟器增益的关系

为什么助听器佩戴者的 REAG 与助听器在 2cc 耦合腔的响应不同，主要有如下原因。

第一，对于特定的测试刺激强度，助听器的实际输入在 REAG 测量中会大于耦合腔测量时，至少对于 CIC、ITC 和隐蔽型的 ITE 助听器是这样。因为从自由场到这些助听器的麦克风声入口的衍射效应（图 4.11M–F）比被控制麦克风去除的头表面（图 4.11C–F）的衍射效应要大。

表 4.5 显示了各种助听器对于两个方向的声波，从非扰动声场到麦克风声入口的**麦克风位置效应**（*microphone location effects*，MLE）。除外盒式助听器，麦克风的位置效应只发生在高频，高频声音的波长与产生衍射效应的障碍物（头和耳郭）的大小相差无几。耳郭未被助听器填满的空间越大，麦克风位置效应也就越强。

第二，助听器与真耳连接后的剩余容积要比它与 2cc 耦合腔连接后的剩余容积要小，见第 4 章 4.2。因此，真耳耦合腔差值（RECD）直接影响二者的关系。

第三，助听器在人身上应用的耦合方式有别于在耦合腔的耦合方式。特别是两者采用的声孔可能不同（耳背式助听器和盒式助听器），并且通气孔也不会包括在耦合腔测量中（也不应该包括，将在下一章讨论）。

最后，如果佩戴助听器时，外耳道是开放式的，耳道的共振会在助听器的频率范围内影响外耳道的声学阻抗和外耳道内产生的声压强度。（这种效应在本书中叫作通气孔效应）。

等式 4.9 对上述差异进行了总结，前提是假设耦合腔增益和 REAG 是在将助听器设定为相同音量时

表 4.5　输入信号来自两个方向时，由身体、头部、耳郭、耳甲腔和外耳道的衍射和共振形成的麦克风位置效应（MLE）：助听器麦克风入口的 SPL 减去非扰动声场的 SPL。盒式助听器数据基于 Kuhn 和 Guernsey（1983）的文章，CIC 数据源自 Cornelisse 和 Seewald（1997）的文章，其余的数据基于 Storey 和 Dillon（未发表）的文章。

助听器类型	源	频率								
		125	250	500	1k	2k	3k	4k	6k	8k
盒式	0°	2	3	5	3	2	1	0	0	0
BTE	0°	−1	0	0	0	3	2	1	1	2
ITE	0°	−1	0	1	1	3	5	7	3	2
ITC	0°	0	1	1	1	5	8	10	2	−2
CIC	0°	0	0	0	1	3	6	8	2	−5
BTE	45°	0	1	1	2	5	5	4	4	3
ITE	45°	0	2	3	3	5	7	9	7	5
ITC	45°	0	2	3	3	6	10	13	8	1
CIC	45°	2	3	3	4	6	10	13	10	0

> **实用技巧：检查助听测量**
>
> 　　如果助听器通气孔的直径大于探针的直径，那么就可以对 REAG 测量做如下检测：
> - 从耳道中取出探针，助听器留在原位。
> - 检查探针头是否被耵聍阻塞。
> - 重新插入探针，但是这一次要通过通气孔插入，并与前面插入的深度一样。
> - 重复测量。
> - 同时取出助听器或耳模和探针，并且确认探针确实探出了助听器或耳模。

获得的。同时假定助听器是线性的。① 如果耦合腔增益是用 HA1 耦合腔测量得出的，那么必须使用 HA1 RECD（表 4.4）；如果耦合腔增益是用 HA2 耦合腔测量的，那么必须使用 HA2 RECD（表 4.3）。

　　REAG= 耦合腔增益 +RECD+MLE+ 声孔效应 + 通气孔效应　　　　　　　　　　　　　…4.9

　　声孔效应和通气孔效应将在第 5 章进行介绍。如果采用 RECD 的平均值（表 4.3），那么就可以利用等式 4.9 在耦合腔增益的基础上预测 REAG。或者，如果 RECD 能够在助听器佩戴者个体身上测出，那么就能更准确地预测 REAG。当 RECD 与平均值差异较大时，单独测量 RECD 就更有价值。这种情况特别适用于婴儿[1914]和中耳有病变的患者（请参阅第 4 章 4.2 和第 16 章 16.4.3）。[544]

　　我们也可以写出 REAG 与耳模拟器增益关系的等式。

　　REAG= 耳模拟器增益 +MLE+ 声孔效应 + 通气孔效应　　　　　　　　　　　　　…4.10

　　需要注意的是，尽管将个体 RECD 与平均值的差异计算在内的话，也会更有助于从耳模拟器增益准确预测 REAG，但是在该等式中并未用到 RECD 值（请参阅第 11 章 11.4）。

4.3.3　找出错误的助听测量

　　不能因为按下一些按钮得到了一张曲线图，我们就完全相信物理测量。REAG 的测量也不例外，有多个因素（在第 4 章 4.5 讨论）会影响测量的正确。怎样才能发现测量是否正确？幸运的是，我们对 REAG 有较强的预判能力，并且对有通气口的助

---

① 对于用纯音测量的非线性助听器，MLE 应除以各频率和强度的压缩比（请参阅第 6 章 6.2.2），因为声音的衍射在助听器的输入端会影响声音的强度。对于宽带声和多通道压缩，情况更复杂。在这一章说到 MLE 时，都应考虑同样的问题。

第 4 章 电声性能与测量

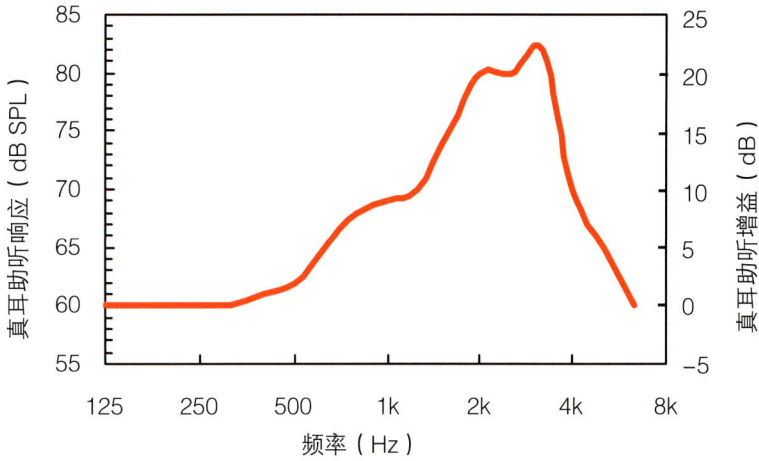

图 4.14 使用 60dB SPL 扫频纯音测试低增益和中等增益通气式助听器时显示的 REAG 曲线，在低频处存在一个平台。

听器（包括开放耳验配）还有一些快速检查方法。

首先，如果助听器有通气孔，或耳道密封性不是太好，低频声可通过空气途径直接进入剩余耳道。如第 5 章 5.3.1 所述，此时耳道内的 SPL 等于头部外面测试声的 SPL。因此，如图 4.14 所示，如增益不是太高，助听响应会显示一个低频平台（即一条水平线）。如果测量结果以耳道内 dB SPL 表达，并用扫频纯音测试的话，该曲线的幅度应等于测试刺激声的强度。无论用何种刺激声，如以增益 dB 表达，那么曲线平台的增益应是 0dB。（图 4.14 同时显示了两个纵轴，测量设备常常只显示其中一个轴。）

其次，可通过通气孔重复测试，正如文本框中所示。如果探针几乎占满了通气孔（即他们的直径相似），那么低频响应的改变应与通气孔尺寸的变化相一致（请参阅第 5 章 5.3.1）。如果耳模或助听器周围明显漏声，或者通气孔直径超过探针直径 50% 以上，那么两个响应会极其相似。反之两个测量中就会有一个是错误的。

最后，虽然不太可行，可以将等式 4.9 或 4.10 同时用于一个或两个频率，并将结果与实际测量相比较。差异应不超过 15dB，在极少数情况下会超过 10dB，在多数时候应少于 5dB。[431]

影响测量误差最常见的原因包括，有耵聍阻塞；探针头顶到耳道壁；探针被耳模压扁；[1782] 分析仪的按钮顺序按错等。如果不小心关掉了助听器，可以立刻发现问题：你可以看到只有通气孔和漏声时的 REAG——典型的是在低频有 0dB 的增益而在较高频有衰减（请参阅第 5 章 5.3.1）。该测量称为**真耳堵耳增益**（*real-ear occluded gain*，*REOG*）。它显示了助听器关掉后变成了耳塞的功能。

4.4 插入增益

真耳增益的第二个类型被称为**真耳插入增益**（real-ear insertion gain，REIG）。这个增益的含义是，戴上助听器后，在鼓膜处能有多少新增加的声音。图 4.15 显示了耳中未助听和助听的状况。插入增益定义为，助听时鼓膜处的 SPL（A）减去鼓膜处未助听时的 SPL（U）。插入增益和真耳助听增益的关键区别是插入增益考虑了人在不戴助听器时可以从耳甲腔和耳道共振获得的"放大"量。这种自然放大，被称为**真耳未助听增益**（*real-ear unaided gain*，*REUG*），在助听器插入后就消失了（消失程

理论总结：真耳增益

关于图 4.15，下面四个等式总结了两种真耳增益的关系。

$$REUG = U - C \qquad \cdots 4.11$$

$$REAG = A - C \qquad \cdots 4.12$$

$$插入增益 = REAG - REUG \qquad \cdots 4.13$$

因此，在 C 点采用同样的测试强度对助听和未助听的情况进行测量时：

$$插入增益 = A - U \qquad \cdots 4.14$$

如果 REUG 和 REAG 的参考测试点选择 F 点而不是 C 点，注意等式 4.13 和 4.14 是没有变化的。

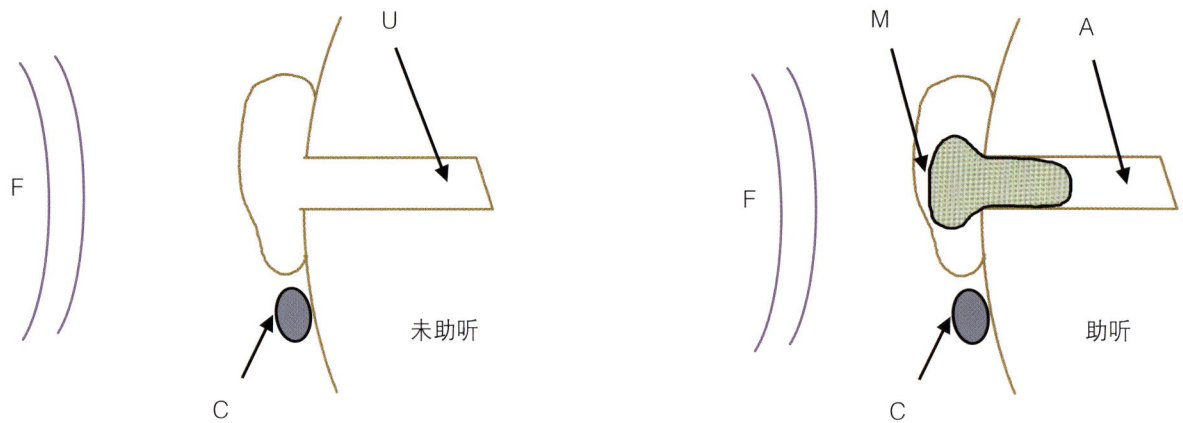

图 4.15 测量插入增益时，进行 SPL 测试的各个位置。F 位于非扰动声场（无头部干扰时），C 在头表面控制麦克风所处的位置，M 是助听器麦克风的入口，A 是助听时的鼓膜处，U 是未助听时的鼓膜处。

度取决于耳模开放的程度）。因此，在助听器能提供更多信号之前，至少应先补偿这一部分增益。插入增益可以认为是一个净效果，即用助听器提供的 REAG 减去自然耳道的 REUG。

图 4.16 的上半部分显示了一个成人在没有使用头部控制麦克风的情况下，针对入射角 0° 的声音的 REUG，同时，也显示了一个假想的助听器的 REAG。助听器在 3kHz 处可以提供多少"增益"？这个问题的含义其实非常模糊。因为，鼓膜处的 SPL 比头部周围的 SPL 高 30dB，所以 REAG 是 30dB。

然而，此人的耳甲腔和耳道在未助听时也能在这个频率提供 16 dB 的增益（REUG），所以助听器的实际净效应，也就是插入增益，只有 14dB。

与定义一致，测量插入增益需分两步。第一步，获得未助听响应。第二步，测量助听响应。虽然真耳增益分析仪有时会同时显示上述两个值或只显示其中之一，但是，最后呈现的插入增益值一定是上述两个测量值的差值。

4.4.1 测量插入增益时放置探针的位置

测量插入增益时，探针的放置位置远不如在测量 REAG 时重要。虽然我们感兴趣的是插入助听器后鼓膜处增加的 SPL，但事实上，在外耳道内从鼓膜到耳模或助听器顶部的其他位置也会存在同样的 SPL 增加量。从外耳道中间到鼓膜处 SPL 的增加量并不受声源的影响。因此，只要将探针放在外耳道内同一位置测量未助听和助听时的 SPL，那么我们就可以在外耳道内（鼓膜与耳模间）测量出鼓膜处 SPL 的增加量。

4.4.2 插入增益、耦合腔增益和耳模拟器增益的关系

因为多个原因，插入增益不同于耦合腔增益。如同 REAG，插入增益应该高于耦合腔增益，因为它会得益于头部、耳郭和耳甲腔的衍射（即麦克风位置效应），并且，也因为剩余耳道容积小于 2cc 耦合腔的容积（即 RECD 效应）。但同时，从另一方面讲，插入增益值又应该小于耦合腔增益，因为测量

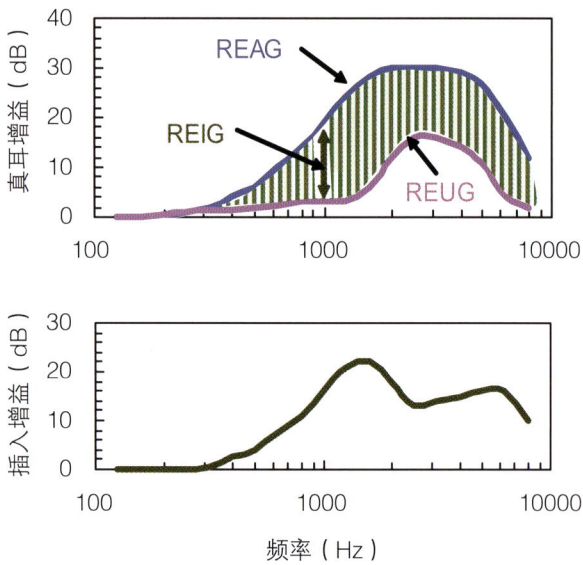

图 4.16 真耳助听和未助听增益（上半部分）。这些曲线间的差值是插入增益，表现为上半部分图中的阴影区域和下半部分图中的曲线。

> **实用技巧：测量插入增益时放置探针的位置**
>
> - 检查外耳道是否存在过多耵聍或其他异常。
> - 在外耳道内插入助听器或耳模，并注意其外侧面与耳部解剖标志的关系：使用 CIC 时，注意观察外耳道入口；使用较大的助听器时，注意观察耳屏间切迹或耳屏，如图 4.17（a）的箭头所示。
> - 拿出助听器或耳模并沿着其下缘（这部分接触到外耳道的底部和耳甲腔）放置探针。为了避免声场的变化，探针头应向内延伸超出助听器或耳模的末端接近 5mm。
> - 标记探针，或在探针上放置一个滑动的标记。在插入耳模或助听器时，标记应当位于所选的耳部解剖标志处，如图 4.17（b）所示。
> - 将探针插入外耳道使标记线达到所选的耳部解剖标志位置，并测量 REUG，如图 4.17（c）的箭头所示。
> - 插入助听器，并将探针头保留在相同的位置，测量 REAG，如图 4.17（d）。探针头若要保留在相同的位置，标记物应该比未助听条件下再向外耳道内移动 1~3mm，甚至更多，因为插入助听器时，探针管受压会弯曲。[1490]

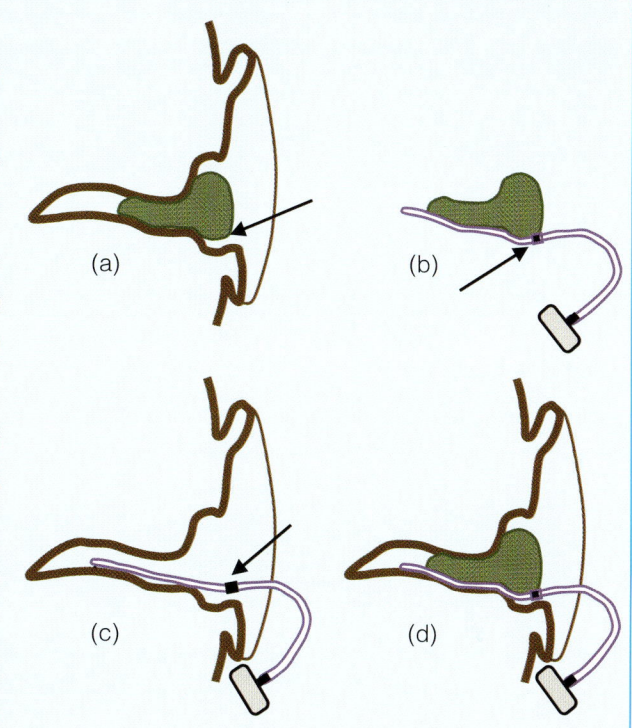

图 4.17　在测量插入增益时探针放置的位置：(a) 注意耳部解剖标志；(b) 标记探针；(c) 测量未助听响应；(d) 测量助听响应。

插入增益时要减去 REUG。这两种相反的影响对于 ITE 和 ITC 助听器来讲，在 3kHz 以下大致相当。因此，针对使用 ITE 和 ITC 助听器的成人来说，在 3kHz 以下的插入增益与耦合腔增益基本相同（差别在几分贝的范围）。[①] 但对于其他类型的助听器，插入增益和耦合腔增益一般会存在一个净差值。上述关系可见以下等式：

插入增益 = 耦合腔增益 +RECD+MLE+REUG+ 声孔效应 + 通气孔效应　　　…4.15

通气孔效应或声孔效应将在第 5 章 5.3.1 和 5.4.1 分别进行介绍。在使用相同的声孔但没有通气孔时测出的耦合腔增益与插入增益的差值，被称为 CORFIG。[921] 即：

CORFIG= 耦合腔增益 − 插入增益　　　…4.16

比较 4.15 和 4.16 的等式可见：

CORFIG=REUG−RECD−MLE　　　…4.17

这个等式清楚地显示了有三个因素造成了插入增益与耦合腔增益的差别：未助听增益，耳道和耦合腔的有效容积差异，以及头部衍射效应对麦克风的影响。关于 RECD 的平均值和麦克风的位置效应已分别在表 4.3 和 4.5 进行了介绍。表 4.6 对两个不同方向入射声的 REUG 平均值做了介绍。

表 4.7 给出了与前述表中 RECD 值、衍射和 REUG 值相一致的各类型助听器的 CORFIG 平均值。CORFIG 的两个用途可以用下面两个公式表示：

插入增益 = 耦合腔增益 −CORFIG+ 声孔效应 + 通气孔效应　　　…4.18

耦合腔增益 = 插入增益 + CORFIG− 声孔效应 − 通气孔效应　　　…4.19

---

① 频率高于 3kHz，插入增益会超过 CIC、ITC 和 ITE 助听器的耦合腔增益，因为 RECD 和 MLE 的总和超过 REUG。

表 4.6　成人的平均真耳未助听增益。[1733] 针对两个声场方向，在使用和未使用头部控制麦克风时的测量情况。应用控制麦克风可以消除头部衍射效应，但会保留耳部衍射和共振效应。0° 对应前方入射角，45° 是指朝向测试耳的角度。

声源角度	控制麦克风	频率（Hz）								
		125	250	500	1k	2k	3k	4k	6k	8k
0°	否	0	1	2	3	12	16	14	4	2
45°	否	0	1	3	5	13	20	18	9	3
0°	是	0	0	0	1	12	14	12	3	1
45°	是	0	0	0	1	12	17	15	7	2

表 4.7　在 2cc 耦合腔内测量的各类型助听器的 CORFIG 值，利用表 4.3、4.5 和 4.6 的值。所有值都假设存在常见的漏声并使用常见长度的耳模（耳模刚好到第二弯）。如果耳模比标准耳模深（如 CIC），CORFIG 值会比较小，这主要取决于耳模或助听器的深度。

助听器类型		250	500	1k	2k	3k	4k	6k
盒式	HA2	0	−7	−7	2	12	11	−1
BTE	HA2	3	−2	−4	1	11	10	−2
BTE	HA1	3	−2	−3	−1	5	3	−7
ITE	HA1	3	−3	−4	−1	2	−3	−9
ITC	HA1	3	−3	−4	−3	−1	−6	−8
CIC	HA1	3	−2	−4	−1	1	−4	−8

在助听器音量相同时，可以用 CORFIG 值从插入增益推导出耦合腔增益。CORFIG 值常被用于找出与特定插入增益相同的耦合腔增益。继而，用耦合腔增益选择适当的助听器并（或）在测试箱中调节助听器。如果助听器的性能介绍是最大音量时（满档增益）的值，但使用助听器时只在中等音量，那就需要把预留增益增加到 CORFIG 值中。预留增益指从已获得真耳目标增益时的音量设置位置还能继续上调的量。总结如下：

耦合腔增益$_{最大音量控制}$＝插入增益$_{原来的音量控制}$＋CORFIG−声孔效应−通气孔效应＋预留增益

…4.20

上述内容没有专门涉及耳模拟器增益。耳模拟器增益可以从 2cc 耦合腔增益中计算得出，通过将耳模拟器与耦合腔差值（见表 4.3）加到耦合腔增益上就能得到。

4.4.3　发现插入增益测量的错误

尽管测量插入增益时不易发生错误，但人们还是要能够发现测量的错误。因为测量的过程有两个阶段（未助听和助听），所以，在每个阶段都可能发生错误。我们对未助听状况的测量应该较有把握。对于成人来讲，未助听曲线看起来应该如同图 4.16。当然，测量结果不会与图中完全一致，或者针对每个人的测量点少于图中的测量点。但是，针对耳道具备正常解剖结构的人所测得的有效 REUR 都有一些共同特征：

- 在测试刺激强度（如果用 dB SPL 表示，并且用扫频纯音测试）上或 0dB 时（如果用增益来表示响应）一定有一个低频平台。
- 在 2.2kHz 和 3.2kHz 之间，应该有一个高于低频平台 12～22dB 的波峰。

第二点中提及的分贝范围是根据 20 个成人样本的平均值加减三个标准差得出的。[1732] 偶尔会有很特殊的人（可能有很长或很短的外耳道），或者外耳道做过手术（如乳突切除术），手术改变了外耳道形状的人，REUG 会超出这个范围。针对这类人的验配在第 10 章 10.2.4、第 11 章 11.4 和第 16 章 16.4.3 中将有专门介绍。

插入增益测量的另一步是获得助听响应。检查测量有效性的方法已经在第 4 章 4.3.3 中做过论述。

4.4.4　插入增益测量的精确性

如果插入增益测量没有错误，那么会有多么精确呢？这可以应用不同的测量方法进行重复测量得出。[455, 922] 在大多数频率范围内，单次测量与多次测量平均值（即真实值）之间的标准差为 3dB。这意味着 95% 的测量值应当在真实值上下 6dB 的偏差之内（两个标准差）。在高频区，因为驻波效应以及探针在助听和未助听时的位置变化，标准差会提高到 5dB。也有人认为探针系统会低估高频增益。这种低估情况可能是由于探针被耳模或助听器压扁，也可能是由于在助听或未助听时探针位置变化引起的。[455, 1782]

4.5 在真耳测试中的实际问题

以下实际问题会不同程度影响 REAG 和插入增益的测量。

4.5.1 探针的校准

探管又长又细，因此，探针麦克风有固有的不平坦的频率响应。真耳增益设备可通过测量时，增加校准环节，或者应用储存在内存中的校准参数对探管的频率响应进行修正。控制麦克风的响应是平坦的，通常利用控制麦克风校准探针麦克风。在校准中，听力师应该拿着探针头靠近控制麦克风的声入口，但是不能堵住声入口。如果测量设备中没有现成的夹子可以将两个麦克风固定在一起，那么，可用胶泥或用手指保持两个麦克风的距离。手和手指不要挡在扬声器和两个麦克风之间的连线上。图 4.18 显示了使用商用分析仪时，应该如何拿着探针靠近控制麦克风。

4.5.2 控制麦克风

正如在测试箱测量一节中提到的，**控制麦克风**（*control microphone*），也称**参考麦克风**（*reference microphone*），用于将输入 SPL 校准至理想值。最常用的方法是压力校准法，实际测量时，控制麦克风也在运行。① 如果助听器佩戴者在 REIG 测量时，在助听状态和未助听状态之间发生了位置移动，那么控制麦克风可以补偿这种移动，以避免测量中发生错误。对于能很好地处于静止状态的人，控制麦克风不会影响 REIG 值。

插入增益的优势之一在于测量的是差值。这意味着在任何频率上，只要在测量助听和未助听增益

---
① ANSI S3.46 称之为"同步均衡修改压力法"（MPMCE）。

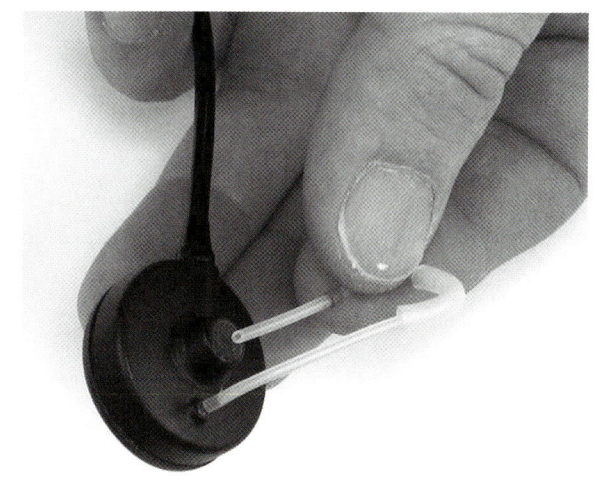

图 4.18 在校准过程中将探针麦克风靠近控制麦克风。

时，在各环节上保持一致（如头部的位置、探针的位置、刺激强度和探针的校准），即便对探针麦克风完全没有进行校准，上述因素也不会影响最后的结果。这有助于避免插入增益测量的错误。尽管有这个优势，但在压力校准模式下，最好还是使用控制麦克风，因为它能够抵消测试者的移动造成的误差。

在开放式验配中，无论是测量 REAG 还是 REIG，在助听器打开后都应将控制麦克风关闭。开放式验配会造成部分声音从耳道漏回至控制麦克风和助听器麦克风。[1022, 1264] 但是到达两个点的传播方式不同，所以漏声与正常入射声的结合方式也不同。而且，在助听器内部，反馈抑制功能会在放大之前就将漏声信号有效去除，但控制麦克风就没有这样的功能。

因此，控制麦克风感知的信号通常会比被助听器放大的信号强，会人为造成测量增益值的降低。这种误差随着助听器增益的增加而增加，随着开放式验配开放程度的增加而增加，随着控制麦克风离耳越远而减少。不仅是开放式验配的助听器会存在这种误差。任何使用反馈抑制功能的助听器都可能产生类似误差。[1022]

解决这一问题的办法是在测量助听增益时将控制麦克风关掉。在应用这个方法之前，先开启控制麦克风进行校准和（或）未助听增益测量。测量过程中，分析仪将设置并"记忆"获取各频率上所需声音强度时，需提供给扬声器的电信号强度。然后，听力师和使用者继续保持相同的位置，关掉控制麦克风，再测量助听增益。在这个过程中，分析仪需要确保扬声器发出的声音强度与之前"记

> **实用技巧：检查背景噪声造成的干扰**
>
> 下面两种测试中的任意一种或许都可保证噪声不会过度影响测量的精确。然而，当使用的测试设备采用的是平均信号时，单独采用第一个测试或许会产生误导。
> - 重复进行测量，以保证所有精细的高低起伏也会出现在第二次响应中。
> - 在助听器的线性区域内使用助听器，并将输入信号强度降低 5 dB。如果两条曲线相差 5dB（或者相差 5dB 的增益），并且曲线同样平滑，那么背景噪声在任何测试强度上都没有问题。对于非线性助听器，输出应该降低 5dB 再除以压缩比（CR），这就等于增益增加了 5（CR–1）/CR dB。

忆"的一致。[①]

另一个解决方案是保持控制麦克风处于启动状态，但是把它放在头部相反的位置，就像做 CROS 助听器的测量（如第 17 章 17.1.1 文本框）。在应用这个解决方案时，要注意，有的测试设备不允许将控制麦克风与探针麦克风分离太远。

4.5.3 耵聍的影响

当耵聍阻塞探针头时，对真耳增益测量的影响最大。设备会错误地显示外耳道内的信号强度很低。除了耵聍进入探针，真耳增益测量一般不会受到耳道内耵聍的太多影响。只有当耵聍多到显著影响了剩余耳道容积时，才会对低频真耳增益产生显著影响。只有当耵聍多到显著占据了耳道内任一横断面的一定面积（如 1/3）时，才会对高频真耳增益产生明显影响。不过，对此还没有实证研究数据。

4.5.4 背景噪声的污染

真耳增益测量设备应用滤波器帮助辨别背景噪声。在使用扫频纯音进行测量时，滤波器会追踪刺激频率。对于宽带刺激，分析过程（通常为傅里叶变换）本质上是应用了一组非常窄的带通滤波器。一些设备也采用信号平均技术来改善测量的精确度。应用这些技术，真耳增益测量设备可以减少背景噪声的干扰，但并不能完全消除。扫频纯音或啭音要比宽带测试音更加能够抵抗背景噪声的干扰。这是因为所有信号能量都集中在一个狭窄区域而不是分散到整个频率范围，对其他频率区域的噪声也较容易进行过滤。

一些设备可以对各频率上重复测量的一致性进行监控，排除掉背景噪声造成的干扰。这类设备在背景噪声过强时会发出警报，或者会无限延长测量时间。也有的设备没有提示噪声干扰的功能（见文本框）。要将真耳增益设备放在尽可能安静的地方（如果测听室足够大，扬声器可以距使用者 0.5m 以上，那测听室将是最理想的地方）。如果没有隔声室，也必须将噪声强度降低至能满足听力学测试的要求。

无论设备放置在哪里，在测量过程中，我们都要确认测量所需的最低信号强度，避免使用更低的强度进行测量。地点越安静，可使用的测试强度也会越低，这对测量非线性助听器非常有用。使用 65 dB SPL 进行测量是能接受的最大限度，如果能使用 50 dB SPL 进行测量，将非常理想。如果不能使用 65 dB SPL 的宽带信号进行测量，那就要么找一个更安静的地方，仅使用啭音（见文本框）在高强度下测量 RECD 并在测试箱中调节助听器，要么使用更高强度进行测量，再通过耦合腔测量推导出低强度的响应。这两种选择会使非线性助听器的测量变得更加复杂。除了转移至较安静的地点外，最简单的方法就是测量 RECD 并在测试箱中调节助听器，这也是为儿童验配助听器时使用的方法。

4.5.5 助听器饱和

凡事都有复杂的一面。针对背景噪声的干扰，总可以使用足够高的测试强度去避免。然而，如果应用太高的测试强度，助听器将会变成饱和状态（即受到某些限制），获得的测量结果将不能反映助听器在低输入强度时的真实性能。除了存在高强度饱和外，多数助听器还会为了适应较大范围的输入强度而刻意进行非线性放大。为了了解非线性助听器在各种输入强度下如何工作，需要在不同输入强度下对助听器进行实际测量。[②]

[①] ANSI S3.46 称之为"储存均衡修改压力法"（MPMSE）。

[②] 对于线性放大的助听器来说，在其所适用的输入强度范围内，某一输入强度上测得的增益也适用于其他输入强度。

> **当你不能用宽带信号测量真耳增益时，该如何做？**
>
> 　　大多数助听器是非线性的，测量最好采用宽带测试信号。如果没有宽带信号，或者背景噪声限制了使用较高输入强度的话，应用下面的方法可以避免必须使用低输入强度的宽带信号做真耳增益测量：
> - 只验证在高输入强度下的增益频率响应，并且依靠验配软件或测试箱来确认所有的压缩比和压缩阈正确。
> - 用窄带信号，比如啭音，验证真耳的输入－输出曲线，而不是增益频率响应。
> - 测量使用者的 RECD 曲线，计算修正的耦合腔增益目标，并且在测试箱中进行测量和调试（请参阅第 11 章 11.4）。
>
> 　　如果没有任何测试设备，你所能做的只能是接受厂家软件提供的调试，并按照第 12 章中描述的方法对助听器的响应进行主观评价。然而，最好还是有一个可以利用宽带信号进行测量的真耳分析仪，并且最好能放置在像测听室一样的安静环境中进行测量。

　　输入输出函数对判断助听器在什么情况下进行非线性工作特别有用，并且此函数在真耳中测量与在耦合腔中测量一样简单（第 4 章 4.1.5）。听力师在助听器佩戴者身上进行测量之前，最好提前认真了解助听器的性能（测试箱测量、规格单或验配软件）。

4.5.6　扬声器指向

　　人们能听到来自各个方向的声音，但是往往会更关注前方的声音。那么为什么我们要测量来自各**方位角**（*azimuth*）（在同一水平面上，与正前方的夹角称为方位角）而不仅是来自正前方的真耳响应？答案是针对其他方位角的测量或许更可靠。关于 0° 还是 45° 的方位角能最有效消除由于使用者移动所造成的误差，目前还没有定论，[922, 1726] 但是 90° 肯定不能用。[794] 无论选择 0°～45° 的哪一个方位（选择不是关键），因为控制麦克风测试的强度只是它所在位置，而不是助听器麦克风所在位置的声音强度，所以总会有小的误差。

　　对于 CIC 助听器，裸耳和助听器麦克风有大致相同的方向，两种情况下，声音都会进入耳道，然后再被记录。假设在测试过程中没有探针或头部移动，那无论选择什么方位角，插入增益都不会变化。对于其他类型的助听器，麦克风没有在耳道内，所以插入增益在一定程度上会受到方位角的影响，但是在助听侧，0° 到 45° 的方位角变化不会显著影响 5kHz 以下信号的插入增益。

　　测量 REAG，而不是插入增益时，得到的增益－频率响应将受方位角的影响。对于全向性助听器，当方位角由 0° 增加到 60° 或以上时，头部的遮挡效果会使高频增益增加。对于方向性助听器，头部遮挡和方向性麦克风的联合作用也会使增益和响应形态受到方位角的少量影响，当方位角在 20° 至 50° 之间时，多数频率可达到最大增益。测试方向性助听器的最合理角度大约是 30°，但是也可在 0° 至 45° 之间任意选择。助听器的方向性目前对响应的测量还没有实质性影响。

4.5.7　测试信号的特征

　　在选择测量真耳增益的信号时，有两个方面需要考虑。其一是选择的信号要能使非线性助听器在接近真实的情况下工作。这与在测试箱中测量助听器的要求没有区别，这点已在第 4 章 4.1.3 中进行了介绍。一些分析仪用言语声做测试信号，采用这种信号的优势是可以使助听器的非线性处理比用其他测试声时更接近真实情况。

　　一种可采用的言语刺激是现场言语声，可由听力师、使用者家属或使用者本人发出。当同时用于演示听阈和未放大言语的强度时，这是一种很有说服力的咨询方法。[378] 尽管可以将用言语信号测量助听器输出的结果拿来与 REAR 的目标值进行对照，但是因为输入信号的长时强度与频谱形态均无法很好控制，所以，用言语信号作为验证验配效果的工具存在不少问题。使用不同频谱或强度的言语，不同的听力师将会得出不同的增益－频率响应，这显然不合理。当耳道内的长时均方根频谱和放大言语的动态范围（现场给声或录音声）与使用者的听阈或不舒适阈同时呈现，并用 dB SPL 表示时，被称为

> **实用技巧：合理定位助听器佩戴者和扬声器**
>
> - 无论选择什么测量角度（声源相对于头部），都需选择一个有趣的物体放在患者需要朝向的方向，并且在测试中要让患者一直看着这个物体。如果选择了45°（见正文），就需要选择两个这样的物体放在声源的两侧，以方便测试左耳和右耳。
> - 测试位置选离声源约0.5～0.75m的地方。这是一个折中的办法，如果两者间隔太近的话，头部的细微移动就会造成声源与患者的角度发生较大变化；如果两者间隔太远的话，室内反射很可能会在头部附近形成较明显的驻波。
> - 要避免在患者周围存在较大的反射平面，譬如，墙壁至少要离患者0.4m，如能更远就更好（ANSI S3.35, 2010）。
> - 测试人员站在患者后面，在进行助听和未助听测量时应该站在相同位置，从而避免改变室内的反射。

言语构图（*speech-o-gram*）或言语调机图（*speech map*）（如图9.3所示）。测量的过程被称为现场言语调机（*live speech mapping*）。

> **现场言语调机**
>
> 虽然现场（即非录音声）言语声不是用于验证的理想工具（见正文），但是可应用其为助听器佩戴者设计针对主要交流对象的特殊程序，并且也常被用于咨询。例如，当聆听言谈非常轻柔的配偶讲话时，应用现场言语调机可以帮助助听器佩戴者调节自己选用的长时对话专门程序。

使用言语调机图进行验证时，一定要显示目标言语的强度，而不仅仅是显示听阈和放大言语，否则很容易导致听力师为了获得最大可听度而应用过度的增益。结果将是获得了所谓的最佳可听度（尽管可能不是最大可懂度）却使助听器声音太大，导致患者不愿意佩戴助听器。虽然言语调机图的上限低于佩戴者的响度不适阈，但由于不适阈的测定每次只能测定一个频率，而言语信号的上限有时会在几个频带同时出现。因此，助听器仍可能引起响度不适。

输出强度大于预设时会使声音过响，从而导致佩戴者要求降低助听器音量，这可能会降低可懂度，使其低于原定值。与人的直觉不同，对于中度以上的听力损失，获得期望响度时的增益实际上会导致言语图的下限低于听阈，因此要确定放大言语的可听度是否适当，必须将放大言语和验配目标进行直接比较。

显示强度与频率的关系时，强度水平很大程度上依赖分析仪使用的信号带宽。最常见的是显示1/3倍频程的带宽。这是较明智的选择，因为当一定频域的宽带声音刚好可以被听到时，其在该频域的1/3倍频程强度恰好超过该频率处的纯音SPL听阈。但随着听阈升高，上述近似关系会发生变化，因为感音神经性听力损失越重，其听觉滤波范围越宽，会将更大带宽范围的信号混合在一起。如同言语构图所示，可听度只是一种指南。听力损失越重，言语构图越会低估可听度，但人耳分析可听声音的各频率成分的能力会越差，能提取的信息也越少（请参阅第1章1.1.3）。

另外，选择的信号要便于控制强度。虽然测量设备使用控制麦克风，但是控制麦克风只能准确监控自身所在位置的信号强度。在耳郭周围其他位置的强度控制得怎样，要取决于信号带宽和测试环境。如果反射（如从房间、附近物体、受试者的肩膀）造成的驻波对头部周围有影响，那么就会在一个很小的区域内使SPL发生很大变化，在高频区这种影响会更明显。驻波对纯音的影响最大，因为反射波会抵消直射波，从而产生极小值（节点）。

当刺激带宽变宽，声场就会变得较平滑，因为不可能所有频率都在空间的相同位置产生节点。[462] 因此，如果测试信号能采用最大的可能带宽，那么控制麦克风就可以很好地保持自身周围SPL的稳定。使用1/6至1/3倍频程是一种较好的折中方案，既可获得平滑的声场，又能保留频率特性。可以使用啭音、窄带噪声或宽带噪声提供上述带宽的信号。在后面的例子中，分析仪在分析输出时会生成必要的带宽。

4.6 助听听阈测试和功能增益

在使用探针设备之前，助听器真耳增益是通过在声场中测量患者佩戴助听器和未佩戴助听器时的听阈得出的。这两个听阈的差值被称为**功能增益**（*functional gain*）。除外下文中讨论的某些特定情形，并且彻底排除测量误差后，功能增益和插入增益是相同的。[455, 1155] 如果测量中，助听器在非线性区域工作，那么只有使用与助听听阈相等的输入强度进行测量时，插入增益和功能增益才会相等。

以下总结了两种增益的相似点和不同点：

- 对于插入增益来说，声场强度在测量未助听和助听状况时是相同的，测量的是戴上助听器后对近鼓膜处 SPL 的声学影响。
- 对于功能增益来说，鼓膜处的声音强度在测量未助听和助听状况时是相同的，测量的是戴上助听器后对声场 SPL 的声学影响。

在上述两者中，差异均来自佩戴助听器对声场到鼓膜的转换函数的影响。虽然插入增益和功能增益有相似的概念，但是它们各有不同的测量误差。这些随机的测量误差，特别是在功能增益测量中存在的固有误差，会造成插入增益与功能增益存在一定差异。

插入增益与功能增益相比，有几个优点：

- 更准确；
- 测量耗时较少；
- 除了听力计上表明的频率，还可以测得更精细频率的结果；
- 能在不同输入强度范围下进行测量（见下文）；
- 不会受到掩蔽助听听阈的影响（见下文）；
- 只要求助听器佩戴者静坐。

功能增益测试的一个严重缺点是，针对一个患者，它只能使用一个输入强度进行操作，这个强度就是阈值。对线性助听器来说，这不是问题，但是对于非线性助听器，增益会随着输入强度而变化，而我们要了解的是不同输入强度时的增益。

进行助听听阈测试（和功能增益测试）的另一个缺点是，当患者在某个频率上的听力接近正常时，助听听阈经常是无效的。当背景噪声或助听器的内部噪声掩蔽了测试信号时，就会出现问题。[1114] 结果是功能增益会低于助听器的插入增益。在这种情况下插入增益更能反映助听器对多数信号的可听度的提高作用。当测量压缩处理很慢的助听器时，助听听阈测试会更复杂：给予刺激时，助听器的增益可能会受到前一个刺激强度的影响，也会受刺激间隔时间的影响。[1006]

由于具备这些优点，插入增益（或者说，REAG 或 REAR）在门诊上已经替代了功能增益。但是，在某些情况下，在声场中测量助听听阈也是有用的。当儿童过于好动，无法将探针插入耳道时，测量助听听阈也许是唯一的选择（请参阅第 16 章）。

助听听阈也有优点，即可以通过它检查整个助听器和听觉处理机制，包括中耳、耳蜗和听觉中枢系统的各方面情况。测量助听听阈可以检查每个频率的信号是否能够听到，这个检查也许对极重度听力损失者特别有价值。插入增益测量可能会准确指明助听器有 50dB 的增益，但是如果助听器的饱和声压级低于此人的听阈，那么此人在这个频率上仍然会什么也听不见。[1705] 助听听阈测量尽管不能保证饱和声压级是最优的，但至少可以在这种极端情况下给我们提示。（在尸体上也能完成插入增益的测量，因此，再高的增益也不能保证可听度！）

助听听阈测量的另一个优点是不需要插入探针，因此，测量过程本身不会引发反馈啸叫（请参阅第 4 章 4.7.3）。探针引发的反馈啸叫对高增益助听器和深插入式助听器佩戴者来说是个问题。测量插入较深的 CIC 助听器的真耳增益（或者其他深插入式助听器）非常困难，因为外耳道的骨部缺乏弹性。外耳道骨部坚硬，可能会压扁探针。解决这个问题有两个方法：

- 可以定制一个带孔的能让探针通过的助听器，在测量结束后，可以将孔封闭。唯一的问题是助听器必须要有足够的地方打孔。如果助听器已有内置通气孔，那这种做法就不可行。外置的通气孔永远不失为一种选择。
- 还有一种创新性的方法是应用耳罩式耳机测量助听器的功能增益，耳罩式耳机既作为声源，也用于降低噪声。[98] 因为 CIC 的增益与信号的方位角无关。所以，用这种方式测量的功能增益等同于声场测量的功能增益，[1597] 主要的限制如前所述，如果助听听阈太好，背景噪声就会发挥掩蔽作用。对于非线性助听器来说，测得的增益仅适用于输入强度较低时的状况。使用耳罩式耳机（紧贴头部）能充分降低背景噪声，有助于在条件不理想时测量功能增益。

综上所述，如果能测量真耳增益，并且对助听器的饱和声压级进行了认真选择和精细调节，那么测量功能增益或助听听阈似乎就有些浪费时间。针对部分极重度听力障碍者、小龄儿童和CIC佩戴者进行助听听阈和功能增益测量也许最有价值。

4.7 助听器反馈

4.7.1 反馈机制

反馈啸叫（*feedback oscillation*）是助听器的一个主要问题。术语"反馈"的字面意思是助听器的一部分输出返回成为助听器的输入（即反馈到输入）。当然，当它返回时，会与其他信号一起作为输入声被放大。但是，它与其他信号又不同。因为，它已经走完了从麦克风到放大器、受话器和剩余耳道，然后再经由某些通道返回到麦克风的一个环路，如图4.19所示。如果它通过一次环路就会变强，那么下次通过时就会变得更强，会这样周而复始地继续。

当反馈信号变得过强时，助听器必须改变工作状态，这个过程才会停止。对于线性助听器，当助听器的输出受到削峰或压缩限制限制时，这个过程才会中止；对于非线性助听器，则是在助听器启动压缩功能以降低增益时。在限制出现前，无论初始信号多小，信号每次通过环路都会进一步增强。事实上，无须初始信号，仅有一个非常小的随机声音也能启动这一过程，而这样的信号非常常见。

为什么反馈过程并不一直发生呢？事实上，声音总会从输出反馈到输入，但只有当反馈量足够时，才能形成可听到的振荡（啸叫）。我们（但不是在这本书！）只是笼统使用"反馈"这个术语表示反馈信号反复放大后引起的可听到的振荡。

反馈量达到多少会引起不想被听到的振荡？稍微思考一下就能理解，因为只有在信号每次通过环路时变得更强大，才会发生振荡，所以，发生振荡时，信号通过助听器时的放大量必须要大于输出信号从外耳道回到麦克风的衰减量。因此，只有在助听器的真耳助听增益（从输入到剩余耳道）大于（剩余耳道到麦克风）衰减时，才会发生持续的反馈啸叫。换一种说法也就是助听器的开放环路增益（*open-loop gain*）（即前行通过助听器放大器和换能器，然后再反向通过漏声通道的总增益）要大于0dB。[714]

举个例子，假如助听器产生的测试信号在剩余耳道有90dB SPL，但是其泄漏出去经过通气孔再传回到麦克风入口的强度为60dB SPL。如果REAG低于30dB，这个助听器不会产生啸叫，如果REAG高于30dB，助听器就可能会产生啸叫。人们或许认为如果REAG是31dB，那么信号每通过一次环路，声音就会增强1dB。然而，每个来自助听器的放大声音都会和外部已经存在的声音叠加。这个复合信号泄漏出去反馈至麦克风，只有当其与助听器输出的其他振荡信号同相时，才会变强。这种关于助听器相位响应的要求是反馈啸叫发生的第二个条件：围绕整个环路的总延迟必须是反馈信号周期的整数倍。换言之，发生啸叫时，围绕环路的相位变化必须是360°的整倍数，因为360°是一个完整的相位周期变化。①

因为在数字助听器中存在较长时延，相位变化会随频率快速增加，如果在增益标准达到了可以引发反馈的水平时，很可能会有一个或多个频率的相位变化也达到了引起反馈的标准。因此，数字助听器一方面可以采用反馈通道抑制技术（第8章8.2.3），但另一方面，也使得反馈啸叫更容易产生。不过，数字技术总体上对于抑制啸叫并获得所需增益还是有益的。

我们也可以用其他方式来说明助听器发生啸叫

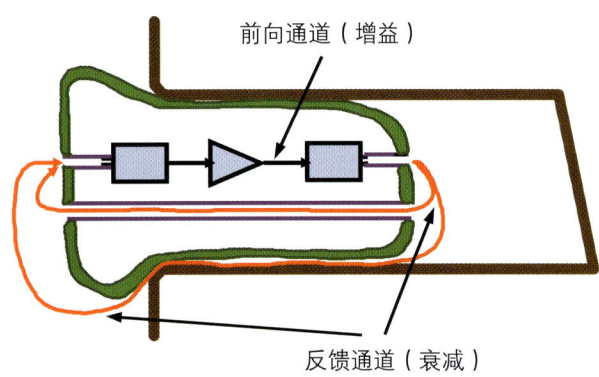

图4.19 助听器的反馈机制。

---

① 更准确地说，这是当开放环路增益恰好等于0dB时，反馈需要的相位条件。开放环路增益超过0dB越多，能发生反馈的开放环路相位响应范围就越大。例如，对于增益为6dB的开放环路，当环路相位响应处于360°的整数倍±60°的范围时，都可能发生啸叫。一般要求是 $g\cos\theta>1$，而g是开放环路增益的倍数，θ是环路的相位变化。"$g\cos\theta$"可以看作是开放环路增益的同相部分。

的两个条件，即，助听器会在哪个频率（或偶尔哪几个频率）上出现啸叫：当一个频率上前向增益大于漏声衰减，并且在整个环路发生的相位变化是360°的整数倍时就会发生啸叫。

当声音与已经存在于外耳道的声音有效结合时，不管是否有足够的增益抵消回路上的衰减以引发啸叫，都被称为正反馈（*positive feedback*）。正反馈的作用是增加助听器的增益。可以认为，啸叫的助听器在振荡频率上有无穷大的增益：即使没有输入也会有输出。当完整的环路上有180°、540°、900°，以及360°步幅的相位变化时，声音的反馈会部分抵消入射声，造成助听器的有效增益减少，这一过程被称为负反馈（*negative feedback*）。负反馈不会引起啸叫，正如我们常用的术语，正反馈引起某物增加，而负反馈引起某物减少。对助听器而言，这个"某物"就是增益。

注意前面探讨啸叫时，没有提及助听器的OSPL90，在给定衰减和相位变化时，只有增益决定是否会产生反馈啸叫。无论高功率助听器还是低功率助听器，如果调节到同样的增益，同样可能发生啸叫。人们容易认为高功率助听器需要密封性更好的耳模以"控制住可能出现的漏声"，其实这完全不正确，正确的说法是高增益助听器需要密封性更好的耳模。在由于增益、相位变化和漏声通道衰减等作用发生啸叫时，OSPL90的唯一作用是使高功率助听器比低功率助听器的啸叫声音更大。

任何使反馈至麦克风的声量增加的因素都会提高反馈啸叫的可能性。常见的因素有：
- 在靠近助听器的地方有反射声音的物体，如电话、帽檐等。只需将电话离开耳朵10mm以上就可能避免此类问题；[1721]
- 说话或者咀嚼，这样的动作会改变外耳道形状，从而形成通过耳模的声道；
- 外耳道变大了，主要指儿童；
- 耳模使用时间过长，发生收缩变小。

4.7.2 反馈对音质的影响

过多的反馈有两个副作用。第一，可以听到明显的啸叫，有时助听器佩戴者听不到，但室内其他人可明显感觉到。当助听器佩戴者在某个频率上听力损失过重，造成连助听器在此频率上的最大输出也听不到时，就会发生这种情况。由于反馈抑制的广泛应用（请参阅第8章8.2.3），这种非常窘迫的情况已比以前大大减少了。只有在某频率的增益足够时，助听器才能在该频率发生啸叫，如果助听器佩戴者连该频率的最大输出都听不到，那么在该频率提供增益也就没有意义了。助听器调节已经很灵活，可以很方便地在特定的频率区域降低增益，从而避免该问题发生。

第二个问题较隐蔽。当助听器的增益设置比可以产生啸叫的值低几分贝时，信号反馈仍然能使发生正反馈的频率的增益增加，使发生负反馈的频率的增益减少。反馈因此会在助听器响应中诱导出额外的波峰，这些波峰出现在可能发生反馈的频率上。[357]当有这种频率成分的声音传到助听器后，在其停止时，助听器会产生一个"铃声"。（上述现象与铃声产生的原理非常相似，铃在被敲击以后可以继续振动和发出声音的原因是：在敲击后的百分之几秒内，助听器和铃会储存能量并逐渐释放。）当公共广播系统被打开并刚好处于引起持续啸叫的位置时，大多数人都有这种铃声的经验，这被称为亚振荡反馈（*suboscillatory feedback*）。这种铃声的音质会令人感到烦恼。

随着助听器的增益降低到可以引发持续性反馈啸叫的增益水平以下时，附加的波峰和铃声效应会迅速降低，如图4.20。比引起啸叫的增益低10dB时，正反馈与负反馈一般会引起3dB的增益升高和2dB的增益降低。很难讲要将增益降低多少才能使铃声消失，因为它取决于助听器的响应在没有反馈时是什么形态。不过，一般来说，将增益降低5dB或6dB应该就足够了。

4.7.3 探针测量和反馈

探针可以引起反馈。在耳模和外耳道壁之间插入探针会造成在探针的两侧产生小的漏声通道，如图4.21。漏声会减少环路返回部分的衰减。因此当测量时，助听器可能产生啸叫，但不测量时，又完全没有问题。

即使在探针周围没有漏声，也可能通过探针壁产生漏声。探针头放置在剩余耳道内，助听器的满档输出存在于探针内的所有点。高强度的声学信号会振动探针壁和靠近助听器麦克风的探针外面的空气。这两种漏声通道仅对高增益助听器和某些CIC助听器有影响。其他的助听器，由于耳模（壳）与

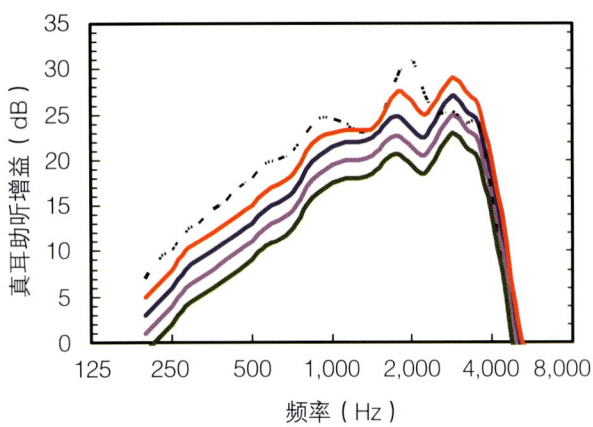

图 4.20 助听器的耦合腔增益，每次调节 2dB。进一步增加增益的结果是产生啸叫。

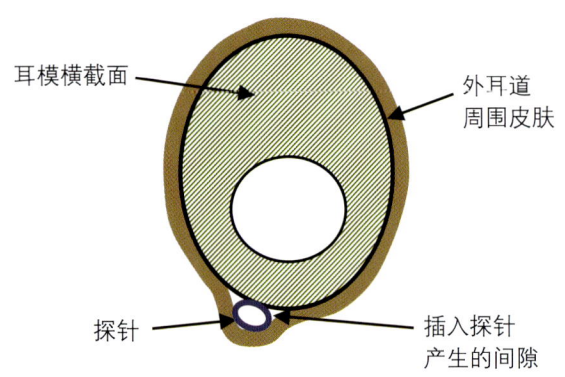

图 4.21 在耳模（壳）与外耳道之间插入探针产生的漏声通道。

外耳道的结合没有那么密实，就使得由于探针产生的额外漏声没有太大影响。不要测量正在啸叫的助听器的增益。啸叫会干扰助听器在所有频率的性能。Agnew（1996）在一篇精彩的综述中详细讨论了反馈的各种问题。

> **实用技巧：避免探针诱导的反馈**
>
> - 将助听器增益降低 10dB（或者更多），使其低于需要的增益值，然后测量增益–频率响应的形态。如果需要与目标增益进行比较，那么可以在各频率增加增益 10dB。
> - 在耳模（壳）接触探针处的表面涂一些黏的润滑剂。

4.8 检修故障助听器

听力师不会经常对助听器进行大维修。许多维修只是小维修，只要能发现问题任何人都会维修。当佩戴者送回有故障的助听器时，常常需要听力师决定是送回厂家维修还是采取其他措施。当只用几分钟时间就能在现场完成助听器维修时，就没有必要送回厂家去维修了。

对听力师而言，监听一下助听器的输出非常有用。下面有几种监听的方法：

- 一个简单配件是监听器（*stethoclip*），如图 4.22 所示。一个监听器（也叫听筒）可以帮助听力师不用戴上助听器就能听到助听器的输出。对于高功率的助听器，需要将一个或几个阻尼器放在听筒导声管内以将助听器的输出降至健听人的舒适阈。

- 使用一个定制耳模（针对听力师制作的）与一根末端有加大的柔性杯状开口的长导声管相连接。

- 可以用专用电子设备将助听器与耦合腔相连，并将耦合腔的输出放大，然后传递给耳机。这种方法的优点是容易得到舒适的聆听强度，对于高功率助听器也同样适用。

- 对于使用圆帽型耳塞的 BTE 助听器，听力师可直接将其戴在耳朵上（用新的耳塞）。

- 大多数的真耳增益分析仪配有一个耳机，使听力师能够听到佩戴者外耳道内的声音。只要将探针

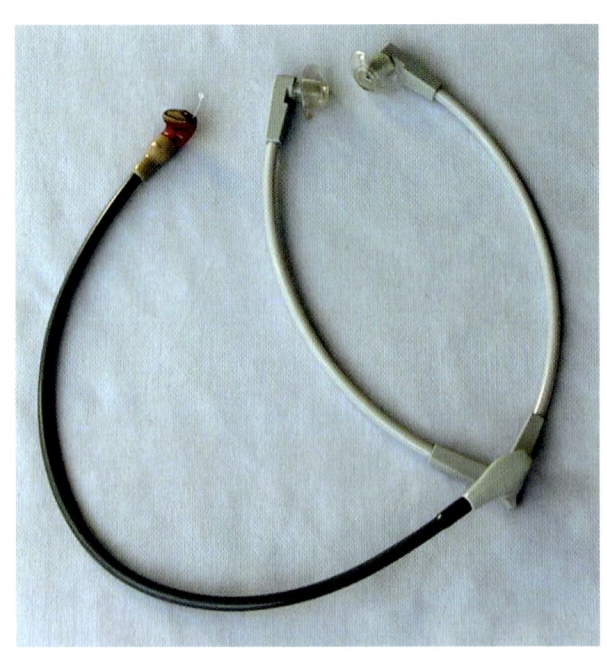

图 4.22 与 CIC 助听器相连的听筒。

麦克风插入耳道，当佩戴者准确辨别什么样的音质不能接受时，听力师可同时听到这种声音。如果听力师怀疑佩戴者对噪声或声音失真的描述时，使用这种方法就非常有帮助。

一些助听器公司会提供如何打开定制助听器并直接维修的课程，但打开助听器常意味着（如果不总是）不能保修了，如果自己尝试修理，但是没有修好，或许厂家就会拒绝维修这个助听器。

诊断助听器的故障时，必须了解噪声、失真和干扰的差别。

· 噪声（Noise） 是助听器输出中不需要的成分。噪声或许完全在助听器内部产生，被称为内部噪声。或许是一些外部噪声（如空调噪声）被放大了，也或许是由外部的非声学因素造成，这种情况被称为干扰。

· 干扰（Interference） 干扰是由助听器周围的磁、静电或者电磁场引起的助听器输出中的噪声。

· 失真（Distortion） 失真是在信号放大过程中产生的不希望出现的输出成分。失真是可以听到的质量较差的信号，而不是额外增加的信号或缺失的信号。

在设计助听器时，已经对其他电子设备可能对助听器的干扰予以了充分考虑。这是因为许多数字移动电话发射的信号会对助听器造成明显的干扰，可参见第 3 章 3.11.3。

下表按照助听器的故障表现罗列了可能的原因以及针对每种故障的处理措施。除了一些特殊情况，这些意见可应用于所有类型的助听器。如果助听器出现时断时续的工作状态，就要特别注意观察电池的接触问题（见表 4.8 和 4.9）或换能器的连接问题。如果助听器的输出强度或质量每天都下降，但每天早上又恢复如常，要看看是否是因为耵聍堆集到了耵聍挡板、阻尼器、声孔和受话器处。这种现象被称为雨林效应，因为日常耳道内的较高湿度会使嵌入助听器的干燥耵聍变大（见表 4.8）。

正如前面讨论的，反馈是由漏声又回到放大线路上的某一点造成的。通过将听筒的开放端接到可能漏声的地方，有时可以找出造成反馈的漏声点。[1151] 图 4.23 和图 4.24 分别显示了 ITE/ITC/CIC 助听器和 BTE 助听器的主要漏声点。

表 4.8 助听器声输出过小。

可能的原因	诊断方法	处理方法
电池电量不足	测试电池，或更换电池	换电池
电池接触片污染	目测	用蘸酒精的棉签清理
电池接触片被腐蚀	目测	用砂纸清理或者返回厂家
声孔或受话器堵塞	目测	用套圈清理
耵聍挡板堵塞（ITE/ITC/CIC）	目测，去除耵聍后输出恢复	更换耵聍挡板
阻尼器堵塞（BTE）	去掉耳钩后输出恢复（且助听器反馈）	更换阻尼器
麦克风入口堵塞	目测，或轻叩助听器后突然可以听到	用细钩清理入口。如果导声管坏了更换导声管
不小心造成再编程或未编程	检查程序设置（只适用可编程助听器）	重新编程。如果故障没解决返回厂家
麦克风故障	助听器在电感线圈或者声输入（如果出现）状态下工作，并且在设置为高音量时可听到内部噪声	返回厂家
放大器或换能器故障	无其他可识别的故障	返回厂家

表 4.9 助听器无声音。除考虑表 4.8 中的所有问题，还要考虑以下因素（参考表 4.8）。

可能的原因	诊断方法	处理方法
电池没电	测试电池，或者更换电池	更换电池
电池接触片弯曲	目测并轻摇电池仓，看是否能造成间断工作	小心弯曲电池接触片（或许只能短暂修复），或者返回厂家更换接触片
线路故障	无其他可识别的故障	返回厂家

表 4.10 助听器的输出失真。

可能的原因	诊断方法	处理方法
电池电量不足	测试电池，或者更换电池	更换电池
饱和声压级过度降低（如有削峰）	在输入强度变低或设置为较高饱和声压级时，问题消失	提高饱和声压级，或用压缩限制以及（或）宽动态范围压缩性能
电池接触片污染	轻轻晃动电池或电池仓时会产生噪声	用橡皮擦清除电池接触片污物
换能器或放大器故障	无其他可识别的故障	返回厂家

表 4.11 助听器的输出有嘈杂声。

可能的原因	诊断方法	处理方法
音量控制钮或音调调节器故障	控制钮轻微移动时，噪声明显增大或减小	返回厂家更换部件
计算机、电动车、发射机、移动电话、轿车点火器，或者其他电磁源干扰	干扰噪声出现在特定时间或特定地点	避免干扰源，或者升级到抗干扰能力更强的助听器
助听器调到 T 档位置	当调到 M 档时，嗡嗡声消失，信号声重新出现	再次培训助听器佩戴者如何正确使用 M－T 功能，或锁住 T 档
电池接触片污染	轻轻晃动电池或电池仓时，噪声会变化	使用橡皮清除电池接触片污物
换能器、线路或放大器故障	无其他可识别的故障	返回厂家
麦克风故障	随增益变化而增加，听起来像受静电干扰的收音机的噪声	返回厂家

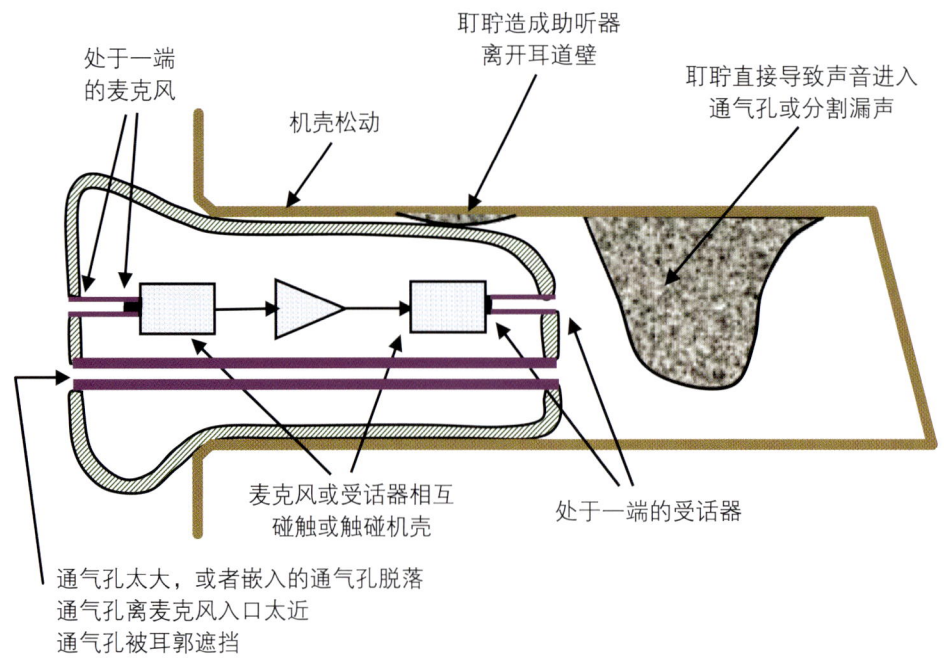

图 4.23 在 ITE、ITC 和 CIC 助听器中，导致反馈啸叫的常见漏声点。

第 4 章 电声性能与测量

表 4.12 反馈引起 ITE/ITC/CIC 助听器啸叫。

可能的原因	诊断方法	处理方法
助听器机身放置不当	目测	重新指导佩戴者如何佩戴
助听器机壳没有紧贴耳道（特别对没有通气孔的助听器而言）	当将黏稠的润滑剂涂抹到助听器插入外耳道的部分时，或将其他密封材料缠绕到助听器插入外耳道的部分时，啸叫停止	在助听器机壳上加一些材料或者重做机壳
通气孔或者接口脱落	目测，比较文件上的验配记录	插入（并用胶粘住）一个新通气孔或接口
麦克风或者耳机移动并且接触到机壳壁或接触到其他换能器	当用手指堵塞麦克风的入口时，啸叫仍然存在	返回厂家重新放置好零件
麦克风导声管脱离麦克风或机壳	当用手指堵塞麦克风的入口时，啸叫仍然存在	返回厂家重新固定
受话器导声管从受话器脱离	当用手指堵塞出口时，啸叫仍然存在	返回厂家重新固定
受话器导声管从耳壳端部脱离	目测，当用手指堵塞出口时，啸叫仍然存在	用小镊子仔细夹住，重新放置，并用胶粘住（或返回厂家）

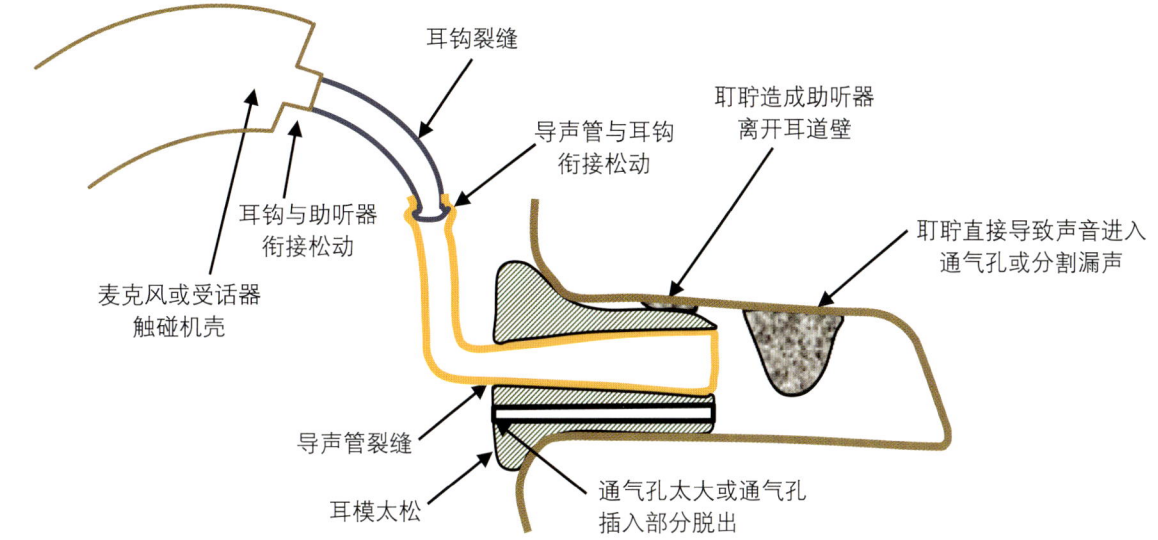

图 4.24 在 BTE 助听器中，导致反馈啸叫的常见漏声点。

表 4.13 反馈引起 BTE 助听器啸叫。

可能的原因	判断	处理方法
耳模安装不当	目测	重新指导佩戴者佩戴方法和（或）修改耳模的形状
耳模没有紧贴耳道（特别对没有通气孔的助听器而言）	当将黏稠的润滑剂涂抹到耳模的外耳道部分时，或将其他密封材料缠绕到耳模的外耳道部分时，啸叫停止	重做耳模
麦克风导声管脱离麦克风或机壳	当用手指堵塞麦克风的入口时，啸叫仍然存在	打开机壳并重新固定导声管，或者返回厂家重新固定
受话器导声管从受话器脱离	当用手指堵塞出口时，啸叫仍然存在	打开机壳并重新固定导声管，或者返回厂家重新固定
受话器导声管从助听器机壳内脱离	目测，当用手指堵塞出口时，啸叫仍然存在	用小镊子仔细夹住，重新放置，并用胶粘，或者打开重新粘或返回厂家
耳钩上的裂缝或在耳钩和助听器的连接处出现漏声（即耳钩太松）	目测，当把手指放在耳钩头时，啸叫仍然存在	更换耳钩
导声管上有裂缝,或耳钩上的导声管衔接太松	目测，当把手指放在耳模头时，啸叫仍然存在	更换导声管

4.9 结语

所有听力师都必须能进行助听器的测量。听力师必须知道不同类型助听器的增益，熟悉演示助听器性能的不同方法。如果听力师没有把握用测试箱测量助听器，就难以确定助听器是否能按照厂家标出的指标正常工作。如果听力师没有把握对佩戴在耳朵上的助听器进行测量，就没法确定是否能将助听器调量到尽可能接近佩戴者所需的验配目标。

随着助听器验配软件的不断完善和可学习助听器的出现（请参阅第 8 章 8.5），真耳测试将不再是验配助听器时必须做的常规步骤，而仅作为一种排除问题的重要工具。不过，只要我们还不完全相信厂家电脑屏幕上显示的预测增益与佩戴者耳道内的增益和验配目标完全吻合，那测量真耳增益就依然是助听器验配的重要步骤。[2, 4, 499]

虽然对于测量 REIG、REAG 或 REAR，到底哪一个最有用，在认识上尚有较大分歧，且每种测量各有细微的利弊之处（请参阅第 10 章 10.2.4），没有一种测量拥有压倒性的绝对优势，但是采用其中任意一种测量都比不用要有价值。[449]

在不久的将来，助听器内置的能自测耳道 SPL 的麦克风将会问世。这类麦克风将能够有效降低堵耳效应，并能探测助听器用户自己的声音和受话器功能是否异常，还可以进行 RECD 测量而无须插入探针；由于两个麦克风能够分别测量助听器的输入和输出 SPL 值，因此使用内置麦克风后助听器将能测量 REAG，而不要任何其他辅助设备。或者，可以由助听器自己产生电子测试信号，而不需要声场。

现在已能够将探针一端接入常规助听器麦克风入口，将另一端置入外耳道内来测量。当助听器产生电子声时，能测量到 RECD，并且由此计算出 REAG。现在已可以利用助听器验配软件进行真耳增益测量，观察与目标值的差异，并由此自动调节助听器以缩小偏差。

只有当听力师充分了解每种测量可能出现的错误，掌握降低错误发生的技巧，同时知道正确测量助听器的结果是什么样的时候，才能正确、可靠地测量助听器。

第 5 章
助听器耳模、定制机机壳及耦合系统

概　要

耳模或定制机机壳是根据用户耳朵注模制成的，能起到固定助听器的作用。预制耳模有不同的大小和式样，是另一种连接耳道和助听器的方式。定制或预制耳模，均留有连接受话器和外耳道的声通道：声孔。通常，耳模有连接外部空气和外耳道内部的第二个声通道：通气孔。验配高增益助听器时不需要通气孔，被称为堵耳验配。外耳道横断面大部分开放的验配方式，被称为开放式验配，或开放耳道验配。耳部配件有三个功能：固定助听器；将放大的声音向外耳道传输；控制外耳道和外部空气间的直接声通道。

耳模和定制机机壳有各种不同的外形，不同外形适应不同的耳甲腔及外耳道，会影响外观、声学效应、舒适度和助听器的稳固性。

助听器的一大缺点是有堵耳效应，由于外耳道被堵塞，助听器佩戴者自己的声音会被骨导过度放大。在大多数助听器验配时，需谨慎选择合适的通气孔，通气孔需足够大才能避免产生难以接受的堵耳效应，但是，过大又会影响助听器的低频增益和最大输出，导致反馈啸叫发生。针对轻度或中度听力损失者通常选择开放度极高的验配方式，采用细管与 BTE 助听器连接，或用导线连接 RITE 助听器，末端使用一个标准的、柔韧的、有孔圆帽耳塞插入耳道。

在验配有通气孔或有其他通道与外部空气直接连通的助听器时，可将言语频段分为通气孔传输频段、助听器扩音频段以及二者之间的混合频段。助听器在上述各频段范围内，发挥的作用不尽相同。

连接受话器到外耳道的声孔的形状会影响助听器的高频增益和输出。当声孔由外向内呈喇叭状逐渐增大时，会提高高频输出；反之，专门设计的或因为制作问题而形成的反号角声孔会降低高频输出。只有将喇叭增加到一定长度，才能在助听器的频率范围内产生作用。

将阻尼器放置于声孔内可以平滑助听器频率响应中的波峰。调整阻尼器的位置和阻力可以改变中频响应的斜率。

制作理想耳模的关键是要取得精准的耳印。这需要选择合适的制作耳印的材料（应用较广的是中等黏度的硅树脂材料），并要将耳障在耳道内插入足够深度，还要能将耳印材料平稳地注射进耳道。有多种方法可以帮助制作出密闭性更好、外耳道漏声更少的耳模或定制机机壳，包括在患者张开下颌时制取耳印，注入后轻拍耳印材料，采用黏性耳印材料，以及在患者耳内加厚耳印。

制作耳模的材料有多种。不同耳模材料最重要的区别是硬度不同。软质材料具有良好的密闭性，但易老化，不易佩戴，不易制作和维护。通常使用电脑辅助制作耳模或定制机机壳，通过激光扫描耳印并控制"打印"。

耳模（用于 BTE）、定制机机壳（用于 ITE、ITC、CIC）及预制耳模（用于细导声管、RITE BTE）统称为耳部配件。

耳部配件有 3 个重要功能：

- 将来自助听器受话器的声音经声孔（sound bore）（声管）耦合到助听器佩戴者的外耳道，进而影响助听器的增益-频率响应。
- 控制外耳道内部与外部空气连通的程度 [通气孔（venting）]，进而影响增益-频率响应及助听器的电声学舒适性。
- 帮助患者舒适、稳固地佩戴助听器。

耳部配件的式样和材料多种多样，有些属于专门的耳模或助听器厂家，有些有多种名称。本章将帮助听力师选择一款符合需求的，能科学融合声孔声学特性、通气孔特性及固定特性的耳部配件。

例如，图 5.1 所示的两款耳模横断面图，看起来截然不同。耳模（a）体积大，能完全填满耳甲腔，并有一个贯通耳模的通气孔。耳模（b）露在耳甲腔及外耳道内的部分都非常少，被称为 CROS 耳模或 Janssen 耳模。不过，如果耳模（a）的通气孔的横断面面积与耳模（b）和耳道壁间缝隙的横断面面积相同，并且两个耳模的声孔长度和内径也相同的话，那么这两款耳模对助听器增益-频率响应及 OSPL90 的声学影响应该极其相似。当然，与耳模（b）相比，耳模（a）能更紧实地放在耳内。

在本书中，无论耳模上的钻孔（图 5.1a），还是耳模与耳道壁间形成的通道（图 5.1b），只要是能将耳道内外空气相连的通道都可被称为通气孔（vent）。

上面两种方法也可以结合使用，在耳模（壳）的耳甲腔部分钻孔并与外耳道内的开放通道相连。反过来，也可在外耳道内的圆帽耳塞上钻几个孔，而在耳道其他部分或耳甲腔内没有任何阻挡物。另一种制作通气孔的方式是沿着耳模（壳）的外表面，经由耳道一端至外面一端，磨一个凹槽，称为槽通风孔（trench vent）或表面通风孔（external vent）。

耳部配件可以是堵耳式（occluding）、开放式（open），或者介于二者之间。堵耳式配件是指在外耳道内部 [剩余耳道容积（residual cana volume）] 和外部空气之间没有预先留有的空气通道。因此，堵耳式耳部配件没有通气孔，耳部配件至少有一部分会全部充满外耳道横断面。堵耳式配件常在耳模周围存在漏声通道（leakage path），造成漏声通道的原因包括耳印不够精确，耳模（壳）制作不精确，预制耳部配件的尺寸和形状不正确，或外耳道过软等。漏声通道性能与前面提到的通气孔性能基本相似，有时被称为缝漏通气孔（slit leak vent）。

开放式耳部配件（open canal, OC）指外耳道几乎全程开放的耳部配件，如图 1.7 和 5.4 所示，常见于开放的圆帽耳塞。"非堵耳（nonoccluding）"一词过于笼统，没有太多实际意义。有些人认为非堵耳是指存在一定通气通道，而无论通气通道有多小。还有人认为，只有外耳道全程大部分横断面开放时，才能被称为非堵耳。正如第 5 章 5.3.2 所介绍，还有人可能按照使用者佩戴耳模的直观感受来定义"非堵耳"，当然，开放是指从完全封闭到完全开放的一个连续过程，如果真要使用"非堵耳"一词，必须明

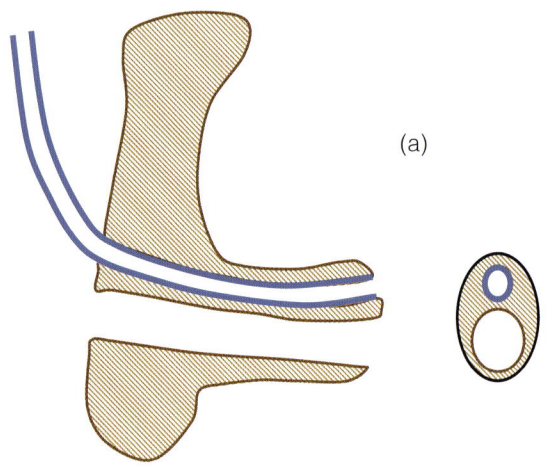 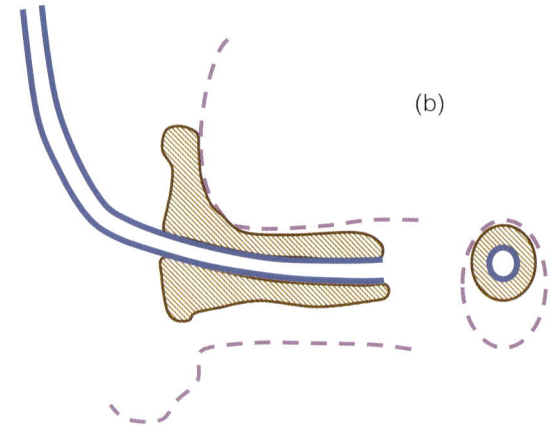

图 5.1 （a）一款带有宽通气孔、完全充满耳甲腔的耳模横截面，（b）Janssen 耳模横断面。两款耳模有极为相似的声学特性，但有不同的固定方式。也可参见图 5.4 两款耳模的透视图。

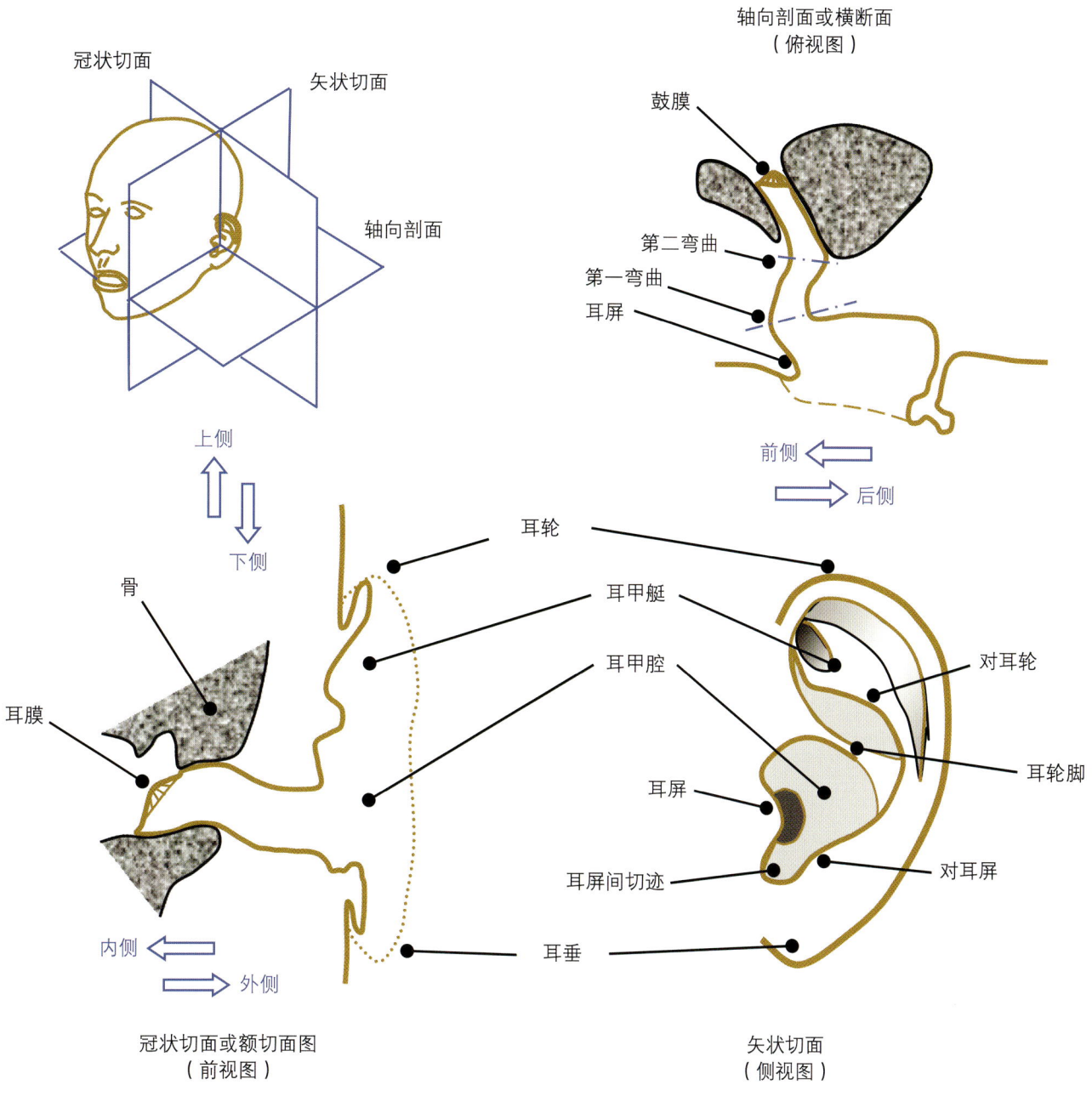

图 5.2 外耳的侧视图及截面图,按平均尺寸和常见形状绘制[1542, 1684]并标明了不同部位的名称。[1617]

确澄清其含义。事实上,所有"非堵耳"耳部配件,都会造成部分封闭,哪怕只是封闭极少的一部分。

5.1 耳模、定制机机壳及式样

不同类型的耳模和机壳会填充耳甲腔及外耳道的不同部分。耳模和机壳的各部位可以用其佩戴的耳的相应部位来描述。因此,我们先回顾一下耳的各部分名称以方便说明耳模和定制机机壳,[37]如图 5.2 和 5.3。耳部的一些特征对助听器验配特别重要。

外耳道靠内的部分是**骨性外耳道**(bony canal),仅由 0.2mm 厚的光滑皮肤覆盖骨,[36]对外力非常敏感。外耳道靠外的部分是**软骨性外耳道**(cartilaginous canal),覆盖软骨的皮肤较厚,对外力不太敏感。耵聍由腺体产生,仅位于外耳道的软骨部。耳模厂家将外耳道内紧邻耳道开口的部分称为**孔**(aperture),耳模的相应部位称为**孔的封闭部**(aperturic seal)(因为多数耳模很容易在这个区域封闭外耳道。)

耳模有两处容易看到的弯曲。尽管耳模或耳印上的**第一弯曲**(最靠外侧的弯)在耳模或耳印上很

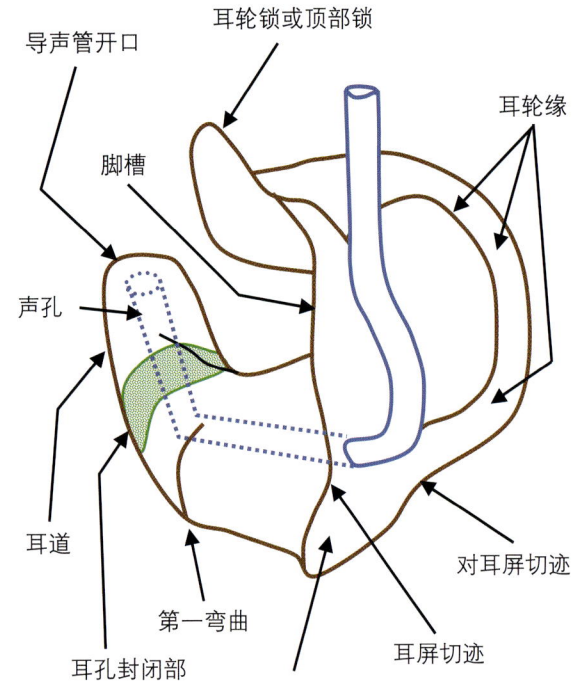

图 5.3 基于 Alvord、Morgan 和 Cartright（1997）的研究，给出耳模及定制机机壳不同部位的名称。

明显，但观察耳朵时这个弯曲却不明显。耳屏的后表面与外耳道后壁相连。实际上，第一弯曲与外耳道口一致或在外耳道内几毫米处，这取决于个人对外耳道口位置的判断。第二弯曲标志着从软骨性外耳道向骨性外耳道过渡的开始，先从外耳道后壁开始，再深入后，连接到外耳道前壁。对于一些人，第一弯曲和第二弯曲会比其他人的弯度更锐利。当人有急转的第一弯曲时，也更易有急转的第二弯曲，所以，从横断面看，外耳道最内部的一段和最外部一段彼此平行。[1420]

5.1.1 BTE 耳模的种类

描述不同耳模的困难之一是缺乏标准命名。尽管 1976 年美国国家耳模实验室协会（NAEL）发布了一些标准命名。[319] 但是此后，又有许多新款耳模被发明和创新。一些耳模采用了描述性的命名，如骨架式（skeleton）耳模；一些耳模以发明者的名字命名，如 Janssen 耳模；一些耳模根据其最初的应用命名，如对侧信号传输路径耳模（CROS），但实际上它们现在被更多地用于其他方面。

图 5.4 显示的是不同耳模厂家生产的耳模式样。不同厂家对耳模的命名可能也不同。此图不包括仅

存在声孔直径差异的耳模，这里展示的每款耳模都可有加大或缩小的声孔，因此，没必要基于不同的声孔内径再给耳模新的命名。声孔变化产生的效果及几种常用声孔将在第 5 章 5.4 中介绍。图中最后一行是由助听器厂家提供的预制耳道配件，主要用于细导声管，目前已成为固定 BTE 助听器导声管的最常用办法。

受话器耳模（receiver mold），也称为标准（standard）或常规（regular）耳模，但目前已很少使用，是唯

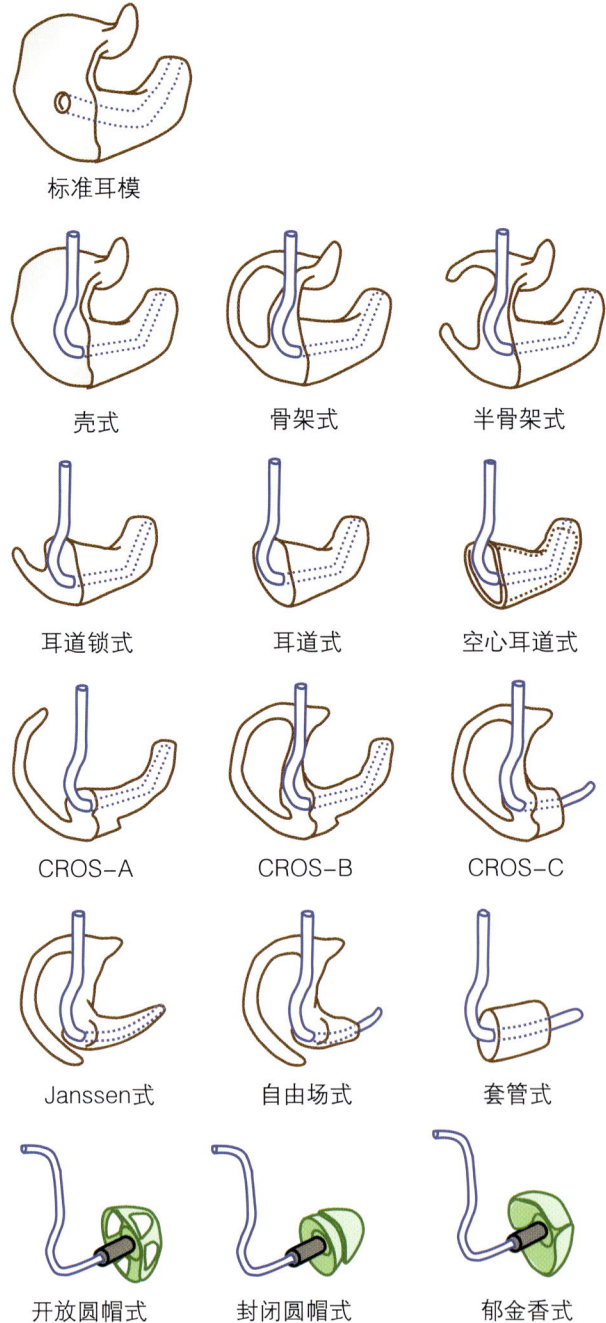

图 5.4 BTE 助听器耳模的式样。

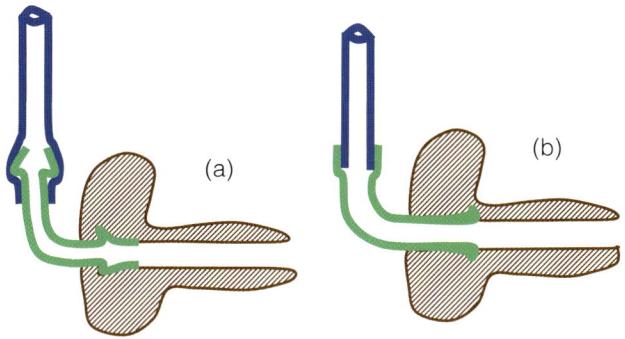

图 5.5 BTE 耳模使用的两类弯头。(a) 导声管包住弯头，造成挤压；(b) 导声管在弯头内。

一可用于盒式助听器的耳模：需要将纽扣受话器牢固地夹在耳模表面的环。如果在环上加一个塑料转角零件，也可将标准耳模用于 BTE 助听器。通过使用一段导声管将转角零件和助听器耳钩相连。但 BTE 助听器使用此款耳模时，缺点（漏声、外观、可能降低高频响应）会远超过优点（易替换导声管）。

一种方便替换导声管的方式是在耳模内安装弯头以连接导声管，如图 5.5a 所示。耳模内的声孔是钻孔，不是导声管。为避免降低助听器的高频响应，弯头内径应与导声管内径尺寸相同。图 5.5b 显示的一种专利产品连续流适配器（Continuous Flow Adopter, CFA）™ 的弯头内径就可与导声管的内径相同。

图 5.4 所示的前 7 个耳模既可制作成堵耳式耳模，也可制作成带有通气孔的耳模。其余 6 个耳模及开放圆帽式耳模不能完全封闭，因为其插入外耳道的部分不能填满全部耳道的横断面。

图 5.4 中最下面一排是最常用的预制耳部配件，包括圆帽（dome）形的耳道配件及细导声管。这些配件有一个或多个柔韧的帽边，并配有一系列不同直径的导声管。主要有两种式样：可以尽可能开放耳道的帽边上带孔的开放圆帽式耳模（open dome），以及可以封闭耳道的无孔的封闭圆帽式耳模（closed dome）。由于此类配件被完全封闭在外耳道内，并且常与细导声管和微型 BTE 助听器相连，因此，使用开放圆帽式及封闭圆帽式以及极其相似的郁金香式耳模时，会使外观上看起来不显眼。RITE 助听器也采用了同样的设计，只是将受话器包裹在了圆帽中央的塑料中，因此，其声孔仅长 1mm 或 2mm。RITE 助听器使用细导线连接受话器，而没有细导声管，因此，其外观同样看起来不显眼。

圆帽式及郁金香式圆帽耳模还有不需要制作耳印的优势，可以当日验配。选择正确的圆帽尺寸及导声管长度非常重要：如果圆帽太大，佩戴者就会感到不舒服；如果太小则会脱落，或会晃动从而使佩戴者感觉发痒。如果导声管太长或太短，则会造成助听器很难被舒适地戴在耳后，或圆帽很难被舒服地戴在耳道内。开放圆帽式耳模声学上具有与套管式耳模（sleeve mold）[235] 和通气空心耳道式耳模（vented hollow canal mold）[908] 相同的功能，因此，已基本取代了这两款耳模，但这两款耳模在耳内更牢靠。

图 5.4 中前 4 款耳模带有完整的耳轮锁（helix lock），每款耳模在定制时可去掉耳轮锁或由听力师切掉或削平耳轮锁。保留耳轮锁有助于固定耳模，如果使用者能将带有耳轮锁的耳模正确地塞入耳轮及对耳轮下，将会最大限度地提升助听器佩戴的安全性。因为能将耳模固定在正确位置，所以使用耳轮锁也能略微降低反馈。[1012, 1189] 遗憾的是，许多人不能正确塞入耳轮锁，这样耳轮锁就会将耳模推出其正确位置，反而增加了反馈。耳轮锁也会挤压皮肤产生不适。一些患者发现如果去掉耳轮锁插入耳模会更容易。[1188] 所以，有些听力师会为所有患者定制没有耳轮锁的耳模，还有些听力师一开始会定制带耳轮锁的耳模，如果产生问题，再去除它。

正如第 5 章 5.3 及 5.7 将谈到的，可以采用系统的方法来决定每个患者耳模的开放程度（即非堵耳）。但对如何选择耳模的外观、脆性及固定性能，目前还没有系统的方法。例如，是选择壳式耳模还是骨架式耳模或者半骨架式耳模，是选择 CROS-A 型耳模还是 CROS-B 型耳模。壳式耳模与骨架式耳模在固定性能或封闭性方面没有区别，因为将壳式耳模耳甲腔中心区域的部分材料移除，就能转换成骨架式耳模。一般情况下，将耳甲腔边缘材料去除得越多，并且耳模的耳道柄直径小于耳道直径时，耳模的固定就会变得不牢靠。但对说话、咀嚼及转头时耳郭运动幅度过大的人来说，耳模（壳）与耳甲腔的接触越少，耳模反而可被更好地固定，在这种情况下，选择一款与耳道大小一致的耳模将是最佳选择。[841]

无论选择哪款耳模，耳模上都会有固定区（retention region）。固定区是指耳模（壳）脱离外耳道时，会挤压皮肤的区域。固定区挤压的部位可能是耳道壁、耳屏、对耳屏或耳轮。如果固定区太小

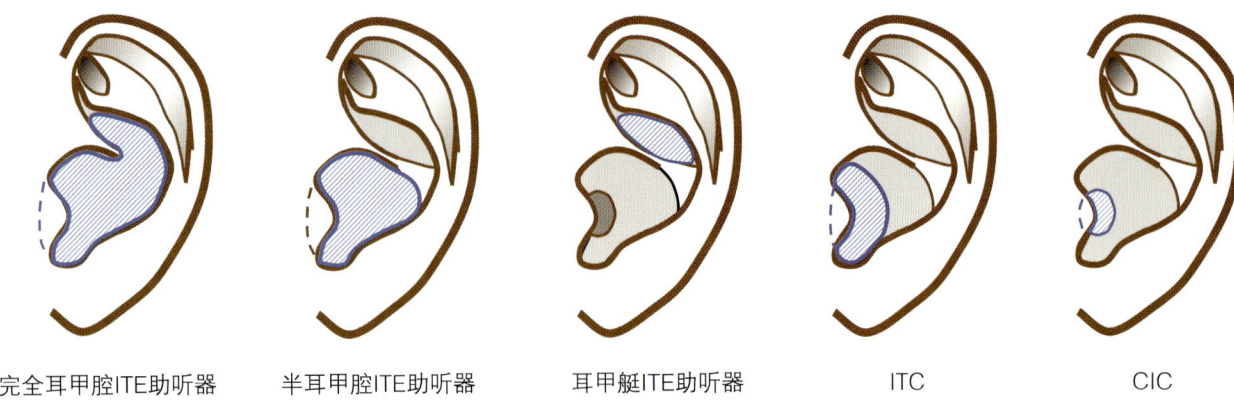

图 5.6 不同种类的 ITE、ITC 及 CIC 助听器的侧视图，可以看到用阴影标出的面板。

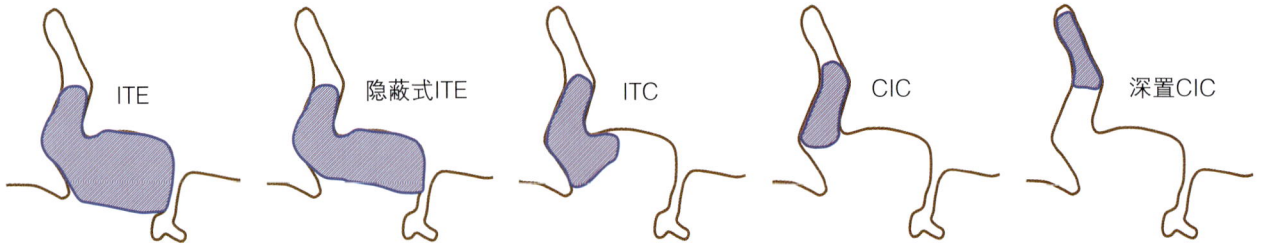

图 5.7 ITE、隐蔽式 ITE、ITC、CIC，以及深置入式 CIC 助听器的典型放置位置的轴向剖面图。

或没有足够的角度阻止其脱离，耳模将会脱落。如果固定区太大或阻止其脱离的角度太大，又会难以插入耳模。[1417]

5.1.2 ITE、ITC 和 CIC 机壳的式样

由于 ITE、ITC 或 CIC 助听器的电子设备包在机壳内，这些助听器可选择的机壳样式很少。外露超过耳轮脚的 ITE 助听器被称为**完全耳甲腔 ITE 助听器**（*full-concha ITE*），全部包在耳轮脚以下的 ITE 助听器称为**半耳甲腔 ITE 助听器**（*half-concha ITE*），完全在耳轮脚上的 ITE 助听器称为**耳甲艇 ITE 助听器**（*cymba-concha ITE*），这些新的关于助听器的分类尚未成为正式术语。在图 5.6 中的侧视图中可以清楚地看到这些样式的区别。

如果完全耳甲腔 ITE 助听器或半耳甲腔 ITE 助听器的侧面没有完全填满耳甲腔，则称为**隐蔽式 ITE 助听器**（*low-profile ITE*）。仅在耳屏后内侧露出部分机壳的 ITC 助听器有时被称为**微型耳道式**（*mini-canal*）**助听器**，即隐蔽式 ITC。

ITE、隐蔽式 ITE、ITC、CIC 以及深置入式 CIC 助听器机壳之间的区别可以在图 5.7 耳的轴向剖面图中清楚地看到。ITE 助听器的面板与耳屏和耳轮所构成的平面基本平行。相比之下，ITC 助听器的面板基本与耳屏的后内壁形成直角。CIC 助听器的面板可在外耳道入口或者入口内侧。所有延伸至距鼓膜仅几毫米的助听器都可被称为**近鼓膜**（*peri-tympanic*）**助听器**或**深置入式**（*deeply-seated*）**助听器**，但除 CIC 助听器外，延伸至这么深的助听器很少见。市场上有一款这类的助听器，由听力师帮助插入，患者持续佩戴几个月直至电池用尽后，再由听力师插入一款新的助听器。因为患者的手指触及不到助听器，因此，需要使用远程遥控开启或关闭助听器，并改变音量大小。

关于 BTE 助听器耳模的许多考虑同样适用于定制机机壳。机壳可以是全封闭或部分封闭的，耳甲腔处的材料被去除得越多，助听器的固定就越不牢靠。尽管如此，通过使用合适的耳印制取技术，没有或仅有一小部分耳甲腔部分的 ITE 及 ITC 助听器，通常也可被较好地固定在耳内（请参阅第 5 章 5.8）。

将 ITE 或 ITC 助听器通气通道内外两侧的机壳去除一部分，可以形成一个又短又粗的通气通道，（如图 5.29b），这种式样被称为 IROS 通气孔。①

---

① IROS 代表同侧信号传输路径（*Ipsilateral Routing of Signals*），与之相对的是**对侧信号传输路径**（*Contralateral Routing of Signals*）（请参阅第 17 章 17.1），对侧信号传输路径是首次用于开放式耳模的表述。

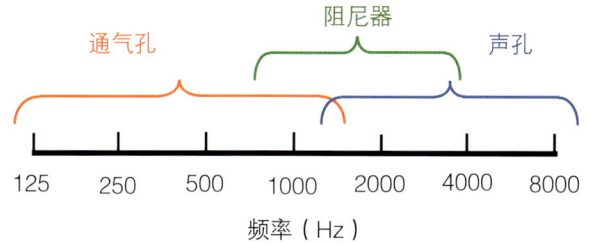

图 5.8 助听器耦合系统各组成部分影响的频率区。

5.2 耳模、定制机机壳和耳道配件的声学概述

耳部配件影响着助听器的三大声学特性：助听器戴在耳上时的增益频率响应形态、患者对自己说话音质的感知以及反馈啸叫的可能性。

耦合系统也有三个影响声学效果的因素：**声孔**（*sound bore*）、**阻尼器**（*damping*）和**通气孔**（*venting*）。上述因素分别影响不同频率区域的频率响应，如图 5.8。声孔直径仅影响中高频率的响应（BTE 助听器在 1000Hz 以上，ITE、ITC、CIC 助听器在 5000 Hz 以上）。阻尼器主要影响中频区的频率响应形态（BTE 助听器在 800~2500Hz 处，ITE/ITC/CIC 助听器在 1500~3500Hz 处），尽管在此范围之外也有一些影响。通气孔主要影响 0~1000Hz 的低频响应。如果通气孔足够大，比如使用开放式耳道配件时，耳内空间的共振会被基本完整保留，因此，也会影响到全部频率范围。

5.3 通气孔

尽管本节内容可能过于庞杂，但是作者认为在测量助听器的耳内频率响应时，有许多看似无法解释的表现都可通过通气孔和漏声通道的作用来解释。充分了解通气孔，包括开放耳道式助听器通气孔的作用，对助听器的验配非常重要。

选择通气孔大小的目的是为了在获得目标增益的同时，不会造成外耳道过度封闭，也不会造成助听器产生啸叫。通常，以上三个目标不可能完全达到，5.3.1 和 5.3.3 将分别介绍这三个方面。通气孔的大小也会对方向性麦克风与自适应降噪和压缩产生影响，5.3.4 将会对此有所介绍。

通气孔有助于耳道内外空气交换，从而避免耳道内湿度过高。通气孔的这一功能有助于鼓膜穿孔

不太严重的患者佩戴助听器。[38]

了解**声质量**（*acoustic mass*）的概念对于理解通气孔的作用非常有帮助。通气孔是由导声管壁包围的空气柱。空气像其他物质一样，有质量，因此也有惯性。通气通道传声时必须克服这一惯性（否则空气不流动）。低频比高频更易克服惯性，质量小时比质量大时更易克服惯性。取一个质量小的物品，如一支笔在你前面以每秒 1 次的频率来回摆动（即 1 Hz），现在将频率增加至 3Hz 或 4Hz，你将注意到必须增加用力。现在，取更重一些的东西，如 1kg 的糖果或面粉，重复此实验。你会发现需要很大的力量才能达到更高频率，若 3Hz 时只用很小的力量，物品只会有很小的位移。

同样，如果刺激频率很高且通气孔有较大声质量时，通气孔内的空气也将不易流动，声音也就较难传输。如图 5.9，通气孔又长又细时，声质量较大。

构成通气孔的导声管并不是各处的直径都相同。声质量的概念可以帮助我们理解由不同直径的导声管构成的通气孔与由相同直径的导声管构成的通气孔在性能上的差别，如图 5.9 所示。全部声质量等于各部分声质量的总和。在该图中，细管部分的声质量比粗管部分的声质量大得多，整体声质量近乎等于细管部分的声质量。直径存在变化的通气孔的声质量对于并孔可调的通气孔和末端被扩大的通气孔有较高应用价值。[999]

由于很难事先准确选择通气孔的大小，听力师常需在完成初步验配后再调整通气孔。一种方法是通过钻孔或打磨来加大通气孔的直径，或者通过填充蜡或塑料材料来缩小通气孔，而在有必要时再重新钻孔。如果应用可拆卸的**通气孔接口**（*vent insert plug*），能更快、更容易地调整通气孔。图 5.10 显示的就是这种接口系统，包含一个通气管作为插件，可以插入到靠近耳模外侧的一个圆柱形的插座上。

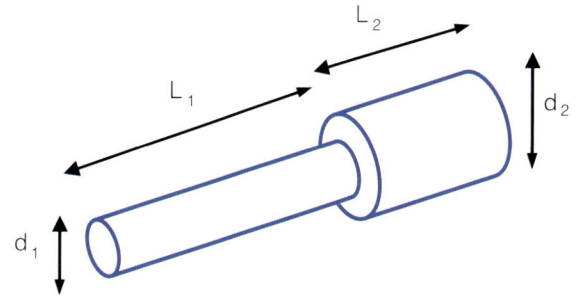

图 5.9 由不同长度和直径的两个导声管组成的通气孔。

图 5.10 通气孔插件系统：插件（比实物尺寸大），耳模及相匹配的通气孔插孔（接近实物尺寸）。正压通气阀门（PVV）和 A 形通气孔（SAV）是市场上较常见的二种这类系统。

各种插件可以牢固地插在插座上。全部插件有相同的长度（2.5mm），但内孔直径不同。不同的插件会改变通气孔的声质量，但必须是：

· 通气孔（通气管）的其他部分不会过长或过细，从而在全部声质量中占主导时；[336]

· 耳模（壳）周围的漏声量不能太大从而造成通气孔大小无关紧要时。

通常，插入最大孔径和第二大孔径的插件时，有近乎相同的效果（因为总的通气孔质量主要由通气管决定），插入最小孔径和第二小孔径的插件时，彼此之间也有近似的效果（因为自然漏声控制着通气的效果）。使用插件系统非常必要，因为它可以很方便地为人们提供两三个不同直径的通气孔选择。如果必须灵活选择通气孔的大小，那么：

· 采用最细插件时，必须使用密闭性非常好的耳模，以减少漏声（这样也许会很不舒服，但如果最终还要换用宽口插件也非常没有必要）；

· 采用最粗插件时，通气管必须又短又粗，但在耳道较窄，同时还要容纳其他元件，如 BTE 助听器的号角型耳模或 ITE 助听器的受话器时，较难实现。

提前判断需要多大的通气量非常必要，接下来的三节将会讨论此内容。

5.3.1 通气孔对助听器增益和 OSPL90 的影响

外耳道内的低频声音可以通过通气孔（包括漏声和开放式耳部配件）流出，外部的低频声音也可以通过通气孔而不通过助听器的放大器流入到剩余耳道，这是通气孔影响助听器低频增益和 OSPL90 的两种方式。这是两种独立的影响方法，我们先分别了解其作用，然后再了解其结合起来后的作用。

通气孔在声音放大通道方面的作用

当声孔产生的放大空气振动传播到外耳道时，空气振动在外耳道内产生声压。这种声压被鼓膜感知。剩余耳道容积（界于声孔出口以及鼓膜之间的空间）越小，产生的 SPL 越大。如果有逸出通道，如通气

基础理论：根据通气孔直径和长度计算声质量

尽管临床应用中没必要计算声质量，但是计算公式有助于我们理解改变通气孔直径后的效果。在通气孔内，声质量与空气的物理质量不完全一样。一个长为 L（m），横断面为 A（m²）的空气柱（如导声管）的声质量等于：[113]

$M_a = 1.18 (L/A)$ …5.1.

计算单位为 kg/m⁴，借用电子惯性的概念，其单位也可称为亨利（电感单位），符号 H。1.18 是空气的密度值（kg/m³）。由于通气孔通常是圆形的，我们可以采用更方便的计算方式。如果通气孔的内径是 d（mm），长度是 l（mm），声质量可以这样计算：

$M_a = 1500 \, l/d^2$ …5.2.

当通气孔变长或变细时，其声质量增加。因此，长通气孔比短通气孔传输的声音少，细通气孔比粗通气孔传输的声音少。

举两个例子，考虑通气管端口的修正值后，一个直径 2mm，长 20mm 的通气孔的声质量为 8100H。而一个放在 0.7mm 壁厚的空心耳道式耳模内的直径为 1mm 的通气管的声质量仅有 2250H。

* 为精确计算声质量，需要对有放大开口的通气孔（如开口朝向外侧端或内部剩余耳道的空气）增加长度校正。校正值等于通气管直径的十分之四。因此，第一例子中实际上的管长是 21.6mm，第二例子中的管长是 1.5mm。通气孔长度比其直径大得多时，其端口校正可忽略不计，但在其他情况下，还是应该考虑端口校正，对于短或粗的通气孔来说，校正更加重要。

孔（包括开放耳道），一些传入外耳道的振动将从逸出通道扩散出去，而不会对耳道内的声压起作用。有多少声音逸出，又有多少声音流入？逸出的比例取决于逸出通道的阻抗与剩余耳道和中耳的阻抗的关系。通气通路，有一个声质量，其阻抗随频率上升。相反，剩余耳道容积主要是一个声顺，其阻抗会随频率增加而减小。基于这两个原因，在频率降低时，通气孔作为逸出通道的作用会更加明显。因此，对由放大器和受话器传入耳道的声音，通气孔会对其频率响应产生低频截止作用。

表 5.1 使用密闭的耳模（壳）时，不同尺寸的通气孔对声音放大通道上增益的影响，单位为 dB。注意：所示的通气孔声质量不受耳模周围漏声的影响。[430, 1355, 1816]

通气孔尺寸	通气孔声质量（H）	频率（Hz）								
		250	500	750	1000	1500	2000	3000	4000	6000
无通气孔		−4	−2	−1	−1	1	0	0	0	0
1 mm	26,700	−5	−2	−1	−1	1	0	0	1	1
2 mm	7,000	−11	−3	−1	−1	1	1	1	1	2
封闭式		−10	−8	−3	−2	−2	−1	1	−2	0
IROS（ITE/ITC）	4,700	−16	−11	−4	−3	2	4	2	−1	0
3.5 mm	2,400	−21	−12	−6	−4	1	2	2	1	1
Janssen（ITE）	2,100	−23	−13	−3	−3	1	6	4	−1	1
开放式	830	−30	−24	−16	−12	−8	−3	5	0	0

低频截止的范围取决于通气孔的大小（因为通气孔的大小决定了其声质量）。图 5.11 显示了在使用密闭的耳模（壳）时，不同尺寸的通气孔对声音放大通道上低频响应的截止情况。由于这些数据在选择通气孔时非常有用，因此表 5.1 按照听力测试时的频率列出了其数值。上述结果与 Kuk、Keanan 和 Lau（2009）得出的结论相一致。使用其他尺寸但有相同声质量的通气孔时，对放大声通道有相同的作用。[①, 998] 这些数据不适用于封闭的圆帽耳塞，因为其传输会受到圆帽耳塞的声顺、质量以及耳塞周围漏声的影响。

对通气孔声音传输通道（声学的）的影响

无论低频声波进入通气孔的哪一端，都会被通气孔传输。声波到达头部时，将通过通气孔直接传入外耳道，而与电子传输无关。通过通气孔传入外耳道且没有衰减的声音的频率范围，与其衰减电子放大声音的频率范围相同。尤其是，在亥姆霍兹共振频率以下时，声音传入外耳道时不会有明显衰减。（请参阅第 2 章 2.2.2）。在亥姆霍兹共振频率之上，

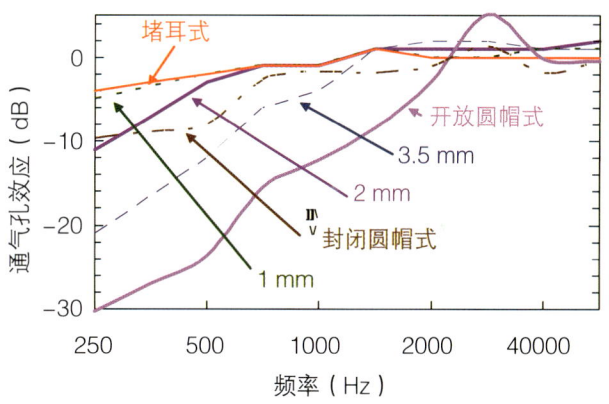

图 5.11 使用密闭的耳模（壳）时，不同尺寸的通气孔对放大声音的频率响应的影响。

通气孔会逐渐衰减从头部外面直接进入外耳道的声音，因此，当关闭助听器时，助听器能起到耳塞的作用。

相对于传入声音的 SPL，第 4 章 4.3.3 曾介绍过**真耳堵耳增益（real-ear occluded gain，REOG）**，即当关闭助听器时，外耳道相对于入射声场的 SPL，产生这一声压级的声波主要经过通气通道（和漏声通道）进入耳道。真耳堵耳增益（REOG）与真耳助听增益相当（REAG），但仅是对**通气孔声音传输通道（vent-transmitted sound path）**而言，而不是对声音放大通道而言。图 5.12 显示了几款耳模的真耳堵耳

---

① 图 5.11 中关于有通气孔的封闭耳模的数据，使用的通气孔平均长度为 17mm。可利用公式 5.2 推导出不同长度的通气孔的数据。例如，通气孔长度被剪半，如果通气孔直径降低至 $\sqrt{2}$，声质量（低频截止的范围）将不变。

增益（REOG），同时也显示了平均真耳未助听增益（REUG）曲线以作为参考。随着通气孔直径增加，真耳堵耳增益（REOG）曲线逐渐与真耳未助听增益（REUG）曲线趋同。使用最大的通气孔时（如开放式耳部配件）会完全保留真耳未助听增益（REUG）。[1105, 1264, 1937]声音通过圆帽耳塞的孔或用于固定导声管末端的其他元件时产生的很小的声质量，会将开放耳道的共振频率略微降低。

当助听器关闭时，不需考虑**真耳堵耳插入增益**（*real-ear occluded insertion gain*，**REOIG**），它反映的是助听器关闭时外耳道内的 SPL 与无助听设备时外耳道内的 SPL 的关系。REIG 只是通气孔声音传输通道的插入增益。

REOIG=REOG−REUG ……5.3

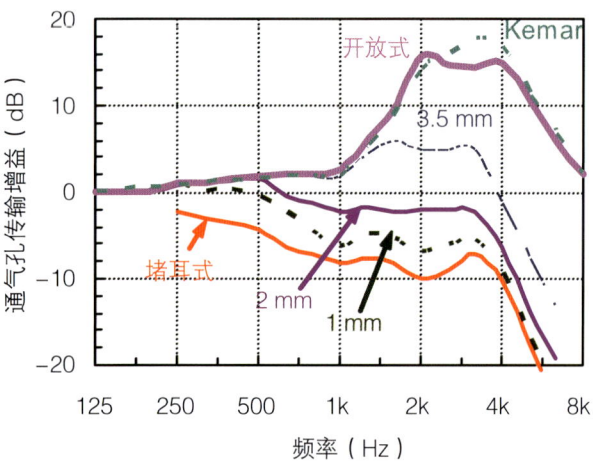

图 5.12 耳模（壳）（其外耳道内部分的平均长度为 7mm）内不同尺寸通气孔（包括开放式耳部配件）的声音传输通道的真耳堵耳增益（REOG）。[557,1264,1937] 蓝色虚线所示的是典型的真耳未助听增益（REUG）曲线。

> **如何获得高质量的低频声音**
>
> 如果患者需要在某一频率下获得 0dB 的增益，没有电子元件能比得上通气孔所提供的低失真的平稳频率响应。
>
> 只有在以下情况时，患者才需要使用能衰减低于这一频率的声音的耳模（壳）：
> - 如果所使用的通气孔不能获得所需的高频增益，
> - 对患者来说，非常需要利用低频的方向性。

图 5.13 中显示了各种大小的通气孔的真耳堵耳插入增益（REOIG），包括使用开放式耳部配件时。

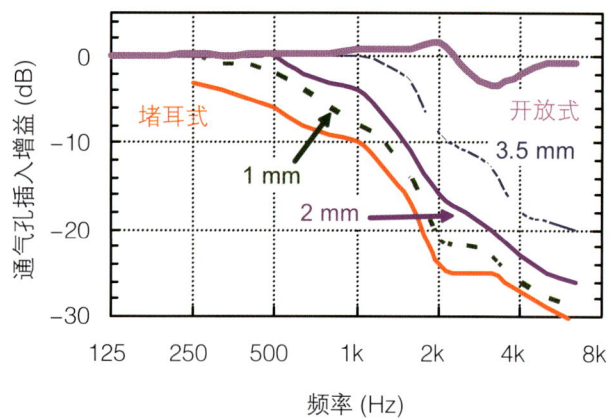

图 5.13 耳模（壳）内[430, 431]不同尺寸的通气孔（包括开放式耳部配件）的声音传输通道的真耳堵耳插入增益（REOIG）。[557, 1264, 1937]

Kuk、Keanan 和 Lau 曾在 2009 年公布相同的数据。

开放式耳部配件在全频率范围内的真耳堵耳插入增益（REOIG）接近于 0dB，这对于各频率听力接近健听人的人来说，是一个重要优势。例如，对于低频听力损失高于高频的患者来说，除使用开放式耳部配件外，使用其他任何耳模都可能因为助听器放大器和受话器的带宽限止，使得整个助听器在高频段的作用像耳塞一样。

真耳堵耳插入增益（REOIG），也被称为**插入损耗**（*insertion loss*）。有时人们会错误地认为，助听器在提供任何净受益前，必须先产生与插入损耗相等的增益。这明显不对，正如公式 5.3 所示，插入损耗会受到 REOG 以及 REUG 两个因素的影响，但只有 REUG 必须由助听器增益补偿。①, [1264]

通气孔对声音放大通道和通气孔声音传输通道结合后的影响

助听器佩戴者不可能仅听到单独由声音放大声通道或由通气孔声音传输通道传递的声音。[911]而会如图 5.14 所示，听到经过两条路线到达鼓膜的声音。来自两条通道的声音会在剩余耳道内混合。

图 5.15 显示了两个声通道结合在一起的例子。[431]可以发现，当一个声通道的插入增益超过另一个声通道的插入增益 10dB 以上时，混合声通道的插入增益几乎与较高增益声通道的插入增益相同。这是由于经低增益声通道抵达的声音量相比经高增益声通

---

① 假想一个实验，想象一下通过调整使耳模与耳道更加贴合，从而减少耳模周围的漏声。此时，插入损耗将比之前增大，但这种调整实际上会增加助听器的低频增益。

第 5 章　助听器耳模、定制机机壳及耦合系统

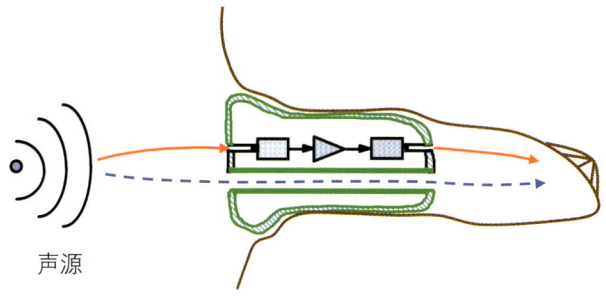

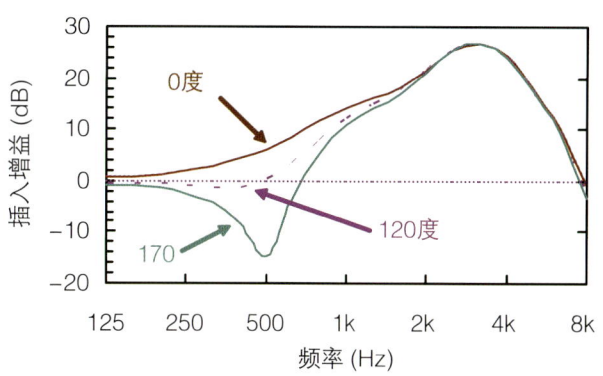

图 5.14　声音由声源经声音放大通道（红色实线标注）和通气孔或漏声通道（蓝色虚线标注）到达鼓膜。图中所示的是 ITE 助听器。BTE 或盒式助听器的原理完全相同。

图 5.16　在图 5.15 中所示的通气孔传输通道和声音放大通道之间存在 0°、120°、170° 相位差时，混合响应的插入增益。图 5.15 中假定不同通道上信号的相位差为 90°。

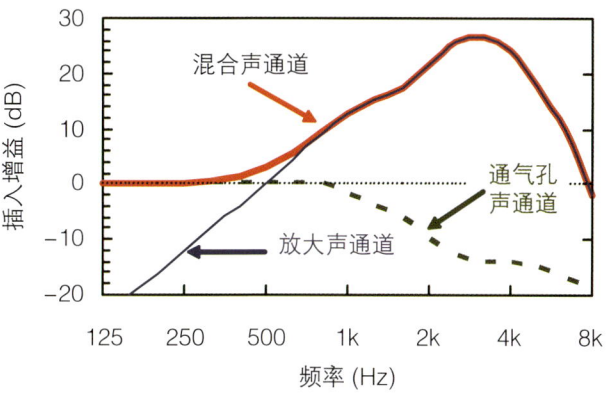

图 5.15　通气孔传输通道和声音放大通道的插入增益，以及两个声通道混合形成的整个助听器的插入增益。

超过 10dB，因为要出现深的陷波需要两个声通道有近乎 180° 的相位差，并且增益相同。尽管在频率响应上出现轻微的峰值都可能被感知到，但幅度轻微的下沉很可能不会造成任何可感知的不良后果。[454] 当出现明显的下沉时，能很方便地确认混合区的中点。

> **实用技巧：匹配真耳增益目标**
>
> - 增加或扩大通气孔使插入增益趋于 0dB（使放大区的低频增益减少，但如果之前助听器像耳塞一样，反而会使低频增益增加。）
> - 电子音调控制对通气孔传输区没有影响，如果音调控制仅影响与通气孔传输区频率相同的范围，那么，改变电子音调控制可能根本不起作用。
> - 改变电子音调控制对混合区有不同的影响，其结果取决于两个声通道之间的相位关系。

道抵达的声音量来说，微不足道。当测量助听器的插入增益，或真耳助听增益，或外耳道内言语信号的 1/3 倍频程时，唯一清晰可见的曲线就是合成后的响应曲线。从图 5.15 中可以明显地看到，合成曲线来自两个完全不同的声通道，并可以划分为三个独立的区域：**通气孔传输区**（*vent-transmitted region*），**放大区**（*amplified region*），以及介于两者之间的**混合区**（*mixed region*）。

对于开放验配的助听器来说，通气孔传输区的上限可达 1500Hz，在该区域中，麦克风、放大器和受话器没有接收声音的作用。然而，在放大区，如前所述，声音通过通气孔流出外耳道会造成此区域声音衰减，那么通气孔就会发挥作用。

在混合区，最终的结果取决于通气孔传输通道和声音放大通道如何混合，进一步讲，也就是取决于两条声通道间的相位差。图 5.16 展示了相位差如何直接影响两条声通道在混合区内结合的方式。当两条声通道间的相位差接近于 180° 时，混合响应会出现一个下沉或陷波。事实上，陷波的深度一般不

由于数字助听器会有 3 ~ 10ms 的明显延迟，[450] 声音放大通道和通气孔传输通道的相对相位会在混合区内不停地快速改变。因此，如图 5.17 所示，混合响应会在两个声通道的增益相差不超过 10dB 的频率范围内产生一系列交替出现的波峰与波谷，分别与同步相位的增加和异向相位的消除相对应。这种声音改变被称为**梳状滤波**（*comb filtering*）；梳子的"齿"被两个声通道上彼此相反的相对延迟分开。在该例子中，4ms 的延迟产生了 250Hz 的频率区分。

必须记住，通气孔会影响从助听器传出的声音，因此通气孔将以相同的方式影响增益和最大声输出。例如，调节饱和声压级不会对通气孔传输区的最大声输出产生影响。

测量真耳堵耳增益（REOG）或真耳堵耳插入增益（REOIG）

如果探测导声管已插入外耳道测量真耳增益，那么 REOG 或 REOIG 的测量仅需关闭助听器，并按下分析仪的"测量"按钮。分析仪马上会显示真耳增益曲线中到底有多少是通过通气孔的声音造成的，因而不会受到助听器电路和换能器的影响。同时，REOIG 值接近 0dB（或者 REOG 值在 0dB 或以上）的频率区域是一个很好的关于"开放性"的指标，可以表明，为了避免堵耳而应采用的低频截止量以及反馈产生的漏声量。

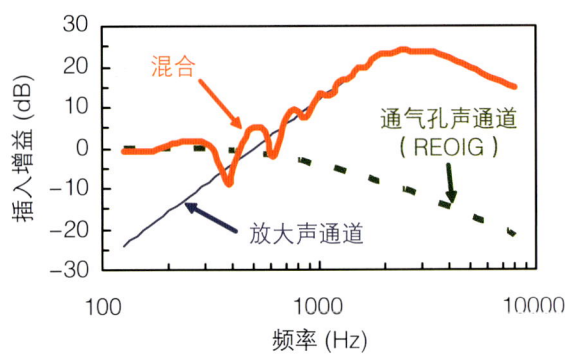

图 5.17 当声音放大通道的声音比通气孔传输通道延迟 4ms 时，混合区内的插入增益。

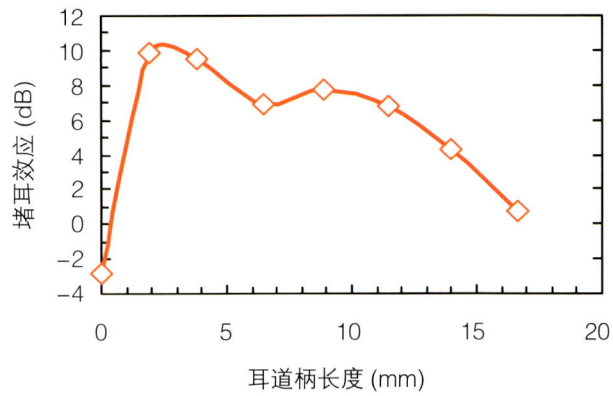

图 5.18 当助听器佩戴者说话时，以 315 Hz 为核心的倍频程上，外耳道内 SPL 的增加情况（相对于无耳模时）。从外耳道入口沿外耳道轴线的中央测量外耳道长度。根据耳印模表面的纹理来判断，该患者从软骨性外耳道到骨性外耳道的转换位置是从进入外耳道 9mm 处开始（在外耳道后壁，第二弯曲处），到深入耳道内 16mm 处结束（在前壁处）。

由于一些可以理解的原因，关于人们愿意使用通气孔还是使用电子音调截止来获得所需要的低频响应，目前，还没有一致的研究结果。当与适配良好的耳模一起使用时，常用的电子低频截止可以产生负的低频增益（即，声音衰减），但通气孔仅能将低频增益降至 0dB，为所有较低的频率提供 0dB 的增益。Cox、Alexander（1983）和 Kuk（1991）发现带有通气孔的助听器能产生优越的音质。而 Lundberg 等（1992）采用了一种更复杂的滤波器以更好地模拟通气孔的实际效果，结果发现，受试者感知的音质没有差别。一般说来，放大声音的音质还会受失真的影响，而这又与信号强度与助听器的饱和强度有关。但通气孔传输的声音永远不会受失真问题的影响！

5.3.2 通气和堵耳效应

当外耳道被耳模（壳）封闭时，一个低频听阈低于 50dB HL 的患者通常会抱怨自己发出的声音空洞、轰鸣，就像在有回音的大鼓或隧道里讲话。这些现象被称为**堵耳效应**（*occlusion effect*）。

图 5.18 显示了相对于没有堵耳的外耳道，一个人说话时，外耳道内测量到的 SPL 的增加情况。图中受试者佩戴的是无声孔的堵耳耳模，并且在测量

时逐步减少耳道柄的长度。测量时，在受试者前面安置有基准麦克风以去除人声变化的影响。图中显示了以 315 Hz 为核心的倍频程的数据，因为在此频率范围内堵耳效应最大。逐步增加耳模插入的深度以堵塞外耳道时，SPL 先是快速增加，然后会略微下降，随后又会迅速下降。Mueller（1994）、Pirzanski（1998）分别公布过在特定耳道柄长度时，SPL 出现的相似的变化。当延长耳道柄长度时，这些变化由三方面因素引起：

亲自体验堵耳效应

1. 先发元音 ah、ee 和 oo，注意尽可能发音一样大。
2. 用手指紧紧压住耳屏堵住耳道口。
3. 重复相同的声音，注意 ee 和 oo 音变得明显比 ah 音要大，ee 和 oo 音也比之前更低沉，回响更多。

现在请开始！

第 5 章　助听器耳模、定制机机壳及耦合系统

> **堵耳效应为什么会发生？**
>
> 　　从图 5.2 可以看出，剩余耳道由鼓膜、耳模（壳）的内侧端，以及由软骨部分和骨性部分组成的耳道壁构成。如果其中一个边界相对于其他边界产生振动，那么剩余耳道容积就会发生改变，剩余耳道内就会产生强烈声压。什么能引起这样的振动？当一个人说话时，声道振动被耦合到颅骨的所有骨头（包括颌骨）及任何与这些骨头相连的组织。[1861] 由于颌骨的质量仅有颅骨其他部分的 1/5，并且与身体其他部位连接较为松散，因此，颌骨比颅骨的其他部分振动幅度更大。因此，在耳道的软骨部分，下面和前面的耳道壁（与颌骨紧密相连的部分）就会相对于其他两个耳道壁（与颞骨紧密相连的部分）产生振动，从而在剩余耳道内产生一种声音。当一个人不戴助听器时，就不会产生这一问题，因为不存在能产生明显声压的封闭腔。耳道壁产生的空气振动会直接泄漏到外面的空气里。
>
> 　　为什么元音 ee 和 oo 堵耳效应最明显？一方面是由于两个元音的第一个共振峰处在最大堵耳效应所在的频率（300Hz），能得到最大强化。另一方面，两个元音是闭元音，因此，在声道内有比开元音像 "ah" 更高的 SPL。[927]

・耳的封闭性增加，使留在剩余耳道内的骨传导声也相应增加。

・剩余耳道容积减少，从而导致 SPL 更高。

・导致堵耳声的软骨性外耳道壁的振动面积缩小，也会造成 SPL 降低。并且，这种 SPL 降低的速度要比容积降低的速度快，尤其当耳道柄末端靠近软骨性外耳道的末端时。一旦耳道柄充满软骨部，仅有外耳道的骨性部分留存时，因此产生的堵耳音就会大大减少。这是由于围绕骨性外耳道的各方向的（颞）骨①是一样的，因此，在骨性外耳道顶壁、底壁、前壁和后壁之间的相位差会最小。

至少有两种方式可以减少堵耳效应生成的 SPL，一种是用通气孔开放剩余耳道，最极端的情况就是采用开放式验配。

图 5.19 显示了 10 位受试者佩戴不同尺寸的通气孔的耳模说话时，耳内 SPL 的增加情况。② 受试者对本人声音的接受度与低频 SPL 的增加程度（r=0.63）和通气孔的尺寸显著相关。但这种相关性仅能说明不同受试者在堵耳反应上的差异的 40%。造成差异的原因还可能包括耳道壁振动程度、外耳道长度、外耳道容积、耳道柄长度以及个体对音质变化的心理承受力等差异，这些差异都将影响个人

---

① 鼓板（*tympanic plate*）形成骨性外耳道的底壁和前壁，鳞状部（*squamous part*）形成骨性外耳道的顶壁和后壁，这些骨都是刚性颞骨（*temporal bone*）的组成部分。

② 此处通气孔和受试者与表 5.1 和表 5.2 为取得数据时所采用的通气孔和受试者是相同的，封闭骨架式耳模的数据与封闭壳式耳模的数据相同。置于受试者前方的基准麦克风用于控制人声的变化。

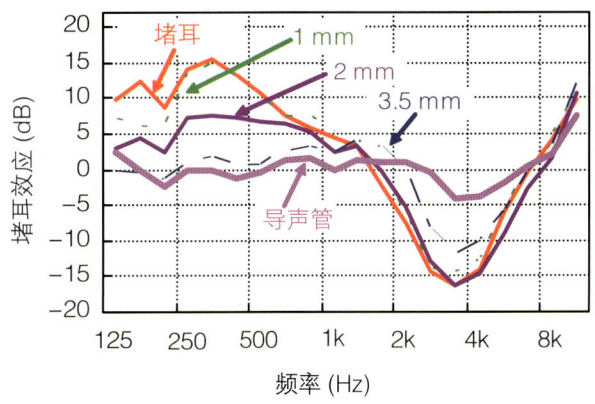

图 5.19　10 位受试者佩戴不同尺寸通气孔的耳模谈话时，外耳道内 SPL 的平均增加值（相对于无耳模时）。

的最终感受。配有不同式样耳模和不同尺寸通气孔的 CIC 和 BTE 助听器也有相似的结果。当通气孔声质量降低时，无论通气孔形状怎样，因堵耳产生的 SPL 都会减少，佩戴者感知到的本人音质也会提高。[902, 997, 998]

堵耳产生的 SPL 随声顺增加而增加，可能因为较大声顺有更宽的耳道壁振动范围，或者可能因为耳道壁更易振动，因此能够传输更多的声音进入外耳道。[251, 997] 毫无疑问，相对于其他耳道，在堵耳效应最强的耳道内，堵耳的感觉与耳道内客观测量到的 SPL 增加会更密切相关。[902]

很明显，直径 1mm 的通气孔不足以减小堵耳效应，因为这么小的通气孔与耳模周围的漏声相比，并没有增加多少通气。相反，使用直径 3.5mm 的通气孔时，可以使 SPL 的增加只有几分贝。在只增加如此小的 SPL 的情况下，本人音质基本会

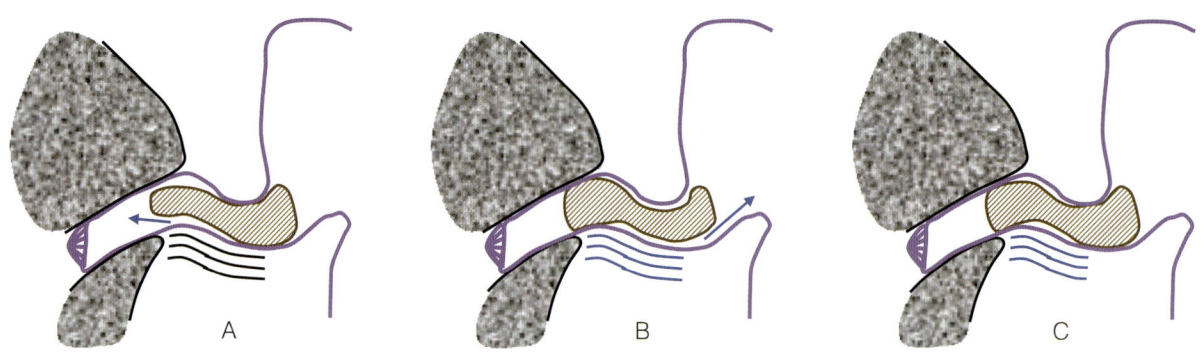

图 5.20 耳模（壳）的轴向剖面图。图 A：产生非常强的堵耳效应；图 B：产生非常弱的堵耳效应。图 C：产生较弱的堵耳效应，同时也会有来自助听器的少量漏声。上述情况中，波浪线表示振动的前壁，箭头表示骨导声进入外耳道行进的主要方向。为清晰标注，图中的佩戴较宽松处被放大了。

被认为是正常的。997，1157 采用开放式验配时（如图 5.11 ~ 5.13），几乎不会产生堵耳音。

使用直径 2mm 的通气孔可以部分解决堵耳问题，能够降低但不能消除 SPL 的增加。对每位佩戴者来说，耳模（壳）做得越开放，本人音质越能被接受。2mm 的通气孔是解决堵耳问题的最小量，多数情况下，要想患者对本人声音满意必须将通气孔扩大至 3mm。这里及前面段落中提到的直径，都是针对研究中使用的长度为 17mm 的通气孔。对于较短的通气孔来说，如空心耳道式耳模的通气孔，使用直径小得多的通气孔就能产生相同的声质量，并取得相同的音效。998

解决堵耳效应的第二种方法是从一开始就不产生堵耳音。如前所述，如果耳模（壳）完全填满外耳道软骨部分，相对于耳模（壳）只占据部分软骨，产生的堵耳声音要少。197，927 这听起来是一个简单办法，但对一些助听器佩戴者而言在实际应用上有困难。首先，取耳印时必须格外谨慎，需要先进行练习，在第 5 章 5.8.2 中对此有详述。第二，最终制成的机壳（或不太普遍的，耳模）对助听器佩戴者来说，可能存在插入或取出的困难。第三，如果机壳深入至外耳道的骨性部分时，长期佩戴可能会感到不舒服。1882 如果机壳有一个软头，舒适度就会有所改善。1361 如果软头是由可压缩泡沫制成的，那么缺点就是泡沫必须经常替换；如果软头是由软塑料制成的，那么耳模或助听器的寿命可能会被缩短。

无论耳道柄有多长，都要确保耳模（壳）的最内侧与耳道壁紧密相连。927，1491 制作过程中结构厚重的机壳，相比通过张开颌骨制作耳印制作出的机壳（这样的耳印刚好贴合在柔软的耳道内侧）产生的堵耳 SPL 更少。1421 图 5.20 展示了 3 个长度相同的耳模。耳模 A，接近外耳道入口处密闭良好，靠内的部位的贴合较为宽松，可以将振动引起的声音留在外耳道内，确保有较高的声级到达鼓膜。相比之下，耳模 B 的外向通道上阻力最小，因此，振动产生的声音只有少数到达鼓膜。耳模 C 的效果介于两者之间。给三个耳模的任何一个若添加通气孔，都会减小堵耳效应。①

未来，针对堵耳式耳模（壳）采取的**主动堵耳消除（active occlusion cancellation）**技术（请参阅第 8 章 8.5）可以提供第三种可选的方式，从而保证助听器佩戴者不会被自己的声音干扰。

对于在 250Hz 和 500Hz 时，听力损失大于 60dB 的人，堵耳效应不是问题。② 这些人需要较强的低频放大，即使在助听器佩戴者说话时，有较高输入级的情况下同样需要较强的低频放大。所以，当佩戴者说话时，声级增加了也没关系。唯一复杂的是助听器放大的声音会叠加到堵耳产生的声音上（正向还是反向，取决于相位关系），将会影响佩戴者本人声音低频区的频率响应形态。当电放大声音与骨导声相位不一致时，增加低频放大将使剩余耳道内的

① 振动诱发的声音抵达鼓膜的声级也可能受到耳模紧密度的另外一种影响。在外耳道内插入较紧的耳模（壳）会部分耦合耳道壁，从而降低贴合较紧的一侧的外耳道组织的振动。若是这样，实际上，软骨性外耳道未填充的部分将成为无效的声音发生器。这个可能只是一个还未经检验的推测。

② 人们或许会认为对于低频听阈接近正常的患者来说，堵耳效应可能会比低频听阈在 40 ~ 50dB HL 之间的患者更加严重，因为后者对堵耳声音的敏感度较低，但事实不一定如此。251

第 5 章 助听器耳模、定制机机壳及耦合系统

表 5.2 被连接到带有不同尺寸通气孔的硬质丙烯酸耳模的 BTE 助听器，在不引发反馈啸叫时的最大可能插入增益（dB）。数据是 10 个受试者的平均结果。[430, 994] 对于贴合紧密的耳模、软耳模材料及有反馈抑制功能的助听器，可以有更高的插入增益。

通气孔尺寸	通气孔声质量	频率（Hz）							
		500	750	1000	1500	2000	3000	4000	6000
堵耳一般验配		65	66	64	60	56	41	45	50
1 mm	26,700	65	64	61	58	52	39	45	47
2 mm	7,000	60	60	57	54	49	36	41	48
3.5 mm	2,400	51	53	52	48	43	31	35	41
导声管	800	41	43	42	40	34	23	26	37
开放圆帽式	830	55	49	42	39	31	19	27	30

SPL 降低。这可能是有人建议通过增加低频增益解决堵耳效应的原因。[1767]

也许，助听器佩戴者难以察觉或准确表达对本人声音的低频放大是不足还是过度。[991]

听力师在患者说话时可以采用真耳增益分析仪监控声音的振幅是仅由骨导引起的还是由骨导和放大音合并产生的。[1259, 1491] 没有必要常规进行这种测量，因为，确定可接受的堵耳量最终依赖于佩戴者的主观判断而不依赖于测量，这种测量在任何时候都会存在明显的测量误差。[902] 但是，在听力师认为通气孔或插入深度应该能够显著消除堵耳声，而助听器佩戴者仍持续抱怨本人的声音时，对堵耳进行测量就非常有意义。对于深植入式耳模（壳），只有在它们有可以穿过探针的孔时，才可能进行测量。骨性外耳道的皮肤没有足够的弹性允许将探针放置在助听器和耳道壁之间，又不影响舒适度或漏声。

解决堵耳问题不能仅靠告诉患者他会逐渐适应自己的声音。[683, 902]

目前，"堵耳效应"被定义为当助听器佩戴者说话时外耳道内 SPL 的增加。封闭式耳模在佩戴者咀嚼甚至走路时也产生额外的低频声音。其生成机制和解决办法与前述相同。完全封闭式耳模（壳）的另一个影响是由于缺乏通风和湿度太高可能会导致外耳疾病。有关通风效果的研究资料甚少。一项研究表明即使使用 2mm 的通气孔也未必能减少外耳道内发痒和潮湿的风险。[1107]

5.3.3 通气孔和漏声对反馈啸叫的影响

如第 4 章 4.7.1 中所述，当从外耳道泄漏又返回麦克风的信号的衰减量小于助听器给予此信号的正向增益时，反馈啸叫就会产生。因此，测量每个频率上泄漏返回的信号量可用于推算不引发反馈啸叫时插入增益的最大可能值，这至少对于没有反馈抑制功能的助听器而言是有用的（请参阅第 8 章 8.2.3）。①

表 5.2、5.3 和 5.4 分别表示 BTE、ITE、ITC 助听器在无反馈啸叫时插入增益的最大可能值（但参考数据不适用于 CIC 助听器）。反馈抑制通常允许获得大约 10～15dB 的额外增益。耳模（壳）越开放，允许的最大增益越低。表 5.2 中，壳式和骨架式耳模数据合二为一，因为两款耳模可适用于相同的最大插入增益。Kuk（1994）和 Pirzanski（2000）等曾分别得出耳甲腔容积不会影响漏声的结论。

表 5.2～5.4 的数据可用于选择不引发反馈情况下的最大可能的通气孔尺寸。最简单的做法是先将 3kHz 栏中的值与 3kHz 时的目标插入增益比较，因为该频率通常会有最严格的约束。这是由于目标真耳助听增益（REAG）曲线通常在 3kHz 时有最大值，就是说真耳未助听增益（REUG）曲线也会在此频率有最大值。因此，在为佩戴者提供比裸耳接收到的信号级更大的信号级之前，助听器提供的真耳助听增益（REAG）至少应等于真耳未助听增益（REUG）。

① 如第 4 章中所述，IG 等于 REAG 减去 REUG。反过来，REAG 等于从自由声场到麦克风的麦克风位置效应加上从麦克风到外耳道的助听器增益。从麦克风到外耳道（无啸叫）的增益最大值近似等于从外耳道至麦克风的声音泄漏返回的衰减量。因此，最大插入增益等于漏声衰减量加上麦克风位置效应减去 REUG），每一频率的最大可达增益可由此决定。当通过调高一个特定助听器至产生啸叫来获得最大增益时（如 Gatehouse，1989；Kuk，1994），其结果仅适用于啸叫最初发生的频率，这个频率取决于特定的助听器。

表 5.3　不同尺寸通气孔的 ITE 助听器，在不引发反馈啸叫时的最大可能插入增益（dB）。[1816] 封闭紧密的机壳在其构型过程中有一处特别结构。较高插入增益对反馈消除技术可行。

通气孔尺寸	通气孔声质量（H）	频率（Hz）								
		250	500	750	1000	1500	2000	3000	4000	6000
堵耳紧致验配		62	56	56	56	47	41	23	24	12
堵耳一般验配		62	54	52	49	44	33	24	22	13
1.5 mm	14,200	61	57	54	53	48	37	26	25	15
2 mm	8,000	54	50	46	46	42	33	24	23	13
IROS	4,700	44	42	40	38	38	32	19	16	12
Janssen	2,100	42	41	40	39	36	31	17	16	13

表 5.4　不同尺寸通气孔的 ITC 助听器，在不引发反馈啸叫时的最大可能插入增益（dB）。[1816] 封闭紧密的机壳在其构型过程有一处特别结构。较高插入增益对反馈消除技术可行。

通气孔尺寸	通气孔声质量（H）	频率（Hz）								
		250	500	750	1000	1500	2000	3000	4000	6000
堵耳紧致验配		58	52	49	52	45	39	31	33	13
堵耳一般验配		52	48	44	45	42	37	23	28	11
1.5 mm	14,700	47	47	44	45	39	34	28	31	12
2 mm	7,800	44	41	38	38	38	32	21	27	17
IROS	4,500	39	34	31	31	29	26	15	23	7

输入水平较低时需要最大增益，因此，应该将低输入水平的目标增益与允许的最大增益比较。

选用最大的通气孔尺寸时应特别谨慎。对于给定的通气孔尺寸，人与人之间可获得的最大无反馈增益值存在一定差异。采用无通气孔的耳模时，这个差异最大，因为耳模（壳）周围的漏声比已知方向的通气孔的漏声更多变。同时，如第 4 章 4.7.2 中所述，当助听器增益设置在略低于可引发助听器持续啸叫的位置时，助听器的放大音质会受到不利影响。因此当采用反馈抑制功能时，最大可用增益可能仅比表中数值高出大约 7dB，平均要预留出 3dB ~ 8dB 的安全界限。

表 5.2 最下面一排关于开放式圆帽耳塞的数据来自不同的数据来源。[994] 其结果与深入外耳道入口 7mm 的导声管配件的数据相似。关于低频率区存在的巨大差异的原因尚不明确，但插入深度的区别可部分解释这种差异。随着插入深度增加，可获得的无反馈低频增益量也会增加。[928]

除了通气孔声质量，通气孔的形状也会影响反馈啸叫的可能性。有时推荐加宽通气孔内侧端，而不是外侧端，以便通气孔呈反号角形态使声音输出。反号角可以减少高频声泄漏后重新返回助听器的量（相比在外侧加宽的通气孔），但此作用仅限于 6kHz 以上的信号。[431] 因为反馈啸叫通常发生在 6kHz 以下的频率，所以，号角形态的差异其实对反馈啸叫的影响很小。采用反号角的一个实际优势在于 ITC 助听器的内侧比面板上有更大空间。因此，可以在内侧将通气孔制作得更大（即，声质量更低），这样，与只能采用同一直径的通气孔相比，在不引发反馈啸叫的前提下，其堵耳效应以及允许的最大增益都会降低。[999]

当长通气孔和短通气孔有相同的声质量和相同的堵耳效应时，长通气孔更易引起反馈啸叫。[715] 原因是长通气孔内的半波长共振发生在助听器增益较强的频率范围内，这一波长的共振会使共振频率附近的声音更高效地进入、穿过和流出通气孔。

保留较低的声质量以降低堵耳效应，同时又能减少高频漏声的一个更有效的方式是采用腔式通气孔。[1111] 这种通气孔由耳模内的一个腔和位于耳模内侧和外侧的两个小的进出口组成，构成了一个低通滤波器。制作这种通气孔需要较大的耳模和更复杂的制作技术，因此应用较少。

5.3.4 通气孔与数字信号处理技术的关系

通气孔与方向性

设计精良的方向性麦克风在整个助听器的工作带宽上,都会有方向性模式。但这种方向性只在放大声通道比通气孔传输通道占优势的频率内才有明显作用。因此,为充分发挥方向性麦克风的优势,应尽可能将放大声通道扩展至更低的频率范围,也就是说,通气孔应尽可能小。

因为方向性取决于一侧麦克风拾取的信号被另一侧麦克风拾取的信号抵消的情况(请参阅第 7 章 7.1.1),所以通气孔传输的声音能从根本上降低方向性。甚至当助听器传输声音的强度高于通气孔传输的声音强度 10dB 时,通气孔也能改变具有最大敏感度的方向,明显增加对后方声音的响应。

当通气孔与助听器传输声的强度相差不到 5dB 时,助听器的方向性会迅速消失。由于宽动态范围压缩能在输入增强时引起增益降低。所以,相对于较高的输入水平,助听器传输的声音在较低的输入水平时会在更宽的频率范围超过通气孔传输的声音。因此,助听器的方向性在最高输入水平时能发挥作用的频率范围最小,而此时又恰恰是最需要方向性的时候。[101] 简而言之,通气孔,尤其是开放式耳模会降低方向性麦克风的作用。

通气孔和自适应降噪

如同方向性,自适应降噪是针对特定频率声音的一种电子衰减(请参阅第 8 章 8.1),因此,仅适用于助听传输声音通道。通气孔传输的声音相当于确立了一个基线,在该基线以下的声音无论信噪比(SNR)多低,也不会被衰减。无疑,开放式耳模会削弱自适应降噪的作用。

通气孔及内部噪声

正如其他被放大的声音一样,内部噪声的低频部分也会被通气孔降低。对于低频区域接近正常听力的人来说,扩大通气孔,会减少能感知到的助听器内部噪声。

通气孔、压缩器及电池电流

尽管较大的通气孔可能造成助听器对更大的低频区域失去放大功能,但并不影响声音进入麦克风,因此也不会影响声音到达放大器内的任何压缩器。所以,尽管患者听到的低频声可能都是经由通气孔送达,但低频声仍会激活甚至主导压缩器的运行。

如果助听器仅有两三个压缩通道,各通道的压缩范围过宽,同时包含了通气孔和助听器的传输频率时,上述情况就会十分不利。处理低频声将消耗电池电流,而如果输出信号又是听不见的,那会造成浪费,这无疑也是一个缺点。

上述两个问题可以通过使用更多的压缩通道解决。可将通气孔传输区内的所有压缩通道的增益设置为较低值,以使驱动受话器的电池电流最小。对于仅使用开放式耳模的助听器,厂家可能会完全关闭低频通道。在通气孔主导的频率区,无论佩戴者或厂家如何设置低频通道的压缩特性,都不会有压缩信号的输出。如果压缩通道在混合区(此范围会随增益和输入水平变化而变化),那有效压缩比将会比助听器内运行的实际压缩比要低。

5.3.5 平行通气孔与 Y 形(或斜形)通气孔

除了引起反馈啸叫外,使用通气孔的另一麻烦是如何将它们安装进耳模,尤其是耳模的内侧端。图 5.21 显示了当空间狭小时安装通气孔的一种方式。这种通气孔与图 5.1 所示的**平行通气孔**(*parallel vent*)相对应,被称为 **Y 形通气孔**(*Y-vent*),**斜形通气孔**(*diagonal vent*),或**角形通气孔**(*angle vent*)。除非别无选择,否则应避免选用 Y 形通气孔,因为 Y 形通气孔会产生两个严重问题。[336] 传播到声孔的高频声音会在声孔与通气孔的 Y 形连接处被部分反射。这一反射会减低高频增益,并会使高频反馈啸叫更易发生。

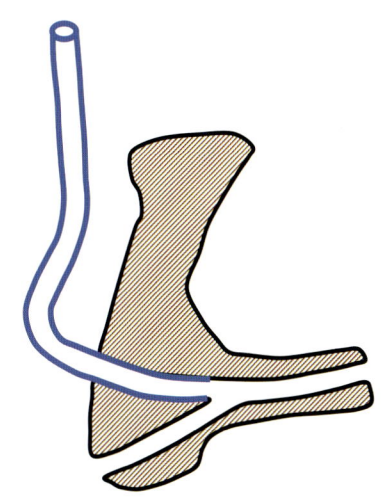

图 5.21 BTE 耳模内 Y 形通气孔(或斜通气孔)的横断面。

如果必须使用Y形通气孔，那么声孔和通气管应尽可能在接近耳模内侧交叉。而且，内侧端声孔至Y形连接处应尽可能地宽。这会降低该处声孔的阻抗，使高频能量的损失最小。当然，如果有足够的空间，也就完全没必要使用Y形通气孔了。

5.3.6 开放耳道式配件小结

开放耳道式配件在与细导声管和小型BTE助听器一起使用时，对头发长至耳部的患者来说，甚至比CIC助听器看起来更隐蔽。① 开放耳道式配件的大多数声学特性已在本章其他部分以及第4章4.2.1和4.5.2中介绍。尽管开放耳道式配件也有缺点，但其舒适性和隐蔽性使其广受欢迎。本节将集中介绍开放式配件的声学特性。更详细的介绍可参见Mueller和Ricketts（2006）的综述。

增益频率响应（gain-frequency response） 开放耳道式配件可以使耳道保持足够开放，抵达鼓膜的各频率声音同没有佩戴助听器时抵达鼓膜的声音几乎相同。用更专业的方式来说，就是患者的真耳堵耳增益（REOG）与真耳未助听增益（REUG）近乎相等，也就是说所有频率的真耳堵耳插入增益（REOIG）近乎为0dB。开放式耳道就像一个巨大的通气孔，助听器对外耳道内低频信号的SPL的提升作用非常有限，主要提供高频放大。相比采用相同放大器和受话器的封闭式耳道配件，因为共振的存在，使用开放式耳道配件会在REOG曲线的共振频率附近（尤其在2000~3000Hz）多产生3~5dB的增益，但在较低的频率区域增益相对较低，在较高的频率区域增益近乎相同（见图5.26）。在某些中间频率区域，直接进入外耳道的声音与"放大"声音的振幅相同，因此，来自两条声通道的声信号在相邻频率会相互叠加或抵消，从而在响应曲线上产生交替出现的波峰、波谷。插入深度对总的增益频率响应影响很小，因为其主要影响助听传输声音的低频增益，这种影响相对于低频通气孔传输声音来说非常微小。

自话音堵耳效应（own-voice occlusion） 开放耳道允许耳道壁振动产生的声音漏出，因此，开放式配件能成功避免堵耳效应，这种堵耳效应表现为助听器佩戴者使用封闭式耳模说话时听到难以接受的轰鸣声。

反馈啸叫（feedback oscillation） 遗憾的是，高频声音也会从开放耳道漏出，这就会严重限制在不引发反馈啸叫时可以获得的高频增益的量。不过，由于数字助听器反馈抑制技术的发展，上述问题已部分解决，但即使使用反馈抑制技术，助听器也通常难以获得规定的高频增益。不过，避免堵耳效应的优势通常比不能获取最佳高频增益的劣势更重要。

麦克风的方向性（microphone directivity）和自适应降噪（adaptive noise reduction） 开放式配件的第二个缺点是由于低频声常以直接进入外耳道的声音为主，因此，在噪声最强的低频区常难以发挥方向性或自适应降噪技术的作用。未来，当麦克风变得方向性性能更强时（请参阅第7章7.1.4），方向性的损失将成为开放式配件的一大缺点。幸运的是，可以降低封闭式耳模堵耳效应的新技术正在变成现实（请参阅第8章8.5），尽管开放式配件目前仍大量使用，但未来可能会退出主流。

验配目标（prescription target）和真耳增益测量（real-ear gain measurement） 无论声音怎样传到鼓膜，听力损失都需要在鼓膜处增强SPL来补偿。因此，无论采用开放式配件、封闭式配件还是通气孔式耳模（或者是采用管壁厚的导声管、管壁薄的导声管以及使用BTE或CIC助听器），针对开放式验配的真耳验配目标都是相同的。当然，在上述情况下，需要不同的耦合增益才能取得相同的真耳增益。但这并不是说与配有最小通气孔的助听器相比，使用开放式配件的助听器一定会获得相同的真耳增益。当避免自话音的堵耳效应与同时获得预期的高频增益难以兼顾时，一般采用的解决方式是选择没有堵耳效应，而牺牲一定的高频增益。与任何其他的助听器一样，通过测量REAG或REIG可以验证开放式验配助听器的真耳增益。唯一需要改变的就是要关闭控制麦克风（请参阅第4章4.5.2），除非将助听器设定在特别低的增益上。任何需要依靠反馈抑制技术来获得目标增益的助听器，无论采用开放式还是封闭式验配，都需关闭控制麦克风进行测试。

目前，有许多关于开放式配件、验配目标和真耳测量的错误信息，但关于保留开放耳共振和声音如何进出的信息基本没有，而这无疑会造成真耳验配目标以及有关真耳性能的REIG、REAG测量或REAR言语图失效。

---

① 用封闭式圆帽或耳道式耳模替代开放式圆帽也会影响验配的隐蔽性，因为唯一的改变是在外耳道内。

表 5.5　常见 BTE 助听器声孔系统的规格（长 × 内径），（单位：mm）。除 RITE 之外，还有一种放在 BTE 助听器机壳内的内径约 1mm，长几毫米的导声管。

	耳钩 BTE	细管 BTE	薄壁导声管 BTE
耳钩	20 × 1.3	–	–
导声管	40 × 1.9	50 × 0.8+6 × 1.0	2 × 1.2

在上面讨论的多数问题上，开放式验配的助听器与使用近几十年的通气孔式耳模助听器并没有根本区别，区别仅在于是外耳道更为开放，问题更加突显。通气孔式助听器也会减轻堵耳问题，也无法提供低频区增益，也会影响助听器在低频区的方向性和降噪功能，并会降低反馈啸叫发生前可获得的高频增益，还会发生多个通道信号的叠加或抵消。

5.4　声孔：导声管，号角，反号角

声孔提供了受话器和剩余耳道间的通道。BTE 助听器的声孔比其他助听器的声孔更长，因而对 BTE 助听器增益频率响应的影响更大。表 5.5 显示了 BTE 助听器采用的三种声孔系统。

成人 BTE 助听器的声孔（不同于 RITE 助听器）全长为 60 ~ 85mm。[336] 对于带有耳钩的 BTE 助听器，其导声管末端的 10 ~ 20mm 处于耳模内。RITE、ITE、ITC 和 CIC 助听器的声孔较短，通常直径为 1.0 ~ 1.5mm，长度为 2 ~ 10mm。[①] 如第 2 章 2.6.2 所述，声孔产生共振，共振频率主要由声孔长度决定，但也受到其直径的影响。

目前，本章提到的直径全部是内径，因为正是内径影响导声管内通过的声音。导声管壁的厚度和外径会影响经过管壁漏出的声音。这种漏声对于高增益助听器可能是一个问题，可使用特厚管壁的导声管加以解决。表 5.6 显示的是常用导声管的内径和外径大小，以及它们的 NAEL 分类。对于一个新的 #13 超厚壁（双壁）导声管来说，通过管壁的漏声会比 #13 标准导声管的漏声衰减 2dB 多。[550] 这种差异看起来可能很小，但与管壁厚度差异是一致的。因为一般漏声的源头是导声管和耳钩的连接处，所以，使用管壁厚的导管可能更有助于长时间保持连接处

---

① 至少 RITE 助听器在耳模内包含一个长的、旋转的声孔，以取得比不装声孔时更低的共振频率，从而在中频中产生额外的 OSPL90 以及增益。

的完好，比使用管壁薄的导声管有更大优势。

在潮湿的地区，应该采用抗潮导声管，这种导声管由一种可以防止外耳道内湿气形成水滴的特别塑料制成，比传统导声管更硬。

表 5.6　常用导声管的直径，（单位：mm）。[1913]

导声管尺寸	内径（mm）	外径（mm）
#12 标准	2.16	3.18
#13 中号	1.93	3.10
#13 厚壁	1.93	3.31
#13 超厚壁	1.93	3.61
#15 标准	1.50	2.95
#16 标准	1.35	2.95
薄壁	0.80	1.40

5.4.1　声学号角及反号角

沿长轴改变声孔的内径可以改变助听器的高频响应。如果直径增加（或者平滑，或者呈阶梯状变化），被称为**声学号角**（acoustic horn）；如果直径减小，被称为**反号角**（inverse horn，reverse horn 或 constriction）。

号角

声学号角提高了高频能量从受话器向外耳道传递的效率，因此，能提升高频区的增益和最大输出。这种提升作用仅适用于特定的高频，并取决于号角入口和出口直径的比例及号角的长度（见文本框）。号角越短，影响的频率越高。BTE 助听器耳模内的号角比 ITE 助听器内的号角长得多，因此能对更大频率范围的声音产生作用。BTE 助听器耳模内的号角通常能对 3kHz 及以上的信号产生明显的提升作用，然而，ITE 助听器内的号角只能对 6kHz 以上的信号有提升作用。

有多种方式将号角装配进 BTE 耳模内。一种简单的方法是直接将导声管插入耳模几毫米，此时，号角的出口直径就由耳模内侧端的钻孔大小决定。尽管用这种方式只需一两步就可制作出号角，但这种方法有两个明显缺点：

· 号角的长度比耳模声孔长度短（一般 15 ~ 22mm），因此，只能对有限的频率范围产生提升作用。

· 导声管插入耳模很少，而且耳模外侧端须用胶黏合，时间久了会使导声管在平常受力最多的地方变硬、断裂。

一种解决方法是在耳模外侧端安装一个弯头用

> **原理：声学号角如何工作?**
>
> 号角有助于克服受话器的声学阻抗与较低的外耳道声学阻抗之间的**阻抗不匹配**（*impedance mismatch*）。如果受话器和外耳道被直接连接在一起，或者经恒定直径的导声管连接，那么声能的大部分会从导声管内侧端被反射回来，而不是被传输到外耳道。通过逐步改变导声管的直径以改变阻抗，使得从高阻抗受话器到低阻抗耳道有一个渐进式的转变，因而被反射的声能会减少。这种渐进式的转变仅对波长比导声管长度短或与声导管长度相当的高频有效。由于反射不明显，导声管内驻波也会不明显。频率响应的尖峰也就会较少，从而会改进音质。
>
> 号角的功效可以量化，对高频的提升或增压可通过下列公式得出：
>
> $$\text{高频提升} = 20 \cdot \log_{10}\left(\frac{d_o}{d_i}\right) \text{dB} \quad \cdots 5.3$$
>
> 也就是说，出口直径最大的号角将产生最大的高频提升。但这一提升仅在远远超过**号角截止频率**（*horn cut-off frequency*, f_h）的频率发生。低于号角截止频率，则没有提升。对于直径呈指数增加的平滑形号角，截止频率可从下列公式得出：
>
> $$f_h = \frac{c \cdot \log_e(d_o/d_i)}{2\pi l} \text{Hz} \quad \cdots 5.4$$
>
> c 是声音的速度，$\log_e$ 是自然对数（大多数计算器上表示为 ln）。因此，号角越短，号角截止频率越高。例如，入口内径 2mm，出口内径 4mm，长为 25mm 的号角，其截止频率为 1520Hz。提升从此频率开始，直到倍频程比这个频率高时才能达到最大限度。
>
> 如图 5.22，如果号角被制作成阶梯形，阶梯形部分还有其他作用：由于在直径变化的地方会发生反射，因此，在导声管被拓宽的部分，会形成驻波。由这些反射引起的**四分之一波长共振**（*quarter-wavelength resonance*）可被用于调节和扩展助听器的频率范围。[427, 909, 910]

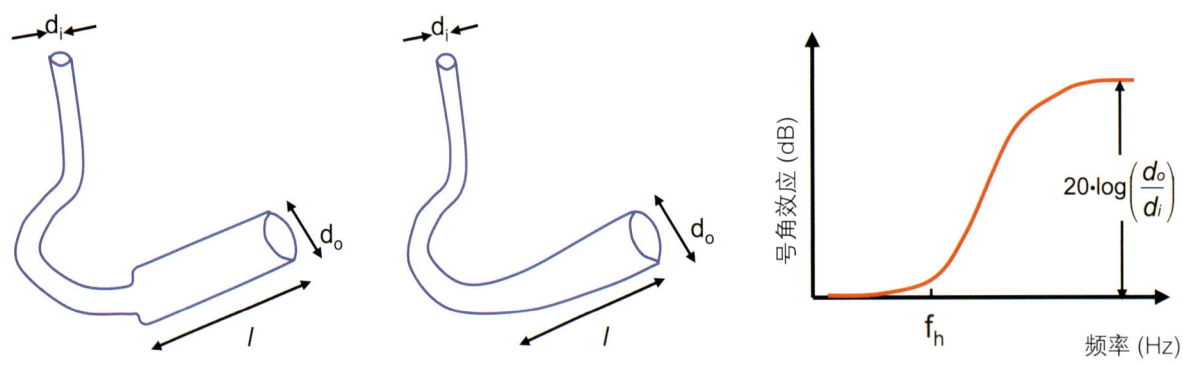

图 5.22 两个声学号角，一个是阶梯形，一个是平滑形，每个都有入口（直径 d_i）和出口（直径 d_o），以及由平滑形号角产生的频率响应提升（增益和最大输出的增加）。

于连接导声管。这种方法的优点是能替换导声管，而不必替换耳模，也可不使用黏合胶。

另一种解决方法是使用模制的塑料号角，比如 **Libby 号角**（*Libby horn*）。[1062]BTE 助听器的高频增益相对于中频增益和预设的频率响应而言，普遍不足。所以，BTE 助听器普遍需要尽可能宽的号角。困难只是如何将其放进耳模内，尤其当耳模内必须同时放置一个通气孔时。

图 5.23 显示了将直径 4mm 的 Libby 号角放进耳模的两种方法。左边的方法中，号角完全穿过耳模，需要大约 5mm 直径的钻孔。在右边的方法中，最后大约 15mm 的号角被切除，号角的其他部分被黏合

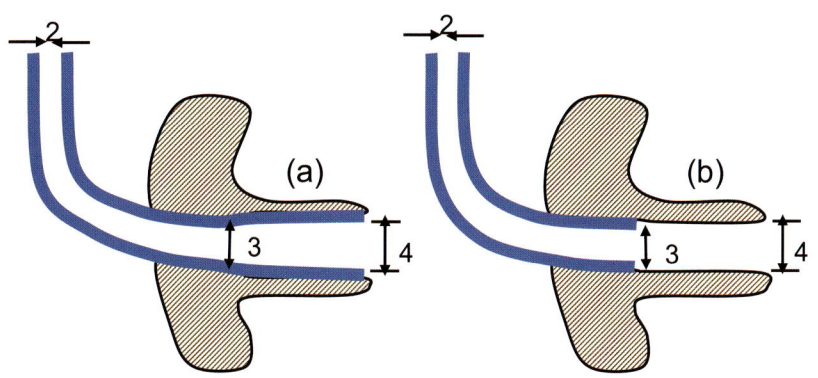

图 5.23 4mm 的 Libby 号角在图 a 中完全插入耳模,在图 b 中部分插入,由耳模构成号角的末尾部分。直径单位为毫米(mm)。

在耳模的外侧端。因为耳模本身形成号角的末尾部分,仅需在耳模外侧有一个 4mm 的钻孔。另外,由于是声孔的面积而不是形状起决定作用,所以,如果需要,也可将出口孔做成椭圆形。

采用相同的制作方法,制作一个 3mm 的 Libby 号角需要的空间仅与一个全插入式的 2mm 直径的导声管所需的空间相同。这种**半导声管(half-tubing)** 结构的潜在缺点是如果将号角粘在耳模的外侧端,导声管的寿命会缩短。

号角的效果与四分之一波长共振取决于号角的进出口直径差。使用 #13 导声管时也可以减少其入口直径,而不是增加其出口直径。这正是 **Lybarger 高通导声管(Lybarger high-pass tubing)** 的构造原理:用一个内径 0.8mm 的导声管(与新式薄导声管直径相同)将耳钩连接到直径 1.93mm 的导声管的最后 15mm 部分。但狭窄的入口管会降低中频增益。小尺寸的出口直径使其尤其适合为幼儿耳模制造一个号角。

需要注意的是,仅在耳模内侧顶端最后 5mm 处钻孔或扩孔不会对 4kHz 的信号产生提升作用。这样形成的号角,由于非常短,主要影响 6kHz 以上的频率。扩成喇叭口可能会增加各种导声管共振的频率,在特定的安装中,可能会产生有利或不利的影响。图 5.24 显示了在耳模内侧端钻一个直径为 4mm 的各种不同长度的孔的作用。注意要想在 4kHz 以上取得明显的效果,钻孔长度应至少超过 10mm。

一个例外是当恒定直径的导声管,由于疏忽被卡压在耳模内侧端时,高频降低的幅度和程度将主要取决于导声管被黏合进耳模钻孔时受到的挤压程度。短号角有时能明显提升高频,不是因为号角效应,而是由于增加号角时解除了对导声管的挤压。[910]

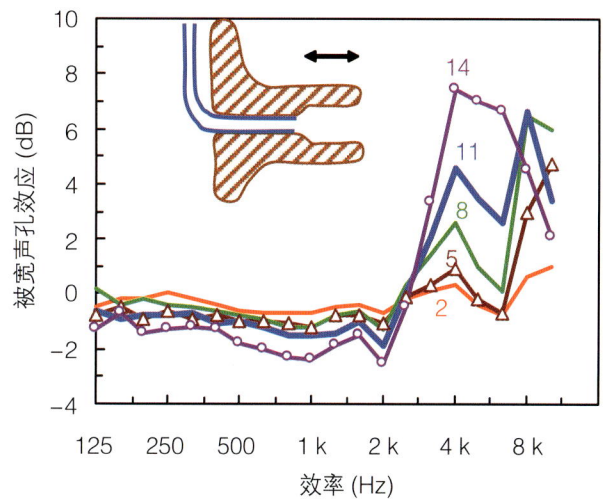

图 5.24 相对于一个恒定直径为 2mm 的声孔,在耳模内侧端钻一个直径为 4mm 声孔的效果。每条曲线旁的数字表明被扩宽的声孔的长度,单位为毫米(mm)。

但号角也可能会被挤压。如果号角被挤进太小的钻孔时,能获得的高频提升将比预期少很多。[910]

表 5.7 显示了相对于恒定直径的 13# 导声管,各类型声学号角对增益和 OSPL90 的影响。特定尺寸的号角对高频信号的总体提升是稳定的——是一种声学必然,不受个体患者耳的特性或助听器式样的影响。[429] 但对特定频率的提升(dB),在人与人,助听器与助听器之间是不同的。这是由于号角不仅对全部高频有提升作用,也对共振频率有轻微改变。低频增益会轻微降低的原因是由于号角会略微增加连接到助听器的总体容积。可采用整体模制的塑料耳模(ER-12LP)测量 Lybarger 高通导声管的数据。

使用细导声管声孔要付出一定代价,如表 5.7 所示,相对于较宽的 #13 导声管,一个恒定直径的细

表 5.7 相对于恒定直径的 #13（2mm）导声管，不同型号的声孔对相同受话器的增益和 OSPL90 的影响（单位 dB）。

声孔	频率								
	250	500	750	1000	1500	2000	3000	4000	6000
Libby 4 mm	−1	−2	−3	−3	−1	−2	6	10	6
Libby 3 mm	−1	−1	−2	−2	1	1	5	5	2
CFA #2 号角	0	0	−1	−1	0	−1	4	6	4
CFA #3 阶梯内孔	0	0	−1	−1	0	−1	4	6	2
Lybarger 高通管	2	4	0	−11	−13	−12	−10	−1	−1
6C5	0	1	0	0	0	0	−4	−6	−11
6C10	0	2	0	−2	−1	−5	−10	−12	−17
1.5 LP 管	1	3	0	−9	−10	−9	−10	−10	−12
细导声管	0	1	4	3	−7	−8	−4	−5	−8
RITC	−1	−4	−5	−7	−10	−6	−3	−6	−6

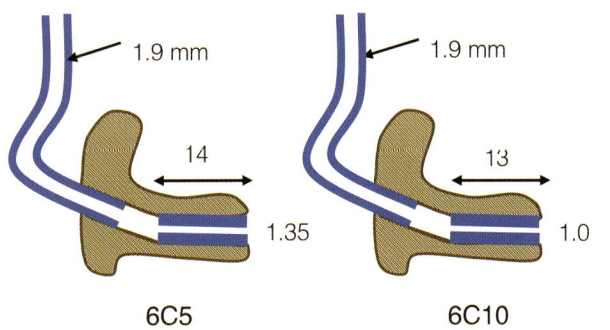
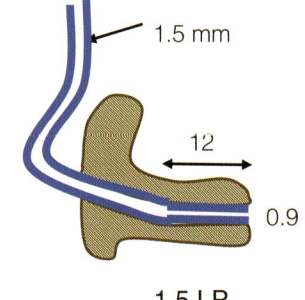

图 5.25 6C5、6C10 及 1.5LP 型反号角的尺寸。[909]

导声管声孔会对高频产生衰减。[①] 细导声管助听器也可使用号角，但目前除了在连接圆帽式耳塞的末端处对细导声管进行加宽，还没有其他适用于细导声管的号角。这可能是由于细导声管传输系统原本用于开放式耳模，其可获取的高频增益受到反馈啸叫的严重限制。不过，由于舒适和美观，细导声管助听器现在也与封闭式耳模一起使用，因此，使用带有号角的导声管将会使助听器在更大的听力损失范围发挥作用，并且在此过程中，能通过降低增益频率响应中的峰谷比率而改进音质。从声学角度讲，这种效果与几十年前就可应用的 Lybarger 高通导管的效果相似。厂家可对此予以关注！

反号角

反号角与号角的作用相反：它们降低了高频能量输送至外耳道的效率。反号角的应用极少，部分原因是听力损失通常在高频区最大，部分原因是助听器受话器在导声管的主共振频率 2~3kHz 之上时，性能会下降，还有部分原因是多通道助听器较易实现对特定频率增益的降低。将反号角与加宽声孔一起使用，能够实现更大程度的高频削减。

图 5.25 显示了 3 种收缩声孔的尺寸。6C5 和 6C10 是声孔家族中的一部分，因为它们在 6kHz 时，可以分别削减 5dB 和 10dB 的频率响应，所以如此命名。[909] 6C5 可通过将一段 14mm 的 #16 导声管插入带有 3mm 号角的耳模进行制作。[911] 6C10 可通过将一段 13mm 的 #19 导声管插入带有 3mm 号角的耳模制成。[910] 1.5LP（低通）有整体模制的产品（ER-12LP）。表 5.7 显示了反号角的声学效果。

5.4.2 导声管插入深度

对于封闭式或通气孔很小的助听器增加耳道柄长度会减少剩余耳道容积，进而增加全部频率的增益，但对高频的提升比低频略多。对于开放式耳道配件，增加插入深度也会增加各频率的增益，但对低频区的提升最大，两种原理截然不同（见文本框）。图 5.26 显示了随着插入深度增加，KEMAR 人工头鼓膜位置的 SPL 变化。使用相同的受话器和电驱动强度进行测量可以反映出采用开放式圆帽耳塞

---
① 相对于 2mm 导声管，各种细导声管的精确值无疑会随所选用导声管的直径和长度变化而变化，但总体的趋势是在大约 750Hz 外会有更多的增益（由一个更低的共振频率引起的），而在 1500Hz 之上会有更少的增益。

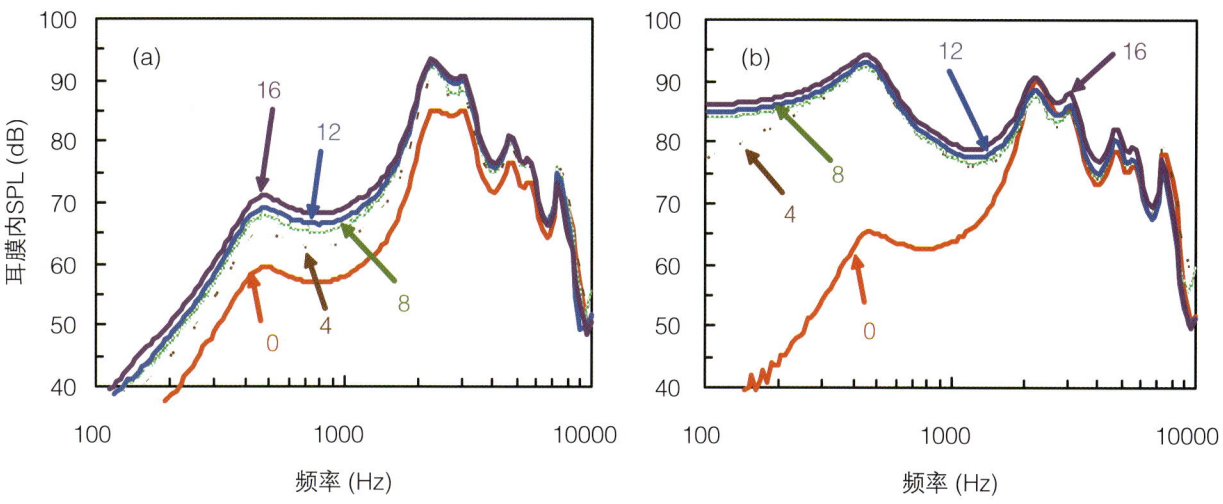

图 5.26 将细导声管分别连接（a）开放式圆帽耳塞和（b）封闭圆帽耳塞时，受话器在耳模拟器内的频率响应。图中的数字代表导声管在耳道内的插入深度，单位为 mm。在两个最浅的插入深度上，封闭式圆帽耳塞并没有完全封闭耳道。

> **为什么插入深度会改变开放式验配时耳道内的 SPL？**
>
> 　　在 1500Hz 以下，通气孔的阻抗（如从导声管顶端到外界空气间的通道）会比剩余耳道阻抗低得多，因此，通气孔阻抗将支配全部阻抗，决定外耳道内的 SPL。当插入深度增加，通气孔的长度会增加，阻抗也会随之增加，因此，耳道内的 SPL 增加。对于高频声音来说，更深的插入仍会引起剩余耳道容积变小，阻抗增大，但这一优势被更接近鼓膜的导声管抵消，因而会损失部分由开放式耳道共振产生的声压升高。

和封闭式圆帽耳塞的细导声管响应的几个其他特征：

· 相对于封闭式响应，开放式的通气效果会产生斜率为每倍频程 12dB 的低频截止。

· 细导声管声孔较高的声质量会将第一个共振下移至比单独根据波长预期的共振频率低得多的频率（这里是 500Hz），同时也比采用 #13 导声管时观察到的频率更低。

· 开放系统在 2～4kHz 的耳道共振频率范围有更高的输出。

5.5 阻尼器

　　阻尼器会降低声孔共振频率上的增益和最大输出（请参阅第 2 章 2.6.2 和 2.7）。将阻尼器放在共振引起空气粒子流动最快的位置时最有效。对于波长共振而言，在导声管末端连接受话器的地方，质点速度最小。对于 BTE 助听器而言，将阻尼器从受话器向耳模外侧端移动，靠近声孔时，1 kHz、3 kHz、5 kHz 处的共振会被更有效地衰减。相反，如果将阻尼器放置在受话器附近而不是耳钩顶部时，会更有效地衰减 2 kHz 附近的受话器共振。图 5.27 显示了将 1500Ω 阻尼器放在耳钩的顶端（耳模侧）和末端（助听器侧）时的效果。

表 5.8 显示的是当阻尼器放置在耳钩两端时，不同阻抗的阻尼器对增益和 OSPL90 的影响，单位为 dB。

在有些情况下，有必要在耳钩的两端采用阻尼器，以获得足够平滑的增益和与目标增益相等的 OSPL90 响应。

阻尼器也可放置在 RITE/ITE/ITC/CIC 助听器的导声管内，但由于易被耵聍和潮气堵塞，可能需要经常更换。有些受话器将阻尼器设置在受话器的出口。这种情况下，当阻尼器堵塞时，可能需要更换整个受话器。

阻尼器也可能被插入麦克风导声管以降低助听器的高频响应（尤其是预防反馈）。阻尼器的直径有 2.08mm、1.78mm、1.37mm 和 1.12mm 等规格，分别适合不同的应用。[1847] 上述介绍中的三款较小的阻尼器，其阻尼网没有包含在金属套内。

目前还没有将阻尼器应用于细导声管声孔，一方面可能由于阻尼器更易被湿气封住，另一方面可能由于细导声管本身就有较大的阻尼。（细导声管横

表 5.8 在 BTE 助听器耳钩顶端和末端放置阻尼器的典型效果。所示数值是多个助听器的平均值，助听器与助听器之间的衰减略有不同。色彩是 Knowles 公司采用的符号系统，还有 1000Ω（棕色），3300Ω（橙色）和 4700Ω（黄色）阻尼的数值可供参考。

阻尼器阻抗	阻尼器位置	频率（Hz）								
		250	500	750	1000	1500	2000	3000	4000	6000
330 灰	末端	0	0	0	−1	−1	−1	−1	0	0
680 白	末端	0	−1	−1	−3	0	−1	−1	0	0
1500 绿	末端	−1	−2	−3	−7	−1	−2	−4	−1	−1
2200 红	末端	−1	−1	−2	−6	0	−3	−3	−4	−1
330 灰	顶端	0	0	−1	−3	−1	−1	0	−1	0
680 白	顶端	0	0	−2	−6	−1	−1	−1	−1	−1
1500 绿	顶端	−1	−2	−6	−11	−3	−1	−2	−4	−1
2200 红	顶端	−3	−4	−9	−16	−4	−1	−1	−5	−1

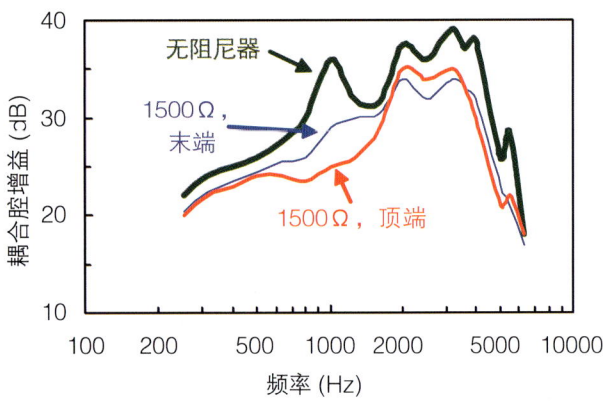

图 5.27 助听器在没有阻尼器和将 1500Ω 阻尼器放置在耳钩两端时的频率响应情况。

断面的任何一点离管壁都很近，当运动的空气与静止的管壁摩擦时，必然会产生衰减。）尽管如此，如图 5.26 所示，细导声管声孔还是会产生明显的共振。

> **实用技巧：使用阻尼器调节 BTE 助听器的中频响应。**
>
> • 如果想最大限度地减少 1 kHz 并尽可能少地减少 2 kHz 的信号，可以将阻尼器尽量靠近耳模放置。耳钩顶部是最关键的位置。将阻尼器放在耳模内侧端时效果最好，但是由于此处极易被耵聍和潮气阻塞，所以应尽量避免。
>
> • 如果想最大限度地减少 2 kHz 并尽可能少地减少 1 kHz 的信号，可以将阻尼器尽量靠近受话器放置。耳钩与助听器的连接处是最关键的位置，但是只有少数耳钩允许在此位置放置网状和钢化的阻尼器。

5.6 特定的导声管、阻尼器和通气孔配置

耳模制作机构及助听器厂家会提供一系列由特定的导声管、通气孔和阻尼器构成的耳模和声音传输系统。这些耳模或声音传输系统有特定的名称或数字。仔细区分声孔形状及尺寸、通气通道的尺寸以及阻尼器的阻尼值和位置，而不是用耳模、传声系统的特定型号来表示一种特定的声学性能，会更有助于理解整个耳模的声学性能。

5.7 选择耳模及定制机机壳声学性能的程序

在验配助听器前，可采用下列步骤选择适合的耳模声学性能。前提是假定已完成了助听器其他部分的选择（请参阅第 11 章）。实施这些步骤时有时会发现前面的尝试性选择并不是最好的，此时，可重新选择。

步骤 1：找出可用的最大通气孔尺寸。计算目标插入增益，并使用表 5.2、5.3 或 5.4 找出在不发生反馈啸叫时可用的最大通气孔尺寸。对于非线性助听器而言，因为在低强度输入时，增益最大。所以，应采用低强度输入的目标增益。使用反馈抑制技术时，应增加大约 15dB，并减去一个安全系数（大约 7dB）。

步骤 2：估计必需的最小通气孔尺寸。根据患者 250Hz 与 500Hz 的听阈，预估克服堵耳效应所需的最小通气孔尺寸。虽然没有可参考的研究数据，但作为一个原则，在低频损失大于 50 dB 时，无须使用通气孔，在低频损失低于 30dB 时，必须使用至少 2mm 或更大的通气孔。尽管 1mm 的通气孔通常太小，对消除堵耳效应不起任何作用，但有一个这样

的通气孔可以使听力师更容易钻孔或研磨出一个更大的通气孔。

步骤3：确定通气孔尺寸。基于步骤1和2的结果，多数患者会做出决定，因为其最大和最小通气孔尺寸常是相同的，或者其最大通气孔将比最小通气孔略大。但对于低频听阈接近正常并且在高频区域有60～90dB损失的患者来说，选择要困难些。最大通气孔尺寸反而会比最小通气孔尺寸小。这确实给验配造成困难，需要采用反馈抑制技术来解决。对听力图不理想的患者来说，可以定制可调整式通气孔。事实上，对于所有最小通气孔尺寸与最大通气孔尺寸差别不大的患者，都可定制可调整式通气孔。同样，对于使用耳道配件而不是耳模的助听器而言，可以对验配的开放程度进行调整，如果有必要时，可以更换耳道配件而不必更换助听器。如果在步骤3中选择了使用开放耳道式验配，那么就不必进行步骤4了，因为出于外观考虑使用细导声管声孔时，无须考虑号角或反号角。

> **实用技巧：是否适合？**
>
> 在最后决定声孔及通气孔的选择之前，保证耳印上的耳道柄比声孔直径和通气孔直径的总和至少要大2mm。

步骤4：选择声孔外形。此步骤的内容主要针对BTE助听器的耳模，一方面是因为号角对于RITE/ITE/ITC/CIC助听器来讲，作用有限，另一方面是因为这些助听器的声孔是由厂家选择的。对BTE助听器来说，声孔对2～4kHz倍频程内的响应形态影响最大，因此可基于这些频率选择声孔。首先计算耦合腔增益目标的斜率（单位dB/倍频程），即用4kHz目标增益减去2kHz目标增益，然后计算所选助听器的耦合腔增益的最大斜率。如果目标斜率比助听器斜率更大（经常会这样），那么就需要使用某种类型的号角。如果偶尔出现2～4kHz的目标斜率低于助听器增益的斜率，那么就需要采用某种类型的反号角。如果目标斜率与助听器斜率相近，可采用#13导声管。①

---

① 本书所用的关于BTE助听器的CORFIG数据是基于用HA2耳模模拟器获取的2cc耦合响应，但插入增益是通过在封闭的、有典型漏声的耳模内使用#13恒定直径的声孔获取的。所以，当目标耦合响应与真实助听器响应之间无差异时，#13导声管是最合适的声孔。

表5.9中的数据可以帮助你决定选择哪个号角或反号角。很容易在表中找到合适的声孔，其在2～4kHz倍频程内的斜率可以与你计算出的目标斜率和助听器斜率之间的差值相匹配。注意，如表5.7所示，相对于#13导声管，Lybarger高通导声管通过抑制中频而不是增强高频取得斜率。同时，还需注意，1.5LP导声管对500Hz至2kHz的信号有截止作用，因此对2kHz以上的斜率影响甚微。如果你采用最简单的办法（不做任何计算）：一直选择适用于耳道的最大号角，大多情况下也是对的！

如果是基于插入增益而不是耦合腔增益选择助听器和耳模，那么仍可应用表5.9选择声孔，这种情况下，可基于目标插入增益的斜率与助听器的预期插入增益斜率间的差异做出选择。

表5.9 可解决目标响应斜率（按照4kHz目标增益减去2kHz目标增益计算）与助听器耦合腔响应斜率之间差异的声孔型号。

声孔型号	2～4kHz 斜率（dB/倍频程）
Libby 4 mm 号角	12
Libby 3 mm 号角	4
CFA #2 号角	7
CFA #3 阶梯内孔	7
Lybarger 高通导声管	11
#13 导声管	-1
6C5	-6
6C10	-7
1.5 LP 导声管	-1

步骤5：选择阻尼器。在助听器验配后选择阻尼器最有效。原因是：第一，表5.8中没有显示阻尼器对测试频率间其他频率的作用；第二，阻尼器对特定频率的确切效果取决于该频率与波峰还是波谷重合；第三，助听器插入增益响应内的波峰和波谷取决于个体真耳未助听增益的形态；第四，与通气孔或声孔不同，在验配时只需几秒就能更改阻尼器的大小。因此，可以先采用任一阻尼作为标准进行真耳测试，然后在需要时，再根据表5.8中的数据和文本框"使用阻尼器调节BTE助听器的中频响应"的信息，调整阻尼器。

> **实用技巧：快速更换阻尼器**
>
> 如果保存几个常见的助听器耳钩备用，并在耳钩上预先装上不同尺寸的阻尼器，那么就可以很轻松地更换阻尼器，并且不会造成损坏。

5.8 耳印

尽管本章从耳模及定制机机壳的声学效果开始谈起，但是如果没有首先制取耳印，就不可能有耳模（壳）。本节将介绍制作耳印的技术和材料。

5.8.1 标准取耳印技术

检查耳道。取耳印前需先进行耳镜检查。向后拉耳郭查看鼓膜及耳道壁，以便在取耳印前发现异常情况。

- 如果耳垢太多，会影响耳印制取的准确性，就不要继续进行。对于耳垢量的多少，意见不一，与所要求的耳印准确性有很大关系。低增益的通气式BTE耳模或全耳甲腔ITE助听器，比高增益的封闭式助听器或CIC助听器允许有更多的耳垢。
- 如果外耳或中耳有任何可见的感染或炎症，或有鼓膜肿胀或穿孔等可见的体征时，就不要继续进行。上述情况下，均应该首先进行临床处理。
- 如果外耳道扩张太多（对于外耳道靠外的部分而言），则不要制作深耳印，这样取出耳印将会非常困难。通常在第二弯曲内，外耳道的前后径会略微加宽。[36] 耳印材料在取出过程有轻微压缩（请参阅第5章5.8.3），但有一个限度。施行乳突切除术去除颞骨乳突的病灶时会留下异常扩大的外耳道。在这种情况下，取耳印前应先进行耳鼻喉科检查。在插入保护鼓膜的耳障前，需先用另一个或几个耳障填满外科手术造成的空腔。
- 修剪耳甲腔内过长的毛发，以防影响耳印的精确或造成耳印难以取出。

插入耳障。耳障（*canal block*）采用小量脱脂棉或泡沫材料填充耳道横断面以防止耳印材料流进耳道深部。耳障也被称为**耳堵**（*oto-block*）、**耳印垫**（*impression pad*）、**耳坝**（*ear-dam*）。耳障提供的阻力使耳印材料可以在希望的深度完全填满外耳道横断面，而不是逐渐变细。在耳障周围系有一条结实的线，可以帮助取出耳障，也可将脱脂棉或泡沫材料粘在导声管上（见文本框和图5.28）。

耳障可以定制，也可购买预先系好线的、不同尺寸的耳障。耳障必须使用正确的尺寸：太小可能会被耳印材料推进外耳道，或者让耳印材料流进耳障周围；耳障太大会造成进入深度不够，患者也会感到不舒服。利用外侧厚中间变薄的耳障可以制作较深的耳印。为了更方便地插入耳障，可以使用照明塑料棒，称为**耳灯**（*ear-light*、*oto-light* 或 *light-stick*）。使用耳灯时，应该用小拇指撑住头的一侧。如果将棉垫向更深的位置推进时突然变得更容易了，要小心这可能是耳道突然变宽造成的，取出耳印时将变得困难。耳障的插入深度非常重要。耳模或助听器厂家只能制作耳道柄比耳印短的成品。除非确定需要一个非常短的耳道柄，一般情况下，应将耳障插至或超过第二弯曲的位置。如果希望耳模（壳）比耳印短，可以在耳印上标记想要的长度。

> **提示：意外后果**
>
> - 一定要使用合适尺寸的耳障。已知有耳印材料，通过未被发现的穿孔进入中耳腔，还有耳印材料因为注射压力过大，导致鼓膜破裂而进入中耳腔。[958, 1564]
> - 由于存在异常的狭窄入口或接受乳突手术，接近鼓膜处的外耳道被扩宽，会导致耳印材料被楔入，需要手术才能取出。[800, 958]

配制耳印材料。应按比例使用推荐材料。虽然改变混合比例可以降低黏度（更易注入外耳道）或改变凝固时间，但这种改变可能对成品耳印产生负面影响。如液态或粉状丙烯酸中有过多水分，将使耳印在受热时更易融化或变形，[1249] 并增加收缩量。[14] 混合材料时必须认真而且速度要快，应在一次性衬垫或可清理的面板上用抹刀操作。这样做是为了避免：

- 皮肤反复吸收制作耳印的化学材料，对听力师的健康产生不良影响。
- 从护手霜和乳胶手套泄漏的含硫物质污染耳印材料。
- 耳印材料温度上升，造成耳印凝固时间缩短。

同样，可用抹刀将耳印材料装进注射器，也可用倒置的注射器将材料反推进去。

填充耳。轻压注射器（枪）直至耳印材料开始流出顶端，将耳郭向上、向后拉，以便注射器尽可能插入深处。针对过于狭长的耳道可使用注射器的加长头。按下注射器直到材料漫过注射器头部6mm，继续按压注射器的注射棒，同时平稳地退出注射器并使注射器头部始终埋在耳印材料中。在外耳道填满，耳甲腔几乎填满时，将注射棒压低，将注射器头部沿着耳甲腔后面（接近对耳屏和对耳轮）向耳轮方向向上转动。在耳甲艇被充满后,将注射器的注射棒提起,注射器头部向下推向耳甲腔前部(接近耳屏),当耳甲腔完全被填满,周围略有溢出时,完成注射。耳模(壳)制作室一定要能识别出所有耳朵上的标识,但只有将耳甲腔全部填满才可能做到这一点。整个操作中应该对注射器持续用力并一次完成。用此方式可以形成一个近乎平整的耳印外部表面,这样较易将耳印黏到一个容器上以便运输。

标记印模。如果助听器是 ITE 或 ITC 助听器,并且要安装方向性麦克风,那么,可以在印模表面划出一条水平线。这条线将帮助厂家在相同水平面上定位两个声孔以使向前的方向性最大化。

等待。7~10分钟后(取决于耳印材料和温度),用指甲或其他尖锐东西快速按压耳印以测试其硬度。如果凹痕完全消失,说明耳印完全固化。如果耳道特别弯曲且(或)耳道特别长,那么要等待更长时间,以防耳印取出时被撕破。

取出耳印。让患者张开和闭紧下颌几次。将耳郭向下,然后再向后、向上拉起。这样的动作有助于耳印与耳朵分离。去掉耳印的耳轮部分[耳轮锁(*helix lock*)]。抓住印模适当扭转将其拉出。

查看耳朵。确定没有东西留在耳内!

查看耳印。确定没有褶皱、缺口或气泡。在制作成品时,要切除的部分可以有一定的瑕疵,但在其他部分不可以存在。耳道柄处的质量尤为重要。如果对耳印质量有怀疑,那么就重新做第二次。注意将耳障留在耳印上。耳障相对于耳印的角度将给厂家提供耳模材料在外耳道内走向的线索。在耳印从耳中取出后,不要再增加耳印材料修补耳印,这样做不可能准确,而且可能会导致不舒适并增加反馈。[1420]

标注及寄送耳印。将成品耳印用适合的方式包装在运输容器内(请参阅第 5 章 5.8.3)。运输过程任何耳印的变化都将反映到最终产品上。也可用激光扫描仪扫描耳印,并将电子图像传给厂家。无论怎样寄送耳印,都需用文字或扫描电子文档做好注释,标明观察到的外耳道的异常或使用耳印时需进行调整的请求。需标注清楚任何由耳内隆起物造成的耳印上的空洞(否则,技师或许会认为空洞是由耳印制取技术导致的,并把空洞填满)。如果下颌活动时耳道特别易变,那么要标记出移动区域,除非耳印是在下颌张开时制取的(见后)。

清理。如同进行真耳测试时一样,采取适当的感染控制措施是非常重要的,但这超出了本书介绍的范围。耳垢本身不是感染物质,但是很难确定是否有血或其他液体混合在耳垢内。[889]因此应将所有耳垢视为潜在的感染物。[890]耳内如有任何感染,或任何意外引发耳道内出血,应小心护理,并对设备仔细消毒(或处理)。

> **耳印深入到了骨性耳道吗?**
>
> 针对准备用于骨性耳道的助听器,需注意:
> - 如果耳印的第二弯曲不够清楚,可能是因为耳印太短,可以重新取一次。
> - 使用放大镜观察耳印,骨性耳道的皮肤相对于正常耳道的皮肤更加光滑,吸收能力较差,质量较好的耳印可以反映出这种差别。

5.8.2　CIC 助听器及高增益助听器的耳印技术

CIC 助听器及高增益助听器要求耳模(壳)与耳道贴合得更紧。贴合更紧是为了避免反馈啸叫,或是将 CIC 助听器固定得更牢固。

CIC 助听器通过外耳道内的弯曲及机身横断面和轴线上形状的变化固定在耳内。通常在第二弯曲处的扩宽特别重要。[1420]因此,CIC 助听器的耳印必须深至第二弯曲,最好超过第二弯曲 5mm。当耳障插入此深度时,耳印材料能覆盖全部软骨性外耳道,因此方便更稳固地佩戴助听器。[1419]

CIC 助听器及 ITC 助听器均需要非常贴合才能保证助听器不从耳中脱落。当患者运动下颌时,由于耳道形状改变,助听器会发生位移。尤其是当下颌张开,第一弯曲和第二弯曲之间的耳道前后径会逐步增加。当下颌张开,颞下颌关节向前运动,拉着耳道前壁向前运动。[1360]一般情况下,将下颌张开,上下门牙间保持 25mm 距离时,耳道的宽度会增加 10%。[1359]如患者的后牙掉了,配有不合适的假牙,或由于其他原因造成颞下颌关节紊乱,下颌咬合过度时,下颌运动引起的耳道尺寸变化将比正常情况下更大。[652]

> **CIC 助听器耳印技术简述**
>
> - 超过第二弯曲 5mm 制取耳印。
> - 采用中高黏度硅酮类耳印材料。[1419]
> - 张开下颌制取耳印。

针对易变化的外耳道制取耳印时，可以让患者咬在 25mm 厚的垫片上使下颌保持张开，直到耳印材料固化。[1418] 尽管人们认为当闭合下颌时，加长的耳模（壳）的耳道柄可能会引起不舒服，但报告显示，采用张口耳印制作的 CIC 助听器与闭口制作的耳印不仅一样舒适，甚至舒适度更高。[546] Pirzanski（1997a）认为不舒适多由助听器贴合不紧造成的，因为为了避免啸叫或佩戴得更稳固，患者会反复将助听器推进比预定位置更深的地方。

所有 CIC 助听器都应该张口制作耳印吗？或许是，对于耳道变形非常大的患者来说可能最需要。听力师可用耳镜观察耳道壁运动，以评估其运动幅度，或使用更直接的方式，通过插入一根手指来感受运动幅度。[1153]

耳道壁的过度运动可能妨碍 CIC 助听器的使用。[652] 有一种潜在的，但尚未尝试过的解决方法是使助听器的外侧部分与外耳道贴合得较宽松，但将其内侧紧贴骨性外耳道（这部分不会移动）。为了舒适，至少要在助听器的内侧使用非常柔软的材料。

另一种制取可以紧密贴合的耳模（壳）的方式是在患者耳内逐步增加耳印的尺寸。采用三步耳印制取技术（见文本框），使用不同黏度的耳印材料可

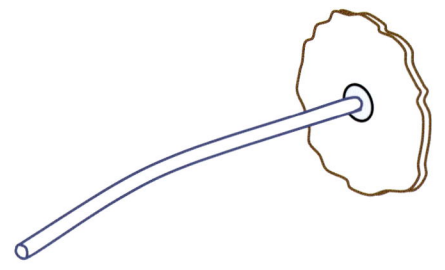

图 5.28 带有减压管的薄棉垫，用于制取靠近鼓膜的较深的耳印。

以获得贴合紧密又非常准确的耳印。[543] 每一步都会扩张外耳道壁，在外耳道柔韧性最大的地方，扩张程度也最大。

张口技术和三步耳印制取技术都会在紧邻外耳道入口的内侧增加耳模前后维度的宽度。[1110, 1419] 这两种技术的相对效果尚不明确，但张口技术制取效率较高。第三种可选的方式是采用一步完成的闭口耳印制作技术，并使用耳模或助听器厂家提供的材料封闭存在缝隙的地方，由于厂家不可能知道患者外耳道的柔韧性，因此，即使厂家提供的封闭材料能够为高增益助听器提供足够的衰减，这种方法的有效性也会弱于三步制取技术。[1110]

很显然，深插入的 CIC 助听器需要非常深的耳印。耳障棉垫必须深入到鼓膜或接近鼓膜几毫米的位置，其自身也只能占据几毫米的空间。图 5.28 显示的是专门为此设计的棉垫。采用 2mm 厚的棉垫，牢固黏合在一个中空塑料管的末端。在取出耳印时，中空管使耳印内侧的压力与外部空气的压力相同，使取出过程中产生的疼痛最小。由于棉垫非常接近甚至

> **三步耳印制取技术概述**
>
> 1. 首先使用黏性耳印材料（即不易流动）和一段嵌入棉垫的导声管制取耳印，此导声管在将耳印从耳中取出时起到减压作用，这对于第 2 步和第 3 步尤为重要。
>
> 2. 在耳印的耳道柄表面涂一层中性黏度的耳印材料。再次将耳印插入，轻压几秒钟以帮助未干的材料分布均匀。将已经干了的耳印从耳中取出，并保证导声管不被堵塞，然后重新将耳印插入耳道。使用带阻抗计的气泵以确认在静压下耳模能良好密封。在患者张开和闭合下颌时，给予 200 daPa 压力时应保持 5 秒不漏声。如果有漏声发生，重复第 2 步。
>
> 3. 进行这一步时，患者的头应转向侧面靠在枕头上。插入新的棉垫，至少同第 1 步一样深，用低黏度的材料填充外耳道，迅速重新插入耳印，将多数耳印材料挤出。在耳印上留下的涂层会使耳印更贴合耳朵的细微结构。
>
> 应告知耳模厂家不要在耳模表面再增加任何新材料，也不要对耳模进行抛光。更多详情可参见 Fifield、Earnshaw 和 Smither（1980）合著的文章。希望制取得更快但不要求太精确时，可省略步骤 3。

> **制作密闭性好又舒适的耳模（壳）的五种方式：**
>
> - 张口取耳印。
> - 采用两步或三步制作耳印的技术。
> - 在制作耳模时使用特殊的加厚材料。
> - 使用黏性硅酮类耳印材料（不易流动）。
> - 在耳印变硬前，轻拍耳印材料。
>
> 　　单独使用以上方法时，前面的方法可能比后面的更有效。[1110] 不建议同时采用上述方法。

接触到鼓膜，耳印材料的黏度应非常低，以使耳印材料在注入过程中施加给鼓膜的压力最小。插入之前可在棉垫的内侧面涂上润滑剂以使耳印变硬后容易取出。

5.8.3　耳印材料

至少有三类材料可用于制取耳印，当混合两种材料，发生化学反应后，耳印固化：

- **丙烯酸（*Acrylic*）** 材料（如甲基丙烯酸乙酯）是一种水性材料和粉末材料的混合。例如：Audalin™。
- **浓缩成型硅胶（*Condensation-cured silicone*）** 材料（如二甲基硅氧烷）是两种糊状物的混合。例如：Otoform-K™、Siliclone™、Blue Silicast™ 和 Mico-sil™。
- **加成型硅胶（*Addition-cured silicone*）** 材料（如聚乙烯硅氧烷、乙烯聚硅氧烷）是两种糊状物的混合。例如：OtoformA/K™、Reprosil™、Pink Silicast™、Silasoft™、Mega-Sil™、Dur-a-sil Equal™、Matrics™ 和 Silhouette Plus™。

要制作紧贴且舒适的耳模（壳），必须将不同性能的耳印材料结合起来使用。

黏度（Viscosity）　低黏度（即流动性）耳印材料容易灌注，并且不易造成耳道扩展、变形。① 之前这种材料主要被推荐用于制作 CIC 助听器耳印，以保证耳印能准确复制外耳道。但这一做法忽略了下颌运动引起的耳道尺寸变化（请参阅第 5 章 5.8.2）。Pirzanski（1997a）认为需要佩戴紧密时，不能使用低黏度材料，因为低黏度材料难以扩张外耳道的软骨部分。使用高黏度材料会使耳内毛发贴近耳道壁而不是裹进耳印内，因此从多毛的外耳道取出耳印时会减少痛苦。[1417] 对于深置的 CIC 助听器有一种推荐使用的技术，即对骨性外耳道使用低黏度材料，1 分钟后，再注入高黏度材料以制作其他部分的耳印。[1685] 这种方法的目的是对外耳道的软骨部分进行扩张，而不扩展其骨性部分。这种方法的舒适性和抑制反馈的优势尚未得到数据支撑。

尺寸稳定性（Dimensional stability）　如果耳印在制作后几小时或几天之内缩小，那么根据此耳印制作的耳模（壳）也会同样缩小，除非在生产耳模（壳）时，采取一定补偿措施。虽然这样的补偿措施经常被采用，但如果可以使耳印的收缩最小化，那么就可最大限度地保证从耳印到制成耳模（壳）整个过程的精确性。在耳印制成后的 48 小时，使用加成型硅胶材料的耳印的线性尺寸会缩小 0.1% 或更少。[1342, 1343] 使用浓缩成型硅胶材料的耳印会缩小 0.5%，[1342] 使用丙烯酸材料的会缩小 2% ~ 5%。[14, 1343]

拉伸弹性（Stress relaxation）　当用力取出耳印时，耳印经过耳道弯曲和卡紧部位被拉出时，会被拉伸、压缩、扭曲。取出后，耳印应完全回弹回外耳道的尺寸和形状，这种回弹现象被称为拉伸弹性。硅胶材料有良好的拉伸弹性，② 丙烯酸材料则没有这种性能。在运输过程中，耳印也可能受到压力，因此在整个过程中都应对耳印采取适当的保护措施。皱褶纸或其他轻型包装材料足以保护硅胶耳印。丙烯酸材料则必须采用更有效的保护以防止变形，因此应将耳印的耳甲腔部分粘在运输容器的衬垫上，这样可以防止外力压到耳道柄。

抗拉强度（Tensile strength）　从耳内取出耳印时必须施加一些力，在此阶段如果耳印破裂将是一

---

① 黏度单位是 mPa，但很少使用，因此，我们必须通过模糊的词来描述黏度，如高、中、低。

② 加成型硅胶材料看起来比浓缩成型硅胶材料有更高的拉伸弹性，但是关于这方面的数据有限。

件不幸的事,因此,耳印材料必须有足够的抗拉强度。撕破耳印的情况较少发生,只有当外耳道内侧比外侧宽很多,或者用错误比例混合耳印材料时才会发生。

硬度(Hardness) 较软的耳印材料有一定弹性,比较硬的耳印材料更易取出。不要将黏度(在凝固前材料流动性)与硬度(在凝固后是否容易变形)混淆,因为这两者彼此并不相干。

释放力(Release force) 耳印材料可以吻合耳朵表面及外耳道内的微小变化,因此,耳印会紧贴皮肤。为了取出耳印,需要将脱模剂混入到耳印材料中。因此,成型的耳印会有油腻感。

5.9 耳模及定制机机壳

5.9.1 耳模及定制机机壳的制作

耳模和定制机机壳,共同被称为**耳成形件**(*otoplastics*),通常是由专业耳模或助听器厂家根据听力师获取的耳印制作的。耳印是耳朵的反相(阴模)。有两种制作耳模(壳)的方法:熔模铸造和计算机辅助生产。

熔模铸造

将耳印放置于液态硅胶或其他材料内,液体在耳印周围固化形成一个阳模,这个阳模被称为**熔模**(*investment*)。耳模(壳)就是用熔模铸造的。铸造时将液体铸模材料倒入熔模使其固化,也可通过使用紫外光加速固化。空机壳也以同样方式制成,只是在全部材料变硬前先将大部分材料倒出,仅留下在熔模内表面的薄壳。对于ITE/ITC/CIC助听器,厂家将定制机机壳裁剪至所需尺寸,插入电子和机械部件,连接面板,然后将完整的助听器送回到听力师手中。

也可通过自制耳模和机壳更深度地参与助听器的制造。如,用暴露在强烈的紫外光源下固化的塑料制作定制机机壳。成批购买电子部件和预装了接线组件的面板。受话器连接在软导线上,在安装面板前,可以灵活定位在合适的位置上。

计算机辅助生产(CAM)

CAM的起始点是由不透明材料制成的标准耳印(如硅树脂)。厂家或听力师用激光扫描耳印,而不用熔模铸造,数字化再现耳印的三维表面及与耳接触的耳成形件的细节部分。对于定制产品,厂家的技师或自动化程序会在电脑上"插入"(在电脑屏幕上的虚拟实景模型)数字再现的助听器元件(受话器、连接电池仓的面板、麦克风及开关或控制键)。电脑可以确认各种安装是否合适,并确定好机壳外表面上的位置。一般来说,机壳要尽可能制作得更小,但要确保能放进所有元件,并使受话器不触及其他元件。

在确定机壳的全部详细尺寸后,相关数值会被传输到"塑料打印机"。数据将控制激光使光感液态塑料仅在耳模(壳)成形的位置产生聚合(凝固),这一过程被称为**立体光刻**(*stereo lithography*)。[306] 还有一种打印技术,被称为**激光烧结**(*laser sintering*),它通过融化尼龙模塑粉制造耳模(壳),尼龙模塑粉仅在设定的位置固化。这两种打印都会形成由一个薄层(1mm的一小部分)构成的最终产品。[328]

整个CAM程序有一个特定的称谓,被称为助听器个人机壳电脑辅助生产(CAMISHA)。其优势是:

- 劳动力成本较低;
- 在机壳最终生产出来之前可形象地看到机壳内元件装配的情况,可以在保证换能器相互不接触的情况下,使机壳尽可能小;
- 可以通过软件切割虚拟耳印至最终产品的尺寸,而不必推翻重来;
- 能获得厚度均匀的机壳,进而增加内部可用空间和机械强度;
- 可通过保存数据重新制作相同的产品。

相对于不使用CAMISHA技术的蘸蜡法,CAM可以在生产过程中更精确地控制成形的位置和厚度,因此翻模的精确性和最终产品佩戴的贴合性会提高。[328]

近十年来,人们一直期望能用直接在真耳上进行激光扫描的方式取代耳印,这种技术比预期要困难许多,但有迹象表明这一难题很快也会被解决。

5.9.2 耳模及定制机机壳的材料

耳模及机壳的材料可进行多重分类。最简单的,可分为硬质和软质材料。在各类别内都有几种基本的塑料材料,每种基本的塑料材料内有不同的混合物,其物理特性存在一定差别。

表5.10显示了最常使用的基本化学材料的硬度范围及优缺点。材料越易加工意味着听力师在诊所内应用时越方便。注意,像其他材料一样,丙烯酸

表 5.10　用于制作耳模和定制机机壳的不同材料的优缺点及硬度（来源：Microsonic、GN Resound 和 Westone 的网站和目录）。

材料分类	硬度（邵氏硬度计 A 级）	优点	缺点
丙烯酸（聚甲基丙烯酸甲酯） 硬丙烯酸，人工树脂 热聚丙烯酸 软丙烯酸	硬（超出计量范围）	・随时间和使用，很少老化或收缩 ・易于打磨、钻孔、换管、黏合、抛光 ・光滑表面有助于插入和取出 ・易于清洁	・插入耳道狭窄区域时，不会压缩 ・当耳道变形时容易漏声 ・当受到冲击时，尤其是破碎时，可能使佩戴者受伤
丙烯酸（甲基丙烯酸羟乙酯）	硬（超出计量范围）	与聚甲基丙烯酸甲酯有相同的优缺点，主要用于 ITE/ITC/CIC 机壳	
乙烯基（聚氯乙烯） Rx, Polysheer, PolysheerII, Ultraflex, Superflex, Polyplus, Satin Soft Synth-a-flexII, Formaseal	40～50	・对于高增益助听器需要紧贴佩戴时，会感觉舒适 ・一些乙烯基（聚氯乙烯）材料在人体温水平时变软，在室温时变硬，有助于插入	・随时间推移会收缩、硬化、褪色，必须每年更换 ・导声管很难更换：取出难，新导声管需要使用有毒溶剂或固定设备加以固定 ・较软的乙烯基需要有毒溶液抛光，不能 24 小时佩戴
乙烯基（聚甲基丙烯酸乙酯） VinylflexII, Vinylfles, Marveltex, Marvel Soft, Vinyl Flesh, Formula II, Flexible Plastic			
硅酮（二甲基氢硅氧烷） M-2000, W-1, MSL-90, JB-1000, Softech, Soft Silicone, MDX	20～40	・当需要紧贴佩戴或者耳道较长时，使用质地软的硅胶，会感觉舒适 ・很少随时间收缩	・不可打磨和抛光，很难钻孔 ・导声管不能黏合，需要机械固定
硅酮（聚二甲基硅氧烷） Medi-Sil II, Mediflex, Emplex, Frosed Flex, Bio-por	50～70	・过敏反应较少	
橡胶（乙烯丙烯共聚物） Microlite, Excelite		・柔软、重量轻、可漂浮 ・用于游泳耳塞	
聚乙烯	硬（超出计量范围）	・不易产生过敏反应 ・易于打磨、钻孔、黏合、抛光	・插入外耳道狭窄区域时，不会压缩 ・当外耳道变形时，容易漏声 ・塑料外观明显

> **耳成形件的硬度**
>
> 　　对耳成形件的舒适度和听觉效果影响最大的是材料的**硬度**（*hardness*）。硬度测量通过观察用标准的锥形或球形压痕器和规定力量挤压某一材料时，其凹进的程度来判断。对于硬质材料采用尖锐的压痕器或较大的力量，对于软质材料采用钝的压痕器或较小的力量。这个测量工具被称为**硬度计**（*durometer*），凹进的程度在**邵氏硬度计**（*shore hardness scale*）上显示为 0～100。数值越大，代表硬度越大。不同的压痕器和力量对应不同的测量标准，测量标准有多种。A 级最适合用于较软的材料，D 级最适合用于较硬的材料。如，读数在 A 级上的 90 与读数在 D 级上的 39 的材料硬度近乎相当。
>
> 　　软质材料比硬质材料更有内在韧性，用越柔软的材料制作的耳模越易于插入变形的外耳道内，当外耳道形状改变时，佩戴也更舒服。或许是因为生产过程中未抛光的原因，软质材料能提供更好的外耳道密闭效果。[1417]

可硬可软，较软的丙烯酸可降低漏声，[1344] 但一定程度上会失去硬丙烯酸的耐用性。硬塑胶材料较易漏声，原因可能在于固化过程中收缩较大，也可能是因为为了美观和更易插入而进行的最后抛光造成的。[1417] 由较软材料制作的耳成形件可能比硬质材料制作的佩戴起来更加舒适，但还缺乏相关研究。

耳成形件可包含多种材料，通常会在耳道柄或耳道柄的最远端使用软质材料，在耳成形件的较外侧部分使用硬质材料。这样可以将软质材料在稳固性、反馈、舒适性上的优点与助听器外侧硬质材料优越的耐用性结合起来。这种组合的潜在问题是在两种材料的结合处可能发生断裂。

对软质材料的优势和其随时间老化的劣势需要慎重权衡。注意，要保证舒适度必须在耳成形件与耳的接触处有适度的弹性。若耳朵足够柔软且富有弹性，这种情况在年龄较长者中比较普遍，那么就无须更多考虑耳成形件的弹性。可以考虑为这部分人选择硬质材料。遗憾的是，还没有足够的研究帮助人们在不同情况下轻松选择出最好的耳模材料。

ITE/ITC/CIC 设备也可采用实心的耳成形件取代空机壳。[373] 这种材料是一种非常柔软、富有弹性、硬度为 10 ~ 35 的硅树脂（邵氏 A 级），可以将助听器元件嵌入其中。也可将这种软质材料与传统的硬质丙烯酸面板结合使用，这样可以使软质材料更加耐磨，但耐磨性不会像硬质机壳那样大。

有些患者的皮肤对耳成形件有反应，这可能是对某种特别物质的过敏反应（allergic reaction），也可能是长期堵耳（prolonged occlusion）的结果。过敏反应常见的原因是制作耳模时，有一小部分初始单体没有整合到聚合体内。[1174] 解决此问题的办法有：

· 使用热加工而不是冷加工的耳成形件，因为热加工能够减小未整合的单体；

· 使用一种以不同的、低过敏的化学物质为基础的耳成形件，例如，硅树脂或者聚乙烯；[1676]

· 给耳成形件镀金，但一些人也对金有过敏反应；[1356]

· 对患者进行过敏测试，或直接将耳成形件的原料涂到皮肤上，以便发现是否有过敏反应并确定过敏原；[1174, 1676]

· 如果可行，尝试使用更开放的耳模（如果有必要的话配 CROS 耳模，请参阅第 17 章 17.1）；

· 两耳交替使用助听器；

· 当其他方法都不奏效时，采用骨导或骨锚助听器。

要注意，如果是堵耳造成的反应，那么前四种方法将没有帮助；如果是过敏造成的反应，那么后两种方法将没有帮助；如果是由于佩戴不合适的耳成形件产生的压力的原因，那么前五种方法将没有帮助，通过简单调整耳成形件的物理形状或许可以解决这个问题。另外需要注意的是，耳印材料也能引起过敏反应。[1614]

5.9.3 速成耳模及助听器

前面讨论的耳模全部通过两个阶段制成——先取耳印，再由耳印制成耳模。耳模有时需要速成——可能是为了示范演示，或是因为患者着急，也可能是为了在患者等待维修时作为临时的解决方案，或是为了将初步评估与验配结合在一起以提高整个评估、验配及随访过程的效率。下面是制作速成耳成形件的几种方式，第一种方式是目前最常用的：

· 采用配有现成耳道配件的助听器，最常见的是由细的预制弯导声管（从 2 ~ 4 个不同长度的导声管中选择）与开放式或封闭式的圆帽耳塞连接在一起（从 2 ~ 4 个不同直径的耳塞中选择）。

· 用带有导声管的泡沫塑料制作临时耳模，耳模可与弯头和导声管连接，这种配件比传统耳模有更好的密闭性（如漏声少）[612] 和舒适性，[1361] 但比传统耳模难插入且更易脏。

· 使用两种硅胶材料（如 Insta-mold™）在几分钟内制作一个耳印，再进行一些修正，就成为最终的耳模。与传统取耳印技术的不同在于，制耳印时仅将耳甲腔填充至最终耳模所要求的程度。在耳印材料变硬之前，应该磨平外侧面以形成成品的外廓。可用中指或拇指进行磨平，预先要用一种特别的乳液将手指弄湿。使用一种特制的打孔机可以穿透耳印为导声管及通气孔开洞。

· 直接选择一款合适尺寸的标准的预制 ITE、ITC 或 CIC 助听器。目前有多种技术创新可以改进这类助听器的舒适度及贴合程度：

· 应用铰接零件，使耳道柄方向可以相对耳甲腔改变；

· 在耳道柄周围使用可替换的海绵套；

· 在海绵内应用可控通气通道；

· 在助听器周围使用一次性软塑鞘；

· 在硬的助听器机壳外使用一圈软的轮缘。

若采用前两项中的某一项,一定要注意其听觉效果,尤其是通气效果,或许会与传统耳模的效果有很大不同。

5.9.4 修改及修理耳模和定制机机壳

修改及修理耳模和定制机机壳的最常见原因是:
- 去掉耳轮锁使其容易插入;
- 缩短或使耳道柄形成锥形,使其容易插入(但有争议,见表5.20);
- 从对耳屏边缘,耳甲腔边缘或耳道柄处去除材料以消除压力点;
- 扩宽或缩短通气孔以减少堵耳;
- 缩小通气孔以减少噪声反馈;
- 加粗耳道柄以减少噪声反馈;
- 替换不牢固或硬化的导声管。

可在有合适工具和材料的诊所对耳模(壳)进行修改。对于BTE助听器的耳模,手持电动工具能够满足需要,但对于需要表面高光的ITE/ITC/CIC助听器还需要砂轮和抛光轮。可将这两个轮安装在一个1/4马力的牙科电动机的一侧。将从助听器厂家那里获得的用于打磨的化合物用在砂轮上,但不要用在抛光轮上。可将钻头安装在电动机的另一面,这样可使双手解放出来拿住助听器。如果没有此类工具,可采用脱敏的清漆获得较高的光泽。关于修改机壳的更详细的说明可参见Curran(1990a,1990b,1991,1992)的一系列实用性文章。CAMISHA耳壳和激光烧结的耳模,其应用的尼龙材料容易融化,因此,应使用低转速磨具,用力要轻。³²⁸

修改通气孔

通过扩宽通气孔直径、缩短通气孔长度或同时采用两种方式,可以减轻耳模(壳)的堵耳效应。通过钻孔或打磨很容易加大通气孔直径,通过打磨通气管的任一端可以缩短通气孔长度。图5.29显示了如何切除通气管内侧端又不影响声孔。

在修改任何定制机机壳前,要先通过强光照射观察以确定各元件位置并估计壳壁厚度。也要检查定制机机壳上的**灌注通气孔(*poured vent*)**,也称为**制模通气孔(*molded vent*)**,而不仅仅是由导声管做成的通气孔。图5.29中的修改只适用于固定成形的通气管,而不适用于空机壳上安装的导声管。缩短通气管时应逐步进行,每次约去掉剩余通气管长度

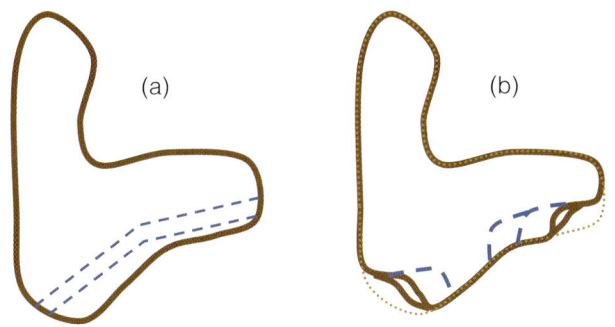

图5.29 图a是未改变形状的通气孔,图b是缩短的通气孔。图a中虚线表明通气孔的位置。图b中虚线表明潜在缩短的状态,实线表明原来的形状。

的30%,如果通气管被缩短太多会使助听器产生啸叫,余下的通气管可用机壳制作材料部分填充。表5.2～5.4提示了缩短通气管是否可能引发反馈啸叫。对于仅用导声管制作通气孔的助听器,打磨耳道柄内沟口可增加有效的通气孔尺寸。

更换耳模管件

BTE耳模的管件需要经常更换,且容易操作。如必要,可用钻头扩充现有的孔,使用电动扩孔钻并(或)用浸在溶剂内的洗管器去除陈胶或残骸。为方便插入,可将新导声管末端切出一个锐角。如图5.30a所示,除非新导声管在耳模内过紧,否则,不难推入耳模。若堵点不在外侧端,可在内侧端插入尖头钳,将导声管拖出。如果导声管太紧,不能推进耳模,可弄弯导声管,再用细金属线圈拖出,如图5.30b所示。要确保预制的弯曲导声管的外侧端指向上方,恰恰在耳郭的前面。如果导声管指向太向后,佩戴助听器时将对耳郭前面施加极大的压力,如果导声管指向太向前,会使助听器从耳中脱落。

如果耳模是由丙烯酸制作而成的,要将导声管粘在耳模内。在内侧向各个方向弯曲露出的导声管,同时将胶水(氰基丙烯酸盐黏合剂)滴入周围的缝隙中。把导声管周围全部用胶水涂抹,以防耵聍进入。最后,剪掉多余的导声管,也可将导声管撤回1～2 mm。在允许患者触摸或插入耳模前要确保胶水干透。如果导声管的装配非常宽松,可使用高浓度(加厚)接合剂填充缝隙。

如果耳模由硅胶制成,则必须对导声管进行机械固定。在插入导声管前,先将一个管套套在导声管上。一些管套只能向一个方向滑动;如果导声管从耳模中拔出,这些管套会夹紧导声管,但可能会

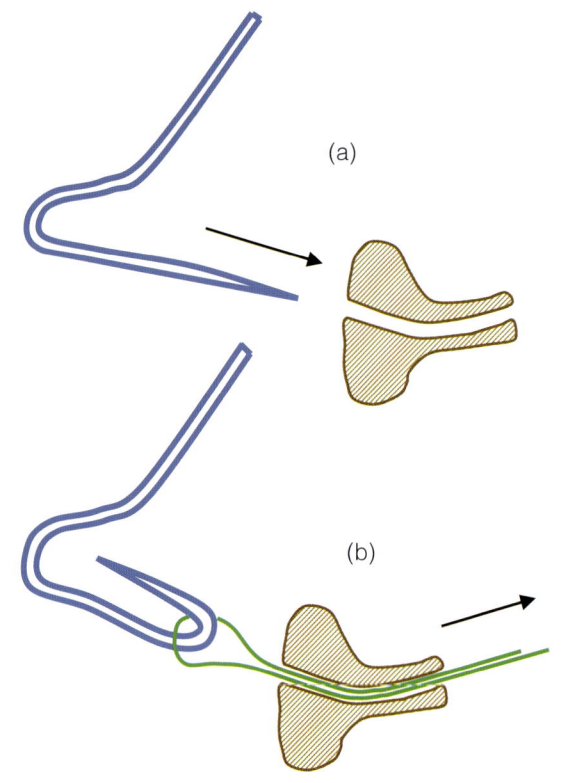

图 5.30　将导声管插入耳模，图 a 向里推，图 b 用金属线圈拉入。

收紧声孔，减少高频响应。有些管套可以在导声管上自由滑动，必须用胶固定。在导声管的正确位置上固定管套后，将导声管和管套插入耳模直到管套没入耳模材料几毫米。

可以相同的方式放入整个号角（如图 5.23a 所示），只是号角更易从耳模的内侧端推入。仅需部分插入的号角（如图 5.23b）则最好从耳模外侧端推入。插入前要在号角内侧周围涂抹上胶水。如果号角插入得非常快速，胶水还将起到润滑剂的作用。

修补定制机机壳

如果打磨时穿破了机壳壁，使内腔和电子元件暴露，那么必须添加材料修复机壳，即在机壳上涂刷修补材料。在耳模（壳）上添加材料的第二个原因是防止反馈啸叫。如果堵住通气孔，助听器仍啸叫，且反馈不是内部的，那么必须让耳成形件更加贴合耳道，否则就要制作一个新的耳成形件。（见表 4.12 及 4.13 反馈原因分析）。在耳道口密封区添加修补材料对增加贴合程度最有效。可将修补材料用在耳道柄内侧距外耳道入口 6mm 处，主要用在前后方向上，也就是将耳道柄比较窄的部分轻微加宽。硬质耳模和软质耳模应使用不同类型的修补材料。需要加厚的地方，可采用高黏稠度的材料。

5.10　结语

只要记住在本章开始处列出的耳模（壳）的三个重要功能（或再发明），听力师便能理解各种新设计、新样式的特点。有三个关键的问题：

- 声孔直径如何沿着从受话器到鼓膜的线路变化？声孔有多长？
- 通气通道有多大（即长和宽），或者是否有设计之外的开放通道，耳模（壳）与外耳道密闭性怎样？
- 耳模（壳）在耳内的稳固性怎样？佩戴者是否能轻松地放入和取出助听器？

将针对新型设计的上述问题的答案与本章内相似设计的答案加以对比，便能准确预估任一新型设计的性能。

随时间推移，通过选择耳模和定制机机壳来获得目标真耳增益已不再重要。目前几乎所有助听器都有灵活的音调控制，能更准确地获得目标增益，这主要得益于效果不断提高的声反馈抑制技术，但开放式验配时，高频增益仍会受限制。对于许多患者来说，开放式验配相对于封闭式验配可以避免堵耳效应，佩戴更舒适，因此，可以提升患者的满意度，降低退货率，[629] 但必须接受其在高频增益上的缺陷。采用主动电声学方法来降低堵耳效应的技术即将出现，将会解决消除堵耳效应和抑制声反馈之间存在的矛盾，并获得所需的高频增益。

尽管有这些技术进步，选择好通气孔的尺寸依然很重要。一方面，通气孔必须足够大才能将堵耳的负面效应降低到最小，显著改善佩戴舒适度，另一方面又要足够小才能避免反馈啸叫，并提高信噪比。从完全封闭式助听器逐步过渡到完全开放式助听器时，助听器的上述所有特性都会受到影响，无论是选择定制耳模（壳），还是标准的耳道配件，这些验配的基础原理均适用。同样，只要助听器用户还需取出或放入助听器的话，选择一款佩戴牢固，又摘取方便的耳模（壳）就非常重要。

第 6 章
压缩技术在助听器中的应用

概　要

　　压缩的主要作用是缩小环境中的声级范围，以便更好地与听力障碍者的动态范围匹配。压缩器可能在低、中或高声级时作用最显著。在多数情况下，压缩器的压缩量可以在一个较宽的声级范围内变化，故称之为宽动态范围压缩器。压缩器可以在几毫秒内便能对输入声级变化做出反应，也可在几十秒内，逐渐对声级变化做出反应。不同的压缩速度可以适应不同类型患者的需求。

　　压缩器对输入声级变化的最终响应程度可用输入 – 输出图或输入 – 增益图来描述。压缩阈是一个特定的输入声级，在其之上，压缩器能够改变助听器的增益，在上述提及的图上能清楚看到压缩阈。压缩比指输入声级变化与输出声级变化的比值，与图中各条线的斜率相关。简单的压缩系统可以分为输入式控制（即压缩器由在助听器音量控制钮之前的信号控制）和输出式控制（即压缩器由在音量控制钮之后的信号控制）。这种分类并不适用于没有音量控制钮的助听器，也难以涵盖多个连续压缩器的助听器。

　　不同的压缩技术有不同的特定功能，不同的功能需要不同的压缩参数。输出控制压缩限制技术可以防止助听器出现响度不适，或者信号削峰。有较低压缩阈的快速启动压缩技术可用于提高言语中较轻音节的可听度，而慢速启动压缩技术则能保持相对强度不变并改变言语信号的整体声级。

采用中等压缩阈的压缩技术，会使在嘈杂环境中佩戴助听器更加舒适并且没有压缩低声级声音时的优点或缺点。多通道压缩能帮助听力障碍者和健听人聆听同一声音时，能察知相同的响度。也就是说，多通道压缩技术可以在使声音的整体响度处于正常时（而非每个频率的响度），使言语可懂度最大。压缩技术还能通过降低信噪比最差的某些频率上的增益来减少背景噪声的干扰。这种技术可以改善聆听的舒适性，遇到某些特殊噪声时，还能提高言语可懂度。最后需要说明，可以按照患者的喜好选择压缩参数，而不用考虑是否有相应的理论依据。虽然理论依据各不相同，但在许多方面依然有共同点。此外，也可将各种理论结合用于调试同一助听器。

　　压缩技术看起来极其复杂，但可以将其优点简单、准确地概括为以下几个方面：压缩可以通过提高增益来提高可听度，从而使低声级的言语被更清晰地听到；压缩可以使高声级的声音听起来更舒适并减少失真。针对中等声级的输入，压缩助听器相对于验配良好的线性助听器没有明显优势。当然一旦输入声级发生变化，压缩的优势便能突显出来。压缩技术的主要缺点是可能使反馈啸叫的可能性加大并且可能对低声级的背景噪声进行过度放大。

压缩的好处众多，人人都可从中获益，但是如何更好地实现压缩，众说纷纭。本章将介绍助听器的不同压缩方法。所有压缩方法和线性、削峰放大等技术相比优点突出，当然也有一定缺点。

6.1 压缩的主要作用：缩小信号的动态范围

压缩的主要作用是缩小环境中信号的动态范围，以便所有相关信号都能适合听力障碍者有限的听力动态范围（请参阅第 1 章 1.1.2 和图 1.2）。这意味着对强声的放大必须小于对弱声的放大。压缩器是一种特制的放大器，当助听器内信号增强时，它会自动降低其增益（请参阅第 2 章 2.3.3）。有许多方法可以改变增益，从而缩小信号的动态范围。

图 6.1 展示了三种方法。在这些方法中，随着输入声级变化，增益也改变。左图中，当输入声级一旦高于"微弱"水平时，增益就开始降低。当达到中等输入声级时，增益已充分下降，对所有更高强度的输入声级，助听器都会给予线性放大。这种只针对低声级信号进行的动态范围压缩，我们将其称为低声级压缩。从上半部分图可以看到，放大后，低声级变得更加靠近，而较高声级间的距离并未受到放大的影响。在下半部分图中，低声级信号也存在同样的压缩，表现为低声级信号的输入–输出（I-O）函数的斜率降低，而高声级信号线性放大的斜率为 45°（请参阅第 4 章 4.1.5）。

在右侧图中展示的是相反的做法：对低声级声音是线性放大，而把从中等到强声的输入压缩成较窄的输出范围。通常，可以将其称为高声级压缩。此图中，所有的高声级输入都被压缩到一个非常狭小的输出范围，这种极端情况被称为 压缩限制（*compression limiting*），因为不允许输出声超出设定的限制。

中间的图展示了第三种方法：压缩可以缩小动态范围。这种方法将压缩逐步应用于一个较宽的输入声级范围，因此被称为 宽动态范围压缩（*wide dynamic range compression*，*WDRC*）。和其他两种方法相比，整体动态范围的减少是相同的。由于在较宽的输入声级范围内进行逐步压缩，因此，就不会出现输出被挤压在一起的状况。同样，I-O 曲线的斜率也绝不会出现接近于水平的情况。

有趣的是，尽管放大策略存在显著不同，但市场上成功的助听器采用各种策略的都有。这并不意

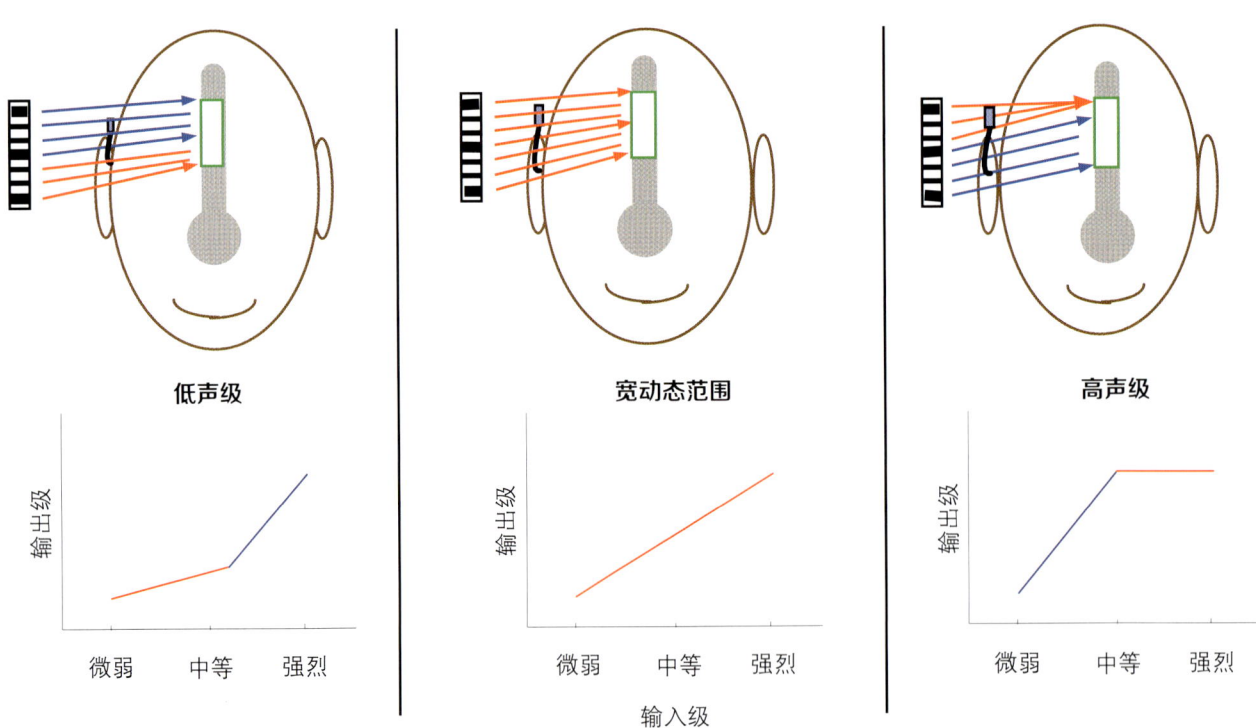

图 6.1　三种缩小信号动态范围的方法。在每种情况下，上半部分图展示了放大前（线的左端）和放大后（线的右端）信号声级的间距。下半部分图用输入–输出函数呈现了相同的关系。红色代表压缩发挥作用的区域。

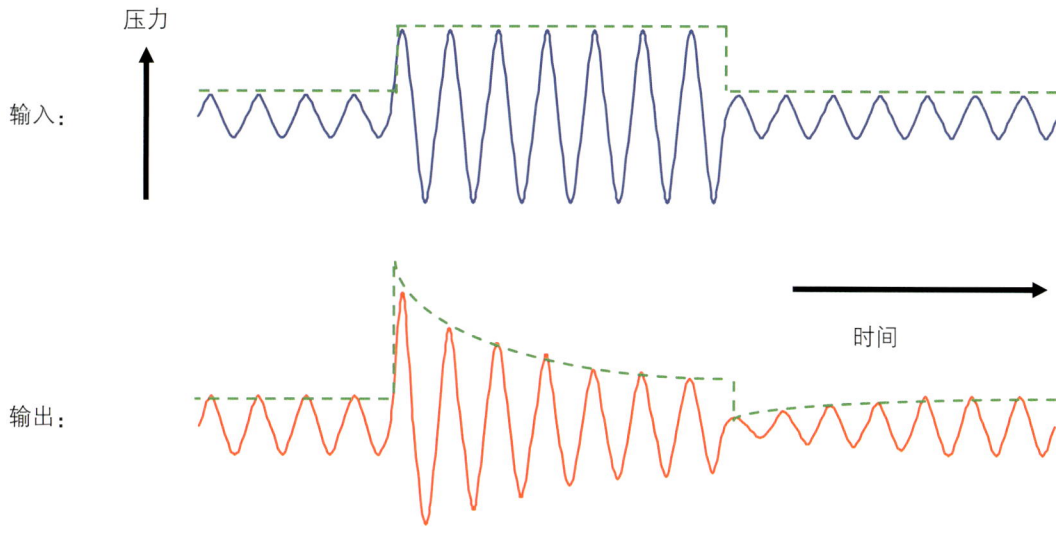

图 6.2 输入到压缩器和从压缩器输出的波形，分别显示信号声级增加和减少后的启动与释放转换。虚线显示了信号的正 1/2 包络。

味着放大策略的差异不重要，而是说，与放大策略的差异相比，各种策略对信号整体动态范围的压缩可能更为重要。本章后面会讨论不同压缩技术的相对优势，不过，我们需要首先介绍一下描述压缩器工作原理的术语。

6.2 压缩器的基本特征

虽然采用多个压缩器的助听器运行方式复杂，但是依然可用简明的术语来描述助听器压缩器的运行原理。

6.2.1 动态压缩特性：启动和释放时间

压缩器在本质上是个动态装置，其工作原理是根据信号声级变化来改变增益。图 6.2 所示为声级迅速增加然后又降低的输入波形。当输出声级刚开始上升时，探测器便会将增加声级传递到压缩器的控制环路。正如第 2 章 2.3.3 中所讨论的，探测器首先要将波形转换成平滑的控制信号。这涉及**整流 (rectification)**[①] 和滤波。滤波的结果是，随着信号声级增加，探测器的输出将逐渐增加至一个新值。在此期间，压缩器并不知道在多大范围发生了信号声

级上升，所以不会充分降低增益以补偿信号的增强。一开始，放大器传递的是没有压缩的信号，直到压缩器针对新的输入声级发生反应。压缩器针对信号声级增加做出反应所需的时间，被称为**启动时间 (attack time)**。

由于输出会逐渐接近其最终值，因此，必须人为确定什么时候可以达到最终值。启动时间定义为：当助听器输入从 55dB SPL 增加到 80dB SPL（IEC 118-2）或从 55dB SPL 增加到 90dB SPL（ANSI S3.22）后，其输出值稳定在 2dB（IEC 118-2）或 3dB（ANSI S3.22）范围内所需的时间。最终，压缩器会对增加的信号声级做出完全反应，即其增益相比先前发生了减少。

当输入信号声级降低时，也会发生同样的反应。探测器还是逐步对新输入声级做出反应，在一定时间内，压缩器会以适合之前高声级信号的增益来放大低声级信号。随着控制信号逐渐减少，增益和输出信号会逐渐增加。**释放时间 (release time)** 是指压缩器对输入声级降低做出反应所需的时间。[②]

虽然可以将启动和释放时间设置得非常短，甚至为零，但结果却会极端不利。与信号放大时间（如典型的男性声音为 10ms）相比，如果将释放时间设置得太短，各时间段内的增益就会发生变化，压缩

[①] 在全波整流中，所有负值被转换为相同大小的正值。在半波整流中，负值直接被忽略。许多助听器利用傅里叶分析获得的频谱估算值来计算各频率通道的包络。对这些估算值在预期频率范围内求和，在预期时间内求平均值。

[②] 释放时间定义为，输入声级从 80dB SPL 减少到 55dB SPL（IEC 118-2）或从 90dB SPL 减少到 55dB SPL（ANSI S3.22）之后，输出信号增加至最终值的 2dB（IEC 118-2）或 4dB（ANSI S3.22）范围内所需的时间。

器会使波形失真。[1] 如果启动时间非常短，而释放时间相对长，失真就会最小。不过瞬时声音（如咔嗒声）又会导致增益降低（由于短暂的启动时间），造成在之后很长一段时间内增益会处于较低状态（由于较长的释放时间）。针对非常简短的咔嗒声，没有必要过多降低增益，因为短暂的声音响度会很小。显然没有必要在短声消失后很久仍保持较低的增益。压缩器的启动时间通常约 5ms，但也可以更长，而释放时间很少会少于 20ms，且可以更长。

启动和释放时间会显著影响压缩器如何作用于言语中不同音节的声级。信号的包络（envelope）能更好地解释这一点，包络是针对波形的极值勾勒出的想象的曲线。包络能显示出信号的声级，但并不显示精细的波形结构。包络尤其有利于演示压缩的作用，因为压缩器的目的是改变信号包络，而不涉及任何精细结构。图 6.3 显示了在两种不同强度间交替变化的信号的包络。当有人发出 fafaf 时，会出现类似形状的包络。[2]（注意所示包络中似乎有五个音素，这里统称为"音节"。）第一个包络显示的是线性放大的输出。

第二个包络显示的是当启动和释放时间都比音节持续时间长得多时的输出信号。当每个新音素或音节开始时，压缩器开始降低或增加增益，但在音节完成前，时间只容许增益发生细微变化。然后压缩器开始慢慢过渡到与下一音节适应的增益。结果，增益几乎是恒定的，此时的包络与线性放大的包络非常接近。这时的压缩器会对信号有任何影响吗？如果信号声级只在这些相同的值间上下浮动，显然不会有任何影响。然而，当输入声级下降并保持在较低水平时，例如当一个人在远处或轻声说话时，压缩器便会提高增益来补偿输入声级的下降。这种增加的增益，适用于所有低声级输入的音节。

第三个包络显示的是当启动和释放时间与音节有大致相同的时长时的结果。压缩器调整增益时，每个音节的声级也在持续不断的变化。第四个包络显示的是当启动和释放时间比音节短得多时的结果。这时，压缩器的作用会在每个音节中得到充分体现。

---

① 在启动时间及释放时间为零和高压缩比等极端情况下，压缩器变为削峰器。
② 图 6.3 显示了完整的包络（由正、负部分组成）。由于包络通常大致对称，我们常常只展示正极部分，见图 6.2 和图 6.8。

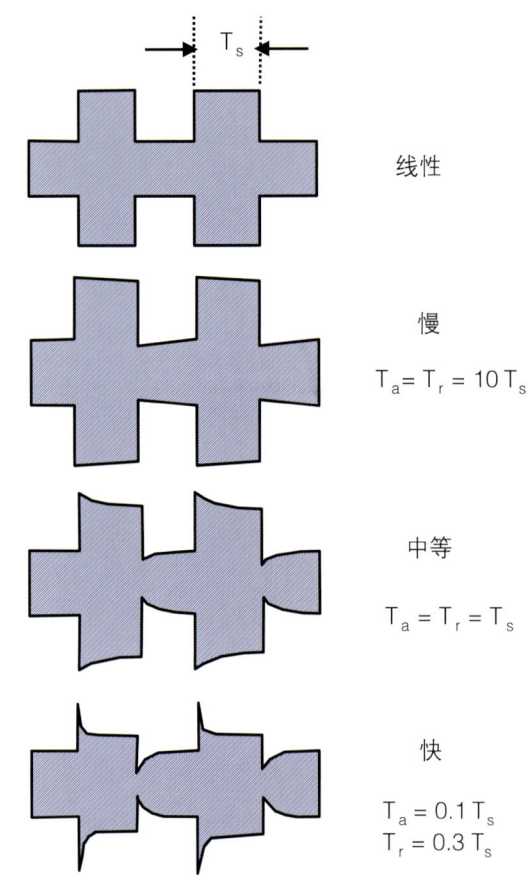

图 6.3 与信号中每个音节持续时间（T_s）相比，图中输出信号包络来自不同启动时间（T_a）和释放时间（T_r）的线性放大器和压缩放大器。

此时，压缩器会消除音节间的大部分强度差异。当压缩器启动时，每个音节刚开始输出时的短暂部分被称为过冲（overshoot）或下冲瞬变（undershoot transient）。在该例中，过冲比下冲时间更短，意味着其启动时间短于释放时间。

过冲是言语包络失真的表现，能改变声音性质，例如造成摩擦音（如 z）听起来像是塞擦音（如 dj）。[1681]

虽然图 6.3 没有显示，但如果启动或释放时间明显长于音节持续时间时，包络的形状几乎不受压缩影响。言语音节的时长通常为 100～200ms。

压缩器可能有多个启动和释放时间。事实上，依据放大信号改变释放时间和启动时间，是完全有道理的。快速启动和释放是保护助听器佩戴者不受短暂高强度声音影响的最佳设置。遗憾的是，在讲话停顿期间，快速升高的增益可能导致针对背景噪声的增益高于针对言语声的增益。正如我们将在第 6 章 6.3.2 所见，对针对讲话过程本身的快速增益变化是否有益，尚有较大争议。

目前有些助听器有**自适应释放时间（adaptive release time）**。基本上，针对短暂强烈的声音，释放时间会很短（如20ms），随着强烈声音的持续时间增加，释放时间变长（如1s）。当自适应释放时间结合短暂的启动时间时，简短的高强度声音会导致增益迅速降低，然后，当高强度声音停止时，增益又迅速增加。这种快速变化可以针对短暂声音的过度响度提供保护，又不影响后续声音的可听度。不过，较长的强声（或连续几个强声，例如在较高声级言语中的音节）会使释放时间自动延长。这种缓慢释放意味着在音节间的短暂停顿期间，增益不会显著增加或者在不同的音节间发生改变。

自适应释放时间可通过不同方式实现，比如采用可随信号变化的单个探测器，或使用通过多个探测器来控制的压缩器，或连续使用多个压缩器。所有这些系统都能针对短暂的高强度信号引起的响度过度起到保护作用，一旦高强度言语出现时，不会造成增益快速波动。几十年来广播行业一直在使用启动和释放时间可变的压缩器，[1622] 目前在助听器中也经常应用。将快速和慢速探测器结合的压缩器应用在助听器输入端时，称为**双前端压缩器（dual front-end compressor）**，能充分实现自适应释放时间压缩技术的优点。[1231]

数字助听器的出现为控制压缩器提供了更多的可能性。如果压缩器在信号声级升高之前就能降低其增益，就可以完全避免过冲。压缩器能提前做出预测吗？实际上是可以的！如果将信号延迟几毫秒，探测器就能在信号到达压缩放大器之前有效发挥作用。[1516, 1622, 1853]

图 6.4 为**先行压缩（look-ahead compression）**的方框图。该图还说明，压缩器可通过**前馈（feed-forward）**，而不是**反馈（feedback）**来控制电路运行。

在压缩技术上有许多新的创造。其中一种有创意的技术是用声学场景的切换来解析变化的信号声级，可以从三个时间常数中（从很短到很长）挑选出一个最适合变化后场景的常数。[1347] 在另一创新技术中，当波形每次从负值向正值变化，经过零时，增益都会立刻发生变化，在几毫秒内将信号峰值放大到预先设定的值；然后，增益会稳定下来，直到下次波形从负值向正值变化，跨过零之前。[847] 这样，言语中所有片段的峰值都会相同，这种信号动态范围的降低相对于传统压缩方式而言，已经被证明能提高言语可懂度。不过针对言语质量的影响还缺乏评估。

有些市场上可以买到的助听器（和人工耳蜗植入）已采用了自适应时间常数技术，即**自适应动态范围优化（adaptive dynamic range optimization，ADRO）**。[139] 这种技术是一种类压缩技术，可以采用多个时间常数和数条运行规则按顺序确定每个频率的增益，以便达到以下目的：

1. 降低增益以避免最大信号声压级超过响度不适级；

2. 降低增益以避免言语上部声级（第90个百分位声级）超过听觉舒适范围；

3. 升高增益以避免言语下部声级（第30个百分位声级）变得听不见；

4. 禁止增益超过预定的最大值以避免发生反馈啸叫和将背景噪声过度放大。

应用规则1时的启动时间为20ms。应用规则2和规则3时，需要较长的启动和释放时间，分别为7~10秒。应用多种规则调节每个较窄频域内瞬时增益的技术被称为模糊逻辑。[139] 达到目标后，增益就会保持恒定以进行线性放大。该技术将压缩功能与自适应降噪功能进行了结合（请参阅第8章8.1）。

启动时间和释放时间相互作用可以影响压缩助听器输出端的信号声压级。在一种极端情况下，将极短的启动时间和很长的释放时间结合，检测到的声压级接近信号的峰值；在另一种极端情况下，如果启动时间和释放时间相等，检测到的信号声压级更接近于信号的平均级。由于该声压级远远低于峰值的声压级，压缩器会"判断"这个信号很弱，于是就会对信号进行更大的放大。因此，如果减少释放时间而不改变启动时间，一般会引起输出升高几分贝。[517] 压缩比（参见下节）越大，启动和释放时间对输出声压级的影响也越大。

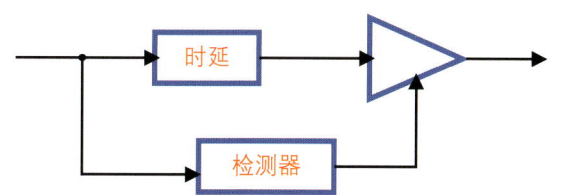

图 6.4 前馈先行压缩控制电路的方框图。

> **重要原则：助听器用户和听力师调试对压缩器的影响**
>
> - 对信号链中探测点后（即反馈或前馈点）的任何调试不会影响压缩量，但会影响压缩信号的最终声压级。改变调试会导致 I-O 曲线垂直移动。
> - 对信号链中探测点前的任何调试都会影响压缩阈，进而影响信号压缩量。改变调试会导致 I-O 曲线水平移动。
>
>   这一原则对音调和音量的调试均适用。

6.2.2 静态压缩特征

启动和释放时间显示了压缩器的反应速度，我们还需要其他术语来描述随着声级升高，压缩器降低增益的程度。在测量和描述增益变化时，我们假设压缩器已经有时间对信号声级变化做出充分反应。因此，**静态特征**（*static characteristics*）适用于长于启动和释放时间的信号。

助听器开始启动压缩时的声压级，称为**压缩阈**（*compression threshold*）。对于在压缩阈之下的声音，大多数助听器选择按线性放大。有些助听器会一直采用线性放大直到无穷小的输入声级。如第 4 章 4.1.5 中所述，还有许多助听器具有扩展区域。我们通常将压缩阈定义为压缩启动时的输入声压级，不过有时，将其定义为压缩启动时的输出声压级可能更有意义（请参阅第 6 章 6.2.3）。从图 6.5 中的 I-O 图可看到，压缩启动是一个渐进的过程。测量标准将压缩阈规定为一个点，在该点的输出声压会低于采用线性放大时的输出超过 2dB。

一旦输入过高，压缩启动后，随着输入声级增加，增益就会降低。**压缩比**（*compression ratio*）可以间接反映增益降低的程度。压缩比的定义是当输出声级变化 1dB 时所需要的输入声级的变化。如图 6.5 所示，压缩比等于 $\Delta I / \Delta O$ 的比值，因此，是 I-O 曲线斜率的倒数。[①] 如果 I-O 曲线斜率随着输入声级变化，压缩比也随着输入声级变化。宽动态范围压缩助听器的压缩比一般在 1.5:1 ~ 3:1 之间。

在曲线线性区域（压缩阈以下），输入声级每增加 1dB，输出声级就增加 1dB，所以线性放大器的压缩比为 1 : 1。另一个极端是压缩限制，如图 6.5 中的最高输入声级部分。此处 I-O 函数斜率接近零，意味着压缩比非常大。实际上，任何大于 8 : 1 的压缩比

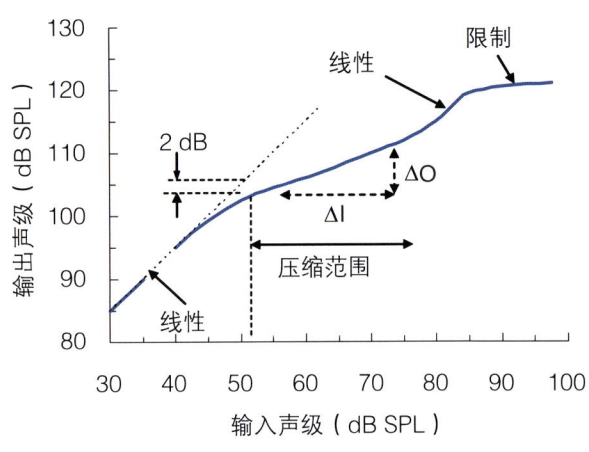

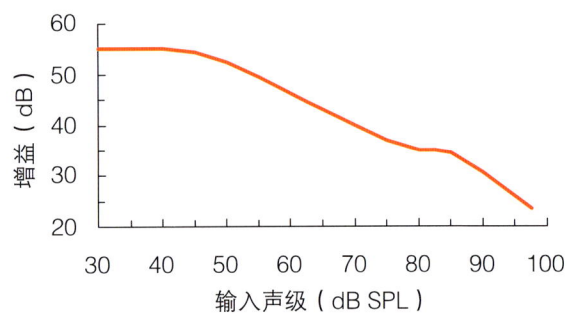

图 6.5 上图：输入 – 输出曲线显示几种静态压缩特性的定义。下图：与上图 I-O 曲线相同的增益 – 输入曲线图。

均可被视为压缩限制。压缩比可以是大于 1 : 1 的任何值。小于 1 : 1 的压缩比也是可能的，不过只针对动态范围**扩展器**（*expander*），而不是压缩器（请参阅第 4 章 4.1.5）。

图 6.5 的 I-O 函数有四个不同的区域，其中两个区域对应线性放大。为了完整地描述这条曲线，我们需要说明四个压缩比（其中两个等于 1 : 1）和三个压缩阈。为满足特定用途，可对类似曲线进行专门设计（例如响度正常化，将在第 6 章 6.3.5 中介绍）。压缩功能工作的输入范围，称为**压缩范围**（*compression range*）。在图 6.5 的 I-O 函数中，第一个压缩区域的压缩阈为 52dB SPL，压缩比为 3 : 1，压缩范围为 30dB；第二个压缩区域的压缩阈为 87dB SPL，

[①] 符号 Δ 发音为 "delta"，在数学中代表任何数量的微小变化。

压缩比为 10∶1，压缩范围至少为 15dB。

和 I-O 图同样有用的是图 6.5 下半部分所示的输入-增益图。两条曲线呈现了同样的信息：

· 在对应低声级的线性区域，增益不变，所以增益-输入曲线呈水平线；

· 在 3∶1 的压缩区域，输入声级每增加 1dB，增益降低 2/3dB；

· 在下一个线性区域，增益不变；

· 在对应高声级的压缩限制区域，输入声级每增加 1dB，增益降低约 1dB；

· 对于每个输入声级，增益等于输出声压级减去输入声压级。

有时，I-O 曲线并不是多条直线，而是曲线，随着输入声级的变化，斜率（和压缩比）不断变化，称为曲线压缩器，与不同输入声级范围内具有不同固定压缩比的压缩器相比，没有好坏之分，只不过较难描述（可以用图 6.6 予以呈现）。在这种情况下，针对每个输入声级，曲线压缩器产生的输出声级与采用 2∶1 固定压缩比并结合强声压缩限制的压缩器大致相同。

要注意，静态特性仅适用于持续时间长的信号。如第 6 章 6.2.1 所示，当声强波动变得越来越快时，助听器会更多采取线性方式工作。换言之，对于快速变化的信号，有效压缩比会小于静态压缩比。有效压缩比是指在给定一个高低声级连续变化的信号时，用其输入声级的变化量除以其输出声级的变化量。从图 6.3 中可看出，有效压缩比取决于信号中高声级和低声级成分的持续时间与启动和释放时间的相对情况。

音素和音节的持续时间相差很大，了解具有典型音节时长的信号的有效压缩比，有一定意义。只

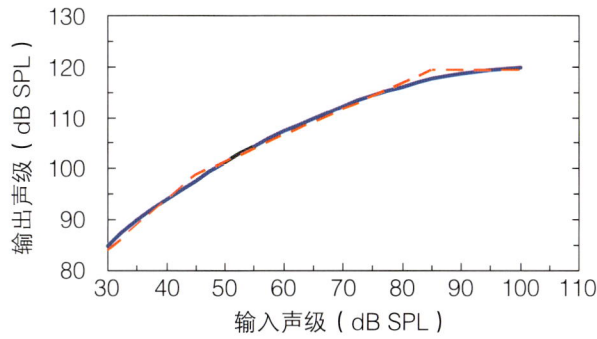

图 6.6 曲线压缩（蓝色实线）和固定压缩比结合压缩限制（红色虚线）的输入-输出特征。

有当启动和释放时间远低于 120ms 时，有效压缩比才等于静态压缩比。当启动或释放时间远大于 120ms 时，有效压缩比为 1∶1。也就是说，虽然当言语整体声级变化时增益也在变化，但是助听器会对言语中的快速波动进行线性放大。在上述两种极端情况之间（多数情况下，助听器的启动和释放时间都更短），确定有效压缩比相对复杂，不过，其永远小于静态压缩比。[1730, 1854] 静态压缩比和有效压缩比各有用途：静态压缩比用以说明长时输入声级变化时，长时输出声级如何变化，可以反映当声学环境变化时，助听器的增益如何变化。同理，有效压缩比用以说明当短时输入声级变化时，短时输出声级如何变化，[①] 可以反映在特定的声学环境中，增益如何随时间变化。

6.2.3　输入和输出控制

如前所述，压缩在特定声压级开始启动。用户调节音量控制钮后会有什么变化呢？答案取决于在信号链中压缩器和音量控制所处的位置。图 6.7 显示了两个助听器方框图，音量控制和压缩器的相对位置各不相同。先看上图，压缩器设置在音量控制钮之前，那么音量控制对压缩器运行有何影响？显然没有，这是因为信号到达音量控制之前，压缩器就已经开始处理信号了。因此，无论音量控制在何位置，压缩功能都会在同一输入声压级时启动。然而，一旦信号通过压缩器后（无论是线性放大或压缩），将由音量控制决定输出信号的大小。

图 6.7 上部的 I-O 图对应的是不同音量设置下的 I-O 曲线。由于压缩处在音量控制的输入侧（标记为 F），因此，被称为输入控制压缩，也被称为**自动增益控制/输入**（automatic gain control / input，AGC_i）。

图 6.7 的下部显示的是与 AGC_i 不同的另一种设计，被称为**输出控制压缩**（output-controlled compression，AGC_o）。在此设计下，当信号到达压

---

① 需要注意的是，使用有效压缩比也难以完全讲清复杂信号（如说话）的处理情况。如有效压缩比描述的一样，虽然所有信号声级的动态范围被压缩，但是对一个窄频范围内的动态范围压缩程度却不如对总的宽带声级的压缩。[1834] 换言之，言语香蕉图区域的宽度（如图 8.2 所示）没有压缩到按照有效压缩比所期望的程度。每当分析带宽小于经过压缩器的全部信号的带宽时，都会出现这种差异。因此，单通道压缩器的差异最大，而多通道压缩器的差异最小。

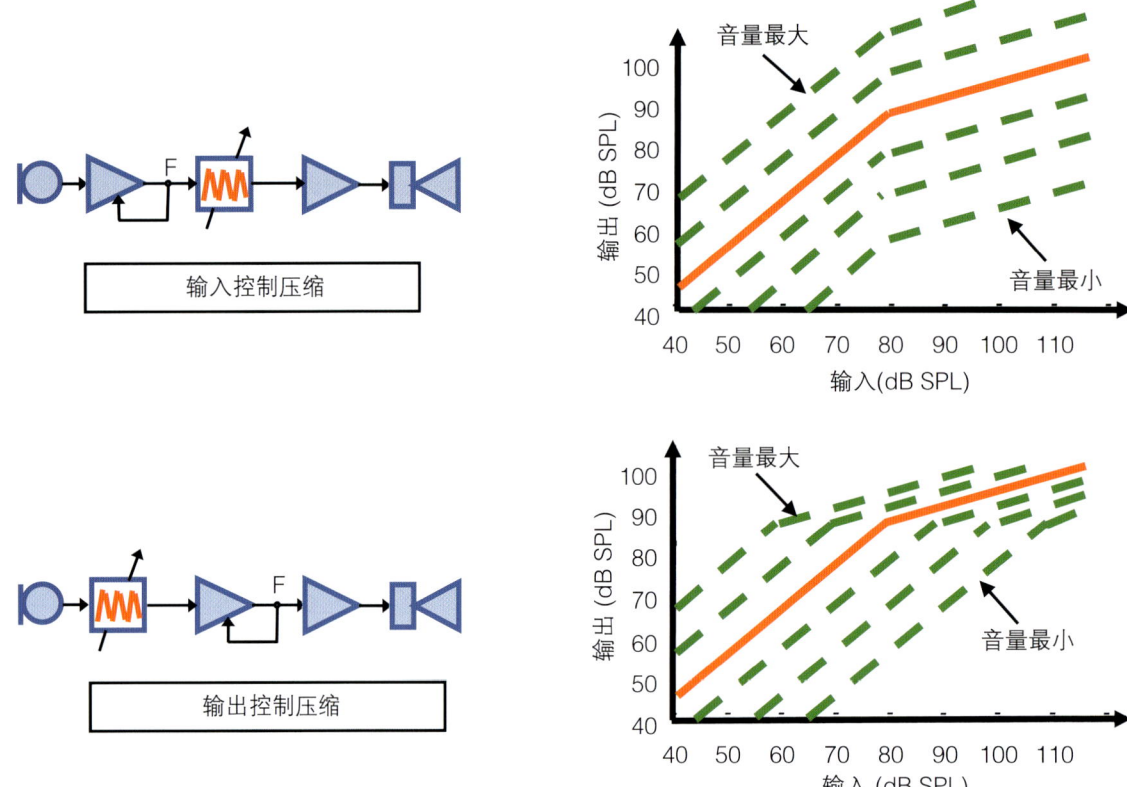

图 6.7 输入控制压缩和输出控制压缩：其方框图和 I-O 曲线，各曲线对应音量控制钮从最大调节至最小时的情况。

缩器之前，音量控制会影响信号大小。假设输入声级足够高，正好处在压缩区内。（即输入声级等于输入压缩阈。）如果调低音量，那么到达压缩器的信号量将不足以启动压缩。因此，通过降低增益，在输入处的压缩阈被提高了。这种压缩阈的变化可从图 6.7 下部的 I-O 图中看到。通过比较 AGC_i 和 AGC_o 的 I-O 曲线可以发现一个基本规律：对于 AGC_i 助听器，随着音量控制变化，I-O 曲线向上和向下移动；而对于 AGC_o 助听器，I-O 曲线向左和向右移动。同样，对于 AGC_i 助听器，压缩阈作为输入指标，与音量控制的位置无关，而对于 AGC_o 助听器，压缩阈作为输出指标，与音量控制的位置无关。

正如音量控制的位置会决定音量控制对压缩器的影响一样，任何其他调机控制的位置也会影响压缩。如第 4 章 4.1.3 所述，处在滤波器或音调控制后的压缩器可以部分消除音调控制对窄带信号的影响。同样，压缩器后的音调控制也可以部分消除压缩器的影响。[①] 随着助听器日益复杂，其内部控件的数量和不同压缩器的数量也在增加，因此，仅将压缩助听器划分为 AGC_i 和 AGC_o 就显得过于简单了。例如就音量控制而言，压缩可以是输入控制式的，但就音调控制而言，却又不是。基于此，用方框图来描述助听器是非常必要的。

随着宽动态范围压缩助听器越来越普遍，无音量控制的助听器也越来越常见。对于这些助听器，输入和输出控制的区别也会随之消失。

6.2.4 多通道压缩

多通道助听器将输入信号分成不同频带，由不同的通道放大（请参阅第 2 章 2.5.1 和图 2.2）。多通道压缩助听器的每个通道都包含独立的压缩器。不同频率区域需要不同的压缩量，主要基于两个原因：

· 压缩量需根据听力损失而变化，而听力损失通常随着频率变化；

· 压缩量随着信号声级变化，但是环境中有些频率区域中的信号和噪声的能量会比其他区域更大。

多通道压缩可以实现压缩量随频率变化而变化的目的。在不同环境里，当压缩比很高而压缩阈很低时会产生最大压缩量。

---

① 例如，当压缩限制器消除所有强度差异后，设置在压缩器后的滤波器或音调控制会造成强度差异，这取决于信号频率或频谱形态。

当听力损失或信号频谱都不随频率变化时，对于是否需要多通道压缩仍有理论争议（尚未证实）。单通道助听器的压缩器降低增益时，会影响所有频率的信号。如果仅仅因为某一频率较强就将所有频率的信号降低，可能不太恰当。多通道压缩技术可以避免这个问题，当然也可能引起其他问题，请参阅第 6 章 6.5。

虽然有多种方法可以实现对不同通道进行不同压缩，但压缩程度往往随频率增加或减少而变化。我们可以用简单的分类方法来介绍总的情况。如果高频通道的压缩程度大于低频通道的压缩程度，在输入声级较低时，会更加突出高频信号，这种技术被称为**高频低输入声级增强**（treble increase at low level），简称 TILL 响应。[924] 相反，如果低频通道的压缩程度大于高频通道的压缩程度，在输入声级较低时，对高频的强化会弱于输入声级较高时，这种技术被称为**低声级下的低音增强**（bass increase at low level），简称 BILL 响应。[924] 由于多通道助听器压缩技术在过去十年已变得更加复杂，这些术语已较少使用。

6.3 压缩应用原理

截至目前，本章已介绍了压缩器的工作原理，而不是压缩器的功能。以下各节将从理论上介绍为什么要将压缩器用于助听器。在助听器应用压缩器不能仅依据单一原则。第 6 章 6.5 将总结这类压缩技术的优点、缺点和效果。

6.3.1 避免不适、失真和损害

助听器的输出声级不可能随输入声级的增加而不停增加。对助听器的最大输出进行限制有两个原因，使用压缩而不是削峰来限制最大输出只有一个原因。

首先，过于强烈的信号会导致助听器佩戴者产生响度不适。因此，助听器佩戴者的响度不适级就决定了助听器 OSPL90 的上限。[445] 其次，过于强烈的信号可能会进一步损害助听器佩戴者的剩余听力。第 10 章 10.8 将有更详细的介绍，尽管在避免进一步伤害上，OSPL90 可能不是需要考虑的最重要的因素，但它肯定是必须考虑的因素之一。

上面两个原因解释了为什么必须限制助听器的最大输出（即为什么必须合理设定助听器 OSPL90），当然这种限制可用削峰或压缩限制来实现。但几乎

在所有情况下（除第 10 章 10.7.2 外），选择压缩限制比选择削峰更好，因为后者会产生失真，为此，可参阅第 2 章 2.3.2 和第 4 章 4.1.6 的内容。压缩限制也会失真，但与压缩限制产生的包络失真相比，削峰引起的波形失真更令人难以接受。

当用压缩限制控制助听器的 OSPL90 时，必须采用输出控制压缩器，否则 OSPL90 会随音量大小而上升和下降，而这是不可接受的，因为在安静环境中，助听器佩戴者可能会调高音量（从而增加 OSPL90），从而产生意想不到的强烈信号。为了防止输出声级因为输入声级过高而显著上升，建议采用高压缩比。为了防止响度不适，压缩器的启动时间必须很短，以便迅速降低增益。同时，为了确保强声之后的声音不会过度衰减，压缩器的释放时间必须很短或是能够自适应以迅速消除增益的减少。在所有压缩器中，启动和释放时间都不能过短以避免对波形精细结构造成失真。

如果助听器没有压缩限制器，一旦输入信号强烈时，就会出现削峰。如果助听器采用宽动态范围压缩，输入声级要非常高才能导致削峰，这样的概率很小。尽管如此，即使没有其他原因，一旦输入信号过强造成麦克风内部的前置放大器过载，助听器也会削峰。对于高质量的助听器而言，诱发削峰的输入声级要非常高，所以不用担心；但对于其他助听器，由于诱发削峰的输入声级较低，所以患者在嘈杂地方使用助听器，或者用助听器听旁人说话时，就会抱怨放大声音的质量或言语可懂度不好。

利用压缩控制最大输出

- 输出控制压缩
- 压缩比 > 8:1
- 启动时间 <15ms，释放时间在 20~100ms 或自适应
- 压缩阈（参考输出）应该足够低以避免不适
- 单通道或多通道

6.3.2 减少音节和音素间的强度差异

最强的言语声（一些元音）会比最弱的言语声（一些清辅音）高出约 30dB。[①] 对于动态范围降低的

---

① 可以通过声学方法测量强度，或评估不同辅音不可听之前言语必须衰减的程度，来判断这种强度差异。[551, 892]

患者而言，很难选择一个音量设置：既能充分听到和理解最弱的言语声，又不使强声的响度过大。同时，即便在动态范围允许听到弱音素，而且强音素的响度也不过大时，言语中较微弱的部分也可能会暂时被更强的部分掩蔽（请参阅第 1 章 1.1.4）。不仅弱音素可能被其前面的强音素掩蔽，而且弱共振峰也可能同时被更强的共振峰所掩蔽。

解决上面两个潜在问题的方案是使用一个快速启动的压缩器，提高微弱音节或音素处的增益，并降低强音节或音素处的增益。此类压缩被称为**音节压缩**（*syllabic compression*）或**音素压缩**（*phonemic compression*）。图 6.8（a）展示了轻声说话时，一句话的信号包络以及用较高声级说话时同一句子的信号包络（代表微弱和强烈言语）。图中（a）部分显示了采用上述压缩器放大后的信号包络，(b) 部分展示了压缩器工作时所提供的增益。压缩后输出信号的动态范围（红色曲线的全部范围）远小于线性放大信号和输入信号的动态范围（蓝色曲线的全部范围）。

> **通过压缩减少音节间声级差异**
>
> - 输入控制压缩
> - 压缩比 >1.5:1，但是 <3:1
> - 启动时间从 1 ~ 10ms，释放时间从 10 ~ 50ms
> - 压缩阈 <50dB SPL
> - 单通道或多通道

一个潜在问题是，快速压缩改变了不同音素和音节之间的强度关系。这听起来有些奇怪，因为改变强度关系是处理的目的。然而，如果助听器佩戴者利用声音相对强度来帮助识别声音，那么相对强度的改变就会降低言语可懂度，即使可听度有所提高。808, 1436

另一个潜在问题是，压缩对紧跟在一段持续的强烈声音之后的短暂弱声的影响。假设声音强度过高导致增益降低，低于采用线性放大器时的增益，同时，释放时间又长于强声和弱声之间的间隔，那么当短暂的弱声到达时，增益就会降低。结果是与线性放大器相比，弱声的可听度会降低。采用 50ms 或更短的释放时间可以有效解决这个问题。

对于快速启动压缩的一个问题是，如果增益在

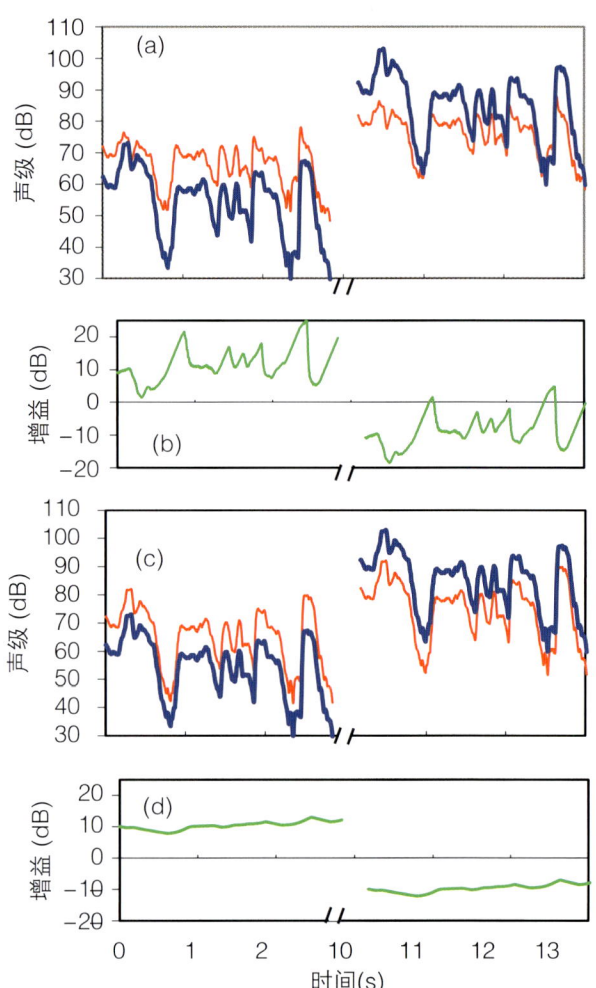

图 6.8 （a）"The yellow flower has a big bud"这句话的信号包络，在一个声级输入到助听器（0 ~ 3s），数秒钟后，增加 30dB 声级（10 ~ 13s）再次输入到助听器。粗蓝色曲线表示线性放大的包络，细红色曲线表示压缩器（压缩比 3:1，启动时间 20ms，释放时间 200ms）的包络。（b）压缩器的增益。（c）线性放大的包络，以及当压缩器启动和释放时间分别增加到 1000ms 和 2000ms 时的压缩包络。（d）相应的增益。

轻音素输入时快速提高，那么在单词之间停顿时，增益也会快速增加。这个重要吗？如果有背景噪声的话，那就很重要。当噪声强度低于言语声时，压缩器会在只有噪声时升高增益，而在有言语时降低增益。所有助听器都无需对噪声进行比言语声还要大的放大，因此，对快速启动压缩的优缺点要全面认识。

释放时间在 100ms 和 3s 之间时，助听器佩戴者会在强声停止后听见噪声变得更大。一个声音的响度显著受到另一个声音启动与停止的影响的现象，被称为**抽吸**（*pumping*）。对于短于 50ms 的释放时间，

压缩在说话暂停时对背景噪声的放大会超过说话时的放大，但对于助听器佩戴者而言，因为压缩引起的响度增加太快，可能无法感受出响度的变化。[①] 单通道压缩的抽吸比多通道压缩的抽吸明显，当言语和背景噪声来自不同方向时，抽吸则更加明显。[915] 助听器佩戴者实际上不太可能使用"抽吸"一词来描述其影响。

用于减少音节间强度差异的压缩器必须有足够低的压缩阈，以确保能在较短的言语输入声级范围内工作。压缩只有足够高才能明显地缩小动态范围，同时只有足够低，才能保证强度差不受影响。启动时间和释放时间必须足够短，才能使增益在两个音节或音素之间明显改变，但是过短又会造成波形的大幅失真。音素比音节短，所以音素压缩要求的启动时间和释放时间比音节压缩更短。因为音素压缩会对辅音和相邻元音进行不同程度（通常更大）的放大，因此，会改变辅音与元音的声级比，第 8 章 8.4 对此会详细讨论。

6.3.3 减少长时声级中的差异

上一节讨论的快速启动压缩器主要用于减少音节间的声级差异，但图 6.8 清楚地显示了可能产生的两个效果：同改变音节间关系一样，轻声和大声说话间的平均声级差异也被从 30dB 降低到 10dB。压缩还有一个应用就是可以缩小长时动态范围，但并不改变紧邻的两个音节之间的强度关系。使用比一般音节持续时间更长的启动和释放时间可以实现这一目的。

图中（c）和（d）部分，展示了输出信号的包络和压缩器的增益。有以下几点需要注意。第一，现在每个句子的增益变化远小于使用快速启动压缩器时的增益变化。第二，输出信号中音节间的强度关系与输入信号中音节之间的强度关系几乎相同。第三，期望目标已经实现：第一句的平均声级仅比第二句低 10dB。

这种类型的压缩器通常被称为**自动音量控制**（*automatic volume control*）。该术语很恰当，因为压缩器改变增益的方式与手动调节音量以部分补偿输入声级差异的方式大同小异。输入声级可能因为说

[①] 即使没有压缩，言语声中的噪声响度通常也小于言语暂停时的噪声响度，这是因为言语声会部分掩蔽噪声。

话者距离很近，或者嗓音有力，或者说话者将声音提高到超过背景噪声而变得很高。有时需要聆听的声音也可能不是言语。人们通常喜欢声音在不同环境下有不同的声级。[1649]（如果轻声说话和近距离蒸汽火车的汽笛声在响度和强度上听起来都一样的话，那么生活会变得多么无趣。）因此，人们希望自动音量控制不要有太高的压缩比。最佳的压缩比取决于助听器佩戴者的听力动态范围，以及助听器佩戴者不需手动调节音量就能舒适聆听的声音的范围。

缓慢启动压缩器的最大问题是当输入声级突然变化时可能造成的影响。假设在一段时间内有人一直在安静处聆听轻声说话，助听器会适当调高增益做出反应。这时如果有巨大的噪声出现，或声音很大的人加入谈话，助听器仍会采用适于轻声说话者的高增益来放大新的声音。于是输出就会过度，必须采用某种限制器，最好就是压缩器来降低过强的输出。这种声级突然增加的现象很常见：可能会发生在助听器佩戴者每次说话时，除非有人非常友好，总是将嘴靠近助听器说话。

通过压缩减少长期声级的差异

- 输入控制压缩
- 压缩比 > 1.5:1，但是 < 4:1
- 启动时间 >100 ms，释放时间 > 400 ms
- 压缩阈 < 50 dB SPL
- 单通道或多通道

相反，声级也会突然下降，但解决起来就没那么容易了。假设聚会中的其他人都突然停止说话，只听一个人说话，如果使用自动音量控制的助听器的增益依然处于刚才高输入声级时的状态，那么助听器佩戴者很可能就会错过谈话信息。解决这个问题的办法是缩短释放时间，只要释放时间的长度不至于造成在谈话间隙引起增益迅速增加就行。市场上有几种多通道助听器在每个通道都采用了独立的缓慢启动压缩器。有些助听器的启动和释放时间受声级水平控制，可以在声级出现大幅变化时（在变化环境时会发生），迅速改变增益，而在连续说话只有较小声级变化时，缓慢改变增益。

6.3.4 增加声音舒适性

人们可能期望压缩限制器能解决响度过度造成的所有问题。尽管将 OSPL90 设定得足够低可以防止响度不适的产生，但人们还是不喜欢长时间接近不适阈的信号。简单地降低 OSPL90 是不够的，因为这虽然可避免声音接近不适阈，然而却会显著缩减可以利用的听力动态范围，甚至比听力损失本身的影响还严重！解决这个问题的方法之一是针对较高声级的输入，采用一种渐进的压缩方法替代压缩限制。

通过压缩改善舒适性

- 输入控制压缩
- 压缩比 > 1.5:1，但 < 4:1
- 启动时间和释放时间未知，或许不重要，但是释放时间不能太短
- 压缩阈约 65dB SPL
- 单通道或多通道

图 6.9 显示的是一款只有当输入声压级等于或高于典型输入声级时才会启动的压缩器的 I-O 图。这种压缩还没有公认的名称，可称为**中等声级压缩**（*medium-level compression*）或**高声级压缩**（*high-level compression*）。[225] 图中还有其他两条 I-O 曲线。在输入声级为 65dB SPL 时，这三条曲线有相同的输出声级。对于低声级信号，中等声级压缩器提供与线性放大器相同的增益，因此不会像宽动态范围压缩器那样增强轻声信号。一旦输入声级超过 65dB SPL 时，WDRC 助听器和中等声级压缩助听器都会逐渐降低增益，所以两者都会增加在嘈杂地方使用的舒适性。举例来说，如果助听器的 OSPL90 接近但低于佩戴者不适阈，那么对于线性助听器而言，一旦输入声级大于 84dB SPL 时，就会达到最大输出声级。而中等声级压缩器或宽动态范围压缩器只有在输入声级超过 99dB SPL 时，输出声级才会达到最大值。

综上所述，针对中等到高声级声音进行渐进式压缩会增加助听器在噪声中使用的舒适性，而不会表现出轻声输入时升高增益的优缺点。请注意我们并不一定希望压缩器能够在嘈杂地方提高言语可懂度，而是希望压缩器能增加聆听的舒适性。当然，由于某种尚不清楚的原因，降低输出声级有时也会提高可懂度。强声级刺激下的可懂度较差，可能是因为在强声级下，耳蜗的兴奋扩散加大（即掩蔽扩散）。

在介绍下一个原理之前，需要指出的是虽然对前面四个原理的讨论好像均针对可以覆盖全频域的单通道压缩器助听器。但事实上，这些原理同样适用于多通道压缩助听器的每个通道：

- 多通道压缩限制——可以在不同频率获得不同的 OSPL90；
- 多通道音节间强度衰减——在不同频率范围内对音节间的强度进行不同的衰减；[1839]
- 多通道自动音量控制——可以随着输入信号的长时声级和长期频谱形态变化，缓慢地改变频率响应的增益和形态；
- 多通道舒适性控制——在嘈杂环境中，对特定频率区域的增益给予更多衰减。

采用上述技术的理由都是因为患者的听力特征（阈值、舒适级、不适级、动态范围）随频率变化而变化，因此，解决方案也应随之改变，以使信号可以与不同的听力特征相匹配。

6.3.5 响度正常化

推断压缩特性的最常见方法（尽管不一定是最优方法）是使响度感知正常化。如第 1 章 1.1.2 中介绍，感音神经性听力损失会严重影响对响度的感知。响度正常化的原理很简单：在任何输入声级和频率上，调整助听器的增益直到助听器佩戴者报告的响度与健听人报告的响度一样。

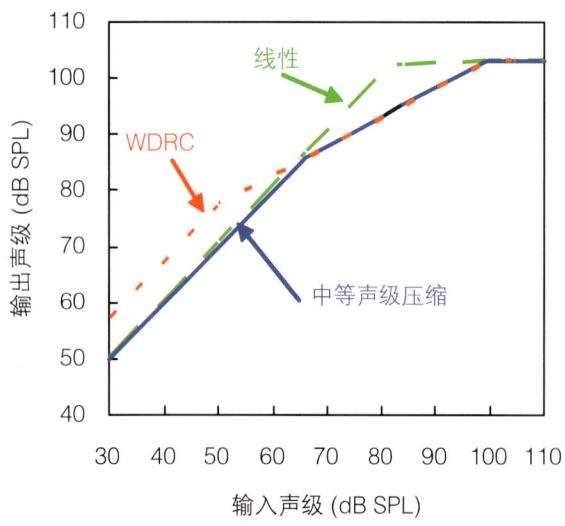

图 6.9 中等声级压缩、宽动态范围压缩和线性放大的输入 – 输出曲线，都结合使用压缩限制或高声级信号削峰。

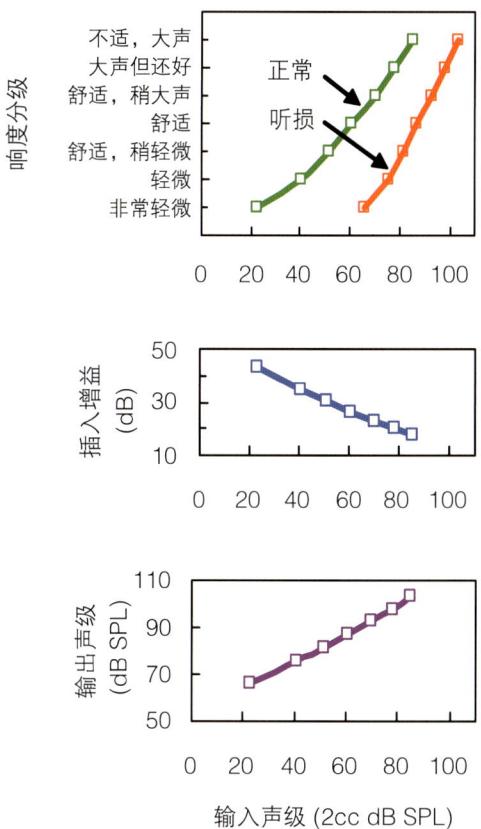

图 6.10 （a）健听人和有 50dB 的听力损失患者的响度增长曲线。（b）听力障碍者接收到正常响度感觉所需的插入增益。（c）相应的 I-O 曲线。

（66dB SPL），从而在 I-O 曲线上给出一个点，如图（c）部分所示。[①] 也可针对其他响度级重复这一过程。例如，针对较大的但还好的声音，听力障碍者需要 98dB SPL 的输入，而健听人只需要 78dB SPL，前者比后者高出 20dB。因此，针对 78dB SPL 的输入声级要求有 20dB 的插入增益和 98dB SPL 的输出。

为了响度正常，我们需要什么样的压缩类型？在低声级输入时，需要最大的压缩比。因此，我们可以称之为低声级压缩（*low-level compression*）。随着输入声级增加，压缩比逐步接近 1:1，但实际放大是否会变成线性还得取决于受损听力和正常听力的响度函数是否曾经平行。

> **压缩使响度正常化**
>
> - 无音量控制
> - 随着输入声级增加，压缩比减小
> - 启动时间和释放时间长或短
> - 压缩阈尽可能低
> - 对于不同的频率使用不同的压缩比

由于所需压缩量取决于响度感知，响度感知取决于听力阈值损失，阈值损失取决于频率，所以响度正常化所需的压缩程度常常随频率出现显著变化，也就不足为奇了。以低频接近正常而高频听力受损的患者为例，相对于健听人，其对低强度的高频声音的响度感知最差。因此，聆听这类声音需要的增益和压缩比最大。除了平坦型听力损失者外，响度正常化要求增益-频率形态随输入声级变化而变化。高频听力损失是最常见的听力损失类型。对于这种听力损失类型，随着输入声级降低，响度正常化要求高频增益比低频增益的增加速度更快。因此，响度正常化通常需要 TILL 响应（除外平坦或低频损失为主的患者）。

实现响度正常化最常见的方法是在多通道助听器的每个通道中单独设置压缩器，如图 2.2 所示。或者，助听器仅有双通道，只在高频通道设置压缩器。可以将压缩器与滤波器结合使用，滤波器会随着输

在各输入声级上所需的增益可以从显示不同声级的响度图中推算出来。响度只能主观测量，有几种测量方法。目前，最常用的方式是要求听力障碍者用特定术语给响度评分，该方法称为响度分级评分（*categorical scaling of loudness*），通常有七个分级。有些改进的方法对分级有更细的划分。

图 6.10 显示了一名听力障碍者和一名健听人的响度与 SPL（2cc 耦合腔的 SPL）图。[342] 这些图通常被称为响度增长曲线（*loudness growth curve*）。首先看响度评级为非常轻微时所需的 SPL。此时，健听人仅需 23dB SPL，而听力障碍者需要 66dB SPL，相差 43dB，几乎与听阈的损失一样，我们可以将其看成是针对非常轻微声音的听力损失。这个差值就是听力障碍者将 23dB SPL 的输入声级评价为"非常轻微"时所需的插入增益。通过这样对比，我们可以在插入增益与输入 SPL 构成的曲线上绘制一个点，如图（b）部分所示。如果我们知道输入声级（23dB SPL）和增益（43dB），我们也可以确定输出声级

---

① 由于增益为插入增益，2cc 耦合腔输出声压级等于输入声压级加上插入增益，再加上适当的 CORFIG（请参阅第 4 章 4.4.2）。由于在 1kHz 时，ITE 的 CORFIG 接近零，因此，在此例中被忽略。

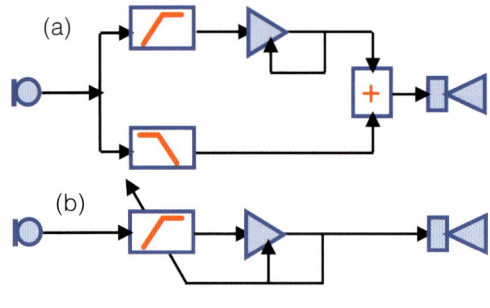

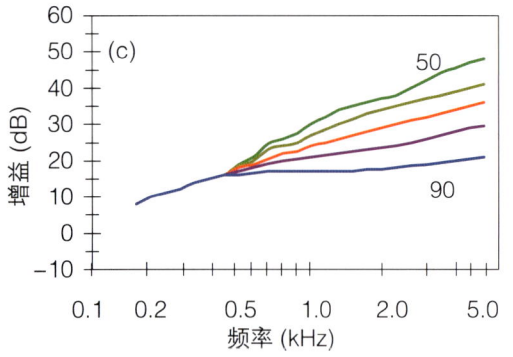

图 6.11 可以实现近似响度正常化的（a）双通道和（b）单通道技术的方框图，以及（c）由此产生的典型的 TILL 增益－频率响应（当输入声级从 90dB SPL 减少到 50dB SPL 时斜率增加）。

入声级变化改变其形态，这样即使单通道助听器也可以实现频率响应随输入声级变化而变化。典型的早期例子就是 K-Amp，™ 当输入声级增加时，高通滤波器的增益和拐点频率会同时下降，如图 6.11 所示。

利用快速启动和释放时间，压缩器可以使短声的响度正常化。压缩器也可使用较长的启动和释放时间使每个频率区域内的平均响度正常化。采用这

两种技术的助听器都有，但快速压缩时响度正常化的形式更加完整，例如可以防止将噪声的幅度波动过于明显地呈现给听力损失者，使患者误将波谷当成是完整的间隙。[1230]

6.3.6　改善可懂度

多通道压缩可在对整体响度进行某些限制下，用于在每个频率区域获得足够的可听度，以最大限度改善可懂度。采用这种技术时，虽然宽带声音的整体响度会正常化，但是不能实现所有频率区域的响度均正常化。进一步探讨其中的原理，需要先理解助听器的某些验配要求，我们将在第 10 章进一步讨论该原理。

6.3.7　减少噪声

背景噪声的干扰是助听器佩戴者面临的最大问题。所以可以采用压缩来减少噪声的影响。这种方法的依据是：

- 与言语相比，噪声通常以低频为主。（由于多种性质噪声的混合、混响、障碍物周围衍射，甚至距离的综合影响。）
- 言语低频部分最有可能被掩蔽，因而较难获得低频的言语信息。
- 噪声的低频部分可能导致掩蔽向上扩散从而掩蔽言语的高频部分。
- 噪声的低频部分对噪声响度贡献最大。
- 当环境中 SPL 减小时，信噪比通常会降低。[1399]

如果低频部分的噪声造成掩蔽和响度过大，则低频部分的言语在噪声中不会传达任何有用信息，

重要原则：压缩对信噪比的影响

- 在某一瞬间，压缩器会对所有通过的声音（即信号和噪声）进行等量放大，从而使同时出现的信号和噪声的信噪比在每个频率不受影响。
- 尽管每个频率的信噪比未发生改变（见图 6.12 的举例），但是压缩器（和滤波器）可以改善整体信噪比。
- 假如进入压缩器的信号或噪声高于压缩阈，且启动和释放时间足够短，压缩器将会对不同时间的信号和噪声进行不同程度的放大。如果非同步信噪比为正值，压缩器将降低信噪比。如果非同步信噪比为负值，压缩器将增加信噪比。
- 因此，压缩会使非同步信噪比接近 0dB，而扩展会使其远离 0dB。

　　压缩引起的信噪比变化情况，取决于压缩比、启动和释放时间、通道数量、噪声波动等，当然还有输入的信噪比。[1307]

通过降低环境中强声的低频增益，会改善舒适性，并可能提高可懂度。

图 6.12 对此进行了说明。图（a）部分展示了信号频谱和噪声频谱。无论频谱是一分钟或更长时间内的长时平均频谱，还是几毫秒内的短时平均频谱，其他的参数都完全一致。如果我们假设，只有当言语频谱超过噪声频谱时，才可获取信息的话，那么在该图中，只有 1kHz 以上的信息才是对聆听者有用的。此外，如果向上的掩蔽与最上面虚线所示一样的话，那么几乎整个言语频谱都会被噪声掩蔽。无论向上扩散的掩蔽是否存在，在该环境中，低频区域没有贡献任何有用信息，但对响度贡献却很大。如果该环境中的声级远远高于 70dB SPL，那么响度会超出舒适度，助听器佩戴者将难以接受，尤其在低频噪音占主导时，更是如此。

如图 6.12（b）所示，解决上述问题的方法之一是降低低频区域的增益。在该图中，各频率的增益与各频率的信噪比（SNR）成正比。[正如我们将在第 8 章 8.1.1 看到的，改变各频率增益的方式称为**维纳滤波（Wiener filtering）**，其常用于降噪算法。]相应的输出频谱见图 6.12（c）部分。

请注意各频率上输入和输出的 SNR 是完全相同的，这是因为信号和噪声都会被该频率的增益放大。因此，仍然只有在 1kHz 以上的信息才有用。既然助听器佩戴者仍然只能从同样的频率区域获取信息，那么这种处理有帮助吗？很可能有。第一，噪声的

响度和难以接受的程度将会大大降低；第二，向上掩蔽不会进一步减小有用的频率范围。

总之，降低噪声能够增加舒适度（相对于增益和频率响应固定的助听器而言）。只有当噪声频谱与信号频谱明显不同时（这是少见的），降低噪声才能够改善可懂度。这两种预期都已在实践中得到验证。[453, 535, 1016, 1365] 当"噪声"实际上是一个或多个人在附近说话，而信号也是人在说话时，信号和噪声会有相同的频谱，滤波是无法将信号和噪声分开的（目前的助听器中，除方向性麦克风以外，其他任何电子手段都不行）。

降噪的反对者认为在嘈杂环境中，不应以电子方式改变频率响应形态，而应给助听器佩戴者提供完整的频谱。[912] 这种方法取决于助听器佩戴者的耳朵和大脑能否将信号从噪声中分离，由于听力障碍者的频率和时间分辨率均会受损，所以对他们来说这会是很困难的。

低频压缩还可能有一个额外好处。在助听器麦克风处，与其他人的声音相比，助听器佩戴者自己声音的低频会更加突出，整体声级也会更高。因此，如果将助听器调节到在患者听力动态范围中有最佳输出时，相对于线性放大，采用低频压缩有助于提高助听器佩戴者自己声音的音色质量。[1015]

可采用缓慢启动和释放时间来进行降噪，在这种情况下，频率响应会根据信号和噪声的长时频谱慢慢改变；也可采用快速启动和释放时间来进行降噪，在这种情况下，频率响应会根据信号和噪声的短时频谱迅速改变。

降低低声级的噪声也可通过扩展（如第 4 章 4.1.5 所述）来实现。这看起来很奇怪，压缩和扩展对信号有相反作用，但都能降噪。正如文本框中解释的，当信噪比为负值时（通常是极端嘈杂环境下），压缩改善非同步信噪比，而当信噪比为正值时（通常是低声级噪声时），扩展改善非同步信噪比。无论从主观还是客观上看，采用快速启动和释放时间的扩展都是最有效的。[1442, 1443] 甚至在短短 100ms 的说话间隔中的噪声也会被降低，但是，一旦讲话重新开始，增益又会迅速升高，使可听度的损失最小。

不过必须仔细调节扩展的阈值和扩展比：阈值和比值过高会减少轻声言语中弱音素的可听度和可懂度；反之，太低则不能有效降低低声级噪声的响度。所有轻度或中度听力损失者都会喜欢在安静环境

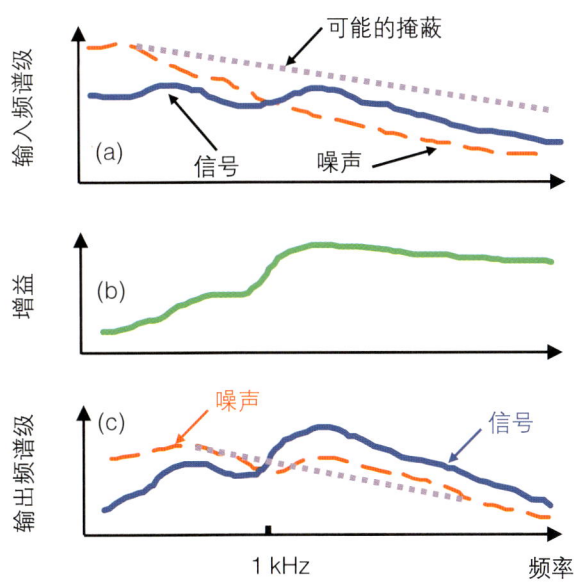

图 6.12 （a）降噪助听器的信号及噪声的输入频谱。（b）信号和噪声的增益。（c）助听器输出的信号和噪声的频谱。

中，扩展提供的降噪效果，不过，助听器佩戴者的听阈越好，扩展的优势也会越明显。[1441] 如果能根据佩戴者的听阈来确定扩展阈值，并（或）通过判断有无低声级言语来自动选择扩展阈值，可能会进一步改善助听器的性能。

> **压缩降噪**
> - 如果信噪比最差（通常低频率），则降低增益
> - 有时仅采取低频压缩实现降噪
> - 启动时间和释放时间长或短
> - 压缩阈值中等
> - 通常采用多通道信号处理来实现

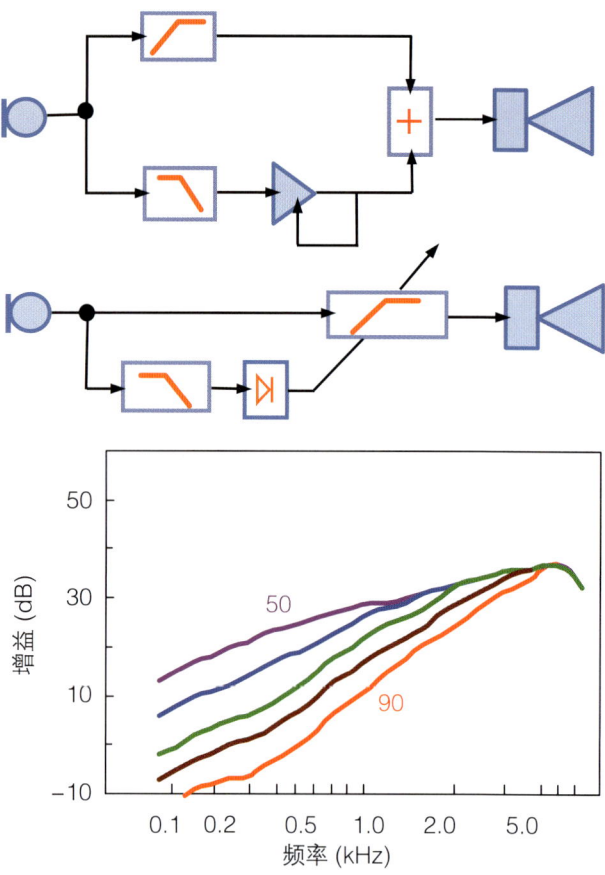

图 6.13 单通道和双通道处理技术的方框图，它能够实现简单的降噪，且当输入声级从 90dB SPL 减少到 50dB SPL 时，可产生斜率降低的 BILL 响应。

> **BILL 和 TILL：互补矛盾**
>
> 对于高频听力损失者，根据响度正常化和降噪原则采取的措施往往会自相矛盾。随着声级下降，响度正常化要求压缩高频来实现更陡峭的频率响应（即 TILL；见图 6.11），而降噪通常要求压缩低频实现更平坦的频率响应（即 BILL；见图 6.13）。当高频听力损失者聆听以低频为主的噪声时，虽然这两种方法各有道理，但从逻辑上看，都是不正确的。
>
> 如果响度正常化和降噪都通过快速启动压缩实现的话，最终结果与减少音节强度差的单通道宽动态范围压缩非常相似。如果两者都采用慢速启动压缩，最终结果与音量自动控制的效果会非常相似。
>
> 这两种原理的共同点是从整个频率范围来看，在高输入声级时要比低输入声级时采用更低的增益。

6.3.8 经验方法

前面的七个原理都有理论基础（也许只有较少的经验证据支持）。另一种方法是用实验来比较不同形式的压缩，从而选择出助听器佩戴者最喜欢的，和（或）言语可懂度最高的压缩方式。遗憾的是尚无足够研究可以作为选择压缩的充分依据，且有些研究结论还存在自相矛盾的情况。

例如，一项研究发现，快速启动压缩在低频比在高频更有价值，特别是对于那些在低频有最宽动态范围的患者。[1084] 另一项研究发现，重度-极重度听力损失者比较喜欢高频比低频更快的压缩。[878] 而对重度听力损失者的进一步研究发现，多通道 WDRC 比采用压缩限制的线性放大效果更差。[1679]

在目前阶段，实验和理论同样重要。一方面，我们对听力障碍的理论认识和对不同形式的压缩对各种实际信号的影响的认识还不全面；另一方面，实验只能回答其设计提出的问题，并且只能在设计的条件下回答问题。有关助听器最佳处理技术的各种理论和经验都不应被视为绝对正确或绝对错误。事实上，只有当我们既有关于助听器如何提供帮助的理论知识，又有证明某一方法优于其他方法的经验证据时，我们才能确信某个处理方案对某人来说是最佳方案。

6.4 助听器的压缩器组合

没有任何理由规定助听器只能有一个单独的压缩器或基于一种压缩原理工作。许多原理可以结合使用，下述例子就是众多结合应用方式中的一种：

· 应用输入压缩限制器，以防止强声级输入信号造成助听器其他电路过载（几种助听器包括这些）；

· 应用慢速启动压缩器，以缩小与长时输入声级变化相关的动态范围，或应用多通道结构，并在每个通道均安装慢速启动压缩器；

· 应用快速启动的输出控制压缩限制器，以防止输出超出最大输出限制，避免波形失真（许多助听器设有此类限制器）。

如我们所知，有些压缩方法要求不同频率区域有不同的压缩量。如第6章6.2.4所述，实现这一目标最直接的方法是采用平行结构的多通道助听器。评估助听器需要或现有多少通道时，最好不要忽略通气孔的影响。正如第5章5.3.1中所介绍的，任何带有通气孔或漏声的助听器其实都存在一个非电子的低频平行通道，显然这会让单通道助听器犹如双通道助听器一样运行。相反，如果通气孔传输的声音超过了电子调试声音，那么将使低频通道为非线性的助听器听起来像是线性助听器。

人们一直尝试将压缩系统进行归类，但都难以准确阐明压缩技术的复杂内涵，其中最有用的分类是第6章6.2.4中提及的TILL-BILL分类。这种分类简单明了，不过难以区分在强声级区和弱声级区活跃度不同的压缩技术（见图6.1），也无法区分开快速启动和慢速启动压缩，以及有自适应启动和释放时间的压缩。使用更复杂的分类可以区分低声级和高声级压缩。但描述压缩助听器时，唯一不会引起任何误解的方法是使用方框图（或针对方框图的文字说明）和压缩速度以及以频率为函数的I-O曲线和（或）以输入声级为函数的增益-频率响应（最好用类言语信号来测量）。

无线连接的双侧助听器提供了一种新的压缩器结合方式。头部两侧完全独立的压缩助听器可以减少耳间声级差，原因很简单，靠近声源侧的信号更强，所以该侧压缩器会选择比对侧压缩器更低的增益。从理论上讲，耳间声级差的减少可能会降低左、右定位的准确性。不过迄今为止，至少在无回声的有控制的实验中，并没有发现左右定位受到影响，

这可能与压缩并不影响耳间时间差有关。[887]如果在混响更严重的环境中，耳间时间差可能会导致聆听线索的可靠性降低，从而使左右定位成为问题，但是可利用相互关联的双侧助听器的压缩来避免这一问题。

6.5 不同压缩技术的利弊

在本节我们将回顾不同压缩原理的相对优点和缺点。这并不是一个简单问题，因为压缩技术或原理的优点受下列因素影响：

· 与之比较的替代方案；
· 所用的判断标准（可懂度或音质）；
· 信号级；
· 信号类型（如言语、音乐、环境声音），噪声的有无和类型，以及信噪比；
· 频率响应形态（如果不特别突出高频，压缩对可听度更有利）；
· 实验受试者的听力损失特征。

压缩会影响输出信号的整体声级，所以比较的关键因素是看各系统音量控制如何调节。在本节中，我们假设相互比较的放大系统已经调试到位，在接收平均为65dB SPL的长时输入声级信号时，均具有相同的长时输出声级。如图6.14所示，两个不同放大器的I-O函数中，一个为线性，另一个压缩比为2:1。

6.5.1 线性放大的压缩

表6.1显示的是每类压缩系统具备的优点和缺

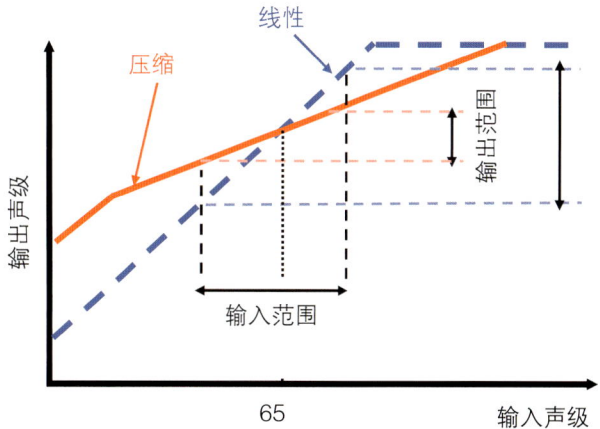

图6.14 两个不同助听器的I-O函数。两个助听器在输入声级为65dB SPL时，有相同的输出。

表 6.1　关于压缩基本原理、实施方法及理论上的优缺点的总结。如图 6.14 所示，假设所有压缩系统针对 65dB SPL 的输入言语均有相同的输出。

基本原理	实施	预期优点 （参考线性放大）	预期缺点 （参考线性放大）
避免不适、失真和伤害	快速启动宽带或多通道压缩限制	· 无不适 · 少许失真	· 与削峰相比，OSPL90 可能较少
减少音节间强度差	快速启动宽带或低压缩阈的多通道压缩	· 不使用音量控制，可将更广总体声级范围内的信号和轻柔的音素，保持在可听范围内	· 降低言语间隙噪声的 SNR · 增加反馈机会 · 有用的强度线索可能中断
缩小长期动态范围	慢速启动宽带或低压缩阈的多通道压缩	· 无须经常变化音量控制 · 不同音素的强度线索不会中断	· 需要进一步压缩才能避免不适 · 增加反馈机会 · 轻音素可能仍听不见，而强声可能会在最舒适范围之外
增加舒适度	采用中等压缩域的慢速或快速启动宽带或多通道压缩	· 提高嘈杂地方的舒适度，而不必降低音量	· 降低言语间隙噪声的 SNR
响度正常化	慢速或快速启动的多通道压缩，或自适应式高通滤波器（在输入声级较低时，频率响应通常较陡）	· 不使用音量控制，可将更广总体声级范围（如果压缩是快速启动，也包括轻弱音素）内的信号保持在可听范围 · 在所有输入强度，正常的音调平衡	· 降低言语间隙噪声的 SNR · 增加反馈机会 · 强度提示可能中断（如果是快速启动压缩）
降低噪声	低频带慢速或快速启动压缩，或自适应式高通滤波器（在输入声级较高时，频率响应通常较陡）	· 低频噪声产生的掩蔽和（或）不适较少 · 不使用音量控制，可将更广总体声级范围（如果压缩是快速启动，对于轻弱音素）内的信号保持在可听范围	· 信号和噪声都会减弱 · 音调平衡异常 · 强度提示可能中断（如果是快速启动压缩） · 噪声频谱变化时，信号质量会变化，可能令人不悦

点。[434] 遗憾的是，对于这些预期结果尚缺乏实验证据予以支持或者反对。庆幸的是，其中大部分优缺点是压缩造成的增益和输出声级变化的必然结果。这里我们用两个助听器为例：一个是压缩阈较低的压缩式助听器，一个是线性助听器，两者针对中等强度的输入有相同的增益。当低声级的声音输入到两个助听器时，压缩助听器会有更多的增益，所以其输出更容易听见。不利的方面是，压缩助听器面临的声反馈风险更高，如果漏声口或通气孔较大时就会成为问题。诸如此类的物理影响是不可避免的。

预测每种压缩方法对可懂度和舒适度的影响是非常困难的。无论增加什么样的压缩器，不用调节音量控制钮，也会使更大范围的声音进入患者的听力舒适范围。遗憾的是，我们没有理论依据来预测压缩程度多少为最佳。助听器佩戴者需要在提高响度舒适性、可听度与其他不利因素，如过度放大言语间隙中的背景噪声以及言语或其他信号质量下降之间进行权衡。最终我们需要根据实验证据来评估不同压缩系统的优点。

通过全面回顾有关不同压缩系统对可懂度影响的研究资料，[434] 以及收集近期有关研究结果，我们可以得出如下结论：

1. **限制（Limiting）** 除了极重度听力障碍者外，均应使用压缩限制来限制助听器的最大输出，而不是削峰。[693] 对于某些中度或重度听力障碍者而言，压缩限制器与削峰相比可能没有优势，但至少没有缺点。对于其他患者，削峰失真显而易见，所以应首选压缩限制。除了那些可能从削峰助听器获得更多声压级的患者外，所有人均应使用压缩限制，极重度听力障碍者则需考虑植入人工耳蜗。

2. **典型输入声级（Typical input levels）** 如果线性助听器验配得当，助听器佩戴者可通过音量控制钮将音量调到舒适的响度，在这个时候，没有令人信服的证据表明压缩能提供最好的可懂度。对于未压缩时就已经处在最佳水平的言语，慢速启动压缩对其不会产生影响。快速启动的 WDRC 则会缩小言语动态范围（见图 6.14），对言语的整体可懂度影响较大，[1831, 1875] 可能略有下降[396, 731, 1362, 1680] 或增加。[1139, 1831, 1875] 当然，理解线性放大与理解压缩技术有不同的难点，正如人们所知，压缩会增加可听度，但会减少时间和（或）频谱的对比。[476, 812] 例如，利用多通道压缩更容易识别辅音的发音方式（如爆破音与摩擦音），但会更难识别发音部位。[1952]

> **与线性放大相比，中或低压缩阈的实际优点**
> - 在嘈杂地方，增加聆听舒适度
> - 减少降低音量的需要

3. **低声级输入（Low-level inputs）** 然而，一旦输入声音降低（也许有人用更轻柔的声音，或者在更远处有人开始说话），任何形式的压缩只要压缩阈低于最初的输入声级，都能提供比线性助听器更优的可懂度。[396, 773, 811, 812] 原因在于压缩助听器可以针对低声级输入提供更高的增益和可听度（见图 6.14）。

4. **高声级输入（High-level inputs）** 如果输入声级超过最初的声级（高于压缩阈），所有压缩都会提高聆听的舒适性。[397, 810, 845, 1341] 因为过高的声级和削峰会影响可懂度，所以压缩也能提高言语可懂度（请参阅第 10 章 10.7.2）。[811] WDRC 的普遍使用减少了助听器佩戴者对环境声音过度放大的抱怨。[834] 主要原因是由于压缩助听器（见图 6.14）使用的增益较低（针对高声级输入）。

上述优点（第 3 项和第 4 项）大大减少了患者手动调节音量的需要，虽然还不能让所有患者都不用手动调节音量。调节音量较困难的人会更欣赏这些优点。快速启动和慢速启动压缩都具备这些优点。如果压缩足够快（启动和释放时间小于约 1s），压缩器在助听器佩戴者讲话时将能自动提供其喜欢的低增益。[1010] 同样，如果压缩足够快，助听器也能减轻轻声级中的快速和显著变化（某些音乐中有类似现象）。① 采用线性放大时，音乐往往不是太小，就是太大。

当然，压缩也有代价。因为助听器常常难以分辨哪些微弱声音是需要的，哪些是不需要的。每当声音微弱并持续一段时间后压缩器就会做出反应，提高增益。如果这种微弱声音实际上是背景噪声，那么压缩助听器听起来就会比线性助听器更嘈杂。（如果助听器能依据这些声音是否有言语相似特征分辨出其是需要还是不需要的，就可能避免这个缺点。）另外，每当压缩器自动增大增益时，助听器更容易出现声反馈。第 10 章 10.3.5 将进一步介绍压缩阈的选择。最后，快速启动压缩会减少声音间自然强度的差异。如果听力障碍者依赖这些强度差异来辨别声音，那么使用压缩就可能会增加患者辨别声音的难度。

吊诡的是，对少数患者而言，压缩的缺点似乎超过了优点，因为他们更喜欢线性放大，使用线性放大效果更好。[598] 这些患者很可能有平坦型听力损失和宽动态范围，并且在较特殊的听觉环境里使用助听器。[598]

随着压缩比的增加和压缩阈降低，压缩程度会增加（即随着输入声级变化，增益变化的程度）。显然，压缩的影响是双刃剑。如果压缩量不太小也不太大时，有利与不利的影响最易权衡。如果压缩比过大，声音的音质和可懂度都将下降，尤其在背景噪声显著时。[149, 1314, 1527] 如第 6 章 6.3.7 文本框中所示，随着压缩比增加，每个压缩通道的非同步 SNR（只要它是正值）逐渐降低。当有噪声存在时，虽然压缩对整体音质的损害最严重，但同时对言语本身的物理影响也最小。噪声会缩小整体信号的动态范围，从而会减少增益变化量，因此，也会减少压缩器对言语的改变。

随着感音神经性听力损失程度增加，听力动态范围缩小，压缩助听器的作用会更重要。鉴于此，人们会猜想听力损失最严重、动态范围最小的患者可能从压缩中受益最大，需要的压缩比也最高。其实不然，至少对于快速压缩不是这样。听力损失最严重的患者的频率分辨能力也最差（请参阅第 1 章 1.1.3），会更加依赖时间包络线索。[1525] 而快速启动压缩对这些线索的影响恰恰最大。有研究表明，重度或极重度听力障碍者在使用较小压缩，甚至不用压缩时，才能获得最高可懂度或最佳音质。[82, 157, 410, 878, 1679] 即使对于轻度至中度的听力损失患者，也是听力损失越小，反而从快速启动压缩获得的益处最大。[1362] 或许，听力损失最小者有足够的频谱分辨能力，可以更好地利用快速压缩改善可懂度，并且又较少依赖快速压缩损害的强度线索。

---
① 古典音乐的动态范围通常超过流行音乐的动态范围，因此 WDRC 更适合聆听古典音乐。

在实验室中将所有实验条件设置为最舒适的聆听水平，其实会低估压缩的价值，因为此时压缩提供的价值较少，而造成的损害较大。在现实生活中，压缩的实际价值会超过实验室研究的结果，所以，最好在现实生活中评估，或者在声级范围很广的实验中来评估压缩的作用。

考虑到快速启动的高压缩比多通道压缩存在的负面影响，对于动态范围受损，在不同聆听环境中对可听度要求又较高的重度听力损失患者，我们应该怎么做？除非验配时采用时间常数长于典型音节的压缩，否则这些患者只能不断调节音量，或者不得不忍受快速启动压缩的不良后果以获得压缩的好处。针对组合应用快速启动和慢速启动压缩的初步研究已有了积极成果，[1556] 但是仍需要在不同聆听情形下开展更多深入的研究。

无论是在研究中，还是在决策是否要为某一患者改变压缩特性时，都必须考虑到患者要花费足够的时间（至少一个月）才能适应任何形式的新的压缩。[878, 1009] 所有患者都需考虑这一问题，但是对极重度听力损失者来说，这一点更重要。

6.5.2　多通道相对单通道压缩的优势

相对于单通道压缩，多通道助听器因为能够提高言语的可听度，所以能改善可懂度，（原因请参阅第 6 章 6.3。）遗憾的是，快速启动的多通道压缩也减少了不同音素间的一些重要差别。与单通道压缩类似，多通道压缩也会压扁时域内的包络，但效率更高，这是因为其压缩是在各频率区域内独立运行的。与对弱信号的放大相比，压缩器对强信号的放大较小，快速启动的多通道压缩器也会降低频谱波峰的高度，并抬高频谱波谷的底部。也就是说，与单通道压缩不同，多通道压缩会部分压平频谱。频谱波峰、波谷包含有言语声的重要识别信息。这种**频谱扁平化（ spectral flattening ）**使助听器佩戴者更难识别辅音的发音位置，[410, 1068, 1070] 从而会抵消可听度提高的优势。

快速启动的单通道压缩也有多通道压缩没有的缺点。最明显的是压缩器会产生相同的增益变化来影响所有频率，而增益又主要是由各时点上言语和噪声结合后，存在的最强频率成分决定的。因此，对于那些可听度本身已很低，或根本没有可听度的微弱成分，有可能会因为其他频率存在较强的成分，而被减弱。

另一个明显的限制是，对于陡降型听力损失，压缩量必须在听力损失不大的频率所需的压缩量和听力损失较重的频率所需的压缩量之间折中。不太明显的一点是，压缩改变背景噪声的幅度与改变言语信号的幅度在量上是相同的，并且这种改变在所有频率上都一样。因此单通道压缩可导致信号和噪声有相同的调制［称为**共同调制（ co-modulation ）**］，并且这些调制会在整个频率范围内保持一致，从而使助听器佩戴者更难从噪声中识别言语。[1724]

考虑到多通道压缩既有优点也有缺点，因此，对于一些实验显示多通道压缩比单通道压缩更好，[907, 1225, 1226] 而另一些实验并未证明多通道压缩的优势就不应感到奇怪。[1240, 1437, 1887] 对健听人而言，多通道压缩会降低言语可懂度，因为它不会提高可听度，所以也就没有任何优点来抵消其负面影响。[477, 749, 1951] 如果在快速启动的多通道压缩助听器中采用高压缩比（大于 3:1），那么对于听力障碍者来说，言语可懂度也会降低。[206, 410, 478, 1437]

在多通道、短时间常数、低压缩阈和无限压缩比这样的极端情况下，所有声音不管输入时如何不同，其输出都会有相同的频谱。虽然没有人会针对有严重听力损失的患者采用这种压缩，以显著降低动态范围，但要恢复正常可听度要求压缩比应该较大。如果将多通道压缩以这种方式用于患者，那么对于可懂度的影响是不利的。[478, 1070, 1951] 压缩比小，不利影响就小，所以增加通道数量的积极影响（提高可听度）可能稍微大于其消极影响（频谱压扁）。[1952]

多通道压缩的积极影响是否大于其消极影响，取决于其在参考条件下获得多少可听度。因此，对于在单通道条件下，响度合适且已经通过适当的增益-频率响应形态放大的声音，多通道压缩难以体现出净优势。与单通道压缩相比，多通道压缩的优点针对非常低和高的输入声级最可能体现，不过，对此的研究还不充分。（多通道压缩可以在低声级和高声级下采用不同的增益频率响应，从而可以在更大的声级范围的同时获得良好的可听度和舒适度，而不必使用过高的压缩比。）

然而，对于多数患者，这些优点并不明显。一项深入的实验室和实地研究[881]发现，整体而言，受试者稍微偏好单通道压缩，而不是多通道压缩；陡降型听力损失者在现实生活中更偏好双通道压缩，而不是单通道压缩。所有受试者的实验室言语得分在使用单通道、双通道和四通道系统时并无显著差异。这一研究雄辩地说明对于大多数受试者而言，压缩通道的数量并不重要。

除了多通道压缩以外，选择使用多通道助听器还有很多其他原因：

- 多通道结构可以方便轻松且灵活地控制增益频率响应。
- 能否有效降噪依赖于是否能够在不同频率区域独立地控制增益。可用通道越多，越可以在显著影响语音质量和可懂度的条件下对具有强窄带成分的噪声进行更好地抑制。
- 利用多通道扩展，可以将伴随用以抑制低声级噪声的扩展的抽吸作用降至最低。[1957]
- 许多控制声反馈的技术是基于多通道压缩结构的（请参阅第8章8.2.1）。

总体来看，对大多数患者而言，与单通道压缩相比，多通道压缩没有突出的优点或缺点。采用快速启动压缩，且压缩比小于3:1时，没有理由拒绝使用多通道压缩。对于陡降型听力损失者，多通道压缩在可懂度上的优势更明显。对于其他患者，在输入声级非常低或高时，可懂度也有一定优势，但是还需要开展更多的研究对此加以证实。只有助听器佩戴者积累了足够的聆听经验后，多通道压缩的全部优势才得以充分体现。[1949]

注意，本节比较的是多通道压缩与单通道压缩。针对低输入声级，无论多通道还是单通道压缩都能提供明显优于线性放大的可懂度。针对高输入声级，多通道和单通道压缩也都能带来更好的舒适度。[1070]

6.5.3 慢速与快速压缩

从患者和环境的一般情况来看，采用慢速启动压缩可使音质最佳[597, 682, 1313]采用快速启动压缩可使可懂度最佳。[597, 1846]

但这种简单的初步概括很不全面。针对不同的患者和不同的放大声音，释放时间的影响和能提供最佳音质的释放时间长度会有很大不同。[356, 1315, 1846]

一些研究发现，认知能力低的患者往往会从慢速启动压缩中获得比从快速启动压缩中更好的言语可懂度，反之，认知能力高的患者往往会从快速启动压缩中获得更好的言语可懂度。[598, 1086, 1747]其他一些研究仅证实了针对认知能力高的患者的结果，[1538]

并且进一步的研究还表明，认知能力低的患者在实验室测试中的最佳释放时间取决于言语材料中包含的语境信息，也就是取决于是否需要聆听每个字以便理解其含义。[356]然而针对现实生活中实际应用情况的研究没有发现认知能力和压缩速度偏好间的关系。[356]因为压缩对可懂度的影响有相当大的个体差异，因此，只采用少数受试者的实验可能会得出结论：释放时间对可懂度没有明确的显著影响。[1241, 1352]

原则上，当噪声声级波动时，时间常数的变化影响最大。事实上，一些研究表明，背景噪声的波动程度越大，快速启动压缩与慢速启动压缩相比的益处就越大。[596]也有其他研究没有发现噪声中调制的影响。[①, 356]快速启动压缩在背景噪声的间隙期间可给予更多增益，因此，可提供更好的可听度，这对认知能力较高的患者非常有帮助。[596]认知能力较低的患者可能较难从低声级信号中辨别低声级的噪声，两者都会被快速启动压缩更多放大。认知能力较低的患者也可能较难从短暂的听觉言语片段中推断出意义。

所有实验之间的共同点是：

- 有些患者更偏好快速压缩且（或）利用快速压缩表现得更好，而另一些患者更偏好慢速压缩且（或）利用慢速压缩表现得更好；
- 与认知能力低的患者相比，认知能力高的患者表现得更好，尤其是在接受需要良好工作记忆的测量时。[356, 1538]

鉴于研究结论相互矛盾，因此，关于认知（以不同方式测量）和其他因素（例如使用言语精细结构的能力，信噪比，言语中的语境信息，以及使用不同类型压缩的聆听经验）是如何影响偏好的，还需要开展更多的研究来证实。[356, 559, 1216, 1538]目前，为每位患者提前确定最佳压缩速度是不可能的。也许助听器的压缩速度以及其随声学环境变化的方式，应由患者自己根据个人偏好来调节助听器加以选择（请参阅第8章8.5）。

如第6章6.4所述，由于在相同助听器中可能会有多个压缩器，因此，对慢与快的需要不是非此

---

① 不同的实验中使用的SNR的差异干扰了实验结果的比较：当在非常差的SNR下出现言语接收阈值时（言语测试内容很简单），噪声中的调制对压缩的影响更大；而当在较好的SNR下出现言语接收阈值时（言语测试内容更难、上下文很少），信号中的调制对压缩的影响更大。[1086]

即彼的选择，[1728] 很可能两者结合对患者最好，但对于身处声级明显波动的背景噪声之中的助听器佩戴者和身处言语声级变化迅速的聆听情形中的助听器佩戴者以及认知水平较高的患者而言，快速启动压缩的量应超过慢速启动压缩的量。之所以考虑结合应用两种类型的压缩，是因为二者组合可以使可听度和响度舒适性在较宽的输入声级范围内得以保持，而不会有仅依赖其中一个方法时所出现的弊端。

6.6 结语

我们很早就认识到一旦信号声级偏离了适合线性放大的常见输入声级后，压缩会对可听度和舒适度产生积极影响。在过去十年中，我们对如何更好地应用压缩已有了更多认识。

我们现在更倾向于认为认知能力强的患者在安静条件下或在有明显间断的噪声条件下聆听言语时，快速启动压缩比慢速启动压缩更加有利。

我们现在更好地认识到，当多通道压缩运行时，快速启动压缩存在在言语间隙放大噪声，减少包络线索或使包络线索失真，减少频谱线索等负面影响。所有这些会降低声音质量，并且随着压缩比增大，结果会更严重。慢速启动压缩就不会有这些问题，但慢速启动压缩对聆听环境变化的反应速度太慢又会导致其他问题。随着声反馈抑制技术的广泛应用，压缩在低声级时（快速或慢速）可能引发反馈振荡的负面影响已经不再是个问题，但仍然是需要考虑的因素。

无论用可懂度还是用音质来评估，一般情况下，对大多数患者而言，压缩的好处是毋庸置疑的，当然还远未达到非常显著的地步。[397, 597] 尽管优点值得肯定，但与是否配戴助听器（相对于无助听器聆听）的效果相比，压缩助听器与线性助听器（前提是后者有音量控制）之间的差异很小。[775, 1026, 1318, 1607]

尽管压缩技术进展很大，但尚需更深入的研究。我们需要巧妙地结合快速和慢速启动压缩，通过辨别言语和非言语声音来实现取长补短。我们需要在真实生活中或在模拟真实生活条件下，针对不同患者评估各类压缩技术的效果。遗憾的是，在严格控制聆听环境（其实是完全人为的），有意识地选择实验条件时，几乎任一放大方案都会看起来比其他方案好。

压缩技术已在助听器中发挥着重要作用。助听器的默认验配应包括快速启动压缩限制和有快速、慢速或自适应或两个时间常数的宽动态范围压缩，还应包括适合各频率听力损失程度的压缩比。

第 7 章
方向性麦克风及阵列

概　要

除了靠近声源放置一个远端麦克风，使用方向性麦克风（在空间中两个以上的位置采集声音）是提高噪声环境下言语可懂度的最有效方式。

配置一阶减法方向性麦克风是助听器最常采用的定向方式，这些麦克风的工作方式是将某一个全向性麦克风的输出进行延时，并从其他麦克风的输出中减去。这种与两个麦克风声口的物理空间分布相关的内部时延，决定了这些麦克风的方向性敏感度模式。人的头部本身也会影响方向特性。减法麦克风的固有特性之一是会引起频率响应的低频截止，因此助听器在信号处理时经常采用低音增强的方式进行补偿，但是这种处理会引起较大的助听器内部噪声。分频方向性技术将高频部分的方向性响应和低频部分的全向性响应结合起来可以避免这个问题，但是对低频部分就不会有降噪效果。不考虑麦克风在什么频率范围上有方向性，完整的助听器只在放大声通道的增益能超过通气孔声通道增益的频率范围具有方向性。在开放式验配中，可能只在一半的言语频率范围内具有方向特性。不论利用分频处理，还是开放式验配的声学特性，采用高频定向和低频全向处理模式的结果是模拟了正常听力的方向模式。

加法方向性麦克风阵列可以通过将两个或多个全向性麦克风的输出相加获得方向性，不会产生额外的内部噪声。但是，为了达到效果，这些麦克风之间的距离需要大于声音波长的四分之一。所以，它们不太适用于助听器，但是适用于其他辅助设备，如手持麦克风。

简单的固定减法和加法麦克风阵列对输入声音的方向有固定的敏感度–方向模式。与之不同，自适应麦克风阵列的方向模式取决于背景噪声相对于助听器佩戴者的位置。自适应麦克风阵列自动改变从两个或多个麦克风所收集信号的结合方式，从而对主要噪声声源方向的信号有最小敏感度。采集信号的多个麦克风可以放置在头部的一侧或双侧。

最复杂的方向性麦克风阵列在结合各路信号之前，对每一个全向性麦克风的输出采用了复杂的基于频率的适应性加权。与所有方向性麦克风阵列类似，复杂的自适应麦克风阵列在低混响环境中最有效。

当目标言语或者主要噪声与助听器佩戴者之间的距离小于房间的临界距离（在这个距离下反射声和直达声的声场强度相同）时，方向性麦克风阵列非常有效。在有一个正面近距离说话者和多个远距离噪声源的特殊情况下，信噪比的提高接近于助听器在各频率上的平均方向指数。

方向性麦克风的缺点包括：对侧方或后方目标声音不敏感、在安静环境下增加内部噪声、当两个助听器工作方式不协调时定位精确度较差、对风噪声更加敏感。我们可以通过定向和全向性模式间的智能切换（自动或手动）来克服这些缺点，切换主要是依据噪声强度，以及全向与方向性麦克风输出的信噪比。

所有助听器佩戴者都是方向性麦克风的适用者，因为所有助听器佩戴者都比健听人更需要较高的信噪比。

自适应方向性麦克风阵列将头两侧麦克风（无线或有线连接）的输出进行整合，可以产生一个超级方向性响应，这个响应能使轻度听力损失者在社交场合获得比健听人更好的听力。

前的研究证明在声强合适、助听器经过合适调校的情况下，只有两种方法可以提高可懂度。一种方法是使助听器麦克风（或者一些辅助麦克风）与声源更接近。这样会增加直达声的声强，请参阅第 3 章 3.4 讨论。然而，这种与声源更接近，或者将远距离麦克风挪到声源处的方式在实际生活中并不可行。

另一种解决方法是使用方向性麦克风。可以使用单个具有两个输入端口的麦克风，或者将两个或多个麦克风的电子输出组合起来构建方向性麦克风，请参阅第 2 章 2.2.4。有多个输入端口的单个麦克风或者多个麦克风称为**方向性麦克风**（*directional microphone*）、**麦克风阵列**（*microphone array*）、**波束形成阵列**（*beamforming array*），或者**波束形成器**（*beamformer*）。

本章 7.1 介绍方向性技术，7.2 介绍如何量化方向性，7.3 介绍方向性对患者的好处以及影响因素。各节内容有密切联系，为了能够全面理解，建议读者至少阅读本章两遍。

7.1 方向性麦克风技术

7.1.1 一阶减法方向性麦克风

在助听器中广泛使用的方向性麦克风是**一阶减法**（*first-order subtractive*）方向性麦克风。之所以称为一阶减法方向性麦克风，是因为它的输出依赖于两个信号的一次相减。一阶减法方向性麦克风的方框图如图 7.1 所示。对于声学方向性麦克风，如图 2.6 所示，当端口中发出的声音被施加到膜片的另一侧时就能实现物理上的减法。使用两个分开的全向性麦克风时，每个麦克风的电输出在后向麦克风

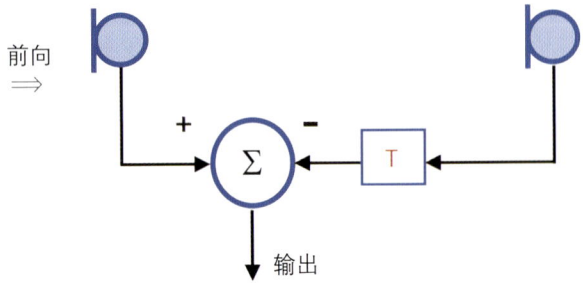

图 7.1 减法方向性麦克风的方框图。减法方向性麦克风包含一个有两个端口的麦克风，或两个有一个端口的麦克风。加法器旁边的减号表示两个信号做了减法运算。

输出时延后相减。这种时延－相减的处理过程会导致前向比其他方向的敏感度更高，该机制已在第 2 章 2.2.4 讨论过，建议在阅读后续部分之前对这一节进行回顾。不论是物理上的相减还是电输出的相减，简单的一阶减法方向性麦克风是线性系统，不会使检测到的信号失真。

端口距离、内部时延和方向模式

有两个参数会决定方向模式和增益频率响应：端口距离和内部时延。**外部时延**（*external delay*）即来自正前方或后方声音的传递时间，它的计算方法是将端口距离除以声速。这种**内部时延**（*internal delay*）是低通滤波器的积分时延（对于声学方向性麦克风，见图 2.6）或是电子时延，对于双 - 全向型（dual-omni）方向性麦克风而言。

内部时延除以外部时延的比值为**时延比**（*delay ratio*），时延比决定了**敏感模式**（*sensitivity pattern*）的形态，或者称之为**方向模式**（*polar directivity pattern*），如图 7.2 所示。随着时延比例从 1.0 降到 0，曲线形状从**心形曲线**（*cardioid*）经过**高心形曲线**（*super-cardioid*）到**超心形曲线**（*super-cardioid*），再到 **8 字形**（*figure-8*），后向敏感性，即对于后向的次级**敏感叶瓣**（*sensitivity lobe*）增加，但是侧向敏感性会消失。在极端情况下，例如 **8 字形**（*figure-8*）或**双向性曲线**（*bi-directional*），前向叶瓣和后向叶瓣具有同样的敏感性，但麦克风对于两侧的声音完全不敏感[①]。

方向指数（*directivity index*，DI）的概念已在第 2 章 2.2.4 提过，并将在第 7 章 7.2.1 继续详细解释，它量化了相对于平均敏感性的前向敏感性，对于我们理解方向性麦克风的作用具有重要意义。**单向指数**（*unidirectional index*，UI）定义类似，但用得较少；它描述了相对于全部后向（顺时针从 90°到 270°）平均敏感性的全部前向（顺时针从 270°到 90°）平均敏感性。

图 7.2 展示了在无障碍空间中针对每种方向模式测得的二维和三维的 DI 及 UI。对于不同形状的心形曲线，超心形曲线中三维 DI 达到最高（6.0 dB）；高心形曲线中二维 DI 达到最高（4.8 dB）；高心形曲线中三维 UI 达到最高（11.6 dB）。

---

① 如果目标是制作一个前向方向性麦克风，即抑制从后方传来的声音，那么时延比必须控制在 1 以内，因为麦克风对后方的声音也是敏感的。

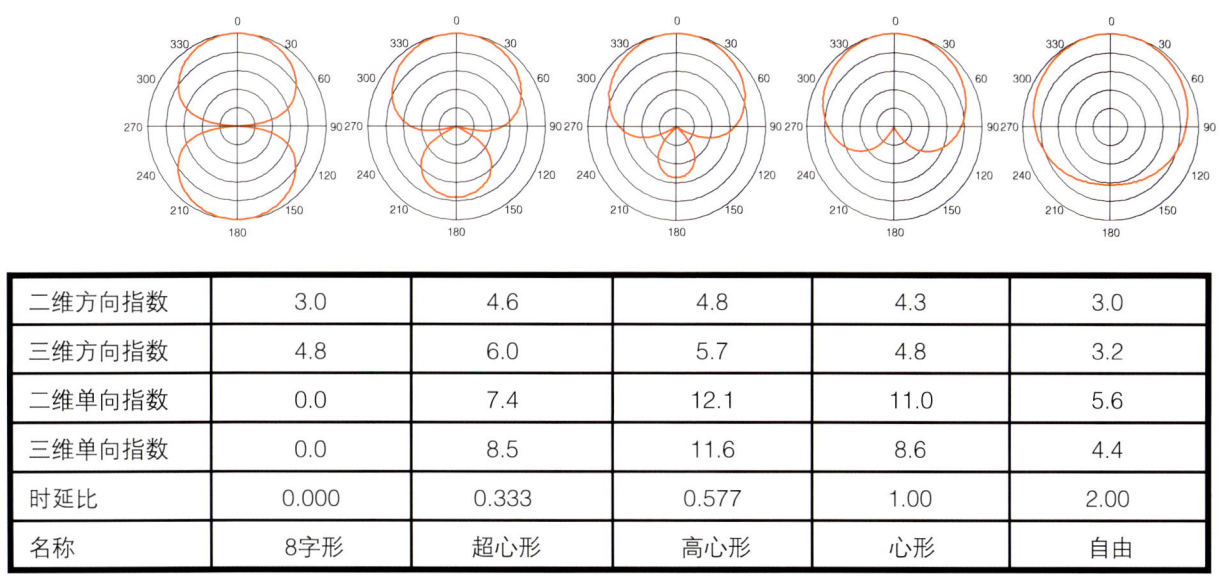

二维方向指数	3.0	4.6	4.8	4.3	3.0
三维方向指数	4.8	6.0	5.7	4.8	3.2
二维单向指数	0.0	7.4	12.1	11.0	5.6
三维单向指数	0.0	8.5	11.6	8.6	4.4
时延比	0.000	0.333	0.577	1.00	2.00
名称	8字形	超心形	高心形	心形	自由

图 7.2　未安装在头上的一阶减法方向性麦克风在理论上的方向性敏感度模式，包括多种内部时延和外部时延的比率。表格中包括了各模式的 2D 和 3D 的方向指数和单向指数。每个同心圆表示敏感度变化 5dB。

你会注意到图 7.2 没有展示前–后比，顾名思义，它表示了 0° 响应相对于 180° 响应的比例（以分贝表示）。尽管这个值被广泛引用，但它几乎没什么意义，因为，180° 响应会受到助听器在头部位置的轻微变化、频率以及方向模式的极大影响，因此当后方有噪声的时候，这个图值完全不能反映实际性能。[1499]

除非当频率大到使得端口间的距离接近于半个波长，否则这些方向性敏感度模式的曲线不会随频率变化。以心形模式为例，当频率等于声速除以两倍端口距离时，麦克风对于前方声音的敏感度为 0。因此，如果要让该模式在 8kHz 以上仍然不变时，端口距离必须保持在 12mm 以下。

但是，端口距离不能太小，否则麦克风自身会变得嘈杂。麦克风通过两端口处测得的声压相减来工作。差异的大小取决于两个端口之间声音相位上的差异，即取决于端口距离相对于声音波长的大小。因此，过小的端口距离会减小麦克风的敏感度，但麦克风产生的内部噪声不变，只是与信号相比，变得更加明显。这就解释了，助听器佩戴者在安静环境下会觉得方向性麦克风听起来更吵的原因是，两个麦克风相对前方信号有相同的增益–频率响应。

同理，对于双–全向性麦克风，随着端口距离减小，失匹配错误（见下文）会成为更大问题。因为低频（波长最长）情况下过小的端口距离会引起

失匹配错误和高内部噪声，非常小的端口距离（比如 5mm）对于高频助听器（比如开放式验配助听器）是非常适宜的。把助听器自动切换到全方位响应模式下，过小端口距离引起的高内部噪声就不是主要问题了，这是目前最常用的做法。

独立测量助听器可以得到如图 7.2 所示的平滑方向曲线。因为头和耳郭是声音的障碍物，即使使用全向性麦克风，它们也会带来方向性。图 7.3 展示了在 KEMAR 人工头的右耳后放置一个安装了全向性麦克风的耳背式助听器得到的方向模式。助听器对大约右前方 70° 敏感度最大。图 7.3 也展示了把一个方向性麦克风放置在 KEMAR 人工头右耳后测得的自由心形曲线。头上的方向模式（实线）既反映了麦克风在自由空间中的方向性（见图 7.2；心形曲线；来自后方声音衰减），也反映了头的方向性（见图 7.3；虚线；来自左方声音衰减）[①]。此时最敏感的方向在大约右前方 40°。

随着频率增加，头的定向作用更强，放置在头部的方向性助听器的方向模式也会随着频率变化。因此，对于每一频率都需要不同的方向模式，或者可以使用一个单一的方向模式以代表全频域的平均情况。如图 2.8 所示，一阶减法方向性麦克风一般有

---

① 头上的方向模式可以通过将头位的全向性模式和方向性麦克风的自由声场模式相加（dB）来预估。

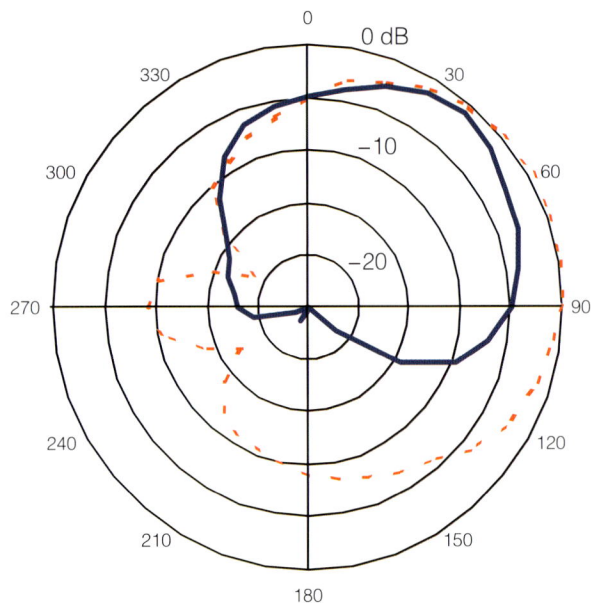

图 7.3 虚线为全向性麦克风的方向性敏感度模式，实线为心形方向性麦克风的方向性敏感度模式，二者均为在 2kHz、安装在头上的情况下测量，且均为 BTE 助听器。数据根据 Knowles TB21 校准。每个同心圆表示敏感度变化 5dB。

大概 4 dB 左右的二维方向指数。当安置在头部上时，三维方向指数会比图 7.2 所示的自由场内的理论值小 1~3 dB。[468]

将头和助听器的设计结合起来，会产生另一种效果。将 BTE 助听器端口之间的连线朝向前上方很常见，这将使得最大敏感度的方向在水平线以上。因为一阶麦克风的方向性不是特别强，如果连线与水平线的角度小于 20° 或 30°，这种做法的意义就不大（见图 7.2）。但是，如果将 BTE 助听器的角度引起一个端口被耳郭遮蔽，方向指数会减小。[1498] BTE 助听器，尤其是微耳背式助听器，在保证佩戴舒适性的同时，应该在耳郭上方被放置得尽量靠前，这样可以防止产生异常的方向模式。

方向性麦克风只能运用于足够大的能容纳必要端口距离的助听器。目前主要应用于 BTE 和 ITE 助听器中。方向性麦克风在 CIC 助听器中不可能取得效果，一方面是因为 CIC 助听器没有足够的空间来满足必要的端口距离，另一方面是因为耳郭引起的衍射会在助听器面板附近产生一个复杂的声场。

频率响应

因为波长会随着频率的降低而变长，固定的端口距离意味着频率越低，与波长的比值越小。所以，两端口处的声压很快就会变得越来越相似，前端口与后端口的信号差异也会变小。因此减法方向性麦克风的增益-频率响应曲线有每倍频程 6 dB 的低频截止，可以使用电子滤波器增加低频增益来补偿这种衰减，但这样的滤波器也会增加麦克风内部噪声，这种噪声可能会被听到而且使人烦躁。为了避免过多的噪声，助听器通常只补偿部分低频截止。即使采用全补偿，让方向性和全向性模式对于前方声音有同样敏感度，方向模式也会在大部分场合听起来更安静，因为它对其他各方向声音的敏感度较低。

当患者的低频损失超过 40 dB 时，补偿对于患者非常重要，[1501] 因为患者很依赖低频声音的放大。但这种补偿对高频和开放式验配助听器不重要，低频声音不会通过开放式验配助听器传递到耳内（请参阅第 5 章 5.3.1）。

使用较长的端口距离会使得麦克风敏感度最大化，内部噪声最小化，但是如果端口距离太大会使前方声音的频率响应受影响。图 7.4 显示了使用 20mm 和 8mm 两种端口距离下的麦克风频率响应。对于较大端口距离，高频响应的最小值发生在 9kHz，但对于较小端口距离，最小值出现的频率远高于助听器的带宽度。同时，该图也显示了 8mm 端口距离在绝大部分频域范围都有较低的敏感度。

如果助听器将过大的端口距离与低通滤波器的时延相结合，就可以解决高频部分的前向敏感度降低的问题，这就是声学方向性麦克风如何工作的（如图 2.6）。这种滤波会使后侧端口（或麦克风）在高频部分有效关闭（彻底关闭）。这样就不会存在高频部分的前向敏感度问题，但麦克风在这些频率上

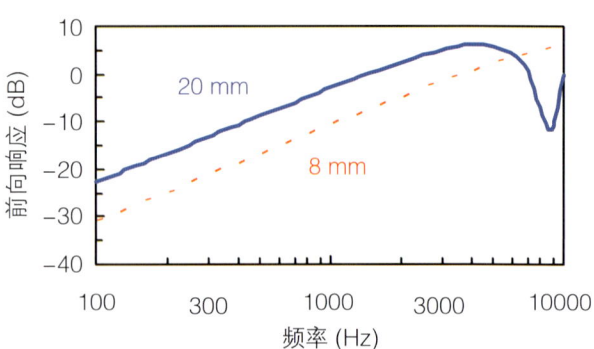

图 7.4 两个端口（或两个麦克风）的减法方向性麦克风的前向敏感度，与等价的单端口麦克风的对比。曲线上的参数是端口距离。用于产生心形方向性响应的内部时延已经被假定。

也没有了方向性。

声学相减与电学相减

使用方向性麦克风的助听器几乎都要采用全向性响应,无论是选用一个方向性麦克风和一个全向性麦克风的组合,还是使用两个全向性麦克风,它们的输出都会以电子形式结合在一起。

双-全向模式在实现更复杂的自适应方向性上具有优势(请参阅第 7 章 7.1.3)。缺点在于,好的方向性依赖于两个麦克风的增益-频率响应,两个麦克风必须在增益和相位上进行很好的匹配。

尽管选择两个高度匹配的麦克风对厂家而言是很容易的,但是麦克风出厂后,其响应会受到使用年限、湿度、温度、振动,以及麦克风端口处堆积物或端口保护膜上堆积物的综合影响而改变。①, 305 这些因素导致的增益-频率响应失匹配会导致麦克风的匹配度逐步降低,进而导致方向性功能降低。比如,敏感度的失匹配为 1dB,或者相位的失匹配达到 5° 会引起方向指数在 1kHz 处减小 1/3,在频率小于 1 kHz 时,情况会更糟。②

通过不断比较两个麦克风的长时平均输出,助听器可以采用电子方式减小失匹配问题。给定两个非常接近的麦克风,它们在长时输出水平上的差异一定是由麦克风本身的差异造成的,所以在两者输出相减之前可以对一个麦克风的输出进行电子修正,如图 7.5 所示。助听器的差异就在于如何去进行这种修正。305 理想的做法是对所有频率的增益和相位都进行修正。一些老式助听器没有任何修正功能。

方向性和全向性响应的结合

麦克风不匹配也提供了一些机会。图 7.6 显示了超心形麦克风在自由声场的敏感模式是如何随着两个麦克风在低中频相对敏感度的变化而改变。两个麦克风的微小失衡就可消除深陷的无效区(null),如发生大幅度衰减的角,而更大的失衡会将模式迅速变化为全向性。因此,可采用人为失衡的方法在听觉环境改变时,将助听器顺畅地从方向模式转为全向性模式。有些助听器可以在几秒内自动实现这样的平滑转换,从而避免音质突然变化。音质的突变通常发生在从全向性模式突然转到方向模式,或

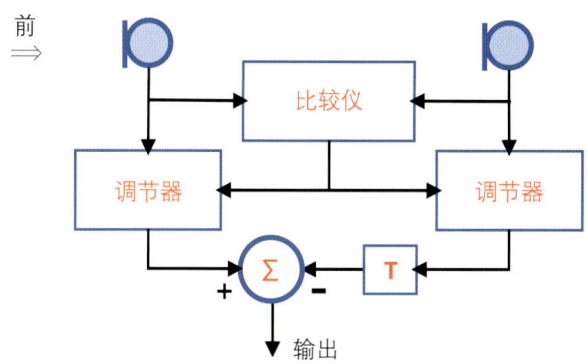

图 7.5 能够自动使各全向性麦克风敏感度相等的减法方向性麦克风的方框图。

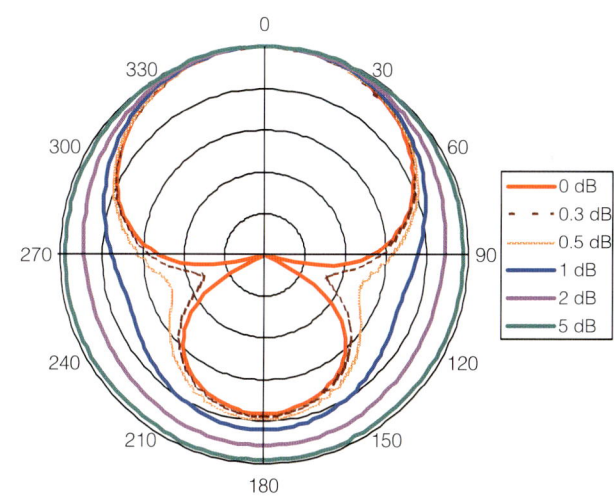

图 7.6 伴随两个麦克风敏感度失衡程度变化而改变的方向模式。同心圆之间敏感度差为 5dB。

者相反的时候。

无论平滑转变,还是突然转变,助听器通常会自动在一些场合选择方向性响应,在其他场合选择全向性响应。尽管助听器不能完全准确地预测佩戴者想要听什么,但如果在一个方向上有一个主要说话人,其他方向有一些其他声音,很有可能该主要说话人会成为佩戴者的注意焦点。助听器可以同时处理方向性和全向性信号,而且会选择出具有明显更高信噪比的那个信号。助听器选择方向性响应时,可以参考以下信息:

· 整体声强足够高,以表明说话声提高了;

· 在目标信号的间隙处测得背景声音的强度大于某个值,通常为 60dB SPL,意味着环境中有噪声,同时方向性麦克风的内部噪声不太可能被听见;

· 方向性麦克风的输出比全向性麦克风的输出

---

① 保护膜可能需要定期更换,以防止其所保护的麦克风敏感度被堆积物影响。

② 这个例子是超心形响应在自由声场、端口距离为 10mm 情况下的三维方向指数。

有更深的包络起伏，尤其是在一般说话频率上（4～20Hz）。这意味着助听器佩戴者前方有一个说话人；

· 信号不具有风噪声的特点，因为方向性麦克风对由湍流引起的混乱且集中的声音极度敏感，当风经过头、耳郭和助听器时都会发出这种声音。[307] 风噪声可以根据两个不相关端口的低频成分自动识别出来，或者，也可通过判断方向性麦克风的低频输出（补偿后的）远高于全向性麦克风的低频输出来进行识别。

如图 7.6 所示，方向性或全向性是一种渐变的选择，不是简单的是非判断。另外，一些多通道助听器可在不同的频率通道分别进行方向性或全向性选择。当内部噪声和麦克风失匹配带来的影响比较大时，助听器通常会在高频通道进行方向性处理，而在低频通道进行全向性处理。

这种根据频率进行组合的方式称为**分频方向性**（*split-band directivity*）或者**分通道方向性**（*split-channel directivity*）。这种方式更进一步的好处是可以模拟正常人耳的方向性（图 2.8），即高频方向性比低频方向性好，从而提高助听器佩戴者区分前后声源位置的能力。[883] 一些厂家认为这种模拟功能有很大的优势，因此，会让助听器在许多聆听环境中优先采用分频方向性，甚至让助听器始终采用分频方向性。分通道方向性的缺点在于：不能提高低频声音的信噪比。所有使用方向性麦克风的开放式验配助听器都有效的分通道方向性，而无须考虑麦克风如何感知低频声音。

有些时候助听器佩戴者希望听到他身后的说话声，比如司机听后座乘客说话。在这种情况下，全向性模式会比方向模式好，不过，指向后方的方向模式会更好，至少对想同后座乘客谈话的司机是如此。**这种反心形响应**（*reverse cardioid* 或 *anti-cardioid*）很容易实现：将后侧麦克风的信号减去被延时的前侧麦克风的信号——即从完全相反的方向来看图 7.1 所示意的前向方向性麦克风。一些助听器在自动选择功能里就包含这种后向方向性功能。

7.1.2 加法方向性麦克风阵列

加法阵列（*additive array*）和减法阵列在工作原理上不同。减法阵列是减少所有方向的敏感度，但对前向敏感度减少最少，而加法阵列是提高前向敏感度，使其大于其他方向的敏感度。图 7.7（a）展示

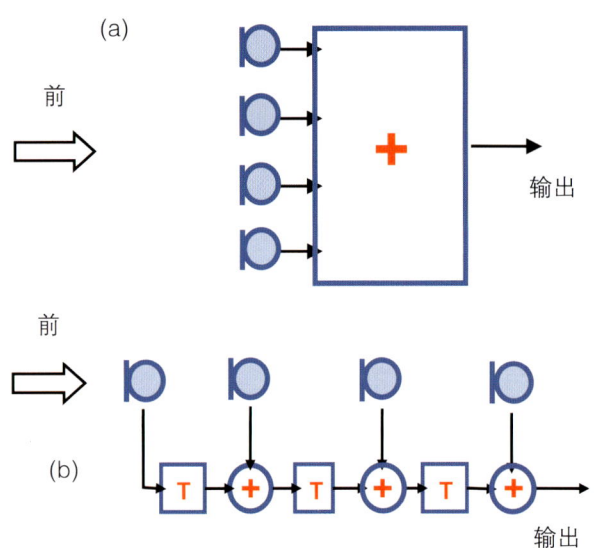

图 7.7 两个加法方向性阵列的方框图。（a）宽边，（b）端射，延时 – 相加。

了一种可以穿戴在胸前，或放置在头带上，[647] 或安置在眼镜架上的加法阵列。一个简单的双麦克风构成的加法阵列是将头两侧麦克风的输出相加，就像双侧信号对传式助听器所采用的方式（请参阅第 17 章 17.1.2）。

如果说话人在助听器佩戴者正前方，所有麦克风离说话人的距离一样，它们的输出信号相位也相同。简单将输出相加会得到一个被任一麦克风单独输出大 n 倍的信号，n 代表阵列中麦克风的数量。如果声音来自水平面的其他方向，则声波会先后到达麦克风，输出信号的相位就存在差异。叠加这些不同相位的信号会抵消某些信号，因此其整体输出将比来自正前方说话人的输出小，麦克风阵列就具有了方向性。给不同的输出以不同的权重，则会产生不同的方向模式。[1672]

另一种加法阵列，称之为**延时 – 相加**（*delay-and-add*）加法阵列，见图 7.7（b）。将每一个麦克风的输出延时 T，然后与阵列中的下一个麦克风输出相加，依次类推。想象一下如果电子时延 T 等于信号到达不同麦克风的时间差，那会怎样？假设前方某声源传出的声音首先到达麦克风 1，然后到达麦克风 2，将麦克风 1 的输出经过延时，使其到达加法器的时间与麦克风 2 的输出到达时间（其输入与麦克风 1 相比存在声学时延）刚好一致。此时，两路信号会完美地以同相结合。同样的过程会发生在后一个加法器，并依次进行。最终输出信号的电压将是任一

麦克风输出电压的 4 倍（相当于增加 12dB）。

但是，如果声音来自其他方向又会如何呢？举例来说，假如声音从侧面传来，输入信号同时达到 4 个麦克风。由于电子时延处理的存在，进入加法器的两路信号不再同相。结果，两路信号就不会向前方来声那样有效叠加。整个阵列对其他方向声音的敏感度也就不如对前方声音的敏感度。① 电子时延 – 相加处理适用于配置了手持麦克风的助听器。制作电影时使用的大型吊杆式麦克风是一种有效的延时 – 相加处理器，只是通过声学方式而非电子方式来实现。

无论是哪种加法阵列，由于对来自前方的信号总是进行同相相加，因此，加法阵列会减少麦克风的内部噪声，而不是像减法阵列那样增加内部噪声。而且，麦克风之间如果存在小的敏感度失匹配，并不影响其性能。那么，为什么加法阵列在助听器中应用不多呢？

原因在于加法阵列只适用于高频声音，即阵列长度大于或等于其 1/4 波长的频率。如果声信号的频率低于这个频率，那么无论声音来自哪个方向，各麦克风的输出都是近似同相的。因此，他们并不适用于头戴式助听器。即使麦克风之间的端口距离有 20 mm，阵列也只能对 4 kHz 以上的声音有方向性。

大型阵列比一阶减法方向性麦克风更有效，但由于不够美观，所以，通常与头带、[647] 眼镜架[1672] 或首饰结合使用，以提高人们的接受度。一种比较新颖的方式是将多个方向性麦克风安置在眼镜边框上组成延时 – 相加阵列。[1672, 1673] 这 5 个方向性麦克风各自具有心形模式，可以对中低频声音进行定位，而将他们结合在一起的延时 – 相加阵列则可对中高频声音进行定位。长度为 100 mm 的阵列，在各频率范围平均可得到约 7.5 dB 的方向指数。信噪比每提高 1dB，清晰度可提高约 10%，这种增益足以使助听器佩戴者由原来什么都听不懂变成几乎能听懂所有内容（请参阅第 7 章 7.3.1）。在更新的版本中，应用 8 字形模式的方向性麦克风取代了原来的心形模式麦克风。这种做法缩小了前向方向性的角度，只使用 3 个麦克风，就可获得同样高的方向指数。[1094] 这个新版本的麦克风阵列已经推向市场，主要作为一个麦

克风配件给助听器的电感线圈发送磁信号。

端射和宽边阵列

不论信号采用相加或相减的结合方式（或采用比这些方法更复杂的滤波方式），阵列通常会根据麦克风的排列方式分类。使用从海战中借来的概念，**端射阵列**（*end-fire array*）中的麦克风分布在朝向敏感度最大方向的一条线上，而**宽边阵列**（*broadside array*）中的麦克风分布在与敏感度最大方向垂直的一条线上。图 7.7（a）中简单加法阵列是宽边阵列的一个例子，而图 7.7（b）中的延时 – 相加阵列和图 7.1 中的减法方向性麦克风是端射阵列的例子。

通常随着麦克风数量和阵列长度增加，阵列的方向指数也会增加。但是，给定麦克风的数量和阵列大小，端射阵列要比宽边阵列更具有方向性。②,[1690] 原因很容易理解：端射阵列只在一个方向上有最大敏感度，而宽边阵列在三维空间的多个方向上有最大敏感度（比如前方、上方、下方和后方）。

7.1.3 复杂定向阵列

到目前为止，所讨论的阵列从两个方面看起来都比较简单。首先，各独立输出只是以相加或相减的方式进行结合，有时会采用延时处理。第二，它们是**固定阵列**（*fixed arrays*），只有固定不变的敏感度模式。这一节将介绍几种更有效的阵列组合方法。**自适应阵列**（*adaptive arrays*）可改变方向模式以达到最少拾取随时发生的主要噪声，并最大拾取目标方向信号的目的。在大部分条件下，自适应阵列都比固定阵列有更好的噪声抑制效果。

自适应时延

自适应阵列最简单的形式是我们已经讨论过的一阶减法阵列（图 7.1），但采用了可调整的内部时延，使得阵列可以最低限度地拾取来自后方的声音（图 7.8a）。内部时延 T 可以自动、连续变化以使输出信号能量最小。因为输出信号的能量等于目标声音的能量（假设为前向）加上非目标声音的能量（例如噪声），当非目标声音的能量最小化了，总能量也最小化了。

如图 7.2 所示，随着内部时延和时延比的变化，朝向后方的最小敏感度的方向也是变化的。当后方任一方向（从 90°到 270°）存在一个干扰声源时，

---

① 使用比麦克风的声学时延稍长一点的电子时延可以使阵列变得更有方向性。这被称为转向过度的阵列，因为随着内部时延从 0 开始增加，最大敏感度的方向由垂直于阵列转为平行于阵列。[334, 859]

② 当阵列被放置在头和身体上时，它们的方向性会受到影响，因此端射阵列不一定比同尺寸的宽边阵列好。[649]

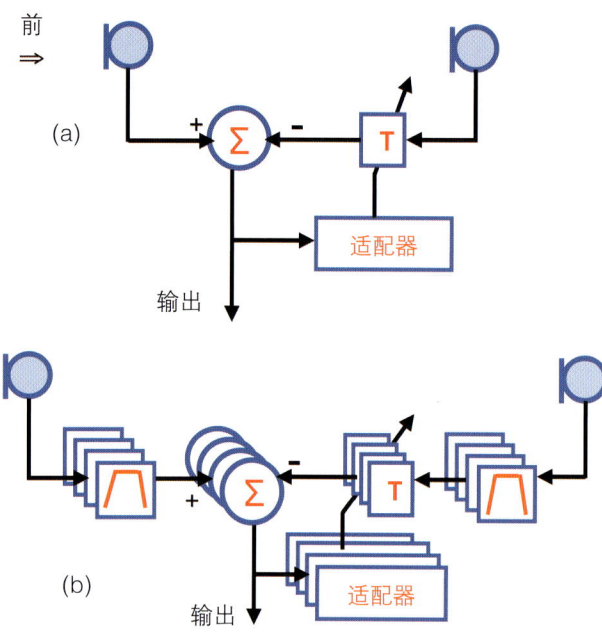

是平滑过渡的,其中包括中间类型高心形曲线和超心形曲线。图7.9的算法比图7.8a的算法更多地用于助听器,因为自动而平滑地调节衰减比调节时延更容易。

有些助听器调节速度快(大约10ms以内),而有些助听器调节速度慢而平滑(几秒以内)。[305] 快速调节能对头部快速转动进行响应;慢调节则避免了任何由于响应的快速变化而引起的音质问题。不论调节速度怎样,信噪比越低,适配器计算最优值越精确。如果存在一个以上的干扰噪声,适配器就会产生一个折中值使所有噪声都衰减,但与只有一个噪声时相比,效果会较差。有些助听器中采用的调节策略选择合适的时延,以使输出信号有最大的包络调整深度,而不是最小能量。[305]

影响简单自适应阵列性能的因素之一在于:如图7.2所示,光滑并且精确定位的凹陷只在方向性麦克风远离所有障碍物(如头部)时存在。不同频率下,头部对麦克风的方向模式有不同程度影响(如图7.3所示),所以对于不同频率,发生凹陷的角度也不同。因此,助听器不可能同时去除噪声中的所有频率成分。解决这个问题的方法是把简单的电子时延替换成一种更复杂的电路,使不同频率成分的时延不同。图7.8b中的滤波器将每一个麦克风的输出分解成四个通道,在每一个通道内独立进行适应性调节。除了考虑头部衍射在不同频率的影响,如果不同噪声在不同的频率有最大能量,则可以对每个噪声源的主导频率独立进行衰减,而不需采用折中方法。

在以下情况,自适应方向性麦克风比固定方向性麦克风能更有效地去除噪声:

· 存在一个近距离的占主导地位的噪声源;

· 主噪声能在一定时间内维持距离不变以使适应性算法能够锁定它;[111]

· 主噪声源不能恰巧位于固定方向性麦克风的方向模式的零值位置。[1503]

混响是影响自适应方向性麦克风性能的最主要因素。如果噪声源(甚至只有一个)的距离大于房间的临界距离(请参阅第3章3.4),噪声能量会从所有方向平均到达麦克风。适应性算法能做的就是选择一个总体上能够在各个方向上最大限度地衰减噪声的方向模式。该模式就是超心形模式,因为该模式有最大的3D方向指数(见图7.2)。如果这样,

图7.8 (a)简单的自适应方向性麦克风,包含可转向的零值。(b)多通道的版本,每个麦克风的输出经过不同通道的滤波,使不同通道的时延与方向模式不同。

内部时延会自动调整至某个值,以使在干扰声源的方向敏感度最小。

图7.9显示了另一种可获得如图7.2所示的各类方向模式的方法。这个算法被称作 Elko-Pong 方向性算法,其原理类似于图7.1展示的前向减法麦克风。[515a] 此处被减去的是一个衰减的后向减法麦克风。A与B处的输出各有自己的心形模式。尽管后向心形曲线从完全衰减到不衰减的变化可能不明显,但最终输出C的方向模式从前向心形曲线到8字形曲线

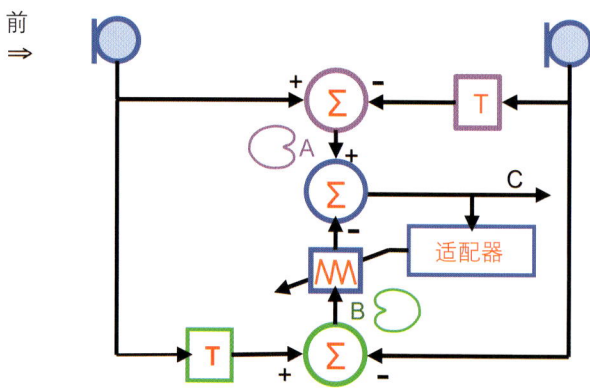

图7.9 Elko-Pong 自适应阵列方框图,由前向(信号A)和后向(信号B)的心形方向性麦克风组成,产生的输出(C)的方向模式的形状随着对信号B加权的不同程度而变化。

> **方向性麦克风阵列的术语总结：**
>
> - **端射阵列**中的麦克风分布在与敏感度最大方向一致的一条直线上，而**宽边阵列**中的麦克风分布在与敏感度最大方向垂直的一条直线上。
> - **加法阵列**是将各麦克风的输出相加，而**减法阵列**是将各麦克风的输出相减。
> - **固定阵列**在所有的环境中都采用相同的方向性敏感度模式，而**自适应阵列**可以根据声源位置及混响特点改变其敏感度模式。
>
> 这三种分类的依据是相互独立的，除了宽边阵列总是加法阵列。

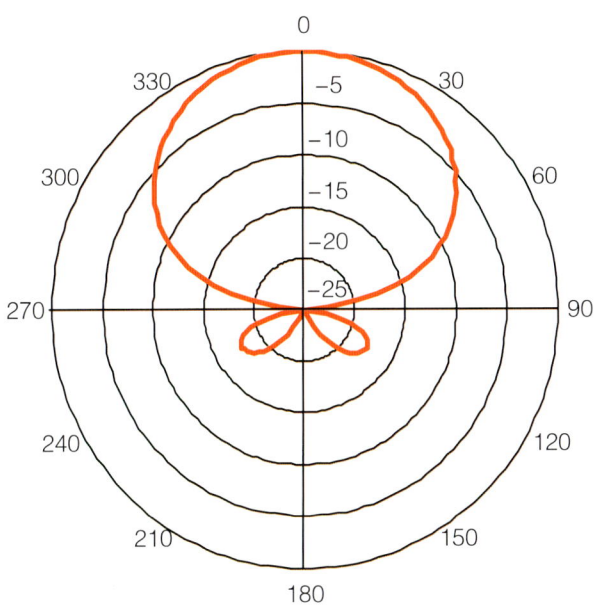 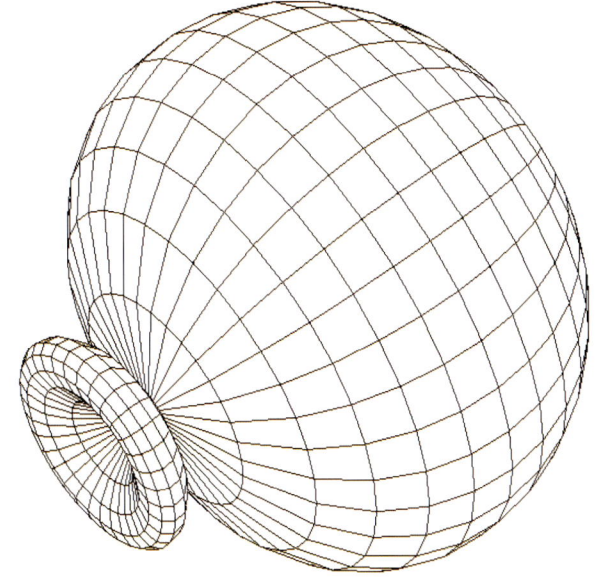

图 7.10　二阶减法麦克风的二维和三维方向模式。

自适应方向性麦克风的工作效果就等同于一个固定的超心形方向性麦克风，其信噪比的提高最多能达到超心形模式的方向指数。

二阶阵列

如果两个麦克风的输出相减可以产生一个方向模式，那么将两个一阶减法方向性麦克风的输出信号相减就可以产生一个超方向模式。这种二阶减法处理产生的方向模式如图 7.10 所示。在这种情况下，一阶麦克风有个心形响应，在 180° 产生零值，而二阶减法不需要额外时延，可以在 90° 和 270° 产生零值。这种处理能在整个后侧半球包括侧面产生比较好的抑制效果。其产生的 3D 方向指数是 8.7dB，但是得到这样完美的方向指数是有代价的：二阶相减处理增加了内部噪声和麦克风敏感度不匹配的问题。

即便在大的 BTE 助听器里安装宽频带、二阶减法阵列也只能有很小的端口距离，因而内部麦克风噪声会很大。尽管如此，人们通过把二阶减法处理限制在高频范围，已经采用三个全向性麦克风把该技术应用于 BTE。在高频区域，过小的端口距离、内部噪声和麦克风匹配都不会造成严重影响。[①] 通常，一阶处理只针对低频成分。带上这种二阶处理助听器时，各频率平均的方向指数和信噪比会比一阶方向性处理多提高 1dB。[100, 109, 1452]

较大的端口距离适用于手持方向性麦克风中，这种设备可以买到，而且在提高信噪比方面很有效。[1058]

自适应权重阵列

最复杂和有效的阵列是在将所有滤波后的麦克风输出相加产生输出信号之前，首先对每一个麦克

[①] 如果一对后向方向性麦克风阵列的前端口和一对前向方向性麦克风的后端口位置相同，四个麦克风可以减少为三个。

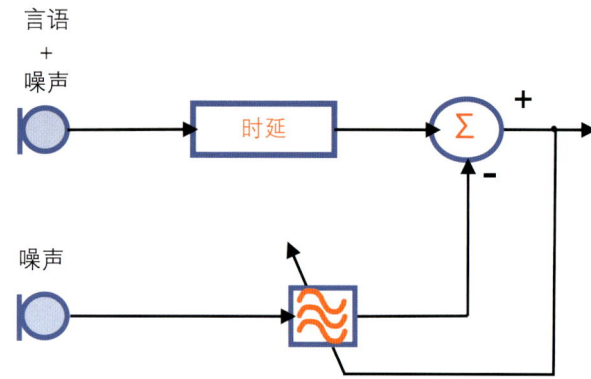

图 7.11 Widrow 最小均方自适应降噪技术方框图。其原理是使用一个只接收噪声的参考麦克风。固定时延对自适应滤波器的内部时延进行了补偿。

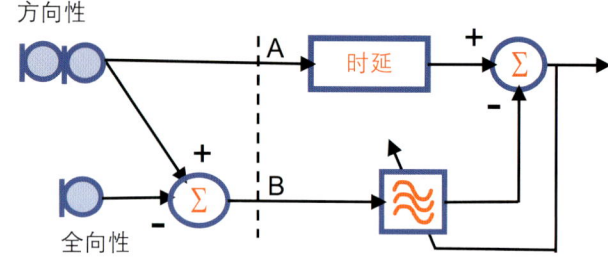

图 7.12 自适应降噪器方框图。其中噪声参考信号是由全向性麦克风和方向性麦克风的输出相减所得。

风输出的增益和相位在不同频率上予以不同程度的调整。到目前为止所讨论过的固定减法阵列、固定加法阵列、时延可调阵列、以及二阶麦克风都可以看作是**自适应权重**阵列或波束形成器的特例。

仅有两个麦克风的波束形成器在同一时刻只能对一个方向上的任一频率产生零值。①因此，如果存在两个频率范围相同的噪声声源，它们就不可能被同时去除。推而广之，由 n 个全向性麦克风组成的波束形成器只能去除 n-1 个不同的噪声。要获得自适应波束形成器的真实评价效果，需要应用多个声源对其进行评估。

最复杂的自适应多麦克风阵列的理论基础是 **Widrow 最小均方**（least mean squares，LMS）算法，其结构框图如图 7.11 所示。[1916] 上面的麦克风采集信号与噪声的混合信号。下面的麦克风假设安装在只能采集噪声的位置，这个麦克风可以被看作参考麦克风。假设进入两个麦克风的噪声来自同一声源，但通过不同通道，这样两个麦克风就有不同的波形。如果进入参考麦克风的噪声可以通过滤波来补偿由于声学通道不同造成的差异，这个滤波后的噪声可以从主麦克风采集的混合信号中减去。如果滤波和相减的处理足够完美，最终将得到纯言语信号。

通过适应性地改变滤波器的响应以使输出信号的能量最小化（即 LMS 最小化，因为能量与信号的平方成比例），该滤波器就会接近理想的结构。系统可以在 1s 之内完成这种调节。②这个自适应滤波器可以看作，在从主信号减去加权噪声信号之前，已对参考噪声的每一频率进行了复杂加权（修正增益和相位）。

还有一些其他的方法来计算权重，但是超过了本文讨论范围。有些方法是在频域上进行计算，因此权重是在每个频率范围内独立计算。另一些方法是在时域上进行计算。在该计算中，对每个麦克风输出样本的加权间接决定了麦克风输出在每个频率上的结合方式。尽管两种方法可以得到相同的结果，但采用频域的方法能更快得到结果，因为现实信号都是时变信号，而且头部运动可以快速明显地改变声源方向。[1075]

Widrow LMS 系统可以提高信噪比 30dB，甚至更多，前提是存在一个合适的参考信号。但是，对于头戴式助听器，不可能放置一个只采集噪声的麦克风。如果参考麦克风包含几个信号，滤波器会变化为一种模式，将信号和噪声都进行部分去除。不过，这种情况并非没有解决方法。

图 7.12 展示了一种可以在头戴式助听器中获得参考噪声的方法。一个方向性麦克风输出了言语（来自前方）与噪声（来自任何其他方向）的组合（信号 A）。一个全向性麦克风（可以是构成方向性麦克风的全向性麦克风中的一个）也输出了言语和噪声的组合，但是其输出信噪比较方向性麦克风差。如果全向性麦克风和方向性麦克风对于来自前方的声音有相同的敏感度和相位响应，那么将他们的输出相减可以去除前方任何的信号，只留下噪声信号 B。

---

① 实际上，在其他方向也可能同时出现零值，但是一旦波束形成器定位到第一个零值，其将不能控制其他方向的零值。

② 设计者可以自由选择适应时间。但如果适应太快，即使噪声的方向只是发生了微小改变，滤波器也会产生过度的变化，使言语质量下降。如果适应太慢，滤波器将不能跟上噪声源方位的变化，或助听器佩戴者的头部运动。

图 7.12 虚线右边的部分与图 7.11 所示的 Widrow LMS 降噪方法一样，实现了滤波和相减处理，从而提高信噪比。

刚才讨论的自适应滤波处理已经在商用助听器和人工耳蜗植入中得到了应用，他们在某些特定环境中能取得很好的效果。特别是在只有一个噪声声源，没有混响，且信噪比极低的情况下，这种自适应滤波器可以通过改变自身特性，使阵列的方向模式在噪声方向获得几乎完美的零值，并能同时保持在目标方向上（通常为正前方）有正常的敏感度。[1690] 在类似理想情况下，信噪比可以被提高 30dB。[1404] 然而，在任何现实生活环境中都不太可能有这种预期的信噪比提升。

混响会极大地降低自适应阵列的效果。除非目标说话人离得很近，否则混响会明显地引起言语能量从所有方向到达阵列。因此，参考噪声信号中既包含言语也包含噪声。这种混合信号使滤波器的调节非常困难，会降低去噪的效果。减法器也会随着去除噪声而去除一部分言语，从而影响言语质量。可以采用多种方法修正波束形成器以减小上述问题的影响，但难以完全避免。其中一种方法是利用一种基于言语信号冲击特性和（或）总体能量水平的言语/非言语探测器，也被称作**发声探测器**（*voice activity detector*，**VAD**），阻止自适应滤波器在言语信号存在时改变其响应，从而保证滤波器权重只由噪声来决定。[649, 691, 1621, 1833, 1834, 1843] 遗憾的是，言语/非言语探测器在信噪比非常低的情况下工作性能很差。

在另一种方法中，在降噪器之前加入另一个自适应滤波器，这个滤波器用来尽可能地去除噪声中的言语。[1848] 这个额外的自适应滤波器只有在言语存在的情况下才工作。通过制造这样一个尽可能不含言语的参考信号，主自适应滤波器才有可能更好地去除噪声。后来的版本将第一个自适应滤波器替换成一个固定滤波器，使得系统在低信噪比情况下更稳定。在一个有中度混响的房间内，对于一个处于 90°，距离 1m 的干扰声源，这样的处理可以将噪声中的言语识别阈降低 11.3dB。[1931]

混响的存在也意味着反射声到达助听器要晚于直达声。只有当自适应滤波器足够复杂，能储存并结合几百毫秒之前到达的声音时，反射声才可以被去除。[649] 这样的复杂滤波器需要更长时间来调节。

图 7.13 展示了在前额分别放置 3 个麦克风的阵

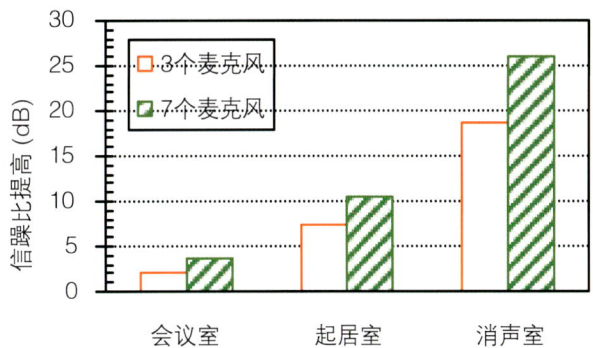

图 7.13 自适应阵列相较于单个麦克风对言语识别阈的提升。实验使用前方言语和一个与前方呈 45°的掩蔽噪声，模拟了反射声与直达声不同的三种环境。（Hoffman et al.1994）。

列、7 个麦克风的阵列时自适应滤波器获得的效果，以及混响对结果的影响。[745]

有很多方式可以实现自适应滤波器中信号与噪声的两种（或多种）不同组合。它们的共同点是声信号都来自空间中两个（或多个）位置的麦克风，这些麦克风既可以放置在头部同侧，也可以放置在对侧。方法之一是使用后向方向性麦克风采集参考噪声，使用全向性麦克风采集言语与噪声的混合声。[1908] 这样的优势是允许将两个麦克风放置在头的同侧。

到目前为止所讨论的技术都是通过最小化处理过程中某点的能量来进行适应性调整。目标是尽可能提高来自前方的言语信号相对于其他方向信号的比例。这些方案的假设前提是言语声源的位置（如来自正前方），以及目标信号（如言语的幅度变化）与噪声信号（如噪声的连续性）的特点。一个更常用的技术，被称作**盲信道分离**（*blind channel separation*）、**盲源分离**（*blind source separation*），或者**同道分离**（*co-channel separation*），可以分离来自任何方向任何类型的信号，如图 7.14 所示。[844, 1905] 唯一必要的假设是原始声源在统计上相互独立。如果信号来自不同的说话人或不同的噪声源，那这样的假设总是成立的。该技术对滤波器的优化目标是使输出信号的统计独立性最大。

如果盲信道分离处理的输入包含 n 个麦克风，而每个麦克风采集的都是声源信号的不同组合，这一处理技术可以将输入分离成 n 个声源信号。那么这 n 个输出信号中的哪一个会传递给助听器佩戴者？为了解决这个问题，需要做一些假设，例如选择最大能量的信号，或者选择离正前方最近的信号。与

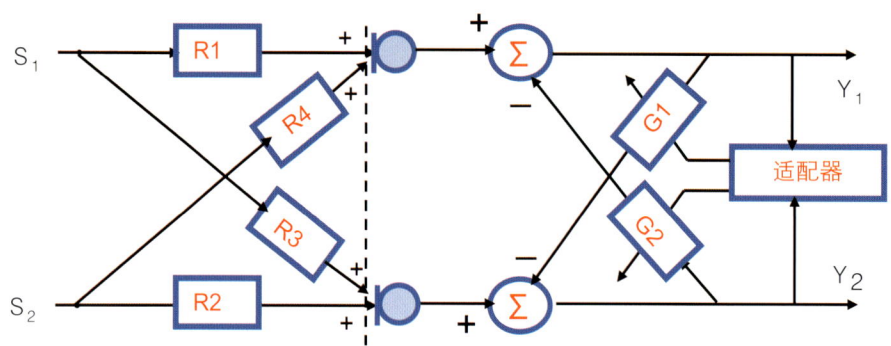

图 7.14 双声源的盲源分离，S1 和 S2 为两个声源，G1 和 G2 为两个自适应滤波器，R1、R2、R3 和 R4 分别对应每个声源到每个麦克风的传输响应。当 G1 和 G2 根据针对 R1、R2、R3 和 R4 的响应进行自适应时，开始实现对 S1 和 S2 的盲源分离。注意虚线右边为助听器的组成部分，虚线左边为房间的传输函数。当进行了准确的自适应时，G1 的响应等于 R3/R1，G2 的响应等于 R4/R2。输出 Y1 不包括 S2 的任何成分。G1 和 G2 可以在前反馈模块中互换，但不能在后反馈模块中互换。

其他自适应性处理类似，该处理在无混响环境中比有混响环境更有效。在无混响环境中，需要的自适应性滤波器要简单得多，因而调节过程也更快更精确。

自适应阵列与固定阵列

当存在许多噪声源时，自适应阵列的性能不如固定阵列好，如果自适应阵列的设计不能克服它的局限性，其性能甚至更差！任何一种当言语存在时能快速改变其幅度特性的适应性处理，都很可能在言语中引入令人不适的人工成分。对于助听器佩戴者，响应曲线的快速改变感觉就像在噪声中加入了音乐（这是可以理解的，因为信号的窄带成分突然增加或减少了）。可以通过减低调节速率，或者在言语存在时不做任何调节，来尽可能减少人工成分。前文已经做过类似的解释。如果阵列没有直接指向声源，自适应阵列也会在某些频率下不经意地消除言语。在大多数处理中，只要聆听者没有直接面向声源，这样的误操作（*mis-steering*）都会发生，但是其影响可以通过统计技术最小化。[745]

自适应阵列与固定阵列相比的一个优势是与结构的精确性有关的。一些固定阵列（特别是减法阵列）要求各独立麦克风的电声学响应上必须很好地匹配。由于自适应阵列监测输出信号，自适应滤波器可以对麦克风之间的任何不匹配进行部分补偿。自适应阵列的缺点之一在于它们需要耗费助听器内更多的计算量，尽管随着这些年技术的发展这已不是一个重要问题了。

本章对固定方向性阵列与自适应方向性阵列进行了对比，但事实上也可通过将两个或多个固定阵列的输出作为自适应阵列的输入，将它们结合起来应用。[413, 961, 1848] 对于无混响环境中的近距离信号及干扰机，组合系统的性能通常优于它们独自使用的性能（自适应麦克风文献中常把噪声源称作"干扰机"，引自于军事雷达系统）。自适应处理不太可能在噪声距离超过房间临界距离的混响环境下提供更多的好处。[649] 而且，当信噪比较好时，自适应处理会在言语存在的情况下降低信噪比。

7.1.4 双侧方向性

通常，人们在头的两侧佩戴助听器。当目标言语来自前方，并且噪声均匀地来自各个方向时，绝大多数（即使不是全部）具有方向性响应的助听器都不能提供方向性增益。[106] 然而，如果目标言语或噪声是非对称的，一只助听器所处的信噪比好于另一只，那让处于较好信噪比的助听器可以调整方向模式，对获得最大的言语可懂度就非常重要。[1106]

这种灵活性需要每个助听器都能进行自适应方向性处理，这可能会造成小的问题，但会通过利用头部两侧信息进行自适应处理带来更大的机会。

同步双侧方向性麦克风

小的问题在于如果每一个助听器都独立判断是采取方向性还是全向性，是采取什么样的方向模式，还是独立进行复杂权重的适应，那么这两个助听器

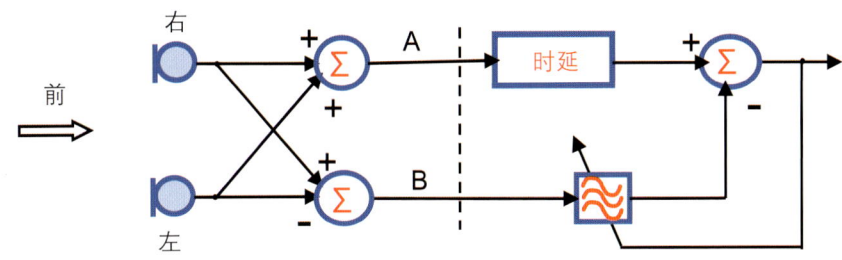

图 7.15 Griffiths-Jim 自适应降噪器。其中在头两侧的两个麦克风的输出在上面为相加，在下面为相减。

可能会对采用什么处理做出不同的决定。① 当目标声源或者其他重要声源处在头部正前方或正后方以外的任何其他位置时，头部衍射都会引起每只耳朵旁的信噪比以及声音到达的方向不同。

这不是我们希望的吗？如果目标仅是使每只耳朵旁的信噪比最大化，从而也最大限度地提高噪声中的言语可懂度，那么这确实就是最好的结果。[1106] 然而，方向性处理会改变信号的相位，所以如果每个方向性麦克风都有不同的模式，那助听器在两耳间输出的相位关系将与助听器的输入不同。那么帮助助听器佩戴者进行声源定位的耳间相位线索，将不再是他们已习惯的由头部形状带来的线索。更糟糕的是，这种相位关系还会随方向模式的变化而改变，这会让佩戴者很难，甚至根本不可能适应新的相位关系。耳间相位线索的扰动会降低助听器进行水平定位的准确性。[887, 1837]

如果能将两个麦克风的方向模式相匹配，那就会最大限度地减少对于声源定位的干扰。[887] 一些助听器使用无线连接来确定一个两侧都能适用的折中响应。关于这两个助听器的方向模式应匹配到何种程度还没有足够的研究，但清楚的是，如果两侧极端不匹配，例如在一只耳朵采用心形响应，而在另一只耳朵采用全向性响应，确实会干扰定位，尤其是，如果每只耳朵处的方向模式时时变化，这将使助听器佩戴者永远无法适应新的耳间线索。

双侧方向性处理

人的头部是一个尺寸可观的声学屏障（请参阅第 15 章 15.1.1），所以一侧助听器获得的信号和噪声的强度、相位，以及信噪比与另一侧助听器存在很大差别就不足为奇了。这些差别正是构造一个超方向性麦克风所需要的，这种麦克风能够充分提高助听器佩戴者在噪声环境中的言语可懂度，即使在环

境中存在着中度混响。需要注意的是，"双侧方向性处理"这一名词是指利用头部双侧信号来产生强方向性波束的技术，而非一侧助听器仅利用本侧麦克风采集的声音进行方向性处理的技术。

一个早期的例子是如图 7.15 所示的 Griffiths-Jim 波束形成器（*Griffiths-Jim beamformer*）。[654] 虚线右边的部分是 Widrow LMS 自适应消除器。当目标信号在人的正前方并且混响很少时，那么在下方 B 点处几乎没有目标信号，因为两个麦克风输出的前方信号是等同的，因而能完全抵消。A 点的信号可以被看作是宽边加法阵列的输出，所以已经有少量的方向性。

在双耳应用方向性麦克风，而不是全向性麦克风会提升性能。几个实验室的评估证实了在混响很小的条件下，这种方法能显著提高信噪比，但是当直达声与混响声的比例减小或者信噪比非常差时，这种方法所带来的改善会变小，趋势与单耳自适应阵列类似。[1833, 1834, 1843]

和单耳自适应阵列一样，如果用于调节噪声的滤波器（如图 7.15 所示）只在没有目标言语时才进行适应性处理，其性能将是最好的。这一结论要求在处理中引入发声探测器（VAD）。然而，在信噪比低的情况下发声探测器很难准确工作，而这正是我们最需要噪声衰减系统良好运作时所必需的。类似地，用来调节各麦克风所采集言语信号的滤波器应当在有言语时才进行适应性处理，但 VAD 很难探测言语中的微弱部分，而这又恰恰是需要提升信噪比的地方。

在研究文献中，还有几种其他技术旨在消除某些窄频带。在这些窄频带中，各耳采集的信号不存在合乎目标信号方向的相位差异和连续性。[30, 147, 959] 目标信号通常假定来自助听器佩戴者的正前方。这种处理与所有的方向性处理类似（请参阅第 7 章 7.3.1），改善了声音的质量和可懂度，并且在一定程度上减少了混响。

最近有两个关于双侧波束形成器的问题刚刚得到解决：

---

① 由于助听器要通过时间平均来决定是否要应用噪声程序，因此，两个助听器对于采用哪个方向模式所做出的决定，可能会比采用方向性还是全向性的决定更不同。

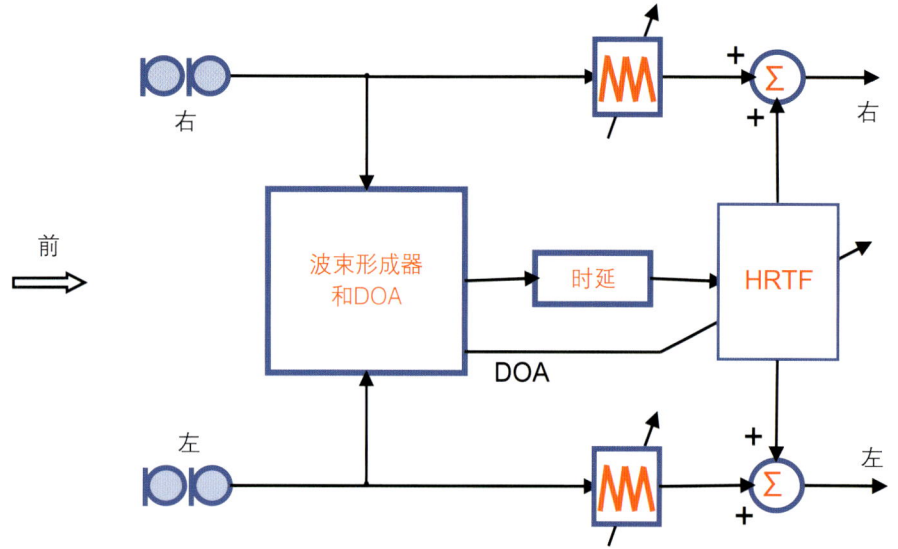

图7.16 双侧处理技术方框图，既提升了信噪比，又保留了信号源的位置信息。图中 DOA 为信号源的方向，HRTF 为头相关传输函数。

- 波束形成器提供单路输出。如果这个信号不加改变地传输给左右耳，佩戴者会听到房间里所有声音好像都来自头部中央，这样，相对于感受声音来自不同方向时，会给非目标信号更大的掩蔽能力。[574]这种声音的聚集会部分抵消波束形成器能带来的言语可懂度的提高。

- 助听器佩戴者并不总是面对着说话者的方向，而且如果一个存在高度方向性的主要区域错过了目标，高度方向性所带来的优点就会大部分丧失，言语信号会更加失真。

图 7.16 显示的澳大利亚国家声学试验室（NAL）所开发的双侧处理方案能够避免这两个问题。[1182] 每侧耳的方向性麦克风（或自适应方向性阵列）提供输入信号，这两路信号通过波束形成器结合，以加强来自前方某个特定范围内的声音（如 +45°～-45°），同时削减这个范围以外的声音。波束形成器提示了主导信号的声源方向。提升了信噪比的信号经过滤波，分别传向左右耳及适合前方主导声源方向的头相关传递函数（HRTF）（请参阅第 15 章 15.1.1）。这种滤波会使波束指向的信号听起来更像来自其真实的方向。[75, 1182]

然而，因为所有其他的信号都经过相同的 HRTF 处理，如果这是我们提供给助听器佩戴者的所有信息，那么每个声源听上去都像来自同一方向，这反而可能使他们更加混淆。

每个声源的空间线索可以通过叠加在衰减后的输入信号上重新引入。然而，这降低了波束形成器带来的信噪比增益，尽管重新获得的空间线索可能会补偿它们引起的信噪比丢失。[1836] 如果在叠加衰减信号之前，将主要信号延迟几毫秒，那么这种信噪比的丢失可以最小化。[1182] **优先效应（precedence effect）** 会使衰减信号主导方向的感知，即使它们比主要信号弱。然而，由于主要信号过强，它仍能够保持波束形成器提高的可懂度。早期的实验研究表明，在很多噪声环境中，这种处理能使轻度和中度听力损失的助听器佩戴者比没有佩戴助听器的健听人听得更好。[1183] 其他实验室也可能会开发提供类似优点的处理方案。

这种复杂的双侧处理方案，将在未来几年中得到更多应用。其应用还要等待两个助听器间的宽频、低功耗、双向无线连接技术的出现以及有高速数学计算能力的助听器的出现。集成电路的稳定发展使这些问题的解决成为可能。高性能的双侧方向性麦克风将会在未来几年中出现。

将头部一侧的信号无线传递到另一侧的简单双侧技术，在本文写作时已经实现。这种技术可以从最靠近说话者的麦克风处获得输入信号，然后在双侧助听器中重新生成这一信号。这种方法对于说话者处在预测方位上的情况尤为有效，如在汽车中。它们可以轮流将左右耳的信号相加来产生一个更加具有方向性的前向波束，然后提供给两耳。

7.2 方向性的量化

7.2.1 二维和三维方向指数

假设助听器佩戴者附近没有强的噪声源，混响

第 7 章　方向性麦克风及阵列

造成的噪声可以基本均匀地来自各个方向。如果目标源接近或者就在佩戴者前方，那么麦克风会采用前向敏感度采集目标声音，而利用平均敏感度采集噪声。前向敏感度与平均敏感度的比值就是方向性因素，将其转换成分贝，就成为方向指数（*DI*）。DI 反映了方向性麦克风相对于与全向性麦克风对信噪比的影响。

3D-DI 消声测量（3D-DI anechoic measurement） 麦克风和助听器的敏感度可以从很多方向进行测量。由于噪声来自不同方向且在能量上相互叠加，因此必须综合采用不同方法，通过将麦克风针对三维空间中不同方向的能量敏感度（*power sensitivity*）①加以平均，来进行测量。如果选取的 n 个方向等距分布在一个球体上，那么三维 DI（3D-DI）可以按照公式 7.1 计算。

$$3D-DI = 10\log_{10}\left(\frac{\text{前向能量敏感度}}{^{1}/_{n}\sum\text{能量敏感度}}\right)$$

....7.1

如果测量是选取各种均衡分布的空间方位角和高度进行的，那么球体中靠上和靠下部分的能量会被过度表达，用一个稍复杂的公式可以修正这种过度表达。[469] 这两种测量方法都可以给出 3D-DI，以反映在不同聆听环境中麦克风的效果。但由于两种测量都非常费时而且需要大量设备，所以除在少数研究中，这两种方法基本上都不会被使用。[469] 实际上，敏感度指数测试通常采用下面三种方法进行测量。

3D-DI 扩散场测量（3D-DI diffuse-field measurement） 扩散场是来自所有方向的声音能量均相等的场。扩散场采用几个声源，利用较好的反射面和混响，把声音能量均匀地传递到室内所有地方。现实中创造一个真正的扩散场很难。用一个作为参考的全向性麦克风和方向性助听器分别测量 SPL。这些 SPL 分别称为全向-扩散和方向-扩散。然后把参考麦克风和方向性助听器搬到一个没有明显反射的地方（如消声室、户外，或在吸声环境中贴近声源），用它们分别测量一个单独的前方声源的 SPL，得到全向-前向和方向-前向值。扩散场的 DI 和 3D-DI 是相同的，计算方法见公式 7.2。

$$3D-DI = (\text{方向}_{\text{前向}}-\text{方向}_{\text{扩散}}) - (\text{全向}_{\text{前向}}-\text{全向}_{\text{扩散}})$$

....7.2

2D-DI 消声测量（2D-DI anechoic measurement） 将方向性助听器装在一个转盘上，通过改变转盘角度测量敏感度。该测量需要使用单一声源在消声室，或者在其他没有明显反射的环境中进行。利用这种测试方法可以直接绘制出如图 7.2 所示的方向模式图。将前向敏感度除以圆圈上的 n 个测量角度的平均敏感度，再把计算结果转化为分贝，结果就是 DI，但是该结果只能告诉我们水平面上的方向性。该 2D-DI 也被称为平面 DI（*planar DI*）。[55] 计算公式看上去很像公式 7.1，但分母求和时只包含在水平面上采样的角度，而不包含环绕球体的其他角度和高度的采样。

$$2D-DI = 10\log_{10}\left(\frac{\text{前向能量敏感度}}{^{1}/_{n}\sum\text{能量敏感度}}\right)$$

....7.3

考虑到实际生活中存在水平方向声压高于上方和下方声压的情况，2D-DI 也是有道理的。

从圆对称推断 3D-DI 测量 2D-DI，然后进行平均加权以估算来自水平面上方和下方声音的效果。该估算利用了端射麦克风在圆平面上的对称性，这些麦克风在测量时被悬挂在自由声场内，它们在左前方 30° 测得的敏感度，与在右前方 30° 以及在上、下 30° 测得的结果均相同。三角函数显示 3D-DI 可以通过给每个测量结果乘以 $\pi\sin(\theta)/2$ 进行平均加权来估算，θ 表示与正前方的夹角。② ANSI S3.35 中的 DI 就是用这种方法计算出的平面方向指数（*planar directivity index*），如 7.4 所示。

$$3D-DI_{\text{估}} = 10\log_{10}\left(\frac{\text{前向能量敏感度}}{^{\pi}/_{2n}\sum\text{能量敏感度}\cdot|\sin(\theta)|}\right)$$

....7.4

当头部佩戴助听器后，圆对称性的假设并不成立，因为头与单侧助听器的结合完全不能满足对

---

① 能量敏感度与压力敏感度的平方是成比例的。如果测量一个完整的助听器，输出的 SPL 与能量的转换方程为：能量 $=10^{SPL/10}$。

② 在 3D 空间只有一个方向的 θ 等于 0° 和 180°，但是有无穷个方向的 θ 等于 90°，因此 $\sin(\theta)$ 随着 θ 从 0° 到 90° 的变化提供了逐步变大的权重。

称性。

无论哪种定义被用来作为测量的基础，得到的 DI 值只在其测试环境中适用。如果助听器悬挂在自由场中，那么 DI 值就表示自由场的 DI 值；如果助听器佩戴在头部（无论是真实的或者是仿制的），那么这个 DI 值就是助听器佩戴时的 DI 值。由于头和身体的影响，上述两个值会不一样，不过，在自由场中有较高 DI 值的麦克风佩戴在头上时也会有较高的 DI 值。正如图 7.3 所示，在头部佩戴时测得的敏感度模式既反映了头的敏感度模式，也反映了麦克风在自由场的敏感度模式。

如果在三维空间中进行多方向测量耗时（公式 7.1），得到扩散场很困难（公式 7.2），对称假设又不成立（公式 7.4），那么如何测量 DI？通常情况下，研究者和工业界都是测量 2D-DI（公式 7.3）并不加修正地使用。正如图 7.2 所示，对于一阶加法麦克风在自由场中进行测试，得到的 2D-DI 和 3D-DI 上是相同的。3D-DI 和 2D-DI 比较大的不同（如 1dB）出现在将方向性助听器佩戴在头上时。[469] 尽管如此，有较高 2D-DI 的助听器很有可能有较高的 3D-DI，因此，用 2D-DI 进行设备比较是合理的，即使理论依据并不充分。

据观察，戴在头上的助听器在朝向佩戴侧的方向有最大的敏感度（如图 7.3），所以助听器佩戴者经常不是正对着交谈的人。因此，有时人们会争议公式 7.2 和 7.3 中前向敏感度应该改为一定范围（如 0°～30°）的平均敏感度。这会使所有头戴麦克风，无论是方向性还是全向性麦克风的 DI 值更接近，看上去更加有方向性，但会更加增加已有 DI 类型的复杂性。

7.2.2　清晰度方向指数

DI 反映了信噪比在扩散噪声场中是如何受到影响的，但如果助听器在不同频率有不同的 DI，就像通常情况一样，这对于言语信号又意味着什么？通常来说，当频率下降时方向性会下降，因为通气孔传入的声音会逐步占据主导地位。如果端口间距接近高频的半波长时，方向性也会在非常高的频率区域下降。

通过平均各频率的 DI 可以估计方向性对言语可懂度的影响，但由于一些频率对可懂度的贡献会高于其他频率，因此，有必要根据各频率对可懂度的

重要程度对 DI 进行加权。一组合适的加权值是用于**清晰度指数**（*Articulation Index，AI*），后来被更改为**言语可懂度指数**（*Speech Intelligibility Index*）的权重函数。[648] 还有一套权重函数来自著名的计数点 AI 计算方法。[918]

加权平均的方向指数被称为 AI-DI。它反映了，如果用方向性麦克风替代全向性麦克风，又要保持助听器输出端的信噪比不变时，需要将扩散噪声的声强提高多少。即使是对各倍频程或者 1/3 倍频程进行简单的不加权平均以计算 DI 值，即 DI-a，也能对一个前方不远处的声源在扩散噪声中的信噪比改善进行很好的估计。[1508]

言语可懂度，通常是 50%，对应的信噪比，被称为噪声中的**言语识别阈**（*speech reception threshold in noise，SRT$_n$*）。如果方向性麦克风将 SNR 提高 x dB，那么 SRT$_n$ 也应近似提高 x dB。假如 AI-DI 根据语料和助听器佩戴者的特性（请参阅第 7 章 7.3.5），选择合适的权重函数对各频带的 SNR 增加进行平均，上述结论是正确的。SRT$_n$ 提高与 AI-DI 的等价也要求与 SRT$_n$ 对应的 SNR 在任何频率不应高于 15dB（因为言语是完全可听的），也不应低于 –15dB（因为言语已经完全被掩蔽了，以至于 SNR 的一点点提高毫无益处）。如果这些条件不满足，AI-DI 会过高估计方向性麦克风对近目标、扩散噪声这种聆听环境的好处。当条件满足时，AI-DI 或者 DI-a 每 dB 的提

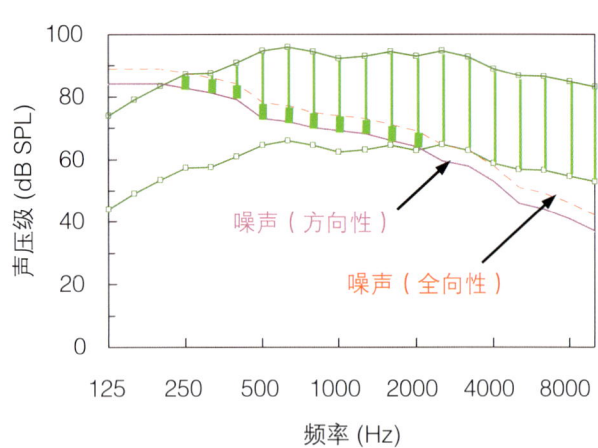

图 7.17　绿线表示助听器输出的长时 1/3 倍频程言语频谱的最大和最小声压级。红色虚线表示全向性麦克风输出的噪声频谱。粉色实线表示假想的方向性麦克风能够在所有频率提升信噪比 5dB。窄的阴影区域表示全向性麦克风可听到的言语，宽的阴影区域表示方向性麦克风带来的额外的可听到的言语。

高，会带来 1dB 的 SRT_n 升高，这种改善大约相当于对高冗余语句的清晰度提高 10%。

图 7.17 给出了这样一个例子，方向性麦克风把所有频率的噪声降低了 5dB，但言语经过处理，仅在 250～2000Hz 的范围内将可听度提高了 5dB。在 200Hz 以下以及 3000Hz 以上的频率范围，尽管 SNR 有 5dB 的提高，但可听到的言语量没有变化（在不同频域有不同原因），方向性麦克风直接改变了 SNR 和 SRT_n，同时他们也改变了可接受的噪声强度，以及人们在听言语时能主观接受的最低 SNR。[570]

全向性麦克风的 AI-DI 值约为 –1dB（BTE），或者 0dB（ITE/ITC/CIC）。方向性助听器的 AI-DI 值一般为 3～5dB。由于助听器之间存在差异，因此，有必要对方向性助听器的具体性能进行测试，以确认其方向性麦克风佩戴后的实际效果。

AI-DI 是一个非常有用的、可以衡量方向性效果的指标，但并不能揭示方向性麦克风在所有情境下的效果。在距说话者非常近且位于助听器佩戴者正前方，并且噪声均匀分布的情况下，它能可靠地预测麦克风能对语音信噪比有多大提高[①]。当噪声非常近且来自一个方向时，方向性麦克风会将噪声抑制到一个远高于或者远低于 AI-DI 值的程度。也正是在这种环境中，自适应方向性麦克风远比固定灵敏模式的麦克风更有效。

7.3 方向性效果

简单地说，方向性麦克风的效果取决于助听器的方向性、聆听环境的混响特性、说话人与噪声源的距离，与测试语料无任何关系。助听器的方向性取决于验配的开放程度、助听器的增益以及其在耳后或者耳内的具体位置，基本上不依赖于助听器佩戴者自身的特点。环境中的 SNR 可以影响自适应方向性麦克风发挥作用的程度，但不会影响固定阵列带来的效果。这些观点在下文中有更详细的论述。

---

① 如果 DI 随频率显著变化，或如果言语频谱与噪声频谱差别显著，AI 将不能精确地反映方向性带来的好处。在这种情况下，信噪比的提升通过 DI 在某些特定频率上的平均值来估计会更好，在这些特定频率上的信噪比既不会高到整个言语动态范围都可听，也没有低到言语在整个动态范围都被噪声所掩盖。

7.3.1 聆听环境的影响

信噪比

首先我们把方向性麦克风的效果定义为用方向性麦克风代替全向性麦克风，而可懂度或者噪声保持不变时，需要增加的噪声量。用信噪比的提高，而不用可懂度的提高来定义这个效果，使我们可以更好地理解方向性麦克风可以做什么，不可以做什么，因为，提高信噪比是方向性麦克风最可能发挥的作用。

无论采用什么语料进行评估，固定阵列可以获得相同的 SNR 提高。[1932] 相比之下，SNR 提高对可懂度分数的影响取决于很多其他因素，如言语类型、噪声类型、听力损失程度，[1508] 以及在使用方向性麦克风之前可懂度分数是否接近 0% 或 100%。[1876] 图 7.18 显示了使用两种不同类型的测试语料的心理测量函数。尽管方向性麦克风的效果看上去在每个案例中不一样，在不同信噪比下也不一样，但只有把可懂度提高当作是效果时才会有这样的看法。实际上，在这两个例子中，方向性麦克风与全向性麦克风的心理测量函数都相差 3dB，在各信噪比下也相差 3dB。

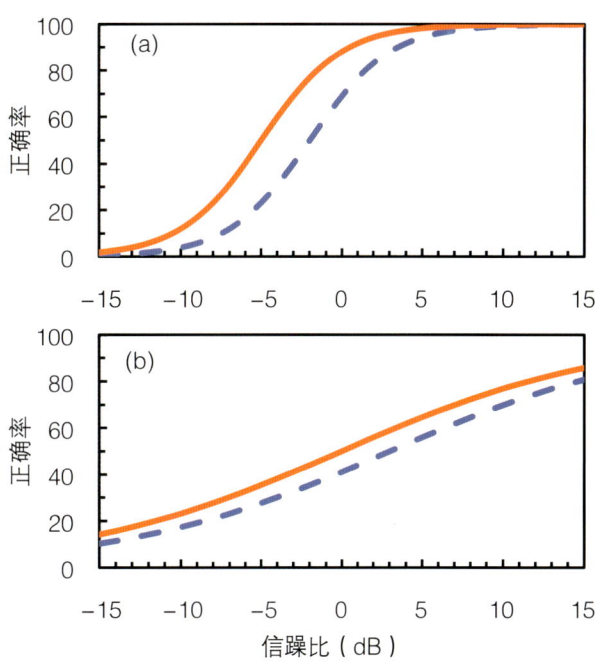

图 7.18 典型的言语可懂度心理测量函数，(a) 为上下文高度相关的语句语料，(b) 为音素打分的孤立词。图中蓝色虚线表示全向性麦克风的函数，红色实线表示方向性麦克风对信噪比提升 3dB 时的函数。

然而，用 dB 来度量自适应阵列的效果会受到基准 SNR 的影响，因为在信噪比非常低或非常高时，自适应的结果可能不准确。

室内声学与距离

与没有影响的基线 SNR 比较，室内声学特点和聆听距离几乎决定了所有方向性的效果。图 3.2 及相关文字解释了临界距离的概念：直达声与混响声的 SPL 相等的距离（总 SPL 比声场中任一成分的 SPL 高 3 dB）。实际上，就方向性麦克风的有效性而言，在所有聆听环境中没有什么比目标声源及噪声源相对于临界距离有多远更重要的了。为了阐明这一点，我们考虑 4 种极端情况：目标声源与掩蔽噪声与助听器佩戴者的距离相对于临界距离，非常接近或者远离佩戴者。

图 7.19 显示了 4 种按目标声源和噪声与临界距离的关系进行分类的情况。方向性麦克风在每种情境下带来不同程度的效果，自适应方向性麦克风相对于固定方向模式的优势也是有所变化的。

A 目标近，噪声近　任一有心形模式或超心形模式的方向性麦克风都会带来效果，因为前方敏感度优于后方任何角度的敏感度。这个效果要显著大于 AI-DI。一个自适应方向性麦克风很有可能提供更多的效果，因为它可以通过适应调整在后方（或侧方）噪声声源处产生零值，而对于固定的模式只能碰巧才行。[140, 1500] 如果有若干离得很近的噪声源，或者主噪声的方向变化非常快，那么自适应方向性与固定的方向性相比就没有什么好处（但也没什么坏处）。[111]

B 目标近，噪声远　多个远距离噪声源使噪声从所有方向均衡到达。由于通过前方敏感度检测目标声音，而通过扩散场敏感度检测噪声，所以固定阵列提供的效果将与其三维 AI-DI 相等。一个自适应阵列所提供的效果与相同组合的阵列能提供的最高扩散场 DI 相等。只有当目标距离比临界距离近很多，并且所有频率的 SNR 不是很高，也不是很小时，SRT_n 的改善才会等于 AI-DI（否则部分目标声音将通过扩散场敏感度来拾取）。实际上，SRT_n 的改善经常略小于 AI-DI。

C 目标远，噪声近　目标声音通过麦克风扩散场敏感度拾取，而噪声由麦克风较低的后向敏感度拾取。如同 A 中所述，固定模式会提供较小的效果，

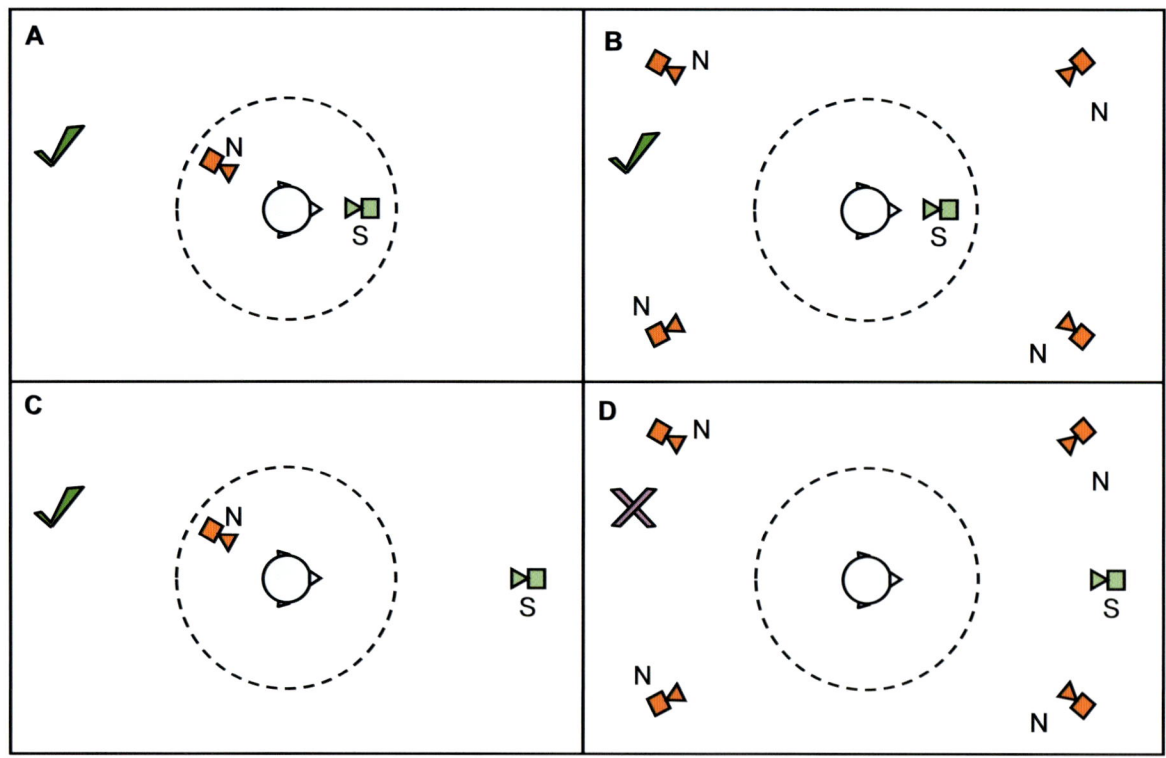

图 7.19　4 种极端情况，其中目标声源和背景噪声源与聆听者的距离近或远大于临界距离。虚线内为临界距离以内的区域。对勾区域为方向性麦克风能够提供效果的区域，叉号区域为方向性麦克风不能提供效果的区域。S 和 N 分别表示目标信号和竞争噪声的方位。

而自适应方向性麦克风很有可能提供显著效果。

D 目标远，噪声远 目标和噪声都通过麦克风的扩散场敏感度拾取，所以方向性麦克风不会提供效果。最好的情形是，如果目标声源距临界距离不是太远，方向性麦克风可以提高直达声与混响声的能量比。即便是这种效果非常有限，除非麦克风是超级方向性的，而这对一阶方向性麦克风来说是不可能的。

尽管临界距离在上述讨论中非常关键，但是在目标声源或噪声源的距离穿越临界距离时不会有任何突变。随着距离从临界距离内逐渐加大到临界距离外，方向性麦克风提供的效果也是逐渐从短距离应用的效果变化到长距离应用的效果。即使目标稍微超过临界距离而噪声很遥远时，方向性也会提供一定程度的效果。[1753]

从另一角度考虑方向性麦克风的效果，可以认为它们有效增加了临界距离，使人们可以得到更高的直达声和混响声之比，因此得到可懂度更高的信号。当使用方向性麦克风时，第 3 章 3.4 计算临界距离的公式可以写作下面的形式（公式 7.5）。

$$d_{c,\text{有效}} = 0.1 \sqrt{\frac{Q_s Q_m V}{\pi T_{60}}} \quad \ldots 7.5$$

公式中 Q_s 是声源的方向因子，[①]Q_m 是方向性麦克风的方向因子。当有混响时，方向性麦克风有效地提高了直达声和混响声之比，其效果类似于助听器佩戴者移动到离声源更近的位置。这是一种被严重忽视了的方向性麦克风的效果，甚至可以在没有背景噪声时发挥作用。当然，如果声源远在（正常的）临界距离以外，那么混响声场会远高于直达声场，即使方向性麦克风提高了直达声的比例，直达声场仍然会被混响声场掩蔽。需要注意的是，在一些高反射性的房间，包括一些饭店的房间，临界距离可能小于 1m。

方向性麦克风的 DI 越大，它可以接受的超过临界距离的距离就越远，因而能在更广泛的聆听情境中提供效果。尽管有些有悖常理，但混响是限制方

[①] 信号源的方向因子描述了声源向正前方放射出的声音与其向各个方向放射的声音的均值相比的程度。声源的方向因子与麦克风的方向因子非常相似，区别在于声源的方向因子与产生声音有关，而不是感知声音。

向性麦克风效果的主要因素，而减少混响是方向性麦克风的主要效果之一。

7.3.2　客观临床效果与实际生活中的自我报告效果

现实生活中方向性麦克风效果（基于自己报告）评估的结果比在临床上应用言语可懂度测量的结果要少很多。前文基于室内声学的讨论可以帮助我们理解这一事实。

临床评估　临床评估经常是在一个低混响的房间里，将单一噪声源摆在后方某个位置，将目标声源摆在正前方，两者都在距离聆听者大概 1m 的距离（比如图 7.19 中的情境 A）。所有的方向性麦克风在这种情境下表现得都很好，自适应方向性麦克风的表现极其好，方向性效果以 SNR 表示通常可以达到 5～10dB。[41, 317, 1106] 不真实的、单一的、离得很近的噪声源可以被受试者很好地识别出来，因此很多研究采用了多个噪声源，尽管大多数噪声源只是放在受试者的后方或侧方，并且大多数测试是在低混响的隔声室内进行的。在这样的实验中，方向性效果以 SNR 表示通常可以达到 2.5～5dB。[100, 106, 164, 317, 1466, 1502, 1504, 1874, 1876] 在这种临床测试中，后向的方向模式可以像前向模式一样有效，当然，此时目标信号要在后面。[1265]

现实生活中的评估　然而，实际生活中的很多情境更像之前讨论过的情境 D，在这种情况下方向性很难提供效果。当要求患者对整体效果给出主观评价时，大多数患者会认为方向性麦克风在多数情境中没有效果，甚至带来不好的效果，即使在少部分情境中确实有较大效果。研究表明，方向性效果出现在大约 1/3 的现实生活聆听环境中（不同的研究在 1/4 到 1/2 之间变化）。[140, 323, 1375, 1874] 在至少 1/3 的情境，[1874] 甚至可能是大多数情境中，[1753] 全向性响应和方向性响应的效果差别不大。

有 1/3 的患者根本不能说出在任何所经历的任何情境中方向性响应与全向性响应有什么区别，因而他们通常把助听器设定在缺省模式下而不是在全向和方向模式下切换。[323, 990, 1375] 但是大多数患者可以识别出全向和方向模式有差别的情境。他们倾向于方向模式的情境和我们的预期一致，基本都是目标声源很近且处于前方，没有噪声或噪声来自后方或侧方。[323, 1502, 1753, 1874]

当说话人在距离较近的前方和（或）主要的掩蔽在距离较近的后方时，方向性效果在声学上是必然的，因而在诊所里，对认为方向性在实际生活中有效果的人和认为无效果的人分别进行言语可懂度测量，会发现方向性能使两组患者获得同样的言语可懂度提升，这不足为奇。[322] 两组之间的差异在于患者是否经常处于 SNR 有物理提升的情境和（或）患者对多少分贝的 SNR 提升的察知能力怎样。（这在现实生活中并不是一个像想象中那么简单的任务，因为在助听器佩戴者比较方向性和全向性模式性能的同时，目标说话人和掩蔽声源的声强与位置很有可能变化。）

尽管让患者对方向性效果给出总体评价很困难，因为方向性效果在不同聆听环境中各不相同，但是综合分析有关患者自我报告效果的各种研究显示，方向性麦克风是有效果的。[104]

7.3.3　方向性与其他技术的交互

助听器中的方向性处理发生在其他信号处理之前。在对信号与噪声进行压缩、自适应噪声抑制、反馈消除、频率转移或者其他处理之前，它已经改变了 SNR，而且带来的效果独立于其他处理方式带来的效果，只有一个例外，在后面会做解释。方向性麦克风带来的 SNR 优势可以与双耳助听器相对于单耳助听器带来的优势相加。[705]

压缩处理可能会让人误认为抵消了方向性麦克风的效果。随着声源从前方移到后方，方向性麦克风会减弱其声强。助听器的压缩器会针对减弱的声强来提高增益。然而，在大多数现实生活中，最应重视的噪声是当言语开始时出现的噪声。方向性麦克风带来的 SNR 提升可以在压缩器的输出端被保留，因为压缩器对方向性麦克风的输出，即对混合信号中的言语和噪声给予同样的增益。因而方向性效果并不受压缩的影响。[1504]

方向性与压缩的交互作用可能会带来意想不到的效果。如果在目标说话人处于后方或侧方的情境中，助听器被无意中切换到了方向模式，此时压缩确实会抵消前向方向性的增益衰减。换句话说，当方向性被不当应用时，方向性的不足会比方向模式图做出的判断要少。

每次采用单一声源测试时，压缩对方向性的影响提示我们，为了测试方向模式，或者在测试箱中测量前后比，有必要在测试的时候关闭压缩功能，或者采用使前后方信号同时出现的测试方法。[1498]

类似地，自适应降噪系统在提高聆听舒适度上的作用（请参阅第 8 章 8.1.2）也不会受方向性麦克风提升 SNR 的影响。[164] 这并不是说，方向性麦克风或者自适应降噪系统能有效去除噪声，不再需要其他算法。

一个可能会导致其他信号处理影响方向性效果的原因是通气通道。如果某个功能，比如自适应降噪引起了助听器增益下降，然后放大声通道能主导通气通道的频率范围也会减少。因而，方向性麦克风能提高 SNR 的频率范围也会下降。但这并不代表不该使用自适应降噪。

因为方向性麦克风和头附近的声场有相互作用，而且不受随后其他处理的影响，本章所讨论的有关方向性麦克风的特性与其在人工耳蜗中的应用类似，只是人工耳蜗需要提升信噪比的程度比助听器更高。

7.3.4　方向性的不足

方向性麦克风存在一些不足，这些不足在很多情境下比优点更突出。之前已经提到过这些不足，这里做进一步的总结。

目标声来自后方或侧方　方向性麦克风主要的不足伴随着他们存在的意义，是与生俱来的：前向方向性麦克风会衰减来自侧方和后方的声音，如果那些声音中包含助听器佩戴者希望听到的目标声，方向性麦克风比全向性麦克风表现更糟。如果有背景噪声，方向性麦克风会降低 SNR；如果目标声处在安静环境中，方向性麦克风会降低其声强；如果目标声已经比较微弱了（如 SPL 低于 60dB），降低声强很可能会降低可听度和言语可懂度。[1000, 1502]

低频截止响应或者提高内部噪声　由于加法方向性麦克风固有的低频截止特性，其方向性会产生低频截止响应（如果没有完全补偿）、更大的内部噪声（如果截止被完全补偿了）或者二者兼有（如果补偿了一部分）。这些缺点在背景噪声声强较低的聆听环境里尤为突出。所以在类似情境中，自动的方向性麦克风总是切换到全向模式。

降低定位准确性　如果双耳助听器的工作模式不协调，方向性麦克风会降低左右定位的准确性，但是在造成这个小的不利影响的同时，方向性麦克风还会带来前后定位性能的提升。这种提升来自所有具备正向单一方向指数的麦克风。如果两个助听器的方向性能很好地同步，那就既可以发挥方向性的作用，又不对定位性能产生负面影响。采用分频方向性技术也有助于避免对定位产生的不利影响。

风噪声　方向性麦克风比全向性麦克风对风噪声更敏感。

总的来说，助听器完全使用方向性功能比完全使用全向性功能更多，显然不合适。[1000, 1460, 1502] 最常见的解决方案是在不同情况下，将助听器在方向性与全向性反应之间切换，可以通过自动切换、手动转换或二者兼备来实现。大部分不愿意或不能进行手动切换的人需要自动切换功能。如果使用自动切换时，不能仅仅依据噪声和是否安静做出判断，因为即便是存在噪声，目标信号也不总是来自前方。如第7章7.1.1中所讨论的，自动切换功能还支持在不同频率范围做出的不同的决策。

另一种解决方案是将一只耳朵的助听器永久设为方向性的，而将另一只耳朵的助听器设为全向性的。评价研究表明，这种组合比将两只耳朵都设为全向性响应的效果要好。[106, 323a, 764a]

7.3.5　方向性麦克风的适用者

每个佩戴助听器的人都可以受益于方向性麦克风。听力损失者和健听人一样，在信噪比极低的情况下理解言语很困难。只是随着患者SNR损失以及听力损伤加重，发生聆听困难的情境会增多。在这些困难情境中，如果目标声或主导的掩蔽噪声能足够靠近方向性麦克风，特别是自适应方向性麦克风，将会提升方向性效果。当目标声源和噪声源的位置有利于方向性麦克风客观上提高信噪比时，所有聆听者都会喜欢这种改善，而无论其是健听人，还是听力轻度损失或严重损失者，也无论其是初次还是有经验的助听器使用者。[42, 989] 如果能在方向性麦克风的弊大于利的情况下，将麦克风手动或自动切换至全向性麦克风，那就没有理由不给所有助听器佩戴者提供方向性功能，即便对儿童也是如此（请参阅第16章16.4.4）。

方向性效果并不特别依赖助听器佩戴者的特点。[1505] 但是，必须注意，有些患者在某些频率的听力损失极为严重，即便将言语信号放大到可以听到，他们也无法从这个频率的言语中提取有用信息。[293]

方向性麦克风的潜在效果依赖于存在一个较大的频率范围，在这个范围内方向性麦克风的DI要大于全向性麦克风，言语才能够被听到，而且助听器佩戴者可以从言语中提取信息。

当对DI在一定频率范围内进行平均以估计效果时，所采用的频率范围应该只包括助听器佩戴者能够提取信息的频率。对于那些低频听力与正常人相当，而高频听力为重度或极重度损伤的患者而言，此频率范围将非常有限。如果听力变化没有这么剧烈，一个低频听力损失为中度，高频听力损失为重度的患者有可能从可听到言语的低频区域比从同样可听到言语的高频区域提取更多的信息（请参阅第10章10.3.4）。因此，对该患者而言，高频区域的方向性效果不如低频区域方向性效果，这意味着采用不同的频率权重比采用一般计算AI-DI时常用的权重更适合于预测该患者在扩散噪声中的效果。

对所有患者有效果并不意味着所有患者都能从某一特定方向性技术获得同等程度的效果。有轻度低频听力损失的患者有可能使用开放式验配助听器，通气孔传递的声音有可能让DI在所有低于约1000Hz的频域完全失效，并会在大约2000Hz以上的频域对DI产生不利影响。这种验配的AI-DI比给听力损失更重的患者采用同样技术的助听器进行封闭式验配要小得多。[1001] 因此，开放式验配能获得的最大方向性效果会比较小，能获得效果的聆听环境也会比较有限。不过，当说话人距离聆听者很近时，仍会有一些可测量的效果。[1826]

7.3.6　方向性麦克风的临床评价

方向性麦克风可以在一些聆听环境中提供帮助，而在另一些情境中没有效果甚至会带来问题，这是难免的。因此，不可能通过在临床上进行一个单一的行为测试，就能预测方向性麦克风在实际生活中的效果。任何评估，比如测量方向性麦克风和全向性麦克风的SRTn，只能反映与测试条件一样的情境中的效果。在有声音衰减功能的测试间里进行测试，通常混响时间约为0.2s，临界距离约为0.6m，距扬声器的距离不大于临界距离，并且有几个（或只有1个）噪声发生器，很可能会测到信噪比提升了5dB的显著效果，但这种情境不可能是实际生活中的常见状态。

临床医师应该做什么评价呢？最重要的事情是

要通过测试确定方向性麦克风能正常工作，这可以利用测试箱进行（请参阅第 4 章 4.1.2）。更重要的是，要告诉患者，如果助听器是手动切换的话，什么时候将助听器切换到方向模式，以及怎样控制聆听环境以获得最大的方向性效果。如果患者（或临床医生！）需要确认方向性麦克风确实可以提供帮助，那么可以进行一个简单的言语测试，测试时，可将一个噪声源放在患者后面，它能够提供令人信服的证据。

7.4 结语

助听器佩戴者所面临的最大问题是在嘈杂的环境里理解言语。[950, 1179] 遗憾的是，助听器佩戴者更多时间是在嘈杂环境进行沟通的。[1874] 最好的解决办法是为他们提供两个有方向性麦克风的助听器。但是，目前的方向性麦克风仅有非常有限的方向性功能。它们能提供的效果（封闭式验配助听器能在扩散性噪声中，为近距离谈话提供 4 dB 的信噪比改善）非常值得应用，但是混响和过远的距离经常会大大降低这一效果。开放式验配以及所有低增益助听器的通气孔，甚至在理想声学条件也会降低能获得的最大可能效果。

无论在哪儿，临床实践都应基于证据。当声学条件有利时，方向性麦克风的实质性效果是毋庸置疑的。通过比较积累的证据可以看出，方向性麦克风的有效性，即它们在实际生活中的效果，在各种实际聆听环境中平均起来是非常轻微的，以至于一些助听器佩戴者甚至完全不能辨别全向性和方向性助听器的差异。佩戴者的主观评价报告再次证实患者只能在特定的理想声学环境中才能从方向性麦克风获得效果。如果在不利于方向性处理发挥作用的环境中，助听器可以自动切换（或手动切换）到全向性模式，我们就应为患者验配方向性麦克风。

自动切换的要求不需要非常精确。在很多聆听环境中，全向性与方向性响应都不会比对方带来更多效果。[1753, 1874] 自动切换甚至会使那些认为两者（方向性和全向性）没有区别的患者，以及不愿意在助听器功能上做选择的患者获得效果，因为当说话者处在前方较近位置、主要噪声源比较近且处于后方，或者主要噪声源比较远时，方向性麦克风肯定会带来 SNR 的提升①。这种情境似乎比那些全向性处理更有利的情境更常见。[1753] 配置自动化全向性麦克风，同时给那些最希望控制助听器的患者提供禁用自动处理的选项，相比于默认使用全向性麦克风，以及提供自选的包含方向性麦克风的"去噪功能"，可以让更多患者获得更多效果。

未来可能出现的高性能双侧方向性处理技术最令人期待。即使使用现有的方向性麦克风也可以让轻、中度听力损失的助听器佩戴者在噪声中与健听人听得同样好，只是，能获得这一效果的聆听环境仍非常有限。[109, 1106] 助听器是一种可见的残疾标志，并且提示佩戴者在嘈杂环境中可能存在言语理解困难。当现在研究中的超级方向性双耳阵列应用于可佩戴设备后，助听器可能会被看成是给佩戴者带来超人类听觉的仿生设备。

未来的这种变化可能会给助听器的使用率带来巨大影响，甚至健听人也会想通过它们以增强听力，它们能轻松地与手机、音乐播放器和手持便携式计算机的音频接口（所有的一切都是在任何事件合并）结合。混响和距离仍会影响超方向性助听器的性能，但是能获得方向性增益的聆听环境会比在现在更为广泛。

如何验配高方向性双耳设备，对助听器设计者和临床医生都是巨大挑战。当方向性很强时，如果可以获益却不使用它会导致很大损失，正如不该使用却使用它时会带来很大问题。未来的挑战在于，如何保证只有需要时才使助听器具备超级方向性功能，如何使方向性波束能够"看着"助听器佩戴者想要听的地方。让助听器在各种聆听环境中自动调节方向性，以发挥超级方向性麦克风的最大功效，这一任务还需要助听器工程师们继续为之奋斗。

---

① 方向指数的大小可以通过使用方向性麦克风和全向性麦克风测量言语传输指数（STI）来进行很好的预测，是一种完全客观的声学测量。[1509]

第 8 章
高级信号处理策略

概 要

自适应降噪算法，例如维纳滤波和谱减，随着 SNR 的降低会逐渐降低频带内的增益。尽管这些方法提高了整体 SNR，使声音听起来更为舒适，但并没有提高窄带 SNR，从而也没有提高言语可懂度。其他类型的降噪算法包括低频截止的风声降噪，以及限制波形变化速率的瞬时或者脉冲降噪。

反馈啸叫可以通过多种电子技术减少。一种简单的技术是在啸叫最可能发生的输入强度或者频率上减少增益。第二种技术是通过调整助听器的相位响应，使得其在任何有足够增益引起啸叫的频率处，造成啸叫所需的相位变化不会发生。第三种技术是引入内部负反馈通道，该通道可以通过连续的适应过程保持合适的增益和相位响应，以消除在耳模（壳）周围的偶发性漏声。最后一种技术是使输出频率与输入频率不同。在助听器中，这几种技术通常是结合使用的。

降低言语中的高频成分可以使其更易被听到，可以通过以下方法实现频率移动：将高频部分的频谱移至并叠加到原有低频的频谱上，或者使用频率压缩技术将较宽的频率范围压缩至较窄的（或较低的）频率范围。尽管频率移动和频率压缩都能使高频声音被听到，但并不一定能获得更好的言语可懂度，因为被移动的频谱可能会干扰对原有低频频谱中主要言语成分的识别。降低频率的方法、频移映射以及增益特性有很多选择。找到三者的最佳组合是很困难的，因为人们需要时间去适应显著改变了的频谱，而且还没有评价这种改变是否成功的最佳方法。

增强言语信号特征的方法有几种，这些方法理论上可行并且通过实验进行了研究。这些方法包括：增强言语频谱的峰与谷的对比；对辅音进行增幅；对声音启动处进行增幅；对特定声音的时长进行拉伸或者缩短；将声音简化为几个快速变化的纯音；基于自动言语识别器的输出重新合成干净的言语。然而，就现有的证据来看，这些技术相对于常规的放大增强技术，并未能有效提高言语可懂度，因此人们也缺乏动力将之应用于商用助听器。

其他还有一些信号处理算法已经或者即将在商用助听器上得到应用。对没有与言语信号混叠的混响部分进行消除可以使音质更清脆。助听器可以对聆听环境进行自动分类，并且为每种环境自动选择预装的放大程序。助听器的数据记录系统可以记录各种环境的使用次数，也可以记录佩戴者在每种环境中的校准过程。"可训练"助听器能在佩戴者的调节中学习，并在聆听环境变化时推断佩戴者喜欢的调节方式。这样，助听器的精细调节就可以由佩戴者和助听器共同进行，而不依赖于听力师。主动堵耳消除程序可以使助听器的声音听起来像是开放式验配的助听器，即便在外耳道被完全阻塞时。为了进一步消除堵耳声音造成的干扰，主动堵耳消除程序还能消除通气孔传导的声音，帮助使方向性麦克风在全频范围内发挥作用，提高其工作效率。

本章介绍了几种先进的助听器信号处理策略方案。其中有些方案已经投入商用多年；有些在未来几年可能会得到普及。

8.1 自适应降噪

通过简单降噪来改善言语可懂度，而不是使用多个麦克风，是一个尚未解决的难题。正如 Levitt（1997）所说："我们对这个问题的理解十分有限，因此我们不仅没能成功找出解决方案，甚至不知道改善噪声中的言语可懂度是否是可能的。"

但是通过降噪确实可以改善听觉舒适度，降低聆听难度。有多种技术可以用于降噪。自适应降噪（adaptive noise reduction）技术有几个不同的叫法，包括噪声抑制（noise suppression）、精细降噪（fine-scale noise cancelling）、单麦克风降噪（single-microphone noise reduction）和数字降噪（digital noise reduction）。最后一个叫法是最常见的，但是在这个几乎每个助听器都是数字化处理的时代，这种叫法的描述并不是十分准确。

8.1.1 自适应降噪技术

自适应降噪的直接目的是使噪声的放大小于言语的放大。实现的方式是对相对于言语较强的噪声部分进行分段（时域、频域或者时频域）识别，对其进行较小的放大，而对其他 SNR 较好的部分进行较大的放大。如果实现了这一目标，助听器佩戴者会发现噪声的干扰小了，但是言语可懂度可能既没提高也没降低。我们认为降噪有益的原因已经在第 6 章 6.3.7 中进行了解释，在继续阅读本章之前可以先进行回顾。简言之，在噪声过强的地方降低时域和（或）频域可以弱化人对噪声的感受，并且减少掩蔽其他频域和（或）时域内言语的可能性。[875] 减少某一时间、频率范围的增益，会同时降低言语和噪声的强度，这部分的 SNR 不会发生改变。这就是为什么降噪技术通常不改变言语可懂度的根本原因。

为了达到降噪的目的，助听器需要检测言语，估计不同时间和频率上的噪声强度，然后决定在每个频率上减少增益（如果有振幅和速度的话）。

检测言语和噪声

言语由声道连续张开与闭合所产生，声道对声带产生的周期性振动以及气流通过声带引起的随机振动进行振幅或者频谱调制。这种振幅上的变化或者调制，是用于检测言语的主要特征。言语振幅（包络）变化的频率约为 3~6 Hz，大致对应于音节和单词产生的速率。① 由于大多数噪声的振幅不以这种方式变化，当检测到 3~6 Hz 内的包络功率（envelope power）明显高于其他频率时，可认为该区域存在言语。当言语的能量达到最大值的时候，它在多个频带内的能量同时达到最大，因此 3~6 Hz 的变化可以在助听器的多个通道中都能检测到。这种共同调制（co-modulation）为言语检测提供了第二种线索。

第三条线索来自言语的精细结构。每次声带打开，一个能量的突变会出现在较宽的频率范围内，这些突变的重复速率体现了声音的基频速率（从成年男性的 100 Hz 到儿童的 400 Hz）。这种按基频发生的突变会同步出现在助听器的各通道内，因而可以为言语是否存在提供进一步的确认。[305]

不同助听器中的言语/非言语探测器（speech/non-speech detector）或者发声探测器（voice activity detector，VAD），采用不同于前述的言语特征组合，有的也采用其他更复杂的言语统计特性，比如振幅随时间变化的分布，或者频谱形态随时间变化的速率。

评估言语和噪声水平

用于检测言语的调制方法也可以用来评估各通道（频带）中的 SNR。图 8.1 表示的是噪声中的言语信号包络。很容易观察到，每个单词间存在一个约 55 dB SPL 的较为稳定的信号。这就是稳定的背景噪声，包络的峰值强度代表每个言语的最大强度。电子探测器跟踪了包络的最大值和最小值，其差值就是信号的调幅深度（modulation depth）。这些操作在助听器的各通道内分别进行，因此可以知道各频率范围的调幅深度。

如果计算出数秒内最大值与最小值的平均值，可以估算出长时 SNR。如果采用瞬时最大值，则可以估算出短时 SNR。当然，短时 SNR 是快速变化的。

SNR 较调幅深度要小（通常在 10 dB 左右），因为 SNR 是平均言语强度和平均噪声强度的差值，而调幅深度是包络峰值和平均噪声水平的差值。调幅深度和 SNR 间的精确差值取决于用来检测言语包络

---

① 包络的频率成分从 1~40Hz，但在包络中的主要能量集中在 3~6Hz，在此范围之外能量逐渐减弱。在由元音主导的低频段，调制谱的最大值大约处于 3Hz；而在由辅音主导的高频段，其最大值移至 6Hz。[175]

第 8 章 高级信号处理策略

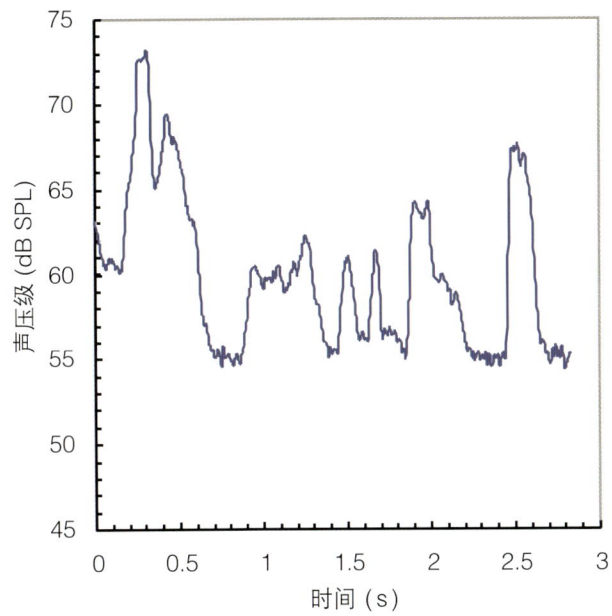

图 8.1 一则语句包络的示例。言语内容为 "The yellow flower has a big bud"，同时存在一个 55dB SPL 的背景噪声。

增益衰减算法

目前存在几种不同的自适应降噪方法，但大多数系统使用维纳滤波或者谱减法。

维纳滤波器（Wiener Filter） 在每个频率上的增益由该频率上的 SNR 决定。具体而言，增益等于信号功率除以信号功率与噪声功率之和：

$$W(f) = \frac{s(f)}{s(f)+n(f)}$$

...8.1

其中 $s(f)$ 是信号的功率谱，$n(f)$ 是噪声的功率谱。在数学上可以证明，在所有滤波器方式中，维纳滤波的输出波形与输入信号（无噪声）最为相似。制造这种滤波器的难点在于：当背景噪声干扰我们获得各频率的信号功率时，如何计算滤波器的增益？我们只能获得各频率上所需信号和噪声信号的瞬时累加功率，因为这是由麦克风，无论是全向性还是方向性麦克风，传递给助听器信号处理器的。

解决这一问题需要使用前文所描述的方法对信号进行估计。当没有言语信号时，如果我们能够估计噪声（对之前的若干帧进行短时平均或者长时平均），以及噪声叠加上言语信号的功率谱，那么我们就可以用第二项减去第一项来单独估计言语的功率。图 8.2 显示的维纳滤波器方框图就是利用了这个原理。这个滤波器由一个可以反映各频率 SNR 的信号进行控制。

维纳滤波器的基本特征是，增益随着 SNR 变差而降低。将公式 8.1 变化一下（见公式 8.2）可以看

的时间常数。对于任何特定的时间常数，每增加 1dB 的调幅深度大约相当于增加 1dB 的 SNR。

当目标信号是单一说话人的言语并且噪声是连续的，或者是其他在音节或者单词速率水平上波动不大的噪声时，这种用调幅深度来估计 SNR 的方法效果很好。与之相比，当目标信号波动很小（如某些音乐），而噪声信号波动明显时（比如附近仅有一个说话者），助听器将对 SNR 做出不准确的判断。

有些助听器也会利用言语检测和 SNR 估计的信息来选择最合适的麦克风配置（方向性对全向性，或者最优方向模式），以及控制自适应降噪。

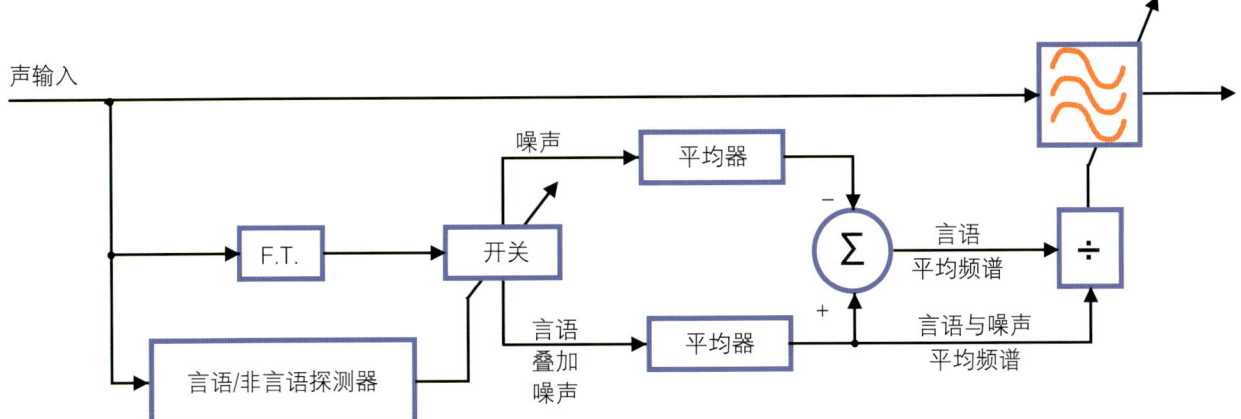

图 8.2 结合了傅里叶变换（F.T）来计算言语与噪声的维纳滤波器示意图。言语/非言语探测器对频谱是噪声还是言语叠加噪声进行分类，进而估计言语的平均功率谱。

出 $W(f)$ 完全依赖于 SNR。

$$W(f) = \frac{snr(f)}{snr(f)+1}$$

...8.2

其中 $snr(f)$ 是频率 f 处的 SNR，由信号功率与噪声功率的比值来计算（不同于经常表示 SNR 的 dB 值）。

图 8.3 显示了两种增益随 SNR 变化的情况。实曲线表示根据公式 8.2 计算的增益下降，虚折线表示通常在助听器中使用的近似值。这条线的精确位置在不同厂家的产品中会不同，而且在某一特定助听器中会随着降噪选项（比如"强"或"弱"）的变化而变化。也就是说，当 SNR 很低时，增益减小的程度是不同的（从 6dB 到 24dB 的减小）；而且助听器获得满增益前所需的 SNR 也是不同的。[305, 475]

通过调幅深度来估计 SNR，进而实现自适应降噪的信号处理方法并不复杂，如图 8.4 所示。根据特定的增益衰减规则（如图 8.3 中的蓝色虚线），其结果可能与维纳滤波非常相似。

然而，问题在于没有足够的研究可以确切地指出增益衰减与 SNR 的函数关系，这也是为什么助听器工程师经常设计"强度"选项，把选择留给听力师（听力师除了进行反复试验，否则也无法确定什么是最好的选择）。确定增益变化的最优值显然非常重要。有实验评估发现，在一系列噪声中，助听器佩戴者总体上来说倾向于每当 SNR-频率曲线改变 2dB 时，增益-频率响应曲线变化 1dB。[867] 但是，每个患者中对于降噪程度的偏好各有不同。[1956]

选择合适的增益衰减非常重要，因为衰减过大会降低言语的可听度或可懂度。[1482] 原则上，当信号输入强度最高时增益衰减应该最大，在听力损失最严重时增益衰减应该最小。这可以通过确保衰减量不要引起噪声降低至听阈水平来实现。换言之，要确保真耳插入增益（降噪之后）大于公式 8.3 所示的值。

$$REIG > MAF + HL - N \qquad ...8.3$$

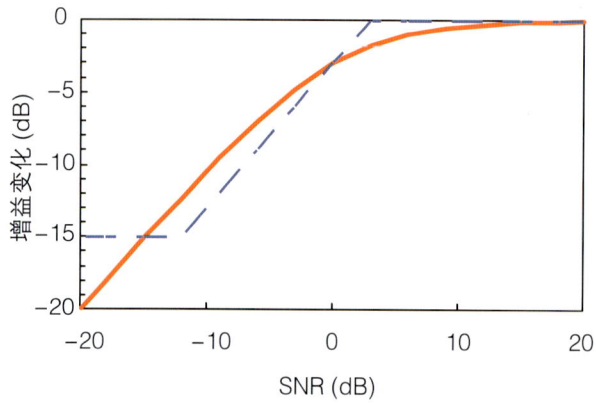

图 8.3 降噪系统在不同 SNR 下的增益变化。实线表示公式 8.2 计算的维纳滤波器增益，虚线表示在许多助听器中使用的折线型增益。

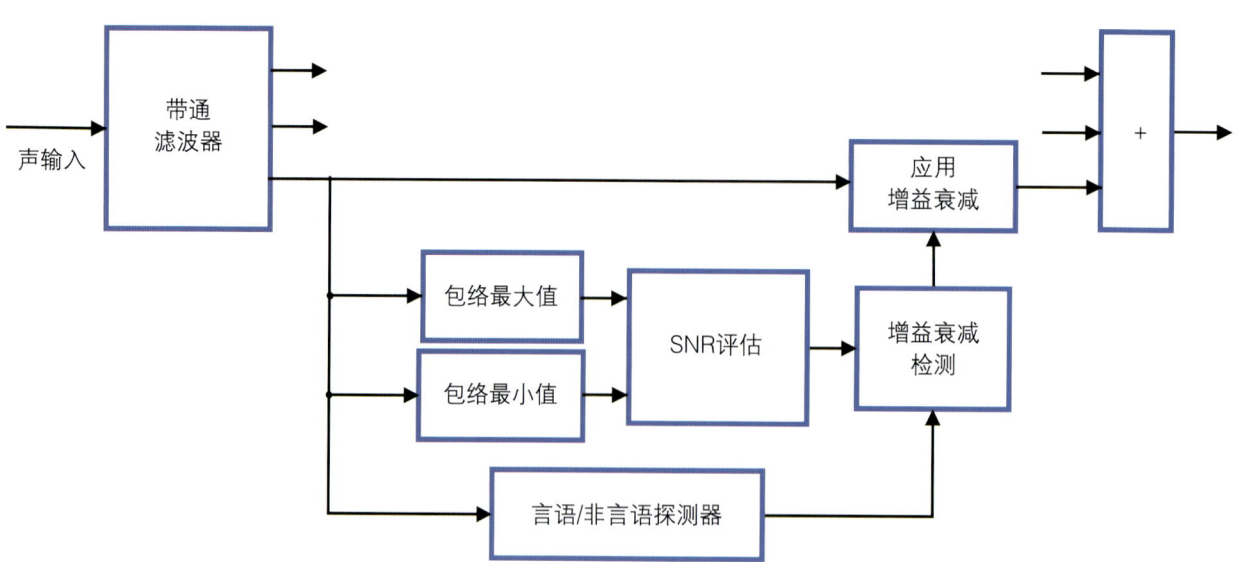

图 8.4 自适应降噪系统示意图，该系统基于助听器每个通道的包络调制计算增益衰减。流程图显示的是其中的一个通道，用于确定是否启用自适应降噪的言语／非言语探测器，使其可从多个通道接收输入。

其中 MAF 是健听人的最小可听区域，HL 是听力损失，N 是在患者听觉滤波器带宽范围内测到的噪声水平。近似计算，可以将 1/3 倍频程带宽用于轻度听力损失，将倍频程带宽用于重度听力损失。应用公式 8.3 时会发现 REIG 经常会有效地降低到负值。如果使用带有小通气孔的耳模（壳），负的插入增益（即耳塞）会出现在高频区域，但是在低频（最经常被使用的范围）区域不会出现，除非助听器中安装了类似主动堵耳消除程序这样的主动降噪模块（请参阅第 8 章 8.5）。

在某些情况下（低或中强度的言语和噪声，以及严重的听力损失）使用公式 8.3，需要运用"降噪"算法增加某些频率的增益。有些助听器已经实现了在必要时对某些频率提高增益，以达到最大限度的言语可听度。[1007]

通过自适应降噪对各种背景噪声下的增益-频率响应进行优化，对于严重的听力损失者来说最为重要，因为掩蔽对他们的影响更大，在较窄动态范围调校声音也更难。[867] 随着 SNR、听力损失和输入强度的变化，逐渐调整增益衰减，以实现自适应降噪但又不降低言语的可听度，是一种更为复杂的方法。[1007]

替代维纳滤波的方法之一是谱减（spectral subtraction），将言语叠加噪声的频谱幅值减去噪声频谱幅值。如果两个幅值都可以准确得到，那么差值将是言语频谱的幅值。由于麦克风采集的是言语和噪声的混合信号，该方法的主要问题是如何确定噪声的频谱。

解决方案之一与维纳滤波类似，通过平均前面时域出现的噪声频谱估计当前时刻的噪声频谱。当然，只有我们知道噪声存在的时候，才能够估计过去的噪声频谱。因此，谱减系统也需要一个如图 8.5

的言语/非言语探测器。只有言语叠加噪声信号的幅值需要经过处理。没有方法可以估计独立的言语信号的相位，因此最终进行傅里叶逆变换时，使用的相位信息来自言语与噪声的混合信号。如果谱减的效果非常理想，输出的频谱幅值相当于单独的言语频谱幅值，但是受到噪声的影响，相位谱仍然不准确。这样的处理会影响言语质量，但是应该好于不对噪声做任何处理。

对于谱减法（以及使用相同方法估计噪声的维纳滤波）来说，一个更大的问题是噪声估计是基于前几秒（或几分之一秒）的噪声特征。然而，和言语类似，背景噪声也可能在短时间内完全改变特征。在这种情况下，谱减和维纳滤波会继续消除已不存在的噪声。而且，他们对于一些刚刚产生的新噪声，或者改变了特征的噪声毫无所知，也无法做出任何处理。这两种类型的系统最适用于稳定的噪声，在技术上被称为稳态噪声（stationary noises）。这类噪声包含一些机械噪声、空调噪声、远处的交通噪声，以及大量其他人混杂的说话声。减少一个单独说话者的影响对于维纳滤波或者谱减法来说都十分困难。

虽然维纳滤波与谱减法的工作原理似乎不同，但他们对包含噪声的信号有着类似的作用，即降低 SNR 最低的频谱上的增益，并且在几乎没有噪声时不去改变信号。事实上，他们对输入信号的某些处理在数学上具有完全相同的效果。[1066] 最终的实际听觉效果取决于两者实施的细节。

计算信号与噪声功率的一个重要细节是频率分辨率。如果使用很窄的带宽，在持续的周期性声信号（比如元音）的谐波上 SNR 可以达到最大。所得到的滤波器将在各次谐波上有较高的增益，在谐波之间产生较大的衰减。因为交替和形似钉子的形状，这种滤波器被称为梳状滤波器（comb filter）。梳状滤

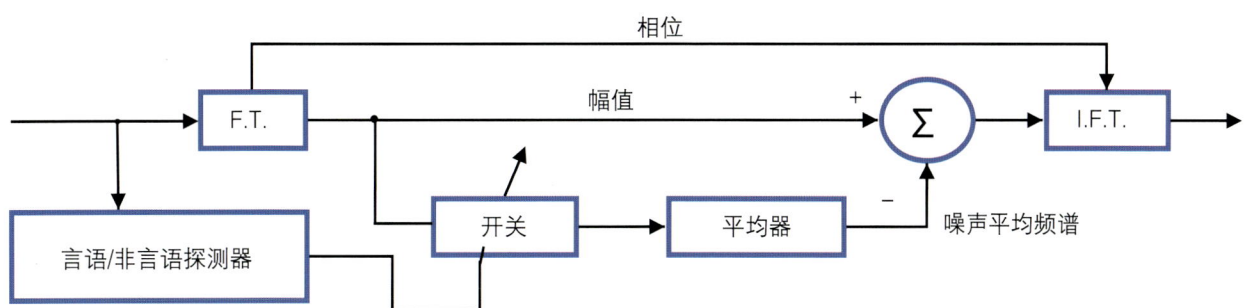

图 8.5　结合了傅里叶变换用于计算频谱功率的谱减降噪系统的示意图。使用言语/非言语探测器触发噪声平均功率谱估计，使用傅里叶逆变换将修正后的频谱再变为波形。

波器在去除噪声上是非常有效的，但在言语信号中迅速变化的成分中，比如共振峰迁移，可能会造成言语信号的失真。梳状滤波器可以通过其他技术来实现，比如按言语基频确定滤波形态。[1074]但是，基频提取的精度会受到噪声带来的不利影响，在最需要滤波时，梳状滤波器输出不恰当的频率成分。[1956a]

另一个重要的细节是如何设定增益衰减出现的频率范围。某些助听器允许增益在整个频率范围内进行衰减，另外一些只允许在低频进行增益衰减，还有一些允许在除了中频之外的其他频率范围进行增益衰减。[99]不允许中频增益衰减或者限制其衰减量的理由是，中频对言语可懂度贡献最大，所以这类助听器减少了降低中频可听度的风险。

降噪的动态特点

自适应降噪系统可以被设计成每隔几毫秒就改变增益的衰减，或者几秒之后才对噪声做出响应，然后在持续的几秒钟内逐渐改变增益。这两种方法各有优劣。

我们将**起始时间**（*onset time*）定义为噪声从开始到增益降低至距离最终值 3dB 以内的时间。[99]起始时间可以从几秒到 30s 不等。

类似的，我们可以将**结束时间**（*offset time*）定义为从噪声停止到增益恢复至距离助听器在安静状态时的最终值 3dB 以内的时间。结束时间可以从 5ms 到几秒钟不等。[1263]

谱减法的固有特点是处理迅速，因为谱减是在言语的每一个短时片段内分别计算的。助听器中的分析帧长通常在 4～8ms。但是，维纳滤波也可以满足在每个频率区间的增益每隔几毫秒就变化的需求，或者也可以故意将增益变化的速率放缓，让其用几秒钟时间获得明显变化。这种放缓增益变化的方法是为了对聆听环境的变化做出反应。

快速降噪的优点是可以降低言语中词和音节之间的噪声，而不只是降低由噪声主导的频率范围中的噪声。其缺点是增益的快速变化可能会使言语质量失真。因此，快速响应降噪具有提高言语舒适度甚至清晰度的潜在优势，但是也存在产生人为干扰的极大风险，特别是如果言语探测器错把低强度的言语成分当成噪声时。有对比评估显示，起始时间为 16s 的系统比起始时间为 4s 的系统更受欢迎。[102]

8.1.2　自适应降噪的优点

在助听器输出端对信号和噪声进行客观测量，可以发现自适应降噪系统能提高整体 SNR。图 6.12 所示的例子中，输出的 SNR 远远大于输入。但遗憾的是，这种 SNR 的提高通常不会给可懂度带来任何提高。[102, 164, 385, 1045, 1047, 1050, 1066, 1080, 1266, 1317, 1348, 1510, 1875, 1956]

第 6 章 6.3.7 已经解释过相关原因。实际上，如果助听器只有一个麦克风，那么当噪声和信号同时出现在相同频率上时，没有任何已知的方法可以分离它们。原则上讲，提高噪声中的言语可懂度主要靠信号和噪声中包含在频域或时域上有明显区分的，并能被信号处理技术分离的成分，而不是依靠听力损失者处理原始信号。这似乎是可以实现的目标，特别是对于重度和极重度听力损失者，这些人在频域和时域上的分辨能力都很差。但是如何找到一个能够显著提高可懂度的解决方案，目前依然困扰着研究人员。

当噪声被限制在一个狭窄的频率范围内时，自适应降噪可以带来明显的可懂度提升，因为对窄频的衰减可以减少噪声的掩蔽作用。[320, 1482, 1484, 1841]到目前为止，只有极少数研究证实自适应降噪可以在真实的宽频噪声中有效提高言语可懂度（相当于 SNR 提高 1dB）。[①, 170, 1001]

尽管自适应降噪不能广泛提高言语可懂度（因为每个频率上 SNR 不受影响），但还是可以提高舒适度，减少反感，方便聆听，提高音质或整体效果（因为宽频带的 SNR 提高）。[102, 164, 385, 1266, 1510, 1956]启用自适应降噪时，助听器佩戴者能够接受将输入的背景噪声强度再提高几分贝，即降低输入的 SNR，表明这种处理相对于言语，的确降低了对噪声的感知程度。[385, 1266]

这种优点可以通过对患者进行可接受噪声水平（ANL）实验（请参阅第 9 章 9.1.5）来验证。[1296]也可采用以下方法进行验证：在开启降噪功能的情况下，通过调节输入信号的 SNR 直到其与关闭降噪功能时输出的音质一致。[385]降噪处理对稳定的噪声以及长时频谱噪声（显著不同于言语）所提供的 SNR 最大。嘈杂的多人谈话所提高的 SNR 最小，因为此

---

① 其他的一些研究也报告过自适应降噪能稍微提高可懂度，但是每项研究中这种提高都不能达到统计检验的显著性，因而所谓的提高是不可靠的。

类噪声的频谱与言语非常相似。谱减系统实际上可能导致言语可懂度轻微下降，如不考虑其他听力要求（舒适度、偏好、噪声等），在交通噪声中谱减系统能提高 9dB 的主观 SNR，在嘈杂言语中能提高 4 dB 的 SNR。[385] 毫无疑问，能提高 SNR 的精确数值要取决于具体的降噪算法。

虽然不能改善言语可懂度，但是，当助听器探测到显著的背景噪声时，自适应降噪还是应该常规开启，因为这能降低可感知的噪声。自适应降噪使聆听更加容易，这一点有重要价值。它可以使助听器佩戴者在嘈杂环境下或者疲劳状态下长时间与人沟通，也可让佩戴者更好地利用认知能力，来应对在嘈杂环境中交流时的其他需求。研究显示自适应降噪可以提高佩戴者在并行工作中的表现，比如一边听着噪声中的言语，一边进行记忆或者对事情做出快速反应。若能同时执行其他任务则可以更好地反映出聆听效果。[1547] 在这一领域还有很大空间可以进行深入研究。

虽然自适应降噪算法和自适应麦克风阵列技术在独立发展，在助听器中也多被作为独立算法分别应用，但助听器设计者已经开始让他们协同工作。这样做的好处是，二者可以一起估计麦克风所拾取的信号中有多少噪声，可以共同利用对方改善 SNR 的功能更好地进行信号处理。

8.1.3 脉冲噪声抑制

言语由人的声带产生。声带的变化速度是有限的，因此言语的瞬时声压变化速度也是有限的。而其他一些声音，如锤子敲击钉子，是没有这种限制的，因此脉冲声音中可以包含声压随时间快速变化的波形。

当信号的变化过于迅速而不可能是言语时，智能助听器不仅可以分辨，而且会避免重复这些信号中的快速升降。对输入信号进行**脉冲声音平滑算法**（*impulsive sound smoothing*）或者**瞬时高音抑制**（*transient loudness reduction*）会降低脉冲信号（没有完全消除）的响度，减少其对人的干扰，但是对同时出现的言语没有影响或者影响很小。脉冲平滑算法肯定改变了脉冲声音发生时的言语波形，但是如果没有经过信号处理，这部分言语也是听不见的，因为脉冲声音在这段时间内的高强度掩蔽了言语。因此，脉冲声音平滑算法可以增高音量舒适度，但

对清晰度没有影响。[885]

8.2 反馈抑制

反馈啸叫的原因在第 4 章 4.7.1 中已经讨论过。在本节中，我们将研究几个解决反馈问题的电子技术。以下任何一种方法都是有效的，但是没有一种方法可以完全去除反馈啸叫。耳印和耳模（壳）都需要精心制作。但是，反馈通道抑制技术已可使耳朵足够开放以避免堵耳问题，也能使耳朵足够密闭以避免反馈啸叫并获得足够的增益，从而体现出助听器验配的价值。

8.2.1 通过增益－频率响应控制进行反馈抑制

只有从麦克风进到外耳道的增益在特定频率上大于从外耳道返回麦克风的衰减，在该频率上才会发生反馈啸叫。此外，在该频率上，波的相位变化必须接近整倍的周期（请参阅第 4 章 4.7.1）。避免反馈啸叫的方法之一就是降低满足上述条件的频率上的增益，为此，可采用许多方法。

最简单的办法是调低音量或者增益使其低于患者的要求。这种处理显然难以令人满意，因为这会造成响度、可听度、可懂度的不足。更好的方法是只在可能发生反馈啸叫的频率上减小增益。这些频率的位置最有可能处于或者靠近增益－频率响应曲线上的峰值，因此，任何可以降低这些峰值上的增益而不降低其他处增益的方法都是有益的。在导声管中增加阻尼是一种很好的方法（请参阅第 5 章 5.5）。但是，增加阻尼在削减引起反馈啸叫的特定频率的峰值的同时，也可能会过度减少某些其他共振点附近频率的增益。

多通道助听器为只在单一频域内减小增益提供了更可靠的途径。只有助听器有多个并行通道，才可能对增益－频率响应进行精确控制。如果助听器只有很少的通道，增益的减少可能会超出必要的频率范围，进而导致可听度的不足。图 8.6 给出了一个四通道助听器的增益－频率响应的示例，为了减少反馈，其增益只在一个通道内下降。

通常，反馈只发生在音量设定超过助听器佩戴者的正常设定时，或者由于宽动态范围压缩对增益的影响，反馈也会发生在低输入强度时。此时，有必要减小某些符合特定条件的窄频区域内的增益。

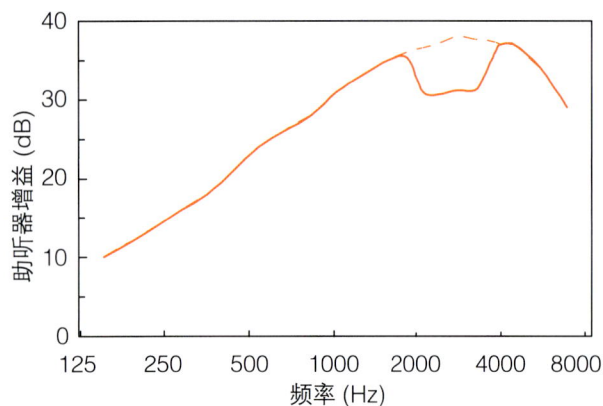

图 8.6 一个四通道助听器（设想的）的增益–频率响应，通过减小原始响应（虚线）中 2～4 kHz（实线）的增益来减少反馈啸叫。

轻微移动，如活动下颌（因此带来的颞下颌关节和耳道壁的活动）、戴上一顶帽子、把手放在耳朵上、站在墙壁附近或者拥抱爱人，漏声通道的特征就会改变，啸叫频率也就可能改变。这意味着在其他频率上需要减少增益，才能出现凹波。如果凹波足够宽、足够多能覆盖所有可能产生啸叫的频率，啸叫就可完全避免。当然，在这种情况下，所有频率上的增益也会变小。

> **使用电子反馈控制的原因**
>
> 在下列情况中电子反馈控制是有效的：
> - 需要更大的增益。对于严重听力损失者，或者那些想要款式尺寸较小又没有反馈的助听器的人而言特别有用。
> - 需要更开放的耳模（壳）。对于低频中度听力损失以及高频重度听力损失者而言特别有用。

助听器可以通过限制各频带能达到的最大增益来避免反馈啸叫（这种限制取决于耳模（壳）的松紧度）。如果不存在反馈问题，助听器佩戴者可使用原始的增益–频率响应。当总增益增加（手动或者自动）时，可以将有可能发生啸叫的频带上的增益控制在一个安全范围内。

安全值可以由以下方式来确认：

· 在验配的时候由听力师决定——实现方式是由听力师选择刚好能避免啸叫的最大增益值，或者由听力师增加压缩阈值（由此探测低输入声强的增益），直到啸叫停止；①

· 在验配的时候由验配系统决定——实现方式是进行现场反馈测试，系统自动提高每个通道的增益，直到探测到啸叫为止；

· 当佩戴助听器的时候由助听器确定——实现方式是如果助听器在某个通道中探测到啸叫就减小该通道的增益，但是当啸叫消失的时候就恢复原放大倍数。

数字滤波器（如图 2.15）能够更加精细地控制增益–频率响应的形态。一旦确定可以导致反馈啸叫的频率，可以在增益–频率响应上对这些频率的增益进行衰减（形成凹波）。这种技术在公共场所的扩音装置中已经有效应用多年，可以在不过度损伤可听度的条件下消除反馈啸叫。

遗憾的是，反馈发生的频率会随着时间变化。发生啸叫需要有合适相位的频率。如果耳朵里的耳模

增益下降意味着助听器佩戴者的损失。如果增益下降是自适应的，即只有检测到啸叫的时候才出现，佩戴者的损失程度将最小。许多助听器持续监控输出以检测反馈啸叫及其频率，并且能自动调节增益–反馈响应以防止啸叫持续发生。这种自动或者自适应增益衰减系统被称为反馈探测与消除（search and destroy）控制技术。

8.2.2　通过相位控制减少反馈

上一节介绍的几种方法均采用降低问题频率处的增益来减少反馈。其中有些方法会改变放大器的相位响应。② 相位变化有可能减少反馈啸叫，也有可能使啸叫变得更严重，有一定运气成分。原则上，我们可以有目的地控制相位，以减少反馈啸叫发生的可能。正如我们所见，数字助听器的技术还不是十分有效，但了解这些技术，可以帮助我们更好地理解反馈的机制以及主动消除堵耳技术的原理（请参阅第 8 章 8.5）。

相位控制的目的是确保在增益大到足以引起啸叫的频率处，环路旁的相位响应可以引发负反馈而不是正反馈。

图 8.7 展示了一个完整的 ITE 模拟助听器反馈环路（feedback loop）上的增益–频率响应和相位–频

---

① 通过提高压缩阈值来避免反馈的优势是不会改变高强度以及中等强度输入的增益。

② 电子滤波器既影响助听器的相位响应，也影响其增益响应。

第 8 章 高级信号处理策略

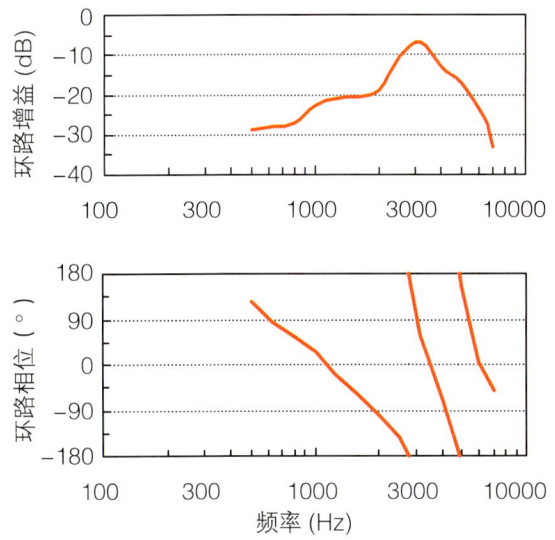

图 8.7 根据 Hellgren 等人（1999）的研究结果重新绘制，ITE 助听器完整反馈环路的增益 – 频率和相位 – 频率响应。

率响应。测试时，将放大器和受话器连接切断，将测试信号接入受话器。测试信号经受话器输出，从漏声通道回到麦克风，进入放大器，最后回到受话器的正常连接点。到达测试点信号的振幅及相位可以体现整个反馈环路的响应。从图中可看出 1200Hz、3500Hz 和 6000Hz 三个频率的相位是 0°。因此反馈啸叫易发生在其中的一个频率上。具体发生在哪个频率上取决于环路增益。针对测试时的音量设置，所有频率上的环路增益都是负的。如果音量设置提高，很明显在可能的反馈频率中，3500Hz 的环路增益会首先变成正的。因此，这是最容易出现问题的频率。

如果改变 3500Hz 的相位使其接近 180° 而不是 0°，啸叫在这个频率就不可能再出现。相位响应可以通过增加一个**全通滤波器**（*all-pass filter*）来操控——一种在所有频率有相同增益，但是会改变某些或全部频率上相位的助听器。当然，一旦第一个问题频率解决了（并且增益提高了几分贝），其他频率也会出现问题，也必须进行相位校正。数字助听器的固有延迟意味着相位会随频率迅速变化，因此不可能对全部频率的相位进行校准。与调整增益的技术类似，这一技术可以增加无反馈啸叫的增益，但增加程度非常有限。

助听器设计者曾在模拟助听器中使用最基本的相位控制技术。将信号反向连接到耳机（如果可行）可以使相位增加 180°，至少针对某些音调设置，这种操作会在 50% 的时间增加无啸叫的增益。然而，数字助听器的长时延迟会导致相位随着频率快速变化，因此，利用相位调整进行反馈控制就难以实施。[1] 幸运的是，数字化处理也开启了另外一种更好的新技术。

8.2.3 通过反馈消除通道抑制反馈

在数字助听器中最有效、使用最广泛的技术是**反馈消除通道**（*feedback path cancellation*），在助听器内部人为地建立第二条反馈通道。如图 8.8 所示，这条内部通道的增益与相位响应刚好可以消除外部的漏声通道。也就是说，如果两条反馈通道在任何频率下泄漏回来的信号大小一致，并且相位相同，则他们的总和为 0。即反馈消失了，就不会产生啸叫。

这似乎是一个完美的解决方案，但是和其他方案类似，这种技术仅提高**最大稳定增益**（*maximum stable gain*，*MSG*）的程度非常有限。由反馈消除算法带来的最大稳定增益的增加被称为**附加稳定增益**（*added stable gain*，*ASG*）。内部通道与外部漏声通道越匹配，产生的附加稳定增益越大。为了在助听器日常使用中获得较大的附加稳定增益，必须考虑到漏声通道的特征可能随时间的变化而变化。有两种方法可以实现。

第一种方法，已不再应用。它通过插入测试信号，直接测量外部反馈通道的特征，而不管放大器是否被中断。[503] 该技术能在反馈发生前提高增益约 10dB。[502] 这个方案的缺点是佩戴者能听到测试信号，除非佩戴者是严重听力损失者。

现在所使用的方法，如图 8.8 所示。当某一信号，如反馈啸叫，或者由次级反馈啸叫引起的低强度回声，在一定频率上持续超过一定时间时，滤波器通过自动调整将其最小化。[2],[518] 常见方式是将两种技术结合使用。验配时，助听器自动测量外部漏声通道，启动内部反馈消除通道。然后持续测量输出信号，不断对内部通道进行精细调节。如果要应对所有引起突然啸叫或次级啸叫的因素，就必须持

---

[1] 举例说明，如果助听器输入和输出的延迟为 5 ms，则每 200 Hz 产生一个额外的 360° 相位变化，这种相位随着频移的速率比图 8.7 要大得多。

[2] 从技术上看，当输出信号的自相关函数中有一个突出的峰值，这个算法就检测出了反馈啸叫，这种情况发生在输出信号中包含一个纯音，甚至是强度很小的纯音时。

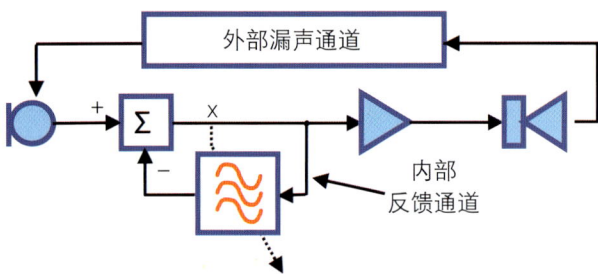

图 8.8 用于消除外部漏声通道影响的内部反馈通道。滤波器自适应最大程度降低了在 x 点上产生反馈的可能。

续进行测量。这些因素包括：耳道中耳模的移动、靠近耳朵处出现反射面，或者有导致助听器增益增加的低强度背景噪声。

对照控制增益-频率响应的技术，反馈消除通道的主要优点是在精确实施时不会造成任何增益下降。通常来说，助听器接近啸叫时，由外部漏声通道产生的正反馈将提高增益（请参阅第 4 章 4.7.2）。而由内部反馈通道产生的负反馈会降低等量的增益，二者结合使助听器在全部频率都继续保持相同增益，就像没有任何反馈发生时一样。反馈消除通道技术的第二个好处是能够在助听器持续啸叫之前就消除啸叫。通过测试输出信号可以检测并消除次级啸叫反馈及回声（请参阅第 4 章 4.7.2）。

反馈消除也有一些缺点。当滤波器进行自适应时（每当漏声通道改变的时候），滤波器可能会使言语质量变差。这段时间内，可能会发生短暂可听的啸叫。另外一个缺点是反馈消除器也会消除其他持续的周期信号，比如口哨声或者是很多乐器的声音。有些助听器已经进行了一些改进，以尽量减少反馈消除可能导致的音乐失真：

• 当选择助听器"音乐程序"选项时，反馈消除算法可以禁用，或者降低自适应的速度。①

• 在助听器的前向通道引入小的频移，或者快速改变的相位响应，二者都有助于助听器区分内部发生的反馈和外部的声音。

• 助听器对两个麦克风收到的声音强度进行比较，或者更有效的是在头的两侧使用助听器。对于非啸叫的外部声音，麦克风采集到的声音强度更接近。

反馈消除比反馈增益消除需要更多的计算。增加计算量会增加电池电量的消耗。不过随着数字助听器的更新换代，这种局限已经变得不那么重要了。

总体而言，反馈消除通道的优点十分突出。助听器在安静的环境中最有可能产生啸叫，因为在这种环境下压缩处理会带来最大的增益。然而，助听器佩戴者最不能接受在安静的环境中降低增益。因此，通过反馈消除所带来的附加增益就会成为提高安静环境中言语可懂度的重要优势。同样，靠近电话听筒时通常也需要显著降低增益，反馈消除可以减少增益需要衰减的量，因此可以提高言语可懂度。[1028]

实验室实现的反馈消除通道可以带来大约 20dB 的附加稳定增益，[518, 568] 但在市场上销售的助听器带来的附加稳定增益一般较低（在 5~20 dB 之间），而且这个值在不同的助听器和不同的助听器佩戴者上差异很大。[568, 657]

一些助听器设计者更加重视获得最大的附加稳定增益，相对忽略信号失真或者对漏声通道变化响应缓慢（几秒钟内助听器会鸣叫）的风险。另外一些人更加注重快速响应或声音保真，因此，无法实现获得的附加稳定增益。房间的混响一般延时较长，因而会限制获得更大的附加稳定增益。[855] 即便患者在房间内轻微活动都会引起反馈通道的改变，内部反馈通道也必须做出相应调整才能精确模拟、消除外部漏声信号。同样，不产生人工干扰的附加稳定增益也会受到助听器内其他自适应信号处理过程的影响。例如，每次方向性麦克风调整时，外部反馈通道的特征都会变化。因此评价反馈消除系统的效果，除了考虑附加稳定增益，还要考虑其他指标。[993]

8.2.4 通过频移的反馈抑制

当声音每次经过反馈环路都会变大时，就会产生反馈啸叫。如果声音从放大器出来之后进入了不同的频率，会发生什么？因为漏声回麦克风的信号频率与原始输入信号频率不同，两个声音不能连续地在相位上保持一致，也就不能有效地升高增幅，造成反馈的可能性将会大大降低。

当然，这种方法也有缺点。为了在没有啸叫的情况下获得更大增益，需要进行比较大的频移。② 这会

---

① 当自适应的时间相当长，甚至超过了音乐中最长的音符，那么音乐不会被消除。

② 频移可以用相位变化随时间的变化来表示。相位变化的信号可以用一个零相位的正弦信号加上另一个 90° 相位变化的正弦信号来表示。因而，即便是一个频移的纯音也可以被认为是包含原始频率和相位的成分，如果环路增益足够大，这个成分会引起啸叫。

改变输出声音的质量。如果应用于低频率范围，还会改变音调。这种方法是为公共广播系统开发的，[1572] 也在助听器中做过初步研究。[97] 下一节会介绍几种适用于助听器的频移算法，这种反馈抑制方法正在得到广泛应用。

8.2.5 组合的反馈抑制系统

助听器包含多个反馈控制的方法是很常见的，事实上也是可行的。一个精确但是处理缓慢的反馈消除系统能够提供较大的附加稳定增益，但当助听器佩戴者带上帽子的时候，可能需要 10s 来计算新的内部滤波器特征。而在此期间，一个快速作用的自适应系统可以在不到 1s 的时间内，在适当频率上检测到啸叫，并降低增益。[1005] 因此助听器佩戴者会听到较少啸叫，同时一旦处理缓慢的系统完成了对外部反馈通道的估计，就不再需要降低增益了。如果处理过程还采用了频移技术，那反馈消除算法可以发挥更积极的效用。

采用自适应反馈抑制系统（无论使用减少增益、相位控制、还是反馈消除）的后果是，当啸叫出现时，啸叫的频率可能急剧变化，被称为**跳频**（*frequency hopping*）。当反馈抑制系统不能同时灵活处理多个可能的啸叫频率时，这种现象就会出现。该系统作用于啸叫实际发生的频率，而助听器在其他频率啸叫，然后系统再作用于这个频率，如此反复。有必要告诉有经验的助听器佩戴者，当这种变化的啸叫出现时，他们会听见什么声音。

总之，数字助听器的主要优势之一是使用了有效的反馈抑制技术，特别是反馈消除通道。反馈啸叫因此不再是个严重的问题，虽然通常情况下反馈仍然限制了高频增益，尤其是在进行开放式助听器验配时。患者从中获得的益处包括：更大的增益、更少的堵耳效应、减少出现的啸叫，或者三者兼有。评价反馈抑制技术的效果需要考虑它们带来的附加稳定增益、运行时对音质的影响，以及在多大程度上能将反馈啸叫与外部有调声音（音乐等）进行区分。Agnew（1996）和 Chung（2004）的文章对反馈抑制系统做了很好的评论综述。

8.3 频率下移

大多数听力损失者在高频区域的听力损失比低频区域严重。一部分患者的高频听力损失已经严重到无法提取言语中的高频成分（请参阅第 10 章 10.3.4）。由于听力损失会引起失真（请参阅第 1 章 1.1），这种情况在言语被充分放大后也有可能出现。[293, 747] 更糟糕的是，对于部分患者，过度放大言语的高频成分可能会降低他们获得中低频部分信息的可懂度。[293, 747]

为了使这类患者有机会获得只在言语高频成分存在的信息，这些信息必须被转移到患者更容易听到的频率区域。[96, 829] 这就是**频率下移**（*frequency lowering*）助听器的理论基础。图 8.9 是频率下移对频谱影响的示例。频率下移有时也被称为**频移**（*frequency shifting*），但是由于频率总是向低频转移，所以频移不如频率下移贴切。

频率下移可以按一系列数学规则完成，其中一部分规则可由信号处理技术完成。

8.3.1 频率下移规则

一个在概念上比较简单的方法是把所有频率上的信息都减少一个固定的频率，这种方法被称为**转频**（*frequency transposition*）。例如，把所有频率都降低 2kHz。这种方法的问题在于 0 ~ 2kHz 的信息不能被降低，仍然保留在原来的频率范围内。对于在 2kHz 左右都很集中的声音，比如，人发出的摩擦音，这种处理方法可能会造成混淆和模糊。例如，无法判断结果中 1kHz 的成分在处理之前是 1kHz 还是 3kHz。对于能量分布在整个频率范围的声音，输出的频谱形态是不同频率范围输入的混合。某些重

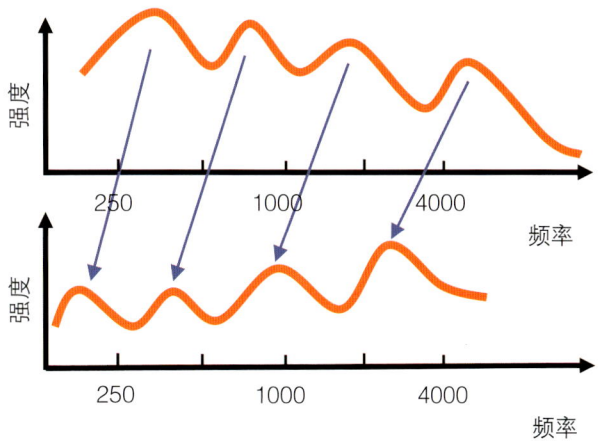

图 8.9 频率下移方案中输入与输出信号的频谱，输出频率将输入频率下移了一半，上图为输入信号的频谱，下图为输出信号的频谱。放大器同时也提供了一些高频预增强。箭头表示各个共振峰的频率下移。

要特征，比如某个频带的共振峰，可能会被其他频率范围的言语成分掩盖。虽然如此，许多严重高频听力损失者认为转频技术可以提高言语的可懂度，[1850] 频谱下移并没有影响他们对低频言语信息的理解。[1517]

一种减小输出频谱重叠问题的方法是只有当输入频谱中高频成分占主要地位时才进行这种变换，这种方法被称为**有条件的转频**（*conditional frequency transposition*）或**动态言语重编码**（*dynamic speech recoding*）。转移的能量只对最需要的声音有效，对于低频声音也不会有负面影响。[1450] 有条件的转频可以在不降低鼻音和半元音清晰度的情况下提高言语中停顿、摩擦音、塞擦音的可懂度。[1450]

实现转频的另一种方式是**频率压缩**（*frequency compression*），可以避免输出频谱重叠的问题。当输出频率与输入频率的比例恒定时，称为**线性频率压缩**（*linear frequency compression*）。[1804]

当输出频率等于输入频率的某次幂时，称为**幂频率压缩**（*power frequency compression*）。由于这两种方法的输入频率都被压缩到更小的频率范围内，所以这两种方法都被称为频率压缩。要注意不要混淆频率压缩与第 6 章讨论的振幅压缩。

图 8.9 所示的频移由线性频率压缩实现，其中输出频率等于输入频率的一半。频率压缩不存在重叠问题：每个输出频率只对应一个输入频率。

频率压缩如果应用于整个频率范围会产生负面效果。虽然线性频率压缩能够保持频率的正确比例，有助于元音识别和保持话音质量，但是基频也会按**频率压缩系数**（*frequency compression ratio*）降低。变换后，儿童的声音会听起来像成年女性的声音，成年女性的声音会听起来像成年男性的声音。[1804] 幂频率压缩甚至不能保存频率的比例，所以处理后的言语质量不自然也不和谐。

由于音调线索保存在 1.5 kHz 以下的低频中，如果只对 1.5 kHz 以上的频率做压缩，基频信息会保持不变。同时，由于听觉系统对 1.5 kHz 以上的谐波不能进行频率解析，即使高频谐波因频率下移改变，言语仍然能够保持谐波音调质量。只降低高频被称为**非线性频率压缩**（*non-linear frequency compression*），即压缩量随频率不同而改变。压缩只在某个频率之上进行，这个频率被称为**过渡频率**（*transition frequency*）、**截止频率**（*cut-off frequency*）、**频率压缩阈**（*frequency compression threshold*）或**开始频率**（*start frequency*）。非线性频率压缩也能保持输入频率与输出频率的一一对应，并且已被证明能够提高可懂度。[626, 1633] 目前开展的评估只采用了安静环境中的言语和 SNR 很高的言语。

图 8.10 展示了以上讨论的每一种技术的频率映射方案。每一个方案中，6kHz 的输入信号都被降低为 4 kHz 的输出信号。因为每种方案在频率坐标为线性和对数下差别较大，所以每种方案都分别绘制了线性与对数坐标两种图像。注意图 8.10 中使用的术语与本章中并不统一。

8.3.2 频率下移技术

调制

早期简单的频谱降低技术会使声音失真，比如通过削峰。虽然对输出信号的频率没有控制，输出信号的互调失真出现在与输入信号频率不同的频率范围。[829]

更为复杂的调制方法是选择一个频率范围进行滤波，将滤波后的信号与纯音信号相乘（即振幅调制，请参阅第 3 章 3.6.1），然后通过过滤调制生成的边带进行选择。例如，将 4～8kHz 的成分乘以 4kHz 的纯音，将使频率范围下降 4kHz（纯音的频率），输出频率范围为 0～4kHz。[1850] 这种调制方法适合线性频移，如图 8.10（a）所示。

慢速回放

如果信号以比录制速率低的速率播放，所有频率都会以相同的比例降低（即线性频率压缩）。慢速回放可以很容易地通过数字处理实现，但是一个明显的问题是处理后的信号速度变慢，与真实信号相差甚远，除非采取一些其他措施。一种解决方案是删除一部分时段，使原始信号与减慢后的信号时长相同。理想情况下，全部音调时段（时长范围在儿童言语中为 2.5ms，在成年男人中为 10ms）都被删除，波形仍保持连续和真实。然而，这种方法只对安静环境下的言语比较有效，在大多数情况下难以达到准确。

言语编码器

用言语编码器，将言语经过一组相邻的窄带滤波器过滤，并提取每个频带的强度变化（包络）。利用这些频带的强度变化来调制窄带噪声或纯音，重新合成言语。**频率下移言语编码器**（*frequency-lowering speech vocoder*）的原理是使窄带噪声或纯音的频率比窄带滤波器组的中心频率低。[1450] 频率下

第 8 章 高级信号处理策略

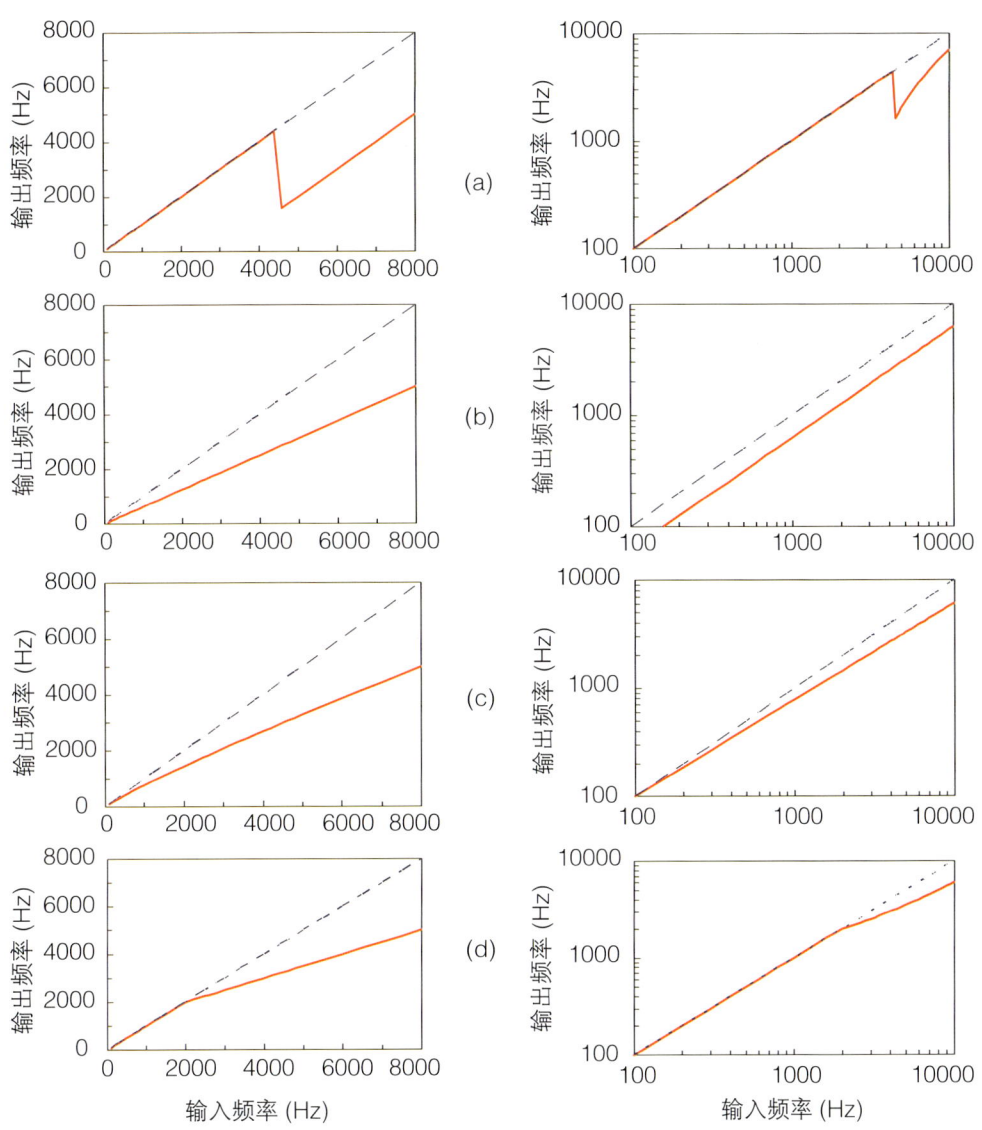

图 8.10 各种频率下移方案的输入输出频率关系。（a）频移；（b）线性频率压缩；（c）幂频率压缩；（d）非线性频率压缩。每种方案分别包括线性频率坐标（左）与对数频率坐标（右）的两种图例。每个图像中虚线表示没有进行频率下移。

验配频率下移设备

- 在开始时，调整助听器，下移所有听阈超过 80dB HL 的频率。
- 有些佩戴者在开始时会对音质有负面反应，这取决于选择的压缩程度。如果可能，在此期间让患者接受听力康复训练（请参阅第 13 章），使他们能够更系统地利用新的言语感知线索。[1003, 996]
- 在佩戴者有两周使用经验后，对频率下移进行精细调整。目标是使用尽可能高的开始或截止频率和尽可能小的频移或频率压缩系数，使患者能够在不发生混淆的情况下检测 /s/ 和 /ʃ/。这个调整可以根据患者的反馈或现场的言语频谱图来进行。
- 总是将 1.5 kHz 以下的成分保持在它们的原始频率。

　以上注意事项，虽然是基于此领域研究者的实践经验，但缺乏进一步证据。

移言语编码器只需选择用于合成的噪声或纯音的频率就能够实现任何输入与输出频率的数学关系。频率下相位变化言语编码器（*frequency-lowering phase vocoder*）比频率下移言语编码器更为复杂，它既提取各频带的振幅，又提取各个频带的相位。相位变化的速率被用来确定合成信号的精确频率（不仅精确到频带）。[1633]

8.3.3 商用的频率下移方案

AVR 通信（TranSonic，ImpaCT）生产的助听器系列使用慢速回放来实现线性频率下移。所实现的频率下移是有条件的，只有高频成分为主的声音才会进行频率下移。[406] 通常，以高频成分为主的声音包括所有清辅音，以低频成分为主的声音包括所有元音。

Widex（Inteo，Passion，Mind，Clear）生产的助听器系列在比起始频率高一个或两个倍频程的范围进行频率下移。其范围内主要的频谱波峰被降低一个倍频程，其周围频谱成分被减少同样的频率。[1004]

Phonak（Naida，Audeo，Nio，Exelia Art）生产的助听器系列实现了非线性频率压缩，利用每帧傅里叶分析的振幅来重新合成言语，使输出的频率范围降低。这与 Simpson 等人（2005）的处理方式类似。

8.3.4 频率下移、言语可懂度和适用者

很多研究考察了频率下移对言语可懂度的影响。Simpson 在 2009 年发表的文章中对这些研究进行了总结及评述。这些研究的整体情况很复杂，有些研究表明频率下移对患者整体有效，有些研究表明对患者整体没有效果，但对个别患者效果很好，还有些研究表明频率下移没有效果。这些研究在患者听力损失情况、信号处理方式，以及效果的评估方式上都存在差异。

显然，频率下移能够提高言语可懂度，至少在安静环境下如此。但是目前还没有方法能够预测哪些患者能够受益，或哪种类型或程度的频率下移最适合这些患者，或如何调整频率下移能使获益最大。频率下移更可能增加而不是降低言语可懂度，那些理解言语能力最低的患者更有可能从中获益。[66]

保证频率下移的实际效果是很难的。无论频率下移以何种方式进行，其结果是原本正常分布在一个带宽中的频谱形态被挤进了一个更窄的带宽。为了使听觉系统从这个更窄的带宽中提取信息，听觉

系统的频率分析准确度必须要比听未处理言语时更高。然而，助听器佩戴者的频率解析能力往往低于健听人。所以频率下移有降低言语可懂度的可能。对辅音混淆的分析显示，频率下移可以在提高某些高频辅音识别率的同时降低其他辅音的识别率，[1634] 虽然这个负面影响会随着时间的推移而减小。[995]

对于线性频率压缩，适度的降低频率（输出频率比输入频率小 20% 以内）比大幅降低频率更可能带来益处，因为大幅降低带来的负面影响明显超过了正面影响。[1804]

我们用两个例子来描述频率下移与听力损失特征的匹配。陡降型听力损失的助听器佩戴者本来被认为是频率下移的理想适用者，如图 8.11 中方形所示。为了使 6 kHz 的输入带宽能被听到和利用，1 ~ 6kHz 的输入被压缩到 1 ~ 2kHz。这个压缩处理（压缩系数为 5）避免了破坏 1kHz 以下的音调信息（理想情况是保留 1.5kHz 以下的频率成分），并且下移后的频率限制在 2kHz 以下，因为助听器佩戴者在 2kHz 以上的听力分辨能力太差。这可能会造成输出频谱信息过于集中，从而对言语可懂度产生干扰。因而这种处理带来的正作用与负作用可能相互抵消。[618, 1164, 1634] 此外，1 ~ 2kHz 听阈陡峭的变化可能会影响助听器佩戴者分析压缩信息的能力。尽管如此，转频被证明

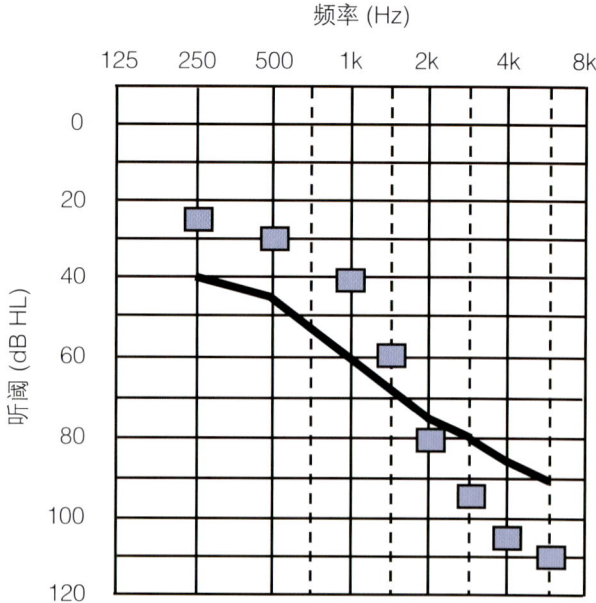

图 8.11 有可能适合频率下移助听器的两类患者的听力图听阈曲线。相对而言，听阈曲线比较平缓（实线）的听力损失者比陡峭型听力损失听阈曲线较陡（方形）的听力损失者更能从频率下移中获益。

能够给听力图类似图 8.11 所示的儿童带来益处，特别是在他们有 2 个月的佩戴经验以后。[66]

图 8.11 中实线的斜率更为平缓，更可能有好的高频听力。为降低听阈在 80 dB 以上的频率，需要将 1~6kHz 压缩到 1~3kHz，压缩系数为 2.5。研究表明，与听力曲线陡峭、高频损失更大的患者相比，线性频率压缩方法对听阈曲线较平缓的患者的效果更好。[1633, 1634]

由于多种原因，目前我们还无法对不同频率下移方案的效果下定论，也无法确定它们更适合哪种听力损失。

适应

频率下移的一个明显问题是这些处理使言语听上去不同了。因此人们需要一些时间来习惯这种处理后的声音，并尽可能从中获益。[66, 996, 1450] 看上去儿童相比成人更容易适应频率下移，能快速学会利用频率下移提供的新线索。[1632] 与简单地区分不同辅音的任务相比，连续言语的识别似乎需要更多的佩戴经验。适应性训练可能有利于患者更快地适应频率下移，但是目前这个推论并未被验证。

频率下移参数

第一个调整参数的策略之一是降低所有听阈高于预定值的频率。[1002, 1633] 第二个类似的策略是将耳蜗坏死区域的频率下移至该区域下边界附近的频带。[1517, 1518] 与将稍高于可听带的频率下移到可听带相比，将远高于可听带的频率下移到可听带效果更好。[1857] 也就是说，降低的高频信号与未修改的低频信号相关度越低，降低后的信号能够提供越多的额外信息。① 第三个策略是将频率范围降低到能够听到摩擦音 /s/ 和 /ʃ/，同时又不能过度压缩使这两个音互相混淆。[626, 1002]

然而，可降低的频率范围、降低的程度、输入与输出间的数学关系、频率下移方案、对频率下移后声音的放大以及对未处理声音的放大，这些问题所涉及的因素太多，所以事实上很难对佩戴者进行个性化的频率下移参数优化。

结果评价

很容易证明频率下移可以提高患者查知高频辅音，尤其是 /s/ 的能力。能查知 /s/ 意味着患者可以区

分名词的单复数。但这并不说明患者对高频辅音的查知不会出现混淆。[1487, 1517] 根据所采用的方案和参数，频率下移可能会对某些辅音和元音的识别产生干扰。由于评价采用的言语材料不同，评价的结论也不尽相同。有关不同频率下移方案在不同强度和类型的背景噪声（也包括其他说话人）中对可懂度的影响仍然缺乏足够研究。有关频率下移的全面评估应该包括以下几个方面：[995]

- 检测高频言语和环境声音的能力；②
- 对大多数辅音的识别能力，包括女性说话人的摩擦音，但不限于高频辅音（请参阅第 16 章 16.4.1）；
- 安静环境下和噪声环境下的查知和识别能力；
- 对言语发声造成的影响；
- 以上能力在几个月内的变化。

混淆因素

有些设备在频率下移的同时也改变了其他放大特性，比如低频增益或高频增益，因此无法得知哪个变化起到了正面还是负面的作用，除非对这些变化的作用进行分别评估。[995, 1165, 1633]

对频率下移的一个争议是，如果听皮质长期被剥夺了处理高频声音的机会，那么它的处理能力会逐渐退化。这种情况看起来不太会发生，因为耳蜗兴奋的扩散仍可对所有频率区域进行刺激，所以听皮质的高频区域仍然会受到一些刺激。如果将频率下移后，更高频成分能移至刺激耳蜗高频区域的位置，可以进一步避免这种问题。

频率下移是反馈抑制方案中（请参阅第 8 章 8.2.4）频移技术的一种极端形式。其带来的额外好处是反馈啸叫发生的可能性很小，因此能够获得更多稳定的增益。事实上，对于高增益助听器的佩戴者，很难评估频率下移带来的好处中有多少可以归功于增益和可听度的提高。

未来十年的研究有望让我们了解哪种患者更容易从频率下移中获益，以及如何设计与调整相关参数以使患者得到最大帮助。

8.4 言语线索增强

目前已经有很多实验性算法，例如频率下移，

---

① 有研究表明将窄带信息向高频或低频移动不会比没有这个信息的参照组更多地提高言语可懂度，这个结果与该研究一致。[1608]

② Kuk 等人（2010）的文章中提供了一个高频环境声音列表。

试图修改言语本身以使感音神经性听力损失者能更好地理解言语内容。理论上，任何有助于识别的声学特征都可以被查知并放大，从而使识别更容易。事实上，目前在实际使用设备中，还只能利用频率塑形和压缩来提高清晰度。

频谱形态增强

已有很多算法尝试检测频谱的频谱波峰（一般是共振峰）并对其进行放大。[27, 70, 71, 199, 457, 562, 1099, 1636, 1729, 1842] 这种算法也被称为**频谱对比增强**（*spectral contrast enhancement*）或**频谱锐化**（*spectral sharpening*）。经过处理后的言语信号，共振峰结构更突出，在频谱图中更容易定位，如图8.12所示。心理声学实验证明，增强频谱波峰与频谱波谷的对比能使听力损失者更好地查知共振峰。[426]

然而，患者的言语可懂度几乎没有提高。这不是因为频谱波峰的检测不重要，而是因为电子处理模糊了频谱形态后，降低了噪声下的言语可懂度。[71, 1775, 1776] 很可能参与实验的听力损失者的频率解析能力过低，以至于增强后的言语频谱对于他们的听觉系统来说和处理前的言语一样模糊不清。事实上，在一个配对比较实验中，严重听力损失者无法区分处理前和处理后的声音的任何区别，而对于健听人来说它们的区别非常明显。[547] 对于能够察觉到区别的患者，频谱形态增强有可能会随着佩戴经验的增多而给他们带来更多益处。[70]

频谱形态增强的一种极端形式是**正弦建模**（*sinusoidal modelling*），即把几个最主要的频谱波峰用适当频率、振幅和相位的纯音信号代替。[857, 1805] 这种方法对于降低背景噪声非常有效，但是还未证实能够提高可懂度。正弦建模也是一种言语简化的方法，详见后文。

辅音元音比的增强

辅音与元音的能量之比称为**辅音元音比**（*consonant-to-vowel ratio*）。未经处理的言语中辅音元音比是负的。提高辅音的放大倍数可以提高辅音元音比（即令辅音的能量更接近元音的能量）。以这种方法提高辅音元音比能够提高言语可懂度，①,[575, 891, 1209, 1492] 并且对言语的响度几乎没有影响。[1210] 降低元音的能量也可以提高辅音元音比，但对清晰度几乎没有提高。这说明与元音的相对水平相比，辅音的绝对水平对可懂度更为重要。[1543]

毫无疑问，提高一部分辅音的能量有助于提高助听器输出言语的可懂度。然而，线性高频增强和有快时间常数的宽动态压缩也能分别提高弱辅音的能量（相对于元音）。[517, 729, 1462] 目前还没有证实只增强部分目标辅音（这需要非常复杂的处理）会比传统助听器的宽动态范围压缩及高频增强处理可以获得更好的结果。还需要考虑的是只有当辅音的可听度是被助听器佩戴者的听阈所限而不是被外背景噪声所限时，以上处理才会有效。

瞬态增强

强度增强也与强度变化速率有关。很多辅音的能量比相邻的元音低，但强度变化很快（常伴随着频谱变化），要正确识别这些辅音一定要利用其变化快的特点。因此如果能够使强度的快速变化更显著，将提高言语可懂度。

对强度变化的增强可以由一个电路来实现，当输入信号的强度变化很快时（例如爆破音或塞擦音的起始部），这个电路自动增加对输入信号的增益，当输入信号的强度不变时（例如元音期间）就减少增益。[1185] 这样，处理后的言语中所有爆破音的发音都得到了更多增强。目前的实验还不能证实瞬态增强比简单的线性高频增强[428]或更传统的压缩[1755]（这些压缩也同样增强了大部分辅音）能够更好地提高清晰度。一个潜在的问题是，一些辅音在起始时变

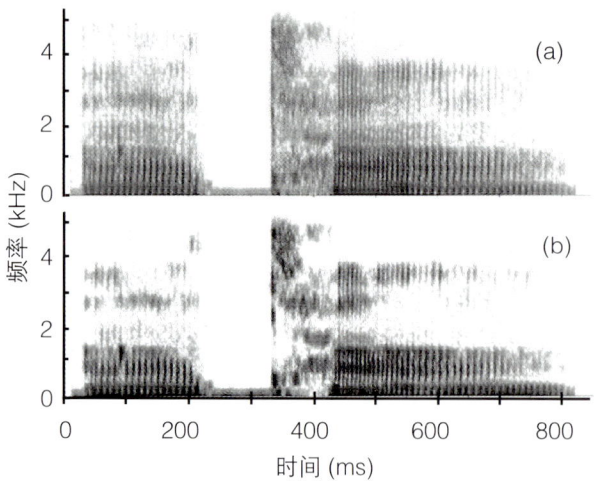

图 8.12　音节 /ata/ 的频谱图，（a）为未经处理的频谱，（b）为频谱形态增强后的频谱，在（b）中可以看到更突出的共振峰。[547]

---

① 在那些可懂度提高最显著的实验中，掩蔽噪声是在辅音放大之后加入的。[640, 641, 661] 这样处理提高了辅音的信噪比。这种处理在实际助听器中是不切实际的，因为在放大辅音的同时，同一时刻的噪声也被放大。

化较快而之后维持稳定（如 /ʃ/），对这些辅音进行瞬态增强后会使他们听起来像是频谱类似的另一种塞擦音（如 /tʃ/）。[428] 如词语 ship 会变成 chip。

瞬态增强可能尤其适合有听神经病变的助听器佩戴者，因为这些患者的时间分辨率很差。[1960] 他们对音素界限的辨识能力很差，这也导致了他们对音素本身识别能力的下降，而瞬态增强可以突出这些界限。实验表明，瞬态增强对有听神经病变的患者非常有效，健听人聆听在时间上经过模糊处理的声音（模拟听神经病），实验结果也非常有效。[1305, 1906] 然而，对照组既没有进行高频增强，也没有进行宽动态压缩，所以不能确定瞬态增强在其中起到了多大作用。

瞬态增强处理曾在一款商业化的助听器中应用过，这个助听器现在已经停产了，但是瞬态增强无疑也会出现在以后的产品中。瞬态增强对人工耳蜗植入的患者也有效果，[614] 但是也不能确定其相对于简单压缩的优势。

时长增强

另一个被修改的特征是元音时长。在浊辅音之前的元音一般比在清辅音之前的元音时长要长。健听人能够用这个线索区分浊辅音和清辅音。因为听力损失对分辨时长的影响很小，但是听力损失者对频谱差别的分辨能力较差，因此元音时长的线索对他们尤为重要。[1493] 拉长音素时长能使听力损失者更好地听清辅音的发音。[1493] 然而，很难想象这个处理能够实时地进行（在听到言语信号的同时进行）。决定对元音的时长进行拉长还是缩短必须在这个元音结束前完成，也就是说必须在后辅音到达助听器之前完成。Montgomery 和 Edge（1988）曾尝试增加辅音的时长，但可懂度并没有得到提高。

另一种修改时长的方式是增长元音和瞬态变化的时长，使听力损失者有更长时间去识别它们。[1310] 这种增长的方式会使助听器的输出越来越延后于输入。缩短言语之间的间隔能够解决这个问题，使输出能够赶上输入。这种方法能够提高小部分听力损失者的可懂度，[1310] 但在用健听受试者模拟听力损失的实验中，可懂度反而降低。[1311] 目前还没有研究评估增强时长所造成的视觉与听觉不同步所带来的负面影响。

言语简化

如果重度听力损失者不能感知言语信号的很多复杂线索，特别是有噪声存在的情况，那么减少这些线索的数量或许反而能使他们更好地识别言语。言语信号的简化是**言语模式处理（speech pattern processing）**背后的思想。一种极端的情况是用一个纯音信号代替言语信号，该纯音信号的频率与言语基频相同，起始和终止时间与言语一致。[1526] 其他已提取并能以简单形式呈现的言语特征还有包络的振幅以及无声激发。[537] 引入这些额外的特征会使言语识别的效果更好。[538] 简化后的言语编码也能帮助重度听力损失者更好地控制自己声音的基频。[77]

言语简化似乎只对频率分辨率极差的重度听力损失者有效。[537] 适合言语简化的患者同时也适合人工耳蜗植入，而后者预期能取得更好的效果。

通过重新合成增强言语

利用言语特征增强言语的一个极端例子是对言语进行识别，然后重新合成一段干净、发音清晰并且没有噪声的言语（甚至可以选择合成另一种语言）！当然，这种方式有很多问题。自动言语识别器在噪声环境下的表现和听力损失者一样差，并且在识别少见的口音时会出现问题。同样的，如果要求合成的言语携带情感信息并听起来更为真实，言语合成器需要传递大量真实信号的特征。由于听力损失者常常需要进行唇读，自动言语识别器和合成器必须保证输出与输入信号的延时不超过 40 ms。[1167, 1744] 鉴于现今言语识别器在非理想情况（理想情况为已知说话人在安静环境下的言语）下的性能，这种类型的助听器即使不考虑翻译功能，仍然很难在近期实现。

8.5 其他信号处理方案

数字信号处理技术的发展还使许多其他处理方案得以实现，其中一部分已经在商业助听器中得到应用，一部分仍在研究中。

去混响以及回声消除

混响对健听人和听力损失者的言语理解都有严重的影响。每个音素的混响都会对后续音素的部分能量产生掩蔽，尤其当后续音素的能量小于之前音素的能量时。混响使得声音的结束时间变得不明确，从而给聆听者分割言语带来困难。

从技术上来说，对言语进行去混响处理是可行的，即使混响与其他声音混叠在一起也是可行的。但是这需要信号处理器掌握从说话人到聆听者之间所有信号通道的电声学特性，包括所有产生混响的反射通道。但实际上这是不可能实现的。在混响与后续声音不重叠的情况下，根据混响信号强度随时间逐渐减弱的特性，能够检测出混响。一旦检测出来，则可以加快混响信号强度衰减的速度来减弱混响效果。这给降低混响，提高言语质量提供了一种思路。

聆听环境分类

大多数高级助听器能自动将当前聆听环境按照几种预定义的声学环境进行分类。预定义的声学环境通常包括安静环境下的言语、噪声环境下的言语、噪声和音乐。噪声可以进一步分类为不同种类，其中最重要的是风噪声和其他。聆听环境的分类基于大量参数，包括整体声强、频谱形态、调制深度及速率，以及跨通道的协同调制（请参阅第 8 章 8.1.1）。

分类器的结果被用来自动开启/关闭助听器的其他功能，包括方向性麦克风、自适应降噪、风噪声抑制（低频截止①）。开启/关闭任何一种功能通常会改变音质（也是这样做的目的），如果助听器佩戴者所处的声音环境并没有发生实质的变换，而助听器的音质发生了变化，这会使佩戴者不安。

聆听环境分类并不是一门精密科学，因为世界是连续的，不可能被清晰分割为相互独立的聆听环境。因此分类器通常采取相对谨慎的策略，在做出分类之前，对聆听环境进行几秒甚至几十秒的分析，并且为了避免助听器特性变化引起佩戴者不必要的注意，相应功能的开启/关闭转化是渐变的。

另外，有一些助听器在分类器不能确定当前的聆听环境时，会根据几个可能的备选聆听环境进行参数折中。这种处理方式将聆听环境当作连续量，通过对比实际聆听环境与理想聆听环境的相似程度来实现。

自动电话检测

一种特别重要的聆听环境是使用电话交流。如果助听器处在一个稳定、较强的外部磁场中，助听器很容易检测到该磁场的存在。理想情况下，每当佩戴者将电话靠近耳朵时，助听器可以自动切换到电感线圈模式。问题是电话不会一直产生足够强大的稳定磁场，而且除了电话，其他物体也会产生强磁场。

在电话上加装一个小的圆环形磁体可以使自动电话检测更加可靠。[1939] 助听器之间的无线连接也可以使助听器更可靠地检测到附近的电话（请参阅第 3 章 3.2）。理论上，还可以通过反馈通道的变化检测电话。

当然，室内环路不会产生稳定的磁场，也不会引起声学反馈通道的改变，所以当使用仅能自动选择电感线圈模式的助听器听取室内环路时，必须要在助听器附近悬挂一个磁体。[1939]

数据记录

助听器具有可以存储其被使用过的聆听环境（通常像前两段所介绍的那样进行分类）、佩戴者在每种聆听环境下使用它们的频率和做出的调整，以及助听器在每种环境中进行自适应或者主动降噪处理的特点。更具体地说，这些数据揭示了助听器的整体使用情况和日常使用模式。听力师可以利用给佩戴者验配的机会读取这些数据，使用这些数据有助于理解佩戴者关于音质的评价。记录数据还可以帮助听力师克服一些调机困难，提高佩戴者对助听器放大效果的接受程度。许多听力师会向佩戴者展示并解释相关的数据及记录图表。[1256] 但是也有一些听力师并不想告诉佩戴者助听器正在记录他们使用的细节。

听力师可以从以下几个方面利用记录的数据：

· 如果数据显示佩戴者在特定的聆听环境下会一直将音量调高或调低，听力师可以将这种调整固定下来。

· 如果佩戴者操作助听器有明显的困难，记录的数据会显示佩戴者是否真的在使用助听器。

· 如果佩戴者抱怨电池续航能力不足，每天的使用模式记录会告诉我们佩戴者是否在取出助听器后关闭电源，或者可能电池容量真的小于标准值，这种情况可能是由于电池在助听器使用前已存放过长时间。

· 通过对比记录中听力程序的选择与使用环境，可以判断佩戴者听力程序的选择是否合适。

· 左右耳助听器使用情况的明显不同提示其中一只助听器的校准或舒适度可能需要重新调整。

· 如果佩戴者觉得现实生活中的一些场景很困难，这些场景及它们的声学特性可以通过事件日志

---

① 尽管还没有得到商业应用，但今后双侧方向性处理方案会比衰减频率相对去除低频增益频率响应，更大限度地降低风噪声。只要双侧麦克风不同时过载，哪怕当风噪声的强度足够大以致于导致一侧麦克风饱和（如过载），双侧降噪系统依然能够发挥作用。只要风速达到 12 m/s，就会出现饱和现象。[1954]

第 8 章 高级信号处理策略

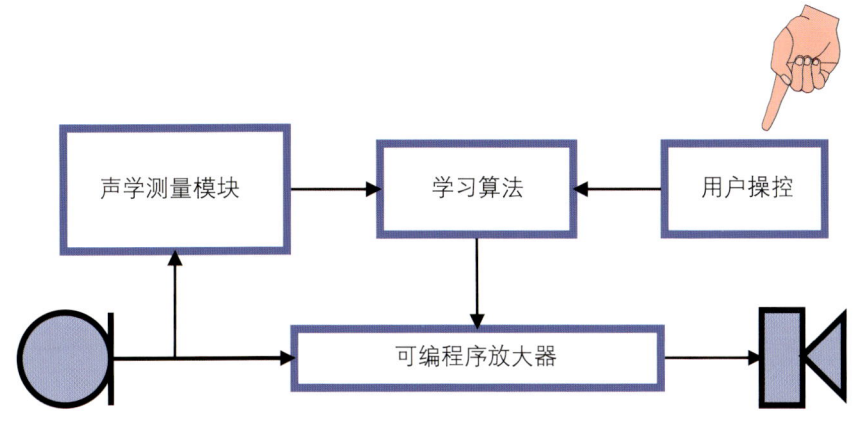

图 8.13 可训练助听器或者自学型助听器的工作流程示意图。

中较少时间的使用记录体现出来。

一些验配系统的软件可以自动分析下载的数据，然后针对发现的任何问题推荐特定的修改及变化。

可训练助听器

传统上，助听器是在诊所由听力师根据佩戴者对助听器音质的评价进行精细地调校。佩戴者的评价可能仅是基于倾听有限声音（通常只是听力师的声音）的经历。更为常见的情形是，佩戴者仅根据佩戴前几周的使用经历做出评价。

这种调校方式存在两个问题。首先，如果佩戴者第一次使用助听器，随着倾听放大声音经历的积累，佩戴者对声音的反应会发生较大变化。第二，如果听力师想对助听器做出合适的调整，就必须对佩戴者所抱怨的声音的声学特征进行推测，并从佩戴者抱怨中推断出需要调整的放大特点、需要调整的电声参数及它们的调节量。另外，如果佩戴者在某些环境中对助听器的音质、强度、自然度和清晰度很满意，那么就尽可能不要去调整助听器在这些环境中的电声参数。有一个悖论是，随着助听器调节的灵活性增强，佩戴者错调助听器的现象也会增加。而调整后不能立刻得到反馈也会使听力师的工作更加复杂。因此，佩戴者只有在离开诊所回到问题发生的聆听环境中时，才可能知道自己反映的问题是否已经解决。

解决这种问题的一个选择是**可训练助听器**（*trainable hearing aid*）或者**自学型助听器**（*self-learning hearing aid*）。463, 1955 对于可训练助听器来说，佩戴者调整控制键改变放大效果时，助听器会同时记录这些调整以方便日后使用。简单的可训练助听器仅仅记录佩戴者偏好的控制键位置并求得平均值。当助听器下一次开机时，助听器会根据佩戴者之前偏好的平均值，设置放大特性（例如增益）。

更复杂的可训练助听器，有一些已经被应用。它不仅会记录佩戴者偏好的控制键位置，同时还会记录控制键位置发生改变时声学环境的一些特点，如图 8.13 所示。经过一定训练历史的积累，助听器可以推断在不同声学环境中佩戴者偏好的控制键位置。所以这种助听器可以自动、有效地完成前一节介绍的由听力师和（或）验配软件借助记录数据来完成的工作。

一些助听器可以在少数聆听环境类别（例如安静情况下的言语，噪声情况下的言语，只有噪声及乐声）中自学和计算。但是这个世界的声音并不能进行严格地分类，比较好的方法是助听器根据佩戴者的偏好来推测放大特性与聆听环境特点的关系。

举一个简单的例子，假如佩戴者可以控制音量，并且助听器仅测量环境中的声压级。佩戴者分别在 6 种环境中对助听器做出调整后，助听器获得的数据可能就如图 8.14 中的菱形所示。利用这些仅有的观察值，助听器就推断出与这些数据拟合的输入 – 增益

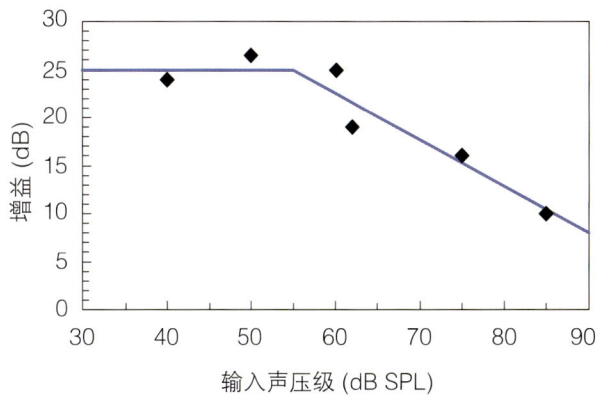

图 8.14 不同聆听环境中佩戴者调校助听器得到的数据（菱形），以及拟合得到的输入 – 增益的函数关系（直线）。

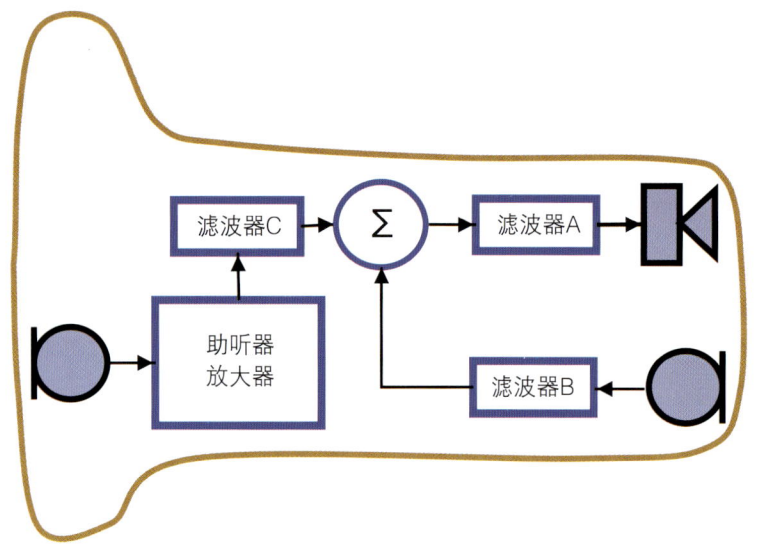

图 8.15 ITC 助听器中的主动堵耳声消除系统,该系统也可用于 RITC 助听器。

关系,如图中两段直线所示。从增益与输入强度的关系中,助听器可以推导出压缩阈值为 55 dB SPL,在压缩阈值下的增益为 25 dB,压缩比为 2:1。如果佩戴者还可以控制音色,即增益频率响应曲线的斜率,类似的参数可以分别从助听器的低频通道和高频通道中推导出来。

让佩戴者调节多个控制键是否可行。实验证据表明佩戴者可以调节两个甚至三个控制键来得到较为满意的音质和响度,[474]尽管他们更喜欢最多调节两个控制键。[869]控制键可以在遥控器上,也可以是在助听器上的单个控制键,利用这个键可以在不同环境中对两个功能进行切换。[1955]助听器也可以在不同使用情况下赋予控制键不同的功能(例如,安静环境时的音量控制,噪声环境时对主动噪声的消除控制)。[1030]

如果助听器能测量更复杂的放大特性,而不仅仅是总体情况,那就有可能更加精确地推断出佩戴者偏好的放大特性与环境的关系。例如包括频谱形态、SNR、SNR 随频率的变化,以及主要言语信号的来源方向。

主动堵耳消除

助听器佩戴者自己的声音会在闭塞的耳道中产生极低频率的声音(请参阅第 5 章 5.3.2)。信号处理的方法是获得耳道中由堵耳引发的声音,将声压反转,并将反转后的声波通过受话器输出到耳道中。[1184]由于原始信号和再引进的声信号具有相反的极性,两者会相互抵消(尽可能地),使信号的声压级显著降低。这和飞机上许多人使用的主动降噪耳机的原理是完全一样的。

图 8.15 展示了进行主动堵耳消除的主要模块:新增的用于获取耳道内声压麦克风传感器、内部负反馈环路以及不同的滤波器。滤波器 A 和 B 与两个传感器一起确保其所在的环路能够在一定频率范围内提供负反馈,并可在该频率范围有可侦测的增益信号。① 负反馈环路消除所有进入环路中的信号。我们仅希望耳道中由堵耳引发的声音进入环路,但我们并不想让外部麦克风接受的本该放大的声音进入环路。滤波器 C 可提供与环路衰减相等的增益,使得这部分系统对助听器的其他部分是透明的。系统可以衰减 80 Hz 到 1 kHz 的堵耳声音,在堵耳最严重的 300 Hz 处,衰减最大,为 15 dB。[1184]

与被动堵耳声消除相比(如大的通气孔或者开放式验配),主动堵耳声消除有以下优点:

· 耳模可以是全封闭的或者有很小的通气孔,所以可以极大地减少漏声量,有利于在不发生反馈啸叫的情况下获得较高的高频增益。

· 主动系统可以消除进入耳道的任何声音,包括通过通气孔传入的声音。因此,使助听器放大的信号能明显优于通气孔导入声和其他更低频的声音。这意味着方向性麦克风和主动降噪系统可以在整个听觉频率范围内发挥作用,而不局限于放大声优于通气孔导入声的频率范围。由于噪声通常在低频段更显著,因此,这会是一个相当大的优势。

---

① 受话器的相位变化潜在地可以引起反馈,从而形成正向反馈,这会使闭塞更严重,甚至导致助听器产生的反馈啸叫。滤波器 A 和 B 可以防止这种情况的发生。

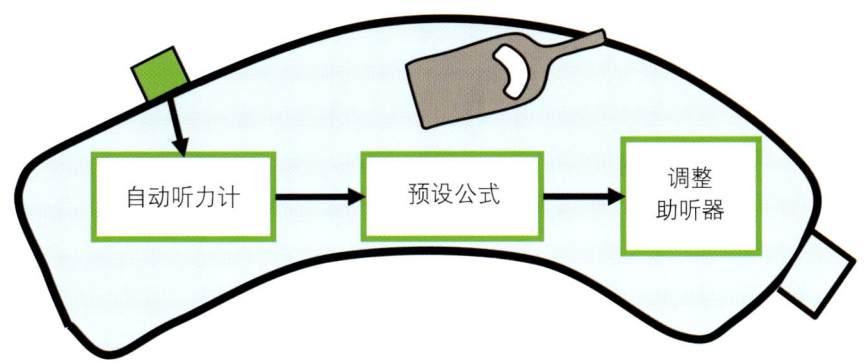

图 8.16　自动验配助听器的主要模块，包括可以在自动听阈测量中监测噪声强度的听力计。

主动堵耳声消除也有缺点：

· 新增的麦克风需要占用耳道中更多的空间，使得助听器容积变大，耳道很小的人无法使用。

· 新增麦克风的端口在耳道中是开放的，增加了耵聍和潮气进入助听器从而导致其他问题的可能，因此有效的耵聍屏障至关重要。

· 为了避免反馈环路中产生的延时，额外的信号处理过程需要高速进行，这会额外消耗电池能量，缩短电池寿命。随着集成电路设计更新，这个问题变得不再严重。

自声检测

在我们已经介绍的信号处理方案中，有好几种都是根据 SNR 的估值来调整放大器特性。助听器与口相邻，在口的偏后上方，这使得无论佩戴者说什么都会导致助听器的输入中存在高强度的明显的低频信号。这种信息会对助听器的信号处理算法产生误导，因为这些算法主要用于调节助听器放大，以方便佩戴者聆听、理解别人说话。助听器可以根据左右耳接收到的高强度低频信号是否相等来推断（并不精确）言语信号是来自佩戴者还是其他人。如果助听器有主动堵耳声消除的功能，额外的内置麦克风可以提供更多的信息，使得检测自己的声音更容易并且更精确。

自检式助听器

耳道中额外的麦克风还可以用来检查助听器工作是否正常。电子元件故障、受话器被耵聍堵塞，或者耳模不合适，这些问题会导致耳道中的声音与给定输入声音经过助听器处理后应该产生的声音不同。通过自动对比期望声与实际声之间的差别，可以发出声音警告，告诉佩戴者助听器出现了故障，需要维修。①

---

① 一些助听器已经可以在没有麦克风检测耳道中声信号的情况下拥有实用的自检功能，但是自检并不能检测受话器的故障，或与导声管、耳模以及耳道匹配度有关的问题。

带宽扩展预测

高频（例如 4~8kHz）能量很大的声信号在 8kHz 以上更高频部分的能量通常也会很大。如果受话器能输出这个频率范围的声音，那么助听器可以利用这一现象将声音的频率范围扩展到 12kHz。能否提高言语可懂度、自然度以及方位感也决定于佩戴者在扩展频率范围内是否有足够的剩余听力进行声音检测和分析。这种算法最适合轻度听力损失者。

自动验配助听器

如果将一个全自动的听力计整合到助听器中，助听器可以自己测量患者的听力阈值，使用已知公式计算合适的真耳响应，对真耳响应进行匹配来调节助听器。这个过程，如图 8.16 所示，模拟了有经验的听力师的操作过程。初步的研究表明自动听阈测量和助听器的自动调节可能与听力师的操作一样精确。[879, 1355]

这种方法有一个显而易见的问题，当患者在十分嘈杂的环境中时，自动听阈测试可能是无效的。当然，助听器可以在测试时使用正常的麦克风监控噪声水平，甚至噪声频谱，如果监测到的噪声强度和获得的听阈很接近，助听器会建议患者去安静的环境。这样的设备不需要连接到电脑或者其他的设备上调试，在听力师不足的发展中国家会有很大应用。如果助听器中还包含了可训练程序，患者还可以自己进行精细调校。

8.6　结语

评测新的声音处理方案的主要难题之一是需要考虑是否是熟悉和练习的作用。如果处理方法明显地改变了声音，受试者在使用改进的或者新的方案来辨别声音之前，需要相当多的听力练习，甚至系统的训练。实验室很难提供大量的听力训练。目前制造可以穿戴的、能对声音进行复杂处理的设备越来越容易。但是在证明这些处理方法有效之前，让受试者每天带着发出奇怪声音的助听器合理吗？

解决这一困难的方法之一是在进行最低程度的练习后先测试患者的分辨能力（区别不同声音的能力）。如果新方法能提高患者对易混淆声音的分辨能力，然后再让患者强化熟悉（可能仅在每天正常生活中使用）、训练和（或）测试言语可懂度（识别能力）会更加合理。

一些介绍过的信号处理方案，例如频率下移，只有经过调整才能更好地适合每名患者。进一步研究不同的频率下移参数对不同特点的听力损失的影响，可以帮助听力师更充分地利用频率下移——这种在商业助听器中日益广泛使用的技术。关于频率下移信息的最优感知水平尚缺乏研究。这类研究应当准确测量混淆矩阵以判断频率下移在安静和噪声环境下，对不同言语线索的正、负作用，从而使频率下移发挥最大作用。

在一些聆听环境中，自适应降噪对所有患者都有用，尽管降噪的程度几乎肯定与助听器佩戴者的听力损失程度以及干扰噪声的强度相关。自适应降噪在几乎所有高级助听器中应用已久，对怎样更好地使用自适应降噪仍然需要进一步研究，包括如何提高声信号在特定频率的增益，在这些频率，言语信号的可听度受限于听阈而不是噪声。[1007]

在一种新的处理方案得到商业推广时，听力师如何评价其价值？理想情况下，应当根据循证做出决定。[340] 决定应基于这样一些研究：与参照方案相比，受试者使用新的处理方案是否在他们日常的聆听环境中获得了更高的言语识别分数和（或）更好的音质。参照条件至少应包含适合每名受试者的增益频率响应以及一定形式的压缩。实验至少应是单盲测试（受试者并不知道哪个是新的处理方案），最好是双盲测试（实验人员也不知道哪个是新的处理方案，从而不会在实验中做倾向性的引导）。但遗憾的是，很多时候，在证明有效性之前，许多助听器早已经开始出售。

在结束关于信号处理算法的讨论之前，有必要回顾一下其相对其他提高言语可懂度方法的有效性（如第 6 章中关于不同形式的压缩的讨论，第 7 章中关于方向性麦克风的讨论，以及本章中关于降噪、反馈抑制、移频和言语特征增强方案的讨论）。目前为止，提高可懂度最好的方法是在将信号呈现给听力损失者之前，去除所有的噪声和混响。实现这种方法最好的途径是在说话人的嘴边放置麦克风，然后利用足够的放大、频率塑形和压缩，让声信号在所有的频率范围内可听并且听着舒适。因此，利用 FM 或者其他无线传输系统，在说话人嘴边放置麦克风，仍是最有效提升言语可懂度的方法。

另一种效率较低但仍然值得使用的方法是使用方向性麦克风降低（不能消除）噪声和混响。效果界于两者间的另一方法是采用双侧超方向性麦克风阵列，但目前该技术还没有应用到市场。任何一种解决方法都可与更加复杂的信号处理方法（言语线索增强、频率下移、自适应降噪）结合使用，从而获得比单独应用更好的效果。

可训练助听器会对临床应用有重大的影响。首先，可以将听力师从验配之后几个星期的精细调校工作中解放出来，因为助听器可以直接从佩戴者那里学习需要怎样的调整。第二，如果听力师知道佩戴者能引导助听器调整到自己偏好的放大特性，那么就没有必要花费宝贵的时间去实现并校准一个预设目标。事实上，预设目标只适合那些听力损失和生活方式与佩戴者类似的人的平均水平。但是，预设目标的近似值，例如由验配软件自动给出的结果，可以为患者进行精细调校提供一个能接受的初始值。初始值也必须是针对患者进行合理验配的结果。① 一方面，我们希望患者的初次体验是积极的，能帮助患者决定继续使用助听器，并接受训练。另一方面，助听器的初始设定会影响达到患者偏好的调校的时间，甚至会影响助听器的最终设定。[474, 876, 1261] 当然，还有很多佩戴者不具备使用可训练助听器的认知能力、体力或者动力，对他们来说，仍需要进行传统的验配过程。目前已有大约一半的助听器佩戴者能够训练自己的助听器。[869]

能够按自己的偏好训练助听器也让初次佩戴助听器的人有更强烈的"拥有感"。有关这一点以及如何才能对控制方式、放大特性和声学环境测量进行最有效的组合还需要进行更多研究。

---

① 遗憾的是，并不是所有自动匹配的"初始匹配"助听器的调校结果都能和预设目标结果一致。[698]

第 9 章
助听器适用者评估

概 要

尽管是否佩戴助听器最终还是由患者决定，但是许多患者常会存在疑问，需要听力师给予指导意见。听力师应该对患者进行综合评估后给出建议，而不应只看纯音听阈。

佩戴助听器的最初动机对预测患者是否能坚持佩戴助听器至关重要。这一动机反映了患者主观上对助听器的利与弊权衡的结果，而无论这一利弊是否是客观存在的。患者对听力障碍程度的自我感受将会影响其对助听器的期望值。残疾包括活动受限，即患者在各种环境中的聆听困难；也包括参与限制，即患者因听力损失而不能参与日常活动的程度。患者对助听器利弊的预判也受他人意见的影响。助听器的潜在缺点包括佩戴后对患者自我印象产生的影响。听力师需要了解患者的期望值，并及时修正其不切实际的、过低或过高的期望。尽管助听器在安静和嘈杂环境中都能对患者有所帮助，但是其在安静环境中提供的帮助无疑更大。因此，如果患者主要在安静环境下聆听，他会更容易接受助听器。

当就诊的听力障碍者不接受助听器时，听力师需要分析原因：是因为患者没有认识到自己有听力损失且（或）没有认识到自己有沟通困难，还是因为患者已知自己的听力损失，但仍然不愿意佩戴助听器。如果是后者，听力师需找出患者不愿佩戴的原因。

如果患者操作助听器有困难，就会对日后使用助听器的效果产生严重影响。因此在决定是否验配以及选择助听器的类型时，听力师必须考虑患者在操作方面是否存在困难。伴有耳鸣的患者经常发现使用助听器可以减少耳鸣的困扰，所以耳鸣是选配助听器的一个积极指标。患者患有中枢处理障碍以及年龄太大都会对助听器的选配造成影响，但这并不是影响听力师意见的决定因素。不介意助听器对外观影响的患者更容易接受助听器；助听器不仅对言语声进行放大，也会对噪声进行放大，能够接受这一事实的患者更有可能使用助听器。具备某几种特定性格特征的患者也更容易接受并使用助听器，甚至还能获益更多。

重度－极重度听力损失者可能更适合使用人工耳蜗而不是助听器。判断使用哪种助听设备更有效的最佳指标是助听几年后的言语测听结果。婴儿尚无语言，不能做言语测听，因此我们主要是通过未助听听阈和助听听阈来判定是否需要给婴儿患者植入人工耳蜗（除听力学评估外，同时还要排除医学或心理学禁忌证）。不管戴在同侧耳还是对侧耳，人工耳蜗和助听器通常能提供互补的信息。

对于因听力损失太重而不能通过助听器获得有效的听觉刺激，又不想或不能（医学或心理学禁忌证）植入人工耳蜗的患者，使用振动触觉或电动触觉助听器不失为一个很好的替代方案。对这些患者进行视觉－触觉信息整合的康复训练很有必要。

在临床工作中，听力师不能仅因为言语测听结果低于某一主观设定标准就不给患者验配助听器。但是，当患者有几项特定的听力学/医学指征提示不宜立即验配助听器时，听力师应等待上述指征消除后再给患者验配助听器。

因此，听力师要事先对可能影响助听器验配的多个因素进行综合分析，不能因其中某一因素而忽略其他因素。

是否验配助听器是一个需要慎重考虑的问题。更确切地说，听力师需要确定应该何时鼓励正在犹豫的患者验配助听器，又该何时告知患者此时验配助听器也许没有效果。虽然患者本人（或近亲）最终决定是否要验配助听器，但是如果患者不确定，听力师的建议将会对患者的决定产生重要影响。对于听力师来说，难把握的是应采用何种方式和力度鼓励患者验配。

听力损失发病率很高，约 10% ~ 16% 的成年人主诉自己存在听力障碍。[947, 1923] 如果我们用听力计进行测听，① 就会发现有 16% 的成年人好耳的 4 个频率的平均听阈会大于 25 dB HL。[402, 1923] 当然，好耳听阈 25 dB HL 仅是一个主观的标准。如果标准提高 10 dB，定为 35 dB HL，听力损失达到这一程度的患病率将会减少一半，为 8%。在听力损失为 55 dB HL 以内时，将诊断标准的阈值每增加 10 dB，患病率就会降低近一半。[402, 1923] 分析 30000 名佩戴助听器患者的听力图后发现，当听力损失在 110 dB HL 以内时，将听力损失的诊断标准每增加 10 dB，患病率同样会降低一半。[440]

但是，多数听力损失者并未选择使用助听器。研究表明，认为自己患有听力损失的患者，或客观上确实存在听力损失的患者中，只有 14% ~ 30% 佩戴助听器。[68, 269, 398, 724, 947, 1448, 1711, 1716] 也就是说 5 位听力损失者中有 4 位不接受（至少现在不接受）助听器。我们将听力损失者中助听器的佩戴率称为**普及率**（penetration rate）。

显然，听力损失越重，助听器的普及率越高。[269, 398, 955] 当较好耳 4 个频率的平均听力损失大于 40 dB HL 时，助听器普及率可达 50%。[269, 398]

对于普及率是否会随患者年龄的变化而改变还存在争议。对于自诉存在听力损失且自我评价损失程度相同的患者来说，年龄大的比年轻的患者更容易接受助听器。[955] 但是，对于通过听力计诊断有听力损失且听力损失程度相同的患者来说，各年龄段人群接受助听器的比率并无差别。[269, 398] 对于用听力计测得的听力损失程度相同的老年患者与年轻患者，如果老年患者对听力障碍的自我感觉比年轻患者轻，那么这些看似矛盾的结论就都有合理解释了。[643, 767, 1093, 1658]

不同国家助听器的普及率也不同：在发达国家，在主要由个人支付的地区，人群中的助听器普及率略高于 2%，在主要由政府支付的地区，助听器的普及率略低于 4%。[61, 84, 953, 1448, 1711] 在发展中国家，助听器的普及率要比发达国家低得多。在特定人群中，接受佩戴助听器并真正使用助听器的比率并不完全取决于助听器是否免费。[1711, 1819] 虽然助听器的价格毫无疑问是为什么许多人不能接受助听器的主要原因，[955] 但是在有些国家，患者可以免费领取助听器，但助听器的普及率仍然很低，这一现象表明，价格并不一定是影响助听器普及率的唯一原因。

是否所有能被找出的存在听力损失，但尚未佩戴助听器的人，只要接受试戴助听器就都是助听器的适用者呢？研究表明，只要患者被诊断患有听力障碍，并试戴助听器，其中一些就肯定能感受到助听器给他们带来的好处并坚持佩戴下去。[401, 1716] 但是，有些患者从实际和心理角度分析后，会认为佩戴助听器弊大于利。许多从未佩戴过助听器的听力障碍者戴上助听器后，在一定的聆听环境中能更好地理解言语声，[399] 但如果这些患者仍认为自己不需要助听器，那么他们也不是助听器的适用者。Kochkin（1997）使用患者自评问卷研究发现：能够受益于助听器的患者数量至少是目前正在佩戴助听器患者数量的 2 倍。

我们不要乐观地认为，5 位听力障碍者中的 4 位尚未佩戴助听器的患者大多会成为助听器的适用者。找出有听力损失但尚未采取任何验配措施的患者并不难。技术进步已大大提高了开展大规模人群听力筛查的效率。可用的方法包括：问卷调查、电话自动测试、基于互联网的测试以及能够预先设置音量的极其廉价的手持测听设备。[324, 1162, 1656, 1933]

我们发现绝大多数听力障碍者都会拒绝试戴助听器。[663, 1528, 1835, 1933] 而且，在已经验配了助听器的患者中，也有很大一部分患者根本没有使用助听器。

针对已经验配了助听器的患者开展的各种调查对根本没有佩戴的比率有各种报道，包括，1%、[441, 1820] 3%、[122] 4%、[1693] 5%、[1869] 6%、[173] 8%、[447] 11%、[953] 12%、[1390] 20%、[171] 21%、[438] 24%、[269] 25%、[1089] 以及 29%。[1448] 还有一部分患者只是偶尔使用已经验配的助听器。上述调查显示，当调查应答率很高时（请参阅第 14 章 14.6），当调查参与者都是刚验配完助

---

① 尽管患者主诉与测听结果诊断两种方法调查的发病率非常相近，但是对于认为有听力损失的个体来说这两种方法的差距非常大。[1923] 同等有效的听力损失诊断标准有很多种，不同的诊断标准得出的患病率也不同。[485]

听器的患者时，当调查者不是验配助听器的听力师时，当被调查对象是所有患者时（而不仅仅是在过去一两年内刚刚验配上助听器的患者），或当患者的助听器是免费发放但在调机时需要支付相关费用时，验配后不佩戴助听器的患者比率都会较高。

只有通过大规模前瞻性研究，我们才能获得使用并能受益于助听器的患者的比率。但是，即使开展了大规模的前瞻性研究，研究得出的比率也仅仅是代表在当时的技术水平下的结果。如果给从未主动试戴助听器的患者验配助听器，其中很大一部分都不会接受。流行病学家并不是唯一不确定究竟有多少听力障碍者需要助听器的人。每一位听力师都能接触到许多难以确定助听器是否能够有帮助的听力障碍者。

患者是否能从助听器中获得帮助这一问题有两方面的意思，分别是：患者的听力障碍是否足够严重，以及患者的听力障碍是否太过严重？我们知道通过听力图并不能获得第一个问题的答案。我们可以把第二个问题改述为：患者能受益于助听器或其他助听设备（如人工耳蜗、声电联合刺激耳蜗/助听器、人工中耳、骨锚式助听器，甚至是触觉助听器）吗？在这一章中我们将探讨几个在判断是否要为患者推荐助听器时需要考虑的因素。

目前采用完全定量的方法判断助听器的适用者尚不可行，原因是助听器验配的影响因素太多，而且我们也不知如何定量测量这些因素或根据每位患者的具体情况赋予各影响因素适当的权重。在验配助听器之前可采用几种易于测量的变量进行统计学分析以预测助听效果。这些变量包括：听阈、年龄、自我听力障碍感受、教育水平、认知能力、视力、一般健康状况、助听器大小、对背景噪声的反应以及对助听器的期望值。虽然许多潜在的预测指标与能否成功验配助听器密切相关，但是无论单项指标还是综合指标都难以准确、可靠地预测一个具体的患者是否是助听器的适用者。[272, 438, 767, 938, 1274, 1539]

由于听力师与患者之间的沟通至关重要，所以绝不可能存在完全定量的方法用于助听器验配适用者的选择，即使笔者倾向于采用定量的方法是一件好事。每位患者都是独特的。如果听力师对自己做出的决定感到不放心或认为在是否有利于患者上不确定，那么最好再去试试其他解决办法。与中度或中重度听力损失者不同，轻度听力损失者只有在亲自试戴之后才能判断佩戴助听器能否给他们带来好处。

本章第一部分主要是针对成年患者。尽管在第一部分中提到的绝大多数影响因素也与儿童有关，但是针对成人与儿童的结论和证据是不同的。本章中提到的患者都是之前从未佩戴过助听器或佩戴时间比较短的人群。对于那些曾经试戴过精确验配的高级助听器，但后来拒绝佩戴的患者，恐怕只有等到患者的听力损失、需求或态度发生了改变，或者助听器技术进一步提高后，才有可能让他们成为助听器的适用者。尽管如此，仍有必要探讨患者对助听器失望的原因，以及我们能采取什么措施让患者重新考虑佩戴助听器。毕竟放大技术仍在迅速发展，可以提供新的选择。

在阅读本章时，读者应牢记：当一位听力障碍者走进诊室时，听力师并不能就此决定他是或不是助听器的适用者，而是应该确定应该选择哪种类型的助听设备。如果听力师能够认真了解影响患者从助听器受益的因素，并采取改进措施，那么患者得到的将是最优的服务。

9.1　影响可否助听的因素

曾有许多人尝试通过寻找纯音听阈损失程度的方法来区分出能否从助听器受益的患者。但是所有这些尝试都不成功。乍一看这似乎很令人吃惊。既然存在两个极端情况：助听器对极重度听力损失者的帮助特别大，对健听人没有任何帮助。[①] 那么，我们为什么不能在极重度与正常听力之间找到一个听力损失程度，根据这一听力损失程度判定哪些患者能够受益于助听器，哪些不能？

9.1.1　态度和动机

对于中等听力损失者，很多因素比听力图更影响助听器的效果。有证据表明，这些因素中影响最大的是患者对待助听器的态度以及他们验配助听器的动机。当然，患者的态度和动机是许多其他正面与负面影响因素的累积结果。这些因素包括：

- **是否承认听力损失**　患者是否意识到（理智上）并接受了（情感上）其听觉功能不正常的事实？

---

① 因为助听器麦克风会产生内部噪声，所以无论助听器的增益有多大，佩戴助听器的健听人在安静环境下聆听小的声音时反而会听不清楚。[908]

也就是，患者是否完全承认其有听力损伤（hearing impairment）的事实？例如，如果患者抱怨是别人说话含糊不清，那么说明该患者尚未意识到自己存在听力损失，或不愿接受自己存在听力损失的事实。

• **交流的需求**　患者听不清楚以致影响功能的情况是否频繁出现？或者说，患者需要集中注意力聆听，很快就会出现听觉疲劳的频率有多高？即，患者有多少**活动受限**（activity limitation），[以前称之为**听力残疾**（hearing disability）]？更重要的是，患者自己承认听力残疾程度怎样？

• **后果**　听力残疾会导致患者不能参加他原本喜欢的社交活动吗，或听力残疾会使患者对生活产生消极情绪吗？即，患者**参与障碍**（participation restriction）的程度有多重[以前称之为**听觉残障**（hearing handicap）]？最重要的是，患者自己感受到受限制的程度有多重？在 Hickson 和 Scarinci（2007）的文章中有对听力障碍、听力残疾、听觉障碍的详细定义和区分。

• **自我印象**　患者是否认为佩戴助听器后会让别人另眼相看，或者说患者是否会小瞧自己？有些患者虽然承认自己存在交流障碍，但可能更希望让别人觉得自己社交能力不行，而不是有听力缺陷。[792] 他们的自我印象可能会因不承认存在听力损失这一事实而得到更好的维护。

• **期望值**　患者对助听器期望值的高低取决于其他佩戴助听器的患者、之前佩戴过助听器的患者和医务工作者的意见，以及患者自己对其他助听器佩戴者的观察。

• **担心或不确定**　患者是否担心自己难以正确理解如何使用助听器，或担心自己是否能熟练使用助听器？患者是否将听力损失等同于老化、社交能力减退，甚至是完全衰老，以至于拒绝任何代表功能退化的辅具（如助听器）？

• **费用**　与患者佩戴助听器后可感受到的好处相比，患者可感受到的总体费用（经济成本、不便之处、对自我印象的影响）如何？[565, 619] 助听器给患者带来的好处并不仅是在特定环境中可以测量的言语可懂度的提高，而是这种提高带来的人际关系的改进，未来就业前景的提升，社会交往的融入，或孤独感、困惑以及疲惫感的减少。

• **他人的影响**　是否有其他人鼓励或强迫患者去接受康复训练？一方面，有将近一半的助听器适用者曾被家人鼓励去验配助听器。[173, 486, 946, 1357] 另一方面，许多曾经克制自己不去寻求帮助的患者在医务工作者或其他保健人员的建议下会去考虑佩戴助听器。[943, 955] 患有长期渐进型高频听力损伤的患者通常是在家人的鼓励下验配助听器的。这些患者不易认清自己的听力损失有多严重，因为这些患者的听力损失多为渐进型、获得性的，有较好的低频剩余听力，有些患者与别人沟通交流的需求很小，所以他们一般不相信自己有听力障碍。

• **听力损伤**　最终，听觉生理上的损伤将会影响（但绝不是决定）患者对自身残损、活动受限以及参与障碍程度的判断。尽管听力图中听敏度的降低仅能部分提示频率分辨率、时间分辨率以及空间处理能力的退化，但纯音听力图仍是一个用于评价听力损伤程度的非常好的指标，不过，纯音听力图难以反映患者的参与障碍。

在别人催促下来诊所就诊的患者也能成功使用助听器，令人惊讶的是，就诊的最初原因（自己主动，还是来自别人的压力）与使用结果、满意度或助听器的受益程度之间似乎没有关系。[171, 592, 732, 1921]

毫无疑问，无论影响患者验配助听器的因素有哪些，患者对自身听力障碍的认识以及解决问题的迫切程度，都能较好地预测患者未来使用助听器的情况。[188, 438, 525, 592, 730, 732, 1061, 1811]

患者对待助听器的态度会发生改变，会逐步从完全拒绝到接受，再到助听器成为其生活中必不可少的一部分。Goldstein 和 Stephens（1981）提到过 4 种态度类型，患者可能会坦率表达否定的态度，也可能需要听力师仔细观察才能发现。后页文本框中介绍了帮助听力师做出判断的工具（量表）。

既然态度和动机对于助听器适用者的选择那么重要，它们会随时间而改变吗？即使患者在上述方面的想法或信念不切实际，但是他对佩戴助听器的态度仍由上述信念决定。[955] 因此，只要能改变上述信念，患者的态度就有可能发生改变。我们将描述上述健康决策过程的理论称为健康信念模型（Health Belief Model）。[464] 图 9.1 直观展示了适用于助听器验配的健康信念模型：患者能否成功验配助听器取决于其对靠近天平中部的三个因素的态度是积极的还是消极的，以及各种积极和消极因素在患者心中所占的比重。患者是否选用助听器的决定很容易在天

了解患者验配助听器的动机：

在此将介绍 6 种可以分析患者对佩戴助听器态度的工具，这些工具的长度各不相同。许多听力师会倾向于与患者谈话而不使用工具，但是，除非谈话的内容涵盖工具中涉及的主题，否则，仅通过谈话的方式并不能深入了解患者的态度及其背后的原因。

Saunders（1997）写过一篇如何评估患者是否为助听器适用者的文章，文章中推荐询问患者两个关键问题以迅速了解患者的动机：

- 有什么情况提示您要来检测听力？通过这个问题，一方面可以了解患者听力困难的程度，另一方面可以了解其家人或朋友的态度。
- 您期望通过这次就诊获得什么帮助？患者可能会希望证明自己听力正常，或者希望找到能够帮助其提高听力的方法，患者期望的方法可能是助听器，也可能不是。

对于那些已经意识到自己存在听力损失并需要帮助的患者，第二个问题能自然而然地引发出下一个问题，即：在什么情况下，患者需要帮助（详见下一个文本框）。

WANT. 愿望与需求量表（Wishes and Needs Tool），包括 2 个简单的问题，通过该量表可了解患者的动机，并且可以预测成功验配助听器的可能性。[438]

- 总的来说，您在不佩戴助听器时，聆听方面的困难有多大？
- 您对验配助听器感兴趣吗？这个问题听力师最好在已经获得患者的听力信息，并且认为助听器极有可能对患者有帮助之后再问。

HASP. 助听器选择量表（Hearing Aid Selection Profile）的第一子量表（请参阅第 9 章 9.1.13），包括 5 个问题，通过该量表可了解患者的动机，所获得的分数可以与大样本患者得分的百分位得分做对比。[801]

ALHQ. 听力损失态度问卷（Attitudes Towards Loss of Hearing Questionnaire），包括 22 个问题，每个问题得分各 1 分。[1551]

- 否认自己存在听力损失——患者是否认为自己存在听力问题。
- 负面关联——担心名誉受损。
- 消极的应对策略——害怕，继而回避交流。
- 动手能力与视力——对能否操作小零部件有影响。
- 听觉相关自尊心——听力损失是否影响到患者的自信心。

SPHA. 听觉能力自我感知量表（Self Perception of Hearing Ability），[1383] 该量表让患者对自己的听觉能力进行自我评价，患者需要从 1~10 之间选择一个等级，1 代表最差，10 代表最好。小于等于 6 的患者较有可能接受助听器。选 1 或 2 的患者几乎都会验配助听器。选 9 或 10 的患者几乎不会选择助听器。

HARQ. 康复中的听力态度问卷（Hearing Attitudes in Rehabilitation Questionnaire），[183,676] 包括 40 个问题，可用来评价患者对于听力损伤的态度、与听力损失相关的羞耻感、听力损失最小化、与助听器相关的羞耻感、接受助听器、来自他人的压力，以及期望值。

平两侧发生改变。

遗憾的是，很少有研究指出患者的态度是否会受到听力咨询的影响。Noble（1999）认为咨询能使患者认识到他所遇到的困难是因听力损失导致的，而不应归因于其他人。幸运的是，我们已经知道，如果我们肯花一些时间来了解患者的顾虑，并在验配助听器前后为患者提供必要的信息和指导，将会大大提高助听器的佩戴率。[188]

在第 9 章 9.1.14 中将会列举一些关于如何改变患者的不切实际的和没用的想法的实例。下面我们

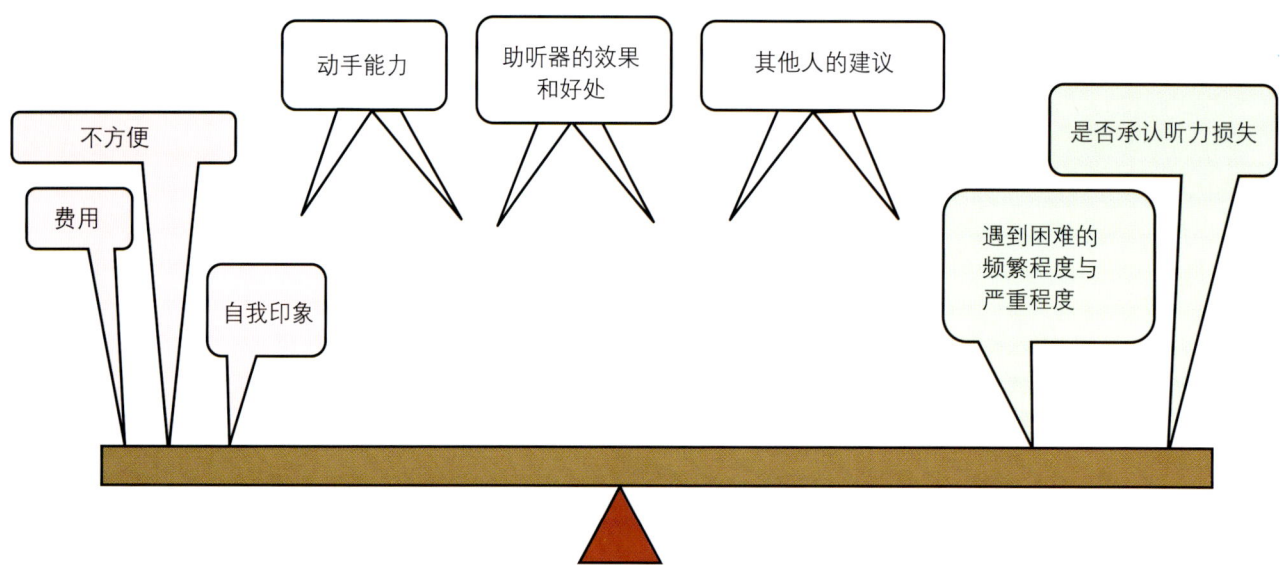

图 9.1 健康信念模型的直观表示。右侧是鼓励患者接受助听器的因素，左侧是阻止患者接受助听器的因素。患者对中间三个因素的观点是使天平保持平衡的关键。

先分析一下可能影响患者使用助听器或受益于助听器的因素。

9.1.2 纯音听力损失程度和听力图构型

患者通过佩戴助听器获得的益处以及听力障碍者使用助听器的比率，还有患者每天佩戴助听器的时间等都会随纯音听力损失程度的加重而增加。[122, 269, 398, 533, 630, 1178, 1448, 1528, 1819] 但是如果研究对象仅仅是轻或中度听力损失的患者，那么听力损失程度就难以较好地预测患者佩戴助听器的效果了。[185, 269,] [438, 448, 452, 732, 788, 1895] 如图 9.2 所示，轻度听力损失者中很少有人接受助听器，在少数能够接受助听器的患者中，没有几个能够坚持佩戴助听器。

听力损失的构型对使用助听器的影响尚不明确。一项研究显示平坦型听力图的患者比陡降型听力图的患者更喜欢佩戴助听器，[1370] 但尚未得到其他文献的支持。[52, 788] 尽管高频、低频都很重要，但是残疾似乎与低频听阈关系更大。[126]

虽然长期以来人们一直认为三个频率的听阈平均值（3FA）（500Hz\1000Hz\2000Hz）低于25dB、

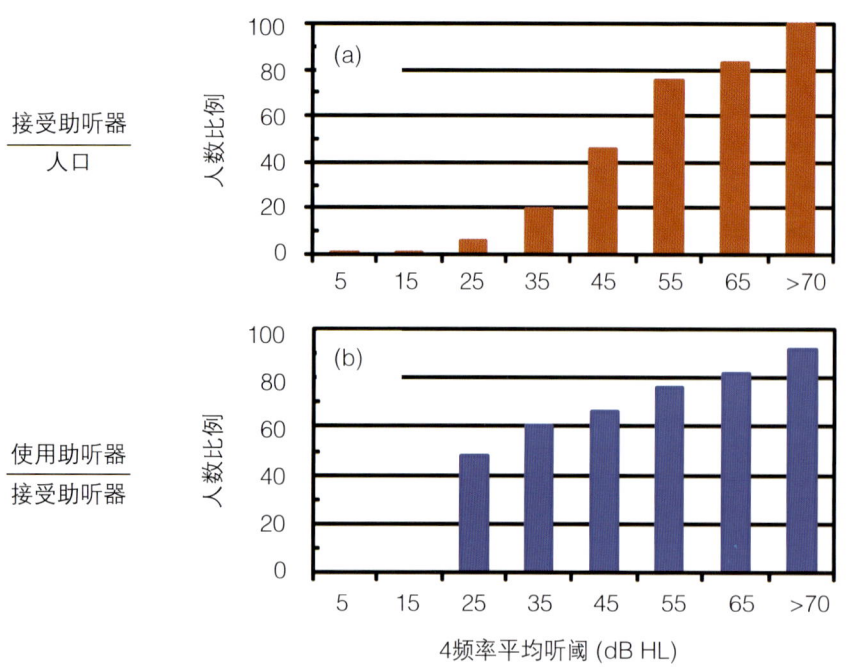

图 9.2 （a）好耳不同程度听力损失者中接受助听器的比率。（b）接受助听器的患者中能够坚持使用助听器的比率。数据来自澳大利亚蓝山地区 50 岁以上老年人的人口普查结果。

30dB 或 35dB 的患者不能受益于助听器，听力损失比上述患者重的可以受益。[662, 947] 但是，没有数据证实纯音听力损失是判断患者能否受益于助听器的可靠指征，反而有大量数据证实纯音听力损失不是一个可靠的指征，请看下面的例子。

- 98 例听力损失者，其 500Hz、1000Hz 听力损失小于等于 20dB HL，2000Hz 听力损失小于等于 35dB HL。在佩戴助听器 6 个月后，85% 的患者认为助听器有用。[95] 所有患者的 3FA 听力损失小于等于 25dB HL。
- 2kHz 以上听力正常或接近正常的患者佩戴助听器的效果与 2kHz 平均听力损失为 52dB 的患者相同。[1534]
- 当把助听器提供给一组听力损失者时，接受助听器的患者的听力损失并不比拒绝的患者更严重。但接受助听器的患者自诉的听力残疾比拒绝的患者更严重。[1718]

如果将纯音听阈作为选择助听器验配适用者的指标，那么应该选择听力损失较重耳的听阈作为参考，因为其更能准确预测助听器的适用者，至少该经验适用于轻或中度听力损失者。[395] Haggard 和 Gatehouse（1993）指出应综合考虑双耳的听力。依据流行病学调查的结果，他们建议使用两部分标准选择助听器的适用者：一是好耳 4FA 听力损失大于 35dB，二是差耳大于 45dB，但同时双耳听阈差异达到 15~35dB。但他们不建议听力师按照这个标准判断具体患者是否应该验配助听器。

使用听阈作为是否验配助听器的标准还涉及另外一个问题，就是现有技术能否与听力障碍很好地匹配。[666] 假设患者在 2kHz 以下的听阈为 0dB HL，在 3~8kHz 存在 25dB 的听力损失，包括笔者在内，会有部分听力师认为该患者能够受益于助听器。但为什么不给他试戴助听器呢？该患者在听轻声或被低频噪声干扰的中等强度言语声时确实会有轻度障碍。这主要取决于如何平衡助听器对听力残疾的微小改善与使用助听器的弊端。助听器的潜在弊端包括助听器的外观、费用、内部噪声干扰、堵耳效应或反馈啸叫等问题，以及佩戴的麻烦。

假设目前的助听技术利大于弊，既能提供较好的音质，也没有任何堵耳效应和反馈啸叫，并且外观也能让人接受，同时价位也不高。这种情况下，即使助听器仅有一点帮助，患者也会认为值得购买。总的来说，使用任何听力诊断标准都应考虑现有助听技术是否可用。助听器匹配各种类型听力损失的灵活性正在不断改善。

不同类型的听力损失（传导性或感音神经性）也会影响助听器佩戴效果。在低或中等输入水平的环境下，听力损失程度相同的传导性听力损失者和

陡降型听力损失的特殊问题

- 低频剩余听力较好的患者最容易否认自己有听力障碍，这些患者往往是在家人的压力下来就诊的。对于渐进型的听力损失，更容易是这种情况。对于这类患者，通过咨询来评估并改变其态度和动机非常重要。（请参阅第 9 章 9.1.14）
- 高频损失最重的陡降型听力损失者从助听器中受益最小。在第 10 章 10.2.5 中会详细论述其原因，可简单归纳为：当高频听力损失非常严重时，该耳从可听到的声信号中提取有用信息的能力减弱。听力损失为 20~80dB HL 的频率范围越宽，使用助听器的效果越好。本章中涉及的所有因素中，不可能仅凭其中一个影响因素就能预测助听器能否验配成功。
- 在验配助听器时，患者的堵耳效应是必须要解决的一个问题。从开放式验配到封闭式验配几乎都可以运用堵耳消除设备。
- 专为补偿高频听力损失设计的助听器可能会提高言语可懂度，但是在提高响度方面几乎没有作用。听力师应该向患者解释这一点和（或）通过言语测听向患者演示可懂度的改善，否则，患者会认为助听器无效。
- 更多关于高频陡降型听力损失者如何验配助听器的知识请参考其他相关文章（Harford & Curran 1997；Sullivan et al. 1992）。

感音神经性听力损失者的裸耳聆听效果不同，传导性听力损失者的言语识别率差。[254]但是，佩戴助听器后传导性听力损失者的言语识别率比感音神经性听力损失者提高得多。原因可能是传导性听力损失者的未助听耳测试得分较低，而在助听后的得分较高。传导性听力损失者比感音神经性听力损失者有较好的助听效果的原因可能是：感音神经性听力损失者蜗内或蜗后的失真较严重（请参阅第1章1.1）。传导性听力损失者验配助听器前应该先进行外科治疗，如果外科不能治愈，再考虑佩戴助听器。

简言之，尽管纯音听阈看似是选择助听器适用者的一个显见因素，但是除了听力正常（助听器无帮助）和重度听力损失（助听器帮助很大）两种情况外，不能仅凭听力损失阈值这一个因素就确定哪位患者会受益于助听器。对于听阈在正常到重度听力损失之间的患者，最好是将听阈作为进一步评估患者的一个提示线索。

在大多数聆听环境中，中度听力损失者只能听到部分言语信号。如果他们认为自己没有听力障碍，因此不愿意佩戴助听器，这时，就应查找原因。他们没有意识到自己听不清楚是不是因为他们的听力是逐渐下降的？他们是否只是表面上否认自己存在听力障碍而实际已经意识到这一问题？他们是否已经调整了自己的生活方式和人际关系以将听力障碍的影响减至最小？如果是这样，那么他们是否喜欢已改变的生活？相反，如果患者的听力损失不重，接近正常听力，但佩戴助听器的愿望非常强烈，那么他们一直努力想要解决的问题与他们丢失的少量言语信息一致吗？他们对助听器的期望值现实吗？人们的需求都很明确，但是不是所有的需求都能通过一款电声设备予以满足？

9.1.3 言语识别能力

在安静环境下，言语识别能力差的人比言语识别能力强的人更容易接受助听器，这不足为奇。[1448]但是，如果患者的言语识别分数很高，也并不代表他的听力太好就不能受益于助听器。

相反，噪声下言语识别阈最差的患者从助听器受益最少（如果患者的 **SRT_n** 高，那么他需要更高的SNR才能达到一定的言语可懂度标准）。[1880]随着年龄增长，助听器的佩戴效果变差，SRT_n 的损失也会加重，因此，衰老带来的其他问题也会影响 SRT_n 与助听效果的关系。[1880]

因为言语识别分数与测试环境关系很大（如，言语强度、噪声强度、混响、环境布置以及测试距离、测试词表的难易程度等），所以不能根据言语识别能力来决定一个患者是否需要助听器。说一个人没有问题只能是在针对其接受言语测听的具体条件下。很难预测患者在各种日常生活环境中佩戴助听器能否真正提高其言语理解能力。

现有的文献分析还没能提出令人信服的证据证明患者验配前在安静或噪声环境下的言语识别能力与助听的效果和满意度有关。[920]

9.1.4 听力残疾的自我评价

一般来说，自己主动来验配助听器的患者比不想来的患者更容易意识到自己的听力残疾（如活动受限和/或参与障碍）。[173, 717, 1019, 1448]同样，自诉听力障碍最严重的患者佩戴助听器的效果最好。[95, 438, 852, 938, 1274]那些最能够接受自己患有听力损失的患者比不能接受的患者使用助听器的频率更高。[823, 938]尽管有些患者存在双侧听力损失，但只选择佩戴单侧助听器，这表明他不能真正接受自己需要佩戴助听器的事实，但关于这一点的研究文献还非常少。[616]

选择助听器验配适用者的另外一种可行方法是问卷调查，可以用来评价患者未助听情况下的残疾程度。助听效果评估简表（Abbreviated Profile of Hearing Aid Benefit，APHAB）的未助听耳测试分数可用于评估患者的活动受限程度，[364]APHAB得分与纯音听阈以及患者康复后活动受限程度的改善密切相关。[349]关于APHAB的更详细论述请参阅第14章14.3.2。同样，老年听力残障问卷（Hearing Handicap Inventory for the Elderly，HHIE）可用于评价患者的参与障碍程度，[1851]未助听时的HHIE得分与参与障碍的改善紧密相关。①上述两份问卷中的任何一个都可帮助患者决定是否需要佩戴助听器（见文本框）。

相对于纯音听阈，自我评分较低的患者更可能

---

① 当用于选择助听器适用者的问卷得分（如：得分代表未助听时的听力残疾）同时被用于评价康复效果（如：未助听下听力残疾减去助听后听力残疾）时，测量的内在误差会形成相关，让人产生诸如最初听力残疾最严重的患者能获得最好的助听效果的印象。因此，在判断一种未助听下测试结果的预测效力时，还需要使用一种独立的助听效果测量方法。

> **评估需解决的问题：标准化的自我报告问卷**
>
> 如果患者质疑自己是否需要佩戴助听器，可以使用评估活动受限程度的问卷（如，APHAB 未助听时的部分）或参与障碍程度的问卷（如，HHIE）进行评估。简单回答问卷可帮助患者了解自己的听力损失对生活的影响有多大。给问卷进行详细评分可获得更多信息。Cox（1997）有如下建议：
> - 未助听时聆听言语声的障碍较多，以及聆听高强度声音问题较少的患者更有可能受益于助听器。这类患者在 APHAB 交流顺畅性、混响和背景噪声三个子量表中的未助听耳得分应分别高于 58、75 和 74，而在厌恶度子量表中的得分低于 24。
> - 未助听时聆听言语声障碍较小，同时又总是受到大声困扰的患者佩戴线性助听器的效果一般都不好。

反映出对自己的听力问题缺乏准确判定，或不愿意承认自己存在听力损失。[1553] 如果患者的自评问卷得分与其纯音听阈存在明显不符，那么通过对患者进一步问诊将能获得更多信息，可以帮助听力师判断该患者是否需要验配助听器。听力师可以用问卷中某些问题涉及的聆听环境作为开端与患者展开讨论。这个方法对于那些对问题的反应与听力图明显不符的患者尤为适用。患者经常会用如下语言说他的听力残疾程度不重："我的听力还没有差到需要佩戴助听器的地步"。

严重的视力障碍可以使患者的看话能力下降（如唇读）。当患者听不清楚的时候（如在噪声环境下或听力损失很重的情况下），视力障碍会使聆听更加困难，因此这类患者更需要助听器。[523] 但糟糕的是，视力障碍也会加大患者操作助听器的难度。

9.1.5 噪声接受能力

助听器会把所有声音都放大：对背景噪声的过度放大几乎是所有助听器佩戴者都会抱怨的问题。当使用 APHAB 问卷评估助听效果时，厌恶度子量表的得分表明：与未助听时相比，环境声音会给助听器佩戴者带来更多烦恼。与需要信噪比的患者相比，那些愿意在信噪比非常差的聆听环境中聆听的患者会更加愿意佩戴助听器。[1295, 1296, 1301]

可接受噪声级测试（Acceptable Noise Level，ANL）是用于评估受试者能听清言语时所需最小信噪比的测试方法。测试流程：首先让患者将言语声调整至最大舒适阈（Most Comfortable Level，MCL），然后加上噪声，让患者在聆听用原言语信号讲述故事的同时，自己调高噪声强度，直到他能接受或能忍受的水平。我们称这一噪声强度为背景噪声级（Background Noise Level，BNL）。

ANL=MCL−BNL，这是患者能听清楚时所需的最小信噪比。ANL<7dB 的患者更愿意全天佩戴助听器，原因是他们为了能听清楚想听的声音，更愿意忍受被放大的噪声。相反，因为十分讨厌在许多环境中被放大的背景噪声，ANL>13dB 的患者很少会佩戴助听器，甚至根本不会接受助听器。[1296, 1301] 当然，ANL 在 7~13dB 之间的患者能否接受助听器尚不明确。

在这些研究中，我们把无论一天内佩戴助听器的时间有多短，但只要有需要就会戴上助听器的患者作为全天使用助听器的患者，而把无论一天内佩戴助听器的时间有多长，但仅在有需要的部分时间才佩戴助听器的患者作为非全天使用助听器的患者。在有些情况下，"非全天使用助听器的患者"比"全天使用助听器的患者"佩戴助听器的时间长。ANL 值也与患者每天佩戴助听器的时间长短有关。[1296]

可以使用声场或头戴耳机测试 ANL 值，测试时可将各频率设置为相同的增益，也可以根据患者的听力图设置不同的频率增益。虽然我们对 ANL 的得分进行高低分组不会受所采用竞争信号的影响，但是 ANL 值在一定程度上受到不同竞争信号（类言语的噪声或多人交谈等）的影响。[572] 虽然有些研究显示助听后的 ANL 值与未助听时相同，[1266, 1296] 但是也有其他文献报告助听后的 ANL 值比未助听时要小。①、[19] 当言语声与噪声来自不同方向时，助听后的 ANL 值更可能比未助听时的 ANL 值小，[19] 当言语信号来自患者正前方，噪声信号来自患者后方，助听

---

① 助听对 ANL 的影响有可能取决于与助听时可听到的额外的频率范围内的信噪比是更大还是更小。

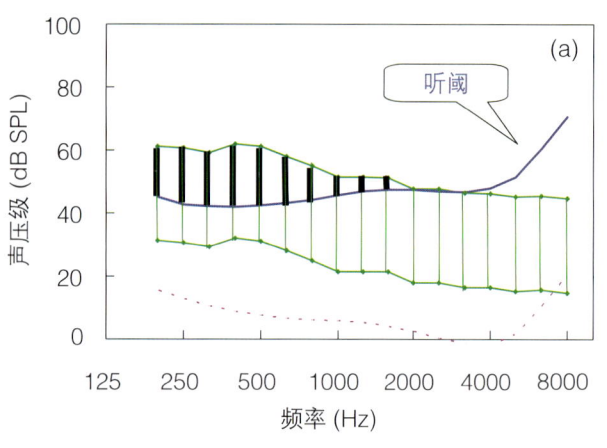 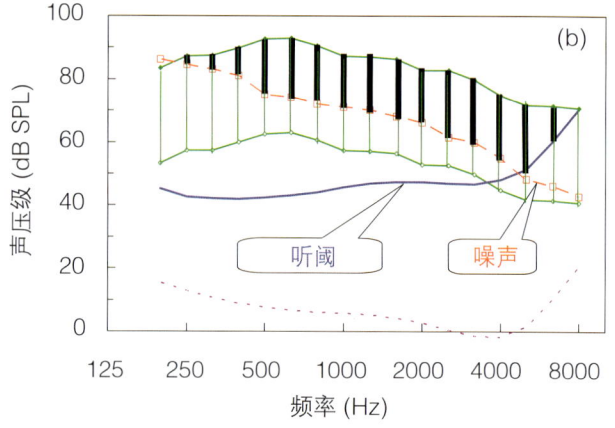

图 9.3 长时 1/3 倍频程言语频谱图：a）安静环境下言语信号声强 55dB SPL；b）噪声环境下言语信号声强 85dB SPL。每个言语频谱从最弱的有效信息到最强的有效信息的动态范围为 30 dB（如图纵轴所示）。在噪声和听力损失阈值之上的深色阴影区为听力障碍者可听到的言语范围部分。下方的紫色虚线显示的是正常听阈。

器有方向性麦克风[570]或自适应降噪程序时，情况更是如此。[1266]

ANL 与性别、听阈、响度不适级、声反射阈、对侧耳声发射抑制无关，仅与年龄和噪声下言语可懂度测试得分低相关。[19,687,1296,1299] 尽管男性患者的 MCL 和 BNL 得分比女性患者高，但 ANL 并无性别差异。[1522] 男性患者的 MCL 和 BNL 得分比女性患者高，这与 NAL-NL2 预设公式将男性的增益设置得更高是一致的（请参阅第 10 章 10.4.6）。对于听力正常的成人与儿童，尽管成人比儿童的 MCL 值高，但他们的 ANL 值相同。[1247] 受试者存在注意障碍或多动问题时，ANL 值会减小。[573]

有趣的是，ANL 得分较低的患者（即更能忍受噪声的患者）的听性脑干反应（auditory brainstem responses，ABR）的 V 波峰值和中潜伏期反应（middle latency responses，MLR）的 Na-Pa 峰值也都较低，但 I 波和 III 波的峰值没有显著差异。[688] 这表明能够忍受更多噪声的患者，其脑干以上的听觉传入通路（如上行通路）较不容易兴奋。可能的原因是他们的听觉传出通路（如下行通路）对不关心的声音抑制更有效。ANL 的不同是因为不同患者间中枢神经系统对声信号处理的差异，这一结论与单耳测试（噪声与言语声在同一耳）ANL 值与双耳测试（噪声与言语声在不同耳）ANL 值相关但不相等的发现是一致的。[687]

9.1.6 聆听环境、聆听需求及期望值

患者佩戴助听器后在某些环境中（如在安静环境中聆听轻柔的声音）比在其他环境中（如在噪声或混响环境中聆听较大的声音）受益更多。[363,441,1159] 这一现象很容易理解。图 9.3（a）显示的是安静环境中声音强度为 55dB SPL 的长时言语频谱。该图还显示了正常的听阈以及陡降型听力损失（在 250Hz 时 30dB HL，在 8kHz 时 50dB HL）患者的听阈。从图中可以明显看出许多言语信号都处在听力障碍者的听阈之下。图 9.3（b）显示的是在 80dB SPL 的噪声环境中，声音强度为 85dB SPL 的长时言语频谱。受试者同样难以听到许多言语信号，但在绝大多数频率上可听度的降低却是由背景噪声造成，而不是由患者的听力损失导致的。

在上述两种假设情况下（并非真实情况），助听器是如何工作的呢？在安静环境中，如果助听器的增益补偿足够，患者佩戴助听器后在各个频率上都能听到整个 30dB 动态范围内的言语声，其言语可懂度会显著提高。在噪声环境中，整个 5kHz 频率以下范围内的情况会有很大不同。因为助听器对言语声和背景噪声的放大量是相同的，所以在这一频率范围内，助听器增益即使再大也不能使言语可懂度更高。助听器佩戴者对安静环境下的佩戴效果更满意就不足为奇了。[1179] 噪声环境下佩戴效果不好是患者不购买助听器或购买后回来退货的主要原因。[955]

聆听环境如何影响助听器适用者的选择呢？如果患者主要需要在安静环境和言语声较轻的地方听得清楚，助听器可能非常有用。听力损失程度越重、患者年龄越大，患者更需要提高安静环境中的可懂度。[1180] 听力损失越重，在安静环境下助听器的佩戴

效果可能会越好。[363]

相反，听力损失越轻，患者年龄越小，患者越需要提高在噪声环境中的可懂度。[1180] 如果患者的首要需求是在非常嘈杂的环境中听得更好，那么无论他的听力损失程度是多少，他都有可能对助听器的效果不满意。现实生活中的许多环境介于安静和嘈杂之间。通常，背景噪声会干扰患者对较低频声音的聆听，而听力损失会限制患者对高频声音的聆听。在这类环境中，助听器的佩戴效果会比在极嘈杂环境中的佩戴效果要好，但会比在极安静环境中的佩戴效果要差。有利于助听器佩戴效果的聆听环境越多，患者对助听器的满意度越高。[942, 945] 社交方面比较活跃的患者常接触各种聆听环境，因此他们佩戴助听器的效果更好，对助听器的满意度也更高。[1178]

没有佩戴过助听器的患者都希望在安静环境和噪声环境下佩戴效果一样好，但是他会发现并非如此。[1578] 通常来讲，患者对助听器在所有环境下改善言语可懂度的期望值都会比他们的实际佩戴效果稍微高一点。[345, 1578] 同时，他们也会常常低估助听器的问题：如反馈啸叫、对背景噪声的放大。[133] 有些研究显示对助听器的期望值最高的患者，其佩戴效果最好，使用率也最高。[345, 823, 1554, 1963] 但不是所有的研究都证实患者验配前的期望值与佩戴效果或满意度正相关。[1177, 1349] 此外，实际效果达不到验配前期望值的患者更容易对助听器的佩戴效果不满。[1929] 因此，对于那些想法非常不切实际的患者（不论好坏），在让他们决定是否试戴助听器之前，应先让他们有合理的期望值。这样可以在患者有合理预期的基础上进行试戴。[1554] 听力师可以通过介绍或演示助听器在不同环境中的音质（使用录音或计算机模拟）来调整患者的

确定聆听需求和期望值：COSI™

了解患者聆听需求的唯一方式是询问！可用**患者听觉改善量表**（*Client Oriented Scale of Improvement*，*COSI*）来系统地了解患者的需求。[448] 该量表包括一张基本空白的表格（请参阅第 14 章 14.4），听力师可在该表中记录患者提到的存在聆听困难的情况，当了解患者病史的时候，这些聆听环境会被经常提及。如果没有，空白表格将会提醒听力师有些重要的内容在问诊的时候没有与患者沟通。

只要患者能回忆出来，应该让他列举出更多存在聆听困难的环境。但是，5 种不同的聆听环境足以帮助听力师制订康复计划。前两种聆听环境通常是最重要的，患者会在后续的谈话中重新提到。[1250] 第 14 章会介绍可将初次问诊中患者提到的聆听环境用于以后康复效果的评估。为了充分发挥评估的作用，应特别记录好患者最初的需求。例如，当孙女来我家时，听清她的话比听清其他人的话更重要。同样，听懂 Sam 和 Lou 星期六在俱乐部中的谈话比能在噪声环境下聆听更重要。

通过了解患者存在聆听困难的环境，自然而然能了解患者在各种环境中对佩戴助听器效果的期望值。患者第一次来就诊时通常会有不切实际的期望，有的期望值很高（特别是在噪声环境下），有的期望值很低（特别是在安静环境下）。[982] 不论是哪种情况，听力师都应及时调整患者的期望值，这样才能帮助患者自己对助听器的佩戴效果有一个合理的、个性化的整体评价。

McKenna（1987）提出了一个专门了解患者期望值的方法。听力师可以询问患者在各种环境下他自己认为要听清到什么程度，佩戴助听器才值得。如果患者的期望值非常不切实际，听力师和患者可以通过沟通共同达成一个患者认为值得、听力师也认为可以实现的目标。另外，还有一个好处就是，听力师和患者都会清楚地知道一旦实现了上述目标，康复计划就完成了，或者有哪些目标明显永远无法实现。

在澳大利亚，NAL 听力诊所会使用设置目标这一做法，他们称之为**目标达成量表**（*Goal Attainment Scaling，GAS*）。[451, 452] 有些听力师认为上述做法非常有用，但也有一些听力师观点不同。COSI 可替代这一方法。除了会分别记录患者期望的效果与听力师认为的效果外，**患者期望值表**（*Patient Expectation Worksheet，PEW*）[1380] 与 GAS 基本相同。

Stephens（1999）建议在与患者第一次约谈之前先将这些信息邮寄给患者，让患者思考一下自己的聆听需求。尽管这一做法不是 COSI 的必要组成部分，但是它能使 COSI 的操作更容易。

期望值。[1554]

在讨论不同聆听环境中的助听效果时，还需要考虑另外两个条件。毫无疑问，不论是在非常安静的环境中，还是在非常嘈杂的环境中，听力损失者都会比健听人遇到更多困难。即使患者最初只提到了一种聆听困难的环境，也需要继续询问患者以发现有无其他聆听困难的环境。如果有，那么其他环境中的聆听困难以及这一环境对患者的重要性都会对患者佩戴助听器的整体效果有影响。在了解患者在哪类聆听环境中需要助听器帮助的同时，也需要了解患者接触的这种环境有多少，以及遇到的频率有多高。如果听力下降不是使患者受挫的因素，那么该患者就应该与其他人多接触，接触越多，佩戴助听器的效果越好。[1178]一个只是宅在家里的人，只要将电视和收音机声音调大就行，他并不需要助听器！

第二个条件是，如果助听器的麦克风是方向性麦克风，或者是与方向性麦克风有相同功能的双麦克风，该患者在最嘈杂的环境中佩戴助听器的效果可能会得到显著提高。如果噪声和言语信号来自不同方向，与未佩戴助听器相比，使用有方向性麦克风的助听器能让患者在信噪比更差的环境中进行交流。方向性麦克风能降低接收的噪声信号强度，提高信噪比，但它降低噪声强度的量很大程度上取决于聆听环境（请参阅第 7 章 7.3.1）。助听器使用的技术会直接影响佩戴效果，继而影响适用者的选择。轻度听力损失者通常更喜欢开放式验配技术，该技术能减轻患者的异物感和堵耳效应。如第 7 章 7.3.5 中解释的那样，助听器聆听低频声音时没有方向性。方向性麦克风仅对不受开放耳道影响的足够高的频率和可听度仅受噪声而不是听阈影响的足够低的频率发挥作用。如图 9.3（b）中所示，这一频率范围仅限于 1500～4000Hz。

可以通过计算言语可懂度指数的方法来评价全向性麦克风助听器和方向性麦克风助听器对轻中度听力损失者的益处，[54]需要假定言语强度是常见的存在于不同强度背景噪声的聆听环境中的言语强度，[1399]并假定噪声也有典型的频谱。[863]图 9.4 显示的是健听人和听力障碍者在未助听、佩戴全向性麦克风助听器、佩戴方向性麦克风助听器情况下计算得出的言语可懂度。[443]在最嘈杂的环境中，全聋与轻微听力损失的患者都存在聆听困难。[1178]遗憾的是，不管是全向性麦克风还是方向性麦克风，助听器在最嘈杂

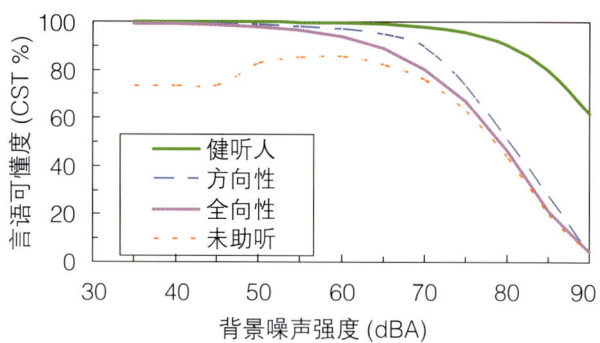

图 9.4 轻度陡降型听力损失者（在 500~1000Hz 时 30dB HL、在 4kHz 时 60dB HL）助听前后分别预估的言语可懂度数值。助听器使用的验配公式为 NAL-NL2。一般认为在插入增益超过 3dB 的频率范围内，方向性麦克风助听器能提高 3dB 的 SNR。

的环境中对患者的帮助都是有限的。[1178]随着输入强度提高，助听器的增益减小，方向性麦克风能够提高 SNR 的频率范围也就跟着缩小。[101]患者在嘈杂环境中最需要佩戴助听器，但助听器在安静环境中帮助更大！尽管图中都是理论计算的数值，但是这些数据都是以可靠的方法为依据推算出来的，而且这些结果与通过实验获得的结果以及之前根据数据做出的模型一致。[1001, 1435]

9.1.7 对外观的担心

患者通常会担心佩戴助听器的外观和是否显眼，这与他们认为佩戴助听器对自己或别人意味着什么有关。

衰老

许多成年人担心如果他们佩戴上助听器，会被别人嘲笑他们已经老了。这种心情可以理解为佩戴助听器的患者中很大一部分是老年人，并且许多中年人也会将助听器与衰老联系在一起。[576]关于佩戴助听器是否会让佩戴者显老这个问题已有过许多研究。如果仅以照片为依据进行判断，成年人佩戴助听器确实会看起来很老，但是这种年龄的差异非常小（小于 1 年），并没有显著性。[1269]另外，年长的同龄人不会对佩戴助听器的人另眼相看。[391, 532]青年人并不会将助听器与衰老联系在一起，也不会考虑佩戴助听器后是否会引人注意。[310]

Kochkin 发现在对自己听力残疾认识程度相同的老年人和青年人中，老年人更愿意接受助听器。因此，认为助听器代表衰老的观念是限制助听器普及

的主要原因。[955] 尽管如此，但前文提及的许多研究显示来自**外部的歧视（external stigma）**并不是一个突出的问题。只有当患者佩戴了助听器之后才可能看清事实。其中一项研究显示，最初有 26% 的助听器适用者认为如果佩戴上助听器，其他人会认为他老了。[1754] 但是，当这些人真正佩戴了助听器 6 个月之后，只有 10% 的人仍然会有这种想法。与此一致，事实上，人们对听力损失的歧视比对佩戴助听器的歧视更严重。[532]

虽然对佩戴助听器与患者的自我印象间的关系尚不明确：佩戴助听器是否使患者更满意自己的形象，或者对自身形象更自信的患者更容易接受助听器？但事实上，与患有听力障碍但不佩戴助听器的患者相比，佩戴助听器的患者对自身形象更有自信。[689] 让助听器适用者消除顾虑，确信佩戴助听器并不会给他们带来负面评价非常重要。事实上，助听器佩戴者普遍认为佩戴助听器可以使自己的听力障碍更不易被发现。[1754]

尺寸

一些患者宁愿花钱购买不太吸引人眼球的自费助听器，也不愿佩戴免费的但更显眼的助听器，[190] 并且他们更愿意花高价钱购买 CIC 助听器。[10] 当听力师给从不佩戴助听器的听力障碍者看各类助听器的图片时，患者愿意购买助听器的比例会随着助听器外形的缩小而增加。[944] 在不考虑价格的前提下，愿意购买 CIC 助听器的患者比愿意购买 BTE 助听器的患者人数多两倍。微型 BTE 助听器与 CIC 助听器一样，从外观上几乎看不到（请参阅第 11 章 11.1）。[830] 虽然任何年龄段的患者都会考虑佩戴助听器后的外在形象，但是老年人比青年人对外在形象的抱怨要少。[721]

对于许多患者来说，选择一款大小和颜色合适的助听器通常能够缓解其对外在形象的顾虑（遗憾的是，现在对助听器微型化的宣传力度很大，也无形中强化了患者应隐藏听力损失的观点）。有些患者的听力损失程度很重，需要有更大的增益或功率，还有些患者不能熟练操作 CIC、ITC 或微型 BTE 助听器。这时需要听力师帮助这些患者认识到佩戴助听器比掩藏听力损失更加重要（请参阅第 9 章 9.1.14）。长期置于外耳道内的 CIC 助听器可以解决患者不会操作或外形引人注目的问题。

心中隐忧

有些患者会这样想：如果我告诉听力师佩戴助听器会对我的外在形象有影响，她会不会认为我爱慕虚荣。通常有这种想法的患者可能不会将自己的顾虑说出来。因此听力师应将外在形象作为潜在的原因考虑在内。除非听力师能够给予足够的解释和鼓励，否则对外在形象有顾虑的患者通常都不会选择佩戴助听器。[188]

总的来说，佩戴助听器会导致有些人认为佩戴助听器的人都很老，但是这一影响作用有限。最重要的问题是患者自己是否认为助听器会影响自身形象，会在多大程度上影响自身形象。患者自身对别人歧视的看法以及对自身佩戴助听器后形象的认识才是真正最重要的问题。

9.1.8 操作与使用

对于许多患者来说，熟练使用与保养助听器非常困难，它会阻碍患者坚持使用助听器，因此听力师需要耐心且细心地对患者进行指导。造成操作困难的原因可能是手指灵活度差，也可能是肩关节炎，或者是触觉敏感度减退。另外，认知功能低下也是阻碍因素之一。[1089] 助听器的尺寸会阻碍患者安装电池、调节音量控制钮和开关等。因为我们看不到自己的耳朵，因此佩戴助听器是一项非常难学的技能。如果患者认为上述任何一项操作困难，那么他很有可能会放弃助听器的试戴。手指灵活度差的患者最容易遇到这一问题。[778] 虽然不经常佩戴助听器与不会佩戴耳模互为因果关系，但至少对于 BTE 助听器使用者来说，[187] 不会佩戴耳模是患者拒绝使用助听器的重要原因。

虽说年龄超过 60 岁后，操作困难的出现比率会随年龄的增长而增加，[422, 721, 804, 1387, 1717] 但是也有很多相反的例子证明年龄不能作为操作困难的预测因素。甚至有些患者即使存在操作困难的问题，也仍然会继续使用助听器。虽然老年人都会说操作困难，但是绝大多数的老年患者，甚至有些 90 岁高龄的患者，都会常规使用助听器。[1089, 1387, 1389]

由于助听器是否容易操作与患者使用助听器的情况密切相关，所以它是听力师为患者进行助听器的选配和指导的一个重要内容。[90, 122, 565, 730, 778, 1017, 1176, 1911] 患者年龄越大，他们在选择助听器时越会考虑日后操作的困难。[1176] 对于有些患者，特别是在护理中心的老年人，不能操作助听器会成为阻碍他们佩戴助听器的主要原因。对于这些患者，应该考虑为他们验配其他一种或多种辅听系统（如与电视、盒式助听器或连接耳机输出信号用于与工作人员或照料者对讲的手持设备等耦合的红外线系统或射频系统）。较大的按钮和更直观的功能会方便患者使用，有必要的话也可请看护人员协助。[1042] 第 11 章 11.1 中介绍了一些帮助患者降低助听器操作难度的建议。

> **检验患者操作助听器的能力**
> - 在最终选定助听器之前，将你认为合适的类型和大小的助听器给患者试戴；
> - 评估患者对助听器大小的反应；
> - 给患者演示如何更换电池，如何开关助听器。让患者自己试做，评估患者的学习能力。虽然第一次操作失败并不代表他以后不能胜任，但是如果能很快掌握的话会帮助患者和听力师更加确定选择此款类型和大小的助听器。

另一方面，还有一些本能够操作助听器的患者会害怕自己不能操作助听器。这些患者通常需要实际练习。如果听力师希望对患者操作助听器的自信心进行定量评估，或判断患者存在哪方面的能力障碍，可以使用 MARS-HA 问卷。[1911]

尽管认知能力低下会加重操作助听器的难度，但是这类患者也更需要使用助听器。认知能力较高的患者更容易找到助听器之外的方式弥补自身的听力损失。很显然，如第 11 章中讨论的一样，助听器的操作困难，无论是由认知能力低还是运动能力低造成的，都会影响助听器的验配。

9.1.9　年龄

年龄（无论是老年人还是婴幼儿）本身不会直接影响助听器适用者的选择。[938] 当然，年龄会对前述几个因素（操作困难、外在形象、聆听需求、听力障碍）产生影响，因此年龄会间接影响助听器适用者的选择。年龄的增长也会增加听觉处理障碍发生的可能性（请参阅第 9 章 9.1.11），同时，年龄增长也需要在噪声中有更高的 SNR（请参阅第 9 章 9.1.3）。听觉处理障碍以及 SNR 都会影响助听器的佩戴效果。[707, 1880] 在使用助听器的成年人中，尽管有些研究显示年龄与助听器的使用并无关系，[185, 767] 但是在老年患者中，更老的患者每天使用助听器的频率以及助听器的佩戴效果可能会比较年轻的老年患者差。[1688, 1752, 1880] 随着年龄增长，对助听器的满意度也会降低。[767]

疾病通常伴随着年龄的增长而增加。听力损失者可能会认为解决其他健康问题比处理听力障碍更迫切，并且认为难以一次处理多个健康问题。这虽然可以理解，但事实是，交流能力的提高有助于他们处理其他问题。老年痴呆的患病率也会随着年龄的增长而增长，但是轻中度老年痴呆不会阻碍患者使用助听器。同时，给老年痴呆患者验配助听器也不会加重照料者的负担。[32]

患者初次验配助听器的年龄越小（如小于 70 岁），越有可能成为助听器的长期佩戴者。[25, 182, 187] 因为操作助听器的技能不会随年龄的增长而遗忘，年龄越大（如 80 岁以上），越不容易学会新的技能。[955] 奇怪的是，那些较年轻的更易适应助听器的人却往往是最可能拒绝试戴的人。[182]

9.1.10　性格特征

有几种性格特征的患者更易配合康复过程，自我报告的助听器佩戴效果也更好。

内控倾向型① 感觉自己控制着发生在身上的问题（而不是由其他人控制或随机发生）的患者比那些感觉事情只是碰巧发生在自己身上的患者（如外向型）更容易接受并使用助听器。[350, 588, 592] 与外控倾向相近的人格特性是 **习得性无助（learned helplessness）**②。[1638] 这个名称反映出患者因自己的经历对自己的定位：无论他们做什么，都无法给予他们所处的环境以积极影响，所以做任何事情都没有意义。对这些患者咨询的目标应该是帮助他们认识到自己能够改变自己的听力现状。那些强烈认为自己的生活是由他人控制的患者更易受到较大声音的干扰，但是这取决于他们是否佩戴了助听器。[348]

外向型 具有外向性格的患者佩戴助听器后

---

① 内控是指把影响个人命运的责任揽在自己身上的倾向。
② "习得性无助"是美国心理学家 Seligman 1967 年在研究动物时提出的，他用狗做了一项经典实验，起初把狗关在笼子里，只要蜂鸣器一响，就给以难受的电击，狗关在笼子里逃避不了电击，多次实验后，蜂鸣器一响，在给电击前，先把笼门打开，此时狗不但不逃，反而不等电击出现就先倒地开始呻吟和颤抖，本来可以主动地逃避却绝望地等待痛苦的来临，这就是习得性无助。

的反馈都较好。与内向型患者相比，性格外向的患者佩戴助听器后的活动受限和参与障碍程度都较低。[348, 351]

亲和型　容易相信他人、更平和、有同情心、愿意帮助别人的患者，以及认为其他人都愿帮助自己的患者更容易接受助听器（至少在患者需要自己花钱购买助听器及验配服务的听力服务系统内）。对于那些多疑、敏感、苛刻的患者，需要消除他们对听力师动机的怀疑，或者因他们从别处听到的负面说法而对助听器的有效性产生的质疑。[350] 对于这类患者，听力师要做的主要事情是建立相互之间的信任。24%的听力障碍者拒绝助听器的主要原因是对听力师或医生缺乏信任感。[955] 亲和型患者会用更积极的态度看待自己，同时认为别人也会用积极的态度看待他们。[351] 从这个角度看，亲和型患者非常适合验配助听器。

强迫型　强迫症量表得分较高的患者常常会不满意助听器的佩戴效果。[592]

开放型　开放型患者（寻求多样化、好奇、富有洞察力、心胸开阔、善于分析）不太可能接受助听器，可能是因为他们的性格使得听力障碍对他们的生活影响不大，因此他们不需要使用助听器。[350] 应当肯定这类患者的能力，但也应提醒他们助听器可以进一步增强其良好的交流能力。有少数开放型患者愿意接受如何在其聆听困难的环境中解决问题的实用性指导。

神经质型　尽管有神经质倾向的患者（容易忧虑、有挫折感、沮丧、自卑、开不起玩笑）虽然自己认为自己的听力障碍程度很重，[351] 但是他们不太可能接受助听器。[350] 在佩戴助听器之后，与非神经质的患者相比，他们仍然会认为自己的残疾程度更重。也许这些神经质患者认为佩戴助听器和患有听力损失是有损荣誉的事情，因此他们试图寻找办法以避免尴尬和害羞。[350] 请参阅第9章9.1.7中有关耻辱感的内容，可能对这类患者有用。

上述性格特征与康复效果的关系十分微弱，因此，不能仅凭性格特征去选择助听器适用者。但是，如果某一性格特征非常显著，那么听力师可以在给患者提供哪些信息及如何提供和什么时候做最后推荐时加以考虑。一般来讲，验配助听器前从患者处能获得的信息已经能够帮助判断该患者的性格特征（如遇到的障碍、对助听器的期望值，以及对大声的厌恶程度等），因此，听力师不需要花费额外的时间对患者的性格特征进行量化评估。[351]

9.1.11　听觉中枢处理障碍

随着年龄的增长，患者的听力损失很有可能会加重，患者的听觉中枢处理功能也会随之减弱。[631] 患者更容易受到背景噪声的影响。许多双耳言语测试研究显示听觉处理障碍会影响助听器的使用效果、使用频率以及患者对助听器的满意度。[301, 623, 1686, 1688] 相反，一项病例研究报告显示中枢功能紊乱但双耳纯音听阈正常的患者能够从单侧助听器中受益。因为，单侧助听可以减少双耳间的干扰［**双耳干扰**（*binaural interference*），请参阅第15章15.4.2］。[1624] 但也有另外一项研究显示两者之间没有任何关系。[983] 因为中枢处理障碍的类型有许多样，各研究间使用的评估方法互不相同，所以针对中枢处理障碍对助听效果影响的研究结论不同也就不足为奇了。

有一种类型的中枢处理障碍基本上肯定会发生在感音神经性听力损失者身上。这就是空间处理障碍，它可能（请参阅第1章1.1.6）是造成听力障碍者SNR缺陷的主要因素。

即使患者患有中枢处理障碍也不妨碍听力师给患者验配助听器。相反，中枢处理障碍可能有助于解释部分患者使用助听器效果不佳的原因，并会帮助听力师选择采用单耳还是双耳验配。

因为中枢处理障碍的患病率或程度会随着患者年龄增长而增长，所以患者佩戴助听器一段时间后，助听效果可能会变差。这时，尽管助听器的电声学参数没有任何变化，患者也可能会抱怨助听器出现了失真。[1689] 虽然支持这一结论的数据较少，但是如果之前佩戴助听器效果很好的患者开始抱怨助听器不好时，听力师应考虑患者是否出现了中枢处理障碍，从而使助听效果变差。Stach、Loiselle 和 Jerger（1991）的一篇综述更全面地论述了中枢处理障碍对交流能力以及助听器适用者选择的影响。

无线系统可以有效减弱不需要的噪声和其他信号，所以使用无线系统（请参阅第3章3.6）可以解决患有中枢处理障碍的患者面临的一些问题。虽然操作无线系统有一些困难，但还是有一部分有中枢处理障碍的患者会常规使用无线系统。[1687] 无论在助听器中使用方向性麦克风，还是使用手持的具有高度定向性的麦克风都是效果虽不显著，但很实用的方法。如果患者（成人或儿童）的纯音听阈正常，在安静环境下有良好的言语分辨能力，但是在噪声环境下的言语分辨能力很差，那么无论原因是什么，都应考虑为其验配无线调频系统。

9.1.12 耳鸣

许多患有听力损失的患者同时也伴有耳鸣。助听器对外部声音的放大通常可以缓解患者的耳鸣（其中有些是心理因素引起的）。[558, 710, 1590] 虽然放大的声音能部分或全部掩蔽耳鸣，但是因为助听器能够解决的与耳鸣相关的问题实际上非常少，所以我们不能认为助听器一定能够将耳鸣掩蔽。[1186, 1750, 1751] 因为掩蔽耳鸣的最佳声音为高频声音，所以开放式验配是既能提高言语可懂度，又能掩蔽耳鸣的最佳方法。采用综合疗法，在患者清醒时采用开放式验配和耳鸣再训练疗法，在患者睡眠时在其床旁放置一个噪声发生器（如声音富集法），可以显著控制轻度陡降型听力损失者的耳鸣症状。[416]

现在，越来越多的助听器内写有可选择的内部噪声源可控程序，这样助听器对耳鸣的掩蔽作用就可不仅依赖于偶然出现的内部噪声，还可对环境中的噪声进行放大。

可能是因为助听器能对耳鸣进行掩蔽，所以耳鸣患者更容易接受助听器。在选择助听器验配适用者时，应将耳鸣作为一项积极因素进行评估。[1718] 但是，耳鸣患者更易抱怨助听器放大声音太大。[49] 佩戴助听器并不妨碍患者使用其他治疗耳鸣的方法。

9.1.13 综合因素

如我们所见，较差的听力损失类型（如高频陡降型听力损失）并不妨碍给患者验配助听器，同样，助听器操作困难、只在嘈杂环境下才需要助听器帮助，以及言语分辨能力差、对外在形象的担心、手指不灵活、对助听器试戴抱有犹豫的态度等也不妨碍助听器的验配。但是，如果以上不利因素患者全都具备，那么患者佩戴助听器的效果将不会太好。听力师的工作就是针对每位患者识别可能妨碍其佩戴助听器的因素（见文本框），帮助他们克服能够克服的问题（采用技术手段或劝说患者改变原有的偏见），权衡存在的问题与助听器的作用，以便提供给患者接受或拒绝佩戴助听器的可靠的建议。

听力师通常是通过问诊的方式了解上述潜在妨碍因素的。也可让患者填写问卷做进一步补充。提前让患者填写问卷以了解其态度，不仅可以节省时间，还能够让听力师提前做好充分准备，提高问诊效率。HASP 是一种较好的问卷。[801] 可以将患者的得分与已经公布的标准值进行对比，帮助听力师很快了解到患者哪个方面的问题会阻碍其成功验配助听器。随后听力师可以与患者更深入地探讨选择何种类型的助听器和性能可减轻听力障碍问题，或与患者共同做出暂时先不验配助听器的决定并充分说明理由。图 9.5 显示的是百分位数以及一位患者的结果，其能否成功验配会受到其对助听技术的担心以及是否存在操作困难的影响。这一结果对于向患者解释助听器及相关性能有重要意义。

听力师还应告知患者在做出决定前需要了解的全部信息。如果听力师不确定患者佩戴助听器后的效果，那么应该向患者传达什么信号？如果听力师没有给予患者足够的信心，以克服在佩戴助听器初始阶段可能会遇到的困难，那么消极的或不确定的态度将很有可能成为现实。另外，听力师说助听器有百利而无一弊也是不实事求是的，如果对患者有这种诱导，患者之后的期望值就会很高，会使其后续遇到的困难更大。

既道德又积极的结论是：助听器可以在许多聆听环境中帮助患者更好地理解言语，但是也有一些需要克服的限制或局限，同时在某些聆听环境中，助听器的帮助可能很小，或者根本没有。只有患者本人才能清楚地知道佩戴助听器的利弊，因此也只有他们自己佩戴上助听器后才能做出有效的判断。

9.1.14 举例：如何给拒绝助听器的患者提供咨询

听力师在临床工作中会遇到许多这样的患者，他们有听力损失，在一些聆听环境中必定会存在聆听困难，但不愿意试戴助听器。举一个最常见的例子：因为 X 太太实在无法忍受 X 先生的交流障碍，以及 X 先生坚持把电视音量调得特别高（电视声音太吵以至于邻居都有意见了），所以 X 先生被他太太拖到了诊所。X 先生说他绝大多数情况下都能听清楚大多数人的谈话，只是有些人自己说话不清楚。他也能听清楚电视里的声音，他来就诊只是因为他的妻子。遇到这种患者，听力师下一步要做什么（假设已经

> **小结：可能阻碍患者接受并使用助听器的因素**
>
> 1. 患者对自己存在听力障碍没有或很少有意识；
> 2. 患者没有或很少有听力障碍的体验；
> 3. 患者对于听力障碍有偏见，包括认为听力损失代表衰老、社会能力低下或精神障碍；
> 4. 患者认为助听器的帮助很小，和（或）助听器的音质很差；
> 5. 患者消极地认为听力损失、障碍或残疾是年龄增长的必然结果；[781]
> 6. 患者喜欢把问题推给别人，和（或）认为自己无能为力；
> 7. 患者的朋友、亲属或健康顾问强化了上述负面观点；
> 8. 操作小零件的困难；
> 9. 认知功能低下；
> 10. 其他健康问题；
> 11. 对轻度听力损失者而言，助听器能提高可听度的聆听环境非常有限；
> 12. 对噪声特别敏感；
> 13. 经济负担。
>
> 注：前 6 种观点能够影响患者的行为。实验证明，可以通过分析患者是否持有前 5 种观点以区分能够接受和拒绝接受助听器的患者。[173]

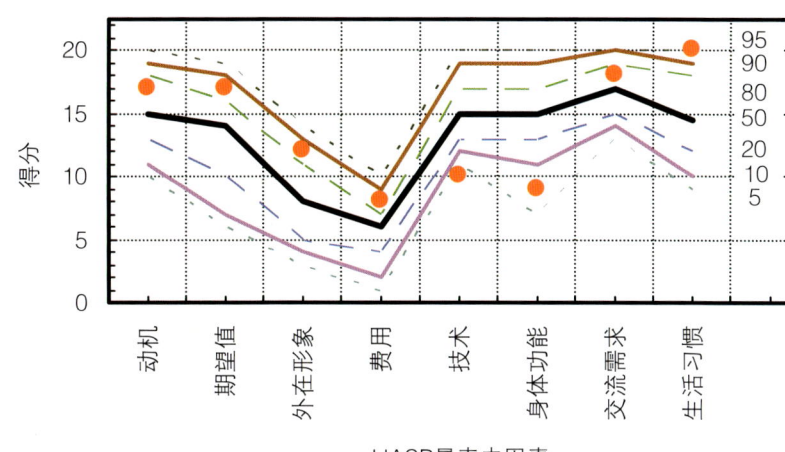

图 9.5　HASP 的 95% 置信区间结果。红点是模拟的一例患者的结果。

测完了听力图）？

因为 X 先生并没有意识到自己存在听力障碍，也没有意识到自己需要佩戴助听器以解决听力障碍带来的问题，所以听力师如果立即跟他讲佩戴助听器的好处是毫无意义的。这么做反而会让 X 先生认为听力师是另外一个对他指手画脚的人。即使他在诊室内不反驳，在后续的康复过程中也会消极对抗，再次声明他的生活受到了别人的控制，抱怨说助听器毫无效果。[183]

X 先生有很多不愿意佩戴助听器的理由，如果听力师不能第一时间找到原因，后续的过程可能会很不顺利。这部分信息只能来自 X 先生。妨碍因素主要有三种。

因缺乏认识而不愿佩戴

X 先生可能尚未意识到在听懂言语声方面自己比别人有更多障碍，或他没有意识到自己需要将电视机的音量调至很大才能听到。这是最简单的情形，但可能又是听力师最常见的原因。听力师可以使用以下方法帮助 X 先生认识到自己的问题。

- 给 X 先生解释他的听力图。
- 让 X 先生自己回忆他听不懂别人谈话的一次经历，然后让现场其他人也回忆自己是否也有过类似经历。（这是一个很好的以患者为中心的方法的例子。以患者为中心的方法是围绕患者自身经历，而不是听力师传递给患者的诊断和可能没有意义的信息展开互动。)
- 在声场中用 X 太太或其他听力正常的人能听清楚但 X 先生听不清楚的声音强度播放单词，让 X 先生复述，以此向 X 先生证明他确实有听力损失。
- 播放一个单词或一句话后，立即通过卡片或电脑屏幕显示正确答案，这样 X 先生能够立刻认识到自己听错了多少。[1792]

不能够接受自己有听力障碍

X 先生可能已经认识到了自己存在聆听困难，但是他可能不愿意承认。解决方案取决于 X 先生不愿承认自己有听力损失的原因。

<u>X 先生可能认为听力损失就是衰老了和（或）已经进入了老年期。</u>他可能曾经目睹过某位对他很重要的人也患有听力损失，同时那个人的健康状况特别差，于是他可能也会认为自己的听力损失也象征着他自己也存在其他方面的衰退。那么听力师可以从听觉系统的生理、病理，以及听觉系统与精神或其他健康问题没有关联等方面给予其适当的咨询。听觉系统的图片或模型能帮助 X 先生缓解泛泛的担心，将精力集中在更具体、形象的生理问题上。

X 先生可能觉得他在某些环境中听觉很好（如安静环境下聆听中等或较大的言语声）。他可能认为自己每次都能听得到，即使他并不是每次都能听得清。他可能会听到妻子这样评价他：当他想听的时候听得好着呢。以上经历让他觉得他的听力没有问题。

- 咨询开始时可以首先告诉 X 先生听力损失以及在噪声环境下聆听可以导致言语信息部分丢失。同时，可用形象的图示，例如用透明的言语范围图叠加上 X 先生的听力图示，帮助他理解为什么他只会丢失部分信息。图 9.6 显示了一张这样的图。图中的香蕉图垂直向上移动可模拟轻声的覆盖范围，某些助听器厂家提供的软件也可以实现上述功能，并能显示助听器对言语声可听度的提高。实时语谱图（请参阅第 4 章 4.5.7）能更形象地向患者展示效果。如果听力师能指出 X 先生已经有听力困难但尚没有

意识到是听力损失造成的某个聆听环境，那么 X 先生对听力师的信任将会大大增强。类似的聆听环境包括在邻近的房间内聆听、在安静环境下聆听轻声言语，以及在有很多背景噪声的情况下聆听。

- 通过让 X 先生分别在佩戴助听器与不佩戴助听器时听一张用轻 - 中等声音强度播放的词表，可以帮他了解佩戴助听器后的效果。试戴时可以用 BTE 助听器，或者用接在听诊器上的 ITE/ITC 助听器，或者用软件模拟助听器的效果。演示时，助听器的增益、功率和频响曲线（如果用听筒的话，包括听筒）不应与正常验配差异过大，否则演示效果将会起反作用，但也没有必要对助听器进行非常精细地调节。

<u>X 先生可能会将听力损失与羞辱或内疚联系在一起。</u>对 X 先生来说，如果让他承认自己有听力损失，他将会因为有这种缺陷而感到羞辱，或者会认为是因为自己的原因而导致交流障碍，从而感到很内疚。[792] 与其他听力障碍者的接触能够帮助 X 先生确立作为一个虽有听力损失但依然健全的人的身份。这种接触也能让他有归属感，同时让他认识到交流困难只是听力损失所致，他不需为此感到自责。[792]

不愿意试戴任何助听器和（或）尝试其他康复措施

X 先生也许承认自己有听力损失，也承认在某些

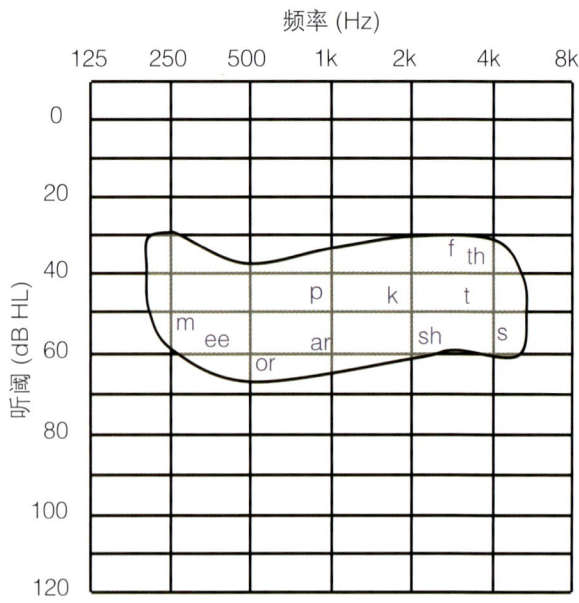

图 9.6 长时强度为 65dB SPL 的言语频谱，每个频率上有 30dB 的动态范围。图中指出了几个音素的频谱中心的大体位置。

环境下聆听困难，但仍不想为此做出改变。X 先生可能认为助听器弊大于利。如果想让 X 先生改变想法，首先需要让他改变对佩戴助听器的看法。听力师还是应以接受的态度表示理解他的观点。只有得到了理解，听力师或 X 太太才可能说服或建议他做出改变。

X 先生可能认为助听器的帮助不会太大。 这一观点可能来自其他人的判断，或者来自他自己的观察。

- 当了解到助听器对一些患者并没有太多帮助时，听力师通常会说这都是有具体原因的，并且近年来助听技术得到了飞速发展。
- 听力师可以让 X 先生先完成未助听下 APHAB[364] 或 HHIE[1851] 问卷。通常来讲，问卷得分越低，佩戴助听器后的效果越好（请参阅第 9 章 9.1.4），可以利用问卷结果与 X 先生进行探讨。
- 无须探讨助听器的一般性优点，而应询问 X 先生在一些对他特别重要的特殊环境中的聆听困难。可以让 X 先生想象如果佩戴助听器并能够在这些环境中轻松理解周围人的谈话时会是什么情形（假设是在有合理预期的情况下）。

虽然 X 先生知道助听器能提供帮助，但他可能更希望他的听力障碍不被他人发现。 这是一项需要听力师应对的比较棘手的工作，因为对于患者来说，听力师将患者的听力损失告诉其他人可能会给患者的生活增加更大的压力。

- 如果 X 先生觉得暴露自己的听力损失将引来嘲笑和难堪，可以鼓励他仅在一个人面前暴露自己的听力损失并观察那个人的反应（通常不会是负面反应）。① 这样 X 先生可能就能够逐渐地扩大愿意暴露听力损失的朋友圈。只要 X 先生愿意，听力师可以组织一组听力障碍者或通过听力障碍者自助团体帮助患者进入一个支持性环境，在那里让大家了解他的听力损失（请参阅第 13 章 13.14.4 节）。
- 可以问 X 先生其他人是否已经感觉到他存在听力损失。
- 可以问 X 先生与佩戴助听器的结果相比，他不佩戴助听器时是否真的会更快乐。
- 可以给他展示现有的体积很小的助听器。

X 先生可能认为他的问题没严重到需要花很大一笔钱来解决的地步。 他可能还会有其他理由拒绝试

---
① 听力师不应忽视这种可能性，对于一些患者，尤其是仍在工作的患者，暴露其听力损失可能确实会导致歧视和损失。[792]

戴助听器，他可能不愿意或不能清楚地表达出这些理由。

- X 太太也许能帮助 X 先生理解听力损失的全部后果。例如，让 X 太太告诉 X 先生，当 X 先生在一些环境中有交流困难时，她是什么感受，可能更合适。同样，她也可以说出作为 X 先生的翻译或发言人时的感受。
- 如果没有相关人员在场，听力师可以讲述其他有相似经历家庭的故事，并询问 X 先生有没有同感。
- 总的来说，听力师应确保 X 先生能获得所有相关信息以做出明智的决定。这类信息也应包括助听器在非常嘈杂环境中能给予的帮助非常有限这样的内容。
- 为了帮助 X 先生权衡助听器的效果与费用之间的关系，听力师可以让 X 先生根据自己的情况填写四格表（见文本框），也许填写表格就能使 X 先生转变观点。即使不能转变其观点，方格中的信息也可以作为听力师进一步咨询的基础。

在验配前的咨询结束前，如果患者仍然认为他既不需要助听器，也不想验配助听器，那么态度或动机与最终验配效果的密切联系提示我们，任何强迫患者试戴助听器的行为都是不明智的。失败的试戴经验可能会导致即使患者今后听力进一步恶化，或转而希望验配的时候，也不可能返回来寻求听力师的帮助。一个能将想法转化为拒绝佩戴助听器的行为的患者很有可能会将他的失败经历传播给其他人，这样也会阻止其他人寻求听力师的帮助。

能接受自己有听力损失的患者在一段时间内可能会愿意将听力损失对生活质量的影响记录下来，包括：听力损失导致的交流困难；听力损失导致的活动受限。有些患者甚至还愿意加入与听力损失者一起生活的计划，在这个小组内大家相互探讨听力损失对生活的影响。[976]

针对本节中讨论的 3 个问题，通过试戴快速验配的助听器可以让患者掌握一手信息。患者可以在诊所内用几分钟的时间完成试戴，也可以在周围环境中试戴几个小时，也可以用几天的时间把助听器戴到任何他想去的地方去体验。有了听得更清楚的经验可能会帮助患者重新评估自己的听力困难、听力损失或再次权衡助听器的利弊。

当听力师确认患者不认为助听器是当前所必需的时候，本次诊治就结束了，但是要注意患者可能

四格表：一个咨询工具，用于权衡佩戴与不佩戴助听器的效果与助听器费用之间的关系 [794a]	
不验配助听器的好处	不验配助听器的费用
验配助听器后潜在的好处	验配助听器时可能发生的费用

会因为听力损失加重或需求改变而改变主意。公开确认患者自己不认为当前存在需解决的问题，可能是帮助患者几个月后改变这一观点的最好方式。听力师应鼓励患者在 6～12 个月内进行复诊。[976]

有些读者可能认为提高患者对听力损失的认识牵涉伦理问题。但是，如果听力师不与患者探讨听力损失的相关危害，也是对患者的一种伤害。如果患者能够认识到这些危害，听力师就能够帮助他解决。

9.2 极重度听力损失的助听

自从人工耳蜗出现后，患者不再会因听力损失太重而无法从听觉辅具中受益。对于重度-极重度听力损失者，听力师可考虑多种解决方案，包括：

- 单侧或双侧人工耳蜗植入；
- 双模式验配（*bimodal fitting*），即人工耳蜗与助听器同时验配在同一只耳上；
- 混合模式验配（*hybrid fitting*），包括：一只耳是双模式，另一只耳植入人工耳蜗或验配助听器或不佩戴任何辅听设备；
- 单侧或双侧助听器；
- 触觉助听器（*tactile hearing aid*）（在极少的情况下，触觉助听器的效果会超过人工耳蜗）。

重要的不是患者是否应该接受哪种设备，而是听力师应给患者推荐哪种设备。本节将简要介绍言语识别得分低对助听器适用者以及助听器、人工耳蜗（包括双模式和混合模式）和触觉助听器效果的影响。关于人工耳蜗及触觉助听器的详细介绍不在本书范围之内。

9.2.1 言语识别能力差

一般认为当使用头戴式耳机测得的单词识别得分低于 50% 时，助听器的作用将仅局限于帮助唇读、监听自己的声音和探测环境声音。[744] 有许多原因会造成头戴式耳机下的言语识别分数难以很好地预测助听器的使用效果。[442]

助听器不仅仅是一个声音放大器，它也可以重塑与听力计内平坦的频响曲线相关的言语频谱。患者佩戴根据自己听力图调试后的助听器测得的言语得分通常会比佩戴没有经过频响调试的助听器获得的言语得分高，差别会非常大。[304, 1405]

常规测试甚至不能发现平坦频响曲线下可能的最高得分。言语识别分数有一定的随机性。例如，如果真实的得分（如基于大样本数据获得的结果）是 50%，那么在 95% 的可信区间内，基于 50 词的得分可能会高于 64% 和低于 36%。[664, 1781] 随着测试项目的减少，复测的稳定性会降低。言语测试的得分也与给声强度大小有关。唯一确保测试是在可能得出最高得分的强度下进行的方式就是在多个强度下分别进行测试。由于时间有限，不可能在各强度下多次重复有很多项目的测试。通过在多个强度下进行测试，将结果标记在图上并根据心理测量函数划一条平滑的曲线可以提高测试的信度。尽管如此，在最高得分上仍然可能有很大的不确定性。

要解决上述 2 个问题，可能需要花费很长的时间，并需要患者佩戴适合自己增益频响曲线的助听器。一个更重要的问题是如何确定临界值以区分助听器的适用者与非适用者。似乎很难找到一个特定的有效的分数。有些极重度听力损失者佩戴助听器的主要原因是助听器能对他们的唇读有帮助,或助听器能提示周围环境的声音,这有助于减轻患者的压力,缓解其紧张情绪并增加安全感。[531] 除非测试项目非常简单(如双音节词闭合项测试),否则这类患者很难在言语测试中得分。通常来讲,任何一个临界值都会受测试材料类型的影响。

助听器对言语可懂度的提高与测试时使用的言语信号强度和噪声强度有关。因此,没有理由使用耳机测试获得的最高得分来预测言语可懂度的改善程度。

听力师如果想依据患者在平坦频率响应下使用耳机测得的言语识别分数来判断患者是否需要佩戴助听器,需要非常慎重。对此,并非所有的作者或听力师都有一致的观点。

9.2.2 助听器还是人工耳蜗?

人工耳蜗植入效果的影响因素

在植入人工耳蜗之前需要考虑许多因素(见P223文本框)。需要患者对植入人工耳蜗相对于佩戴助听器的言语识别能力有一个合理的期望值。因为植入人工耳蜗后的言语识别效果参差不齐,所以可以把该期望值看作一个概率,而不是保证肯定能达到的结果。以下的患者在植入后可能会有较好的效果。

- 重度–极重度听力损失,听力剥夺时间较短;[472, 638, 1814]

- 植入时年龄尽可能小,对于儿童,最好1岁之前植入。[294, 423](儿童人工耳蜗植入适应证请参阅第16章);

- 在语言习得关键期之内有一定听力;

- 植入前,听力损失程度低,佩戴助听器的言语可懂度分数高;[472, 638, 1692]

- 患者或其家人愿意接受康复训练。

即使这样,仍有许多原因会导致耳蜗植入后效果不明显。[138, 141, 142, 332, 585, 1807]

通过听阈选择人工耳蜗适用者

具有相同听力损失的患者佩戴助听器后的言语识别分数也会有很大差异。我们不能把听阈作为选择助听器或人工耳蜗的唯一标准。

我们需要思考,针对不同听力损失程度的患者,人工耳蜗比助听器能带来多大程度的言语可懂度改善。3FA或4FA听阈为80~85dB HL的成人患者植入人工耳蜗后通常比佩戴助听器有更好的言语识别能力。[617, 680, 1199] 当然,这只代表了这一听力损失程度的患者总体上植入人工耳蜗的效果优于佩戴助听器的效果,但是,由于两组患者的效果之间有相当大的交集,因此,这一听力损失程度的患者植入人工耳蜗后有较好的效果并不说明每一位听力损失程度为80~85dB HL的成年听力障碍者植入人工耳蜗后的言语可懂度都会提高。

通过助听后的言语识别分数预测植入后的效果

如果能够获得助听后的真实言语效果,就能较准确地预测人工耳蜗植入后的效果。对于听力剥夺时间较长的成年患者,通常他们有足够多的时间验配助听器并通过精细调节以获得较好的聆听效果,他们也有足够长的时间提高其言语识别能力。虽然这种理想化的情况不会常有,但是只要条件允许,应积极建议患者在植入人工耳蜗前佩戴助听器。人工耳蜗植入的普适标准是:对于成年患者,拟植入耳助听后在安静环境下的开放式语句测试得分应小于50%。

遗憾的是,这一简单的标准没有考虑患者听力剥夺时间长短这一重要因素。图9.7中的每条线分别显示的是人工耳蜗植入后开放式语句可懂度测试得分大于或等于助听时得分的概率。概率如横轴所示。[1813] 举例来讲,一个听力剥夺时间为10年的极重度听力损失者,助听时开放式语句测试得分为33%,那么植入耳蜗后其得分提高的可能性为80%。

图9.7中曲线可能过于保守(即,低估了可能的好处),原因如下:

- 近年来,植入效果在持续提高,但是图9.7中的数据来自15年前进行人工耳蜗植入的患者的效果。

- 许多人会坚持一侧植入人工耳蜗,另一侧佩戴助听器。双侧同时聆听的效果肯定要优于单侧使用人工耳蜗或助听器聆听的效果(请参阅第9章9.2.3)。[281, 617]

- 统计处理时,假定术前助听效果与术后效果无关,但实际上植入前得分高的患者术后得分通常也会较高。[332, 1813, 1975]

对于渐进型听力损失者可采用较宽松的植入标准,这类患者的言语可懂度会越来越差,特别是对于耳蜗有退行性变的患者,病程越久,耳蜗植入的难度会越大。

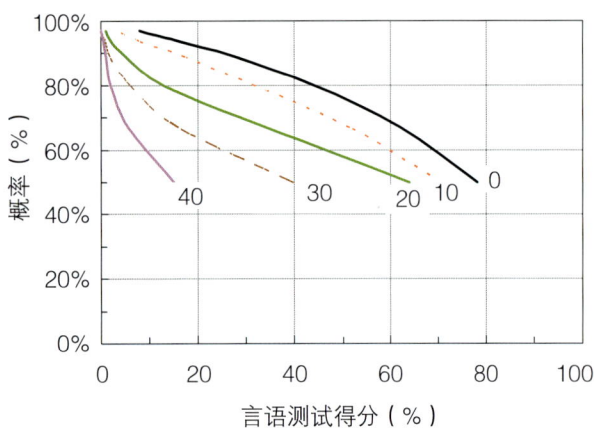

图 9.7 成人植入人工耳蜗后的效果超过横轴所示助听器效果的概率（采用的评估工具为源于 HINT 的 BKB 语句测试）。[1813] 每条线代表耳蜗植入前的听力剥夺时间，每条线下方以年为单位标注。

上述讨论的局限在于它只关注言语识别能力这一个因素。许多语前聋成年患者的开放式言语识别分数在植入人工耳蜗后并不比植入前高，但他们中许多人仍是成功的植入者。他们反映：[1974]

- 他们会常规佩戴人工耳蜗；
- 他们对人工耳蜗很满意；
- 人工耳蜗能帮助他们监听自己的声音；
- 植入人工耳蜗后他们变得更独立，也更容易找到工作；
- 人工耳蜗使他们能够听到并识别周围环境的声音，这提高了他们的安全感。[267, 1915]

9.2.3　助听器与人工耳蜗：双模式与混合/声电联合刺激

与低频声音相比，人工耳蜗更擅长对中高频声音的重建。相对于传递精细的时间模式和音调信息，人工耳蜗更擅长传递频谱形态信息。虽然尚无法真正解释目前人工耳蜗不能精确复现音调的原因，但这很可能与电极不能刺激耳蜗低频区域的神经元有关。相反，助听器更擅长传递音调及其他低频信息，可能的原因是患者的残余听力通常在低频。因此，助听器与人工耳蜗可以互补。可应用这一原理判断是将助听器和人工耳蜗佩戴在同一耳还是不同耳上。

双模式刺激

双模式验配（*bimodal fitting*）是指患者一侧植入人工耳蜗，另一侧佩戴助听器。几乎所有单纯植入单侧人工耳蜗的患者的言语可懂度都显著好于单纯佩戴助听器的患者的言语可懂度。尽管如此，采用双模式在噪声环境下的言语可懂度会更加优于仅植入人工耳蜗时的效果。[278, 280, 281, 285, 291, 681, 1248, 1451] 与仅植入人工耳蜗时一样，同时佩戴助听器的额外优势会随着植入时间的延长而愈加明显。[1087]

助听器的主要作用是补偿低频信息。[1205, 1473] 助听器对中高频声音的过度放大可能会与人工耳蜗提供的信号冲突，降低言语可懂度。[1205] 当患者佩戴的助听器经过精细验配，且响度不超过人工耳蜗的响度时，这种情况基本不会发生。[280] 当患者想听到的言语声在助听器一侧，掩蔽噪声在耳蜗一侧时，效果最好，因为此时助听器侧的信噪比最高（请参阅第 15 章 15.3.1）。此时，助听器不仅可以对耳蜗的频率范围进行互补，其麦克风还可以比人工耳蜗的麦克风接收到更清楚的声信号。

除了提高言语可懂度外，双模式还能提高患者的声源定位能力。[278, 280, 281, 285, 291, 1451, 1808] 但遗憾的是，即使在双模式下，声源定位能力也远没有健听耳精确，而且不同患者的定位能力也有很大差别。[491, 1593] 因为助听器和人工耳蜗在不同频率范围内各有优势，所以声源定位能力不够精确也并不奇怪，人工耳蜗的言语处理器很可能过滤了耳间时间线索，该线索在健听耳中主要依赖低频信息获得。同时，佩戴助听器的一侧耳因为听力损失较重也可能仍听不到耳间强度差异，该差异在健听耳主要依赖高频信息获得。当然，使用双模式验配的患者也不能使用耳间时间差提高言语可懂度。[290]

患者仅佩戴助听器时的言语可懂度分数越高，双模式下助听器对聆听效果的提高程度越大。[1248, 1451, 1808] 因此，我们可能认为佩戴助听器的一侧耳的听力损失程度会对助听器的佩戴效果产生很大影响。但是，根据目前对不同程度听力损失的评估，助听器的佩戴效果并非与听力损失程度相关。[281] 甚至当仅佩戴助听器根本对言语可懂度没有改善时，采用双模式，助听器也能在噪声环境下通过对低频音的补偿，比单纯植入人工耳蜗更好地改善言语可懂度及旋律识别能力。[964] 从短潜伏期皮质诱发电位的客观结果也能看出双模式比仅植入人工耳蜗的优势。[799, 1548]

混合或电声联合刺激

如果助听器与人工耳蜗植入耳在同侧，我们称之

第9章 助听器适用者评估

人工耳蜗植入适应证

以下列举的是常见的人工耳蜗适应证，这仅是一个初步的指南。不同国家之间、不同听力机构之间、不同人工耳蜗厂家之间的标准各不相同。随着人工耳蜗效果的不断提高，植入标准也正在发生改变，[392] 因此，佩戴混合设备的患者越来越多，听力损失轻且植入人工耳蜗的患者数量也逐渐增加。就像考虑助听器的适应证一样，佩戴效果会受到多种因素的影响。人工耳蜗的适应证也应综合考虑以下因素，不能因为单一标准就决定植入或排除植入人工耳蜗。

成人与儿童

- 没有耳蜗骨化、耳蜗缺如、慢性中耳炎或蜗后听力损伤等禁忌证。在决定是否要植入人工耳蜗时要充分考虑听力损失的病因。

成人

- 语后聋患者。患者能够说话，在通过听觉学会语言后才发生极重度听力损失。要除外能够充分利用剩余听力的患者。
- 拟植入耳在佩戴助听器并优化后，在给声音强度为 65dB SPL（相当于 A 加权声级 60dB SPL 或 45dB HL）时的开放式语句识别测试得分小于等于 50% 的患者。
- 双耳助听后开放式语句识别测试得分小于等于 60%（相当于开放式单音节词测试得分小于等于 30%）的患者。[617]
- 自愿、情绪稳定、有合理期望值，且愿意参加评估、调机及康复训练的患者。

儿童

- 年龄大于 6 个月。
- 年龄较大的儿童，交流时应能够发出多种声音。
- 能够进行听觉口语康复训练。
- 虽佩戴助听器但不能提供足够的言语线索。例如，针对整体强度为 70dB SPL 的言语，患者 2kHz 以上的助听听阈处在 30dB 动态范围之外。
- 家庭成员（与患者，如果患者的年龄足够大）有协作能力和动机并且有合理的期望值。

为混合（*hybrid*）模式验配，这种聆听模式为患者提供的是电声联合刺激（*electroacoustic stimulation*）。在混合设备中，超过某一临界频率的输入信号成分通过人工耳蜗植入体传入；低于某一临界频率的成分通过助听器传入。①混合设备最适用于有陡降型听力图的患者：在低频区域的轻–中度听力损失可以很好地利用助听器对低频声音的放大以及对音调的感知功能；在高频区域的重度或极重度听力损失可以通过人工耳蜗进行重建。其中一种选择临界频率的方法是：选择与听阈 70dB HL 相对应的频率。因为人工耳蜗不需传递低频信号成分，所以植入时电极不需插入太深。有时可以使用短电极阵列；有时使用普通电极阵列，但只刺激耳蜗底附近的电极。混合设备使患者的耳蜗与健听人的耳蜗一样，每个部分都能接收其相应频率范围的声信号，这时言语可懂度最高。[86]

混合设备尤其适用于人工耳蜗植入后效果优于仅佩戴助听器的患者。最大的问题在于耳蜗开窗的操作和（或）插入电极时可能损伤低频区域的螺旋神经节细胞，造成低频听力损失加重。使用混合设备通常会提高 5~15dB 的听阈。[583, 584, 897] 但遗憾的

---

① 对于混合模式的调机还缺乏充分研究。选择临界频率的最佳方法尚未可知。并且在有些情况下，临界频率附近的信号成分会同时通过人工耳蜗和助听器传入；有些情况下，临界频率附近的信号成分又没有通过任何一种形式传递。但是这两种情况都是不合理的。

> **混合或电声联合刺激小结**
>
> - 人工耳蜗将电极阵列插入耳蜗较短时可以通过电信号将言语信息中的高频部分传送给耳蜗的高频区域。
> - 助听器通过声振动将言语信息中的低频部分传送给耳蜗的低频部分。

是，有时患者植入后的听阈也会出现较大提高，个别情况下可能会在术后 1～2 年后突然发生。鉴于在植入术中或术后可能会对低频剩余听力造成损伤，我们在选择电极长度时会进退两难：短电极对耳蜗低频区域的损伤概率最小，但是如果植入对低频听力的损伤过重，使用长电极的优势就比较突出了。因为长电极可以将低频信号转换为电信号传入。

电声联合刺激的主要优点之一是助听器能够给佩戴者提供较好的音调信息，这是目前任何植入设备还不具备的。因此（或者还有其他原因），混合设备相对于单独应用任何一种设备在噪声环境中能提供的言语可懂度也更高。[193, 583, 584, 898] 音调感知能力的提高可以使患者能够更好地欣赏音乐。[615]

不论是单独植入人工耳蜗还是采用双模式验配，在植入电极后 2 年内，患者的言语可懂度将会得到逐渐提高。[583] 一侧佩戴混合设备的患者，可以在另一侧佩戴助听器，或植入人工耳蜗，也可佩戴另一套混合设备。

9.2.4 助听器还是触觉助听器？

有些患者听力损失程度太重，以至于只能感知触觉信息。他们能获得时程-强度信息，而不能获得或只能获得少量频谱信息。对于这种患者，如果使用以 振触觉（*vibrotactile*）或 电触觉（*electrotactile*）为目的设计而成的辅助设备，会有助于正确地获得更多的言语信息。[1431] 与以提供听觉刺激为目的助听器相比，这种辅助设备能将更多的言语信息编码为感知觉。所有市场上买到的触觉辅助设备都是以振动作为刺激信号。在一些科学研究中使用的替代品是电触觉刺激，这种设备将小的放电刺激器植于皮下。如果适当调节放电参数，患者感受到的刺激形式是振动感。[333]

尽管触觉助听器提供的信息是对唇读信息的有益补充，但是这种设备提供的信息远少于多通道人工耳蜗提供的信息。[29, 257, 600, 601, 1198, 1514, 1641] 这并不代表每个人植入人工耳蜗后的言语感知效果都优于振动设备，但绝大部分人会是这样。[1367]

触觉助听器主要提供的是超音段信息，如音调和重读。[120] 即使是最简单的单通道触觉助听器也能提示辅音的存在并区别短促音和连续音。[1429] 这些信息仅通过唇读是不能获取的。[1432] 多通道触觉助听器还能提供更多、更详细的信息，如元音的共振峰频率。[143, 333] 有证据表明感知超音段信息可能会更困难。[258, 1425] 但是这一结论非常依赖于个人设备的设计水平和患者的训练程度。

将来自唇读的视觉线索与触觉信息整合在一起并非易事。当触觉信息叠加到视觉线索上时，最初可能毫无用处，[144] 甚至不如从前，这是非常正常的。[120, 1098] 是否接受训练对佩戴效果有很大影响，而且如果患者通过训练，掌握了这一技能，将会很难遗忘。[28, 1906] 虽然植入人工耳蜗或佩戴助听器的重度-极重度听力损失者也需要训练，但训练对佩戴触觉助听器的患者更加重要。

上述内容仅介绍了触觉助听器能提高言语可懂度的优点，事实上，触觉助听器还能帮助患者监听自己的声音，这有助于患者进行发音训练。[581, 1368, 1428, 1907] 同时，触觉助听器还能帮助患者听到周围环境的声音，尤其是有不同时间模式的声音。[1486]

总的来说，触觉助听器能够帮助患者获得唇读以外的更多信息，也能帮助患者说得更清楚，听力师可以放心使用该设备。如果不确定患者验配后能否接受几周或几个月的适当训练，听力师最好不要给患者验配触觉助听器。如果患者能够接受训练，那么听力师应给助听器佩戴效果不好、不愿接受人工耳蜗植入或不能植入人工耳蜗的患者积极推荐触觉助听器。虽然多通道触觉助听器能比单通道设备提供更多的信息，但是佩戴多通道设备可能需要接受更长时间的训练。了解触觉助听器（Plant & Spens，1995）和训练过程（Plant，1994、1996）的更多信息可参见 Plant 相关论述。

9.3 助听器验配的禁忌证

在遇到某些情况时，听力师需将患者转诊进行医学评估，这些情况会暂时（对于有些患者也许是永久地）终止助听器验配。包括：
- 突发性耳聋；
- 快速进行性听力损失；
- 耳痛；
- 突发性耳鸣，或单侧耳鸣；
- 单侧或明显不对称性、原因不明的听力下降；
- 眩晕（如头晕）；
- 头痛；
- 任何原因导致的传导性听力损失；
- 外耳道炎或中耳炎［如外耳道或中耳感染和（或）耳漏］；
- 外耳道耵聍栓塞超过耳道横断面的 25%（除非听力师接受过取耵聍的训练），或外耳道异物；
- 外耳道闭锁（如外耳道缺如）或畸形。

当然，患者经过诊治后能否继续验配助听器将取决于诊断、治疗和预后的情况；如果可能，应听取耳科医生的建议，并尊重患者的意愿。

9.4 结语

本章系统介绍了选择助听器适用者的影响因素。但是，听力师在最终决定是否为患者推荐放大设备时仍需进行定性判断。患者也需要定性判断后才能做出是否接受放大设备的决定。听力师的工作就是明确告知每位患者与其相关的影响因素。

Hétu（1996）指出，患者不愿接受听觉康复或不愿接受自己存在听力障碍的事实并不单纯是患者无理。对于许多听力障碍者来说，接受自己存在听力损失等同于接受自己已经没有能力了，患者可能会由此而产生有缺陷的羞愧感，或产生因为自己导致与同伴交流困难的内疚感。对于许多患者来说，别人将自己视为听力障碍者比交流困难或社交受限更痛苦。帮助患者改变上述想法也许比调试助听设备更加困难，但是只有患者自己真正想要进行听觉康复后，说服患者接受某种助听设备才真正有意义。目前还需要大量研究来证明不同的咨询方法在帮助患者提升交流需求和行动意愿方面的效果。

对助听器适用者的选择也取决于助听技术能提供的客观帮助。虽然现代助听技术能让患者在噪声环境中听得更好，但仍与健听人在噪声环境下的聆听效果有差距。因此，佩戴助听器成为了残疾的标志：佩戴者很可能在困难聆听环境中的聆听效果没有健听人好。助听器在噪声环境中的局限性可能是导致许多听力障碍者不愿试戴助听器的主要原因。19% 的听力障碍者不愿试戴助听器的主要原因源自别人对助听器的负面评价。[955] 将来如果助听技术得到改进，如结合使用双耳超定向麦克风（请参阅第 7 章 7.1.4），使得听力障碍者在噪声环境中比健听人听得更好，那么对助听器的偏见可能会得到改变。许多现在不适合验配助听器的患者可能将来会成为助听器的适用者。

当然，技术进步并不是解决问题的唯一途径。是否是助听器的适用者也依赖于患者采用替代应对机制的能力。这种机制可能是一种有助于听觉技能使用的社会机制（请参阅第 12 章），也可能是一种对抗性的社会机制（如回避或逃避）。

本章中大多数内容是关于患者的需求、动机和态度的问题。ANL 则更倾向于从另外一个不同的、互补的领域着手。ANL 只需要几分钟进行测试，就能帮助确定谁是助听器的适用者，或通过应用降噪的方法（如无线系统或更高级的方向性麦克风）确定谁可能成为助听器的适用者。因为 ANL 和患者的态度或动机都非常重要，所以综合评价 ANL 和患者的态度或动机可能会更精确地预测患者是否适合验配助听器。因此，需要对综合运用两者进行预测的有效性进行更多研究。

有关助听器适用者的选择标准目前有一点仍然非常不明确。大家公认双侧听力障碍者在一侧植入人工耳蜗后，另一只耳也需要使用助听设备。但目前尚不明确，或仅有少数未经验证的结论[1073, 1204]：另一侧的助听设备应该选择助听器、人工耳蜗还是混合设备？更准确地讲，我们尚不知哪种听力损失类型最适合验配哪种助听设备，能确定的仅是后植入的一侧人工耳蜗比先植入的一侧能提供的帮助肯定要少很多。[1743]

第 10 章
助听器的预设

概 要

可使用公式预设助听器的放大，这些公式依据患者的某些听觉特性设定目标放大特征。最常用的预设公式以听阈为基础，但也有一些公式建立在阈上响度的判断上。

人们所熟知的线性助听器公式包括 POGO、NAL 和 DSL。上述公式仅依据听阈就能计算出增益。这些公式都包含 1/2 增益公式的变式，但由于变式的差异很大，导致助听器预设的差异也很大，特别是对于陡降型听力损失者来说更是如此。

非线性助听器的所有预设公式都包含使阈上声音响度正常化的设计。一些公式（LGOB、IHAFF、DSLm [i/o] 曲线、CAM-REST 和 FIG6）旨在使所有频率，至少是助听器压缩阈值之上的声音响度正常化。另外一些公式则在响度正常化方面与这些公式有所不同。ScalAdapt 降低了低频声音的响度；CAM2 和 NAL-NL2 仅使总响度正常化。CAM2 旨在平衡不同频率区域对响度的贡献，而 NAL-NL2 主要针对各频率的感觉强度，旨在使计算出的言语可懂度最大化。由于每个公式都经过不断修订，因此，已变得更加相似，但彼此之间仍然存在显著差异。

尽管关于每个问题都有大量可参考的信息，但目前，与助听器的预设相关的许多问题仍未解决。如，在佩戴助听器数周、数月、数年后，佩戴者对助听器的偏好和佩戴效果发生了哪些变化？助听器佩戴者喜欢多大的声音（感觉大小，而不是物理量）？需常规进行耳蜗死区的测试吗？听力损失多严重时才能被认为助听无效？信号水平下降到何种程度时，增益应该持续增加？验配目标的达成需精确到什么程度？快速压缩和慢速压缩的最佳组合是什么？

为避免响度不适，即既要获得足够的响度又不致助听器过度饱和，必须规定最大输出（OSPL90）。在许多公式中，目标 OSPL90 被假定为正好与响度不适级（LDL）相等，而有些公式则通过阈值来预测目标 OSPL90，在这种情况下，该值可能会高于或低于助听器佩戴者在临床上测得的 LDL。对于轻度到重度听力损失的助听器佩戴者来说，用压缩限制控制最大输出比用削峰更容易获得令人满意的音质。但是，通过削峰获得的额外声压级会使许多极重度听力损失者受益。

传导性和混合性听力损失者与相同程度的感音神经性听力损失者相比，需要更大的增益和 OSPL90。由于诸多原因，传导性听力损失者需要的增益量似乎比传导性听力损失在中耳引起的衰减量要小，OSPL90 同样如此。

多记忆助听器针对每种记忆可以有不同的程序。这些供选择的程序可以作为第一种记忆程序的基线响应的变式。设计这些变式是为了达到特定的聆听标准或聆听不同类型的信号，如音乐。高频听力损失大于 55 dB，低频所需增益大于 0 dB 且需要在多种环境下佩戴助听器的患者最有可能从多记忆助听器中获益。

不论是增益还是 OSPL90 都不应该超过患者所需。否则，助听器造成的强声暴露会加重患者的听力损失。患这种暂时或永久的噪声性听力损失的风险对极重度听力损失者来说最大，通过使用非线性助听器可最大限度地降低这种风险。

10.1 预设法相关概念及简史

听力损失在程度、构型和分类上差别很大。因此，助听器必须经过选配，其放大特性必须经过调试，才能适应每个听力损失者的需求。要达到此目标，唯一切实可行的方法是使用预设法（*prescription procedure*）。在预设助听器的方法中，有一种是要先测量患者的某些特征，然后，依据这些特征计算所需的放大特性。当然，被测量的患者特征和所需的放大特性之间要有某种已知的（或假设的）联系。[212] 这些所需的放大特性常常被称为放大目标（*amplification target*）或验配目标（*prescription target*）。测量的特性基本上都要包括听阈，而且它常常是测量的唯一特征。

与预设法相对的是（假设的）评估法（*evaluative approach*）。在这种方法中，随机选择各种助听器和响应图形，然后在听力障碍者身上一一测试，以找到最佳的那个。该方法严格来讲，是完全不切实际的，因为有大量的放大特征需要评估。甚至在二十世纪五六十年代，当采用系统的 Carhart 评估法（或其中一部分）依据几条标准来评估助听器的性能时，被评估的助听器实际也是通过模糊意义上的预设法来选择的。[248] 例如，低增益、低功率的助听器绝不会用于极重度听力损失者。事实上，所有的助听器选择和验配都使用了预设法和最终结果评估法的组合。听力师会认真地进行预设、选择和调试助听器以达到某个目标，但是很少会不问它的聆听效果怎么样？这个问题中包含着最基本的评估。如果答案是"很糟糕"，听力师必定会进一步探查并可能会改变助听器的特征，使其与最初进行过仔细匹配的预设不同。关于评估和精细调节的更复杂的方法将在第 12 章中介绍。

关于预设方法的选择已有很长的历史。早在 1935 年，Knudsen 和 Jones 假设每个频率所需的增益等于该频率阈值的损失减去一个常数。该方法通常被称为镜像听力图法（*mirroring of the audiogram*），因为增益–频率曲线的形状等同于听力损失曲线倒置。根据镜像公式，听力损失每增加 1 dB，就需要有 1 dB 的额外增益补偿。而对于感音神经性听力损失者而言，只有当其在听阈处聆听时，要达到正常响度感觉所需的增益才等于其阈值的损失。而对于更高强度的声音，这个增益量则过大，如图 6.10 所示。因此，镜像公式会导致增益过大，特别是对于那些听力损失最大的频率。

在下一个发展阶段，助听器佩戴者所需增益是以其最大舒适阈（*Most Comfortable Level，MCL*），而不是以其听阈，为基础的。Watson 和 Knudsen（1940）建议言语声应足量放大，从而使言语声能够被听到且感觉舒适。他们的公式包含了 MCL，但是却未考虑跨频率言语能量的变化，这一点很奇怪。不久之后，Lybarger（1944）有了一个重大发现：对各频率进行平均计算，人们选择的增益量接近于阈值损失量的一半。这被称为 1/2 增益规则（*half-gain rule*），它是之后众多预设公式的基础。

这两种观点（将言语声提高到 MCL 和 1/2 增益规则）是一枚硬币的两面。对于轻度和中度感音神经性听力损失者来说，不适阈和正常值差别很小，如图 10.1 所示。最大舒适阈几乎是在阈值和不适阈中间，因此听力损失每增加 1 dB，MCL 增加 0.5 dB。这解释了增益为何需为听力损失的一半左右。当然，如果目标是将言语声水平提高到 MCL，我们难以预测每个频率到底需要多少增益，除非我们考虑每个频率的言语强度。因为低频成分比高频成分更强，所以必须对 1/2 增益规则进行修正，或者让低频增益小一些，或者让高频增益大一些，或者两者同时调整。我们将在第 10 章 10.2.1 再讨论这个问题，并举一些具体的例子。

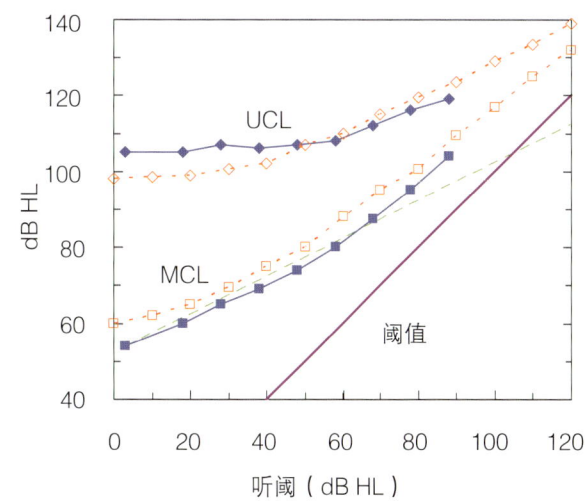

图 10.1 感音神经性听力损失者的不适阈和最大舒适阈，0.5、1、2、4 kHz 的均值。蓝色符号标记的数据源于 Schwartz 等（1988）的文献，红色符号标记的源于 Pascoe（1988）的文献。绿色虚线的斜率是 0.5，举例说明了 MCL 和 1/2 增益规则之间的关系。

对于重度或极重度听力损失者，必须进一步修正 1/2 增益规则。对于听阈大于 60 dB HL 的患者，其不适阈显著高于正常值，而 MCL 仍然处在接近阈值和不适阈中间的位置。这意味着 MCL 被提高到了超过听力阈值损失一半的位置，因此，增益也必须大于听力损失的一半。

人们在 70 年前就认识到有两种不同的听觉属性测量可以为预设提供有用的基础。第一种是测量某种阈上响度感知值（如 MCL）。第二种是测量听阈。两者间的关系在一些公式中显示得很清楚：通过测量阈值和不适阈来估计 MCL，并假定 MCL 平分患者的动态范围图。[1890]

前面提到"增益"时好像所有输入级的增益都是一样的。直到二十世纪九十年代早期，助听器确实是在较广范围的输入级上都提供了相同的增益。我们将在第 10 章 10.4 中看到，关于以听阈还是以响度感知为基础预设增益的分歧一直存在，直到最近在用于非线性助听器（当输入级提高时增益下降）的程序中仍然存在这个问题。以听阈为基础的公式一直最受欢迎，可能是由于阈值测量更容易、更快速，针对婴儿和认知能力较差的人也能测得，同时，采用以听阈为基础的公式，其效果至少和以响度为基础的公式一样好。

全部或部分以响度（MCL、不适阈或整个响度级）为基础的增益预设公式包括：
- Shapiro；[1609]
- CID（聋人中心研究院）；[1392, 1643]
- LGOB（半倍频程响度提升）；[31, 1439]
- IHAFF/Contour（独立助听器选配论坛）；[361, 1829]
- ScalAdapt；[906]
- DSL［i/o］（理想感觉强度输入-输出法，曲线压缩版本）。[327]

仅以听阈为基础的增益预设公式包括：
- NAL（澳大利亚国家听力实验室），[236] NAL-R（修订版）[224] 和 NAL-RP（修订版-极重度）；[234]
- Berger；[116]
- POGO 和 POGO Ⅱ（增益与输出预设）；[1163, 1579]
- FIG6；[919]
- CAMREST，[1214] CAMEQ，[1221, 1232] 和 CAM2；[1234]
- NAL-NL1（NAL 非线性）[226, 435] 和 NAL-NL2。[446]

一些公式为使用者提供了不同选择，可以使用完全以听阈为基础的增益-频率预设方法，也可以使用将听阈和响度不适阈结合起来的预设方法：

MSU（孟菲斯州立大学）；[360]

DSL［i/o］[327] 和 DSLm［i/o］。[1583]

尽管 OSPL90 对线性助听器可能很重要，但人们明显更加重视增益的预设，而不是最大输出的预设（OSPL90）。现在已普遍使用的非线性（压缩）助听器，其最大输出限制水平已不像线性助听器中那么重要，因为对增益的限制在非线性助听器中在较低输入级时就开始由压缩逐步实现。此外，可将 OSPL90 看作是为非线性助听器预设的许多输出曲线（每个对应不同的输入级）中的一个。

为某个患者设定最好的响应好像很简单，但是预设公式在过去几十年的研究中一直在变化。要找出听力损失和增益之间的简单关系并不容易，原因如下：

- 最佳增益-频率曲线可能取决于输入信号的类型、强度和频谱形态，但在过去使用线性助听器进行的研究中增益频率曲线并没有体现出这些变化。

理解预设公式的本质

本节列举的预设公式无论是以听阈为基础还是以响度为基础，它们在很多方面都有所不同。每当遇到一个新公式时，要考虑 4 个基本问题：

1. 该公式是以患者的哪种数据为基础的？通常情况下，公式是以阈值或能达到某种响度级所需的声级为基础的。

2. 预设了哪些放大特性？对于线性助听器，通常是增益和（或）最大输出（OSPL90）。对于非线性助听器，通常是针对数个输入级规定的增益或源于这些增益的其他特征，如每个频率的压缩比。

3. 选择该公式的目的是什么，患者数据和放大特性之间的假定联系是什么？

4. 有什么证据证明用该公式验配出的助听器，患者会更喜欢、使用效果会更好或更愿意接受？

- 最佳增益-频率曲线可能取决于阈上响度感知和频率分辨能力等因素，而这些因素无法通过阈值来预测（尽管这些联系尚未建立），或者也可能取决于其他未知因素。

- 某个人的最佳增益-频率曲线取决于这个人之前数月或数年已习惯的听觉输入的性质。[474, 1581]

- 对于某一特定的人，在特定的时间和输入级聆听言语声时，也许不只有一条最佳增益-频率曲线。更确切地说，最佳曲线可能取决于这个人是希望使可懂度还是舒适度或其他可感知的声音属性最大化。[865] 同时，也取决于所聆听材料的类型。[1013]

关于预设法和评估法早期发展历史更全面的回顾可参见 Byrne（1983）和 Hawkins（1984）的文章。本章后面将详细介绍几个有关增益和 OSPL90 的最新的也更普及的公式。

预设肯定会需要某个公式。一旦选择了预设法，就要计算增益。过去计算时要使用表格、计算尺或计算器，而现在公式都被编入由助听器厂家生产的软件之中，用于调试助听器。大部分的主流厂家会提供一个或多个已公开的公式，或厂家专有的公式供听力师选择。但是，也有针对最新、最普及的预设公式（NAL-NL1，NAL-NL2，DSL［i/o］和 CAMEQ）的独立计算机程序。真耳增益分析仪也会提供这些较为熟知的公式，测得的真耳增益可以很容易地与目标增益-频率曲线相比较。

本章将重点强调真耳增益：包括真耳助听增益（REAG，请参阅第 4 章 4.3）和真耳插入增益（REIG，请参阅第 4 章 4.4）。预设 REAG 时要明确鼓膜处的声压级（SPL）要超过传入区的声压级多少。插入增益则要明确助听时鼓膜处的信号应该比未助听时高出多少。当然，一种增益类型可以通过增加或减去真耳未助听增益（REUG）曲线来转换成另一种增益类型（请参阅第 4 章 4.4）。无论真耳增益是怎样计算的，它都可以通过使用第 4 章 4.3.2 和 4.4.2 中所述的原则以及第 11 章 11.4 中的特定程序转换为 2-cc 耦合腔增益或耳模拟器增益或真耳助听响应（REAR）。

10.2 针对线性助听器的增益和频率响应的预设

线性助听器在所有输入级的增益-频率曲线都是相同的，直到输出级超过助听器的限制。接下来三节内容将对 3 个最常用于感音神经性听力损失的公式的概念及具体计算方法进行介绍。现在很少把助听器调试为线性响应，所以这些公式现在很少使用，但是它们的开发原理与非线性预设公式密切相关。本章文本框中介绍的所有公式中，IG_i 代表 i 频率的插入增益，k_i 代表该频率的附加调试常数，H_i 代表该频率的听阈（dB HL）。

10.2.1 POGO

最早的增益-输出预设（Prescription of Gain and Output，POGO）公式[1163]直接运用了 1/2 增益规则，同时在低频附加了一个削减因子。削减因子的作用是为了减少周围低频噪声的向上掩蔽作用。当然，低频截止也是由于低频言语强度较大并且在甚低频区言语信息的重要性较低。规定的低频截止量是以公式开发者的经验为基础的。每个频率的插入增益等于该频率听力损失的一半加上一个常数，如附图所示。此公式仅用于听力损失最高为 80 dB HL 的情况。

POGO 公式

POGO 公式

$IG_i = 0.5 \times H_i + k_i$

频率	250	500	1k	2k	4k
K_i（dB）	−10	−5	0	0	0

POGO II 公式

$IG_i = 0.5 \times H_i + k_i$ 　当 $H_i \leq 65$

$IG_i = 0.5 \times H_i + k_i + 0.5 \times (H_i - 65)$ 　当 $H_i > 65$

1988 年，该公式进行了扩展，用于为重度和极重度听力损失者提供额外的增益。[1579]修正后的公式 POGO II 在听力损失低于 65 dB HL 时提供的增益值和 POGO 一样。而对于更大的听力损失，听力损失每增加 1 dB，增益也增加 1 dB。POGO II 中的额外增益量建立在对重度和极重度听力损失者的实验观察上，实验发现这些患者更喜欢在较低感觉水平上聆听言语声。① 为了在听阈升高时将感觉强度维持在一个较小但是恒定的水平上，增益的提高必须与听力损失增加的量相同。

---

① 平均而言，长时均方根 1/3 倍频程言语的声级仅在阈上 7 dB。[1878]

NAL 公式

NAL-R 公式

$$H_{3FA} = (H_{500} + H_{1k} + H_{2k})/3$$
$$X = 0.15 H_{3FA}$$
$$IG_i = X + 0.31 H_i + k_i$$

频率（Hz）	250	500	1k	2k	3k	4k	6k
K_i（dB）	−17	−8	1	−1	−2	−2	−2

NAL-RP 公式

$$X = 0.15 H_{3FA} \quad 当 H3FA \leq 60$$
$$X = 0.15 H_{3FA} + 0.2(H_{3FA} - 60) \quad 当 H3FA > 60$$
$$IG_i = X + 0.31 H_i + k_i + PC$$

用于以上公式的极重度听力损失的修正值（profound correction，PC）(dB)，是频率和 2 kHz 听阈的函数。

	频率（Hz）						
$H_{2 kHz}$	250	500	1k	2k	3k	4k	6k
≤ 90	0	0	0	0	0	0	0
95	4	3	0	−2	−2	−2	−2
100	6	4	0	−3	−3	−3	−3
105	8	5	0	−5	−5	−5	−5
110	11	7	0	−6	−6	−6	−6
115	13	8	0	−8	−8	−8	−8
120	15	9	0	−9	−9	−9	−9

10.2.2 NAL

NAL（澳大利亚国家声学实验室）预设公式自 1976 年首次发布后也经过了修正。[236] 起初，NAL 公式的目的是使助听器佩戴者在自身偏好的听力级上的言语可懂度最大化。假定当所有频带的言语声响度感知相同时，可懂度就实现了最大化。如果一个频率区的响度比其他频率区高很多有关系吗？是的，如果言语声响度过大，助听器佩戴者会调低音量。而降低音量会使所有其他频率区的响度也降低，从而使响度过低而达不到最佳的言语可懂度。结合用于预测言语可懂度的言语可懂度指数（Speech Intelligibility Index，SII）可以更好地理解上述原理。（图 9.3 显示了听阈和背景噪声之上可听到的言语频谱）。①

1976 年公式的开发方式如下。经验观测值表明助听器佩戴者在 1 kz 处偏好的插入增益是 1 kHz 处听阈的 46%（与 1/2 增益规则略有不同）。[229] 据推测，在所有的频率，每 dB 的额外听力损失都需要有 0.46 dB 的额外增益。为推算其他频率相对于 1 kHz 需要的增益是多少，要用到另外两类数据。各频率的增益要根据长时平均言语频谱（long-term average speech spectrum，LTASS）的形态进行相应量的调

---

① 如果使用言语可懂度指数来推导最佳频率响应，那么对可懂度贡献最大的频率区应该比贡献较少的频率区响度大一些。这正是 NAL-NL1 和 NAL-NL2 公式的基础（请参阅第 10 章 10.4.6）。

整，对言语声较强的频率（低频）给予的增益较少。最后，调整增益以使言语提高到健听人的 MCL，健听人的 MCL 约为 60 方的等响曲线。虽然 1976 年的公式已不再使用，但还是有必要了解该公式的理论基础，因为其中的概念仍非常有用。增益-频率曲线等于正常的等响曲线减去言语频谱曲线，再加上 46% 的听阈曲线。1 kHz 处的增益等于该频率处听力损失的 46%。1976 年的 NAL 公式与最初的 POGO 公式及线性助听器的剑桥公式非常相似。[1228]

NAL 公式采用的增益是插入增益（等同于以前的功能增益）。原来的版本也使用过对应于目标插入增益的耦合腔增益来表达该公式。所采用的目标耦合腔增益有 15 dB 的保留值，以确保能在耦合腔中用最大音量测试助听器，而在佩戴时只采用中等音量。

二十世纪八十年代早期，Byrne 对原来的 NAL 公式进行了深入评估。[214, 215] 评估显示 NAL 公式的目标（所有频率响度均衡）是正确的。但是，该公式却并未达到响度均衡，特别是对于陡降型听力损失者。使用评估数据（和其他已公布的数据）考察实现响度均衡所需的增益-频率曲线与听力图的形态之间的联系。结果显示增益-频率曲线的形态（dB/倍频程）仅与听力图的形态相差 31%。修正后的公式 NAL-R 反映了这一现象，但是仍保留了既定的 3 个频率平均增益为 1/2 增益的规则（实际上是 46%）。

进一步的实验对重度和极重度听力损失的成人和儿童偏好的增益和频率响应进行了调查。[233, 234] 发现他们需要比 NAL-R 预设更大的增益和更小的高频能量。对于 3 个频率的平均听阈大于 60 dB HL 的助听器佩戴者来说，所需增益按听力损失增量的 66% 增长，而不像听力损失较轻的人按增量的 46% 增长。

言语可懂度最大化所需的额外低频补偿（或等同于高频能量的减少量）可以在 2 kHz 听阈的基础上进行预测。当 2 kHz 处的听阈超过 90 dB HL 时，响应的斜率会逐渐减少对高频的补偿。（原因请参阅第 10 章 10.3.4）鉴于以上情况而修订的公式被称为 NAL-RP（修订版，用于极重度听力损失者）公式。

NAL-RP 公式是以测得的言语可懂度和轻-极重度听力损失者在安静和噪声环境下对音质和可懂度的主观喜好为基础的，而且得到了实证数据的支持。

10.2.3 DSL

理想感觉强度（DSL）公式的目的是使助听器佩戴者在每个频率区都能获得听得见且舒适的信号。[1600, 1601] 它和 NAL-RP 及 POGO 公式至少在以下 3 个方面有所不同。

第一，该公式的计算目标是真耳助听增益而非真耳插入增益。

第二，DSL 公式特别整合了便于在婴幼儿中运用的测试方法，而未使用平均修正因子。公式中所有测得的值以真耳 SPL 表示，从而使助听言语声级、听阈和不适阈之间能够尽量精确地进行比较。

第三，尽管 DSL 公式试图使言语声达到舒适的响度，但其并未在各个频率区之间寻求响度均衡。对于任何程度的听力损失，公式都会预设一个目标（或理想）感觉强度（*sensation level*），如图 10.2 所示。① 当听阈上升时，目标感觉强度下降。这一点是很必要的，因为极重度听力损失者的听阈和不适阈之间的动态范围很小。

DSL 的感觉强度目标是按如下方法推导产生并修正的：[1594]

- 对于极重度听力损失者，理想感觉强度的设定基于实验发现的最佳感觉强度。[524, 1653]

- 对于轻度到重度听力损失者，言语频带的感觉强度目标值被设定为比预估的纯音 MCLs 低一个标准差。[846, 1393]

- 对于健听人来说，理想感觉强度就是健听人在未助听情况下所听到的。

DSL 公式使用理想感觉强度来计算目标真耳助

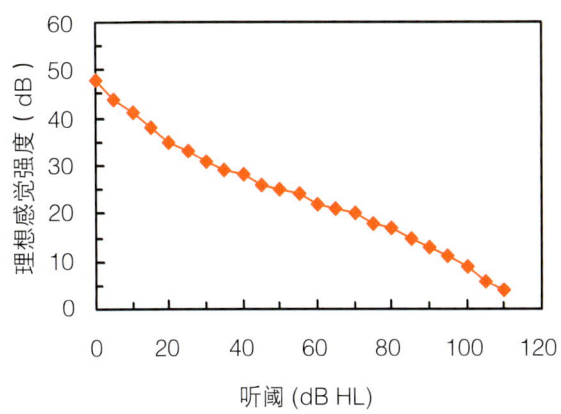

图 10.2 理想感觉强度法的目标感觉强度随 1 kHz 处听阈变化的情况。其他频率的数值非常相似。

---

① 言语感觉强度被定义为言语的 1/3 倍频程带宽的短时最大均方根减去助听器佩戴者在频带中心的听阈。这与言语可懂度指数方法中所用的定义相似。

DSL

DSL4.0 中所用的目标真耳助听增益值，该值随阈值和频率的变化而变化。

dB HL	频率（Hz）								
	250	500	750	1000	1500	2000	3000	4000	6000
0	0	2	3	3	5	12	16	14	8
5	3	4	5	5	8	15	18	17	11
10	5	6	7	8	10	17	20	19	14
15	7	8	10	10	13	19	23	21	17
20	9	11	12	13	15	22	25	24	20
25	12	13	14	15	18	24	28	27	23
30	14	15	17	18	20	27	30	29	26
35	17	18	19	21	23	30	33	32	29
40	20	20	22	24	26	33	36	35	32
45	22	23	25	27	29	36	39	38	36
50	25	26	28	30	32	39	42	41	39
55	29	29	31	33	35	42	45	45	43
60	32	32	34	36	38	46	48	48	46
65	36	35	37	40	42	49	52	51	50
70	39	38	40	43	45	52	55	55	54
75	43	42	43	46	48	56	59	58	58
80	47	45	47	50	52	59	62	62	61
85	51	48	50	53	55	63	66	65	65
90	55	52	54	57	59	66	69	69	69
95	59	55	57	60	62	70	73	73	
100	62	59	61	64	66	73	76	76	
105		62	64	68	70	77	80	80	
110		66	68	71	73	80	83	84	

资料来自 Seewald（本人同意使用）。

听增益（REAG）。每个频率的 REAG 等于听阈（鼓膜处的 dB SPL 值）加上理想感觉强度，减去总体声级为 70 dB SPL 的言语声场中最大的短时言语声级。采用了最终线性版的 DSL 软件（第 3 版）也会针对预设的运行和验证进行许多其他相关运算。这些运算考虑的因素包括阈值评估时使用不同换能器的影响、个人真耳耦合腔差值（RECD）、预设的 OSPL90，并用图形显示出测量的和预设的与听阈和不适阈相关的言语声级。

第 10 章 助听器的预设

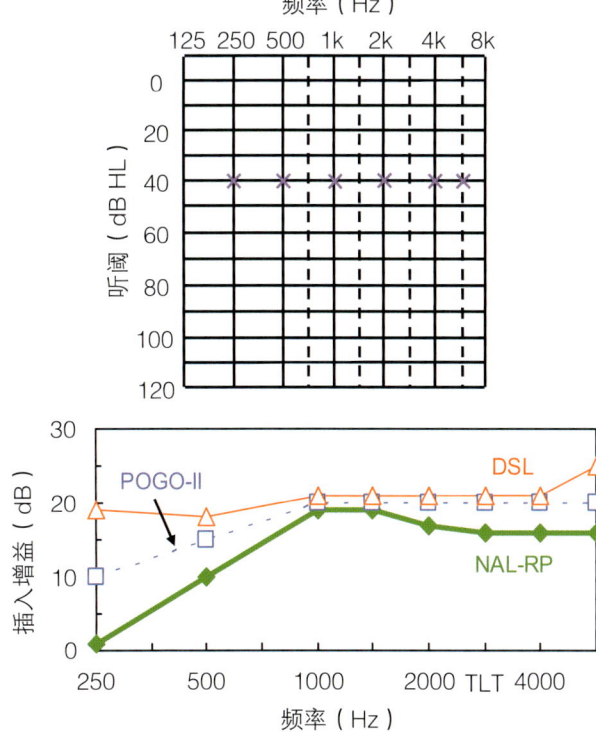

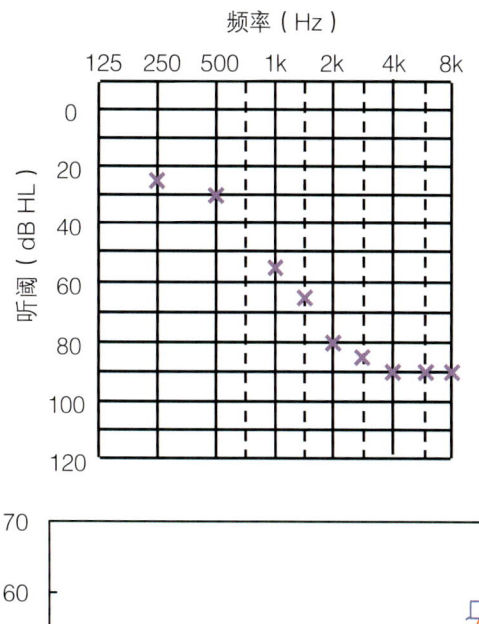

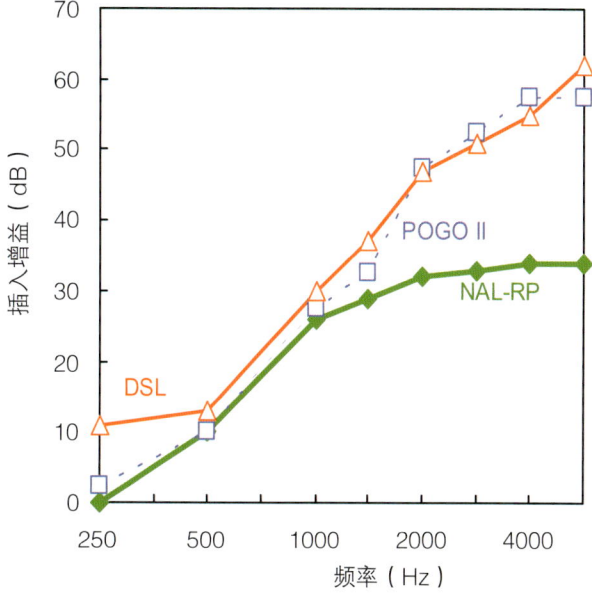

图 10.3 中度平坦型听力损失者的听力图和由 DSL（三角），POGO II 和 NAL-RP 公式计算出的插入增益。

10.2.4 举例和比较：POGO II，NAL-RP 和 DSL

这三个程序使用了不同的公式，建立在不同的原理之上，因此针对听力损失者得出的预设显著不同也就不足为奇了。本节将介绍各个公式[①]针对两个不同的听力图所给出的目标插入增益。

中度，平坦型听力损失 图 10.3 显示了患者的听力图以及三个预设公式给出的插入增益值。NAL-RP 公式在低频和高频提供的增益比其他两个公式都少。

中度，陡降型听力损失 图 10.4 显示出在 1 kHz 以下三个公式的预设很相似，但是 DSL 和 POGO II 公式得出的平均增益远高于 NAL-RP，且前两者的频响曲线远比后者要陡峭。

预设之间的不同是显著的，这一点非常重要。预设之间的不同可以认为是平均增益的差异再加上频响曲线间的差异。对于一个佩戴着的助听器上有音量控制钮的成人来说，预设的平均增益不合理并不

---

① 通过减去成人平均真耳未助听增益曲线，DSL REAG 目标值被转换为插入增益（表 4.6，0° 入射角，没有控制麦克风的情况下）。

图 10.4 与图 10.3 一样，但针对的是中度陡降型感音神经性听力损失。

是一个严重问题，因为助听器佩戴者可以通过调节音量进行纠正。而儿童和不能调节音量的成人（不论何种原因）就没有这种有利条件，因此正确预设平均增益对他们来讲就非常重要。但是，助听器佩戴者通常不能改变频响曲线，并且能够自己调节音量的助听器佩戴者也常常不愿进行调节。考虑到三个公式针对上述患者和其他类型患者给出的预设彼此不同，因此，其中至少有一个公式给出的平均增益和频率响应一定不是最优的。

如果验配目标间的差异如前面例子中那么大，为什么在临床实践中并未显现出三个公式中哪个是最理想的呢？原因之一是在真实的助听器中无论使用哪个公式，助听器佩戴者获得的增益-频率响应都

> **理论难题：我们是否应该保留个人的开放耳特征——插入增益（IG）目标或真耳助听增益（REAG）目标?**
>
> 以 REAG 为目标值时，所有听力损失程度相同的人从自由声场到鼓膜的增益都被设定为相同的值，而忽略其外耳道提供的增益。以插入增益为目标值时，所有听力损失程度相同的人在鼓膜处的 SPL 增量都会设定成相对于未助听时具有同样的值。
>
> 有人会说，IG 法更好，因为助听器的工作就是提供比助听器佩戴者未助听时更多的信号，而这正是插入增益所测量的内容。也有一些人认为，一旦助听器佩戴者佩戴了助听器，那么他们以往未助听时在鼓膜处接收到了什么并不重要。
>
> 两个公式可以通过加上或减去平均 REUG 来相互转换。对于 REUG 曲线接近平均水平的人来说，选择不同的增益目标类型对预设的放大影响很小（虽然特别选定的公式可能也如此）。因此，使用哪个预设法无关紧要。[262, 1376]
>
> REUG 曲线与平均水平略有不同的人可能会更喜欢采用了自己 REUG 曲线的放大方案，而非包含平均 REUG 曲线的放大方案，也就是说，这部分人会更喜欢插入增益法。[1376]
>
> 选择 REIG 还是 REAG 目标对那些 REUG 曲线与平均水平差别很大的人影响最大。其中一部分人接受过外耳道手术，特别是乳突切开术。他们的外耳道被扩大会造成 1～2 kHz 的亥姆霍兹共振，而不是预期的 2.7 kHz 左右的波长共振。验配助听器时，保留这样一个非自然共振显然是不合适的。[921] 换句话说，采用 REAG 目标对这一类助听器佩戴者来说最合适。同样，还有一类鼓膜大穿孔的助听器佩戴者，他们的 REUG 曲线有 2 个波峰，被 1 个波谷隔开。[1251] REUG 特征与平均水平相差较大的成人更喜欢以平均 REUG 为基础的放大特性，也就是说，采用 REAG 预设对他们来说更合适。[1376]
>
> 第三类 REUG 特点较独特的人群是 3 岁以下的儿童。出生时，婴儿在 6 kHz 附近会产生耳道波长共振，随着外耳道的生长延伸它会逐渐降低到成人的值。[984] 目前尚不清楚婴儿是否能够从这种高共振频率中获益，也不清楚高共振频率是否仅仅是短耳道必然带来的后果，短耳道是出生时孩子头的体积较小所造成的，所有母亲都期望出生时孩子的头径较小。关于头径大小的论点好像更为可能，如果是这样，那么 REAG 目标更适合这一类听器佩戴者。
>
> 总之，年龄较小的儿童和外耳道畸形或经手术改变的助听器佩戴者采用 REAG 目标可能更合适，其他助听器佩戴者则采用插入增益目标更为合适。这样划分比较方便，因为对于年龄较小的儿童测量 REAG 比较容易（请参阅第 16 章 16.4.3），但是对于成人则测量插入增益更为容易（因为对于这些助听器佩戴者，将探测麦克风放入外耳道得到准确的结果更加容易——请参阅第 4 章 4.4.1）。对于 REUG 特点接近平均水平的成人助听器佩戴者，采用哪种类型的真耳增益为目标无关紧要。

可能是相同的。当使用 NAL-RP 公式时，由于多数助听器在 2～4 kHz 间的增益斜率范围有限或者因为反馈啸叫限制了可获得的高频增益，因此，在 3 kHz 和 4 kHz 处测得的插入增益通常比目标增益小。在这样的情况下，用一个高频增益的斜率比 NAL-RP 公式的高频增益斜率更大的公式来代替它也不会使实际验配的斜率更大。因此，公式之间的较大差异很少在临床实践中显现。

由于 NAL-RP 公式在临床和科研中应用很广，对其进行的评估也比其他公式更多。NAL-R 公式开发后不久，一项针对成人的实验显示，虽然大多数人不反对使用高频削减，但很少有人对 4 个增益-频率曲线中的哪一个有明显偏爱。[220] 平均各频率的情况，预设给出的增益与助听器佩戴者偏好的增益接近。针对大龄儿童的实验证实，在听力图相同的儿童中，NAL-RP 公式既没有低估也没有高估助听器佩戴者偏好的响应曲线斜率或平均增益。[283, 1667] 有关多记忆助听器应用条件的研究也为 NAL-R 或 NAL-RP 预设公式的应用提供了支持证据。[864, 886]

与之相反，也有一些有关可听度的深入研究显

与方法相关的实际问题

- NAL-RP 公式（与 NAL 的前身和衍生式一样）以安静和噪声环境下的言语可懂度和音质最大化为基础。该公式的一个有利结果是对于陡降型听力损失者，所需的高频增益比其他公式少。这使得目标更容易实现，反馈啸叫发生的可能性更小。
- 作为 DSL 公式的一部分而开发的测量程序对于婴儿特别有利，第 16 章 16.2 中将做出进一步讨论。这些测量方法也可以用于其他预设公式，第 16 章 16.4.3 中将会有所介绍。

示由其他公式得出的增益-频率响应在提高言语可懂度方面表现更好。要提供一个公式比使用 NAL-RP 得出的言语可听度更高可能很容易，而且可听度的提高也会带来更高的 SII 值。[779, 1038, 1483] 这一点仅通过提高某些或所有频率的增益来提高响度就能达成，但助听器佩戴者未必喜欢。在 SII 值很高的条件下（使所有频率的言语声都有很高的可听度），常常难以使可懂度得分也相应地高于 NAL-R 预设的结果，甚至有时还会使得分和音质更差。[1038, 1483] 如果允许助听器佩戴者将音量调节到他们喜欢的响度，那么言语可懂度得分可能会比通过 NAL-RP 预设获得的得分要低。[1738]

对有关 NAL-RP 预设的评估研究进行 Meta 分析显示，虽然一些研究认为 NAL-RP 可以为助听器佩戴者提供他们所喜欢的总增益量，但是也有一些研究认为助听器佩戴者喜欢的增益要比 NAL-RP 预设提供的增益低。[318, 1255] 只有一个研究中的一组成人受试者喜欢的增益比 NAL-RP 预设规定的增益要高。[①, 1013] 总而言之，NAL-RP 公式可能比使用合适的频率响应曲线多给出了几分贝的增益。

关于 NAL-RP 预设的这个结论，有三点需要注意。第一，研究中的受试者不习惯比 NAL-RP 更高的高频能量。（他们平常佩戴的助听器甚至常常达不到 NAL-RP 在 4 kHz 的增益目标。）因此，如果受试者在参加实验研究前已有足够的经验，那么他们就有可能会喜欢或能从更大的高频增益中获益。过去，佩戴式助听器的局限性限制了达成理想响应。多频带助听器和有效的反馈抑制技术现在却使这种实验成为可能。

第二，NAL-RP 的响应曲线并不总是最理想的。如果降低 NAL-RP 规定的高频增益，舒适度常常更

---

① 中到重度平坦型听力损失受试者喜欢的响应大约比 NAL-R 250～1000 Hz 的响应大 4 dB 的增益。

高。[1038, 1125] 甚至当 NAL-RP 无论在客观上或主观上都提供了更大的言语可懂度时，也是如此。[1125] 即使对 NAL-R 响应的最初验证也表明，在把舒适性作为选择标准时，许多受试者对高频削减响应也同样满意。[220]

第三，高频声音的可听度有时会被助听器的最大高频输出而不是高频增益所限制。可想而知，如果能够得到额外的高频增益而又不引发助听器饱和，那将是非常有价值的。但是，这似乎不太可能实现，因为一些研究显示针对重度和极重度听力损失者的高频放大价值下降并没有受到高频失真的影响。

10.3 预设中的难点问题

在继续介绍关于非线性助听器预设的不同方法和公式之前，我们需要考虑几个问题，这些问题会影响非线性预设，许多问题在线性预设的研究中已经知晓。

10.3.1 增益和频率响应的习服与适应

聆听放大的声音会使助听器佩戴者的听觉能力产生长期、渐进的变化。这种普遍现象被称为**习服**（*acclimatization*），虽然"习服"这个词还有许多不同的用法。习服的内涵之一是关于聆听经验对助听器佩戴者言语理解能力的影响——这方面的习服将在第 14 章 14.7 中介绍。

成人助听器佩戴者首次配戴助听器后的另一个变化是，其喜欢的增益量可能会随着时间的推移逐渐增大。因为听力损失通常是逐渐发生的，助听器佩戴者的听觉处理系统已经适应了受损耳蜗传递给中枢神经系统的低水平刺激。当助听器佩戴者首次配戴助听器时，耳蜗的输出突然增加——其响度级可能超过了助听器佩戴者希望接受的水平。随着时间延长，听觉处理系统重新适应了增强的耳蜗输出，

¹³⁶³ 因此，助听器佩戴者希望放大稍微增强一些，从而在言语声级较低的环境中获得较大的言语可懂度。这种习服被称为**增益适应**（*adaptation to gain*）。

毫无疑问，听力损失越重，佩戴助听器时的响度增量越大，使用助听器的头几年中对增益的适应越明显。对于轻度听力损失者来说，助听器带来的响度变化很小，对增益的适应无法测量出来。⁸⁸³ 对于首次配戴助听器的重度听力损失者（在发达国家较少见）来说，可以推测在接下来的三年中，他们喜欢的增益可能会增加近 10 dB。⁸⁸³ 听力损失给适应的影响会带来两个结果。其一，因为多数研究针对的人群是轻度到中度听力损失者，预期适应量总体较低，因此，其差异可能重要，也可能不重要。³¹⁸, ¹¹³⁸ 其二，助听器预设公式中对增益适应的修正必须要考虑听力损失的程度，无论增益适应是包含在预设公式中，由听力师进行调试（需要在助听器佩戴者获得一些经验后对助听器进行调试），还是将其设为一种信号处理程序，在验配后数周或数月后自动增加增益。

适应更进一步的含义是助听器佩戴者的理想增益 - 频率响应曲线（从喜好或言语可懂度的角度出发，或两者兼有）可能也会随着助听器佩戴经验的增长而改变。根据上一段关于适应取决于听力损失的论述，有明显高频听力损失的助听器佩戴者配戴高频显著增强的助听器后，可能需要花费较长的时间适应较明显的高频可听度升高，而需要花费较短的时间适应较小的低频可听度变化。尽管许多听力师认为此推断成立，而且事实上很可能也是成立的，但是研究尚未发现助听器佩戴者验配助听器后对频率响应的喜好会随时间进展而有任何显著的变化。⁸⁸³, ¹¹³⁸

10.3.2　响度偏好

正如我们所见，所有非线性助听器的预设公式都需放大声音以使其响度等于或低于健听人听到同样声音的响度。但是，这只是假设听力障碍者喜欢听到正常响度的声音。只有少数实验研究过听力障碍者配戴助听器时对响度（这是一种感知，很难准确测量）的偏好，但并未得出最终结果。当采用考虑了听力损失的响度模型计算响度时，¹²²⁷, ¹²²⁹ 助听器佩戴者无论在实验室中还是在现实生活中佩戴助听器时，好像都喜欢比正常水平低的响度。¹⁶⁴⁷⁻¹⁶⁴⁹ 当助听器佩戴者采用 NAL-NL1（目的是提供的总体响度不高于正常响度）设定的增益聆听时，其对声音进行的响度分级要高于健听人。¹⁶⁴⁸, ¹⁶⁴⁹ 如果所采用的响度模型（既用于分析实验结果，也作为 NAL-NL1 衍生的一部分）低估听力障碍者感知的声音响度时，那么上述结果将是一致的。

即使我们不确定听力障碍者所喜欢的响度，但我们对其喜欢的增益量有很多了解。因为许多实验都将 NAL-RP 和 NAL-NL1 预设作为基线响应，我们对成人助听器佩戴者在这两种预设下所偏好（至少在典型的输入级）的增益非常有把握。对各类实验深入分析显示，成人听力障碍者喜欢的增益通常比 NAL-RP 和 NAL-NL1 规定的要小 3 ~ 4 dB。³¹⁸, ¹²⁵⁵

10.3.3　死区

正如第 1 章 1.1.5 中所介绍的，将代表声音的电信号传递到脑干的责任主要由内毛细胞（IHC）承担。当耳蜗的某个特定区域没有正常工作的内毛细胞和（或）与其连接的听神经时，该部分耳蜗被称为**死区**（*dead region*）。死区会造成一个特定频率范围的信号（正常应在耳蜗的那个区域产生共振）在耳蜗中没有相应的部位将其转换为神经信号。但当这个频率区的信号经过了充分放大后，仍有可能在耳蜗的其他部位被感知到，只是传送到脑干的信号可能会使人产生混淆，因为耳蜗的其他部位也在传递属于他们自己频率区的信号，就像死区的频率成分通常应该由该区域传送一样。

有趣的是，人们对死区内频率的分辨能力比对稍低或稍高于该区域频率的分辨能力要好。这可能是由听皮质的神经元造成的，这些神经元通常由不再工作的耳蜗区域来刺激，现在发现自己无事可做了，于是就重新与其最相近的尚在传递信号的神经纤维建立了连接。⁹³⁵, ¹¹⁶⁶

尽管大脑具备强大的能力，可分析死区溢入临近正常工作频率区的信号，但死区内的信号放大对言语可懂度的贡献要小于该区域有正常工作的内毛细胞时的贡献。有两个实验显示无论是在安静还是噪声环境下，由高频死区的下限向上扩展，多放大一个倍频程似乎并不能进一步提高言语可懂度，虽然扩展放大范围的价值在个体之间存在较大差异。①, ⁶⁹, ¹⁸⁵⁸

---

① 两个实验推荐将放大扩展到死区下限频率以上的 1.5 ~ 2.0 倍。考虑到这条规则所依赖的数据变化较大以及带宽对言语可懂度的最小影响，将上述规则简化为死区边缘之上一个倍频程似乎是合理的。

另一项实验也证实在噪声环境中上述结论适用，但发现在安静环境中，当放大扩展到整个言语频率范围的时候，言语可懂度可实现最大化。[1108]

选择不对死区进行过多放大（听力损失和预设增益往往很大）可以避免反馈啸叫的问题，从而简化验配过程，在某些病例中可能会轻度改善言语可懂度。[69] 虽然许多关于对死区放大的研究集中在最常见的高频死区上，但实际上死区也可以在低频或中频发生，会对应在多种不同类型的听力图上。[1215, 1454] 通常，有死区的人在噪声中的言语接收阈比没有死区的人要差，即使他们听力图之间的差异并不大。[1454]

当某区域的内毛细胞功能受到损伤时，该区域也可以被认为是功能性死区。如果某个区域的内毛细胞所需的基底膜振动非常大，以至于具备其特征频率的声音在耳蜗的其他区域极易被察觉，那么这个耳蜗区域就是功能性死区：在输入被充分放大时，该区域的内毛细胞可以产生神经反应，但是耳蜗其他区域的神经元会产生更强烈的反应。[1215]

使用心理声学调谐曲线和（或）TEN 测试可以发现耳蜗死区。

心理声学调谐曲线

心理声学调谐曲线（*psychoacoustic tuning curve*，**PTC**）是通过寻找各频率上正好能掩蔽较低感觉强度的纯音的最轻窄带声音（安静环境下该纯音通常在阈值以上 10 dB）而得出的。如果耳蜗内与特定纯音调谐的区域内的毛细胞功能正常，那么最容易掩蔽该纯音的声音的中心频率应与该纯音相同。但是，如果耳蜗该部分有死区，那么人所听到的纯音一定来自耳蜗其他部分产生的神经信号。[这种形式的神经刺激称为**越频聆听**（*off-frequency listening*）或**越区聆听**（*off-place listening*）[832, 1215]。] 如果是这样，最容易掩蔽纯音的声音将处于其他频率。图 10.5a 显示了 1 kHz 信号在无死区的耳蜗内的 PTC。图中所示的每一个掩蔽声都正好能掩蔽 1 kHz 的信号。调谐曲线的尖端也在 1 kHz，这是因为信号在该频率可以被最低水平的掩蔽声所掩蔽。

图 10.5b 的 PTC 显示在 4 kHz 有一个死区。4 kHz 的信号更容易被 3.15 kHz 的掩蔽声而不是 4 kHz 的掩蔽声所掩蔽，表明 4 kHz 的信号被察觉可能是建立在耳蜗 3.15 kHz 区域所产生的神经信号上的。

遗憾的是，PTC 的结果可能不准确。当纯音和窄带掩蔽声频率相似（但不相等）时，这两个声音

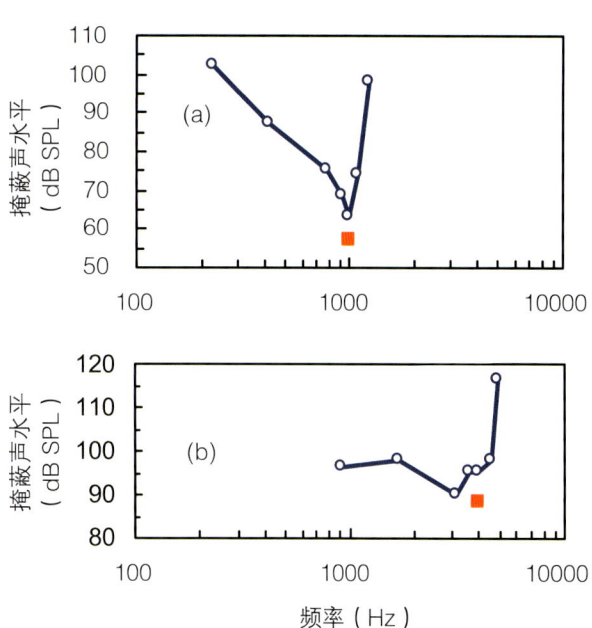

图 10.5 某人的心理声学调谐曲线，（a）1000 Hz 阈值为 40 dB HL、（b）4000 Hz 阈值为 70 dB HL。正方形显示信号的频率和水平。

会在更低的频率产生助听器佩戴者能够察觉的节拍音或组合音。[①, 218] 察觉到这些伪音会在信号频率或其邻近频率的 PTC 上形成一个尖端，即使信号频率在死区内。[1215] PTC 包括每个信号频率在多个不同掩蔽频率的掩蔽阈值，所以需要较长的时间来测量，而临床上可用的时间往往没有那么充裕。即使是连续扫描掩蔽频率的快速法也需要每频率 10 分钟，还要再加上熟悉和练习的时间。[936]

TEN 测试

如果宽频掩蔽声与给定的纯音信号同时呈现，则当紧邻纯音信号频率区内的掩蔽声的能量超过安静环境下的阈值时，纯音阈值就会升高。如果可以在其正常位置察觉纯音，那么掩蔽阈值将与落在该频率周围的听觉滤波器（请参阅第 1 章 1.2.1）的宽带噪声能量相同。但是，如果耳蜗的相应部位没有正常的内毛细胞时，纯音实际上是由具有更好听觉敏感性的耳蜗其他部位所察觉的，那么施加宽带掩蔽噪声的影响是什么呢？纯音的掩蔽阈值将远大于掩蔽噪声的局部能量，也远大于安静环境下的阈值。针对健听人，在所有频率产生相同掩蔽阈值的噪声被称为**阈值均衡噪声**（*threshold equalizing noise*，*TEN*）。[1235]

---

① 使用窄带噪声而非纯音作为掩蔽声可以减少但并不能完全避免由节拍音和组合音造成的问题。[1215]

巧合的是，掩蔽阈值至少要超过安静环境下的阈值 10 dB，在耳蜗死区被诊断出来之前掩蔽阈值至少也要超过每个频率区掩蔽声能量 10 dB。[1235]

因此，改进的 TEN 测试就可以采用 dB HL 而不是 dB SPL。[1233] 这种改进意味着只要在 TEN 噪声存在的情况下重新测量听力图，并将其与在安静环境下测得的原始听力图作对比就行。两个听力图均推荐以 2 dB 为步距。新版本的噪声带宽更受限且波峰也较低（请参阅第 4 章 4.1.3），以降低其在测试中造成响度不适的可能性。但是，有时实施该测试仍然存在困难。对于极重度和重度以上听力损失受试者，响度不适会影响得到的结果，10 dB 只是一个大概标准（最佳标准取决于年龄或听力损失），掩蔽阈值和安静环境下阈值之间的测量差值可能会有几分贝的测量误差，特别是基于常见的 5 dB 步距进行测量时，误差更明显。[1215]

那么，在验配助听器前有必要检测死区吗？关于这个问题结论莫衷一是，原因有三。

第一，虽然一些实验显示 PTC 和 TEN 测试诊断出来的死区之间具有较好的一致性，[785, 936, 1235] 但另一些实验则显示两者间一致性不好。[①, 292, 1746] 这种分歧可能是由 PTC 刺激选择不恰当造成的。

第二，死区检测的价值无疑取决于不进行死区检测时使用什么预设。如果认为提升各频率区可听度的益处与各频率区的听力损失程度无关——那么就会给各个重度听力损失的频率设定很大的增益。如果其中一些频率在死区之内，那么就会造成重大错误——在最好的情况下，放大会被浪费，而在最坏的情况下，会造成反馈啸叫并且会降低言语可懂度。

如果预设是建立在另一种假设之上——某个频率区的听力损失越大，该区对言语可懂度的贡献就越小，而不论其可听度是多少。那么对听力损失最大的频率区就不会像前述例子那样给予很大的增益，甚至不能听到某些水平的言语。因此，知道某个频率区没有正常的内毛细胞就可能不会对预设产生影响。

虽然听力损失程度和死区并不是 1:1 的对应关系，死区存在的可能性随着听力损失程度的提高而增大则是一定的。[69, 292] 在 4 kHz，一旦听阈超过 70 dB HL，则较有可能存在死区。[3] 因此，某些特定的程序在考虑到随着听力损失增加而有些频率区域的功能就会减低时，已经针对死区对预设公式进行了一定调整。

第三，即使预设公式没有明确考虑到重度听力损失者的某些频率区功能降低，经验丰富的听力师也会调整预设，不对某些听力损失太重的频率区进行放大。一项研究显示，有经验的听力师通常认为，仅以听力图为基础，90 dB HL 以上的听力损失将难以助听。[1745] 当将其应用于研究者（而不是听力师）已明确死区范围的听力图时，得到的放大上限与根据死区边缘上移近一个倍频程所预测的上限没有明显区别。此外，依据 90 dB 规则获得的言语可懂度和以死区边缘为基础获得的言语可懂度基本相同甚至更好。[1745]

考虑到潜在的测量问题、花费的临床时间以及对结果的使用还存在不确定性，大多数预设公式并没有把死区测量作为强制内容。不过，CAM2（请参阅第 10 章 10.4.7）仅适用于没有死区的频率。关于死区对放大的影响有一定的道理，也有一些证据支持，因此将来在预设程序中可能会更多考虑死区的问题。

10.3.4　重度听力损失、有效可听度和高频放大

随着频率逐渐超过 2 kHz，多种因素会共同给听力师、助听器工程师造成难以克服的困难，更不用说助听器佩戴者了。言语强度减弱以及听力损失增加（多半情况下如此）都意味着获得可听度需要更大的增益。那么存在的问题是什么呢？虽然直到接近 10 kHz 处仍存在言语信息，但是随着频率升高每 1/3 倍频程带宽包含的信息量就会减少。[54] 如果听力损失随着频率升高而增加，这种减少会因助听器佩戴者信息使用能力的降低而加剧，即使信息可以听得到。此外，增益越高出现反馈啸叫的可能性越大。

在没有高频死区的情况下，对高频放大多少最理想呢？关于这个问题没有一个简单的答案，或者说这个话题也不在本节的讨论范围之内。与此相关的几个问题是：

- 应当听到多大频率范围的言语声？

---

① 在一项研究中，如果将 TEN 测试的死区标准提高，使掩蔽声高于掩蔽阈 14 dB 而不是 10 dB，则 PTC 测试结果与 TEN 测试结果之间的一致性会得到提高。[1746] 遗憾的是，另一项研究则发现将该标准降低到 8 dB，两种方法会更加一致。[936] 如果掩蔽声的带宽太窄，PTC 会产生误导性的结果，因为目标声音和掩蔽声会产生可以听到的节拍音和（或）组合音，即使目标声音本身被掩蔽了。[933, 934]

- 在这个范围内，感觉强度应如何随频率变化？
- 以上两个问题的答案会随输入级和听力损失变化发生怎样的变化？

许多实验对带宽上限频率提高时言语可懂度和（或）用户偏好如何变化做了评估。这些研究分别显示可以将放大扩展到：1.8 kHz（为了音质）；[1740] 3 kHz；[833] 3.2 kHz；[43] 3.6 kHz；[19, 1289] 4 kHz；[1801] ≥ 4 kHz；[1440] 4.5 kHz（当使用非个人频率响应时）；[747, 765] 5 kHz（陡降型听力图）；[1506] ≥ 5.6 kHz；[765, 1635, 1802] ≥ 6 kHz；[763, 1642, 1740] ≥ 7.5 kHz（死区不存在，声音空间分离，摩擦音观察，或是为了可懂度而非愉悦度）[69, 577, 1223, 1224, 1858] 和 ≥ 9 kHz（平坦型或缓降型听力图）。①, [1506] 在某些情况下，如果带宽扩展到超过最佳限度，言语可懂度或偏好度实际上会下降，但这通常只会发生在某些患者身上，而非整个研究对象身上。

可以用另一种方式来分析这些实验的结果。我们可以记录受试者与上限频率相对应的平均听力损失，而非记录达到最大性能时的最低带宽。在此基础上，将放大扩展到听阈达到 75 dB HL 时。这必然会造成低估，因为在许多实验中最佳上限是所有比较数据中最高的。

不同的实验之所以会得出如此不同的最佳上限频率，原因有很多：

- 高频听力损失越大，扩展高频响应的价值就会越小。[1506]
- 说话者声音中高频包含的独特信息越多，最佳带宽越宽。例如，4 kHz 以上的可听度对于感受女性发出的摩擦音比男性发出的摩擦音更重要。[1701, 1702] 超高频声音可听度的不足可能是造成听力障碍婴儿摩擦音发声晚的原因。[1704]
- 噪声频谱相对于言语频谱的形态将影响上限频率的价值。当信噪比随着频率增加而增加时，扩展频率限制会比当信噪比随着频率增加而减少时的价值更大。[833] 换言之，当低频言语线索无法使用时，比如当它们被噪声掩蔽时，高频言语信号会变得更加重要。[765] 当把音乐当作刺激时，超高（和超低）频成分的价值会增加。[1243] 与此类似，当测试信号仅由高频摩擦音组成时，相对于言语信号，采用扩展的高频响应会更有用。[577]
- 言语和噪声的空间分离通常能改善言语可懂度，而高频线索对此有贡献。当目标声音与竞争声音空间分离时，使用更宽的带宽会变得更重要。[1223]
- 扩展带宽内提供的感觉强度将影响结果。即使某人更喜欢或能从扩展到 8 kHz 的较低感觉强度中获益，但是如果给他两个选择，一个是 8 kHz 的带宽加上很高的高频感觉强度以致高频成分主导整个响度，另一个是 4 kHz 的带宽加上各频率均衡的响度，那么这个人很可能会选择更局限的带宽，或者在这种情况下表现更好。Horwitz（2008）的研究结果与此一致，其研究显示当将扩展带宽用于个性化的 NAL-R 增益 – 频率响应时非常有价值，但将其用于另一种为中频和高频提供更高的放大率的响应时，扩展带宽就没有价值了。一般来说，过高的呈现水平会降低可懂度；[481, 482] 特别是过度的高频刺激可能会掩蔽更低频率的信息，即**掩蔽下扩（downward spread of masking）**。[1640] 当听力损失严重时，响度会随着感觉强度的增加而显著增加。相反，如果增益不足以为扩展的带宽提供任何可听度，那么听力障碍者则无法从更宽的带宽中获益。[564]
- 一些实验中有高频死区的受试者可能占较大比例。在研究者意识到死区的重要性之前，已经进行了许多关于高频放大的研究。
- 平坦型听力损失者倾向于喜欢较宽的带宽，而陡降型听力损失者喜欢较窄的带宽。[1506] 这一点可以从两个角度来理解。其一，陡降型听力损失者最可能有高频死区，因此不会从高频放大中获益。其二，即使没有死区，那些陡降型听力损失者从高频（听力损失严重）信号中提取信息的能力比从低频（听力损失较轻）信号中提取信息的能力差。因此，对于这些助听器佩戴者高频可听度比低频可听度的价值要低。

不同频率区对各种听力图人群的相对重要性已经通过使用低通和高通滤波言语（有不同的截止频率）进行了广泛研究。[292] 通过比较测得的言语可懂度和基于可听度及各频率区重要性而预测的可懂度（如使用言语可懂度指数），可以计算出听力损失程度不同的人利用助听信息的能力。

图 10.6 显示听力障碍人群相对于听力正常人群所能提取的最大信息百分比（至少从平均值上）。提取信息的能力随着听力损失的增加而降低，甚至在达到较好可听度的时候，可实现的最大百分比在听阈达到 66dB HL 时也会下降一半。[292] 使用元音 - 辅音 - 元音测试材料和句子测试材料时也得到了同样的

---
① ≥ 表明"最佳"上限频率是所研究的最高频率限制。实际上最佳限制可能会更高。

结果，且在所有频率均适用。

得出这些结果的模型也显示在感觉强度很低的时候，听力损失对信息提取能力的影响最小。另一些研究也提示听力障碍人群能够很好地运用恰在其阈值之上的言语信息。[747, 1701] 但是，随着感觉强度提高，健听人能够提取的信息越来越多，而听力障碍者则仅限于图 10.6 所示的提取信息比。[292] 当然该图仅是平均值，一些听力障碍者能够提取比图中比例更多的信息，一些听力障碍者提取的信息则较少。我们可以推测后者中有死区的助听器佩戴者所占比例更大。

这些结果与其他多项研究的结果一致：虽然听力损失会降低从可听言语中提取的信息量，但是这与频率无关。[763-765] 通常在高频处的信息提取能力会比在低频的能力降低更多。这是因为高频处的听阈通常比较高，而不是因为相同程度的听力损失对高频信息提取能力的损害比对低频信息提取能力的损害要严重。早期的数据显示听力障碍人群使用高频信息的能力下降，[276, 293] 现在使用与图 10.6 相同的分析方法对这些数据重新进行分析后发现，能力下降取决于各频率听力损失的大小，而不是频率本身。

图 10.6 显示了设计 NAL-RP 程序时所依据的研究结果（请参阅第 10 章 10.2.2）。当阈值达到重度–极重度听力损失时，通常先发生在高频，高频的信息提取会进行性减少，获取高频可听度的价值也会逐步降低。随着降低高频可听度，整体响度也会降低，因此在同样的整体响度下，低频能够提供更大的可听度，这一点也反映在 NAL-RP 公式的极重度听力损失修正值上。比起将更多的容许响度浪费在

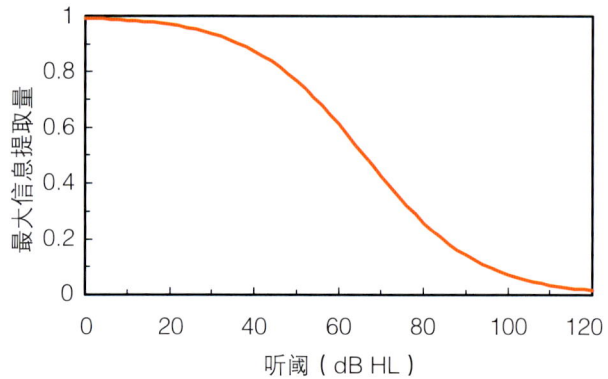

图 10.6 当达到理想可听度时不同程度听力损失者所能提取信息的比例。

不太有效的高频上，将其用在低频上更有助于提高言语可懂度。

听力障碍耳从可以听到的信号中提取信息能力下降的现象被称为**听力损失失敏**（*hearing loss desensitization*）。[293, 1396, 1737] **有效可听度**（*effective audibility*）也包含同样的含义，而不仅是考虑由言语感觉强度决定的物理可听度。言语信号的有效可听度是指健听人要获得与听力障碍者同样的言语可懂度时所必需的言语感觉强度。

如果用言语可懂度指数估计言语可懂度而不考虑听力损失失敏，则无论哪个频率有重度或极重度听力损失，都会使可懂度估计过高。提高听阈最高处的言语可听度可能会使言语构图看起来不错（请参阅第 4 章 4.5.7）；简单计算言语可懂度指数可能会让人觉得言语应该更加可懂，但是听力损失失敏现象告诉我们情况并非如此。[1483] 不能将失敏与言语可

高频放大简述

以下总结与本节所回顾的研究相一致。

- 言语中的高频信息在高达 10 kHz 左右时仍是有价值的，特别是对于摩擦音以及聆听女性谈话时。
- 听力损失越大，人们能够从可听言语中提取的信息量越小。感觉强度越高，听力损失者相对于健听人获取的信息量就会越少。这种现象在所有频率都会同样发生，但是更常在高频造成不利，因为高频的听力损失常常是最大的。
- 过度的高频感觉强度会降低言语可懂度，但是更多情况下只是造成额外的响度和较差的音质，而不会对言语可懂度产生影响。
- 过度的高频放大由过高的增益和感觉强度造成，而非由过宽的带宽引起。在需要可听度的范围内（或许除了在已知有死区的情况下）带宽要尽可能地宽。
- 预设公式所采用的带宽和感觉强度应能同时反映不同频率区的重要性和听力损失对信息提取能力的影响。

> **进出压缩：一个伪命题**
>
> 有人说压缩阈应显著低于或高于典型的言语声水平。有人说中等水平的压缩阈在言语进出压缩状态时将对音质产生不利影响。这个论点或是出于对压缩的误解，或是反映了某些压缩器曾产生过的副作用。
>
> 压缩确实会影响音质，但是耳朵听到的是快速变化的增益所产生的多种效果。音质变化的程度取决于增益变化的多少和快慢。对于固定的压缩比及固定的启动和释放时间，增益变化的幅度对于完全处在压缩区域内的言语比有时在压缩阈之上、有时在压缩阈之下的言语要大。
>
> 只有设计不良的压缩器在信号跨越压缩阈时才会产生额外的听觉效果，即在压缩器激活时会发出咔嗒声。而在数字助听器中这种情况极少发生。

懂度指数模型中定义的强度失真混淆。[54] 健听人在被迫聆听更高强度的声音时，也难以从信号中获取信息。重度和极重度听力损失人群面临两难的选择：或者聆听高声压级的声音，或者什么都听不到！失敏是重度甚至是中度以上听力损失者所面临的又一个困难。

为了获得最大言语可懂度，需要对高频范围正向增加较小的感觉强度，这会带来一些挑战。当输入级在较大范围内变化时，要维持较低的感觉强度需要使用很高的压缩比。如果是采用快速压缩功能的多通道助听器采用了高压缩比，那么相对于不采用压缩技术的助听器，在获得同样可听度时，其频谱形态的损失会降低言语可懂度（请参阅第6章6.5.2）。唯一的选择似乎是至少要在助听器中采用部分慢速压缩。[1556] 即使如此，除非使用超高压缩比，否则获取较低输入级的超高频可听度似乎也是弊大于利。在高频区采用较低感觉强度对较宽输入级范围内的音质的影响仍不明确，还需要做进一步研究。

10.3.5 规定压缩阈

正如第6章6.2.2中所述，在助听器的某个输入级上，随着输入级提高，增益开始减少，那么该输入级被称为压缩阈。许多助听器有多个压缩通道，所以我们在描述压缩阈时应特别小心。压缩阈可以表述为是某些或所有通道的带有特定频谱形态的宽带信号的总体水平，也可以表述为某一通道进入压缩状态时该通道内的信号水平。通道数越多，每个通道的频率范围越窄，通道内的压缩阈相对于总体宽带压缩阈就越小。例如，NAL-NL1和NAL-NL2公式规定的压缩阈是总体言语水平52 dB SPL，该水平刚好可以使每个通道进入压缩状态。对于一个有18通道，每个通道的宽度为1/3倍频程的助听器而言，

这一总体言语水平相当于在250 Hz通道的压缩阈为46 dB SPL，在4 kHz通道的压缩阈为32 dB SPL。①

如果要使响度被助听器完全正常化（请参阅第10章10.4），则需要对正常听力阈值之上的输入级都进行压缩，也就是说压缩阈必须在5 ~ 10 dB SPL左右。显而易见，这是不切实际的。低声级声音的增益将等同于听力损失。这就要求耳模/耳壳的密封性比增益仅为听力损失的一半或不到一半的线性助听器更紧密。其可能的后果是造成身体不适或损害助听器佩戴者自己的音质（即堵耳效应，请参阅第5章5.3.2）。这种做法即使能够不发生啸叫又获得高增益，也不会带来任何益处，因为几乎没有如此安静的应用环境。对低输入级的高增益在现实生活中绝不存在，这被称为"空增益"。[919]

那么压缩阈应该多低呢？低阈值的利弊很清楚，但是其理想值可能取决于压缩的其他方面。当压缩阈降低时，会获得更多压缩带来的益处：轻柔的言语声以及人们想要听取的其他轻柔声被给予了更大的可听度。但遗憾的是，压缩也会带来更多不利的影响：会将人们不喜欢听到的轻柔噪声相对较高声级言语放大更多，反馈啸叫更易发生。特别是压缩阈超低的快速压缩对言语声间隙中较低水平背景噪声的放大比对言语的放大多得多，会使言语声显得更加嘈杂。根据理论推测，快速压缩器的理想压缩阈要比慢速压缩器更高。

用于设定压缩阈的证据尚不充分。一项关于压缩阈的研究，选用了单通道、快速压缩助听器（压缩比2:1），结果发现大多数人更喜欢60 ~ 65 dB SPL左右的宽带压缩阈。[81, 461] 另一项选用慢速多通道压

---

① 这些数字背后的运算过程考虑了典型压缩器中探测器的动态行为（请参阅第6章6.2.1）、测量压缩阈时常用的纯音信号相关言语的高波峰因素和最重要的典型言语频谱形态。[227]

缩助听器的研究发现，针对 1/3 倍频程带宽的通道，人们更喜欢 20 dB SPL 而不是 50 dB SPL 的窄带压缩阈。[682]

NAL-NL 公式以 52 dB SPL 的宽带压缩阈为基础是由于它接近人们日常接触的言语级范围的下限。[1399] 但是在慢速压缩中，采用更低的压缩阈效果肯定会更好。考虑到任何预设公式关于压缩阈的设定都存在不确定性，所以应特别重视助听器佩戴者在日常生活环境中试戴助听器一段时间之后，再对压缩阈是否合适予以进一步评估（请参阅第 12 章）。

重度或极重度听力损失者比中度听力损失者需要的压缩量要小（请参阅第 6 章 6.5.1）。听阈提高时可增加压缩阈或降低压缩比来调节压缩量。NAL-NL2 使用了后一种方法。目前所有的预设公式设定的压缩阈似乎都没有随听力损失而变化。换言之，目前对压缩阈的设定并不是依据患者个人听力学特征的一种个性化设置。

10.3.6 对预设准确性的要求

助听器的调试需要严格符合预设吗？这是预设程序开发人员长期面临的问题，对此并没有准确的答案。一个常见的观点是，不同的预设给出的结果差异巨大，所以助听器是否与某一个预设完全符合无关紧要。这个观点实际不合逻辑。如果有一组特定的放大特性对某个助听器佩戴者确实是最好的，那么就不会有另一组放大特征仅仅因为使用了不同的预设而与它同样好。不管是公开的还是厂家专有的预设程序，在平均增益、响应形态、压缩比和压缩阈等方面肯定会有所不同。[868]

我们希望预设能达成三个主要目标：第一，为助听器佩戴者提供最佳的言语可懂度；第二，为助听器佩戴者提供能接受的总体响度；第三，为助听器佩戴者提供喜欢的音质。言语可懂度主要受听阈和背景噪声之上能够听到的信号量的影响。在许多情况下，背景噪声决定了大部分或全部频率范围内的信噪比。这时，对常见会话水平的言语输入采用不同的增益 – 频率响应（虽然有一些限制）可以不影响每个频率的可听度，因此也不影响言语的可懂度。因此，如果各种预设能够为没有被背景噪声掩蔽的言语成分提供相同的可听度，那么调试是否与预设严格匹配就不会对可懂度产生严重影响。[26, 1832] 即使有各种预设能够使言语可懂度相同，也只会有极少的预

设能达到更好的可懂度、舒适度和音质。[1832] 当两种预设频率间平均响应的均方根差大于 3 dB 时，人们对某一种增益 – 频率响应的偏好常会胜过另一种。[880, 882] 许多实验显示助听器增益与 NAL-RP 预设偏差越大，受试者对助听器有效性的评价越差。[82, 90, 375]

许多预设程序会采用典型的输入级来放大言语（一般在 60 ~ 65 dB SPL 左右），以获得舒适的总体响度。在此情况下，总的增益并不十分重要，至少对于轻度或中度听力损失者来说是如此，因为在他们的听阈和不适阈之间有一个足够的动态范围，可以容纳放大的言语声。但是，当输入级较低或较高时就难以被置入动态范围的中间位置（或者助听器佩戴者感觉不到在不同环境中总体响度的变化）。因此，对于较低或较高的输入级更不容许发生错误：如果增益过低，会导致轻柔的言语声可听度过低，难以被感知；如果增益过高，又会使响亮的言语声（或其他响亮的信号）听起来会不舒服。所以，在较广泛的输入级范围内获得合适的响度是所有预设程序的要求。首次验配助听器就达成此目标将减少助听器佩戴者以后调试助听器的次数。

笔者的经验是如果 250 Hz ~ 4 kHz 之间的测量结果在预设规定的目标值上下 5 dB，且预设的有效性有良好的经验证据支持，那么就没有必要再花时间细调助听器了。对于某些助听器佩戴者甚至偏差到 10 dB 都没有问题，但是通过提高与目标的匹配度可以使响度、音质和可懂度达到更优的组合。差距的类型必须予以考虑。如果助听器有音量控制钮，那么当某一频率的增益在目标值之上 6 dB，而其余倍频程频率的增益在目标值之上 2 dB 时，不会有太大影响，因为下调音量时能使所有频率的增益都处在目标值上下 2 dB 之内。相反，如果某一频率的增益在目标值之上 5 dB，而距其一个倍频程的频率的增益在目标值之下 5 dB 则必须改进。这代表响应的斜率超出了 10 dB/ 倍频程，这种情况应该尽量避免。

可训练助听器的出现肯定会影响助听器与预设目标的匹配（请参阅第 8 章 8.5）。如果助听器佩戴者可以通过助听器中的训练算法对助听器进行精细调节，那么验配师就没有必要花时间仔细调节助听器使其必须与目标值一致了。唯一的要求是助听器佩戴者能够通过训练算法使助听器足够靠近最佳响应，且没有过拒绝使用助听器的不良经验。虽然厂家提供的可将助听器自动调整到目标值的软件的准

第 10 章　助听器的预设

确性常常较差，[1650] 但是当助听器佩戴者自己"训练"助听器时这些软件的性能是足够的。遗憾的是，并非所有的助听器佩戴者都具备足够的操作可训练助听器的认知和操作能力。[869]

10.4　非线性助听器的增益、频率响应和输入 – 输出功能

非线性预设可以看作是针对多个输入级指定了不同的增益–频率响应。一般来讲，平均增益和频率响应的形态会随着输入级的变化而变化。或者，也可把预设看作是为多个频率设定输入–输出（I-O）曲线。多通道助听器有多少个通道，则必须至少为多少个频率设定 I-O 曲线（如图 2.2 所示的三通道助听器）。

原则上，如果采用了足够多的频率和输入级，则不同频率的 I-O 曲线中所包含的信息也应该包含在各输入级的增益–频率响应中。I-O 曲线和增益–频率响应这两种图形均有重要用途：所需的压缩比和阈值最易从 I-O 曲线中读取，而滤波特性则最易从增益–频率响应中读取。滤波器用于构造多通道助听器中的各个通道，也可以用于构造这些通道中的频率响应。换言之，一个能为不同频率和输入级提供不同增益量的滤波器能够以大致相同的方式调节信号，而不用先构造出不同的单独通道再对输出进行重组。

如果预设对增益–频率曲线或 I-O 曲线进行了系统设定，也就有效指定了每个频率的压缩比和压缩阈。但是，这样的预设并不显示压缩器的反应时间。有关压缩速度的预设已在第 6 章 6.5.3 中讨论过。

如果读者已经理解了讨论线性响应时所提出的问题对于理解非线性助听器非常有益，这些问题同样适用于非线性助听器，并且还会涉及一些新的问题。关于线性放大特性的知识对评估非线性预设也非常有用，特别是在典型的中等输入时。[217] 例如，NAL-NL2 预设对于中等强度的声音和 NAL-RP 预设有着良好的一致性，尽管这两种预设是以不同的方式推导出来的。实际上，有人建议可以将 NAL-RP 选择公式用于输入级为 65 dB SPL 或 70 dB SPL 时的非线性助听器。[1827] 当输入级更高或更低时，响应会在此基础上根据听力师或助听器设计师选择的压缩原理而改变。压缩中可能包括噪声抑制或响度正常化，会造成完全相反的效果（第 6 章 6.4）。考虑到有多种明确可用的非线性预设，因此，似乎没必要采用这种方法。

接下来我们将讨论多个已公布的预设公式的基本原理。我们将看到，所有的公式都旨在根据健听人听到相同声音时的感知效果来为听力障碍者选择相应的响度感知，虽然在细节上差别很大。

第 6 章 6.3.5 中已介绍了响度正常化的原则。接下来介绍的前三个公式要求助听器佩戴者对不同声音的响度给予主观评价，而其他公式仅根据听阈规定增益。

10.4.1　LGOB

使用非线性助听器来恢复正常响度感知能力的想法已出现至少 35 年了。[1859] 而临床上首个实现响度正常化的实用公式是**半倍频程响度增加（*Loudness Growth in half-Octave Bands*，LGOB）**公式。[31, 1439] 在此公式中，用 7 个响度分级划分听力障碍者窄带噪声的响度。然后将与每个响度分级对应的平均输入级与健听人判定为相同分级所需的输入级进行比较。针对每个输入级推算出恢复到正常响度所需的增益值，如图 6.10 所示。

> **LGOB**
>
> 将半倍频程带宽的噪声用任意频率以及听阈和不适阈之间的任一输入级呈现三次。测试在 250 Hz 至 4 kHz 之间的倍频程频率进行。助听器佩戴者对响度进行如下分级：
>
> 7. 太响
> 6. 很响
> 5. 响
> 4. 合适
> 3. 轻
> 2. 很轻
> 1. 听不见
>
> 持续给予刺激直到每个输入级得到两次相同的反应。

10.4.2　IHAFF/Contour

二十世纪九十年代中期，一批听力师和研究者

认为急需一种可以应用于各种可调节宽动态范围压缩助听器的实用程序。[361, 1829] 这批专家被称为**独立助听器验配论坛（Independent Hearing Aid Fitting Forum，IHAFF）**成员，他们设计的公式采用响度分级使每个频率的响度正常化。这个响度分级程序被称为等响（Contour）测试（见文本框）。

IHAFF，Contour 和 VIOLA

Contour 测试是与 IHAFF 响度正常化预设一起使用的响度分级程序。[352] 释放脉冲啭音，从听阈以上 5 dB 开始，逐渐升高，直到助听器佩戴者表示对刺激的响度感到不适。助听器佩戴者用以下 7 个分级描述输入级的响度：

    7. 响，不舒适
    6. 响，但受得了
    5. 听得舒适，但有点响
    4. 听得舒适
    3. 听得舒适，但有点轻
    2. 轻
    1. 很轻

将 3 次或 4 次上升法的记录予以平均。每侧耳每个频率的测试需花约 5 分钟。[361]

一个名为输入/输出视图（I/O）定位算法（Visual Input/Output Locator Algorithm，VIOLA）的软件以 Contour 测试结果为基础，简化了计算输入-输出曲线的任务，可以画出每个频率的输入-输出曲线及两个压缩阈和两个压缩比。这对于压缩比随着输入级上升而增加（曲线压缩）或减小（低水平压缩）的助听器预设来说很有用。

在 IHAFF/Contour 方案中，VIOLA 软件程序将响度正常化的结果表示为各频率输入-输出函数上的 3 个点。这 3 个点表明了当完整言语信号的响度级分别处于健听人认为的轻声、正常和响亮时，对 1/3 倍频程带宽的言语进行响度正常化时所需要的输出级。[361, 1829] 该方法所采用的实际言语级和程序推导过程中所假定的言语频谱形态对所计算出的 I-O 曲线形态没有影响，但可以决定 I-O 曲线上的哪三个点会成为目标。图 10.7 显示了 VIOLA 计算出的 I-O 目标。为简化耦合腔中的助听器调试，此图的输出级表示

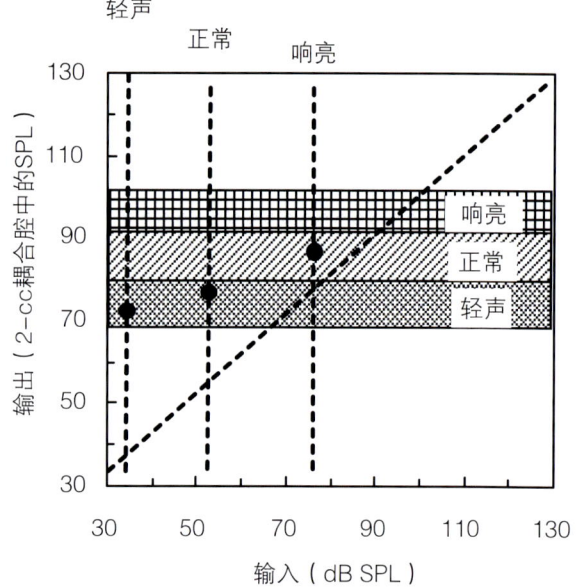

图 10.7 频率在 2 kHz 三点 I–O 曲线的例子，由以 IHAFF 公式为基础的 VIOLA 软件计算得出。

为 2-cc 耦合腔中的 SPL。

与所有的响度正常化预设一样，从 I-O 目标图中读取压缩阈是不可能的，因为完全响度正常化要求将压缩维持在与正常听阈相应的输入级。但是，IHAFF 的开发者建议应当选择刚好使轻声能够达到的压缩阈。[1829]

10.4.3 ScalAdapt

针对前两节讨论的响度正常化预设，调节助听器时需要三步：

- 测量助听器佩戴者的响度等级；
- 计算出每个输入级响度正常化所需的增益；
- 调试助听器使其与目标增益相匹配。

ScalAdapt 巧妙地将这三步组合为一步。[906] 助听器使用以阈值为基础的既定公式进行预调。当助听器佩戴者配戴助听器时进行响度分级（使用 11 分制）。听力师不用寻找与每个输入级对应的响度，而是自适应调整助听器的某些特征直到助听器佩戴者给出期望的响度分级。期望分级是健听人在未助听的情况下对该输入级给出的分级。

例如，如果健听人对某一频率 60 dB SPL 的声音评级为舒适声，则将助听器的增益调试到听力障碍者也将该频率 60 dB SPL 的声音评级为舒适声。助听器参数为自适应调整：如果给出的响度分级与目标不同，那么增益或某些压缩参数必须向正确的方向

调整。使用的输入级（和目标响度分级）、输入级测试的顺序以及调试的放大参数必须与每个助听器上可调试的滤波和压缩特征相符合。否则，某一步调试会在无意中破坏上一步对另一输入级的响度正常化操作。Kiessling 等（1996）介绍了如何将该预设应用于三通道助听器，此理念也应该可以用于任何助听器。

> **ScalAdapt**
>
> 　　当助听器佩戴者配戴助听器时，在多通道助听器的各通道的中心频率处呈现两次 1/3 倍频程的噪声。
>
> 　　对助听器上的合适参数要进行自适应调整，直到助听器佩戴者连续两次给予同一等级划分，而一般的健听人对同样的刺激也给予相同的等级划分。
>
> 　　将适合所验配助听器参数的低、中、高水平的刺激进行组合，以重复上述步骤。
>
> 　　有意使低频声比正常更轻柔。

该预设似乎非常有效且直接：响度测试集中于预设中所使用的响度目标，且一旦响度分级完成，助听器调试也就完成了。如果使用宽带刺激进行响度测量，发现对于该刺激响度还未正常化（由于跨频带响度总和），可以使用同样的自适应程序立即调试助听器。在助听器佩戴者配戴助听器进行响度分级时调试助听器意味着不会因将一个换能器用于响度分级，而将另一个用于测量助听响应而出现校准困难。

该预设的问题是它依据的理论可能不正确（请参阅第 10 章 10.4.8）。Kiessling 等评论说以他们的经验来看，响度目标应该与低频的响度正常化不同。他们认为完全响度正常化会造成过度的向上掩蔽，因此会将低频的目标设置得比健听人感知的响度低 2 个等级。

10.4.4　FIG6

FIG6 预设规定了响度正常化所需的增益，至少对于中等和高水平输入信号是适用的。该预设和前几个预设不同，不是以个人的响度测试为基础，而是使用了大量听力损失程度相似的助听器佩戴者的平均响度数据。这意味着仅需听阈即可计算所需增益。

FIG6 得名于首篇列出该预设的基础数据的文献，该文献中的图 6 给出了这些数据。[919] 该图针对输入级 40 dB SPL、65 dB SPL、95 dB SPL 直接给出了增益，然后通过内推法推算出其他输入级的增益。

在设定低输入声级信号（40 dB SPL）时，其假定前提是轻度或中度听力损失者的助听听阈应在正常听阈以上 20 dB。在多数情况下，提供更大的增益是没有价值的，因为不论给定的增益是多少，背景噪声都会妨碍轻声的感知。[919] 除去听力损失的前 20 dB 外，听阈损失每增加 1 dB，都会有 1 dB 的额外增益进行补偿。当未助听阈值超过 60 dB HL，该规则会变为 1/2 增益规则，否则过高的增益会造成反馈啸叫。[913]

> **FIG6 公式**
>
> 对于 40 dB SPL 输入级：
>
> $IG_i = 0$　　　　　　　　当 $H_i < 20$ dB HL
>
> $IG_i = H_i - 20$　　　　　当 $20 \leq H_i \leq 60$ dB HL
>
> $IG_i = 0.5 \times H_i + 10$　　当 $H_i > 60$ dB HL
>
> 对于 65 dB SPL 输入级：
>
> $IG_i = 0$　　　　　　　　当 $H_i < 20$ dB HL
>
> $IG_i = 0.6 \times (H_i - 20)$　当 $20 \leq H_i \leq 60$ dB HL
>
> $IG_i = 0.8 \times H_i - 23$　　当 $H_i > 60$ dB HL
>
> 对于 95 dB SPL 输入级：
>
> $IG_i = 0$　　　　　　　　当 $H_i \leq 40$ dB HL
>
> $IG_i = 0.1 \times (H_i - 40)^{1.4}$　当 $H_i > 40$ dB HL
>
> 　　要注意推导这些公式利用的数据的上限仅到 80 dB HL，所以要将公式应用于更大的听力损失必须非常谨慎。

根据 Pascoe 发布的数据（1988），在输入信号为常见的典型信号时（65 dB SPL），针对所有听力损失程度的规定增益量都等于该听力损失程度的 MCL 比正常听力 MCL 的平均升高量。使用该插入增益量时，对于健听人感觉舒适的窄带声，佩戴助听器的听力障碍者也会感觉舒适。

基于已发布的平均响度数据，对于高输入级信号（95 dB SPL），设定的增益同样等于使佩戴助听器的听力障碍者在听到与健听人相同响度时所需的信号水平增加值。[1070, 1097]

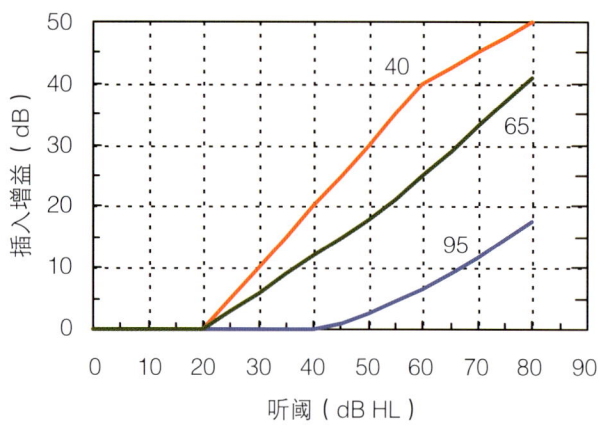

图 10.8 FIG6 设定的插入增益在各频率随听阈变化的情况，针对 3 个输入级 40 dB SPL、65 dB SPL 和 95 dB SPL。

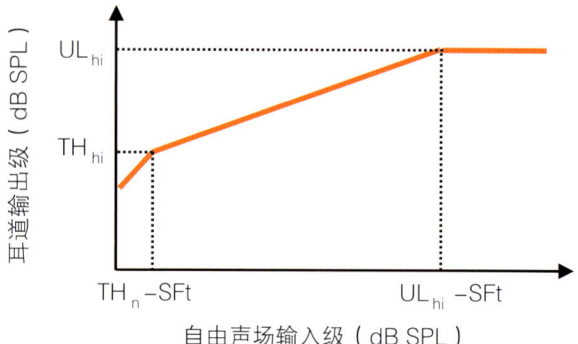

图 10.9 DSL［i/o］法，显示哪个输入级对应于哪个输出级，使用 Cornelisse 等的方法（1995）。UL 代表舒适聆听的上限，TH 代表阈值，两者均用耳道中的 dB SPL 表示。下标 n 和 hi 分别代表听力正常和听力障碍。SFt 为声场由所求频率未助听时自由声场 SPL 转换为耳道 SPL，与 REUG 同义。

Killion 用多行公式匹配了前一段中提到的数据。[913]（见文本框）因为响度正常化所需的增益仅取决于听阈和输入级，因此，同一公式适用于所有频率。FIG6 简单易用，采用计算器或图表都可以，如图 10.8 所示。

10.4.5　DSL［i/o］和 DSLm［i/o］

自 1995 年首个非线性预设出现以来，针对非线性助听器的**理想感觉强度（*Desired Sensation Level, DSL*）**公式已随着经验的增加和新数据的出现经历了多次改进。第一个非线性版本为 *DSL*［i/o］，实际上包含两个可选择的公式，每个公式都有自己的基本原理。[327] 一个公式叫作 DSL［i/o］线性公式，线性意味着在较广的输入级范围内 I-O 曲线是一条直线。也就是说，压缩比在宽动态范围压缩区域内是恒定的，如图 10.9 所示，但不应与线性放大混淆。DSL［i/o］线性公式使用足够大的压缩比，可以将各频率上加大的动态范围与听力障碍者在各频率的动态范围匹配起来。这个加大的动态范围等于从健听人的听阈到听力障碍者的不适阈。因此它规定的压缩比比响度正常化所要求的要大。① 图 10.9 显示了 DSL［i/o］线性公式背后的基本假设。听力障碍者的舒适聆听上限可以在听阈的基础上进行估计（使用 DSL3.1 版本中推荐的真耳饱和响应）[1600]，或者可以针对每位助听器佩戴者单独进行测试。

① 对于轻度或中度听力损失者，平均不适阈只比正常的不适阈略高，所以扩展的动态范围只比正常动态范围略大。对于重度或极重度听力损失者，差异更大（见图 10.1 或图 10.15）。DSL 4.0 软件允许用户通过预设来选择是将正常动态范围或扩展动态范围纳入听力障碍者的范围。

另一个针对非线性助听器的原始 DSL 公式更为常见，旨在使响度正常化。该公式称为 DSL［i/o］曲线公式，因为其计算出的 I-O 函数在压缩区域内可以为曲线。使用该公式时，健听人的听阈水平的声音被放大到听力障碍者阈值的水平，健听人不适阈水平的声音被放大到听力障碍者的不适阈或其预估值。但是，I-O 曲线的形态取决于健听人响度增加速度与听力障碍者响度增加速度的比率。这些速度可以用表示刺激水平与响度分级关系的公式中刺激水平升高的指数来描述。

DSL4.0 软件中运用了这两个版本的公式。随着时间推移，曲线公式成为主要使用的公式，因为 DSL 公式是专门针对儿童开发，所以测量个人响度增长函数不现实，因此，采用了指数，预设应用时仅以阈值为基础。

DSL［i/o］随后被更新为新版本 *DSLm*［*i/o*］，其中 m 代表多阶段，包括：最高水平的限制，横跨中等输入水平的宽动态范围压缩，压缩阈之下的线性放大和超低输入级扩展功能（选用）。DSLm［i/o］与 DSL［i/o］的不同之处如下：[1583]

· 压缩阈从正常听阈提高到更高水平，随着听力损失从轻度上升到极重度，窄带声的压缩阈从 30 dB SPL 上升到 70 dB SPL。

· 当有低水平噪声时通过进一步增加压缩阈以降低增益。

· 为像言语一样的宽带信号指定最大输出，该最大输出考虑了跨频率响度总和与言语的波峰因素。

· 增加了一个针对传导性听力损失的增益增量。该增量通过将预测的不适阈提高一定的量来获得，该量相当于各频率平均传导性听力损失的25%（请参阅第10章10.5）。因此，与气导阈值相同的感音神经性听力损失相比，在高输入声级时，增益的增加量最大。在低输入声级时，增益的增加量为零。

· 对于中等输入级，将为成人设定的增益减少了7 dB（对于更高的输入级减少小一些，对于更低的输入级减少大一些），因而也使成人的压缩比低于儿童。这种改变是基于以下证据：成人听力障碍者喜欢的聆听水平比儿童听力障碍者要低，[1583] 喜欢的增益比 DSL [i/o] 设定的值要小。[26, 1069, 1220, 1385] 然而，对健听人的研究表明听力正常的成人喜欢的聆听水平比儿童要高。[1247] 当可懂度不是问题时，听力障碍成人和儿童所表达的喜好可能受他们所需聆听清楚的内容影响，而不只受他们喜好的响度影响。

· 双耳验配的增益减少 3 dB。①

总之，DSLm [i/o] 的目的是使每个频率的响度正常化，除了：

· 高输入级时。此时，限制阻止了响度不适。

· 低输入级时。此时，输入可能不是言语。

· 成人，当其喜欢的增益比使用响度正常化方法预测的增益小时。

图 10.10 显示了 1 kHz 听力损失为 50 dB 的助听器佩戴者 DSLm [i/o] 和 DSL [i/o] 输入－输出函数的对比。DSLm [i/o] 被编入了大部分助听器厂家的验配软件中。

10.4.6　NAL-NL1 和 NAL-NL2

NAL-NL1（非线性，第 1 版）和其修订版（*NAL-NL2*）与前面的公式不同，不追求将每个频率的响度恢复正常。其基本原理是在任何输入级的总体言语响度不大于健听人感受的响度的前提下，使言语可懂度最大化。[435] 为导出能在每个输入级达到此目标的增益－频率响应，使用了两个理论模型。

第一个模型是 SII 法的修订版，考虑了听力损失失敏以及聆听高声压级声音的影响。事实上，听力损失不仅会降低可懂度，也会降低人们提取有用信息的能力，即使能够听到言语时，人们提取信息的能力也会下降，这正如第 10 章 10.3.4 中所讨论的那样。

① 在后来发布的软件 v5.0a 中，去除了儿童预设中的双耳修正值，但是保留了成人预设中的修正值。

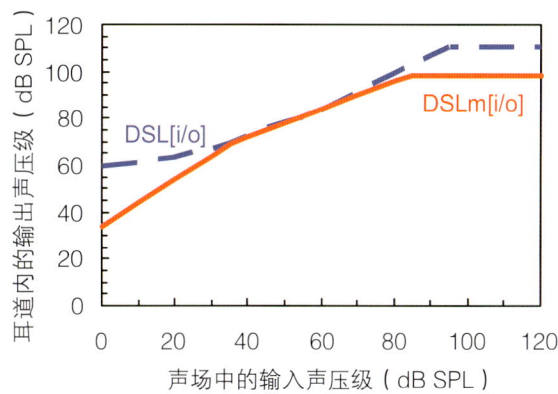

图 10.10　DSL [i/o] 和 DSLm [i/o] 公式针对 50 dB HL 听力损失的 I-O 曲线，基于 Scollie 等的研究。（2005）

第二个模型是计算响度的方法，考虑了感音神经性听力损失的影响。[1227, 1229] 两个模型要求的输入内容包括听阈和放大后进入耳内的言语频谱输入水平。

对于任何水平的言语输入，用高速计算机将各频率的增益进行系统的变化，直到计算出的言语可懂度达到最大值，同时，还要确保计算出的响度不超过计算出的健听人听取相同强度言语时的感知响度，如图 10.11 中所示。通过对大量不同程度和类型的感音神经性听力损失者的听力图进行反复计算，就能找出每个听力图、每个输入级的最佳增益。因为这是一个非常耗时的过程，甚至对于单一个输入级的单个听力图，一个方程式都要和一整套最佳增益进行匹配。在 NAL-NL2 中，该公式是将神经网络应用于一系列听力图、输入级以及他们产生的最佳增益推导出来的。因此，它综合了所有的最佳值，且能应用于所有听力图。它已在一款叫作 NAL-非线性的计算机程序中被应用，也被纳入了助听器和真耳增益分析仪厂家提供的验配软件中。

虽然推导的原则是可懂度最大化，但是对于大多数听力损失者来说，言语的所有中频的 1/3 倍频程具有大致相同的响度。随着输入级的增加，放大至相同响度的频率范围也扩大。响度均衡是早期 NAL 线性公式的关键假设，而 NAL 非线性公式则是言语可懂度最大化的结果。

混合性听力损失者的放大需求是通过将本公式应用于感音神经性听力损失部分（即骨导阈值）然后再加上相当于 75% 的传导性听力损失值的增益计算出来的。

NAL-NL2 和 NAL-NL1 在许多方面有所不同：

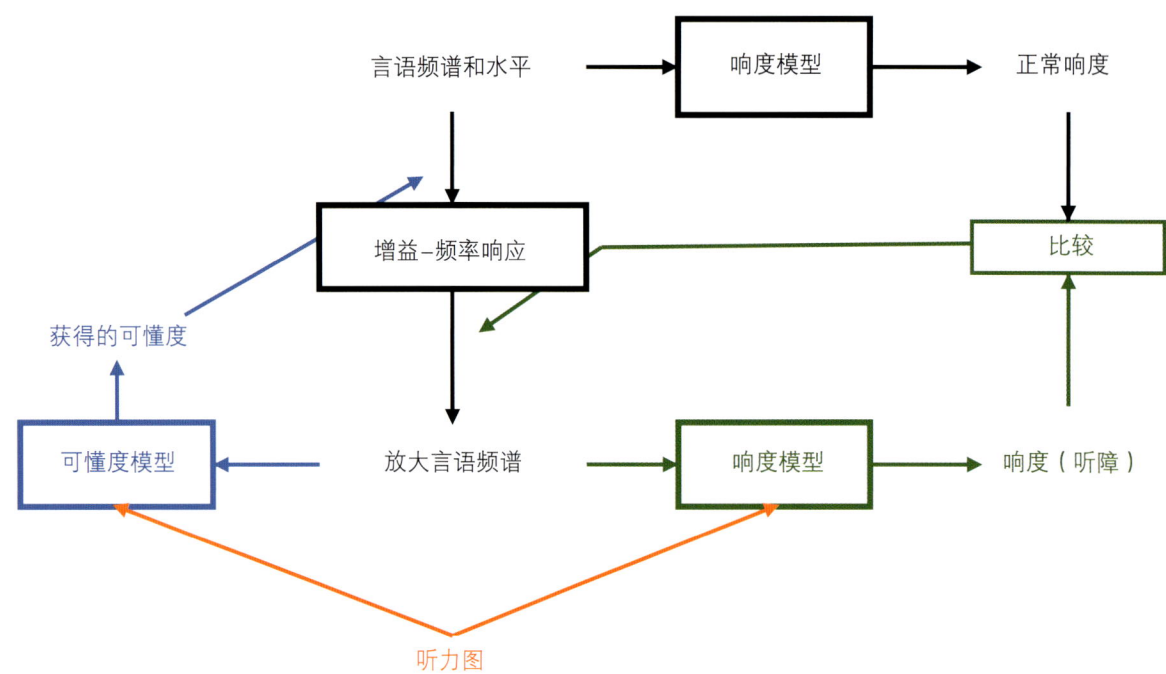

图 10.11 NAL-NL 推导过程。左边的环路（蓝色所示）改变了增益-频率响应，使言语可懂度最大化，但是总体响度不超过健听人聆听相同言语时的响度感知水平，如右边环路中的计算方法（绿色所示）。我们可以认为，左边的环路一次增加一个频率的增益，但是右边的环路每当总体响度超过正常时就会降低音量。可懂度模型和响度模型都经过调整以与计算增益-频率响应所使用的听力图匹配。

- 使用了更新的响度模型。[1229]
- 使用了更多描述听力障碍者从可听言语中提取信息的能力的数据来改进 SII 模型（请参阅第 10 章 10.3.4）。[292]
- 男性的预设增益比女性稍高。[872]
- 有经验的助听器佩戴者预设增益比新佩戴助听器者高。两者差异随着听力损失程度的增加而增大。[883]
- 调整高输入级和低输入级的最佳增益，以免计算出的压缩比过高，特别是对于重度以上和极重度听力损失者以及采用快速压缩技术时更需如此。[410, 878]
- 在中等输入级，要将儿童增益调试到比成人高 5 dB，并且在低输入级要调至更高。在高输入级则要将增益的增加值调至略低（请参阅第 16 章 16.4.1）。
- 双耳验配的预设增益比单耳验配要低，其差异随着输入级增加而增大，但是 NAL-NL2 采用的修正值比 NAL-NL1 要小（请参阅第 15 章 15.8）。

NAL-NL2

NAL-NL2 基于一个复杂的公式，该公式规定了 125 ~ 8000 Hz 每 1/3 标准倍频程的插入增益。在每个频率，增益不仅取决于该频率的听力损失，还取决于其他频率的听力损失。

也可选择根据真耳助听增益（REAG）来验配助听器。REAG 是通过将成人的平均 REUG 与目标插入增益相加推导出来的（请参阅第 4 章 4.4）。

该预设也可以用各频率的 I-O 曲线或者是耦合腔增益-频率响应来表示。因为这些测量都采用纯音信号，因此，NAL 非线性软件也考虑了纯音和言语信号在峰值因素和带宽方面的差异。针对纯音的预设，而非针对宽带信号的预设，要取决于助听器中的通道数。

耦合腔增益预设考虑了不同通气孔类型（包括开放耳验配）和声管类型的声学效应。针对多通道助听器，NAL- 非线性软件也推荐了分频频率、压缩阈、压缩比以及针对 50 dB SPL、65 dB SPL 及 80 dB SPL 输入级的增益值。

・非声调语言（如英语）和声调语言（如汉语）采用了不同的推导方式。声调语言在低频处（音调线索所在处）携带更多言语信息，因此，最佳增益-频率响应的低频增益要比高频增益稍高。

10.4.7　CAMREST、CAMEQ 和 CAMEQ2-HF

用于推导 NAL-NL1 和 NAL-NL2 的响度模型也被其创建者应用于后续一系列预设公式。第一个被称为剑桥（Cambridge）公式，可以用于线性助听器。该公式计算了放大 65 dB SPL 的言语声所需的增益-频率响应，以使进入每个听觉滤波频带（称为特定响度）的信号成分的响度在 500 ~ 4000 Hz 之间是相同的。[1228] 这个原理在本质上与 NAL 和 NAL-R 公式的原理相同，[224] 但是采用了复杂的应用方式。该原理已被证实可以为预设，至少是针对轻度和中度听力损失者的预设，提供合理的依据。[215] 由此而来的剑桥公式与首个 NAL 公式（1976）几乎难以区分。[236]

之后该方法被应用于不同的输入级，已为多通道非线性助听器提供预设。还增加一个额外的约束条件，即总体响度应等同于健听人对相同输入级言语的感知响度。[1221, 1232] 由此得到的公式被称为**剑桥响度平衡法**（Cambridge loudness equalization，CAMEQ）。根据助听器压缩阈的高低，该公式有不同版本，针对超低和超高输入级采用了不同的原理。

将原理变为使 65 dB SPL 和 85 dB SPL 言语声的特定响度模式正常化（即所有频率的响度与正常人一样），可得到一个新的剑桥公式，称为**剑桥响度恢复**（Cambridge restoration of loudness，CAMREST）。[1214]

CAMEQ 的基本原理后来还被用于开发了一个可以为高达 10 kHz 的信号提供预设的新公式。[1234] 该公式被称为 **CAMEQ2-HF**，也提供了一个从 500 Hz 到 4 kHz 的均衡的特定响度模式。它与早期的版本不同，在 6 ~ 10 kHz 之间还提供了特定量的可听度。具体来说，就是将言语级的均方根放大到助听器佩戴者的听阈，除非产生的部分可听度使得升高的特定响度超过健听人感受的响度。CAMEQ2-HF 随后被简化为 **CAM2**，而且针对新佩戴助听器的患者进行了增益削减。它可以作为单独的计算机程序使用。

10.4.8　公式比较

我们可以将前文所讨论的非线性预设公式分为 4 个大类：

通过响度分级达到响度正常化：LGOB、IHAFF/Contour 和 ScalAdapt 都试图将窄带声的响度正常化，每次一个频率，直接通过助听器佩戴者的响度评价来达到此目的。

以听阈为基础的响度正常化：FIG6、DSL［i/o］、DSLm［i/o］和 CAMREST 通过根据听阈预测所需的增益量来使响度正常化（针对较广的输入级范围）。

响度均衡：CAMEQ 和 CAM2 试图将各频率的言语响度均衡化，并将总体响度限制在健听人聆听相同声音所感知的响度附近。也是通过听阈预测所需的增益量。

可懂度最大化：NAL-NL1 和 NAL-NL2 试图将言语可懂度最大化，并将总体响度限制在健听人聆听相同声音时所感知到的响度以下。其响度模式接近响度均衡，除了在超低和超高频率以及存在重度听力损失的频率。

实现响度正常化所需的增益-频率响应在 500 Hz 处的增益通常比实现响度均衡或可懂度最大化所需的增益要高。500 Hz 处之所以需要更多的增益，是因为健听人在 500 Hz 处感知的响度会比在更低或更高频率区感知的响度更大。

预设的不同之处

对于许多听力损失者而言，不同方法预设的响应之间差异很明显。图 10.12 是第一个例子，显示了 4 种非线性公式为 40 dB 的平坦型听力损失者预设的插入增益。以响度正常化为基础而不考虑输入信号频谱的公式（FIG6）为所有的输入级预设了完全平坦的插入增益，与平坦型听力损失相一致。DSLm［i/o］的目的也是使响度正常化，但是考虑了增强低频言语，因此预设的响应曲线为略微上升型。CAM2 旨在使响度均衡化，与 DSLm［i/o］曲线的形状类似，但是平均增益更高。NAL-NL2 的目的是使可懂度最大化，由于低频言语强度较高，但对可懂度的贡献较低，NAL-NL2 为低频信号预设的增益最小。虽然不能显示出 ScalAdapt 的预设结果（因为它是以响度的主观判断为基础的），但我们可以推测 NAL-NL1 和 ScalAdapt 之间会有更高的相似度，因为 ScalAdapt 旨在使 250 Hz 和 500 Hz 处的响度要比正常小。

图 10.13 为第二个例子——针对陡降型听力损失者计算出的插入增益。各频率和输入级间的预设增益差值在 2 ~ 23 dB 之间。CAM2 和 NAL-NL2 以相同的响度模型为基础，提供的高频可听度比其他两

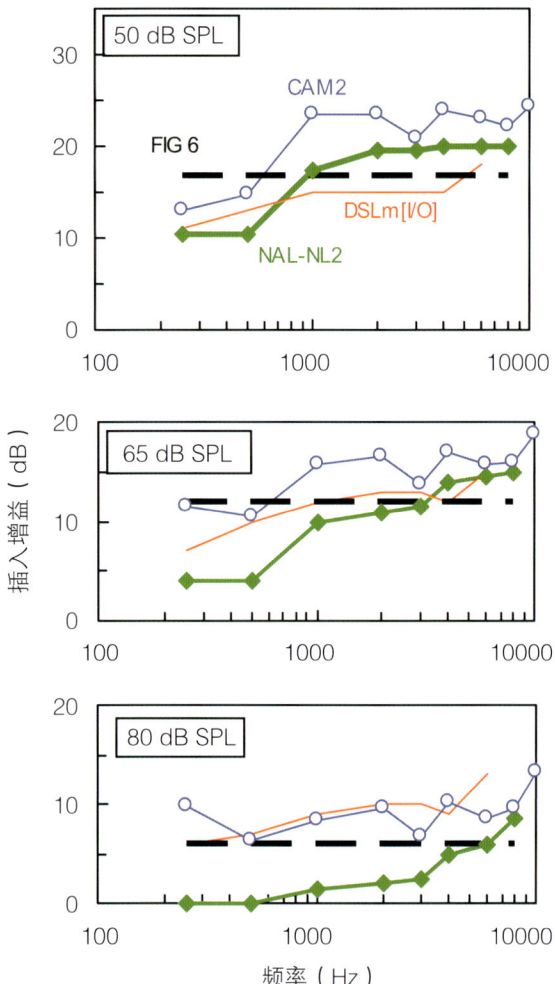
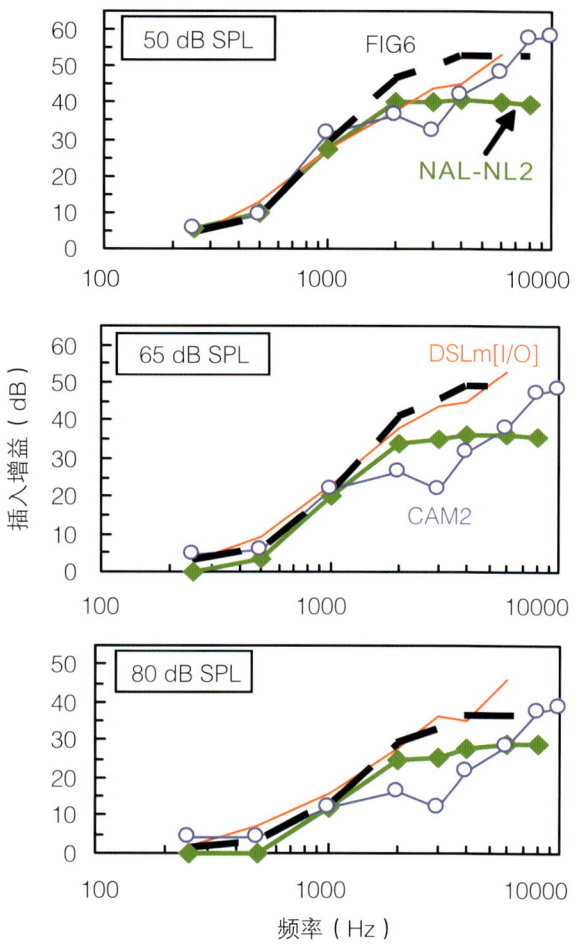

图10.12 由4个预设公式为40 dB平坦型听力损失者计算出来的输入级为50 dB SPL、65 dB SPL和80 dB SPL时的插入增益。假设宽带信号的频谱形态与长时言语频谱相同。

图10.13 同图10.12，但本图是针对图10.4中所示的陡降型听力损失者。

个公式少，特别是在中等输入水平时，这是因为在有重度听力损失的情况下，即使较低的感觉强度对响度的贡献也很大，正如图10.13所示听力图中的高频区一样。就NAL-NL2而言，高频增益降低是由于在这些频率，人耳提取信息的能力降低。NAL-NL2提供的增益量不足以使这些频率的响度恢复正常。因此，该区域对响度的贡献减少了，提高其他频率的响度可能会更有效。[①]针对低输入级，NAL-NL2

并未在听力损失最大的频率以及言语线索对可懂度无关紧要的频率试图获得任何可听度，但是CAM2则试图在较广的输入级范围内为所有频率保留一些可听度。

实验比较和评估

遗憾的是，直到预设公式出现多年后，关于其进行的实验评估才刚刚开始。虽然针对NAL-NL1、DSL［i/o］和CAMEQ的评估很多，但是针对其后续公式NAL-NL2，DSLm［i/o］和CAM2的评估则很少。即使是关于先前预设公式的评估也远不够全面。大部分评估针对的是在不同输入级时，预设产生的总体响度怎样，而不是针对更复杂的问题，如是否有更好的增益–频率响应可以选择？

各种评估显示：

- NAL-NL1预设的各频率的平均增益比成人受试者喜欢的增益要高出几分贝。[872]（NAL-NL2预设

---

① 在助听器验配过程中，我们可以有一个响度"预算"。如果在某一频率提供的增益比所需的多，那么在该频率我们就使用了太多的响度"预算"，给其他频率区留下的可用响度（可听度和清晰度）就少了。如果我们在总量上超支，那么助听器佩戴者要么会把音量调低（破坏了我们针对每个频率精心预设的增益的），要么就会拒绝使用过响的助听器（如果助听器没有音量控制功能）。

选择以阈值为基础，还是以响度为基础的预设？

支持以阈值为基础的理由

- 快速；
- 所有助听器佩戴者均可以使用；
- 一定程度上，可以用响度预测阈值；
- 没有证据显示响度（相对于可听度）至关重要，特别是工业化以来世界变得愈加喧闹；
- 通过测试室中窄带测试刺激获得的响度正常化可能难以实现现实世界中宽带刺激的响度正常化；
- "正常"响度定义不清楚，因为它在不同人群和不同测试技术之间差别很大。[512]

支持以响度为基础的理由

- 听力图相同的人对同一声音的响度感知可以不同；
- 响度正常化是一个有价值的目标，也是一种获得可听度和可懂度的手段；
- 总体响度的正确计算对于没有音量控制的助听器尤为重要。

真正实现言语响度正常化的复杂性

由于听力损失随频率变化而变化，要了解响度升高的特征必须采用窄带信号进行测试。尽管测试声的响度被正常化了，但测试刺激和言语之间的差异还是会影响言语响度的正常化。

- 带宽的差异会妨碍响度正常化，除非听力障碍者会采用与健听人完全相同的方式来总和各带宽的响度。
- 信号动力学的任何差异都会造成响度正常化方式的不确定性。言语和测试声频带的比较应基于他们的均方根、最大值还是其他参数？压缩器的启动和释放时间对上述选择有什么影响？

对带宽和动力因素的重要性目前还缺乏深入理解。由于对响度正常的必要性还不了解，因此，对宽带言语刺激声的响度没有正常化的后果也就不清楚。如果验配是以个人的响度分级为基础，因不同刺激类型间的响度差异引起的误差可以如 ScalAdapt 公式中那样，通过两步法最小化。在使用窄带刺激进行初步分级和判断之后，最终的分级和判断可使用连续说话在一种或两种输入级间进行。

的总体增益比 NAL-NL1 低）。

- 以言语可懂度最大化（NAL-NL1）为基础的预设更受助听器佩戴者喜欢，相对于以响度正常化为基础的预设，其提供的噪声中的言语可懂度要更高（IHAFF）。[880, 882]
- DSL［i/o］预设的平均增益高于 NAL-NL1。因此，它计算出的增益更加超出成人受试者喜欢的增益。[26, 1069, 1220, 1385, 1699]（DSLm［i/o］计算出的总体增益低于 DSL［i/o］）。
- 采用 DSL［i/o］验配的宽动态范围压缩助听器相对于线性放大助听器，可以使更大输入级范围的信号放大后仍处于舒适范围内，因此使得，低输入级信号的言语可懂度更好。[773, 810, 811]
- CAMEQ 预设了成人喜欢的总体增益。[26, 1220]
- CAM2 使 5 kHz 以上的言语成分能够被听到，[577] 且提供了现实生活中令人满意的响度级别和音质。[1222] CAM2 预设的高频增益量或比其预设略低的增益量可以使患者的舒适度最优。[1224]

阈值和阈上测试

关于非线性选择预设公式应该以听阈为基础，还是以阈上响度判断为基础，一直存在争议。FIG6、DSLm［i/o］、NAL-NL2 和 CAM2 公式比需要响度判断的公式使用起来更便捷，因为他们只需要用听阈作为输入数据。① 以响度为基础的公式完全不适合用于某些老年助听器佩戴者和儿童助听器佩戴者。本页文本框中列出了支持和反对采用阈上响度判断为非线性助听器提供预设的理由。

---

① 不适级对于 DSLm［i/o］是可选输入项目，而死区测量对于 CAM2 是可选输入项目。

抛开实用性问题，是否能够采用个人响度分级主要取决于个人响度感知的差异到底有多重要。虽然两个听阈相同的人可能有不同的响度增长曲线，但是对这种差异有什么意义并不清楚。两个健听人的响度增长曲线也可以互不相同。也许，他们的耳蜗在受到相同损害并且发生了同样的听阈变化后，他们感知的响度仍然是不同的，正如他们在听力损失之前那样。如果是这样，那么对于他们中的每个人什么才是最合适的"正常响度"目标呢？[512]

响度感知存在差异的原因部分可能是由于对指令或响度分类理解的不同造成的，或者是由于其他随机因素，而不完全是因为响度感知上的根本差别。对不同分级方法的比较表明，即使是针对某一个人，采用不同分级方法时，其响度增长曲线的斜率也会大相径庭。[809, 906]

如果使用了响度分级，那么分级方法应尽可能可靠和有效。在老年人群中使用响度分级当然是可能的，虽然有评估显示 60～79 岁的受试者的重测信度比 20～29 岁的受试者差。[903] 目前至少有三个公式使用 7 分制的响度分级法来使窄带刺激的响度正常化（LGOB、IHAFF 和一个专利法）。这些预设公式的操作时间和响度分级的内部一致性已进行过量化比较。[905]IHAFF 公式在每个频率上平均需要 42 次刺激，LGOB 公式平均需要 18 次，而专利法需要固定的 20 次。根据个人分值在响度数据拟合直线附近的分布，可以看出 LGOB 公式的内部一致性比其他两个公式差。其一致性较低可能是由于 LGOB 公式的输入级是随机的，IHAFF 公式使用了升序测试法，专利法公式使用了部分随机、部分升序的方法。专利法似乎是一致性和有效性的最佳结合。

很少有助听器根据响度分级来验配。助听器验配通常使用阈值法可能是考虑到便利性和时间的原因，这与有关研究的结果是一致的。Wesselkamp 等（2001）的研究显示通过响度分级达到的响度正常化和通过 DSL［i/o］达到的响度正常化之间没有显著不同。Keidser 和 Grant（2001）等的研究显示通过 NAL-NL1 进行可懂度最大化得到的言语可懂度明显较高，并且相对于 IHAFF/Contour 法进行的响度正常化更加受到助听器佩戴者的偏爱。

10.5 关于传导性和混合性听力损失的考虑

到目前为止，本章中提到的所有内容都适用于感音神经性听力损失。传导性听力损失或混合性听力损失中都包括中耳中与频率相关的声音衰减。在单纯的传导性听力损失中，听阈、MCL 和 LDL 提高的量都一样，[1885] 这个量相当于中耳发生的衰减量。在混合性听力损失中，可以假设其中的传导性成分也会造成这 3 个数值大约增加相同的量。每个频率的传导性成分大小是通过听力图中的气–骨导差推断出来的。

根据上述信息，传导性听力损失者验配助听器时，每个频率的插入增益应正好等于该频率的传导性听力损失。这种补偿造成的结果就好像是给了耳蜗一个正常的输入（传导性听力损失者的耳蜗本身也是正常的）。同样的，在为混合性听力损失者验配助听器时，似乎应该先针对感音神经性听力损失部分进行预设，然后针对传导性听力损失的量给予一个额外增益。

虽然这些推论看起来合理，但可能并不正确，至少用现有技术实施时并非如此。很久以前人们就估计，为混合性听力损失者验配助听器时，其所需的平均增益等同于全部听力损失的一半，再加上传导性听力损失的 1/4。[1095] 简单计算一下就会发现，**1/4 增益规则**（*quarter-gain rule*）提供的平均增益实际上相当于感音神经性听力损失的一半再加上传导性听力损失的 3/4。也就是说，实验观察发现验配时仅需补偿传导性听力损失的 75% 而非 100%。这是由多种原因造成的。

第一，如果额外增加增益会造成助听器产生过度限制，那么提供额外增益就没有意义，因为助听器发生过度限制会引起不良的听觉效果（请参阅第 10 章 10.7）。所以，最佳增益的大小取决于能达到的 OSPL90。[1884] 如果助听器不能为传导性和混合性听力损失提供足够高的 OSPL90，那么其最佳增益也要比理论预期低。可以说明这一点的是，由于设备限制，即使是单纯的传导性听力损失者，其可用的动态范围也会减小。

第二，声反射造成进入听力好耳的高强度低频声音被中耳肌肉所衰减。在传导性听力损失的情况下通常没有声反射。[1351] 因此，高强度声音的低频听力损失相对于低强度声音要小。所以，针对低频的

耳硬化症听力损失

耳硬化症患者由于其镫骨僵硬或固定，即使没有感音神经性听力损失，也会影响骨导阈值。[249, 792] 考虑到这种影响，在为感音神经性或传导性听力损失部分开具验配处方时，骨导阈值应减少一定的量，如表10.1所示。

表 10.1 在计算感音神经性和传导性部分听力损失前需从骨导阈值中减除的修正值。[249, 792] 数值是通过各研究的平均值推导出来的。3 kHz 的数据是被插补进去的。

	修正值（dB）					
频率	250	500	1000	2000	3000	4000
修正率	0	5	10	13	10	6

高强度声音为耳蜗提供正常输入时所需的增益要比听阈的提高值小。

第三，不应假定正常的都是最好的。健听人在某些不利的聆听条件下并不喜欢平坦的频率响应。[1467, 1886] 同样，他们在听到一些响亮的声音时可能更希望其比正常的感觉强度低一些。因此，即使助听器有足够的 OSPL90 时，人们也可能希望其对传导性听力损失的增益补偿要小于因传导性成分造成的衰减，特别是在噪声环境下时。

虽然本节讨论中提到了用增益补偿的传导性听力损失的比例，但是使用固定比例的观念可能并不正确。也许对最初的 20 dB 听力损失可以忽略，而对其余的听力损失要给予完全补偿。或者，在低输入级时，对传导性听力损失进行完全补偿（在低输入级，人们可能不希望听到的声音比正常感觉强度低），而在高输入级时降低补偿。简而言之，非线性助听器也适用于传导性听力损失者，尽管这种听力损失在本质上是线性的。如果助听器佩戴者可用的动态范围比正常小（因为 OSPL90 在不适阈之下），非线性助听器对于此类助听器佩戴者可能正好合适，就像其适用于因感音神经性听力损失导致动态范围缩小的助听器佩戴者一样。

尽管目前对于传导性听力损失的最佳预设仍不确定，但幸运的是传导性听力损失通常是平坦型或缓降型。[1883] 因此，对于这种听力损失在所有频率上给予的增益增量应该是相同的，虽然在不同输入级上给予的增益增量可能不同。如果听力师为听力损失者提供了错误的额外增益补偿量，那么助听器佩戴者仅通过改变音量设置即可弥补这种错误。

在提供预设时，可以将单纯传导性听力损失者当成是混合性听力损失者，只是他们的感音神经性听力损失部分正好等于 0。请注意，许多预设程序为平坦型听力损失，譬如，10 dB 的损失提供的插入增益并不是平坦的插入增益。这与健听人不一定希望所有频率的增益均为 0 dB 的现象一致。[1467, 1886]

10.6 为多记忆助听器选择选项

到目前为止，本章主要讨论针对个人选择最佳的增益−频率响应。对于某些人来说，几乎肯定没有唯一的最佳增益−频率响应。也就是说，在不同的情况下，一个人喜欢的增益−频率响应可能不同。当

总结：预设增益时考虑传导性听力损失成分

- 首先，使用你所选择的公式为感音神经性听力损失部分预设增益。
- 然后，针对每个频率的传导性听力损失预设额外的增益，其值等于该频率传导性听力损失的 75%。也许验配非线性助听器时，为低强度信号预设的额外增益应等于传导性听力损失的 100%，为高强度信号规定的额外增益应等于传导性听力损失的 50%，但是尚无研究数据支持这一做法。

然，非线性助听器实际上是针对不同输入级提供了不同的增益-频率响应。但是，即使有这种助听器的适应功能，助听器佩戴者也会喜欢根据即时环境中信号或噪声的类型选择不同的响应。许多助听器有多记忆程序（请参阅第 3 章 3.3.2），使助听器佩戴者能够选择最适合每种聆听环境的响应。

对多记忆助听器的需要近十年来已经下降，因为助听器已能自主做出更多决定。第一，大部分助听器现在有自适应降噪功能（请参阅第 8 章 8.1），降低了 SNR 很差的频率区内的增益。这实际上免去了手动选择程序以削减特定频率区增益或不同压缩特征的需要。第二，许多助听器会自动跳转程序，或根据对自身所处环境的分析来选择/取消某些处理功能。这种自动跳转可以启用/禁用一些功能，如方向性麦克风、自适应降噪、电感输入、反馈抑制和直接音频输入。助听器所处的"环境"包括声输入（包括声音的方向）、无线输入（包括其他助听器的无线输入）、磁性输入和直接电输入。

不论助听器多么智能，它们（目前）也只能了解外部的物理信号，而不懂助听器佩戴者的情绪、目标和态度。换言之，它们不知道助听器佩戴者采用的**聆听标准**（*listening criterion*）。多记忆助听器还在使用的一个用途是帮助助听器佩戴者在不同的时间实现不同的目标，例如可以选择一个程序为助听器佩戴者提供舒适的、不太响、不太令人疲倦的声音，目的只是帮助佩戴者简单监听环境。也可以选择一个程序尽一切可能帮助助听器佩戴者在困难的聆听环境中捕捉到每一个词汇。

目前研究还不多的多记忆助听器的一个潜在应用是根据助听器佩戴者是否看话（即唇读），来调节对高/低频的增强。[1873] 从唇读中获得的线索主要为发音的部位，大多数由高频承载。这意味着当助听器佩戴者能够唇读时，低频信号（主要传递发音和构音方式线索）比患者完全依赖于听觉时更加重要。[1873] 助听器尚不知道说话者是否可以看见，因此，让其自动选择是不可能的。

多记忆助听器的另一个用途是帮助助听器佩戴者找到唯一的最佳总体方案，我们将在第 12 章 12.2.6 中对此进行讨论。

多记忆助听器对于波动性听力损失者尤其有价值，如梅尼埃病 II 期助听器佩戴者。[1825] 对两个或多个程序中的任意一个都可以进行调试以使其与不同程度的听力损失相匹配。一个更极端的解决方案是使这些助听器佩戴者能够用便携式设备自己评估听力损失，当听阈显著改变时患者就自己重新调整助听器的程序。[1172] 自我验配式助听器（请参阅第 8 章 8.5）为此提供了便利途径。

关于多记忆助听器研究最多的是线性基线响应。Keidser、Dillon 和 Byrne（1996）等详细回顾了这些研究。这些研究提供了自适应降噪的实证基础，但既然其已广泛普及，那么许多细节与临床实践的关系就不大了。**基线响应**（*baseline response*）的概念仍然十分重要。基线响应是针对每个听力障碍者的个性化选择，通常会作为助听器中的程序之一。选择性响应（不论是手动还是自动选择）为基线响应的变形（如低频截止或信号处理特征选择）。因此，两个听力损失类型不同的人的基线响应会被预设不同的放大特性，即使他们在相同的声环境中以相同的标准聆听时也是如此。

10.6.1 音乐程序

音乐有理由需要一个单独程序。音乐的特点是频带宽、长时频谱形态与言语不同且随着时间变化大、动态范围宽（尤其是于古典音乐）、均方根水平高，甚至峰值水平高。同时，其音质有利于察觉很少量的失真。音乐家总是暴露于高峰值水平，因为他们跟乐器离得很近，但是听众也常常暴露于高强度声音下（有或没有房间放大）。

由乐器产生的高峰值声压级很容易使助听器的输入级超载，产生显著的非线性失真。当输入级超过 95 dB SPL 时，助听器超载很常见，但是有些助听器在低输入级时就超载了。[266] 这种助听器造成的强声音乐的失真，会导致其与峰值输入超过 105 dB SPL 时也不超载的助听器相比时，音乐的质量显著下降。[266] 遗憾的是，现在的助听器还无法通过改变程序来选择更高的最大输入。① 测试助听器在接受高输入级时不失真能力的办法可以参见 Chasin 等（2006）的文章。

平滑且没有显著高峰与低谷的增益-频率响应可能对聆听音乐尤为有益，因为它能帮助乐器在音高变化时保持其特性。在音乐程序中使用数字滤波器可以达到此效果。鉴于音乐输入级较高，因此，平

---

① 大部分助听器的输入超载限制设计在 95 dB SPL 左右，因为这样可以使助听器内部的噪声在技术上相对不易被听到。

均增益的损失并不重要。

音乐程序一般应具有助听器所能提供的最宽频带，但是对于陡降型听力损失者，采用针对音乐感知的扩展高频响应可能会不合适。[1506]

有人建议音乐程序还应具备一些其他的放大特性，但目前尚无研究证实这些建议，并且这些建议也都有其负面影响：[266]

· 增加压缩阈或降低压缩比，或者同时采用两种方法，会降低压缩量；

· 使用单独的处理通道，或者将跨频率的压缩参数变化最小化，会使增益-频率响应随时间的变化最小化；①

· 会禁用自适应降噪和反馈抑制功能。

在音乐程序中使用与正常程序中（用于言语）一样的宽动态范围压缩设置似乎没有什么问题；在聆听音乐时，宽动态范围压缩确实比线性放大（受削峰或压缩限制局限）更受欢迎。[397]

后续内容概述了听力师如何确定哪些助听器佩戴者更可能从针对不同环境设置不同程序的助听器中获益。

10.6.2 多记忆助听器的适用者

多记忆助听器并非适合所有人。在具备自动切换功能的助听器出现之前，有研究显示，在不同的聆听条件下会选择使用不同程序的助听器佩戴者为0%~81%。[875] 如果某个人只在一种情境下佩戴助听器（如听电视的声音），他几乎不可能从多记忆助听器中获益。如果某个人在多种情境下佩戴助听器，但是这些情境下的聆听条件实际上完全相同，那么他也不可能从多记忆助听器中获益。在多种聆听条件下使用助听器并且对某些环境下助听器的性能不满意的患者最可能喜欢和使用多种程序。[875, 1014]

还有两个不太显著的问题与多记忆助听器的适应证相关。第一，高频听力损失大于 55 dB HL 的助听器佩戴者（2 kHz、3 kHz、4 kHz 均值）比低于 55 dB HL 的佩戴者更有可能使用多记忆助听器。[874] 可能的原因是重度听力损失者的听力动态范围受限，频率分辨能力下降。当动态范围很大时，每个频率区的感觉强度就不重要了。当输入信号频谱在形态

① 前两个建议忽视了当输入级或频谱变化时陡降型听力损失对声源外频谱的内在影响，即使使用线性助听器时也存在这一影响。

和强度上发生变化时，随之发生的输出信号变化对可懂度或舒适度的影响很小。相反，对于听力损失较重的人，任何频率区的感觉强度不合适都可能会造成可听度下降，造成一个频率区被另一个频率区掩蔽或者造成响度过大。因此，每当长时输入信号或噪声谱改变时，助听器的放大特性也应该改变。如果自动助听器不能做到这一点，那么就有充分的理由使用多记忆助听器。

第二，基线响应中 500 Hz 处的目标增益接近 0 dB 的助听器佩戴者不适合使用多记忆助听器。[864] 原因可能在于他们佩戴的助听器具有双重传输路径。让声音通过助听器的通气孔直接进入耳道是在低频区提供 0 dB 增益的最方便的方法（请参阅第 5 章 5.3.1）。当通气孔为主要的传输通道时，低频声不会受选择程序的影响（甚至是助听器开关的影响）。在这种情况下，不同程序的区别仅在于它们所提供的高频和中频放大及压缩。因而，改变助听器的音量控制会与切换程序一样，用同样的方式改变助听器的放大特性。这种相似性削弱了多程序的优势，因为只要助听器有音量控制功能即可。

10.7　OSPL90 的预设

如第 4 章 4.1.4 中所述，90 dB 输入级的输出声压级（OSPL90）是对助听器所能输出的最大声压级（在耦合腔或耳模拟器中测试）的估计。在真耳测试中与之对应的术语是**真耳饱和响应**（*real-ear saturation response*，*RESR*）。

对助听器满意度或助听器退货、停用原因的调查发现，许多患者抱怨佩戴助听器时大声会过响。[953] 但是很难确定这些抱怨是指常见输入级的声音过响（预设增益过大），还是不想听到的背景声相对于想听到的言语声过响（助听器佩戴者的信噪比损失），或是助听器最大输出过强，假如其中一些是最后一种，那么有可能是由过高的 OSPL90 造成的。

根据不同情景，OSPL90 可以是指特定一个频率、所有频率或 OSPL90 最大频率处的输出，也可以是指特定频谱形态的宽带声的总体水平。在下一节中我们将看到，OSPL90 曲线的预设不当比增益曲线的预设不当更有可能妨碍助听器的使用。尽管如此，针对 OSPL90 预设公式的有效性开展的研究却很少。

10.7.1 一般原则：避免不适、损坏和失真

OSPL90 曲线预设合理的助听器有以下特点：

· 助听器不会因响度过大而造成佩戴者的不适。有时人们希望助听器使声音很响亮，但是如果它把声音，特别是突然出现的声音放大到让人感到不舒适，助听器佩戴者会抱怨并且不愿意再佩戴助听器。或者，助听器佩戴者可以调低音量，但这会使助听器的有效性在输入级降低时下降。健听人经历响度不适时，同样也会不舒服，只是没有可以抱怨的设备。

· 助听器的声音不会损害佩戴者的剩余听力。除 OSPL90 外，还有其他因素会损害患者的剩余听力，这个问题将在第 10 章 10.8 单独讨论。

· OSPL90 不会超过助听器佩戴者的真实需求。如果 OSPL90 比患者需求值大，那么就可以用更小的受话器或电池来制作助听器，而不用过多牺牲电池寿命。

以上内容都是不要把 OSPL90 设置过高的理由。如果 OSPL90 过低，会有几个不良后果：

· 可能会降低言语可懂度。

· 音质可能差到无法接受，特别是在存在削峰引起的限制和助听器佩戴者为轻度或中度听力损失时。

· 助听器佩戴者不能够和健听人一样体会全部的响度感知范围。

· 助听器佩戴者可能通过调高音量来补偿响度或清晰度不足。然而，这将使助听器进一步饱和。因此，主要信号（如言语）的响度不会增加太多，但信号间隙的低水平噪声却会增高。在削峰的情况下，失真也会增大。

· 在一些极端的情况下，如果 OSPL90 比一个频率区内的阈值小，那么助听器佩戴者将听不到该频率区内的任何声音。

简而言之，对于个人来说，最佳 OSPL90 应该低到可以避免产生不适、损伤，避免输出浪费，同时，要高到可以避免响度不足、失真和消除言语强度的线索。

10.7.2 限制的类型：压缩或削峰

OSPL90 可以通过压缩限制或削峰来控制。如第 2 章 2.3.3 和第 6 章 6.3.1 介绍的那样，压缩限制产生的失真比削峰小（失真被定义为信号中引入新的可听频率）。健听人、大多数轻度和中度听力损失者以及许多重度听力损失者和一些极重度听力损失者会抗拒削峰。[1700, 1734, 1769]

极重度听力损失者的频率选择能力必然下降，因此他们比轻度到重度听力损失者更难察觉到失真的存在。一个经过削峰的波形在极值的时间比例会高于未削峰的信号，如图 10.14 所示。因此，它的平均功率和声压级均方根更大。对于相同受话器和放大器来说，削峰助听器总是比压缩限制助听器产生的 OSPL90 大。当用纯音进行测试时，削峰助听器产生的输出会比压缩限制助听器大 3 dB。因为言语信号有更高的波峰因素，因此，OSPL90 的差异会增加到约 9 dB。[407] 对于一些极重度听力损失者来说，这对 OSPL90 的升高远超过对削峰器中增大失真的补偿。

有人甚至认为，这样的失真是有益的，因为当高频声进入助听器时互调失真会制造低频失真产物。由于高频声会造成低频失真，助听器佩戴者或许会因此而察觉到它的存在，这与调频助听器的工作情况几乎一样（请参阅第 8 章 8.3）。关于这个论点只有很少且互相矛盾的论据，如果确实要达成这样的目标，那么使用调频方案似乎更好。

10.7.3 OSPL90 预设程序

虽然已开发出许多 OSPL90 选择程序，但只有一个程序（*NAL-SSPL*）经过系统评估并获得了可以接受的结果。[1456, 1734] 因此，本节在对其他程序和一些相关问题进行简短回顾后，将详细介绍这个程序。

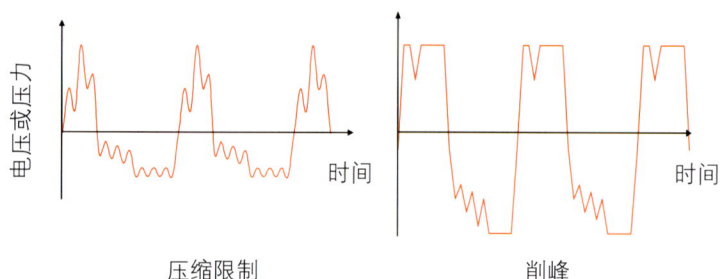

图 10.14 通过削峰器和压缩限制器后的言语波形，两种限制器均可通过同样的没有削峰的峰值信号水平。

压缩限制或削峰的预设原则

- 对于轻度或中度听力损失者，不要使用削峰。对于部分助听器佩戴者，你选择哪一种都可能无所谓。如果有机会尝试两种方法的话，极少数的患者更喜欢削峰。但是，许多助听器佩戴者更喜欢压缩限制。
- 对于重度听力损失者，如何选择并不重要；不介意选择哪种方法的患者所占比例更大，只有少数助听器佩戴者喜欢削峰，所以建议主要选择压缩限制。
- 对于极重度听力损失者，如果助听器佩戴者喜欢最大音量设置或曾抱怨助听器无法将声音充分放大，那么就使用削峰。否则，就使用压缩限制，虽然对于大多数人，这两个选择之间的差异可能很小。
- 对于极重度听力损失的儿童，如果年龄太小而无法指明对哪种响度更加满意，选择会比较困难。通常不会为这些儿童选配使用最大 OSPL90 的最大功率助听器。当 OSPL90 降到最大值以下时，如果助听器佩戴者的剩余听力好到足以使用言语中的频谱线索，使用压缩限制而非削峰来降低它似乎最为明智。（削峰减少的线索数量比多通道压缩限制多，比宽带压缩限制更多。）
- 对于任何程度的听力损失，如果助听器具备一种压缩形式，能够在输入级超过典型输入级时使增益逐渐减小（即宽动态范围压缩），那么助听器可能很少会超过它的输出限制。如果压缩比足够高，启动时间足够少，压缩阈足够低，限制的类型就无关紧要。

许多研究都是针对线性助听器的，关于多通道压缩如何影响 OSPL90 预设将会在 10.7.5 中予以考虑。

大多数 OSPL90 的选择程序主要关注避免不适。有多个程序将 OSPL90 设置为等于或刚好低于助听器佩戴者的**响度不适级**（*loudness discomfort level*，**LDL**）。① 这些公式的原理就是认为以此方式设置的 OSPL90 不会造成不适。此外，在不引起不适的前提下，尽可能把 OSPL90 设置高一些，这样可以减少因 OSPL90 过低而导致响度不足或过度饱和的机会。例如，POGO 程序[1163]建议跨频率的最高 OSPL90 应等于 500 Hz、1000 Hz 和 2000 Hz 的平均 LDL。考虑校准的差异，POGO 建议 2-cc 耦合腔内的 OSPL90 应在 3 个频率平均 LDL（以 dB HL 表示）以下 4 dB。一些实验证据（从线性助听器获得）证实 OSPL90 超过其 LDL 值的助听器佩戴者比 OSPL90 低于其 LDL 值的佩戴者更可能抱怨响度不适。[445, 1284] 相反，其他的实验证据则提示 LDL 的临床测量和现实环境中对响度的抱怨间相关性很小。[545, 866]

以个人 LDL 为依据的程序有一个问题，就是它不是直接获得可靠而有效的 LDL 测量值，虽然获得的信度可与听阈测试相似。[1258] 数值的可靠性和广泛测试获得的平均值都会受助听器佩戴者所接受的指导和所使用的心理物理学程序影响。[105, 609, 704] Hawkins 等（1987）认为，为获得可靠的结果，助听器佩戴者应该理解测试的目的，在目标响度上下应有清晰的描述标签。对于高龄和低龄助听器佩戴者，虽然可以获得听阈，却可能无法测试 LDL。LDL 增加了随后使用助听器的经验，[168, 1287] 但是这可能是由于对临床测试的熟悉程度提高，而不是由于对现实世界中响声反应的变化造成的。[228]

测量 LDL 的一个替代方案是通过阈值进行预测。有一个早就有的建议是各频率的 OSPL90 应等于 100 dB SPL 加上 1/4 的听力损失。[359, 1150] 同样，要通过合适的修正值考虑校准的差异。遗憾的是，LDL 不能通过阈值进行准确预测。多个实验表明，虽然 LDL 通常会随着阈值增加而增加，但是测得的 LDL 与预测值的差异最高为 30 dB。[105, 445, 454, 846, 1393, 1610] 当然，人们之间存在的这种明显差异部分可能是由于 LDL 测量的不准确，而不是由于 LDL 和阈值之间的关系造成的。

基于 LDL 预设 OSPL90 所面临的第二个困难是 OSPL90 以 2-cc 耦合腔中的 dB SPL 表示，而 LDL

---

① 与 LDL 同义的术语是不适级（uncomfortable level，UL 或 UCL）或不适阈（threshold of discomfort，TD）。使用哪个术语无关紧要，无论使用哪个术语，所用指令对测量值影响都很大。

> **将 OSPL90 和 LDL 联系起来而不使用平均修正值**
>
> 　　如果将 LDL 测试作为预设和验配过程中的一部分，那么有 4 种准确的方法可以直接对 LDL 和助听器最大输出进行比较：
>
> 1. 用在 2-cc 耦合腔中校准的插入传感器测试 LDL。[208, 358, 445, 695]
> 2. 获取 LDL 时，用探针测量耳道中 LDL 刺激的声压级。[700, 776, 1958]
> 3. 测量个人的真耳耦合腔差值（RECD），并使用它将用 2-cc 耦合腔中 SPL 表示的 LDL 转换为以耳道中 SPL 表示的 LDL。[1211]
> 4. 在验配软件的控制下，使用助听器作为信号源测试 LDL。
>
> 　　在第一种方法中，如果验配的是 ITE/ITC/CIC 助听器，可以使用 ER3A 插入式耳机。将插入式耳机的顶端插入到耳道中与助听器顶端所在位置相同的点非常重要。如果助听器放置较深，这个位置的判断将会非常困难。因为插入式耳机产生的声压级每 1/2 或两倍有效耳道容量就会有 6 dB 的变化，这种方法产生的误差对于不超过耳道第二弯曲的助听器来说是可以接受的。对于放置更加深入的助听器，结果则应谨慎看待。
>
> 　　验配 BTE 助听器时，可以将插入式耳机与助听器佩戴者耳模的导声管相连，这样可以避免考虑将耳机插入多深的问题，同时又考虑了个人耳模的导声管和通气孔特性。如果用 dB SPL 在 HA2 2-cc 耦合腔中校准插入式耳机（包括其 25 mm 长的管道），那么在设置与 LDL 测量值相同的 2-cc OSPL90 的过程中实际上不存在校准误差。（当然，LDL 测试过程本身可能就有很大误差。）
>
> 　　在第二种方法中，在 LDL 测试之前、之中和之后需用探针麦克风检测耳道中的声压级。如果在检测耳道内声压级时真耳饱和反应（RESR）也经过调整，那么大部分个人校准误差可以被消除。
>
> 　　第三种方法实际上是前两种方法的结合：通过在 2-cc 耦合腔中校准过的传感器测量 LDL，测量 RECD 也如此，但是最终结果用耳道 SPL 而非耦合腔 SPL 表示。
>
> 　　第四种方法避免了所有的校准问题，同时也适当考虑了通气孔和导声管在助听器中的作用。
>
> 　　这四种方法同样精确和个性化，但是根据所采用的总体选择和验证策略的不同，其便利性和时间效率会有不同。本文本框提供的是关于如何将 LDL 与 OSPL90 比较的建议，而非关于 LDL 应如何测量的建议。

通常是用在 6-cc 耦合腔中校准的耳机测得的。虽然可以使用合适的平均修正值，但是将平均修正值用于个体会造成 LDL 推断值的某种误差。现在有多种不使用平均修正值即可获得 LDL 的方法，见文本框。

　　基于 LDL 预设 OSPL90 所面临的第三个困难是 OSPL90 必须足够低，以避免所有可能听到的声音带来的不适。因为响度一般随着刺激带宽而提高，即使窄带声音在所有频率都低于 LDL，宽带声音也可能超过 LDL。①, [110, 1888] 即使相同频率的窄带声未失真，且 SPL 低于 LDL 时，饱和助听器（可以有效增加其带宽）造成的窄带声音失真也会使它超过 LDL。[561]

　　最后，关于 OSPL90 为什么必须与 LDL 一样高，尚无合理的理由。一些文章的作者认为我们应考虑一个可接受的 OSPL90 范围。[116, 1734] 可以假设人们需要将声音放大到阈值之上至少 35 dB[216] 或假设稍响的言语不会造成助听器限制来推断出可接受的最小 OSPL90。

　　NAL-SSPL 公式采用并量化了后一种方法。[460] 最小的可接受 OSPL90 被假定为，当将长期均方根水平为 75 dB SPL 的言语输入助听器时仅能造成少量限制的值。为进行计算，需假设听力障碍者使用由 NAL-RP 增益选择公式预设的增益量（该公式适合于

---

① 跨频率响度总和随着听力损失的增加而减小，因此这对于轻度和中度听力损失者比对于重度和极重度听力损失者而言更成问题。

线性助听器，但是会导致 OSPL90 比宽动态范围压缩助听器所需要的值高）。最大的可接受 OSPL90 等同于 LDL，可以通过听阈预测 LDL。针对某个具体人来说，其最佳 OSPL90 被假定处在根据不适与饱和所设置的两个限值中间。在实际使用过程中，只采用中间点的值，因此它是直接通过阈值估计的（见文本框）。

如图 10.15 中所见，对于轻度和重度听力损失者来说，可接受的 OSPL90 应该有一个较宽的范围。但是，对于重度，特别是极重度听力损失者来说，最大可接受 OSPL90 的估计值会比最小估计值小。换言之，能够同时避免助听器不适与饱和的 OSPL90 设置可能不存在，至少对于线性助听器是如此。因为两个界限都是估计值，公式仍把最佳 OSPL90 放在两者中间。

一项研究使用单通道助听器对 NAL-SSPL 公式进行了评估，结果显示通常该公式既不会低估也不会高估经验上对研究对象来说最好的 OSPL90。[1734] 但是，大约有 20% 的受试者，其由公式预设的 OSPL90 会落在受试者可接受的 OSPL90 范围之外。另一项使用双通道助听器的评估也显示 OSPL90 预测值与 OSPL90 最佳经验值之间具有良好的一致性，虽然预设略微低估了高频通道中可接受的 OSPL90 范围的中点。[1456]

两项研究均仔细测量了个体的 LDL，而且评估了能否使用个体 LDL 来改进最佳 OSPL90 预测的准确性。两项研究得出同样的结论：如果使用以阈值为基础的预设，那么个体 LDL 测量不会显著改善验配的准确性。最好将临床上节省出的时间用于评估验配后 OSPL90 的适合性。关于 OSPL90 评估方法将在第 11 章 11.7 中讨论。

在验配前测量 LDL 的听力学家中有 60% 的人有同样的结论，[1147] 但该结论并没有被所有人接受。如果 OSPL90 必须接近 LDL（和在其之下），且针对任何程度的听力损失所测得的各种 LDL 值是真实的（即不是由于对指令的不同理解或其他测量误差导致的），那么就需要在验配助听器前测量每个助听器佩戴者的 LDL 值。但前面报道的两个研究并不支持在助听器验配前必须测量 LDL 的观点。

在第 15 章中我们将看到，双耳聆听的 LDL 比单耳聆听的 LDL 低 0 ~ 6 dB。由于具体低多少并不确定，而且已应用双侧助听器对 NAL-SSPL 预设进行过评估，所以在预设程序中没有设置双耳修正值，尽管可能需要有一个小的修正值。

10.7.4 预设不同频率的 OSPL90

设计一款 OSPL90- 频率响应独立于增益- 频率响应的助听器是可能的，并且在多通道助听器中更容易实现。

在针对 OSPL90 作为频率函数变化的助听器预设

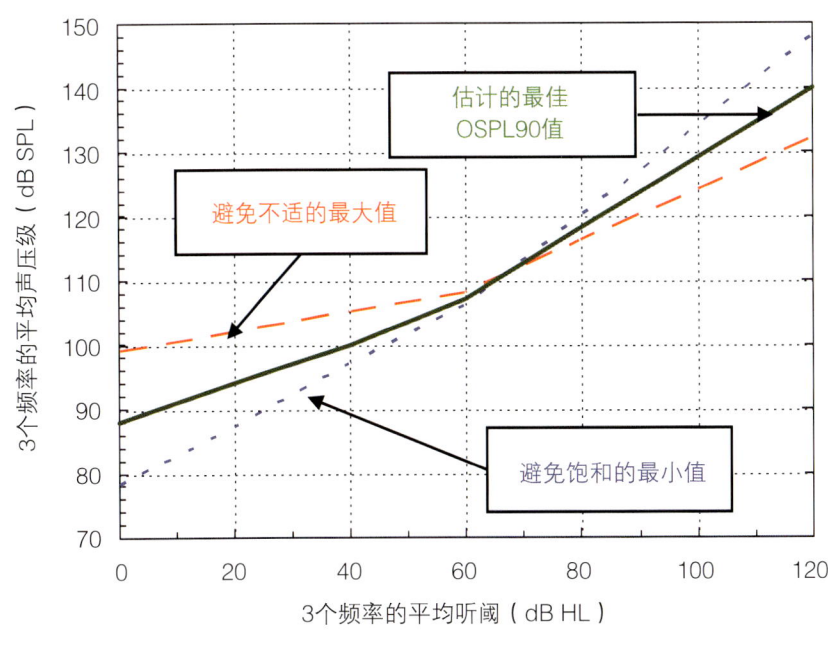

图 10.15 NAL-SSPL 选择程序，基于避免不适所需的 OSPL90 和避免过度饱和所需的 OSPL90 之间的中间值。

NAL-SSPL 选择程序

对于 OSPL90 曲线形状不能控制的助听器，3 个频率的 OSPL90 均值（500 Hz、1000 Hz、2000 Hz 阈值的均值），是根据图 10.15 或表 10.2 中的数据，在 3 个频率平均听力损失的基础上制定的。

表 10.2　NAL-SSPL 选择程序，针对 3 个频率平均 OSPL90（2-cc 耦合腔中的 SPL）的预设。

3FA 听力损失（dB HL）	3FA OSPL90	3FA（dB HL）	3FA OSPL90	3FA 听力损失（dB HL）	3FA OSPL90	3FA 听力损失（dB HL）	3FA OSPL90
0	89	30	98	60	107	90	123
5	90	35	99	65	109	95	126
10	92	40	101	70	112	100	128
15	93	45	102	75	115	105	131
20	95	50	104	80	118	110	134
25	96	55	105	85	120	115	136

这些值加上人群中 3 个频率（500 Hz、1000 Hz、2000 Hz）的 RECD 均值可以转换为耳道中的 SPL。这个均值是 6 dB，所以在表 10.2 中或图 10.15 中的数值上再加 6 dB，NAL-SSPL 公式就可以作为真耳选择程序使用。无论使用的是哪种类型的助听器，无论助听器佩戴者是成人还是婴儿，这些真耳值都适用。相反，2-cc 耦合腔 SPL 值只可应用于适合一般成人耳大小的 BTE、ITE 和 ITC。如果获得相同的真耳目标 OSPL90，剩余耳道容积较小的助听器佩戴者所需的 2-cc OSPL90 比佩戴一般长度 ITE 或 BTE 助听器的普通成人要小。达成此目标的方法见第 11 章 11.4。

理论背景：推导具有频率特异性的 OSPL90 选择程序

第一，通过听阈来估计响度不适级。第二，在 Dillon 和 Storey 文章（1998）所述内容的基础上估计每个频率避免饱和所必需的最小 SPL。唯一的不同是使用每个频率的增益，而非 3 个频率的平均增益。因为在 NAL-RP 公式中每个频率的增益取决于其他频率的听阈，因此，采用了 700 个听力图中的数据来估算与每种听力损失程度对应的增益。[1113]

这些插入增益被转换为真耳助听增益，因此最大输出预设应以真耳饱和响应（RESR）为依据。据估计，最佳 RESR 是最小 RESR（避免饱和）和最大 RESR（避免不适）之间的中间值。

对于多个通道中最大输出独立进行限制的助听器来说，RESR 必须降低，原因见正文。Bentler 和 Pavlovic（1989a）、Bentler 和 Nelson（2001）的研究数据显示，为避免对不同频率 n 个同等响度声音的不适，相对于单独呈现的任一声音的 LDL，它们各自的水平应降低 $4+13\log(n)$。同样地，每个通道避免饱和的最大输出也不必一样大，因为只有一部分输出功率会进入各个通道。放大之后，如果宽带声的功率在 n 个通道间平均分布，那么最小可接受 OSPL90 的削减量为 $10\log(n)$。

对于多通道助听器来说，降低的 RESR 值可以算作是最大和最小允许值削减量的中间值。但是，由于言语没有连续的宽频谱，以使功率在各频率间均匀分布。因此，在任一瞬间，响亮的言语声可能会使助听器的部分通道达到最大值。如表 10.4 所示，最佳 RESR 的削减量估计为最坏情况下计算结果的一半。

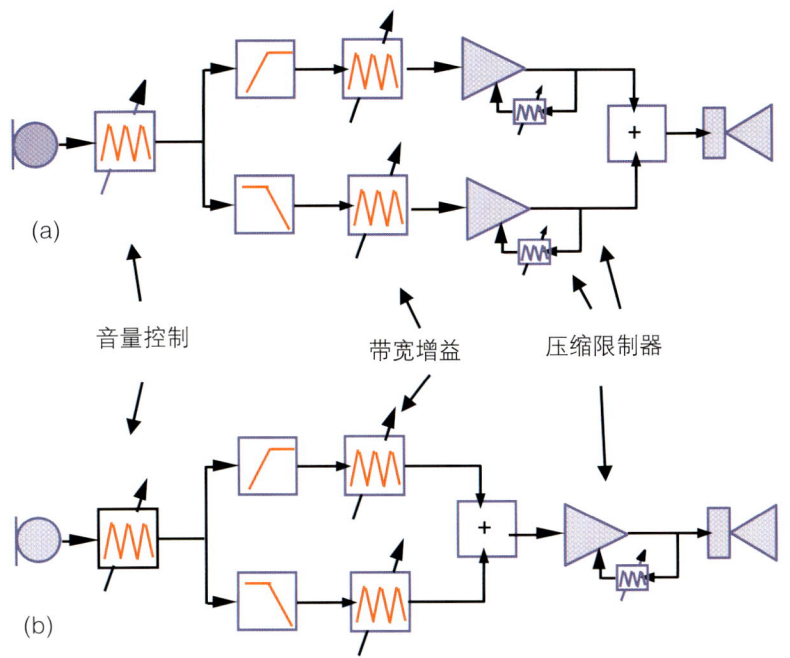

图 10.16　多通道助听器中限制发生的情况：(a) 为限制在每个通道中独立发生，(b) 为通道重组后限制在宽带信号上发生。

OSPL90 之前，听力师必须分辨清楚 OSPL90 是由多通道助听器中的每个通道独立控制的（如图 10.16a），还是由在信号的整个带宽上工作的压缩器或削峰器控制的（如图 10.16b）。对于以每个通道独立控制为基础的多通道助听器，必须要考虑功率和响度总和的影响。

例如，假定助听器的一个通道发出窄带声，而这个窄带声正好未能引出 LDL。如果每个通道同时发出这样的信号会发生什么呢？第一，总 SPL 将比任何通道自身的 SPL 大。第二，因为复合声的带宽比单个通道宽，因此复合声甚至会比 SPL 增加引起的变化还要大。所以，复合声很容易引起不适。通道越多，响度总和越大。为了弥补这个不足，必须将用窄带信号测量的 OSPL90 相对于单通道限制所需的 OSPL90 降低。通常多通道助听器需要降低 OSPL90，而单通道助听器不需要，但是在决定是否降低 OSPL90 之前应仔细查阅助听器的框图。

10.7.5　非线性助听器的 OSPL90

使用非线性助听器时（即大多数助听器），随着输入级增加，增益降低，准确选择 OSPL90 相对于线性助听器来说没那么重要。如果在高输入级上，增益能够充分降低，那么对于助听器佩戴者可能遇到的任何输入级，助听器都不会产生不舒适的声音。Killion（1995）认为对于轻度或中度听力损失者，假如增益量仅为感知正常响度所需的量，那么限制就毫无必要。但是，助听器不可能产生无限的输出级，所以限制还是必要的。健听人对响声的抱怨和佩戴 OSPL90 并不过高的助听器的佩戴者差不多。[871] 不同之处是健听人指责的是声音，而助听器佩戴者指责的却是助听器。因此，避免响度不适应以不影响音质为前提。

预设频率特异的最大输出

- 从表 10.3 中查找每个频率上适合感音神经性听力损失部分的真耳饱和响应。
- 如果助听器的每个通道内有独立的限制，则按表 10.4 中所示的量减少数值。
- 对于传导性或混合性听力损失，在每个频率上加上 87.5% 的传导性听力损失部分，给出最终的 RESR（请参阅第 10 章 10.7.6）。
- 用 2-cc 耦合腔 SPL 表述预设时，可以从 RESR 值中减去个体或平均的 RECD 值（请参阅表 4.4）。

表 10.3　各听阈（dB HL）的 RESR（dB SPL）。对于各通道的最大输出被独立限制的助听器，应按表 10.4 所示的量减小 RESR（或 OSPL90）。

听阈	250	500	1k	2k	4k
0	95	96	95	98	100
5	95	97	96	100	101
10	96	97	98	101	102
15	96	98	99	102	103
20	96	99	101	104	104
25	97	101	102	105	106
30	97	102	104	107	107
35	98	103	105	108	108
40	99	105	107	109	109
45	100	106	108	111	110
50	101	108	110	112	112
55	103	109	111	113	113
60	104	110	113	115	114
65	107	114	115	117	117
70	111	117	118	120	119
75	115	120	121	122	122
80	118	124	123	125	124
85	122	127	126	128	127
90	125	131	128	130	129
95	129	134	131	133	132
100	132	137	134	135	135
105	136	141	136	138	137
110	139	144	139	141	140
115	143	147	142	143	142
120	147	151	144	146	145

表 10.4　每个频道独立限制的多通道助听器中 RESR 值应削减的量。

通道数	削减量（dB）
1	0
2	3
4	4
8	6
16	8

关于非线性增益如何影响 OSPL90 的预设值已非常清楚。根据图 10.15，非线性增益对能够避免不适的最大值没有影响，但是针对高输入级的较低增益可以使避免饱和的最小值（避免饱和）更低。因此，预估的最佳 OSPL90 将略微下降。在没有特别针对非线性助听器设计公式的情况下，一个现实的解决方案是使用前面章节所列举的线性助听器 OSPL90 预设。

10.7.6　传导性和混合性听力损失的 OSPL90

关于传导性听力损失对阈值、不适、增益和放大要求的总体影响已在第 10 章 10.5 中讨论过。假设对于一个混合性听力损失者，我们已经计算出其感音神经性听力损失部分的增益和 OSPL90。那么传导性听力损失部分会以两个方面影响所需的 OSPL90。第一，我们将会假设在每个频率上都增加了相当于 75% 的传导性听力损失的额外增益，这会等量增加避免饱和所需的最小 OSPL90。第二，不适级将按传导性听力损失量的 100% 增加。

如果我们遵循 NAL-SSPL 选择程序的基本原理，最佳 OSPL90 的增量将是避免饱和所需增量和避免不适所需增量的中间值。因此，考虑了传导性听力损失的 OSPL90 所需增量等于传导性听力损失部分的

预设传导性和混合性听力损失的 OSPL90 或 RESR

1. 如果助听器佩戴者有耳硬化症，则需修正骨导阈值（见表 10.1）。
2. 感音神经性听力损失部分作为骨导阈值，传导性听力损失部分等同于气 - 骨导差。拉平跨频率的气 - 骨导差可能是合理的，将气 - 骨导差外推到比所测频率更低或更高的频率常常是必要的。
3. 仅在感音神经性听力损失的基础上预设 OSPL90 或 RESR，可以使用图 10.15 或表 10.2（3 个频率的平均 OSPL90），或表 10.3（频率依赖的 RESR）中的数据。
4. 通过增加 87.5% 的传导性听力损失量来提高 OSPL90 和 RESR。（公式并非完全精确；加上 90% 的气 - 骨导差则正好。）

> **理论背景：预测听力障碍者的噪声性听力损失**
>
> 实验证据表明，当两种损失都表示为耳蜗中与之相等的兴奋级时，暴露于过响噪声后听力障碍者的听力损失可以通过健听人经历的听力损失总量加上听力障碍者之前存在的听力损失来估计。这种转换被称为改良的幂次定律，步骤如下：[780, 1115]
> - 把听力障碍者的初始听力损失转换为相应的内部兴奋级；
> - 把健听人将经历的噪声性听力损失转换为内部兴奋级；
> - 将这些兴奋级叠加；
> - 将总兴奋级转换为外部声级；
> - 这个声级代表听力障碍者在噪声暴露后可能的听阈。

87.5%（即气-骨导差）。

10.8 过度放大和继发性听力损失

助听器放大声音时可能给听力损失者造成新的**噪声性听力损失**（*noise-induced hearing loss*）。助听器是否会造成进一步的听力损失取决于两个因素。

第一，一个人对噪声性听力损失的易感性取决于他已有听力损失的程度。例如，同样的噪声暴露可能会造成健听人的某种永久性阈移，而给重度听力损失者造成的阈移则小得多。本质上，听力障碍者已经丧失了耳蜗中最敏感的内毛细胞及其突触和（或）外毛细胞动力器，要破坏剩余的内毛细胞和外毛细胞，噪声暴露必须更大。计算噪声暴露造成健听人**暂时性阈移**（*temporary threshold shift*，TTS）**和永久性阈移**（*permanent threshold shift*，PTS）程度的方法很好理解，至少在统计学意义上如此。理论上，可以计算出既有听力损失对继发性听力损失的影响（见文本框）。对于已知的输入级，可以准确预测助听器造成的噪声性听力损失，就像测量出来的一样。[1120]

第二个影响噪声性听力损失的因素是助听器佩戴者经历的**每日噪声剂量**。这个剂量取决于助听器的输出级和这些输出级持续的时间。因为输入级随着时间波动，所以输出级也同样如此，因此，如何用一个代表性数字来描述输出级尚不清楚。如果想预测永久性阈移或暂时性阈移的发生量，短期均方根水平的平均值（每个都使用声级计的快速平均时间测量）被认为是代表波动水平的最好方法。[1120]

助听器在任意时间的输出级取决于三个因素。第一，增益越大，输出级越大。第二，助听器的输入级越大，其输出级越大。当然，以上两点只有在输出低于助听器最大输出限制时是正确的。一旦输入级和增益的组合大到足够使助听器饱和，那么输出级主要由助听器的 OSPL90 决定（更准确地说，由 RESR 决定）。Macrae（1994b）研究了一组学龄儿童，发现助听器输出很少会达到其最高值，以至于噪声剂量几乎完全由输入级和增益组合决定，而不是由 OSPL90 决定。这个发现非常重要，因为人们经常错误地假设助听器的安全性仅由 OSPL90 决定。但是，如 Macrae（1994a）的综述所述，也有一些证据表明 OSPL90 也影响安全性。这大概只发生在合理验配后仍经常达到最大输出的助听器中。

PTS 会逐步靠近最终值，这个数值大概等于渐进的 TTS。①, [985, 1120] PTS 增长的速度取决于噪声暴露的量。首先，如果 TTS 超过一定的量——Macrae 称之为**安全限值**（*safety limit*），PTS 将开始迅速增长，在 10 年之内达到其最终值。[21] 对于健听人来说，安全限值约为 50 dB TTS。[1118, 1894] 通过改良的幂次定律可以预测，随着听力损失增加，该安全限值迅速下降，对于 100 dB HL 的听阈仅有 2 dB。其次，如果 TTS 比安全限值小得多，PTS 增长到其最终值可能需要暴露于噪声中几十年。

TTS 和 PTS 在助听器使用中都会真实发生。使

---

① 渐进 TTS（*asymptotic TTS*）是当一只耳持续暴露于噪声下时发生的最大 TTS 量。TTS 量以 2~3 小时的时间常数呈指数方式增长。[1117, 1197] 因此，在使用助听器 6 小时后，TTS 非常接近于渐进值。

> **实际方法：避免助听器导致听力损失**
>
> - 预设的增益或 OSPL90 不应比达到最佳清晰度所必需的值大。这对于年龄过小无法进行音量控制的儿童或任何佩戴无音量控制助听器的佩戴者来说尤为重要。
> - 建议助听器佩戴者避免长期暴露于高水平的噪声之下。
> - 验配非线性助听器，当输入级从一般输入级增加到高输入级时其平均增益降低。（随着输入级从低输入级提高到一般输入级，增益也可能改变，但是助听器在低输入级时不太可能引起噪声性听力损失发生。）
> - 监测听阈随时间变化的情况。
> - 只要存在疑问，就应通过测试 24 小时未佩戴助听器后和佩戴助听器 8 小时后的听阈来检查暂时性阈移。（对于学龄儿童，先在星期一早晨测试，然后在星期一下午测试最为方便。）当难以在不造成暂时性阈移的情况下获得足够高的感觉强度时，建议助听器佩戴者在两耳间交替使用助听器，给予耳更长的恢复时间。

用比 NAL-RP 公式推荐的 1 kHz 处的增益大 15 dB 的增益（至少在线性助听器），足够造成任何初始听阈为 50 dB HL 的助听器佩戴者出现 3dB 的 TTS（进而，引起相同量的 PTS）。[1119] 这个例子假定平均输入级为 61 dB（A）SPL。如果平均输入级显著高于该值，即使是像 NAL-RP 一样在增益上比较保守的公式也会导致 TTS 和 PTS。任何 TTS，哪怕只是 3 dB，都应该尽量避免。TTS 是 PTS 的前兆，也会直接造成不良后果。一旦 TTS 发生，就会降低助听器佩戴者的交流能力，因为当 TTS 存在时，助听器佩戴者在聆听时就好像听力损失已经升高了 3 dB 一样。[1120]

助听器所致听力损失的风险和程度随着听力损失增大而增加，因为听力损失越大的人需要的放大越多。对于 3 个频率平均听力损失（500 Hz、1000 Hz、2000 Hz）低于 60 dB HL 的助听器佩戴者，如果其使用的增益与 NAL-RP 公式所推荐的增益相似，那么助听器导致的听力损失就不应该成为一个问题。[1117] 相反，一旦听阈超过 100 dB HL，即使是 NAL-RP 公式推荐的增益也可能不安全。[1117] 其结果是造成听力缓慢地螺旋式下降，听力损失增大要求提高增益，又会造成噪声暴露的增加，从而导致进一步的听力损失。听力损失是逐渐小幅增加的，其发展需要数年，但是对于儿童和年轻人来说，造成的影响是很明显的。如果某个助听器的目的是为极重度听力损失者提供满意的感觉强度，那么可能就需要接受助听器会造成一些额外 PTS 的现实。[1116] 幸运的是，因为单以听力而言，极重度听力损失者可能是人工耳蜗植入的适用者，这种情况现在较少出现（请参阅第 9 章 9.2）。

第三，所有的安全性计算都是针对线性助听器，非线性助听器的情况应该好一些，因为他们的增益随着输入级的增加而减少。自适应降噪技术，可以降低喧闹场所的增益，也可以看作是助听器中的一个安全特性。

假如一个人无法确信助听器是否会加剧听力损失，那么确定这种损伤是否正在发生是很重要的。TTS 提供了这样的检查方法。如果耳朵在使用助听器一天之后的听阈与未佩戴助听器 24 小时之后的听阈相比明显下降，那么 TTS 正在发生，且 PTS 也很可能随之发生，除非进行某种干预。也可用多个月或多年的系列听力图观察这种损害。然而，永久性损失在能被观察到之前已经发生了，而且很难区分助听器导致的听力损失和其他原因导致的听力损失。因此，通过检测 TTS 发现过度放大更好。如果能尽早检测和纠正，就可避免进一步的永久性阈移升高，虽然内毛细胞的突触仍可能会缺失并影响阈上识别能力的准确性。

10.9 结语

应用合适的选择程序具有非常重要的作用。当第一版 NAL 程序引进澳大利亚 NAL 听力中心时（代替了综合应用听力师判断和评估程序的一些非正式方法），基于该程序在全国发放的电池增长了

51%。[1818, 1819] 电池消费的增长大部分是由于助听器使用时间的增加，因为同期发放的助听器数量和种类基本没变。服务提供上虽也有一些改变，但是这些改变影响不大。

部分常用的预设在本章中未提及。多个助听器厂家在其产品的验配软件中编入了专有的预设程序。因为这些程序的推导、公式和支持证据不多，因此，本章未对这些预设进行评述。

根据预设使用的公式，听力师需要仔细分析预设，并将其与听力损失的特点比较。大部分程序预设的某一频率增益量随着该频率听力损失的增加而增加，并未进行限制。对于有图 10.17 中菱形所示听力图（双耳）的助听器佩戴者，放大 2 kHz 以上的声音可能没有意义。对于这样的助听器佩戴者，放大的高频声音可能对总体响度的贡献很大，但是对言语可懂度或质量的贡献却并不显著。此外，2 kHz 以上的言语达到可懂度所需的较大增益可能会造成反馈啸叫，因此助听器佩戴者所需的耳模比其他情况下更紧。当某一频率的规定增益对可懂度没有任何有益贡献时（对于一般输入级的言语），听力师可能会建议降低该频率的增益，以减少反馈啸叫产生的机会。

但是，当助听器佩戴者的听力图为图 10.17 中方形所示听力图时（双耳），即使两类助听器佩戴者在 2 kHz 及以上的阈值相同，也需将放大扩展到 4 kHz 或以上。该助听器佩戴者无法提取较低频率范围内

言语中呈现的全部信息，所以尽量获取在 3 kHz 和 4 kHz 以上的少量额外信息就非常必要。NAL-RP 和 NAL-NL2 预设在其计算公式中考虑这些因素的影响，但是其他公式则没有。①

同样，一些非线性公式计算出的压缩比可能为 4 或更高，即使在某些情况下，软件提醒如此高的压缩比可能不是最佳的。根据经验，采用高压缩比，特别是快速多通道压缩助听器采用高压缩比的，一般言语可懂度会较差。[410, 1237, 1437] 如第 6 章中提到的，采用高压缩比的快速多通道压缩会降低利用频谱线索的能力，从而降低言语可懂度，即使它提高了可听度。

将 LDL 测试作为助听器预设输入内容的作用尚不完全清楚。如我们已经看到的，有证据显示利用 LDL 进行 OSPL90 设置很重要，但是以听阈为基础预设的 OSPL90 在大多数助听器佩戴者可接受的范围内，即使对于线性助听器也如此。所有助听器佩戴者或大部分助听器佩戴者采用了 WDRC，似乎使 OSPL90 不如以前那么重要了。若真如此，临床上最好将时间用在评估助听器佩戴后的最大输出上，而不是在预设之前测试 LDL。对此尚有进一步研究的空间。[866]

回顾本章中所述的预设程序，显然它们都是根据言语可懂度和响度进行的设计。听觉还有很多其他特性，如定位、舒适性、愉悦度和自然性。[218] 虽然关于不同预设中这些方面特性的检测已经很常见，但是还无法用定量方法将这些方面整合进预设中。另一个尚未深入研究的领域是视觉线索对最佳预设的影响。唇读主要传递高频线索，所以在无法唇读时相对于可以唇读时应更加重视突出高频。[1873]

所幸，预设只是一个新的助听器验配过程的开始。在某些情况下（希望是很多情况下），它也是终点。而在其他情况下，则需要听力师进行精细调节。今后，助听器佩戴者将借助助听器中的训练（也叫学习）算法，自己承担更多的责任（请参阅第 8 章 8.5）。

最后，新技术和新的预设程序应持续同步发展。除非技术进步带来的放大特性能够与听力障碍者个人的需求相匹配，否则它将毫无用处。每当有新的

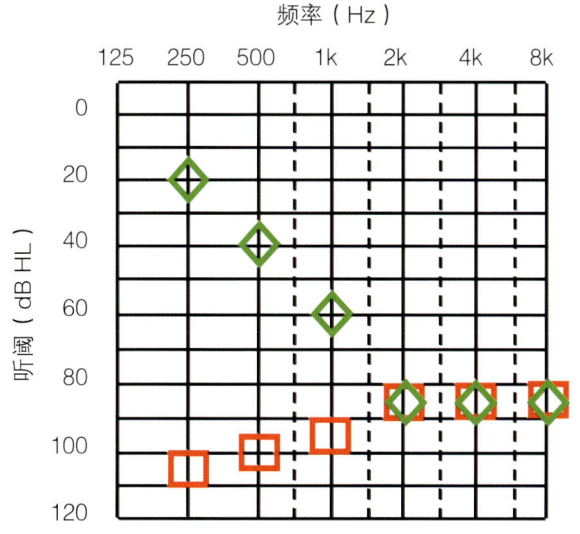

图 10.17 两个 2 ~ 8 kHz 听力损失相等的听力图，但可助听听力的上限频率不同。

---

① 对于图 10.17 中的两个听力图，实际上，NAL-NL2 推荐方形所示听力图 2 ~ 8 kHz 的放大应比菱形所示听力图高 6 ~ 9 dB。

技术进步出现时，都有必要问一问是否每个助听器佩戴者都有必要采用这个处理功能，或者需要视情况而定，可以永久性使用，也可在合适的时间由助听器自动启用。[901] 关于这个问题的答案并不是很清楚。例如，迄今，还没有普遍对自适应降噪算法进行个性化预设。最常见的情况是，采用多种增益削减程度，听力师通过实验确定哪种设置对于助听器佩戴者是最好的。这种情况与二十世纪四十年代对一些不同助听器进行实验比较的情况类似。如第8章8.1.1中所述，最佳的自适应降噪设置取决于和言语及噪声级相关的听阈，因此应该进行个性化验配。

第 11 章
选择、调整和验证助听器

概　要

听力师和患者在选择助听器时，首先，需要决定的是选择哪种类型的助听器。助听器可分为：深耳道式（CIC）、耳道式（ITC）、耳内式（ITE）、外置受话器耳背式（BTE-RITE）、内置受话器耳背式（BTE-RITA）（配有标准导声管和耳模，或者配有细导声管和耳模或即用型耳塞）、眼镜式和盒式等。每一种类型的助听器各有优点，如容易佩戴、容易操作、美观、较大增益、风噪声的敏感度、方向性、可靠性、电话的兼容性、容易清洁、减轻堵塞感和抑制反馈啸叫、快速验配的能力以及费用等。不同患者对以上各因素的需求差异很大。助听器的某些特殊配置（如音量控制旋钮、电感线圈、声输入、方向性麦克风）必须根据每一个人的需要来选择，这些因素也会影响到助听器类型的选择。对绝大多数患者来说，更加适合选择耳背式助听器。

其次，需要选择适合患者的信号处理方案。如果最大声输出足够，压缩限制作为一种限制技术要优于削峰。另外，使用压缩限制时，对于绝大多数患者来讲，应采用可在较大输入范围上正常工作的低压缩比。无论是单通道还是多通道、快速反应还是慢反应，低压缩比都具有优势。对于中度和（或）陡降型听力损失患者，多通道压缩可以提供更高的言语可懂度和（或）舒适度。多通道技术也方便其他技术的使用，如自适应噪声抑制和反馈抑制。对于在多种场合下需要佩戴助听器以及在较宽频率范围内需要放大的患者来说，自适应降噪的舒适性可以得到最充分的体现。以上选配原则也适用于多程序助听器，唯一不同的是，这是由患者，而不是助听器，来选择响应方式。反馈抑制对下述患者最有效：重度和极重度听力损失者；低频正常而高频听力损失严重者；佩戴开放式助听器者；打电话时不使用电感线圈者。这些适应证使得自适应降噪几乎适用所有患者。移频技术可以有效帮助一些患者，但人们还难以准确预测具体哪些患者可以受益。训练模式可以方便患者自己调节助听器。

助听器验配软件可按照给定的增益-频率响应目标进行初步的拟合验配。软件如果在预设中综合考虑 RECD，拟合的结果就会更加准确。由于婴儿的真耳增益很难测量，RECD 仅对婴儿助听器验配有用。对所有需要针对患者进行个别调整的信号处理方案都需要有适宜的预设。除非对助听器在耦合腔内根据个人的 RECD（或者至少是根据各年龄的标准值）进行了调整，否则，必须进行真耳测试。

由于不能给出完全准确的 OSPL90，因此，必须在患者离开门诊前采用主观方法评估助听器的最大声输出是否合适。可以让患者试听各种高强度声音以确保助听器不会刺耳。当然，最大声输出也必须足够，才能保证患者在较大声音强度下感受到响声。最大输出值可以通过使用高强度的言语信号让患者判断响度来确定。

本章将运用前几章中的内容分步介绍如何选择和调试助听器。首先，我们考虑如何选择助听器的种类；其次，我们考虑如何选择助听器的性能；最后，我们讨论如何有效达到预设的目标。选择助听器的种类和性能主要依据患者的需要和能力。我们可以通过非正式的询问了解患者的需要，也可以通过更系统的正规方法了解更多有用信息。系统化的工具包括患者听觉改善量表（COSI）、目标达成量表（GAS）、格拉斯哥助听器效果问卷（GHABP）或者患者期望表（PEW）等。以上可以参见第9章9.1.6的文本框。更系统化的工具有听力需求、能力和需要简表，它可以识别在常见聆听环境中没有满足的需要，包括使用辅听设备有用的场景。[1374]

无论采用何种形式，都需要对初次佩戴或考虑更换助听器的患者的需要进行深入分析。采用开放式方法让患者自己列出存在听力困难并希望改善的情境，比采用封闭式方法，利用列出的一长串不同聆听情境进行评级要更加有效和个性化。因为许多列出的聆听情境可能对特定患者没有任何意义。

11.1 助听器种类的选择：CIC、ITC、ITE、BTE、眼镜式和盒式

在选择助听器时需要考虑很多因素，表11.1总结了不同类型助听器的优势。虽然眼镜式和盒式也在列表中，但它们已经很少使用了。在仍使用眼镜式助听器的少数案例中，主要是为了给BTE助听器增加一个辅助连接装置。BTE助听器/圆帽耳塞/内置受话器（RITA）以及BTE助听器/圆帽耳塞/外置受话器（RITE）利用细导声管和连接线将微型BTE助听器与即用型耳塞（统称圆帽耳塞）连接。

操作的方便性极大地影响了助听器验配的成功率。[90, 122, 187, 730] 年纪越大，操作的方便性就越重要，[1180, 1181] 表中的前两项以及下述讨论的内容对许多患者都极为重要。

表 11.1　不同类型助听器的相对优势。优势越大对号越多。一些相对优势是基于部分听力师的观点，下表显示的相对优势并非对所有品牌、样式和患者都适用。

因素	CIC	ITC	ITE	BTE/耳模	BTE/圆头型耳塞/RITA	BTE/圆头型耳塞/RITE	眼镜式	盒式
佩戴和取出的难易度	√√	√√	√		√	√	√	√
操作控制钮的难易度		√	√√	√√√	√√	√√	√√√	√√√
隐蔽性	√√√	√√	√	√	√√	√√		
高增益和最大声输出				√	√√	√	√√	√√
带宽和频响形态	√√√	√√√	√√√	√			√√√	√√
低风噪	√√√	√√	√					
方向性（全向性麦克风）	√√√	√√	√					
方向性（方向性麦克风）		√	√√	√√√	√√	√√	√√	
可靠性				√√	√√	√√	√√	√√
电话的兼容性	√√							
容易清洁				√√	√√	√√	√√	√√
消除堵塞感			√	√	√√	√√		
声反馈抑制				√√	√√	√√		
快速验配					√√√	√√√		
费用		√	√	√√	√√	√√		√√

佩戴及取出的难易度

ITE、ITC 和 CIC 助听器因为部件单一而容易佩戴和取出，且不影响佩戴眼镜。[190, 1793, 1817] 耳模上不带耳轮锁的 BTE 助听器比耳模上带耳轮锁的 ITE 助听器容易佩戴。[1188, 1717] 同样，全耳甲腔式 ITE 助听器由于带有耳轮锁而比 ITC、CIC 助听器更难佩戴。CIC 助听器由于带有取出线，所以相对比较容易佩戴和取出。[1260] 深植入式 CIC 助听器由于是听力师负责安放，在电池用完时才需要取出，所以对患者来说不存在佩戴和取出的困难。

操作控制旋钮的难易度

当 CIC 助听器在耳道里，特别是深植入耳道时，佩戴者很难操作其控制钮。如果在音量控制旋钮上加一个软把手的话，增益的调节就变得容易了，但是美观的优势也就被破坏了。盒式、眼镜式和大的 BTE 助听器的控制旋钮都比较大，容易触摸到，所以操作比较容易。为了方便操作，可以在 ITE 和 ITC 助听器的音量控制旋钮上多加一个帽，但外观会受到影响。如果借助压缩来自动控制增益，能充分满足患者的需要，或者患者可以使用遥控器，那么，音量控制操作就不再是问题。为了指导患者选择合适的控制钮和合适类型的助听器，验配时可以让患者调节小的控制钮或者安放电池，以观察患者操作的难易程度。

隐蔽性

CIC 助听器非常隐蔽，深入耳道的 CIC 助听器是完全看不见的。[830] 小型的 BTE 助听器通过细导声管或者连接线与耳道内的耳塞相连几乎难以看见，特别是当患者的头发遮住助听器，从背后看时，就更难以发现。[830] 在其他部件相同的情况下，由于受话器外置，外置受话器 BTE 比内置受话器 BTE 机身更小，但是，若去掉助听器的电感线圈、开关、声输入，并使用 10 号电池，许多厂家生产的内置受话器 BTE 也做到了容积很小。一些厂家在开放式验配助听器上通过减少低频通道来减少电流量的需求，从而方便使用小号电池，并确保合理的电池使用寿命。[1257] 将 1kHz 以下频率的放大取消只能在开放式验配助听器上应用。

高增益和最大声输出

助听器的麦克风距离耳道入口（通常是声音漏出的地方）的距离越远，产生反馈啸叫所需的增益就会越大[①]。受话器和电池越大，助听器的容积就会越大，OSPL90 也会越大，特别是低频部分。有反馈啸叫抑制功能的开放式助听器，能够获得 30 dB 左右的高频插入增益。[994, 1257] 由 NAL-NL2 公式反推可知，30 dB 的高频插入增益相当于高频听力损失为 60 dB HL 时的预设增益。

当高频听力损失达到 80dB 时，可以仅按 65 dB 或更高一些的输入强度进行验配。这也就是意味着，该机型并不特别适合较低声输入强度的要求。

圆头型耳塞（如非定制型）不适合低频需要放大增益的患者，开放式圆头型耳塞难以获得频率为 250 Hz 的声音的增益，对 500 Hz[②] 声音的增益也有很大局限。使用闭合式圆头型耳塞，特别是双层闭合的圆头型耳塞，可以获得部分低频增益，但是漏声存在很大的不确定性。因此，如果需要获得低频增益的话，使用闭合式圆头型耳塞远不如使用常规定制的耳模。[1355, 1773] 也就是说，虽然闭合型圆头式耳塞（或者其他形状的即用型耳塞）较开放型圆头式耳塞密封性好，但仍无法和常规耳模的密闭性相比。如果采用 NAL-NL2 公式，要达到所有输入强度都在 50 dB SPL 以上，那么对低频听力损失大于或等于 25 dB 的患者就要进行低频增益。若要输入强度都在 65 dB SPL 以上，就要对听力损失大于或等于 30 dB 的患者进行低频听力补偿。

带宽和频响形态

在 BTE 助听器中，RITE 助听器由于没有导声管共振的影响，可以在较高频率上获得比 RITA 助听器稍高的增益和 OSPL90，并且可以在中、高频部分获得更平滑的频响曲线。特别是在 RITA 助听器没有阻尼器时，情况更是如此。虽然电子滤波器能够抹平导声管造成的影响，但却会降低整个频率范围的

---

① 通常认为开放式验配的 RITE 助听器比开放式验配的 RITA 助听器更不容易产生反馈啸叫，原因是麦克风与受话器距离更远。这是不正确的。因为，在这两种机型中，重新被麦克风拾取的主要漏声都来自耳道。这种错误的论断可能源自配备了非常紧密的耳模的极高增益助听器（微型助听器则不然），增益有时被反馈啸叫所限制，此时，啸叫因为受话器直接耦合（机械地和声学地）到在助听器机身内靠得很近的麦克风上而产生的。[677, 1531] 在极高增益的机型中，RITE 助听器的增益比 RITA 助听器更高。

② 注意：与紧密封闭的耳模相比，使用开放式圆头型耳塞在 500 Hz 处增益下降 24 dB，如表 5.1 中所示。

OSPL90。[①] 患者若偏好 RITE 固有的平滑反应带来的优质音质,[39] 就得放弃 RITA 由于受话器内置而具有的可靠性。

细导声管 BTE 的高频响应比使用 13 号粗导声管的 BTE 稍差,当后者应用高频号角型声孔时差异会更加明显。

低风噪

绝大多数风噪来自头部和耳郭产生的湍流。[458] CIC 由于其麦克风位置远离产生湍流的耳郭和头部,所以比其他类型的助听器风噪小。CIC 麦克风也不受直接风流的影响,但在特定角度下,耳屏产生的湍流还是会进入耳道被 CIC 的麦克风采集,所以 CIC 也不是绝对没有风噪。BTE 和眼镜式助听器受耳郭产生的湍流影响明显。任何带方向性麦克风的助听器都会对风噪相当敏感,

许多助听器在侦测到风噪时,都会自动削减低频增益,当然,也会同时削减言语成分中的低频部分。优化的双耳信号处理方案推向市场后可以最低限度地减少言语线索,并明显降低风噪。

方向性

BTE、ITE 和大的 ITC 助听器都有足够大的空间放置方向性麦克风,从而很好地抑制来自侧面和背面的声音。装备有多麦克风阵列的眼镜式助听器是真正的双耳信号处理(请参阅第 7 章 7.1.4),有潜在的最好性能,但是目前仍处在研究阶段,没有商业应用,仅作为辅助配件在使用。[1182, 1672]

若助听器只能安装全向性麦克风,那么,CIC 具有最好的方向性,其次是 ITC,因为这些助听器充分利用了头部、耳郭和耳甲腔收集、衰减声音的功能。微型 BTE 助听器有时过于靠近耳后,从而降低了方向性麦克风的作用。微型 BTE 经常被制作成开放式,会在整个频率范围内显著降低方向性。(请参阅第 5 章 5.3.4 和第 7 章 7.3.5)

可靠性

可靠性的最大威胁是潮湿和耵聍。受话器位于外耳道内的机型(如 CIC、ITC、ITE、BTE/RITE)的可靠性是最差的,因为耵聍和潮湿限制了受话器的寿命。使用耵聍挡板可以减少耵聍的侵蚀。RITE 助听器的受话器比 RITA 的更容易损坏,但其受话器很方便在诊所内更换而不必送回工厂。其他易损部件和需要经常扳动的零件以及在两个移动表面间有电触点的零件,如开关、音量控制旋钮和电池仓。纳米涂层和防水层可以减少或消除潮气侵入,提高助听器的可靠性。

电话的兼容性

助听器可以从电话的听筒中拾取声信号和电磁信号。BTE(除外微型)和眼镜式助听器常配有电感线圈,易选择和应用。使用盒式助听器打电话时要把助听器机身靠近听筒,会造成使用不便。如果给 ITE 和 ITC 助听器安装电感线圈开关(无论仅用于电感线圈,还是作为程序按键)都会使面板更加拥挤,增加按钮的操作难度。特别是助听器上还有音量控制旋钮的话,操作难度更大。如果助听器有遥控功能(有些患者认为遥控器不方便)或者当助听器遇到强磁信号时能够自动选择电感线圈,就能够克服上述困难。

对于大多数助听器,可以将话筒放到耳边,由助听器直接拾取、放大言语信号,免除患者使用电感线圈的麻烦。但这样做必须防止电话靠近助听器时不会引起啸叫。利用助听器的声反馈抑制功能,或者在电话的受话器上放置阻尼材料有助于避免啸叫发生。

如果助听器配有无线受话器接收来自外部的流接口设备的信号,而流接口设备接收来自电话的蓝牙信号,那么,助听器和电话就能获得极好的兼容性(请参阅第 3 章 3.11)。

听诊器的兼容性

有听力损失的听力师在佩戴 CIC 助听器时,可以在没有啸叫的情况下正常使用听诊器。此时,需要 CIC 助听器的增益不能太大,并且声音不会外泄。[②] 其他解决办法还有:

· 摘掉助听器,使用听诊器。

· 使用听诊器,其输出端为一副耳罩,可以将耳朵和助听器一起盖住。

· 将听诊器与助听器的声输入或电感线圈输入端直接耦合,或与流接口设备耦合,通过流接口设备与助听器进行无线传输。

以上解决办法都存在某些缺点,最好的解决办法取决于听力师的听力损失的严重程度,是否确实需要在谈话中使用助听器,是否确实需要通过放大

[①] 电子滤波器就像是阻尼器,只能有效地降低共振波峰的 OSPL,而不能有效地增加共振波谷的 OSPL。

[②] 听诊器上的硬材质听头可以用软的硅胶头代替,可由耳模厂家提供,能够将声音更好地耦合到助听器面板上。

第 11 章　选择、调整和验证助听器

才能听到听诊器的低频和（或）高频声音。

清洁的方便性

对耳部有慢性感染的患者，ITE、ITC、CIC 和 BTE/RITE 助听器都不适合，因为不易于清洁。BTE/RITA 或眼镜式助听器，特别当可以采用大通气孔（包括完全开放式）验配时就比较合适。因为，这类助听器的耳模和（或）导声管可以清洗。助听器壳上的防尘防水涂层可以保持助听器清洁如新。

消除堵塞感和抑制反馈啸叫

对低频听力基本正常，而高频听力严重损失的患者，很难进行精准验配，尽管这种类型的听力损失很常见。为了避免堵塞感，需要针对低频听阈留置大的通气孔或进行开放式验配，而高频听阈所需的增益则会引起啸叫，即使选用声反馈抑制功能也难以解决这一问题。这种矛盾，在通气孔出口和麦克风入口的距离增加时更易遇到。因此，在 BTE 助听器上比在 ITE、ITC、CIC 助听器上更易调和这一矛盾。人们经常宣称 CIC 助听器不存在堵塞感问题，因为其末端已经达到外耳道的骨性部分。但事实上任何助听器都可采用深植入式的耳模（壳），所以这并不是 CIC 助听器的独有优势。深植入式的装置即使采用软性材料也可能引起不适感，造成患者满意度下降。[①, 1882]

快速验配

假如不需要定制耳模，患者一次就诊就可完成听力和需要评估，拿到 BTE 助听器。如果患者在听力测试后准备立即验配助听器，那快速验配对患者和听力师来讲都是高效率的，因为可以减少一次就诊。一项大规模研究显示，在初次佩戴助听器的用户中采用快速验配模式，有 81% 可以成功，有 28% 会出现反馈啸叫问题。[1654] 随着患者的听阈及年龄升高，适用非定制耳模的比例也在下降，但 85 岁以上的患者中，仍有半数以上可以适用快速验配。为了方便快速验配，听力师必须储备一个或多个助听器。耳道内装置可以使用开放式或闭合式的圆头耳塞，也可使用一次性塑料泡沫软耳塞替代普通硅胶圆头耳塞，以增强密闭性。

就诊前的一些重要因素决定了患者只需要一个简短评估，还是需要长时间的评估和验配。如果患

---

① 目前有关深达外耳道骨性部分的装置的低满意度报告都是针对非定制式、一次性使用的装置，对于定制式的装置情况很可能相同。

者已经做过听力筛查，筛查的结果可能对是否需要进一步验配有所提示。[1654] 如果筛查过程中已经了解患者对助听器的态度，那帮助作用会更加明显。（请参阅第 9 章 9.1.1 和 9.1.2）

费用

通常 CIC 助听器比其他类型助听器的费用高。这是由于生产 CIC 助听器需要更多人工。当然，CIC 助听器的利润率也较高。生产 BTE 助听器的成本低于生产各种定制机，所以在正常市场环境中，BTE 助听器的价格也应低于其他定制机。

电池型号

体积小的助听器不可能容纳大型号的电池。随着电池型号减小，操作困难会增加（对某些患者），电池的使用寿命也会降低（假定增益和最大输出不变的情况下）。

综合因素

要依据患者的需求、意愿和能力，考虑不同类型助听器的优点。比如，某个助听器具有高增益，但对于一个不需要高增益的患者来说就不是优点。因此，不能简单地将表 11.1 的各项参数简单相加来判断助听器的优劣。值得注意的是，绝大多数听力损失者都是老年人，由于视觉或者触觉的减退，老年人操作小型部件会遇到困难。统计数据表明，不同种类助听器操作的难易度与患者对助听器的满意度密切相关。[90, 187]

减少操作困难的选择

针对操作助听器或开关困难的患者，可采用以下策略：

- 选择宽动态范围压缩或无音量控制旋钮的助听器。
- 选择患者可接受的最大体积的助听器和电池。优先选用半耳甲腔助听器，而非 BTE 助听器。
- 对于头脑清晰但动作不便的患者，考虑带有遥控器的助听器。
- 对于低视力患者，可考虑控制钮和电池仓开关容易触摸的机型。

选择助听器时经常需要在多种因素中进行取舍。如果一个患者对助听器的隐蔽性及在耳内适配的要求高，并希望自己的声音听起来正常，那选用带有圆头耳塞的微型 BTE 助听器就能达到目的。但如果

患者的低频听力损失达到 30dB 或高频听力损失达到 80dB，那选用上述机型的增益补偿就不够。没有佩戴的助听器不会有任何作用，因此，最好的策略是优先考虑能让患者接受助听器的因素，帮助患者首先体验到助听器的作用，而不是优先考虑那些可以使助听器效果最大化的因素。

在选择使用最佳高频增益，还是使用虽然低于最佳增益但会让患者感觉更加舒服，感到自己说话的音质更好的增益时，也需要有所取舍。认为针对相同听力损失的患者，采用开放式验配比闭合式验配所需要的增益低，这种说法并不符合逻辑，但选用低于最佳的增益确实有一定合理性。

取舍不仅仅存在于舒适度、外观与性能的权衡上。虽然听力损失为轻度平坦型或缓降型的患者倾向于选择开放式验配，以减轻堵耳效应，但他们最大的需要还是改善噪声环境下而不是安静环境中的言语可懂度（请参阅第 9 章 9.1.6）。选择在最宽频率范围上的方向性验配有助于患者获得噪声环境下的最大言语可懂度，而选用开放式验配则对此没有帮助。

表 11.1 没有列出眼镜式助听器在制作上的一个问题。眼科和耳科人员必须相互协调，才能保证助听器的接头与镜架匹配。而且，一旦在眼镜和助听器中，有任何一方损坏，在修好之前，两者都将不能使用。

本节中对各型助听器的相对优势做了概括性介绍，但不同厂家生产的不同产品难免会有所不同。

11.2　助听器性能的选择

在做出最终选择之前，还需要考虑助听器的以下性能。助听器的信号处理性能已在本书第 8 章 8.4 和 8.5 中做过深入讨论。

音量控制

各种压缩技术的发展减少了患者调节音量的需要。许多患者喜欢使用无音量控制的助听器。有些助听器具备宽动态范围压缩（WDRC）性能，且压缩比足够高，压缩阈足够低，恰好可以帮助患者无须手动调节音量。然而，在使用 WDRC 助听器的患者中，有近乎一半的人说他们有时希望自己能够控制音量大小。[461, 937, 948, 1749, 1823] 当然，其中有部分患者根本不能使用音量控制钮，还有部分患者可能因为很少使用而选择不在助听器上安装音量控制。

Kochkin（2003）研究过加装音量控制与助听器使用满意度之间的复杂关系，结论是音量控制对以下三种患者有用：

· 在某些场合，WDRC 不能提供足够响度的患者；

· 心理上强烈渴望自己调节助听器的患者。

· 已习惯于自己调节音量的有经验的助听器佩戴者（该类患者也可能是前两类中的一种）。

患者佩戴或取出助听器时如不小心碰到了音量控制钮（旋钮式的比搬动式的更易出问题）就会造成使用时的麻烦。目前没有有效办法预测哪个患者需要音量控制。因此，安全的做法是选择安装带有电子锁的音量控制，除非：

· 预期患者手动操作的能力非常有限。

· 患者曾经使用过，并且非常乐意使用全自动控制。

· 助听器容积太小，无法再容纳音量控制元件。

另外一种不必安装音量程序按键但也能控制音量的做法是在助听器安装程序选择按钮，从多记忆程序中选择。每按一下按钮就可切换到下一个记忆程序，如果这些程序的增益不同（也可能同时还有其他反应方式的变化），就能部分地补偿没有音量控制的缺陷。如果患者使用遥控器，就更不需要安装音量控制钮。

电感线圈

电感线圈（请参阅第 2 章 2.8）对重度和极重度听力损失者是必须的。电感线圈对中度听力损失者使用电话也有帮助。轻度听力损失者通常不用助听器，或者在助听器能够有效抑制反馈啸叫时，将助听器与电话直接进行声信号的耦合就能很好地使用电话，而不必借助电感线圈。当房间里布置有环路系统时，使用电感线圈可以帮助所有程度的听力损失者减少噪声和混响的干扰（请参阅第 3 章 3.5）。

使用电感线圈的缺点是必须加大助听器的容积以安装电感线圈。假如为了电感线圈还需要再加装程序按键，那么第二个缺点就是使 ITE 或 ITC 助听器的面板以及微型 BTE 助听器的机身更加拥挤，会进一步增加患者找到和正确操作控制钮的难度。

上述缺点应当结合使用电感线圈的优势综合考虑。通常，重度和极重度听力损失者需要电感线圈，而轻度听力损失的患者不需要。采用自动电感线圈，特别是可以利用双耳无线传输功能更好地感应电话位置的助听器，使得助听器不用加装控制钮也能应用电感线圈。

直接音频输入或无线输入

直接音频输入（请参阅第 2 章 2.9）特别适用于：

· 使用无线传输系统与助听器进行电耦合，以改善信噪比（SNR）的患者。成人和儿童都能从无线系统中获得巨大帮助。听力师要仔细调节 FM 系统和助听器的敏感度，才能确保同时使用时提高 SNR 的性能得到最大限度的发挥（请参阅第 3 章 3.6）。[153]

· 使用通过导线与助听器相连的手持式方向性麦克风的患者。通常，选择使用这种装置的患者都有重度或极重度的听力损失。这种装置能显著提高信噪比，其方向性也明显优于头戴式麦克风，而且可以更接近声源。

· 在噪声或有混响环境中看电视的患者。将一个麦克风放在电视机旁或者通过导线将电视的声输出直接与助听器耦合，可以大大增加信噪比并减少混响。

随着助听器越来越多地应用无线受话器从各类音频设备中接受流信号（如通过蓝牙，请参阅第 3 章 3.11），今后，直接将声输入端与助听器连接的需要会越来越少。

方向性麦克风

第 7 章已介绍过方向性麦克风可以显著提高信噪比。患者可以选择带有固定方向性麦克风的助听器，但绝大多数带有方向性麦克风的助听器都可手动或自动在方向性和全向性模式中切换。也有患者为了使用更隐蔽的定制式助听器（CIC 或 ITC），而放弃选择有方向性切换功能的助听器。虽然在较大的 ITC 助听器上可以安装有一定方向性的麦克风，但在上述助听器中安装有效的方向性麦克风仍难以实现。

方向性麦克风存在以下缺点，所以，可以手动或自动切换的助听器好于固定方向性的助听器：

· 方向性麦克风比全向性麦克风更易产生风噪，因此对经常在户外活动的人来说是个缺点。

· 在许多情况下，患者不可能总是面向声源。譬如，汽车驾驶员在开车时聆听乘客讲话；行人躲避车辆；上课的学生听后面人的讲话等，此时使用全向性麦克风可能会更清楚地听到言语声和环境声，除非方向性麦克风可以调节到其他方向并能保持最大敏感度。另外，采用非对称性验配（只是一侧采用方向性麦克风）也可避免或减少声音从背面传来时的不利影响。对单个独立使用的助听器来说，只能对前方或后方传来的声音有最大的方向敏感度，

而真正双侧同时工作的助听器，原则上，可以在任何方向保持最大的敏感度。

值得注意的是在室内交谈时，若说话者距离较远，处在麦克风的方向性范围以外，此时方向性麦克风（无论是固定的还是可切换的）将没有任何作用（请参阅第 7 章 7.3.1）。

患者听力损失有两个方面可能限制实现方向性的频率范围。因此，也会限制方向性麦克风的效果：

· 患者，特别是重度和极重度听力损失者需要更加平坦的低中频响应，而带有方向性麦克风的助听器提供不了。实现平坦响应不是难题，但是应用全向性麦克风比方向性麦克风更易在低频部分获得较高增益和较少的内部噪声。对上述患者，只有在高频区域方向性才有作用。也就是所谓的分频段方向性。

· 患者仅需放大某限定频率范围内的声音（如1500 Hz 以上）。此时，方向性仅在放大声音明显于通气孔传入声音的频率范围内有效。

在决定患者是否需要方向性麦克风之前通常建议做噪声下的言语测试以了解 SNR 的不足（即高出正常言语识别阈的部分）。每一个听力损失者在 SNR 很差时都会有理解言语的困难，而且，每个健听人也会遇到同样情况。不论何种聆听环境中（距离、方向、混响），方向性麦克风都能够改善从麦克风发送到助听器的信号的 SNR。因此，所有的言语测试都证明方向性麦克风是必要的。除非，患者只需要在安静环境中聆听。这并不妨碍将测试患者的 SNR不足作为需求评估的内容。因为，这种测试很可能会揭示出 SNR 严重不足的情况，即使使用方向性麦克风也难以有效弥补。此时，就要建议患者，只要条件允许就尽量使用无线系统。

压缩限制与削峰

只有在以下情况，优先选择削峰，而不是压缩限制：

· 患者有极重度听力损失，需要最大可能的OSPL90。如果患者喜欢把音量开到最大，那么很可能是因为他们能够从更高增益和（或）OSPL90 中受益。采用削峰技术可能会提高最大声输出，特别是言语信号的最大声输出（请参阅第 10 章 10.7.2）。

· 患者只有佩戴更大体积的压缩限制助听器才能获得所需的 OSPL90，但又不想佩戴此类助听器时。例如，使用削峰 ITE 和压缩限制 BTE 都能获得足够

的OSPL90。有些患者可能会更喜欢大小和外观合适的ITC助听器，而不是失真低的BTE助听器，还有患者可能会更重视音质，而不是外观。

需要注意的是，对于有宽动态范围压缩功能的助听器，选择削峰还是压缩限制并不那么重要（请参阅第10章10.7.5）。习惯了削峰助听器的患者换戴压缩限制助听器一开始可能会难以接受，但大多数患者在换戴几周后就会更喜欢压缩限制助听器。[407]

宽动态范围压缩

大量证据表明低压缩比的宽动态范围压缩可以应用在所有的助听器中（请参阅第6章6.5）。可能对于小部分患者来说，宽动态范围压缩与线性放大效果差不多，但是目前还无法确定这些患者是哪些人。[461] 宽动态范围压缩对于需要在广泛的交流场合使用助听器的高认知患者[598]以及患有陡降型听力损失者更有利。一开始就选择宽动态范围压缩对所有患者来说都是最安全的。对于极重度听力损失者，有必要选择相对较高的压缩阈值和（或）较低的压缩比（请参阅第6章6.5.1）。

多通道压缩

多通道压缩的好处不是很明显（请参阅第6章6.5.2）。然而，多通道压缩对于中度或陡降型听力损失者有一些额外的好处，因为每个通道可以使用不同程度的压缩。使用多通道压缩的标准是患者在2 kHz阈值超出500 Hz阈值25 dB以上。这类患者可能从TILL响应助听器中获益最多（请参阅第6章6.2.4）。患有平坦型听力损失者可能会稍稍倾向于使用单通道压缩，[881]对于这一点还需要更多的数据来证明。

在实践应用上，多通道是实现自适应降噪和自适应麦克风方向性最常见的方式，而且很可能在相同的通道里实现压缩。如果压缩比小于3:1（或2:1），多通道压缩也不会对人造成危害。

快压缩或慢压缩

现今市场上先进的多通道助听器中有一些是快压缩的，有一些是慢压缩的，也有一些是快慢结合的，还有一些是可设置启动和释放时间的。患者如何能选择正确的压缩速度呢？至今为止还无法系统地定义哪一种形式的压缩最合适哪一位患者。然而，有迹象表明快压缩对于有较高认知能力的、经常需要在声音快速剧烈变化的交流场合里使用助听器的患者来说是最好的。这一点可以通过测量患者在快速变化的视觉模式下识别目标序列的能力得到验证。[598]

慢压缩更适合于那些在声音层次平均或者变化缓慢的环境中使用助听器的人。[598]

很可能，两种形式的压缩都应采用，以提高整体压缩比并减少与高压缩比相关的问题。如果其中任何一个压缩速率占据主导地位，或者患者分别反映存在像本书第6章6.3.2或者6.3.3所述的快压缩或慢压缩的不足，就说明需要降低这类压缩的压缩比。

自适应降噪

经常在各类高噪声环境下佩戴助听器的患者非常需要能够在信噪比不好的频率内自动减少增益的放大方案。患者在日常生活中所接触的噪声谱变化越大，这类助听器的舒适性优势就会越明显。

相对于仅需要放大高频部分的患者，自适应降噪能给需要放大所有频率的患者带来更多好处。如果助听器的低频增益主要受控于通气孔传入的声音，那么自适应降噪的效果就只能体现在高频上，其效果就会受到影响。

多记忆

多记忆助听器使用对象的问题类似于自适应降噪助听器。多记忆放大对于需要放大频率范围较大，需要定期在多样化的聆听环境中佩戴助听器，以及对高频有较严格动态范围限制的患者更为有利（请参阅第10章10.6.2）。两种助听器适用对象类似的原因在于多记忆放大及自适应降噪的目的都是要根据聆听环境改变放大的特征，而且都只能在增益大于0dB的频率中获得有用的增益变化。

此外，多记忆可用来连接电感线圈或改变麦克风的方向。很多患者都愿意接受能随环境改变自动切换记忆的助听器（请参阅第8章8.5）。这类环境探测器并不完美，而且让一些患者觉得困扰的是：在环境没有明显变化的时候，程序或音质也会发生变化。

反馈管理方案

遭遇过反馈啸叫困扰的患者或是其纯音听阈表明有可能遇到反馈啸叫问题的患者有必要尝试反馈管理（最好合并反馈抑制）（请参阅第8章8.2.3）。反馈管理尤其适合以下患者：

· 极重度听力损失者；
· 低频听力较好，但高频听力较差并仍可利用者；
· 佩戴开放式耳道助听器者；
· 在麦克风设置下使用电话耳机者。

如果助听器不是振动就是鸣音，那么反馈抑制

助听器的自动调整及患者自控调整——你什么都不用做

如果助听器厂家的验配软件中包含有你想用的预设程序，那么选择与调整助听器以达到目标要求的过程就会很简单。一旦你连接上助听器（如果合适的话，指定通气孔），软件会根据患者听力图按预设程序调整助听器以接近目标响应。

如果验配软件结合了真耳测试系统，那么它就能自动测量真耳响应并在真耳测试后为患者调整助听器（步骤11），自动重复调整直到达到要求的最佳匹配度。如果助听器程序包括训练程序，并且患者可以使用它，那么患者可以和助听器一起调整助听器到最合适的状态。不用担心，尽管验配实现了自动化，患者还是需要参与其中，因为助听器验配的很多方面需要以人为本，在这些方面患者的技巧不可或缺。

会比较有用。如果振动或鸣音不存在，那么反馈抑制也不会对音乐声以外的声音有任何副作用。

降低频率

哪一类患者能够使用降频（如频移或频率压缩），助听器现在还不确定（请参阅第8章8.3.4）。如果降频仅限于高频音，降低的程度也不大，那么基本不会有什么副作用，至少它能够获取较高的增益而且也不会带来反馈啸叫。[①] 对于在3～6kHz难以听到一般言语声的患者，以及明确知道实效频率范围的患者来说，使用降频助听器不会有任何损失。但是降频助听器的潜在适用对象并不局限于这类患者。符合这些条件的患者也未必就能从降频助听器中受益，特别是在噪声环境中时。

可训练性

许多患者喜欢自己调整助听器以使其适应个人的实际聆听环境。其他患者则无法进行类似调整，或者是因为自己的操作能力下降，或者是因为自己的认知或感知能力有限，无法理解如何将开关调整到能获得最好声音的位置，或者无法听出不同调整的声音效果的差别。

11.3 助听器的选择与调整

考虑完所需助听器的性能，就可以进一步选择助听器的厂家、型号、预设程序，并调整助听器使其达到验配目标。下面列出的方法主要适用于成人患者及6岁以上的儿童患者，有一些也适用于更小的儿童或幼儿。本书第16章将针对幼儿验配介绍更多有效的方法。大多数预设程序都被表达成REIG、

REAG、REAR或CG目标。选择或调整助听器没有唯一合适的方法。但是，有一些方法比较节省时间。本书建议成人及年龄大点的儿童采用REIG，年龄小于6岁的儿童采用REAG与CG结合方法（请参阅第10章10.2.4末尾处文本框）。

图11.1展示的是在了解患者对音质的感受之前，选择和调整可编程助听器的12个步骤。这些步骤会在下面的段落中一一讲解。我们假设调试工具是以NOAH为基础的软件（请参阅第3章3.3.1）。如果专用编程设备来自同一厂家，那么这些步骤大致相同。

步骤1：输入听力测试数据

听力测试数据必须包含需要验配助听器的每只耳朵的纯音阈值。一些数据是验配时非必需的，包括患者的编号、不舒适级、最舒适级、响度级、言语识别分数、声反射值以及鼓室压图数据。

在NOAH内，这些数据将录入**客户模块**（*Client Module*）和**听力测试模块**（*Audiometry Module*）。大多数预设程序仅需要用到阈值信息，但是输入更多信息可以方便以后更清楚地识别患者。事先存储好听力测试信息可以在验配时节省时间。NOAH会保存助听器以及每一次针对患者调整的信息，这会为患者的验配史提供非常有价值的信息。NOAH数据库不仅可用在助听器验配中，还能作为患者的专有信息库使用。

步骤2：打开厂家的软件

没有统一的方法为患者选择特定品牌的助听器。大的厂家都有品种齐全的助听器，患者均可从中受益。影响患者选择厂家的因素主要有：

- 有可靠、及时的销售及售后服务经历；
- 熟悉某一特定厂家的助听器及软件，特别是知道需求和听力损失与自己类似的患者佩戴该厂家的助听器获得了良好效果；

[①] 如果降频区域包含振动发生的频率，则通过降频可增加稳定的增益。

- 有能把患者需要的性能都结合起来的助听器；
- 一个月内从同一厂家购买一定数量的助听器可以打折。

步骤 3：选择验配方法

大多数厂家会提供通用的预设公式（NAL-NL2、DSLm [i/o]、CAM2、FIG6 等）。还有一些厂家只会提供自己开发的预设公式，也有一些厂家会提供专有的以及一个或多个通用的预设公式。参照第 10 章 10.2.4 和 10.4.8 可以对比不同的预设公式。有一些预设公式中，佩戴一个还是两个助听器会影响到增益（请参阅第 15 章 15.8），所以需要明确注明是双侧还是单侧验配。

步骤 4：选择耳模（壳）

一些厂家的软件能够自动推荐通气孔（BTE 助听器的声孔）的大小。一些软件要求患者明确耳模（壳）的样式，一些软件则不要求。如果你能够确定声学参数，那么可以根据第 5 章 5.7 提供的程序来确定选配什么样的助听器。如果使用 2mm 或者更大的通气孔，确定通气孔的大小就很重要，否则软件计算出的达到真耳增益目标所需的耦合腔增益就可能出现大的错误，会导致你选择不合适的助听器。同时，软件也会预先调整助听器的音调控制，造成低频增益不合适。

步骤 5：选择可能的助听器

大多数软件需要你先明确想要的助听器的特点。不同的厂家有不同的方式。有些厂家要求患者先明确自己感兴趣的助听器的类型及所属的系列（如 ITE），有些厂家则要求患者说明所需助听器的类型及功能（例如电感线圈、方向性麦克风和音量控制钮），然后软件会列出一系列能满足不同程度患者需要的助听器供选择。

步骤 6：对比选择预设公式

一旦你选好一个助听器，大多数软件会用图形来描述这款助听器是否能很好地满足预设公式设定的目标。图形中包括增益-频率响应，或者单个或多个输入强度的输出-频率，或者单个或多个频率的输入-输出曲线。

在最终做决定之前，有必要检查多个助听器与预设公式的拟合度。如果拟合不是特别好或者助听器不具备你想要的那些特征，有必要返回到步骤 2，尝试别的厂家生产的样式。

步骤 7：订购选择好的助听器

软件通常能帮助患者打印出订购助听器时需要的全部信息，或者直接给厂家发送电子订单。厂家不同，助听器不同，需要的信息也不同。如果型号及种类没有特别明确规定，对于定制式助听器，通常会需要提供以下信息：

- 电池的方向（马桶盖式或外开式）；
- 电池的大小；
- 电感线圈和开关；
- 音量控制附加盖；
- 可移动手柄；
- 麦克风方向性；
- 通气孔直径和调节选项；
- 声孔和耳模材料（对于耳模）。

步骤 8：提取患者数据

助听器拿到后，在给患者验配前，你可以从 NOAH 中调出患者数据。

步骤 9：给助听器编程

通过 HiPro 或者 NOAHLink 界面，厂家的软件会对助听器做初步的调整，使其接近预设公式的要求。

步骤 10：测试患者耳内的响应

需要用探针麦克风进行真耳分析以测试助听器的响应。测试内容的选择需要基于预设公式的目标：插入增益、真耳助听增益、真耳声压级，或真耳输入-输出曲线。对于非线性助听器，增益-频率响应应该用宽带刺激声测试，如果是自适应降噪功能开启，则应使用模拟言语信号声来测试（请参阅第 4 章 4.1.3）。如果自适应降噪功能关闭，则可用频谱形态和长时言语频谱相同的稳态噪声来测试。

如果测试结果能与验配目标显示在同一屏上就会很方便。如果真耳分析仪能把测试结果发送到 NOAH 上，则厂家软件就可能生成同一屏。否则，就要把听力测试信息或验配目标传入或录入真耳分析仪，以便验配目标能展示在同一屏上。不在同一电脑上也能对真耳分析仪测试结果与验配目标进行对比，但是需要花费较长时间。用马克笔把验配目标画在分析仪显示屏上也能方便对比。（但要确定可以擦拭，否则，你就要每周换一次分析仪了。）

步骤 11：调整助听器的设置，使其和验配目标匹配

如果步骤 10 中显示验配目标和实际响应有较大的差距（请参阅第 10 章 10.3.6），那就要调整助听器以减小差距。如果真耳分析仪能够通过 NOAH 把结果发送到厂家的软件上，软件也可自动为你进行调

整(并实施步骤 12)。

步骤 12:重新测试患者的耳内响应

调整助听器后,也需要对响应进行重新测试。最终,你要确定响应是否如第 10 章 10.3.6 讨论的那样足够接近了目标。当验配目标充分达到后,就要了解患者对音质的各种反应,这一部分将在第 11 章 11.7(最大声输出)以及第 12 章(其他各方面)中介绍。

11.4 个体耳朵大小及形状对耦合腔预设程序的影响

一旦获得与预设公式一致的真耳增益,就不需要再考虑患者外耳大小和声学特性的影响。这些影响已经包含在真耳增益中了。但是用来获得预设真耳增益的耦合腔(或耳模拟器)反应却受到患者耳朵声学特性的影响。如果想要获得一定的真耳插入增益(REIG),那么患者的真耳耦合腔差值(RECD)以及真耳未助听增益(REUG)会对所要求的耦合腔增益产生影响(请参阅第 4 章 4.15 或 4.17)。如果我们的目标是获得一定的真耳助听增益(REAG),那就只有真耳耦合腔差值(RECD)影响所要求的耦合腔增益(请参阅第 4 章 4.9 方程式)。

因此,如果把个体耳朵差异的影响结合到耦合腔或耳模拟器的预设程序中去,那么通过耦合腔或者耳模拟器调整过的助听器就能够较好地与真耳目标匹配。一些验配软件(DSLm[i/o],NAL-NL2)允许这种操作,只需测量个体耳朵的影响,并在适当位置把数据输入程序即可。如果想考虑这些影响因素,但又没有类似程序,也可以利用方程式 11.1 ~ 11.3 来调整耦合腔预设程序。这些方程式也可用于耳模拟器,只需把每个方程式中的耦合腔换成耳模拟器即可。

正如在第 10 章 10.2.4 文本框中讨论到的,如果患者的 REUG 因为手术而不典型,那在验配过程中保存患者的 REUG 就不合理。但是当采用并获得插入响应目标时就会出现上述情况。解决办法是用 REAG 目标取代插入增益目标。如果患者使用的预设程序不能给出 REAG 目标,那么必须在插入增益目标上增加 REUG 的平均值,把它转化成 REAG 目标。REUG 的平均值可以在表 4.7 中找到。

测试个体的 RECD,或者是用 REUG 来计算验

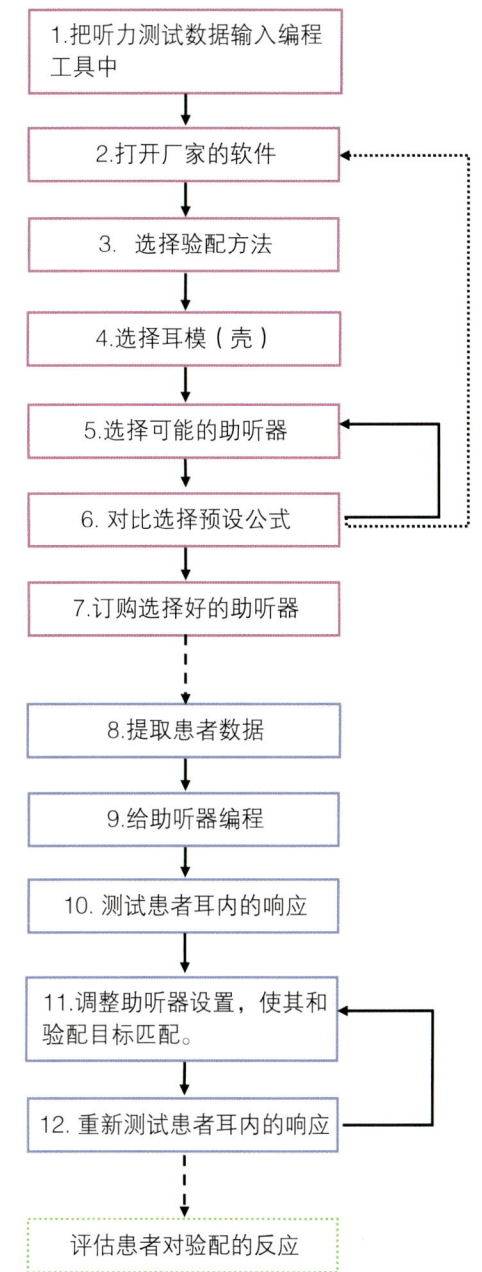

图 11.1 选择和调整可编程助听器的 12 个步骤。

配目标只有在下列情况下是有意义的:

- 验配无调节装置的助听器(可编程的助听器中极少有这种情况),特别是在助听器的平均增益刚达到预设的平均增益的情况下;
- 在患者到达之前预先给助听器编程以缩短就诊时间;
- 在患者就诊之前给几个助听器编好程序以供患者在验配的时候进行对比;
- 给婴幼儿验配助听器(仅用 RECD),第 16 章会进一步讨论此种情况。

> **定制耦合腔预设程序**
>
> 如果预设程序软件预设了耦合腔响应，但是考虑到患者个体耳朵的特征，想修改预设程序，可以利用下面这些修正方式：
>
> 准确满足 REAG 目标：
>
> 定制耦合腔增益程序 = 标准耦合腔增益程序 +RECD$_{(平均)}$ - RECD$_{(个体)}$
>
> ...11.1
>
> 准确满足插入增益目标：
>
> 定制耦合腔增益程序 = 标准耦合腔增益程序 +RECD$_{(平均)}$ - RECD$_{(个体)}$ + REUG$_{(个体)}$ - REUG$_{(平均)}$
>
> ...11.2
>
> 准确满足真耳饱和响应目标：
>
> 定制耦合腔 OSPL90 程序 = 标准耦合腔 OSPL90 程序 +RECD$_{(平均)}$ - RECD$_{(个体)}$
>
> ...11.3
>
> RECD 平均值（基于 HA1 和 HA2 耦合腔）以及 REUG 可以在表 4.4 和 4.7 找到。

除了这几种情况外，就没有必要测试 RECD 或者 REUG。因为，不管患者的 RECD 和 REAG 如何，使用探针麦克风测试真耳响应都可以帮助把助听器调整到与预定的 REIG 或 REAG 匹配。个体的 RECD 响应通常与平均 RECD 类似，[856] 在大多数情况下，只调整增益来补偿个体响应。

11.5 验证并获得预设的真耳响应

验证预设的真耳特征是否真正得到了实现十分重要。尽管预设程序不能完美地适合每一名患者，但好的预设程序能为助听器的优化调节创造一个起点，从而也可减少需要更精细调节的患者人数。尽管大多数厂家的软件会自动对助听器进行初步调整使其接近验配目标，但是匹配的精确性还是不高，通常需要听力师进行改善。[4, 698] 因此，验证验配效果不能仅仅依靠观察软件里真耳响应与目标匹配的情况。

对于成人患者有两个备选的基本测试方法。当采用自适应降噪算法时，第一种也是较常用的方法可以给出更直观、更真实的结果。

• 选择三个输入级别，如 50 dB SPL，65 dB SPL 和 80 dB SPL 进行真耳增益测试，并与这个级别的验配目标进行比较。如果匹配合理，那么中间其他输入强度就不可能存在较大的差异。

• 另外，也可通过输入–输出曲线的帮助确定压缩特征。对于多通道助听器，每个通道都要对应一条输入–输出曲线，如果这些都正确，那么就只需要一条增益–频率响应曲线。这一测量需要在中等输入强度上进行，比如 65 dB SPL。需要注意的是，在一些助听器中压缩器的增益会受到周围通道信号级别的影响，因此用窄带刺激声测量与用更真实的刺激声测量的结果可能会存在差异。

对于婴幼儿，验证最好是基于耦合腔增益，可以将测试结果与用幼儿实测或预设的 RECD 计算得出的耦合增益进行比较。（请参阅第 16 章 16.5）

非线性助听器应该用宽带刺激声进行测试（请参阅第 4 章 4.1.3 及 4.5.7）。一些助听器会把稳定的宽带测试信号当成需要削减的噪声。可以使用更复杂的测试信号（如模拟的动态言语信号）来克服这一问题，此时，助听器会把这类信号当作有用的信号，或者也可以通过关闭助听器的降噪算法来解决这一问题。

能通过行为测试来验证助听器的增益–频率特征吗？这是有可能的。尽管带有音调的助听阈值测试可以用于任何年龄的患者，但主要还是针对婴幼儿，第 16 章将会讨论这一问题。如果真耳增益测试不可行，那么可以用言语声音来评估助听器的有效性。[341] 林氏（Ling 氏）六音测试要求患者闭上眼睛重复听力师现场发出的"mm""oo""ah" "ee""sh""ss"六个音。六音的频谱从"mm"主导的低频直到"ss"主导的高频。由于助听器预设程序的目的是帮助患者查知言语,因此,通过评估患者是否能在轻声发音时识别六音,就能对助听器的验配效果进行一个粗略的验证。[①]

11.6 验证信号处理功能

没有数据表明助听器的信号处理特征不能按软件设置运行的故障率有多少。确实存在将麦克风错误连接以至于方向性麦克风指向后面,或是将双重麦克风的敏感度匹配错误以至于失去方向性作用的情况。因此,细心的听力师希望能够粗略地验证一下信号处理算法是否像预期的那样正常工作,尽管精确测试信号处理功能是不可能的。一些助听器只是在特定的聆听环境中自动选择某种信号处理功能。要检查这类助听器,只能先输入一种声音并维持一段时间以便助听器识别这种聆听环境,并启动信号处理功能。这一过程很可能需要 30 秒或以上。

方向性麦克风

评估方向性麦克风的增益-频率响应可以在一个测试箱中进行,可以将助听器先朝向扬声器,然后再背对扬声器。这两种增益的差值在各频率上平均以后基本等于助听器的前后比(请参阅第 7 章 7.1.1)除以压缩比。即使没有测试箱,听力师也可以用监听器进行一个简单的听力测试。把助听器靠近一个发出持续噪声或是嘈杂讲话声的扬声器,然后转动助听器,使其先面向扬声器,再背对扬声器。当它面向扬声器的时候,噪声应该更大。更简单的办法,可以让听力师把助听器放在嘴唇前,边转动助听器边发"shhh"的音。另外一个验证方法比较耗时,但也对患者咨询十分有用,即进行噪声下的言语测试,如第 7 章 7.3.6 节中所述,从前面提供言语,从背面发出噪声。

自适应降噪

自适应降噪的评估可以通过测量增益-频率响应来进行。此时,要使用一个稳定的(即未调制的)噪声信号以及一个与该噪声频谱特征类似的典型的动态言语(调制过的)信号。真实言语是合适的信号。当自适应降噪功能工作的时候,较高水平的未调制噪声信号所获得的增益应该低于在同样时间段和水平上输入的调制信号。增益的降低可以通过测试箱测量,也可以让听力师用监听器监听助听器的输出来判断。[341] 需要注意的是,在察觉到噪声之后,助听器需要几秒到几十秒的时间来启动自适应降噪功能,增益的降低也是随着时间慢慢进行。无论在测试箱中测量或者通过响度变化来判定,都要在降噪功能完全激活后才能进行。

降低频率

降频的主要目的是为了察觉并识别摩擦音。降频设置是否有效可以根据患者是否能听到并分辨听力师正常发出的 /s/ 和 /ʃ/ 两个音。[626] 患者如不能察觉这两个音,或者是因为降频还不够充分,或者是因为在低频区域增益不够。遗憾的是,还没有一项简单的测试能够指出频率降低过度,或者低频域里增益过大。

脉冲噪声抑制

证实脉冲噪声抑制功能起作用的最简单方法是用一种易重复产生的脉冲声音,如用汤匙敲击杯子,进行听力测试。

11.7 评估和精细调节 OSPL90

听力师应该对所有能指出响度过高或不足的患者进行助听器最大声输出的主观评估。OSPL90 过高会给第一次佩戴助听器的患者留下非常负面的经验,因此,在验配时应当进行最大声输出的评估。最大声输出可以通过让患者判断诊室中高强度声音的响度来评估。需要记住,在助听器验配过程中对声学耦合(通气孔、阻尼器,以及声孔的形状)做出的任何改变都会对最大声输出和增益产生同样的影响。

需要注意的是,90 dB SPL 输入的输出水平可能由输出限制压缩器或限幅器来控制,也可能由宽动态范围压缩器控制。例如,在图 4.6(a)中,OSPL90 就是由限制器决定的。即使输出限制从 100 dB SPL 增加到 110 dB SPL,宽动态范围压缩器也决定了 90 dB SPL 输入的输出值为 104 dB SPL。在这种情况下,降低输出限制 6 dB 或更低不会对 OSPL90 产

[①] 林氏(Ling 氏)六音测试用于评估有效性更合适,而不是用于验证是否达到了目标响应。患者,特别是听力损失非常严重的患者,即使不能察觉所有用轻声发出的六音,也可能精确地获得预设的响应。同时,所有不同程度听力损失的患者,在预设增益在一个或多个频率区域已明显超过最佳水平时,也会查知所有的六音。

> **注意：90 dB SPL 的真耳测量**
>
> 　　如果 OSPL90 过高，90 dB SPL 输入级对于初次佩戴助听器的患者来说会不舒适。以下几种方式可以减少这种情况发生：
> - 首先在 70 dB SPL 和 80 dB SPL 中进行扫描；
> - 事先跟患者解释清楚：声音会很大但是不会引起不舒适感；
> - 向患者保证，一旦他们觉得不舒适就立即停止扫描。

生影响。此外，不管输出限制增加多少，OSL90 都不会增加。因此，如果通过评估，认为需要改变 OSPL90，可以使用测试箱、真耳分析仪或厂家的软件来确定调整哪种控制最有效，可以在不影响标准水平输入增益的前提下获得需要的改变。

　　遗憾的是，在诊所里试戴没有不舒适感不代表在现实中[866]也没有，反之亦然。[545]因此，还要在后续第一次随访时继续深入评估最大声输出是否合适，这可以通过询问患者在家里听到高强度声音时的反应进行判断（见文本框）。

　　认为患者能够适应他们起初认为音量过大的声音是不对的。没有明确证据表明随着助听器佩戴时间延长，引起不适的响度级也会提高。[168, 228, 1258, 1287] 即使不适响度级果真会随着佩戴时间延长而提高，

> **评估助听器的最大声输出**
>
> 　　首先，确保声音不会引起不舒适感。
>
> 　　1. 给患者几个高强度声音。包括 80 dB SPL 或 90 dB SPL 的纯音或者啭声，再补充一些包含低—高频为主要频谱的复合音。这些声音可以由听力师发出。确切的声级不重要，只要这些声音强到足以达到助听器的饱和声级就可以。合适的高强度声音可以通过汤匙敲击杯子、拍手、晃动装有螺母、螺栓的金属罐子，或者高声说话来获得（或者是用录音）。在发出声音前，一定要向患者说明你要发出很大的声音，但是这些声音不会使患者感到不舒适。你需要利用这些声音确定他们的响度等级，以利于正确调节助听器。
>
> 　　2. 在向患者解释完你要做的事后，站在患者能够看着你发出声音的位置，这样你发出的声音就不会惊吓到他们。可以利用第 10 章 10.4 给出的任一响度标度，让患者来确定响度等级。同时在发声的时候，要仔细观察患者的表情。通过进一步询问与说明，判断患者给出的等级与其伴随的表情之间是否有明显的不一致（例如，仅仅是响亮等级却伴随明显的畏惧或眨眼表情，或者是不舒适的响度等级却伴随无所谓的表情）。很有可能所有的声音（扫描声、脉冲声、拍手声、言语声）被确定为响亮但可接受，或者被确定为非常响亮，但并不会引起不适。
>
> 　　3. 对于双耳验配者来说，发出这些声音应该把在两侧的助听器都打开，而且也有必要分别测试每一侧的助听器。
>
> 　　4. 如果患者已经戴上了助听器，询问他们是否有声音过大让他们感觉不舒适、觉得刺耳以至于想取出助听器，或是曾让他们感到头疼的情况出现。
>
> 　　其次，保证足够大的最大声输出。
>
> 　　1. 播放 80 dB SPL 左右的言语（最好是一段持续的对话），并确保声音足够响亮（这一步与上面的步骤 1 同一时间进行。）
>
> 　　2. 如果患者已经戴上了助听器，询问他们是否出现过这样的情况——一旦说话人停止说话，背景噪声级别就好像增大了，或者本来两个响度有差异的声音听起来却好像是一样的。（需要注意的是，这些症状也是宽动态范围压缩中压缩比过大的症状。）

但如果患者刚开始佩戴助听器时就觉得响度不舒适，那么不用等到不适响度级提高，助听器恐怕早就被患者扔掉了。

11.8 结语

本章的后半部分介绍了使助听器的真耳增益达到验配目标，并能很好地进行电-声学处理的措施。很显然要实现这一目标不止有一种方法。但是有一些方法相对来说会比较费时。因此有必要重新分析一下每个人的方法，以避免存在多余的或是低效的步骤。

最后，需要记住，在整个康复过程中，与验配目标拟合只是一个中间过程。最终目的是要助听器能够在各种聆听环境中给患者提供尽可能清晰的言语，并保证良好的音质和适宜的响度。有关通过精细调节和检修来实现这一目标的方法将在下一章中介绍。

第 12 章
解决问题和精细调节

概 要

助听器佩戴者试戴助听器 1~2 周后，许多助听器都需进行物理或电声学的精细调节。当助听器佩戴者遇到使用助听器的问题（佩戴、摘除、使用控制钮、更换电池）时，重新指导一下患者就可能会解决问题。如果解决不了，就应该对助听器进行一些物理调整。有必要的话还要选择其他类型的助听器。如果助听器佩戴者感觉耳模、外壳、机身不舒服，或者助听器不能很好地在耳内工作时，也应该对助听器进行物理调整。

有几种方法解决反馈啸叫：可以有选择地降低特定频率的增益；减小通气孔；更换更紧的耳模（壳），或者更换有更有效的反馈消除和管理程序的助听器。

助听器佩戴者对自己音质的抱怨最为普遍。最常见的原因是堵耳效应，所以最好的解决方式是增加通气孔或增大现有通气孔的直径，包括采用开放式验配。当上述做法受到反馈啸叫的限制时，可以重新制作耳模（壳），使其耳道柄直达骨部，并最好采用软质材料进行制作。对强声输入的增益频率响应进行调节可能造成或缓解助听器佩戴者对自己声音的抱怨。

通过改变低、中、高频增益的平衡可以减少助听器佩戴者对音调的抱怨。真正困难的是要搞清楚何时要求助听器佩戴者必须坚持使用某个增益频率响应，以最终适应这一响应，并从中获得最大益处。

当助听器佩戴者抱怨言语的清晰度、响度或背景噪声的响度时，必须仔细询问助听器佩戴者以了解造成问题的声音的声学特性。听力师首要确定是要调试低频、高频的增益，还是要调试轻声、中声和强声的增益。只有这样才可以恰当地调试助听器控制钮。

当不知道应该调试哪一个控制钮或者应该调试多少时，可采用两种通用方法之一进行系统的精细调节。第一种是配对比较，就是让助听器佩戴者在快速交替的两种放大声音之间选择。可以采用配对方式比较多种声学特性。如果每一次配对比较的设置都以患者在上一次比较中的选择为基础，就可采用配对比较对助听器进行适应性地精细调节。

第二种常用的方法是依靠助听器佩戴者对音质做出的绝对评级进行助听器的精细调节。最好的放大特性就是助听器佩戴者给出最高评级的特性。也可以采用该方法对选定的助听器控制钮进行适应性调节。方法是先确定目标评级（如，正好），然后根据助听器佩戴者的评级（如太尖锐或太模糊）来改变助听器的控制。

当助听器佩戴者聆听连续谈话的言语材料或者他们有抱怨的其他声音时，是实施配对比较和绝对评级方法的最好时机。根据要调查的助听器佩戴者的抱怨还可加入常见的背景噪声。当聆听条件之间的差异很小时，采用配对比较更敏感。

精细调节一般仅在助听器佩戴者对预设响应不满意时才采用，但是如果需要，也可对所有助听器佩戴者进行精细调节。

本章将介绍帮助听力师根据助听器佩戴者的意见和偏好调节助听器的技术。这些调节有时需要从已经精心选择的预设响应中删除某些放大特性。本章讨论的一些方法在首次调试助听器时也可采用，但主要用于助听器佩戴一两周以后。

虽然本章重点在于讨论助听器放大特性的精细调节，但是听力师应该意识到有时唯一需要的就是认真聆听并与患者交流，而且（或）这也可能是唯一能做的。对助听器有抱怨的人希望有人倾听，如果听力师积极聆听，并提供更多信息（请参阅第9章和第13章）就能改变助听器佩戴者的期望值，从而使助听器佩戴者原来认为的大问题，现在变成正常可接受的。也就是说，听力师不但要能精细调节助听器，还要能调节助听器佩戴者的期望值。

12.1 解决常见问题

患者佩戴好助听器，并且助听器已达到它能达到的预设目标后，需要解决问题的时刻就到了。有些助听器佩戴者在真正从助听器获益前，有许多问题需要解决；但也有助听器佩戴者，特别是在验配之初，听力师就充分考虑了其能力和期望值的佩戴者，可能在佩戴助听器后没有任何问题。本节介绍几种常见的问题和解决方法。

12.1.1 操作困难

助听器佩戴者可能在佩戴助听器、摘除助听器、打开或关闭助听器、调节音量控制钮或更换电池时遇到困难。出现这些问题，我们首先要做的就是进行更多培训。有些情况下，最终的解决方法是培训一个长期照料助听器佩戴者的人，而不是培训佩戴者本人。虽然培训养老院中的雇员很有必要，但是通常仅有短期效果，除非有持续培训新雇员的机制。

下面列出一些更具体的解决方法。针对每一个病例，听力师要搞清助听器佩戴者到底不会操作哪一步的哪一个环节，首先要仔细观察助听器佩戴者如何操作助听器。

戴耳模（壳）有困难
选择方法包括：
- 如果助听器佩戴者每次拿取助听器的方式都不一样或方式不恰当，必须教会助听器佩戴者识别助听器或耳模上的标志和特定的手柄，并把操作过程分解成几步，甚至可以将这些步骤用佩戴者自己的话写下来。
- 如果助听器佩戴者不能将ITE助听器或耳模的耳轮锁插入到耳郭的耳甲艇，必要的话，可以去掉耳甲艇部分。
- 同样，如果助听器佩戴者不能将BTE助听器的耳模放到对耳轮的下方，可以去掉耳模的耳轮缘（请参阅第5章5.3），例如，将骨架式耳模换成半骨架式耳模。
- 如果佩戴耳模（壳）时较紧甚至变形，每次佩戴助听器时可使用些润滑剂（为了耳朵的安全应该是水性的），直到助听器佩戴者足够熟练和（或）耳朵的形状适应了助听器。如果不会导致反馈啸叫，也可以修整耳模（壳）（但不包括开孔的密封）。
- 当助听器佩戴者用同侧的手佩戴助听器时，必须用对侧的手上下牵拉耳郭。

定位或操作按钮困难
如果再培训不成功，必须调整或更换助听器。
- 可以给ITE和ITC助听器的音量控制钮安装一个帽，使其更加突出。
- 如果助听器佩戴者将助听器的一个按钮（如程序开关）与另一个按钮（音量控制钮）混淆，可以去掉其中的一个按钮，留下更重要的按钮。可以使用剪线钳将某些按钮完全清除掉。
- 增大压缩比，可以减小甚至消除在助听器机身上安装音量控制钮的必要，但有可能会使助听器音质变差。
- 可增加遥控器，这样可能需要验配不同款的助听器。

摘除助听器困难
解决方法包括：
- 如果助听器佩戴者拿不住助听器或耳模，应该增加移除把手或移除线，或者更换不同类型的助听器。
- 如果助听器佩戴者能抓住但是不能摘除助听器，并且不能学会适当的扭转，应该去除耳模（壳）的一部分，或者可采用柔性圆帽耳塞。

更换电池困难
解决方法包括：
- 可以给电池槽的一侧染色以避免电池放反的问题。
- 可使用工具打开电池仓。

- 可采用磁铁工具吸住电池。
- 重新验配一个有较大电池或电池仓的助听器以方便打开或观察。
- 可教会助听器佩戴者通过触觉而不是视觉识别电池的正极,或是相反。使用移除胶贴可方便上述这两种方式。
- 验配一个有内置充电电池的助听器。

12.1.2　耳模（壳）不舒服

耳模、机壳和BTE助听器在任何一点产生过多的压力都会导致外耳不舒服。听力师可通过询问助听器佩戴者哪里不舒服,使用耳镜或其他视觉检查看压迫区有没有炎症进行诊断。如果助听器佩戴者能适度忍受不舒服,坚持佩戴助听器到随诊的日子,诊断就比较容易。一般可通过磨掉耳模（壳）上导致不舒服的部分并抛光来解决这一问题。

CIC助听器太松也会导致不舒服。如果助听器佩戴者为了固定助听器或防止反馈,经常将助听器往里推,超过了它应该在的位置就会导致不适。[1153]Martin和Pirzanski（1998）拿鞋做了一个形象的比喻:鞋太大或太小都会导致双脚疼痛。造成这种不舒服的原因主要是稳固性差（请参阅12.1.3）。

如图12.1所示,BTE助听器导声管的长度不合适也会造成过多压力。如果助听器佩戴者的耳模仅能部分插入,就会产生压力点。最常见的原因是没有将耳轮锁很好地插入。

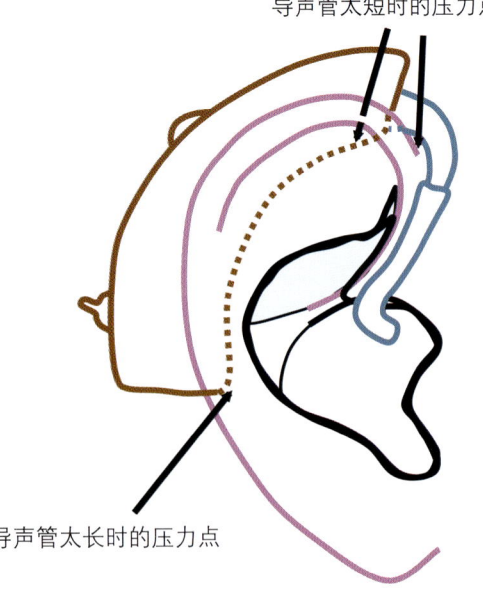

图12.1　耳模导声管过短或过长造成压力过大。

过敏反应（请参阅第5章5.9.2）会导致更广泛的炎症,但是这种情况较少见。可采用不同的材料重新制作耳模（壳）,或者在耳模（壳）表面覆上一层助听器佩戴者可能不过敏的材料来解决这一问题。另一个问题是患者佩戴的助听器可能是根据自己的另一只耳,甚至是别人的耳制作的,这种情况虽然很少见,但在制作助听器、耳模或验配过程中都可能发生混淆现象。

12.1.3　耳模（壳）稳固性差

助听器,尤其是CIC和ITC助听器,有时会从耳道内掉出来。当助听器佩戴者说话、打哈欠或咀嚼时,下颌运动会导致外耳道壁移动,从而将助听器推出。解决方法包括:

- 重新制作一款稳固性较好的助听器,如CIC可换成ITC,或者用较隐蔽的ITE代替ITC。
- 重新制作一个耳道部分加长的和（或）有一个耳轮锁的耳模。边缘较细的耳轮锁,甚至可以加到CIC和ITC助听器上。
- 重新制作耳模（壳）,在助听器佩戴者下颌张开时,采用中等黏度的材料制取耳印,这样在耳道柔韧部分的宽度会较宽（请参阅第5章5.8.2）。即使助听器不会插入这么深,耳印也应该超过第二弯曲。[1420]

12.1.4　自话音的质量和堵耳效应

助听器使用者对自己声音的描述有下面任何一项都表明他自己的声音在耳道内的频谱是不恰当的:空的、嗡嗡声、回声,像在桶里、在隧道或井里说话,像得了感冒或者感觉堵。因为大部分人不能清楚地描述不同的频谱特点（如,低、中或高频不足或过多）,但我们能从助听器佩戴者对自己声音的负面描述中推断出助听器佩戴者不喜欢这种放大方式。如果助听器佩戴者反映其他人的声音听起来也不好,那么首先应该解决这个问题,因为有可能也会同时解决佩戴者自己声音不舒服的问题（请参阅第2章12.1.6和12.2）。

假设其他人的声音听起来很好而助听器佩戴者自己的声音听起来不好,有可能是因为以下原因。其中,第一种原因是最有可能的。

耳模（壳）对外耳道封闭太严

如第5章5.3.2所述,封闭外耳道的软骨部会使封闭部分的外耳道壁彼此发生共振,从而在耳道封闭部分产生一个高强度的声音。与开放耳道相比,低频声音可以导致鼓膜处的声压级最大增加 30dB(通常为 15dB)。对此问题可通过以下方法诊断并解决:

- 增加通气孔的面积和(或)减少通气孔的长度(但是应参阅第 5 章 5.3,确保改变通气孔的方式能显著改变它的声学特性)。通气口开放的一个极端例子是采用开放式耳塞,这可避免所有堵耳引起的低频声音增强。

- 尽量加长耳模(壳)的耳道柄,使其一直达到外耳道骨部。但这样会给佩戴和取出耳模带来困难,也会造成舒适度下降。可以在耳模(壳)顶端使用软质材料解决这一问题。因为软质材料的外观和洁净度比硬质材料更易变坏,所以软质材料耳模(壳)的使用寿命会比硬质耳模(壳)短。也可以使用一次性软头。如能发明一种软的不渗透材料将会十分受欢迎!除非插入部分能与外耳道壁紧密贴合,否则,将耳模(壳)插入外耳道骨部没有意义。事实上,耳模与外耳道壁贴合不紧密,会使助听器佩戴者的堵耳效应加重,因为它减小了外耳道的剩余容积又没有抑制振动源。

- 在不远的将来,很有希望用电子技术消除堵耳产生的声音(请参阅第 8 章 8.5)。

助听器佩戴者说话时,助听器产生了失真

助听器佩戴者说话时,相对于听别人说话时嘴更加接近耳朵从而导致助听器佩戴者输入助听器的声强度比其他人高,当助听器佩戴者大声讲话时更会如此。可通过让助听器佩戴者聆听听力师现场给声或录音给声并对其质量进行分级,来检测是否是失真引起了患者聆听自己的声音时质量变差。自己说话的声音在耳边的强度一般为 80 ~ 85 dB SPL。也可在测试箱中检测强声输入的失真(如 85 dB SPL)。如果确定失真确实存在,那就换用对强声输入不发生失真的助听器加以解决(请参阅第 10 章 10.6.1)。

助听器佩戴者很可能希望听自己声音时,助听器的增益比听其他声音时要小,[1010] 具有 WDRC 的助听器可以自动实现这一功能。WDRC 压缩器对助听器佩戴者自己声音(大约 80dB SPL)的增益较小,对其他人说话声音的增益较大(大约 65dB SPL)。除此之外,助听器佩戴者佩戴失真较大的助听器还会抱怨听音乐时音质不佳或听其他人说话时声音不自然。[813] 增加 OSPL90 并改变 WDRC 压缩器的压缩比

可减少自己声音在高强度时的失真。

助听器放大器对低频声音的放大过多

口中发出的朝向前方的高频声音比朝向周边的要多。与高频声音相比,低频声音更容易绕过障碍物(头)。因此,在耳朵附近,助听器佩戴者自己声音频谱中的低频成分要高于其他人声音中的比重。[326] 这种低音增强每个人都会遇到,但是,如果助听器也过多地放大低频,这两方面结合起来会导致自己的音质变差,即使在其他人的声音质量并不太差时也会如此。[1015] 通过降低高强度低频声音的增益并观察问题是否消失,就可以诊断这个问题,但这可能与适合其他声音的最佳放大处理相冲突。要注意,如果助听器采用开放式验配,那么考虑低频增益是没有意义的。因为不管怎样调节助听器,它对低频声音的增益也是 0dB。

助听器佩戴者已经忘记自己声音的原本特征

因为与频率相关的听力损失会影响未助听下患者听到的每种声音的音质。刚佩戴助听器的患者可能已经忘记自己的声音原本应该是怎样的。这是听力师反复对佩戴助听器的患者强调"你会习惯自己声音"的一个理由。但笔者认为,上述解释不太可能是患者抱怨自己声音的原因,① 但是还缺乏相关数据证实。

12.1.5 反馈啸叫

反馈啸叫可以导致助听器佩戴者有以下抱怨:

- 将音量升高到理想水平时就会发生啸叫。

- 咀嚼、说话、戴帽子,或者将手或电话靠近耳朵时会发生啸叫。

- 助听器在特定声音出现时会产生短暂响亮的杂音。这是亚振荡反馈(请参阅第 4 章 4.7.2)或是反馈消除功能的结果。

- 安静环境中助听器会发生啸叫,而有噪声时即停止。这是因为 WDRC 在安静环境下导致了增益增加。

- 助听器好像会停止工作或者会出现放大减弱或失真的情况。高频有重度或极重度听力损失的患者可以观察到这个现象,他们听不到反馈啸叫,但是可以听到该啸叫导致的增益下降。

---

① 对自己声音音质抱怨最多的人,一般低频听力好、高频听力差。他们已经适应未助听时高频部分丢失的声音,使用一般通气孔就可以解决这个问题。通气孔可以消除鼓膜处的低频增益。

就如第 4 章 4.7 提到的，上面所有问题都是由于过多的声音通过某些途径从外耳道泄露到外面，再由麦克风拾取后造成的。表 4.13 和 4.14 列出了如何确定漏声源头的方法。假设助听器没有质量缺陷，可以试用下面所列的任一方法解决问题。下面每一种方法都有自己的不足，并且除了前 3 种都需要增加预约和花销。

• 确保 REAG 曲线没有过高的峰值。如果有峰值，应加入阻尼器，这是最容易的，也是对于 BTE 助听器所必需的。

缺点：REAG 曲线上的峰值可能是达到理想的插入增益所必需的。

• 如果助听器有通气孔，可增加填充物减小通气孔。同样，可以将开放式耳塞转换成封闭式耳塞。

缺点：可导致或加重堵耳效应。为了消除减小通气孔所导致的低频增益增加，可能需要降低助听器的低频增益。

• 降低助听器的高频增益，或者针对多通道非线性助听器，在相关通道降低高频压缩比或提升高频压缩阈（请参阅第 8 章 8.2.1）。有些助听器验配软件可以通过测试来确定哪个通道可能导致啸叫。

缺点：可能降低声音，尤其是轻声的可懂度或音质。

• 重新制作一个与外耳道壁贴合更紧密的耳模（壳）。重新制作时，要采用张嘴取耳印技术。

缺点：需要更多时间和费用，可能产生堵耳效应，造成耳模（壳）不舒服，效果可能不确定。

• 换成有更强反馈算法的助听器（请参阅第 8 章 8.2.3），或者利用程序增强助听器的反馈抑制算法。目前已经有报告指出不同厂家的程序间效果存在很大不同，这种报告一般来有最好系统的厂家。过于活跃的反馈抑制系统会导致短暂的类啸叫声。此外，也可将助听器换为有移频功能的助听器以削弱反馈。

缺点：需要额外的时间和费用，并且直到试过可选择的助听器后才能最终确定效果。

• 换成方便在引起啸叫的输入强度和（或）频率上通过降低增益来控制啸叫的助听器（请参阅第 8 章 8.2.1）。

缺点：需要额外的时间和费用、更换助听器后效果不确定、降低轻声的高频增益后会降低轻声的可懂度。

既要有足够的高频增益以达到验配目标（从而获得理想的言语可懂度），又要为了减轻堵耳效应而将通气孔做得足够大，同时还要避免反馈啸叫，这是验配助听器时的最大技术难点。对于低频听力正常，高频听力损失重但有剩余听力的助听器佩戴者，较好的折中办法是采用反馈抑制算法，反馈抑制的效果正变得越来越好。

12.1.6　音质

助听器佩戴者可能采用各种方式描述言语声和

> **确定改变的效果**
>
> 改变助听器的电声特性或外形后，不要这样问患者：声音听起来比以前好吗？许多助听器佩戴者为了取悦听力师，在不确定变化的效果时会说"好"。我们可以用更中性的方式询问，例如：
>
> • 声音听起来比以前好，还是比以前差？
>
> • 和以前比，有什么不同？
>
> • 我会给您听两个声音，您听一下，告诉我哪一个听着更舒服？
>
> 实际上，每次调试助听器时，听力师就像在做微型实验，每一步都需要确认实验结果是否可靠。不恰当的精细调试会导致进一步的问题。
>
> 告知或询问助听器佩戴者的内容会影响助听器佩戴者对音质的评估，我们可以把这一现象看作是优势，而不是需要解决的问题。通常来讲，即使助听器是完全相同的，如果告诉助听器佩戴者这个助听器比另一个助听器效果好，助听器佩戴者也会认同。[108, 406a] 助听效果的稳定提升需要听力师自信地进行精细调节，并且需要助听器佩戴者对调节效果予以肯定。在我们依靠安慰方法前，还需要对安慰效应对助听器接受度的影响进行更多研究。

其他声的质量（下一节将讨论对噪声和其他不需要声音的反应）。他们常将高频增益过高或低频增益不足的声音（与助听器佩戴者希望的响应相比）描述为尖锐的、难听的、嘶嘶的、刺耳的、金属感的、细微的等，将低频增益过高或高频增益不足描述为发闷的、不清楚的、有嗡嗡声的、低沉的等。与高频增益不足相比，助听器佩戴者会更注意过高的高频增益，[220, 867, 872] 这可能是因为助听器佩戴者已经适应了未助听时较少听到高频声音了。解决这个问题可通过改变低频与高频增益之间的平衡，但可能会伴有三种复杂情况。

第一种情况是，即使低频和高频增益总的平衡是最佳的，过高的峰值增益也会导致问题发生。解决这个问题的方法就是一开始就不允许它发生。助听器的验配和调试应该包括真耳增益测试，在这个测试中就可以观察到增益曲线是否有峰值。将滤波

助听器的哪种控制能解决问题？——两步故障排除法

为了解决助听器佩戴者的问题，选择正确的助听器控制并朝着正确的方向调试是非常困难的。采用以下方法可以将问题分解成两个更容易执行的任务。

1. 简单描述要进行的调节。 持续询问助听器佩戴者直到你完全了解助听器佩戴者的问题所在，并能做出类似陈述：我想降低低频的强声增益。在特定的情况下，也可能是高频或者所有频率。同样，强声可能是中声或低声或什么都不是。心里想象一下下面的表格。你唯一的目的是确定应该调试哪一个增益以及调试的方向。这也提示你应该确定哪个增益是合适的，是不需要改变的。如果助听器佩戴者不能描述清楚问题所在和导致问题的声音类型，就需要进行给声测试以获得更多的信息。这些声音可能是低、中、高强度的言语声或者背景噪声，可从 CD 或验配软件中找到合适的声音。注意，不管助听器佩戴者佩戴什么类型的助听器，不管助听器有多少通道或控制，第一步都是一样的。

低频，强声增益	高频 强声增益
低频，中声增益	高频 中声增益
低频，轻声增益	高频 轻声增益

2. 确定需调节的控制和方向。 在这一步你可以忘记助听器佩戴者的抱怨并关注特定助听器的性能。除非助听器已将控制标记清楚，例如低频、强声增益等，否则你必须搞清楚每一种控制（如压缩比、压缩阈、增益、不适阈控制）对上表列出的各种增益会有什么影响。遗憾的是，每一种助听器都不相同，所以你必须了解你使用的每一类助听器。我们可从说明书或在测试箱内轮流调试每个控制钮以获得这些信息。描绘出每一个控制钮变化时对应的 I-O 曲线的变化对获得这些信息很有帮助。如图 12.2 所示，当压缩比变化时，I-O 曲线有两种可能的变化方式。一种是轻声增益保持不变，另一种是强声增益保持不变。越来越多的验配软件按上表所示对控制进行了标示，而不是标出压缩比或压缩阈，所以就不需要再做第二步。

举例。 假设一个助听器佩戴者抱怨餐具的声音太大，但是其他声音都是好的。第一步我们推断需要减低高频、强声增益，而保持所有频率的中声增益不变（因为一般谈话的言语声是舒服的，也不刺耳也不低沉）。假设助听器佩戴者佩戴一个 8 通道的助听器，并且每一个通道都可以选择压缩比，适用于超过 40dB SPL 固定压缩阈的所有声音强度。为了改变高频增益而保持中频增益不变，我们需要改变高频通道的压缩比。根据改变这些控制时，低、中或强声输入的 I-O 曲线是否变化，我们也可能需要调节高频声的整体增益。必须采取一些折中的办法。当我们降低强声增益而不改变中声增益时，我们会发现轻声增益不可避免地增加了。如果助听器佩戴者能接受轻声增益的增加还好，如果不能，那么我们必须在高频的低、中、强声的增益中找到可接受的折中办法。

一些软件直接根据提供给听力师的选项，如"车辆的噪声太大"等调试助听器。这有一个优点，就是没有人比厂家更了解每一个助听器控制的效果。缺点是听力师不知道助听器发生了什么变化，因此也不知道对其他声音或聆听情境有什么不利影响。

和阻尼器适当组合就可将峰值处理掉。调整标准声管 BTE 助听器的阻尼很容易，因为可将阻尼器放在导声管和多数耳钩内（请参阅第 5 章 5.5），也可在 ITE、ITC 和 CIC 助听器的受话器内加入阻尼，在生产这类助听器的过程中放置阻尼最方便。

第二种情况是，音质可能仅在轻声时，或强声时不满意。或者也可能在所有输入声强度下都不满意。通过适当询问并选择合适的控制钮就可以解决这个问题（见"两步故障排除法"文本框）。

处理第三种情况比较困难。如果助听器佩戴者使用预设了较平缓的频率响应的助听器时，抱怨有刺耳的声音。那么到底是因为助听器佩戴者知道还有比预设更好的声音造成的？还是因为他许多年都没听到过高频声，还不适应助听器提供的高频声音？这两种情况都有可能。助听器佩戴者需要用几个月的时间完全适应以前听不到的高频声音。[591] 我们称之为**习服效应**（*acclimatization effect*）（请参阅第 14 章 14.7）。

最初，助听器佩戴者可能在听力损失最轻的频率选择最大的增益，这大概是因为他们对这些频率的声音最适应。[1897] 高频听力损失的助听器佩戴者在验配四周后会比刚开始验配时更喜欢高频声。[1520] 然而，一项长期研究发现佩戴助听器 24 周后，佩戴者对高频增益的倾向没有变化。[1282] 因此，听力师很难确定助听器佩戴者是否会最终喜欢上他们刚刚验配时不喜欢的响应。

折中的办法是给助听器佩戴者设置一个介于他自己喜欢的和听力师认为最佳的中间响应。这样做的目的是使助听器佩戴者可以在不必忍受自己不愿意听到的音质的前提下，逐渐适应新的响应。虽然并没有研究数据表明这样做是最好的选择，但是看起来这是很合理的做法。如果助听器佩戴者每天佩戴助听器，并且在一个月内自己喜欢的响应都没有改变的话，就可以将助听器设置成佩戴者喜欢的程序。在将患者已习惯的削峰换成压缩限制，或将患者已习惯的线性放大助听器换成 WDRC 助听器时，也可以采用同样的原则。有许多助听器佩戴者即使刚开始不认为压缩限制比削峰好，但使用一两周之后就开始喜欢了。[407]

可训练助听器提供了一种解决这种困境的潜在方法。助听器佩戴者可直接针对高频进行训练。如果随着助听器佩戴者聆听高频的经验，相对于不佩戴助听器或佩戴老式的、带宽较窄的助听器时，逐步增多，助听器佩戴者喜欢的放大特性确实改变了，那么这种变化就会使助听器升高高频的增益。这种训练只需要助听器佩戴者在常规聆听条件下调节控制钮，因此，佩戴者可以随时对助听器进行训练，并且在几个月后，如果佩戴者的偏好发生了改变，佩戴者还可以重新训练助听器。由于这种精细调节可由助听器佩戴者自己完成，[1580] 不需要听力师的介入，所以患者非常喜欢。

有些听力师担心助听器佩戴者会一直喜欢原有助听器的频响曲线，这样通过训练，助听器佩戴者的佩戴习惯会越来越偏离更好的助听方案。如果当前的喜好完全取决于过去的经验，而要想将来的喜好不受当前喜好的影响那是不可能的。听力师可设置一些可训练助听器的调节范围，这个范围决定了助听器佩戴者的自我调节能远离最佳程序的程度。

还有一种潜在选择是有些助听器在验配几个月后可自动地缓慢增加增益。增益频响曲线也会发生改变。可采用这样的**自适应**（*automatic adaptation*）助听器逐渐增加轻声增益和（或）高频增益，这样可以从最接近助听器佩戴者已经习惯的聆听状况开始，即高频不足，轻声听不清，逐步平缓地向最佳预设过渡。未来将可训练助听器的程序与自动适应程序整合进同一台助听器，也是可行的。

12.1.7 噪声、清晰度和响度

助听器佩戴者的许多抱怨都会涉及噪声和（或）响度不够或太响。这些抱怨有许多原因，针对每种原因都有不同的解决方法。采取正确的方法之前，应仔细询问助听器佩戴者以确保听力师和助听器佩戴者所谈论的是同一个问题。虽然噪声被过度放大，言语可懂度不高和无关信号的响度不合适，三者是不同的问题，但是考虑到解决其中任一个问题也会影响其他问题，所以本章将它们放在一起讨论。采取任何措施之前都必须考虑到全局影响。

首先要搞清助听器佩戴者对轻声、中声和强声的响度是否满意，以及这些令人厌恶的声音，包括言语声或其他的声音，是不是佩戴者想听到的。一些先进的助听器可根据环境变化自动切换程序，因此，当助听器佩戴者听到较差的音质时，有必要先确定助听器转换成了哪一个程序。在下面的讨论中，我们假定助听器已经调试得非常完美，佩戴者可以舒服地聆听中等强度的言语声。

在安静环境中，助听器很嘈杂

这种抱怨既可能是因为在安静环境中听到了放大的助听器内部噪声，也可能是因为环境噪声被放大了，而助听器佩戴者没有意识到这些噪声本来就存在，并且健听人可以听到。用手指或油灰堵住麦克风入口，然后聆听助听器，注意噪声的强度是否改变。这样可以确定噪声是来自助听器内部还是外部。

如果问题是由于放大了环境中的轻声造成的，需要确定噪声来源，并向助听器佩戴者解释清楚健听人也可以听到这些声音，这是生活中的正常现象。同时，要说明当助听器佩戴者适应了环境中的声音后，这些声音就会变小，不会再那么明显。[1262] 要让助听器佩戴者了解如果确实想让这些声音变小是可以做到的，但是许多人会认为能听到这些声音非常重要。Mueller 和 Powers（2001）建议推荐给助听器佩戴者一本宣传册，上面写着：你必须听到你不想听到的声音才能确定你不想听的是什么声音。如果患者坚持使用了一段时间后仍抱怨有噪声，那么就必须通过提高压缩阈值或降低压缩比来降低轻声增益。许多厂家的调试软件中设有轻声增益的调试界面并且可能有几个分别针对不同的频率范围的控制钮。调试这些控制钮可能会导致输出强度的变化，如图 12.2（b）所示，但是会改变压缩阈。

如果问题是由于内部噪声造成的，通过在测试箱内测试内部噪声可以确定助听器质量是否符合规定（不是直接测试，请参阅第 4 章 4.1.7）。如果助听器内部噪声在规定范围内，那么可降低轻声的增益（可能需要升高压缩阈），或者可以的话，就采用轻声静躁功能（即扩展）。这样做的缺点是助听器佩戴者将听不到他现在能听到的低强度声音，如小声耳语，并且需要购买更贵的有这个功能的助听器。助听器佩戴者在某一个频率的听阈接近健听人时，最有可能听到内部噪声。对于开放验配的助听器，内部的低频噪声不是问题，因为开放验配的通气孔效应也可以衰减助听器输出的低频噪声。如果助听器佩戴者有耳鸣，那么能听到的内部噪声就会变成一种优点而不是缺点。通过升高低频增益可增强这种内部噪声。

在安静环境中，听不懂耳语

解决这个问题需要增加轻声的增益。这样做可能会增加反馈，也可能会放大助听器佩戴者原本不想听到的声音。有时需要增加所有通道的增益，有时只需要增加低频或高频增益就可以。可通过测试助听器佩戴者对含低频（如，moon，boon）或高频成分（如，/ʃ/，/s/）较多的言语声的反应来确定需要增加增益的频率范围。测试时，应该采用总体强度为 45 dB SPL 左右的言语声。

如果助听器佩戴者为重度听力损失者，并希望不通过唇读就可以听懂低强度的言语声，有可能需要沟通来降低他的期望值。

当有噪声时，助听器有时太吵

针对这样的抱怨要特别仔细地对助听器佩戴者进行询问。

如果噪声特别大，助听器佩戴者不得不立刻降低音量或关掉助听器，那么必须降低助听器的 OSPL90。可以通过电子调试，也可以通过增加阻尼来降低 OSPL90（如，BTE 助听器），后者同时也会降低增益。响度不适可能仅仅发生在以高频（如餐

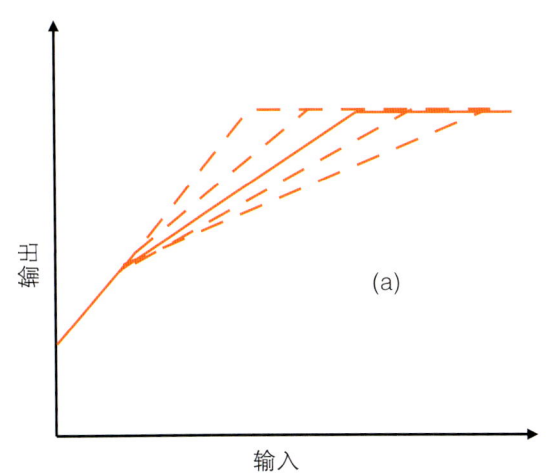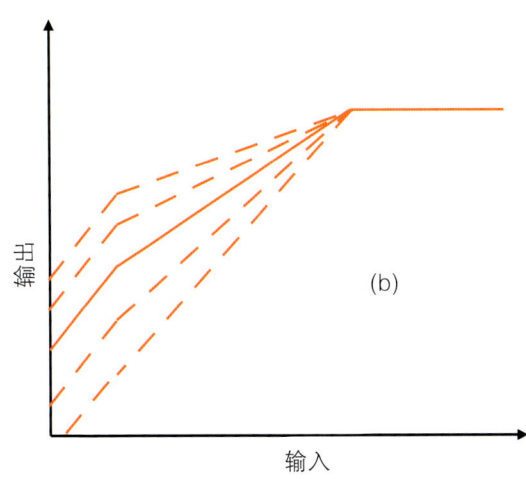

图 12.2 调节两种不同助听器的压缩比控制时，I–O 曲线发生的变化。

具或刀具的噪声、纸张的沙沙声、刹车声或冲水声）或低频（如车辆的声音或"砰"的关门声）为主的声音上，也有可能发生在所有频率的声音上。如果仅仅是一个频率范围有响度不适的问题，那么可以仅降低这个频率范围的 OSPL90。当然，这需要助听器有这方面的功能。采用真耳增益分析仪对助听器佩戴者进行 90 dB SPL 的纯音扫描，可以快速确定哪个频率范围响度过强。第 11 章 11.7 详述了如何评估 OSPL90。在助听器功能允许的情况下，也有必要进行下述调节。

如果助听器佩戴者能忍受噪声，但不希望噪声的强度和出现频率过高，通过改变 I-O 特征可以明显改善这个状况。可以增加输入强度在 65 dB SPL 以上声音的压缩比。这样可能也需要增加低强度声音的压缩比。但是要确保 65 dB SPL 左右的言语信号的输出强度仍然舒服。对于多通道助听器，可能需要增加所有通道的压缩。针对不同通道采用不同压缩比的预设，将所有压缩比提高相同的百分比可能是合理的。例如，将所有压缩比增加 50%。但如果噪声过响主要是由高频或低频导致的，那么仅将存在问题的频率区域的压缩比升高就会更合理。

听力师要跟助听器佩戴者解释其可能已经适应了听力损失导致的低强度声音，但即使是健听人也会觉得一些声音令人讨厌甚至不舒服。OSPL90 预设合理并有自适应降噪算法的助听器应该不会使佩戴者感受到的强声烦恼比健听人还多，[1379] 但肯定要比患者不用助听器时已经适应的烦恼要多。

背景噪声导致理解言语困难

如果助听器佩戴者抱怨的主要问题不是噪声的响度，而是噪声影响可懂度或者是在噪声下理解言语非常困难的话，那么就要采用不同的解决方法。

如果噪声的频谱与言语声明显不同，要首先确保自适应降噪功能已开启或者如果该功能已经开启，那么就增加它的强度（有些助听器可选择）。大多数助听器具有自适应降噪功能，如果助听器不具备该功能，那么最好在一个专供噪声环境使用的程序中，改变助听器的压缩或增益参数。如果噪声以低频为主，增加低频压缩或进行低频截止会有所帮助。如果与言语声相比，噪声以高频声（如餐具或刀具的噪声、纸张的沙沙声、刹车声、冲水声或碰撞声）为主，可增加高频压缩以实现 TILL 响应或进行简单的高频削减。

如果噪声的频谱与言语声相似，这种情况经常出现，如果言语声的响度和音质比较满意，通过采用一个有效的方向性麦克风或具有无线传输系统的远端麦克风就可以提高可懂度。

更易听清楚远处而不是近处的言语

在助听器佩戴者附近的较高的言语声强度可能会导致助听器出现过多压缩甚至是失真，如果这是产生问题的原因，可通过增加最大声输出或将削峰变成压缩限制来解决。或者，对距离越远的人增益越大是由过低的压缩阈或过高的压缩比导致的，那么解决方法也显而易见。[813] 第三种解决方法是什么也不做，一些人的言语声穿透力强，不管在哪儿，他们的声音就是比其他人的声音大。

噪声强度时大时小

当增益在言语声的间隙升高时或在瞬时干扰声造成增益下降后，释放时间为 200ms 到 2s 的压缩会造成背景噪声强度的显著上升。我们将这种可听到的噪声强度的上升与下降称为噪声抽吸效应，甚至有些助听器佩戴者也使用这个词。[813] 解决方法是：使用更快（使噪声强度的上升看起来是发生在瞬间）或更慢的压缩（使得在短间隙中，噪声强度的上升较小，而在长间隙中，因其变化足够慢而使变化不明显）。

> **处理两个以上通道**
>
> 本章主要讨论了高频和低频，是因为高频和低频相对比较容易区分。许多助听器有 3 个或 3 个以上的通道。位于中间通道频率的调试量可采用最高和最低频率调适量的中间值。对于有许多（20 个以上）通道的高级助听器，可选择几个距离较远的通道进行调试，然后由软件对剩下的频率通过内插或外推计算进行适当的设置。

12.2　系统的精细调节流程

前面的章节介绍了对于患者的各种抱怨应该调节助听器的哪项特征，但是没有介绍调节量应是多少。本节将介绍一些基于最初预设的系统的方法，可将系统的精细调节流程用于所有助听器佩戴者，也可仅仅用于解决助听器佩戴者反映的问题。经常对助听器进行精细调节的优点是没有一个预设程序是完美的，但有些助听器佩戴者不管音质有多差都不会抱怨。此外，除非助听器佩戴者之前用过音质更好的助听器，否则他们可能不知道助听器还可以有更好的音质，因此，也不会抱怨。即使新助听器的音质非常好，对助听器的性能做一些改变也有可能使其更佳。

反之，即使助听器佩戴者抱怨音质和清晰度不佳，但由于助听器佩戴者耳蜗的缺陷，也可能没有什么预设或设备可以提供更好的音质。通过系统的精细调节可以使大家都相信已经达到了能达到的最好的效果。

我们将首先回顾配对比较的基本原理以及音质的绝对分级方法，接下来将介绍如何采用这些方法提高助听器的验配水平。可采用这些方法在不同的响应中做出选择（请参阅第 12 章 12.2.3），或针对特定的放大控制选择最佳的预设（请参阅第 12 章 12.2.4）。

12.2.1 配对比较

通过让助听器佩戴者在连续听到的两个响应中进行选择，可在有相似感知效果的响应特征中做出最好的选择。这个过程称为 **配对比较**（*paired comparisons*），可以简单询问助听器佩戴者喜欢两种情况中的哪一个。**响应标准**（*response criterion*）可以更加明确，可以根据声音的可懂度、舒适度、保真性、愉快感、噪声干扰最小或者声音的其他属性询问助听器佩戴者更喜欢哪一个。在许多情况下，回应标准不同，选择的更适合的响应特征也不同。

考虑到时间有限，听力师一般没有时间使用一个以上的标准。如果采用配对比较解决一个具体问题，那么就应该选择与该问题相对应的标准。例如，如果助听器佩戴者抱怨在嘈杂环境中的舒适度，选择的标准就应该是聆听舒适度。如果助听器佩戴者抱怨轻声的可懂度，选择的标准就应该是可懂度或清晰度。如果问题不清或者有几个问题，可以让助听器佩戴者直接选择自己喜欢的响应，而不采用任何具体标准。

另一个重要问题是当让助听器佩戴者选择他们喜欢的响应特征时，应该采用什么样的 **刺激声**（*stimulus*）。与标准的选择一样，刺激声的选择应该与助听器佩戴者提出的问题相对应。如果助听器佩戴者抱怨的是某一种背景噪声的影响，那么采用安静环境中的言语材料做配对比较就没有任何意义。在测试 CD 和验配软件中可找到不同的噪声。如果问题与言语的清晰度或音质有关，那么就应采用言语作为刺激声。为了在最短的时间完成比较，应该连续播放言语声。**连续讲话声**（*continuous discourse*）应是相关比较中的主要刺激声。在许多情况下，助听器佩戴者会抱怨噪声对言语声有干扰。因此，可以将连续讲话声与噪声一起播放。

如果没有可以利用的各种不同的测试噪声，下面 5 种刺激声能够帮助你针对助听器佩戴者提出的问题，评估助听器的性能。

- 安静环境中的连续讲话声，可用 50dB SPL、65dB SPL 和 80dB SPL 的强度给声；
- 安静环境中 3 个快速轮替的连续讲话声，给声强度分别为 55dB SPL、65dB SPL 和 75dB SPL；
- 80dB SPL 的连续讲话声混有背景噪声，背景噪声中包含 80dB SPL 的高频干扰声（如餐具的噪声）；
- 80dB SPL 的连续讲话声混有 70dB SPL 的含混言语声；
- 80dB SPL 的连续讲话声混有以低频声音（如交通噪声）为主的 80dB SPL 的背景噪声。

将言语声和噪声在不同的声道录制，使用起来会最方便，因为，当需要的时候可以改变上述声音的信噪比。

可以将要比较的设定编进助听器的不同记忆程序以方便配对比较。这样，助听器佩戴者每当有需要时就可以在不同的程序之间随时切换，直到他能说出哪一个（或者没有）是他喜欢的。助听器佩戴者一般需要花 10～30s 做出判断，有些可能需要 1 分钟。如果在比较过程中，背景噪声的特征改变不明显，那么助听器佩戴者比较起来就会最容易（最快）。

也可通过听力师不断改变验配参数来实施配对比较。听力师可在卡片上指出 A 或 B，或举起一个或两个手指表明哪一个是刚刚选择的。听力师可控制程序之间转换的时间，也可由助听器佩戴者指示何时换程序。如果在用来比较的刺激声间设有一或两秒以上的安静暂停，配对比较的正确率将会最高。如果被比较的响应包含适应性特征，需要助听器佩戴者花费数秒或者几十秒去适应输入声，那么除非软件能够保证被比较的响应在程序切换时已经适应，否则配对比较就没有意义。

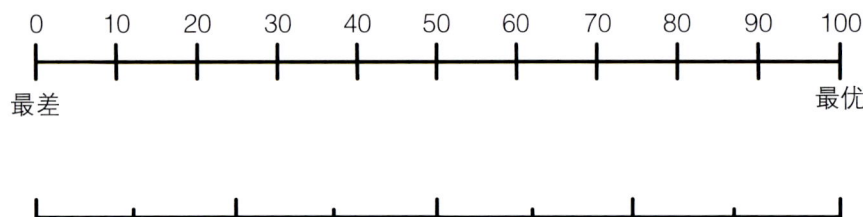

图 12.3 为获得音质绝对分级所采用的两种响应标尺。

最后，比较一下配对比较与传统的言语识别测试。在传统的言语识别测试中，助听器佩戴者需要重复或选择其听到的音节、单词或句子。配对比较对言语可懂度的判断与测试出的言语可懂度正相关，但是当不同助听器之间的言语识别测试仅有较小的不同时，配对比较能够进行更快、更可靠的选择。[578, 1038, 1125, 1739] 此外，除了比较可懂度，配对比较还可以评估声音的其他特性。配对比较的缺点是不能分辨助听器佩戴者听错了哪种类型的声音，但这更像是科学研究的局限，而不是临床实践的局限。

12.2.2 音质绝对分级

配对比较的一个缺点是不能定量反映音质的好坏，仅仅是反映哪一种放大策略更好，但是不能反映这种策略比另一种好多少。还有一个缺点是，如果有许多策略需要比较，即使认为其中的一些程序要比其他好或差很多，但是仍需要进行许多不同的配对比较才能推断哪一种是最好的。

采用音质绝对分级（*absolute ratings of sound quality*）可以克服以上两个缺点。如图 12.3 所示，可以给助听器佩戴者一个标有简单刻度的标尺，并向助听器佩戴者解释清楚每一个标尺上的标识。有些助听器佩戴者认为数字标尺比较方便，有些助听器佩戴者则喜欢文字的。在助听器佩戴者佩戴好助听器后给声，要求助听器佩戴者根据听到的音质指出标尺上相应的位置。在每次进行判断之前，建议先让助听器佩戴者聆听一种需要评级的放大情况，并且最好是聆听一下极端的放大情况。这样，在接下来的一系列判断过程中，助听器佩戴者就不太可能改变自己内心对标尺的判断。

为了提高结果的准确性，可以将被测试的每一种放大情况与其他放大情况随机混合，多次呈现给助听器佩戴者。不过，这种方法只有在科研中才有足够时间实行，而在临床工作中较难做到。如果需要测试的情况低于 10 种，那么将每一种情况呈现多次还是可行的。

当有 5 ~ 6 种放大情况需要比较或者当某些情况与其他情况相比可能更容易被助听器佩戴者接受时，采用音质绝对分级最有用。测试后就可采用音质绝对分级淘汰掉评级较差的放大情况。如果有 4 种以下的情况有相似的分级，可进一步采用配对比较法选出最受欢迎的放大。

在现实生活中，通常仅安排助听器佩戴者一次只对一种放大情况进行绝对评级。可以请佩戴者对音质进行判断，也可采用 APHAB 或 COSI 等量表对助听器的总体性能进行判断（请参阅第 14 章 14.4）。上述方法在比较不同的助听器预设或不同的助听器时并不十分敏感、可靠。[1455] 这并不奇怪，因为上述比较都要依赖助听器佩戴者自己在内心持续数周采纳并维持一定的绝对分级标准。让助听器佩戴者在相同聆听条件下切换不同的预设比对两种不同放大情况进行配对比较要更加敏感和可靠。[1455]

对不同放大情况进行判断只需占用几分钟临床时间，与言语可懂度测试相比要更可靠、更敏感。[1472] 临床上，已经证明配对比较在选择更好的放大情况方面要比绝对分级和言语识别测试更加敏感，尤其当两种放大情况差异较小时更是如此。[506, 1739]

一般来讲，能通过软件进行精细调节的助听器在验配时可以将配对比较和绝对分级测试结合起来使用。助听器能显示出几个程序标签，让助听器佩戴者选择和聆听每一个程序后进行绝对分级。如果前面给出的分级也能显示出来，可以帮助助听器佩戴者更明确地思考给其他程序更高还是更低的分级。

12.2.3 用配对比较进行系统选择

如果想比较的只有两种不同的响应，可以采用第 12 章 12.2.1 描述的流程。假使有更多的响应要比较，我们想找到最佳响应怎么办？完成这个任务要采取的最好方式取决于我们要比较的响应的数量以及在开始测试之前我们是否相信有一个（例如，通过可靠的流程确定的响应）助听器佩戴者可能会最喜欢的响应。在下面的讨论中我们假设有一个**基线响应**（*baseline response*），与某一预设程序最匹配。如果不做配对比较，我们将把助听器调试到基线响应，因为我们认为它可能就是最佳响应。假设有 n 种响应需要比较，我们至少能通过三种比较方式找到最佳响应。

与基线响应比较（*comparison to the baseline*）。将每一种响应轮流与基线响应比较。因为我们不能完全相信任何个体的测试结果，所以有必要将其他 n-1 个响应中的每一个与基线响应进行多次的比较。理想情况下需要 10 次重复，但是现实情况下，时间常常只允许重复 4 次，共需要进行 4（n-1）次比较。对于 1 个基线响应和 4 个可选择的响应，共需要进行 16 次比较，一般会需要 8 分钟的时间。如果认为基线响应一般应该是正确的，那么我们就可能不想再在其他可选择响应中进行选择，除非它在每次比较中都比基线响应好。① 如果有一个以上的响应一直比基线响应好，那么就需要在它们之间进行进一步的比较。随着可选响应的增多，出现这种情况的概率也会增加。考虑这一点以及测试需要的总的时间，用于与基线响应比较的响应可能不宜超过 5 个。

循环法（*Round Robin*）。在各响应之间进行互相比较，最后将佩戴者选择次数最多的响应写入助听器。为了得到可靠的结果，每一个响应都需进行 10 次比较。如果要在 10 分钟内完成测试，那么用于比较的响应数量应该限制在约 4 个。循环法主要适用于响应数量较少时的比较，尤其是事先没有一个被认为是最好的响应的时候。当我们已经决定将基线响应写为助听器的一个程序，正在采用配对比较选择下一个或几个可用的响应时可采用循环法。

淘汰法（*Tournament*）。将响应进行配对分组，在每对之间进行大约 3 次比较。保留 3 次中有 2 次以上助听器佩戴者都喜欢的响应。接下来将挑出来的响应再进行配对分组，重复以上操作，这样一直进行，直到挑出最好的响应（见图 12.4）。这个过程需要 2（n-1）~ 3（n-1）次比较（取决于答案的一致性）。如果要将时间控制在 10 分钟以内，比较的数量应限制在 8 次或 8 次以下。淘汰法也适用于没有预先看好的响应时。听力师必须好好记录哪一个响应胜出，并进行下一个循环。

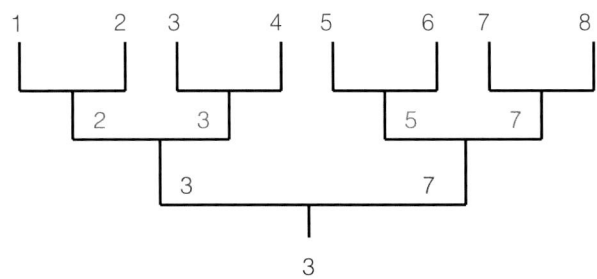

图 12.4　8 个响应的竞赛图，3 是最后的胜利者。

不管我们采用上述 3 个方法中的哪一个，我们都要考虑如何选择用于比较的备选响应。目前还没有一套规则指导如何选择备选程序的参数，但有一些指导原则。

・备选的响应应该是可能胜出的响应，不要在你坚信比基线响应差的响应上浪费时间。

・改变你在预设准确性上最没有把握的放大参数，以得到备选响应。

・选择可以让助听器佩戴者在试听时能够感受到明显不同的验配参数值，但不能过于极端，让助听器佩戴者感到不适。

・备选响应之间可以只有一种参数不同（如不同的压缩比），也可以在许多参数上都不同。

・所有的备选响应应该都有实用的放大特性。如果一个变量（如压缩阈）的改变会导致常见输入强度的增益改变，那就有必要改变其他参数（如所有增益）进行补偿。如果助听器佩戴者不愿意在常见的聆听环境中应用某个程序，那么采用配对比较找到最好的响应并没有什么意义（如果你准备选一个响应作为第二个程序，在特殊环境下，如非常安静或非常嘈杂的环境下使用，那是另外一种情况）。

不管选用哪种方案，配对比较结果都会有三种类型的：

・**强迫选择**（*forced choice*），即使助听器佩戴者听不出两种响应有什么不同也必须选择一个响应。助听器佩戴者低估了他们察觉细小的不同和在两种相似声音之间做出可靠选择的能力。如果可以重复

---

① 在针对基线响应选择备选响应之前，确保一致性是一个复杂的平衡过程，包括重复的次数、对基线响应的确信程度、准备与基线响应相比较的备选响应的数量。除非听力师对改变基线有信心，否则请采用以上建议。

足够的次数，选择结果的一致性可以表明佩戴者是正在做可靠的选择还是在猜测。

· **患者的回应没有不同**（*no-difference response*），助听器佩戴者指出自己没有听出任何差异。患者没有不指出不同，虽然没有计分。但目前证明允许这种判定结果可以增加配对比较的复测可靠性。[1467]

· **喜欢的程度**（*strength of preference*），助听器佩戴者不仅要指出喜欢哪个响应，还要指出他们有多么喜欢它，例如较好，好，更好。更喜欢的得分要比不太喜欢的得分高。进行喜欢强度的判断可以允许，也可以不允许作业"没有差别"的判断。

对多个响应采用配对比较有可能有操作上的困难。在听力师将所有控制设置好之前，助听器佩戴者做不了比较，但在比较每一配对之前调节多个控制的设置会浪费很多时间。因此，如果从一个响应换到另一个响应需要改变一个以上的控制，那么就应该在比较开始时一次性地将所有参数设置好，并保存起来，可以保存在助听器内，如果验配软件允许的话，也可以保存在验配软件中。验配软件中的程序的数量不一定受助听器中程序数量的限制。听力师不要超出预先设置好的响应去比较更多的响应，除非是下面列出的情况。

一些厂家已经将配对比较测试变得相当容易，助听器佩戴者或听力师可在许多不同的放大特性之间快速切换。这些不同的放大特性可能有一个放大参数不同，也可能有许多参数不同。在一款产品中，电脑屏幕上的不同位置显示了许多可选择的响应，放大特性差异较小的，距离较近。助听器佩戴者可以使用鼠标或通过触摸在屏上移动，并标明屏幕的哪一部分听起来最好。[9] 认助听器佩戴者聆听大量的不同声音以确保最终选出的程序能很好地适用现实生活中的各种情景，对听力师来说，是一个挑战。

12.2.4　通过配对比较进行参数的适应性调整

配对比较的一个特殊用途是确定一个放大参数应该改变多少。例如，我们可能强烈认为应该增加压缩比，但是应该增加多少？助听器可能提供许多数值的选择，我们应该选择哪个？对于这些问题，我们的原则是默认某些设置是最好的选择，如果将这个值增加或降低，音质就会在某些方面变差。

我们可**适应性地**（*adaptively*）采用配对比较方法找到控制的最好设置。比较控制的两种设置是

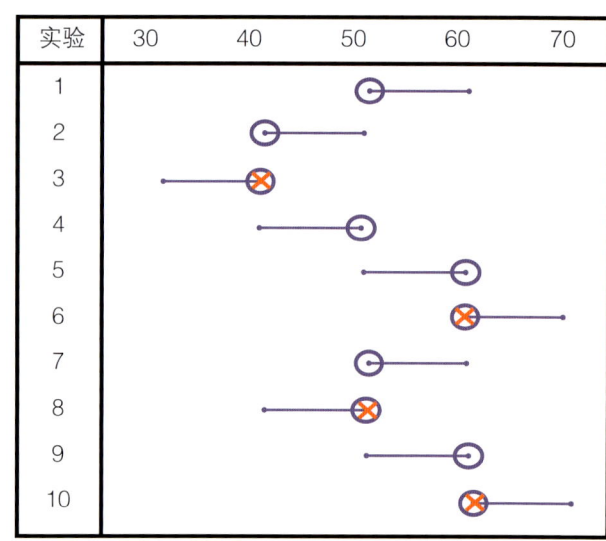

图 12.5　不同压缩阈适应性配对比较表。圆点显示助听器佩戴者较喜欢的压缩阈，红叉显示的是相反的。

第一步。在每一次比较之后，将助听器佩戴者不喜欢的设置换成另一种设置。根据刚进行的比较的结果所指示的方向调节控制。假设助听器佩戴者理解轻声言语比较困难，并且假设助听器的压缩阈可在 30 ~ 70 dB SPL 范围内任意设置，会使我们认为采用单通道助听器和较低压缩阈较好。正如我们要测得听阈，必须要确定测试的步距。但与确定听阈不同，在向上和向下调节时，没必要采用不同的步距。这个例子中，我们假设步距为 10 dB。

图 12.5 显示了一种可能的测试顺序。假设现在的压缩阈为 60 dB SPL，且第一次是与较低的压缩阈比较。阈值 50 dB 是助听器佩戴者做出的选择（标记为圆圈），所以，下一轮测试采用了更低的阈值。你会注意到 3、6、8 和 10 的标记是叉。这些是在此次比较中需要进行**逆转**（*reversal*）升高阈值时的记录方法。在出现 4 个叉之前，比较会一直进行。4 个叉处阈值的平均值将是最后的设置，在这个例子中为 52.5 dB SPL。采用的逆转次数越多，测试精确度越高，但是所需时间越长。①

采用这个方法的关键是要正确选择步距。步距必须足够宽以察觉出音质的不同。如果步距太窄，叉形记录将会随机出现，除非叉形记录的数量非常多，否则最后的设置也仅是一个随机值。采用较大

---

① 如果按照建议平均逆转值，逆转的数量应该是偶数。如果逆转的数量是奇数，就应该将逆转值间的中点值加以平均，而不是逆转值本身，否则逆转值就是错误的。

的步距没有坏处。如果选择较大步距，几次比较就会出现 4 个叉形记录，如果认为有必要，可以从以前的测试结果开始进一步做步距较小的测试。

如果助听器佩戴者说他们不能听出两对声音之间的不同。

- 步距太短——增加步距；
- 刺激强度或类型不合适——改变强度或类型；
- 对控制进行的设置没有意义——停止调节过程，用这些时间做些更有意义的事。

如果所做的调整影响了音质，并且这种影响可在几秒钟内听到，例如影响了高频的水平，这时可以让助听器佩戴者直接将设置调试到喜欢的位置，这会比采用本章介绍的配对比较方法更有效。

正如第 12 章 12.2.3 讨论的，我们必须清楚当某一控制变化时，助听器的响应会如何变化。如果改变压缩阈也改变了中等强度声的增益，那么每次改变压缩阈也必须对整体增益或压缩比进行适度的调整，这样中等强度声的增益才可保持不变。这大大增加了听力师进行适应性配对比较的复杂性，有可能不值得花费那么多时间。幸运的是，很多情况下，无须为保证聆听效果而必须在改变一个控制的同时还要改变许多其他控制。适应性配对比较是调试助听器控制的一个很有效的方式。

虽然有些程序，如 Simplex 可以采用配对比较对两个参数进行高效调节，[1316] 但是在临床使用过程中仍需花费大量时间。

12.2.5 通过音质绝对分级进行适应性调节

就像我们可以根据助听器佩戴者喜欢的响应对助听器的响应进行适应性调节一样，我们也可以根据响度或音质的绝对分级适应性改变助听器的响应。剑桥大学专家组描述[1219] 并修订了[1238]一个调试多通道助听器的增益频响和压缩特性的程序。这个程序被称为 **Camadapt**，它的目标是：

1. 将 80 dB SPL 或 85 dB SPL 的高强度言语声作为**大声**；
2. 将 50 dB SPL 或 60 dB SPL 的低强度言语声作为**轻声**；
3. 高强度言语声或音乐应该有助听器佩戴者喜欢的音质；
4. 低强度言语声或音乐应该有助听器佩戴者喜欢的音质。

这个程序最初的版本采用 85 dB SPL 的高强度言语声和 60 dB SPL 的低强度言语声判断响度和音质。通过找到频响曲线偏离程度来调节音质，可以使助听器佩戴者在听高强度言语声时，既不会感到尖细，也不会感到有嗡嗡声，在听小的言语声时，既不会感到尖锐，也不会感到低沉。①

这个程序的修订版采用 80 dB SPL 的高强度言语声和 50 dB SPL 的低强度言语声判断响度。调试音质时，助听器佩戴者听的爵士三重奏（钢琴、低音提琴和鼓声）的强度也分别是 80 dB SPL 和 50 dB SPL。测试时，不是让助听器佩戴者判断音质，而是在从低频到高频、斜率不同的两种增益频响之间做配对比较。

为了方便调试助听器增益，我们会给助听器佩戴者提供表 12.1 第一列所示的响度级。针对助听器佩戴者的评价，再按照表格后面两列的内容调试助听器。为了方便调试频响曲线，会给助听器佩戴者：

- 呈现 7 种从不舒服的尖细声到不舒服的嗡嗡声，或从不舒服的尖锐声到不舒服的低沉的声音，或者
- 要求助听器佩戴者考虑不同的音质、清晰度以及低音和高音之间的平衡，来选择他们喜欢的音乐（针对音乐程序）。

当达到 4 个目标时，这个程序的操作就完成了。如果要将该程序在最短的时间内完成，那么在进一步调试时，保留上一步达到的目标很重要，否则必须反复调试。这个程序可以人工完成，但是如果厂家在每一助听器调试软件内引入合适的软件执行该程序，完成该程序会变得最容易。

虽然这个程序是用于助听器精细调节的程序，但是它也可作为基础的助听器调试方法。如果在开始采用该程序时助听器的设置已接近最佳，那么使用该程序进行精细调节花费的时间就会很短（大约每耳 10 分钟）。因此，将这个程序应用于一个预设好的程序最有效。将以阈值为基础的初步选配与本章描述的适应性调试结合起来是调试多通道压缩助听器的一种合理方式。在最初验配时就花时间仔细测量响度增长曲线当然是不明智的，一定要在进行适应性调试后再进行。

这个程序的目标看起来非常合适，并且调试过

---

① 当低、高频不平衡时，用于描述两种声音强度上音质所使用的形容词应该以受试者在每一强度上最常用的词为基础。[1219]

程采用了有效的心理物理学方法。至于选择多大强度的输入声音代表高强度和低强度言语声以及采用什么响度级，有一定的主观性，而且这两方面多少会影响最后的设置。如同本书第10章10.4.1和10.4.2所介绍的频率特异性响度标准化预设方法，将输入强度与响度标尺的刻度相对应的合理做法，是按照健听人对响度的分级来选择特定的输入强度。然而，遗憾的是，作为目标的标准强度非常依赖于特定的响度分级以及其测定方法。一般情况下，相对于采用标准的响度正常化程序，助听器佩戴者会更喜欢采用适应性方法调试助听器，不管响度正常化程序是以个体响度级为基础还是只以阈值为基础的。[1219]总体来讲，通过使用修订后的上述程序获得的增益频响曲线与以阈值为基础的CAMEQ预设所获得的曲线，针对开放式验配的助听器是非常相似的。[1238]

12.2.6 使用多程序或可训练助听器在家精细调节助听器

在听力门诊精细调节助听器有两个局限性。第一个是助听器佩戴者必须付费。第二个是有效性有限。根据助听器佩戴者聆听刺激声时，依据某些标准选择的响应，可以对助听器的响应做出可靠的选择。我们选择的响应是否是现实生活中的最佳响应取决于我们是否有效选择了刺激声以及询问了正确的问题。多程序和可训练助听器（差一些的，可记录数据的助听器）可由助听器佩戴者在自己的环境（在家里）里自行完成精细调节，这大大解决了潜在问题。

表12.1 针对助听器佩戴者的响度分级采取的低声和强声言语的增益调试。

响度评价	高强度言语所有频率的增益改变 80 dB SPL 或 85 dB SPL	低强度言语所有频率的增益改变 50 dB SPL 或 60 dB SPL
7. 声音太大，不舒服	−4 dB	−4 dB
6. 声音非常大	−2 dB	−4 dB
5. 声音大	0 dB	−4 dB
4. 声音舒适	2 dB	−2 dB
3. 安静	4 dB	0 dB
2. 非常安静	4 dB	2 dB
1. 听不见	4 dB	4 dB

假设一个助听器佩戴者配戴了1只有3个程序的助听器，并且第一个程序已经写入。由于我们不能确定较低或较高的压缩阈哪一个更好。我们可以同时存储一个压缩阈较高的程序和一个压缩阈较低的程序，之后告诉助听器佩戴者轮流使用这几个程序，过几周后回来告诉我们他喜欢哪一个程序。此时，我们再移除不想要的程序并写入一些更有用的程序（如，在交通噪声中给予低频截止）。

此时，可以完成精细调节，或者可以继续进行调节，只要助听器佩戴者和听力师有兴趣和时间。有些助听器佩戴者可能会说他们在一种环境下喜欢这个程序，在其他环境下喜欢另一个程序。这种情况下，可以保留着两种程序，上述测试证明了多种程序对助听器佩戴者的有效性，并能对具体编程提供一些有用信息。

在家继续进行精细调节的局限性也很明显：只可以比较少数几个响应，要进行一组新的比较需要重新预约。但如果由于其他事情听力师已经预约患者或者预约患者较容易，这还是可行的。

佩戴可训练助听器在家进行精细调节（请参阅第8章8.5）可以节约临床时间，并且能确定测试刺激的有效性。还可以对多个参数进行调节（同时或顺序），并且由于助听器会自动采用训练得到的参数，所以不需要预约就可将需要的参数写入助听器。

助听器的记录数据也可以给精细调节提供帮助，它可让听力师了解在诊所外助听器佩戴者对助听器的调试情况（例如，在不同环境中，助听器佩戴者对音量的调节），可以给精细调节提供参考。

随着助听器不断从数字时代向无线时代进步，总会有一些放大特性让我们难以确定如何调试，并且难以在门诊根据经验进行可靠有效的调试。因此，还需要助听器佩戴者继续在家进行精细调节，并可将助听器的精细调节与遥控技术相结合，或者也可通过手机或网络监测助听器设置的适应变化。

12.3 结语

每一个听力师都会根据助听器佩戴者所提出的问题对助听器进行精细调节。以最有效的方式进行精细调节可以减少助听器佩戴者和听力师的花费和挫败感，有两个关键的技能，第一是向助听器佩戴者提问，听力师应尽可能精确地了解助听器佩戴者遇到的问题；第二是确定为了达到理想目标，应该改变助听器的哪一种控制。

应该采用哪一个精细调节程序是一个更难的问题。有些听力师可能认为他们没有时间进行第 12 章 12.2 讲的系统调节。有可能在忙碌的临床工作中不经常使用这些程序，但是从长远来看，花 5～10 分钟对复杂助听器进行系统的精细调节可以节省大量的时间。针对佩戴昂贵的多功能助听器的患者，在其对音质不满意时，采用有目的的和系统的精细调节可以减少重新预约的次数。

只有我们熟悉助听器佩戴者能够从初次验配后的精细调节环节获得哪些好处，我们才能判断，是在每台助听器验配时都进行系统的精细调节，还是只在助听器佩戴者提出抱怨时才进行精细调节。不管是否采用系统调节程序，只有花时间聆听、了解助听器佩戴者对助听器放大声音的意见，才能调试好助听器。

第 13 章
助听器佩戴者的患者教育和咨询

概　要

对助听器佩戴者进行患者教育、交流训练和咨询十分重要。目的是告诉助听器佩戴者有关其听力损失的信息，培养其使用和保养助听器的技能，发展听觉技能或者改变其信念、情感以及与聆听交流相关的行为。适当的教育与咨询可以帮助助听器佩戴者充分发挥助听器的作用，减少交流困难。

让患者理解可能适合他们的助听器类型和其参数特性并不容易。听力师需要用合适的、简明的方式向患者解释清楚与助听器有关的各类事项（包括正在进行的服务的费用、保修期和试用期）的益处和费用。

一旦开始使用助听器，初次佩戴助听器的患者会感受到一个声音放大的新世界，并能够从关于如何逐渐增加聆听经验的指导中受益。这样做的目的是首先给患者提供最好的听觉经验，避免一开始就被过多的声音"淹没"。助听器佩戴者需要知道，他们的大脑需要一些时间去适应他们以前不能听到的言语和其他声音。

对初次使用助听器的患者进行教育的内容有相当一部分与助听器无关。各种不同的聆听方法和策略能帮助听力障碍者在复杂聆听环境下理解更多的内容。第一组聆听策略要求聆听者认真注视说话者和周围的环境。第二组要求聆听者在某些方面改变交流的方式。最后一组要求聆听者对聆听环境进行控制，将不利声源去掉或最小化。

如果也能对家庭成员和（或）其他经常交谈的伙伴进行上述教育，助听器佩戴者将会从中受益。

如果所提供的教育材料是以助听器佩戴者为中心的，针对解决的是助听器佩戴者的个别化问题，而不是一些与助听器佩戴者日常生活无关的规定，助听器佩戴者将更容易接受和学习。交流训练包括应用聆听策略的训练以及实际聆听言语，特别是在困难环境中聆听言语（整合训练）和言语成分（分解训练）的训练。越来越多的交流训练内容可以组合打包提供给助听器佩戴者，以方便其在家中使用电脑或 DVD 练习。

应该建议助听器佩戴者保护剩余听力，并帮助他们了解除了听力师还能从哪些途径（从相同群体或其他专业机构）获得支持。助听器不可能解决所有的听力问题，所以助听器佩戴者还应知道还有其他辅听设备可以帮助他们。

听力师应该知道不同的人有不同的学习方式。因此，针对不同的助听器佩戴者应采用不同的培训方式，听力师应增强适应不同患者的培训能力。

听力师必须灵活掌握如何及何时向助听器佩戴者提供相关信息和服务。当然，听力师也需要掌握一套标准的方法，并根据需要进行相应调整。本章总结了一个清单，可供在每次评估、验配和随访时遵循。除了采用个人预约，强烈建议采用小组预约的方式进行随访服务。

第 13 章　助听器佩戴者的患者教育和咨询

词典中对咨询的定义是："以引导人的判断和行为目的给出意见、建议或指令"。咨询的一种极端情况是试图改变助听器佩戴者对听力损失及其后果的感受，但这可能并不需要听力师告诉助听器佩戴者任何信息，我们称其为**个人调整咨询**（*personal adjustment counseling*）。咨询的另一种极端情况是告诉助听器佩戴者一些实质性信息，例如如何使用助听器的**详细说明**（*instructions*）。我们称这种给出实质性信息的咨询为**信息咨询**（*information counseling*）或**内容咨询**（*content counseling*）。在其他健康领域，给患者真实信息称为**患者教育**（*patient education*）。"患者教育"一词在听力学领域变得越来越普遍，本章将用这个词。咨询这个词也将继续保留，专门用来指调整助听器佩戴者的信念、情绪或行为。

当然，许多互动中既包含教育，也包含咨询的成分。告诉助听器佩戴者听力损失的程度、性质以及听力损失的影响，给出的是实质性信息，但是也可能导致助听器佩戴者自身感受的变化。

本章更多地关注患者教育，不是因为它比咨询重要，而是因为教育与本章的题目和本书的目的更接近，还因为第 9 章已经涉及让助听器佩戴者接受听力损失并提出康复需要的咨询建议。然而，听力损失经常导致的一些压力和情绪障碍可能会控制助听器佩戴者的思想，以至于在助听器佩戴者开始认识、接受并讨论这些问题之前，不可能有效地向其传递信息、教授技能或鼓励其开始任何形式的康复。在这种情况下，进行调整性咨询是必需的，可由听力师或其他专业机构来进行。

我们能列出几个有关助听器的详细的教育和咨询目的：

1. 帮助助听器佩戴者**了解**听力损失的性质、影响和干预方案（包括设备和方法）。

2. 帮助助听器佩戴者**承认**患有听力损失并解除限制助听器佩戴者享受生活的负面情绪。

3. 帮助助听器佩戴者**克服**所有阻止其接受各类康复服务的障碍。

4. 培训并鼓励助听器佩戴者佩戴、**使用助听器**或其他辅听设备。

5. 帮助助听器佩戴者获得更多的**交流技能**。有些策略需要助听器佩戴者进行自我调整，如增加自信。

6. 进行言语理解的**感知训练**。这个训练包含分解的和综合的言语训练，可在听觉、视觉或视听结合任一模式下进行。

第 9 章已经讲到上述第 2 点和第 3 点。在本章中，我们假设听力师面对的助听器佩戴者渴望改善自己的听觉能力。在此情况下，听力师应该给助听器佩戴者什么信息，应该要求助听器佩戴者做什么并且何时是行动的最合适的时间。

接下来的章节将介绍助听器佩戴者需要获得何种类型的信息。本章结尾会列出如何将这些信息融入各个约诊的环节，或者如何针对特定助听器佩戴者组织这些信息。如果助听器佩戴者第一次不能接受关键的信息或技能，必须对其进行反复教育或采用其他方式进行教育。因此，约诊的实际内容必须保持一定的灵活性。

保证内容灵活的另一个原因是有些助听器佩戴者希望知道尽可能多的信息，而有些助听器佩戴者可能只希望知道如何做，不需要过多解释。希望知道更多信息的助听器佩戴者会提出问题。没有理解你所说内容的助听器佩戴者可能不会与你互动。你可以在给出信息的同时向助听器佩戴者提问，以了解助听器佩戴者是否明白你所说的。另外，与助听器佩戴者保持良好的眼神交流并注意观察助听器佩戴者的肢体语言可以指导你如何与助听器佩戴者交流。

有意思的是，与助听器佩戴者的交流一般不会因为他们的听力损失就变得很复杂。在一个安静、混响较少的环境中，与一个口齿清楚的听力师围绕已知话题进行面对面的交流，轻度甚至中度听力损失者一般不会存在太多问题。重度或极重度听力损失者可能已经佩戴助听器，在重新验配前的约诊过程中应鼓励其佩戴助听器。如果重度或极重度听力损失者没有助听器并需要临时帮助，可用听力计上的对讲装置，或者应用盒式助听器，或者使用安装有贴耳式或耳罩式耳机的辅听设备。

13.1　了解听力损失

大多数助听器佩戴者希望了解自己的听觉能力和听力损失。为了给助听器佩戴者解释清楚其听力，解释时要用到听觉**能力**（*capability*）（如剩余听力）以及听力**损失**（*loss*）的概念。如果能从以下 4 个方面向助听器佩戴者全面介绍其听力，将有助于其理解自己的听力损失及其对他人的影响。

・听力损失的**部位**（*location*）（外耳、中耳、内耳或大脑），可使用合适的挂图或宣传册。

・听力损失的**程度**（*degree*）（轻度、中度、重度、极重度）和听力损失的类型（平坦、陡降等）以及其预后，可使用听力图。

・潜在的**残疾**（*disability*）或**活动受限**（*activity limitation*）（不能理解轻声言语或噪声环境下的言语），即使在助听器佩戴者认为自己很容易听清别人的言语时，也需要给予介绍。通过指出助听器佩戴者认为有听力困难的情景，或助听器佩戴者在言语识别测试时的错误，或助听器佩戴者难以理解的特定言语声可以更清楚地解释这个问题（请参阅图9.6）。关于助听器佩戴者的听力损失类型及其对言语识别能力影响的信息，有助于帮助其接受：他们确实存在听力损失。

・常见的**残障**（*handicap*）或**参与限制**（*participation restriction*），听力损失常会导致患者正常活动参与减少、出现常见情绪反应、对其他家庭成员产生影响。

对上述问题的解释必须根据助听器佩戴者表现出的兴趣和理解情况进行调整。听力师做完听力测试并确认助听器佩戴者的听力损失后，有些助听器佩戴者会变得紧张和（或）沮丧。由于这样或那样的原因，一些助听器佩戴者难以接纳太多信息。一次提供太多的信息会增加助听器佩戴者理解的压力。因此，密切观察助听器佩戴者的言语或非言语反应非常有必要。

13.2 选用助听器

讨论助听器佩戴者的听力损失及影响时，很自然地会谈到听力损失的处理，多数情况下会涉及选用一只或两只助听器。与助听器佩戴者讨论其是否能从助听器受益（请参阅第9章），并假定其希望佩戴助听器后，还有几个问题需要讨论。

有关患者教育和咨询作用的证据

患者教育和咨询（在此统称为咨询）能影响助听器佩戴者使用助听器的程度。一项针对使用BTE助听器的研究发现，在验配前后都进行咨询可将每天使用助听器的平均时间从3.8小时增加到5.3小时。[181] 另一项研究发现在验配后两周内进行咨询可将助听器佩戴者使用助听器的时间从每天使用3.9小时增加到6.3小时。[1891] 如果不对助听器佩戴者进行足够的咨询，助听器佩戴者很有可能根本就不佩戴助听器。主要的原因是如果助听器佩戴者没有真正学会佩戴耳模（壳），他们根本不会使用助听器。[187] 志愿者到助听器佩戴者家里介绍如何使用助听器也可以增加助听器的使用率。[852]

与使用助听器无关的咨询也是有帮助的。与仅了解了助听器信息的佩戴者相比，同时了解了听力损失、听觉策略和交流技巧的佩戴者会较少报告存在听觉残疾[51, 1646] 和（或）听觉障碍。[12, 1646] 同样，感知训练可以使助听器佩戴者更好地理解言语。[1877] 然而，言语理解的改善更多来自练习语境的增加而不是来自单个因素识别能力的提高。[579, 1537]

虽然可能没有真正矛盾，但是有些研究对在助听器验配之前进行咨询的价值提出了质疑。Brooks（1979）发现，在助听器佩戴者家中进行验配前后的咨询可明显增加助听器每天的使用率以及助听器佩戴者操作助听器的能力，并且明显降低了听觉障碍。在这个研究中，听力师仅与对照组的助听器佩戴者见过两次。第一次，测试听力，取耳印。第二次，验配助听器。如果与助听器佩戴者接触这么少，那么在验配前后增加咨询当然会显示更多效果。验配助听器前的咨询包含很多内容。[192] 包括评估交流困难，调整助听器佩戴者的态度和期望值，提供听力损失和听觉策略的信息以及对验配后是否需要咨询进行评估。

相反，Norman、George和McCarthy（1994）发现在助听器验配前进行相同目的的咨询并不能明显增加助听器的满意度、使用或益处。不过，该研究中，对照组的助听器佩戴者是否和Brooks研究中对照组的助听器佩戴者一样，完全没有任何其他咨询，还不清楚。虽然有关助听器和助听器在不同聆听环境中的有效性的咨询可能对有佩戴经验的助听器佩戴者更有效，但实际上对于多数的知识，在助听器验配前后进行咨询的效果是一样的。不过，有关助听器佩戴者态度、动机和助听器选择等知识的咨询必须在验配前提供。

助听器类型

在询问患者喜欢哪类助听器之前，应当先向患者介绍每一类助听器（请参阅第 11 章）的优点。否则，听力师将不得不在试图改变患者的决定时，再介绍这些内容，而不是指导患者自己做出正确选择（当然，有可能患者来就诊之前，已经选择了助听器的类型）。

应该允许患者动手操作各种类型的助听器，也应该让患者看到自己佩戴助听器时的样子或者听力师演示的佩戴后的样子。细导声管或细线 BTE 助听器与其他助听器相比，戴上后会比在手里或桌子上看起来更好看。一些听力师在约见助听器佩戴者时会随身携带助听器，当讨论到不同类型的助听器时，会给患者展示。[830] 这样做的一个优点是，当患者测试完听力，准备购买助听器时，听力师可以立刻提供，会节省患者一次就诊时间，并降低花费。

助听技术与费用

听力师必须熟悉不同助听技术的优缺点，这要求听力师既要掌握各种复杂助听技术的理论知识，又要具备评估各种技术对特定患者的价值的能力。更难的是听力师要用患者能理解的方式向患者解释这些技术。尽管如此，患者只有掌握这些知识才能明智地选择需要多少高级的（昂贵的）助听器。

听力门诊会根据所销售助听器的不同技术性能、类型和品牌，在展示台上按照性能复杂程度、价格以及对助听器佩戴者的作用等顺序摆放许多样机。可通过矩阵的形式将不同的助听器类型和技术结合起来展示，在横轴上摆放不同的类型，在纵轴上展示不同的技术。[377] 如果将助听器类型和助听技术分开考虑会更简单。

大多数助听器佩戴者会在费用与先进技术间再三斟酌。为了帮助助听器佩戴者决策，你应该了解助听器佩戴者关注费用是为了省钱，还是为了将钱用在刀刃上而并不在乎花费多少。[132] 如果听力师了解可给助听器佩戴者提供资金帮助的信息，这时是告诉他（她）的最好时机。

如果告诉助听器佩戴者助听器的使用寿命（可能 3～6 年）可帮助其合理地分配花销。将助听器总的费用（包括电池、平均维修费用）除以助听器的使用寿命就可以得出平均每天的花销。[1762]

权利和义务

助听器佩戴者有权知道助听器的价格以及相关服务的费用、助听器的保修期、服务内容以及电池的费用。听力师还应该告诉助听器佩戴者什么时候付款，在多长时间内可以更换助听器以及在此期间的退款比例。

政府立法可以保障助听器佩戴者在公共场合进行有效交流。每个国家的法规内容都不一样，听力师应该给助听器佩戴者提供书面材料，标明助听器佩戴者在这方面的所有权利以及他们怎样才能充分享受这些权利（例如，向剧院的售票处索要辅听设备）。

对助听器佩戴者不当偏好的处理

当你认为助听器佩戴者想要的助听器类型不合适（增益补偿不够、功率不够或操作困难）时，应该做什么？选择有多种：

- 如果你确定助听器不合适，礼貌地告诉助听器佩戴者你不能违背良心给他验配他选择的助听器，因为你认为他选择的助听器不合适，即使其他人想给他验配该助听器你也不会这样做。
- 如果你认为这个助听器类型不合适，但是对自己的判断有些怀疑，而助听器佩戴者非常想要这种类型，详细说明你怀疑的依据。如果助听器佩戴者就是坚持自己的选择，那么可以给助听器佩戴者验配他喜欢的助听器。可以让助听器佩戴者写一个知情同意书，明确该助听器不是你强烈建议的。[1762]

第一项建议背后的理由是在你有原则地拒绝出售无效助听器后，可能会改变助听器佩戴者的喜好。即使不能改变助听器佩戴者的喜好，你也替他省了钱，并且避免了验配和返还助听器时浪费时间，而且可以避免助听器佩戴者告诉他的朋友你配的助听器效果不好。在这两种情景中，同意助听器佩戴者的选择的理由是助听器佩戴者的动机是助听器验配成功的重要条件，而且使用知情同意书可以避免未来个人的或法律的纠纷。

13.3 使用助听器

患者教育的基本内容是教给助听器佩戴者如何佩戴助听器，如何开关助听器，如何操作音量钮，如何摘除助听器以及如何更换电池。除非助听器使用者或其他人已经掌握这些技能，否则不可能使用助听器。如果助听器佩戴者的年龄高于80岁，这个过程需要较长的时间。[804] 培训这些技能的方法随着助听器类型变化而变化。对于第一次约诊时没有掌握这些技能的助听器佩戴者，重新进行培训的方法是一样的。第12章12.1.1已经讲到了一些建议。

助听器佩戴者也需要知道一块电池可以使用多长时间。有些助听器佩戴者更喜欢自己使用测电器。如果助听器佩戴者非常依赖助听器，就需要携带备用电池，当电量快用尽时能够及时更换。有经验的助听器佩戴者可以采用一个简单的方法，将电池标签贴到日历上来提醒电池即将用尽的日子。[1899]

事实上，所有的助听器佩戴者都希望提高噪声环境下的言语可懂度，由于方向性麦克风是在噪声环境下提供帮助的最主要技术，所以助听器佩戴者应该学会以下两件事情：

- 如何激活麦克风（如，通过选择噪声程序）？除非助听器完全自动化，能自主决定何时开启。
- 方向性麦克风最有效的聆听环境（即说话者在前面，同时距离较近并且（或）噪声在后面，而且距离较近，请参阅第7章7.3.1）。这些知识非常重要，因为助听器佩戴者可以通过调整自己的位置以达到这些要求。没有这些知识，助听器佩戴者可能难以找到方向性麦克风发挥作用的位置。[323, 1753] 如果助听器佩戴者不会在方向性和全向性麦克风之间切换，他们就不可能根据经验学会调整自己的位置。

当然，还应该告诉助听器佩戴者不要误食电池等安全知识（请参阅第16章16.10）。

13.4 适应新的声音和助听器

当助听器佩戴者戴上助听器后，全新的声音，尤其是他们过去听不到的高频声会涌进来。如果助听器佩戴者逐步建立聆听经验，① 开始时在安静环境中使用，每天仅佩戴很短时间，他们将轻松过渡到使用助听器。

逐步建立使用助听器的习惯，有几个原因。第一个原因是最初的积极经验可以起到鼓励助听器佩戴者的作用。当适应了听更多的声音和不同音质的声音后，助听器佩戴者会对自己的助听器（以及他们自己，通过几次成功的交流）充满信心。助听器佩戴者不可能凭本能知道助听器在什么情况下最有效，所以听力师应给予指导。事实上，助听器佩戴者有可能在聆听最困难的情况（如嘈杂的环境）下，也就是助听器作用最难发挥的情况下试用助听器（请参阅第9章9.16）。下面两页列出了助听器的**体验和练习情景表格**（*Situations To Experience and Practice*，**STEP**），听力师可以发给患者并指导他们在配戴助听器的最初几周学习使用。②

逐步建立聆听经验的第二个原因是如果助听器佩戴者遵循一个特定的聆听程序，可以帮助其建立使用助听器的积极态度。行动能影响信念是一个被广泛接受的心理学定律。[510, 541] 尤其当助听器佩戴者意识到能否成功使用助听器取决于他们能否规范地使用助听器时，他们更愿意按照要求做。作为回报，使用助听器又会让他们意识到助听器确实是有用的。这个信念可以鼓励助听器佩戴者进一步使用助听器。这并不是说服助听器佩戴者接受无价值设备的说辞而是帮助助听器佩戴者顺利度过适应期，以便从助听器中获得最多帮助的方法。

让助听器佩戴者逐步适应的第三个原因是它可以使助听器佩戴者更明确意识到聆听环境是不同的。一旦助听器佩戴者发现在某种聆听环境下助听器没有用处，他不会轻易推论在所有聆听环境下助听器都无用，从而宣称助听器根本没用。

第四个原因，与声音没有关系。即使耳模（壳）适配得非常好，第一次佩戴时，也会导致不适和刺激（就像新鞋子）。逐渐增加每天使用助听器的时间，可以让耳朵逐渐适应耳模（壳）。这一点对于深入骨性外耳道的助听器尤其重要。

如果助听器佩戴者可以与听力师讨论他第一周或第二周佩戴助听器的经验，那么逐步适应的优势能更好地展现出来。听力师可以使用这些信息推断是否需要聆听策略（请参阅第13章13.6）或者可以

---

① 由于线性或削峰助听器经常产生较大的失真声音，因此特别需要强调助听器佩戴者在使用时要逐步适应。对于有WDRC和压缩限制性能的助听器，声音不会不舒服或失真，只会偶尔过响。不能过分强调助听器佩戴者逐步适应，但是助听器的益处仍然随着聆听环境的变化而变化。

② 可以复印STEP表格并发给助听器佩戴者，如果助听器佩戴者视力不好，请将表格放大。

调节助听器以增加益处，减少缺点。STEP 表格留有一些空白处，助听器佩戴者可以记录他们在每一种聆听环境下的体验。对于不愿意多谈论自己体验的助听器佩戴者，写下的内容可以为以后讨论提供线索。[530]

瑞典使用的积极验配方案将逐步适应助听器的方法与助听器佩戴者和听力师交流自身体验的安排相结合。该方案将适应期分为三个阶段，其中穿插五次复诊。在此期间，助听器佩戴者需完成一份"试戴助听器"的日记。这一方案已被证明有利于提高助听器的使用率和患者对助听器的满意度。[530] 方案的作者认为听力师的态度非常关键：只有听力师相信聆听训练非常重要，助听器佩戴者才会相信它是重要的。

同样的，期望值也非常重要。在新的助听器使用者佩戴助听器之前，他们需要知道自己将听到已经几年没听到的背景噪声。健听人也可以听到这些声音并在这些声音无意义时忽略它们。风扇的声音通常是无意义的，但当我们因为假期离开，不得不关闭房间所有的设备时，这种声音就有意义。听力师应该向助听器佩戴者解释，他需要一段时间适应这些将来可能无意识识别并忽略的背景声音。这个建议对佩戴使用低压缩阈，对轻声增益较大的 WDRC 助听器的患者尤其重要。

同样，健听人有时会发现声音的响度令人烦恼或者不舒服。使用 APHAB（请参阅第 14 章 14.3.2）评估可以发现，佩戴助听器似乎不可避免地会增加令人烦恼的声音的数量。不过这种烦恼与健听人的是一样的。①,[1379] 如果新的助听器佩戴者提前知道自己会像健听人一样被更多响声干扰，这将有利于他们使用助听器（尽管如此，听力师还是应该尽可能想办法减少这些烦恼，譬如可通过使用 WDRC、OSPL90 调整和评估，使用方向性麦克风和自适应降噪功能）。

当然，告诉助听器佩戴者他们需要时间适应声音不等于保证他们一定会适应这些声音。当随访时，助听器佩戴者抱怨这些声音时，听力师需要慎重考虑是重新告诉助听器佩戴者听到这些声音是正常的，还是重新调整助听器以减少助听器佩戴者听到的声音（请参阅第 12 章 12.1.7）。

不管助听器佩戴者是否选择逐渐适应助听器，都应该告诉助听器佩戴者，适应助听器的声音并最终获得最大益处可能需要几个月的时间。重新建立神经通路是可能的，我们称这一过程为**大脑重塑**（*brain rewiring*）与**习服**（*acclimatization*）。[595] 如果提前告诉助听器佩戴者这个过程，那么助听器佩戴者在初期遇到助听器没有帮助时就不会气馁。第 14 章 14.7 中对习服有更多介绍。

即使助听器佩戴者已经完全适应了助听器的声音，聆听效果也可能仍难以达到助听器佩戴者的期望。许多老年助听器佩戴者的听觉处理系统退化（请参阅第 9 章 9.1.11）和耳蜗失真（请参阅第 1 章 1.1.6）可能导致在噪声环境下的音质及言语可懂度比自己期望的差。没有这些知识，助听器佩戴者可能会期望自己听到的声音与听力损失发生前以及听觉处理系统随年龄退化前听到的声音一样。因此，应该告诉助听器佩戴者他们在噪声环境下理解言语可能比健听人困难。因为不能集中精力聆听，助听器佩戴者能听懂的言语会更少，因此，与健听人相比，助听器佩戴者在这种条件下交流更加困难，需要付出更多精力，并有可能感到疲惫。聆听困难的程度会因人而异。当然，如果不使用助听器，助听器佩戴者感受到的音质、言语可懂度以及聆听疲倦感会更差。

13.5 助听器保养

听力师必须告诉助听器佩戴者如何保养助听器。文本框中列出了助听器佩戴者应该做什么，不应该做什么。虽然有些内容看起来很简单，但不是对所有助听器佩戴者而言都是简单的，因此，应该讲清楚。可以将这些表格复印并发给助听器佩戴者。② 对于个别助听器佩戴者，有必要改变禁止项第 3 条中提到的 3mm 的距离。在不损伤受话器的前提下，清洁工具插入助听器的深度可借助助听器后的强光进行观察。

对经常因受潮或耵聍堵塞返修助听器的佩戴者，可指导其晚上将助听器保存到干燥环境中。现有的保存设备可将高温、气流、干燥剂、除臭剂和有杀

---

① 这些数据是从验配好的有自适应降噪功能的助听器中获得的。对于没有自适应降噪或对较大声音有过高增益的助听器，听力障碍者聆听时的烦恼、反感，有可能比健听人更严重。

② 现在有些助听器可以有效防水，淋浴时可以佩戴。

一次一个台阶
体验和练习情景（STEP）

欢迎体验新的声音。在接触更复杂的环境之前，如果你先在家周围环境中练习使用助听器，你将能发挥助听器的最大效用。第一周，每天佩戴助听器不要超过两个小时，除非你发现助听器在所有方面都非常舒服。但是，要确保每天至少佩戴半个小时。

试着大体按照顺序在以下所列环境中试用助听器。按照列表，以你舒适的程度或快或慢地进行。你在每一个环境中试用助听器后，写下助听器的作用和遇到的问题。在随后几周，坚持在以下环境中佩戴助听器：

1. 在家面对面地听一个人的声音。
   意见：_____
   _____

2. 在家看电视或听收音机。
   意见：_____
   _____

3. 在家里随意走，试着分辨能听到的所有声音。
   意见：_____
   _____

4. 在家听一个人的讲话，但不要面对面。
   意见：_____
   _____

5. 听音乐。
   意见：_____
   _____

STEP（续）

6. 大声朗读报纸或书，听自己的声音。
   意见：_____
   _____

7. 在安静的环境，与两三个人对话。
   意见：_____
   _____

8. 在外面随意走，试着分辨能听到的所有声音。
   意见：_____
   _____

9. 在嘈杂的环境中购物或与其他人谈话。
   意见：_____
   _____

10. 在嘈杂的环境中与两三个人对话。
    意见：_____
    _____

11. 在人群中或嘈杂的饭店中对话。
    意见：_____
    _____

12. 特殊环境：………………………………………………………………
    意见：_____
    _____

13. 特殊环境：………………………………………………………………
    意见：_____
    _____

来源：Dillon, Hearing Aids, Boomerang Press.

> **使用 STEP 表格**
>
> - 向助听器佩戴者解释逐渐积累日常聆听经验的一般原则，包括每天使用的小时数以及可以接触的噪声强度。
> - 告诉助听器佩戴者他需要重新学习如何识别他将听到的所有声音。
> - 向助听器佩戴者强调和其他学习一样，需要他下定决心并多加练习。
> - 告诉助听器佩戴者你对他在每种情况下的反应都感兴趣，并希望他们记录助听器的效果以及他们遇到的问题。
> - 确保在目录上列出助听器佩戴者特别重视的较好的聆听环境。如果你已经实施 COSI 的初步评估（请参阅第 9 章 9.1.6），就可明显看出助听器佩戴者重视什么样的聆听环境。可以将助听器佩戴者关注的特定聆听环境作为例子写进标准，也可以记录在最后的两个空白中。选择后者，你需要标明助听器佩戴者应该先尝试哪一个标准环境。

助听器保养	
禁止	建议
✗ 不要清洗助听器。	✓ 定期使用棉纸擦拭助听器，并偶尔使用微湿的海绵擦拭。
✗ 淋浴、沐浴或游泳时不要佩戴助听器，一旦遇到该类情况，不要把助听器放到烤箱或微波炉里干燥。	✓ 偶尔摘下 BTE 助听器的耳模，并在温肥皂水中清洗。耳模的导声管大约需要 1 天的时间干燥，除非你有手持吹风机。
✗ 不要将任何东西插入助听器超过 3mm。	✓ 一旦出现耵聍，请立即用刷子、环、镊子等工具清理或直接清理、更换耵聍挡板。
✗ 不要将发胶喷到助听器上。	✓ 晚上将助听器放到盒子里或其他容器中。
✗ 不要将助听器放到停在阳光下的车内。	✓ 如果你准备将助听器放置 1 天以上，请把电池取出。

菌作用的电磁辐射等多种技术结合起来应用。利用高温和低潮结合可使耵聍变干，方便采用常规方法进行清除。在把助听器放到干燥盒之前，应该把电池除掉（避免干燥电池里的化学物质），并把电池仓打开。

13.6 聆听策略

聆听策略（listening strategies），也称为听觉技巧（hearing tactics）和听觉策略（hearing strategies），是人们采用的可以提高言语可懂度的方法。[1862, 1863] 助听器佩戴者可以单独使用聆听策略，也可以与助听器或辅听设备一起使用。即使是健听人也可以在困难情景中使用聆听策略。因为听力障碍者的辨别能力有所下降，所以要想在尽可能多的环境里有效聆听，他们必须应用聆听策略。此外，当助听器佩戴者长期听力不好时，会形成不良的聆听策略，假装听得懂或者滔滔不绝，垄断谈话。

因此应该将建设性的聆听策略教给所有的听力障碍者，并且应该让助听器佩戴者带一些资料回家，作为日常提示。助听器佩戴者有可能已经知道一些策略，但是还有更多的策略他们并不知道。[542] 即使是接受过简单聆听策略培训的助听器佩戴者报告的残疾障碍也比完全没有接受过培训的助听器佩戴者少。[1892] 事实上，有效应用聆听策略可减轻残疾和障碍，甚至可以帮助听力障碍者在有些情况下不必佩

第 13 章　助听器佩戴者的患者教育和咨询

> **理论基础：为什么唇读十分有价值**
>
> 　　唇读获得的信息类型对于助听器佩戴者特别有用。最明显的视觉信息是辅音发音时构音或收缩的位置（嘴唇、唇齿关系、牙齿、舌牙关系，以及口腔内后部许多部位）。助听器佩戴者单独通过聆听来获得言语的位置信息最为困难。因此唇读提供的信息是听觉的重要补充。
>
> 　　例如，听觉可能告诉助听器佩戴者声音是 /p/、/t/ 或者 /k/（非常容易混淆），视觉可能告诉助听器佩戴者声音是 /p/、/b/ 或者 /m/，因为这些声音看起来完全相同。但当视觉和听觉结合时发现这个声音其实是 /p/。单独使用某一种模式，识别正确的概率仅仅是 1/3（没有上下文信息），当助听器佩戴者将这两种模式结合时，就可以确定正确的答案。在这个例子中，没有任何错误发生。然而，一般情况下，视听结合虽然还会有一些错误，但是与单独采用听觉相比，可大大减少错误的发生。
>
> 　　虽然唇读能力随着年龄增长而衰退，但是将视觉信息与听觉信号融合的能力不会下降。[1674]

戴助听器。[48]

　　聆听策略可分为三类：观察（*observation*）、调整交流方式（*manipulating social interactions*）、调整物理环境（*manipulating the physical environment*）。[542] 很多时候需要使用多种聆听策略，因为在某些情况下，由于物理或社会原因，有些策略可能难以奏效。

13.6.1　观察说话者或周围环境

唇读

　　观察人的嘴唇可以获得大量的信息。[136] 大多数人，包括健听人在不利的聆听环境下可能会自然地甚至是无意识地看嘴唇。然而，如果不让人们了解唇读的作用，人们可能不会尽力去使用唇读（*lip-reading*）。因此，告诉助听器佩戴者唇读在康复中的价值非常重要。如果时间允许的话，听力师可以演示唇读的重要作用。听力师可以播放有头部特写的录像带，例如新闻广播员，首先要求助听器佩戴者只用耳朵听，然后再结合视觉聆听。通过调节电视音量可改变任务的难度，直到助听器佩戴者难以单独靠聆听完成任务。

　　为了便于唇读，助听器佩戴者必须能看到说话者的嘴唇，包括自己变换位置或要求说话者将他面前的手移开。如果助听器佩戴者认为这样没礼貌，那就必须给他一些辅导。助听器佩戴者使用正面的说法"当能看到你的嘴唇时，我可以更好地理解你的话"，会比直接说"请将你面前的手拿开或者你说话时请看着我"更加友好。然而，有时直接也是必需的。

　　习惯在交流时注视对方眼神的助听器佩戴者，如果知道人们在交流时不会注意聆听者是否注视自己的眼睛或嘴唇，交流起来会更加放松。

非言语信号

　　不仅说话者的嘴唇可以传播信息。各种面部表情（如微笑、皱眉、惊讶、异样、厌恶）也可传达说话者的真实交流内容。如果助听器佩戴者理解了真正的交流内容，将更容易弥补言语上的遗漏或者干脆忽略某些信息。肢体语言也会强化交流的内容。听力师应该告诉助听器佩戴者可从说话者的面部表情或肢体语言中获得丰富的信息。唇读、面读和体读常统称为**看话**（*speech-reading*）。上述几种观察都是有用的。应当向助听器佩戴者指出各种不同的信息来源及其综合应用对于改善言语理解非常有用。

弥补遗漏

　　我们经常可以根据谈论的话题、说话者、面部表情或物理环境等猜测遗漏的词语。有些人不愿意猜，所以应该让助听器佩戴者知道遗漏某些词语并根据可能的线索猜测词的意思是正常的。当助听器佩戴者对他的猜测非常不确定时，可采用下面提到的方法与说话者核实他的理解。对有些助听器佩戴者需要多鼓励其猜测，而对有的助听器佩戴者则需要鼓励其多与说话者核实自己的理解。

13.6.2　调整交流方式

　　下面提到的所有策略都要求听力障碍者改善与其他人交流的方式。年轻时，我们就学会了正常的交流规则。根据聆听策略与这些规则的不同，助听器佩戴者必须多加练习，才能舒服自然地使用这些策略。

　　一些听力障碍者采用的聆听策略（有意识或无

意识地）是一直不停地说，从而减少听的机会。如果听力师怀疑某个助听器佩戴者采用的是这种策略，应提醒助听器佩戴者这个策略的不利后果并告诉助听器佩戴者可使用其他替代策略。

清晰表达

有些人说话容易让人理解，任何人说得更清楚时，都更容易被理解。[1411] 因此，清晰的言语比一般言语更能抵抗噪声和混响的干扰。[1397] 清晰的言语与一般言语有以下几个方面的不同：[1412, 1652]

- 说话速度比较慢，因为当清晰发音时言语声变得比较长，还因为人们清晰地表达时，会插入或加长词语之间的间隔。采用其他方式对言语进行处理，可以实现在不降低语速时仍能增加言语清晰度；[974, 975]
- 元音发音完整，可使共振峰频率范围扩大；
- 在词的最后一个辅音处发爆破音；
- 增强塞音；
- 扩大音调范围。

幸运的是，人们不需要上语音课就可以说得更加清晰。例如，在嘈杂环境中交谈，说清楚一点，就可以提高清晰度。[237] 如果要求说话者注意说话速度、清晰度、暂停、强调主题词并给出例子、及时反馈，那言语清晰度就可以得到更显著、更持续的改善。[237] 显然人们只要学10~15分钟就可以熟练掌握清晰表达的方法，不用进一步强化这个效果也可以持续几周或几个月。[1577] 不用怀疑清晰表达的有效性，唯一不确定的是日常生活中，家庭成员在多大程度上愿意坚持这样做。

听力师不会经常与助听器佩戴者的家人接触。为了让助听器佩戴者的家人之间能够坚持使用清晰的言语，听力师可以把原则教给助听器佩戴者，帮助他用非强行的方式要求交流对象说得更清楚一点。助听器佩戴者可以告诉交流对象自己的听力需要其说得更清楚一些。这样可以避免给交流对象不好的暗示。

对于年龄较大的助听器佩戴者使用清晰言语表达的益处是说话速度较慢，能够给老年人的大脑更多的时间处理听到的内容。虽然有关清晰表达的大多数研究采用的都是英语，但是清晰言语的作用也适用于其他语言（考虑到言语产生的生理机制，几乎适用于所有语言）。[1652]

在有背景噪声的环境下，提高言语声强度，可以提高信噪比，因此也会改善清晰度。大多数聆听策略认为大声喊叫会起到反效果。但是在噪声环境下，大声喊叫是达到足够清晰度的唯一途径，就像有时健听人也必须互相喊叫。当信噪比好时，大声说话没有意义，如果聆听者需要更高的强度，可以调节助听器的音量控制钮。与线性或削峰助听器相比，大声喊叫对有WDRC和（或）有压缩限制的助听器造成的影响比较小，但即便如此，大声喊叫也只能作为不得已的手段使用。

获得聆听者的注意

因为唇读的重要性，如果听力障碍者从开始讲话就有机会读唇，那就会有最好的聆听效果。只有聆听者从说话者讲出第一个词时就观察说话者，这才有可能。听力障碍者可以要求（和训练）日常对话的伙伴在开始说话前提醒自己注意。在嘈杂环境中，可通过触摸提醒聆听者的注意，但是在大多数情况下，仅仅叫一下聆听者的名字，停顿一下，接下来再说话就可以引起聆听者注意。在有组织的人群中，如开会时，听力障碍者很难迅速确定谁在说话，尤其是他们的定位能力有障碍时。此时，可以寻求主持人的帮助，确保每次只有一个人说话，并且要在主持人让他说话时再说。如果这样，听力障碍者在说话者一开始说话时就能通过听觉和视觉跟上其说话速度。（其他人也会欣赏这样的会议秩序）。

了解主题

了解谈话主题可以帮助听力障碍者正确猜出没听到或只部分听到的词。当听力障碍者与其他人开始谈话，尤其是加入已经开始的谈话时，他首先要做的就是知道谈话的主题。害羞或谦虚的助听器佩戴者打算打断其他人的谈话询问主题是什么时，需要大量的鼓励。比较简单的方式是带着一个朋友在旁边，由这个朋友告诉助听器佩戴者别人的谈话主题是什么。虽然看似简单，但是助听器佩戴者必须知道了解谈话主题的重要性，并且也要知道有时他们必须直接询问其他人才能了解谈话的主题。

纠正策略

打断谈话是非常普遍的，当聆听者错过一个关键词或短语时，他可以采取短暂打断谈话的方式获得错过的信息。虽然听力障碍者经常会打断谈话，但是无论听力状况怎样，其实所有人都会发生这样的情况。谈话时总是重复问"什么"，有时难以被大家接受，有时也可用其他策略替代，例如：

- 采用质疑的声调，配合质疑的面部表情来重复所错过词的前面那个词；

· 询问更具体的问题，以表明听清了什么，没听清什么。例如，你说他情绪怎么样？

· 通过复述或者换一种表述方式来确认自以为听清楚的意思；

· 要求说话者用不同的方式重复说一下最后一个或两个句子；

· 当所有的策略都不起作用时，要求说话者清楚地说出关键词。

所有这些方法都可以让说话者踏实知道自己讲的大部分内容被听懂了并尽可能地减少为获得遗漏信息所需要的时间。

给予反馈

如果助听器佩戴者不时地给予说话者反馈（尤其是一对一的会话），说话者将很快就能学会不需要打断就能有效传播信息的方式。反馈包括微笑、点头、嗯、是的、啊哈、皱眉和困惑等。说话者可以通过改变自己的说话速度、清晰度、声音大小和表达的复杂度等进行调节适应。人们都希望被理解。

公开听力损失

最后，如果助听器佩戴者愿意公开自己有听力损失，说话者将会通过前面描述的方式做一些调整。然而，我们应该意识到，对于一些助听器佩戴者来说，向其他人公开自己有听力损失需要跨出一大步。听力师可以和助听器佩戴者探讨并提供适当的支持和指导。

13.6.3 调整环境

灯光

因为观察说话者对于言语可懂度非常重要，所以在不利的听觉环境下必须有好的灯光。应该告诉助听器佩戴者有时需要变换一下位置或要求说话者变换位置。最常见的问题是说话者身后有窗户或灯光。当助听器佩戴者试图逆着光看清说话者朦胧的嘴唇和面部表情时，困难会很大。

位置

让聆听变得更加容易的关键就是调整位置！除了视觉因素还有其他原因。距离说话者近，信号强度较高，SNR 也会较好。同样的，信号与混响的比值也会较好。这两个比值对于言语可懂度[1079]至关重要。当说话者和聆听者在不同的房间时，这两个比值都会大大下降。

对于助听器佩戴者和他们的交流对象来讲，要改变长期以来在不同房间交流的习惯很困难。要跟助听器佩戴者强调即使是健听人在不同房间交流也会有困难。不仅在一个房间内仅有两个人时需要尽量靠近说话者，在房间内有一百个其他人时，也需要尽量靠近说话者（如果他们都想靠近说话者，那就比较棘手了）。

位置的另一个重要作用与较好耳和较差耳有关。① 头可以有效阻挡 1.5kHz 以上的声波，也就是说对于较好耳来说，同侧来的高频声会增强，而对侧来的高频声会被削减（请参阅第 15 章 15.2.1）。因此，靠近说话者一侧的高频的 SNR 更高。为了获得最大的言语可懂度，助听器佩戴者应该变换自己的位置以保证说话者在自己的听力较好侧。当有一个明显的噪声源时，如果助听器佩戴者将较差侧耳对着噪声，将获得最高的言语可懂度。也就是说助听器佩戴者应该在说话者和噪声之间找到一个最佳位置，在该位置助听器佩戴者既可利用头影效应获得最佳的信噪比，又不至于妨碍唇读。

降低噪声

噪声会产生干扰，降低噪声有利于理解言语。方法包括：

· 调小或关闭电视或收音机；

· 关上门；

· 转移到更安静的地方谈话。

降低混响

在家里，在房间的表面增加软装饰（厚窗帘、有厚靠垫的躺椅、厚绒头地毯）可以降低混响，进而提高可懂度。在其他情况下，助听器佩戴者应尽量选择有类似装饰的地方进行交流。装饰吸声越多，房间越大，聆听者就可以距离说话者越远，并且不受混响的影响。②

调整声源

当声源是电器（电视、收音机、CD、音响系统）时，调节这些设备的音调有可能改善可懂度和失真情况。当聆听者的助听设备已经充分优化时，这么做不会有什么帮助，但是如果助听器佩戴者没有佩

---

① 当有双侧听力损失但只一侧佩戴助听器或当言语识别能力不对称时，会形成较好耳和较差耳。

② 即使房间内有许多混响声，当靠近说话者时，说话者的声音可盖过模糊的混响声。第 3 章 3.4 及第 7 章 7.3.1 介绍了与混响相关的临界距离等概念。

戴助听器或者助听器的高频增益不够时，使用这些电器的高音增强功能可提高可懂度。用助听器听音乐时，为了获得更好的感知，使用电器上的低音增强（除非助听器是开放式验配）或高音增强功能可能会有帮助。有关这方面的研究非常少，可用于指导实践的成果不多。

列出所有环境调整（灯光、位置、噪声、混响和音调）的方法很容易，但是有些难以做到。即使没有客观限制，助听器佩戴者也可能会觉得调整环境会给交流对象带来不便。有关这些策略的深入讨论将涉及助听器佩戴者如何看待这一问题，以及需要助听器佩戴者深入思考如何在他们的交流权利和其他人的权利之间做好平衡。

概括来讲，调整环境对助听器佩戴者的益处远大于给交流对象带来的不便（如果存在的话）。事实上，听力障碍者对环境进行调整可能更有助于而不是干扰其他人聆听。重要的是，要多鼓励助听器佩戴者在不同的调整中多体验，以找到最适合自己的做法。

13.6.4 教授聆听策略

教授聆听策略可采用抽象的方式（与前面3节相似），但最好是采取个性化的针对实际问题的教授方法。[735, 978, 1893] 有一种能引起助听器佩戴者重视的教授方法是列出几个对助听器佩戴者十分重要的可能存在聆听困难的情境，并且给出在每种情境下恰当的聆听策略。例如，当一对夫妇看电视时，互相聆听有困难，可采用下面的策略：他们可以坐得近一点，重新调整灯光，让双方都能看到对方的脸，在房间增加一些更软的装饰，有必要的话，使用有方向性麦克风的助听器。如果采用的策略都无效，他们可以在说话前使用遥控器将电视音量调小。COSI表格（请参阅第9章9.1.6和第14章14.4）中列出的情境可以作为教授聆听策略的最初参照。

针对个人问题教授聆听策略，开始时需要助听器佩戴者向听力师尽可能详细地描述特定情境的细节。接下来听力师可以建议助听器佩戴者采用什么策略，如果时间允许，可以问一些问题启发助听器佩戴者思考应该采用什么聆听策略。后一种方法符合成人学习的原则，更有利于助听器佩戴者理解、保持、坚持采用某种聆听策略。

采用小组方式讨论聆听策略是一种非常好的方式（请参阅第13章13.14.4），因为小组讨论是探讨聆听策略的社会及人际关系意义的理想场合。当聆听策略涉及需要他人合作的内容时，可提供助听器佩戴者练习寻求合作的机会。

> **聆听策略小结**
>
> - 看着说话者——嘴唇、脸、身体
> - 找到主题
> - 要求说话者说清楚
> - 要求说话者提醒你注意
> - 经常给予反馈
> - 提出具体问题
> - 猜测意思并重复以确认
> - 靠近说话者
> - 去除噪声
> - 与主要交流对象讨论使用清晰言语的问题

13.7 动员家人和朋友

虽然前面的讨论主要是针对助听器佩戴者，但是如果助听器佩戴者的家庭成员也加入教育和咨询过程，大家都会从中获益。让其他重要的有关人员，（如配偶、父母、孩子或朋友）参与多阶段的教育、咨询活动有重要意义。

适用者

如果第一次就诊，助听器佩戴者低估了自己遇到的听力困难，有关人员可以从其他角度给出更多信息，这样听力师和助听器佩戴者都会受益。助听器佩戴者的低估可以与有关人员的夸大相对照，反之亦然。

理解听力损失导致的残疾

有关人员可能会忽视助听器佩戴者的困难（当他想听时他能听到）。此时，助听器佩戴者可以让听力师向有关人员解释并演示高频听力损失给自己听力造成的困难，即使能轻易察知言语但仍难以听懂。CD或一些厂家的软件中模拟听力损失的功能可帮助听力师向不理解听力损失但又关心助听器佩戴者的有关人员解释清楚什么是听力困难。[967, 1213]

让助听器佩戴者知道身边的人理解他们即使佩

戴助听器也会存在困难，会在情感上帮助他们。因为询问助听器佩戴者时，其一般会说没有人真正理解他。如果家庭成员能理解助听器佩戴者在交流时所做的努力，当听觉环境不利时，他们就会缩短拜访和会话的时间。[979]

如果了解了造成不利听觉环境（噪声、几个人同时说话、混响、距离、口音、说话速度、不熟悉的话题、灯光不佳以及说话者快速替换）的原因，助听器佩戴者和有关人员就可以更好地识别这些原因，并采取相应的处理措施。

聆听策略

13.6 提到的聆听策略大多需要其他人配合。如果其他人先从听力师那里听到需要做什么，助听器佩戴者或许会发现更容易获得恰当的配合并更容易建立新的交流行为模式。[613]

学会使用助听器

有关人员能看到听力师如何教给助听器佩戴者佩戴、取下和使用助听器。与助听器佩戴者不一样，有关人员可以看到助听器佩戴者的耳朵并且可以在家里有效地帮助其学习这些技能。对于记忆力和灵活性较差的助听器佩戴者，听力师可选择先教给有关人员如何使用助听器，而不是助听器佩戴者本人。

随访

有关人员在场时，有助于助听器佩戴者诚实地回答助听器的使用情况以及遇到的困难。助听器内的记录数据也可以提供相关信息，但是只有人能提供有关助听器受益或困难情况的信息。

鼓励

当助听器佩戴者学习使用助听器时，有关人员可以采用许多种形式进行鼓励。听力师经常告诉助听器佩戴者如果刚开始不能接受助听器的音质，可以重新调试。知道这一点的有关人员可以鼓励助听器佩戴者重新找听力师调试，而不是把音质不好当作放弃使用的借口。

信息记忆

助听器佩戴者只能记住他们在就诊时听到的一部分信息，因为助听器佩戴者就诊时会有一定的压力。有实验表明，助听器佩戴者只能记住就诊时听到的 74% 的信息。[1488] 有关人员在场能增加记住更多信息的可能。有关人员也可以在以后的时间里把记住的信息告诉助听器佩戴者。

间接残疾

助听器佩戴者不是家庭中唯一一个因为自己的听力损失而遇到问题的人。有关人员也会遭遇各种由助听器佩戴者的听力损失导致的困难。我们称这些困难为**间接残疾**（*third-party disability*）。[1558] 困难有许多种形式：[1557, 1693]

- 因为助听器佩戴者不愿意参加社会活动，导致社会活动参与较少；
- 夫妻之间交流减少，包括不被理解或没有回应时的沮丧和不得不重复沟通的挫折感；
- 家庭成员将会因感到事倍功半而停止与助听器佩戴者分享一些很有意义的小事情；
- 在社交场合不能耳语或进行其他亲密行为；
- 电视或收音机的高音量带来的烦恼；
- 感觉上的负担，因为在社交场合或打电话时，有关人员不得不一直负责帮助助听器佩戴者与其他人交流；在社交场合，有关人员可能感觉就像一个

建立信心：成功孕育成功

听觉训练的主要目的是让助听器佩戴者建立信心。实现这一点的关键是确保参加训练的听力障碍者在每一项指定任务中都能成功。目的是告诉助听器佩戴者他们能做什么，而不是强调他们不能做什么。训练开始时的任务应该是助听器佩戴者肯定能完成的，然后，可并迅速增加难度直到任务具备挑战性但仍然可以完成。改变训练材料以控制难度的方式有许多种。[588a]

- 随着将训练材料从熟悉的故事变为不熟悉的故事、段落、句子、短语和单词、单个音节，语法和语义内容及容易度将逐渐改变。
- 可以在安静环境中或背景噪声下播放训练材料，背景噪声可有多种变化，可包含少量背景噪声、白噪声、多个说话者或者一个竞争性说话者。也可对信噪比进行变化。
- 可以描述也可以不给出语境，说话者的脸可以露出也可以遮住。

解说员或者谈话的掌控者，要采取各种方式保护自己的听力障碍伙伴；

· 有关人员感觉自己要比听力障碍伙伴进行更多的调整；

· 在社交场合助听器佩戴者反应不当或退出交流所导致的难堪；

· 由于其他影响因素导致的孤独和关系恶化。

考虑到有关人员能给助听器佩戴者康复带来的激励，[1357] 对康复本身的支持以及有关人员的问题与助听器佩戴者问题的内在联系，[1569] 听力师也非常有必要向有关人员提供建议和知识。有关人员可直接从康复过程中受益。[793] 如果有关人员，尤其是配偶能够通过小组康复的形式（请参阅第13章13.14.4）参与康复过程，那将是最有效，经济上也是最合理的方法。不管有关人员是否参与康复过程，他们都会因为助听器佩戴者的残疾和障碍减轻而减少遭遇的困难。[1693]

虽然有关人员参与约诊有很多优点，但是有的助听器佩戴者喜欢自己一个人就诊，这应该由助听器佩戴者选择。最初与助听器佩戴者联系时，应该简单说明欢迎助听器佩戴者每次预约都携带一名家庭成员或朋友参加。

13.8　听觉训练

典型的听力损失局限于言语的高频部分。听力损失后，大脑功能会转而集中关注可听到的言语成分。果真如此的话，助听器佩戴者要想最大限度地用好助听器，就需要逆转大脑的功能。进行系统的，特别是在低频噪声环境中进行言语理解训练，将有助于大脑功能的恢复。[1930]

此外，助听器佩戴者，尤其是重度或极重度听力损失者，其日常活动交流可能是在几年内逐步受到限制的。因此，如果他们想重新回到社会就需要获得新的技能和信心。助听器佩戴者可能已经开始相信他们丧失了并且不会再重新获得社会交往的能力。这种想法也被称为交流中**自我效能**（*self-efficacy*）的下降。[979]

听觉训练（*auditory training*）① 可改善上述两种情况，包括分解训练和整合训练。

分解式言语感知训练（*Analytic speech perception training*）：给出言语声，让助听器佩戴者识别声音或指出两个声音是否相同，然后给出反馈，直到助听器佩戴者回答正确。分解训练关注助听器佩戴者区分音节以及音节或词的音位的能力。训练的目的是让助听器佩戴者学会使用它们应该能听到但是由于一些原因没有使用的言语线索。没有使用的一个可能原因是助听器佩戴者刚刚开始佩戴放大装置，还没有重新获得使用这些新的听觉信息的能力。分解训练中，为了让助听器佩戴者关注正在练习的声音的特征，言语材料经常一次呈现一个音节或一个词。不过，言语材料也可以以整个句子的形式呈现。分解式言语感知训练也被称为**感知言语训练**（*perceptual speech training*），这种方法常被用于帮助儿童发展言语感知和表达能力。

整合式交流训练（*synthetic communication training*）：以自然方式呈现言语，例如和助听器佩戴者交流或者让他们听一个故事。整合训练强调对信息的理解，即使助听器佩戴者不能正确地识别每一个声音。整合的原意是为了正确地理解信息，助听器佩戴者必须将所有可用的信息片段利用起来。作为训练的主要内容，要教会助听器佩戴者使用13.6介绍的所有聆听策略。另外，还要让助听器佩戴者练习在特定语境中理解言语并及时提供反馈。整合交流训练也被称为**主动聆听训练**（*active listening training*），[977] 意味着聆听者要经常让说话者知道他已经理解了说话的内容，也被称为**反馈式聆听**（*reflective listening*），同时，也意味着要使用其他聆听策略。

很明显，整合交流训练和聆听策略有大量重叠的内容。在分解和整合训练之间也有部分重叠（如当用句子来训练时）。分解和整合训练都可采用单独听或视听结合的方式进行。如果排除视觉信息的话，也应排除聆听策略中的视觉信息。这些信息是整合交流训练的主要内容。

分解训练与整合训练的目的不同。分解训练主要利用**从下到上**（*bottom-up*）的听觉处理过程，提高助听器佩戴者识别言语中个别言语成分的能力。但对分解训练能否实现这一目标还有不同看法。[980, 1760, 1877] 分解训练存在的问题是人们不知道如何确保训练成效可以泛化到其他语音、说话者和背景噪声中，如何确保训练成效可以持续更长的时间（至少几个月）。[202] 泛化是可行的，有时泛化过程还会伴随听觉处理系统的改变，这种改变会通过听皮质[1797] 或脑干[1644] 对

---

① 听觉训练是**听觉康复**的一部分。后者传统上包括聆听策略、辅听设备的使用和心理社会咨询。听觉训练也是**交流训练**的一部分，包括聆听策略和与交流伙伴合作。

声信号的电生理反应变化得以体现。

相反，整合训练的目的是改变助听器佩戴者交流时的行为，增加他们的信心，强化助听器佩戴者在利用不完整信息时使用从上到下（*top-down*）处理过程的能力。整合训练可以有效地实现上述目标。[980,1760] 两种形式的训练都需要花费时间。分解训练可以是自动化的（见 13.9）。整合训练通常需要人们之间互动，所以自动化的可能性比较小。整合训练的内容可以在小组间进行，这样可以减少训练成本。分解和整合训练所用到的大量材料可以在 Plant（1994，1996）的文章中找到。

将来，使用可以促进神经联系断开和连接的药物进行辅助分解训练是可行的，就像目前已经在人工耳蜗植入者身上使用的一样。[1786]

13.9　以计算机为基础的家庭听觉训练

虽然有些人不欢迎通过计算机进行教育和咨询，但是本章到目前为止讲到的许多活动（尤其是听觉策略和听觉训练）都可以通过助听器佩戴者与计算机互动或观看视频来实施。如果助听器佩戴者能在家进行这些活动，那助听器佩戴者接受几个小时甚至几十小时的教育和咨询就便宜多了。很明显，这个方法与仅改变助听器佩戴者对听力损失及其连带问题的情绪反应相比，能更有效地传递信息和提高听觉技能。[971] 以计算机为基础的训练有许多优势，它方便重复和强化，能及时反馈，[1281] 能调整任务难度，既能确保任务有一定的挑战性，也能确保任务可以被助听器佩戴者完成，还能让助听器佩戴者积极参与、记录并看到自己的进步，进而保护助听器佩戴者的积极性。所有这些都是训练成功的必要条件。

以计算机为基础在家里开展听觉训练可以改善助听器佩戴者的言语感知能力，相当于提高了几分贝的信噪比。[1051,1765,1930] 这一改善非常有意义，在现实生活中有显著作用（当然，假设该进步能够泛化到现实生活）。在对方向性效果有利的情况下（请参阅第 7 章 7.3.1），这几分贝的改善与方向性麦克风所能提供的效果大小相似。

通常，听力损失最重的助听器佩戴者从家庭听觉训练中获得的益处最多。[718] 家庭听觉训练的适用对象与助听器相似：最愿意尝试的助听器佩戴者最有可能完成训练并从中获益。老年助听器佩戴者更有可能完成训练，也许是因为他们有更多的时间。[718] 提前中断家庭训练的现象更普遍，所以为了完成训练，听力师应该尽可能采用能想到的激励措施。[1766]

现在有几类以计算机为基础的听觉训练程序可供选择：

- 听说增强（Listening and Communication Enhancement，LACE），[1765] 包括在话语含混和有竞争性说话者时的言语感知的训练、时间压缩言语的感知以及填补技巧的训练（通过语境推断错过的词语）。它也提供有关聆听策略的信息。
- 视听结合（Seeing and Hearing Speech），[1603] 强调听觉与看话结合的训练。
- 易于交流（Conversation Made Easy），[1806] 强调看话训练和聆听策略。
- 妙语连珠（Read My Quips），[1046] 强调噪声下的看话训练，采用幽默诙谐的语言提高训练兴趣。

虽然听力师不直接参与训练，但是可以通过电话为助听器佩戴者接受计算机听觉训练提供技术支持，除非助听器佩戴者还能从其他渠道获得帮助。

13.10　避免助听器造成听力损失

听力师必须告诉（但是不要过度地强调）助听器佩戴者佩戴助听器后可能会暴露于更多的噪声，因此有进一步增加听力损失的危险。如果助听器的增益和 OSPL90 设置合理，助听器佩戴者不是极重度听力损失，特别是当助听器有至少可以覆盖中、高输入强度的宽动态范围压缩功能时，助听器佩戴者进一步损失听力的危险性极小（请参阅第 10 章 10.8）。虽然如此，听力师还是应该告诉助听器佩戴者要避免长时间暴露在强噪声下，在非常嘈杂的地方，在不影响可懂度的情况下，要佩戴听力保护装置。有趣的是，当噪声的强度高于助听器的 SSPL 时，助听器将会起到保护听力的作用。①

13.11　辅听设备

在进行门诊评估时，听力师应该考虑是否需要在

---

① 这个说法可能是正确的。鼓膜处的平均助听声强相对于平均未助听声强的大小取决于个体的 RECD、REUR、周围噪声的频谱、周围噪声的变化和助听器输入输出曲线的形态。

助听器之外选用一个或多个辅听设备（请参阅第 3 章 3.10），来满足助听器佩戴者的需求。① 利用 COSI 可以帮助确定是否需要 ALD。对于绝大多数病例，助听器至少能满足某一要求。[451] 然而，通常在早期很难确定助听器是否能完全满足助听器佩戴者所有的需要。

因此，通常先推荐助听器，有关其他装置的决定可以暂时保留，直到助听器佩戴者能评估出助听器是否能满足他所有的需求时再做决定。如果在助听器验配时，没有讨论过是否需要辅听设备，那在随访时就应该考虑。

有一些病例，从一开始就很明显需要 ALD。最普遍的例子是助听器佩戴者强烈需要一个能使电视机声音更清晰的设备。此时，选择一个可以插入电视或可以将其麦克风放在电视机扬声器处的 ALD，就能获得非常清晰的言语，甚至好过最好的助听器，而花费只是助听器的一小部分。

给助听器佩戴者提供 ALD 时，需要进行详细说明，包括在什么情况下可以使用以及麦克风应该放在何处。ALD 可以显著改善言语理解，但是也会有一些障碍影响其成功应用（厌恶新技术、形象不美观、操作困难、佩戴不舒适以及不知道如何使用）。所有这些问题都需要通过适当交流才能发现并解决。[153, 1042] 听力师必须确保 ALD 提供的信号强度与助听器提供的信号强度可以恰当匹配（请参阅第 3 章 3.6.4 和 3.11）。[153, 1042]

13.12 咨询支持

通过咨询帮助助听器佩戴者解决听力损失导致的情绪反应也是验配师应掌握的技术，在本章和第 9 章已有所涉及。然而，有些助听器佩戴者的咨询需要超出了听力师的能力或者在有限的时间内难以有效解决。此时，听力师最好让助听器佩戴者求助家庭心理咨询师。

如果听力师认为助听器佩戴者的情感问题（如听力损失对自我价值、自我概念或人际关系的影响）会阻碍或拖延康复效果，但是助听器佩戴者又不愿意讨论该问题时，听力师可以选择与助听器佩戴者一起完成自我评估障碍问卷（请参阅第 9 章 9.1.4 和

---

① ALD 逐渐被称为听觉辅助技术（Hearing Assistance Technology，HAT）。

第 14 章 14.3），这可能是一个非胁迫性地让助听器佩戴者说话的方式。[519] 问卷是否完成并不重要，听力师可针对评估过程中表现出的突出问题与助听器佩戴者展开进一步讨论。

听力师也可介绍助听器佩戴者从以下渠道获得实际帮助：
· 同伴支持小组；
· 电话转播服务；
· 教育服务。

13.13 接触不同个性的患者

到目前为止本章讲到的都是教育和咨询的内容，并没有讲到以什么形式实施。听力师都愿意采用自己最舒服的培训和提问方式。Sweetow（1999a）曾深入探讨过咨询的类型和策略。为了让咨询达到最有效的结果，必须以助听器佩戴者最容易接受并且最有可能改变他们的态度和行为的方式进行。

我们必须意识到一个重要的差别，有些人喜欢通过看进行学习，而有些人则希望听到更清晰的解释，还有些人通过实际操作才能更好地吸收知识。如果听力师只采用一种方式，助听器佩戴者仅能通过一种方式进行学习就会产生问题。如果想在尽可能短的时间内正确地传授知识和技能，听力师必须采取更灵活的方法。保持灵活性是以助听器佩戴者为中心的精髓，在其他健康领域已经很好地证明了这样做的益处。[1025]

人们看待世界的方式不同，有很多种方法可以反映出这些不同。一个流行的描述心理特征的方法是**迈尔斯－布里格斯性格分类法**（*Myers-Briggs Type Indicator*、*MBTI*）。[1293] MBTI 从以下四个维度进行测量。
· 内向 I- 外向 E，
· 实感 S- 直觉 N，
· 思维 T- 情感 F，
· 判断 J- 知觉 P。

根据人在每一个维度上的主要倾向将人的性格分为 16 种类型，例如 ISTJ 或 ESFJ 等。人们总结了每一种类型的个性，并与其可能选择和喜欢的职业等相对应。Traynor 和 Buckles（1997）总结了多类型的个性，并认为了解助听器佩戴者的个性可以帮助听力师选择恰当的方法对待助听器佩戴者。掌握这

些知识可以帮助听力师在初次接待患者时就了解适合这个患者的方式,而不是要通过多次接诊才能逐渐找到适合的方式。[1796]

例如,S 性格的人愿意关注事实,而 N 性格的人愿意关注做事的理由和逻辑论证。EJ 双重性格的人遇到困难会不假思索就说出来并且希望立即做出决定以处理这些问题。相反,IP 双重性格的人,如果他们认为自己没有足够的时间仔细考虑,并且有理解困难时,只有给他们更多的鼓励,他们才会说出困难。EFJ 性格的人学习使用助听器时,尤其需要鼓励和赞扬,并且鼓励的效果也较好。

另一个举用的分析方法是**美林瑞德社交风格问卷**(*Merrill-Reid Social Style Inventory*),这个问卷根据助听器佩戴者在两个维度上的得分进行分类。第一个维度用于区分节奏快、独断的人(喜欢向他人倾诉)与节奏慢、喜欢合作型的人(喜欢通过询问与人交流)。第二个维度用于区分热情、富有感情的人与冷静、控制欲强的人。这两个维度将人们分成四组:主动且喜欢掌控的主导者,主动且热情的表达者,询问且喜欢掌控的分析者,询问且热情的友好者。

还有许多将人类交往类型进行四分类。不管用什么方式描述交往的类型,如果听力师能用助听器佩戴者喜欢的方式进行交流,那么助听器佩戴者就会最有效地回应并会尽快决定需要什么助听器。[1936] 要了解助听器佩戴者喜欢的方式,需要听力师运用直觉或者直接询问助听器佩戴者,也需要听力师有一定的灵活性以便向助听器佩戴者传递信息并用助听器佩戴者喜欢的方式进行交流。

与根据助听器佩戴者的个性调整交流方式相对应的,是对每一位助听器佩戴者都采用同样的标准交流模式。另外,如果听力师说话的方式过于超出自己的秉性,会显得很不真诚。尽管如此,我们还是希望助听器佩戴者能了解一些最基本的信息,而用最好的方式做到这一点是听力师的分内职责。用书面方式列出助听器佩戴者可以进行的选择有助于发现助听器佩戴者可能需要进一步了解哪些种类的信息。[1023, 1024]

在给助听器佩戴者提供恰当的康复之前,听力师是否应该花时间去收集有关助听器佩戴者个性的数据(并将结果提供给助听器佩戴者)?无论在将来还是在目前都没有必要。目前,有关个性类型与态度、动机、残疾的联系以及有关最有效传递康复信息的研究还处于空白。进行正式地个性测试不仅耗时,还会被助听器佩戴者认为没有必要,甚至是侵犯个人隐私。

听力师应该清楚地认识到不同的助听器佩戴者喜欢不同的方法,听力师应该找到每一位助听器佩戴者最喜欢的方式。从助听器佩戴者的每一个问题或陈述可以看出他喜欢什么类型的信息。如果助听器佩戴者询问一个高价助听器有效的证据,听力师就不要向其解释它如何工作,反之亦然。如果助听

对待健谈的助听器佩戴者

大多数听力师面对的困境是让健谈的助听器佩戴者说多少。一方面,有必要找出助听器佩戴者关注自己听力的哪些方面。另一方面,一些助听器佩戴者会不停地说一些不相关的事,听力师在有限的时间内还有许多重要的事情需要处理或讨论。听力师以正面的方式直接告诉助听器佩戴者会非常有用。例如,让助听器佩戴者知道你对他们在聚会时听得怎么样非常感兴趣,而不是告诉他们(采用词或非词的)你对他孙女在聚会中穿什么不感兴趣。掌控会话的困难在于,只有你表现出接受的态度,证明你愿意聆听且接受助听器佩戴者担心你不爱听的内容,助听器佩戴者才有可能告诉你他们最主要的想法。

同情心和**积极聆听**(*active listening*)是听力师最有效的手段。积极聆听需要向助听器佩戴者表达对其核心意思的认同,可以采用助听器佩戴者用的词也可以使用相同意思的其他词。如果助听器佩戴者试图表达的是一种感觉,听力师反馈的也必须是同样的信息。

患者说不相关的事,而你不去尝试把他拉回正题,他会从你的态度中发现自己不被接受,也许就不会说出真正重要的事情。在这种情况下,助听器佩戴者直到离开门诊前都不会放心说出自己的困扰。[1092]

有趣的是,积极聆听也是鼓励不爱说话者开口的一个有效方式。

器佩戴者说感觉你要求做的某些事情不正确，听力师最好先找出原因而不是向助听器佩戴者证明你的建议对他最有利。同样，看话的助听器佩戴者可能会说他们明白你正在说什么（S性格的读者会尤其赞同本书给出的具体例子）。

不管采用什么形式互动，都需要提供书面信息作为补充。助听器佩戴者很难通过几次门诊记住所有信息。需要助听器佩戴者知道的重要信息都应该提供书面材料并有所讨论。其他健康领域的研究表明给文字配上图片可明显增加助听器佩戴者记住信息的比例。[246, 771]

13.14 合理安排门诊

这一节列出了一些活动，可以作为服务规范来执行，包括三次约诊加一次远程随访。对此肯定不能机械地理解。在选择助听器和（或）选择不同的类型、性能之前，有些助听器佩戴者需要两次门诊评估。而有些助听器佩戴者一次门诊就可以完成评估和验配。由于技术或人为的原因导致验配不顺利时也需要多进行一次约诊。许多助听器佩戴者可能因为一些特殊问题需要更多随访。许多助听器佩戴者对有关信息难以一次理解，也需要进行多次重复。

以下建议有时需要根据助听器佩戴者的个人喜好进行调整。由于时间有限和其他困难，经常会造成不能完成所有列出的项目。因此听力师必须判断出哪些项目应该删除，哪些可仅提供纸质资料，由患者带回家，哪些可推迟到下一次门诊。听力师对应该完成什么，必须有明确目标，同时对如何和何时完成也应有高度的灵活性，这取决于听力师对助听器佩戴者接受能力的判断。

此外，有些听力师可能重视使用客观手段，而有些听力师重视与助听器佩戴者的交流。但如果听力师偏废其中任一类型，都有可能达不到理想的效果。

13.14.1 门诊评估

- 确定助听器佩戴者（或者助听器佩戴者家属）为什么来门诊。
- 采集病史（家族史，病因，职业史，噪声暴露史，耳鸣，头晕，失衡，简要的治疗史包括用药情况，转诊来源，灵活度和操作能力，视力）。
- 确定听力需求（如通过COSI）。
- 进行耳镜检查。
- 取出耵聍。
- 做听力测试，采用适合助听器佩戴者的听力测试方法。
- 解释测试的结果及听力损失的影响。
- 确定期望值，有必要的话进行调整。
- 讨论康复方案，包括助听器的优点和缺点。
- 解释可能的验配和随访方案，可行的话，包括交流训练和小组门诊等选项。
- 选择助听器的类型和性能特点。
- 需要的话，取耳印。
- 恰当的话，提供手写报告。

家访

Brooks（1981）强烈建议至少应该到患者家里进行一次随访。这样做的优点有：

- 无论在验配前、后，患者会更放松，能更坦诚地讲出遇到的困难；
- 听力师能更精确地评估对辅听设备的需求；
- 更容易评估助听器佩戴者在家和其他人的交流方式，以给出更有效的交流策略。

遗憾的是，这样的访问非常耗费时间。即使可以利用便携式设备降低测试难度，家访也可能很难或根本无法进行听力测试（例如听力图，真耳增益）。

Vuorialho等（2006）的研究结果显示家访（验配后6个月）提供的额外帮助可以提高助听器的使用率并提高助听器佩戴者的生活质量（将验配后12个月的测试结果与家访咨询之前所做的测试相比）。[1867] 即使考虑家访的额外花销（以每增加一个常规使用助听器佩戴者的成本来计算额外的花销），与没有家访的助听器验配相比，性价比仍然较高。

13.14.2 验配门诊

- 编程／调试助听器。
- 为了舒服和佩戴方便，调整耳模（壳）（有必要的话）或者选择合适长度的细导声管以及合适直径的耳塞。
- 戴上助听器，将音量调到合适的位置并保持。
- 告诉助听器佩戴者如何更换电池，摘戴助听器，区分左右耳助听器，操作音量控制钮，开关键或电池仓。合适的话，告诉助听器佩戴者 T 档如何使用。
- 测量真耳增益并调试助听器以达到目标增益。
- 评估音质（包括助听器佩戴者自己的声音），必要时，进行精细调节。
- 评估最大声输出，必要时，进行调试。
- 告诉助听器佩戴者如何保养助听器，包括处理耵聍。
- 演示佩戴助听器时，如何使用电话，包括需要时，如何操作 T 档。也可让助听器佩戴者听取被录音的信息服务。
- 告诉助听器佩戴者方向性麦克风在什么情况下有用，在什么情况下没用，尤其是当助听器佩戴者必须选择噪声程序才能激活方向性麦克风时（对于在验配时看起来难以全部接受所有必要信息的助听器佩戴者，可将该项推迟到下一次门诊）。
- 提供电池并告诉助听器佩戴者电池的寿命和价格。
- 建议助听器佩戴者逐步使用助听器，包括提供 STEP 表格，并提醒助听器佩戴者在安静和噪声环境下，助听器能提供帮助的程度。告知助听器佩戴者下一次门诊时可以从助听器中下载其使用助听器的记录，并且希望听到助听器佩戴者能自己介绍在各种情况下使用助听器的有效性。

对于开展上述工作的顺序，尤其是做真耳增益测试的时间还有争论。如果评估助听器佩戴者自己的声音后，还需要扩大通气孔或将封闭式耳塞换成开放式耳塞，将会影响真耳增益，如果已经做了真耳测试，需要重新再做一遍。相反，如果先不做真耳测试，那助听器佩戴者有可能不接受助听器的音质，因为距离期望目标太远。有些听力师认为自己已采用测试箱或通过看计算机上同步的曲线恰当地调试了助听器，可以等到随访门诊时再做真耳测试。

然而，这种做法并不可取。正如 13.13 中提到的，讲解方法必须因助听器佩戴者不同而不同。

在新的助听器佩戴者刚戴上助听器聆听过几分钟之前，不要问助听器佩戴者音质如何。有效的做法是让助听器佩戴者听一些有用的东西，例如在聆听时如何操作助听器。使用一只备用的助听器更易给助听器佩戴者讲解这些内容。

13.14.3 随访门诊

- 询问助听器佩戴者使用助听器的程度，与助听器相关的益处和问题。
- 在可行的情况下下载数据，确定助听器佩戴者的使用类型。
- 询问音量控制钮的使用（如果可以的话）、响度、音质和噪声的干扰。
- 询问有关自己音质、悄悄话和高强度噪声的问题。
- 如果需要，精细调节助听器的放大特性。
- 要求助听器佩戴者取下助听器、更换电池、戴上助听器、打开助听器并调节音量控制钮，查看他使用助听器的能力（可以不以测试的形式进行）。
- 询问摘戴助听器、更换电池和调试音量控制钮是否轻松，如果通过你的观察觉得这些操作没有问题，就不必询问了。
- 检查外耳道有没有被刺激的痕迹并询问佩戴是否舒服。
- 询问电池的消耗或者检查下载的数据（检查报告出的使用情况），提供有关电池寿命和测试的信息（如果可以的话）。
- 注意助听器的状态并询问是否做过清洁。
- 询问助听器佩戴者对于最初要解决的问题，助听器提供了多少帮助以及还有多少困难（如，通过 COSI 问卷）。
- 检查助听器佩戴者使用电话的能力（合适的话，用或不用 T 档）。
- 评估对于辅听设备的需要并提供合适的信息和说明。
- 告诉助听器佩戴者恰当的聆听策略并提供可带走的纸质资料。
- 提供有关维修、保修期、保养、服务价格、购买电池以及消费者支持小组的信息。
- 评估是否需要额外的随访门诊。如果不能确定助听器是否可成功使用，在未来一到四周内可预约下一次门诊。否则，建议助听器佩戴者将来在任一时间预约门诊。

- 在最后一次门诊后 1 ~ 3 月内，可通过邮件或电话随访评估助听器的益处、使用情况、满意度和问题。① 如果有问题需要听力师解决，可增加一次门诊预约。

在验配后多次询问助听器佩戴者在使用助听器中或交流中是否有问题是非常必要的。人们可能会认为有问题的助听器佩戴者会主动寻求帮助，但事实上大多数人不会。[646, 850] 一项在验配后 3 个月进行的研究显示，48% 的助听器佩戴者表示助听器有一个或多个问题。奇怪的是，只有不到 1/4 的人在问卷中填写将与听力师进一步约诊。[441] 另一项在验配后 12 个月进行的研究显示，86% 的助听器佩戴者至少有一个问题需要帮助。[1370] 该研究中的助听器佩戴者在康复过程中平均接受了 4 次门诊。

有人可能认为主动联系助听器佩戴者发现问题不是听力师的责任。这是一个危险的想法，除非我们知道为什么助听器佩戴者不主动联系，但是我们不知道。这也是目光短浅的：对助听器存在任何不满的助听器佩戴者正在告诉他们的朋友为什么不要寻求康复，这种情况对每一个人都不利。遗憾的是，停用助听器的现象仍极其普遍（请参阅第 9 章）。

13.14.4 小组的力量

到目前为止，本章论述的是听力师一次只服务一位助听器佩戴者。在助听器佩戴者整个康复计划中，加入一次或多次小组门诊有很多优点。小组门诊是个体门诊的补充，而不是替代。在个体门诊完成的某些事情在小组门诊中可能会做得一样好，甚至更好。

新验配助听器的患者、重度或极重度听力损失者和（或）感觉由于听力损失而有明显障碍的助听器佩戴者最有可能从小组活动中获益，也最有可能被动员参加小组活动。不过，有经验的助听器佩戴者也可以从中获益，[1453] 并且以聆听策略为主题的活动对没有佩戴助听器的听力障碍者也是有用的。如果听力障碍者经常交流的伙伴也参加这个活动那就

---

① 当然，如果助听器佩戴者和听力师能负担得起时间和经费，也可安排一个人门诊。

会更好。[192, 735, 736, 1453] Abrahamson（1997）建议小组至少包括 3 对夫妻或 5 位个人，多至 20 人的小组也是可行的，只要他们可以舒服地坐下。

组建小组的原因
为什么将助听器佩戴者组成一个小组是一件好事？这有很多原因：

- 在一个群体中，有些活动能更有效地进行，可以为提供者或助听器佩戴者或两者节省花销。同样的花销，能完成更多的康复活动，因此增加了康复的有效性。
- 一些助听器佩戴者发现与有着相似情感或经历的人参与到同一个小组是非常积极的经历，这并不难理解。
  ◦ 小组讨论可以认同一些感觉，包括接受听力损失。当大多数人面对相同情况时，发现其他人也有与自己相同的问题，其反应和情感就会放松。仅仅知道这些就能让助听器佩戴者得到释放，从而将注意力转移到处理问题和情感上，而不是担心是否应该有这种感受或有这些问题。
  ◦ 小组中的其他人有时能分析或帮助讲出助听器佩戴者已经感觉到但是不理解也不能表达出的感受。同样，这使得处理这些问题变得容易。
  ◦ 面对有相同问题的人经常能找到不同的解决方法。看到一些替代的应对方法并听到他们在工作中遇到的问题，会在患者的心中或交流中产生新的想法。
- 消费者小组认可只有小组才能发挥作用并且提倡建立小组。[1530]
- 当在噪声环境下助听器的清晰度不好时，助听器佩戴者可能认为是助听器的原因而不是他听觉机制仍然有缺陷的原因。当听力师解释说是听力损失造成的问题时，如果该患者听到其他助听器佩戴者也有同样的经历，就可强化听力师所说的内容。[7] 听到其他夫妻的情况也可以让配偶明白刚戴上助听器时，听力问题不会立即消失。
- 所有这些活动会使助听器佩戴者的康复更成功，使助听器佩戴者更满意。[978] 有关小组康复效果研究的综述显示，从短期来看，可减轻助听器佩戴者的听力障碍，帮助助听器佩戴者更好地应用聆听策略并提高助听器的使用率。[697] 但有关小组活动的长期益处的证据仍然存疑。[296, 697, 734, 736, 848] 由于小组活动的内容多样，可测量小组活动的效果多样，再

加上研究对象选择的偏性，导致很难对小组活动的长期效果进行测量，因此很难简单地判断小组活动的长期效果是有用还是无用。

- 听力师常希望日常门诊有些新变化，可以通过小组活动对听力问题的真实情况获得更多理解。

小组的价值可能与小组组建的原因或者小组表面上进行的活动无关。Ross（1987）叙述他在唇读课上的经历时总结到，虽然这个课程没有增加他唇读的能力，但小组活动内难以言明的一些辅助作用却给了他很多帮助。有关研究也支持这一结论。在两项研究中，看话训练并未提高助听器佩戴者的看话能力，但是参加者表示自己与其他人交流时变得更自信了，[135]并且助听器的使用率随着小组训练①的深入而增加。[1083]这并不是说小组训练的内容一定与主题无关。例如，与分解交流训练相比，花在聆听策略包括整合交流训练上的时间似乎更有效。[980]

任何以鼓励助听器佩戴者调整行为为目的的训练（包括试图调整助听器佩戴者周围人的交流行为）都适合小组训练。小组可以给助听器佩戴者提供一个安全的、支持性的、鼓励的环境去试验新的行为模式。例如，如果几个人同时说话或者某人说话时没有面对助听器佩戴者，助听器佩戴者可以练习要求说话者调整他们的行为。不是所有人都能轻松学会以礼貌的方式表达自信，如同任何新的技能一样需要练习和加强。

通常是让患者佩戴助听器后组成小组。然而，也可在患者佩戴助听器之前或者考虑佩戴助听器之前组成小组。参加这种小组后，许多人会在随后购买助听器并且一旦佩戴助听器后很少退货。[467]验配前的小组中可能有助听器使用的"榜样"。这种人可以让那些对自己掌握助听器的能力持怀疑态度的人看到与自己相似的人（如年龄、性别、种族或者社会经济情况相似）能够成功适应并掌握助听器的使用。这些以及成功患者的观点可能给患者提供巨大的鼓励。

组建小组面临的问题

如果小组有这么多优点，那为什么不经常采用呢？有几个原因：

- **门诊的组织保障**。要找到助听器佩戴者都方便的时间很困难。在患者验配前组建小组更加困难。只有有足够多的助听器佩戴者，才能在相同的时间找到一定量的处在相同康复阶段的患者。对于验配后的患者，组建小组的困难要小很多，因为小组门诊可以事先安排好，评估门诊结束时可以预约患者的活动时间。

- **房间**。开展小组活动要求诊所拥有（或者租赁或者借）足够大的房间能容纳所有患者。房间应该有好的声学环境（例如混响低），尤其是针对验配前的小组活动。即使这样也需要给一些参加者提供辅听设备，例如 FM 系统。

- **不确定性**。服务一个小组需要与服务个别患者不同的技能（或者仅是不同种类的信心）。一些听力师可能不愿意尝试。对于没有把握的听力师，最好的入门方法是与另一位听力师合作一起运作一个小组。事实上，两位听力师共同运作一个小组要容易得多，因为当一位听力师承担任务时，另一位有足够的时间观察和收集别人的想法。

- **个人意愿**。有听力师说他们的助听器佩戴者不愿意参加小组，也有听力师说他们的助听器佩戴者大部分都愿意参加。②助听器佩戴者是否愿意参加小组活动明显取决于听力师如何征询助听器佩戴者的意见。May 和 Upfold（1984）发现当听力师富有热情地邀请助听器佩戴者并把小组门诊作为服务计划的正式部分时，87% 的人都会接受邀请，即使近 80 岁的老人也是如此。接受邀请的助听器佩戴者参加小组门诊的到位率与个人门诊的到位率相似。不愿意参加小组的许多助听器佩戴者也是不愿意接受自己有听力损失的人。[792]

- **成本**。小组门诊占用的时间是有经济代价的，但如果考虑所节约的个人门诊时间以及小组活动带来的满意度增加，退货率降低，那么小组门诊实际上是节约了花费。[8]因此，给同意参加小组活动的助听器佩戴者一定优惠，而不是额外收费，可能在成本效果上更划算。[8]有一项研究显示，验配后参加小组康复的助听器佩戴者的退货率比没参加的要低。③,[1350]

---

① 在验配后进行个别化训练也是有效的，但是由于资金原因，较难进行长期的个别化训练。

② 笔者知道一个特殊的例子，两位听力师在同一个诊所工作，所接诊的助听器佩戴者也随机来自同一个人群却对于助听器佩戴者是否愿意参加小组持有相反意见。

③ 从这项研究难以确定助听器佩戴者是因为参加小组康复更满意，还是因为动机强烈的人更有可能参加小组康复。两种都有可能。

> **小组中要做的事**
>
> - **讲解听力和听力损失**：解剖、频率、强度、听力图对言语清晰度的影响。
> - **听力损失的后果**：讨论和分享听力损失导致的情感和社会后果。
> - **助听器和 ALD**：助听器是什么以及它在不同情况下的效果（即形成合理的期望值）。解释和演示 ALD。解释和演示 T 档，保养和维修，双耳和单耳佩戴的优点。
> - **聆听策略**：13.6 中所有的内容，包括共同解决参加者提出的问题。
>
> 　　第一条和第三条主要依赖听力师给出信息。小组的情感优势在第二条和第四条讨论的过程中最有可能体现出来。
>
> 　　最后一条尤其适合小组，因为这一条需要人们之间进行互动。互动可以让没有专业知识的人贡献出别人认为有用的观点。与单向灌输的说教相比，针对解决实际问题的讨论更有助于在实际生活中应用。[1922]
>
> 　　**主动沟通教育**（Active Communication Education, ACE）这一小组活动的目标在于解决问题，在这个过程中，助听器佩戴者学会分析和解决现实生活中的交流问题。这个项目首先确定参加者在交流上的困难（即分析需要）。接下来小组针对出现频率最高的问题提出可能的解决方案，并且进行需要进行改变行为的角色扮演。[728, 733] 一项随机控制的试验显示主动沟通教育对于助听器佩戴者、未佩戴助听器的患者及其他密切关系人有令人信服的益处。[734, 736] 虽然帮助助听器佩戴者识别自己的问题并发现自己的解决方法的理念是 ACE 的基本原则，但事实上，可以将其作为所有个别化或小组咨询活动的目标。[311] 它基于一个原则，成人能最有效地学习自己感兴趣的和与自己相关的东西，而不是专家说的重要的东西。
>
> 　　有几篇现成的参考文献更详细地介绍了如何组织小组康复会议。[6, 7, 311, 733, 978, 979, 1041, 1208, 1898, 1920] 这些参考文献中有一些也包括宣传材料。

组织小组活动

小组讨论的主题可以完全遵循一套预设内容，也可以只讨论如何改善小组成员遇到的交流困难。最终，将逐步涉及大多数聆听策略和其他内容。也可以将不同的讨论主题进行组合，使小组讨论的内容不只针对单一的困难交流情景。

除非小组活动的目的是听力师向助听器佩戴者讲授知识，否则参加者应该坐成一个圈，以方便彼此交流，加强小组成员间的信息交换是小组活动的基本内容。

13.15　结语

本书介绍的教育和咨询方法符合服务提供方式中的**康复模式**（rehabilitative model），而不是**医疗模式**（medical model）。康复模式中，助听器佩戴者主动参与解决自己的问题，而不是让别人进行听力诊断并治疗。[526, 1930a] 在康复模式中，助听器佩戴者的任何特点（不只是听力）都可能影响听力师所选择的康复方法。一般来说，通过康复模式进行干预比医疗模式更有效，助听器佩戴者对处理意见的依从性更好。[526] 因为助听器佩戴者和听力师共同承担处理问题的责任，现在这一方法已被推广到各个医学服务领域，被称为合作式自我管理。

本章已经提供了许多要说和要做的事，甚至还列出了流程。听力师不断体会、理解助听器佩戴者的状况是十分必要的。在教育和咨询过程中，聆听至少与指导同样重要。助听器佩戴者的意见、活动和反应（言语的和非言语的）应该是听力师行为的基本依据。[1762]

例如，听力师必须能区分助听器佩戴者对知识的要求和对情感接受的要求，并做出适当回应。这些技能应该在学生时代就教给听力师。[521] 如果听力师忽视助听器佩戴者的情感需求，只是提供知识，甚至只是机械地使用预设好的基本问题和信息，助听器佩戴者会觉得听力师没有听他说话。[519] 在这种情况下，助听器佩戴者不会坦诚说出自己的想法或者只会跟听力师讲无关的或重复的内容。一个有能力的听力师想要有效帮助助听器佩戴者，必须要具备与自己的技术一样优秀的交流和咨询技能。

听力师较难确定何时该停止对助听器佩戴者的随访。虽然每一次额外的或延长的门诊都会产生费用，但是在许多情况下，这种费用会远远低于提高了助听器使用比例（而不是放在抽屉里）所带来的收益。[148, 1867] 因为有相当比例的助听器佩戴者因为不会操作而放弃了使用助听器。[1089]

家用计算机听觉训练程序大大降低了听觉训练的成本，同时对听觉训练引发神经变化的认识也在逐渐深入，这些已经开始逆转近几十年来听觉训练因成本、兴趣及有效证据不足等而出现的下滑趋势。[981]

第 14 章
听力康复效果评估

概　要

康复效果评估（如对助器佩戴者生活变化的评估）对助听器佩戴者和听力师都有重要意义。系统的效果评估可以帮助听力师了解哪些方法、步骤或者设备达到了预期效果。有些评估还可指导完善康复方案，帮助确定方案的终止时间。

效果评估可以采用客观的言语识别测试（测试条件对测试结果有显著影响），也可采用主观的自我评价和（或）其他熟人的评价。言语测试得分可反映助听器佩戴者在特定环境下言语理解能力的改善，自我评价则可较全面地反映助听器佩戴者对康复效果的感受。自我评价工具常包含多个分项以方便了解不同聆听环境下的康复效果。康复效果评估主要反映助听器佩戴者在以下几个方面的成效：残疾的改善情况（包括日常活动限制和参与障碍）、设备的使用情况、听取难度、生活质量或助听器佩戴者的满意度。

可以将康复效果的自我评价工具划分成许多类。首先，可以要求助听器佩戴者直接评价康复效果。其次，也可由助听器佩戴者同时对康复前后的残疾状况进行评价。康复前后评价结果的变化就可反映出康复的效果。同时评价助听器佩戴者康复前后的情况可以更全面地了解助听器佩戴者的残疾状况及其变化，但是基于康复前后得分差异的评价在精确性上可能低于直接评价助听器佩戴者康复效果的方法。

对自我评价工具进行分类的另一方式是看其评价内容是个性化的，还是通用的。如果对所有助听器佩戴者都采用同样的标准化评价项目，有利于在助听器佩戴者间进行横向比较。如果针对助听器佩戴者的不同情况选择不同的评价项目，就会简化问卷，方便在服务助听器佩戴者时实际应用，也会更加有针对性地反映不同助听器佩戴者的情况。

据此，可以将自我评价工具分为四类：直接评价康复效果的标准化问卷（如 HAPI）；比较康复前后残疾状况的标准化问卷（如 HHIE，APHAB）；直接评价康复效果的个别化问卷（如 COSI）；比较康复前后残疾状况的个别化问卷（如 GAS）。

自我评价工具通常会评估助听器的使用情况，同时，也是唯一可行的了解助听器佩戴者满意度的方式。有些评价工具只包含针对某一特定领域（效果、使用情况、满意度）的问题，而有些评价工具则包含针对多个领域的问题。GHABP 是一种同时包含三个领域评价内容的综合性问卷，既有标准化评价项目，又有个别化评价项目；既可以通过直接评价，又可以通过对比康复前后的残疾状况来评估助听器佩戴者的康复效果。国际助听器效果问卷（International Outcomes Inventory for Hearing Aids，IOI-HA）是目前广泛应用的一种简单评价工具，它针对多个领域，均采用单一问题进行评价。

有些问卷专门用于评价使用助听器时的问题，但杜绝助听器使用时的问题只是一种手段而非最终目的。

人们可以在助听器验配后的任一时间进行康复效果评估，但使用助听器的效果一般要到验配后 6 周才比较稳定。听力损失与生活质量降低（如引发抑郁）有密切关系，使用助听器也与健康状况的改善和生活质量的提高有密切关系，但人们还难以对其中各变量的因果关系做出明确判断。另外，采用通用的健康效果评价工具来评估康复效果不是一种有效的做法。

如果不能测量，我们就不可能真正了解一个事物，这是 Lord Raleigh 曾说过的话。对助听器验配的效果进行评估可以帮助我们深入了解所提供的服务和设备如何影响助听器佩戴者的生活。考察听力康复效果的评估方法时，我们必须认识到，虽然助听器是康复方案中最重要的因素，但它并不是全部（请参阅第 13 章）。康复效果会受到康复方案中各方面因素的影响。听力师进行康复效果评估的主要原因包括：

· 了解不同的康复措施、设备和康复方案在帮助助听器佩戴者方面哪个有效。康复措施既包括最普通的，如听力师如何指导助听器佩戴者插入耳模，也包括复杂的，如指导助听器佩戴者适应复杂环境下的聆听。

· 了解自己是否充分有效地帮助了助听器佩戴者。评估结果决定了是否要继续约诊助听器佩戴者，是否要调整处理办法。

· 为提供医疗保险资金的第三方提供康复效果的证据以方便其付费。有时，需要通过抽样来证实康复服务对整个听力障碍人群有效；有时，则需要证实单一助听器佩戴者的效果。

14.1　效果的分类

效果是什么？一般来说，效果是助听器佩戴者的生活受听力师服务和助听设备影响而发生的变化。我们追求的具体效果包括：

减少活动受限（activity limitation）　我们希望助听器佩戴者能听到身边更多的声音，能更好地理解各类情境下的言语。世界卫生组织以前将活动限制称为**残疾（disability）**。①

减少参与局限（participation restriction）　我们希望助听器佩戴者不要因为听力损失的影响在参与自己选择的社会、职业和娱乐活动时受到限制。世界卫生组织以前称这类限制为**残障（handicap）**。

减少听取困难（listening effort）　听力损失者在许多情境下交流困难。我们希望助听器能减少人们交流时的困难。虽然助听器可以起到这样的作用，但人们对听取困难的研究相对较少。[678] 研究听取困难可能是对自适应降噪功能进行客观验证的唯一途径。[1547]

减少情绪困扰（emotional consequences）　听力损失通常会引发一系列负面情绪（请参阅第 14 章 14.8.2），我们希望使用助听器可以减少或消除这些不良情绪。

提高生活质量（quality of life）　生活质量是受多方面因素，如交流的便利等影响的综合性概念。我们希望使用助听器可以提高整体的生活质量。

使用情况（use）　我们希望助听器佩戴者在所有听取困难的情况下都能使用我们提供的设备。

满意度（satisfaction）　助听器佩戴者为参与康复付出了时间、金钱，还可能会经历情绪紧张。我们希望助听器佩戴者及其家人能够对康复的过程和结果感到满意。

我们将上述效果的前五项称为康复的**成效（benefit）**。使用助听器是康复的手段，不是最终的目的。助听器佩戴者的满意度受到康复成果的影响，也受到助听器佩戴者期望值、经济能力、精神付出、个人经历以及仍存在的交流困难等因素的影响。所有康复效果都可以通过问卷和助听器佩戴者的自我评价进行评估。本章首先介绍如何运用言语测试评估康复效果，然后介绍助听器佩戴者的自我评价工具。

14.2　言语理解测试

听力障碍者寻求帮助的主要原因是为了更清楚地聆听言语。[451] 言语测试是一种直接、客观地测量人们在使用助听器时能在多大程度上听清楚言语的方法。目前有多种言语测试方法可供选择。测试方法中既有比较容易的，包含上下文或有明显对比变化的反应替代物。也有比较困难的，根本没有或者很少包含上下文。

通过增加足够的言语测试项可以确保测试结果的可重复性。[664, 1781] 通过使用计算机给声和计分技术可以在较短时间内实现对多组词汇进行以音素为基础的测试计分（不是对单词、句子的测试计分）。[603] 音素测试可以使单位测试时间内可使用的测试项数量最大化，因此也使言语测试的可靠性在指定测试时间内得到最大提高。言语测试是一种评估助听器使用效果的便捷方法。特别适用于评估与言语理解

---

① WHO 目前使用残疾（disability）这个概括性术语，涵盖所有损伤、活动受限和参与局限。不再使用残障（handicap）这一术语。

能力相关的活动受限情况的改善。

14.2.1 言语测试的局限性

尽管有显著的优点，但言语测试并不是一种高效、全面评估助听器效果的方法。这主要是因为以下几个原因。

对测试条件的依赖

助听器的效果严重受声学环境和背景噪声的影响，对此，本书第9章9.1.6中有详细讨论。简单地说，当环境中的信号较弱，助听器佩戴者的未助听阈影响了可听度时，使用助听器的效果最好。当处在噪声环境中，背景噪声影响了可听度时，使用助听器的效果最差。受测试时选择的主信号和竞争性信号的影响，同一助听器可能被评估为效果良好，也可能被评估为效果有限。如果评估结果受评估条件的影响，那么这一结果就不能被当成是通用的效果指标。我们难以避免在不同条件下测试，并对测试结果进行简单概括或汇总所带来的问题。两个听力损失相同，听觉处理能力相同，并佩戴同款助听器的助听器佩戴者可能对助听器的效果有完全不同的看法。如果其中一人长时间处在吵闹并有严重混响的环境，另一人长时间处在安静的环境中聆听轻声细语的谈话，那么两个人都有充足的理由对助听器效果得出完全不同的结论。因此，助听器使用效果的客观评估结果与助听器佩戴者自我评价结果间的一致性并不是很强。在进行临床言语测试时，与在现实生活中不同，一般会回避视觉线索。这使得用临床评估结果在预测现实生活中的使用效果时变得更加困难。

相对于其他测试方法的效率

助听器主要通过提高可听度来增强言语识别能力。可听度提高的程度主要决定于言语的强度和频谱、噪声的强度和频谱、助听器佩戴者各频率的听阈以及助听器在各频率的真耳增益。

以上都是影响可听度的声学或电声学变量。**言语可懂度指数（*Speech Intelligibility Index，SII*）**综合了上述变量的影响，使我们可以基于未助听时的言语可懂度对助听条件下的言语可懂度进行预测。[432] 图14.1提供的是对单一受试对象进行单一言语测试的例子。如果我们知道未助听时的言语性能-强度函数，我们就可以根据助听器佩戴者的听阈和各类电声学变量预测助听后的言语可懂度。针对轻度、中度听力损失者，即使不了解其未助听时的言

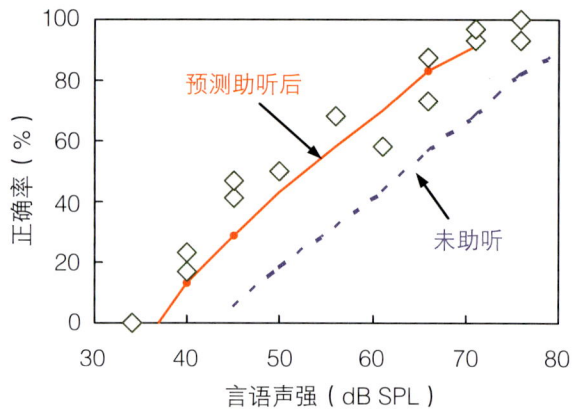

图14.1 单一受试数据，显示了助听后言语测试的成绩（菱形）与预测的助听后言语测试成绩（红色实线）。预测基于插入增益、呈现的背景噪声以及未助听成绩（蓝色虚线）。

语可懂度也可以用SII对助听后的言语可懂度进行准确预测。[1124, 1125]

但这并不等于说我们应该进行这样的预测，而是说明，如果通过电声学测试我们就可以进行预测的话，那么进行未助听和助听时的言语可懂度比较就没有太多实际意义。测量插入增益曲线比测量未助听和助听时的言语可懂度要容易、迅速得多。而且，插入增益曲线便于立刻应用：使用预设公式的不足立刻就能发现；过度的峰值和谷值同样也能立刻被发现，很容易就能确定需要进行哪些调整。常见的言语测试可以反映出效果不足，但却不能告诉我们如何调试助听器才能获得更好的效果。如果仅对助听后的言语理解情况进行评估，那么不好的结果可能是由助听器的验配引起的，也可能是由助听器佩戴者的听觉处理能力或认知能力缺陷引起的。

在不同强度下进行言语测试可以获得**言语性能-强度函数（*performance-intensity function*）**（如图14.1）。这一函数可以帮助听力师确定在哪一言语强度范围，言语得分可以超过标准值。如果这一范围过窄，听力师就要考虑助听器压缩能力是否足够。虽然这一方法很有效，但仍有不少问题：言语得分多高才算合适？需要在多大输入范围内获得合适的言语得分？如果提高助听器的压缩比，那么听力师如何知道何时压缩比过大以致损害了言语质量？当上述情况发生时，如何在较大压缩比带来的可懂度优势和言语质量损失间做出平衡？简言之，测量言语性能-强度函数会引出许多重要问题，但却没有答案。

言语依赖

言语测试难以评估助听器的其他潜在性能。助听器还可以帮助人们发现、识别环境声音，使佩戴者更有安全感。[531]助听器还能帮助人们，特别是重度、极重度听力障碍者监控自己声音的大小和质量。

14.2.2　言语测试在效果评估中的作用

上述局限并不意味着言语测试在效果评估中没有用处。事实上，言语测试在以下方面有重要作用：

- 如果能够识别并模仿特定的声学条件，那么，使用言语测试可以准确评估助听器在此条件下对助听器佩戴者的言语理解力有多大程度的改善。利用 CD 和计算机可以大量存储并快速提取不同的言语和噪声，这使得在门诊模拟与特定助听器佩戴者相关的声学条件更加可行。事实上，模拟已知环境比较容易，真正搞清模拟"什么"却比较难。因为，这取决于准确的言语和噪声频谱与强度，以及合理的混响和适当的言语材料内容。

- 找出不能很好识别的言语类型以评估助听器能提供的帮助。譬如，可以用**林氏六音（Ling six-sound test）** /a, i, u, m, ʃ, s/ 评估可听度与识别能力。六音中的每个音都在至少一个频率上有着相对较强的能量。这种评估结果仅适用于在总体测试水平上给出的言语。[341]

- 言语测试可以向助听器佩戴者或助听器佩戴者的家人提供令人信服的效果证明（在测试条件下的）。这对不相信助听器效果的助听器佩戴者或其家人尤其有用。

- 言语测试可以向助听器佩戴者或其家人证明视觉线索对理解能力的重要性。听力师可以更多利用言语测试的这一作用。

- 如本书第 15 章所述，言语测试可以用来帮助决定助听器佩戴者是否需要单耳或双耳佩戴助听器，或者在哪边佩戴助听器更合适。

- 言语测试可以用来推测助听器佩戴者佩戴助听器时在某一特定环境中交流的困难程度。这一结果可以帮助听力师决定是否要对助听器佩戴者进行某些交流能力训练，或者是否要为助听器佩戴者提供辅听设备，以及是否需要植入人工耳蜗（请参阅第 9 章 9.2.2）。

- 如果要对助听器佩戴者进行察知能力训练，言语测试可以帮助确定训练水平（言语特征、语音特征、超音段等）。

总之，如果人们仅关注特定环境中的言语得分，并且这一环境能够在测试房间内被准确模拟，那么言语识别测试将是评估助听器效果的理想方法。如果人们想评估不同环境下的效果或者交流状况，或者当聆听环境难以精确测定、模拟时，那么就必须考虑应用其他方法评估助听器的效果。

14.3　自我评价问卷

14.3.1　问卷理论

评估助听器效果的另一方法是通过问卷询问助听器佩戴者。问卷中的每个问题要求助听器佩戴者自己对听觉能力或特定情境中的交流方便性进行分级。情境可能会按如下方式描述：你在一家繁忙的商店中和售货员谈话。另外，也可能有简单图画帮助助听器佩戴者区分所描述的不同情境。[973]针对每个问题都会有一组回答选项。选项数目从 3 个[1851]到 11 个[1512]不等。人们有两种方式使用从问卷中获得的信息进行助听器效果评估：

直接评估法（direct change measures），要求助听器佩戴者直接评估在各种情境下使用助听器的收获。回答选项通常是一组能够均衡地表示从负向得分到正向得分的单词或句子。直接评估效果的问卷只需回答一次，当然必须是在助听器佩戴者验配助听器并接受相关康复服务后。**助听器性能问卷（Hearing Aid Performance Inventory, HAPI）**就属于该类问卷。下面文本框中给出的 HAPI 例子，描述了一个特定的交流情境并要求助听器佩戴者选择在此情境下使用助听器是否"有帮助"。通过这种方式，便能直接评估助听器带来的相对变化。在该例子中，测量结果用"有帮助"来表示。助听器佩戴者选择的每个等级都会对应一个分数（如，在该例子中 1 到 5），将问卷中所有问题的得分加总或者平均就得到最终的效果评估。

状态评估法（state measures），是可以代替直接评估法的另一种方法，它询问助听器佩戴者在指定情境中能听到多少或者避免多少。使用该类问卷时，助听器佩戴者会被询问两次：一次是针对未助听时的状态，一次是针对助听时的状态。①回答选项通常

---

① 尽管为了方便，我们将这些状态（或条件）称为未助听或助听后，但是助听后的条件很可能受佩戴助听器之外的其他因素影响。这两种状态之间还存在其他不同，譬如助听器佩戴者在助听器验配前是否接受咨询等。

> **自我评价项目和答案**
>
> **助听器效果简表（APHAB[364]）**
>
> 　　当与一名家人在一起的时候有聆听谈话的困难。
>
> 　　（总是，基本总是，通常是，半数是，有时，很少，从不）
>
> **老年听力残障问卷（HHIE[1851]）**
>
> 　　听力障碍造成你回避和一群人相处吗？
>
> 　　（是，有时，不是）
>
> **助听器性能问卷（HAPI[1872]）**
>
> 　　在银行中与工作人员对话。
>
> 　　（有妨碍，无帮助，很少有帮助，有帮助，非常有帮助）

是一组可以均衡地表示从极度听取困难到没有听取困难的单词或句子。在问卷的**未助听部分**（unaided administration），助听器佩戴者需要说明不佩戴助听器时能听清多少以确定听力残疾的测量基线。然后，助听器佩戴者再把同样的问题回答一遍。问卷完全相同，但这一次助听器佩戴者说明的是佩戴助听器时聆听的效果，即**助听部分**（aided administration）。将两张问卷分别计分，未助听时和助听时得分的差值就是助听器的效果。**助听器效果简表**（Abbreviated Profile of Hearing Aid Benefit, APHAB）和**老年听力残障问卷**（Hearing Handicap Inventory of the Elderly, HHIE）（见本页文本框）均是此种方法的代表。

对助听器佩戴者的首次评估可以在助听器佩戴者接受助听器验配前或者在验配数周、数月后。两种做法各有优缺点。如果在验配前使用未助听问卷进行评估，那么评估助听器效果时必须要等到验配数周或数月后，以便助听器佩戴者获得足够的聆听经验（请参阅第 14 章 14.7）。如果第二次评估时，助听器佩戴者的整个情绪状态比第一次评估时更加消极或积极，可能会明显影响评估的结果。在同一天完成二次评估可避免这一问题。但较晚使用未助听问卷进行评估会产生新的问题，即在各种情境下全天候使用助听器的助听器佩戴者很可能回想不起来在特定情境中未助听时聆听的困难。

两种评估方法（直接变化和状态测量）均可使用，但各有优缺点：

- 助听前后的状态测量相对于直接变化的测量在精确度上可能稍差。[448,593] 当分别用未助听和助听后问卷评估时，要将得分相减以计算效果。遗憾的是，两者包含的随机误差会相加，① 于是得出的结果中会包含一个与所测量效果相当的误差。

- 直接评估法难以反映全部效果。当助听器佩戴者在特定情境中的听力困难不明显时，助听器效果的微小变化不构成问题。相反，当助听器佩戴者处在有严重听力障碍的情境中时，助听器效果的微小变化就会成为严重问题。单靠直接评估法，人们难以区分上述两种极端情况。

- 采用状态评估法时，有的助听器佩戴者会低估自己的残疾状况，而有的助听器佩戴者又会高估自己。[1550] 幸运的是，助听器佩戴者的悲观和乐观对助听器效果的评估结果影响不大，因为它会等量地影响助听器佩戴者对未助听和助听状态下的残疾评估。[1552]

- 从原则上讲，最好的折中办法也许是把两类问卷中的问题结合。第一类直接评估助听器的效果。第二类评估原始的残疾状况，或者评估康复后仍残留的残疾。这一做法近似于在状态评估中，允许助听器佩戴者在回答助听状态下的问卷时可以查阅、修改他们之前回答未助听状态下的问卷。[337] 这么做的目的在于助听器佩戴者可以参照自己回答未助听状态时的分数给出助听状态下的分数，能更直接地反映他们对助听器效果的评价。目前对助听器佩戴者能否很好地同时采用绝对的和相对的方式回答问题，以及采用这种方式对评估结果准确性的影响还

---

① 相加的前提是假定未助听时答案中的随机波动与助听后答案中的随机波动不相关。

了解问卷的结构、可靠度、效度和应用：因素，分量，内部一致性，分项与总项相关系数，重测信度，效应量

问卷内的项目常被划分成分量。可以根据项目的内容归类，也可以根据因子分析或主成分分析对大样本人群的统计处理结果进行分类。上述统计方法通过检验每个项目的结果与其他项目结果的相关程度，识别出与各项目均高度相关的共同因子。受相同因子作用的项目被归为同一分量。简单地说，如果助听器佩戴者在某一个项目上得分高，那么助听器佩戴者很可能在同一分量的其他项目上也得分高。因子和分量的含义决定于组成分量的项目及其内容。

每个分量中包含多个项目是为了增加分量及整个量表的准确性。准确性可通过内部一致性（internal consistency）、分量或整个量表的聚合性（convergence）表示。精确性可用一致性系数（Cronbach's alpha）进行估计。该值相当于两组随机划分的项目间的相关系数。如果量表中一半项目的计分与另一半非常相似，人们就能断定这两部分项目都不会产生随机性结果。因此，将两部分项目合并后，整体计分必然是可重复的。一个好的分量应当包含看似不同，但实际上内部高度一致的多个项目，能够从多个方面对同一个潜在现象进行评估。

通过删除测量功能不同的项目，就可以构造一个量。通过计算一个项目的计分与整体项目计分的相关系数，并将整体相关系数（item-total correlation）低的项目删除就能实现上述目的。被删除的项目一般会与被保留下来的项目有不同内涵。

量和分量的效度涉及几个概念：

- 如果一个评估工具主观上看似测量了它所指向的内容，那么这个评估工具就具有表面效度（face validity）。
- 如果一个量表有足够多的项目可以涵盖其研究对象影响的各类感受和行为，那么该量表就具有内容效度（content validity）。
- 如果一个量表（指标）与另一个有相同测量目的的量表有很高的一致性，该量表就具有聚合效度（convergent validity）。
- 如果一个量表与另外一个测量相关结构的量表充分相关（但不完全相同），该量表就具有标准效度（criterion validity）。如果两个量表在同一时间应用，就称作共时效度（concurrent validity）。如果另一量表在未来应用，那么现在的量表就具有预测效度（predictive validity）。
- 如果一个量表与另一测量目的不同的量表相关性不好，则该量表具有判别效度（discriminant validity）（如，日常活动分量与社会参与分量）。

另外两个重要的统计特性是关联度和患者内变异度。如果多数助听器佩戴者认为一个项目的内容与自己无关，那么纳入该项目就没有任何意义。第 14 章 14.4 讨论了这一情况。问卷中也可以包含直接询问各项目关联度的问题。同样，如果几乎所有助听器佩戴者对一个项目的回答都相同，那么这个项目的预测价值也极低。

与各种测量相同，问卷的可靠性可以通过对同一组助听器佩戴者进行重复测量并计算结果的相关性来评估。选择不同的助听器佩戴者会严重影响测试与重复测试的相关性。譬如，仅选择健听人进行听阈重测时，测试与重测的相关性就会很低。测试和重测间的差异与样本中个人听阈的真实差距相当。同样是听力测试，如果选择的样本中包含从听力正常到极重度听力障碍的各类人，测试与重测的相关性就会很高。测试与重测的相关性是针对特定人群而言的，在应用时必须特别小心。

测试 - 重测信度的标准差是一个更加有力、有用的指标。该指标反映测试 - 重测信度受偶然变异影响而产生的分布。如果两个得分的差别达到超过 2 倍的测试 - 重测标准差，那么这两个得分就在 95% 的置信水平上有显著性差异。需要注意的是，问卷的测试 - 重测信度会受使用方法和纳入的项目影响。譬如，在一项测试中，助听器佩戴者自己使用问卷比听力师使用问卷的临界差能高出近两倍。[1903]

> **了解问卷的结构、可靠度、效度和应用：因素，分量，内部一致性，分项与总项相关系数，重测信度，效应量（续）**
>
> 问卷常用于了解一种状况（如听力损失）或者干预对于问卷中所列能力、日常活动或者情绪的影响。影响结果可以通过比较两组人（有和没有相应状况与干预）或者同一组人在接受干预前后的分数得出。有关分数差异的 显著性检验（*significance testing*）可以告诉人们特定健康状况（干预）与问卷所了解的效果是否有可靠的联系或者分数的差异是否是由偶然因素造成的。当样本量足够大时，即使所研究的健康状况（干预）与效果有很弱的联系，也可能得到有显著统计意义的结果。
>
> 效应量（*effect size*）告诉人们所研究的健康状况（干预）对问卷所测量的患者生活质量差别到底有多大影响。Cohen's d 值是衡量效应量的有效指标，等于健康状况（干预）造成的问卷得分变化的平均值与各组间研究对象得分的标准差，或者各次测量间得分的标准差的比值。首先将不同组内或不同测量中的标准差集中[313]。d 值小、中、大的判别标准分别为 0.2、0.5、0.8。效应量并不是一个问卷，一种健康状况（干预），或者一个人群的不变特性，它仅反映特定问卷所了解的特定健康状况（干预）对特定人群的影响。尽管如此，人们还是会经常笼统地说某个问卷对某种健康状况或条件等敏感与不敏感。
>
> 有关自我评价问卷的心理测量学知识可以参见 Demorest 和 Walden（1984）的文章。

缺乏定量研究。

无论采用哪种评估方法，都可将问卷中的问题归入某一 分量（*subscale*）以考察助听器在不同方面的效果（见文本框：了解问卷）。譬如，一个分量是针对安静环境下聆听的，另一个是针对噪声环境下聆听的。

虽然本节讨论的是助听器佩戴者自己对康复后变化的感受，但人们也可以扩展了解与助听器佩戴者有密切接触的人的感受。与助听器佩戴者密切接触的人，最常见的是配偶，[300,1378] 当然，也可以是朋友。对儿童来讲，最密切的人就是家长或者老师。助听器佩戴者的听力损失常会给他的密切交流对象带来负面影响：挫折、生气、持续承担交流辅助角色的压力、疏忽对话的内疚、电视和收音机的过大声音、社会活动的受限等。[184]

因此，现有的问卷也会从助听器佩戴者的密切接触者的角度来评估听力损失的影响以及康复效果。[184,1329,1558,1693] 原则上讲，针对密切接触者的问卷，可以用来评估接触者对助听器佩戴者的残疾和康复效果的意见，也可以用来评估助听器佩戴者的残疾和康复对接触者的影响。后者也被称为"间接残疾（*third-party disability*）"，[1557,1559] 这是一种不同于把接触者的观点仅看成是代表助听器佩戴者观念的概念。概念不同反映了各自权利的不同。

对于阿尔茨海默病患者，只能通过其看护者进行评估。也有一种量化问卷既包含对看护者意见的记录，也包含助听器佩戴者验配助听器后行为变化的观察记录。[496,1377,1378] 助听器佩戴者的行为不可能在验配助听器后立刻就改变。Durrant 等（2005）曾描述过阿尔茨海默病患者在验配助听器后数天和数周内，日常生活中的负性行为（如健忘、要求重复说话）逐渐减少的现象。

14.3.2　实用自我评价方法

未助听与助听问卷

目前有多种标准化问卷可用于分别评估未助听和助听时助听器佩戴者的状况。通过分别测量两种状况的得分，使用任何残疾评估问卷都可以得出有关康复效果的评估结论。值得注意的是，所有量化问卷都会有心理测量的特性（见文本框）。表 14.1 列出了一些可以专门用于评估未助听或者助听状态下交流能力的问卷，这些问卷主要适用于成人。本书第 16 章 16.6.4 中对适合儿童的问卷另有介绍。

表 14.1 中也列入了 APHAB 问卷。这是因为 APHAB 问卷包含了两部分完全相同的问题，分别针对未助听和助听状态下的能力。APHAB 的家长版 PHAB 也有相同的设计，其简化版更适合临床应用。APHAB 问卷可对四个分量分别计分：交流方便性（ease of communication，EC）、混响（reverberation，RV）、背景噪声（background noise，BN）、声音厌恶

表 14.1 听力残疾评估问卷。

	问卷名称	作者	年份	题量
HHS	听力残障量表	High 等	1964	20
HMS	听力测量量表	Noble 和 Atherley	1970	42
SHI	社会-听力残障指数	Ewersten 和 Birk-Nielson	1973	21
DS	丹佛交流功能量表	Alpiner 等	1974	25
WISH	加权社会听力残障指数	Brooks	1979	19
HPI	听力表现量表	Giolas 等	1979	158
HHIE	老年人听力残障问卷	Ventry 和 Weinstein	1982	25
QDS	量化丹佛交流功能量表	Schow 和 Nerbonne	1980	20
RHPI	听力表现量表修订版	Lamb, Owens 和 Schubert	1983	90
HHIE-S	老年人听力残障问卷-筛查版	Ventry 和 Weinstein	1983	10
CPHI	听力障碍助听器佩戴者交流问卷	Demorest 和 Erdman	1987	145
PIPSL	重度、极重度听力损失助听器佩戴者表现问卷	Owens 和 Raggio	1988	74
SAC	交流能力自我评价量表	Schow 等	1989	10
PHAP	助听器性能问卷	Cox 和 Gilrnore	1990	66
OI	奥尔登堡问卷	Holube 和 Kollmeier	1991	21
PHAB	助听器效果问卷	Cox 等	1991	66
HHIA	听力残障成人问卷	Newman 等	1990	25
APHAB	助听器效果简表	Cox 和 Alexander	1995	24
HCA	听力应对评估	Andersson 等	1995	21
AIADH	阿姆斯特丹听力残疾与残障问卷	Kramer 等	1995	60
GP	哥德堡问卷	Ringdahl 等	1998	20
GHABP	格拉斯哥助听器效果问卷	Gatehouse	1999	28~56
SSQ	言语-空间-听力质量量表	Gatehouse 和 Noble	2004	50
QDS-m	量化丹佛问卷-重要关系人修订版	Stark 和 Hickson	2004	20
EAR	听觉康复有效性量表	Yueh 等	2005	20
SOS-HEAR	重要关系人听力残疾人问卷	Scarinci, Worrall 和 Hickson	2009	27
SHQ	空间-听力问卷	Tyler, Perreau 和 Ji	2009	24

感（aversiveness of sounds，AV）。前三类用于评估助听器佩戴者在日常生活中言语理解力的改善，最后一类用于评估助听器佩戴者对过大声音的不适感。最后一类评估通常反映出助听器的负面效果。这是因为当助听器佩戴者佩戴助听器时会发现过大的声音相比于不戴助听器时会更加令人不适。如果该类评估的得分较差，则提示需要对助听器的最大声输出限制和（或）压缩比进行检查。

包含分量的问卷有一个共性问题，那就是人们可以通过考察各分量的计分来了解较详细的信息，但要获得更可靠的信息，就必须考察整个问卷的计分结果。APHAB 问卷中前三类问题评估的对象与最后一类完全不同，折中的做法是将前三个分量的得分综合成针对言语理解力的指标，并单独保留最后一个分量。[364] 表 14.2 给出了 APHAB 问卷各分量的统计结果以及总的评价结果。表中的临界差是指在置信水平为 10% 时，两次评估间（如，助听器佩戴者佩戴不同的助听器）有显著意义的差值。①

许多研究，包括一些随机对照研究，广泛使用 HHIE 问卷来验证并量化验配助听器的效果。[1946] 佩戴助听器后，残障计分一般会减少 20～30（百分制）。HHIE 包含两个分量（情绪和社会状况），两个分量对残障减少的贡献基本一样。

关于问卷的最新进展主要集中在使用双耳聆听时的双耳听觉处理比单耳聆听更有优势的情境上（请参阅第 15 章）。SSQ[599] 与 SHQ 问卷[1809] 均可用于

---
① 如果采用研究中广泛采用的、更严格的 5% 检验水平的临界差，其数值约为表 14.2 中所示临界差的 1.2 倍。

> **APHAB 量表的应用**
>
> - 可进行助听器佩戴后潜在成效的预测，详见第 9 章 9.1.4 部分。
> - 有助于从以下方面给助听器佩戴者提供建议：与其他助听器使用者相比他们可获得多大成效；与健听人相比，他们在未助听与助听时会有多大困难。在助听器佩戴者对继续佩戴助听器存疑时，可以帮助助听器佩戴者决定是否保留其助听器，还是尝试其他助听器或不再继续尝试佩戴助听器。
> - 可用于评价不同型号助听器提供的相对成效，但由于差值要足够大在统计学上才有意义，因此，APHAB（以及其他自评问卷）在进行比较评价时相当不敏感，除非能够取得大样本受试人群的均值。
> - 如果在背景噪声中成效特别差，说明需要方向性麦克风或无线信号传输系统。
> - 厌恶量表中的负向高分表明需要较低的 SSPL 和（或）对于中 - 高级水平的信号需要更高的压缩比。

表 14.2　APHAB 量表和分量表的统计值。未助听时、助听后的得分高，表明存在的听力困难大，而成效得分高，表明助听器提供了相当大的益处。[364]

量表 / 分量表	题数	未助听时问题中位数	助听后问题中位数	成效中位数	助听后分数变化的临界差（p=0.1）
交流方便	6	65	16	41	22
混响	6	81	33	39	18
背景噪声	6	81	37	35	22
声音厌恶度	6	17	60	−25	31
总分（前三项相加后的均值）	18	73	31	37	14

评估双耳验配相对于单耳验配的效果。

直接变化问卷

表 14.3 列出了可用于直接评估助听器效果的问卷。其中，**SHAPI** 和 **SHAPIE** 问卷都是 HAPI 问卷的简化版。一项有关各类效果评估工具敏感度和可靠性的研究显示，SHAPIE 问卷的得分比 HHIE 或 PHAB 修正问卷的得分[448]与一项公认的关于助听器使用效果的评价结果更加一致。还有研究显示，*EAR* 问卷[1945]评估新验配助听器的敏感性高于 HHIE 和 PHAB①问卷。上述差异的原因可能是因为 SHAPIE 和 EAR 问卷中的部分问题直接评估使用助听器后的变化，而 PHAB、APHAB、HHIE 问卷需要将未助听和助听条件下的评估分值相减才能得到最终评估结果。表 14.3 中的 HAUQ 和 HAR 问卷除包含少数几个针对助听器效果的问题，还包含针对助听器其他方面的问题，本章将在后面对此有所讨论。EAR 问卷也包含涉及助听器使用中其他方面的问题，包括：外观形象，可靠性，以及很少有其他问卷考虑的方便性。

14.4　满足需要和目标

自我评价问卷的作用十分重要，近年来得到了广泛应用，尤其是 APHAB 问卷和正在更加广泛应用的 SSQ 问卷。EAR 在助听器评估中有很大的应用潜力。但是，我们必须看到使用上述工具时会面临 4 个方面的问题：

- 部分助听器佩戴者不愿完成问卷，特别是助听器佩戴者觉得问卷中的很多问题与自己没有什么关系时。
- 部分听力师不愿使用问卷，也不愿对助听器佩戴者自助完成的问卷进行评估。
- 如果助听器佩戴者关注 1 ~ 2 个希望听得更加清楚的特定情境，那么使用标准化问卷将难以帮助

---

① 遗憾的是，PHAB 的应用方式未采用现在推荐的使用 APHAB 时应采用的方式，即助听器佩戴者在做助听分量表时可看见、修改他们在未助听分量表中的答案。APHAB 相较于 SHAPIE 或其他可直接评估助听器效果的问卷，敏感性是未知的。

第 14 章　听力康复效果评估

> **APHAB 的使用**
>
> - APHAB 问卷可作为打印表格或助听器佩戴者可直接使用的软件程序进行下载。不论助听器佩戴者使用纸质版还是电子版，该程序均可用来给反应评分。
> - 要向助听器佩戴者解释清楚作为各问题最后一个选项的"总是"有时是指容易听见，有时是指聆听极度难度。这会帮助助听器佩戴者认真考虑每个选项，但会让部分老年助听器佩戴者较难完成问卷。
> - 在助听器验配前先完成量表中的未助听部分。
> - 在助听器验配后的几周内完成助听部分。如果助听器佩戴者需要，允许其查阅或改变他们先前在未助听部分中的答案。
> - 要向助听器佩戴者充分说明在问卷中如实填写助听后的聆听情况，可以帮助听力师将助听器调试到最佳状态。
>
> 以上步骤均基于 Cox 的文章（1997），进一步的说明与操作可在该文及之前提到的网址中找到。

表 14.3　可直接评估听力残疾改善情况的问卷。

问卷名称		作者	年份	题量
HAPI	助听器性能问卷	Walden、Demorest 和 Hepler	1984	64
HAUQ	助听器使用者问卷	Forster 和 Tomlin	1988	6
HAR	助听器调查问卷	Brooks	1990	5
SHAPI	简版助听器性能问卷	Schum	1992，1993	38
SHAPIE	简版老年人助听器性能问卷	Dillon	1994	25
GHABP	格拉斯哥助听器效果问卷	Gatehouse	1999	28–56
EAR	听觉康复的有效性量表	Yuel 等	2005	20

识别助听器佩戴者关注的情境，也很难评估在该类情境中康复提供了多大帮助。

・部分助听器佩戴者，特别是老年助听器佩戴者理解复杂问卷存在困难。

解决上述问题的方法之一是请助听器佩戴者自己编制问卷，可以采用开放式提问的方式请助听器佩戴者列出自己存在听力困难，希望得到最大改善的情境。[80] 康复结束时，再针对助听器佩戴者列出的情境进行效果评估。这样就不会出现评估情境与助听器佩戴者需要无关的情况，康复初期的评估结果还能有效指导康复方案的调整，以及助听设备的选择和验配。这种方法的不足在于很难横向比较不同助听器佩戴者或人群的康复效果。

实际上，上述评估方法更类似于结构化的访谈而不是问卷。当然也有与问卷评估类似的地方。验配师可以直接询问助听器佩戴者使用助听器的成效（直接评估效果），也可以问助听器佩戴者在某种情境下未助听时听得如何，戴上助听器后又听得怎样。与问卷评估时相同，助听器佩戴者两次回答的差异就是助听器的效果。

上述方法目前都在应用。Mckenna（1987）曾采用精神卫生界使用的**目标达成量表（Goal Attainment Scaling，GAS）**（请参阅第 9 章 9.1.6）。[930] 在首次接诊时，针对每种聆听环境收集了解两方面的信息：助听器佩戴者原来在该情境中的聆听情况、助听器佩戴者希望康复成功后能达到的聆听状况。助听器佩戴者希望达到的聆听能力通过与听力师共同讨论来确定。康复结束后，进一步询问助听器佩戴者在各类情境中聆听的效果，并将结果与助听器佩戴者在初诊时的聆听能力（评估改善程度）和助听器佩戴者希望的聆听能力（评估是否需要进一步进行康复干预）进行比较。

这一方法与未助听 – 助听状态问卷有相同的优缺点：评估了康复初期和末期时的残疾，但由于牵涉两次评估中的分数相减，会导致最终结果的精确性不高。这一方法在日常应用时还有一个不足。有些听力师表示在与助听器佩戴者建立起良好的关系前，不愿意在初诊时就使用 GAS。因为使用 GAS 时，进行量化以及为每类聆听环境设定量化目标非常麻烦。[448]

患者听觉改善量表（*Client Oriented Scale of Improvement, COSI*）[448] 改进了上述不足。两种量表的设计思路相同：听力师在初诊时先搞清对助听器佩戴者来说较重要的聆听环境，但不进行量化。量表的所有量化工作都在最后一次约诊时进行（见文本框，COSI 的应用）。如果将 COSI 的评估结果用数字来表示，那么就可以与从大样本听力损失人群（主要是轻度、中度听力损失）中获得的分数进行比较。

图 14.2 显示的是不同 COSI 得分的助听器佩戴者的比例。显然，许多助听器佩戴者在自己关心的情境中有"非常好"的计分（得分 5.0）。得分偏向较高分值使得 COSI 较难区分效果高于平均水平的助听器佩戴者，而更适合区分效果低于平均水平的助听器佩戴者。

由助听器佩戴者选择问卷问题只能部分解决不同聆听环境重要性不一样的难题。助听器佩戴者虽然可能永远不会选择与自己无关的聆听环境，但事实上，其选择的情境的重要性也不尽相同：

- 助听器佩戴者身处不同情境中的时间并不相同；
- 助听器佩戴者在某些情境中聆听会更加困难；
- 在某些情境中更加需要准确无误地听清所有谈话。

通过询问助听器佩戴者可以深入了解上述情况。Dillon、James 和 Ginis（1997）曾让助听器佩戴者列出不同聆听环境的重要性，但没能对 COSI 的有效性加以改进。

Gatehouse（1994，1999）设计了**格拉斯哥助听器效果问卷（*GHABP*）**用以规范评估聆听环境的重要性、相关性。助听器佩戴者需要回答在各类相关情境中所处的时间、聆听的困难程度、限制自身参与活动的程度。康复结束后，助听器佩戴者需要回答在每类情境中使用助听器的时间、助听器的帮助程度、仍存在的聆听困难、对使用助听器的满意度。上述问题显然能提供重要信息，但由于必须依据每个情境下的 7 个问题对答案进行量化，使得 GHABP 问卷非常长。要将 7 个问题应用于问卷给出的 4 种标准聆听环境，并且还要应用于助听器佩戴者自己列出的 4 种聆听环境。因此，需要量化的项目高达 56 项。如果助听器佩戴者认为有些聆听环境与自己无关，就可将该情境中的问题省略，助听器佩戴者需要评估的项目就会减少。4 种标准聆听环境是：

- 与他人一起听电视；
- 在安静环境中与他人对话；
- 与一群人中的多个人对话；
- 在人多的街道和商店中对话。

GHABP 来源于一个更长的版本，其中包含 12 类（后为 14 类）标准聆听环境和 4 类助听器佩戴者给出的情境。[592] 开发现有 GHABP 版本时的相关研究发现，纳入助听器佩戴者给出的聆听环境可以提高问卷对康复质量变化的敏感度。[593] 由于 GHABP 同时包含针对直接变化和状态评估的问题，所以在表 14.1 和 14.3 都列有 GHABP。Humes 等（2009）认为将 GHABP（或者其他问卷）的结果表示为"低于平均值""达到平均值""高于平均值"，比给出一个量化数值更有意义。虽然量化的结果可能更加精确，但传递的信息并不多。有关 GHABP 问卷的中位数可以在上述文献和 Gatehouse（1999）的文章中查到。

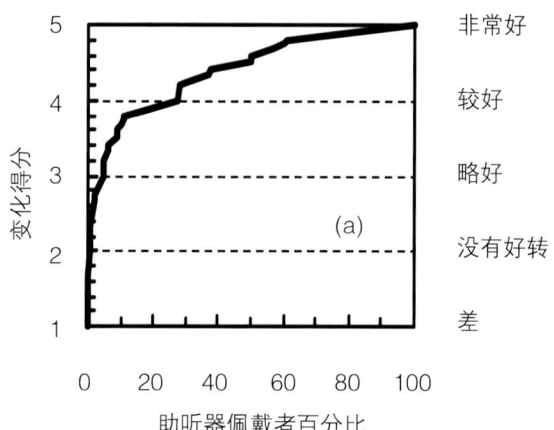

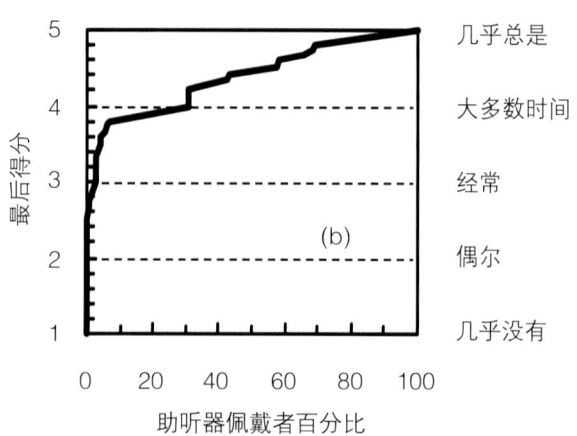

图 14.2 （a）低于或等于 COSI 变化得分的助听器佩戴者比例；（b）COSI 最终得分的助听器佩戴者比例。

客户导向听力改善量表

姓名：_____ 类别：_____

听力师：_____

日期：_____ 1. 确认需求 _____

2. 评估效果 _____

新 _____

回访 _____

特殊需求

标明重要性等级

☐ _____

☐ _____

☐ _____

☐ _____

☐ _____

	变差	没有区别	略好	较好	非常好		类别		几乎没有	偶尔	经常	大多数时间	几乎总是
变化程度									最终能力（佩戴助听器者）能听见者 10% 25% 50% 75% 95%				

类别：
1. 在安静环境中与一或两人对话
2. 在嘈杂环境中与一或两人对话
3. 在安静环境中与一群人对话
4. 在嘈杂环境中与一群人对话
5. 在正常音量下看电视/听收音机
6. 与熟人通电话
7. 与陌生人通电话
8. 在另一个房间听电话铃声
9. 听前门的门铃或敲门声
10. 听交通噪声
11. 社会交际增多
12. 感到尴尬或愚蠢
13. 感到被忽视或遗忘
14. 感到难过或烦怒
15. 在教堂或开会
16. 其他

第 14 章 听力康复效果评估

> **COSI 的应用**
>
> - 在首次面谈中，找出并记下助听器佩戴者渴望听得更清楚的特定情境。详情请参阅第 9 章 9.1.6。
> - 如果某些聆听环境要求有不同的验配策略，找出助听器佩戴者提出的各个需求的优先级或重要性将非常有价值。
> - 当你认为康复项目完成时，阅读后面的情境并逐个情境询问助听器佩戴者：(a) 在该情境中听得比先前更清楚的程度，(b) 在该情境中听得有多好。反应的选项可在本章的 COSI 表中找到。对于犹豫不决的助听器佩戴者，在其不能决定的两个类别中间做一个需确认的标记。
> - 在助听器佩戴者的帮助下评价康复的程度是否已足够，以便双方考虑该项目是否已真正完成。
> - 如果想在数字表格中显示结果，最左侧一列中的反应为 1 分，第二列为 2 分，如此类推，最右侧一列为 5 分。将助听器佩戴者列出的需求编号中的得分求均值。结果为两个得分，范围均为 1 到 5。第一项得分表明康复的效果，第二项分数反映助听器佩戴者的最终听觉能力，两项得分均为各情境下得分相加后的均值。这些得分可与图 14.2 中的标准数据做对照。
>
> 如果你想将可聆听环境下的结果与标准数据比较，[441] 可将助听器佩戴者的需求归类于 COSI 表下部所列的 16 个标准类别中。

14.5　使用情况、故障、满意度评估

助听器使用情况

本章前面主要介绍使用助听器的成效，即残疾的改善。但如前所述，使用助听器还有其他方面的结果。虽然患者的使用情况应被看作是手段而不是结果，但患者佩戴助听器本身也是一种结果。虽然佩戴助听器时，我们不能推断它到底提供了多少成效，但如果助听器放着不用，我们却可以完全肯定它什么作用也没有。因此，不用或者比助听器佩戴者应当使用的水平少，就说明发生了问题。

在每周或每天仅很少时间使用助听器时，助听器佩戴者也可能会说助听器提供了很大帮助。许多这样的助听器佩戴者很会使用助听器，所以即使他们一天只使用不到一小时，也有底气宣称经常使用助听器并且受益很大。[1370]

如第 9 章所述，有相当一部分助听器佩戴者，大约占 1%～29%，会完全放弃使用助听器。还有更大一部分助听器佩戴者几乎很少（如一周少于 1 次）使用自己的助听器。这让人们很难想象助听器确实能够为他们提供显著的帮助。

在助听器佩戴者验配助听器数周后，通过询问助听器佩戴者，验配师很容易了解有多少助听器佩戴者每天或每周使用助听器，但获得的答案未必真实。如果助听器佩戴者就诊时受到友好接待，为了不让验配师失望，他们可能不愿意说自己很少使用助听器。或者助听器佩戴者觉得自己没能学会经常使用助听器是一种失败而不愿把实情告诉听力师。具有数据记录功能的助听器可以提供客观评估助听器佩戴者使用情况的简便方法。使用这种助听器和其他客观评估工具，人们研究发现，助听器佩戴者在验配助听器后不久，一般都会高估自己的助听器使用情况。[185, 667, 774, 1127, 1770] 高估助听器使用情况的患者数量低于认为助听器没用的患者数量。同时，助听器佩戴者自己报告的助听器使用情况与客观评估的结果有很好的一致性。

如果首先问助听器佩戴者自己认为在什么情境下使用助听器有用，在什么情境下使用助听器没用（这可以帮助助听器佩戴者意识到回答没有佩戴助听器也是允许的），可能有助于减少助听器佩戴者在回答时高估的情况。询问上述问题后，可以继续询问助听器佩戴者：一般来说，每天你会佩戴助听器几个小时？助听器佩戴者可以自己估计使用助听器的小时数，也可以在几个时间选项中选择，譬如：

- \>8 小时 / 天；
- 4～8 小时 / 天；
- 1～4 小时 / 天；
- <1 小时 / 天；
- \>1 小时 / 周，但 <1 小时 / 天；
- <1 小时 / 周。

上述选项是**助听器佩戴者问卷（HAUQ）**[441, 560]中使用的选项。这些选项足以区分出过少使用助听器的助听器佩戴者，使听力师能够进一步寻找背后的原因。**助听器调查问卷（Hearing Aid Review）**包含 3 个有关使用情况的问题，也包含有关成效和满意度的问题。[189]

或者，也可以询问助听器佩戴者在各类情境中使用助听器的时间比例。GHABP 问卷采用的就是这种方式。[593]

发现助听器故障

避免助听器的故障（如啸叫，耳模不适）是必须的。有人可能认为没有故障不能算是使用助听器的效果，但避免故障是确保助听器使用率和最终成效的重要措施。显然，助听器的故障程度与助听器佩戴者的成效、使用情况、满意情况呈负相关。[441, 949, 772a]

本书第 12 章专门介绍了解决故障的方法。要解决故障，必须首先发现故障。通过详细询问一些典型故障表现（见文本框），听力师较容易发现故障。

详细询问每名助听器佩戴者的故障表现：

- 自己的嗓音质量
- 耳语声
- 耳模（壳）的不适度
- 助听器插入与取下
- 控制钮的操作
- 电池更换
- 响度的不适度
- 不适宜的言语强度
- 不适宜的背景声强度
- 音质
- 电话的使用
- 助听器内部的噪声
- 双耳间响度平衡

当面对面评估故障时（不是使用电话或邮件评估），一些问题可通过观察而不是询问助听器佩戴者来进行评估。

有关助听器故障的问卷较易设计。这类问卷主要询问一些类似下面的问题：佩戴助听器时，你有什么困难吗？如果要确保助听器佩戴者按听力师希望的方式理解问题，那么就必须重视措辞的准确性。HAUQ、[441]EAR[1945] 和 HAPC[772a] 是针对助听器故障的三个问卷。关于助听器佩戴者使用助听器的能力可以用助听器使用能力测试（PHAST）来评分。[422]

助听器使用满意度

评估助听器佩戴者对助听器的满意度已经很普遍，人们也很容易理解这种评估的重要性。满意度主要表达了助听器佩戴者对助听器的愉快感受。这与助听器在各类情境中能够提供的聆听帮助、使用的方便性、得到以及佩戴助听器的经济和心理付出有关，也与助听器佩戴者对上述问题的期望值有关。有关研究也证明，满意度也与助听器佩戴者的经验、个性、态度以及助听器的类型和使用情况、使用助听器的情境、音质、使用助听器时的故障等有关。[351, 1928]

影响满意度的因素非常复杂，仅简单询问助听器佩戴者"你对助听器的满意程度如何？"就不尽合理。助听器佩戴者对上述问题的回答情况通常仅与使用其他更复杂评估方法的结果有中等水平的相关性。[448] 下页的文本框是两个仅有一个项目的问卷。助听器调查问卷中有关满意度的回答有 10 个选项，其可靠性已得到相关研究的证实。[189] 虽然文本框中有关满意度的选项有 5 个，天花板效应较小，但在实际应用的 HAUQ 问卷中有关满意度的选项只有 4 个。仅通过调查满意度来评估助听器的有效性存在两个严重问题。

首先是相对性的问题：助听器佩戴者并不知道能使用的最好的，或者完美的助听器会是什么效果。Ross 和 Levitt（1997）曾提到"满意是指相对于什么标准？"他们还指出"助听器是用来帮助人们听得更好而不是感觉更好的"。这清楚地表明听力师不能把追求满意度作为工作的主要目标。

许多研究会让助听器佩戴者依次比较不同的助听器，助听器佩戴者通常会说新的助听器非常好，比原来自己用过的助听器好多了，接着还会讲后面用到的助听器更好。通过对比，有些助听器佩戴者会期望自己的听力完全恢复正常（甚至比正常还好），但即使是最好的，能实质性改善听力的验配也很难满足这样的期望。听力师是否能在验配前合理调整助听器佩戴者的期望值是决定助听器佩戴者满意度的重要因素。

上述问题不会影响满意度的比较。当检查助听器佩戴者对两种不同助听器哪个更满意时，助听器佩戴者在内心如何考虑影响满意的因素，如何设定满意的标准都不会对结果有什么影响。但在临床上，这种方法并不可行。听力师不可能有充分时间让助听器佩戴者试用各种不同的助听器和不同的性能设置。

其次，调查满意度的水平并不能立刻给听力师提供有用的信息。如果助听器佩戴者回答"有点满意"，这种回答对找到不满意的原因没有任何帮助。当然，即使仅用一个简单问题对助听器佩戴者进行常规的满意度调查也是有意义的。任何不是"非常满意"（或其他相同的答案）的答案都提示听力师要进行进一步的调查，助听器佩戴者的回答也许可以帮助听力师发现可以改变的造成不满的原因。后续随访的问题可以是开放式的，如"你对助听器的哪些方面最不满意？""你对助听器的哪些方面最满意？"

助听器佩戴者对助听器的满意度在过去10年虽然有了提高，但远不够理想。[942, 953, 1791] 对助听器的总体满意度与其在各类情境中改善助听器佩戴者言语可懂度的程度密切相关，也会受到许多其他因素的影响（如清晰度、自然度、饱和度、匹配度和舒适度、听力师咨询情况、使用方便程度、保修、价格、与期望的符合度、可靠性、电池寿命、助听器佩戴者性格）。[189]

Cox 和 Alexander（1999）设计的问卷可以帮助人们更好地了解影响满意度的因素。问卷中的结构化问题将影响满意度的因素归为6类：

· 外观与自我形象要求；
· 音质和声学环境；
· 效果；
· 舒适度与方便性；
· 成本；
· 服务。

Cox 和 Alexander 围绕上述方面设计了 25 个问题，又根据问卷设计的统计学要求（请参阅第 14 章 14.3.1）最终选择了 15 个问题组成"**日常生活中的助听器满意度量表（SADL）**"。SADL 问卷把所有问题归为 4 个分项：

· **积极影响**：包括减轻交流残疾、提高自信心、改善音质以及对助听器总体效果的认可。
· **服务与成本**：包括可靠性、听力师的能力和价格；
· **负面因素**：包括背景噪声的响应、反馈效应、使用电话时的有效性；
· **个人形象**：包括外观以及他人的反映。

SADL 问卷提供了一种系统的甄别不满意原因的方法，利用它可以对造成不满的因素进行改善。有

两个简单的满意度调查问卷

以下两个满意度调查问卷可进行简单的满意度测量。第二个是可视化模拟刻度，可能对差别较小的满意度更为敏感，[448] 但第一个问卷的选项更好解释一些。

1. 总体上来说，你对你的助听器有多满意？

a）非常满意

b）满意

c）不太好说

d）不满意

e）非常不满意

2. 按从 0 分到 100 分计分，你在总体上对你的助听器有多满意？0 分指你一点儿都不满意，100 分意味着你完全满意。请在与你满意度相对应的位置（二者间的任意数字）上打勾，或在相应位置上做标记。

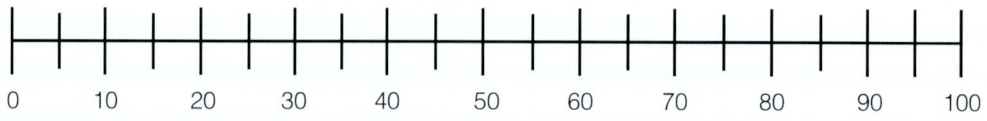

意思的是，SADL 问卷并未使用满意度这个词，但获得的结果却与其他满意度问卷的结果高度一致。[777a] 助听器动态评估法（DAHA）[309] 是一个利用计算机的评估方法，其结果也与 SADL 问卷的结果高度相关。DAHA 使用可视化模拟刻度，要求助听器佩戴者直接在计算机屏幕上标出满意度。

当然，也可以直接询问助听器佩戴者为什么不满意。不过，Cox 和 Alexander 指出助听器佩戴者对这类开放式问题的单一回答可能会掩盖很多信息。如果问卷中的某个分项的分值明显低于其他类别，将帮助听力师更有效地找出助听器佩戴者不满的原因。

14.6 国际助听器效果问卷

1999 年，一组来自世界各国的学者聚集在丹麦 Eriksholm 的一座城堡中，决心设计出一款简短、明了的助听器效果问卷，以解决任何研究都要自己重新设计问卷（学生们需要记住众多不同问卷名称）的问题。学者们一致认为不断猛增的各类问卷已成为世界的负担。

学者们最终设计出了**国际助听器效果问卷**（*IOI-HA*）。[335] IOI-HA 涵盖了助听器效果的各个方面：使用情况、效果（活动限制的改善）、残留的活动限制、满意度、残留的参与限制、残留的其他方面影响、生活质量的改善。文本框中列出了问卷中的 7 个问题，这些问题已被翻译成至少 21 种语言。[355]

为了避免过于冗长而被弃用，IOI-HA 设计得非常简短（一个问题涵盖效果的一个方面）。学者们建议各类研究除了使用自己设计的特定问题外都要采用 IOI-HA，以方便不同国家的研究可以进行助听器有效性的对比。

通过因素分析发现 IOI-HA 中的问题可以归为两大类，将两类问题的得分予以平均可以得出两个分量的计分。[346, 456, 725, 972, 1709, 1856] 问题 2、4、7 反映的是助听器带来的变化，可以和反映助听器使用情况的问题 1 一起归入第一类。问题 3、5、6 反映使用助听器后仍残留的困难，可以归入第二类。使用 IOI 对一群有不同听力损失和主诉的助听器佩戴者进行研究，将不难发现为什么上述问题[①]会归为

[①] 在丹麦语译文中，条目 5 与其他条目不相关，可能会给出不可信的结果。[1856]

两大类。一般来说，听力损失和主诉越严重的助听器佩戴者越能经常使用助听器，[1177] 相对于较少使用助听器的患者会更加肯定助听器的价值。但是，这类助听器佩戴者即使使用了助听器，也会比听力损失程度轻的助听器佩戴者存在更多的残留障碍。因此，第 1 分量的得分会随听力损失程度加重而升高，而第 2 分量的得分会随听力损失程度加重而降低。[347, 456]

- 较好耳的听阈每升高 10dB，第 1 分量的得分就会提高 0.1；
- 较好耳的听阈每升高 10dB，第 2 分量的得分就会降低 0.07。

第 1 分量、第 2 分量的得分大体上可以看成是对**总体效果**（*overall benefit*）和**残留障碍减少程度**（*freedom from residual difficulty*）的度量。

目前 IOI-HA 已被广泛应用于各类有关助听器有效性的研究。表 14.3 显示的是来自几个不同国家的研究结果。问卷中每个问题的答案计分都为 1～5 分，5 分表示助听器的潜在效果最佳。在进行不同研究和国家的比较时，一定要考虑到被研究人群的差异。影响结果的因素包括听力损失程度、年龄、应答比例[②]以及助听器佩戴者是初次佩戴助听器还是有经验的佩戴者，[439] 还包括问卷是由服务助听器佩戴者的听力师还是由第三方来使用。图 14.3 的研究中，除了得分最高的一项（Stephens, 2002）由听力师直接面对助听器佩戴者实施评估，其他均通过问卷邮寄的方式进行。在得分第二高的研究（Heuemann 等，2005）中，助听器佩戴者的应答比例最低。

图 14.4 显示了来自一项研究的 IOI-HA 得分分布情况。该项研究的样本数为 2379 人，其中绝大多数助听器佩戴者使用的是不同种类的具有压缩功能的多通道数字助听器。[456] 由于得分的中位数 4.09 略低于最高值 5.0，显著高于最小值 1.0，因此，IOI-HA 非常适合用于检出效果显著好于或显著差于一般情

[②] 伴随调查应答率提升，经常使用助听器的佩戴者比例（题目 1）下降。（即，不便对调查做出反应的人群中包含更大比例停止佩戴助听器的佩戴者。）在一个应答率为 47%、样本为 672 个助听器佩戴者的邮件调查中，作答者与非作答者均被通过电话确认是否正在使用助听器。6% 的作答者表示他们从未使用过助听器，而非作答者中则有 16% 的人说他们未佩戴过助听器。与此类似，瑞士一项对 14285 例助听器佩戴者的研究表明，从未佩戴过助听器的人在作答者中仅占 1%，在非作答者中则占 6%。[122]

> **国际助听器效果问卷（IOI-HA）**
>
> 1. 请回想在过去两周使用现有助听器的频率。平均一天你使用助听器几个小时？
>   [无；<1小时/天；1~4小时/天；4~8小时/天；>8小时/天]
> 2. 请回想在佩戴现有助听器之前，你最想获得更好聆听效果的情境。在过去两周，助听器在该情境下给了你多大帮助？
>   [一点也没有；有一点儿帮助；一般；比较大；非常大]
> 3. 请再次回想你最希望获得更好聆听效果的情境。当你使用现有助听器时，你在该情境下还存在多大困难？
>   [非常大；比较大；一般；一点儿；没有]
> 4. 综合考虑各个方面，你认为使用现有的助听器的麻烦值得吗？
>   [一点也不值；有一点儿值；还可以；比较值；非常值]
> 5. 在过去两周，使用现有助听器时，你的听力困难对你所做的事有多大影响？
>   [非常大；比较大；一般；有一点儿；没有]
> 6. 在过去两周，使用现有助听器时，你认为别人在多大程度上被你的听力问题困扰？
>   [非常大；比较大；一般；有一点儿；没有]
> 7. 综合考虑各个方面，现有的助听器对于你的生活品质有多大改变？
>   [变差；没有变化；略微改善；明显改善；改善很大]

况的助听器佩戴者。

IOI-HA 并不妨碍开发更多其他问卷。事实上，IOI-HA 已经衍生出许多新的问卷。[1329] IOI-HA-SO 用于特殊助听器佩戴者的评估。IOI-AI 用于评估其他干预技术，譬如辅听设备、聆听策略、手术等。

14.7　效果的时间性

什么时候评估效果？答案看似简单：在上次就诊结束的时候。即便如此，上次就诊相对于验配的时间也会因为听力师而有很大不同。另外，一方面，人们希望刚验配完就能评估，以便尽快发现问题并解决问题，另一方面，很多问题只有在助听器佩戴者充分使用熟悉了助听器后才能发现。同样，助听器佩戴者只有充分熟悉了助听器后才能充分意识到助听器的全部用途。

根据实验，助听器在验配后的数周内，各方面的效果都会不断变化。早在 1939 年，Berry 将言语识别率在助听器验配后数月内的变化称为**适应过程**（*process of adjustment*）。Watson 和 Knudsen（1940）曾报告一名助听器佩戴者在助听器验配后 3 个月内言语识别率提升了 40%。① 他们把这一过程称为**调试**（*accomodation*）。目前，人们把助听器验配后最初数月内言语识别能力的变化称为**习服**（*acclimatization*）。②，591，766

但对大量实验结果的分析表明，言语识别能力的提高平均只有几个百分点，对助听器佩戴者个体来讲并无显著意义。[1803] 在习服的过程均为 1 个月左右时，采用非常规信号处理方式（如多通道压缩、移频）比采用线性放大方式，[1950] 助听器佩戴者的言语可懂度改善会更加明显，言语可懂度改善持续的时间也会更长。[1009]

助听器佩戴者的自我评价也会在验配后数周和数月内发生变化。与采用客观评估方法获得的言语可懂度改善情况相一致，助听器佩戴者用 APHAB 问

---

① 受试者有长期的重度听力损失，并且是首次佩戴助听器。这种情况当前在发达国家中并不常见。当佩戴助听器后，习服程度随佩戴助听器后可听度变化的程度而提高。

② 习服有时也被用来指助听器佩戴者习惯助听器之后所喜欢的增益量将提高。这种现象已在第 10 章 10.3.1 讨论过，在本书中被称为**适应**。

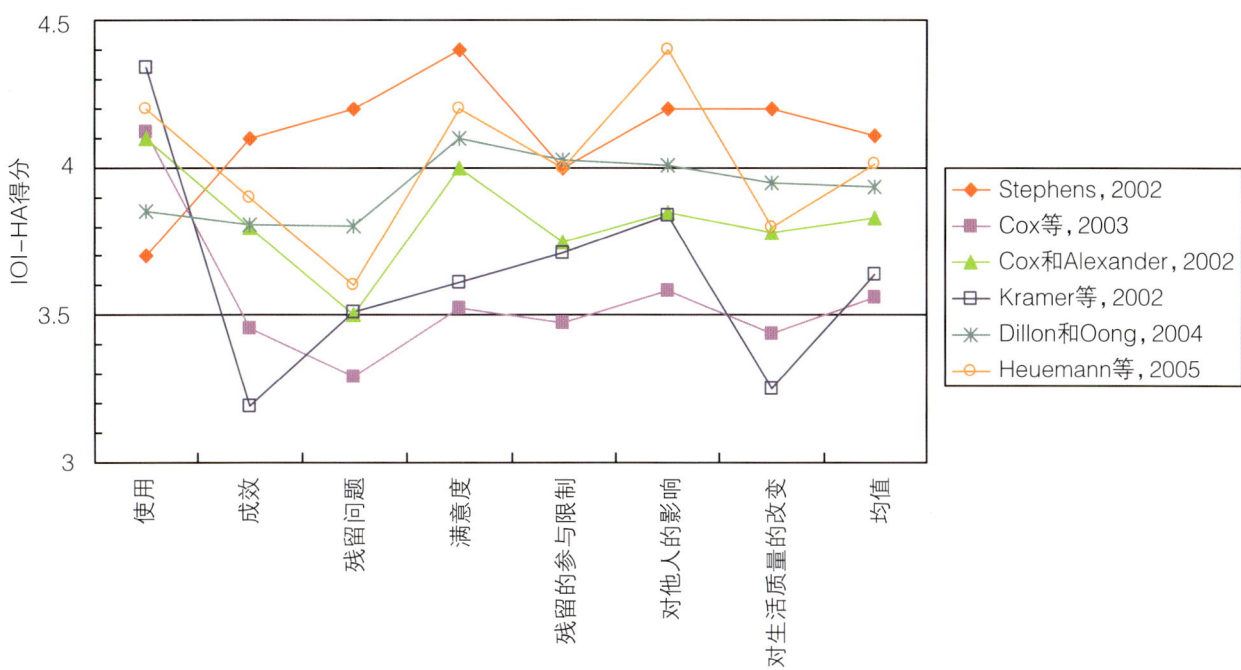

图 14.3　来自几个不同国家的研究结果采用 IOI-HA 研究数据。每个问题的答案计分为 1 ~ 5 分，5 分表示效果最佳。

卷自我评价的效果会从验配后 2 周直到 3 个月内持续提高。[343]

验配后数周内的效果评估会受光晕效应（或蜜月期）的影响。助听器佩戴者在验配后 2 周的满意度要高于验配后 12 个月时。[777, 1171] 助听器佩戴者在验配后 3 周时对残疾的负性情绪（基于 HHIE 问卷结果）会弱于验配后 3 个月时。[1129, 1771]Noble（1999）推测，刚验配完助听器时，家庭内过去因交流障碍引起的紧张会因为助听器佩戴者寻求康复以及使用助听器改善了交流效果而得到缓解。随着时间推移，助听器佩戴者会发现在某些情境下助听器的帮助有限，因此，对残疾的自我评价就会加重，满意度也会下降。[1171] 但无论如何，助听器佩戴者对残疾的自我评价也不会比接受康复服务前更严重。每天使用助听器超过 4 小时的助听器佩戴者，其效果的后续变化相对于刚验配 1 周时通常较好，而每天使用助听器时间不足 4 小时的助听器佩戴者，其效果的后续变化通常较差。[1856]

当有经验的助听器佩戴者重新验配更高性能的助听器时，同样可能存在由更高期望值引发的蜜月期。但通过 1 年后的随访发现，在与验配后 4 周时的效果对照时，使用新型助听器的效果比使用老助听器的效果更加可持续。[62]

通过对比多个有关助听器时间效果的研究可以发现，助听器的效果变化一般会在验配后 6 周左右稳定下来。

- 满意度、残障改善（HHIE 得分）、目标实现度（GAS 得分）、听觉能力改善（COSI 得分）等的评估结果在验配后 6 周与验配后 3 个月时相比均没有差异。[448, 452]

- 残障改善（HHIE 得分）和交流功能（丹佛交流量表得分）的评估结果在验配后 6 周与验配后 4 个月时相比只有微小差异。[1273]

- 满意度、使用情况以及助听时的言语可懂度在验配后 4 周与验配后 6 个月、1 年、2 年、3 年时相比只有微小差异。在几个确有显著改变的个案中，满意度和效果通常随时间延长而下降。[776a, 777] 在验配后 4 周时，满意度和使用情况好于或差于平均水平的助听器佩戴者，在验配后 2 年时通常还会有同样结果。[777]

- 残障改善的评估结果在验配后 3 个月直到 1 年均无变化。[1129, 1257, 1771]

- 有关成效的客观评估（言语识别能力）结果与主观评估（PHAB 得分）结果在验配后 6 周与 1 年时相比均无差异。[1748]

- 有关助听器验配后 1 年内使用情况的研究存在不同结论。Mulrow，Tuley 和 Aguilar（1992b）发现助听器佩戴者每天使用助听器的时间会逐步下降，

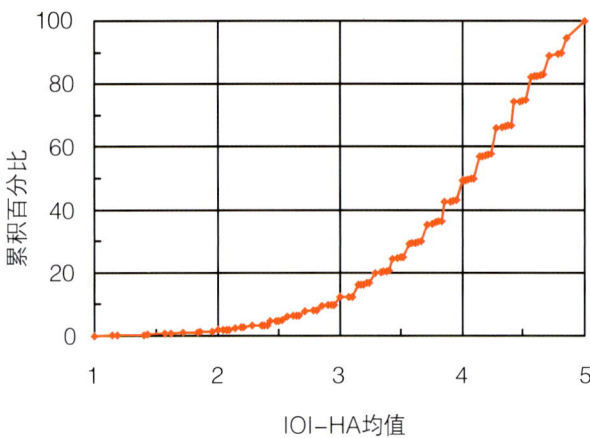

图 14.4　分数小于或等于 IOI-HA 均值（横轴）的助听器佩戴者比例。

而 Brooks（1981）报告，助听器佩戴者每天使用助听器的时间会增多。

· 在验配后数年内，可能会发生各种变化。助听器的使用率在验配后 4 年可能不会发生变化，[722] 也可能会因为助听器佩戴者更深入地了解在何种情境下更适合使用助听器而略有减少。[1018] 有些最初在验配后 1 年内很少使用助听器的助听器佩戴者可能因为听力下降，在 10 年后变成了经常的使用者。[182]

评估结果趋于稳定的时间不仅受评估本身影响，也会受到助听器佩戴者个性的影响。Cox（2003）发现神经敏感度高的助听器佩戴者在验配后 3 周到 3 个月内使用助听器的成效会轻度降低，而神经敏感度低的助听器佩戴者却基本不变（或极轻微降低）。两类助听器佩戴者对助听器的满意度相同并且不随时间变化。

在需要根据效果购买助听器或服务的情况下，让助听器佩戴者试戴 45 天或 60 天比让助听器佩戴者按常规试戴 30 天更有利。虽然多数助听器佩戴者可以在 2 周内决定是否需要继续使用助听器，但也确有小部分助听器佩戴者在验配后 8 周还不能下决心佩戴。[1811] 试戴超过 30 天与助听器效果趋于稳定所需的时间是一致的。但对于助听器效果评估来说，没有哪一个特定时间点是必须选择的：

· 针对成效的评估（如 APHAB 或 COSI）可以在日常约诊结束时实施。多数约诊都会在验配后 30 天内。在许多国家，助听器佩戴者可以有 30 天的免费试戴期。

· 其他评估（如，HAUQ 或 EAR）可以在验配后的 6 ~ 12 周时进行，以保证发现和处理后续出现的问题。HAUQ 和 EAR 也可以对成效、满意度进行简单评估，HAUQ 还能评估使用情况。HAR[189] 也用于评估成效、满意度与使用情况，但不能评估助听器使用的问题。上述评估可以通过邮寄或打电话实施，以降低成本。HAUQ 和 HAR 在设计时均考虑了上述应用问题。

> **结论：效果的时间性**
>
> 总之，这些研究表明，患者报告的使用率及效果在验配 6 周后比较稳定，虽然在之后的数月或数年后仍可能有微小变化，但是验配后的最初几周确实不是评估的最佳时间，不过由于实际原因，它常是最方便的时间。

14.8　听力损失与助听器对健康相关生活质量的影响

使用助听器的效果绝不局限于改善助听器佩戴者的言语可懂度和言语识别能力，虽然上述效果是带来其他更广泛效果的基础。如 14.8.1 中所述，助听器之所以能带来更广泛的效果是因为听力损失造成了**健康相关生活质量**（*Health-Related Quality of Life*）下降，或者至少是因为听力损失与健康相关生活质量的下降密切相关。也有人用其他名词，如**主观幸福感**（*subjective well being*）、**健康状况**（*health state*）、**健康水平**（*health status*）、**幸福感**（*well being*）[11] 等代替健康相关生活质量。有关助听器对健康相关生活质量的影响将在第 14 章 14.8.2 中进行讨论。

14.8.1　听力损失对健康相关生活质量的影响

幸运的是，至今还没有一个科学家可以说服伦理委员会通过随机对照试验，让一组人患上听力损失以检验是否会造成其他健康问题或降低生活质量。大量的观察性研究已明确告诉人们，听力损失的确与一系列健康问题存在联系。根据试验性研究中的各类控制因素，人们可以推断，无论是听力损失引起了其他健康问题，还是某些健康问题引起了听力损失，都不能排除某些不可控因素（如年龄，心血管功能问题等）会同时引起听力损失和其他健康问题，也或者，上述三个方面的因素会交互发挥作用。

与未经治疗的听力损失存在统计相关关系的有：
- 抑郁；[56, 247, 1791] 抑郁症状（非严重的抑郁）在听力和视力都有障碍的助听器佩戴者身上更加明显。[1088]
- 社会孤立，包括与他人交流的数量和质量下降，心理退缩，孤独感增强。[56, 386, 1904] 同时伴有视力障碍的助听器佩戴者，孤立现象会更明显；[802]
- 自足感降低；[56, 247]
- 死亡率升高；[56, 737]
- 认知功能减低（即使考虑了年龄因素），[60, 644, 1066b, 1812] 包括，听力损失者更可能患上阿尔茨海默病。[1066c]
- **疾病影响量表（Sickness Impact Profile，SIP）**[127] 可以反映出助听器佩戴者的身体和心理功能状况总体减退。
- 对其他健康服务的利用减少，间接造成新的健康问题（主要表现在重度和极重度听力损失者身上）。[1810]

研究证实，由于听力损失，助听器佩戴者的交流减少，会进一步引起气愤、焦虑、安全感降低、悲痛、窘迫、精疲力竭、对听力继续下降的担心、不安、易怒、孤独、偏执、归属感降低、亲情感减少、出门受限、悲伤以及就业率下降等问题。[635, 723, 1720, 1799]

14.8.2 助听器对健康相关生活质量的影响

研究助听器对健康相关生活质量的影响很有意义，通过这种研究也可以观察前面谈到的各种健康问题到底哪些是由听力损失引起的。如果将听力损失者随机分成干预组（使用助听器并接受聆听技巧培训等相关康复服务）和对照组，那么两组间健康相关生活质量的任何差异都可能是因为使用助听器改善了听力损失造成的负面影响的结果。

遗憾的是，有关助听器干预效果的随机对照试验非常少。Mulrow 等人（1990）曾报告使用助听器可以减少抑郁，改善助听器佩戴者的社会、情绪、交流和认知功能。上述效果不仅在验配后 4 个月评估时存在，在验配后 12 个月评估时依然存在。[1273, 1275] 另外一项随机对照研究报告，虽然使用助听器可以减轻残疾，但在验配后 6 个月未发现对抑郁有所改善。[1790]

纵向研究也可以揭示因果效应，进行纵向研究时，需要在助听器使用前、后分别进行健康相关生活质量的评估。Grandell（1998）报告利用 SIP 进行评估，可以发现使用助听器能改善助听器佩戴者的健康状况。通过评估可以发现，助听器佩戴者在验配后 3 个月的改善可以持续到验配后 6 个月。相关纵向研究还报告了使用助听器的间接效果，包括改善工作记忆，提高感官和社交愉悦，改善社交能力，提高警觉性，改善娱乐活动、学习能力和心理舒适度。同时，使用助听器还能减少助听器佩戴者的焦虑、抑郁和偏执。[500, 837, 1036, 1494, 1693]

类纵向研究可以提供稍弱的有关助听器对健康相关生活质量影响的证据。一项研究对听力损失者及其家属进行了回顾性访问，以了解助听器佩戴者在使用助听器后生活有何变化。多数助听器佩戴者以及更多数的家属表示，使用助听器对人际关系、情绪感受、参与状况和生活自理能力有积极影响。[956]

横断面研究对助听器影响的证明能力最弱。横断面研究将助听器佩戴者的健康相关情况与未使用助听器的听力损失者的健康相关情况进行对比。许多这类研究发现，助听器佩戴者在健康相关生活质量的许多方面会比不使用助听器的听力损失者好很多。使用助听器的助听器佩戴者通常表现出更好的情绪、更少的抑郁、更积极的社会参与、更好的人际关系、更强的自理能力、更高的生活满意度、更积极的自我印象、更少的被歧视感、更高的情绪稳定性、更强的生活控制力、更好的健康状态、较少生气和失望、较少偏执、较少焦虑、较少自责、较少内向（其他人的评估）以及较低的死亡率。[56, 172, 689, 956] 助听器佩戴者还会有更强的认知能力。[1066a]

当然，显著相关并不能证明听力康复就一定能改善健康，也有可能是自我调整能力强的和更健康的听力损失者更愿意寻求康复。特别是，当听力损失者同时患有其他更严重的健康问题时，很可能会首先关注更严重的问题而不是听力损失。如果将这类助听器佩戴者纳入未使用助听器的助听器佩戴者组，显然会低估该组助听器佩戴者的平均健康相关生活质量。事实上，听力损失对该组助听器佩戴者的生活质量得分影响并不大。

卫生政策制定者非常需要合适的评估方法，以将助听器的干预效果与其他疾患、病种和伤害的干预效果进行对比。只有充分考虑相对于成本的有效性，才有足够理由将公共资金用于助听器服务。

有大量研究人员试图研发通用性工具，用于量化和对比不同健康状况的负面影响以及不同干预措施的有效性。除前述提到的 SIP 外，还有：

· 医疗效果研究简表 36（SF36）是一种广泛应用的评估工具，主要评估 8 个领域的内容：身体功能、身体失能的影响、疼痛、一般健康状况、活力、社会功能、情绪影响、精神健康。

· 世界卫生组织残疾评估量表 II（WHO-DAS II）可以从 6 个维度评估健康相关生活质量（交流、运动、自理、人际关系、生活活动、社会参与）。在 6 个维度汇总后发现交流能力受助听器影响最大。[1161]

· 健康效用指数 3（HUI3）主要评估视力、听力、言语、灵活性、移动能力、情绪、认知和疼痛。

· EuroQol，采用 EQ-5D 问卷，对运动、自理、日常活动能力、疼痛/不适以及焦虑/抑郁 5 个领域进行评估。EuroQol 也采用一个可视化模拟标尺（visual analog scale）让助听器佩戴者根据自身感受在 0 到 100 的刻度上进行标记。

Abrams 等（2005）对上述评估工具进行了更深入的总结，并讨论了它们与听力的关系。虽然各类通用评估工具均试图给出一个效用值（utility value），以描述助听器佩戴者相对于最佳健康状态的健康程度，或者特定干预措施恢复助听器佩戴者最佳健康状态的程度，但健康相关生活质量并没有一个唯一的定义可以用一个问卷表示出来。因此，不同评估工具对不同类型的损伤、日常活动限制、社会参与障碍的关注程度不同。

最常用的 SF36 以及其简化版 SF-6D 的内容主要针对身体健康而不是交流障碍。使用 SF 问卷或者 EQ-5D 问卷评估时，听力损失对健康的影响较小（即，对效用的影响小）。使用 HUI 3 问卷时，由于该问卷更重视交流功能，听力损失对健康的影响就相对严重。因此，使用 SF 或 EQ-5D 问卷时，使用助听器的价值也会显得较低。许多应用 SF 或 EQ-5D 问卷的研究显示，助听器对总的健康相关生活质量没有或者只有很小的影响，但应用专门针对听力问题的残疾评估工具，如 HIEE 进行评估时，却显示助听器对健康相关生活质量有显著改善。[297, 755, 838, 1693, 1868]

简言之，不同的评估手段决定了不同疾病和干预手段的重要性。作为通用评估工具，HUI 3 和 WHO-DAS II 问卷在评估听力损失及其干预效果方面的敏感性要好于 SF 和 EQ-5D 问卷。[1161]

还有一种评估各类干预手段价值的方法是请助听器佩戴者回答：为了治愈自己的健康问题（或者是假设的健康问题）愿意支付多少钱？提问可以在助听器佩戴者接受干预前，也可以在助听器佩戴者真实存在健康问题并接受干预后。有关一组退伍军人在接受助听器验配后的调查显示，每台助听器的平均意愿支付价为 982 美元。[295] 个人原因支付的价格与应用 APHAB 问卷评估的效果密切相关。

尽管听力康复与助听器佩戴者的总体精神和身体健康状况有关，但是，由于有太多因素可以影响人的总体精神和身体健康，因此用健康相关生活质量去评估单个助听器佩戴者的听力康复效果并不明智。[124, 297, 1273] 通用评估工具考虑了生活的各个方面，因此，在反映助听器带给助听器佩戴者个体的变化时就不够敏感。应用专门的听力相关生活质量评估工具反映出的效果将更加明显。[297] 不过，当人们试图描述一个群体的听力康复效果时，还是不应忽略助听器对总体健康和幸福感的积极影响。同时，也应告诉潜在的使用者使用助听器的效果远远超出单纯改善听力。[956]

为了更好区分和量化听力损失以及助听器对总体健康状况的影响，需要开展大量的随机对照或者纵向研究。尤其需要能够将由听力障碍引起的效用损失与其他健康问题引起的效用损失进行正确比较的研究，以便合理比较干预效果，使听力康复获得与其重要性相称的经费支持。尽管应用 EQ-5D 问卷评估听力损失不够敏感，但相关研究已显示出助听器在单位 QALY（见文本框）的成本方面与其他健康问题的干预措施相比有较强的竞争力。[839]

14.9　结语

听力师应该常规进行效果评估吗？如果是，使用什么评估工具？如果第三方（如保险机构）需要证明效果，听力师必须应用本章中所提到的一些正式评估工具。

但如果第三方对效果评估没有要求时又怎样呢？效果是多方面的，听力师有充分理由需要了解助听器佩戴者是否在使用助听器，是否从助听器中受益，是否满意，是否还有需要解决的问题。这些问题虽然不用问卷或正式的评估方法也能在一定程度上了

> **健康相关生活质量评估中的常用术语**
>
> **效用（Utility）**：用于描述人们拥有最佳健康和幸福感的比例，1代表最佳健康和幸福感，0代表死亡。任何健康状况都会在一定程度上减少效用。任何干预措施（也可是想象的）都可在一定程度上提高效用。根据HUI 3系统，一个患极重度听力损失，但其他健康状况良好的人拥有的效用是0.61。[11]
>
> **健康调整生命年（QALYs）**：指一项干预措施可以提供给人们的相当于最佳健康状态的年数。譬如，一项干预措施可以提高0.2的效用，如果将该措施用于一个还能活10年的人时，它所提供的QUALY就是2。
>
> **时间权衡（time tradeoff）、标准博弈（standard gamble）、可视化模拟标尺（visual analog scale）**：用于计算健康状况造成的效用损失，或干预措施带来的效用增量的技术。详见Abrams，Chisolm和McArdle（2005）的文章。

解，但应用系统的方法可以确保听力师考虑到所有这些问题，并进行更加精确的评估。应用正规的评估方法还可以对患者或整个门诊在不同时段的效果进行比较，也可以对整个门诊相对于其他门诊或者服务体系的效果进行比较。

另外，应用正规评估方法（包括APHAB、COSI、EAR、GHABP、HAUQ、HHIE、SADL、SHAPIE、SSQ以及其他工具）可以培养或提醒听力师应该询问助听器佩戴者哪些内容。这样，听力师即使没有采用正式问卷时也会继续询问相关问题。下述问卷都有自己独特的视角，但也有许多类似之处：

- APHAB告诉人们助听器在某些情境下会比在其他情境中更有效，对过强的声音会有负面效果。
- COSI提示人们发现并解决助听器佩戴者最初寻求帮助时的具体听力问题的重要性。
- GHABP提供了全景式画面，可以反映助听器佩戴者在各类情境中经历的残疾、效果、使用情况、满意度。
- HAUQ提示人们对验配中所有机械和电声学特性进行跟踪评估的重要性，并且提供了针对满意度与使用情况的简单、单一评估方法。
- HHIE可以告诉人们助听器和其他康复措施对助听器佩戴者生活方式及情绪的改善程度。
- SADL帮助人们分析助听器佩戴者未能充分满意的原因。
- SHAPIE是相对敏感的评估残疾改善程度的工具，但可能更适合用于研究工作或者进行比较性评价，而不是在日常临床中应用。
- SSQ在评估双耳而非单耳佩戴助听器的效果（定位、理解）时更加敏感。

总之，无论人们应用正规的还是非正规的评估方法，都需了解以下信息：

- 成效，通过评估残疾的改善来体现（如APHAB、COSI、EAR、GHABP、HAUQ、HHIE、SHAPIE）；
- 助听表现（如APHAB、COSI、EAR、GHABP、HHIE或言语识别率测试）；
- 使用情况；
- 助听器使用问题（如EAR、HAUQ、HAPC）；
- 残留障碍（如APHAB、COSI、GHABP、HHIE）；
- 满意度（总体计分，如果评估得分低，再进行非正式的调查或者应用SADL）。

应用开放式问卷，让助听器佩戴者自己描述有什么障碍。同时，应用标准化问卷，让助听器佩戴者在预先设定的范围内回答存在什么参与障碍，可以提供相互补充的信息。[1710]

IOI-HA问卷涵盖了除助听器使用问题外的各个评估领域，并且包含对生活质量、对他人的影响以及对生活质量变化的评估。许多研究显示，各个不同领域的评价结果都存在虽不完美但非常显著的相关性。[772]COSI作为一种不太严格的评估工具仅与IOI-HA中度相关。[1709]相关性弱，一方面是由于两种评估中都会存在随机误差。另一方面，如果一种评估得分高，而另一种评估得分低，也提示听力师可能需要改进验配和对助听器佩戴者的指导，或者需要进一步调整助听器佩戴者对助听器性能的预期。[189]

尽管助听器的效果在验配后6周内还可能有微小变化，但如果需要，听力师还是可以尽早进行效果评估。在验配后不久或较长时间后进行的各种评估有足够的一致性，可以确保人们不会因为评估时间太早而把基本成功的验配当成失败的，或者相反。同样，采用不同的方式（书面的、电话的、面对面的）进行评估也会对评估结果产生统计学意义上的明确影响，[1339, 1903] 但这种影响非常有限，因此，听力师也不用担心要采取什么方式进行评估。

听力师也不必担心助听器佩戴者的个性对其自我评价结果的影响（请参阅第 9 章 9.1.10）。人们很难搞清助听器佩戴者的个性到底是影响了助听器的效果，还是影响了回答问卷的方式。这两种情况可能都存在，如果因为助听器佩戴者的答案可能受其个性影响就忽视助听器佩戴者的意见，那是完全没有道理的。如果在日常生活中我们都同意这一观点，那么沟通起来就会容易得多。

进行效果评估可以使人们始终从客户的角度看待我们得到了什么，没有得到什么。当每一次新的技术革新被大肆宣传，似乎能改变世界的时候，人们很容易忽略从客户角度看待问题。[1386] 人们必须意识到把一款助听器简单地称为先进科技，会造成助听器佩戴者对效果的评价结果小幅升高。[108] 上述现象可能是由于自我评价方法容易受到安慰剂效果的影响，也可能是因为所有的自我评价方法都会受到真正的评估目标外的事件或观念的影响。

第 15 章
双耳和双侧助听器验配的思考

概 要

双耳聆听有助于确定声源和在噪声环境下提高言语可懂度。双侧验配相对于单侧验配扩大了双耳可以聆听到的声音强度范围。双侧验配对于重度听力障碍比轻度或中度听力障碍更重要。

声音到达双耳的强度、时间以及相位存在差异，有助于对声音进行水平精确定位。佩戴助听器时这些线索依然存在，但是会发生变化。大多数听力障碍者，一旦在这些线索上适应了助听器的作用，他们就能在水平面上准确地定位声源是偏左还是偏右。对声音的垂直定位和前后定位依赖于由耳郭生成的甚高频率的线索，尤其会受到听力障碍的不利影响，即使佩戴助听器也不会明显改善。

当言语声和噪声来自不同方向时，头部的衍射会造成一侧耳的信噪比高于另一侧耳，听觉系统会综合到达每一侧耳的言语声和噪声，进而有效去除一些噪声，这种能力被称为双耳静噪效应。甚至当到达双耳的声音完全一样时，双耳聆听也比单耳聆听在言语可懂度方面有一定改善，这个现象被称为双耳冗余。

佩戴第二只助听器可以帮助以前未助听侧的耳听到更多言语声，因此有助于改善噪声中的言语可懂度，确保双耳都能听到言语，是考虑哪侧耳的信噪比较好以及从双耳静噪效应和双耳冗余效应中收益的前提。双耳助听器验配还有其他几个优点，包括改善音质，抑制双耳耳鸣。同时，在当单侧助听器出现故障或没电时也会比较方便。双耳验配还能预防单耳验配可能造成的一个问题：单耳验配会造成一侧耳长时间被剥夺听觉刺激，从而导致未助听侧耳削弱言语处理的能力，这个现象被称为迟发的听觉剥夺。

双耳验配也适用于有非对称听阈的助听器佩戴者。如果这样的助听器佩戴者必须接受单耳验配的话，一般建议验配听阈最接近 60dB 的一侧耳。

双侧验配也有缺点：价格较贵，易受风噪影响，同时会增加一些老年人使用的困难。有人认为佩戴两只助听器意味着听力障碍更严重。对一些人来说，双耳干扰会造成单侧验配时的言语识别能力强于双侧验配。干扰的原因可能是由于两个耳蜗间的差异，两侧半球皮质的差异，或者是从一侧半球皮质到另一侧半球皮质信息传递的失真。

因为言语可懂度测试受多种因素的影响，所以必须仔细选择测试条件才能较可靠地在特定助听器佩戴者身上证明双耳验配的优势或者发现双耳干扰的问题。为了最有力地证明双侧验配的优势，应选择在有利于头部衍射和双耳静噪效应最大化的位置放置播放言语声和噪声的扬声器。最有效地探测双耳干扰的方法是，使用单一的置于前方的扬声器播放言语声和噪声，以便头部的衍射和双耳静噪效应最小化。在上述测试中，均应选择具有大斜率的得分–强度函数进行言语测试。目前迫切需要能有效预测助听器佩戴者是适合单侧还是双侧验配的方法。

双耳佩戴助听器相比单耳佩戴有许多优点。双耳聆听能够使人在有背景噪声存在或有混响的情况下听懂更多言语。声源定位也高度依赖于双耳是否能同时接收到声音。单耳听力障碍会使人在许多聆听环境下的听力大打折扣。[314] 同样，当一个人双耳患有中度或重度听力障碍，而只佩戴一只助听器时，听力仍会有很大问题。一个健听人捂住一侧耳，然后试着在噪声环境或混响环境中用耳去聆听，便能有所体会。以前没注意到的噪声会突然变得十分显著或者更加明显了。在噪声中聆听、理解任何目标信号都会变得十分困难。对声音也难以进行定位。

尽管单侧佩戴助听器会引发许多问题，但是验配助听器并不是干脆给所有助听器佩戴者都验配两只那么简单。

本章的内容主要概述了听力师在做出以下决策时，必须考虑的各种因素：

- 应该给助听器佩戴者推荐一只还是两只助听器？
- 如果助听器佩戴者不同意你的意见，有多大必要说服助听器佩戴者改变他的决定？
- 如果只验配一只助听器，应该选择哪只耳朵？

给每只耳戴上一只助听器，过去被称为**双耳验配**（*binaural fitting*），否则，被称为**单耳验配**（*monaural fitting*）。本书将使用 Noble 和 Byrne（1991）推荐的术语，将上述情况分别称为**双侧验配**（*bilateral fitting*）和**单侧验配**（*unilateral fitting*）。使用准确的术语可以帮助我们理解真实的情况。

- 一个人在一侧耳佩戴助听器时，仍能在双耳听到许多声音（至少患轻度和中度听力障碍是如此）。
- 一个人在双耳都佩戴助听器，或许会有一侧耳听不到某些声音，并且一侧耳听到的声音可能会干扰对侧耳听到的声音。

这些简单的例子说明单侧验配不等于单耳聆听，并且双侧验配也并不意味着双耳听到的声音一定有助于听力理解。根据上述定义，**双耳优势**（*binaural advantage*）在本章是指用双耳而不是单耳聆听的优点。**双侧优势**（*bilateral advantage*）是指通过两个助听器而不是一个助听器聆听的优点。

双侧验配比单侧验配更加常见。2004 年在美国，82% 的验配是双侧的。[①、61、954] 但 10 年前这一数字是 65%，如果再向前推 10 年这一数字只有 25%。[946] 据估计 2004 年各国的双侧验配率从 10% ~ 75% 不等。[61]

不同时间不同地区双耳验配率的显著差异反映的只是现时的验配状况，但并不能指出每个听力师应该怎样做。

> **术语定义**
>
> **双耳刺激**（*binaural stimulation*）：声音出现（或感受）在双耳。
>
> **单耳刺激**（*monaural stimulation*）：声音出现（或感受）在单耳。
>
> **双侧验配**（*bilateral fitting*）：双耳佩戴助听器。
>
> **单侧验配**（*unilateral fitting*）：单耳佩戴助听器。
>
> **双耳同听**（*diotic*）：双耳听到相同的声音。
>
> **双耳分听**（*dichotic*）：双耳听到不同的声音。

不是每个得到两只助听器的人都会佩戴两只。在一项对 4000 余名助听器佩戴者的调查中发现，其中有 48% 的助听器佩戴者双侧验配了助听器。这些人中的大多数（94%）在验配 3 个月后，能规律地使用助听器。但在双侧验配并规律使用助听器的人中，有 20% 只使用了一只助听器。[441]

有强有力的证据表明双耳验配的效果对于大多数人来说，在许多情况下都要好于单耳验配，并且这些证据已存在了近 30 年了。Byrne（1980，1981）和 Ross（1980）曾对较早的文献进行过详细的综述，Noble（2006）则对近期有关助听器佩戴者自我评价的研究进行了介绍。尽管如此，双侧验配并不适用于所有听力障碍者，特别在考虑到价格、自我形象、聆听需要、助听器操作能力和双耳相互干扰等因素时，更是如此。因此，所有听力师都应非常清楚双耳验配相对于单耳验配的好处和局限性。

本章前两节将回顾一下双耳聆听相对于单耳聆听的优势和产生机制，然后，我们将把这些原理用于决策是进行单耳还是双耳验配，并测试双侧验配的优势。

15.1 双耳定位的作用

15.1.1 健听人的定位线索

可以从以下方面对声音定位进行讨论：水平定

---

① Arlinger（2006）报道双侧验配率是所有验配人数的 82%，而 Kochkin（2005）报道双侧验配率是双耳听力障碍人数的 86%。

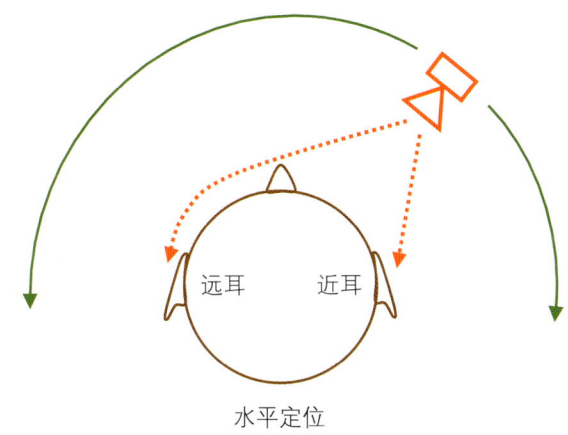

图 15.1 在水平面声源方向的变化。

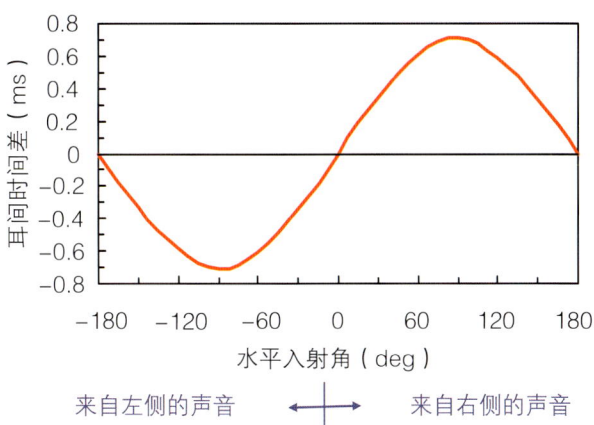

图 15.2 作为正前方测量方向函数的低频声的耳间时间差。数据是测量人和人体模型的平均值。[987]

位、垂直定位、前后分辨、外部化和距离感知。对最后一个概念的研究还不像对其他概念研究得那么深入。距离的感知依靠混响、回声、总强度和总频谱的形状。[1953a] 各种不同的定位主要通过两大类线索实现：基于双耳间差别的双耳线索和每侧耳的单耳线索。

水平（左-右）定位（horizontal localization）主要依靠两耳间的时间差和强度差。正如图 15.1 所示，声音首先到达接近声源的一侧耳（近耳），然后到达远离声源的另一侧耳（远耳）。两耳间到达时间的差距被称为耳间时间差（interaural time difference）。这取决于头的大小和声速。对于从正前方发出来的声音来说，耳间时间差为 0。对于相对正前方 90°角发出的声音，耳间时间差会达到最大值，约为 0.7ms，如图 15.2。① 任何时间延迟都会导致相位延迟，因此，耳间时间差产生的结果是耳间相位差（interaural phase difference）。

随着频率增加，对于无快速发生/消失特点的声音，相位差线索会变得越发不明确。一旦频率升高到时间差能导致来自侧面声音的相位偏移超过了半个周期，来自不同声源方向的声音将会造成相同的耳间相位差。这种情况发生在高于 700Hz 以上的频率。同时，由于神经反应只与低频声音的声波高度同步。因此，耳间相位差只对低频声音才显著有效。尽管耳间时间差也出现在声音包络（envelope）中，能在全频率范围内传递，但时间差线索主线还是由 1500Hz 以下的低频声音提供。[1217, 1942, 1944, 1967]

---

① 由于头部衍射效应，高频声音的耳间时间差是低频声音的大约 2/3。

头部作为声学障碍物，可以引起耳间的强度差。头部衍射（head diffraction）造成头部远侧端声音的衰减，被称为头影效应（head shadow）。头部的衍射也会造成头部的近侧端声压升高。两种效应都对高频声音影响最大，因此造成的耳间强度差（interaural level difference）对高频声音更明显（请参阅第 1 章 1.2.1）。

图 15.3 显示在 3 个声源方向上耳间强度差怎样随频率变化而变化。强度差线索对于超过 1500Hz 的高频最有价值。水平定位的准确性在 1500Hz 最差，可能是因为在这一频率附近无论是时间差还是强度差线索都不是十分有效。[1196] 水平定位在 800Hz 左右时准确性最高，并且是对于直接来自正前方的声音。在该条件下，人们能察觉到的声源的方向差异最小是 1°，相当于耳间时间差只有 10μs。[1196] 到了 1500Hz 处人能察觉到的方向差异将升至 3°。

耳间时间差和强度差的相对重要性能够通过试

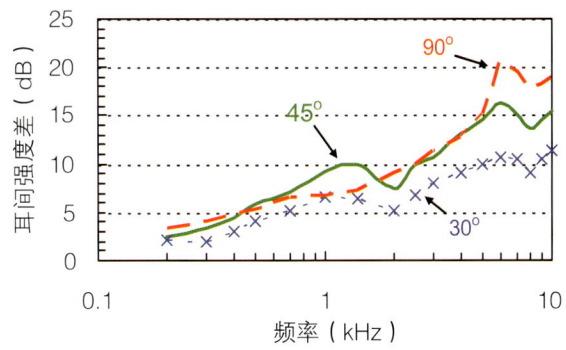

图 15.3 在水平面上的 3 个声源方向的耳间强度差。数据来自 Shaw（1974）的计算。耳间强度差相对于前方入射声音是 0。

验推导出来，试验中，可以通过耳机给出有时间冲突和强度差别的信号。两种线索存在交互作用，可以证实在低频信号中时间差线索占主导，在高频信号中，强度差线索占主导。对于复合的宽带声，其低于1500Hz的低频成分所携带的时间线索起主导作用。[1545, 1919, 1967]

因为耳朵几乎位于头部前后中间的位置，因此相对于头前部的每个方向都会有一个头后部的方向可以形成相同的耳间强度差和时间差。目前，对**前后差别**（*front-back differentiation*）的认识还不充分，只知道其部分取决于频谱的平衡。耳郭可以增强从前方传导的高频声音，主要是 6 ~ 16kHz 的声音，但是当它们从后方位过来时会被衰减。[1021, 1291, 1292]

前后混淆是健听人最常见的混淆类型，并且随着年龄增加混淆的可能也在增加，即使对于听力很好的人情况也是如此（但也可能是轻微或轻度听力障碍的结果）。[5, 1128] 重要的是，还要认识到前后混淆不仅仅适用于从正前方或正后方传来的声音。例如，一个从右前方 30° 传来的声音，最容易与来自后方右侧 30° 的声音混淆。

当我们考虑垂直平面时，会有一个包含多个易混淆方向（以耳道外延轴为基点有相同的外向角）的完整圆锥体。这个包含易混淆方向的锥体，如图15.4所示，被称为**混淆锥体**（*cone of confusion*）。健听人会通过垂直定位和前后定位结合来分辨锥体周围的方向，但分辨效果并不完美。

一个信号中最初几毫秒的声音对感受声音的方向尤其重要，它可以让我们避免回声或反射声的干扰。[145] 这一现象被称为**优先效应**（*precedence effect*），或第一波前定律，或哈斯效应。

总而言之，假如声音的低频成分双耳都能清楚地听到，那么就不难对声音在水平面上进行左右精

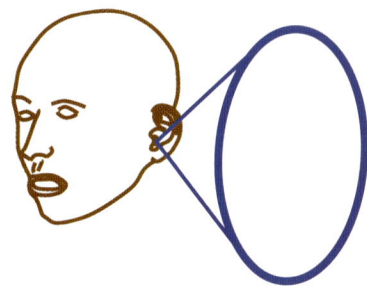

图 15.4　产生定位混淆的圆锥体。所有必须通过深蓝色圆圈到达耳道的声音容易相互混淆，特别是当高频听力受限时。

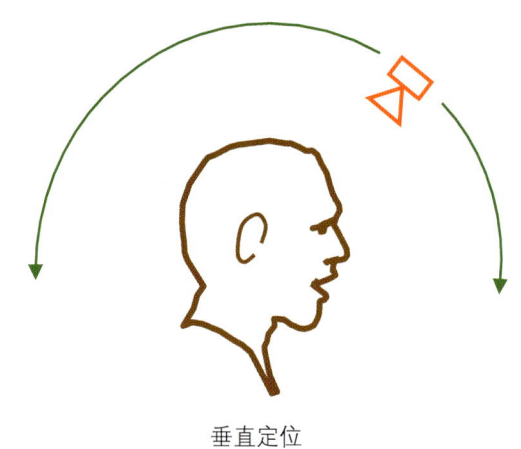

垂直定位

图 15.5　在垂直平面上声源方向的变化。

确定位。高频声音有助于进行左右定位和前后定位。当有背景噪声出现时，定位准确性就会比安静情况下差，但关于这一问题的研究还较少。

垂直定位（*vertical localization*），在没有耳间线索的正中矢状（中间）面上（如图15.5），通过声音进入耳道前，耳郭间发生的反射和共振作用也可进行垂直定位。[207, 712, 1521, 1618, 1896] 针对不同声源与头部的相对高度，耳郭反射会引发抵消，形成特定频率的频谱波峰和频谱波谷。由此形成的定位线索均高于4kHz（会受耳郭大小的轻微影响），因为只在这个高频区域波长才足够短，才能引发必要的反射和共振。[1021] 人耳能够区分 3° 的垂直角度变化。[1042] 垂直定位可只借助一侧耳朵，使用双耳聆听可以对垂直定位有轻微改善，暗示大脑可以结合来自每侧耳的信息进行判断。[746] 使用双耳的更大优势可能在于两耳耳郭形状的不对称有利于拾取更多高频声音。[253] 针对不在正中矢状面的声源定位要通过耳郭效应、耳间时间差和耳间强度差联合发挥作用。

外部化（*externalization*），是对声音来自头部外空间上某个点的感觉。对于外部化的声音，双耳听到的声音的频谱形态必须有反映声音方向的适当特征。[495] 将未扰动自由场 SPL 转换成耳道内 SPL 的关系可以用**头相关传输函数**（*head related transfer function, HRTF*）表示。HRTF 是使用头和耳郭声学屏障效应及耳郭的方向相关共振效应构造的。适当的混响，以及聆听者移动头部时产生的 HRTF 变化都会有助于外部化的感觉。[495, 1917] 虽然人们已经习惯了自己的 HRTF，但是利用他人的 HRTF 对声音进行转换也可能获得良好的外部化效果。[495] 因此使用仿

真头录制并采用合适的平坦型频响曲线在耳机中播放的声音就比较容易外部化。

利用头部运动可以解析静止时难以分析的模糊线索，因此能在其他各方面帮助定位。[1401, 1889] 假如声音持续时间足够长，能用几个头位去聆听，那么头部运动也会有助于那些单侧听力障碍的人进行水平定位。

定位对所有人都很重要，对于盲人尤其如此，他们需要利用听觉定位在大脑内重建周围的世界。

有关定位线索和神经处理过程的文献还有很多。[252, 659, 1195, 1918]

15.1.2 听力障碍对定位的影响

助听器佩戴者不会经常主动抱怨定位能力差。然而，当被专门问到定位时，助听器佩戴者就可能意识到自己因为定位能力差而面临的问题，重度听力障碍的助听器佩戴者更是如此。[230] 一些研究人员认为定位能力受损是造成听力障碍的两大问题之一。[851] 有关调查对象意见的研究显示听力障碍者在动态定位方面的问题要比健听人多很多，特别是在判断距离和运动方面。[599]

听力障碍带来的最大困难是在噪声中聆听，而定位能力受损是造成这一困难的重要原因。倾听一组人员交谈的困难可能因为不能快速定位说话者而变得更加严重，特别是当交谈在说话者中迅速切换的时候。[230] 定位的感觉能够帮助人们对来自不同方向的声音给予区分。[83] 没有识别不同声源的能力时，多种噪声可能会混杂在一起，成为一个背景噪声。听力障碍者将不能根据需要识别并忽略其中特定的某个声音。正如第1章1.1.6所述，当目标和竞争性信号来自不同方向时，听力障碍者需要的SNR要明显高于健听人所需要的。[492, 604, 628, 1142, 1400] 听力障碍对于定位的影响在噪声环境中要比在安静环境中更加显著。[129a, 1076]

当助听器佩戴者首次佩戴助听器时，定位能力可能会受到妨碍（请参阅第15章15.3.2），这可能是造成许多助听器佩戴者共同认为助听器对噪声的放大效果要强于对言语声放大效果的原因。虽然对在空间分离的噪声中，受损的定位能力和受损的言语可懂度之间的精确联系还缺乏深入研究，但是，已有的研究结果显示，轻度、中度听力损失对分离的多个掩蔽声[628]中的言语可懂度的影响要强于对声音定位能力的影响。[232, 1335]

较差的定位能力会造成一种被环境隔离的感觉，从而加重人的焦虑。[529] 难以定位环境声除了给人带来不便，在某些情况下还会使听力障碍者处于危险中。

听力障碍造成前后混淆明显增加，经常导致助听器佩戴者只能凭借猜测来判断声音是在前面还是后面，[884] 考虑到区分前后主要依靠高频信息，因此助听器佩戴者发生前后混淆增多的现象并不奇怪。在真实生活中，听力障碍者可能只能通过转头来区分前-后声音（例如，当头转向右侧，可以引起正前方的声音先到达左耳，左耳声音变大，而后方的声音可以造成耳间差的相反变化）。

当低频（低于1500Hz）感音神经性听力损失加重时，水平定位能力（忽略前后混淆）逐渐恶化。[1334, 1335] 但在两耳都能听见声音时，只有当低频听力损失超过50dB时，水平定位能力才会出现少许恶化。[232] 许多信号成分主要集中在低频，听力损失在低频区常常较轻，并且神经反应对刺激有固定的相位联系。因此，耳间时间差线索基本能够保留。

对于只有高频能量的声音（例如鸟叫），听力障碍会显著降低助听器佩戴者利用耳间时间差的能力，但是对于利用耳间强度差的能力影响不大。轻度或中度听力障碍者报告的定位困难主要是由于一侧耳听不到某些声音，[230] 或者是由于前-后混淆造成的。当声音超出阈值10dB以上时，就可达到进行声音定位所需要的可听度。[1133]

与神经性听力损失相比，传导性听力损失能造成定位能力的明显下降。[494, 1334] 当传导性听力损失加重时，声音中更多成分通过骨导激活耳蜗而不是通过气导和中耳传输。与气导相比，骨导的耳间衰减更低，因此在耳蜗处的耳间时间差和强度差与鼓膜处相比更低。[1334, 1965] 甚至当到达耳蜗的骨导声音比气导声音微弱时，两者结合也会严重影响耳间相位差。

当一侧耳放入耳塞，仅在该侧耳发生声音衰减时，水平定位能力一开始会如我们所预测的，变得很差。这是因为水平定位主要依赖于两耳间的信号差。但在数天或数周后，人们逐渐适应了一侧耳比另一侧耳声音小的情况，调整了内在标准，然后又能够再次利用耳间强度差准确定位声音。[88, 555] 事实上，当消除了在一侧耳人为制造的声音衰减后，也需要花费几天时间才能重新找回原有的正常定位能力。[555] 区分前后方声源的能力从一开始就不会受到堵住一侧耳的影响，因为这种区分能力是基于频谱形态，而不是耳间差。

其他双耳现象也会发生在双耳存在不对称听力损失时。甚至当一侧耳的感觉强度高于另一侧耳50dB时，双耳节拍①也能被感觉到。[1787] 假如双耳都能听到声音，那么即使在助听器佩戴者存在不对称听力损失时也可能仍然具备较好的水平定位能力。

相比之下，垂直定位能力会随着听力损失加重而明显变差。[230, 232, 1476] 多数声音在高频段的强度最小，多数助听器佩戴者在高频段的听力损失最重，因此，听力障碍者在高频段的频率分辨能力受到的损害也最严重。结果会造成信号的高频成分经常听不见。即使当高频成分能听见时，感音神经性听力损失的助听器佩戴者也可能没有足够的频率选择能力来识别重要的波峰和波谷信息的频率。[230] 当阻塞一侧耳，而另一侧耳听力正常时，正中矢状位的垂直定位能力只会轻微减退。[711, 746, 1358] 这主要是因为听力正常的一侧耳仍能接受必要的频谱线索。

听力障碍会损害对距离的感知，[599, 1338] 特别是当总体强度线索有限，聆听者必须依靠混响声与直达声的比例时。[23] 助听器，包括有宽动态压缩功能的助听器不会对距离感知产生不利影响。[22]

第15章15.3.2将对双耳佩戴助听器相对于单耳佩戴在定位上的优势进行概述。Byrne 和 Noble（1998）曾对听力障碍和助听器对定位的影响做过详尽的综述。

15.2 双耳察觉和识别

在噪声和（或）混响环境中，相对于使用单耳，人们通过双耳能更准确地理解言语。将两耳信息结合以聆听众多说话音量相同的人中，某一人说话的能力常被称为鸡尾酒会效应（cocktail party effect）。② （读者可以通过在一侧耳插入耳塞去各类不同的聚会亲自了解这一效应。）[273, 1943]

---

① 当出现在双耳的声音存在微小的频率差异时，就会出现双耳节拍。可参见 Moore（2012）在此方面和有关双耳作用的其他介绍。

② 不同的术语。在许多说话者中聆听困难被称为鸡尾酒会问题（cocktail party problem）。偏爱非常熟悉的声音，特别是自己的名字，在本未注意的言语中会突然听到自己熟悉的声音，这种现象称谓鸡尾酒会效应（cocktail party effect）或自己名字效应（own name effect）。

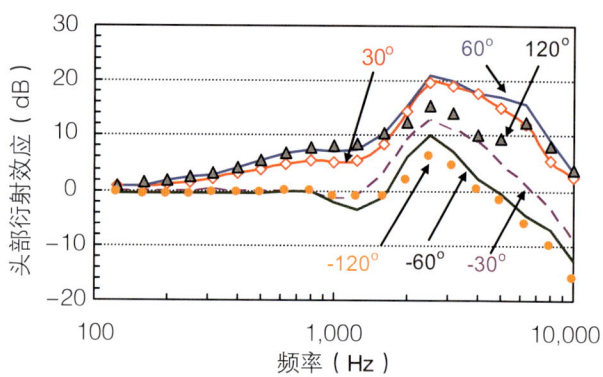

图15.6 显示从水平面的5个声源方向到达鼓膜的声音的头部衍射效应。在讨论中，用正角代表声音是从被观察耳侧到达的。资料来自 Shaw（1974）。

有3个原因造成人们使用双耳比使用单耳更容易理解言语。第一个原因是头部衍射（head diffraction）的作用，这是一个纯声学现象。第二个原因被称作双耳静噪（binaural squelch），主要依靠大脑来利用到达双耳的信号差。[250] 第三个原因被称为双耳冗余（binaural redundancy），也是依靠大脑利用到达双耳的信号，但是不需要双耳的信号有差异。[690]

15.2.1 头部的衍射效应

图15.6 显示了从水平面的5个方向到达鼓膜的声音的头部衍射效应。（注意在3kHz附近，即使对于从头部外远方到达的声音，衍射效应也是正向的。声音被放大的原因是因为所有曲线都包括耳道的共振效应。）

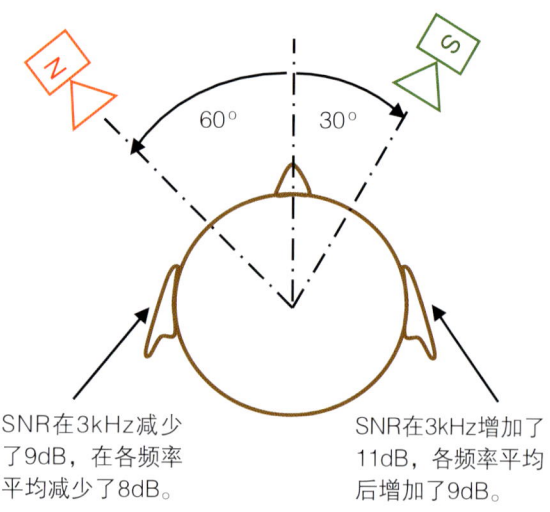

图15.7 与未扰动场相比，头部衍射对各侧耳 SNR 的影响。在3kHz处，右耳的 SNR 好于左耳 20dB，对各频率加权平均后好于左耳 17dB。

> **例子：头部衍射怎样改变 SNR**
>
> 下面的例子显示了头部衍射（包括头部增压和头部阴影）怎样在每一侧耳改变 SNR。如图 15.7 所示，假设言语从右侧 30° 到达，并且噪声从左侧 60° 到达，两个声源都在较近的范围内。在 3kHz 处，耳道和头部将对右耳的言语提高 19dB，因为头影作用，噪声只提高了 8dB。因此，在右侧鼓膜处的 SNR 会比在未扰动场增加 11dB。左侧耳情况正相反。在 3kHz 处的言语成分只提高了 11dB，而噪声提高了 20dB。结果，左耳鼓膜处 3kHz 处的 SNR 比在未扰动场降低了 9dB。

能够用双耳聆听的人通过关注有较好 SNR 的一侧耳就能从头部衍射效应中受益。因此，由头部衍射带来的好处通常称为**好耳效应**（better ear effect）。可以通过使用言语可懂度指数（SII）中的重要性函数对各频率上 SNR 的改变进行加权来估计头部衍射对言语的影响。[648] 如图 15.7 所示，在其显示的方向上，右耳的加权平均 SNR 增加 9dB，而左耳将降低 8dB。接近言语侧的耳相对于未扰动场将把 SNR 有效提高 9dB，相对于远侧耳将有效提高 17dB。

相比之下，头部的衍射会使只有一侧耳有听力的人在好耳侧有噪声①且相对远离目标言语时，处于严重不利的状况。

头部衍射效应的作用非常显著，在某些情况下，一侧耳可以完全理解言语，而另一侧耳则可能完全听不懂。在多数情况下，头部衍射效应不会这么明显。首先，混响会减小到达每侧耳的言语和噪声强度的差异。特别是当聆听者离言语声和噪声都足够远，混响声占据了主导时，情况更会如此。当助听器佩戴者身处有混响的房间，并且离言语声和噪声源又都很远的极端情形时，头部衍射对每一侧耳的 SNR 都没有影响。其次，如果 SNR 在某些频率上已经很大，进一步改善已没有帮助时，那么头部衍射对言语可懂度的影响也将很小。尽管如此，头部衍射在现实生活中的许多情况下对理解言语还是会发挥很大的作用。

头部衍射效应是个纯物理效应，因此在特定的情况下，健听人和听力障碍者在多数频率上的 SNR 受到的影响是一样的。（因为麦克风的位置效应，当听力障碍者佩戴助听器时，情况可能有所不同。）对于陡降型高频听力损失者而言，头部衍射效应的作用会小于对正常人的作用。[479] 陡降型高频听力损失者常常会更多依靠低频线索，而低频信号的头部衍

射效应较不显著。另外，如果一个人根本听不到高频言语成分，那么，改善高频 SNR 也不会对听力障碍者有所帮助。[178, 479] 这种情形常发生在听力障碍者不佩戴助听器时。

15.2.2 双耳静噪

前一节曾介绍只要关注 SNR 较好的一侧耳就可减少噪声的影响。但事实上大脑和耳朵还有更强的功能。听觉系统能结合双侧耳蜗的关联信号生成一个内在的中枢目标信号，有效地使其 SNR 比单独使用任一侧耳时都高。

我们可以将这个过程看作听觉系统利用 SNR 较差的一侧耳的噪声部分抵消了 SNR 较好的一侧耳的噪声。虽然生理机制还不清楚，但其输入和结果与图 7.10 和图 7.11 所示的电子自适应降噪非常相似。

例如，假设噪声来自正前方，并以同样的振幅和相位到达两侧耳（如图 15.8 所示）。同时，一个纯音信号，从右侧到达，右耳的振幅高于左耳。此时，如果大脑将右耳的总波形减去左耳的总波形，则新生成的波形将没有一点噪声。因为左耳的信号远小于右耳的信号（在这个例子中约为 10dB），因此，双侧耳的信号差值与右耳的信号差别不大。②

听觉系统不能将一侧耳的波形从另一侧耳的波形中完全减去。然而，它可以通过综合双侧耳的波形显著减少噪声的干扰。而且，听觉系统有很强的适应性，进行噪声抑制时并不需要到达双耳的噪声或者信号同相位。当信号的耳间强度差或相位/时间差有别于噪声的耳间强度差或相位/时间差时③，产生的

---

① 噪声意味着聆听者试图理解的目标言语声外的任何声音。因此，噪声实际上来自不同（和不感兴趣的）说话者的言语声。

② 新生成的不同波形中的信号可能比右耳信号稍强一点或稍弱一点，这取决于在左右耳信号之间的相位关系。

③ 每当耳间时间差出现时，也会有耳间相位差。在一个特定角度所有频率大致有相同的耳间时间差（图 15.2），而耳间相位差随频率的增加而成比例增加。因而，耳间时间差是听觉系统中较为恒定的量。

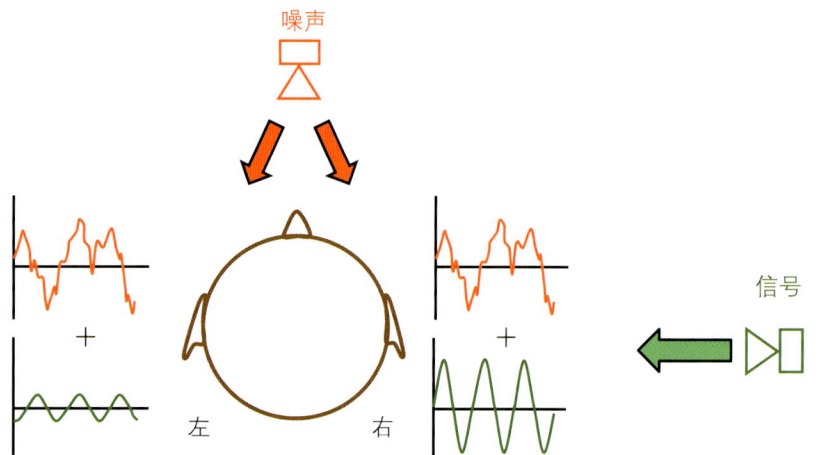

图15.8 当噪声从正前方到达，并且信号（在此处是一个纯音）从侧面到达时，左右耳的波形。

噪声抑制量被称为**双耳掩蔽级差**（*binaural masking level difference*，**BMLD** 或 **MLD**），也被称为**双耳掩蔽解除**（*binaural release from masking*）、**双耳未掩蔽**（*binaural unmasking*）和**双耳静噪**（*binaural squelch*）。当任务为理解一个言语信号时，相对于双耳刺激的 SRT 变化称为**双耳可懂度级差**（*binaural intelligibility level difference*，**BILD**）。耳间强度差和耳间时间差均对 BILD 产生影响。[580]

MLD 最常见的临床测试是给予双耳一个 500Hz 的纯音或双音节词，并同时给予一个掩蔽噪声。在基线条件下，每个信号和噪声在两耳都是同相位的。（S_oN_o 条件）。当然，也可以反转相位，将一侧耳噪声或者信号的极性与另一侧耳反转。正如反相等同于相位移动 180° 或 π 弧度，信号反转时的条件被称为 $S_\pi N_o$、噪声反转时被称为 S_oN_π。MLD 可以通过将 S_oN_o 条件下察知纯音或理解双音节词所需的 SNR 减去反相位条件下完成上述任务所需的 SNR 进行计算。

对于听力正常的成年人来说，500Hz 信号的 MLD 通常为 9～13dB，其大小受到掩蔽噪声类型的影响，并且随着频率超过 500Hz，这个值会减小。[480, 1764, 1925] MLD 伴随频率增加而减小是可以理解的，因为只有听觉系统能够表达波形的细节时，双耳才能发生交互作用，而神经冲动对于波形的相位锁定准确性会随着频率的增加而降低。[1217] 在类言语的随机噪声中，双音节词的 MLD 较小，大约在 5 dB 左右。[480]

Zurek（1993a）通过深入分析，已经证明纯音 MLD 的大小能用于推测出言语 BILD 的大小（在随机噪声或多人谈话环境中），这反映出影响 MLD 和 BILD 的机制是相同的。然而，在教室中对有聆听困难的听阈正常的儿童进行的测试时发现，尽管有些儿童在噪声掩蔽下对于纯音有正常的 MLD，但对被空间分离的竞争性言语信号掩蔽的言语却可能有不正常的 BILD。[242, 245]

因此，对于利用在不同方位角的竞争性说话者测得的 BILD 与利用反转相位的信号或噪声测得的 MLD 之间的关系（如果有的话），目前还未完全搞清。一种假设是，空间分离声源的双侧优势是由于中枢神经系统会在特定时间分别选择 SNR 占据优势的耳中的特定频率成分，并重新组装成完整的信号。

当目标言语来自与掩蔽噪声不同的方向时，双耳间的振幅差和相位差对于产生 BILD 是必需的。言语和噪声来自不同角度带来的言语理解方便程度的增加被称为**掩蔽空间释放**（*spatial release from masking*，**SRM**）。当目标言语的耳间差有别于噪声的耳间差时，SRM 和 BILD 其实是观察双耳聆听系统改善言语可懂度能力的两种不同方式。

随着言语与噪声的分离角度加大，SRM 也会增加。[1141] 当聆听者知道目标在哪儿，以及当"噪声"实际上是一个竞争性说话者或者是一群与目标说话者有着类似音质的说话者时（或者至少是同性别的人），SRM 的值最大，因为，此时除了只有空间线索可用于分离言语和噪声外，几乎没有其他线索。[57, 244, 895, 1141, 1337] 当说话者的声音和竞争性的声音在性质上非常相似时，区分两者的难度就会增加（有或没有空间分离的帮助），这被称为**信息掩蔽**

（informational masking）。①

BILD 和 SRM 在某些条件下可能非常大。对于被两个 -90° 和 90° 的竞争性言语信号掩蔽的前方言语目标，在没有混响的条件下，健听人的 BILD 和 SRM 的大小约是 13dB。[240, 241, 1141] 对于其他掩蔽和方向来说，这一值会变小。对于持续的噪声掩蔽，Zurek（1993a）综合各个入射方向的情况估计，与单纯关注 SNR 优势耳相比，BILD 的平均值约为 2dB。他还估计了头部衍射可以额外提高 SNR 3dB 左右。相对于随机选择单耳聆听，双耳的总体平均优势约为 5dB。

头部衍射对言语的高频部分最有效，时间差对言语的低频部分最有效。当测量言语可懂度时，上述两类作用的大小取决于言语中是低频线索（如做双音节词测试）还是高频线索（如无意义的音节测试）占主导地位。

BMLD、BILD 和 SRM 也存在于听力障碍者中，但会减小。[494, 1142, 1364, 1691] 听力损失最严重[628, 674, 816, 1142]以及两耳听力损失差异最大的人[816]减小得最明显。减小的原因，一方面是由于不能从头部衍射（当高频声音低于阈值时）对 SNR 的改善中受益；另一方面，是由于双耳静噪的作用减小。[178, 628] 听力损失很可能会降低双耳静噪所依赖的神经冲动的计时准确性。

如果两耳都能听到声音，即使响度不平衡时，双耳也能发挥静噪作用。[178] 但是，当声音在一侧耳听不见时，BILD 和 SRM 就会完全消失。[1141] 康复训练可能会提高听力障碍者在助听情况下利用 SRM 的能力。[1309]

双耳静噪也能部分抑制混响的不良影响，[957, 1206, 1297] 以及混响和噪声的联合效应。[705, 1206, 1297, 1298, 1300, 1433] 这一作用不难理解，因为混响与背景噪声的性质基本相同。虽然混响可以被双耳的作用抑制，但是混响会影响抑制噪声的程度，因为混响可以减少言语和噪声的耳间时间差及强度差。[1104, 1141, 1143, 1298, 1433]

---

① 信息掩蔽是一个广泛使用的术语，但是没有统一的定义。[493] 它可以被认为是掩蔽效应的一部分，该部分不是由发生在相同时间和频率的，并且从相同方向到达的信号和掩蔽物成分引起的。当聆听者不确定组合声音的哪些部分属于信号，哪些部分属于掩蔽物时，即使各部分都是可听见的，信息掩蔽也会发生。与信息掩蔽相对应的是**能量掩蔽（energetic masking）**，此时信号和掩蔽物出现在同一时间，并且它们的成分属于同一个听觉滤波带。

15.2.3 双耳冗余

双耳冗余（binaural redundancy）是指给予双侧耳同样的信号和噪声组合时，双耳聆听也会具备的优势。[403, 408, 1236, 1694] 这一现象也被称为**双耳积和（diotic summation）**，或**复制（duplication）**。

考虑到可以通过施加噪声来提高听阈，模拟听力损失，就不难理解双耳同听所具备的双耳优势。当大脑结合双侧耳感觉到的两个一样的信号时，我们可以认为双耳冗余是对各耳内内部噪声的抑制，或对人的决策能力的改善，就好像是人的大脑对每个声音"看"了两遍。双耳冗余可以对 SNR 提升 1 ~ 2 dB。[176, 366, 1104, 1433]

双耳冗余也会改善在安静情况下的言语分辨力。[849, 1143] 甚至重度听力损失者[408]和有明显中枢问题的听力障碍者[849]也能从双耳冗余中受益（但是有一个重要的例外，请参阅第 15 章 15.4.2）。

双耳冗余似乎比双耳静噪需要较低水平的双耳交互作用。在一项试验中，拥有 3dB 双耳冗余度的听力障碍受试者难以区分双耳同时送达和双耳分别送达的刺激，但正常听力的受试者却能轻易区分。②, 365

一项关于先天性或语前双侧极重度听力损失的大龄儿童的研究发现，所有试验对象都没有双耳聆听的优势，即使实验的条件允许双耳冗余和双耳静噪功能发挥作用时，情况依然如此。[656] 有关重度和极重度先天性耳聋对双耳交互作用能力形成的影响还缺乏充分研究，仍难以得出普遍性结论。

15.2.4 双耳响度累加

健听人，使用双耳听到的声音响度要比单耳听到的大。尽管提高的程度不同，但对不同大小声音的响度均会有所提高。[421, 668, 673, 1136, 1495]

- 在阈值附近，双耳响度的累加相当于在一侧耳将声音强度增加 2 ~ 3dB。[421, 1619]
- 在舒适的聆听水平上，双耳响度累加相当于 4 ~ 6dB 的强度变化，也有一些研究显示，变化可以达到约 10dB。[222, 668]

---

② 如果将双耳静噪定义为针对单耳刺激而不是双耳刺激的改善，那双耳冗余就是双耳静噪的一部分。但是如果双耳静噪的参照为双耳刺激，那就可以帮助我们清楚地理解双侧优势的所有成分。

- 在非常高的强度上，双耳响度累加相当于大约10dB变化，也有一些研究表明，变化只相当于大约6dB。[797, 1561]

归纳这些研究结论可以发现，双耳响度累加导致的变化可以从阈值附近水平的约3dB或稍低，一直到高强度水平上的6～10dB。

这些较早的研究显示，当双耳聆听变为单耳聆听时，为了保持响度不变，需要提高的声音强度与使用单耳聆听时，将响度增加1倍所需升高的声音强度一样。① 如果上述现象不是巧合，并且同样适用于听力障碍者，那么就可以推断听力障碍者的双耳响度累加会稍弱于健听人（强度变化用dB表达），因为听力障碍者的响度增长曲线斜率更大。遗憾的是，响度测量十分依赖测量的方法，并且最近的研究表明，在声场条件下和（或）声音来自可见的现场说话者而不是用耳机播放预先录制的材料时，双耳聆听的响度累加会远低于单耳聆听的两倍。[353, 522]

无论什么原因，试验数据表明，听力障碍者的双耳响度累加会略低于② 健听人。[421, 673, 702, 1137] 较合理的估计是，在中等强度的声音下，听力障碍者双耳刺激和单耳刺激之间的双耳响度累加差约为4dB，在低强度下会稍小，在高强度下会稍大。这一估计的精确度不高，因为不同个体的差异明显[1137]，而且结果受到听力障碍程度和不同测量方法的影响。[522]

在阈值附近发生3dB的变化有助于两个身体探测器更好地联合发挥作用，每一侧都能感觉到同样的信号，又各自有独立的内部噪声源以确定能察觉到的最轻微的信号。能够改善察知细微声音并且区分其响度的能力，是双耳冗余的另一个优势。

虽然有人认为双耳响度累加也可应用于响度不适级（LDL），但是试验结果并不支持这一结论。依据响度不适级测试方法的不同，双耳累加可减少LDL 0～6dB。[107, 668, 702, 1712] 响度不适级很可能还会受到响度级之外的因素影响。在不引起响度不适的前提下，双耳允许的声音刺激强度要高于单耳允许的量。

双耳响度累加既不会增加也不会减少双耳验配相对于单耳验配的优势，但双耳响度累加的确会对助听器的验配产生影响，有关这方面的内容将在第

15章15.8探讨。

15.3 双侧验配的优势

一道难题的答案（验配一个或是两个助听器）常取决于提问的方式。量化双耳验配的优点（和缺点）也不例外。客观评估的答案取决于测量的方式。自我评价的答案取决于问卷要调查听觉感知的哪些方面。

下面的章节将概括介绍双侧的潜在优势及其试验证据。

15.3.1 言语可懂度

在许多情况下，多数人佩戴两只助听器比佩戴一只助听器能更清楚地听懂言语。这与使用双耳聆听比单耳聆听更好的3个理由是一样的。事实上，助听器帮助人听到声音，可以使佩戴者的双耳机制像健听人一样发挥作用，虽然有时还难以达到与健听人相同的程度，甚至会完全无效。

头部衍射

当言语和噪声来自不同的方向时，SNR在一侧耳会好于另一侧耳。③ 如果有较高SNR的一侧耳没有佩戴助听器，助听器佩戴者就难以利用较高SNR的优势。[539]

头部衍射产生的双侧验配优势主要体现在当未助听时就无法听到言语中的高频成分的助听器佩戴者身上和情境中。头部衍射产生的双侧优势，在高频损伤较轻和高频损伤太重，以至于助听也无法改善言语可懂度的助听器佩戴者身上作用较小。然而，头部衍射在言语可懂度上的双耳优势会发生在所有助听器佩戴者身上。因为造成这一优势的SNR变化只依赖头部的大小。对于高频陡降型听力损失者来说，言语可懂度的改善会低于我们基于SNR变化做出的预期，[19, 479] 也许是由于这类助听器佩戴者已经习惯于依赖低频线索。（请参阅第10章10.3.4）

尽管单侧佩戴助听器的助听器佩戴者能经常调整位置以使助听耳朝向有较高SNR的一侧，但有时并不可行，特别是在几个人交替说话的动态情境中，

---

① 响度增加在低SPL比高SPL处更快，所以在阈值附近，响度所需声音强度变化远低于在更高SPL水平上的所需变化。

② 比较结果取决于是相同SPL、相同SL，还是相同响度级。

③ 如果要在每一侧耳产生不同的SNR，那么，言语或噪声必须处在相对于聆听者中线不对称的位置上。正前方的言语与180°的噪声或同时处于-90°和+90°的噪声结合时，会在两耳产生相同的SNR。

例如在餐桌上。

双耳静噪

基于双耳静噪的双侧验配优势主要体现在任一耳未助听时就难以听清言语和噪声中的低频成分的助听器佩戴者身上和情境中。Markides（1982a）估计如果言语声超过一侧耳的言语察觉阈20dB以上，该耳就会发挥静噪作用，这个估计与近期研究结果一致。[1143] 如果在单耳助听时，言语和噪声中的低频成分已经远超两个耳的阈值，那在双侧验配时，双耳静噪就不会带来明显的优势。因此，对于低频只有轻度听力损失的人，由双耳静噪带来的双侧验配优势应该很小甚至不存在。伴随听阈升高，双耳静噪更可能带来双侧验配的优势。

因为耳间强度差也有助于双耳静噪，[580] 并且耳间强度差主要由高频传递，因此高频听阈也会轻微影响助听器改善双耳静噪的程度。

双耳冗余度

只有每个耳朵都能听到声音，双耳冗余才会发生，因此只有当助听器佩戴者双侧助听而不是单侧助听时，双侧验配的优势才会发生。然而，即使符合上述条件，我们也不能假定所有助听器佩戴者都有双耳冗余。实际上，对于老年助听器佩戴者，很可能不仅没有双耳冗余，反而会发生相反的情况，即出现**双耳干扰（binaural interference）**，详见第15章15.4.2所述。

试验证据

上述有关衍射、静噪和冗余度带来的双侧优势的理论推测与在实验室进行的言语可懂度的测量结果一致。Ross（1980）综述了19项实验室研究，其中15项显示了双侧验配在言语理解上有优势，4项显示没有差异。没有一项显示单侧验配更具优势。有些研究通过塞住单侧验配时的未助听耳来验证双侧验配的优势，这种研究其实存在严重误导。这样的研究事实上证明的两只耳朵（双耳）的优势而不是两只助听器（双侧验配）的优势。还有其他研究利用一个独立的扬声器输出信号和噪声，因为没有帮助双耳聆听的空间线索，所以用于验证双侧优势也是不科学的。更多的近期实验室研究也不断证明，在噪声中，双耳助听比单耳助听在言语可懂度要有更好的表现。[940, 1143]

尽管实验室研究显示双侧验配在噪声中具有聆听优势，但在现实生活中许多关于双耳验配的早期调查却发现助听器佩戴者在噪声条件下经常只用一个（或根本没用）助听器，即使他们在其他较适宜的聆听环境下会使用两个助听器。[180, 186, 209, 308, 465, 1571]

遗憾的是，在助听器佩戴者最需要帮助的嘈杂环境中，言语和噪声强度都会非常高，第二只助听器很难将听不到的信号放大为可以听到信号（请参阅第9章9.1.6）。因此，双侧优势难以在非常嘈杂的地方得到体现。

在嘈杂环境中双侧优势难以体现的问题，在轻度听力损失者身上表现得更明显。有对称性中度，特别是重度听力损失的患者，在嘈杂环境中双侧验配的优势至少与在安静环境中是一样的。[1134]

在开展上述研究的20世纪70、80年代，助听器佩戴者在嘈杂的环境中取下助听器并不奇怪。那时的助听器通常是线性的和削峰的，在嘈杂的环境中会产生非常失真的声音，并且外观不美，佩戴也较不舒适，远不如现在常用的助听器。在这种情况下取下一只或两只助听器似乎也是合情合理的。如果能通过高质量的，而不是失真的助听器聆听，人们会更愿意选择使用两只助听器，特别是在信号强度较高以及有噪声存在时。[1302]

那么使用低失真、高质量的助听器会怎样？如果噪声强度足够高，以至于噪声而不是升高的听阈限制了所有可用频率的可听度，那么只进行简单放大也不会改善言语可懂度。如图9.3和9.4所示，正如单侧验配没有相对于未助听的优势，双侧验配也不会具有相对于单侧验配的优势。如果声学环境有利于使用方向性麦克风，那么，进行单侧验配也许会比不助听有一定优势，但是再增加一个方向性麦克风并不一定能进一步提高言语可懂度。[106]

至少有2个原因可以解释为什么实验室的研究结果相对于基于患者自身报告的实际调查更倾向于证实双侧验配在噪声环境中有言语可懂度的优势。首先，"噪声中言语可懂度"的定义非常模糊。实验室研究大多应用的是正常言语强度，在60～70dB SPL之间，也会使用相似强度的噪声。但当助听器佩戴者报告在嘈杂环境中使用助听器时，他们提及的噪声可能远高于这个强度。其次，实验室研究经常要求受试者静止地坐着，当目标言语声发出的时候，受试者要面朝一个特定的方向。但在现实生活中，人们通常会转身以使助听侧耳获取最大SNR，但这样有时会不方便。

双侧优势在混响和噪声环境中基本相同。[1352] 有关在现实生活中两只助听器的使用及其相对于一只

> **总结：对不同程度的听力损失，双耳聆听在言语可懂度上的优势**
>
> 双耳聆听的言语可懂度优势对于重度听力损失者最大，对于轻度听力损失者最小：
>
> - 重度听力损失的人，未助听耳在任何环境下，在任何频率上都不可能提供有用的信息。[539] 重度听力损失者的双侧验配优势即使在两耳有不对称听力损失时也可得到体现。[408]
> - 嘈杂环境中的信号强度可能远高于轻度听力损失者的听阈。因此，未助听耳也会对言语理解有所贡献。只有当信号强度低时，双耳验配才可能会体现出潜在优势。可是，在这种环境下，SNR 经常也会较高，佩戴一只助听器，就能有足够的言语可懂度。因而，只有一种情况下双侧优势可能会比较显著，就是当言语来自未助听耳一侧并且（或）噪声主要来自助听耳一侧时。

助听器的优势将在第 15 章 15.7 做进一步讨论。

信号处理技术对双侧优势的影响

对于大多数中度或以上听力损失的患者而言，双侧助听器会比单侧助听器提供更大的言语优势。双侧助听会增强方向性麦克风的优势。[705] 这是由于方向性麦克风能够显著改变声音的相位。① 当使用 FM 系统为助听器提供输入（单声道信号）时，头部衍射或双耳静噪将不再发生作用。但双耳冗余带来的微小的双侧优势将仍能发挥作用。这已得到现有证据的证实。[699, 1059]

从理论上讲，在两耳独立应用压缩技术可能会干扰到双耳静噪。但这种干扰不可能发生，因为双耳静噪主要依赖时间差或相位差，而压缩技术不会对此产生影响。实验证明，双耳② 优势与助听器采用宽动态范围压缩还是线性放大无关。[1236] 尽管如此，为了避免导致强度差线索的混淆，建议不要在双耳采用启动与解除时间不同的压缩器。

同样，因为可能存在不同的处理延迟干扰到耳间时间差，因此也不建议在双耳使用算法不同的数字助听器。双侧听力损失不平衡的助听器佩戴者经常需要在每侧耳使用不同的压缩比和压缩阈。没有必要放弃这种预设，因为这种不同是由于听阈的不同，并且会抵消听阈的不同，而听阈不同会干扰正常的耳间感觉级。

15.3.2 定位

双侧助听器的定位优势主要适用于平坦型或缓降型中度听力损失者，以及重度或极重度听力损失者。对于轻声的双侧定位优势要优于强声。基于我们对定位和听力损失的心理声学特点的理解，不难理解助听器对定位能力的影响。

水平定位

没有可听度就没有定位。只要单侧验配时，未助听一侧的耳听不到声音，那进行双侧助听器验配就能比单侧助听器验配更有助于定位。因此，相对于轻度听力损失的助听器佩戴者，中度或重度听力损失的助听器佩戴者使用双侧助听器获得的定位优势会更显著。[232] 有研究同时测量了在噪声中未助听、单侧助听和双侧助听条件下，四个频率平均听力损失在 45dB HL 的受试者的定位能力和言语可懂度。[940] 结果显示，双侧助听时的言语可懂度和定位能力均好于单侧助听时，但双侧助听时的定位能力并不比未助听时强。中度听力损失者单侧助听时比未助听时的定位能力更差。单侧助听和未助听的不对称听力损失都会导致对声源的方向性产生混淆。[1631]

对于所有程度的听力损失者，随着刺激强度减弱，双侧定位的优势会增强。[420] 虽然针对轻声，双侧助听的定位优势一定存在，但中度听力损失者在实际生活中也有可能不会报告双侧助听改善了定位。[1338, 1469] 上述原理与第二只助听器可以利用头部衍射带来的 SNR 改善以提高言语可懂度是相同的（请参阅第 15 章 15.3.1）。

对于轻度听力损失者，助听时的定位能力也许比未助听时还差。[230] 可能的解释是：

· 受试者对测试时所用的助听器不熟悉（助听器佩戴者平常单侧使用助听器，但测试时使用双侧助听器或者情况相反，或对测试时所用的助听器并没有使用经验）；[1333]

---

① 或者因为双耳的相位改变相同，不会影响耳间时间差，或者由于双耳优势主要来源于头部衍射效应，不需要任何特别的耳间相位关系。

② 此处使用双耳而不是双侧，是因为非测试耳被一个已经关闭的助听器堵住了。

第 15 章　双耳和双侧助听器验配的思考

> **理论背景：助听器对耳间时间和相位线索的影响**
>
> 　　助听器改变了耳间时间线索，因此也改变了相位线索。在助听器里，导声管、换能器和滤波器（即音调控制）都可以引起时延。换能器对不同频率的时延量不同。数字处理可以延迟声音几毫秒。这种延迟相对于因为双侧耳分离而造成的耳间时间差线索更加显著。
>
> 　　在低频或中频区，声音可通过两个通道到达鼓膜：一是助听器放大通道；二是通过通气通道和（或）耳模周围漏声的直接声通道。这种多途径传输能显著改变鼓膜处混合响应的相位响应，并且能改变耳间相位线索。同时，任何一个传输通道上特征的微小变化都能造成混合途径上相位响应的较大变化。当助听器佩戴者运动下颌时，漏声通道的特征会变化。当压缩器或音量控制引起增益改变时，放大通道的特征也会改变。因此，不难理解为什么插入一个或两个助听器后会立刻引起定位能力的恶化。虽然定位的感觉很容易调整适应（下页文本框），但要完全适应这种耳间相位差的变化仍有很大困难。
>
> 　　使用开放式助听器，耳间时间和相位线索在 500Hz 以下不会受助听器影响，根据助听器的增益不同，有时 1000Hz 以下也不会受到影响。

　　• 助听器（除了 CIC）改变了可以提供定位线索的耳解剖特征，或者是因为麦克风被放置在了声音不会受上述特征影响的地方；

　　• 助听时有更复杂的低频响应（见文本框）。使用开放程度尽可能大的耳模可以最大限度地保留正常的低频线索。[232]

　　BTE、ITE 和 ITC 助听器的定位准确性（排除前后混淆）差异很小，[130, 1033, 1366] 特别是当受试者有时间适应助听器提供的定位线索后。[232] 这一现象不难理解，因为双侧验配的任何类型的助听器都能保留时间差和强度差。

　　无论单侧还是双侧佩戴助听器，佩戴助听器时的前后混淆至少与未佩戴助听器时一样常见。[884, 887, 940] 这也许是由于甚高频内包含的线索助听器仍难以听清，助听器佩戴者缺乏足够的频率选择能力利用可听到的线索，或者是由于助听器麦克风放置在了没有前后线索的地方（例如：BTE 中的全向性麦克风处于耳郭之上）。当然，最后一条肯定不会是唯一的原因，因为使用 CIC、ITC 和 ITE 助听器虽然比使用 BTE 助听器发生前后混淆少，但仍然比健听人多。[130, 383, 1800, 1912] 相对使用其他类型的助听器，助听器佩戴者对使用 CIC 助听器的定位效果更满意。[945, 1260]

　　使用方向性麦克风可以改善前后混淆问题，特别是当麦克风只在高频区具有定向性时。[①, 884, 887] 高频方向性会相对突出前方的声音的高频成分 [即**亮度**（ *brilliance* ）]，以模仿正常人耳郭对音质的影响。

　　对于传导性听力损失者，助听器可以对水平定位能力产生显著改善。这可能是因为助听器除了增加可听度，还增加了通过空气传导的声音比例，在耳蜗内增大了耳间时间差和强度差。[231] 耳模使用的材料，或者是耳模的密合程度，也会影响定位改善的程度。遗憾的是，由于对上述作用机制的理解还不够深入，因此，还很难说哪种材料对哪类助听器佩戴者最好。[231]

　　如第 2 章 2.4.5 介绍了换能器、电子元件和导声管可产生时延。不同的频率有不同的时延量。而且，助听器的插入改变了由外耳和外耳道形状造成的一些特定频率的时延。因此，当插入助听器时，助听器佩戴者的时间响应和相位响应与已经长期适应了的未助听状态有很大不同。更重要的是，助听后两耳的相位响应通常不会匹配得很好，所以耳间时间差也会异常。当助听器佩戴者首次佩戴助听器时，异常的耳间时间线索自然会严重破坏定位能力。

　　让助听器的滤波器具有根据频率改变相位的功能是可能的，这个相位改变可以在鼓膜处基本恢复未助听时（除了在所有频率不可避免的持续时延）的相位响应。[929, 1845] 耳间时间差也可基本恢复正常。

　　对具备相位保持功能的助听器的评估显示，它可以大幅减少首次佩戴助听器时引起的定位干扰。[473] 对助听器佩戴者进行验配后 16 周的随访发现，使用有相位保持功能的助听器的定位精度有所改善，而

---

① 偶然发现，高频方向性是在开放耳助听器唯一可能具备的方向性类型。

> **适应：什么时候可以对定位能力进行测量？**
>
> 　　助听器经常会改变定位线索，如果使用助听器佩戴者以前没戴过的助听器或没用过的验配设置对其进行测试（例如单侧替代双侧），那定位表现一定会明显恶化。[1333] 有大量证据显示人们可以适应用于定位的耳间时间线索和强度线索的变化。[228] 明显的适应发生在验配数小时后，整个适应可以持续数日到数周。[88, 555, 726, 803] 因此，在验配时评估定位能力（请参阅第 14 章 14.5.4）并不可行；尽管通常不必要，但在常见的助听器验配和康复流程中，在后续随访约访时对定位能力进行评估是可能的。

使用无相位保持功能的助听器的改善甚至更多。在验配后的第 16 周，定位的准确性没有显著性差异反映出助听器佩戴者有较好的学习新的定位线索的能力（见文本框）。两种情形下的定位准确性与未助听时的准确性基本一致。

　　相位匹配也有助于提高噪声下的言语可懂度：在验配后 16 周，有相位保持功能的助听器的言语可懂度要略好于无相位保持功能的助听器。[473] 也许双耳静噪在各频率的耳间时间差一致时能最有效地发挥作用。在最初的定位改善和最终的言语可懂度改善上，使用有相位保持功能的助听器的佩戴者与使用无相位保持功能的助听器的佩戴者相比，自我报告的分数也更高，特别是在 SSQ 问卷①的空间项目评分上。还不清楚定位和言语可懂度的改善是由于将相位反应与未助听耳匹配造成的，还是由于将左右耳的相位反应进行匹配造成的，因为这两种匹配同时存在。

　　助听器的信号处理技术正变得日益复杂，很可能未来会有一些方案使相位响应随着信号变化，并且在每一侧耳有不同的变化量。任何类似的方案都会对水平定位造成不良影响。[230] 目前有一个例子是助听器的自适应方向性模式，如果它在每侧耳独立运行，就会改变耳间相位差，从而影响水平定位。[887, 1837]

　　两耳独立运行的压缩功能肯定会降低耳间强度差，特别是在采用短启动时间时。[②, 887, 1290] 独立压缩对定位的不良影响对大多数声音来讲很小，这主要是因为它不会影响耳间时间线索。[887, 1290] 快速压缩

---

① 具有相位保持功能的助听器对 SSQ 自我报告得分的改善非常有价值，但是没有统计学显著意义，这主要是由于受试样本，也就是研究参与者数量（7）太少造成的。

② 在声音开始或在声音强度变化开始时，压缩对耳间强度差没有影响。在压缩启动时间的最后，耳间强度差等于未压缩时的耳间强度差除以该强度时的压缩比。因此，启动时间越短，感知效应越明显。

会影响能量只集中在高频的声音的定位（如：鸟叫声），因为聆听这样的声音时，听力障碍者比健听人更依赖耳间强度差。

　　助听器间的增益失匹配有着相似的效果。如果助听器佩戴者单独调整一侧助听器的音量，并且碰巧造成了两侧的不平衡，高频声的定位就会受到不良影响。[870] 因此，双侧关联助听器利用压缩时两侧耳的增益改变相同的量以保证音量控制在两个助听器上有相同的效果，就有一定的价值。对于宽带声音，可以忽略这一优势，因为主导定位的主要是低频的耳间时间差线索。[870, 887]

垂直定位

　　一旦插入 ITE 助听器或 BTE 助听器的耳模，原本可以形成垂直定位线索的耳甲腔形状就消失了。因此垂直定位能力几乎会被完全破坏了。对于 CIC 助听器，至少 10kHz 以下的垂直定位线索还可送达麦克风入口，因为 CIC 助听器完全在外耳道入口内。[1175, 1191, 1615] 此时，助听器佩戴者是否能利用这些线索进行垂直定位就完全是另外一个问题。因为线索都在 5kHz 以上，因此，只有助听器能听到 5 ~ 12kHz 范围的信息，并且助听器佩戴者有足够的频率解析能力来准确识别这一范围的频谱波谷，才有可能进行定位。

　　ITC 助听器的情况应该处于 ITE 和 CIC 助听器之间。耳甲腔没有被完全占据，但是感觉点（助听器麦克风的入口）发生了变化（外耳道的入口）。因此，保留的垂直定位线索与正常状态下有很大不同，如果可能，使用者需要重新学习使用新的线索。

　　实验研究表明 BTE、ITE 和 ITC 助听器不仅不能改善垂直定位，还会使之变得更糟。[130, 1332] 当健听人佩戴带宽至少超过 8kHz 的 CIC 助听器时，基本能够很好地进行垂直定位，但是相对于未助听的状态仍会有一些恶化。[383, 1637]

　　对于高频阈值接近正常的少数助听器佩戴者，

使用开放式耳模有助于保持垂直定位能力和声音保真度和声音外化。[235]

15.3.3 音质

双耳聆听提供的音质优于单耳聆听。这一优势体现在多个方面，如清晰度、丰满度、宽广度和总体质量。[76] 使用双耳时人们通常会比使用单耳时更易对声音进行分辨。例如，能区分更小的声音强度[674,675,825,1536]和频率差异。[825,1413] 削峰会对双耳聆听产生更明显的不利影响。[1302]（这也可以算是双耳验配的缺点，但只有助听器佩戴者验配较差质量的助听器时才会发现。）相对于单耳聆听，混响对于双耳聆听时的言语可懂度和音质的不良影响要较小。

在得出上述结论的试验中，有关单耳的结论是通过仅刺激一只耳获得的。因此，除非助听器佩戴者有足够严重的听力损失，单侧使用助听器时的确只能接受单耳刺激，否则，我们不能将上述结论推广到配戴两只而不是一只助听器的患者身上。对于轻度听力损失者，使用双侧助听器也会获得一定的音质优势。助听器佩戴者通常会反映双耳之间的声音响度更平衡了。[165]

15.3.4 避免迟发性听觉剥夺

对双侧对称性听力损失者（纯音听阈和言语识别能力均受损）来说，如果只在一侧耳验配了助听器，那么对侧耳理解言语的能力会在随后几年进行性下降。[1625] 这个现象被称为**迟发性听觉剥夺（late-onset auditory deprivation）**。迟发性听觉剥夺会显著影响单侧助听的助听器佩戴者。[783] 双侧助听的助听器佩戴者极少发生这种情况，并且可能有不同的原因。[783]

未助听耳的听觉剥夺现象已经在儿童、中年人和老年人身上被证明。[607,694,782,1567] 在儿童，发育的正面效应会抵消未助听耳的剥夺现象。因此，未助听耳的言语分数相对于助听耳也许会提高得更显著。[694]

伴随未助听耳言语识别率的降低，有时助听耳的言语识别率会有小幅增加。[151,589] 这一现象被称为**习服（acclimatization）**（请参阅第 14 章 14.7）。

剥夺和习服是听觉系统**可塑性（plasticity）**的结果。当听觉系统的输入有改变时，神经重组便发生了。应用功能性核磁（fMRI）可以观察到单侧验配 9 个月后，某一时间点上针对一只耳信号输入声音的皮质活动变化。[790] 更戏剧化的是，在一侧耳突发感音神经性听力损失时，通过电生理技术可以观察到好耳对侧半球的主导作用在耳聋发生后不久就会增强。[1444] Neuman（1996）的综述曾介绍，有大量的生理证据可以证明动物的可塑性。

听觉剥夺的准确时程还不清楚，但是其效果在验配后一年的分组数据中就可以反映出来。[1627] 个体分数的下降会延续从 7 个月到 5 年不同的时间。[605,783,784] 虽然在最初几年，功能会随时间下降，但是进一步使用单侧耳一段时间后似乎没有导致未助听耳言语功能进一步下降。[608]

下降的幅度因助听器佩戴者而异。一项包含轻度、中度和重度听力损失者的研究显示，未助听耳的平均言语得分下降了 7%，助听耳的平均言语得分下降了 3%。[608] 另一项研究未详细说明助听器佩戴者听力损失的程度，发现未助听耳与助听耳的下降程度没有差异。[1675] 相比之下，一个有关极重度聋个案的报道显示，得分下降了 40%。[151] 另一项主要针对对称性传导性听力损失者的研究显示，助听者和未助听者之间平均言语得分相差 30%。[425]

有大量文献介绍中度以上听力损失者的听觉剥夺效应。[1312] 在三个频率的平均听力损失只有 35 dB 时也会发生听觉剥夺。[608,784] 比较不同的研究可以发现，听觉剥夺效应的程度伴随纯音听阈的下降而增加。[783] 很显然，听力损失越重，助听耳和未助听耳提供给大脑的信息差异也就越大。

虽然影响未助听耳的现象被称为剥夺，但是这个现象远比仅仅缺乏刺激更复杂，以下现象可以反映这种复杂情况：

- 当双耳有同等言语可懂度的听力损失者在不佩戴助听器的情况下继续生活时，言语可懂度不再下降（除了可能的与老化有关的渐进型下降）。[608]
- 助听前双耳间听阈差距很小的助听器佩戴者经常会表现出，听阈较好耳的言语识别能力会显著好于对侧耳。[759]
- 单侧听力损失者的受损耳的言语识别能力很可能比双侧对称性听力损失者的有同等纯音听阈的受损耳差很多。[759,1244]
- 一项前瞻性研究显示未助听的患有双侧不对称听力损失的患者，其较差耳的言语识别能力会在两年内不断恶化。但是较好耳和同组内已助听的较差耳并未出现下降。[1628]

关于听觉剥夺的这些发现提示一侧耳在另一侧

耳只有少许劣势时，就会在言语可懂度方面占据主导地位。最初的劣势可能是因为听力损失的少许不平衡或因为只有一侧耳佩戴了助听器。当大脑可以选择关注较好一侧的信息时似乎放弃了对提供较差信息一侧耳的关注。①

听觉劣势（*auditory inferiority*）、**听觉停滞**（*auditory inactivity*），425 或者**懒耳**（*lazy ear*）也许比听觉剥夺能更加准确地描述这一过程。但剥夺这一术语仍然有用，因为根本的原因还是耳蜗的输出不足。未助听耳的听觉剥夺程度很可能就取决于助听耳的听力损失程度。听觉剥夺也许只有在助听耳能提供信息足够丰富的信号，造成大脑停止对未助听耳的关注时才会发生。

听觉剥夺并不需要未助听耳耳蜗发出的信号失真。Dieroff（1993）曾报告对称性传导性听力损失者的未助听耳使用耳机时的言语识别分数平均比配对对照组的助听耳的得分低33%。这一发现表明只要到达一侧耳蜗的信号比到达另一侧耳蜗的信号有轻微的减弱就足以引起听觉剥夺。

双侧助听后，未助听耳有可能恢复听觉能力，但并不一定都会恢复。151, 605, 1312, 1626, 1629 Boothroyd（1993）曾报道过，先进行双侧助听，中止一段时间后再重新进行双侧助听，每一次都可使之前未助听耳的言语识别能力提高大约40%。

功能恢复也许只是部分的。605, 784 只有在双耳助听后数月到数年才可能部分恢复功能。个案记录显示剥夺效应出现快的助听器佩戴者也会比较快地恢复，提示一些人比另一些人有更强的听觉系统可塑性，但是这一结论还有待证实。605 相当大的一部分患者会放弃使用第二只助听器，这是因为复合声的效果比他们已经习惯的单侧助听器要差。784

非言语声也反映出助听耳和未助听耳的差异。助听耳对高强度声音的强度辨别能力要好于未助听耳，但是对于低强度声音的强度辨别能力要弱于未助听耳。1519 换句话说，各侧耳似乎在日常最常接受的感觉强度上功能会最好。对于单侧验配的人，助听耳的响度不适级似乎会随着时间推移而有轻微增长，但是未助听耳侧会有所下降，679 双侧验配后，响度级似乎不会改变。679 这些发现进一步证明了一个结论，即耳和脑分析声音的方式受到它们习惯处理的声音性质的影响。

> **将听觉剥夺的危险降低到最小**
>
> 1. 建议和鼓励使用双侧助听器。
> 2. 如果助听器佩戴者喜欢只佩戴一只助听器，鼓励助听器佩戴者每天或每周在两耳之间轮流使用助听器。694
> 3. 每年都要检查单侧佩戴助听器的患者的言语识别能力。
>
> 上述服务要比只进行单侧验配而不要花费更多。

15.3.5 耳鸣的抑制

使用助听器能够掩蔽甚至抑制耳鸣。耳鸣经常是双侧的。因此，不难理解双侧助听器在掩蔽耳鸣方面比单侧助听器更有效。191, 527 在一项研究中，66%的耳鸣患者报告双侧验配助听器可以减少耳鸣，而只有13%的单侧验配助听器佩戴者报告耳鸣减少。191 在极少数情况下，助听器也能加重耳鸣。

15.3.6 其他方面的优势

双侧验配有一个实用优势对重度或极重度听力障碍者特别重要：当一只助听器发生故障时，使用两只助听器的人仍然可以有一只助听器在工作。

尽管维修助听器时，助听器佩戴者可以借用一只助听器，但**租借助听器**（*loaner aid*）：

- 可能只提供BTE助听器或模块化的ITC助听器；
- 需要花时间进行临床验配；
- 也许有不熟悉的放大特性和控制键；
- 只能到诊所接受服务。

因此，配有另外一只永久的、个体化验配的助听器是一个更好的选择。

双侧助听器比单侧助听器需要的增益稍小（请参阅第15章15.8）。为获得特定响度而降低的增益量要小于为避免响度不适而减少的SSPL量（如果需要）。因此，双侧助听器与单侧助听器相比，发生饱和的频率和程度更低，可以在高输入强度时提供更好的音质。同样，由于高强度输入对言语可懂度有负面影响（请参阅第10章10.3.4和10.4.6），因此使用双侧助听器时，较低的增益也许比使用单侧助听

---

① 甚至关于双耳剥夺的概念也是极度简单化了：当在较低感觉强度上给予言语刺激时，未助听耳实际上有较好的言语识别效果。589 据此推测，大脑更习惯从未助听耳接收低强度的信号，并且更善于处理这些信号。

器时有一定优势。如果助听器增益较小,反馈问题也会较小。但验配双侧助听器时,这些源于较低增益的优势并不十分明显。

有慢性渗出又佩戴助听器的患者,如果发现助听器加重了渗出,可以双耳间交替使用助听器。对这样的助听器佩戴者,应尽可能采用开放式耳模。

最后,不同于使用单个助听器的助听器佩戴者,双耳佩戴助听器的患者在需要时可以自由选择使用两只助听器或只在某一耳使用一只助听器。

15.4 双侧验配的劣势

15.4.1 费用

如果助听器不是免费提供的,那第二只助听器以及与之相配的电池的花费,将是影响许多助听器佩戴者选择的主要问题。当助听器佩戴者直接承担助听器的费用时,花费限制了助听器的购买。[955] 在提供免费助听器的服务体系中,增加的费用由政府和保险公司承担。费用增加对于资金提供者来说也是一个大问题,如果验配双侧助听器的比例超出了资金提供者的预期,就需要听力师说明这一选择的合理性。

伴随双侧验配的比例不断提高,要求给予合理解释的期盼也在升高。(这当然是一种循环性的探讨。)好在变化的趋势也与大量研究结论相一致,这些研究表明双侧验配确实比单侧验配有更多益处。不管谁来为助听器付款,都需要将助听器的费用与第 15 章 15.3 所总结的收益相平衡。

遗憾的是,在一些服务提供体系中,验配双侧助听器的费用是验配单侧助听器的两倍,但其实,验配两只助听器不会比验配一只助听器多付出两倍的工作量。不论是验配一只还是两只助听器,许多工作其实是一样的(包括:评估;为助听器佩戴者提供听力损失信息和助听策略以及培训助听器佩戴者使用助听器的多数活动。)。两只助听器当然不可能提供两倍于一只助听器的效果。[1190] 因此没有理由让双侧验配的康复服务费用比单侧验配高出两倍。

15.4.2 双耳干扰

有部分未知比例的老年人通过耳机进行双耳聆听比进行单耳聆听时的言语识别能力要差,[33,59] 在声场中用双耳助听器聆听相对于用单耳助听器聆听(言语和噪声源来自正前方或正后方)也会有类似的现象。[259,1881] 这些结果(排除随机测量误差)意味着从差耳到达大脑的信号已经干扰了单独使用好耳(或助听后的较好耳)时的言语感知。

这种第二只耳产生的反效果被称为**双耳干扰**(***binaural interference***)。[821] 一些有双耳干扰经验的助听器佩戴者说他们在左耳或右耳戴助听器都行,但是不能双耳佩戴,也有一部分助听器佩戴者对哪一侧佩戴助听器有更明确的偏好。[259]

有几项已经发表的有关双耳干扰的病例研究显示,助听器佩戴者在一侧佩戴助听器(更常见的是右耳)时,在噪声中的言语察觉阈(SRT_n)要优于双侧佩戴或在另一只耳佩戴助听器时。助听器佩戴者的助听效果较好的一侧耳的 SRT_n、双耳分听言语测试得分和(或)电生理反应也明显好于对侧耳。[20,259,302,756,821,1879] 因为双耳的中潜伏期电生理反应明显弱于好耳侧的反应,所以看起来似乎是对差耳的刺激会抑制听觉系统对好耳刺激的反应。[821]

搞清存在双耳干扰的助听器佩戴者中有多大比例有单侧(或耳机测量)SRT_n 和(或)双耳数字分听得分以及(或)早、中、晚潜伏期电生理反应的显著不对称,是一个非常有意思的事情。

有研究证明在一个有对称听阈,但有明显不对称的单耳言语可懂度得分的 5 岁儿童身上也存在双耳干扰的现象。[1567] 言语可懂度的不对称很可能是由于前 3 年孩子只戴一只助听器造成的听觉剥夺的结果。这一推测尽管没有完全被证实,但是非常可能。许多双耳干扰病例是由不对称的言语可懂度造成的,而言语可懂度的不对称,又是由于各种原因,包括单耳验配造成的听觉剥夺引起的。[①,821]

双耳干扰的普遍性

据估计大约有 10% 的老年听力损失者有双耳干扰的经验,[33,821,1623] 但最新的研究表明这个比例也许更高。Walden(2005)用来自前方单个扬声器的

---

① 研究听觉剥夺造成的优势耳与双耳分听言语测试时常见的优势耳的关系是个有趣的题目。即使双耳听力正常的人,在将不同的言语刺激同时送达各侧耳时,其言语识别能力也不一定对称。在双耳分听条件下,右耳的言语识别能力通常比左耳更好。[20] 右耳也似乎更能抵抗听觉剥夺,虽然这一判断还有待证实。[783] 关于单侧剥夺的效果和可逆性,以及它们与左右半球处理言语和非言语信号之间差异的关系,[1736,424] 仍是未来研究的热点。

言语和噪声对 28 位平均年龄 75 岁（范围 50 ~ 90 岁）的双侧佩戴和单侧佩戴助听器的患者按年龄顺序进行测试。结果发现，相对于佩戴两个助听器，SRT_n 在只将助听器戴在左耳时平均要好 2dB，在只戴在右耳时平均要好 3dB。双侧佩戴时的 SRT_n 比只戴在好耳上平均要差 4dB，比只戴在差耳上平均要差 1dB。在此项研究[1881]和更早期的研究[817]中，都存在双耳干扰程度随年龄增长而增加的现象。

这些更近期的研究表明老年助听器佩戴者在噪声中存在双耳干扰非常正常，甚至比双耳冗余更常见。这一结果与大多数人在验配后持续使用双侧助听器的现实不太相符（请参阅第 15 章 15.7），也与实验研究中报告的双侧优势以及单侧与双侧验配的言语可懂度相同等结果不一致。Marrone，Mason 和 Kidd（2008）用前方目标言语声和两个竞争说话者做背景，对一组较年轻的老年人（平均 70 岁）进行了研究。研究中或者将目标信号与竞争说话者放在一起，或者将竞争说话者分别放在两侧。在上述两种条件下，SRT_n 平均得分均显示双侧验配相对于单侧验配，既没有体现出优势也没有体现出劣势。在安静情况下，双侧验配的 SRT 比单侧验配的好 2dB（也就是双耳冗余度）。[1143] 以下三个因素也许能部分解释上述现象。

第一，Walden 发现双耳干扰出现的频率较高是由于在测量时，将言语和噪声放置在一起的结果，而在现实生活中，言语和噪声经常是在空间上分离的。如果一个助听器佩戴者只有很小的双耳干扰效应（如等于 1dB 的 SRT_n 减少），那与双侧验配提供的头部衍射优势相比，很可能没有那么重要。相反，如果给予双耳相同的声音时，有明显的双耳干扰，则很有可能会掩盖头部衍射和双耳静噪针对空间分离的言语和噪声信号所带来的 SNR 改善（如果双耳静噪发生在所有有双耳干扰的人身上）。

第二，测量发现的明显的双耳干扰是在有四个人交谈的嘈杂环境中得出的。当谈话人较少时，双耳聆听可以针对竞争谈话者的掩蔽为目标信号提供更大的空间分离（即存在间隙以及掩蔽能提供更多信息时）。对双耳干扰与掩蔽物的强度和复杂性的依赖关系迄今为止还不清楚。

第三，很早就有人报道许多正常使用两只助听器的佩戴者在嘈杂环境中时，会摘掉一只或两只助听器（请参阅第 15 章 15.3.1）。[1571] 然而过去一直将这个原因归结为助听器失真或是认为当声音强度很高时不需要双侧助听器就能达到双耳聆听的效果，但现在看，似乎双耳干扰也是这一行为的重要原因。

双耳干扰的产生可能有三个重要原因，每一个都有一些证据支持。

不对称的耳蜗失真

可以在健听人身上模拟双耳缺陷。当用不同的方式将两只耳听到的言语声失真以模拟不同的耳蜗失真时，双耳言语得分会低于单耳得分。[760, 1533] 有趣的是，非对称失真只能造成成人而不是儿童的双耳干扰。[1533] 在双耳应用相同类型的失真时可以完整地保留双侧优势。受试者报告当他们聆听非对称的失真信号时，会试图选择性地关注较清楚的一侧信号，这进一步证明了双耳干扰和剥夺会相互促进。[760]

造成双耳信息混淆的一个原因可能是由于一侧耳蜗相对于另一侧耳蜗调谐特性的改变。这样的变化可能是由外毛细胞的功能损坏造成的。如果大脑通过传出神经纤维对耳蜗的控制功能下降，毛细胞的功能障碍可能会进一步加重。[1040, 1475, 1562] 人在每侧耳听到的音高不同，可能是由双耳的重调谐功能不同造成的心理声学效应，这一现象被称为**复听**（*diplacusis*）。复听是预示双侧验配效果较差的一个重要指标。[1132, 1133]

大脑半球老化的差异

双耳干扰的另一个潜在原因源自大脑皮质的不对称。很早就有人怀疑老年人的右侧大脑半球功能随着年龄增加比左侧半球的功能退化要快很多。[635, 835] 每一侧大脑半球与对侧耳蜗比与同侧耳蜗的联系更多。因此，当来自两侧耳蜗的信号在两侧大脑半球结合时，来自左耳并主要刺激有更多功能障碍的右侧半球的信号，相对于老化较少的人，会在某些方面发生失真，结合后的信号会不如单耳提供的信号清晰。对于大多数言语可懂度存在显著不同的病例来讲，通常右耳的功能会更好。

大脑半球间的低效传输

第三个假设也涉及双耳的不对称。因为左侧半球更善于感知言语，语言信号在被解析之前必须经过右半球到达左半球。

有人怀疑老龄化可能降低了大脑半球通过胼胝体传递信息的有效性（造成延迟或失真）。[302, 637, 815] 这个假设和上一个假设都与老年人在双耳分听言语感知作业时常表现出的右耳优势现象一致。[835] 左右耳针对双聆听语音平衡词的事件相关电位（P_{300}）存在显著不同，但针对非言语信号的不对称会发生反转,这一证据表明是大脑半球间的传输障碍,而不是右侧大脑的功能衰退造成了双耳干扰。

> **总结:双耳干扰**
>
> - 当给予两耳同样信号时,一定比例的助听器佩戴者会存在双耳干扰。
> - 干扰会造成许多助听器佩戴者更愿意选用单侧助听器,并且使用一只助听器的效果会更好。
> - 这个单侧优势也许是因为,两个耳蜗产生的信号差异太大,以至于它们的输出相互干扰,或右侧半球随着年龄增长较左侧半球退化的更严重,或信息在大脑半球皮质之间传递时失真了。

其他支持老化程度不同或是大脑半球传输障碍假设的现象还有:

- 即使双耳的纯音听阈和畸变产物耳声发射足够对称,但左耳的语音平衡词得分仍低于右耳;[302]
- 对称的 ABR 的 V 波的潜伏期和振幅表明不对称发生在脑干后;[302]
- 在双侧助听器验配之后,右耳的习服要好于左耳(即增加言语识别能力),表明胼胝体或者右侧半球的可塑性降低。[1409]

15.4.3　自我印象

即使不用助听器佩戴者付费购买助听器时,也有许多助听器佩戴者选择验配一只助听器而不是两只。[1754] 有时助听器佩戴者会说"我的听力没有那么差",以此证明选择单侧验配是合理的(当只有体积较大的 BTE 助听器时,这很常见)。这种说法可能隐含着三种观念:

- 如果助听器佩戴者将助听器与变老或变聋联系在一起的话,他们会将两只助听器与更老或更聋联系到一起,而这与他们对自己的看法或者事实是矛盾的。许多时候,朋友和亲戚会强化对使用双侧助听器的负面评价。[191] 佩戴两只助听器的人比佩戴一只助听器的人更有可能反映自己的助听器太引人注目了。[1754] 从积极的角度讲,他们也更有可能发现在佩戴两只助听器时,别人会注意到他们更加敏锐了。[1754] 这一发现对于给因考虑美观而不想佩戴两只助听器的患者非常有价值。
- 助听器佩戴者也许会过于乐观地评价自己只用一只助听器的聆听效果。
- 轻度听力损失者也许会准确地判断第二只助听器在短期内不会给他们带来显著的效果。

15.4.4　其他方面的劣势

风噪声

即使很小的风也能在助听器内产生相当于输入 100dB SPL 声音时的噪声。[458] 两只助听器比一只助听器放大 100dB SPL 的噪声更加糟糕。因此,在有风的情况下,相对于单侧助听器,人们肯定不会给双侧助听器更高的评价。[186] 改变头部方向可以使助听器麦克风的风噪声降低到最小,但是通常难以让两只助听器都立刻取得改善。这个问题在使用 CIC 助听器时,比使用其他助听器时要小,但是问题依然存在。

助听器使用

体力和脑力减退的人在使用助听器时,会有严重困难。使用两只助听器时,在插入助听器、更换电池、开关按钮和控制音量方面更易出现麻烦。针对双耳验配,调节音量影响两个方面:总体响度和两耳之间的平衡。相对于控制单一助听器的音量,控制两只助听器确实更加复杂。甚至一些体格心智健全的人也会报告在第一周或整个使用过程中,协调使用两只助听器存在困难,即使他们最终也能够掌握技巧。[527] 通过无线技术连接助听器的增益,可以使两个助听器的增益同时随着一个控制的变化而变化,就可以解决这个问题(请参阅第 3 章 3.2)。

堵耳效应

如果助听器配戴过紧就会产生堵耳效应(请参阅第 5 章 5.3.2),此时,佩戴双耳助听器会比佩戴单耳更令人烦恼。[824]

15.5　双侧优势的测试

在过去很长时间内,人们无法证明个体在言语识别方面的双侧优势,即使我们能较方便地使用空间分离的言语和噪声测试来证明整个试验组的双侧优势。

Jerger、Darling 和 Tlorin(1994)的研究是个例外,他们使用线索听力测试(Cued Listening Test)证明了 10 个受试者中有 7 个人有明显的双侧优势。在这个测试中,助听器佩戴者必须指出每一个出现在连续谈话中的目标词,谈话来自头部一侧的扬声器，另一个不同的连续谈话来自头部另一侧的第二个扬声器。在这个试验中，有两个重要的细节，一是所有的受试者都有使用双侧助听器的经验，二是在不同助听条件下都使用100个目标词。在常规临床工作中，给已经成功使用双侧助听器的佩戴者进行这样冗长的双侧优势测试似乎并没有太多意义。

目前还没有一种可以在耳机下进行的双耳功能检查，以方便在助听器验配前准确预测双侧放大与单侧放大相比，效果是更好、相同，还是更差。[164a] 原因包括：

• 如果给予每侧耳一个适合其听力损失的增益频率响应，而不是使用听力计较易获得的平坦响应，那么耳间的相互作用可能是不同的；

• 耳机测试很容易给出单耳和双耳刺激。但对于临床应用，我们希望推测出的是单侧验配相对双侧验配的性能优势；

• 对单侧耳进行适当验配后，双耳交互作用的性质也许会在聆听几个月、几周、几天，甚至几个小时后发生变化。

因此，在这一节列出的双侧和单侧助听性能的测试，主要针对已经接受双侧验配，但仍对双侧验配的价值存有怀疑的助听器佩戴者。

迫切需要研发一些测试，以方便在验配前判断助听器佩戴者是否有不良的，而不是有益的双耳交互作用。将来很有希望开发出这样的测试。其中一些有部分共识但尚需大量研究的项目，包括：

• 可接受噪声强度测试（ANL）（请参阅第9章9.1.5）有较好的预测双侧或单侧验配的适用者的潜力。总体上看，ANL值对双耳聆听和单耳聆听是同样的，但是一些助听器佩戴者进行双耳测试时，ANL值会较差。[571]

• 空间噪声句子聆听测试（LiSN-S[241]）会生成一个在耳机下的虚拟听觉环境，近期已发展至可以模拟助听器的放大效果。[628] 这一放大功能可以应用于单耳或双耳。这种综合应用可以克服前面提到的耳机测试的主要问题。

• 掩蔽强度差异测试或电生理中潜伏期中双耳作用成分的测试，两者已显示出良好的相关性，但是可能只能反映由脑干或中脑引起的双耳问题。[1037]

• 双耳分听测试的结果，譬如双耳分听数字测试（DDT）或双耳分听句子识别测试（DSI）的结果，也许与两耳利用不同信息的能力有一定关系。[93, 301]

在推荐什么时候和怎样进行助听器测试前（请参阅第15章15.5.3），需要先讨论两个复杂问题。

15.5.1　单侧条件下选择参考耳的偏差

如果将使用两只助听器的言语处理能力与使用一只助听器时相比较，那应该怎样选择单侧条件下的测试耳呢？如果我们按照听力图（例如平均听力损失较小的那侧耳），或按照实际情况（如一个人是右利手），或按照理论（右耳优势比左耳优势更常见，特别是老年助听器佩戴者），[260, 814, 820, 1881] 或者只是随机选择，那有一种可能是，未选择的另一只耳事实上有更好的言语识别能力。测得的双侧优势也许只是因为双侧助听时包含了言语识别能力较好的另一只耳。这会引起有利于双侧助听的系统偏差。

另一方面，如果单独测量两耳，并将得分较好的那一侧耳选为参考，就会产生不利于双侧助听的系统偏差。[210, 223] 因为所有的言语测试得分都包含随机成分，所以即使在没有实际差别的情况下，较好耳的助听得分也可能超过双侧助听的得分。在确有双侧优势的时候，这种有利于单侧助听的统计学误差将导致测试中双侧助听优势的减小。除非言语测试包含很多项目，否则，偏差会有很大影响。对于一个包含25项的测试，偏向单侧助听的偏差最高可达6%，[223] 这与某些情况下能获得的双侧优势几乎等量。

测试双侧优势时可以减少偏差的方法有：

1．将两个单侧得分平均并与双侧得分比较。

2．进行两次双侧条件下的测试，并将较高得分与两个单侧测试时较高的得分进行比较。

3．从单侧得分较高的值中减去一个固定值，以补偿偏差。[223]

4．在各测试条件下使用更多的测试项目（如100个，但是会受到时间限制）。

5．使用有较大斜率的得分—强度函数的高语境测试，使真实差异远高于偏差（请参阅第15章15.5.2）。

6．只选择助听器佩戴者认为言语听得清楚的一侧耳，或已经用其他的言语测试证明较好的一侧耳进行单侧助听测试。

这些方法没有一种是完美的。当双耳有近乎相同的言语处理能力（基于听力图和助听器佩戴者的意见）时，选择方法2或3。当有较强把握相信一侧耳比另一侧耳好时，可选择方法6。虽然方法5常被采用，但是其消除偏差的程度可能不够。

15.5.2 用言语测听评估双侧的敏感度

应用言语识别测试能够可靠地对单个助听器佩戴者进行双侧优势的测试吗？假设我们要在助听器佩戴者双侧助听和单侧助听条件下完成一个有 50 个得分项的言语测听。在正确率为 30% ~ 70% 时，重测差异的标准差是 10%。[664, 1781] 要获得 95% 置信水平上的显著差异，双侧助听的得分必须超过单侧助听得分 20%。如果言语测试由独立的词构成，**得分 – 强度（P-I）函数**（*performance-intensity function*）的斜率很可能要达到 SNR 每改变 1 dB 分数要改变为 3%。

要在言语测试中得到可靠的结果，双侧优势必须明显超过 7dB。只有单侧助听耳远离言语声并（或）靠近噪声时，才能获得如此大的优势。如果是通过测试有较好 SNR 的一侧耳得出单侧助听的分数，那双侧优势很可能不会如此明显。

这种情况对于掩蔽噪声与言语信号有相似频谱的高情景言语测试更加适合。在这样的测试中，P-I 函数的斜率至少可以达到 SNR 或强度每变化 1 dB 时，得分变化 10%。[952, 1236, 1438] 因此，用一个包含 50 个独立项的词表有时就能测试小至 2dB 的双侧优势。① 在两耳存在不同的信号与噪声的组合时，我们还能希望发现双耳静噪的存在。只有当言语和噪声在空间上分离时，才能出现这样的差异，此时，预期的头部衍射效应也会出现。如果头部衍射和静噪都有助于双侧优势，我们就有把握双侧优势会超过 2dB。如果只有静噪起作用（即有较好 SNR 的耳选择作为单侧参考），那我们的把握就不大了。

总之，在下述条件下，我们较容易证明单个助听器佩戴者的双侧优势：

- 安排好测试的位置，使头部衍射有利于双侧助听，并且多采用不利于单侧助听的条件作为参考；
- 采用有大斜率 P-I 函数特性的测试材料，② 这样的材料包括双音节词和高语境句子测试项，如

---

① 高语境的句子需要有超过 50 个的词汇和少于 50 个的句子，可以获得与使用 50 个独立词汇相同的统计学可靠性。
② 用句子材料评估助听器的效果至少在 60 年前就已提出。[552] P-I 函数斜率和双侧优势（用百分比表示）之间的内在关系也许可以解释这一现象，即最陡的 P-I 函数通常也会有最大的双侧优势。[1267]

BKB 句子，[94] 噪声中听力测试（*Hearing In Noise Test*，*HINT*），[1323] 噪声中言语测试（*Speech In Noise*，*SIN*），[926] 等效清晰度荷兰语句子测试，[1438] 奥尔登堡（德语）句子测试 [*Oldenburg*（*German*）*Sentences*][960] 和某些语言中的矩阵句子测试（部分词汇随机重新安排到新句子中）。[665, 1870]

进行单侧和双侧条件下的测试时，均需对 SNR 进行调整，以便能从 P-I 函数的斜线部分获得分数。考虑到 P-I 函数的斜率，在每个句子测试后适度调整 SNR 就能实现上述目标。如果句子中有一半或少于一半的词汇正确，就增加 SNR；如果超过一半正确就降低 SNR。增加或降低 SNR 的步距应该一样。采用大约 4 次往复调整的 SNR 求平均值就可估计出 50% 词汇正确时的 SNR。采用更多的往复数据会增加估计的准确性。可以利用一个偶数来无偏性地找到 SNR 的中点。另外，如果只有具有固定 SNR 的记录可用，为了估计 P-I 曲线上倾斜部分的位置，就需要得到并在图上标出几个 SNR 的值。

为了尽可能检测出双侧优势，测试强度应该尽可能低并贴近实际。应用测试强度越大，未助听耳贡献有用信息的机会也越大，这样无论是单侧和双侧助听实际上都会存在双耳聆听。55dB SPL 的言语强度也许是一个合适的折中选择，因为它低于正常的言语强度，但又会在日常生活中经常遇到。

15.5.3 言语测试在评估双侧优势中的作用

第一次接受验配的大多数助听器佩戴者能够在试戴助听器的最初几个小时里，指出喜欢双侧而不是单侧佩戴助听器。最初的偏爱可以预示助听器佩戴者能长期接受双侧助听器。[527]

而且，我们已经看到要准确检测双侧优势需要具备有利于双侧聆听的头部衍射效应。针对头部衍射改善 SNR 引起的双侧优势进行常规测试没有意义。对于任何有头部，且至少在 1kHz 以下可以助听的人来说，这一优势都会在某些真实生活情境中出现。检测头部衍射造成的双侧优势并不能表明存在任何真正的双耳交互作用。但是它可以表明至少在某些情况下，与使用单个助听器相比，助听器佩戴者将会从两只助听器获得更多益处。[210]

当特定助听器佩戴者需要时，进行双耳测试可以起到两个作用：向怀疑者证明双侧优势或发现双耳干扰。如前所述，由于过于耗费临床时间，所以

常规开展测试并不明智。

向怀疑者证明

进行言语测听可向怀疑第二只助听器好处的人证明其双侧优势。测试时的布置如图 15.9，这种设计通过捕捉头部衍射、静噪和冗余效果可以使双侧优势最大化，同时通过让言语在前面象限中出现又保留了表面效度。如果需要也可以应用前方 30° 角而不是 45° 角，因为当前方角度从 0° 角变成 30° 角时，双侧优势会迅速增加。

检测双耳干扰

有一种言语测听可用于确保助听器佩戴者不会是双耳刺激比单耳刺激的效果还差的人。为了这个目的，我们应该使头部衍射效应降到最小，因为对言语可懂度的正面影响会部分抵消我们旨在检测的负面双耳交互作用。图 15.10 显示了合理的测试布置。这一测试可以证实助听器佩戴者试用双侧助听器比单侧助听器效果更差的抱怨。还有，如果图 15.9 的测试没有能显示预期的优势时，可采用图 15.10 的

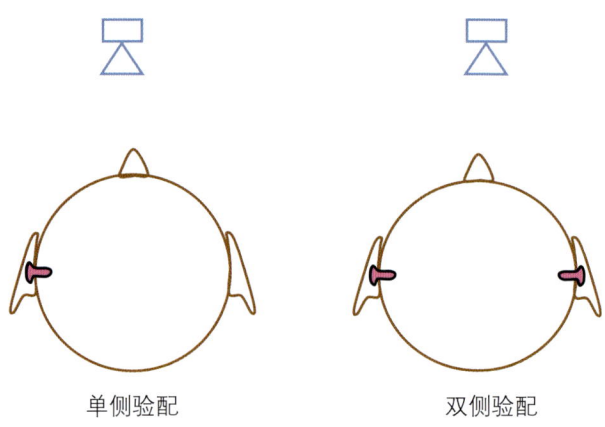

图 15.10 探测双侧干扰作用的测试布置。言语和噪声都来自同一个扬声器。

测试查明其原因。

习服效果

对于已经适应单侧放大的助听器佩戴者来说，确认双侧优势以及消除双耳干扰的需要会更强烈。遗憾的是，最初导致助听器佩戴者难以接受第二只助听器的因素也会使客观存在的好处在最初难以被证明。在进行双侧使用助听器的训练后，言语可懂度发生的改善，证明了聆听经验的重要性。[1592]

助听器验配后听觉系统的改变在脑干水平也很明显，Philibert 等（2005）观察到在双耳助听器验配后，听觉脑干反应发生了变化。其变化在受助听器影响最大的频率和幅度处最大。

15.5.4 定位测试

定位在临床工作中不是一个常见的测试项目，虽然这样的测试简单易行（见文本框）。如果定位测试是用于比较一侧助听和两侧助听的效果，给予的刺激强度要尽可能低，且应与现实生活接近。[420] 否则，助听器佩戴者可能实际上在单侧和双侧测试条件下都是用双耳聆听。

定位能力本身很重要，原则上也可用于评估单个助听器佩戴者是否存在有用的双耳交互作用。[210] 如果对定位有用的双耳交互作用出现了，那么双耳静噪或双耳冗余也将存在。[420, 741, 1591] 然而，到目前为止，定位能力只显示出与言语识别上的双侧优势有微弱的相关关系。[1335, 1591] 然而，患者自己报告的定位能力却与言语理解能力密切相关，甚至在控制听力损失时也是如此。[1338] 简而言之，定位与双耳可懂度的改善之间的关系还不清楚。

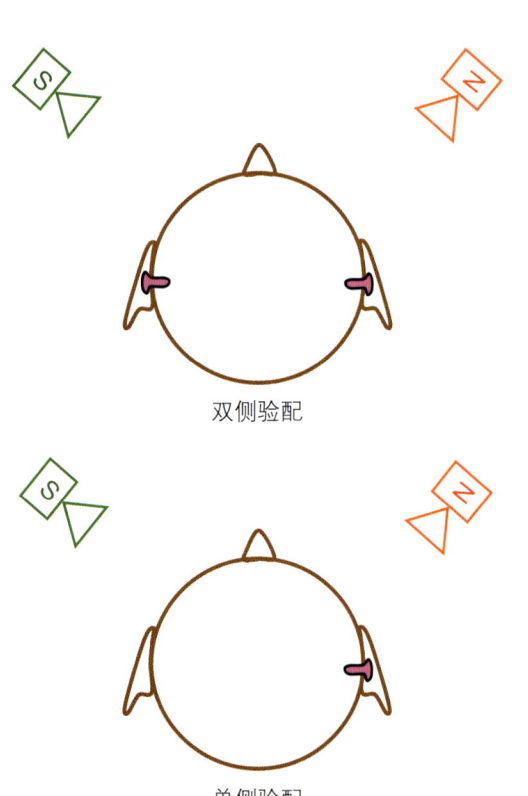

图 15.9 证明双侧优势的测试布置，显示了言语（S）和噪声扬声器（N）的位置。扬声器应该距助听器佩戴者 0.5m 或更远。对于左耳单侧验配的助听器佩戴者，S 和 N 声源在双侧和单侧测试中均应反转。

15.6 不对称听力损失的验配

对听阈不对称且大于 30dB 的助听器佩戴者，或者对言语识别得分不对称且大于 20% 的助听器佩戴者，听力师必须做出下列决定：

- 应该推荐双侧还是单侧验配？
- 如果推荐单侧验配，应该选择好耳还是差耳（基于纯音听阈或言语识别得分）验配助听器？
- 是否应该推荐替代品如各种信号对传助听器，或是 FM 系统？

这三个问题将在下面三节中予以讨论。

15.6.1 不对称听力损失的双侧和单侧验配

不对称听力损失可以按照各频率平均听阈、听阈形态、言语可懂度测试、不适级或动态范围等进行界定。许多人认为当听力损失的不对称在上述指标上超过一定程度时，助听器佩戴者将不会从双侧验配中获益。[115, 174, 403, 1132] 如 15.4.2 中所述，人为制造的对信号的不对称失真可以造成健听人的双耳干扰，因此，不难理解为什么在有不对称听力损失时，双耳优势会转变成双耳劣势。但有永久性不对称听力损失的患者可能会适应这种不对称。

当两耳的平均听阈差异加大时，双耳冗余在双侧优势中的作用会减小。[713] 当四个频率的平均听阈水平相差超过 15dB 时，这种减小会非常明显。[403, 594, 668]

然而，双耳静噪即使在差耳听阈比好耳听阈高出 50dB 时，[1794] 或是声音在一侧耳显著减弱时也会发挥作用。[176, 11104]

无论助听器佩戴者有什么样的听力损失，头部衍射的物理效应对每侧耳 SNR 的影响都会发生。在下述情况下，由头部衍射产生的双侧优势均应存在：

- 靠近言语声源且（或）远离噪声的耳在理想条件下有足够的言语识别能力；
- 在单侧助听作为参考条件时，声音从未助听耳到达；
- 对未助听耳而言，声音低于最佳强度。

在某些聆听条件下，双侧验配或对差耳进行单侧验配可使言语可懂度达到最大。[594] 而在其他聆听情况下，双侧验配或对好耳进行单侧验配，可使言语可懂度达到最大。[594] 因此，双侧验配是适合所有情形和各种类型的言语和噪声位置的唯一通用的解决方案。遗憾的是，当言语识别得分变得更加不对称时，双耳干扰也更易发生。

有调查显示不对称听力损失者（界定根据听力图的形状）比对称性听力损失者更有可能选择使用两只助听器。[308] 这一现象在一些特定类型的不对称听力损失者身上很容易理解。如图 15.11 所示，助听器佩戴者左耳在低频上有较小损失，但右耳在高频上有较小损失。我们知道一般情况下利用可听信息的能力会伴随听力损失程度的加重而降低（请参阅第 10 章 10.3.4）。如果如图 15.11 所示（非常少见）要最大限度地利用听力损失者的残留听力，就需要至少对左耳的低频区域和右耳的高频区域进行放大。大脑能够将两耳传入的不同频率的信息进行整合。[563] 这种在不同频率上好耳的不同被称为**交叉效应（crossover effect）**。[221] 要注意不能将交叉效应与声音通过骨传导从头部一侧传递至另一侧的现象混淆。当掩蔽一侧耳时，这一现象就会发生。

交叉效应是双耳冗余优势在健听人身上的一个极端例子——传递到双耳的声学信息相同，但传递到大

> **简单的定位测试**
>
> 当戴上眼罩或将眼睛闭上时，让助听器佩戴者指向（低强度的）噪声发生源。当助听器佩戴者能指向正确方向 20° 以内的范围时就是一个正确的反应。
>
> 为保证结果可靠，每一个测试条件下应该至少给出 10 次刺激（例如未助听对单侧助听，或单侧助听对双侧助听）。如果将每次测试结果计为正确或不正确，那对不同条件下得分差异显著性的评价和评价言语识别测试得分的方法是一样的。[664, 1781] 因此，测试的准确性和敏感性伴随着测试次数增加而增加。
>
> 最好的方法是在每次测试中都改变刺激，但是在每个测试条件下，都将各个刺激呈现相同的次数。否则，助听器佩戴者可以用助听耳的频谱形态进行定位。由于使用的是单耳线索，所以测试结果将不能反映关于双耳交互作用的情况，也不能反映患者定位不熟悉声音的能力。

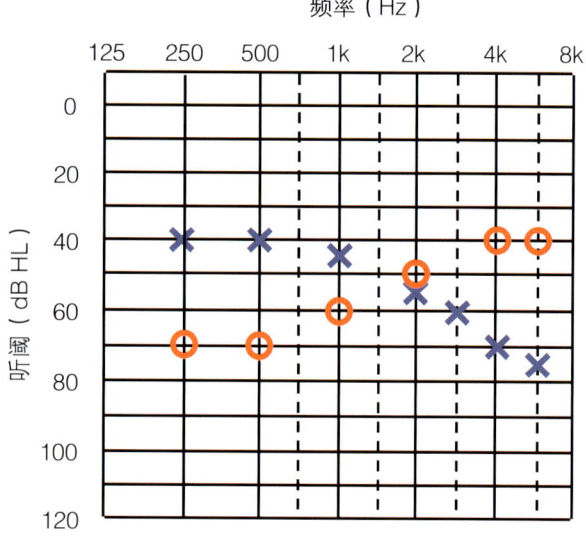

图 15.11 一个双侧验配后可能从助听器的交叉效应中受益的助听器佩戴者的听力图（叉代表左耳，圆圈代表右耳）。

脑的总体信息比单独从任一只耳传送到大脑的要多。

无论听阈还是言语可懂度的过度不对称都会妨碍双侧优势，问题是"过度"的内涵是什么？例如，一个好耳的三个频率的平均听力损失为 30dB HL，差耳的听力损失为 80dB HL 的人，一般来讲，差耳的 SNR 要比好耳高 8dB 才能获得相同的言语可懂度。[914] 如 15.2.1 中所述，一侧耳的各频率的平均 SNR 可能比对侧高出 17dB。因此，当言语出现在差耳一侧，而噪声出现在好耳一侧时，差耳也能提供比好耳更高的言语可懂度。① 所以，即使对一个两侧听力差异达到 50dB 的助听器佩戴者，理论上也需要进行双侧验配。

> **结论：不对称听力损失和双侧验配**
>
> 如果单独考虑每侧耳时，都能够有效助听，那么，无论双侧听力差异多大，至少在某些情形下，助听器佩戴者也会从双侧验配中获益。好耳的听力损失越严重，双侧验配所适用的聆听环境和声音强度范围也会越大。

简而言之，没有足够证据表明不对称听力损失会妨碍助听器佩戴者从双耳验配中获益。而且有许多直接和间接的证据表明，不对称听力损失者至少在某些情形下能够从双侧验配中获益。

15.6.2 好耳与差耳的单侧验配

如果助听器佩戴者两耳听力受损且只愿佩戴一只助听器，那么应该选哪一侧耳进行验配呢？可以采用两个极端的例子说明验配中的两个原则。如图 15.12 所示，左耳听力损失很轻，在未助听条件下只有极轻微的声音才听不到。而右耳助听器可以改善该侧耳对许多声音的可听度。当头部衍射在右侧耳产生更好的 SNR 时，将给助听器佩戴者带来极大的好处。右耳（差耳）验配还有助于双耳静噪和双耳冗余发挥作用，这是因为验配差耳比验配好耳可以使双耳听到更多的声音。

图 15.13 所示的助听器佩戴者与上述情况有很大不同。右耳也可以将一些信号传到大脑，但是信号质量可能要比左耳传入的差很多。只有能听到声音时，左耳才能传送高质量的信号，因此在左耳验配助听器能显著扩大助听器处理的声音范围。在左耳（好耳）验配助听器，相比于选择右耳（差耳），同样将会给该助听器佩戴者带来帮助。

在上述两个案例中，实际上有 3 个相同的因素在起决定作用。

1. 助听好耳使助听器佩戴者能听到的声音范围最大。

2. 助听差耳使双耳能听到的声音范围最大。因此，助听差耳有助于助听器佩戴者最大限度地利用

---

① 这个分析在某种程度上高估了差耳的优势。17dB 的优势中有相当部分来自高频的头部衍射效应。对于平坦和高频听力损失，高频区对重度听力损失者的言语可懂度贡献相对较小，所以差耳很难充分利用因头部衍射而改善的 SNR。

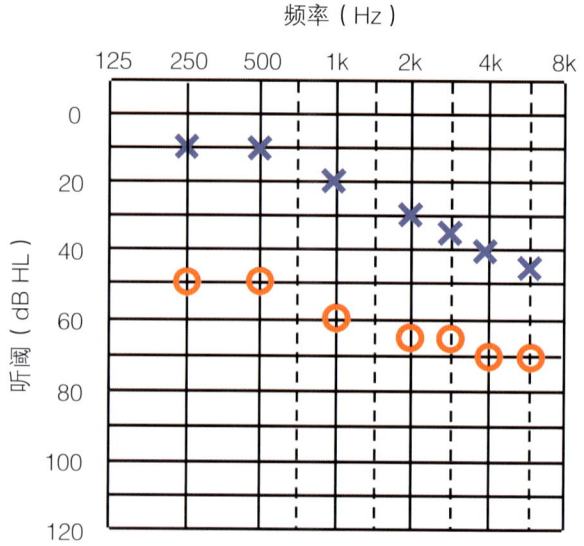

图 15.12 必须单侧验配时，应该验配差耳的听力图。

> **咨询建议**
>
> 当助听器佩戴者只想验配一只助听器时，会造成选择哪一侧耳进行验配的难题，应告诉助听器佩戴者助听器在各侧耳上的优势。
>
> - 助听好耳，可以听到较大范围的声音，并且当言语声来自同侧时，你能够更好地理解言语。
> - 助听差耳，因为不这样的话，当言语声来自差耳一侧时，言语会很不清楚，而且助听这一侧耳有助于预防差耳言语识别能力进一步恶化。
>
> 助听器佩戴者最好能同意双耳试戴助听器，这是唯一能达到文中所列的3个决定因素的要求的方式。另一种选择是免费提供第二只助听器给助听器佩戴者试用30天，以方便助听器佩戴者在决定是否购买第二只助听器前能充分评估它的额外好处。[686]

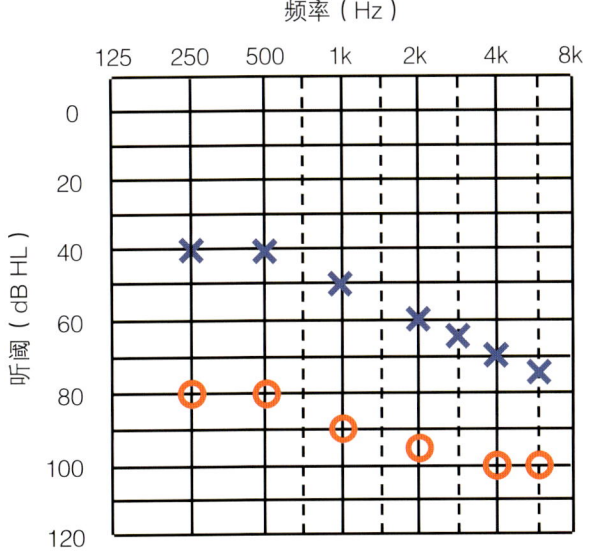

图 15.13 必须单侧验配时，应该验配好耳的听力图。

双耳交互作用进行理解、定位。依据每侧耳的听力损失情况，助听差耳也可使助听器佩戴者从因为头部衍射效应而有较好 SNR 的一侧耳听到更多声音。

3. 助听好耳时，能够传送比助听差耳更高质量的信号到大脑。

在图 15.12 的例子中，因素 2 是最重要的，而在图 15.13 的例子中，因素 3 最重要。注意在因素 1 中"好耳"意味着有较好纯音听阈的那侧耳，而在因素 3 中，"好耳"意味着有较好助听言语识别得分的那侧耳，但该耳不一定是有较好纯音听阈的那侧耳。在因素 2 中，纯音听阈和言语识别能力共同界定"好耳"。

许多需要决定验配哪侧耳的听力损失不像前述 2 个例子那么直白，但同样有相同的 3 个因素在发生作用。在许多情况下，应该优先考虑哪个因素并不是很明显。比较麻烦的是在现实生活中，所有 3 个因素都重要，因此，如果没有证据显示存在双耳干扰，最好的选择实际上就是进行双耳验配。

Swan、Browning 和 Gatehouse（1987）针对优先验配哪一侧耳开展了大量研究。他们基于受试者验配后 20 周（每侧佩戴助听器 10 周）的实际经验，认为助听器佩戴者总体偏好验配差耳。无论是依据听力测试还是言语识别的标准确定差耳，差耳都是被偏爱的一侧。

用听阈来表示时，偏爱耳就是 4 个频率的平均听阈较差的那侧耳和（或）听力图更加陡峭的一侧耳。用言语识别能力来表示时，差耳就是有更大的半峰强度提升（HPLE）[①] 的那一侧耳和（或）最大言语识别得分较低的那一侧耳。

在因某些听力原因而有选择性偏爱的受试者中，采用言语标准可正确预测 87% 的受试者的偏好，而采用听力检测标准能正确预测 77% 的受试者的偏好。要注意在上述研究中，所有助听器佩戴者的双侧耳的 4 个频率的平均听阈都低于 75dB HL。因此，如图 15.13 的例子所示，不能将上述研究结论应用到差耳听阈超过 75dB HL 的助听器佩戴者身上。

Swan 等人（1987）认为大多数受试者倾向验配差耳的原因是，如果只助听好耳的话，当言语声从差耳到达时，受试者会遇到较大困难。随访研究证实了这一判断。[1758, 1759] 助听好耳时，对于前方的言语和噪声以及来自好耳侧的言语，人的言语理解力只能轻微改善。当言语声来自差耳侧时，助听好耳时的言语理解力会远差于助听差耳时的言语理解力。因此，人们偏爱验配差耳，是因为在他们遭遇最差情况时能将残疾降到最低，尽管在其他较容易的环

---

① HPLE 是获得各强度最高得分一半分数时所需的言语强度。

能减少过去和将来可能发生的听觉剥夺也是验配差耳的重要原因。有不对称纯音听阈的助听器佩戴者通常听阈较差的这一侧耳的言语识别能力也不好。随着时间推移，即使纯音听阈保持不变，差耳的言语识别能力也会变差（因为较少受到听觉系统关注，请参阅 15.3.4）。[1628]

> **验配哪一侧耳：一个简单实用的规则**
>
> 验配两耳中 4 个频率平均听阈更接近 60dB HL 的耳朵。
>
> 这个规则简单、实用，且与文中所列的 3 个决定因素相一致，也较好地反映了目前荷兰的听力师是如何决策的，[165] 但遗憾的是，这些并不能证明这一规则就是最优的。

因此，助听器佩戴者差耳的言语可懂度较差部分是由耳蜗受损引起的，部分是因为听力损失不对称、听觉系统较少关注差耳造成的。差耳的言语可懂度预示着其未来的能力会更差。但如果选择助听差耳，其言语可懂度可能在助听后 1 年左右有所改善。[1628]

相反，如果差耳没有得到助听，它的言语可懂度在未来几年里会进一步恶化。[1628] 在差耳的助听器似乎可以完全保护该侧耳免于被进一步听觉剥夺。[1628] 似乎的确有可能（还没有被研究），验配好耳会进一步扩大双侧助听的不对称，进而加重差耳的听觉剥夺。当然，只验配差耳在短期内对助听器佩戴者来讲，可能不是最好的选择，因此，也应该让助听器佩戴者意识到这一点。

最后，还应注意正如 15.7 的文本框中所示，无论听力损失是否对称，除了每侧耳的言语识别能力外，还有其他因素也会影响验配耳的选择。

15.6.3 替代选择：FM 和 CROS

针对有明显不对称听力损失的患者（包括单侧听力损失者），还有其他几种选择。双耳功能不全的一个主要症状是助听器佩戴者需要高于健听人的 SNR，因此，任何能改善 SNR 的验配都非常有价值。

其中主要是 FM 或其他与靠近声源的远端麦克风进行无线连接的装置（请参阅第 3 章 3.4）。方向性麦克风是另一个选择。CROS 助听器是第三种选择（请参阅第 17 章 17.1），如果需要的话，还可以与方向性麦克风结合使用。很显然，无线连接会比其他任何一种方式产生更好的言语表现。[699, 893, 1815] 方向性麦克风比 CROS 助听器也更有效，同时这些解决方案并不相互排斥。

15.7 决定双侧和单侧验配

听力师如何决定是选择双侧验配还是单侧验配？研究证明在许多聆听情况下（当言语和噪声来自不同的方向时），大多数听力障碍者双耳使用助听器的效果好于单耳使用助听器。然而，这也表明至少在某些情况下（言语和噪声来自相同的方向），会有相当比例的老年听力障碍者单耳使用助听器的效果要好于双耳使用助听器。如果双耳干扰太严重，那么会有相当多的情形中，采用单侧验配最好，但是对于老年听力障碍者双耳验配的优势/劣势与声音空间位置的关系还缺乏足够的研究，因此很难给出指导意见。

总体来讲，对两只助听器的使用已经有很充分的研究。在不同的研究中，接受双侧验配的人偏爱和（或）继续使用两只助听器的比例有很大差异，例如 32%[1571]、54%[354]、55%[1715]、66%[941]、70%[191]、76%[447]、78%[441, 840]、85%[222]、90%[527] 和 93%[164a]。这些研究的规模从 25 个助听器佩戴者[1571] 到 2127 个助听器佩戴者不等。[441] 其中有 3 项研究的规模明显大于其他研究，[441, 447, 840] 均是基于在常规门诊中对助听器佩戴者的跟踪调查，有关双侧验配的助听器佩戴者中经常佩戴两只助听器的比例，分别是 78%、76%、78%。

助听器佩戴者报告偏爱双侧验配的原因包括：

- 有利于在噪声和竞争言语中的沟通和清晰度；[191, 354, 527, 941]
- 有利于在安静环境中的沟通；[1571]
- 音质好；[165, 941]
- 有助于定位；[165, 527, 941, 1715]
- 减少耳鸣；[191, 527]
- 有助于听力平衡和舒适。[165, 354, 527]

Noble（2006）对有关在现实生活中助听器佩戴者偏好单侧和双侧验配的研究进行了分析，认为定位和改进整体聆听效果是助听器佩戴者偏爱双侧助听的主要原因，而改善噪声环境中的聆听效果不是主要原因。

选择单侧验配的助听器佩戴者经常提到的理由

包括方便、舒适、音质、风噪声、自我意识、对侧耳太好或太差、可以听到自己的声音、言语可懂度、保持另一耳开放以方便听电话，以及一只助听器足够等。关于上述理由的调查已经有几十年了，并且使用的是线性、削峰、不可调的助听器。我们预计伴随助听器的不断完善（带宽、保真度、压缩、方向性、开放耳），期待持续使用双侧助听器的比例将会增加。有趣的是，在有些报告较低使用率的研究中，助听器佩戴者使用的是 21 世纪的助听器，因此，我们也不能简单地把患者拒绝使用第二只助听器的原因归结为助听器技术太传统。

我们也许会认为随着验配两只助听器的比例上升，助听器佩戴者持续使用两只助听器的比例会减少。（当只有较小比例的助听器佩戴者接受两只助听器时，他们中的多数会是主动选择佩戴两只助听器的人，因此，双侧佩戴率也应该更高。相反，当几乎所有的助听器佩戴者都在诊所验配了两只助听器时，佩戴者中肯定会有许多人不想真正使用两只助听器，因此，也不会继续使用。）

虽然我们期待能依据听力检测的结果推荐双侧还是单侧验配，但事实上只有在一侧耳听力完全正常或是有极重度障碍时，根据听力检测结果做出决定才有可能。有许多研究试图发现选择双侧验配和单侧验配助听器的佩戴者间的听力测试结果间的不同，但基本上都不成功。[165, 354, 527, 939, 1756] 尽管那些选择双侧验配助听器的佩戴者一般会有稍严重的听力损失和更多残疾。[441, 1715]

在一项大规模研究中，那些最初选择双侧验配并持续佩戴两只助听器的佩戴者的听阈比那些后来停用一只助听器的佩戴者只高出 1dB（平均）。[441] 不对称的听力损失也不是显著的影响因素。[165, 1715, 1756] 用听阈选择双侧验配的适用者和考虑谁是助听器的适用者一样，都存在不足（请参阅第 9 章）。

事实上，听阈之外的其他因素会更明显地影响选择。

- 一些助听器佩戴者将（不适当）两只助听器与重度聋或年老（我并不那么聋/年老）等同看待，因此他们偏爱使用一种助听器。
- 年龄也是一个因素：超过 75 岁的人与小于 75 岁的人相比，接受双侧助听器验配的可能要少很多。[1756] 这种情况与实验室测试中老年听力损失者利用双侧线索的能力下降相一致。[480]

- 有较好中枢双侧处理功能的助听器佩戴者，如，证据显示有较好的双耳响度叠加、较高的测试得分以及在双耳分听言语测试中右耳有较大优势和有较好的空间感知（基于 SSQ 问卷的空间测试分量表）的助听器佩戴者更有可能偏爱两只助听器。[354, 939]
- 在未助听情况下报告困难最多的助听器佩戴者最有可能偏爱两只助听器。[354]

遗憾的是，还没有发现一种方法能可靠地预测助听器佩戴者的选择。因为最终的选择取决于助听器佩戴者，所以让我们从助听器佩戴者的角度来看一下：助听器佩戴者需要什么样的信息来做出对自己最好的选择？

第一，助听器佩戴者想知道什么方案能让自己听得更好。除了少数有极端不对称的听力损失的患者（请参阅第 15 章 15.6.1）和少量未知比例的双耳干扰超过头部衍射（请参阅第 15 章 15.4.2）优势的人，双耳验配都是最佳方案。

第二，助听器佩戴者希望知道如果选择两只而不是一只助听器，自己能获得多少额外的好处？这是一个很难回答的问题，因为我们并不知道准确的答案。一般来说，我们可以说：

- 大多数中度和重度听力障碍者能从双耳验配中获得更多实质性的好处。[185, 308, 408] 如果计算模型正确，可以发现，双耳验配在各种聆听环境中的平均言语理解优势相当于将 SNR 提高了 5dB。[1966] 这一效果可以使只能理解少许谈话内容的人能够理解多数谈话内容。当助听器佩戴者有可以助听的高频听力损失，而目标声音又来自未助听侧时，进行双侧助听的优势会更加突显。相反，当目标声音来自单侧验配的助听侧时，双侧优势会变小。不对称听力会减少双侧优势，但当听阈不对称达 50dB 时，双侧助听也会体现出少量优势。双侧助听器会明显增加助听器佩戴者的定位能力。这一优势本身很有价值，由于可以帮助患者定位一组谈话人中的说话者还会间接提高言语理解力。
- 双侧听力损失者如果有至少一只耳是轻度听力损失，那与使用单侧助听器相比，双侧助听只能获得很小的，甚至是无法测量出的好处。只有当目标信号非常轻柔且来自未助听侧时，双侧助听在言语可懂度上的优势才能显现出来。
- 听力损失情况介于上述极端情况之间的助听器佩戴者所获得的双侧助听优势也会介于中间某点。

两只助听器应当同时还是分步提供？

常见的策略是先提供一只助听器，以后（数周或数月以后）再验配第二只。[1849] 这种分步渐进的方法有如下好处：

- 助听器佩戴者能逐步下定决心，如果助听器佩戴者最初把两只助听器与耳聋或衰老联系在一起，或者不确定费用是否合理，这么做非常有用。
- 在这段时间里，助听器佩戴者可以用一只助听器获得必要的操作技能，这会让一些助听器佩戴者减少心理压力。

分步进行的方式也有缺点：

- 助听器佩戴者必须经历两个连续的适应阶段。第一阶段，大脑可能学会部分忽视未助听耳（请参阅第15章15.3.4），特别是听力损失在轻度以上时，因此，单侧佩戴的时间应该尽可能短，最好小于6个月。在第二阶段，大脑必须学会利用新验配耳提供的信息以及恰当整合来自双耳的信号。
- 分步验配两只助听器时，助听器佩戴者来诊所的次数和所需时间要大于同时验配，这样会增加费用。
- 两耳间最初存在的听力不平衡感觉可能会导致患者拒绝一起佩戴两只助听器。

没有数据说明哪种方法更有效，但是同时验配两只助听器的理由似乎更充足。对于将要从双侧助听器受益的患者而言，当一开始就验配两只助听器时，常常只用几小时或几天就可体会到双侧助听器相对单侧的好处。[527]

分步验配可作为备用方法用于第一次验配时不愿尝试两只助听器的患者。毫无疑问，分步验配的助听器佩戴者随后通常也能变成双侧助听器的成功使用者。[727]

在复杂的动态环境中，如同时有许多说话者或其他声音，聆听者的注意力需要不断变换以及（或）某些声源在发生移动时，双侧助听的优势更容易得到体现。双侧验配的优势在只有一个说话人在嘈杂环境中或用于定位时最难体现。[1336] 在动态情境中，第二个助听器有助于助听器佩戴者克服听觉疲劳。[1336]

不难理解，许多助听器佩戴者很难有把握地决定是验配一只还是两只助听器。如果能试用两只助听器几周就会非常有帮助。以下信息也许能提供一些帮助。

- 多数情况下，验配两只助听器最终会有一定优势。早在1985年，绝大多数尝试过双侧助听器的患者就会选择至少在某些情况下佩戴两只助听器。[222] 针对常见门诊量情况下，应用格拉斯哥助听器效果问卷进行测量会发现双耳验配的收益比单耳验配高，甚至在组间校正了年龄和听力水平差异后，结果也是一样。① [1654] 但这个发现并不意味着那些选择了一只助听器的佩戴者也一定能从两只助听器中得到更多益处。

- 从单侧验配变更成双侧验配有时困难，有时容易。许多有经验的单侧助听器佩戴者在验配第二只助听器后，反映需要几个月才能适应第二只助听器，虽然最终他们还是会发现第二只助听器很有帮助。[191] 他们认为自己的听力在很多情况下比佩戴一只助听器时有了很大的提高。[1134]

- 技术的发展可以影响对双侧和单侧验配的偏好。两只助听器间的无线同步连接已经小幅优化了双侧验配。两耳的方向性增益以及超方向性技术都会进一步改善双耳验配（请参阅第7章7.1.4）。

当助听器佩戴者双耳都有潜在的助听可能并且助听耳比未助听耳易感受声音时，听力师应告诉助听器佩戴者未助听耳如果不验配助听器的话，其言语识别能力（非纯音听阈）可能会变得更差。与轻度听力损失者相比，应向中度或重度听力损失者更强烈地介绍这方面的潜在问题。听力师还应告诉助听器佩戴者，即便以后再验配第二只助听器，未助听耳也很可能不会恢复已失去的能力。

---

① 这些数据是在快速验配并使用非定制耳模的情况下获得的。其中大多数是开放式验配。开放耳和非定制耳模对双侧优势的影响尚不清楚。

如果助听器佩戴者拒绝第二只助听器，听力师要记录下曾推荐的内容和理由，并且记录下被拒绝的情况。

当助听器佩戴者确实已经尝试双侧助听器并且报告只戴一只助听器时，在噪声环境中听得更好，我们应接受其观点的正当性。通过在门诊对双侧验配和偏好侧的单侧验配进行噪声中的言语可懂度测量，已经证实了助听器佩戴者自我报告的有效性。[259]

对听力障碍合并严重视障的助听器佩戴者，给予双侧助听器验配极其重要。由于听觉察知对这类助听器佩戴者有更加重要的意义，即使是定位能力的极小改善也可能是非常重要的。

即使骨传导刺激的耳间衰减会小很多，但对双侧验配的考虑同样适用于耳蜗植入和骨锚式助听器。[1839] 令人惊奇的是，甚至对触觉式助听器也必须进行单侧还是双侧验配的选择。使用头部佩戴麦克风的双侧振动式触觉助听器有助于对竞争性谈话者进行定位并且据称可以使声音相对于单侧触觉助听器更形象化。

15.8 双侧和单侧验配对电声预设的影响

因为存在双耳响度叠加（请参阅 15.2.4），我们希望在相同听力损失的情况下，双侧助听的人比单侧助听的人使用较少的增益。针对中等强度的输入，增益的差别应该是大约 4dB。因为双耳响度叠加的程度取决于输入强度，因此，对于高强度输入，增益差应略微加大。对低强度输入，增益差应略微减少。这意味着将压缩比略微升高对双侧验配是一个很好的选择。在任何输入强度上，双侧和单侧预设之间的增益差应该随两耳听力不对称程度的增加而减少。遵循以上原则的修正值已经包括在 NAL-NL2 预设中。

用双耳聆听时比用单耳聆听时（请参阅第 15 章 15.2.4）响度不适级（LDL）似乎只是稍微降低。为了避免不舒适，我们无需对 SSPL 进行不同的调整。[696] 当然，不舒适不是决定目标 SSPL 的唯一因素。我们也希望避免助听器出现过度饱和。因为我们在双侧验配时，针对中等强度输入的声音将增益减少了 4dB，因此，我们也可以将 SSPL 比单侧验配时降低 4dB，而不会改变饱和程度。或者，我们也可以不改变 SSPL，从而使助听器在中等强度输入时较少饱和。

从另一角度看，双侧验配使 SSPL 的正确选择不再像单侧验配时那么重要。这对重度或极重度听力损失者来说都非常有价值，因为验配这类助听器很难将 SSPL 设置得足够低以避免不适，但又要足够高以避免饱和。这是双侧验配带来的一个间接好处。

理论上，一侧耳的最优放大设置可能要取决于另一侧耳收到的信息。然而，并没有足够证据支撑这一判断，并且实验研究提供的证据也不支持这一结论。[1469]

总体来说，单独对每个助听器进行调节以获得最佳效能是合理的。考虑到双耳效应，确保双耳响度平衡且总响度可以接受也是合理的。双侧验配很可能会比单侧验配需要较少的增益，特别是在高输

验配哪一侧耳？

如果助听器佩戴者偏爱佩戴一只助听器，那么除了考虑听阈的对称，在决定选择验配哪一侧耳之前还要考虑以下问题：

- 助听器佩戴者哪只手更灵活？
- 在安静环境下，哪一侧耳有较高的言语识别能力，在噪声中哪一侧耳有较好的言语识别阈或哪一侧耳在双耳分听测试中有显著优势？
- 哪一侧外耳道有并发症（慢性耳道炎，化脓性中耳炎，外生骨疣）？
- 在助听器佩戴者日常所处的环境中，说话者是否总在同一侧（最常见的是车里的司机或乘客）？
- 助听器佩戴者是否偏爱在一侧耳接听电话并且他是否能用未助听耳进行电话交流？

如果没有可用信息支持选择哪一侧耳验配，那么就选择右耳，因为在许多类型的言语测试中都发现右耳更有优势。[20, 260, 814, 820, 1881]

入强度时。然而，似乎没有一个强有力的案例能够证明双耳验配需要与单耳验配不同的SSPL。

15.9　结语

尽管有多年的研究，但对双侧助听器验配我们仍有许多未知。部分原因是因为我们还没有充分理解听觉系统的双耳处理机制。另外，双侧验配并不一定意味着声音会高于双耳的阈值或一定会有有益的双耳交互作用。同样，如果声音足够大或听力损失足够轻，双耳聆听的许多优势也会出现在单侧验配的助听器佩戴者身上。不过，头部衍射效应在许多情形下都会成为双侧优势的可靠来源。

一般来说，听力师应该从假设两只助听器更适合助听器佩戴者入手，然后再寻找对个别助听器佩戴者不适的原因（可能有几个），而不是采用相反的方式。许多对现有证据进行过研究的人都支持这一观点。[756, 904]

与上述结论相对的是轻度或者中度听力损失者（即大多数助听器佩戴者），其双侧验配优势相对于单侧验配似乎非常轻微，在小部分助听器佩戴者身上甚至是负作用。听力师应当告诉助听器佩戴者正负两方面的信息，双侧验配相对单侧验配可能有少许优势，而且这种优势可能会随听力损失加重而更加明显。

尽管有不少人在研发上努力尝试，但令人沮丧的是，我们一直没有一种可靠的方法可以预测哪种类型的助听器佩戴者使用一只或两只助听器会有更好的言语可懂度（在各种聆听环境中平均）。[165] 首先，我们需要数据说明有多大比例的老年听力障碍者会存在以下三种情况：双耳冗余、没有双耳交互作用、双耳干扰（测试时言语和噪声都来自前方）。然后，我们需要数据说明有多大比例的助听器佩戴者有双耳静噪的能力（使用前方言语和对称噪声以保证两耳的SNR相同）。我们需要知道这些能力可以相互预测的程度。我们需要一种可以测量这些能力的测试，并且能够在接诊助听器佩戴者时方便实施。最后，我们还需要研究预测的结果与双侧和单侧验配的实际应用效果之间的关系，并且要搞清楚其他非言语因素怎样影响助听器佩戴者对验配方式的选择。

希望能有一种以实证为基础的临床工具能够消除在一些国家观念上重视双侧验配但实际验配率却较低的现象，[498] 同时也能消除在另一些国家双侧验配率高但使用率低的现象。

有关双侧验配相对于单侧验配的定位优势的研究大多是在数字助听器和完全开放式验配技术应用之前。这些新的技术发展可能会影响最后的结果。虽然在这个问题上尚无研究，但人们很难想象助听器佩戴者能用全带宽（即封闭耳道）单侧助听器进行精确定位。这样的助听器会导致一侧耳出现几毫秒的延迟，会使耳间时间差的利用出现严重问题，因为耳间时间差远小于1ms。可是，如果采用开放式验配，由于定位和双耳静噪主要依赖低频的耳间时间差，双侧验配与单侧验配相比也许就无法有助于这两种双耳处理机制了。

最后，当使用超方向性麦克风的双侧关联助听器可以应用后，实施双侧验配的理由将会完全不同：因为会显著改善噪声中的听力。对于有双侧干扰的助听器佩戴者，双侧佩戴两只这样的助听器会更有帮助，一方面可以帮助助听器佩戴者充分利用头部衍射带来的麦克风输出的好处，另一方面可以仅用一只耳接收放大的声音。无论采用什么验配方案，都需要对双侧验配在实际应用时的优、缺点进行重新研究。研究人员要付出比临床人员更长时间的努力。

第 16 章
儿童验配助听器的特殊问题

概　要

先天性语前听力损失儿童应在早期及时佩戴助听器（6月龄之前），以获得熟练的听说交流技能。如果患儿需要植入人工耳蜗进行听力重建，人工耳蜗应在其12月龄前植入。双侧听力损失患儿需要双耳佩戴助听器。对于有单侧听力损失、轻微听力损失或听神经病变的患儿，治疗方案尚不明确。

在调试优化助听器前，需要获得患者两耳的听力图。由于，婴儿的外耳道容积较小，无论采用哪种传感器也较难准确反映其听阈。可用外耳道内的阈值（dB SPL），或等效成人听阈（dB HL）来解决这一问题。

给8岁（或年龄更大）的儿童验配助听器时多选用BTE助听器，连接软耳模。助听器应能够提供最清晰的声信号。可能需要音靴、电感线圈和（或）内置无线受话器，以方便助听器接收无线信号。最理想的情况是，当无线发射机有信号传入时，无线发射系统能自动使助听器麦克风静音，以提高聆听效果。

处于学语期的儿童，即使听力正常，也需要比成人更好的SNR以提高交流效率。在较低的感觉强度上，儿童对言语的理解能力也比成人差。这可能是听力障碍儿童比相同听力损失的成人需要更高增益的原因。与成人相比，儿童在高声输入强度上几乎不需要增加真耳增益，在中等输入强度上，可能需要增加增益，在低输入强度上，则肯定需要增加增益。对于那些年龄太小而不会手动调节音量的患儿，验配助听器时比成人更需要使用WDRC。同样，婴幼儿比成人对方向性麦克风及自适应降噪系统的需求也更高。虽然这些程序也有潜在的弊端，但是如果听力师能够确认该助听器能够自动识别并选择聆听模式，就应该在助听器内进行相应设置。

因为儿童的外耳道容积较小，所以要获得目标真耳增益，儿童需要的耦合腔增益应比成人小。在给患儿验配助听器前，应先测量真耳耦合腔差值，再计算能达到目标真耳助听增益的耦合腔增益值。一个较快但不十分精确的方法是使用与年龄相关的真耳耦合腔差异校准参数。需要通过观察患儿对高输入强度的反应来评估预设的助听器的最大输出，对于6岁以上的患儿，可以通过评估这些声音的响度进行最大输出的评估。

可以使用言语测听（3岁以上患儿）、配对比较测试（6岁以上患儿），以及患儿、家长或教师的主观评价（非正式或问卷，如PEACH和MAIS）来验证助听效果。可通过计算言语可懂度指数（也可称之为清晰度指数）评价言语可听度，也可通过测量言语声诱发的皮质反应波形、潜伏期和阈值评价言语可听度。可通过测量儿童的语言发音来间接评估儿童利用言语的情况。

没有家长的支持和理解，儿童的助听器将难以发挥有效作用。因此，验配师必须对家长进行各种培训和指导。提供持续康复的一种方式就是要由验配师、家长（和较大的儿童）共同制订康复目标，围绕该目标实施康复。

需要告知家长的其他信息还包括与放大与听力损失相关的安全事项。危险包括吞咽电池、耳模或助听器，背景噪声过大，对身体的影响，以及因助听器功能异常导致的不能听到报警信号等。

本章将对儿童（尤其是婴儿）助听器验配问题进行概述。通过一章的篇幅很难充分阐释尽早给听力障碍儿童验配助听器，并使其充分发挥作用的重要意义。其他章节中介绍的助听器相关知识也适用于幼儿。读者可查阅 Seewald 和 Tharpe（2011）的文章，了解更多针对听力障碍儿童的知识。

16.1 听觉经验，听觉剥夺，以及助听器验配适应证

尽早给听力障碍儿童验配助听器的原因有两个。一是可以提高儿童及家庭的生活质量。推迟戴助听器一年，就意味着推迟一年享受较好听力下才能获得的互动乐趣。二是早期听觉剥夺对患儿有长远的负面影响。大脑言语理解中枢的神经元之间需要通过从耳蜗上传的言语信号刺激才能形成突触连接。[986] 尽管神经元突触连接的建立与消失可发生在人生中的任何阶段，[655] 但是这些突触连接在生命的早期更容易建立。如果今后想获得最佳的听觉感知能力，就不能错过大脑建立突触连接的黄金时期，即人生的前2~3年，特别是6~12月龄期间。[294, 1200, 1941]

早期开始康复训练也能最大限度地提高语言表达能力。[1477] 6个月前验配上助听器的患儿比验配助听器较晚的患儿的发音更清楚。[1135, 1941] 简而言之，一旦确诊听力损失，就应立即进行听觉干预。

确保早期、有效康复的关键因素有：

- 建立新生儿听力筛查系统，最好给所有婴儿都进行听觉脑干反应测听（ABR），或对大多数婴儿使用耳声发射进行筛查，对存在新生儿高危因素的婴儿采用 ABR 进行筛查；①
- 筛查阳性患儿转诊至听力诊断中心；
- 确诊的患儿转诊至康复机构，6月龄前（或更早）开始对其进行助听器验配和早期教育干预；
- 有些婴儿佩戴助听器不能获得较好的言语感知能力，需要植入人工耳蜗。这时应在12月龄左右行单侧或双侧人工耳蜗植入术。

经常会发生听觉干预延误或失访的情况。[389, 1268, 1384, 1683] 最容易失访的是第一次被诊断为单侧听力损失的患儿。[1683] 对单侧听力障碍儿童学龄前阶段是否需要康复尚存争议（详见后文）。

16.1.1 双耳刺激

早期听觉刺激应为双耳刺激。听觉上行传导通路的有些部位（如上橄榄核与下丘）能将双侧耳蜗传入的声信号进行整合与比较，可能与声源定位和双耳抑制噪声功能有关。只要双侧耳蜗传入声信号，听觉神经系统的这些部位就能学习执行这些功能。因此，出生后前几年的双耳刺激（助听器、人工耳蜗或二者联合刺激）对听觉神经元处理双侧声信号能力的发育至关重要。[92, 1840] 听力障碍儿童早期验配助听器能够提高其双耳助听器聆听的成功概率。[1154] 双耳佩戴助听器的优势详见第 15 章，同时适用于成人及儿童。

但是，有少数患儿双耳处理方式不同，对于这类患儿，在较好耳单侧佩戴助听器效果优于双耳佩戴助听（请参阅第 15 章 15.4.2 和 15.6.1）。如何解决这一问题？最保守的办法是除非确定双耳佩戴助听器会起到反作用，否则就为患儿双耳验配助听器，并鼓励患儿坚持双耳佩戴。放弃双耳佩戴的证据包括：

- 无论验配师如何对助听器耳模及响度进行精细调节，患儿仍然坚持拒绝佩戴某只助听器；
- 经过简短的几天试戴后，家长反馈患儿佩戴一只助听器的效果比两只好（可借助 16.6.4 中介绍的几个主观评估工具作出判断）；
- 双侧比单侧助听器佩戴效果差。

16.1.2 单侧听力损失

单侧听力损失对患者生活质量的影响显著低于双侧听力损失。表 16.1 列举了许多相关研究的结果，结论大相径庭。

单侧听力损失是否需要干预？这个问题没有简单的答案，原因如下：

- 单侧听力损失的影响与评价的内容有关系。单侧听力损失肯定会增加患者在噪声及混响环境下理解言语的难度。该影响可能会导致患者语言能力发育落后，而语言能力发育落后也可能会导致患者受教育水平、社会心理发育（尤其是行为问题）水平较低，甚至会影响到患者的职业发展。
- 原则上讲，听力损失越重，负面影响越大。
- 有些教育方面的后果（如复读或患者需要获得

---

① 主要采用 OAE 听力筛查系统会把听神经病变患儿漏诊。患有听神经病的患儿中，大约有 10%~15% 的患儿出生时即表现为中度或重度听力损失，大约有 7% 的大龄儿童患有内耳或听神经听力损失疾病。[1465, 1478, 1593a]

> **婴儿言语测听**
>
> 虽然言语分辨测试适用于大龄儿童，但是幼儿甚至婴儿也能进行言语测听。视觉强化言语分辨测试[986]或游戏测听的改进方法[407a]能用于判定受试者是否能够分辨不同的言语声。可通过上述测听方法或 Eisenberg 等（2005）在综述中提到的其他方法评估助听效果，确定一般放大装置的有效性，并甄别不能双耳验配的病例。

表 16.1　单侧听力损失的影响。红叉表示受到单侧听力损失的负面影响。绿色对勾表示不受单侧听力损失的影响。

研究名称	研究对象年龄	人数	招募对象来源	言语理解力	语言能力发育	受教育水平	社会心理发育	职业
Giolas 和 Wark（1967）	> 14 岁	20	门诊	✗			✗	
Keller 和 Bundy（1980）	平均 12 岁	63	人群			✗		
Stein（1983）	5 ~ 12 岁	19	门诊		✗	✓	✗	
Klee 和 Davis-Dansky（1986）	6 ~ 13 岁	25	门诊		✓	✗		
Bess 和 Tharpe（1986）	6 ~ 18 岁	60	门诊					
Bess 等（1986）	6 ~ 13 岁	25	门诊	✗				
Culbertson 和 Gilbert（1986）	6 ~ 13 岁	25	门诊		✗	✗	✗	
Colletti 等（1988）	30 ~ 55 岁	61	门诊	✗		✓	✓	✓
Bovo 等（1988）	6 ~ 18 岁	30	门诊	✗		✗	✗	
Jensen 等（1989）	10 ~ 16 岁	30	门诊	✗				
Brookhouser 等（1991）	< 19 岁	172	门诊			✗	✗	
Ito（1998）	大学生	305	人群			✓		
Bess 等（1998）	8 ~ 15 岁	37	人群			✗		
Kiese-Himmel（2002）	1 ~ 10 岁	31	门诊		✓			
Lieu 等（2010）	6 ~ 12 岁	148	人群		✗	✗		

教育方面的特殊帮助）是显而易见的，但其他方面的后果可能不容易被注意（如有些患者本应能够取得优异成绩，但因听力障碍实际表现平平）。

- 从听力或医疗机构选择受试者进行试验会存在固有的偏性，因为这类受试者很可能只包括那些因教育发展受限来寻求帮助的患儿，而患有相同听损失但不存在问题的患儿不会被纳入试验中。

根据其他综述[1064, 1778]和一个综合性的有关单侧听力损失影响的研讨会[264a]的结论，总体上来看：[1064, 1778]单侧听力损失会对语言能力发育和受教育水平产生负面影响。但是，在研究中，单侧听力损失对所评价内容的影响并不十分显著。

通常重度或极重度单侧听力损失者在学习语言或在教室内学习知识的过程中也会遇到双侧听力损失者遇到的困难。噪声或混响会使患儿在学习过程中的认知能力降低，也会使患儿比听力正常的同龄人更容易疲劳。

单侧听力损失会给患者带来问题，但不一定非要依靠助听器才能有效克服。实际上，有很大一部分单侧听力损失患儿放弃使用助听器。[400]同轻-中度听力损失者不佩戴助听器的原因一样，单侧听力损失者停止使用助听器的原因非常复杂，涉及聆听困难程度、其他补偿方式以及心理顾虑等多个方面。但是只要有可能还是应该给这些听力障碍者验配助听器。这样可以让患者在更多的环境中尽可能利用双耳处理机制。

针对单侧极重度感音神经性听力损失患儿的干预措施包括，患耳人工耳蜗植入、好耳佩戴无线发射系统（请参阅第 15 章 15.6.3）。如果患耳听力损失不那么严重，患者通过佩戴传统助听器和 CROS 助听器能得到一定改善，但效果不如无线发射系统。[893] McKay（2010）对这些干预措施进行了全面综述，包括骨锚式助听器（请参阅第 17 章 17.3）和 CROS 助听器（请参阅第 17 章 17.1.4）。无论患耳听力损失程度多重，也无论患耳佩戴哪种助听设备（如果验配上了助听设备），在患者好耳佩戴无线发射系统都能为患者提供最清晰的言语。

患儿即使不验配助听器，也应定期对其进行听力随访。4 岁前的听力进行性减退十分常见，[827] 因此在这期间，也存在患儿的听力损失由单侧变为双侧的可能性。

除非有更好的研究成果能揭示未助听的单侧听力损失对患者的影响程度以及患者佩戴助听器和无线发射系统后的效果，否则就要根据每个患者的具体情况来决定助听问题。做决定时应与患者的家庭共同商讨，应考虑患儿的教育和社会发展是否受到了听力损失影响。[1168] 无论患者是否验配助听器或其他辅听设备，都应告诉患者减小听力损失影响的策略，尤其要告诉患者在交谈时要用好耳靠近说话者，要进行充分的听觉/语言刺激（如在良好的信噪比下进行交谈、唱歌、朗读）。

16.1.3 轻微听力损失

双耳的轻微和轻度听力损失对患儿的影响与单侧听力损失相同，许多研究显示双侧轻度听力损失会影响患儿的学习成绩，也有一些研究认为双侧轻度听力损失不会影响患儿的学习成绩。[123, 264a, 1778, 1871] 虽然这类患儿佩戴助听器的有效性尚不明确，但为这类患儿验配助听器非常普遍。[1168]

影响学习成绩的因素众多，听力损失加重无疑会更加影响学习成绩。这个问题在于：对于特定程度的双侧听力损失者，如果不佩戴助听器，他的学习成绩低于平均成绩的概率是多少？该问题的答案可以从 50%（健听人）一直到 100%（重度听力损失者），但我们没有数据来确定到底多大程度的听力损失能导致学习成绩偏离正常水平 50%。

与之相关的还有一个没有现成答案的问题：对于特定程度的双侧听力损失者，佩戴助听器后能使学习成绩提高的概率是多少？这个问题的答案可以从 0%（健听人）一直到 100%（重度听力损失者），

但同样我们也缺乏数据给出更详细的结论。

干预方案包括传统助听器、FM 系统、声场放大系统以及调整座位位置。[1168] 与单侧听力损失相同，当双侧听力损失程度严重到影响学习成绩时，使用 FM 系统可最有效提高患者在教室内的言语感知能力，降低其聆听难度。

16.1.4 人工耳蜗植入

许多研究表明，当平均听力损失程度大于 90dB HL 时，患儿植入人工耳蜗后的聆听效果（言语感知能力、发音水平或学习成绩）显著优于佩戴助听器的聆听效果。[58, 393, 548, 762, 1039, 1192, 1844]

极重度听力损失患儿应首选植入人工耳蜗。同时，许多研究表明人工耳蜗植入后，儿童的言语感知能力与语言获得能力与平均纯音听力损失程度为 78dB HL 的患儿助听后的效果相近。[142, 508] 纯音听力损失为 78dB HL 的患儿既可选择植入人工耳蜗，也可选择佩戴助听器，两种助听模式的患儿进入普通学校的概率相同。[58]

如果患儿在早期，最好是 12 月龄左右时，[292, 423] 至少一只耳及时植入了人工耳蜗，那么在儿童期，言语感知与发音能力就会得到巨大发展。[411, 1320, 1973] 从另外一个角度看，虽然可能有快有慢，但是患儿佩戴助听器或植入人工耳蜗后，听觉经验每增长 1 年，平均语言年龄也就增长 1 岁。[1940] 人工耳蜗植入时已存在的问题不会随着时间流逝而消失，因此人工耳蜗越早植入，以后存在的问题就越少。

早期植入人工耳蜗可降低植入后康复的成本。[1574] 虽然植入时年龄过大（如 5～10 岁）不会获得最好的康复效果，但对于那些佩戴助听器无效的患者来说，仍可选择植入人工耳蜗。[154, 1207]

在有关儿童佩戴助听器与植入人工耳蜗效果的比较研究中，选取的研究对象植入人工耳蜗的年龄大多在 12 月龄左右，这些研究的结果几乎都不可避免地低估了人工耳蜗的潜在优势。因此，纯音听阈损失为 78dB HL 的早期人工耳蜗植入患儿可能平均会比佩戴助听器的患儿获得更好的效果。

助听器与植入人工耳蜗的相互作用表现为以下三种方式。

第一，当助听器补偿效果不好时应考虑植入人工耳蜗。人工耳蜗植入是有创的，会对耳蜗造成不可逆的损伤。助听器的补偿效果（对声音的反应、言语

声的理解以及发音，请参阅第 16 章 16.6.1、16.6.4、16.6.7）是决定是否需要植入人工耳蜗的主要考虑因素之一。佩戴助听器时，言语声刺激诱发的皮质电生理反应评估也是需要考虑的重要因素（请参阅第 16 章 16.6.6）。虽然一些有关言语感知、发音和语言获得的评估方法也适用于幼儿，但是这些评估结果都不如纯音听阈测试精确。因为人工耳蜗植入年龄应尽可能小（12 月龄前植入），所以纯音听阈是判断婴儿选择人工耳蜗还是助听器的首选依据。

第二，对于绝大多数患儿来说，即使患者的言语感知效果不理想，在植入人工耳蜗前，仍然应该先佩戴助听器，以**使听觉皮质获得声信号刺激**。因为幼儿听觉系统的可塑性强，所以这种早期的刺激能够提高患儿的双侧声音处理能力。[1840] 患者小时候听觉剥夺时间越长，听觉皮质或听觉相关皮质被其他感觉模式占位的可能性越大，植入人工耳蜗后的康复效果会越差。[198, 1774] 遗憾的是，在耳蜗植入前佩戴助听器可能难以提供充分的听觉刺激，[270] 因此尽早植入人工耳蜗非常重要。①，[1320]

第三，一侧植入人工耳蜗后，另一侧佩戴助听器能够**提供补充的言语线索**（请参阅第 9 章 9.2.3），同时也能够继续刺激对侧听觉通路。对侧佩戴助听器可以给植入第二只耳蜗预留出更多的时间。[1840] 事实上，可能是因为助听器能够提供丰富的基频信息，所以与只有单侧或双侧人工耳蜗植入的患儿相比，有过双模式佩戴经验的患儿植入双侧人工耳蜗后能够获得更熟练的语言技能。[1325]

16.1.5 听神经病谱系障碍

针对有听神经病谱系障碍的患儿，目前还难以确定最优的干预方法。特别是在患儿只有大约 9 月龄时，听力师难以判断患儿学习了多少语言，同时也难以估计患儿的纯音听力损失程度和言语可听度水平，干预方案更难确定。因为不同患儿可能适合不同的助听设备，所以听力师应把所有助听方案（不佩戴助听设备、助听器、植入人工耳蜗、FM 系统）都考虑到。[118, 1480, 1479] 一个普遍接受的并有数据支持的观点是植入人工耳蜗的效果往往比助听器好，[117, 118, 1485, 1959] 但是目前还缺乏相关研究说明到底有多大

比例的患儿可以受益于早期佩戴助听器获得与植入人工耳蜗相当的益处，有多大比例的患儿的助听器增益与其听力损失程度匹配。[1478]

听神经病患儿佩戴助听器的效果与言语声诱发皮质活动之间存在密切联系：

· 佩戴助听器、言语可懂度较好的大龄儿童对言语声的皮质反应更好（正常的波形与潜伏期），助听器佩戴效果差的患儿皮质反应结果不好。[1481]

· 对于幼儿，听觉能力越强（来自家长的评估），越容易出现皮质反应，[633] 皮质反应的潜伏期也接近正常。[1161]

基本原则是：如果患者为重度听力损失，病变部位在耳蜗（内毛细胞或突触），或病变部位在内毛细胞到螺旋神经节细胞之间的树突，此类患者植入人工耳蜗效果好（因为人工电极可以替代这些结构）。与之相反，如果病变的解剖或生理部位位于螺旋神经节细胞与脑干之间的听神经内，因为电刺激产生的听神经冲动仍然必须通过这些病变的部位，所以此类患者植入人工耳蜗效果可能会不好。如果轻度 - 中度听力损失的患儿与同年龄段植入人工耳蜗的患儿言语理解力有显著差异，也可以考虑植入人工耳蜗。

听力师在决定是验配助听器还是植入人工耳蜗时，要考虑以下因素：

· 如果患儿未助听下不能听到言语声，那么必须要佩戴助听器或植入人工耳蜗，以满足听觉言语感知的首要需求。

· 声诱发皮质电位稳定的大龄儿童，佩戴助听器可能获得较好的言语理解力，引不出皮质电位的患儿佩戴助听器的效果可能较差。[1481] 虽然有时推荐此类患儿验配低增益助听器，以防引起噪声性听力损伤，② 但是如果助听器的增益太小，影响到了患儿听清正常强度的言语声，那佩戴助听器就毫无意义了。对于 9 月龄以上的儿童，可通过行为测试了解其言语可听度。对于年龄更小的儿童，虽然引不出皮质反应并不意味着其一定听不懂言语，但是仍可对其进行皮质诱发电位测试。

· 与其他类型的听力损失一样，有听神经病谱系障碍的患儿比听力正常的儿童需要更高的 SNR。因此，不论患儿是否佩戴了助听器或植入了人工耳蜗，

---

① 原则上讲，听力损失越重，术前佩戴助听器的优势越不明显。因此，术前早期佩戴助听器的长期效果可能在不同患儿或不同聆听任务上存在差异。

② 许多患有听神经病的儿童，出生时都能引出耳声发射，但过一段时间后，无论是否佩戴助听器，耳声发射都会消失。[1478]

当背景噪声存在时，FM系统都能够帮助其听得更清楚。

- 有些患有听神经病的儿童，特别是那些出生时低体重和（或）患高胆红素血症的儿童，在出生后几年内，听功能会继续发育（通过听阈和ABR评估）。在此期间，为其佩戴助听器是更稳妥的选择。[65, 122, 1465, 1485]

因为目前听神经病的治疗方案还不成熟，所以儿科听力师应密切随访听神经病患儿的听觉功能发育情况。虽然听神经病与常见的听力损失差别很大，但是由于听神经病并不少见，因此，不能再将它视为一种特例。

16.2 听力损失评估

16.2.1 频率特异性评估与分耳测听

本书不对评估听力损失类型与程度的方法进行介绍。但是在时间允许的情况下，尽可能准确地测试听力是最基本的。同时，也不能仅仅因为听力损失程度和类型尚未完全明确就推迟验配助听器。

虽然验配师对不同年龄段患儿听力损失诊断的精确性不同，但是利用目前的测听技术可以对任何年龄段儿童进行合理的听力诊断。听力诊断的基本要求是分别获得患儿两侧耳的高频（2kHz）和低频（500Hz）听阈。当然，测试的频率越多越好。但是，如果患儿的注意力和情绪不允许继续测试，那么根据两个频率点的准确测试进行助听器验配，其效果要优于依据多个频率不准确的测试结果进行的验配。通过在患儿复诊时进行评估，听力师可以获得更多的听力信息，可以对助听器进行精细调节。正常情况下，经过一段时间，听力师可用行为测听结果取代电生理（ABR或ASSR）结果，评估的精确性会进一步提高。

虽然儿童的听力图构型多于成人患者，但是总的来说，儿童的听力图曲线比成人更平坦。[1113, 1423, 1948] 各频率的临时估计阈值的有效性尚未得以验证，表16.2显示的是根据400只耳（儿童）的听力图计算出的听力图的斜率的统计结果。[1113] 该结果的中位数非常接近另外一组227例研究对象的平均阈值。[1423] 例如，如果在测试中只获得了2kHz处的阈值，那么根据表中平均斜率推算，剩余频率的阈值大约应该是：4kHz和8kHz处的阈值与2kHz处的阈值相同；1kHz、500Hz、250Hz处的阈值分别比2kHz处的阈值小5dB、15dB、20dB。

虽然许多婴儿都存在双侧对称性听力损失，但是不能据此认为所有婴儿都是这样。随机抽查180例佩戴助听器的儿童，发现其左右耳听阈差（同一频率）的绝对值的平均值为8dB，但最大值高达90dB。[1113] 在任意频率上，大约有10%的儿童两耳间听阈差大于等于20dB。因此，非常有必要进行分耳测试。与压耳式耳机相比，插入式耳机更舒服，更容易让儿童接受，所以用插入式耳机更容易获得分耳听阈结果。因为插入式耳机耳间衰减更大，所以也可减少进行对侧掩蔽的需求。下节将会介绍对于较小的耳朵，更需要对插入式耳机进行恰当的校准。因此，我们强烈建议听力师在临床工作中使用插入式耳机。

利用插入式耳机进行频率特异性评估的技术包括：
- 短纯音（ABR）。
- 单一或多频听觉稳态诱发电位（ASSR）。
- 畸变产物耳声发射，或瞬态诱发耳声发射。耳声发射目前只能让我们大体了解高频外毛细胞的功能，而不能获得特异的听阈。
- 行为测听，如视觉强化测听（VRA或VROA）、有形强化操作性条件反射测听法（TROCA）、视觉强化操作性条件反射测听法（VROCA）和游戏测听。

表16.2 根据400个随机选取的佩戴助听器的儿童的听力图计算出的各倍频程的听力图斜率的分布。[1113] 正值表示随着频率增加，听力损失越重。

频率（Hz）	10th 百分位数	25th 百分位数	中位数	75th 百分位数	90th 百分位数
250 ~ 500	−5	0	5	10	20
500 ~ 1000	−5	0	10	15	25
1000 ~ 2000	−10	0	5	15	30
2000 ~ 4000	−10	−5	0	10	20
4000 ~ 8000	−20	−10	0	10	18

表 16.3 听阈校准参数。基准等效阈声压级值用于在 HA1 或 HA2 2cc 耦合腔校准的插入式耳机。成人平均 REDD 是与成人 0dB HL 相一致的鼓膜处的声压级值。[112] 如果欲将阈值结果从鼓膜 SPL 值转换为等效成人平均听力级，听力师需要在鼓膜 SPL 值基础上减去 REDD 值。

校准参数	频率（Hz）						
	250	500	1000	2000	3000	4000	6000
RETSPL HA1 2cc	14.5	6.0	0.0	2.5	2.5	0.0	−2.5
RETSPL HA2 2cc	14.0	5.5	0.0	3.0	3.5	5.5	2.0
REDD 成人平均	16	12	10	16	15	13	16

应根据患儿的年龄和测试设备选择采用哪种测听技术。选择多种测听技术能增加测听结果的准确性。对于婴儿，应包括一种行为测听，至少一种电生理测听，并要通过耳声发射对听力损失进行定位诊断，判断耳蜗功能是否异常，帮助区分感音神经性听力损失与听神经病谱系障碍。

电生理阈值测试结果的单位是 dB nHL——阈值是能记录到的稳定出现的反应波的最低刺激强度，与成人报告自己能够听到的最小的声刺激强度相似。这些婴儿电生理反应阈值必须要通过一些修正值转换为行为阈值。测试设备可能会自动进行转换，也可能需要验配师手动转换，或者在助听器验配软件中转换。在 NAL-NL2 和 DSLm[i/o] 软件中，都能够直接输入测得的 dB nHL 结果。

16.2.2 小耳道与校准问题

可以通过扬声器、压耳式耳机或插入式耳机给声评估患者的听阈。插入式耳机可以通过标准的泡沫耳塞、导抗头或患儿的耳模与外耳道相连。即使传感器进行了校准，使听力正常成人的听阈为 0dB HL，也不能适用于听力正常的婴儿。例如：

- 新生儿的外耳道共振频率接近 6kHz，而成人的共振频率为 2.7kHz。[984] 如果通过扬声器、压耳式耳机或耳罩式耳机给声，婴儿耳道腔的高频共振会导致测得的 6kHz 处的听阈比实际值低（至少使用扬声器的结果是如此），而 3kHz 处的听阈比实际值高（适用于 3 种耳机）。[1866]

- 婴儿的剩余耳道容积（从鼓膜到耳模尖上的容积）比成人小很多。如果通过插入式耳机给声，婴儿耳道内所有频率的声压级都会比成人高。[1866] 因此即使婴儿和成人的中耳和耳蜗功能相同，检查得出的婴儿各频率的听力损失程度也比成人轻。

不堵塞耳道的耳机（扬声器、压耳式耳机、耳罩式耳机）声阻抗都较低，因此，对鼓膜处声压级影响最大的耳部特征是外耳道长度。占据部分耳道的小传感器（插入式耳机）的声阻抗也较高，因此对鼓膜处声压级水平影响最大的耳部特征是剩余耳道容积。与成人相比，婴儿的上述两个耳部特征都比较小。

儿童出生后几年内，听阈（dB HL）由于耳道的生长变化也会发生改变。[1212] 对这一问题有两个解决方法。一是用耳道内 dB SPL 计量阈值。用这种方式计量阈值可以方便将患者听阈与助听器输出的结果进行比较。二是用**等效成人听力级（equivalent adult hearing level）**的方式记录测试结果。等效成人听力级反映的是当成人和儿童在鼓膜处有相同分贝的 SPL 听阈时，所对应的听力级水平。等效成人听力级与 DSL 软件中的**预测听力级（predicted hearing level）**是同义词。[1599] 虽然这种方法测得的结果不能直接与助听器的输出值进行比较（使用计算机程序的情况除外），但对用 dB HL 表示听力损失我们更熟悉。①

两种方法都需要获得耳道内的 dB SPL 听阈。第一个方法不再需要进一步计算或转换。第二种方法需要减去成人平均 REDD 值（见表 16.3）后，将耳道阈值转换为等效成人听力级。两种方法都在助听器调机软件中得到应用（如 NAL-NL2、DSLm[i/o]，或助听器厂家使用的这 2 个软件的改良版）。

$$\text{等效成人听阈} = \text{耳道阈值} - \text{REDD}_{\text{成人平均}}$$
$$(\text{dB HL}) \quad (\text{dB SPL}) \quad (\text{dB})$$
⋯16.1

在使用等效成人听阈时需要注意这一数值在患

---

① DSL 软件使用的是第一个方法（耳道 SPL），描述耳道几何形状改变带来的问题；NAL-NL2 软件使用的是第二个方法（等效成人听力级）。

> **测量耳道内阈值（dB SPL）**
>
> 测量耳道内阈值最好的方法是使用真耳耦合腔差值（RECD），请参阅第 4 章 4.2 和第 11 章 11.4。首先，将通过插入式耳机测得的 dB HL 阈值转换为 2cc 耦合腔 dB SPL，方法为：加上表 16.3 中的基准等效阈声压级（RETSPL）值。然后，将这些耦合腔 SPL 转换为真耳 SPL，方法为：加上测得的 RECD 值。婴幼儿 RECD 的测量方法详见 16.4.3。
>
> 听力师可以直接测量不同听力计之间的差异（dB HL）以及每位患者的真耳 SPL 值。我们称这一差值为**真耳 – 刻度差值**（*real-ear to dial difference*，*REDD*）。听力师使用任何一种耳机都能测得。[1587] 图 4.10 和公式 4.7 清楚地展示了 RECD、REDD 和 RETSPL 的关系。

儿出生后几年仍有可能会发生改变。因为中耳发育不成熟、[862] 轴突传导不成熟[1245, 1246] 和突触传递效率问题[1445] 以及不能集中注意窄带刺激信号[1909]、注意力不集中等原因的综合作用，[1909] 正常听力的婴儿会有偏高的听阈。听力损失的婴儿也有与正常听力的婴儿相同的变化，因此在出生后前 1 ~ 2 年内，听阈会升高。另外，有些听力损失是渐进型的，[827] 也会造成听阈升高。

16.2.3 听觉处理障碍

与成人一样，有感音神经性听力损失的儿童也存在空间处理障碍，有的听觉处理障碍导致患者不能抑制来自其他方向的声音，以集中精力聆听来自特定方向的目标声音。[298, 628] 6 岁前多半时间都患有分泌性中耳炎的儿童，即使听力恢复正常后，其双耳信息整合能力（即双耳听觉处理障碍）也很可能会降低。[748] 对患有空间处理障碍的儿童（无论是否存在听力损失），除非言语测试中言语声与背景噪声的给声方向不同，否则进行常规噪声环境下的言语感知能力测试并不能充分显示出他们遇到的障碍。

因此，与教室内听力正常的同龄人相比，患有任何类型听觉处理障碍的儿童和患有感音神经性听力损失的儿童需要更高的 SNR 才能在同样的背景噪声中获得相同的言语理解能力。① 佩戴无线发射系统是上述两类障碍最有效的解决方案。听力损失儿童听到的 FM 信号需要经过助听器正常放大。但对于如何才能最好地将无线信号提供给外周听觉功能正常的儿童，目前还不清楚：他们的双耳应保持同时开放，以便听到附近的声音，但这一做法又会使他们听到背景噪声。因此，还是需要对儿童接收到的无线信号进行放大，以保留无线发射系统固有的较高的 SNR。此时，需要采取一个折中的方法，一方面要对无线传输信号进行放大，以使 SNR 足够高，但另一方面又不能太大，以妨外周听力正常的儿童因长期聆听过强的声音产生不适或者损伤听力。

16.2.4 评估中的其他问题

先天听力障碍儿童常伴发视力障碍，但视力障碍不易被及时发现。[1322] 与听力正常的儿童相比，视觉对听力障碍儿童来讲更加重要。因此，当发现听力损失后应同时检查患儿的视力。与听力干预相同，对先天性视觉障碍儿童进行早期干预，对获得较好的康复效果至关重要。听力对于同时患有听力障碍、视力障碍的儿童进行声源定位和言语感知十分重要，因此，具备选择方向性麦克风（用于听清言语）和全向性麦克风（用于声源定位）的能力尤其重要。[1777a] 在此方面还需进行更多的研究。

尽管本章的重点是关于永久性感音神经性听力障碍儿童使用助听器的问题，但是长期反复发作的中耳炎导致的传导性听力损失也可造成类似的残疾。患有腭裂的儿童，因其咽鼓管功能障碍，即使在腭裂修复后，分泌性中耳炎的患病率也很高。所以，无论患儿是否接受了鼓膜置管，听力师都应考虑为其验配助听器。[1126]

16.3 助听器类型与耳模类型

16.3.1 助听器类型

对于十多岁的儿童及所有年龄段儿童的家长来

---

① 对于患有空间处理障碍的儿童，可以通过训练，让患儿没有发育的双耳声音处理能力得以发展。[243] 训练结束后，此类患者将不再使用无线发射系统。

说，助听器的外形和大小至关重要。虽然有些患儿或家长会选择亮丽的颜色，但是也有人会选择最隐蔽的。对于患有先天性听力障碍的婴儿，即使将普通大小的助听器置于耳后，看起来也非常大。家长最终会决定为儿童选择哪种类型和大小的助听器。家长在做出决定之前，首先应了解若选择一款电声学品质较差的助听器可能会产生的严重后果。例如，应该让家长了解出生后几年获得足够的声音刺激与儿童未来的语言康复效果密切相关。只有选择最大输出与患儿听力损失程度相匹配的助听器，才能获得有效的听力补偿，而满足这一要求的助听器的体积可能比家长希望的要大。

几乎所有听力障碍儿童都验配BTE助听器。与盒式助听器相比，BTE有很多优点。BTE在患儿头部水平拾取声音，不会像盒式助听器那样受到衣服噪声和身体阻挡的干扰，这对于婴儿尤其重要。同时，BTE也不易掉在食物或小孩的溢奶和口水中。

> **实用技巧：固定助听器**
>
> 年龄太小又活泼好动的儿童可能会弄丢助听器，此时可使用哈吉带（Huggie™ aid）将助听器固定。哈吉带有一个大环可以将耳郭环绕起来，有两个小环套住助听器机身。或者可以用鱼线系住助听器耳钩，再通过别针固定在患儿的衣领上（一位聋儿家长分享的经验）。市场上可以购买到的此类配件有：靴套、迪诺夹、奥利弗夹。
>
>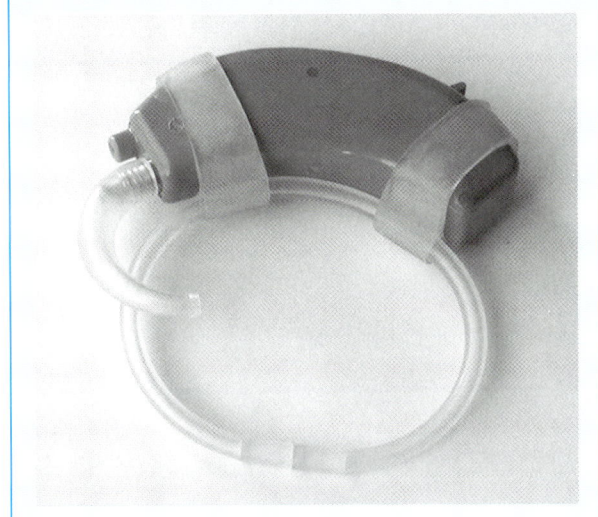
>
> 图 16.1　与 BTE 相连的哈吉带。

只有患儿不适合佩戴BTE时才需考虑使用盒式助听器。原因之一可能是由于患儿伴有多发残疾，必须对患儿头部进行支撑，支撑会导致：

- 阻挡BTE拾取声音；
- 经常碰到BTE；
- 经常让BTE产生啸叫。[1777]

虽然各年龄段的儿童佩戴ITC助听器（或ITC/CIC助听器）没有原则性的禁忌，但是在使用过程中会有诸多不便：

- 儿童外耳道较小，ITE较难制作。
- 最初几年，患儿的耳道大小变化较快。如果验配ITE时年龄较小，需要频繁更换。更换助听器比更换耳模贵得多。儿童听力学专家建议，[125] 当患儿长到8～10岁时耳部发育趋于稳定，此时可考虑为其验配ITE。但是，有了可使用细导声管的微型BTE机型后，ITE在美观方面的优势就没有那么突出了。
- 所有听力障碍儿童都需要在各类环境下使用FM或其他无线发射系统以获得更好的SNR。有些ITE没有音靴，所以不能耦联受话器或不能安装电感线圈。所以这种类型的助听器会限制患者使用FM系统。
- 佩戴ITE有一个小的危险因素。因为定制机外壳是一个很薄的塑料外壳，如果患者佩戴助听器时外壳破损，这时锋利的边缘会割伤外耳道皮肤。虽然耳部遭到打击时，任何年龄段患者的助听器机壳都可能会发生碎裂，但是幼儿更容易发生这种事故。同时幼儿也更容易把ITE吞咽到肚子里。
- 虽然BTE助听器也存在这一问题，但是家长或康复教师更难通过肉眼看出ITE是开机还是关机状态，也不易看到音量控制钮的位置。

为了在噪声或混响环境中给患儿传递尽可能多的信息，儿童可能需要佩戴无线发射系统。如果要佩戴FM系统，需要助听器上有音靴接口、助听器内有电感线圈（用于和颈圈耦联，请参阅第3章3.11.1）或内置无线受话器。

16.3.2　耳模类型

对ITE外壳安全性的担心同样适用于BTE助听器的硬耳模。因为佩戴硬耳模容易对儿童造成伤害（如玩耍中硬耳模破碎或插入耳内），所以幼儿常使用软耳模。软耳模更不易引起啸叫，患儿佩戴起来更舒适。

与成人佩戴助听器相同，软耳模材料易老化。但幼儿需要经常更换耳模，所以耳模老化就不是大

16.4 儿童助听器的预设

16.4.1 言语识别能力与放大需求

最重要的问题是，儿童尤其是婴儿的放大参数是否不同于有相同听力损失的成人患者。回答这一问题时，首先要考虑的是，婴儿耳道容积较小会影响到对耦合腔增益的要求。如果要达到近鼓膜处相同的增益和最大输出，儿童需要的耦合腔增益和OSPL90要比成人小。第11章11.4和第16章16.4.3详细介绍了如何处理这一问题。

问题复杂的一面是儿童的真耳增益和最大输出是否应该与成人不同。我们首先应该讨论为什么儿童可能需要与成人不同的真耳放大，然后再讨论相关的经验证据，最后给出实用的建议。

当成人听到言语声时，可以结合已经掌握的语言知识弥补没有听清楚的声音。对于成人来说，这一过程如此自然以至于人们很少能意识到，除非当人们能够直接查知的信息过少时。而正在习得语言的儿童掌握的知识有限，不能填补缺失的信息。[1324] 婴儿更不可能这么做。

即使言语材料不包含语义、语法或语境信息（如无意义音节），听力正常的婴儿仍需要强度高于26dB的音量才能获得与成人相同水平的音节分辨力。[1353] 同样，要获得相同的单音节词测试结果，即使测试内容都是受试者熟悉的单词，5岁的儿童也需要比年龄更大的儿童更高的语音强度。[213] 这是否意味着在给听力障碍婴儿进行助听器验配时，需要给予比相同听力损失程度的成人更高的增益呢？事实可能如此，但是仅通过听力正常的婴儿的测试数据难以回答这一问题。

研究数据能够直接告诉我们的是，如果以获得最高言语得分为目标进行助听器验配，也应给听力正常的婴儿佩戴助听器，以帮助其在低输入强度时获得大约26dB的增益！把这一结论应用于听力障碍儿童会出现两个问题。第一，这个数据没有告知我们儿童在高输入强度时需要的增益是多少。第二，设定特定输入强度的最佳增益既需要考虑增益和频响之间的平衡，使可懂度最佳，又要能保证整体响度可以被患者接受。与语言能力已经发育完全的成人相比，尚未掌握语言技能的患儿需要更多的增益才能实现这一平衡。

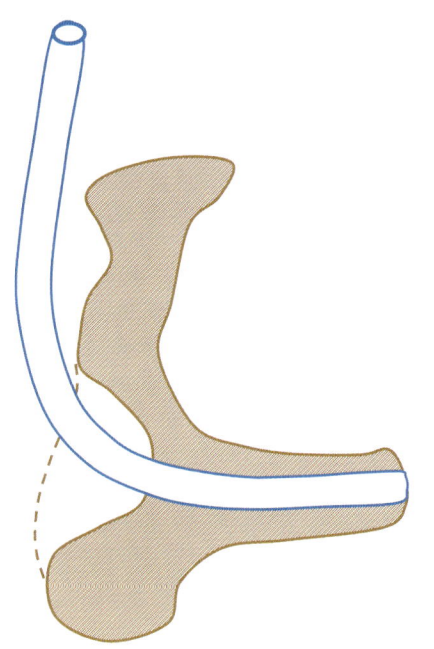

图16.2　耳甲腔被掏空的耳模的横断面。

问题。总之，耳模既可以做成软的也可以做成硬的，但对于幼儿，软耳模的优势远大于不足。

儿童的耳朵体积较小还会导致另外三个问题。第一个问题是导声管从耳模内伸出的角度以及耳模与耳钩头部较近的距离容易使助听器向外撇。一种解决方案是让导声管弯曲角度更大，但这样容易使导声管出现死结。另一种解决方案是将耳模的耳甲腔中央部分材料掏空，优先插入导声管。[1345] 图16.2为耳模的横断面（图中显示的是耳模制作快完成的阶段）。掏空的区域能够让导声管的上行部分与耳道贴得最近。

第二个问题是较难给耳模开声孔（即使声孔只有2mm）。唯一的解决方案是打孔时仔细操作并缩短导声管内侧头的长度。导声管的任何一个部位受到挤压都会影响助听器的高频增益和最大输出。第三个问题是很难或不能使用成人耳模上可以使用的声学修饰（号角和通气孔），但可以在耳模外表面上开通气孔。

没有研究证实幼儿是否会和成人一样，当外耳道封闭时听自己的声音会感到不舒服。由于儿童语言的基频和共振峰比成人高得多，所以上述问题对儿童来说可能影响不大。儿童的语言基频和共振峰都高于300Hz，在这一频率，骨导造成的成人耳道内的声压级增长最大。

第 16 章　儿童验配助听器的特殊问题

　　如果婴儿与成人的最优验配方案不同，那么这一不同在低输入强度时比高输入强度时更明显。7~14岁听力障碍儿童的响度不适阈已被证明与相同听力损失的成人一样。[860] 因此，对于婴儿，不需要在高输入强度上给予其比成人更高的增益和更大的最大输出（OSPL90）。

　　之前讨论的内容是围绕整体增益和最大输出展开的。当然，我们也需要确定每个频率上的增益值，儿童的最佳助听频响曲线的形态很可能与成人的不同。因为儿童最难获取高频信息，所以有些专家推测儿童需要额外的高频增益。也有专家持反对意见，他们认为在语言发展初期，语调和超音段信息是交流中的重要因素，所以婴儿首先需要额外的低频增益。两种猜测都有可能是对的，但也有可能不对。

　　随着语言能力的发展，儿童需要的频响曲线可能会发生相应改变，我们尚不了解语言习得水平与最优频响曲线的明确关系。因为每个频率上都包含重要言语线索，所以在没有正确的依据下做出推测是不明智的。这个问题与之前我们讨论过的增益与响度的内容有关。除非信号强度整体提高，否则在一个频率上提高增益将会牺牲对其他频率上的放大。

　　就像婴儿对小声言语的分辨能力比成人差一样，如果要获得与成人相同的无意义音节分辨能力，婴儿需要的信噪比就要比成人高至少 7dB。[1354] 同样，要识别熟悉的单词和句子，5 岁儿童需要的信噪比要比大龄儿童或成人高 3~5dB。[152, 645] 上述结果清楚地告诉我们，在有些聆听环境中，可能存在听力正常的成人可以分辨不同的声音，但听力正常的婴儿或儿童不能分辨的现象，听力障碍的成人和儿童当然也会存在同样的情形。

　　上述发现对于理解助听器的信噪比、增益、频率响应很有意义。如果信噪比过高，通常没有问题。但是如果增益过大，患者佩戴起来会感到不舒服，可懂度也会下降。（有些情况下，将某位说话者的信噪比提升过多也会有问题，这样患儿会听不清自己和附近其他人的声音。）

　　无线助听器在许多环境中都能让儿童受益，并且应该在儿童常处的所有环境中都给他提供无线发射系统。更多介绍请参阅第 16 章 16.4.5。

　　遗憾的是，没有研究将婴儿的最优验配方案与成人的最优验配方案以及其他程序化的预设程序进行直接比较。① 原因是此类研究极难完成。许多研究[233, 283, 1667]都表明，相同听力损失的成人与儿童喜爱的平均增益值相同（受试者年龄最小 6 岁）。这些研究还表明，我们可以用针对成人患者的方法，从听力图构型预测幼儿的最佳频响曲线形态。另外，Snik 和 Hombergen（1993）的研究显示：大龄儿童喜欢的增益值比相同听力损失的成人喜欢的增益值高 7dB。但是儿童用的增益值与 NAL-RP 预设公式的计算值极其接近。

　　一项加拿大和澳大利亚联合开展的综合性研究比较了学龄儿童对 NAL-NL1 与 DSL［i/o］预设程序的喜好和聆听效果。[286-288, 1581, 1585] 因为助听器的啸叫和其他原因，并未发现两个预设程序间存在较大差异。两个预设程序的增益频响曲线的主要不同之处在于 DSL［i/o］的增益比 NAL-NL1 的大（中等强度输入时，各频率平均值的差异为 7dB，在低频和低强度输入时差异较大；在高频和高强度输入时差异较小）。

　　两个预设程序对患者客观言语感知能力的提高效果是相同的。安静环境下无意义音节分辨率接近满分，噪声环境下语句接收阈几乎与听力正常的儿童相同。因为 DSL［i/o］的可听度更高，所以在听轻声时，儿童更喜欢 DSL［i/o］；在听强声或身处噪声环境中时，NAL-NL1 因为其良好的舒适度受到更多患儿的喜爱。有些患儿会更喜欢他们之前一直在使用的预设程序。

　　根据对 NAL 和 DSL 的研究结果，听力师对 NAL 预设程序进行了修订。新的预设程序 NAL-NL2 相对于原程序 NAL-NL1 提高了儿童助听器用户在轻声和中等强度输入时的增益。

　　儿童的喜好与成人正好相反：儿童喜欢比 NAL-NL1 更高的增益，而成人喜欢比 NAL-NL1 小、比 DSL［i/o］更小的增益（请参阅第 10 章 10.4.8）。因此，总的来说，儿童比相同听力损失的成人喜欢更高的真耳增益。这一实践经验与下述两个研究结论一致：1. 要获得最高的言语感知能力，儿童需要比成人更高的感知水平；2. 听力正常的儿童比成人需要更高的声压级才能获得相同的响度级，在中低输入强度时尤其如此。[1604]

　　儿童听力损失多为先天性，而成人听力损失多

---

① 有研究对 6 岁以下患儿的验配特点进行了比较，但如果验配基于相同的预设程序，那么这一比较是不符合逻辑的。

为后天获得性，成人与儿童对增益喜好的不同是由于年龄不同，还是由于病因不同引起的呢？由于突发性听力障碍和后天获得性听力障碍的成人患者对增益的喜好无显著差异，所以年龄应该是引起儿童对增益有更高需求的原因，而不是病因。[873] 儿童在多大年龄后对增益的喜好会与成人相同尚未可知。

我们如何把上述认识转化为验配助听器的操作指南？听力正常的儿童、听力障碍的儿童、听力障碍的成人都需要比听力正常的成人更高的信噪比以获得相同的言语可懂度。这一点之前已经讨论过。无线发射系统和方向性麦克风在一定程度上可以对此有所帮助。患儿有时需要接触一些噪声信号，以发展噪声下的言语感知能力。由于在很多环境中无FM可用，所以不用专门安排，儿童也有接触噪声信号的机会。

与成人相比，需要给患儿多少真耳增益是一个更难回答的问题。我们需要考虑的不仅是增益，而是不同输入强度的增益。

高强度声音（如一群小朋友做游戏时，声音强度为80 dB SPL）。 因为助听器自身的限制、患者的响度不适阈以及听力敏感度减退等因素的影响，在高强度声音输入时，给予儿童更多增益并不能提供比成人更多的帮助。（听力敏感度减退是指患者从听到的声信号中提取有用信息的能力减退。感觉强度越高，影响越大，请参阅第10章10.3.4）。我们跟婴儿交流时，距离往往会比较近，这样婴儿听到的言语强度[1706]就会更高，因此我们更不建议在高强度声音输入时给予婴儿额外的高增益。婴儿比成人听到高强度输入的机会要多，因此我们建议在声音输入强度超过70dB SPL时给予压缩，以降低增益。

中等强度声音（如一个人的说话声，声音强度为65 dB SPL）。 有充分证据表明，与成人相比，儿童喜欢对中等强度声音给予更多增益。现有的少量证据表明，对中等强度的输入声音给予较大增益并不能提高其言语可懂度，但可以减少聆听的难度。

低强度声音（如一个人轻声说话，和（或）远距离说话，声音强度为50 dB SPL）。 毫无疑问，儿童比成人听取低强度声音的能力差。给予儿童的低强度声音增益应比成人高。提高低强度声音增益的同时也能增加儿童有意或无意聆听的距离。听力正常的儿童主要是通过无意聆听的方式学习语言。[24, 1697] 增加低强度声音增益的缺点较少，既不会像增加高强度声音增益一样，影响言语可懂度，也不会因声输出太大而导致噪声性听力损伤。

在比较儿童与成人对低强度声音（如40dB SPL）增益的需求时，一个主要的问题是我们根本不知道应该给成人的增益是多少！如第10章10.3.5中所述，压缩阈以及低强度声音的增益应该是多少尚未可知。

患儿最好具备一定的阈上聆听经验。如果是单耳验配助听器的成人患者，在佩戴助听器几个月后，该耳对轻声的处理能力会减退。[589] 我们不想对低强度声音给予过多增益，从而影响儿童聆听低强度声音并获得处理该种信号的能力。低强度声音主要来自较低的嗓音或远距离的声源。

婴儿不会手动调节音量，在低强度声音输入时言语理解能力会降低，同时还得频繁听到高于平均输入强度的声音，所有这些都要求婴儿要使用宽动态范围压缩（WDRC）助听器。WDRC扩大了环境中可聆听的强度范围。[810] 采用WDRC技术，助听器可以将从低输入强度到高输入强度（大约55dB SPL ~ 80 dB SPL）的声音放大到患者可接受的各种响度。[1585] 如果没有WDRC技术，任何年龄段的感音神经性听力障碍患者[1605]对声音的响度感受会随声音强度增长而急剧增强。这会导致言语声放大量超过患者的不适阈和（或）产生过饱和信号（这样会使语音失真）。

因为WDRC能提高可听度，低强度声音可听度的提高可以使言语可懂度得到提高，所以WDRC对于言语感知的最大好处是能让患者感受到低强度的输入声（请参阅第6章6.5.1）。[811] 与线性放大相比，WDRC能使重度-极重度感音神经性听力障碍者的言语感知能力得到提高。[1140] 对于大龄儿童，我们会常规测试其言语感知能力。对于不会自己手动调节音量控制钮以应对言语声输入强度变化的婴儿，也可使其获得同样的益处。

给予低强度声音较高的增益会造成验配儿童助听器时，采用的压缩比成人大。没有直接的证据显示儿童助听器内压缩器处理输入变化的速度需要多快。因为儿童需要的压缩比可能会很大，所以最安全的做法是让压缩器的释放时间超过几百毫秒（可能会更长），这样可将言语信号间隔期内增益的升高控制在最小。① 据推测，刚开始学习语言的婴儿最

---

① 有自适应释放时间功能的助听器也有这一功能。

初并不能将噪声和言语声区分开。如果助听器有自适应降噪功能，那么验配助听器时就无须过高的压缩比（请参阅第 16 章 16.4.4）。因为，当言语声最强时，降噪算法通常也会最大限度地降低增益。

如何改变婴幼儿的频响曲线是极其困难的问题。没有证据显示在相同听力障碍成人的频响曲线上应进行什么调整。更遗憾的是，也没有证据显示听力障碍儿童采用的频响曲线应与成人的相同。

如第 10 章 10.3.4 中所列，针对言语声设置的频率带宽应尽可能宽，理想化的情况是将助听器带宽扩展至 10kHz，但很少有助听器能达到。更高的可听度上限可以确保感知到清擦音，尤其是 /s/ 音，以及浊擦音的摩擦音成分 /z/。儿童及女性说话者，在 6kHz 以下的摩擦音成分通常强度很小。[156, 1326] 对女性发出的摩擦音的感知水平比男性低。[1702] 与听力正常的儿童相比，听力障碍儿童不容易区分单复数（英语），因为复数常带 /s/ 后缀，尤其是女性说的复数。[1702] 听力损失越重，无论对男性还是女性发的 /s/ 音，患者的感知能力都会很差。[1702]

那些依靠助听器最不容易听清的音（高频摩擦音）往往是听力障碍儿童在学习发音过程中最不容易掌握的音。[1704] 获得高频音的可听度非常重要，不仅仅是为了感知其他人的发音，也是为了让患儿能够监听自己的发音。但遗憾的是，高频音是以一个非常定向的方式从口部发出的，因此虽然患儿的耳到口部的距离最近，但能输入助听器的高频摩擦音的声音强度可能会相对较低。[1424] 多通道 WDRC 能在一定程度上抵消口部衍射对低频音的加强，患儿也可能会从专门特殊设计的"针对自己声音的放大算法"中获益，但这一算法现在还不存在。

因为听力损失越重，响度会随感觉强度增长得越快，提供的言语感知效果越差。所以高频听力损失越重，高频的感觉强度越不能太高。

读者应认识到本章中涉及的与频响增强和压缩速度有关的结论大都是推测出来的。支持或否定这些结论的数据并不存在。不过相对于十年前我们已有更多证据证明应该给不同程度听力损失的儿童多少增益。

16.4.2 以阈值为基础 VS 以响度为基础的验配过程

与成人相比，给儿童验配助听器时，听力师是依据助听阈值还是依据超阈值的响度增长？这一问题很容易回答（患儿年龄越小，答案越简单）。没有任何客观方法能够获得婴儿的响度增长数据，因此后一种方法不可能应用于婴儿，我们只能依赖阈值进行助听器验配。对于大一点的儿童，可以通过代表不同响度的图片来测量患儿的响度增长曲线。但是，儿童不能总是按照成人期望的那样理解图片。[1029] 儿童的响度分类评级结果不如成人可靠。[516] 在 4 岁幼儿中成功应用的另外一种方法是让患儿画出不同长短的线段来代表其对响度的感受。[1604, 1605]

如果患儿能够可靠地完成响度评级，应用响度评级方法对成人和儿童进行验配的效果差异会变小（请参阅第 10 章 10.4.8）。当然，除非听力师应用可靠的方法使用响度评分进行验配，否则仅凭一个响度评分是没用的。如第 16 章 16.4.1 中介绍的，成人与儿童之间的响度目标与最大可懂度的输出强度之间的平衡点是不同的。

总之，目前对幼儿使用响度评级的方法验证助听效果有太多不确定性。可能需要开发一些新的电声学测试方法来替代响度测试，如 ABR 潜伏期、ABR 振幅、声反射阈或 DPOAE 强度。[394, 900, 1270] 目前，这些还仅停留在科研层面，并未付诸临床实践。如果一旦这些响度替代测试方法可以应用，那么如何应用到成年人身上也是一个问题。

16.4.3 适用于小耳道的方法

随年龄变化的 REUG

随着患儿年龄的增长，他的外耳道长度和容积也会变大。外耳道长度决定了未助听耳的共振频率，继而会影响真耳未助听增益（REUG）曲线的峰值频率。峰值频率的变化随年龄的变化而变化，且速度很快。出生时，峰值大约在 5～6kHz，患儿 2～3 岁时，峰值频率会平均下移至 3kHz（仅比成人的平均值高 10%）。[103, 419, 861, 984, 1914]

患者的 REUG 曲线直接影响到患者获得的插入增益。第 10 章 10.2.4 的文本框中介绍过，在验配助听器时考虑 REUG 值的必要性，结论为对于幼儿没有必要测试其 REUG 值。因此，本书中推荐的婴儿助听器验配过程是以 REAG 为基础的，而不是以插入增益为基础的。虽然个人的 REUG 值与助听器验配无关，但是 REUG 曲线的峰值频率可以帮我们估计婴儿外耳道的长度，外耳道长度对确定探针放置深度非常有用。图 16.3 显示了根据 REUG 曲线峰值推导出的外耳道长度的变化情况。推导时采用了耳道与外耳的双圆柱模型。[861]

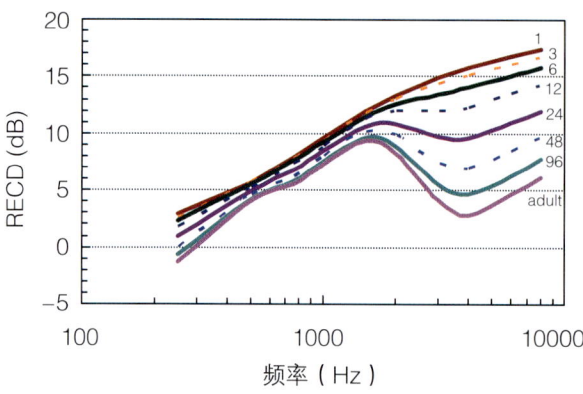

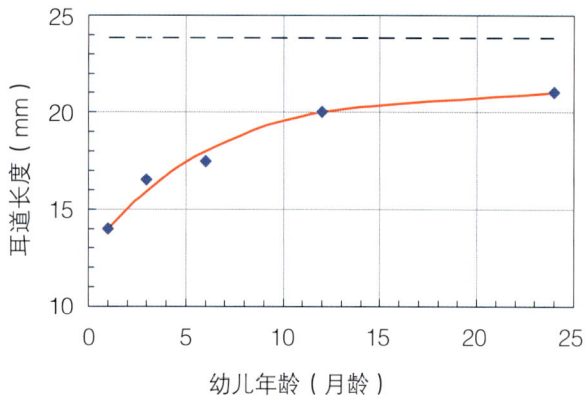

图 16.3　随年龄增长外耳道长度的变化。实线是推导出的平滑曲线，虚线是成人外耳道的平均长度。

图 16.4　每条曲线分别表示 1～96 月龄儿童与成人平均 RECD 值。RECD 显示了受试者佩戴耳模后测得的外耳道 SPL 与用 HA2 2cc 耦合腔测得的 SPL 的差值。儿童受试者的测试频率范围最高只到 4kHz，成年受试者的测试频率范围最高只到 6kHz，因此图中显示的更高频的数据只是推断数据。

随年龄变化的 RECD

随年龄增长会发生的第二个改变是助听后的剩余耳道容积。该容积连同中耳输入阻抗在很大程度上决定了 RECD 值的大小。对于婴儿来说，耳道壁的阻抗值对 RECD 值也会有影响。[862] 虽然出生后几年，患儿的 RECD 值也会发生很大变化，但是随后几年，RECD 值会逐渐接近成年人水平。

图 16.4 显示了多个年龄组受试者佩戴定制耳模的 RECD 平均值。该数值在表 16.4 中也有所显示。

幼儿的这些曲线，除了表 16.4 中列出的数值，在 4～6kHz 处大约高 3dB、在 1～1.5kHz 处大约低 2dB 之外，基本与 Bagatto 等（2005）在文章中介绍的相同。

这些曲线表明：

- RECD 随频率增加而增大，一部分原因是耳道有效容积随频率增加而降低（请参阅第 4 章 4.1.1），另一部分原因是从耳模中泄出的能量降低了耳道内低频的 SPL 值。

表 16.4　不同年龄儿童以及成人的 RECD 均值。这些数值适用于受试者佩戴自己的耳模时测得的真耳 SPL 值，以及使用 HA2 2cc 耦合腔测得的耦合腔 SPL 值。该值是对多个 NAL 实验获得的 1 月龄至 20 岁年龄段（2/3 的受试者小于 2 岁）的助听器佩戴者的 284 只耳的测试数据，经过频率与年龄函数处理整合后推导得出的。前 5 个研究获得的 108 位成年人的平均值请见表 4.3 的第 2 行。所有数据都适用于没有通气孔的声孔为 2mm 的典型开孔式耳模。

年龄（月龄）	频率（Hz）						
	250	500	1000	2000	3000	4000	6000
1	3	6	10	13	15	16	17
3	3	6	9	13	14	15	16
6	2	5	9	13	13	14	15
12	2	5	9	12	12	12	13
24	1	5	8	11	10	11	11
48	0	5	8	10	7	7	8
96	−1	4	8	9	6	5	6
成人	−1	4	7	8	4	3	5

- 因为婴儿的剩余耳道容积最小，所以年龄最小的受试者的 RECD 值最大。
- 因为 HA2 2cc 耦合腔兼具声学喇叭对高频 SPL 放大的作用，而这些曲线都是使用等直径声管的定制耳模测得的，所以对于成人来说，4kHz 处的 RECD 值比 2kHz 处小。
- 1～3 月龄婴儿的 RECD 变化很小，可能是因为 1 月龄婴儿的耳朵太小，他们的耳模做得很浅，也有可能是因为耳道壁弹性更大，增加了耳模内侧的有效声学容积。

当然，每位患儿的数值会散落在图 16.4 中均值的上下。这些散点呈正态分布，标准差在 3kHz 处大约为 4dB，在 4kHz 处大约为 5dB。这表明会有 5% 的患儿的 RECD 值比估计值大 8dB（或在 4kHz 处大 10dB）。虽然这些数据是由不同地区的听力师收集的，但是这些听力师接受过统一的助听器验配与 RECD 测试培训。受试者佩戴的耳模可能与澳大利亚儿童服务中心使用的耳模深浅不同。

如第 11 章 11.4 讨论的一样，个人的 RECD 值会影响耦合腔增益和为了获得目标 REAG 与 RESR（真耳饱和度）所需要的 OSPL90。下页文本框中显示了预设和调试增益与 OSPL90 的方法。一旦输入 RECD 值，就不用再测量真耳增益来验证助听效果。助听器在测试箱中即可获得预设的目标曲线，同时也只需要对患儿进行一次真耳测试（如 RECD）。请记住：我们可以使用 RECD 值预测助听器在患者耳道中产生的 SPL 值。但 RECD 值不能预测通过通气孔或漏声通道直接进入外耳道的 SPL（请参阅第 5 章 5.3.1）。除了不需考虑通气孔传导声音的高增益助听器，用助听器验配软件计算耦合腔增益时必须要考虑通气孔传导声音。

导抗头

目前本节中讨论的内容都是围绕患者佩戴定制耳模后的 RECD 值，以及其在助听器验配中的应用展开的。如第 16 章 16.2.2 中所示，RECD 值也会对插入式耳机测得的听力损失程度有影响。对于婴儿，使用适合耳道直径的导抗头将声音传递到耳道非常方便。可以通过塑料薄膜（用于覆盖食物的）把探针耦合到导抗头上。这样探针和导抗头就插在了一起。[72, 74] 探针的深度与定制耳模相同，详见文本框。年龄相关平均值见表 16.5。

中耳疾病

有时需要给鼓膜置管（*ventilation tube*）[也被称为压力平衡管（*pressure equalization tube*）、索环（*grommet*）、鼓膜管（*tympanostomy tube*）]或鼓膜穿孔的儿童验配助听器。鼓膜上的任何开孔都会对助听效果产生两方面影响。第一，影响低频的声音。开孔将中耳腔与剩余耳道容积直接相连，耳模的缓冲作用不复存在。这会使 1kHz 以内的 RECD 值减小 10dB。[1148, 1149] 因此助听器必须有额外的增益和 OSPL90，以获得与鼓膜完整时相同的 SPL。如果验配依据患者个人的 RECD 值，这一额外增益会自动计算出来。在通气孔导致助听器增益为 0dB 的频率段，不需额外的增益或 OSPL90（请参阅第 5 章 5.3.1）。

测量 RECD 值时没有考虑鼓膜开放的负效应。因为鼓膜开放可以使得低频声音到达鼓膜的两侧，所以即使外耳道内的 SPL 值与鼓膜完整时相同，鼓膜对低频声音的敏感度也会降低。可以通过助听器的声学模型、耳道以及中耳系统估算

表 16.5 不同年龄段患儿 RECD 平均值。这些数值适用于使用导抗头对真耳 SPL 进行测量时。这些数值来源于 Bagatto 等（2005）发表数据的回归方程式。

年龄（月龄）	频率（Hz）						
	250	500	1000	2000	3000	4000	6000
1	0	4	8	10	12	16	17
3	0	4	8	10	11	15	16
6	0	4	8	9	10	14	14
12	0	4	8	8	8	12	11
24	0	4	8	5	5	6	5
>24	0	4	8	8	6	9	9

> **是针对每位患儿和每只耳模进行 RECD 测试，还是通过年龄相关均值进行推测？**
>
> 几乎一致的建议是：应该为每位患儿和每一只新耳模进行 RECD 测试，但最终结论会非常接近。
>
> **支持都测试的理由**是：
>
> - 每个人的 RECD 值可能会比平均值差 10dB（甚至更大）；如果这些值是准确的，那么使用推测的 RECD 值获得的真耳增益将与目标增益相差 10dB。
> - RECD 能够发现耳模上存在的问题（如导声管发生了失真）。
>
> **支持使用年龄相关均值的理由**是：
>
> - 许多因素会导致测得的 RECD 值不准确。这些因素包括以下几点。
>   - 探针加重了耳模的漏声；
>   - 探针会被耵聍塞住，或被过度地挤压在耳道和耳模之间；
>   - 探针的插入深度不够，不能超过耳模末端或尽可能接近鼓膜；
>   - 没有正确校准探针麦克风或耦合腔麦克风；
>   - 测试 RECD 时与应用 RECD 的软件所要求的测试安排（耦合腔、传感器、耦合到耳朵）可能不同。
> - 如果使用了错误的 RECD 值，那么在助听器验配时使用这些数值导致的增益错误比使用估算数值导致的增益错误大。
> - 失真的导声管通过肉眼检查即可发现。
>
> 到底哪种方法更好有赖于对听力师的训练水平、测试中可能遇到的陷阱、临床工作时间、所用的设备以及对设备的校准。
>
> 当然，完全忽略成人与儿童 RECD 值之间的差异，对儿童进行验配是绝对不行的。如果不测 RECD 值，就必须使用表 16.4（受试者佩戴耳模）或表 16.5（受试者佩戴导抗头）中的年龄相关均值。

出耳蜗有效刺激的损失程度。这一模型表明，即使耳道内 SPL 值保持不变，在鼓膜植入一个内径 1.3mm、长 1.8mm 的通气管也会导致 500Hz 处耳蜗的输入强度降低 12dB。[312] 这种作用对 500Hz 以上的频率影响较小，但对低于 500Hz 的频率影响很大。

相反，分泌性中耳炎会导致鼓膜弹性降低，再加上中耳积液的影响，会使中耳有效容积大大减小，从而导致 RECD 增加几分贝。[1149a] 虽然积液导致 RECD 值增大，继而造成耳道内 SPL 增大，但是这一影响远小于中耳系统声音传导能力的降低。

16.4.4　信号处理特性

这一节中的每一个特性都在第 7 章和第 8 章中详细介绍过。下面要讨论的是这些特性在婴幼儿中的应用。

方向性麦克风

对于大龄儿童来说，可以给他们使用与成人相同的可切换的方向性麦克风。因为在许多环境中使用方向性麦克风模式存在不足，如会增大风噪声强度、会降低来自后方或侧方声音（报警声、驶来的汽车声、教室内其他同学的谈话）的敏感度，所以不宜给婴幼儿使用有方向性麦克风模式的助听器，让家长或照料者根据不同聆听环境给患儿切换方向性和全向性麦克风的做法似乎行不通，特别是当他们意识到只需让患儿转头即可达到切换麦克风模式的效果时，就更不会那么做。

虽然采取不给婴儿使用方向性麦克风的做法看似合理、谨慎，但是这就意味着那些最需要高信噪比的幼儿不能够使用现代助听器可以在噪声环境中提高信噪比的唯一技术。如第 16 章 16.4.1 中所述，幼儿需要比成人患者更高的信噪比以获得聆听可懂

第 16 章　儿童验配助听器的特殊问题

婴儿助听器的验配与调试步骤

1. 分耳测得至少 1 个低频听阈和 1 个高频听阈。
2. 使用 NAL-NL2 或 DSLm [i/o] 验配软件调试 RESR，或者如第 16 章 16.2.2 介绍，将阈值转换为等效成人平均 dB HL，使用表 10.3 和 10.4 介绍的方法调试 RESR。
3. 调试 REAG。因为使用的是 WDRC 助听器，所以要分别计算 50dB SPL 和 80dB SPL 输入强度时的目标增益。
4. 根据表 16.3 估算相应年龄的 RECD 值，或按照第 4 章 4.2.2 介绍的方法测试 RECD 值。
   - 如果患儿太活跃（大多会这样），不能使用 6kHz 探测音确定插入深度（请参阅第 4 章 4.3.1）时，可以采用以下方法：将探针末端超过耳屏间切迹 15mm（6～12 月龄婴儿）、20mm（1～5 岁幼儿）、25mm（大龄儿童）。[1211] 对于 2～6 月龄婴儿，探针插入深度为超过耳道入口 11mm。[72] 从图 16.3 可推断，用以上方法确定插入探针的平均深度为：2 月龄患儿距离鼓膜 4mm，6 月龄患儿距离鼓膜 7mm。两种插入深度都足以精确地测量到高达 5kHz 的数值（见表 4.4）。
   - 这些距离只是大概的参考。在插入探针时，应使用耳镜检查探针头距离鼓膜的位置。如果需要，可以不插那么深。对于所有患者来说，探针应超过耳模末端至少 2mm（大一点的耳朵应该更深一些）。[72, 74]
   - 对于第一次使用探针麦克风的患儿来说，相对于获得 4kHz 以上的精确测量结果，避免造成患儿疼痛更重要。[1582] 如果测试中把患儿弄疼了，以后他就会惧怕真耳测试。
   - 在测量 RECD 之前，应该在耳模表面涂上润滑油，这样戴耳模时不会影响到探针的位置，也会减少反馈啸叫的发生。[1914] 另一种方法是，如果耳道足够宽，可以在定制耳模上打孔，从该孔内插入探针。这样很容易控制探针插入的深度，也会减少啸叫。
   - 如果患儿的年龄足够大，可以让他通过镜子看到放置探针和佩戴耳模的过程，这样能让患儿保持不动。[1595]
5. 计算 OSPL90 目标曲线：从目标 RESR 中减去 RECD。
6. 计算 50dB SPL 和 80dBSPL 输入强度时的耦合腔目标增益：从目标 REAG 中减去 RECD 值。
   - 也应该考虑麦克风位置不同带来的影响，但是由于给婴儿大都验配的是 BTE 助听器，其影响比较小，所以可以忽略。
   - 在 REAG 目标值为 0dB 或更小的频率上，如果考虑通过通气孔或漏声通道进入耳内的声音有 0dB 的增益，就可以忽略耦合腔增益目标（见图 5.13）。如果在验配时需要依靠通气孔传导的声音获得目标增益，那首先要确保耳模上有通气孔。
7. 在测试箱中调试助听器，获得吻合的 OSPL90 和耦合腔目标增益。

虽然步骤 2～6 很容易操作，但是如果使用特殊软件，验配过程会更轻松。NAL-NL2 或 DSLm [i/o]，以及不同品牌助听器厂家开发的软件都可以让听力师输入听阈。这些软件也能让听力师输入个人 RECD 值。但是如果你不输入个人 RECD 值，软件就会默认使用年龄相关均值，那么 DSLm [i/o] 比 NAL-NL2 的增益会大一些，对于陡降型听力损失的患者尤其如此。

度。像成人一样，婴幼儿在有噪声存在时理解言语声非常困难，因此应尽可能找到一个方法，让这些人能够从方向性麦克风中受益。

方向性麦克风对声信号的改变是线性的、低失真的，与仅改变噪声强度相似。因此，对于婴幼儿来说，方向性麦克风改变信噪比获得的效果以及环境对效果的影响与大龄儿童和成人没有什么不同，第 7 章 7.3 对此有详细论述，对儿童的直接观察也可得出相同结论。[645] 正在学习语言的儿童与其他听力障碍者相比更需要经常提高信噪比。

需要强调的是，目前的方向性麦克风并非总能有效发挥作用，尤其是在室内混响环境中，方向性麦克风的利弊都会受到限制。即当患者面朝说话者时，方向性麦克风能够提高信噪比2~3dB；当助听器佩戴者不面朝说话者时，方向性麦克风可降低信噪比2~3dB。如果在近距离、低混响环境中进行测试患儿（如隔声室），我们能观察到更大的变化。[645]

在日常聆听环境中（家庭、幼儿园、游戏场地）对11~78月龄儿童的行为观察表明，儿童会用40%的时间看着正在说话的主说话者。[284]令人惊讶的是，这一比例与受试者的年龄无关，与受试者的听力是否正常也无关。

各种聆听环境中的声学分析结果显示：与全向性麦克风相比，当患者面朝说话者的方向时，方向性麦克风对信噪比的提高比全向性麦克风多2.4dB；当患者没有面朝说话者时，方向性麦克风对信噪比的提高比全向性麦克风小1.6dB。可以根据时间加权计算方向性麦克风改善信噪比的"总净受益"。综合各种聆听环境后的总净受益是信噪比降低了0.02dB，但这一改变太小，故无法得出有意义的结论。此外，对方向性麦克风的效果评估是在没有任何压缩的前提下进行的，如第7章7.3.3节中所述，当说话者在聆听者侧面或后面时，压缩会部分抵消方向性麦克风造成的信号水平降低。

上述结果表明，应常规给婴幼儿验配高级的方向性麦克风助听器，他们能够从中显著受益，原因如下：

·依据健听儿童和佩戴全向性麦克风助听器的听力障碍儿童的试验结果。佩戴方向性麦克风的患儿面朝说话者时言语可懂度会提高，并且与佩戴全向性麦克风的患儿相比，他们也更容易养成面朝说话者的习惯。一项针对4~17岁大龄儿童的研究表明听力障碍儿童比健听儿童更易面向说话者，可能的原因是他们需要借助视觉线索理解言语。[1507]也有可能是因为经过良好培训的照料者引导的结果。儿童的任何定向行为，即使定向的目的是为了获得视觉信息，也能帮助患者运用方向性麦克风。

·目前有多款助听器同时具有处理方向性和全向性麦克风输出的功能，也能自动选择麦克风输出类型，以获得更高的信噪比。信噪比的评价主要依据模拟言语调制的振幅高低（请参阅第8章8.1.2）。当主说话者转到患儿后方或侧方时，此类助听器将会自动选择全向性麦克风模式。

·即使在患儿不佩戴方向性麦克风，其照料者也不培养他的行为习惯，即使助听器的自动调节功能选择全向性或方向性时发生了错误，即使压缩没有降低后方说话者的方向性效果等情况下，最差的试验结果也会是：在各种聆听环境中，方向性麦克风既不会导致信噪比增加，也不会导致信噪比降低。

我们还会担心方向性麦克风会对声源定位能力有影响。这一顾虑可以理解，因为方向性响应的确造成了更多患者对高频声左右定位的错误，尤其是当双耳助听器分别对麦克风的方向敏感性模式进行调节时。[884, 1837]这一担心可能是多余的，因为方向性响应不会对宽带声的左右定位精确性产生影响。[884]同时，对于听力障碍者（成人，可能也包括儿童）来说，前后误差比左右误差更常见。而且，双侧佩戴方向性麦克风时出现前后错误的比例小于等于双侧佩戴全向性麦克风时的比例。[884, 887]对高频声采用方向性而对低频声采用全向性的助听器能够模拟耳郭的方向性效果，其前后误差会显著小于全向性麦克风（请参阅第15章15.1.2）。[884, 887]

如果患儿年龄足够大，且能够自动把头转向声源方向，笔者建议给这些患儿验配方向性麦克风，但这一观点并没有得到所有儿童听力学专家的认可。自2009年起，在澳大利亚上述做法已成为所有在6月龄以上患儿（能够竖起头并扭头看声源）验配助听器的标准流程。其中一个重要的注意事项是采用方向模式时不应过分地限制患儿获取低频增益的能力。根据这一原则，使用自动方向模式的特殊助听器可能不适用于重度或极重度听力障碍儿童。①

自适应降噪

自适应降噪技术在应用于听力障碍儿童时应发挥与应用于成人患者时同样的性能：提高聆听舒适度，降低聆听难度并保持言语可懂度。因为自适应降噪技术能提高整体的信噪比，所以可以提升聆听舒适度并降低聆听难度；同时，自适应降噪技术没有改变各频率上的信噪比，所以言语可懂度得以保持不变（请参阅第8章8.1.2）。

到目前为止，几乎没有方法可以直接评估自适应

---

① 当方向性仅在较高强度的环境中开启（此时，目标增益最小），或者不将方向性功能用于频率最低的通道时（在该频道，方向性麦克风的低频截止特性是最难弥补的），就可以减少甚至消除低频可听度的损失。

降噪技术对儿童言语可懂度或声音质量的影响。虽然有 4 个研究显示自适应降噪技术在某些或所有环境中对言语可懂度没有影响，[663a, 1131, 1421b, 1696] 但是也有相反的研究结果。Gustafson 等通过使用客观方法评估发现，一种可以将信噪比整体提高 2dB 的带有自适应降噪功能的助听器对患者的言语理解力并没有显著提高。但采用另一种能够使信噪比提高 7dB 的算法可以显著提高患者的言语理解力，同时也能改善应答时间（代表聆听难度）和聆听品质。[663a] Pittman（2011）发现自适应降噪技术能够显著提高 10 岁以上儿童的言语理解力，但对于年龄更小的儿童，没有显著效果。[1421b]

这些结论都是积极正向的，至少表明自适应降噪技术在降噪的同时不会损伤儿童的言语理解力。上述结论可以得到下述两个试验的支持。

第一个试验测试了成人学习分辨陌生单词（非母语词汇）的能力。[1131] 自适应降噪技术既没提高也没降低患者对陌生词分辨的精确性。

第二个试验是一项针对佩戴具有自适应降噪功能和自动方向性麦克风助听器的儿童的纵向研究。[67] 因为没有控制条件，所以不可能将助听器内其他功能的优势与自适应降噪技术的优势区分开来单独进行评估。总的来说，患儿获得了更好的言语表达性以及接受性语言能力。这表明自适应降噪技术并未起到反作用。

当然，这些研究结论并不适用于所有的噪声和所有儿童。主要的问题在于，如果自适应降噪功能的运行不受听力损失程度影响，那么很可能会降低增益，从而导致听不到言语声。在言语输入强度较低、儿童听力障碍较重和（或）采用信噪比降低就明显减少该频率范围助听增益技术时，上述现象更易发生。

自适应降噪技术的局限性使得听力师处于两难境地：自适应降噪技术使得大多数患儿的聆听经验得以改善，但除非将降噪算法与听力损失情况关联，以防增益降低导致患者听不到言语声或者只在高输入强度时才开启自适应降噪算法，否则最安全的办法还是选择降噪程度最低的算法。这类算法在信噪比降低时对各频率增益的减少最小，当然所提供的降噪效果也最小。

如果所有品牌助听器都能对其算法进行改进，以确保增益的减少不会超过将各频率背景噪声降至患儿听阈所需要的量，那么就无须再对自适应降噪技术有所顾虑。

如果没有技术说明可用，也可以在测试箱中测量增益衰减的大小，其方法是将具有动态频谱特点的模拟言语的信号增益与具有频谱特点的模拟言语的恒定噪声增益在相同强度下进行比较。

反馈消除

反馈消除技术会影响助听器的增益，对婴儿尤其如此。原因如下：在距离婴儿头部较近的位置常有反射面；出生后两年内，婴儿的耳道外形和大小变化较大。针对婴儿或年龄太小不能描述听到的声音的儿童来说，是否应该采用反馈消除需要考虑下述因素：

- 反馈消除使患者能够获得更高的增益，从而使言语可听度得到提高。
- 当反馈消除功能阻止反馈啸叫时，会产生伪影（如失真或无关的声音）。这些声音不像反馈啸叫那么强，与持续的啸叫相比，可能仅对佩戴助听器的儿童影响较明显。①
- 如果无须消除反馈啸叫时，即使反馈消除功能开启，该技术也不会产生伪影。

最好的情况是不需激活反馈消除功能即可达到目标增益。最差的情况是频繁或持续地出现反馈啸叫。折中的解决办法是常规激活反馈消除功能，但是需要在患者每次复诊时检查一下，如果不开启反馈消除功能，助听器的性能是否稳定，并据此判断患者是否需要制作新的耳模。

如果开启反馈消除功能，并且佩戴新耳模后助听器仍不稳定，这时需要降低低输入强度的高频增益。如果助听器的数据记录功能记录下了助听器维持稳定状态需要依赖反馈消除功能的程度，那么将非常有帮助。这对助听器厂家非常重要！

移频

对于年龄太小而不能回答移频是否有助于理解言语的患儿，很难决定是否应为其使用移频功能。一方面，目前尚不了解哪些患者能够受益于移频以及应如何调试才能获得最佳助听效果，对于成人患者尚且如此（请参阅第 8 章 8.3），对于儿童就更是如此。使用修饰后的线索训练幼儿的听觉系统有一

---

① 亚振荡反馈（请参阅第 4 章 4.7.2）与因反馈消除产生的失真一样糟糕。除了助听器佩戴者，这种声音对其他人的影响不明显。

定风险，对这样训练的效果还需进行更多研究。

另一方面，许多在高频有重度和极重度以上听力损失的儿童如果不使用移频或植入人工耳蜗，将不能获得足够的高频信息。毫无疑问，移频功能会帮助某些患儿听到原本听不到的 /s/。如第 16 章 16.4.1 中讨论的，每个人发音的频谱形态会有明显不同，因此，一些人为造成的频谱变化可能影响并不严重。移频还有更进一步的优势，即长期使用移频技术可能会有助于阻止反馈啸叫的发生。

因此，如果怀疑患儿听不到言语中的高频声，听力师可以使用较少量的移频功能（请参阅第 16 章 16.6）。

但是，也有许多儿童不会从移频功能中获得任何实际益处。移频技术很少会损害言语可懂度，所以其更有可能提高言语感知能力而不是降低。应从助听器使用的各方面密切观察患儿的表现与进步。因为移频技术改变了声音的频谱，所以患儿需要花几个月的时间才能完全掌握并辨识这些不同的高频音。[627]

有一种测试分析仪可以提供宽带的测试信号，该信号的频谱上有凹波和狭窄的峰值。在为年龄太小又不会对音质进行评价的患儿进行移频功能适配时，这种信号特别有用。根据其阈值绘制该声信号在耳道内的形态，可以了解移频设置是否足以让患儿在频谱波峰值区获得言语可听度。[625]

16.4.5 辅听设备

第 3 章已详细介绍了无线发射系统及其他辅助设备。本节主要提供一些家长在使用过程中需要的额外信息。

FM 系统及其他无线发射系统可显著提高信号质量及言语可懂度。虽然 FM 系统可提高所有听力障碍者的言语可懂度，但是它更适用于儿童。一方面是由于儿童需要比成人更高的信噪比，另一方面是因为儿童日常生活中所处的聆听环境通常比较单一，只有一个主说话者，主说话者可以随时佩戴发射机。更高级的 FM 系统可以让 2 台或多台发射机同时工作，这样，即使房间内有多个说话者（如妈妈、爸爸、兄弟姐妹、祖父母），患儿也可同时接收到多个远端麦克风的无线信号。这有利于儿童更好地参与到谈话中来，听到更多、更高质量的言语声。

FM 系统除了可以在学校里应用外，还能在家里或其他地方使用。FM 系统可以帮助任何年龄段的儿童在乘车、看电视、体育训练、郊游等多种环境中理解对话。[1055, 1057] 和在学校中一样，使用 FM 的主要问题是要确保患儿能够仅从发射机佩戴者那里听到同样环境下正常听力的儿童可以听到的言语，同时在其他时间，定位麦克风又有足够的敏感度，能够听到来自周围环境的其他声音和其他说话者的言语。[205, 1201] 因此，无论在学校还是在家里或是在社会上，言语切换功能都非常重要。

但是，言语切换功能并不是一个完美的解决方案。家长、教师或照料者应时刻注意，在他们的谈话内容与儿童无关时，应关闭发射机。如儿童正在一个房间内与其他人谈话或需要一个安静的聆听环境，这时从另外一个房间内传来了无线发射机的信号，这种情况不应发生。家长亲自体验一下，能更清楚地认识到让孩子总是听到正确的输入信号有多么重要。

必须确定在关闭发射机后，如果受话器仍与助听器耦连也不会引起不良影响。目前所有 FM 系统都有噪声抑制功能，可以防止受话器在未连接发射机时，将接收到的高强度白噪声传入助听器内。虽然有言语切换功能的 FM 系统能确保助听器的麦克风完全恢复敏感度，但在使用时仍需检查确认。

盒式 FM 受话器（较少）有时会用到，该受话器的输出可以耦连到助听器上，也可以直接通过耳机让患者听到声音。如果受话器有麦克风，那么应将受话器佩戴在胸前，而不能戴在腰上，否则患儿坐着时，声信号会被课桌挡住。[1056] 因为衣服的摩擦会产生额外噪声，所以即使外形不美观，也不能把有麦克风的盒式受话器戴在衣服里面。有自带助听器的盒式受话器通常不采用 BTE 助听器内常用的复杂压缩线路。另外，麦克风距离耳道越远，越不容易在获取较高增益时产生啸叫。同时，使用较大的程序按键也方便儿童进行精细调节。

16.5 真耳效果验证

如果如 16.4.3 所述测定了多个患者的 RECD，并且能准确地使用该结果获得耦合腔增益，那么就没有必要再对真耳增益进行评估。如果时间充足，并且患儿非常配合，可以使用探针设备测量 REAG 进行验证。假设听力师或验配软件正确考虑了耳模声孔的影响，那么结果会与使用测试箱依据患者个体RECD计算的目标值对助听器的调整完全一致。例如，如果在测试箱中测得的4kHz处的增益达不到目标值，那么测得的REAG值与目标值也会有同等程度的差距。任何不一致都提示听力师在RECD的测量、耦合腔目标增益值的计算、测试箱的调试或REAG的测试环节出现了错误。

过去，听力师常用**助听听阈**（*aided threshold*）验证助听效果。助听听阈应作为RECD或直接真耳增益测试的补充，而不能替代这些电声学测试。与成人测试相同，助听听阈测试速度慢、不准确、不精细（只能测试少数几个频率），只能测试一种输入强度（因为压缩对增益的影响），当阈值受到噪声掩蔽时，助听听阈测试就无效（请参阅第4章4.6）。

下面几点是支持在助听器效果验证中使用助听听阈测试的观点。只有第一种观点足够有力，可以支持使用助听听阈而不是真耳增益测试。

- 如果不能给患者进行真耳测试，那么可以使用助听听阈测试，例如佩戴骨导助听器和人工耳蜗的患者。
- 通过预期的助听听阈，结合助听器耦合腔增益和未助听听阈可以进一步验证患儿的未助听听阈。但是，除非有非常合适的软件，否则计算预期的助听听阈非常困难。
- 对于极重度听力损失者，预期的助听听阈可以证实患者的未助听听阈并非仅仅来自振动感觉。
- 患儿能听到的最小声音非常有意义。虽然可听度不能保证清晰度，但是如果听不到，那肯定也没有清晰度。
- 助听听阈测试可以让家长了解到自己的孩子能够对声音有反应（在有些时候，这可能是家长第一次看到自己的孩子对某种声音产生反应）。但是，使用任何声音都能实现此目的。
- 助听听阈可用于评价患者是否能听到不同频率范围的轻微语音。[341]但是，针对轻微语音的真耳言语图可以让我们更快、更准确地了解同样的内容。
- 助听听阈可以显示助听器的最大输出在各测试频率上是否超过了患儿的听阈。但是，使用DSL或NAL预设程序并且使用实际的或估计的RECD在测试箱中进行调试，OSPL90肯定会超出患儿的听阈。

如果因某些原因，不能进行RECD或真耳增益测试，那么可将助听听阈测试作为一种不得已的备选方法。应将助听听阈测试结果与所选程序规定的结果进行对比。

16.6 助听效果评估

只验证助听器是否达到了预设的响应是不够的。助听器给患儿提供听觉信息的有效性必须得到确认。初期，必须反复检查助听器及其调校，可能几周就要复诊一次。随着佩戴时间延长，复诊间隔可以拉长，如果听力师和家长都认为所有该做的都做了，患儿可以每隔6～12个月复诊一次。

有许多方法可用于评价助听效果。言语测听是评价患者佩戴助听器效果的必选方法。言语测听的缺点是耗费时间，因此不便于比较不同放大方案的效果。相反，配对比较不能用于评价每个放大方案的效果，但可用于比较和选择在清晰度或其他方面较优的方案。

16.6.1 言语测听

佩戴助听器的主要目的是听懂言语，因此言语测听是验证助听效果最直接的方法。事实上，这也是评价助听器验配目的能否实现的唯一方法。要想了解患儿使用不同放大方案的表现，比较助听器和听力植入的效果以及如何调试能获得更好的助听效果，是一项非常复杂的任务。

可以在声场中选择任何适合儿童发音水平和词汇量的言语测试材料，对患儿的助听效果进行评估。儿科工作小组的报告[125]中列举了大量常用的儿童言语测听材料，内容包括测试材料类型（语言水平和音素、单词或句子结构）、给声方式（录音给声或现场给声，只听或听看结合）、测试项目与词表数量、反应方式（开放式或闭合式）、反应类型（口头表达、图片指认或其他方式）、受试者的年龄范围以及听力损失程度等。如果要利用测试结果预测患儿在现实生活中的言语理解能力，还需考虑言语测试材料的SPL以及竞争信号的SPL和类型等重要问题。

我们的目的是让患儿能够听懂一定强度范围内的言语声。因此，如果只评价在安静环境下正常谈话强度（声场强度大约65dB SPL或45dB HL）时的助听效果是不够的，还应选择 55dB SPL 或 35dB HL 进行评估。本书没有对适用于不同语言年龄和认知年龄患儿的测试规程进行评判，相关内容读者可参考 Madell（2008）的论述。

使用言语测听评价儿童助听效果的困难程度与成人相同（请参阅第 14 章 14.2.1），由于测试需要儿童有一定的接受性语言能力或者表达能力，因此，这类言语测听的结果不仅受到儿童现阶段语言理解能力的影响，也受到儿童过去的语言理解经验的影响。语言能力受过去经验影响的问题造成其在评估现有助听器的效果时存在一定局限。不过，如果评估目的是了解整个听觉康复过程的效果，该类测听材料是必需的。

如果言语测听的结果不理想，应进行分耳言语测听（助听器开一只关一只）。如 16.1 所述，有些儿童的言语处理能力不对称，双耳助听不如单耳助听效果好。对这一问题的研究还十分匮乏，与成人相比，我们对双耳干扰在儿童中的患病率及其改善的可能了解得更少（请参阅第 15 章 15.4.2）。

如果言语测听不仅是记录正确率，还可用于分析音素混淆的情况，我们就能了解患儿感知不到的语音线索和频率范围。这一详细信息对助听器的精细调节以及康复目标的设定都十分有用。通过分析较差的言语测听结果还可提示：是否需要使用无线辅助设备，是否考虑人工耳蜗植入。

16.6.2　配对比较

虽然 NAL-NL2 和 DSLm［i/o］程序都试图给所有患儿提供舒适且最有效的放大量，但患儿是有个体差异的，有些患儿喜欢的频响曲线可能与两个预设公式计算出的结果不同。[288]

与成人相同（请参阅第 12 章 12.2），6 岁及以上患儿（至少 5 岁）能告诉听力师他们更喜欢哪个频响曲线的声音。[282, 505, 509] 对于 10 岁的患儿，使用听看结合（而非只听）的评估方法更容易获得可靠的结果。[282] 上述现象的原因尚不清楚，可能是因为视觉线索更能吸引儿童的注意，也可能是因为视觉线索使患儿更容易跟随持续的谈话声。在听看模式下理想的频响曲线应与在只听模式下的相同。[282]

可以替代配对比较的一种方法是让患儿对音质进行定性或分级评价（请参阅第 12 章 12.2.2）。但是，我们并不建议使用这种方法，原因是这种方法

太大了

大

刚刚好

太小了

图 16.5　用于评价助听后响度是否合适的语言和图片评级。

在评价放大效果的差别时不如配对比较敏感。[505]

16.6.3　不舒适评价

必须仔细调节助听器的最大输出，① 但即使这样，也需要对其是否适合每位患儿进行评估。评估最重要的内容是要确定助听器不会导致患儿不舒服。

在测试儿童响度不适级（LDL）时，许多研究者都推荐使用面部符号代表不同的响度级别。[211, 860, 1391] 这一测试方法适用于 7 岁以上患者。[860] 虽然本书不推荐常规测试 LDL，即使对成人也是如此（请参阅第 11 章 11.7），但是对响度进行评价可以确保助听器绝对不会造成响度不适。详细内容请见文本框和图 16.5。图中 5 张图片是 Kawell 等在 1988 年采用的，其中 3 张图片选自 Byrne（1982）。②

---

① NAL-NL2 和 DSLm［i/o］软件公式都能计算出适合耳道大小的最大输出。

② Kawell（1988）的前 3 张图片被整合为了 2 张，原因是让幼儿区分太响和耳痛非常困难。这会使图片看起来更难。

评价 7 岁及以上患儿的最大输出

这个方法的目的是确认助听器的最大输出要足够小，不会损伤患儿的听力。下述注意事项来自 Kawell、Kopun 和 Stelmachowicz（1988）：

"我们将要观察的是助听器能把声音放大多少。你将听到一些哨音，我希望你能告诉我这个哨音有多响（看图 16.5 中的符号，解释每张图片的意思，从"太小了"图片开始）。当声音增长到"太大了"时，是你想要助听器停止的地方，你不希望声音达到这一强度。现在，告诉我每个哨音的响度。"

当患儿理解了这一规则，并且他们佩戴的助听器的音量按键在默认位置时，通过扬声器给声，起始 SPL 为 65dB SPL，每次增长 5dB。可能声音强度增加到扬声器最大输出强度（至少 85dB SPL，可能会更大）时患者仍未感到"太大了"。从较高的给声量开始连续 2~3 次提高给声强度，如果仍不能获得"大"的结果，应考虑可能是助听器内设置的最大输出过低了。

对于成人来说，我们不可能了解患者是如何理解响度这个术语的。如果是儿童，当他指到"太大了"，但看起来又丝毫没有受到响度困扰时，需要重新指导或询问受试者感到的声音到底有多大（取决于患儿的语言能力）。如果患儿仍能保持配合并集中注意力，应至少确保患儿要对一个低频、一个高频和一个宽带声感到舒适（请参阅第 11 章 11.7）。可以在患儿双耳佩戴助听器时进行评估。此时如果患者的反应是"太大了"，可能需要进行分耳评估，特别是对于双耳听阈不对称的患者。

如果患儿不能理解测试规则或看不懂图片，可以尝试使用触觉类比。对每个感觉强度进行描述。[1391] 描述的同时，用不同程度的力量捏患儿的胳膊并做出相应的表情。例如"太小了"对应较轻的挤捏，"正好"对应舒适的挤捏，"稍大"对应较重的挤捏，"太大了"是非常重的挤捏（但不会痛）。（如果听力师因为上述操作被指控有伤害行为，那就需要重新仔细阅读上述操作指南。）上述训练后，听力师要让患儿捏自己的胳膊演示声音有多大。

不适的客观指标

因为很难可靠地测试 LDL（对于成人也是如此），所以有许多以声反射阈为基础[650, 1272]或以 ABR 潜伏期为基础[1783]评价 LDL 的测试方法。电诱发声反射阈已被成功用于指导人工耳蜗植入的编程。[743] 对于这种客观方法是否能比纯音听阈更精确地调整 OSPL90 尚在研究之中（如表 10.4）。这一问题涉及以下两个方面：

- 与纯音听阈相比，客观方法能否更精确地预测每个频率上最优化的 OSPL90？
- 即使 OSPL90 的最终调整是根据主观评估结果进行的，但利用客观方法能否预测 OSPL90 是如何随频率变化的？

注意，问题是能否精确预测最优化的 OSPL90，而不是预测 LDL。后一个问题更容易回答。

可以对年龄更小的患儿使用不同的测试方法，我们称之为有形**过载方法**（*tangible excess method*）。[1109] 这一方法要求听力师首先教会儿童当容器中放入过多水、过重物品或过多小玩具时要叫停，然后让儿童在声音强度太高时叫停。

对于小于 7 岁的患儿（或者 5 岁的患儿在使用"有形过载方法"时），应在患儿看着给声者时给予高强度的噪声。听力师应在给声时观察患儿是否有不适的表现。应注意，给声者的身体移动或喇叭喷出的气流都可能会造成患儿出现眨眼反应，可能引起判断错误。

听力师在观察患儿佩戴助听器的反应时不用害怕在患儿前方给出强噪声（给声前给一个提示）。在诊所外患儿会频繁地暴露在强噪声（自己或同伴制造的强声)中,因此,最好能尽早发现助听器的最大输出是否过高。

16.6.4 主观问卷评估

与成人相同,可以通过询问患儿、家长或教师来了解患儿的助听器佩戴效果。有许多评估工具,表 16.6 列出了每种评估工具的特点。Stelmachowicz (1999) 详细介绍了教师和家长使用的问卷。

如果问卷是通过对家长或患儿的结构性访谈获得的,在访谈中要求回答者给每种功能水平举例,而不是简单地评级,验配师需要对这种报告进行更深入地分析。**PEACH** 评估问卷就是采用这种方式获得的。该问卷已建立 1 月龄~4 岁患儿的常模数据库,包括复测信度、评判间信度、关键区别分数、内部一致性和子量表得分。[277, 1304] 因为 4 岁患儿的问卷分数趋于稳定,并且患儿的听觉能力通常低于平均水平,所以该问卷也可用于学龄期的听力障碍儿童。还有一份更适用于教师填写的问卷——TEACH。①

PEACH/TEACH 以及 MAIS 的得分与许多其他听觉能力的评估结果高度一致:

- MAIS 得分与人工耳蜗植入儿童单音节词识别测试得分一致。[1513]
- IT-MAIS 与婴儿喃语能力一致。[931]
- 当比较不同放大方案之间的效果时,PEACH 得分的差异(如家长的结果)和 TEACH 得分的差异(如教师的结果)与患儿自己通过配对比较或整体偏好测试得出的结果一致。[279, 286]
- PEACH 结果与标准化语言获得测试结果一致。[275]
- PEACH 结果与婴儿皮质诱发反应电位的可听度客观评估结果一致。[633]
- IT-MAIS 结果与听神经病儿童皮质诱发反应潜伏期一致。[1611]

由表 16.6 能够看出,可以选择标准测试方法,也可以根据发育阶段选择个性化测试方法。每种测试方法的优点与成人测试时相同(请参阅第 14 章 14.3 与 14.4)。与成人测试一样,每次测试时针对患者设计个性化的评估项目是实施康复方案的重要内容。**家庭期望量表(FEW)**[1381] 的编制原则与目标达成量表(GAS)相同(请参阅第 9 章 9.1.6 和第 14 章 14.4)。除了用于测试个性化项目外,还考虑了家长或患儿期望的康复效果以及听力师预期的康复效果,这有助于帮助其建立合理的期望值。在康复过程中,可以对不同阶段目标的实现程度进行评估。

另外一个用于儿童的个性化评估方法是**患儿听觉改善评估量表(COSI-C)**,[1303] 此方法与成人听觉改善评估量表(COSI)相同(请参阅第 14 章 14.4),可用于直接指导康复过程。不同之处在于 COSI-C 的记录表格:

- 包含用以记录能够帮助达成目标的多种康复策略的空格。
- 采用单一的 4 分制评价选项替代用于评价"改变"和"最终能力"的 5 分制分级方法,包括无变化、变化很小、显著变化、达到目标。
- 详细列出了访谈日期,用于评价实现多阶段目标的情况。

无论是 FEW 还是 COSI-C 都可采用多种方法设定符合实际的聆听目标。一种有效的方法就是参考**听觉能力发展指数(DIAL)**中列出的健听儿童的听觉发展里程碑,详见文本框。[1381] 每种儿童聆听行为对应的年龄都是大概值,对于健听儿童亦是如此。在设置目标时,必须考虑儿童目前的能力。如果不考虑儿童的年龄和实际情况,在较低级的能力(如听电话)还未达到时就设定更难的目标(如有目的使用电话)是不合适的。

第二种方法是每次复诊开始时询问家长:[1777]

- 你最希望通过此次就诊获得哪些结果?
- 孩子的听力损失给你和孩子造成的最大问题是什么?
- 你们的生活最近发生了什么变化?或最近将要发生什么变化(如新入学,参加运动队②)?
- 关于孩子的听力损失,你最担心的后果是什么?

如果在复诊之前告知家长下次就诊时要询问他们参与儿童康复的程度,家长也许能够提供更详细的信息。设定康复目标时可以参考 16.8 有关康复目标和策略的讨论。

如果未达到预期目标,应仔细检查助听器的性能和设置是否合适。在验证不同预设程序的有效性

---

① PEACH 与 TEACH 问卷可以在网站 www.outcomes.nal.gov.au 下载。

② 可以在"时间到!我没听到你!"一文中(Palmer、Butts、Lindley 和 Snyder)找到关于体育活动聆听目标的设定,以及为实现目标而采取的方案,可在网站 www.pitt.edu/-cvp. 下载。

表 16.6　多种主观效果 – 评估工具，适用于不同的最低适用年龄的儿童。类型一列是指测试项目是适用于所有儿童的标准测试，还是需要在每次测试时进行个性化调整。

测试		问卷填写者	年龄	项目	类型	参考文献
FEW	家庭期望量表	家长或儿童	>0	5	个性化	Palmer 和 Mormer（1999）
COSI-C	患儿听觉改善评估量表	家长或儿童	>0	5	个性化	Lovelock（未公开出版）；NAL（2011）
PEACH	家用儿童听说能力评价量表	家长	0.1～4 岁	11	标准	Ching 和 Hill（2007）
IT-MAIS	婴儿有意义听觉整合量表	家长	0.5～3 岁	10	标准	Zimmerman-Phillips 等（1997）
P-SIFTER	学前儿童教育风险筛查量表	教师	3～5 岁	15	标准	Anderson 和 Matkin（1996）
ABEL	日常听觉行为量表	家长	3～14 岁	24	标准	Purdy 等（2002）
CHILD	儿童生活听力障碍问卷	家长或儿童	3～12 岁	15	标准	Anderson 和 Smaldino（2000）
MAIS	有意义听觉整合量表	家长	>5 岁，极重度听力损失	10	标准	Robbins 等（1991）
SIFTER	教育风险筛查量表	教师	>5 岁	15	标准	Anderson（1989）
TOOL	教师评价与观察量表	教师	>5 岁	4	标准	Smaldino 和 Anderson（1997）
LIFE	教育听力问卷	教师	>6 岁	16	标准	Smaldino 和 Anderson（1997）
		儿童	>8 岁	15	标准	
HPIC	儿童听功能问卷	儿童	8～14 岁	31	标准	Kessler 等（1990）
APHAP-C	儿童助听器性能简表	家长或儿童	>10 岁	24	标准	Kopun 和 Stelmachowicz（1998）

的试验中，改变助听器的频响一周后，听力师将能观察到患儿的听觉反应变化。[274] 遗憾的是，当患儿佩戴助听器后没有获得预期效果时，我们难以提供一个通用指南用于指导听力师如何以及何时调整放大参数。

16.6.5　清晰度指数（AI）或言语可懂度指数（SII）

清晰度指数（AI）或言语可懂度指数（SII）[①] 可用于预测患者在给定强度和频谱形态的背景噪声中聆听特定言语（如句子）的清晰度。在对儿童进行测试时会遇到与成人患者相同的问题。

第一，单纯调高各频率的增益就会获得较高的 SII 值。但这一操作会导致响度过高或助听器过饱和，影响患儿和成人的满意度。

第二，为了获得最高的言语可懂度，需要提高助听器增益，但提高增益的量与计算 SII 时如何考虑患者对听力损失的脱敏程度密切相关（请参阅第 10 章 10.3.4）。简单应用 SII 时常常不会考虑听力损失的脱敏度。假设采用 SII 的简单计算方法评估患儿助听器验配的效果，若该患儿低频听阈约 60dB HL，高频阈值约 115dB HL，结果将显示如果要获得最高的言语可懂度，就需要把高频增益调至最大，以使患者完全能听到言语声的高频成分。即使技术上能实现这一要求，但这一结论也可能不正确。另外，即使有相同的 SII 值，患儿的言语可懂度也会比成人低，原因详见 16.4.1。

简言之，SII 并非是选择不同放大参数的可靠方法。但是，它确实能提供一个度量，让我们了解患者可能听懂多大比例的言语信息，同时，对于在各频率患轻、中度听力障碍的患儿，SII 的度量准确性也是较好的。但是要谨记：SII 指的是患者可听到的根据重要性加权的语音信息比例，不是患者可以正确理

---

① SII 与 AI 本质上是同一种方法，最主要的区别在于采用的计算常数不同。

听觉能力发展指数（DIAL）	
摘自 Palmer 和 Mormer（1999）	
年龄	发育阶段
婴儿	
0~28天	惊吓反射；能注意音乐和语音；听到父母的声音变放松；有些能使身体运动与言语保持同步；喜欢面对谈话者；被抱起来之前听照料者的声音。
1~4个月	寻找声源；将声音与肢体活动联系起来；喜欢父母的声音；能注意到周边的噪声；开始模仿元音。
4~8个月	会用玩具或其他物体发出声音；识别单词；对口头指令有反应，如再见；开始学会识别名字；喜欢制造声响；喜欢欣赏音乐；喜欢参与律动游戏。
8~12个月	会注意电视里的声音；能定位声源；喜欢诗歌和儿歌；理解"不"是什么意思；喜欢捉迷藏；参与声音游戏（如这么大!!）。
幼儿	
1岁	听到音乐会跳舞；能将家长接电话或应答门铃的动作和声音联系起来；对叫名字有反应；讲故事时能互动。
2岁	会听电话；听到音乐会跳舞；能在集体课上听故事；能与父母一起应答门铃；能意识到烟雾报警器的警报；能注意旅行和交流活动。
学龄前	
3岁	能通过电话与人交谈；能跟着音乐唱歌；能听懂录音机里的故事；知道烟雾报警器的警报声是危险提示；喜欢听录音机里的故事；能注意到口头安全提醒。
4岁	会玩电话游戏；能看懂电影；能与家人一起跳舞、游泳、看电视；和邻居玩耍。
学龄早期	
6~8岁	会有意识地拨打电话；喜欢听随身听/耳机；能听到闹钟并自觉起床；能独立对烟雾报警作出反应。
小学	
8~10岁	会使用电视娱乐和社交；关注收音机；在大街上听到汽车鸣笛知道避让；参加俱乐部和体育运动；享受独处时间；喜欢电脑游戏；参与团队体育运动。
中学	
10~14岁	使用手机社交；关注电影/戏剧；有自己的音乐品味；和朋友们一起看电视/电影。
青春期	
14~18岁	参加舞会；学习开车（如需要听喇叭声/转向灯）；参与学校团体/俱乐部；受就业/残障法律保护。
18~22岁	就业/职业决策；独自旅行；在大学礼堂或教室聆听；参加学习小组/校外活动。

解的言语内容的比例。我们称 SII 值与言语理解百分比之间的数学关系为**转换函数（transfer function）**。转换函数有许多种针对相同的 SII，可以显示出：

- 与较难的语言（如单一字或无意义音节）相比，简单语言（如数字或有语境的句子）的言语可懂度更高。[54]
- 成人比儿童的言语可懂度高。[1584]
- 健听人比听力障碍者的言语可懂度高。[293, 1396, 1584]

对于任何程度的听力损失者，多用可视化的方法让患儿家长看到佩戴助听器后患儿可听到的言语频谱范围的变化（低、中或高输入强度），这非常有助于家长进行咨询。

有些助听器验配程序可直接计算 AI 值，使用著名的计点法就很容易计算 AI 值。计算计点法时需要将听阈（未助听或助听）叠加到表示言语频谱（60dB SPL 的低输入强度）的听力图之上。假设没有背景噪声时，则 AI 值（百分数）等于强度比阈值高的点数。

16.6.6 诱发皮质反应

因为针对 9 月龄之内的患儿进行助听效果行为评

估有很大的局限性，也欠准确，所以给该年龄段的患儿进行助听效果评估非常困难。遗憾的是，这个年龄段是最需要精确评估的时候。此时的听阈最不准确；难以准确了解患儿听取言语信息的能力（对于听神经病患儿尤为如此）；难以测量患儿的言语可懂度（至少在门诊难以做到）；大脑可塑性最强，听觉功能发展依赖于能接受到的听觉输入，[1471] 因此，对于中度以上听力损失的患儿（请参阅第 16 章 16.1），急需做出是否需要植入人工耳蜗的决定。听觉皮质诱发电位（cortical auditory evoked potentials，CAEP）技术可以帮助听力师了解该年龄段患儿能获取多少语音信息。[437]

在评价婴儿（或其他不能通过行为观察获得可靠反应的患者群，如老年痴呆患者、认知障碍患者或中风患者）的声音感知方面，皮质诱发电位有许多优势：

• 因为 CAEP 是从皮质产生的，所以能检测完整的听觉通路功能。对于听神经病的患儿，即使其脑干诱发电位不能同步，仍能记录到其皮质反应。而且记录到的皮质反应比患儿在年龄稍大后才能测到的行为阈值 ABR 缺失的更有意义。[586, 633, 1398]

• 测试过程不需助听器佩戴者关注刺激声。

• 刺激声可以是短纯音，也可以是言语声。当使用言语声诱发出了皮质反应时，能直接确定患者听到了此言语声，与纯音听阈相比也不需再计算或检测一个复杂信号的带宽或波长是如何影响可听度的。虽然不同刺激声诱发反应波的波形会有轻微不同，但是任何一个音素都可作为刺激声。无论成人[18]还是儿童，同一位患者能听到的所有刺激声的反应波的总体形态是一样的。[18a]

皮质反应的研究历史已有 70 余年。[405] 阻碍该技术临床应用的原因之一是不同年龄的患者引出的皮质诱发反应波形不同，甚至在同一次测试中，如果患者的神志从清醒到昏昏欲睡，测出的波形也相差很大。目前已发明出一种测试方法不再依赖反应波形态，可以自动记录 CAEP。这种方法能较好地反映儿童的反应是否由刺激引起，其精确性已得到了验证，不论对成人[632]还是儿童[261]，它的精确性至少和经验丰富的听力师一致。

目前可以做该检查的设备能发出 3 种言语刺激声，分别是高、中、低频的言语声（t\g\m），使佩戴助听器（或人工耳蜗植入）的婴儿接受 CAEP 检查

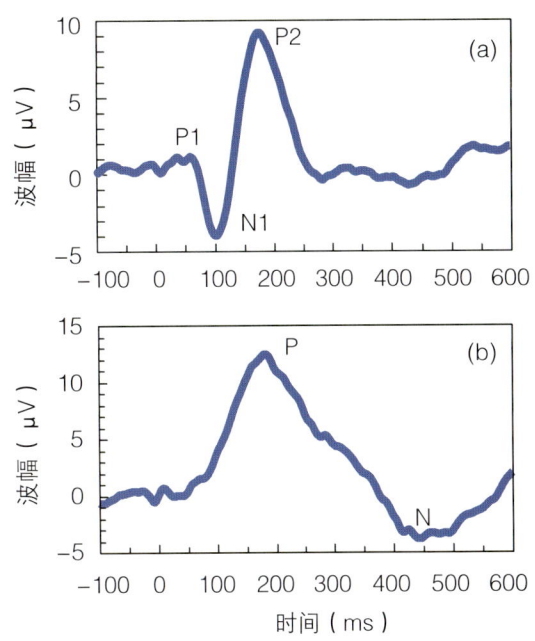

图 16.6 典型的皮质诱发反应波形。(a) 成人；(b) 婴儿。

成为可能。尽管许多听力师并不熟悉皮质反应测试，但是做该检查的基本技能与给大龄儿童做行为测试的技能相同，都要使婴儿尽可能长时间保持平静和清醒。①

图 16.6 显示的是一组婴儿与成人的典型的皮质诱发反应波形。婴儿的反应波特征是有一个主正波和一个宽的深负波。② 典型的成人皮质诱发反应波形包括一个明显的负波，潜伏期大约为 100ms。随着年龄增长，患儿听觉中枢最浅层的轴突和树突密度开始增加，大约在患儿 9～10 岁时，这一负波才开始逐渐出现。[1446]

皮质诱发反应波形的 3 个重要特征（有无、潜伏期、波形）可以提供声音从外周向听觉中枢系统传播的重要信息，并反映听觉系统分析处理声音的有效性。

皮质反应的有无。如果 CAEP 在一个可接受的统计学置信区间（如 $p<0.01$）内出现，那么我们就能确定儿童能够听到该强度的言语声。在正常交谈的声音强度时，诱发出 CAEP 的言语声数量越多，说明婴儿在日常生活环境中的听觉功能越好，日常

---

① 皮质反应也可在某些睡眠期引出，但是因为我们目前尚未充分了解这些反应的性质，所以还是建议听力师在患儿清醒时进行皮质诱发反应测试。

② 有些研究显示婴儿的皮质诱发反应波形中有一个较早的负波，时间大约在刺激声给出后 200ms。该波形可能是在采用几秒钟的间隔给声时引出的。

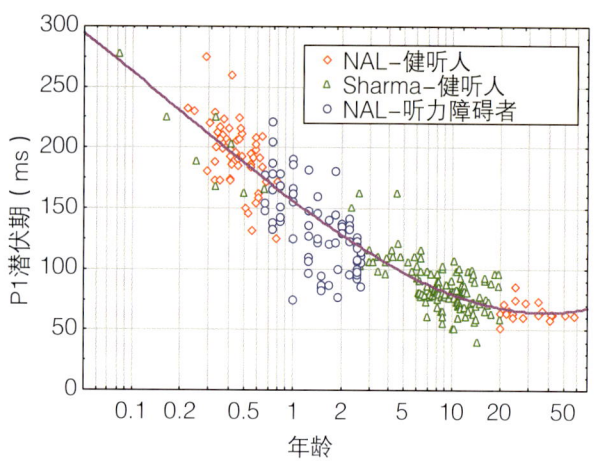

图16.7 皮质诱发反应第一正波潜伏期与受试者年龄的关系。

生活中的听觉功能可用 PEACH 问卷评价。[633] 对于患有听神经病的儿童，有皮质诱发反应比没有反应的儿童言语理解能力更好。[1481] 这一结论很可能也适用于感音神经性听力障碍的儿童，但是在此方面尚无有关大龄儿童的研究。

正波潜伏期。如图16.7所示，新生儿正波的潜伏期约为300ms。随着年龄增长，潜伏期快速缩短，但对于重度或极重度听力障碍儿童，在他们验配了助听器或植入人工耳蜗听到声音后，该潜伏期才开始缩短。[87, 1613] 如果听力剥夺时间太久，潜伏期将不会再缩短到正常值。如果听力剥夺时间大于3年，潜伏期不能恢复正常的风险将增大，如果听力剥夺时间大于7年，影响是不可逆的。[471, 1612] 采用 IT-MIAS 调查显示，正波潜伏期也能很好预测患儿的听觉功能。[1611] 总的来说，正波潜伏期可被视为听觉系统成熟的标记，对于重度或极重度听力障碍儿童来说，潜伏期会受到听觉干预时间的影响。

波形 诱发反应的波形也是听觉系统成熟度的标志，与儿童的听觉功能有关。[1611] 波形与听敏度的关系尚不明确。

虽然 CAEP 测试看似是评估助听效果的好方法，但是该测试方法也有局限性。

• 小部分儿童只有在很高的感觉刺激强度才能引出 CAEP。这一结论也适用于成人。在低-中度感觉强度记录不到皮质诱发反应的原因尚不明确。但是，记录不到皮质诱发反应并不意味着受试者听不到这个声音。

• 如果患儿太活跃，那么肌源性噪声（如来自肌肉的运动）将会掩盖 CAEP，除非将测试时间延长

到足够长，但这基本是不可能的。目前的技术需要2~5分钟才能记录到婴儿对单一声音的皮质诱发反应（成人受试者需要20~60秒）。

• 如果用单一音素作为刺激声，引出的反应只能说明受试者能听到这个声音。其潜伏期也只能表明听觉系统听取这个声音的成熟度。虽然察知和正常潜伏期对患者理解声音有积极意义，但是并不能说明受试者能够识别言语。

目前讨论的 CAEP 都是单一言语声诱发的。当采用单音节词作为刺激声时，发音过程会有从一个音素到另一个音素的自然过渡，如果单音节词内第一个音素和第二个音素都能诱发出皮质反应，表明受试者能听到其中的变化。[1144, 1369] 在将来这一研究有希望成为患者言语识别力的客观评估办法。

CAEP 对家长咨询也有一定指导意义。一方面，因为在患儿很小时，单凭日常观察，看不出听力障碍儿童与听力正常儿童之间有何区别，所以家长有时很难接受他们的孩子患有听力障碍这一事实。受试者对于正常交谈强度的言语声缺乏皮质诱发反应给家长提供了额外的证据，让家长明白他们需要给予儿童这方面的关注。有些家长可能处于另外一种极端，他们可能不仅仅接受了自己的孩子有听力问题，而且还会对其今后的人生之路产生悲观情绪。如果看到患儿佩戴助听器后正常强度的交谈能引出正常脑电波（在不佩戴助听器时引不出）①，可以让家长确信他们的孩子今后能够进行交流，也能强化他们坚持佩戴助听器的意识。

16.6.7 言语生成和语言获得

因为言语生成能力和语言能力都是通过正常聆听获得的，所以可以通过测量儿童的言语生成能力，以及接受性和表达性语言能力来评估其听觉能力和助听效果。这一评估方法的优势在于这些结果对于儿童非常重要，并且有许多标准化的新研发的适合不同年龄段儿童的评估工具。儿童的言语生成能力测试甚至在出生后第一年喃语时就可进行。[1864]

言语或语言评估方法的局限性在于：如果评估的主要目的是验证患儿佩戴助听器后能否获得最优

---

① 注意：虽然有项研究显示低增益助听器不会影响皮质反应的振幅，[134, 1681] 但是这一研究的受试者是听力正常的成人，这些受试者未助听下就能听清言语声，助听器的内部噪声反而会降低其言语感觉强度。

的助听效果，那么这些都只是间接的评价方法。如果评估结果在听力正常儿童的范围内，说明该患儿的整体听觉康复过程是有效的，其中包括助听效果。[①] 但是，如果评估结果不理想，可能是受到很多因素的影响（包括发育迟缓、语言输入不足、口头表达能力差、以及重度听力损失伴发的不可逆性耳蜗失真）。因为儿童当前言语生成和语言获得的水平都是以前经历的产物，所以即使以前佩戴助听器并已长时间弃用，也会对当前的结果产生影响。

16.7　帮助家长

对于听力正常的家长，自孩子被诊断为听力障碍的那天开始，他们的世界就发生了改变。在一段时间内，父母对他们的孩子未来的希望、愿望及信念被瞬间击垮，取而代之的是惊愕、不相信、害怕及失望。听力师通常是第一个向家长转达这个他们最不想听到的消息的人。因此，听力师有一份特殊的责任——帮助家长渡过这一时期。听力师应直接提供帮助，并且帮助家长联系能够帮助他们的人或组织。本节将对听力师能够向家长提供的帮助进行综述。但是儿童听力师必备的咨询技能远远超出本书介绍的范围。而且，对在家长最悲痛的时期给予其最佳帮助的能力要求也在提高。新生儿听力筛查的推广意味着将会有更多的家长在没有时间考虑自己的孩子是否可能有听力障碍时，就听到自己的孩子被诊断出听力障碍的消息。[1091]

家长能否获得足够的帮助对儿童的未来发展至关重要。本书主要强调的是患儿的有效验配需要家长的积极参与。在听力干预团队中，家长是唯一能够密切观察儿童佩戴的助听器是否达到并保持最优化状态的人。

有多项研究调查、访问了家长在孩子被确诊为听力障碍数月或数年后的意见。[78, 321, 1091, 1535, 1540] 研究中，调查了家长认为在孩子确诊后，听力师提供的帮助哪些是有用的，哪些是没用的。下面列出了调查的结果。

家长希望听力师能够做到：

共情　家长最希望听力师给予的是情感支持。家长听到诊断结果后会感到震惊，这种感受是持续性的，但在家长刚得知该信息后以及要做出重要决定（选择干预措施或教育模式）时会最强烈。听力师需要作为一个倾听者。虽然家长要对负面情绪进行适当调整，但是听力师必须由衷地接受家长的情绪。[1090] 情绪没有好坏。听力师可以告知家长在面对听力障碍的前几个月内会有巨大压力，并且急需他们建立起困难和压力一定会过去的信心。[201]

提供信息　家长想了解听力损失及其对孩子的影响，他们的家庭会因此而变成什么样子，助听器能提供什么帮助。他们需要听力师提供毫无偏见的助听设备和康复教育信息以及其他能获得的帮助和经济资助信息。

具备能力　家长能分辨接诊的听力师是否是能力很强的专家，还是仅偶尔看过几例患儿的听力师。当家长告诉听力师他们的孩子能听到什么声音或听不到什么声音时，他们希望听力师能够耐心倾听他们的主诉并且在助听设备和技巧上给予专业性的建议。

支持　家长不希望听力师替他们做决定而是希望获得能够帮助他们自己做出决定的信息和资讯。家长希望听力师能够对自己做出的决定予以支持。当家长为他们的孩子考虑是单侧还是双侧植入人工耳蜗时会面临巨大压力，尤其当儿童佩戴助听器已能够获得相对较好的言语感知、发音和语言能力，而植入人工耳蜗可能会损害儿童已具备的能力时。[200] 善于提供支持的听力师在和家长交流时不会使用专业术语。专业术语会让家长感到困惑，也会让家长感觉他们眼前的这个听力师仅是一个在诊室里的专家。听力师对于助听器来说可能是专家，但当儿童佩戴上助听器后，家长才是专家。

耐心　家长需要时间全面思考不同干预措施给他们的家庭生活带来的影响。他们需要时间做出决定，需要时间体验做出这些决定的后果，有时还需要时间让家长改变其原有的想法。让听力师平衡家长的需要和尽早对儿童进行听力干预的紧迫性有些困难。虽然早期干预非常重要，但是不同干预时间对语言康复效果的影响是渐进型的，所以如果家长需要几周时间考虑，听力师可以不用纠结这几周的延迟。

积极　家长需要获得希望和信心，听力师可以跟家长分享其他家庭的成功案例，让家长建立希望

[①] 即使结果在听力正常儿童范围内，也不能完全说明助听器已优化。该受试者可能非常聪明，并且接受了良好的康复教育，但其助听器可能并未得到优化。

如果家长想给予他们的孩子最大的帮助，首先需要努力尽快获取大量信息。由于需要家长了解的信息太多，听力师应循序渐进地告知家长，而不能把所有信息一下子全都塞给家长。除了每个人接收信息的能力各不相同，听力师还应注意随着患儿年龄的增长，家长需要的信息类型也会变化。听力师必须恰当地将解释、演示、动手训练、宣传册、录像和小组讨论等形式整合在一起让家长学习。[513] 要让家长动手练习，并提供反馈，要在教授技能的同时不断强调这些技能的重要意义。应向家长提供的与助听器有关的信息包括：

利弊 助听器只会将其接收到的声音都放大。背景噪声、混响和距离会降低助听器的放大效果。给家长一些包括模拟听力损失的声音演示非常重要，同样让家长了解一些言语的特性以及儿童可能碰到的言语失真类型也非常有价值（请参阅第1章1.1）。

听觉目标 应跟家长解释其对孩子应有什么期望，以及大约何时能实现这些目标。家长是监控康复目标是否实现的最佳人选。

助听器维护与保养 家长应了解清洁助听器和耳模的方法，知道如何检查电池电量，如何监听助听器、佩戴助听器、调节程序按键，如何采取措施（如说话、玩耍）以促进使用，如何避免受潮等问题。家长需要足够的练习，这样在日常生活中操作起来才会非常熟练，不会让助听器和儿童的听力障碍占据家庭过多的精力。[513]

故障处理 当家长监听时发现助听器存在问题，需要知道如何诊断常见故障，如裂痕、导声管松动、电池电量低、受潮以及内部噪声。他们需要知道哪些故障是他们自己能处理的，哪些需要寻求帮助。家长需要在实践中掌握上述技能。即使家长和康复教师非常认真地检查助听器，助听器也很可能会在任何时候出现故障。要尽快训练儿童，使其自己能监听助听器的状态。[514]

> **要点：与其他家长交流**
>
> 家长会发现介绍其认识其他听力障碍儿童家长的做法非常有用。其他家长，尤其是孩子早就被诊断为听力障碍的家长，能够提供情感支持，给予理解、希望，其作用旁人无法替代。家长认为听力师将其介绍给其他家长是最有效的帮助方法。[986]

安全 助听器的使用安全问题详见16.10，其中有许多内容需要告知家长。

听力师与家长沟通的质量和效率，以及家长对新技能的掌握程度，决定于听力师与家长的关系好坏。[321, 513] 复诊时，家长可能会有担心，而家长的这些担心又不能清楚地表述出来。在许多时候，可以通过首先找出造成家长担心的具体问题来消除家长的顾虑。这些具体问题解决以后，家长的担心就会随之消除。[513] 例如，家长会笼统地担心孩子与听力正常的儿童不同，可能是由于家长或患儿认为助听器或辅听设备的尺寸太大、太显眼。应该鼓励家长在复诊时说出自己的所有顾虑。

家长希望通过健康服务系统获得的是无缝的服务。他们需要听力障碍一经诊断就迅速得到听力干预。他们需要获得信息，帮助其做出何时以及如何教育孩子的正确决定。如果提供的服务与家长需要

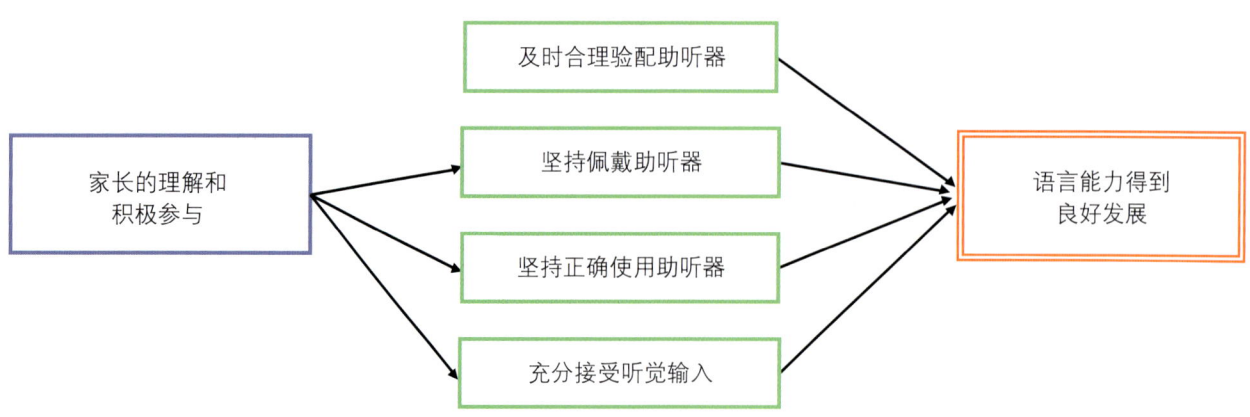

图 16.8　听觉康复的目标是获得最佳的语言能力发育。

的其他服务没有很好整合，那么听力师有义务帮助家长，尽可能将延迟和挫败感降至最低。在整个过程中，听力障碍儿童家庭可能会需要多种人提供阶段性服务，包括全科或专科医生、遗传学家、职业治疗师、心理医师、言语语言病理师、特殊教师等。而听力师提供的服务需要贯穿儿童康复的全过程。有些听力师还会有幸服务儿时也曾是自己患者的家长的儿童。

16.8 听力康复目标

我们不能忽略助听器的作用，但助听器只是实现目标的手段。① 康复的真正目的是让儿童能听会说，让他们不因听力损失而遭遇障碍。优化的助听器（或人工耳蜗）是实现这一目标的重要基础，如图 16.8。

为了获得最佳的语言能力，患儿必须坚持佩戴助听器，并且确保助听器性能正常。同时，还必须给予患儿丰富的听觉输入刺激，帮助其充分参与有意义的听觉活动。在孩子小的时候，如果家长能够对听力损失的本质有较好的理解、知道高质量的听觉输入对言语和读写能力的重要性，则更容易做到上述三个方面的要求。这些知识可以促进家长尽可能充分地优化利用助听器。

康复最初阶段的许多事情更需要家长而不是孩子的参与。随着孩子长大，听力师应帮助患儿自己了解听力损失并鼓励患儿自己主动在多类环境中聆听。

虽然获得良好语言能力的总体目标不会改变，但是儿童在不同年龄段的康复目标和策略是变化的。接下来的几节列举了适合不同年龄段儿童的目标和策略，其中在有些年龄段里的目标也适用于更大年龄段。书中所列举的目标仅仅是举例。② 需要注意：下面列举的目标并不全面，并且有些目标也不适合所有的家庭。为了更好地实现目标，需要听力师、家长、康复教师在制定目标时就充分合作，如果患儿年龄足够大，也应参与其中。当患儿面临新的变化时，许多康复目标会被提前，例如：患儿进入一所新的学校，或参与新的社交或体育活动时。

16.8.1 婴儿的康复目标和策略

目标：坚持使用助听器

· 帮助家长接受孩子有听力损失的事实。

· 让家长了解高质量的听觉刺激与大脑发育及后续语言和读写能力发展之间的密切关系。

· 向家长解释为什么要为患儿选择助听器（主要是 BTE）。

· 向家长介绍其他持续使用助听器的患儿的家长和（或）家长支持组织。

· 制订一份行为促进计划，在患儿佩戴助听器时，给予其奖励，如讲故事、吃美食。

· 与家长讨论患儿的一日常规，以确定患儿在什么时间适合佩戴助听器。

· 当婴儿在别人帮助坐稳或躺着的时候，检查助听器是否舒适，确保助听器不产生啸叫。

· 告诉家长如果儿童耳部有化脓性感染时佩戴助听器的注意事项（如给耳模消毒，只在关键时刻佩戴助听器）。

· 鼓励家长在一个特定的时间段内，在日记中记录助听器佩戴时间，以及儿童对声音和言语的反应。

· 如果患儿不能够坚持佩戴助听器，要寻找原因（如家长没有认识到佩戴助听器的重要性，助听器的故障）。

· 承认坚持佩戴助听器并不是一件容易的事儿，但患儿 1 ~ 2 岁之后，这项工作会逐渐变轻松。[1202]

目标：助听器优化

· 教会家长使用助听器的功能按钮，熟练地摘戴耳模，并帮助他们了解助听器的功能。

· 给家长制作一个耳模，带 300mm 长的导声管或一个胸针，用于监听助听器，监听时可以将助听器放在自己前方，操作按钮听助听器内声音的变化。

· 演示如何进行故障排查，包括测电池电量，使用吹气球吹干耳模，查找啸叫的原因以及使用反馈啸叫迅速判断助听器的功能是否正常（已经做了反馈消除处理的助听器不能使用该方法）。可以在一个小型的座谈会上教会家长上述方法，家长可以边喝咖啡边与其他有经验的家长交流分享。

---

① 除了助听器之外，听觉康复还包括许多其他方面，例如：参与到早期干预计划中，但对这些工作的介绍不在本书范围之内。

② 目标和策略参考 Karen Lovelock 和 Anne-Marie Phillips（澳大利亚听力服务组织的儿童听力学家）编写的、但尚未出版的《改善听力的目标》(Goals for promoting hearing) 一书。非常感谢两位作者允许我在本书中引用这些内容。

目标：获得高质量的听觉刺激

• 向家长解释噪声、混响、距离和头部位置对音质的影响，以及上述因素对听神经传导通路整合发育的影响。

• 如果条件允许，向家长演示噪声、混响、距离和听力损失对音质的影响。

• 强化家长对经常的、有趣的、强化的听觉刺激的重视。

• 和家长讨论使用 FM 系统的必要性，确保针对助听器和不同使用环境对 FM 进行了正确设置。

目标：家长了解各种教育方式

• 没有任何偏见地、如实地向家长介绍多种基本的教育方式，特别要详细列举与早期干预相关的内容。告诉家长了解更详细信息的渠道。听力师有必要与教育机构保持直接、持续的联系。

• 提供书面资料（也适用于其他方面的内容）。

目标：患儿对声音的反应

• 与听力阈值对比，向家长演示放大的言语声（实际测得的或通过真耳增益计算出来的数值），告诉家长患儿佩戴助听器后能或不能听到什么种类的声音，也可使用助听后的听力图向家长解释上述内容（详见图 9.6）。

• 告诉家长时刻注意患儿是否能对较大的环境声、其他人的言语声以及他自己的声音有反应，患儿是否能初步表现出交流中轮替的技能。

16.8.2　幼儿的康复目标和方法

目标：患儿接受助听器

• 当患儿表示助听器有问题或给予反馈时，家长应给予帮助。

• 当患儿自己或请求别人佩戴助听器时，家长应予以鼓励。

• 每天一起床就应佩戴上助听器，就像穿衣吃饭一样。

• 何时可以取下助听器应由家长决定，而不是由患儿决定。

• 鼓励患儿自己取下助听器后，将助听器放在安全固定的地方。

• 鼓励患儿戴助听器之前，用自己的声音监听助听器是否正常。

• 教患儿认识鼻子、脚、肚子等部位的同时，教儿童使用助听器。

目标：患儿发展听觉技巧并意识到助听器的作用

• 吸引儿童注意环境声。当儿童识别环境声时及时给予鼓励。

• 与儿童一起玩能锻炼聆听技能的亲子游戏。

• 选择有助于患儿聆听的玩具。

• 对患儿恰当的发音和听觉表现予以奖励。

• 使用手势时要同时使用言语。

16.8.3　学龄前儿童的康复目标和方法

目标：当助听器出现故障时患儿能够主动告诉家长

与患儿进行有奖励的亲子游戏，在游戏中锻炼患儿识别助听器是否出现故障并报告的能力。

目标：患儿可以自己操作助听器，不需家长帮助

• 练习助听器的摘戴、开关以及调节音量控制钮和更换电池。患儿需要大量练习后才能熟练掌握。

目标：患儿表现出恰当的交流技能

• 加强患儿根据不同环境调整说话音量的能力（听力正常儿童也需学习此技能），增强患儿交流中轮替的能力，强调患儿说话时要看着说话者。

16.8.4　小学段患儿的康复目标和方法

目标：患儿在某些情况中能自己调整设备和环境，以获得较好的聆听效果

• 给患儿验配 FM 系统，并教会其使用（更换电池 / 充电、连接、操作）。

• 配备电话耦合腔和电视伴侣，并指导患儿使用。FM 系统同时也能用作电视伴侣。

• 向患儿演示距离、噪声、混响对聆听效果的影响。

• 让患儿练习识别造成交流困难的原因，根据患儿年龄不同，练习不同的聆听技巧以解决造成聆听困难的问题。

• 指导患儿使用 FM 系统、切换"T"档或聆听位置（靠近声源）以减弱距离、噪声、混响造成的听力障碍。

• 教给患儿如何保养助听器，包括清洗及干燥耳模、测电池电量。

目标：患儿持续接受使用助听设备

• 在诊所内用简单的言语测试演示助听设备的作用。

• 介绍患儿认识其他听力障碍儿童。

目标：让患儿了解听力损失知识以及他自己的听力损失情况

· 向患儿解释其听力损失的原因（针对不同年龄段的患儿采用不同的解释方法）。

· 告知患儿其听力损失的特征（如哪只是较好耳，哪些频率上有更好的剩余听力，分辨声音时有哪些困难）。解释时，注意平衡好对听力困难以及儿童潜力的认识。

本章中介绍的康复目标和方法并未涵盖家长和患儿咨询的所有内容。有关遗传咨询或其他临床治疗，言语矫治或职业治疗的转介，耳部感染的影响，听力损失的神经生理知识以及听力损失的程度和类型等内容都未在上述介绍范围之内。

16.9 青少年患者及其对美观的顾虑

与青少年患者打交道并非易事。经过验证有一种办法很有效，即让他完成一份自我评价问卷，该问卷用于评价青少年患者在特殊环境中的交流障碍、对社交生活的影响、其他同伴的反馈以及患者的自身感受。[515] 患者也可邀请自己的一个重要朋友来完成一份补充问卷，评价一下与自己相处的情况。分析患者自己的答案并对比其朋友的答案能够为后续咨询提供很好的帮助。青少年患者更容易接受跟他们谈论问卷的结果，而不是直接讨论他们自己。[515]

虽然在助听器出现故障时，青少年患者能够自己发现，但是仍需要对其进行关于助听器使用与保养的讨论和实操培训，患者接受培训后能极大地提高排查和纠正助听器故障的效率。[1253]

遗憾的是（从交际的角度），有些十几岁的患儿会拒绝佩戴任何外观上能看到的助听设备。这个年龄段的患儿更看重自己是否与同龄人的形象不同，而不是助听器、FM、人工耳蜗带来的交流便利。Noble（1999）认为除了外观问题，也许还有更多问题导致患者拒戴助听器。在一个充满噪声及大量不可预知的信号的世界中使用一个并不完美的助听设备，患者听到的音质很差，可能导致患者认为自己不带助听器时比戴上助听器时更加方便。

无论是什么原因，听力师都应明确告知青少年患者不佩戴助听器的全部后果。听力师也应介绍或强调使用替代方法以减少交流障碍。同时应该尊重青少年患者的权利，支持其自己做出决定，并且在任何时候改变自己的决定。患者通常会在其接近20岁时寻求听力帮助，对这个年龄段的患者来说，受教育越来越重要，工作方面的需求也越来越大；同时随着年龄的增长，患者也会越来越自信。随着助听器的兼容性越来越高，助听器逐渐成了手机、计算机、便携式音乐播放器以及其他电子设备的音频门户，而这些电子设备是患者日常生活中必不可少的工具。这一点能够鼓励患者坚持佩戴助听器。

16.10 安全问题

当患儿接受并佩戴助听器后，听力师应在适宜的时间告知家长使用助听器的安全事项。

避免患儿吞食电池和助听器

助听器的电池是儿童误食的主要异物。[1071] 家长应注意把助听器的电池放在患儿够不到的地方。虽然这一点尤其适用于3岁以下儿童，但事实上任何一个年龄段的儿童都有可能发生吞食电池的事故。① 危险不仅来自放在外面的电池，有1/3的吞食电池的事故是因为患儿自己从助听器中取出电池。婴幼儿的助听器应使用防打开的电池仓。有时可以通过磨掉打开电池仓的脊防止电池仓被轻易打开，这时需要使用特殊工具才能打开电池仓。这种办法是否有效取决于电池仓的外形和其紧密性。也有其他的锁住电池仓的设计。

听力师应该告诉家长如果患儿疑似吞食了电池，需要及时就医。如果电池进入食管，最主要的危险是化学灼伤或窒息。[1071] 最常见的医学处理是首先给患者做X线检查以确认是否吞入了电池（无论电池型号是多少），然后确认电池是否已通过消化系统排出了体外。通常来讲，从患儿吞入电池到排出体外大约需要24～72小时，但是也有报道称短于12小时或长于14天。[1072] 催吐的处置方法是不可取的，这样做有可能会导致电池从胃里吐出时卡在食道内。[1071] 化学灼伤也可能会发生在电池卡在鼻孔、外耳道或石膏绷带中。[1052]

随着助听器体积变小，有关整个助听器或耳模被误吞的报道越来越多。可以采用防止助听器丢失的方法（如用细绳将助听器和衣服连在一起）

---

① 也包括成人患者，他们在更换助听器电池时喜欢用嘴代替手的功能。[1071] 助听器电池又小又滑！

来预防误吞助听器。应确保助听器与耳模间的连接紧密。

电池爆炸

听力师应告知家长助听器电池不是充电电池，如果给它充电，可能会引起电池爆炸。同样，不能将电池投入火炉中。

噪声性听力损失

如果戴上助听器后患者长时间暴露在高强度噪声下，可能会造成听力损失加重。听力师可以通过设置适合患者听力损失程度的增益和OSPL90值，使这一风险最小化，同时在选配助听器时，听力师可选择具有压缩放大，至少对中-高强度的声音可压缩放大（请参阅第10章10.8）而不是线形放大的助听器。

听力师应告知家长和大龄儿童，除了在安静环境下，否则不要将音量控制钮设置到高于推荐值。如果是宽动态范围压缩助听器，大多数情况下不需要对助听器进行音量调节。如果儿童要长时间处于非常嘈杂的环境中，应佩戴听力保护设备。

体育运动中的注意事项

我们已在本章16.3中讨论过佩戴助听器时头部遭受打击的潜在后果。患儿在进行头部可能会受到打击的体育运动时最好不要佩戴助听器。一系列注意事项可能会导致患儿根本无法参与体育运动。如果是这样，家长需要帮助患儿权衡参加运动的利弊。使用头罩是一种解决方案，头罩既能够保护患者，又给助听器麦克风入口提供了一个开放的空气通道。运动中必须使用软耳模。

报警声

听力师应该告知家长助听器的作用之一是让患者听到报警声。（当然，家长也经常会发出报警声。）患儿佩戴助听器时最好能听到报警声并能听懂报警声代表的意义。如果患者双侧验配助听器，那么该患者应常规双侧佩戴助听器，否则其声源定位能力会减退。

如果助听器具有方向性选择功能，那么报警声可能来自患者的任何方向，而不一定是正前方时，应注意要将助听器始终设定为全向性模式。（这一考虑主要针对户外无混响的环境。在室内，来自多个方向的反射声会限制方向性麦克风的功能。）对于婴儿，如果将其助听器的音量控制钮锁定或使其失效，将更利于获得发现报警声的合理增益。

16.11 结语

给婴儿验配助听器是一个持续的过程，不可能一次完成。在未来一段时间内实现助听器验配的最优化，特别是实现婴儿的最优化验配仍会是巨大挑战。对于婴儿来说，将助听器的放大设置到最佳状态，比任何人都要重要。但遗憾的是，我们恰恰最难确定对于婴儿来说什么是最佳的。同时，在所有患者中，婴儿最难自己告诉听力师他们喜欢什么、不喜欢什么、什么有效、什么无效。因此，我们亟须能有效评价婴儿助听效果的评估工具。

相对于成人，更加严重的情况是，针对儿童特别是婴儿，有关现有信号处理方法可行性与有效性的研究间仍有显著差距。总体上，儿童听力学家长期以来都在采用保守的方式应对此难题，"如果不确定这一方法对于儿童来说是正确的，就先不要使用它"。但是，这样做就使很多儿童失去了本可以使用对他们有利的新技术的机会。一个典型的例子是，因为患儿年龄太小，不会使用音量控制，所以没人给患儿使用WDRC技术，直到成人患者已使用WDRC技术很长一段时间以后，儿童听力学家才开始将此技术应用于儿童。这一保守的观点同样会影响患儿受益于自适应方向性麦克风技术和自适应降噪技术，而这两个技术可以极大地提高言语可懂度。

因为我们很可能会面临不断涌现的新技术，但没有针对儿童的科学研究给予支持，所以可以考虑遵循下述原则。如果新技术的研发目的是克服因耳蜗失真而直接或间接引起的障碍，如果该技术使用过程中不需佩戴者手动操作，并且在成人患者使用过程中有利无害，那么就可以尝试将该技术应用于婴幼儿。当声信号中的信息被噪声或混响掩蔽，或因耳蜗失真而减弱，由于患儿尚处于语言学习期，因此，其助听效果总是会比有丰富的听觉和语言经验的成人差。尚没有研究显示有哪一项信号处理技术可以使成人聆听效果更好，但对儿童不利。

上述观点并不否认还需要进一步加强有关信号处理技术对儿童的有效性的研究。我们非常需要进一步深入研究各类信号处理技术，特别是如何合理使用自适应降噪和移频等技术。可以将此类技术对患儿学习新词汇速度的影响作为指标，[1703]评价其改善患儿听力的效果，尤其是在有背景噪声和混响的环境中的效果。

第 17 章
信号对传、骨导和植入式助听器

概　要

各类信号对传（CROS）助听器在头部两侧的元件以无线方式相连接。CROS 助听器主要适合单侧听力损失者。CROS 助听器由放在差耳侧头部的麦克风，与放在好耳侧的放大器、受话器和开放式耳模（壳）共同组成。在好耳侧添加一个麦克风，可以将其改装成 BICROS 助听器，适合双侧听力损失者使用。经颅 CROS 的所有元件都放在一侧耳，通过骨传导将信号经过头部传到对侧。对 CROS 助听器必须进行仔细验配才能确保助听器佩戴者的单个耳蜗能平衡地接收到达头部两侧的声音。

骨导助听器输出的是机械振动而不是空气传播的声波，特别适合由于临床或解剖原因而不能佩戴对耳朵有任何遮挡的助听器的患者，或任何一耳有较重的传导性听力损失的患者。对外耳和中耳正常的患者，由于骨传导通道的效率相对较低，因此骨导助听器不能像气导助听器那样有效刺激耳蜗，但对最严重的传导性听力损失者，无论其是否存在感音神经性听力损失，骨导助听器都能像气导助听器一样强力刺激耳蜗。

气导助听器的预设能利用现有气导和骨导声的阈值标准转换成骨导助听器的预设。骨导输出采用输出压力级代替输出声压级并且以声机械敏感度代替增益。非植入式骨导助听器的缺点包括佩戴舒适度不足和提供的感觉强度有限。

一种常用的骨导助听器是骨锚式助听器，其振动经过一个嵌入的钛螺钉传输到颅骨，与紧贴皮肤的骨导体相比，可以增加耳蜗刺激约 15dB。骨锚式助听器已成功应用于单侧或双侧传导性或混合性听力损失者。它们也经常被用于单侧感音神经性听力损失者，即单侧感音神经性聋患者。由于其输出强度，头戴式装置适用于蜗性听力损失达 45dB 的患者；而体佩装置适用于蜗性听力损失达 60dB 的患者。对于气-骨导差大于 30 dB 的患者，骨锚式助听器能提供比气导助听器更大的耳蜗刺激。

已研发出多种中耳植入设备，其中有几款已经获批，可以常规使用。中耳植入可能只植入输出换能器，也可能与麦克风和电池一起植入，成为完全的植入式助听器。有 4 种类型的输出换能器在使用：依靠磁铁惯性质量的用线圈环绕的磁铁；嵌入中耳链由远程线圈驱动的磁铁；固定在乳突骨上，振动中耳链的压电或电磁刺激器。有 3 种类型的麦克风在使用：外置麦克风；头皮皮肤下或耳道内的植入式麦克风；中耳链振动驱动的换能器。

有几种植入式助听器现在已经上市。对一些用户，特别是混合性听力损失者来讲，中耳植入有避免堵耳效应，提高增益，加大带宽和刺激强度，以及装置隐蔽等优点。完全植入装置还有额外的优点，即没有外部元件。有关适应证标准仍在完善中。

本章讨论的只是一小部分听力障碍者使用的非标准助听器。认真了解这些助听器非常重要。否则，当听力师遇见适合使用这些助听器的患者时，他们就难以做出最佳推荐。

17.1 CROS 助听器

在大多数情况下，人们只验配单个助听器，或者验配两个彼此完全独立或基本独立的助听器。① 在某些情况下，需要给人们验配可以将两侧耳的设备结合起来的助听器系统，并且需要通过导线或无线连接，将完整的声信号从一侧耳传到另一侧耳。这个装置被称为**信号对传**（*Contralateral Routing of Signals, CROS*）。[684] 关于将声信号从头部的一侧传送到另一侧的原因以及头部两侧元件的不同组合方式，将在下一节进行介绍。

所有 CROS 助听器的主要缺点是必须将安装在头部两侧的设备连接在一起。最常见的办法是通过无线传输，因此，与独立工作的助听器相比，其主要缺点是降低了电池寿命。无线 CROS 助听器从外观上与其他的 BTE 或 ITE 助听器没有差异，只是其中一个助听器包含无线发射机，而另一个包含无线受话器。过去采取的方法是将导线绕到头后或沿着眼镜式助听器的框架将两侧助听器连接起来。使用导线既麻烦，又不美观。眼镜式助听器也不太受欢迎，无论维修眼镜还是助听器都会比较困难。

17.1.1 简易 CROS 助听器

基本构想

图 17.1 显示了最简单的 CROS 结构。将麦克风固定在听力较差的一侧耳（差耳侧），将其输出传输到固定在头部对侧的放大器和受话器。分离的麦克风被称为**卫星麦克风**（*satellite microphone*）。任何到达头部差耳侧的信号都会被放大并被好耳听到。受话器通过开放式耳模耦合到对侧耳，未被放大的声音也能直接进入到好耳。图 5.13 显示了具有不同大小通气孔的耳模，包括最大的开放式耳模（壳）能提供的衰减。

这个装置的主要优点是，残余听力较好的那只耳听到各个方向传来的声音。头部作为高频声音的障碍物，提升了来自近侧端的声音，同时衰减了远侧端的声音。如果信号来自聆听者的一侧，而主要的噪声来自另一侧，这样一侧耳的 SNR 会比另一侧耳好很多（请参阅第 15 章 15.2.1）。在信号来自差耳侧的情况下，CROS 助听器的卫星麦克风会拾取到相对清晰的信号。导线、放大器和受话器会将信号传递到好耳。

> **CROS 助听器：要点**
>
> 针对单侧听力损失者：
> - CROS 助听器的作用仅仅是将声音从头部的一侧传递到另一侧。[331, 528]
> - CROS 不应放大声音，如果放大声音，其缺点可能会超过优点。

因为头部衍射效应，当言语声来自差耳侧时，CROS 助听器会提高噪声（相对没有助听器）中的言语可懂度。然而，当言语声来自好耳侧时，相同的头部衍射效应会造成 CROS 助听器放大的声音降低言语可懂度。当言语声来自好耳侧时，采用不超过本节中推荐的增益，可以使 CROS 助听器的缺点降到最低。

CROS 助听器的第二个优点是麦克风和受话器被有效分离。从受话器泄漏的信号必须绕过头部才能到达麦克风，因此，被极大地衰减，所以，发生反馈振荡所需的增益会比受话器与麦克风靠近时所需的增益高很多。

简易 CROS 助听器的适应证

CROS 助听器验配的适用对象为**单侧听力损失**

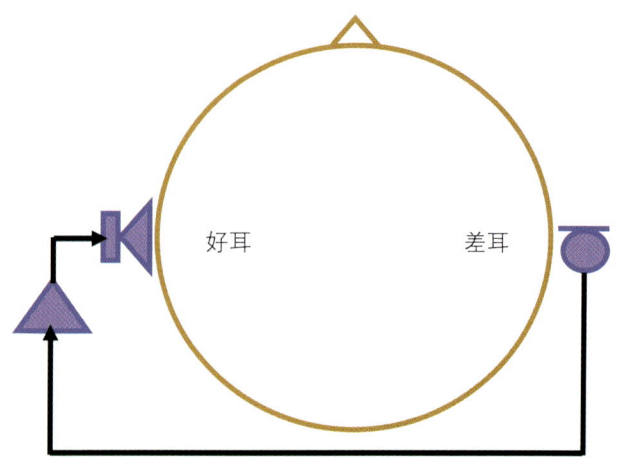

图 17.1 CROS 助听器系统的框图。

---

① 许多助听器在耳朵间通过无线共享控制信息（请参阅第 3 章 3.2）；一些新开发的助听器将音频信息传递到另一侧耳以增强方向性（请参阅第 7 章 7.1.4）。

(*unilateral hearing loss*)的患者，他们的差耳听力损失太严重以致佩戴助听器也没有效果，他们的好耳应该有正常听力或最多有轻度的高频听力损失。如果患者需要经常聆听来自差耳侧的信号，他们会更加受益。例如，当出租车司机的差耳对着乘客时。

如果患者一侧耳的低频听力接近正常，在高频有中度或重度听力损失，另一侧耳的听力损失难以助听，不能从传统助听器和 BICROS 助听器获得满意效果时（请参阅第 17 章 17.1.2），也可使用 CROS 助听器。这样的患者需要开放式耳模以避免堵耳效应（请参阅第 5 章 5.3.2），但是也需要足够的高频增益。反馈抑制技术目前能帮助大多数这类患者使用常规的助听器验配，如果不行的话，可以使用 CROS 助听器以获得更多高频增益而又不引发反馈啸叫。对这类患者应采取针对立体声 CROS 助听器的验配方法（请参阅第 17 章 17.1.3），而不是本节介绍的方法。有双侧听力损失需要双耳助听的患者，使用常规助听器比使用 CROS 助听器的效果更令人满意。[606]

关于好耳听力损失对 CROS 助听器验配效果的影响还有许多争议，因为很多情况下 CROS 助听器的验配方式存在问题。Gelfand（1979）发现患者听力损失与 CROS 助听器的使用率没有关系。许多作者认为在好耳有轻度听力损失时比好耳听力正常时使用 CROS 助听器更易获得令人满意的音质。[331, 685, 1468, 1828] 考察这些观点时，要放在技术不断进步的背景下。灵活的音调控制已使人们能够以平顺的方式在宽频范围内顺利获得适当的增益，而使用较老的助听器时，人们必须在某些频率增益过剩和某些频率增益不足之间找到平衡。

如果对所有频率都给予过多的增益，患者会抱怨助听器的内部噪声过大，当言语声出现在好耳侧时也会造成不利。总体上看，聆听效果会比没有佩戴助听器时更糟糕。[528, 1815] CROS 助听器的增益过大可能会颠倒好耳和差耳。[1078, 1133] 如果能正确平衡 CROS 助听器，助听时就不会出现好耳侧和差耳侧的分别。即使患者的好耳听力在正常范围内，验配成功率也会很高。[528, 739]

在非常安静的环境中（此类环境中，助听器的内部噪声很可能是个问题），一侧耳听力正常的患者很可能会选择不使用助听器。但在有中度以上噪声的环境中，环境噪声很容易掩蔽助听器的内部噪声。

CROS 助听器验配过程

好耳接收的声音包括直接到达的声音和由差耳侧传来的放大声音。当声源在好耳侧时，直接到达的声音在混合声中处于支配地位。相反，当声源在差耳侧时，卫星麦克风拾取的声音在混合声中处于支配地位。

如果调节 CROS 助听器的目的是使前方入射声波无论通过哪种路径都能以同样的强度到达耳道，那么靠近声源的一侧最有可能获得支配地位。也就是说，对于前方入射的声音，自由场输入的真耳助听增益（REAG）（通过卫星麦克风并经过放大器到达好耳耳道）应该等于好耳真耳未助听增益（REUG）。① 重新排列公式 4.9 能够计算出相应的耦合腔增益（CG）处方，并且使 REAG 等于 REUG：

CG=REUG−RECD−MLE− 通气孔效应 − 声孔效应

...17.1

其中，MLE 指的是麦克风位置效应，RECD 指的是真耳耦合腔差值。

图 17.2 显示了连接到开放式耳模（壳）的 BTE 和 ITE 助听器的 2-cc 耦合腔增益预设。这些值适合于一般成年人，用于等式 17.1 的数值是从表 4.3（RECD）、表 4.5（MLE）、表 4.6（REUG）和表 5.1（通气孔效应）中获得的。BTE 在低频区的耦合腔预设增益原则上与 ITE 的耦合腔预设增益不同，因为在 BTE 验配中有更多可以扩宽通气孔通道的空间。在高频区，差别部分来自不同的 MLE 值和两种助听器的不同 RECD 值，这也是由于它们是在不同类型的 2-cc 耦合腔中测量造成的（HA1 用于测量 ITE，HA2 用于测量 BTE）。

应当将哪些频率范围的声音从头部一侧传递到另一侧？500 Hz 以上的耳间强度差和 SNR 差会比较明显（请参阅第 15 章 15.3）。从这个角度看，至少应该将 500Hz 以上的声音传输到对侧。但另一方面，传输的频率下限越低，患者越可能会对助听器的内部噪声产生抱怨。如果应用方向性麦克风时，内部噪声特别有可能成为一个问题。在噪声环境中，内部噪声不是主要问题，因而将传输声音的频率范围

---

① 这一关于耦合腔增益预设的推论，其前提是假设验配到好耳的耳模足够开放，对 REUG 没有明显的影响。文本框中显示的真耳调节过程不需要有该假设。

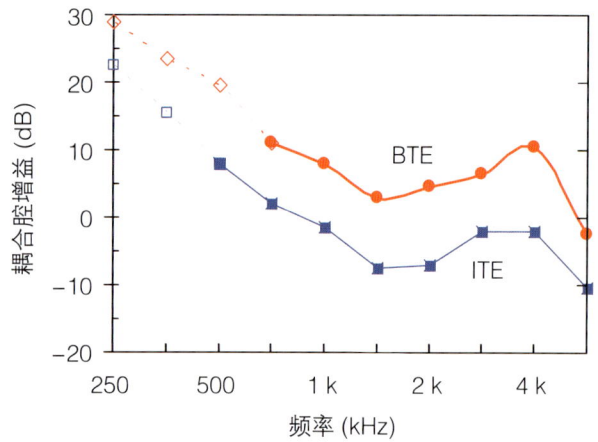

图 17.2 BTE 和 ITE 助听器的耦合腔增益预设,针对使用音量控制设置的 CROS 助听器。对 BTE 助听器,采取探针验配。对 ITE 助听器,采取 Janssen 验配。显示的增益适用于好耳没有明显听力损失的一般成年人。在低频的虚线不是应该达到的耦合腔增益预设,而是代表不应超过的上限。

降至 500Hz 效果更好。在安静环境中,只传输高于 1500Hz 的声音,效果会更好。因此,采用多程序助听器进行 CROS 验配可能最为理想,但此结论尚未得到充分证明。

图 17.2 显示的耦合腔预设增益为进行 CROS 助听器平衡验配提供了一个好的起点。但是,很遗憾,对于前方入射声,人们难以证实助听通道与未助听通道提供了相同的增益频率响应。问题在于虽然能单独测量未助听通道(通过关闭助听器),但是却不能单独测量助听通道,因为未助听通道总会同时存在。不过,通过测量头部两侧扬声器所在位置的两个通道的组合增益能间接地验证响应,正如文本框中所述。

17.1.2 双侧 CROS(BICROS)助听器

基本构想

如果好耳也有听力损失,无论要听到的声音来自头部哪一侧,患者都可能从放大声音中获益。能一直拾取到较清晰信号的唯一方法是将麦克风固定在头部的两侧。如果两侧的麦克风都能如图 17.4 所示,连接到相同的放大器和受话器上,就被称作双侧 CROS(*BICROS*)助听器。①

---

① BICROS 通常是双耳 CROS 的缩写,但是考虑与本书的术语一致,称作双侧 CROS 似乎更适合,因为只有一侧耳能听见放大的声音。

遗憾的是,远离信号一侧的麦克风总会将不太清晰的信号叠加到另一侧麦克风提供的较清晰的信号上,从而降低较清晰信号的清晰度。幸运的是,终会有一些净受益保留下来,因为两侧助听器提供的最终信噪比总是会好于处在头影一侧的单只麦克风提供的信噪比。

BICROS 系统也能有效处理来自聆听者正前方的信号。在这种情况下,信号会同时到达两个麦克风,两个麦克风的输出在放大前也会被同相叠加。来自其他方向的声音到达两个麦克风时会有不同程度的相位差。因此,他们的麦克风的输出不能完全有效叠加,甚至在遇到某些频率和方向的特殊组合时还会彼此完全抵消。遗憾的是,来自佩戴者正后方的声音也是同时到达麦克风,因此也会以最大增益放大。

BICROS 助听器整体上像一个(弱的)方向性麦克风。BTE BICROS 系统固定在头部时,其三维方向性指数(请参阅第 7 章 7.2.1)会从 500Hz 的 1.5dB 增加到 4kHz 的约 3dB。[312] 相应的二维方向性指数在 500Hz 为 2.4dB,在 4kHz 约为 3dB。当麦克风有自己的方向性功能时,将两个麦克风结合起来,产生的方向性更强。[1458]

BICROS 系统对抑制反馈只有少许帮助,因为总有一只麦克风会靠近接受放大声音的耳道(最大前方高频增益在引发反馈的条件下,可以高于传统助听器约 5dB,因为卫星麦克风会增加总的增益而没有增加反馈的危险)。

BICROS 助听器的适应证

如果患者的双侧听力损失不平衡,差耳的听力损失很严重,以至于不能从助听器中获益,或者放大差耳的声音会对言语识别造成不良影响(请参阅第 15 章 15.4.2),就可以使用 BICROS 助听器。这类患者以及 CROS 助听器的适用者也可以选择在差耳佩戴 BAHA(请参阅第 17 章 17.3)或植入耳蜗,如果该侧耳有耳鸣的话更应考虑使用 BAHA 或植入人工耳蜗。[63a, 1477a]

BICROS 助听器的验配过程

验配 BICROS 助听器是验配传统单侧助听器和验配 CROS 助听器的结合。假如卫星麦克风与助听器内的麦克风有相同的敏感度(通常情况下),那么无须听力师采取任何行动,头部两侧的敏感度就能达到平衡。

预设 BICROS 助听器增益频率响应的方法与预

调节和验证 CROS 的增益 – 频率响应

在 CROS 助听器已经预调节到接近图 17.2 给出的耦合腔响应后，可以应用如下介绍的真耳增益分析仪进行更准确的调节，如图 17.3 中所示。

步骤 1　好耳侧响应。 打开助听器，将扬声器放在好耳侧前方 45°的地方。在好耳侧耳道内测量响应。如果响应没有接近裸耳的真耳未助听响应，则耳模还要更加开放才能获得好的 CROS 验配。

步骤 2　差耳侧响应。 移动扬声器（或移动患者），使扬声器置于差耳侧前方 45°的地方。测量在好耳侧耳道内的响应。

步骤 3　调节助听器。 如果在步骤 2 测量的响应没有与步骤 1 中的测量匹配，调节助听器的增益和频率响应，并且重复步骤 2，直到差耳侧的响应与好耳侧的响应匹配。如果必须做大幅度调节，就要重新从步骤 1 开始，因为助听器的增益频率响应会影响好耳侧的响应，虽然比影响差耳侧的程度要小。给远离扬声器的一侧耳（包括助听器或卫星麦克风）戴上耳罩能够避免这种相互作用。

步骤 4　检查前方响应。 将扬声器放在患者的正前方，测量真耳助听增益，应该能获得一个平滑上升的响应，其低频增益为 0dB，在 2～4kHz 之间的最大增益为 10～20dB。如果在某一频率有明显的下降，那么有可能是放大通道与该频率直达声通道的相位不一致造成的。像这样的陷波，其位置和深度在助听器之间不尽相同，并且取决于音调控制的设置和受话器的极性。

注意：当完成这些测量时，要么将参考（控制）麦克风移到离扬声器最近的一侧头部，要么关闭。许多品牌的真耳增益分析仪都不会将参考麦克风放在探针麦克风对侧的头部，所以只有第二个选择是可能的。

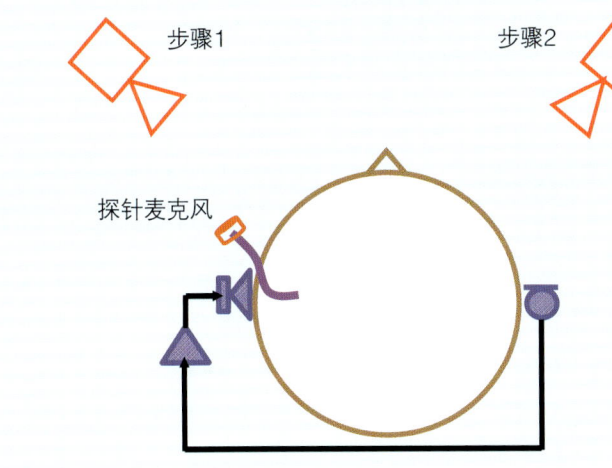

图 17.3　为了验证和调节 CROS 助听器的增益频率响应而建立的测试。显示了单个测试扬声器所处的两个不同位置。

设单侧助听器一样，可以利用好耳的听力损失作为预设的基础。无须考虑针对双耳聆听的预设。验证响应时应该将两个麦克风放置在适当的位置并将扬声器放置在患者的正前方。从各频率的综合情况看，BICROS 助听器对前方入射声的敏感度最大。对于其他声源方向，由于前面介绍的叠加和抵消效应，真耳增益会有明显的波峰和波谷。因此应该只在 0°角测量真耳增益，并且要特别注意在靠近患者的地方不要有反射面。如果上述条件不具备，那就需要断开卫星麦克风的连接进行响应验证。

17.1.3　立体声 CROS（CRIS-CROS）助听器

见诸报道的第三种类型的 CROS 助听器是**立体声 CROS**，如图 17.5 所示。这种装置被认为是两个分离的 CROS 助听器。左侧麦克风的反馈送到右侧的受话器，并且右侧的麦克风的反馈送到左侧的受话器。发明这个解决方案的目的是为了在双耳采用开放式验配时又能获得较高增益。因为头部将每一侧的麦克风与直接连接的受话器分开了，使得反馈变弱了，获得高增益也就可能了。遗憾的是，这个

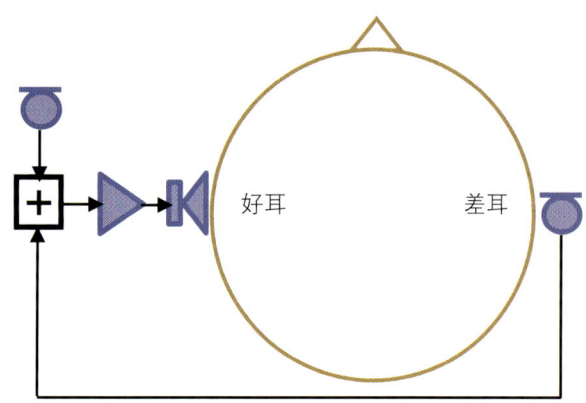

图 17.4　BICROS 助听器系统的方框图。

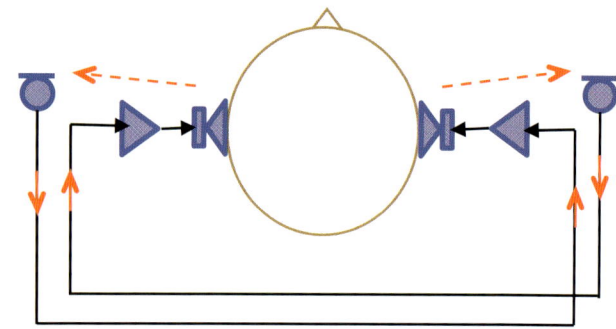

图 17.5　立体声 CROS 助听器的框图。红箭头显示组件周围的闭合路径。用虚线代表此路径的反馈漏声部分。

看似聪明的想法却忽视了一个关键问题：每个麦克风靠近连接着对侧麦克风的受话器，因此仍然有一个完整的反馈通道，此路径不涉及环绕头部的传播声音。图 17.5 的红箭头可以说明此问题。因此，立体声 CROS 没有优点，也不能使用。

17.1.4　经颅 CROS 助听器

经颅 CROS 助听器（*transcranial CROS*），也被称为**功率 CROS 或内部 CROS** 助听器，利用骨传导将声音从头部的一侧传输到另一侧。[1193, 1742, 1828] 这种装置是为一侧耳没有可利用听力，但是又必须听到该侧声音的患者设计的。将 ITE、ITC 或 CIC 助听器验配到失去功能的耳朵上，引起头部一侧的振动，再通过颅骨耦合到对侧的耳蜗。为了好耳能达到最高的感觉强度，要使用可选择类型中功率最高的助听器。振动可以经过两个路径进入颅骨：[708]

- 助听器受话器在差耳的剩余耳道容积中产生较强的 SPL，振动的气体引起颞骨内的振动。
- 助听器受话器振动助听器的外壳，再振动耳道壁。[536] 为了在好耳达到高感觉强度，应该将助听器放置得很深，使助听器与耳道骨部密切接触（请参阅第 5 章 5.1）。使用 CIC 助听器时可采取此方式。[89]

经颅 CROS 助听器的适应证

关于经颅 CROS 助听器的局限性及其验配方法目前还不十分清楚。如果好耳的感觉神经性听力损失太重，经颅 CROS 助听器验配将难以对好耳提供足够的刺激。而且，只有当经颅骨到达好耳侧耳蜗的声音强度比通过头部周围衍射到达好耳鼓膜的声音强度大时，经颅 CROS 才能明显地改善 SNR。有人宣称这些装置有助于改善定位感知，但是如果所有声音都是在单个耳蜗处理，我们就很难理解这一作用是怎样发生的了（请参阅第 15 章 15.1）。

由于助听器的振动是以一种几乎偶然的方式耦合到差侧耳耳道的，因此可以利用输出换能器，改善换能器的固定方法以及改进机壳的设计来更有效地产生振动，进一步改善经颅 CROS 助听器的性能。也可以参考 BAHA 的原理，以更可控的方式实现经颅刺激（请参阅第 17 章 17.3.3）。

经颅 CROS 助听器的验配过程

经颅 CROS 助听器与传统助听器一样，有相同的验配目标（即横向平衡敏感度），但是它们传递声音的方式不同。每一侧耳道都没有与验配目标有关的声压，所以不能用真耳增益分析仪验证验配。应该调节助听器使得来自差耳侧 45° 角的所有频率的声音与来自好耳侧 45° 角的一样响亮。

给扬声器对侧的耳朵和助听器戴上一个大耳罩可以改善经颅验配的准确性，但是这种方法没有被试验证实。戴上耳罩产生的额外隔离对于耳间强度差不够明显的中频最有价值。由于耳间强度差不明显，远侧耳的贡献仍会较大。若送达到每一侧耳的声音有相同的阈值也可以实现平衡，但是在这种情况下，就不能使用耳罩。①

---

① 乍一看，似乎是助听器内部噪声或外部噪声掩蔽了到达卫星麦克风的信号而使阈值失效。然而，如果从头颅每一侧入射的声音阈值是相同的，那么对于高强度声音的敏感度也会被平衡，不论这个阈值是绝对阈值还是被内部或背景噪声掩蔽的阈值。假如这是正确的，两个路径都会起作用，就没有必要使用耳罩。

17.2 骨导助听器

骨导助听器直接振动耳蜗内结构，而不用声音经过中耳传输。输出换能器是一个振子，被称为骨导体（请参阅第 2 章 2.11）。来自骨导体的振动必须有效地与颅骨耦合（并且经此到达耳蜗）。为了完成适当的耦合，骨导体通常固定在一侧的头带上，利用弹性张力将骨导体贴在头上。或者，骨导体也可被固定在眼镜式助听器的镜腿上，或被捆绑在弹性纤维头带或帽子里。除了输出换能器，助听器的剩余部分与传统助听器没有差异。助听器可以放在镜框内、BTE 壳内、其他能固定换能器的头带上的小盒内或盒式助听器内。注意本节讨论的是非植入式骨导助听器。植入装置将在 17.3 中探讨。

17.2.1 骨导助听器的应用

骨导助听器对四类人有用，他们几乎都是传导性或混合性听力损失者。

第一类人，因为健康原因，不能佩戴任何对外耳道有封闭作用的助听器。通常这种情况发生于封堵外耳道会引起或加重外耳道感染或助听器佩戴者有频繁的中耳感染并合并有鼓膜缺失或穿孔时。耳道闭塞会妨碍耳的干燥功能并加重感染。[1664] 使用骨导助听器不会阻塞耳道。对部分患者也可考虑使用有开放式耳模的 BTE，但使用这种开放式耳模可能难以达到足够的增益（请参阅第 5 章 5.3.1）。另外，对做过鼓室成型手术的患者也很难制取一个合适的耳模。[1511]

第二类人，包括患有先天性外耳畸形 [小耳畸形（microtia）]、外耳缺失 [无耳畸形（anotia）]、耳道缺失 [耳道闭锁（atresia）]、耳道过度狭窄 [外耳道狭窄（external auditory canal stenosis）] 或中耳畸形的患者。对于这类患者，颅骨振动可能是将声音传到耳蜗的唯一途径。多数患者的耳道闭锁只发生在一侧耳。[390]

第三类人是由于各种原因而患有严重传导性听力损失的患者。因为颅骨的振动不能以常规的方式通过中耳系统到达耳蜗，因此使用可以强力刺激耳蜗的骨导助听器比气导助听器效果更好（见下一节）。

第四类人为单侧感音神经性听力损失者，在有关骨导的文献里，被称为单侧感音神经性耳聋（single-sided sensorineural deafness，SSD）。这个名词意味着患者受损耳的听力损失程度达到了重度或极重度。对于这一类人，戴在差耳侧的骨导助听器所起的作用就像经颅 CROS 助听器，可参见 17.1.4。

对前三类人能进行单侧或双侧验配。双侧验配有两个优点。第一，正如使用气导助听器，头颅的每一侧有麦克风，所以可以充分利用头部衍射造成的 SNR 优势。第二，可以利用双侧定位的线索。虽然听力师在培训期间学到的是当骨导振子在一侧刺激时，从头颅一侧到另一侧的耳间衰减（inter-aural attenuation），被称为经颅衰减（trans-cranial attenuation），会非常小，但是当患者戴上双侧骨导助听器时，可以有足够的衰减帮助其进行水平面上的定位。[1103]

17.2.2 骨导助听器的输出能力

因为骨导助听器输出的是机械振动，不是声波，因此只能用测量振动（IEC 373，ANSIS 3.13）的设备对其进行电声测量。而且，骨导助听器引起的振动量取决于支撑它们的表面物的特性。因此，只有将其耦合到机械耦合腔（mechanical coupler）时（提供与颅骨相当的机械阻抗）才能进行测量。这种机械耦合腔装有能测量作用力的换能器。这种机械耦合腔常常被称为人工乳突（artificial mastoid），但它实际上模拟的是颅骨其他位置（并非乳突）的阻抗。

振动以力的形式（牛顿或 μN）表示，这个力由振子施加于人工乳突内代表颅骨的物体上。振动力可用相对于 1 μN 的参考作用力（reference force）的分贝数来表达。其结果等于 20 乘以实际作用力除以参考作用力的对数，称为输出力级（output force level），以 dB 表示。因为骨导助听器的输入量（声压）不同于输出量（力），所以不适于讨论骨导助听器的增益。我们可以用声机械敏感度级（acousto-mechanical sensitivity level）替代增益。虽然，名字很长，其实计算很简单，就是用输出力级减去输入 SPL，可以直接对应增益。它是输出力除以输入声压后的分贝等价物。

表 17.1 显示了典型的高功率 BTE 骨导助听器在不同频率产生的最大输出力级（OFL90）。此表也显示了当一个信号在健听人的阈值上在乳突处产生振动时，在人工乳突上测量同样信号所得到的力级（ISO 389-3）。表的最后一行显示对没有听力损失的人，骨导助听器所引起的感觉强度。当然，对于有感音神经性听力损失的患者，他们感受到的感觉强度会低于表 17.1 最后一行的感觉强度。

这里的感觉强度与用气导助听器得出的感觉强

度是什么关系？答案取决于传导性听力损失的大小。表 17.2 也显示了最大声学强度，与表 17.1 应用的助听器类型相同，但是助听器驱动的是受话器（在 BTE 机壳内），不是骨传导器。用 OPSL90 减去用 2-cc 耦合腔（ISO 389-2）表示的正常听阈可以得到第 2 行所示结果。针对健听人的最大感觉强度显示在第 3 行。当然，针对传导性听力损失者的感觉强度取决于听力损失的程度。表中第 4 行显示了一个严重的传导性听力损失的例子，最后一行显示了在这种听力损失下，通过气导得出的最大感觉强度。

与表 17.1 最后一行的值比较，我们可以看出骨导可以为 500Hz 以上的频率提供较高的感觉强度，而气导在 250Hz 提供了较高的感觉强度。当然，这个结论直接取决于传导性听力损失的程度。因为传导性听力损失变小了，气导助听器提供的感觉强度就会增加。对 40dB 或更低的传导性听力损失，该助听器作为气导助听器时，可以在所有频率上比作为骨导助听器提供更多的刺激。

基于这个例子，除非患者有接近 50dB 或更高的传导性听力损失成分，否则，人们不会单纯为了使耳蜗输入最大化而选择骨导助听器（非植入）。

感音神经性听力损失的程度不会影响气导和骨导助听器的相对有效性，但是所采用的受话器和骨传导器会对此有些影响。针对大功率盒式骨导助听器的反复计算表明，对于 45dB 或更轻的传导性听力损失，气导模式在 250Hz 至 6kHz 间，比骨导模式提供的刺激更大。

这些例子也表明针对较严重的传导性听力损失者，使用不同的输出换能器都难以获得高感觉强度，特别是对于低频的声音。如果患者同时也有感音神经性听力损失，那这一问题就会更明显。

表 17.1 高功率 BTE 式骨导助听器的 OFL90，乳突位置的 RETFL（ISO 389-3）以及针对有正常骨导阈值的人的最大感觉强度（即没有感音神经性听力损失）。ANSI S3.26 给出的 RETFL 值非常相似。

	频率（Hz）				
	250	500	1000	2000	4000
OFL90 （dB 相对于 1μN）	107	122	122	119	104
RETFL （dB 相对于 1μN）	67	58	42	31	35
感觉强度（dB）	40	64	80	88	69

表 17.2 前三行显示的是一个气导助听器的 OSPL90，在 2cc 耦合腔内的 RETSPL（ISO 389-2）以及健听人用助听器可获得的感觉强度。最后一行显示了第 4 行中传导性听力损失的患者可达到的感觉强度。

	频率（Hz）				
	250	500	1000	2000	4000
OSPL90 （dB SPL，2cc）	128	130	137	132	127
RETSPL （dB SPL，2cc）	14	5	0	3	5
正常听力感觉强度	114	125	137	129	122
传导性听力损失 （dB HL）	60	60	60	60	60
最大传导性听力 损失感觉强度 （dB）	54	65	77	69	62

17.2.3 预设、调节和验证骨导助听器的电声特性

很少有听力师能使用人工乳突。因此，听力师应先依据说明书，然后，再根据助听听阈的测量或使用其他主观技术进行骨导助听器的选择和调试。

针对气导助听器进行电声特性预设的方法在第 10 章中有过介绍。这一节将介绍怎样将这些预设转换成骨导助听器的预设。假设已经应用一些预设方法针对混合性或传导性听力损失（即在骨导阈值基础上）的感音神经性成分，推算出了目标插入增益（IG），但是我们希望的是验配骨导助听器而不是气导助听器。可用 17.2 公式计算出与气导助听器提供同样感觉强度时所需的声机械敏感度级（A）。

$$A = IG + (RETFL - MAF)$$
...17.2

RETEL 指的是针对人工乳突得到的参考等效阈值力级（请参阅表 17.1）。MAF 指的是正常听力的最小可听场（ISO 226）。17.2 等式中的每个量可能在不同频率上都有所不同。等式很容易理解：骨导助听器声机械敏感度与插入增益的数量差异对健听人来说，必须与阈值上的力级超过声压级的程度相当。因为骨传导通道绕过了中耳，所以，不用考虑听力损失中的气传导成分。针对耳硬化症，在预设之前，应将卡哈（Carhart）修正值应用到骨导阈值中（请参阅第 10 章 10.5）。

听力师也可从真耳助听增益预设而不是从针对感音神经性听力损失成分的插入增益入手。需要的声机械敏感度级（A）可以通过等式 17.3 计算：

$$A = REAG + (RETFL - MAP) \quad \ldots 17.3$$

MAP 指的是平均耳道针对气导声音，在正常听阈处的最小可听压。

通过一个模拟等式可以预设骨导助听器的最大输出（OFL90），对于同等程度的感音神经性听力损失，其声传导助听器的最大输出是 OSPL90：

$$OFL90 = OSPL90 + (RETFL - RETSPL) \quad \ldots 17.4$$

RETSPL 指的是在 2cc 耦合腔（见表 17.2）内的参考等效阈值 SPL（对健听人）。表 17.3 给出了等式 17.2 ~ 17.4 中各变量的值。

骨导助听器预设示例

假设受试者的听力图如表 17.4 前两行所示，需要使用 NAL-NL2 公式对骨导助听器的增益进行预设（请参阅第 10 章 10.2.2），使用 NAL-SSPL 公式对 OSPL90 进行预设（请参阅第 10 章 10.7.3）。注意，第 3 行的 IG 和第 6 行的 OSPL90 只是针对听力损失的感音神经性部分进行的预设。如果用这张表构建工作单或试算表，那第 4 行和第 7 行的修正值对所有患者都是相同的。第 5 行显示的声机械敏感度级等于第 3 行加上第 4 行。类似的，OFL90 等于第 6 行加上第 7 行。

表 17.3 MAF 值（ISO 226）、MAP（通过表 4.6 中 MAF 加上 REUG 计算出来的）、RETFL-MAF、RETFL-MAP 和 RETFL-RETSPL。可以应用相应的 ANSI 标准进行相同的计算。

	频率（Hz）				
	250	500	1000	2000	4000
MAF（dB, SPL）	11	6	5	0	−4
MAP（dB, SPL）	12	8	8	12	10
RETFL-MAF（dB）	56	52	37	30	39
RETFL-MAP（dB）	55	50	35	19	25
RETFL-RETSPL（dB）	53	52	42	28	30

注意 OFL90 的预设值远高于高功率 BTE 助听器能得到的 OFL90 值（如表 17.1）。同时也要注意在该例中，听力损失的感音神经性部分特别轻。因此，可以将骨导助听器的最大输出控制按常规调节为最大量，而不是进行个体化预设。对最大输出是否合适应该进行主观评估（请参阅第 11 章 11.7），但是评估最大输出是否过大根本没有意义，因为骨导助听器的输出永远也不会引起响度不适。

应当将等式 17.2 或 17.3 所定义的并且在表 17.4 说明的增益频率响应选择方法应用于所有使用骨导助听器的患者。应将声机械敏感度级的目标值与助听器的说明书比较，从中可以推断出适当的音调控制和增益设置。人们鼓励厂家标明助听器程序的设置方法，以获得表 17.4 第 4 行所示的声机械敏感度。然后，可以根据患者听力损失中的感音神经性成分所需的插入增益值来适当调节控制以提高增益。应用的压缩程度要不低于该听力损失程度常用的压缩。①

应用本章介绍的预设方法和感觉强度计算方法要注意中耳功能问题。下面介绍的中耳功能问题会使气导和骨导声之间的关系与本章假设的有所不同，因此也会改变最适合患者的预设。

- 假设人们已经知道听力损失中的传导性和感音神经性成分的多少。虽然可以基于气导和骨导阈值确定这些成分的多少，但是中耳疾患可能提升或抑制骨导阈值。[466] 耳硬化症听力损失中的卡哈切迹（请参阅第 10 章 10.5）是一个例子，但是影响方向不同的其他效应还会发生在其他类型的传导性听力损失上。[466]

- 来自气导助听器的高强度声音通过中耳时会被镫骨肌反射衰减。预设程序根据受平均不适强度影响的程度，可以说明镫骨肌反射造成的衰减。然而，对于传导性听力损失，镫骨肌反射一般来说不会影响中耳的功能。[1351] 而且，如果存在反射，它可能会增加对骨传导声音的敏感度。[256] 在实践中，任何声反射都可能不起作用，因为他们不可能改变这样一个结论：骨导助听器的最大输出应该尽可能达到技术上的最大值。

---

① 设备难以达到预设的 OFL90 意味着当输入强度低于气导助听器的一般输入时，骨导助听器就可能会达到它的最大输出。应用高于平常压缩比的 WDRC 能够减少限制程度。

表17.4 针对气导和骨导阈值已知的人（显示在前两行），骨导助听器预设的计算。如果气导助听器只是用于感音神经性听力损失成分，插入增益（对输入65dB SPL 输入强度）和OSPL90预设显示在第3行和第6行。列在第4行和第7行的修正值，用于根据等式17.2和17.4把预设转换为骨导预设。

		频率（Hz）			
	250	500	1000	2000	4000
1 AC（dB HL）	60	60	70	80	80
2 BC（dB HL）	10	10	20	30	30
3 感音神经性听力损失的插入增益（dB）	0	0	1	7	9
4 RETFL-MAF（dB）	56	52	37	30	39
5 声机械敏感度级（dB）	56	52	38	37	48
6 感音神经性听力损失 OSPL90（dB SPL）	98	92	94	100	105
7 RETFL-RESPL（dB）	53	52	42	28	30
8 OFL90（dB 相对于1μN）	151	144	136	128	135

如何评价骨导助听器的电声学性能是否合适？当然，我们不能像测量声学助听器一样，直接测量插入增益。

一种选择性是测量助听声场的阈值。虽然这种测试能够确切地指出助听器佩戴者能听到的最小声音，但是并不能给出可达到的感觉强度。如果验配软件能帮助听力师确定患者刚能听到声音时的输出强度，厂家很容易在验配软件中显示这一参数。

可采用第12章介绍的方法进行主观验证。

用盒式助听器的按钮式耳机暂时代替骨导振子，并放在2cc耦合腔中测量输出，将测量结果与用同样方式测量的骨导助听器的结果进行比较，可以进行助听器电子元件（但不是骨导振动换能器）的校验。在验配时，可进行这一测量，并且储存下结果，在助听器出现问题后，可再次进行测量，并与验配时的测量结果相比较。

17.2.4 骨导助听器的缺点

骨导助听器与气导助听器相比有几方面缺点。

- 换能器必须紧贴在头部，贴住的力量不能小于振子振动时离开的力量（否则，当振子工作时，会反弹离开头部）。持续应用传统骨导振子会引起皮肤变硬，在皮肤上形成永久性凹陷和疼痛。出现这种情况的原因是振子与皮肤接触的面积太小，导致施加的压力超过皮肤内毛细血管的血压，造成了毛细血管的塌陷，使振子下方维持正常健康皮肤血液供应的组织丧失了活力。[1474] 幸运的是，接触面积较大的骨导振子很快就会出现，将克服这个问题。新的装置还会减少失真并且有比传统振子稍高的输出和带宽。
- 骨导振子偏大，固定方法不够细致。
- 骨传导声音的耳间衰减比气导声音小很多。因此，虽然可能在头的两侧拾取不同的信号，但是不可能把它们独立传到各自的耳蜗。虽然双耳差异很小，但是依然足以完成定位，并且仍然可以利用头部衍射造成的耳间信噪比差。[159]
- 难以测量助听器的电声学输出（无人工乳突），相对于检查气导助听器，检查骨导助听器更困难。
- 现有的助听器和换能器之间的电缆和插头不可靠。
- 皮肤的衰减与换能器的限制使骨导助听器很难获得适当的低频和很高的高频响应。正如我们所见，骨导助听器的最大输出远远低于相同频率上和所有频率上的最优值。
- 换能器和头带容易分离。

尽管目前设计有相当多的局限，骨导助听器针对部分听力损失者仍比气导助听器有一定优势，而且新的设计正在减少现有的缺点。下节介绍的骨锚式助听器将克服前述最后三个缺点，并能部分克服第一个缺点。

17.3 骨锚式助听器

骨锚式助听器（*bone-anchored hearing aid*，*BAHA*）避免了骨导助听器的许多缺点。像骨导助听器一样，BAHA 也是输出机械振动，不过，是通过一个嵌入乳突的钛螺钉将振动传输到颅骨。[1784] 因为螺钉是钛的，周围的骨组织可以与螺钉融合（即连在一起）。最常使用的是头戴式 BAHA，麦克风、放大器和振子被放在一个组件内。这个组件被连接到钛螺钉上，拧紧固定，如图17.6 显示。这个装置直接连接到颅骨上，称为**经皮耦合**（*percutaneous coupling*）。在功率更大的体佩式 BAHA 中，只有振子固定在头上。

BAHA 通过机械装置直接连接颅骨，可以避免皮肤受压，能够更有效、舒服地传输振动。[669] 应用传统的骨导助听器时，换能器的大部分振动运动被皮肤和皮下软组织吸收。[671] 因此，对于频率高于600Hz 的声音，BAHA 能够提供比紧贴皮肤的振子高出约 10～15dB 的更强的颅骨刺激。[158, 670]

BAHA 手术相对较小，在门诊通过局部麻醉就可完成。[263] 在许多国家，针对需要永久佩戴骨导助听器的患者，BAHA 已经代替了传统的骨导助听器。佩戴 BAHA 的身体舒适感好，几乎看不见，并且有较大的输出强度，因此它与传统骨导助听器相比有较好的性能。[672, 1662] 毫无疑问，无论 BAHA 提供的言语分辨能力是否优于骨导助听器，患者都更喜欢使用 BAHA 而不是传统骨导助听器。[150, 194, 672, 1663, 1669]

BAHA 相对于气导助听器的有效性要视情况而定。[1666] 患者的传导性听力损失越重，BAHA 相对于气导助听器越有效。[1294] 当听力损失中的传导成分（即气-骨导差）大于 30～35dB 时，BAHA 会提供比气导助听器更好的感觉强度，因此有更好的性能。[412, 556, 1666, 1708]

耳部易感染的患者也偏爱 BAHA，因为可以避免使用耳模。能减少耳部感染对这些患者来说是最大的益处。[1294]

对骨导阈值（在 500Hz、1000Hz、2000Hz 和 3000Hz 的平均值）高达 45dB HL 的患者，使用头戴式 BAHA；对于高达 60dB HL 的患者，使用最大功率的体佩式，都能获得较满意的刺激强度。[13, 158, 160, 1666] 上述"限定"并不绝对。好耳的感音神经性听力损失程度越小，BAHA 越有效。[488] 好耳的骨导阈值越好，助听后的助听阈值会越好，BAHA 提供的感觉强度也越大。[1407] 因而，在安静条件下的言语可懂度，尤其是针对轻微言语的言语可懂度也会越大。[1407]

针对特定的患者，无须植入就能测试 BAHA 是否有效。其中一种方法是，将一个测试棒临时附着在 BAHA 换能器上，再让患者用上下齿咬紧测试棒（嘴唇闭紧防止反馈），以此避免经皮肤传导导致的损失。用永久性螺钉将 BAHA 耦合到颅骨上比通过牙齿耦合更有效，对高频信号的效果还会更好。将测试棒紧贴乳突或额骨使用会更方便，但是效率会降低。一种方便的临时验配方法是像使用传统骨导助听器一样，用钢制头带将 BAHA 紧贴头部一侧。这种传统的方法被称为**经皮**（*transcutaneous*）刺激。可以推荐患者在术前几周试用这一装置，以确保他们对于术后效果有一个合理的期望值。① [1666] 另一种临时解决方案是用一个软的弹性发带将 BAHA 固定在头部适当位置。这种方案适合需要长时间使用，但因年龄太小不能接受骨上移植的儿童。使用任何一种临时发带，BAHA 能提供的都是与传统骨导助听器（当使用这一型号的助听器）一样的刺激强度，[753] 比真正植入后的刺激强度要低。[670, 1855] 因为临时佩戴时，BAHA 的表面区域要大于传统的骨导助听器，佩戴起来会更舒适。

BAHA 的适应证与 17.2.1 中介绍的非植入式骨导助听器一样。下面几节将讨论一下 BAHA 对三类重要患者的益处。我们将会看到，主观报告的益处常会超过客观测量的结果。虽然前两节主要讨论传导性听力损失，但是好耳侧的耳蜗也可能存在一定的感音神经性听力损失。

骨锚式助听器现在不止一家公司在生产，"Baha"只是一家公司的商标。常用术语可以是**骨锚植入**（*bone-anchored implant*）和**骨融合听觉植入**

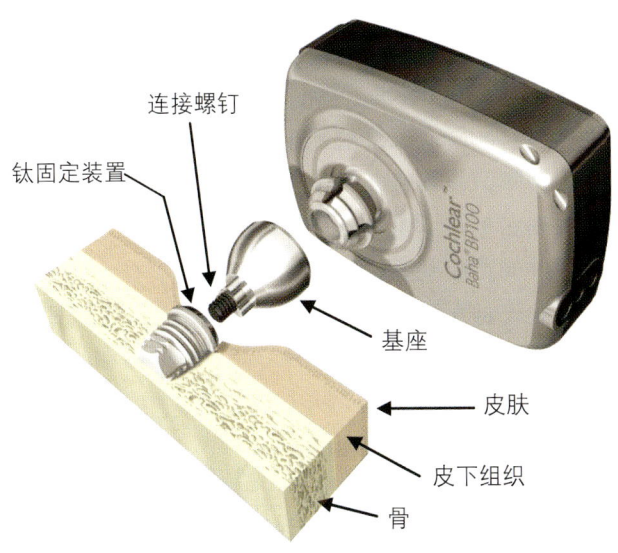

图 17.6 骨锚式助听器，通过皮肤直接连接到骨头。该图的使用许可来自人工耳蜗骨锚式解决方案。

---

① 助听后的表现实际上会比较好，因为与头骨连接越直接，感觉强度越高。

(*osseointegrated auditory implant*)。① 本书内容主要基于有关 BAHA 的研究，所以行文中我们还是使用了"BAHA"一词，但是本书讨论的原则也适用于其他穿过皮肤将振动传输到颅骨的助听器。其中大多数原则也适用于贴在皮肤外的传统骨导助听器，只是可获得的感觉强度和佩戴舒适度会较低。

还有一种新的可以作为永久性解决方案的装置是通过牙齿将振动传输到颅骨的助听器（不同于测试时使用的临时装置）。[1447] 放在口腔内的振子能够接收位于耳道的麦克风的信号，这意味着它也能接受耳郭提供的声音定位线索。它的另一个优点是无须手术。

17.3.1 针对单侧传导性或混合性听力损失的 BAHA

有关单侧传导性或混合性听力损失者使用单侧 BAHA 的有效性的研究显示，根据门诊患者表现得出的评定结果并不一致，但患者自我报告的在现实生活中使用的效果比较一致。下面是相关研究的情况。

- BAHA 的定位效果比单侧听力损失者未助听时稍好[754, 1665]或没有差别。[1463]（后者的结果不足为奇，因为 BAHA 刺激了两侧的耳蜗，所以仍然没有帮助定位的耳间线索。）
- 当差耳侧（助听耳）SNR 较高时，使用 BAHA 的言语可懂度可能比未助听时好；[488, 754] 当两侧 SNR 一样时，与未助听时没有区别。[488] 令人欣慰的是，即使噪声出现在助听侧时，BAHA 也很少使言语可懂度明显变差。[488]
- 大多数佩戴者在大部分清醒状态下都会使用 BAHA，所以可以推断，患者从 BAHA 获益的方式并未在门诊测量中得到体现。
- 大多数佩戴者自我报告 BAHA 很有帮助，[488, 754, 1170, 1463, 1900, 1901] 能改善他们的生活质量。[64, 499]

因为使用 BAHA 的效果一定会同时受到听力损失中传导性和感音神经性成分的影响，所以，在不同的研究中存在不同结论并不奇怪。随着传导性听力损失程度（即气-骨导差）的增加，未助听耳聆听的困难必定增加，但是 BAHA 对耳蜗的刺激几乎不受影响②。相反，随着感音神经性听力损失程度增加，BAHA 提供的感觉强度会减小。因此，BAHA 的效果一定会伴随传导性听力损失程度的增加而增加，并会伴随感音神经性听力损失程度的增加而减少。使用 BAHA 的效果还涉及听力损失是先天的还是后天的。先天性单侧传导性听力损失者如果植入时间较晚，可能就难以建立对定位能力和双耳掩蔽释放非常重要的双耳处理机制。[1665]

17.3.2 针对双耳传导性或混合性听力损失的双侧 BAHA

双耳传导性或混合性听力损失者可以从双侧 BAHA 中受益。虽然每个 BAHA 传输的振动都会到达双侧耳蜗，但是与 BAHA 同侧的耳蜗能比对侧耳蜗接受更强的刺激，并且接收到刺激的时间早约 200 μs。[1707] 同侧耳蜗接收到的刺激超过对侧耳蜗的量，即经颅衰减的量，随频率增高而增大，在高频区的平均值约为 10dB，但是这个值在个体间的变化很大。[162, 1346, 1707] 因此，双侧 BAHA 能提供一定程度的双耳分听刺激。但其生成的耳间差线索不如正常人或者气导助听器明显，因为声音在空气中的传导存在明显的交叉刺激。

尽管如此，双侧 BAHA 产生的双耳线索足以改善相对于单侧 BAHA 的定位能力。[159, 1464, 1661, 1839]

当单侧助听条件下未助听耳的 SNR 高于助听耳的 SNR 时，使用双侧 BAHA 能提供比单侧 BAHA 更好的噪声中的言语可懂度。[159, 497, 1661, 1839] 实际上，双侧 BAHA 可以确保在头部一侧比另一侧有较高的 SNR 时，患者不用仅依赖来自头部一侧的较低的 SNR 信号。

除了使佩戴者可以利用头部衍射的作用，双耳线索还足以产生双耳静噪。这一点从双侧 BAHA 能对低频声产生一个明显的双耳掩蔽强度差（请参阅第 15 章 15.2.2）中得到证实。[159]

使用双侧 BAHA 还比单侧 BAHA 有较低的（较好的）安静环境下的言语接收阈。[159, 1464, 1661, 1839] 这可能部分是因为每侧耳蜗都会收到两个 BAHA 的刺激，[1707] 部分是因为可以受益于双耳冗余的中枢机制，也称为双耳总和（请参阅第 15 章 15.3.1）。

---

① 这些术语，和"Baha"一样，但不包括首字母缩写词 BAHA，有助于区分非植入助听器和植入式骨振动装置，这在一些国家的医疗补偿中是很重要的信息。

② 这是近似值，因为传向耳蜗的振动量会受到中耳系统的机械阻力的影响，正如从耳蜗往外看一样，这个量会受到不同的传导性异常的影响。

基于上述几个优点，不难发现使用双侧 BAHA 的生活质量得分高于单侧 BAHA，尽管差异不大。[742] 针对双侧传导性听力损失者，无论言语和噪声的位置怎样，使用单侧 BAHA 也会比不使用时有明显的好处。[488]

17.3.3　针对单侧感音神经性听力损失的 BAHA

对于单侧聋的人（SSD），即单侧感音神经性听力损失的患者，可以将 BAHA 固定在头部患耳侧以便通过颅骨将振动传输到对侧耳蜗（请参阅本章 17.1.4）。目的是当装有 BAHA 的一侧头部有较好的 SNR 时，BAHA 能将这个较高质量的信号传递到有功能（或更好功能）的那一侧耳蜗。

因此，BAHA 对言语可懂度的影响会随着目标信号与竞争性信号到达方向的变化而发生较大变化。当头部衍射使患耳侧 SNR 较好时，BAHA 会增加言语可懂度，[488, 750, 751, 1067, 1947] 但这与言语和噪声源的准确位置有关，而且效果可能很不明显，以致难以测出。[162] 当声源距离明显大于室内临界距离（请参阅第 3 章 3.4）时，头部两侧的 SNR 是相同的，BAHA 不会提供任何益处。

相反，当好耳侧 SNR 较好时，BAHA 会减小言语可懂度，因为 BAHA 传输到正常耳蜗的信号不如耳蜗直接接收的信号清晰。[488, 750, 1067] 因此，患者使用 BAHA 的净受益取决于某些情形下的优点大小与另外一些情况下缺点大小的对比关系。根据在门诊的客观测量，BAHA 的优点和缺点似乎是相等的，在各种条件下总起来看，并未带来 SNR 的净收益。

然而，在现实生活中，佩戴者的感受却不是没有收益。[488, 750, 1067, 1947] 可能的原因是 BAHA 能有效改善最差的情况——言语出现在差耳侧而噪声出现在好耳侧。虽然 BAHA 也使最有利的情况（言语在好耳侧而噪声在差耳侧）在助听后变得困难了，但是此时，患者仍可较轻松地进行沟通。

患者自我报告的受益情况较好也可能是调查对象的选择偏差造成的。针对一组借助头带临时使用 BAHA 的患者的研究显示，后来选择使用 BAHA 的 63% 的患者报告在现实生活中受益明显。其余 37% 的人反映 BAHA 对他们的沟通能力没有任何改变。[963] 幸运的是，植入头部的 BAHA 改善噪声中言语可懂度的效果可以通过在植入前使用更大功率的体佩式 BAHA 进行相同的测量来很好地预测。[1659] 当用头带固定在皮肤外时，体佩式 BAHA 的较大输出功率可以补偿振动强度的损失。

SSD 患者使用助听器的唯一原因是获得头部衍射的益处，并且这种益处在高频区更加明显。将频率低于 1500Hz 的信号，也就是头部衍射效应微弱的信号进行衰减，仍会保留 BAHA 在利用头部衍射方面的大多数益处，并会减少当未助听侧 SNR 更高时 BAHA 所造成的一些缺点。[1406]

要注意单个 BAHA 不能改善 SSD 患者的定位功能。[488, 750, 963, 1067] 尽管头部两侧的声音都会被拾取，但所有声音仍然只能由单个耳蜗感受，因此没有可利用的双耳线索帮助定位。实际上，使用单个 BAHA 时，头部运动会对察觉的强度和频谱形态产生轻微影响，所以有 BAHA 时的定位能力也许比不用它时更差，特别是当患者第一次用 BAHA 听到声音，患者对新的单耳频谱定位线索不熟悉时。

BAHA 为 SSD 患者提供的帮助比为单侧或双侧传导性听力损失者提供的要少。[488, 1170] 后两类患者获得益处较多是因为 BAHA 能使他们感知到头部两侧的声音。只有两侧耳蜗都有功能的患者才能够在两侧耳蜗听见声音，使双耳处理机制发挥作用，而 SSD 患者的双耳机制并不存在。但 SSD 患者确实也在持续使用 BAHA 并在术后一年或更长的时间报告使用 BAHA 能够受益。[751] 虽然背后的原因不能从客观数据中得出明确结论，但是给这类患者植入 BAHA 正在成为一种常规选择。

17.3.4　使用 BAHA 的并发症

使用 BAHA 后出现并发症的概率极低，通常与穿透皮肤有关。[1449] 并发症包括基座周围的感染和炎症以及骨融合失败。这两类问题的发生率似乎随着新设计的出现正在减少。[490]

指导患者或看护者经常小心地清洁皮肤和基座非常重要。同样也要注意告诉患者避免 BAHA 受到冲击。个别情况下，儿童的固定装置会被创伤破坏。限制 BAHA 在儿童中应用的主要因素是骨的厚度和成分，儿童到了 3 岁才适合植入 BAHA。[1666]

17.4　中耳植入式助听器

可以替代气导或骨导助听器的另一种产品是<u>中耳植入式助听器（*middle-ear implant hearing aids*）</u>。这类装置将机械振动直接作用到中耳系统或圆窗，不需要来自助听器的声学输出，因而，不需要耳模。中耳植入可以完全没有外部元件，也可仅植入输出换能器，而将麦克风、电池、放大器和传输装置等戴在体外，不植入。

如果不植入麦克风和电池，那么信号必须以某些方式从外部系统传输到振动换能器。最常见的方式是通过内外线圈的感应（就像在耳蜗植入）将放大信号透过皮肤传递到内部线圈，再传递给内部刺激器。还有的系统利用皮肤外的线圈在中耳内产生一个波动的磁场，直接作用于植入的磁铁上。

完全植入的助听器需要同时植入电池，以目前的技术，必须每3～10年更换1次。

17.4.1 输出换能器

中耳植入使用的是电磁式或压电式输出换能器，也叫**刺激器**（*stimulators*）。它主要通过四种方式引起中耳系统或耳蜗的振动。

漂浮式电磁换能器

研究最多、临床应用也最广的换能器是一个电磁装置，它与骨导体一样，根据相同的惯性原理工作，但会通过更直接和敏感的声音通道传输振动。**漂浮－块换能器**（*floating-mass transducer*）包括一个线圈，其中有一块磁铁松弛地悬浮着，当交流电通过线圈时，磁铁和线圈会做相互运动。因为磁铁相对线圈的质量明显较大，它的惯性会限制其运动，所以磁铁和线圈之间的惯性力会造成线圈的振动。

如果线圈附着在一块中耳听小骨上或圆窗上，振动将被传输到耳蜗。最初的和最常用的固定方式是把线圈夹到砧骨的长突上。[1785] 对于听骨链不完整的患者，可以将换能器放在圆窗龛上（扩大后）以便线圈能贴在圆窗上。[315, 896, 1735] 还有一种选择是，把线圈夹在镫骨上或压在镫骨底板上（即驱动卵圆窗）。[374, 569, 786]

虽然磁铁相对线圈有较大的质量，但是它们结合在一起的总质量只有25 mg，这个质量非常小，在没有被电驱动时，附着在砧骨上的整个换能器通常只对听阈产生很小的影响。[566, 1081, 1566, 1670, 1719, 1860] 根据相关研究，这种影响只会造成听阈出现平均5dB的变化，手术情况也会影响到振幅的变化。在尸体上的测量表明这种影响只限定在高频，这符合增加质量后的预期。[1308]

漂浮－块换能器也被称为**振动听小骨假体**（*vibrating ossicular prosthesis*，*VORP*）。

分离式电磁换能器

分离式电磁换能器包括一个小的永久性磁铁，可以在由线圈产生的磁场中振动，但却与线圈或其他植入部分在物理上分离。当电流通过线圈时，磁铁会按照通过线圈的电流总量的变化，产生成比例的振动。这与助听器的扬声器和受话器有相同的工作原理（请参阅第2章2.6），只是在中耳植入的换能器中，运动的是磁铁，而不是线圈。

大多数的中耳植入系统都会将磁铁牢固地附着在听骨链的某点上，将振动从磁铁直接传输到中耳系统。磁铁的固定点包括鼓膜、[853] 砧骨、[567, 1130, 1785] 砧镫关节[768, 770] 和圆窗。[1682] 驱动磁铁的线圈可以放在耳外的助听器机身内或者定制耳壳内[770, 853, 1682]，也可放在中耳腔内。[1130]

骨锚式电磁换能器

在骨锚式电磁换能器中，要将永久磁铁或线圈附着在中耳腔周围的骨上，将其他元件附着在听骨链的某点上。磁铁和线圈之间的振动力被直接传递到听骨链。[118a] 在耳内的刺激器部分，是将换能器固定在乳突腔内，再通过连接环将振动传输到听骨链。最初，连线是插在用激光在砧骨上制作的切口中，[854] 但是也可耦合到圆窗上。[1035] 当装置不工作时，这种耦合对听阈的影响非常小。[806, 1145]

骨锚式压电换能器

压电式换能器基于一种陶瓷材料，当有电压时，这种材料会改变形状。换能器的一端固定在中耳腔周围的骨上，游离端连接到听骨链上，以此将声音振动传输到耳蜗。有一款产品，其游离端被连接在砧骨与镫骨间的一个薄板上，即插入到了砧镫关节中。[487] 还有一款产品，通过一个尾部有囊的充满水的软管将振动耦合到听骨链上。[787] 压电式换能器有较宽的频率响应。

所有的刺激器必须应对听骨链因大气压相对静态中耳压力（相反也一样）变化而引起的运动。这些压力变化引起的运动会比中耳声音传导引起的振动多出许多数量级。对于漂浮－块换能器（因为只有单一的附着点）或分离式电磁换能器（因为线圈和磁铁附着在耳的不同结构上，并且在它们之间没有硬连接）没有限制，但对于骨锚式换能器，在设计中必须考虑要能针对较大的、缓慢的变化进行自由运动。

17.4.2 麦克风

目前为止已经有四种不同的中耳麦克风植入方法。

外置式 对于部分植入的助听器，其麦克风被放置在外部佩戴的机壳里，要么戴在耳后，要么紧贴着靠近植入电子元件的头皮。这类麦克风与应用在传统助听器上的完全相同，可以是方向性的或是全向性的。

头皮下 麦克风固定在密封机壳里并被直接置于皮下。这类机身中有超大的膜片，目的是为了把皮肤传输引起的信号强度损失降到最低。

耳道内皮肤下 麦克风也是固定在密封的机壳里。它们的膜片较小，敏感度会有所降低，但是因为它们被固定在耳道内骨部的皮下，因此，耳郭和耳道的衍射与共振会增强其输入。它们可以获得正常耳的方向性特征。[415, 1101]

换能器在中耳内 这类麦克风是把密封的换能器放置在中耳腔内，使其能被中耳结构的某一部分的自然振动来驱动。市场上的一款产品是利用锤骨或砧骨的运动来振动密封的压电式换能器。[①, 268] 中耳麦克风的主要优势是能利用耳郭、耳甲腔、耳道的方向性和共振特性。但其手术比放置皮下麦克风要更复杂。

后三个方法适合完全植入式助听器。皮下麦克风的设计必须考虑如何将声音经皮肤传输后的敏感度损失降到最低。[415] 当用电子方式提高敏感度时，内部噪声会增加，这不容易纠正。植入式麦克风的设计必须应对的另外一个问题是，这类麦克风容易拾取身体产生的噪声，例如行走、呼吸、咀嚼、与头部表面摩擦甚至血液流过动脉和静脉时产生的噪声。

另外一个问题是如何保持听骨链的完整，因为，植入式助听器也可能被患者借用。完整的听骨链意味着如果将输出换能器耦合到听骨链上，就不能将麦克风也耦合上去，否则即使是非常低的增益，也会引发反馈啸叫。这是非常令人遗憾的，因为鼓膜可以完美地将空气振动转换成能被适当感受器探测到的机械振动。一些设计者选择利用鼓膜（或锤骨）

---

① 压电晶体，像大多数的换能器，是一种双向装置。应用到晶体的电压会引起运动，晶体的振动也会引起电压。

引发的振动，但这就造成在植入时必须将砧骨与镫骨进行分离。[268]

17.4.3 完整的系统

在创作本书的时候，至少在一些国家已经批准了三种可以完整植入的中耳植入系统和一种有部分植入元件的助听器。这些系统使用了前面介绍的一些元件。

振动声桥

由 MED-El 公司（以前的 Symphonix Device 公司）制造的振动声桥是一种部分植入式助听器。外部佩戴的声音处理器包含麦克风、放大器和电池，可以发出一个交替的磁信号透过皮肤传递到接收线圈，接收线圈再产生相应的交替变化的电信号。电信号被传递到漂浮-块换能器，换能器可以附着在砧骨上或靠在圆窗上，[315] 也可放到中耳系统的其他位置处。[896, 1081] 据报道，耳桥的使用寿命可以超过 5 年。图 17.7 显示了这个系统中主要元件（麦克风、放大器、受话器和漂浮-块换能器）的位置。

Carina

Otologics 公司生产的 Carina 是完全植入式助听器。麦克风被固定在乳突上的皮肤下，靠近主要元件，它包含电子设备和可充电的电池。电磁刺激器，又被称为**中耳换能器（*middle ear transducer*，MET）**听骨链刺激器，被固定在乳突骨上，根据患者的中耳状况通过**部分听小骨置换修复术（*partial ossicular replacement prosthesis*，PORPS）**或**完全听小骨置换修复术（*total ossicular replacement prosthesis*，TORPS）**连接到砧骨、镫骨、卵圆窗或圆窗上。[805, 854, 1035, 1145, 1796a]

助听听阈大约为 30dB HL，[1035] 可能是受到完全植入式麦克风的等效内部噪声的限制。助听器通过磁感应传输进行编程。佩戴者可使用遥控装置利用同样的传输方式对助听器进行音量调节。较早的产品使用的是外置麦克风、放大器和电池，放大信号通过感应进行跨皮肤传输。[806]

Esteem

Envoy Medical 公司（以前的 St Croix Medical 公司）生产的 Esteem 是完全植入式助听器。麦克风包括一个由锤骨或砧骨短突驱动的压电换能器，换能器由鼓膜驱动。它的输出通过固定在耳后皮下的电子元件放大，放大信号再驱动第二个作为刺激器的压电换能器，刺激器通过连接杆振动镫骨头部。为了避

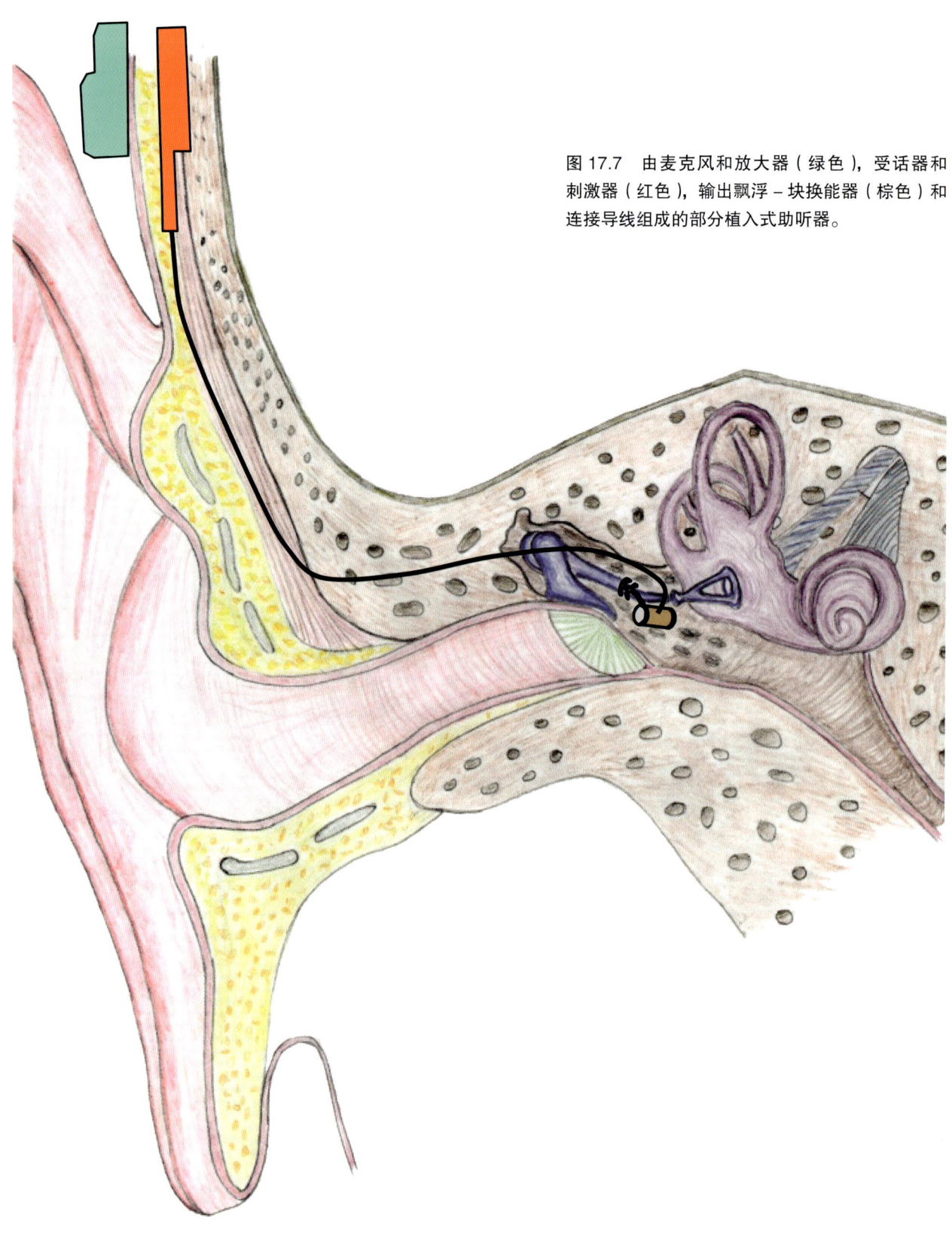

图 17.7 由麦克风和放大器（绿色），受话器和刺激器（红色），输出飘浮－块换能器（棕色）和连接导线组成的部分植入式助听器。

免机械性反馈啸叫，需要将砧骨最内侧去除 1~2mm，以使听小骨分离。由于驱动力较强，必须使用非充电式电池，并且必须更换。更换时要通过一个很小的手术，大约每 5 年更换 1 次。[268] 图 17.8 显示的是基于上述原理的完全植入式助听器内的 3 个主要构件（传感器换能器、放大器和输出换能器）。

Retro-X

Retro-X 助听器，虽然不属于中耳植入，但是也需要手术植入助听器的元件。该助听器将一个空心钛管插入到耳郭后面和耳道之间。受话器固定在 BTE 机壳内，将输出信号传送至钛管内。因此，使用 Retro-X 助听器时，耳道处于完全开放状态。[587] 该助听器的缺点是麦克风是全向性的，被耳郭遮蔽的程度超过一般 BTE 助听器，因此，会对后方的高频声更加敏感。

还有一些已在研究中使用的其他系统，包括：

Maxum 部分植入式助听器（以前称作 Soundtec）包含有外置麦克风、放大器和电池，还包括一个嵌入耳模和放置在耳道深处的驱动线圈以及一个插入至砧镫骨关节的磁铁。[770, 1523] 据报道，该助听器平均功能增益可达 26dB。[1630]

完全植入式耳蜗放大器（*totally-implanted cochlear amplifier*，**TICA**）最初由 Implex 公司开发，包含植入骨性耳道后段皮下的麦克风和植入乳突的放大器与充电电池，以及固定在乳突上的压电刺激器。刺激器可以驱动一个连接在砧骨上的激光切孔的连接杆，[1962] 也可用刺激器驱动镫骨或卵圆窗。[1100]

E 型 Rion 装置是一款部分植入的助听器，包含外置麦克风、放大器、电池、经皮电感耦合以及驱动镫骨的植入式压电刺激器。[1934] 虽然其输出强度随着时间推移会有所减小，但是其使用年限可以超过 10 年。[1935]

Cochlear 公司生产的**直接声学耳蜗刺激器**（*direct acoustic cochlear stimulator*，**DACS**），即 Codacs™，Phonak 公司生产的 **Ingenia** 也是同类产品。该产品包括外置麦克风、放大器、电池、经皮电感耦合以及植入式电磁刺激器。刺激器借助镫骨假体通过卵圆窗的一个小孔振动，从而驱动耳蜗外淋巴。[694a] 注意，对于植入元件直接驱动耳蜗液体的装置最好归类为**直接声学耳蜗植入**（*direct acoustic cochlear implants*）。

Haynes 等（2009）对本节描述的几个系统有更详尽的介绍。

17.4.4 适应证和益处

虽然中耳植入起初只针对有正常中耳功能的患者，但从中耳植入获益最多的患者似乎是那些外耳或中耳有问题或者有明显传导问题的混合性听力损失患者。包括：

不能佩戴耳模的人。要么是因为耳模会加重外耳的感染，要么是因为耳道或耳郭由于先天或疾病、手术等因素而存在畸形。正如使用 BAHA 的情况，那些使用传统助听器（有耳模）造成或加重了耳道感染的患者反映从中耳植入获益最大。[1660]

有中耳系统功能障碍又不能通过手术矫正的人。利用圆窗振动变得越来越常见。[315] 这个刺激方法的优点是，当听小骨缺失或镫骨底板因耳硬化症已经不能移动时，它仍然可用。

因为中耳听小骨的运动范围非常小（在鼓膜处 120dB SPL 只能引起镫骨在中频时运动 1μm，在高频时，运动会更小），[639] 并且因为中耳植入直接驱动连接耳蜗的机械振动通路，它们比 BAHA 或其他骨导助听器能更强地刺激耳蜗。漂浮-块换能器刺激耳蜗的强度等效于在正常耳上用 110dB SPL 的气导声音刺激耳蜗，[582] 固定刺激器刺激强度甚至能等效于 135dB SPL[854] 或 145dB SPL[1961] 的气导声音。因此它们比任何骨导装置更适合有中度或重度的感音神经性听力损失的混合性听力损失者。

中耳植入相对传统助听器的优势包括：

- 更高的高频响应（某些系统可达到 10kHz）和较低的非线性失真（对某些系统总谐波失真低于 1%），以及更高的信号清晰度；[582, 854, 1961]

- 在安静或噪声条件下言语可懂度更高，可能是

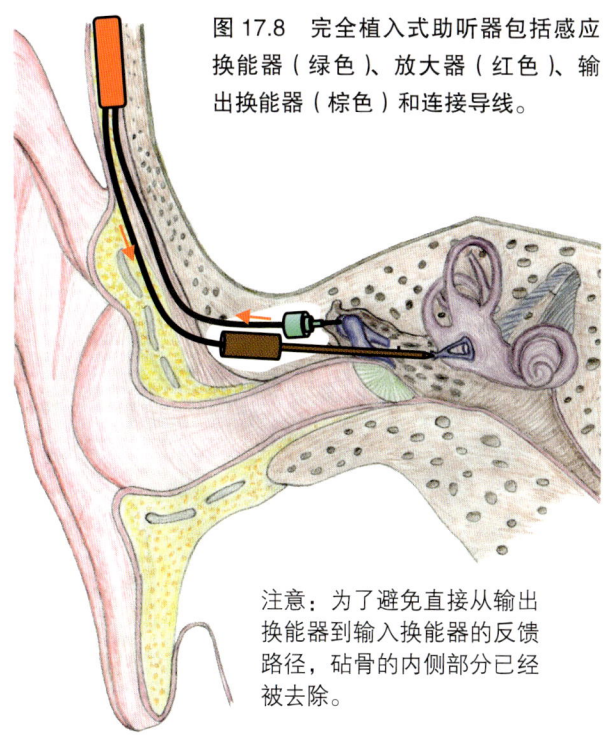

图 17.8　完全植入式助听器包括感应换能器（绿色）、放大器（红色）、输出换能器（棕色）和连接导线。

注意：为了避免直接从输出换能器到输入换能器的反馈路径，砧骨的内侧部分已经被去除。

因为上一点提到的较高增益、较大带宽和较低失真带来的结果；[769, 770, 1789, 1822]

· 不会阻塞耳道（因此，没有堵耳效应）；

· 完全植入装置在炎热、粉尘或潮湿的环境中应用也不受限制，并且隐蔽性好，不需要任何操作；

· 在不引发反馈啸叫的前提下，可以获得更大增益，特别是在高频段。[566, 769, 770, 1768, 1789, 1798] 增益的升高对于在没有其他办法时，获得目标增益是一个优势，而且对于安静环境中针对较弱的输入强度获得更高的言语可懂度很有帮助。要注意，原则上，机械振动也会引起反馈啸叫，因为中耳系统的振动会引起鼓膜发射声音，而这个声音衰减后会被助听器麦克风拾取。因而，中耳内听小骨离断的患者能获得的增益最大。

正如使用 BAHA，患者普遍报告使用中耳植入助听器比使用传统助听器受益明显，但在门诊还未能用客观测量对此加以证实。[566, 1081, 1523] 此中原因目前还不清楚。

关于哪些患者使用植入式助听器会比使用传统助听器获益更多，目前的判断标准仍在不断变化，所以很难确定到底有多大比例的听力障碍者接受中耳植入的益处会超过因此发生的额外费用和手术风险。有一项采用多种标准对大量患者进行的研究表明适用者比例远低于 1%，[842] 但是未来情况也许会有明显改变。

一侧耳使用中耳植入，另一侧耳使用传统助听器是可行的。[1541] 其结合定位和感知空间分离信号的精确性可能受两个助听器在处理上的相对延迟及相对感觉强度的影响。

17.4.5　中耳植入的并发症

虽然中耳植入是小手术，但是不是所有手术都会成功。有时还必须进行修补手术，并且可能永久性地改变味觉。[1566] 将漂浮-块换能器在砧骨上固定过紧可能会造成砧骨坏死。[374] 相反，将有关元件与听小骨连接过松又会使其移动，产生与外部声音无关的感觉。不过，采用适当的固定方法和外科技术，可以尽量减轻该问题的影响。[1630] 植入元件有可能移位或被挤出，并且如果有特殊的植入体需要患者将元件放置在耳道深处时，患者可能会面临操作困难。[264]

有磁铁的植入装置在植入后可能影响进行磁共振成像（MRI）检查。MRI 的磁场可能会移动或扭曲内部磁铁，从而损伤磁铁附着的解剖结构，并且可能使磁铁消磁。内部磁铁也可能使磁铁周围的 MRI 成像变形。

尽管有上述担心，但事实证明，在接受低磁场强度（0.3T）MRI 扫描时，Soundtec 公司的中耳植入产品的磁铁是安全的。[501] 当接受中磁场强度（1.5T）MRI 扫描时，振动声桥的磁铁没有脱磁，也没有损伤周围组织，但在某些情况下扫描造成了换能器轻度位移。[1788] 压电换能器没有磁铁，因此，接受 MRI 扫描时比较安全。

17.5　结语

尽管许多听力损失者可以从 CROS 中获益，但 CROS 助听器目前还没有被广泛应用。技术的快速发展可能会在不远的将来改变这一状况，并且部分 CROS 放大技术可能会与其他信号处理技术出现融合。例如，当双耳间的微型双向无线连接技术应用日益广泛时，各侧耳就可能在不借助有线连接的条件下都听到由两侧麦克风拾取并按需要方式组合的声音。组合方式可以包括对声音进行简单的线性叠加（如 BICROS 验配），也可进行自适应降噪并重新插入定位线索（如虚拟现实中的处理）等。

对于骨锚式助听器和中耳植入，常以获得的助听听阈来判断它们恢复听力的有效性，但这是一个非常不恰当且有可能产生误导的测量。假如麦克风与被输出驱动的振动表面分离充分，足以避免反馈啸叫，那么只要在麦克风和输出换能器之间增加更多的电子增益就能达到降低助听听阈的目标。然而，如果助听器的最大输出仅导致感觉强度高于阈值 10 dB，那么较低的助听听阈就意味着要将环境中较宽范围的声音都挤压进一个非常有限的听力动态范围，这会降低信号的质量。

没有一个单一指标可以评价验配是否合适，但是在评估助听器是否合适时，最大可达感觉强度（不存在压缩时）是一个非常重要的指标。只要最大感觉强度低于患者的动态范围（即不适阈减去阈值），助听器就没有使患者完全利用其残余听力。因此，如果植入装置的生产厂家能在验配软件中展示出相对于达到目标阈值时，输出强度的最大不失真输出强度，那将非常有价值。

有必要对 CROS 助听器（适当验配）、传统开放式验配助听器、BAHA、完全植入的中耳植入助听器和部分植入的中耳植入助听器进行相对有效性的研究。研究必须根据感音神经性听力损失的程度、传导性听力损失的程度、单侧与双侧听力障碍以及单侧与双侧验配进行严格分组。当出现新的更舒适、更有效的非植入式骨导助听器时，也应纳入上述研究中。对于双侧传导性或混合性听力损失者，双侧中耳植入可能会提供比任何类型的双侧骨导助听器更多的益处，因为使用双侧中耳植入时，两个耳蜗会获得来自各自一侧的信号的独立刺激，这有助于提供更强的双耳线索。

反映验配效果的变量必须包括空间分布噪声中的言语可懂度、定位能力、在不同输入强度的音质、内部噪声的可接受程度、对外耳感染和刺激性的影响，以及与舒适、方便和可操作性有关的主观因素。这不是一项简单任务，因为在手术植入前，通常要求首先尝试非植入式助听器并且发现一些不适用的理由，这会使患者和实验者难以避免实验偏差。①

虽然一些类型的植入式助听器确实对某些类型的听力损失有非常重要的作用，但除非进行了客观公正的认真研究，否则，很难知道哪种装置适合哪个患者。它们可能对有明显传导性成分又不能使用被动假体进行手术修复的听力损失者，以及不能在耳道佩戴任何元件的患者和特别不想佩戴外部设备的患者特别有益。

---

① 根据随机对照试验，也许要重新考虑关于使用传统助听器的效果不够理想这一要求，特别是针对已经证明，在停止工作时，对被动听力没有影响的植入设备。使用被动中耳假体改造中耳的手术在常规情况下并不需要首先尝试传统助听器并发现不足。

参考文献

1. **AAA. (2008)** American Academy of Audiology Clinical Practic Guidelines: Remote microphone hearing assistance technologies for children and youth from birth to 21 years. Acessed October 2011. http://www.audiology.org/resources/documentlibrary/Documents/HATGuideline.pdf.

2. **Aarts NL, Caffee CS. (2005)** Manufacturer predicted and measured REAR values in adult hearing aid fitting: accuracy and clinical usefulness. *Int J Audiol*, 44(5):293-301.

3. **Aazh H, Moore BCJ. (2007)** Dead regions in the cochlea at 4 kHz in elderly adults: relation to absolute threshold, steepness of audiogram, and pure-tone average. *J Am Acad Audiol*, 18(2):97-106.

4. **Aazh H, Moore BCJ. (2007)** The value of routine real ear measurement of the gain of digital hearing aids. *J Am Acad Audiol*, 18(8):653-64.

5. **Abel SM, Giguere C, Consoli A, Papsin BC. (2000)** The effect of aging on horizontal plane sound localization. *J Acoust Soc Amer*, 108(2):743-52.

6. **Abrahamson J. (1991)** Teaching coping strategies: a client education approach to aural rehabilitation. *J Acad Rehab Audiology*, 24:43-53.

7. **Abrahamson J. (1997)** Patient education and peer interaction facilitate hearing aid adjustment. *High Performance Hearing Solutions*, 1:19-22.

8. **Abrahamson, J, Northern, J, Raskind, L, Robier, T, Warner-Czyz, A**. **(1999)** Contemporary models of real life adult aural rehabilitation. Amer Acad Audiol Conv. Miami.

9. **Abrams HB, Edwards B, Valentine S, Fitz K. (2011)** A patient-adjusted fine-tuning approach for optimizing hearing aid response. *Hear Rev*, 18(3):18-27.

10. **Abrams HB, Chisolm TH, Block M. (2004)** The effects of signal processing style on perceived value of hearing aids. *Hear Rev*, 11(13):16-21, 70.

11. **Abrams HB, Chisolm TH, McArdle R. (2005)** Health-related quality of life and hearing aids: a tutorial. *Trends Amplif*, 9(3):99-109.

12. **Abrams HB, Chisolm TH, Guerreiro S, Ritterman S. (1992)** The effects of intervention strategy on self-perception of hearing handicap. *Ear & Hear*, 13(5):371-377.

13. **Abramson M, Fay T, Kelly J, Wazen J, Liden G, Tjellstrom A. (1989)** Clinical results with a percutaneous bone-anchored hearing aid. *Laryngoscope*, 99(7):707-710.

14. **Agnew J. (1986)** Ear impression stability. *Hear Instrum*, 37(12):8, 11-12, 58.

15. **Agnew J. (1996)** Acoustic feedback and other audible artifacts in hearing aids. *Trends Amplif*, 1(2):45-82.

16. **Agnew J. (1997)** Sound quality evaluation of anti-saturation circuitry in a hearing aid. *Scand Audiol*, 26(1):15-22.

17. **Agnew J, Thornton JM. (2000)** Just noticeable and objectionable group delays in digital hearing aids. *J Am Acad Audiol*, 11(6):330-6.

18. **Agung K, Purdy SC, McMahon CM, Newall P. (2006)** The use of cortical auditory evoked potentials to evaluate neural encoding of speech sounds in adults. *J Am Acad Audiol*, 17(8):559-72.

18a. **Agung K, Purdy SC, Dillon H, McMahon CM, Newall P. (In preparation)** Objective Verification of infant speech perception using cortical auditory evoked potentials.

19. **Ahlstrom JB, Horwitz AR, Dubno JR. (2009)** Spatial benefit of bilateral hearing aids. *Ear & Hear*, 30(2):203-218.

20. **Ahonniska J, Cantell M, Tolvanen A, Lyytinen H. (1993)** Speech perception and brain laterality: the effect of ear advantage on auditory event-related potentials. *Brain & Lang*, 45(2):127-146.

21. **Ahroon W, Hamernik R, Davis R, Patterson J. (1993)** The relation among postexposure threshold shifts and NIPTS in the chinchilla. Vallet M. Noise and Man '93, Proceedings of the 6th International Congress on Noise as a Public Health Problem. Vol 3, 1-4. INRETS.

22. **Akeroyd MA. (2010)** The effect of hearing-aid compression on judgments of relative distance. *J Acoust Soc Amer*, 127(1):9-12.

23. **Akeroyd MA, Gatehouse S, Blaschke J. (2007)** The detection of differences in the cues to distance by elderly hearing-impaired listeners. *J Acoust Soc Amer*, 121(2):1077-89.

24. **Akhtar N. (2005)** The robustness of learning through overhearing. *Developmental Science*, 8(2):199-209.

25. **Alberti PW. (1977)** Hearing aids and aural rehabilitation in a geriatric population. *J Otolaryngol*, 6(Supplement 4):1-50.

26. **Alcantara JI, Moore BCJ, Marriage J. (2004)** Comparison of three procedures for initial fitting of compression hearing aids. II. Experienced users, fitted unilaterally. *Int J Audiol*, 43(1):3-14.

27. **Alcantara J, Dooley G, Blamey P, Seligman P. (1994)** Preliminary evaluation of a formant enhancement algorithm on the perception of speech in noise for normally hearing listeners. *Audiology*, 33(1):15-27.

28. **Alcantara J, Whitford L, Blamey P, Cowan R, Clark G. (1990)** Speech feature recognition by profoundly hearing impaired children using a multiple-channel electrotactile speech processor and aided residual hearing. *J Acoust Soc Amer*, 88(3):1260-1273.

29 **Aleksy W. (1989)** Comparison of benefit from UCH/RNID single-channel extracochlear implant and tactile acoustic monitor. *J Laryngol Otol Suppl*, 18:55-57.

30 **Allen JB, Berkley DA, Blauert J. (1977)** Multimicrophone signal-processing technique to remove room reverberation from speech signals. *J Acoust Soc Amer*, 62:912-915.

31 **Allen J, Hall J, Jeng P. (1990)** Loudness growth in 1/2-octave bands (LGOB) - a procedure for the assessment of loudness. *J Acoust Soc Amer*, 88(2):745-753.

32 **Allen NH, Burns A, Newton V, Hickson F, Ramsden R, Rogers J, Butler S, Thistlewaite G, Morris J. (2003)** The effects of improving hearing in dementia. *Age Ageing*, 32(2):189-93.

33 **Allen RL, Schwab BM, Cranford JL, Carpenter MD. (2000)** Investigation of binaural interference in normal-hearing and hearing-impaired adults. *J Am Acad Audiol*, 11(9):494-500.

34 **Alpiner JG, Chevrette W, Glascoe G, Metz M, Olsen B. (1974)** The Denver Scale of Communication Function. Denver, University of Denver.

35 **Alterovitz G. (2004)** Electrical engineering and nontechnical design variables of multiple inductive loop systems for auditoriums. *J Deaf Stud Deaf Educ*, 9(2):202-9.

36 **Alvord LS, Farmer BL. (1997)** Anatomy and orientation of the human external ear. *J Amer Acad Audiol*, 8(6):383-90.

37 **Alvord LS, Morgan R, Cartwright K. (1997)** Anatomy of an earmold: a formal terminology. *J Amer Acad Audiol*, 8(2):100-3.

38 **Alvord LS, Doxey G, Smith D. (1989)** Hearing aids worn with tympanic membrane perforation: complications and solutions. *Amer J Otol*, 10(4):277-280.

39 **Alworth LN, Plyler PN, Reber MB, Johnstone PM. (2010)** The effects of receiver placement on probe microphone, performance, and subjective measures with open canal hearing instruments. *J Am Acad Audiol*, 21(4):249-66.

40 **Amatuzzi MG, Northrop C, Liberman MC, Thornton A, Halpin C, Herrmann B, Pinto LE, Saenz A, Carranza A, Eavey RD. (2001)** Selective inner hair cell loss in premature infants and cochlea pathological patterns from neonatal intensive care unit autopsies. *Arch Otolaryngol Head Neck Surg*, 127(6):629-36.

41 **Amlani AM. (2001)** Efficacy of directional microphone hearing aids: a meta-analytic perspective. *J Am Acad Audiol*, 12(4):202-14.

42 **Amlani AM, Rakerd B, Punch JL. (2006)** Speech-clarity judgments of hearing-aid-processed speech in noise: differing polar patterns and acoustic environments. *Int J Audiol*, 45(6):319-30.

43 **Amos NE, Humes LE. (2007)** Contribution of high frequencies to speech recognition in quiet and noise in listeners with varying degrees of high-frequency sensorineural hearing loss. *J Speech Lang Hear Res*, 50(4):819-34.

44 **Anderson KL. (1989)** *Screening instrument for targeting education risk (SIFTER)*. Pro-Ed: Austin, Texas.

45 **Anderson KL, Matkin N. (1996)** *Screening instrument for targeting educational risk in preschool children (Age 3-kindergarten) (Preschool S.I.F.T.E.R)*. Educational Audiology Association: Tampa, Florida.

46 **Anderson KL, Smaldino JJ. (2000)** Children's home inventory of listening difficulties (CHILD). www.edaud.org.

47 **Anderson KL, Goldstein H. (2004)** Speech perception benefits of FM and infrared devices to children with hearing aids in a typical classroom. *Lang Speech Hear Serv Sch*, 35(2):169-84.

48 **Andersson G. (1998)** Decreased use of hearing aids following training in hearing tactics. *Percept Mot Skills*, 87(2):703-6.

49 **Andersson G, Keshishi A, Baguley DM. (2011)** Benefit from hearing aids in users with and without tinnitus. *Audiological Medicine*, Early online:1-6.

50 **Andersson G, Melin L, Lindberg P, Scott B. (1995)** Development of a short scale for self-assessment of experiences of hearing loss. The hearing coping assessment. *Scand Audiol*, 24(3):147-154.

51 **Andersson G, Melin L, Scott B, Lindberg P. (1994)** Behavioral counselling for subjects with acquired hearing loss. A new approach to hearing tactics. *Scand Audiol*, 23(4):249-256.

52 **Andersson G, Palmkvist A, Melin L, Arlinger S. (1996)** Predictors of daily assessed hearing aid use and hearing capability using visual analogue scales. *Brit J Audiol*, 30(1):27-35.

54 **ANSI. (1997)** S3.5. Methods for calculation of the speech intelligibility index. American National Standards Institute.

56 **Appollonio I, Carabellese C, Frattola L, Trabucchi M. (1996)** Effects of sensory aids on the quality of life and mortality of elderly people: a multivariate analysis. *Age & Ageing*, 25(2):89-96.

57 **Arbogast TL, Mason CR, Kidd GJ. (2005)** The effect of spatial separation on informational masking of speech in normal-hearing and hearing-impaired listeners. *J Acoust Soc Amer*, 117(4 Pt 1):2169-80.

58 **Archbold SM, Nikolopoulos TP, Lutman ME, O'Donoghue GM. (2002)** The educational settings of profoundly deaf children with cochlear implants compared with age-matched peers with hearing aids: implications for management. *Int J Audiol*, 41(3):157-61.

59 **Arkebauer HJ, Mencher GT, McCall C. (1971)** Modification of speech discrimination in patients with binaural asymmetrical hearing loss. *J Speech Hear Disord*, 36(2):208-212.

60 **Arlinger S. (2003)** Negative consequences of uncorrected hearing loss - a review. *Int J Audiol*, 42 Suppl 2:2S17-20.

61 **Arlinger S. (2006)** A survey of public health policy on bilateral fittings and comparison with market trends: the evidence-base required to frame policy. *Int J Audiol*, 45 Suppl 1:S45-8.

62. **Arlinger S, Billermark E. (1999)** One year follow-up of users of a digital hearing aid. *Brit J Audiol*, 33(4):223-32.

63. **Arlinger S, Gatehouse S, Bentler RA, Byrne D, Cox RM, Dirks DD, et al. (1996)** Report of the Eriksholm Workshop on auditory deprivation and acclimatization. *Ear & Hear*, 17(3):87S-98S.

63a. **Arndt S, Laszig R, Aschendorff A, Schild C, Beck R, Kroeger S, et al. (2011)** The University of Freiburg asymmetric hearing loss study. *Audiol Neurotol*, 16(Suppl 1):4-6.

64. **Arunachalam PS, Kilby D, Meikle D, Davison T, Johnson IJ. (2001)** Bone-anchored hearing aid quality of life assessed by Glasgow Benefit Inventory. *Laryngoscope*, 111(7):1260-3.

65. **Attias J, Raveh E. (2007)** Transient deafness in young candidates for cochlear implants. *Audiol Neurotol*, 12(5):325-33.

65a. **Auriemma J, Kuk F, Lau C, Kelly-Dorman B, Marshall S, Pikora M et al. (2009)** Efficacy of an adaptive directional microphone and a noise reduction system for school-aged children. *J Educat Audiol*, 15:15-27.

66. **Auriemmo J, Kuk F, Lau C, Marshall S, Thiele N, Pikora M, Quick D, Stenger P. (2009)** Effect of linear frequency transposition on speech recognition and production of school-age children. *J Am Acad Audiol*, 20(5):289-305.

67. **Auriemmo J, Lau C, Kuk F. (2007)** Language progress of children using advanced hearing aids. *Hear Rev*, 14(7):40-45.

68. **Bade P. (1991)** Hearing impairment and the elderly patient. *Wis Med J*, 90(9):516-519.

69. **Baer T, Moore BCJ, Kluk K. (2002)** Effects of low pass filtering on the intelligibility of speech in noise for people with and without dead regions at high frequencies. *J Acoust Soc Amer*, 112(3 Pt 1):1133-44.

70. **Baer T, Moore BCJ, Gatehouse S. (1993)** Spectral contrast enhancement of speech in noise for listeners with sensorineural hearing impairment: effects on intelligibility, quality and response times. *J Rehab Res Dev*, 30:95-109.

71. **Baer T, Moore BCJ. (1994)** Effects of spectral smearing on the intelligibility of sentences in the presence of interfering speech. *J Acoust Soc Amer*, 95(4):2277-2280.

72. **Bagatto M, Moodie S, Scollie S, Seewald R, Moodie S, Pumford J, Liu KP. (2005)** Clinical protocols for hearing instrument fitting in the Desired Sensation Level method. *Trends Amplif*, 9(4):199-226.

73. **Bagatto MP, Scollie SD, Seewald RC, Moodie KS, Hoover BM. (2002)** Real-ear-to-coupler difference predictions as a function of age for two coupling procedures. *J Am Acad Audiol*, 13(8):407-15.

74. **Bagatto MP, Seewald RC, Scollie SD, Tharpe AM. (2006)** Evaluation of a probe-tube insertion technique for measuring the real-ear-to-coupler difference (RECD) in young infants. *J Am Acad Audiol*, 17(8):573-81.

75. **Bai MR, Lin C. (2005)** Microphone array signal processing with application in three-dimensional spatial hearing. *J Acoust Soc Amer*, 117(4 Pt 1): 2112-21.

76. **Balfour P, Hawkins D. (1992)** A comparison of sound quality judgments for monaural and binaural hearing aid processed stimuli. *Ear & Hear*, 13(5):331-339.

77. **Ball V, Faulkner A, Fourcin A. (1990)** The effects of two different speech-coding strategies on voice fundamental frequency control in deafened adults. *Brit J Audiol*, 24(6):393-409.

78. **Bamford J, Davis A, Hind S, McCracken W, Reeve K. (2000)** Evidence on very early service delivery: what parents want and don't always get. Seewald R. A sound foundation through early amplification. 151-157. Stafa, Switzerland, Phonak.

79. **Bamford J, Hostler M, Pont G. (2005)** Digital signal processing hearing aids, personal FM systems, and interference: is there a problem? *Ear & Hear*, 26(3):341-9.

80. **Barcham LJ, Stephens SD. (1980)** The use of an open-ended problems questionnaire in auditory rehabilitation. *Brit J Audiol*, 14(2):49-54.

81. **Barker C, Dillon H. (1999)** Client preferences for compression threshold in single-channel wide dynamic range compression hearing aids. *Ear & Hear*, 20(2):127-139.

82. **Barker C, Dillon H, Newall P. (2001)** Fitting low ratio compression to people with severe and profound hearing losses. *Ear & Hear*, 22(2):130-41.

83. **Barsz K. (1991)** Auditory pattern perception: the effect of tone location on the discrimination of tonal sequences. *Percept & Psychophys*, 50(3):290-296.

84. **Barton GR, Davis A, Mair LWS, Parving A, Rosenhall U, Sorri M. (2001)** Provision of hearing aid services: a comparison between the Nordic countries and the United Kingdom. *Scand Audiol*, 30(Suppl 54):16-20.

85. **Barton GR, Bankart J, Davis AC. (2005)** A comparison of the quality of life of hearing-impaired people as estimated by three different utility measures. *Int J Audiol*, 44(3):157-63.

86. **Baskent D, Shannon RV. (2005)** Interactions between cochlear implant electrode insertion depth and frequency-place mapping. *J Acoust Soc Amer*, 117(3 Pt 1):1405-16.

87. **Bauer PW, Sharma A, Martin K, Dorman M. (2006)** Central auditory development in children with bilateral cochlear implants. *Arch Otolaryngol Head Neck Surg*, 132(10):1133-6.

88. **Bauer RW, Matusza JL, Blackmer RF. (1966)** Noise localization after unilateral attenuation. *J Acoust Soc Amer*, 40:441-444.

89. **Bauman N, Braemer M. (1996)** Using a CIC hearing aid in transcranial CROS fittings. *The Hear J*, 49(3):27-28, 45-46.

90. **Baumfield A, Dillon H. (2001)** Factors affecting the use and perceived benefit of ITE and BTE hearing aids. *Br J Audiol*, 35(4):247-58.

91. **Beck LB. (1983)** Assessment of directional hearing aid characteristics. *Audiol Acoust*, 22:178-190.

92. **Beggs WDA, Foreman DL. (1980)** Sound localization and early binaural experience in the deaf. *Brit J Audiol*, 14:41-48.

93. **Bellis T. (2003)** Auditory processing disorders: It's not just kids who have them. *The Hear J*, 56(5):10-18.

94. **Bench J, Kowal A, Bamford J. (1979)** The BKB (Bamford-Kowal-Bench) sentence lists for partially hearing children. *Brit J Audiol*, 13:108-112.

95. **Bennett C. (1989)** Hearing aid use with minimal high-frequency hearing loss. *Otolaryngol Head Neck Surg*, 100(2):154-157.

96. **Bennett D, Byers V. (1967)** Increased intelligibility in the hypoacousic by slow play frequency transposition. *J Audit Res*, 7:107-118.

97. **Bennett MJSS, Browne LMH. (1980)** A controlled feedback hearing aid. *Hear Aid J*, 33(5):12, 42-43.

98. **Bentler RA. (1994)** CICs: Some practical considerations. *The Hear J*, 47(11):37, 40-43.

99. **Bentler RA, Chiou LK. (2006)** Digital noise reduction: an overview. *Trends Amplif*, 10(2):67-82.

100. **Bentler RA, Palmer C, Mueller HG. (2006)** Evaluation of a second-order directional microphone hearing aid: I. Speech perception outcomes. *J Am Acad Audiol*, 17(3):179-89.

101. **Bentler RA, Wu YH, Jeon J. (2006)** Effectiveness of direcitonal technology in open-canal hearing instruments. *The Hear J*, 59(11):40-47.

102. **Bentler RA, Wu YH, Kettel J, Hurtig R. (2008)** Digital noise reduction: outcomes from laboratory and field studies. *Int J Audiol*, 47(8):447-60.

103. **Bentler RA. (1989)** External ear resonance characteristics in children. *J Speech Hear Disord*, 54:264-268.

104. **Bentler RA. (2005)** Effectiveness of directional microphones and noise reduction schemes in hearing aids: a systematic review of the evidence. *J Am Acad Audiol*, 16(7):473-84.

105. **Bentler RA, Cooley LJ. (2001)** An examination of several characteristics that affect the prediction of OSPL90 in hearing aids. *Ear & Hear*, 22(1):58-64.

106. **Bentler RA, Egge JL, Tubbs JL, Dittberner AB, Flamme GA. (2004)** Quantification of directional benefit across different polar response patterns. *J Am Acad Audiol*, 15(9):649-59.

107. **Bentler RA, Nelson JA. (2001)** Effect of spectral shaping and content on loudness discomfort. *J Am Acad Audiol*, 12(9):462-70.

108. **Bentler RA, Niebuhr DP, Johnson TA, Flamme GA. (2003)** Impact of digital labeling on outcome measures. *Ear & Hear*, 24(3):215-24.

109. **Bentler RA, Palmer C, Dittberner AB. (2004)** Hearing-in-Noise: comparison of listeners with normal and (aided) impaired hearing. *J Am Acad Audiol*, 15(3):216-25.

110. **Bentler RA, Pavlovic CV. (1989a)** Comparison of discomfort levels obtained with pure tones and multitone complexes. *J Acoust Soc Amer*, 86(1):126-132.

111. **Bentler RA, Tubbs JL, Egge JL, Flamme GA, Dittberner AB. (2004)** Evaluation of an adaptive directional system in a DSP hearing aid. *Am J Audiol*, 13(1):73-9.

112. **Bentler R, Pavlovic C. (1989b)** Transfer functions and correction factors used in hearing aid evaluation and research. *Ear & Hear*, 10(1):58-63.

113. **Beranek LL. (1954)** *Acoustics*. McGraw-Hill: New York.

114. **Berger KW. (1984)** *The hearing aid - its operation and development*. National Hearing Aid Society: Livonia, MI.

115. **Berger KW, Millin JP. (1980)** Choosing the binaural candidate and checking the fitting. In *Binaural Hearing and Amplification, Vol 2*, Libby ER (ed), 177-186. Zenetron Inc: Chicago.

116. **Berger RA, Hagberg EN, Rane RL. (1977)** *Prescription of hearing aids: rationale, procedures and results*. Herald Publishing House: Kent, OH.

117. **Berlin CI, Hood LJ, Morlet T. (2002)** Auditory neuropathy/dys-synchrony: After diagnosis, then what? *Sem Hear*, 23(3):209-214.

118. **Berlin CI, Hood LJ, Morlet T, Wilensky D, Li L, Mattingly KR, et al (2010)** Multi-site diagnosis and management of 260 patients with auditory neuropathy/dys-synchrony (auditory neuropathy spectrum disorder). *Int J Audiol*, 49(1):30-43.

118a. **Bernhard H, Stieger C, Perriard Y. (2006)** New implantable hearing device based on a micro-actuator that is directly coupled to the inner ear fluid. *Conf Proc IEEE Eng Med Biol Soc*, 1:3162-5.

119. **Bernstein JG, Grant KW. (2009)** Auditory and auditory-visual intelligibility of speech in fluctuating maskers for normal-hearing and hearing-impaired listeners. *J Acoust Soc Amer*, 125(5):3358-72.

120. **Bernstein L, Eberhardt S, Demorest M. (1989)** Single-channel vibrotactile supplements to visual perception of intonation and stress. *J Acoust Soc Amer*, 85(1):397-405.

121. **Berry G. (1939)** The use and effectiveness of hearing aids. *Laryngoscope*, 49:912-938.

122. **Bertoli S, Staehelin K, Zemp E, Schindler C, Bodmer D, Probst R. (2009)** Survey on hearing aid use and satisfaction in Switzerland and their determinants. *Int J Audiol*, 48(4):183-95.

123. **Bess FH. (1985)** The minimally hearing-impaired child. *Ear & Hear*, 6(1):43-7.

124. **Bess FH. (2000)** The role of generic health-related quality of life measures in establishing audiological rehabilitation outcomes. *Ear & Hear*, 21(4 Suppl):74S-79S.

125. **Bess FH, Chase PA, Gravel JS, Seewald RC, Stelmachowicz PG, Tharpe AM, Hedley-Williams A. (1996)** Amplification for infants and children with hearing loss. *Amer J Audiol*, 5(1):53-68.

125a. **Bess FH, Dodd-Murphy J, Parker RA. (1998)** Children with minimal sensorineural hearing loss: prevalence, educational performance, and functional status. *Ear & Hear*, 19(5):339-54.

126 **Bess FH, Lichtenstein MJ, Logan SA. (1991)** Making hearing impairment functionally relevant: Linkages with hearing disability and handicap. *Acta Otolaryngol (Stockh)*, 476:226-231.

127 **Bess FH, Lichtenstein MJ, Logan SA, Burger MC, Nelson E. (1989)** Hearing impairment as a determinant of function in the elderly. *J Am Geriatr Soc*, 37(2):123-8.

128 **Bess FH, Tharpe AM. (1986)** Case history data on unilaterally hearing-impaired children. *Ear & Hear*, 7(1):14-9.

129 **Bess FH, Tharpe AM, Gibler AM. (1986)** Auditory performance of children with unilateral sensorineural hearing loss. *Ear & Hear*, 7(1):20-6.

129a **Best V, Carlile S, Kopco N, van Schaik A. (2011)** Localization in speech mixtures by listeners with hearing loss. *J Acoust Soc Amer*, 129(5):EL210-15.

130 **Best V, Kalluri S, McLachlan S, Valentine S, Edwards B, Carlile S. (2010)** A comparison of CIC and BTE hearing aids for three-dimensional localization of speech. *Int J Audiol*, 49(10):723-32.

131 **Best V, Mason CR, Kidd GJr. (2011)** Spatial release from masking in normally hearing and hearing-impaired listeners as a function of the temporal overlap of competing talkers. *J Acoust Soc Amer*, 129(3):1616-25.

132 **Bevan MA. (1997)** Matching hearing technology to hearing needs. *High Performance Hearing Solutions (Suppl to Hear Rev)*, 1:32-36.

133 **Bille M, Parving A. (2003)** Expectations about hearing aids: demographic and audiological predictors. *Int J Audiol*, 42(8):481-8.

134 **Billings CJ, Tremblay KL, Souza PE, Binns MA. (2007)** Effects of hearing aid amplification and stimulus intensity on cortical auditory evoked potentials. *Audiol Neurotol*, 12(4):234-46.

135 **Binnie CA. (1977)** Attitude changes following speechreading training. *Scand Audiol*, 6:13-19.

136 **Binnie CA, Montgomery AA, Jackson PL. (1974)** Auditory and visual contributions to the perception of consonants. *J Speech Hear Res*, 17:619-630.

137 **Bisgaard N. (2001)** The European experience. *J Am Acad Audiol*, 12(6):296-300.

138 **Blamey P, Arndt P, Bergeron F, Bredberg G, Brimacombe J, Facer G, et al. (1996)** Factors affecting auditory performance of postlinguistically deaf adults using cochlear implants. *Audiol & Neuro-Otology*, 1:293-306.

139 **Blamey PJ. (2005)** Adaptive dynamic range optimization (ADRO): a digital amplification strategy for hearing aids and cochlear implants. *Trends Amplif*, 9(2):77-98.

140 **Blamey PJ, Fiket HJ, Steele BR. (2006)** Improving speech intelligibility in background noise with an adaptive directional microphone. *J Am Acad Audiol*, 17(7):519-30.

141 **Blamey PJ, Pymnan BC, Gordon MB, Clark GM, Brown AM, Dowell RC, Hollow RD. (1992)** Factors predicting postoperative sentence scores in postlinguistically deaf adult cochlear implant patients. *Ann Otol Rhinol Laryngol*, 101(4):342-348.

142 **Blamey PJ, Sarant JZ, Paatsch LE, Barry JG, Bow CP, Wales RJ, et al. (2001)** Relationships among speech perception, production, language, hearing loss, and age in children with impaired hearing. *J Speech Lang Hear Res*, 44(2):264-85.

143 **Blamey PJ, Cowan R, Alcantara J, Clark G. (1988)** Phonemic information transmitted by a multichannel electrotactile speech processor. *J Speech Hear Res*, 31(4):620-629.

144 **Blamey PJ, Dowell R, Brown A, Clark G. (1985)** Clinical results with a hearing aid and a single-channel vibrotactile device for profoundly deaf adults. *Brit J Audiol*, 19(3):203-210.

145 **Blauert J. (1971)** Localization and the law of the first wavefront in the median plane. *J Acoust Soc Amer*, 50:466-470.

146 **Bliss M. (2002)** Use and ownership of hearing aids in elderly people. *Lancet*, 360(9342):1333-4.

147 **Bloom PJ. (1982)** Evaluation of a dereverberation technique with normal and impaired listeners. *Brit J Audiol*, 16(3):167-176.

148 **Boas G, van der Stel H, Peters H, Joore M, Anteunis L. (2001)** Dynamic modeling in medical technology assessment. Fitting hearing aids in The Netherlands. *Int J Technol Assess Health Care*, 17(4):618-25.

149 **Boike KT, Souza PE. (2000)** Effect of compression ratio on speech recognition and speech-quality ratings with wide dynamic range compression amplification. *J Speech Lang Hear Res*, 43(2):456-68.

150 **Bonding P, Jonsson M, Salomon G, Ahlgren P. (1992)** The bone-anchored hearing aid. Osseointegration and audiological effect. *Acta Otolaryngol Suppl Stockh*, 492:42-45.

151 **Boothroyd A. (1993)** Recovery of speech perception performance after prolonged auditory deprivation: case study. *J Amer Acad Audiol*, 4(5):331-337.

152 **Boothroyd A. (1997)** Auditory development of the hearing child. *Scand Audiol Suppl*, 46:9-16.

153 **Boothroyd A. (2004)** Hearing aid accessories for adults: the remote FM microphone. *Ear & Hear*, 25(1):22-33.

154 **Boothroyd A, Boothroyd-Turner D. (2002)** Postimplantation audition and educational attainment in children with prelingually acquired profound deafness. *Ann Otol Rhinol Laryngol Suppl*, 189:79-84.

155 **Boothroyd A, Iglehart F. (1998)** Experiments with classroom FM amplification. *Ear & Hear*, 19(3):202-17.

156 **Boothroyd A, Medwetsky L. (1992)** Spectral distribution of /s/ and the frequency response of hearing aids. *Ear & Hear*, 13(3):150-7.

157 **Boothroyd A, Springer N, Smith L, Schulman J. (1988)** Amplitude compression and profound hearing loss. *J Speech Hear Res*, 31(3):362-376.

158 **Bosman AJ, Snik AF, Mylanus EA, Cremers CW. (2006)** Fitting range of the BAHA Cordelle. *Int J Audiol*, 45(8):429-37.

159 **Bosman AJ, Snik AF, van der Pouw CT, Mylanus EA, Cremers CW. (2001)** Audiometric evaluation of bilaterally fitted bone-anchored hearing aids. *Audiology*, 40(3):158-67.

160 **Bosman AJ, Snik AF, Mylanus EA, Cremers CW. (2009)** Fitting range of the BAHA Intenso. *Int J Audiol*, 48(6):346-52.

161 **Bovo R, Martini A, Agnoletto M, Beghi A, Carmignoto D, Milani M, Zangaglia AM. (1988)** Auditory and academic performance of children with unilateral hearing loss. *Scand Audiol Suppl*, 30:71-4.

162 **Bovo R, Prosser S, Ortore RP, Martini A. (2011)** Speech recognition with BAHA simulator in subjects with acquired unilateral sensorineural hearing loss. *Acta Otolaryngol*, 131(6):633-639.

164 **Boymans M, Dreschler WA. (2000)** Field trials using a digital hearing aid with active noise reduction and dual-microphone directionality. *Audiology*, 39(5):260-8.

164a **Boymans M, Goverts ST, Kramer SE, Festen JM, Dreschler WA. (2008)** A prospective multi-centre study of the benefits of bilateral hearing aids. *Ear & Hear*, 29(6):930-41.

165 **Boymans M, Goverts ST, Kramer SE, Festen JM, Dreschler WA. (2009)** Candidacy for bilateral hearing aids: a retrospective multicenter study. *J Speech Lang Hear Res*, 52(1):130-40.

166 **Bramslow L. (2010)** Preferred signal path delay and high-pass cut-off in open fittings. *Int J Audiol*, 49(9):634-44.

167 **Branda E, Chalupper J. (2007)** A new system to protect hearing aids from cerumen and moisture. *Hearing Review*, 14(4):56, 89.

168 **Bratt GW, Rosenfeld MA, Peek BF, Kang J, Williams DW, Larson V. (2002)** Coupler and real-ear measurement of hearing aid gain and output in the NIDCD/VA Hearing Aid Clinical Trial. *Ear & Hear*, 23(4):308-15.

169 **Bray V, Nilsson M. (2002)** Assessing hearing aid fittings: An outcome measures battery approach. In *Strategies for selecting and verifying hearing aid fittings*, Valente M (ed) Thieme: New York.

170 **Bray VH, Nilsson M. (2001)** Additive SNR benefits of signal processing features in a directional hearing aid. *Hear Rev*, 8(12):48-51, 62.

171 **Breidablik HJ. (1998)** [Hearing aids among the elderly - not only in the drawer!]. *Tidsskr Nor Laegeforen*, 118(9):1414-6.

172 **Bridges J, Bentler RA. (1998)** Relating hearing aid use to well-being among older adults. *The Hear J*, 51(7):39-44.

173 **Brink RHS, van den Wit HP, Kempen GIJM, Heuvelen MGJ. (1996)** Attitude and help-seeking for hearing impairment. *Brit J Audiol*, 30:313-324.

174 **Briskey RJ. (1980)** Selecting and fitting a hearing aid: binaurally. In *Binaural hearing and amplification*, Libby ER (ed), 187-204. Zenetron: Chicago.

175 **Bronkhorst AW. (2000)** The cocktail party phenomenon: a review of research on speech intelligibility in multiple-talker conditions. *Acustica Acta Acoustica*, 86:117-128.

176 **Bronkhorst AW, Plomp R. (1988)** The effect of head-induced interaural time and level differences on speech intelligibility in noise. *J Acoust Soc Amer*, 83(4):1508-1516.

177 **Bronkhorst AW, Plomp R. (1992)** Effect of multiple speechlike maskers on binaural speech recognition in normal and impaired hearing. *J Acoust Soc Amer*, 92(6):3132-9.

178 **Bronkhorst A, Plomp R. (1989)** Binaural speech intelligibility in noise for hearing-impaired listeners. *J Acoust Soc Amer*, 86(4):1374-1383.

179 **Brookhouser PE, Worthington DW, Kelly WJ. (1991)** Unilateral hearing loss in children. *Laryngoscope*, 101(12 Pt 1):1264-72.

180 **Brooks DN. (1980)** Binaural hearing aid application. In *Binaural hearing and amplification*, Libby ER (ed), 159-176. Zenetron: Chicago.

181 **Brooks DN. (1979)** Counselling and its effect on hearing aid use. *Scand Audiol*, 8:101-107.

182 **Brooks DN. (1996)** The time course of adaptation to hearing aid use. *Brit J Audiol*, 30(1):55-62.

183 **Brooks DN, Hallam RS. (1998)** Attitudes to hearing difficulty and hearing aids and the outcome of audiological rehabilitation. *Br J Audiol*, 32(4):217-26.

184 **Brooks DN, Hallam RS, Mellor PA. (2001)** The effects on significant others of providing a hearing aid to the hearing-impaired partner. *Br J Audiol*, 35(3):165-71.

185 **Brooks DN. (1981)** Use of post-aural aids by National Health Service patients. *Brit J Audiol*, 15(2):79-86.

186 **Brooks DN. (1984)** Binaural benefit - when and how much? *Scand Audiol*, 13(4):237-241.

187 **Brooks DN. (1985)** Factors relating to the under-use of postaural hearing aids. *Brit J Audiol*, 19(3):211-217.

188 **Brooks DN. (1989)** The effect of attitude on benefit obtained from hearing aids. *Brit J Audiol*, 23(1):3-11.

189 **Brooks DN. (1990)** Measures for the assessment of hearing aid provision and rehabilitation. *Brit J Audiol*, 24(4):229-233.

190 **Brooks DN. (1994)** Some factors influencing choice of type of hearing aid in the UK: behind-the-ear or in-the-ear. *Brit J Audiol*, 28(2):91-98.

191 **Brooks DN, Bulmer D. (1981)** Survey of binaural hearing aid users. *Ear & Hear*, 2(5):220-224.

192 **Brooks DN, Johnson D. (1981)** Pre-issue assessment and counselling as a component of hearing-aid provision. *Brit J Audiol*, 15(1):13-19.

193 **Brown CA, Bacon SP. (2009)** Low-frequency speech cues and simulated electric-acoustic hearing. *J Acoust Soc Amer*, 125(3):1658-65.

194 **Browning G, Gatehouse S. (1994)** Estimation of the benefit of bone-anchored hearing aids. *Ann Otol Rhinol Laryngol*, 103(11):872-878.

195 **Bruck D, Ball M, Thomas IR, Rouillard V. (2009)** How does the pitch and pattern of a signal affect auditory arousal thresholds? *J Sleep Res*, 18(2): 196-203.

196 **Bruck D, Thomas IR. (2009)** Smoke alarms for sleeping adults who are hard-of-hearing: comparison of auditory, visual, and tactile signals. *Ear & Hear*, 30(1):73-80.

197 **Bryant MP, Mueller HG, Northern JL. (1991)** Minimal contact long canal ITE hearing instruments. *Hear Instrum*, 42(1):12-15, 48.

198 **Buckley KA, Tobey EA. (2011)** Cross-modal plasticity and speech perception in pre- and postlingually deaf cochlear implant users. *Ear & Hear*, 32(1):2-15.

199 **Bunnell H. (1990)** On enhancement of spectral contrast in speech for hearing-impaired listeners. *J Acoust Soc Amer*, 88(6):2546-56.

200 **Burger T, Spahn C, Richter B, Eissele S, Lohle E, Bengel J. (2005)** Parental distress: the initial phase of hearing aid and cochlear implant fitting. *Am Ann Deaf*, 150(1):5-10.

201 **Burger T, Spahn C, Richter B, Eissele S, Lohle E, Bengel J. (2006)** Psychic stress and quality of life in parents during decisive phases in the therapy of their hearing-impaired children. *Ear & Hear*, 27(4):313-20.

202 **Burk MH, Humes LE, Amos NE, Strauser LE. (2006)** Effect of training on word-recognition performance in noise for young normal-hearing and older hearing-impaired listeners. *Ear & Hear*, 27(3):263-78.

203 **Burkhard MD, Sachs RM. (1978)** Anthropometric manikin for acoustic research. In *Manikin measurements*, Burkhard MD (ed) Industrial Research Products, Inc: Elk Grove Village, Illinois.

204 **Burkhard MD, Sachs RM. (1977)** Sound pressure in insert earphone couplers and real ears. *J Speech Hear Res*, 20(4):799-807.

205 **Burnip L, McGuire B. (1995)** FM amplification in the preschool: An investigation of the FM signal and child attention. *Aust J Audiol*, 17(2):123-129.

206 **Bustamante D, Braida L. (1987)** Multiband compression limiting for hearing-impaired listeners. *J Rehabil Res Dev*, 24(4):149-160.

207 **Butler RA. (1969)** Monaural and binaural localization of noise bursts vertically in the median sagittal plane. *J Aud Res*, 3:230-235.

208 **Byrne D. (1978)** Selection of hearing aids for children with severe deafness. *Brit J Audiol*, 12:9-22.

209 **Byrne D. (1980)** Binaural hearing aid fitting: research findings and clinical application. In *Binaural hearing and amplification*, Libby ER (ed), 23-73. Zenetron: Chicago.

210 **Byrne D. (1981)** Clinical issues and options in binaural hearing aid fitting. *Ear & Hear*, 2(5):187-193.

211 **Byrne D. (1982)** Private communication.

212 **Byrne D. (1982)** Theoretical approaches for hearing aid selection. Studebaker GA, Bess FH. The Vanderbilt hearing aid report: state of the art - research needs. 175-179. Upper Darby, Pa., Monographs in Contemporary Audiology.

213 **Byrne D. (1983)** Word familiarity in speech perception testing of children. *Aust J Audiol*, 5(2):77-80.

214 **Byrne D. (1986)** Effects of bandwidth and stimulus type on most comfortable loudness levels of hearing-impaired listeners. *J Acoust Soc Amer*, 80(2):484-493.

215 **Byrne D. (1986)** Effects of frequency response characteristics on speech discrimination and perceived intelligibility and pleasantness of speech for hearing-impaired listeners. *J Acoust Soc Amer*, 80(2):494-504.

216 **Byrne D. (1989)** Technical aspects of hearing aids. In *Adult aural rehabilitation*, Brooks DN (ed), 48-67. Chapman & Hall: London.

217 **Byrne D. (1996)** Hearing aid selection for the 1990s: Where to? *J Amer Acad Audiol*, 7(5):377-395.

218 **Byrne D. (1999)** Now that hearing aids can do almost anything, what should they do to be really helpful? *Hearing Aid Amplification for the New Millenium*. Sydney.

219 **Byrne D, Burwood E. (2001)** The Australian experience: global system for mobile communications wireless telephones and hearing aids. *J Am Acad Audiol*, 12(6):315-21.

220 **Byrne D, Cotton S. (1988)** Evaluation of the National Acoustic Laboratories' new hearing aid selection procedure. *J Speech Hear Res*, 31(2):178-186.

221 **Byrne D, Dermody P. (1974)** An incidental advantage of binaural hearing aid fittings - the "cross-over" effect. *Brit J Audiol*, 8:109-112.

222 **Byrne D, Dermody P. (1975)** Binaural hearing aids. *Hear Instrum*, 26(7):22, 23, 36.

223 **Byrne D, Dillon H. (1979)** Bias in assessing binaural advantage. *Aust J Audiol*, 1(2):83-88.

224 **Byrne D, Dillon H. (1986)** The National Acoustic Laboratories' (NAL) new procedure for selecting the gain and frequency response of a hearing aid. *Ear & Hear*, 7(4):257-265.

225 **Byrne D, Dillon H. (2000)** Future directions in hearing aid selection and evaluation. In *Audiology: Treatment*, Valente M, Hosford-Dunn H, Roeser RJ (eds) Thieme: New York.

226 **Byrne D, Dillon H, Ching T, Katsch R, Keidser G. (2001)** NAL-NL1 procedure for fitting non-linear hearing aids: Characteristics and comparisons with other procedures. *J Amer Acad Audiol*, 12(1):37-51.

227 **Byrne D, Dillon H, Tran K, Arlinger S, Wilbrahan K, Cox R, et al. (1994)** An international comparison of long-term average speech spectra. *J Acoust Soc Amer*, 96(4):2108-2120.

228 **Byrne D, Dirks DD. (1996)** Effect of acclimatization and deprivation on non-speech auditory abilities. *Ear & Hear*, 17(3 Suppl):29S-37S.

229 **Byrne D, Fifield D. (1974)** Evaluation of hearing aid fitting for infants. *Brit J Audiol*, 8:47-54.

230 **Byrne D, Noble W. (1998)** Optimizing sound localization with hearing aids. *Trends Amplif*, 3(2):51-73.

231 **Byrne D, Noble W, Glauerdt B. (1996)** Effects of earmold type on ability to locate sounds when wearing hearing aids. *Ear & Hear*, 17:218-228.

232 **Byrne D, Noble W, LePage B. (1992)** Effects of long-term bilateral and unilateral fitting of different hearing aid types on the ability to locate sounds. *J Amer Acad Audiol*, 3 (6):369-382.

233 **Byrne D, Parkinson A, Newall P. (1990)** Hearing aid gain and frequency response requirements for the severely/profoundly hearing impaired. *Ear & Hear*, 11(1):40-49.

234 **Byrne D, Parkinson A, Newall P. (1991)** Modified hearing aid selection procedures for severe/profound hearing losses. In *The Vanderbilt hearing aid report II*, Studebaker GA, Bess FH, Beck L (eds), 295-300. York Press: Parkton, MD.

235 **Byrne D, Sinclair S, Noble W. (1998)** Open earmold fittings for improving aided auditory localization for sensorineural hearing losses with good high-frequency hearing. *Ear & Hear*, 19(1):62-71.

236 **Byrne D, Tonisson W. (1976)** Selecting the gain of hearing aids for persons with sensorineural hearing impairments. *Scand Audiol*, 5:51-59.

237 **Caissie R, Campbell MM, Frenette WL, Scott L, Howell I, Roy A. (2005)** Clear speech for adults with a hearing loss: does intervention with communication partners make a difference? *J Am Acad Audiol*, 16(3):157-71.

238 **Caldwell M, Souza PE, Tremblay KL. (2006)** Effect of probe tube insertion depth on spectral measures of speech. *Trends Amplif*, 10(3):145-54.

239 **Callaway SL, Punch JL. (2008)** An electroacoustic analysis of over-the-counter hearing aids. *Am J Audiol*, 17(1):14-24.

240 **Cameron S, Brown D, Keith R, Martin J, Watson C, Dillon H. (2009)** Development of the North American Listening in Spatialized Noise-Sentences test (NA LiSN-S): sentence equivalence, normative data, and test-retest reliability studies. *J Am Acad Audiol*, 20(2):128-46.

241 **Cameron S, Dillon H. (2007)** Development of the Listening in Spatialized Noise-Sentences Test (LiSN-S). *Ear & Hear*, 28(2):196-211.

242 **Cameron S, Dillon H. (2008)** The listening in spatialized noise-sentences test (LiSN-S): comparison to the prototype LiSN and results from children with either a suspected (central) auditory processing disorder or a confirmed language disorder. *J Am Acad Audiol*, 19(5):377-91.

243 **Cameron S, Dillon H. (2011)** Development and Evaluation of the LiSN & Learn Auditory Training Software for Deficit-Specific Remediation of Binaural Processing Deficits in Children: Preliminary Findings. *J Am Acad Audiol*, 22(10):678-96.

244 **Cameron S, Dillon H, Newall P. (2006)** Development and evaluation of the listening in spatialized noise test. *Ear & Hear*, 27(1):30-42.

245 **Cameron S, Dillon H, Newall P. (2006)** The listening in spatialized noise test: an auditory processing disorder study. *J Am Acad Audiol*, 17(5):306-20.

246 **Caposecco A, Hickson L, Meyer C. (In press)** Assembly and insertion of a self-fitting hearing aid: Design of effective instruction materials. *Trends Amplif*

247 **Carabellese C, Appollonio I, Rozzini R, Bianchetti A, Frisoni GB, Frattola L, Trabucchi M. (1993)** Sensory impairment and quality of life in a community elderly population. *J Am Geriatr Soc*, 41(4):401-7.

248 **Carhart R. (1946)** Selection of hearing aids. *Arch Otolaryngol*, 44:1-18.

249 **Carhart R. (1950)** The clinical application of bone conduction audiometry. *Arch Otolaryngol*, 51:798-808.

250 **Carhart R. (1965)** Monaural and binaural discrimination against competing sentences. *Int Audiol*, 4(3):5-10.

251 **Carle R, Laugesen S, Nielsen C. (2002)** Observations on the relations among occlusion effect, compliance, and vent size. *J Am Acad Audiol*, 13(1):25-37.

252 **Carlile S, Martin R, McAnnaly K. (2005)** Spectral infomation in sound localisation. *Int Rev Neurobiology*, 70:399-434.

253 **Carlile S, Pralong D. (1994)** The location-dependent nature orf perceptually salient features of the human head-related transfer function. *J Acous Soc Amer*, 95(6):3445-3459.

254 **Carlin W, Browning G. (1990)** Hearing disability and hearing aid benefit related to type of hearing impairment. *Clin Otolaryngol*, 15(1):63-67.

255 **Carlson EV, Killion MC. (1974)** Subminiature directional microphones. *J Audio Eng Soc*, 22(2):92-96.

256 **Carlsson PU, Hakansson BE. (1997)** The bone-anchored hearing aid: reference quantities and functional gain. *Ear & Hear*, 18(1):34-41.

257 **Carney AE, Osberger MJ, Carney E, Robbins AM, Renshaaw J, Miyamoto RT. (1993)** A comparison of speech discrimination with cochlear implants and tactile aids. *J Acoust Soc Amer*, 94(4):2036-2049.

258 **Carney A, Beachler C. (1986)** Vibrotactile perception of suprasegmental features of speech: a comparison of single-channel and multichannel instruments. *J Acoust Soc Amer*, 79(1):131-140.

259 **Carter AS, Noe CM, Wilson RH. (2001)** Listeners who prefer monaural to binaural hearing aids. *J Am Acad Audiol*, 12(5):261-72.

260 **Carter AS, Wilson RH. (2001)** Lexical effects on dichotic word recognition in young and elderly listeners. *J Am Acad Audiol*, 12(2):86-100.

261 **Carter L, Golding M, Dillon H, Seymour J. (2010)** The detection of infant cortical auditory evoked potentials (CAEPs) using statistical and visual detection techniques. *J Am Acad Audiol*, 21(5):347-56.

262 **Carter LF. (1993)** Smooth real ear aided responses: open ear resonance characteristics and hearing aid selection. Masters dissertation, Macquarie University.

263 **Catalano PJ, Choi E, Cohen N. (2005)** Office versus operating room insertion of the bone-anchored hearing aid: a comparative analysis. *Otol Neurotol*, 26(6):1182-5.

264 **Caye-Thomasen P, Jensen JH, Bonding P, Tos M. (2002)** Long-term results and experience with the first-generation semi-implantable electromagnetic hearing aid with ossicular replacement device for mixed hearing loss. *Otol Neurotol*, 23(6):904-11.

264a **Centers for Disease Control and Prevention. (2005)** National workshop on mild and unilateral hearing loss. Accessed January 2011. http://www.cdc.gov/ncbddd/hearingloss/conference.html.

265 **Chasin M. (2006)** Can your hearing aid handle loud music? A quick test will tell you. *The Hear J*, 59(12):22-24.

266 **Chasin M, Russo FA. (2004)** Hearing aids and music. *Trends Amplif*, 8(2):35-47.

267 **Chee GH, Goldring JE, Shipp DB, Ng AH, Chen JM, Nedzelski JM. (2004)** Benefits of cochlear implantation in early-deafened adults: the Toronto experience. *J Otolaryngol*, 33(1):26-31.

268 **Chen DA, Backous DD, Arriaga MA, Garvin R, Kobylek D, Littman T, Walgren S, Lura D. (2004)** Phase 1 clinical trial results of the Envoy System: a totally implantable middle ear device for sensorineural hearing loss. *Otolaryngol Head Neck Surg*, 131(6): 904-16.

269 **Chen X, Liu S, Kong Y, Liu B, Mo L, Liu H, et al. (2009)** [The characteristics and development of auditory skill for infants with different age after cochlear implantation]. *Lin Chung Er Bi Yan Hou Tou Jing Wai Ke Za Zhi*, 23(4):148-50.

270 **Chen X, Liu S, Liu B, Mo L, Kong Y, Liu H. (2010)** The effects of age at cochlear implantation and hearing aid trial on auditory performance of Chinese infants. *Acta Otolaryngol*, 130(2):263-270.

271 **Cheng CM, McPherson B. (2000)** Over-the-counter hearing aids: electroacoustic characteristics and possible target client groups. *Audiology*, 39(2):110-6.

272 **Chermak G, Miller M. (1988)** Shortcomings of a revised feasibility scale for predicting hearing aid use with older adults. *Brit J Audiol*, 22(3):187-194.

273 **Cherry EC. (1953)** Some experiments on the recognition of speech, with one and with two ears. *J Acoust Soc Amer*, 25:975-979.

274 **Ching T, Psarros C, Hill M. (1999)** Optimising hearing aid fittings of children who also use cochlear implants. *Hearing Aid Amplification for the New Millenium*. Sydney.

275 **Ching TY, Crowe K, Martin V, Day J, Mahler N, Youn S, Street L, Cook C, Orsini J. (2010)** Language development and everyday functioning of children with hearing loss assessed at 3 years of age. *Int J Speech Lang Pathol*, 12(2):124-31.

276 **Ching TY, Dillon H, Katsch R, Byrne D. (2001)** Maximizing effective audibility in hearing aid fitting. *Ear & Hear*, 22(3):212-24.

277 **Ching TY, Hill M. (2007)** The Parents' Evaluation of Aural/Oral Performance of Children (PEACH) scale: normative data. *J Am Acad Audiol*, 18(3):220-35.

278 **Ching TY, Hill M, Brew J, Incerti P, Priolo S, Rushbrook E, Forsythe L. (2005)** The effect of auditory experience on speech perception, localization, and functional performance of children who use a cochlear implant and a hearing aid in opposite ears. *Int J Audiol*, 44(12):677-90.

279 **Ching TY, Hill M, Dillon H. (2008)** Effect of variations in hearing-aid frequency response on real-life functional performance of children with severe or profound hearing loss. *Int J Audiol*, 47(8):461-75.

280 **Ching TY, Incerti P, Hill M. (2004)** Binaural benefits for adults who use hearing aids and cochlear implants in opposite ears. *Ear & Hear*, 25(1):9-21.

281 **Ching TY, Incerti P, Hill M, van Wanrooy E. (2006)** An overview of binaural advantages for children and adults who use binaural/bimodal hearing devices. *Audiol Neurotol*, 11 Suppl 1:6-11.

282 **Ching TY, Newall P, Wigney D. (1994)** Audio-visual and auditory paired comparison judgments by severely and profoundly hearing impaired children: reliability and frequency response preferences. *Aust J Audiol*, 16(2):99-106.

283 **Ching TY, Newall P, Wigney D. (1997)** Comparison of severely and profoundly hearing-impaired children's amplification preferences with the NAL-RP and the DSL 3.0 prescriptions. *Scand Audiol*, 26(4):219-22.

284 **Ching TY, O'Brien A, Dillon H, Chalupper J, Hartley L, Hartley D, et al. (2009)** Directional effects on infants and young children in real life: implications for amplification. *J Speech Lang Hear Res*, 52(5):1241-54.

285 **Ching TY, Psarros C, Hill M, Dillon H, Incerti P. (2001)** Should children who use cochlear implants wear hearing aids in the opposite ear? *Ear & Hear*, 22(5):365-80.

286 **Ching TY, Scollie SD, Dillon H, Seewald R. (2010)** A cross-over, double-blind comparison of the NAL-NL1 and the DSL v4.1 prescriptions for children with mild to moderately severe hearing loss. *Int J Audiol*, 49 Suppl 1:S4-15.

287 **Ching TY, Scollie SD, Dillon H, Seewald R, Britton L, Steinberg J. (2010)** Prescribed real-ear and achieved real-life differences in children's hearing aids adjusted according to the NAL-NL1 and the DSL v.4.1 prescriptions. *Int J Audiol*, 49 Suppl 1:S16-25.

288 **Ching TY, Scollie SD, Dillon H, Seewald R, Britton L, Steinberg J, Gilliver M, King KA. (2010)** Evaluation of the NAL-NL1 and the DSL v.4.1 prescriptions for children: Paired-comparison intelligibility judgments and functional performance ratings. *Int J Audiol*, 49 Suppl 1:S35-48.

289 **Ching TY, van Wanrooy E, Dillon H, Carter L. (2011)** Spatial release from masking in normal-hearing children and children who use hearing aids. *J Acoust Soc Amer*, 129(1):368-75.

290 **Ching TY, van Wanrooy E, Hill M, Dillon H. (2005)** Binaural redundancy and inter-aural time difference cues for patients wearing a cochlear implant and a hearing aid in opposite ears. *Int J Audiol*, 44(9):513-21.

291 **Ching TY, van Wanrooy E, Hill M, Incerti P. (2006)** Performance in children with hearing aids or cochlear implants: bilateral stimulation and binaural hearing. *Int J Audiol*, 45 Suppl 1:S108-12.

292 **Ching TY, Dillon H. (In preparation)** Relationships between frequency selectivity, age, cognition, dead regions and speech intelligibility in filtered speech.

293 **Ching TY, Dillon H, Byrne D. (1998)** Speech recognition of hearing-impaired listeners: Predictions from audibility and the limited role of high-frequency amplification. *J Acoust Soc Amer*, 103(2):1128-1140.

294 **Ching TY, Dillon H, Seeto M, et al. (In preparation)** Language outcomes at 6 and 12 months after early or delayed detection of permanent childhoood hearing impairment.

295 **Chisolm TH, Abrams HB. (2001)** Measuring hearing aid benefit using a willingness-to-pay approach. *J Am Acad Audiol*, 12(8):383-9.

296 **Chisolm TH, Abrams HB, McArdle R. (2004)** Short- and long-term outcomes of adult audiological rehabilitation. *Ear & Hear*, 25(5):464-77.

297 **Chisolm TH, Johnson CE, Danhauer JL, Portz LJ, Abrams HB, Lesner S, McCarthy PA, Newman CW. (2007)** A systematic review of health-related quality of life and hearing aids: final report of the American Academy of Audiology Task Force On the Health-Related Quality of Life Benefits of Amplification in Adults. *J Am Acad Audiol*, 18(2):151-83.

298 **Chisolm TH, Noe CM, McArdle R, Abrams HB. (2007)** Evidence for the use of hearing assistive technology by adults: the role of the FM system. *Trends Amplif*, 11(2):73-89.

299 **Chisolm TH, Willott JF, Lister JJ. (2003)** The aging auditory system: anatomic and physiologic changes and implications for rehabilitation. *Int J Audiol*, 42(Suppl 2):2S3-10.

300 **Chmiel R, Jerger J. (1993)** Some factors affecting assessment of hearing handicap in the elderly. *J Amer Acad Audiol*, 4(4):249-257.

301 **Chmiel R, Jerger J. (1996)** Hearing aid use, central auditory disorder, and hearing handicap in elderly persons. *J Am Acad Audiol*, 7(3):190-202.

302 **Chmiel R, Jerger J, Murphy E, Pirozzolo F, Tooley YC. (1997)** Unsuccessful use of binaural amplification by an elderly person. *J Amer Acad Audiol*, 8(1):1-10.

303 **Christen R. (1980)** Binaural summation at the most comfortable loudness level (MCL). *Aust J Audiol*, 2(2):92-98.

304 **Christensen L, Lee L, Humes L. (1994)** Can clinical word-recognition measures predict aided word recognition? *American Auditory Society Bulletin*, 19(1):11,16.

305 **Chung K. (2004)** Challenges and recent developments in hearing aids. Part I. Speech understanding in noise, microphone technologies and noise reduction algorithms. *Trends Amplif*, 8(3):83-124.

306 **Chung K. (2004)** Challenges and recent developments in hearing aids. Part II. Feedback and occlusion effect reduction strategies, laser shell manufacturing processes, and other signal processing technologies. *Trends Amplif*, 8(4):125-64.

307 **Chung K, McKibben N, Mongeau L. (2010)** Wind noise in hearing aids with directional and omnidirectional microphones: Polar characteristics of custom-made hearing aids. *J Acoust Soc Amer*, 127(4):2529-42.

308 **Chung S, Stephens S. (1986)** Factors influencing binaural hearing aid use. *Brit J Audiol*, 20(2):129-140.

309 **Cienkowski KM, McHugh MS, McHugo GJ, Musiek FE, Cox RM, Baird JC. (2006)** A computer method for assessing satisfaction with hearing aids. *Int J Audiol*, 45(7):393-9.

310 **Cienkowski KM, Pimentel V. (2001)** The hearing aid 'effect' revisited in young adults. *Br J Audiol*, 35(5):289-95.

311 **Clark JG, English KM. (2004)** *Counselling in audiologic practice: Helping parents and families adjust to hearing loss*. Allyn & Bacon: Boston, MA.

312 **Coelho J, Dillon H. (2000)** Unpublished calculations.

313 **Cohen J. (1988)** *Statistical power analysis for the social sciences, 2nd Edition*. Erlbaum Associates: Hillsdale, NJ.

314 **Colletti V, Fiorino F, Carner M, Rizzi R. (1988)** Investigation of the long-term effects of unilateral hearing loss in adults. *Brit J Audiol*, 22(2):113-118.

315 **Colletti V, Soli SD, Carner M, Colletti L. (2006)** Treatment of mixed hearing losses via implantation of a vibratory transducer on the round window. *Int J Audiol*, 45(10):600-8.

316 **Comptom. C. (2002)** Assistive technology for enhancement of receptive communication. In *Rehabilitative Audiology - Third Edition*, Alpiner J, McCarthy P (eds) Williams & Wilkins: Baltimore, Maryland.

317 **Compton-Conley CL, Neuman AC, Killion MC, Levitt H. (2004)** Performance of directional microphones for hearing aids: real-world versus simulation. *J Am Acad Audiol*, 15(6):440-55.

318 **Convery E, Keidser G, Dillon H. (2005)** A review and analysis: does amplification experience have an effect on preferred gain over time? *Aust & NZ J Audiol*, 27(1):18-32.

319 **Coogle KL. (1976)** NAEL's standard terms for earmolds. *Hear Aid J*, 3(5).

320 **Cook JA, Bacon SP, Sammeth CA. (1997)** Effect of low-frequency gain reduction on speech recognition and its relation to upward spread of masking. *J Speech Lang Hear Res*, 40(2):410-22.

321 **Corcoran JA, Stewart M, Glynn M, Woodman D. (2000)** Stories of parents of children with hearing loss: A qualitative analysis of interview narratives. In *A sound foundation through early amplification*, Seewald R (ed), 167-174. Stafa, Switzerland, Phonak.

322 **Cord MT, Surr RK, Walden BE, Dyrlund O. (2004)** Relationship between laboratory measures of directional advantage and everyday success with directional microphone hearing aids. *J Am Acad Audiol*, 15(5):353-64.

323 **Cord MT, Surr RK, Walden BE, Olson L. (2002)** Performance of directional microphone hearing aids in everyday life. *J Am Acad Audiol*, 13(6):295-307.

323a **Cord, MT, Walden BE, Surr RK, Dittberner AB. (2007)** Field evaluation of an asymmetric directional microphone fitting. *J Am Acad Audiol*, 18(3):245-56.

324 **Coren S, Hakstian AR. (1992)** The development and cross-validation of a self-report inventory to assess pure-tone threshold hearing sensitivity. *J Speech Hear Res*, 35(4):921-8.

325 **Cornelisse LE, Seewald RC. (1997)** Field-to-microphone transfer functions for completely-in-the-canal (CIC) instruments. *Ear & Hear*, 18(4):342-5.

326 **Cornelisse L, Gagne J, Seewald R. (1991)** Ear level recordings of the long-term average spectrum of speech. *Ear & Hear*, 12(1):47-54.

327 **Cornelisse L, Seewald R, Jamieson D. (1995)** The input/output formula: a theoretical approach to the fitting of personal amplification devices. *J Acoust Soc Amer*, 97(3):1854-1864.

328 **Cortez R, Dinulescu N, Skafte K, Olson B, Keeenan D, Kuk F. (2004)** Changing with the times: Applying digital technology to hearing aid shell manufacturing. *Hear Rev*, 11(3):30-38.

329 **Cotton SE. (1988)** Evaluation of FM fittings. Masters dissertation, Macquarie University. Sydney.

330 **Couch LW. (1990)** *Digital and analog communication systems*. Macmillan: New York.

331 **Courtois J, Johansen PA, Larsen BV, Beilin J. (1988)** Hearing aid fitting in asymmetrical hearing loss. In *Hearing aid fitting: theoretical and practical views*, Jensen JH (ed), 243-256. Copenhagen, Stougaard Jensen.

332 **Cowan R, Barker E, Pegg P, Dettman S, Rennie M, Galvin K et al. (1997)** Speech perception in children: Effects of speech processing strategy and residual hearing. .In *Cochlear implants*, Clark GM (ed), 49-54. Bologna, Monduzzzi Editore.

333 **Cowan R, Alcantara J, Whitford L, Blamey P, Clark G. (1989)** Speech perception studies using a multichannel electrotactile speech processor, residual hearing, and lipreading. *J Acoust Soc Amer*, 85(6):2593-2607.

334 **Cox H, Zeskind RM, Kooij T. (1986)** Practical supergain. *IEEE Trans Acoust Speech Sig Proc*, ASSP-34(3):393-398.

335 **Cox R, Hyde M, Gatehouse S, Noble W, Dillon H, Bentler RA, Stephens D, Arlinger S, Beck L, Wilkerson D, Kramer S, Kricos P, Gagne JP, Bess F, Hallberg L. (2000)** Optimal outcome measures, research priorities, and international cooperation. *Ear & Hear*, 21(4 Suppl):106S-115S.

336 **Cox RM. (1979)** Acoustic aspects of hearing aid-ear canal coupling systems. *Monographs in Contemporary Audiology*, 1(3):1-44.

337 **Cox RM. (1997)** Administration and application of the APHAB. *The Hear J*, 50(4):32-48.

338 **Cox RM. (2000)** The APHAB. www.ausp.memphis.edu/harl.

339 **Cox RM. (2003)** Assessment of subjective outcome of hearing aid fitting: getting the client's point of view. *Int J Audiol*, 42(Suppl 1):S90-6.

340 **Cox RM. (2005)** Evidence-based practice in provision of amplification. *J Am Acad Audiol*, 16(7):419-38.

341 **Cox RM. (2009)** Verification and what to do until your probe-mic system arrives. *The Hear J*, 62(9):10-16, and 62(10):10-14.

342 **Cox RM. (1999)** Private communication.

343 **Cox RM, Alexander GC. (1992)** Maturation of hearing aid benefit: subjective and objective measurements. *Ear & Hear*, 13(3):131-141.

344 **Cox RM, Alexander GC. (1999)** Measuring Satisfaction with Amplification in Daily Life: the SADL scale. *Ear & Hear*, 20(4):306-320.

345 **Cox RM, Alexander GC. (2000)** Expectations about hearing aids and their relationship to fitting outcome. *J Am Acad Audiol*, 11(7):368-382.

346 **Cox RM, Alexander GC. (2002)** The International Outcome Inventory for Hearing Aids (IOI-HA): psychometric properties of the English version. *Int J Audiol*, 41(1):30-35.

347 **Cox RM, Alexander GC, Beyer CM. (2003)** Norms for the international outcome inventory for hearing aids. *J Am Acad Audiol*, 14(8):403-413.

348 **Cox RM, Alexander GC, Gray GA. (1999)** Personality and the subjective assessment of hearing aids. *J Amer Acad Audiol*, 10(1):1-13.

349 **Cox RM, Alexander GC, Gray GA. (2003)** Audiometric correlates of the unaided APHAB. *J Am Acad Audiol*, 14(7):361-371.

350 **Cox RM, Alexander GC, Gray GA. (2005)** Who wants a hearing aid? Personality profiles of hearing aid seekers. *Ear & Hear*, 26(1):12-26.

351 **Cox RM, Alexander GC, Gray GA. (2007)** Personality, hearing problems, and amplification characteristics: contributions to self-report hearing aid outcomes. *Ear & Hear*, 28(2):141-162.

352 **Cox RM, Alexander GC, Taylor IM, Gray GA. (1997)** The contour test of loudness perception. *Ear & Hear*, 18(5):388-400.

353 **Cox RM, Gray GA. (2001)** Verifying loudness perception after hearing aid fitting. *Am J Audiol*, 10(2):91-98.

354 **Cox RM, Schwartz KS, Noe CM, Alexander GC. (2011)** Preference for one or two hearing aids among adult patients. *Ear & Hear*, 32(2):181-97.

355 **Cox RM, Stephens D, Kramer SE. (2002)** Translations of the International Outcome inventory for Hearing Aids (IOI-HA). *Int J Audiol*, 41(1):3-26.

356 **Cox RM, Xu J. (2010)** Short and long compression release times: speech understanding, real-world preferences, and association with cognitive ability. *J Am Acad Audiol*, 21(2):121-38.

357 **Cox R. (1982)** Combined effects of earmold vents and suboscillatory feedback on hearing aid frequency response. *Ear & Hear*, 3(1):12-17.

358 **Cox R. (1983)** Using ULCL measures to find frequency/gain and SSPL90. *Hear Instrum*, 7:17-21, 39.

359 **Cox R. (1985)** ULCL-based prescriptions for in-the-ear hearing aids. *Hear Instrum*, 4:12-14.

360 **Cox R. (1988)** The MSU hearing instrument prescription procedure. *Hear Instrum*, 39(1):6-10.

361 **Cox R. (1995)** Using loudness data for hearing aid selection: The IHAFF approach. *The Hear J*, 48(2):10, 39-44.

362 **Cox R, Alexander GC. (1983)** Acoustic versus electronic modifications of hearing aid low-frequency output. *Ear & Hear*, 4(4):190-196.

363 **Cox R, Alexander GC. (1991)** Hearing aid benefit in everyday environments. *Ear & Hear*, 12(2):127-139.

364 **Cox R, Alexander GC. (1995)** The abbreviated profile of hearing aid benefit. *Ear & Hear*, 16(2):176-186.

365 **Cox R, Bisset J. (1984)** Relationship between two measures of aided binaural advantage. *J Speech Hear Disord*, 49(4):399-408.

366 **Cox R, DeChicchis A, Wark D. (1981)** Demonstration of binaural advantage in audiometric test rooms. *Ear & Hear*, 2(5):194-201.

367 **Cox R, Gilmore C. (1990)** Development of the Profile of Hearing Aid Performance (PHAP). *J Speech Hear Res*, 33(2):343-357.

368 **Cox R, Gilmore C, Alexander G. (1991)** Comparison of two questionnaires for patient-assessed hearing aid benefit. *J Amer Acad Audiol*, 2(3):134-145.

369 **Cox R, Taylor I. (1994)** Relationship between in-situ distortion and hearing aid benefit. *J Amer Acad Audiol*, 5(5):317-324.

370 **Crain TR, Van Tasell DJ. (1994)** Effect of peak clipping on speech recognition threshold. *Ear & Hear*, 15(6):443-453.

371 **Crandell C, Smaldino JJ. (1995)** Speech perception in the classroom. In *Sound-field FM amplification*, Crandell C, Smaldino JJ, Flexer C (eds), 29-48. Singular: San Diego.

372 **Crandell CC. (1998b)** Hearing aids: Their effects on functional health status. *The Hear J*, 51(2):22-32.

373 **Creel LP, Desporte EJ, Juneau RP. (1999)** Soft-solid instruments: a positive solution to the dynamic ear canal. *Hear Rev*, 3(1):40-43.

374 **Cremers CW, Verhaegen VJ, Snik AF. (2009)** The floating mass transducer of the Vibrant Soundbridge interposed between the stapes and tympanic membrane after incus necrosis. *Otol Neurotol*, 30(1):76-8.

375 **Crowley HJ, Nabelek IV. (1996)** Estimation of client-assessed hearing aid performance based upon unaided variables. *J Speech Hear Res*, 39(1):19-27.

376 **Culbertson JL, Gilbert LE. (1986)** Children with unilateral sensorineural hearing loss: cognitive, academic, and social development. *Ear & Hear*, 7(1):38-42.

377 **Cunningham DR. (1996)** Hearing aid counseling: helping patients make decisions. *The Hear J*, 49(5):31-34.

378 **Cunningham DR, Lao-Davila RG, Eisenmenger BA, Lazich RW. (2002)** Study finds use of Live Speech Mapping reduces follow-up visits and saves money. *The Hear J*, 55(2):43-46.

379 **Curran JR. (1990a)** Practical modification and adjustments of in-the-ear and in-the-canal hearing aids Part 1. *Audiology Today*, 1(1).

380 **Curran JR. (1990b)** Practical modification and adjustments of in-the-ear and in-the-canal hearing aids Part 2. *Audiology Today*, 2(3).

381 **Curran JR. (1991)** Practical modification and adjustments of in-the-ear and in-the-canal hearing aids Part 3. *Audiology Today*, 3(1).

382 **Curran JR. (1992)** Practical modification and adjustments of in-the-ear and in-the-canal hearing aids Part 4. *Audiology Today*, 4(1).

383 **D'Angelo WR, Bolia RS, Mishler PJ, Morris LJ. (2001)** Effects of CIC hearing aids on auditory localization by listeners with normal hearing. *J Speech Lang Hear Res*, 44(6):1209-14.

384 **Dahl B, Vesterager V, Sibelle P, Boisen G. (1998)** Self-reported need of information, counselling and education: needs and interests of re-applicants. *Scand Audiol*, 27(3):143-51.

385 **Dahlquist M, Lutman ME, Wood S, Leijon A. (2005)** Methodology for quantifying perceptual effects from noise suppression systems. *Int J Audiol*, 44(12):721-32.

386 **Dalton DS, Cruickshanks KJ, Klein BE, Klein R, Wiley TL, Nondahl DM. (2003)** The impact of hearing loss on quality of life in older adults. *Gerontologist*, 43(5):661-8.

387 **Danaher ES, Pickett JM. (1975)** Some masking effects produced by low-frequency vowel formants in persons with sensorineural loss. *J Speech Hear Res*, 18:79-89.

388 **Danaher ES, Wilson MP, Pickett JM. (1978)** Backward and forward masking in listeners with severe sensorineural hearing loss. *J Speech Hear Res*, 17:324-338.

389 **Danhauer JL, Johnson CE. (2006)** A case study of an emerging community-based early hearing detection and intervention program: part I. Parents' compliance. *Am J Audiol*, 15(1):25-32.

390 **Danhauer JL, Johnson CE, Mixon M. (2010)** Does the evidence support use of the Baha implant system (Baha) in patients with congenital unilateral aural atresia? *J Am Acad Audiol*, 21(4):274-86.

391 **Danhauer J, Mulac A, Eve I. (1985)** Health care providers' and peers' impressions of elderly hearing aid wearers. *Amer J Otol*, 6(2):146-149.

392 **David EE, Ostroff JM, Shipp D, Nedzelski JM, Chen JM, Parnes LS. (2003)** Speech coding strategies and revised cochlear implant candidacy: an analysis of post-implant performance. *Otol Neurotol*, 24(2):228-33.

393 **Davidson LS. (2006)** Effects of stimulus level on the speech perception abilities of children using cochlear implants or digital hearing aids. *Ear & Hear*, 27(5):493-507.

394 **Davidson S, Wall L, Goodman C. (1990)** Preliminary studies on the use of an ABR amplitude projection procedure for hearing aid selection. *Ear & Hear*, 11(5):332-339.

395 **Davies J, John D, Stephens S. (1991)** Intermediate hearing tests as predictors of hearing aid acceptance. *Clin Otolaryngol*, 16(1):76-83.

396 **Davies-Venn E, Souza P, Brennan M, Stecker GC. (2009)** Effects of audibility and multichannel wide dynamic range compression on consonant recognition for listeners with severe hearing loss. *Ear & Hear*, 30(5):494-504.

397 **Davies-Venn E, Souza P, Fabry D. (2007)** Speech and music quality ratings for linear and nonlinear hearing aid circuitry. *J Am Acad Audiol*, 18(8):688-99.

398 **Davis A. (1995)** *Hearing in Adults*. Whurr: London.

399 **Davis A. (2003)** Population study of the ability to benefit from amplification and the provision of a hearing aid in 55-74-year-old first-time hearing aid users. *Int J Audiol*, 42(Suppl 2):2S39-52.

400 **Davis A, Reeve K, Hind S, Bamford J. (2001)** Children with mild and unilateral hearing loss. In *A Sound Foundation Through Early Amplification. Proceedings of the Second International Conference,* Seewald R (ed), 179-186.

401 **Davis A, Stephens D, Rayment A, Thomas K. (1992)** Hearing impairments in middle age: the acceptability, benefit and cost of detection (ABCD). *Brit J Audiol*, 26(1):1-14.

402 **Davis AC. (1989)** The prevalence of hearing impairment and reported hearing disability among adults in Great Britain. *Int J Epidemiology*, 18(4):911-917.

403 **Davis A, Haggard M. (1982)** Some implications of audiological measures in the population for binaural aiding strategies. *Scand Audiol Suppl*, 15:167-179.

404 **Davis LA, Davidson SA. (1996)** Preference for and performance with damped and undamped hearing aids by listeners with sensorineural hearing loss. *J Speech Hear Res*, 39(3):483-93.

405 **Davis PA. (1939)** Effects of acoustic stimuli on the waking human brain. *J Neurophysiology*, 2:494-499.

406 **Davis-Penn W, Ross M. (1993)** Pediatric experiences with frequency transposing. *Hear Instrum*, 44(4):26-32.

406a **Dawes P, Powell S, Munro KJ. (2011)** The placebo effect and the influence of participant expectation on hearing aid trials. *Ear Hear*, 32(6):767-74.

407 **Dawson P, Dillon H, Battaglia J. (1991)** Output limiting compression for the severely-profoundly deaf. *Aust J Audiol*, 13(1):1-12.

407a **Dawson PW, Nott PE, Clark GM, Cowan RS. (1998)** A modification of play audiometry to assess speech discrimination ability in severe-profoundly deaf 2- to 4-year-old children. *Ear & Hear*, 19(5):371-84.

408 **Day G, Browning G, Gatehouse S. (1988)** Benefit from binaural hearing aids in individuals with a severe hearing impairment. *Brit J Audiol*, 22(4):273-277.

409 **de Boer B. (1984)** Performance of hearing aids from the pre-electronic era. *Audiological Acoustics*, 23:34-55.

410 **De Gennaro S, Braida L, Durlach N. (1986)** Multichannel syllabic compression for severely impaired listeners. *J Rehabil Res Dev*, 23(1):17-24.

411 **De Raeve L. (2010)** A longitudinal study on auditory perception and speech intelligibility in deaf children implanted younger than 18 months in comparison to those implanted at later ages. *Otol Neurotol*, 31(8):1261-7.

412 **de Wolf MJ, Hendrix S, Cremers CW, Snik AF. (2011)** Better performance with bone-anchored hearing aid than acoustic devices in patients with severe air-bone gap. *Laryngoscope*, 121(3):613-6.

413 **DeBrunner V, McKinney E. (1995)** A directional adaptive least-mean-square acoustic array for hearing aid enhancement. *J Acoust Soc Amer*, 98(1):437-444.

414 **DeConde Johnson C, Lewis DE, Mulder HE, Thibodeau LM. (2010)** Achieving clear communication employing sound solutions: *Proceedings of the first international virtual conference on FM*. Phonak AG: Stafa.

415 **Deddens A, Wilson E, Lesser T, Fredrickson J. (1990)** Totally implantable hearing aids: the effects of skin thickness on microphone function. *Am J Otolaryngol*, 11(1):1-4.

416 **Del Bo L, Ambrosetti U, Bettinelli M, Domenichetti E, Fagnani E, Scotti A. (2006)** Using open-ear hearing aids in tinnitus therapy. *Hear Rev*, 13(9):30-32.

417 **Demorest ME, Erdman SA. (1987)** Development of the Communication Profile for the Hearing Impaired. *J Speech Hear Disord*, 52:129-143.

418 **Demorest M, Walden B. (1984)** Psychometric principles in the selection, interpretation, and evaluation of communication self-assessment inventories. *J Speech Hear Disord*, 49(3):226-240.

419 **Dempster J, Mackenzie K. (1990)** The resonance frequency of the external auditory canal in children. *Ear & Hear*, 11(4):296-298.

420 **Dermody P, Byrne D. (1975)** Auditory localization by hearing-impaired persons using binaural in-the-ear hearing aids. *Brit J Audiol*, 9:93-101.

421 **Dermody P, Byrne D. (1975)** Loudness summation with binaural hearing aids. *Scand Audiol*, 2(1):23-28.

422 **Desjardins JL, Doherty KA. (2009)** Do experienced hearing aid users know how to use their hearing aids correctly? *Am J Audiol*, 18(1):69-76.

423 **Dettman SJ, Pinder D, Briggs RJ, Dowell RC, Leigh JR. (2007)** Communication development in children who receive the cochlear implant younger than 12 months: risks versus benefits. *Ear & Hear*, 28(2 Suppl):11S-18S.

424 **Deutsch D. (1975)** Musical illusions. *Scientific American*:92.

425 **Dieroff H. (1993)** Late-onset auditory inactivity (deprivation) in persons with bilateral essentially symmetric and conductive hearing impairment. *J Amer Acad Audiol*, 4 (5):347-350.

426 **DiGiovanni JJ, Nair P. (2006)** Auditory filters and the benefit measured from spectral enhancement. *J Acoust Soc Amer*, 120(3):1529-38.

427 **Dillon H. (1983)** Earmould modifications for wide-bandwidth, flat response hearing aid coupling systems for use in audiological measurements. *Aust J Audiol*, 5(2):63-70.

428 **Dillon H. (1984)** Unpublished data.

429 **Dillon H. (1985)** Earmolds and high frequency response modification. *Hear Instrum*, 36(12):8-12.

430 **Dillon, H. (1985)** Rules for selecting acoustic modifications of hearing aids. NAL Hearing Aid Conference. Sydney.

431 **Dillon H. (1991)** Allowing for real ear venting effects when selecting the coupler gain of hearing aids. *Ear & Hear*, 12(6):406-416.

432 **Dillon H. (1993)** Hearing aid evaluation: predicting speech gain from insertion gain. *J Speech Hear Res*, 36(3):621-633.

433 **Dillon H. (1994)** Shortened hearing aid performance inventory for the elderly (SHAPIE). *Aust J Audiol*, 16:37-48.

434 **Dillon H. (1996)** Compression? Yes, but for low or high frequencies, for low or high intensities, and with what response times. *Ear & Hear*, 17(4):287-307.

435 **Dillon H. (1999)** NAL-NL1: A new prescriptive fitting procedure for non-linear hearing aids. *The Hear J*, 52(4):10-16.

436 **Dillon H. (2001)** *Hearing Aids, First Edition*. Boomerang Press: Sydney.

437 **Dillon H. (2005)** So baby; how does it sound? Cortical assessment of infants with hearing aids. *The Hear J*, 58(10):10-17.

438 **Dillon H. (2006)** Hearing loss: The silent epidemic. Who, why, impact and what can we do about it. Libby Harricks Oration. Self-Help for the Hard of Hearing. http://www.nal.gov.au/pdf/Libby Harricks Talk at Perth.pdf.

439 **Dillon, H. (2007)** Usage of hearing aids by responders and non-responders. Presentation to Hearing Services Consultative Committee. Canberra.

440 **Dillon H. (2010)** Analysis of 30,000 audiograms of people wearing hearing aids. Unpublished data.

441 **Dillon H, Birtles G, Lovegrove R. (1999)** Measuring the outcomes of a national rehabilitation program: normative data for the Client Oriented Scale of Improvement (COSI) and the Hearing Aid User's Questionnaire (HAUQ). *J Amer Acad Audiol*, 10(2):67-79.

442 **Dillon H, Byrne D, Upfold L. (1982)** The reliability of speech discrimination testing in relation to hearing aid candidacy. *J Otolaryng Soc Aust*, 5(2):81-84.

443 **Dillon H, Cameron S, Ching T, Glyde H, Keidser G, Hartley D, et al. (2010)** Mild hearing loss is a serious business. IHCON. Lake Tahoe.

444 **Dillon H, Carter L, Seymour J, Golding M. (In preparation)** Sensitizing telephone tests of hearing with transparent noises.

445 **Dillon H, Chew M, Deans M. (1984)** Loudness discomfort level measurements and their implications for the design and fitting of hearing aids. *Aust J Audiol*, 6:73-79.

446 **Dillon H, Flax M, Ching TY, Keidser G. (In preparation)** Derivation of the NAL-NL2 prescription formula.

447 **Dillon H, Hickson L, Lloyd T. (2011)** Outcomes of the Australian Government Hearing Services Scheme.

448 **Dillon H, James A, Ginis J. (1997)** Client Oriented Scale of Improvement (COSI) and its relationship to several other measures of benefit and satisfaction provided by hearing aids. *J Amer Acad Audiol*, 8(1):27-43.

449 **Dillon H, Keidser G. (2003)** Is probe microphone measurement of hearing aid gain-frequency response best practice? *The Hear J*, 56(10):28-30.

450 **Dillon H, Keidser G, O'Brien A, Silberstein H. (2003)** Sound quality comparisons of advanced hearing aids. *The Hear J*, 56(4):30-40.

451 **Dillon H, Koritschoner E, Battaglia J, Lovegrove R, Ginis J, Mavrias G, et al (1991)** Rehabilitation effectiveness I: Assessing the needs of clients entering a national hearing rehabilitation program. *Aust J Audiol*, 13(2):55-65.

452 **Dillon H, Koritschoner E, Battaglia J, Lovegrove R, Ginis J, Mavrias G, et al (1991)** Rehabilitation effectiveness II: Assessing the outcomes for clients of a national hearing rehabilitation program. *Aust J Audiol*, 13(2):68-82.

453 **Dillon H, Lovegrove R. (1993)** Single microphone noise reduction systems for hearing aids: A review and an evaluation. In *Acoustical factors affecting hearing aid performance*, Studebaker GA, Hochberg I (eds) Allyn & Bacon: Boston.

454 **Dillon H, Macrae J. (1984)** Derivation of design specifications for hearing aids. Report No. 102. Sydney, Aust Gov Publ Service.

455 **Dillon H, Murray N. (1987)** Accuracy of twelve methods for estimating the real ear gain of hearing aids. *Ear & Hear*, 8(1):2-11.

456 **Dillon H, Oong R. (2004)** The International Outcomes Inventory for Hearing Aids (IOI-HA): Australian results and the impact of hearing loss on outcomes. Audiol Soc Aust XVI Conf. Melbourne.

457 **Dillon H, Revoile S, Moore A. (1992)** Perception of consonants amplified by a spectral enhancement amplification scheme. Issues in Advanced Hearing Aid Research. Lake Arrowhead, California.

458 **Dillon H, Roe I, Katsch R. (1999)** Wind noise in hearing aids. *NAL Annual Report*.

459 **Dillon H, Savage I, Katsch R. (in preparation)** Wind-induced noise in hearing aids.

460 **Dillon H, Storey L. (1998)** The National Acoustic Laboratories' procedure for selecting the saturation sound pressure level of hearing aids: theoretical derivation. *Ear & Hear*, 19(4):255-66.

461 **Dillon H, Storey L, Grant F, Phillips AM, Skelt L, Mavrias G, Woytowych W, Walsh M. (1998)** Preferred compression threshold with 2:1 wide dynamic range compression in everyday environments. *Aust J Audiol*, 20(1):33-44.

462 **Dillon H, Walker G. (1982)** Comparison of stimuli used in sound field audiometric testing. *J Acoust Soc Amer*, 71:161-172.

463 **Dillon H, Zakis J, McDermott H, Keidser G, Dreschler W, Convery E. (2006)** The trainable hearing aid: What will it do for clients and clinicians? *The Hear J*, 59(4):30-36.

464 **DiMatteo MR, DiNicola DD. (1982)** *Achieving medical patient compliance. The psychology of the medical practitioner's role*. Pergamon Press: New York.

465 **Dirks DD, Carhart R. (1962)** A survey of reactions of users of binaural and monaural hearing aids. *J Speech Hear Disord*, 27:311-322.

466 **Dirks DD**. **(1985)** Bone-conduction testing. In *Handbook of Clinical Audiology*, Katz J (ed), 202-223. Williams & Wilkins: Baltimore.

467 **DiSarno NJ. (1997)** Informing the older consumer - a model. *The Hear J*, 50(10):49,52.

468 **Dittberner A, Bentler RA. (2003)** Interpreting the directivity index (DI). *Hear Rev*, 10(6):16-19.

469 **Dittberner AB, Bentler RA. (2007)** Predictive measures of directional benefit part 1: estimating the directivity index on a manikin. *Ear & Hear*, 28(1):26-45.

470 **Divenyi PL, Stark PB, Haupt KM. (2005)** Decline of speech understanding and auditory thresholds in the elderly. *J Acoust Soc Amer*, 118(2):1089-100.

471 **Dorman MF, Sharma A, Gilley P, Martin K, Roland P. (2007)** Central auditory development: evidence from CAEP measurements in children fit with cochlear implants. *J Commun Disord*, 40(4):284-94.

472 **Dowell RC, Dettman SJ, Hill K, Winton E, Barker EJ, Clark GM. (2002)** Speech perception outcomes in older children who use multichannel cochlear implants: older is not always poorer. *Ann Otol Rhinol Laryngol Suppl*, 189:97-101.

473 **Drennan WR, Gatehouse S, Howell P, Van Tasell D, Lund S. (2005)** Localization and speech-identification ability of hearing-impaired listeners using phase-preserving amplification. *Ear & Hear*, 26(5):461-72.

474 **Dreschler WA, Keidser G, Convery E, Dillon H. (2008)** Client-based adjustments of hearing aid gain: the effect of different control configurations. *Ear & Hear*, 29(2):214-27.

475 **Dreschler WA, Verschuure H, Ludvigsen C, Westermann S. (2001)** ICRA noises: Artificial noise signals with speech-like spectral and temporal properties for hearing instrument assessment. International Collegium for Rehabilitative Audiology. *Audiology*, 40(3):148-57.

476 **Dreschler W. (1989)** Phoneme perception via hearing aids with and without compression and the role of temporal resolution. *Audiology*, 28(1):49-60.

477 **Drullman R, Festen J, Plomp R. (1994)** Effect of reducing slow temporal modulations on speech reception. *J Acoust Soc Amer*, 95(5):2670-2680.

478 **Drullman R, Smoorenburg G. (1997)** Audio-visual perception of compressed speech by profoundly hearing-impaired subjects. *Audiology*, 36(3):165-177.

479 **Dubno JR, Ahlstrom JB, Horwitz AR. (2002)** Spectral contributions to the benefit from spatial separation of speech and noise. *J Speech Lang Hear Res*, 45(6):1297-310.

480 **Dubno JR, Ahlstrom JB, Horwitz AR. (2008)** Binaural advantage for younger and older adults with normal hearing. *J Speech Lang Hear Res*, 51(2):539-56.

481 **Dubno JR, Horwitz AR, Ahlstrom JB. (2005)** Recognition of filtered words in noise at higher-than-normal levels: decreases in scores with and without increases in masking. *J Acoust Soc Amer*, 118(2):923-33.

482 **Dubno JR, Horwitz AR, Ahlstrom JB. (2006)** Spectral and threshold effects on recognition of speech at higher-than-normal levels. *J Acoust Soc Amer*, 120(1):310-20.

483 **Dubno JR, Schaefer AB. (1995)** Frequency selectivity and consonant recognition for hearing-impaired and normal-hearing listeners with equivalent masked thresholds. *J Acoust Soc Amer*, 97(2):1165-74.

484 **Dubno JR, Schaefer AB. (1991)** Frequency selectivity for hearing-impaired and broadband-noise-masked normal listeners. *Q J Exp Psychol A*, 43(3):543-564.

485 **Duijvestijn JA, Anteunis LJ, Hendriks JJ, Manni JJ. (1999)** Definition of hearing impairment and its effect on prevalence figures. A survey among senior citizens. *Acta Otolaryngol*, 119(4):420-3.

486 **Duijvestijn JA, Anteunis LJ, Hoek CJ, Van Den Brink RH, Chenault MN, Manni JJ. (2003)** Help-seeking behaviour of hearing-impaired persons aged > or = 55 years; effect of complaints, significant others and hearing aid image. *Acta Otolaryngol*, 123(7):846-50.

487 **Dumon T, Zennaro O, Aran J, Bebear J. (1995)** Piezoelectric middle ear implant preserving the ossicular chain. *Otolaryngol Clin North Am*, 28(1):173-187.

488 **Dumper J, Hodgetts B, Liu R, Brandner N. (2009)** Indications for bone-anchored hearing aids: a functional outcomes study. *J Otolaryngol Head Neck Surg*, 38(1):96-105.

490 **Dun CA, de Wolf MJ, Hol MK, Wigren S, Eeg-Olofsson M, Green K, et al (2011)** Stability, survival, and tolerability of a novel baha implant system: six-month data from a multicenter clinical investigation. *Otol Neurotol*, 32 (6):1001-7.

491 **Dunn CC, Tyler RS, Witt SA. (2005)** Benefit of wearing a hearing aid on the unimplanted ear in adult users of a cochlear implant. *J Speech Lang Hear Res*, 48(3):668-80.

492 **Duquesnoy AJ. (1983)** Effect of a single interfering noise or speech source upon the binaural sentence intelligibility of aged persons. *J Acoust Soc Amer*, 74:739-743.

493 **Durlach NI, Mason CR, Kidd GJ, Arbogast TL, Colburn HS, Shinn-Cunningham BG. (2003)** Note on informational masking. *J Acoust Soc Amer*, 113(6):2984-7.

494 **Durlach NI, Thompson CL, Colburn HS. (1981)** Binaural interaction in impaired listeners: a review of past research. *Audiol*, 20:181-211.

495 **Durlach N, Rigopulos A, Pang X, Woods W, Kulkarni A, Colburn H, Wenzel E. (1992)** On the externalization of auditory images. *Presence*, 1(2):251-257.

496 **Durrant JD, Palmer CV, Lunner T. (2005)** Analysis of counted behaviors in a single-subject design: modeling of hearing-aid intervention in hearing-impaired patients with Alzheimer's disease. *Int J Audiol*, 44(1):31-8.

497 **Dutt SN, McDermott AL, Burrell SP, Cooper HR, Reid AP, Proops DW. (2002)** Speech intelligibility with bilateral bone-anchored hearing aids: the Birmingham experience. *J Laryngol Otol Suppl*(28):47-51.

498 **Dutt SN, McDermott AL, Irving RM, Donaldson I, Pahor AL, Proops DW. (2002)** Prescription of binaural hearing aids in the United Kingdom: a knowledge, attitude and practice (KAP) study. *J Laryngol Otol Suppl*, 28:2-6.

499 **Dutt SN, McDermott AL, Jelbert A, Reid AP, Proops DW. (2002)** The Glasgow benefit inventory in the evaluation of patient satisfaction with the bone-anchored hearing aid: quality of life issues. *J Laryngol Otol Suppl*(28):7-14.

500 **Dye C, Peak M. (1983)** Influence of amplification on the psychological functioning of older adults with neurosensory hearing loss. *J Acad Rehab Audiol*, 16:210-220.

501 **Dyer RK, Nakmali D, Dormer KJ. (2006)** Magnetic resonance imaging compatibility and safety of the SOUNDTEC Direct System. *Laryngoscope*, 116(8):1321-33.

502 **Dyrlund O, Bisgaard N. (1991)** Acoustic feedback margin improvements in hearing instruments using a prototype DFS (digital feedback suppression) system. *Scand Audiol*, 20(1):49-53.

503 **Dyrlund O, Henningsen L, Bisgaard N, Jensen J. (1994)** Digital feedback suppression (DFS). Characterization of feedback-margin improvements in a DFS hearing instrument. *Scand Audiol*, 23(2):135-138.

504 **Egolf DP, Carlson EV, Mostardo AF, Madaffari PL. (1989)** Design evolution of miniature electroacoustic transducers. *J Acoust Soc Amer*, 86:S86.

505 **Eisenberg LS, Dirks DD. (1995)** Reliability and sensitivity of paired comparisons and category rating in children. *J Speech Hear Res*, 38(5):1157-67.

506 **Eisenberg LS, Dirks DD, Gornbein JA. (1997)** Subjective judgments of speech clarity measured by paired comparisons and category rating. *Ear & Hear*, 18(4):294-306.

507 **Eisenberg LS, Johnson KC, Martinez MA. (2005)** Clinical assessment of speech perception for infants and toddlers. Accessed October 2011. http://www.audiologyonline.com/articles/article_detail.asp?article_id=1443.

508 **Eisenberg LS, Kirk KI, Martinez AS, Ying EA, Miyamoto RT. (2004)** Communication abilities of children with aided residual hearing: comparison with cochlear implant users. *Arch Otolaryngol Head Neck Surg*, 130(5):563-9.

509 **Eisenberg L, Levitt H. (1991)** Paired comparison judgments for hearing aid selection in children. *Ear & Hear*, 12(6):417-430.

510 **Eiser JR. (1986)** *Social psychology: Attitudes, cognitions and social behaviour*. Cambridge University: Cambridge.

511 **Eiten L, Lewis D. (2010)** Verifying FM system performance: It's the right thing to do. *Semin Hear*, 31(3):233-240.

512 **Elberling C. (1999)** Loudness scaling revisited. *J Amer Acad Audiol*, 10(5):248-60.

513 **Elfenbein J. (2000)** Batteries required: Instructing families on the use of hearing instruments. Seewald R. A sound foundation through early amplification. 141-149. Stafa, Switzerland, Phonak.

514 **Elfenbein J, Bentler RA, Davis J, Niebuhr D. (1988)** Status of school children's hearing aids relative to monitoring practices. *Ear & Hear*, 9(4):212-217.

515 **Elkayam J, English K. (2003)** Counseling adolescents with hearing loss with the use of self-assessment/significant other questionnaires. *J Am Acad Audiol*, 14(9):485-99.

515a **Elko GW, Pong ATN. (1995)** A simple adaptive first-order differential microphone. Proc IEEE ASSP Workshop on Applications of Signal Processing to Audio and Acoustics. 169-172.

516 **Ellis MR, Wynne MK. (1999)** Measurements of loudness growth in 1/2-octave bands for children and adults with normal hearing. *Am J Audiol*, 8(1):40-6.

517 **Ellison JC, Harris FP, Muller T. (2003)** Interactions of hearing aid compression release time and fitting formula: effects on speech acoustics. *J Am Acad Audiol*, 14(2):59-71.

518 **Engebretson A, French-St. George M. (1993)** Properties of an adaptive feedback equalization algorithm. *J Rehabil Res Dev*, 30(1):8-16.

519 **English K. (2000)** Personal adjustment counseling: It's an essential skill. *The Hear J*, 53(10):10-16.

521 **English K, Mendel LL, Rojeski T, Hornak J. (1999)** Counseling in audiology, or learning to listen: pre- and post-measures from an audiology counseling course. *Am J Audiol*, 8(1):34-9.

522 **Epstein M, Florentine M. (2009)** Binaural loudness summation for speech and tones presented via earphones and loudspeakers. *Ear & Hear*, 30(2):234-7.

523 **Erber NP. (2003)** Use of hearing aids by older people: influence of non-auditory factors (vision, manual dexterity). *Int J Audiol*, 42 Suppl 2:2S21-5.

524 **Erber NP, Wit LH. (1977)** Effects of stimulus intensity on speech perception by deaf children. *J Speech Hear Disord*, 42:271-277.

525 **Erdman S, Crowley J. (1984)** Considerations in counseling for the hearing impaired. *Hear Instrum*, 35(11):50-58.

526 **Erdman SA, Wark DJ, Montano JJ. (1994)** Implications of service delivery models in audiology. *J Acad Rehab Audiol*, 27:45-60.

527 **Erdman S, Sedge R. (1981)** Subjective comparisons of binaural versus monaural amplification. *Ear & Hear*, 2(5):225-229.

528 **Ericson H, Svard I, Hogset O, Devert G, Ekstrom L. (1988)** Contralateral routing of signals in unilateral hearing impairment. A better method of fitting. *Scand Audiol*, 17(2):111-116.

529 **Eriksson-Mangold M, Carlsson S. (1991)** Psychological and somatic distress in relation to perceived hearing disability, hearing handicap, and hearing measurements. *J Psychosom Res*, 35(6):729-740.

530 **Eriksson-Mangold M, Ringdahl A, Bjorklund A, Wahlin B. (1990)** The active fitting (AF) programme of hearing aids: a psychological perspective. *Brit J Audiol*, 24(4):277-285.

531 **Eriksson-Mangold M, Erlandsson S. (1984)** The psychological importance of nonverbal sounds. An experiment with induced hearing deficiency. *Scand Audiol*, 13(4):243-249.

532 **Erler SF, Garstecki DC. (2002)** Hearing loss- and hearing aid-related stigma: perceptions of women with age-normal hearing. *Am J Audiol*, 11(2):83-91.

533 **Ewertsen HW. (1974)** Use of hearing aids (always, often, rarely, never). *Scand Audiol*, 3:173-176.

534 **Ewertsen HW, Birk-Nielsen H. (1973)** Social hearing handicap index. *Audiol*, 12:180-187.

535 **Fabry D, Leek M, Walden B, Cord M. (1993)** Do adaptive frequency response (AFR) hearing aids reduce 'upward spread' of masking? *J Rehabil Res Dev*, 30(3):318-325.

536 **Fagelson MA, Noe CM, Murnane OD, Blevins JS. (2003)** Predicted gain and functional gain with transcranial routing of signal completely-in-the-canal hearing aids. *Am J Audiol*, 12(2):84-90.

537 **Faulkner A, Ball V, Rosen S, Moore BCJ, Fourcin A. (1992)** Speech pattern hearing aids for the profoundly hearing impaired: speech perception and auditory abilities. *J Acoust Soc Amer*, 91(4 Part 1):2136-2155.

538 **Faulkner A, Walliker J, Howard I, Ball V, Fourcin A. (1993)** New developments in speech pattern element hearing aids for the profoundly deaf. *Scand Audiol Suppl*, 38:124-135.

539 **Festen J, Plomp R. (1986)** Speech-reception threshold in noise with one and two hearing aids. *J Acoust Soc Amer*, 79(2):465-471.

540 **Festen J, Plomp R. (1990)** Effects of fluctuating noise and interfering speech on the speech-reception threshold for impaired and normal hearing. *J Acoust Soc Amer*, 88(4):1725-36.

541 **Festinger L. (1957)** *A theory of cognitive dissonance.* Stanford University Press: Stanford.

542 **Field DL, Haggard MP. (1989)** Knowledge of hearing tactics: (I) Assessment by questionnaire and inventory. *Brit J Audiol*, 23:349-354.

543 **Fifield DB, Earnshaw R, Smither MF. (1980)** A new impression technique to prevent acoustic feedback with high powered hearing aids. *Volta Rev*, 82:33-39.

544 **Fikret-Pasa S, Revit LJ. (1992)** Individualised correction factors in the preselection of hearing aids. *J Speech Hear Res*, 35:384-400.

545 **Filion P, Margolis R. (1992)** Comparison of clinical and real-life judgments of loudness discomfort. *J Amer Acad Audiol*, 3(3):193-199.

546 **Fishbein H. (1997)** Thank you, thank you, thank you, Chester Z. Pirzanski. *The Hear J*, 50(6):65.

547 **Fisher M, Dillon H, Storey L. (Unpublished data)** Two-band spectral contrast enhancement.

548 **Fitzpatrick E, McCrae R, Schramm D. (2006)** A retrospective study of cochlear implant outcomes in children with residual hearing. *BMC Ear Nose Throat Disord*, 6:7.

549 **Fitzpatrick EM, Fournier P, Seguin C, Armstrong S, Chenier J, Schramm D. (2010)** Users' perspectives on the benefits of FM systems with cochlear implants. *Int J Audiol*, 49(1):44-53.

550 **Flack L, White R, Tweed J, Gregory D, Qureshi M. (1995)** An investigation into sound attenuation by earmould tubing. *Brit J Audiol*, 29(4):237-245.

551 **Fletcher H. (1929)** *Speech and Hearing.* Van Nostrand: New York.

552 **Fletcher H. (1939)** Discussion to article by G Berry. *Laryngoscope*, 49:939-940.

553 **Flexer C. (1995)** Rationale for the use of sound-field FM amplification systems in classrooms. In *Sound-field FM amplification*, Crandell C, Smaldino JJ, Flexer C (eds), 3-16. Singular: San Diego.

554 **Flexer C, Crandell C, Smaldino JJ. (1995)** Considerations and strategies for amplifying the classroom. In *Sound-field FM amplification*, Crandell C, Smaldino JJ, Flexer C (eds), 49-143. Singular: San Diego.

555 **Florentine M. (1976)** Relation between lateralization and loudness in asymmetrical hearing loss. *J Amer Audiol Soc*, 1:243-251.

556 **Flynn MC, Sadeghi A, Halvarsson G. (2009)** Baha solutions for patients with severe mixed hearing loss. *Cochlear Implants Int*, 10 Suppl 1:43-7.

557 **Foley D. (2007)** Quantifying the venting effects of current open-canal and receiver-in-canal ear pieces. Masters Dissertation, Macquarie University, Sydney.

558 **Folmer RL, Carroll JR. (2006)** Long-term effectiveness of ear-level devices for tinnitus. *Otolaryngol Head Neck Surg*, 134(1):132-137.

559 **Foo C, Rudner M, Ronnberg J, Lunner T. (2007)** Recognition of speech in noise with new hearing instrument compression release settings requires explicit cognitive storage and processing capacity. *J Am Acad Audiol*, 18(7):618-31.

560 **Forster S, Tomlin A. (1988)** Hearing aid usage in Queensland. Audiol Soc Australia Conf. Perth.

561 **Fortune T, Preves D. (1992)** Hearing aid saturation and aided loudness discomfort. *J Speech Hear Res*, 35(1):175-185.

562 **Franck BA, van Kreveld-Bos CS, Dreschler WA, Verschuure H. (1999)** Evaluation of spectral enhancement in hearing aids, combined with phonemic compression. *J Acoust Soc Amer*, 106(3 Pt 1):1452-64.

563 **Franklin B. (1975)** The effect of combining low and high frequency passbands on consonant recognition in the hearing-impaired. *J Speech Hear Res*, 18(4):719-727.

564 **Franks J. (1982)** Judgments of hearing aid processed music. *Ear & Hear*, 3(1):18-23.

565 **Franks J, Beckmann N. (1985)** Rejection of hearing aids: attitudes of a geriatric sample. *Ear & Hear*, 6(3):161-166.

566 **Fraysse B, Lavieille JP, Schmerber S, Enee V, Truy E, Vincent C, et al. (2001)** A multicenter study of the Vibrant Soundbridge middle ear implant: early clinical results and experience. *Otol Neurotol*, 22(6):952-61.

567 **Fredrickson J, Coticchia J, Khosla S. (1995)** Ongoing investigations into an implantable electromagnetic hearing aid for moderate to severe sensorineural hearing loss. *Otolaryngol Clin North Am*, 28(1):107-120.

568 **Freed DJ, Soli SD. (2006)** An objective procedure for evaluation of adaptive antifeedback algorithms in hearing aids. *Ear & Hear*, 27(4):382-98.

569 **Frenzel H, Hanke F, Beltrame M, Steffen A, Schonweiler R, Wollenberg B. (2009)** Application of the Vibrant Soundbridge to unilateral osseous atresia cases. *Laryngoscope*, 119(1):67-74.

570 **Freyaldenhoven MC, Nabelek AK, Burchfield SB, Thelin JW. (2005)** Acceptable noise level as a measure of directional hearing aid benefit. *J Am Acad Audiol*, 16(4):228-36.

571 **Freyaldenhoven MC, Plyler PN, Thelin JW, Burchfield SB. (2006)** Acceptance of noise with monaural and binaural amplification. *J Am Acad Audiol*, 17(9):659-66.

572 **Freyaldenhoven MC, Smiley DF, Muenchen RA, Konrad TN. (2006)** Acceptable noise level: reliability measures and comparison to preference for background sounds. *J Am Acad Audiol*, 17(9):640-8.

573 **Freyaldenhoven MC, Thelin JW, Plyler PN, Nabelek AK, Burchfield SB. (2005)** Effect of stimulant medication on the acceptance of background noise in individuals with attention deficit/hyperactivity disorder. *J Am Acad Audiol*, 16(9):677-86.

574 **Freyman RL, Balakrishnan U, Helfer KS. (2001)** Spatial release from informational masking in speech recognition. *J Acoust Soc Amer*, 109(5 Pt 1):2112-22.

575 **Freyman RL, Nerbonne GP. (1989)** The importance of consonant-vowel intensity ratio in the intelligibility of voiceless consonants. *J Speech Hear Res*, 32:524-535.

576 **Fujikawa S, Cunningham J. (1989)** Practices and attitudes related to hearing: a survey of executives. *Ear & Hear*, 10(6):357-360.

577 **Fullgrabe C, Baer T, Stone MA, Moore BCJ. (2010)** Preliminary evaluation of a method for fitting hearing aids with extended bandwidth. *Int J Audiol*, 49(10):741-53.

578 **Gabrielsson A, Schenkman BN, Hagerman B. (1988)** The effects of different frequency responses on sound quality judgments and speech intelligibility. *J Speech Hear Res*, 31(2):166-77.

579 **Gagne J, Dinon D, Parsons J. (1991)** An evaluation of CAST: a Computer-Aided Speechreading Training program. *J Speech Hear Res*, 34(1):213-221.

580 **Gallun FJ, Mason CR, Kidd G Jr. (2005)** Binaural release from informational masking in a speech identification task. *J Acoust Soc Amer*, 118(3 Pt 1):1614-25.

581 **Galvin K, Cowan R, Sarant J, Tobey E, Blamey P, Clark G. (1995)** Articulation accuracy of children using an electrotactile speech processor. *Ear & Hear*, 16(2):209-219.

582 **Gan RZ, Wood MW, Ball GR, Dietz TG, Dormer KJ. (1997)** Implantable hearing device performance measured by laser Doppler interferometry. *Ear Nose Throat J*, 76(5):297-9, 302, 305-9.

583 **Gantz BJ, Turner C, Gfeller KE. (2006)** Acoustic plus electric speech processing: preliminary results of a multicenter clinical trial of the Iowa/Nucleus Hybrid implant. *Audiol Neurotol*, 11 Suppl 1:63-8.

584 **Gantz BJ, Turner C, Gfeller KE, Lowder MW. (2005)** Preservation of hearing in cochlear implant surgery: advantages of combined electrical and acoustical speech processing. *Laryngoscope*, 115(5):796-802.

585 **Gantz BJ, Tyler RS, Woodworth GG, Tye-Murray N, Fryauf-Bertschy H. (1994)** Results of multichannel cochlear implants in congenital and acquired prelingual deafness in children: five-year follow-up. *Am J Otol*, 15 Suppl 2:1-7.

586 **Gardner-Berry K. (2010)** Auditory Neuropathy Spectrum Disorder in Infants: Determining degree of hearing loss and functional auditory behaviour using electrophysiological measures. Ph.D. Dissertation, Sydney University.

587 **Garin P, Genard F, Galle C, Fameree MH, Jamart J, Gersdorff M. (2005)** Rehabilitation of high-frequency hearing loss with the RetroX auditory implant. *B-ENT*, 1(1):17-23.

588 **Garstecki DC, Erler SF. (1998)** Hearing loss, control, and demographic factors influencing hearing aid use among older adults. *J Speech Lang Hear Res*, 41(3):527-37.

588a **Garstecki DC. (1982)** Rehabilitation of hearing-handicapped elderly adults. *Ear & Hear*, 3(3):167-172.

589 **Gatehouse S. (1989)** Apparent auditory deprivation effects of late onset: the role of presentation level. *J Acoust Soc Amer*, 86(6):2103-2106.

590 **Gatehouse S. (1989)** Limitations on insertion gains with vented earmoulds imposed by oscillatory feedback. *Brit J Audiol*, 23(2): 133-136.

591 **Gatehouse S. (1993)** Role of perceptual acclimatization in the selection of frequency responses for hearing aids. *J Amer Acad Audiol*, 4(5):296-306.

592 **Gatehouse S. (1994)** Components and determinants of hearing aid benefit. *Ear & Hear*, 15(1):30-49.

593 **Gatehouse S. (1999)** Glasgow Hearing Aid Benefit Profile: derivation and validation of a client-centered outcome measure for hearing aid services. *J Amer Acad Audiol*, 10(2):80-103.

594 **Gatehouse S, Haggard M. (1986)** The influence of hearing asymmetries on benefits from binaural amplification. *The Hear J*, 39(11):15-20.

595 **Gatehouse S, Killion MC. (1993)** HABRAT: Hearing aid brain rewiring accommodation time. *Hear Instrum*, 44(10):29-32.

596 **Gatehouse S, Naylor G, Elberling C. (2003)** Benefits from hearing aids in relation to the interaction between the user and the environment. *Int J Audiol*, 42 Suppl 1:S77-85.

597 **Gatehouse S, Naylor G, Elberling C. (2006)** Linear and nonlinear hearing aid fittings - 1. Patterns of benefit. *Int J Audiol*, 45(3):130-52.

598 **Gatehouse S, Naylor G, Elberling C. (2006)** Linear and nonlinear hearing aid fittings - 2. Patterns of candidature. *Int J Audiol*, 45(3):153-71.

599 **Gatehouse S, Noble W. (2004)** The Speech, Spatial and Qualities of Hearing Scale (SSQ). *Int J Audiol*, 43(2):85-99.

600 **Geers AE, Tobey EA. (1995)** Longitudinal comparison of the benefits of cochlear implants and tactile aids in a controlled educational setting. *Ann Otol Rhinol Laryngol Suppl*, 166:328-329.

601 **Geers A, Moog J. (1991)** Evaluating the benefits of cochlear implants in an education setting. *Amer J Otol*, 12 Suppl:116-125.

602 **Gelfand SA. (1979)** Use of CROS hearing aids by unilaterally deaf patients. *Arch Otolaryngol*, 105:328-332.

603 **Gelfand SA. (1998)** Optimizing the reliability of speech recognition scores. *J Speech Lang Hear Res*, 41:1088-1102.

604 **Gelfand SA, Ross L, Miller S. (1988)** Sentence reception in noise from one versus two sources: effects of aging and hearing loss. *J Acoust Soc Amer*, 83(1):248-56.

605 **Gelfand S. (1995)** Long-term recovery and no recovery from the auditory deprivation effect with binaural amplification: six cases. *J Amer Acad Audiol*, 6(2):141-149.

606 **Gelfand S, Silman S. (1982)** Usage of CROS and IROS hearing aids by patients with bilateral high-frequency hearing loss. *Ear & Hear*, 3(1):24-29.

607 **Gelfand S, Silman S. (1993)** Apparent auditory deprivation in children: implications of monaural versus binaural amplification. *J Amer Acad Audiol*, 4(5):313-318.

608 **Gelfand S, Silman S, Ross L. (1987)** Long-term effects of monaural, binaural and no amplification in subjects with bilateral hearing loss. *Scand Audiol*, 16(4):201-207.

609 **Geller D, Margolis R. (1984)** Magnitude estimation of loudness. I: Application to hearing aid selection. *J Speech Hear Res*, 27(1):20-27.

610 **Gerling IJ. (1998)** Hearing Aid Museum and Archives. http://www.educ.kent.edu/elsa/berger.

611 **Gerling IJ, Taylor M. (1997)** Quest for quality and consumer appeal shaped history of the hearing aid. *The Hear J*, 50(11):39-44.

612 **Gerling I, Roeser R. (1981)** A modified polymer foam earplug for the hearing aid evaluation. *Ear & Hear*, 2(2):82-87.

613 **Getty L, Hetu R. (1991)** Development of a rehabilitation program for people affected with occupational hearing loss. 2. Results from group intervention with 48 workers and their spouses. *Audiology*, 30(6):3117-329.

614 **Geurts L, Wouters J. (1999)** Enhancing the speech envelope of continuous interleaved sampling processors for cochlear implants. *J Acoust Soc Amer*, 105(4):2476-2484.

615 **Gfeller KE, Olszewski C, Turner C, Gantz B, Oleson J. (2006)** Music perception with cochlear implants and residual hearing. *Audiol Neurotol*, 11 Suppl 1:12-5.

616 **Gianopoulos I, Stephens D. (2002)** Opting for two hearing aids: a predictor of long-term use among adult patients fitted after screening. *Int J Audiol*, 41(8):518-26.

617 **Gifford RH, Dorman MF, Shallop JK, Sydlowski SA. (2010)** Evidence for the expansion of adult cochlear implant candidacy. *Ear & Hear*, 31(2):186-94.

618 **Gifford RH, Dorman MF, Spahr AJ, McKarns SA. (2007)** Effect of digital frequency compression (DFC) on speech recognition in candidates for combined electric and acoustic stimulation (EAS). *J Speech Lang Hear Res*, 50(5):1194-202.

619 **Gilhome Herbst K. (1983)** Psycho-social consequences of disorders of hearing in the elderly. In *Hearing and balance in the elderly*, Hinchcliffe R (ed) Churchill Livingstone: Edinburgh.

620 **Gioannini L, Franzen R. (1978)** Comparison of the effects of hearing aid harmonic distortion on performance scores for the MRHT and a PB-50 test. *J Auditory Res*, 18:203-208.

621 **Giolas TG, Wark DJ. (1967)** Communication problems associated with unilateral hearing loss. *J Speech Hear Disord*, 32(4):336-43.

622 **Giolos T, Owens E, Lamb S, Schubert E. (1979)** Hearing performance inventory. *J Speech Hear Disord*, 44:169-195.

623 **Givens GD, Arnold T, Hume WG. (1998)** Auditory processing skills and hearing aid satisfaction in a sample of older adults. *Percept Mot Skills*, 86(3 Pt 1):795-801.

624 **Glasberg BR, Moore BCJ. (1989)** Psychoacoustic abilities of subjects with unilateral and bilateral cochlear hearing impairments and their relationship to the ability to understand speech. *Scand Audiol Suppl*, 32:1-25.

625 **Glista D, Scollie S. (2009)** Modified verification approaches for frequency lowering devices. Acessed October 2011. http://www.audiologyonline.com/Articles/article_detail.asp?article_id=2301.

626 **Glista D, Scollie S, Bagatto M, Seewald R, Parsa V, Johnson A. (2009)** Evaluation of nonlinear frequency compression: clinical outcomes. *Int J Audiol*, 48(9):632-44.

627 **Glista D, Scollie S, Sulkers J. (2011)** Nonlinear frequency compression hearing aids: Do children need an acclimatization time? Seewald R, Tharpe AM. A Sound Foundation Through Early Amplification: Proceedings of an International Conference. 205-210. Stafa, Phonak. http://www.phonak.com/com/b2b/en/events/proceedings/soundfoundation_chicago2010.html.

628 **Glyde H, Cameron S, Dillon H, Hickson L, Seeto M. (2011)** The effects of hearing impairment and ageing on spatial processing. *Submitted*

629 **Gnewikow D, Moss M. (2006)** Hearing aid outcomes with open- and closed-canal fittings. *The Hear J*, 59(11):66-72.

630 **Golabek W, Nowakowska M, Siwiec H, Stephens S. (1988)** Self-reported benefits of hearing aids by the hearing impaired. *Brit J Audiol*, 22(3):183-186.

631 **Golding M, Carter N, Mitchell P, Hood LJ. (2004)** Prevalence of central auditory processing (CAP) abnormality in an older Australian population: the Blue Mountains Hearing Study. *J Am Acad Audiol*, 15(9):633-42.

632 **Golding M, Dillon H, Seymour J, Carter L. (2009)** The detection of adult cortical auditory evoked potentials (CAEPs) using an automated statistic and visual detection. *Int J Audiol*, 48(12):833-42.

633 **Golding M, Pearce W, Seymour J, Cooper A, Ching T, Dillon H. (2007)** The relationship between obligatory cortical auditory evoked potentials (CAEPs) and functional measures in young infants. *J Am Acad Audiol*, 18(2):117-25.

634 **Goldstein D, Stephens S. (1981)** Audiological rehabilitation: management Model I. *Audiology*, 20(5):432-452.

635 **Goldstein G, Shelly C. (1981)** Does the right hemisphere age more rapidly than the left? *J Clin Neuropsychol*, 3(1):65-78.

636 **Goldstein M. (1933)** *Problems of the deaf*. The Laryngoscope press: St Louis.

637 **Goldstein SG, Braun LS. (1974)** Reversal of expected transfer as a function of increased age. *Percept Mot Skills*, 38(3):1139-45.

638 **Gomaa NA, Rubinstein JT, Lowder MW, Tyler RS, Gantz BJ. (2003)** Residual speech perception and cochlear implant performance in postlingually deafened adults. *Ear & Hear*, 24(6):539-44.

639 **Goode RL, Ball G, Nishihara S, Nakamura K. (1996)** Laser Doppler vibrometer (LDV) - a new clinical tool for the otologist. *Am J Otol*, 17(6):813-22.

640 **Gordon-Salant S. (1986)** Recognition of natural and time/intensity altered CVs by young and elderly subjects with normal hearing. *J Acoust Soc Amer*, 80(6):1599-1607.

641 **Gordon-Salant S. (1987)** Effects of acoustic modification on consonant recognition by elderly hearing-impaired subjects. *J Acoust Soc Amer*, 81(4):1199-1202.

642 **Gordon-Salant S, Callahan JS. (2009)** The benefits of hearing aids and closed captioning for television viewing by older adults with hearing loss. *Ear & Hear*, 30(4):458-65.

643 **Gordon-Salant S, Lantz J, Fitzgibbons P. (1994)** Age effects on measures of hearing disability. *Ear & Hear*, 15(3):262-265.

644 **Granick S, Kleban MH, Weiss AD. (1976)** Relationships between hearing loss and cognition in normally hearing aged persons. *J Gerontol*, 31(4):434-40.

645 **Gravel JS, Fausel N, Liskow C, Chobot J. (1999)** Children's speech recognition in noise using omnidirectional and dual-microphone hearing aid technology. *Ear & Hear*, 20(1):1-11.

646 **Green AC, Byrne DJ. (1972)** The pensioner hearing aid scheme: a survey in South Australia. *Med J Aust*, 2:1113-1116.

647 **Greenberg JE, Desloge JG, Zurek PM. (2003)** Evaluation of array-processing algorithms for a headband hearing aid. *J Acoust Soc Amer*, 113(3):1646-57.

648 **Greenberg J, Peterson P, Zurek P. (1993)** Intelligibility-weighted measures of speech-to-interference ratio and speech system performance. *J Acoust Soc Amer*, 94(5):3009-3010.

649 **Greenberg J, Zurek P. (1992)** Evaluation of an adaptive beamforming method for hearing aids. *J Acoust Soc Amer*, 91(3):1662-1676.

650 **Greenfield DG, Wiley TL, Block MG. (1985)** Acoustic-reflex dynamics and the loudness-discomfort level. *J Speech Hear Disord*, 50(1):14-20.

651 **Grenner J, Abrahamsson U, Jernberg B, Lindblad S. (2000)** A comparison of wind noise in four hearing instruments. *Scand Audiol*, 29(3):171-4.

652 **Griffing TS, Giles GE, Romriell D. (1998)** Relationship of TMJ and TMD to successful CIC fittings. *Hear Rev*, 5(4):14-18.

653 **Griffing T, Heide J. (1983)** Custom canal and mini in-the-ear hearing aids. *Hear Instrum*, 34:31-32.

654 **Griffiths LJ, Jim CW. (1982)** An alternative approach to linearly constrained adaptive beamforming. *IEEE Trans Antennas Propagation*, AP-30:27-34.

655 **Grimault N, Garnier S, Collet L. (2000)** Relationship between amplification fitting age and speech perception performance in school-age children. In *A Sound Foundation through Early Amplification*, Seewald R. (ed), 191-197. Stafa, Switzerland, Phonak.

656 **Grimes A, Mueller H, Malley J. (1981)** Examination of binaural amplification in children. *Ear & Hear*, 2(5):208-210.

657 **Groth J. (1999)** Digital signal processing has made active feedback suppression a reality. *The Hear J*, 52(5):32-36.

658 **Groth J, Sondergaard MB. (2004)** Disturbance caused by varying propagation delay in non-occluding hearing aid fittings. *Int J Audiol*, 43(10):594-9.

659 **Grothe B, Pecka M, McAlpine D. (2010)** Mechanisms of sound localization in mammals. *Physiol Rev*, 90(3):983-1012.

660 **Gudmundsen G. (1994)** Fitting CIC hearing aids- some practical pointers. *The Hear J*, 47(6):10, 45-48.

661 **Guelke R. (1987)** Consonant burst enhancement: a possible means to improve intelligibility for the hard of hearing. *J Rehabil Res Dev*, 24(4):217-220.

662 **Guilford F, Haug C. (1955)** The otologist and the hearing aid. *Arch Otolaryngol*, 61:9-15.

663 **Gussekloo J, de Bont LE, von Faber M, Eekhof JA, de Laat JA, Hulshof JH, et al. (2003)** Auditory rehabilitation of older people from the general population - the Leiden 85-plus study. *Br J Gen Pract*, 53(492):536-40.

663a **Gustafson S, McCreery, R, Hoover B, Kopun JG, Stelmachowicz P. (Submitted).** Speech recognition, listening effort, and perceived clarity for normal hearing children with the use of digital noise reduction.

664 **Hagerman B. (1976)** Reliability in the determination of speech discrimination. *Scand Audiol*, 5:219-228.

665 **Hagerman B. (1982)** Sentences for testing speech intelligibility in noise. *Scand Audiol*, 11(2):79-87.

666 **Haggard M, Gatehouse S. (1993)** Candidature for hearing aids: justification for the concept and a two-part audiometric criterion. *Brit J Audiol*, 27(5):303-318.

667 **Haggard M, Foster J, Iredale F. (1981)** Use and benefit of postaural aid in sensory hearing loss. *Scand Audiol*, 10(1):45-52.

668 **Haggard M, Hall J. (1982)** Forms of binaural summation and the implications of individual variability for binaural hearing aids. *Scand Audiol Suppl*, 15:47-63.

669 **Hakansson B, Carlsson P, Tjellstrom A. (1986)** The mechanical point impedance of the human head, with and without skin penetration. *J Acoust Soc Amer*, 80(4):1065-1075.

670 **Hakansson B, Tjellstrom A, Rosenhall U. (1984)** Hearing thresholds with direct bone conduction versus conventional bone conduction. *Scand Audiol*, 13(1):3-13.

671 **Hakansson B, Tjellstrom A, Rosenhall U. (1985)** Acceleration levels at hearing threshold with direct bone conduction versus conventional bone conduction. *Acta Otolaryngol Stockh*, 100(3-4):240-252.

672 **Hakansson B, Carlsson P, Tjellstrom A, Liden G. (1994)** The bone-anchored hearing aid: principal design and audiometric results. *Ear Nose Throat J*, 73(9):670-675.

673 **Hall J, Harvey A. (1985)** Diotic loudness summation in normal and impaired hearing. *J Speech Hear Res*, 28:445-448.

674 **Hall JW, Tyler RS, Fernandes MA. (1984)** Factors influencing the masking level difference in cochlear hearing-impaired and normal-hearing listeners. *J Speech Hear Res*, 27:145-154.

675 **Hall J, Fernandes M. (1983)** Monaural and binaural intensity discrimination in normal and cochlear-impaired listeners. *Audiology*, 22:364-371.

676 **Hallam RS, Brooks DN. (1996)** Development of the Hearing Attitudes in Rehabilitation Questionnaire (HARQ). *Br J Audiol*, 30(3):199-213.

677 **Hallenbeck SA, Groth J. (2008)** Thin-tube and receiver-in-canal devices: there is positive feedback on both! *The Hear J*, 61(1):28-34.

678 **Hallgren M, Larsby B, Lyxell B, Arlinger S. (2005)** Speech understanding in quiet and noise, with and without hearing aids. *Int J Audiol*, 44(10):574-83.

679 **Hamilton AM, Munro KJ. (2010)** Uncomfortable loudness levels in experienced unilateral and bilateral hearing aid users: evidence of adaptive plasticity following asymmetrical sensory input? *Int J Audiol*, 49(9):667-71.

680 **Hamzavi J, Franz P, Baumgartner WD, Gstoettner W. (2001)** Hearing performance in noise of cochlear implant patients versus severely-profoundly hearing-impaired patients with hearing aids. *Audiology*, 40(1):26-31.

681 **Hamzavi J, Pok SM, Gstoettner W, Baumgartner WD. (2004)** Speech perception with a cochlear implant used in conjunction with a hearing aid in the opposite ear. *Int J Audiol*, 43(2):61-5.

682 **Hansen M. (2002)** Effects of multi-channel compression time constants on subjectively perceived sound quality and speech intelligibility. *Ear & Hear*, 23(4):369-80.

683 **Hansen MO. (1997)** Occlusion effects. Part I. Hearing aid users' experiences of the occlusion effect compared to the real ear sound level. Technical University of Denmark.

684 **Harford E, Barry J. (1965)** A rehabilitative approach to the problem of unilateral hearing impairment: Contralateral routing of signals (CROS). *J Speech Hear Disord*, 30:121-138.

685 **Harford E, Dodds E. (1966)** The clinical application of CROS. *Arch Otolaryngol*, 83:73-82.

686 **Harford ER, Curran JR. (1997)** Managing patients with precipitous high frequency hearing loss. *Hear Rev: High Performance Hearing Solutions*, 1(1):8-13.

687 **Harkrider AW, Smith SB. (2005)** Acceptable noise level, phoneme recognition in noise, and measures of auditory efferent activity. *J Am Acad Audiol*, 16(8):530-45.

688 **Harkrider AW, Tampas JW. (2006)** Differences in responses from the cochleae and central nervous systems of females with low versus high acceptable noise levels. *J Am Acad Audiol*, 17(9):667-76.

689 **Harless E, McConnell F. (1982)** Effects of hearing aid use on self concept in older persons. *J Speech Hear Disord*, 47(3):305-309.

690 **Harris JD. (1965)** Monaural and binaural speech intelligibility and the stereophonic effect based upon temporal cues. *Laryngoscope*, 75:428-446.

691 **Harrison WA, Lim JS, Singer E. (1986)** A new application of adaptive noise cancellation. *IEEE Trans ASSP*, 34(1):21-27.

692 **Hartley D, Rochtchina E, Newall P, Golding M, Mitchell P. (2010)** Use of hearing aids and assistive listening devices in an older Australian population. *J Am Acad Audiol*, 21(10):642-53.

693 **Haskell GB, Noffsinger D, Larson VD, Williams DW, Dobie RA, Rogers JL. (2002)** Subjective measures of hearing aid benefit in the NIDCD/VA Clinical Trial. *Ear & Hear*, 23(4):301-7.

694 **Hattori H. (1993)** Ear dominance for nonsense-syllable recognition ability in sensorineural hearing-impaired children: monaural versus binaural amplification. *J Amer Acad Audiol*, 4(5):319-330.

694a **Hausler R, Stieger C, Bernhard H, Kompis M. (2008)** A novel implantable hearing system with direct acoustic cochlear stimulation. *Audiol Neurootol*, 13(4):247-56.

695 **Hawkins D. (1984)** Selection of a critical electroacoustic characteristic: SSPL90. *Hear Instrum*, 35(11):28-32.

696 **Hawkins DB. (1986)** Selection of SSPL90 for binaural hearing aid fittings. *The Hear J*, 39(11):23-24.

697 **Hawkins DB. (2005)** Effectiveness of counseling-based adult group aural rehabilitation programs: a systematic review of the evidence. *J Am Acad Audiol*, 16(7):485-93.

698 **Hawkins DB, Cook JA. (2003)** Hearing aid software predictive gain values: How accurate are they? *The Hear J*, 56(7):25-34.

699 **Hawkins D. (1984)** Comparisons of speech recognition in noise by mildly-to-moderately hearing-impaired children using hearing aids and FM systems. *J Speech Hear Disord*, 49(4):409-418.

700 **Hawkins D. (1987)** Clinical ear canal probe tube measurements. *Ear & Hear*, 8(5 Suppl):74S-81S.

701 **Hawkins D, Naidoo S. (1993)** Comparison of sound quality and clarity with asymmetrical peak clipping and output limiting compression. *J Amer Acad Audiol*, 4(4):221-228.

702 **Hawkins D, Prosek R, Walden B, Montgomery A. (1987)** Binaural loudness summation in the hearing impaired. *J Speech Hear Res*, 30(1):37-43.

703 **Hawkins D, Schum D. (1985)** Some effects of FM-system coupling on hearing aid characteristics. *J Speech Hear Disord*, 50(2):132-141.

704 **Hawkins D, Walden B, Montgomery A, Prosek R. (1987)** Description and validation of an LDL procedure designed to select SSPL90. *Ear & Hear*, 8(3):162-169.

705 **Hawkins D, Yacullo W. (1984)** Signal-to-noise ratio advantage of binaural hearing aids and directional microphones under different levels of reverberation. *J Speech Hear Disord*, 49(3):278-286.

706 **Hay-McCutcheon MJ, Pisoni DB, Hunt KK. (2009)** Audio-visual asynchrony detectin and speech perception in hearing-impaired listeners with cochlear implants: A preliminary analysis. *Int J Audiol*, 48(6):321-333.

707 **Hayes D, Jerger J. (1979)** Aging and the use of hearing aids. *Scand Audiol*, 8(1):33-4.

708 **Hayes DE, Chen JM. (1998)** Bone-conduction amplification with completely-in-the-canal hearing aids. *J Amer Acad Audiol*, 9(1):59-66.

709 **Haynes DS, Young JA, Wanna GB, Glasscock ME3. (2009)** Middle ear implantable hearing devices: an overview. *Trends Amplif*, 13(3):206-14.

710 **Hazell J, Wood S, Cooper H, Stephens S, Corcoran A, Coles R, Baskill J, Sheldrake J. (1985)** A clinical study of tinnitus maskers. *Brit J Audiol*, 19(2):65-146.

711 **Hebrank J, Wright D. (1974)** Sound localization on the median plane. *J Acoust Soc Amer*, 56:935-938.

712 **Hebrank J, Wright D. (1974)** Spectral cues used in the localization of sound sources on the median plane. *J Acoust Soc Amer*, 56:1829-1834.

713 **Hedgecock LD, Sheets BV. (1958)** A comparison of monaural and binaural hearing aids for listening to speech. *Arch Otolaryngol*, 68:624-629.

714 **Hellgren J, Lunner T, Arlinger S. (1999)** System identification of feedback in hearing aids. *J Acoust Soc Amer*, 105(6):3481-96.

715 **Hellgren J, Lunner T, Arlinger S. (1999)** Variations in the feedback of hearing aids. *J Acoust Soc Amer*, 106(5):2821-33.

716 **Hellman RP. (1999)** Cross-modality matching: a tool for measuring loudness in sensorineural impairment. *Ear & Hear*, 20(3):193-213.

717 **Helvik AS, Wennberg S, Jacobsen G, Hallberg LR. (2008)** Why do some individuals with objectively verified hearing loss reject hearing aids? *Audiological Medicine*, 6:141-148.

718 **Henderson Sabes J, Sweetow RW. (2007)** Variables predicting outcomes on listening and communication enhancement (LACE) training. *Int J Audiol*, 46(7):374-83.

719 **Henning GB. (1974)** Detectability of interaural delay with high-frequency complex waveforms. *J Acoust Soc Amer*, 55:84-90.

720 **Henning RW, Bentler RA. (2005)** Compression-dependent differences in hearing aid gain between speech and nonspeech input signals. *Ear & Hear*, 26(4):409-22.

721 **Henrichsen J, Noring E, Christensen B, Pedersen F, Parving A. (1988)** In-the-ear hearing aids. The use and benefit in the elderly hearing-impaired. *Scand Audiol*, 17(4):209-212.

722 **Henrichsen J, Noring E, Lindemann L, Christensen B, Parving A. (1991)** The use and benefit of in-the-ear hearing aids. A four-year follow-up examination. *Scand Audiol*, 20(1):55-59.

723 **Herbst KG, Humphrey C. (1980)** Hearing impairment and mental state in the elderly living at home. *Brit Med J*, 281:903-905.

724 **Hesse G. (2004)** [Hearing aids in the elderly. Why is the accommodation so difficult?]. *HNO*, 52(4):321-8.

725 **Heuermann H, Kinkel M, Tchorz J. (2005)** Comparison of psychometric properties of the International Outcome Inventory for Hearing Aids (IOI-HA) in various studies. *Int J Audiol*, 44(2):102-9.

726 **Heyes AD, Gazely DJ. (1975)** The effects of training on the accuracy of auditory localization using binaural hearing aid systems. *Brit J Audiol*, 9:61-70.

727 **Hickson L. (2006)** Rehabilitation approaches to promote successful unilateral and bilateral fittings and avoid inappropriate prescription. *Int J Audiol*, 45 Suppl 1:S72-7.

728 **Hickson L. (2007)** Pull out an "ACE" to help your patients become better communicators. *The Hear J*, 60(1):10-16.

729 **Hickson L, Byrne D. (1995)** Acoustic analysis of speech through a hearing aid: effects of linear vs compression amplification. *Aust J Audiol*, 17(1):1-13.

730 **Hickson L, Hamilton L, Orange SP. (1986)** Factors associated with hearing aid use. *Aust J Audiol*, 8(2):37-41.

731 **Hickson L, Thyer N. (2003)** Acoustic analysis of speech through a hearing aid: perceptual effects of changes with two-channel compression. *J Am Acad Audiol*, 14(8):414-26.

732 **Hickson L, Timm M, Worrall L, Bishop K. (1999)** Hearing aid fitting: outcomes for older adults. *Aust J Audiol*, 21(1):9-21.

733 **Hickson L, Worrall L. (2003)** Beyond hearing aid fitting: improving communication for older adults. *Int J Audiol*, 42 Suppl 2:S84-91.

734 **Hickson L, Worrall L, Scarinci N. (2006)** Measuring outcomes of a communication program for older people with hearing impairment using the International Outcome Inventory. *Int J Audiol*, 45(4):238-46.

735 **Hickson L, Worrall L, Scarinci N. (2007)** *Active Communication Education (ACE): A program for older people with hearing impairment*. Speechmark: London.

736 **Hickson L, Worrall L, Scarinci N. (2007)** A randomized controlled trial evaluating the active communication education program for older people with hearing impairment. *Ear & Hear*, 28(2):212-30.

737 **Hietanen A, Era P, Sorri M, Heikkinen E. (2004)** Changes in hearing in 80-year-old people: a 10-year follow-up study. *Int J Audiol*, 43(3):126-35.

738 **High WS, Fairbanks G, Glorig A. (1964)** Scale for self-assessment of hearing handicap. *J Speech Hear Disord*, 29:215-230.

739 **Hill SL, Marcus A, Digges EN, Gillman N, Silverstein H. (2006)** Assessment of patient satisfaction with various configurations of digital CROS and BiCROS hearing aids. *Ear Nose Throat J*, 85(7):427-30, 442.

740 **Hinman RT, Lupton EC, Leeb SB, Avestruz AT, Gilmore R, Paul D, Peterson N. (2003)** Using talking lights illumination-based communication networks to enhance word comprehension by people who are deaf or hard of hearing. *Am J Audiol*, 12(1):17-22.

741 **Hirsh IJ. (1950)** The relationship between localization and intelligibility. *J Acoust Soc Amer*, 22:196-200.

742 **Ho EC, Monksfield P, Egan E, Reid A, Proops D. (2009)** Bilateral Bone-anchored Hearing Aid: impact on quality of life measured with the Glasgow Benefit Inventory. *Otol Neurotol*, 30(7):891-6.

743 **Hodges AV, Balkany TJ, Ruth RA, Lambert PR, Dolan-Ash S, Schloffman JJ. (1997)** Electrical middle ear muscle reflex: use in cochlear implant programming. *Otolaryngol Head Neck Surg*, 117(3 Pt 1):255-61.

744 **Hodgson WR. (1986)** Hearing aid evaluation. In *Hearing aid asessment and use in audiological habilitation*, Hodgson WR (ed), 152-169. Williams & Wilkins: Baltimore.

745 **Hoffman M, Trine T, Buckley K, Van Tasell D. (1994)** Robust adaptive microphone array processing for hearing aids: realistic speech enhancement. *J Acoust Soc Amer*, 96(2 Pt 1):759-770.

746 **Hofman M, Van Opstal J. (2003)** Binaural weighting of pinna cues in human sound localization. *Exp Brain Res*, 148(4):458-70.

747 **Hogan CA, Turner CW. (1998)** High-frequency audibility: benefits for hearing-impaired listeners. *J Acoust Soc Amer*, 104(1):432-41.

748 **Hogan SC, Moore DR. (2003)** Impaired binaural hearing in children produced by a threshold level of middle ear disease. *J Assoc Res Otolaryngol*, 4(2):123-9.

749 **Hohmann V, Kollmeier B. (1995)** The effect of multichannel dynamic compression on speech intelligibility. *J Acoust Soc Amer*, 97(2):1191-1195.

750 **Hol MK, Bosman AJ, Snik AF, Mylanus EA, Cremers CW. (2004)** Bone-anchored hearing aid in unilateral inner ear deafness: a study of 20 patients. *Audiol Neurotol*, 9(5):274-81.

751 **Hol MK, Bosman AJ, Snik AF, Mylanus EA, Cremers CW. (2005)** Bone-anchored hearing aids in unilateral inner ear deafness: an evaluation of audiometric and patient outcome measurements. *Otol Neurotol*, 26(5):999-1006.

753 **Hol MK, Cremers CW Coppens-Schellekens W, Snik AF. (2005)** The BAHA Softband. A new treatment for young children with bilateral congenital aural atresia. *Int J Pediatr Otorhinolaryngol*, 69(7):973-80.

754 **Hol MK, Snik AFM, Mylanus EA, Cremers CW. (2005)** Does the bone-anchored hearing aid have a complementary effect on audiological and subjective outcomes in patients with unilateral conductive hearing loss? *Audiol Neurotol*, 10(3):159-68.

755 **Hol MK, Spath MA, Krabbe PF, van der Pouw CT, Snik AF, Cremers CW, Mylanus EA. (2004)** The bone-anchored hearing aid: quality-of-life assessment. *Arch Otolaryngol Head Neck Surg*, 130(4):394-9.

756 **Holmes AE. (2003)** Bilateral amplification for the elderly: are two aids better than one? *Int J Audiol*, 42 Suppl 2:2S63-7.

757 **Holube I, Fredelake S, Vlaming M, Kollmeier B. (2010)** Development and analysis of an International Speech Test Signal (ISTS). *Int J Audiol*, 49(12):891-903.

758 **Holube I, Kollmeier B. (1991)** A questionnaire to assess the subjective hearing handicap: Composition of the questions and their relation to the tone audiogram. [In German] *Audiologische Akustik*, 30(2):48-64.

759 **Hood J. (1984)** Speech discrimination in bilateral and unilateral hearing loss due to Meniere's disease. *Brit J Audiol*, 18(3):173-177.

760 **Hood J, Prasher D. (1990)** Effect of simulated bilateral cochlear distortion on speech discrimination in normal subjects. *Scand Audiol*, 19(1):37-41.

761 **Hopkins K, Moore BCJ. (2010)** The importance of temporal fine structure information in speech at different spectral regions for normal-hearing and hearing-impaired subjects. *J Acoust Soc Amer*, 127(3):1595-608.

762 **Horga D, Liker M. (2006)** Voice and pronunciation of cochlear implant speakers. *Clin Linguist Phon*, 20(2-3):211-7.

763 **Hornsby BW, Ricketts TA. (2003)** The effects of hearing loss on the contribution of high- and low-frequency speech information to speech understanding. *J Acoust Soc Amer*, 113(3):1706-17.

764 **Hornsby BW, Ricketts TA. (2006)** The effects of hearing loss on the contribution of high- and low-frequency speech information to speech understanding. II. Sloping hearing loss. *J Acoust Soc Amer*, 119(3):1752-63.

764a **Hornsby BW, Ricketts TA. (2007)** Effects of noise source configuration on directional benefit using symmetric and asymmetric directional hearing aid fittings. *Ear & Hear*, 28(2):177-86.

765 **Horwitz AR, Ahlstrom JB, Dubno JR. (2008)** Factors affecting the benefits of high-frequency amplification. *J Speech Lang Hear Res*, 51(3):798-813.

766 **Horwitz AR, Turner CW. (1997)** The time course of hearing aid benefit. *Ear & Hear*, 18(1):1-11.

767 **Hosford-Dunn H, Halpern J. (2001)** Clinical application of the SADL scale in private practice II: predictive validity of fitting variables. Satisfaction with Amplification in Daily Life. *J Am Acad Audiol*, 12(1):15-36.

768 **Hough J, Neely, JG, Fredrickson J, Green JD, Telischi FF. (1999)** Implantable hearing aids. Amer Acad Audiol Conv. Miami.

769 **Hough JV, Dyer RKJ, Matthews P, Wood MW. (2001)** Early clinical results: SOUNDTEC implantable hearing device phase II study. *Laryngoscope*, 111(1):1-8.

770 **Hough JV, Matthews P, Wood MW, Dyer RKJr. (2002)** Middle ear electromagnetic semi-implantable hearing device: results of the phase II SOUNDTEC direct system clinical trial. *Otol Neurotol*, 23(6):895-903.

771 **Houts PS, Bachrach R, Witmer JT, Tringali CA, Bucher JA, Localio RA. (1998)** Using pictographs to enhance recall of spoken medical instructions. *Patient Educ Couns*, 35(2):83-8.

772 **Humes LE. (1999)** Dimensions of hearing aid outcome. *J Amer Acad Audiol*, 10(1):26-39.

772a **Humes LE. (2006)** Hearing aid outcome measures in older adults. In Palmer, C. A. & Seewald, R. C., Eds. *Hearing Care for Adults*. Stafa: Phonak AG; pp. 265-276.

772b **Humes LE, Ahlstrom JB, Bratt GW, Peek BF. (2009)** Studies of hearing-aid outcome measures in older adults: A comparison of technologies and an examination of individual differences. *Semin Hear*, 30(2):112-128.

773 **Humes LE, Christensen L, Thomas T, Bess FH, Hedley-Williams A, Bentler RA. (1999)** A comparison of the aided performance and benefit provided by a linear and a two-channel wide dynamic range compression hearing aid. *J Speech Lang Hear Res*, 42(1):65-79.

774 **Humes LE, Halling D, Coughlin M. (1996)** Reliability and stability of various hearing-aid outcome measures in a group of elderly hearing-aid wearers. *J Speech Hear Res*, 39 (5):923-935.

775 **Humes LE, Humes LE, Wilson DL. (2004)** A comparison of single-channel linear amplification and two-channel wide-dynamic-range-compression amplification by means of an independent-group design. *Am J Audiol*, 13(1):39-53.

776 **Humes LE, Pavlovic C, Bray V, Barr M. (1996)** Real-ear measurement of hearing threshold and loudness. *Trends Amplif*, 1(4):121-135.

776a **Humes LE, Wilson DL. (2003)** An examination of changes in hearing-aid performance and benefit in the elderly over a 3-year period of hearing-aid use. *J Speech Lang Hear Res*, 46(1):137-45.

777 **Humes LE, Wilson DL, Barlow NN, Garner CB, Amos N. (2002)** Longitudinal changes in hearing aid satisfaction and usage in the elderly over a period of one or two years after hearing aid delivery. *Ear & Hear*, 23(5):428-38.

777a **Humes LE, Wilson DL, Humes L, Barlow NN, Garner CB, Amos N. (2003)** A comparison of two measures of hearing aid satisfaction in a group of elderly hearing aid wearers. *Ear & Hear*, 23(5):422-7.

778 **Humes LE, Wilson DL, Humes AC. (2003)** Examination of differences between successful and unsuccessful elderly hearing aid candidates matched for age, hearing loss and gender. *Int J Audiol*, 42(7):432-41.

779 **Humes L. (1986)** An evaluation of several rationales for selecting hearing aid gain. *J Speech Hear Disord*, 51(3):272-281.

780 **Humes L, Jesteadt W. (1991)** Modeling the interactions between noise exposure and other variables. *J Acoust Soc Amer*, 90:182-188.

781 **Humphrey C, Herbst K, Faurqi S. (1981)** Some characteristics of the hearing-impaired elderly who do not present themselves for rehabilitation. *Brit J Audiol*, 15(1):25-30.

782 **Hurley RM. (1998)** Is the unaided ear effect independent of auditory aging? *J Amer Acad Audiol*, 9(1):20-4.

783 **Hurley RM. (1999)** Onset of auditory deprivation. *J Amer Acad Audiol*, 10(10):529-34.

784 **Hurley R. (1993)** Monaural hearing aid effect: case presentations. *J Amer Acad Audiol*, 4(5):285-295.

785 **Huss M, Moore BCJ. (2003)** Tone decay for hearing-impaired listeners with and without dead regions in the cochlea. *J Acoust Soc Amer*, 114(6 Pt 1):3283-94.

786 **Huttenbrink KB, Beutner D, Zahnert T. (2010)** Clinical results with an active middle ear implant in the oval window. *Adv Otorhinolaryngol*, 69:27-31.

787 **Huttenbrink KB, Zahnert TH, Bornitz M, Hofmann G. (2001)** Biomechanical aspects in implantable microphones and hearing aids and development of a concept with a hydroacoustical transmission. *Acta Otolaryngol*, 121(2):185-9.

788 **Hutton C. (1985)** The effect of type of hearing loss on hearing aid use. *Scand Audiol*, 14(1):15-21.

789 **Hvidt C. (1972)** Features of the history of audiology. *Scand Audiol*, 1(3):103-109.

790 **Hwang JH, Wu CW, Chen JH, Liu TC. (2006)** Changes in activation of the auditory cortex following long-term amplification: an fMRI study. *Acta Otolaryngol*, 126(12):1275-80.

791 **Hygge S, Ronnberg J, Larsby B, Arlinger S. (1992)** Normal-hearing and hearing-impaired subjects' ability to just follow conversation in competing speech, reversed speech, and noise backgrounds. *J Speech Hear Res*, 35:208-215.

792 **Hétu R. (1996)** The stigma attached to hearing impairment. *Scand Audiol Suppl*, 43:12-24.

793 **Hétu R, Jones L, Getty L. (1993)** The impact of acquired hearing impairment on intimate relationships: implications for rehabilitation. *Audiology*, 32(6):363-381.

794 **Ickes M, Hawkins D, Cooper W. (1991)** Effect of reference microphone location and loudspeaker azimuth on probe tube microphone measurements. *J Amer Acad Audiol*, 2(3):156-163.

794a **Ida Institute.** Motivate clients with a line, box and circle. Accessed December 2011. http://idainstitute.com/news/motivate_clients/.

795 **IEC. (1996)** Primary batteries. International Electrotechnical Comission, Standard 60086.

796 **Iglehart F. (2004)** Speech perception by students with cochlear implants using sound-field systems in classrooms. *Am J Audiol*, 13(1):62-72.

797 **Irwin RJ. (1965)** Binaural summation of thermal noises of equal and unequal power in each ear. *Amer J Psychol*, 78:57-65.

798 **Ito K. (1998)** Can unilateral hearing loss be a handicap in learning? *Arch Otolaryngol Head Neck Surg*, 124(12):1389-90.

799 **Iwaki T, Matsushiro N, Mah SR, Sato T, Yasuoka E, Yamamoto K, Kubo T. (2004)** Comparison of speech perception between monaural and binaural hearing in cochlear implant patients. *Acta Otolaryngol*, 124(4):358-62.

800 **Jacob A, Morris TJ, Welling DB. (2006)** Leaving a lasting impression: ear mold impressions as middle ear foreign bodies. *Ann Otol Rhinol Laryngol*, 115(12):912-6.

801 **Jacobson GP, Newman CW, Fabry DA, Sandridge SA. (2001)** Development of the Three-Clinic Hearing Aid Selection Profile (HASP). *J Am Acad Audiol*, 12(3):128-41.

802 **Jagger C, Spiers N, Arthur A. (2005)** The role of sensory and cognitive function in the onset of activity restriction in older people. *Disabil Rehabil*, 27(5):277-83.

803 **Javer A, Schwarz D. (1995)** Plasticity in human directional hearing. *J Otolaryngol*, 24(2):111-117.

804 **Jayarajan V, Rangan S. (2000)** Evaluation of hearing-aid provision in adults. *J Audiol Med*, 9(1):25-34.

805 **Jenkins HA, Atkins JS, Horlbeck D, Hoffer ME, Balough B, Alexiades G, Garvis W. (2008)** Otologics fully implantable hearing system: Phase I trial 1-year results. *Otol Neurotol*, 29(4):534-41.

806 **Jenkins HA, Niparko JK, Slattery WH, Neely JG, Fredrickson JM. (2004)** Otologics Middle Ear Transducer Ossicular Stimulator: performance results with varying degrees of sensorineural hearing loss. *Acta Otolaryngol*, 124(4):391-4.

807 **Harvig Jensen JH, Johansen PA, Borre S. (1989)** Unilateral sensorineural hearing loss in children and auditory performance with respect to right/left ear differences. *Brit J Audiol*, 23(3):207-214.

808 **Jenstad L, Souza P. (2004)** Quantifying the effect of wide dynamic range compression on the temporal envelope of speech in noise. IHCON. Lake Tahoe.

809 **Jenstad LM, Cornelisse LE, Seewald RC. (1997)** Effects of test procedure on individual loudness functions. *Ear & Hear*, 18(5):401-8.

810 **Jenstad LM, Pumford J, Seewald RC, Cornelisse LE. (2000)** Comparison of linear gain and wide dynamic range compression hearing aid circuits II: aided loudness measures. *Ear & Hear*, 21(1):32-44.

811 **Jenstad LM, Seewald RC, Cornelisse LE, Shantz J. (1999)** Comparison of linear gain and wide dynamic range compression hearing aid circuits: aided speech perception measures. *Ear & Hear*, 20(2):117-26.

812 **Jenstad LM, Souza PE. (2005)** Quantifying the effect of compression hearing aid release time on speech acoustics and intelligibility. *J Speech Lang Hear Res*, 48(3):651-67.

813 **Jenstad LM, Van Tasell DJ, Ewert C. (2003)** Hearing aid troubleshooting based on patients' descriptions. *J Am Acad Audiol*, 14(7):347-60.

814 **Jerger J. (2001)** Asymmetry in auditory function in elderly persons. *Semin Hear*, 22:255-269.

815 **Jerger J, Alford B, Lew H, Rivera V, Chmiel R. (1995)** Dichotic listening, event-related potentials, and interhemispheric transfer in the elderly. *Ear & Hear*, 16(5):482-98.

816 **Jerger J, Brown D, Smith S. (1984)** Effect of peripheral hearing loss on the MLD. *Arch Otolaryngol*, 110:290-296.

817 **Jerger J, Carhart R, Dirks DD. (1961)** Binaural hearing aids and speech intelligibility. *J Speech Hear Res*, 4(2):137-148.

818 **Jerger J, Chmiel R, Florin E, Pirozzolo F, Wilson N. (1996)** Comparison of conventional amplification and an assistive listening device in elderly persons. *Ear & Hear*, 17(6):490-504.

819 **Jerger J, Darling R, Florin E. (1994)** Efficacy of the cued-listening task in the evaluation of binaural hearing aids. *J Amer Acad Audiol*, 5(5):279-285.

820 **Jerger J, Jordan C. (1992)** Age-related asymmetry on a cued-listening task. *Ear & Hear*, 13(4):272-7.

821 **Jerger J, Silman S, Lew H, Chmiel R. (1993)** Case studies in binaural interference: converging evidence from behavioral and electrophysiologic measures. *J Amer Acad Audiol*, 4(2):122-131.

822 **Jerger J, Thelin J. (1968)** Effects of electroacoustic characteristics of hearing aids on speech understanding. *Bull Prosth Res*, 9:159-197.

823 **Jerram JC, Purdy SC. (2001)** Technology, expectations, and adjustment to hearing loss: predictors of hearing aid outcome. *J Am Acad Audiol*, 12(2):64-79.

824 **Jespersen CT, Groth J, Kiessling J, Brenner B, Jensen OD. (2006)** The occlusion effect in unilateral versus bilateral hearing aids. *J Am Acad Audiol*, 17(10):763-73.

825 **Jesteadt W, Weir CC. (1977)** Comparison of monaural and binaural discrimination of intensity and frequency. *J Acoust Soc Amer*, 61:1599-1603.

826 **Jirsa R, Norris T. (1982)** Effects of intermodulation distortion on speech intelligibility. *Ear & Hear*, 3(5):251-256.

827 **Johansen IR, Hauch AM, Christensen B, Parving A. (2004)** Longitudinal study of hearing impairment in children. *Int J Pediatr Otorhinolaryngol*, 68(9):1157-65.

828 **Johansen PA. (1975)** Measurement of the human ear canal. *Acustica*, 33:349-351.

829 **Johansson B. (1961)** A new coding amplifier system for the severely hard of hearing. Proceedings 3rd Internat Congress on Acoustics. 2, 655-657.

830 **Johnson CE, Danhauer JL, Gavin RB, Karns SR, Reith AC, Lopez IP. (2005)** The "hearing aid effect" 2005: a rigorous test of the visibility of new hearing aid styles. *Am J Audiol*, 14(2):169-75.

831 **Johnson D, Kelly SW. (1993)** Survey of radio and personal hearing aid systems. *J Brit Assn Teachers of the Deaf*, 17(4):92-98.

832 **Johnson-Davies D, Patterson RD. (1979)** Psychophysical tuning curves: Restricting the listening band to the signal region. *J Acoust Soc Amer*, 65:765-770.

833 **Johnson E, Ricketts T, Hornsby B. (2009)** The effect of extending high-frequency bandwidth on the acceptable noise level (ANL) of hearing-impaired listeners. *Int J Audiol*, 48(6):353-62.

834 **Johnson JA, Cox RM, Alexander GC. (2010)** Development of APHAB norms for WDRC hearing aids and comparisons with original norms. *Ear & Hear*, 31(1):47-55.

835 **Johnson RC, Cole RE, Bowers JK, Foiles SV, Nikaido AM, Patrick JW, Woliver RE. (1979)** Hemispheric efficiency in middle and later adulthood. *Cortex*, 15(1):109-119.

836 **Johnston RL. (1997)** Remember the carbon ball hearing aid? *The Hear J*, 50(4):50-52.

837 **Joore M, Brunenberg D, Zank H, van der Stel H, Anteunis L, Boas G, Peters H. (2002)** Development of a questionnaire to measure hearing-related health state preferences framed in an overall health perspective. *Int J Technol Assess Health Care*, 18(3):528-39.

838 **Joore MA, Brunenberg DE, Chenault MN, Anteunis LJ. (2003)** Societal effects of hearing aid fitting among the moderately hearing impaired. *Int J Audiol*, 42(3):152-60.

839 **Joore MA, Van Der Stel H, Peters HJ, Boas GM, Anteunis LJ. (2003)** The cost-effectiveness of hearing-aid fitting in the Netherlands. *Arch Otolaryngol Head Neck Surg*, 129(3):297-304.

840 **Jordan O, Greisen O, Bentzen O. (1967)** Treatment with binaural hearing aids. A follow-up investigation of 1,147 cases. *Arch Otolaryngol*, 85(3):319-26.

840a **Julstrom S, Kozma-Spytek L, Isabelle S. (2011)** Telecoil-mode hearing aid compatability performance requirements for wireless and cordless handsets: magnetic signal levels. *J Amer Acad Audiol*, 22:515-527.

841 **Juneau RP. (1983)** NAEL: Fitting facts. Part II: Earmold style and selection. *Hear Instrum*, 34(6):9-10.

842 **Junker R, Gross M, Todt I, Ernst A. (2002)** Functional gain of already implanted hearing devices in patients with sensorineural hearing loss of varied origin and extent: Berlin experience. *Otol Neurotol*, 23(4):452-6.

843 **Jurado C, Moore BCJ. (2010)** Frequency selectivity for frequencies below 100 Hz: comparisons with mid-frequencies. *J Acoust Soc Amer*, 128(6):3585-96.

844 **Jutten C, Herault J. (1991)** Blind separation of sources, Part I: An adaptive algorithm based on neuromimetic architecture. *Signal Processing*, 24:1-10.

845 **Kam AC, Wong LL. (1999)** Comparison of performance with wide dynamic range compression and linear amplification. *J Am Acad Audiol*, 10(8):445-57.

846 **Kamm C, Dirks DD, Mickey MR. (1978)** Effect of sensorineural hearing loss on loudness discomfort level and most comfortable level judgments. *J Speech Hear Disord*, 21:668-681.

847 **Kaneko K, Shoji K, Kojima H, Inoue M, Asato R, Hirano S, Tateya I. (2001)** Nonlinear digital hearing aid with near-instantaneous amplitude compression. *Eur Arch Otorhinolaryngol*, 258(10):523-8.

848 **Kaplan H, Bally S, Brandt F, Busacco D, Pray J. (1997)** Communication Scale for Older Adults (CSOA). *J Amer Acad Audiol*, 8(3):203-217.

849 **Kaplan H, Pickett J. (1981)** Effects of dichotic/diotic versus monotic presentation on speech understanding in noise in elderly hearing-impaired listeners. *Ear & Hear*, 2(5):202-207.

850 **Kapteyn TS. (1977)** Satisfaction with fitted hearing aids II. An investigation into the influence of psycho-social factors. *Scand Audiol*, 6:171-177.

851 **Kapteyn TS. (1998)** [Rehabilitation possibilities for hearing-impaired subjects]. *Ned Tijdschr Geneeskd*, 142(2):63-7.

852 **Kapteyn TS, Wijkel D, Hackenitz E. (1997)** The effects of involvement of the general practitioner and guidance of the hearing impaired on hearing-aid use. *Brit J Audiol*, 31(6):399-407.

853 **Kartush J, Tos M. (1995)** Electromagnetic ossicular augmentation device. *Otolaryngol Clin North Am*, 28(1):155-172.

854 **Kasic JF, Fredrickson JM. (2001)** The Otologics MET ossicular stimulator. *Otolaryngol Clin North Am*, 34(2):501-13.

855 **Kates JM. (2001)** Room reverberation effects in hearing aid feedback cancellation. *J Acoust Soc Amer*, 109(1):367-78.

856 **Kates J. (1988)** A computer simulation of hearing aid response and the effects of ear canal size. *J Acoust Soc Amer*, 83(5):1952-1963.

857 **Kates J. (1994)** Speech enhancement based on a sinusoidal model. *J Speech Hear Res*, 37(2):449-464.

858 **Kates J, Kozma-Spytek L. (1994)** Quality ratings for frequency-shaped peak-clipped speech. *J Acoust Soc Amer*, 95(6):3586-3594.

859 **Kates J, Weiss M. (1996)** A comparison of hearing-aid array processing techniques. *J Acoust Soc Amer*, 99(5):3138-3148.

860 **Kawell M, Kopun J, Stelmachowicz P. (1988)** Loudness discomfort levels in children. *Ear & Hear*, 9(3):133-136.

861 **Keefe DH, Bulen JC, Campbell SL, Burns EM. (1994)** Pressure transfer function and absorption cross section from the diffuse field to the human ear canal. *J Acoust Soc Amer*, 95(1):355-371.

862 **Keefe D, Bulen J, Arehart K, Burns EM. (1993)** Ear-canal impedance and reflection coefficient in human infants and adults. *J Acoust Soc Amer*, 94(5):2617-2638.

863 **Keidser G. (1995)** Long-term spectra of a range of real-life noisy environments. *Aust J Audiol*, 17(1):39-46.

864 **Keidser G. (1995)** The relationship between listening conditions and alternative amplification schemes for multiple memory hearing aids. *Ear & Hear*, 16(6):575-586.

865 **Keidser G. (1996)** Selecting different amplification for different listening conditions. *J Amer Acad Audiol*, 7(2):92-104.

866 **Keidser G, Bentler RA, Kiessling J. (2010)** A multi-site evaluation of a proposed test for verifying hearing aid maximum output. *Int J Audiol*, 49(1):14-23.

867 **Keidser G, Brew C, Brewer S, Dillon H, Grant F, Storey L. (2005)** The preferred response slopes and two-channel compression ratios in twenty listening conditions by hearing-impaired and normal-hearing listeners and their relationship to the acoustic input. *Int J Audiol*, 44(11):656-70.

868 **Keidser G, Brew C, Peck A. (2003)** Proprietary fitting algorithms compared with one another and with generic formulas. *The Hear J*, 56(3):28-38.

869 **Keidser G, Convery E, Dillon H. (2007)** Potential users and perception of a self-adjustable and trainable hearing aid: a consumer survey. *Hear Rev*, 14(4):18-31.

870 **Keidser G, Convery E, Hamacher V. (In press)** Gain mismatch and horizontal localization performance.

871 **Keidser G, Convery E, Kiessling J, Bentler RA. (2009)** Is the hearing instrument to blame when things get really noisy? *Hear Rev*, 16(8):12-19.

872 **Keidser G, Dillon H. (2006)** What's new in prescriptive fittings down under? In *Hearing care for adults*, Palmer C, Seewald R (Eds), 133-142. Stafa, Switzerland, Phonak AG.

873 **Keidser G, Dillon H. (In preparation)** Aligning the NAL-NL2 prescription formula to empirically observed preferences for hearing aid gain.

874 **Keidser G, Dillon H, Byrne D. (1995)** Candidates for multiple frequency response characteristics. *Ear & Hear*, 16(6):562-74.

875 **Keidser G, Dillon H, Byrne D. (1996)** Guidelines for fitting multiple memory hearing aids. *J Amer Acad Audiol*, 7(6):406-418.

876 **Keidser G, Dillon H, Convery E. (2008)** The effect of the base line response on self-adjustments of hearing aid gain. *J Acoust Soc Amer*, 124(3):1668-81.

877 **Keidser G, Dillon H, Convery E, O'Brien A. (2010)** Differences between speech-shaped test stimuli in analyzing systems and the effect on measured hearing aid gain. *Ear & Hear*, 31(3):437-40.

878 **Keidser G, Dillon H, Dyrlund O, Carter L, Hartley D. (2007)** Preferred low- and high-frequency compression ratios among hearing aid users with moderately severe to profound hearing loss. *J Am Acad Audiol*, 18(1):17-33.

879 **Keidser G, Dillon H, Zhou D, O'Brien A, Carter L, Yeend I, Hartley L. (Submitted)** A review of threshold measurements performed automatically or in situ and the implication of these findings for a self-fitting hearing aid. *Trends in Amplif.*

880 **Keidser G, Grant F. (2001)** Comparing loudness normalization (IHAFF) with speech intelligibility maximization (NAL-NL1) when implemented in a two-channel device. *Ear & Hear*, 22(6):501-15.

881 **Keidser G, Grant F. (2001)** The preferred number of channels (one, two, or four) in NAL-NL1 prescribed wide dynamic range compression (WDRC) devices. *Ear & Hear*, 22(6):516-27.

882 **Keidser G, Grant F. (2003)** Loudness normalization or speech intelligibility maximization? Differences in clinical goals, issues and preferences. *Hear Rev*, 10(1):14-22.

883 **Keidser G, O'Brien A, Carter L, McLelland M, Yeend I. (2008)** Variation in preferred gain with experience for hearing-aid users. *Int J Audiol*, 47(10):621-35.

884 **Keidser G, O'Brien A, Hain JU, McLelland M, Yeend I. (2009)** The effect of frequency-dependent microphone directionality on horizontal localization performance in hearing-aid users. *Int J Audiol*, 48(11):789-803.

885 **Keidser G, O'Brien A, Latzel M, Convery E. (2007)** Evaluation of a noise-reduction algorithm that targets non-speech transient sounds. *The Hear J*, 60(2):29-39.

886 **Keidser G, Pellegrino A, Delifotis A, Ridgway J, Clarke M. (1997)** The use of different frequency response characteristics in everyday environments. *Aust J Audiol*, 19(1):9-22.

887 **Keidser G, Rohrseitz K, Dillon H, Hamacher V, Carter L, Rass U, Convery E. (2006)** The effect of multi-channel wide dynamic range compression, noise reduction, and the directional microphone on horizontal localization performance in hearing aid wearers. *Int J Audiol*, 45(10):563-79.

888 **Keller WD, Bundy RS. (1980)** Effects of unilateral hearing loss upon educational achievement. *Child Care Health Dev*, 6(2):93-100.

889 **Kemp RJ, Bankaitis AE. (2000)** Infection control in audiology. Accessed October 2011. http://www.audiologyonline.com/articles/article_detail.asp?article_id=214.

890 **Kemp RJ, Roeser RJ. (1998)** Infection control for audiologists. *Semin Hear*, 19(2):195-204.

891 **Kennedy E, Levitt H, Neuman AC, Weiss M. (1998)** Consonant-vowel intensity ratios for maximizing consonant recognition by hearing-impaired listeners. *J Acoust Soc Amer*, 103(2):1098-1114.

892 **Kent RD, Wiley TJ, Strennen MJ. (1979)** Consonant discrimination as a function of presentation level. *Audiol*, 18:212-224.

893 **Kenworthy O, Klee T, Tharpe A. (1990)** Speech recognition ability of children with unilateral sensorineural hearing loss as a function of amplification, speech stimuli and listening condition. *Ear & Hear*, 11(4):264-270.

894　**Kessler AR, Giolas TG, Maxon AB. (1990)** The Hearing Performance Inventory for Children (HPIC): Reliability and validity. American Speech-Language-Hearing Association. Seattle, Washington.

895　**Kidd GJ, Arbogast TL, Mason CR, Gallun FJ. (2005)** The advantage of knowing where to listen. *J Acoust Soc Amer*, 118(6):3804-15.

896　**Kiefer J, Arnold W, Staudenmaier R. (2006)** Round window stimulation with an implantable hearing aid (Soundbridge) combined with autogenous reconstruction of the auricle - a new approach. *ORL J Otorhinolaryngol Relat Spec*, 68(6):378-85.

897　**Kiefer J, Gstoettner W, Baumgartner W, Pok SM, Tillein J, Ye Q, von Ilberg C. (2004)** Conservation of low-frequency hearing in cochlear implantation. *Acta Otolaryngol*, 124(3):272-80.

898　**Kiefer J, Pok M, Adunka O, Sturzebecher E, Baumgartner W, Schmidt M, et al. (2005)** Combined electric and acoustic stimulation of the auditory system: results of a clinical study. *Audiol Neurotol*, 10(3):134-44.

899　**Kiese-Himmel C. (2002)** Unilateral sensorineural hearing impairment in childhood: analysis of 31 consecutive cases. *Int J Audiol*, 41(1):57-63.

900　**Kiessling J. (1983)** Clinical experience in hearing-aid adjustment by means of BER amplitudes. *Arch Otorhinolaryngol*, 238(3):233-240.

901　**Kiessling J. (2001)** Hearing aid fitting procedures - state-of-the-art and current issues. *Scand Audiol Suppl*, 52:57-9.

902　**Kiessling J, Brenner B, Jespersen CT, Groth J, Jensen OD. (2005)** Occlusion effect of earmolds with different venting systems. *J Am Acad Audiol*, 16(4):237-49.

903　**Kiessling J, Dyrlund O, Christiansen C. (1995)** Loudness scaling - towards a generally accepted clinical method. European Conference on Audiology. Noordwijkerhout, The Netherlands.

904　**Kiessling J, Muller M, Latzel M. (2006)** Fitting strategies and candidature criteria for unilateral and bilateral hearing aid fittings. *Int J Audiol*, 45 Suppl 1:S53-62.

905　**Kiessling J, Pfreimer C, Dyrlund O. (1997)** Clinical evaluation of three different loudness scaling protocols. *Scand Audiol*, 26(2):117-21.

906　**Kiessling J, Schubert M, Archut A. (1996)** Adaptive fitting of hearing instruments by category loudness scaling (ScalAdapt). *Scand Audiol*, 25(3):153-160.

907　**Kiessling J, Steffens T. (1991)** Clinical evaluation of a programmable three-channel automatic gain control amplification system. *Audiology*, 30(2):70-81.

908　**Killion MC. (1976)** Noise of ears and microphones. *J Acoust Soc Amer*, 59(2):424-433.

909　**Killion MC. (1981)** Earmold options for wideband hearing aids. *J Speech Hear Disord*, 46(1):10-20.

910　**Killion MC. (1988)** Earmold design: theory and practice. In *Hearing aid fitting: theoretical and practical views*, Jensen JH (ed) 155-174. Copenhagen, Stougaard Jensen.

911　**Killion MC. (1988)** Principles of high fidelity hearing aid amplification. In *Handbook of hearing aid amplification, Volume I*, Sandlin RE (ed), 45-80. Singular: San Diego.

912　**Killion MC. (1993)** The K-Amp hearing aid: An attempt to present high fidelity for the hearing impaired. *Amer J Audiol*, 2(2):52-74.

913　**Killion MC. (1995)** Talking hair cells: what they have to say about hearing aids. In *Hair cells & hearing aids*, Berlin C (ed), 3-19. Singular Publishing Group: San Diego.

914　**Killion MC. (1997)** The SIN report: Circuits haven't solved the hearing-in-noise problem. *The Hear J*, 50(10):28-32.

915　**Killion MC. (2000)** Private communication.

916　**Killion MC, Carlson EV. (1970)** A wide-band miniature microphone. *J Audio Engineering Society*, 18:631-635.

917　**Killion MC, Carlson EV. (1974)** A sub-miniature electret-condenser microphone. *J Audio Engineering Society*, 22:237-243.

918　**Killion MC, Christensen LA. (1998)** The case of the missing dots: AI and SNR. *The Hear J*, 51:32 ff.

919　**Killion MC, Fikret-Pasa S. (1993)** The 3 types of sensorineural hearing loss: loudness and intelligibility considerations. *The Hear J*, 46(11):31-36.

920　**Killion MC, Gudmundsen GI. (2005)** Fitting hearing aids using clinical prefitting speech measures: an evidence-based review. *J Am Acad Audiol*, 16(7):439-47.

921　**Killion MC, Monser EL. (1980)** Corfig coupler response for flat insertion gain. In *Acoustical factors affecting hearing aid performance*, Studebaker GA, Hochberg I (eds), 147-168. University Park Press: Baltimore, MD.

922　**Killion MC, Revit LJ. (1987)** Insertion gain repeatability versus loudspeaker location: You want me to put my loudspeaker where? *Ear & Hear*, 8(5 Suppl):68S-73S.

923　**Killion MC, Schulein R, Christensen L, Fabry D, Revit LJ, Niquette P, Chung K. (1998)** Real-world performance of an ITE directional microphone. *The Hear J*, 51(4):1-6.

924　**Killion MC, Staab WJ, Preves DA. (1990)** Classifying automatic signal processors. *Hear Instrum*, 41(8):24-26.

925　**Killion MC, Tillman TW. (1982)** Evaluation of high-fidelity hearing aids. *J Speech Hear Res*, 25(1):15-25.

926　**Killion MC, Villchur E. (1993)** Kessler was right - partly: But SIN test shows some aids improve hearing in noise. *The Hear J*, 46(9):31-35.

927　**Killion MC, Wilber LA, Gudmundsen G. (1988)** Zwislocki was right... a potential solution to the "hollow voice" problem. *Hear Instrum*, 39(1):14-17.

928　**Killion MC, Wilson D. (1985)** Response modifying earhooks for special fitting problems. *Audecibel*, Fall:28-30.

929　**Kimberley B, Dymond R, Gamer A. (1994)** Bilateral digital hearing aids for binaural hearing. *Ear Nose Throat J*, 73(3):176-179.

930 **Kiresuk T, Sherman R. (1968)** Goal attainment scaling: a general method of evaluating comprehensive mental health programs. *Community Mental Health Journal*, 4:443-453.

931 **Kishon-Rabin L, Taitelbaum-Swead R, Ezrati-Vinacour R, Hildesheimer M. (2005)** Prelexical vocalization in normal hearing and hearing-impaired infants before and after cochlear implantation and its relation to early auditory skills. *Ear & Hear*, 26(4 Suppl):17S-29S.

932 **Klee TM, Davis-Dansky E. (1986)** A comparison of unilaterally hearing-impaired children and normal-hearing children on a battery of standardized language tests. *Ear & Hear*, 7(1):27-37.

933 **Kluk K, Moore BCJ. (2004)** Factors affecting psychophysical tuning curves for normally hearing subjects. *Hear Res*, 194(1-2):118-34.

934 **Kluk K, Moore BCJ. (2005)** Factors affecting psychophysical tuning curves for hearing-impaired subjects with high-frequency dead regions. *Hear Res*, 200(1-2):115-31.

935 **Kluk K, Moore BCJ. (2006)** Dead regions in the cochlea and enhancement of frequency discrimination: Effects of audiogram slope, unilateral versus bilateral loss, and hearing-aid use. *Hear Res*, 222(1-2):1-15.

936 **Kluk K, Moore BCJ. (2006)** Detecting dead regions using psychophysical tuning curves: a comparison of simultaneous and forward masking. *Int J Audiol*, 45(8):463-76.

937 **Knebel SB, Bentler RA. (1998)** Comparison of two digital hearing aids. *Ear & Hear*, 19(4):280-9.

938 **Knudsen LV, Oberg M, Nielsen C, Naylor G, Kramer SE. (2010)** Factors influencing help seeking, hearing aid uptake, hearing aid use and satisfaction with hearing aids: a review of the literature. *Trends Amplif*, 14(3):127-54.

939 **Kobler S, Lindblad AC, Olofsson A, Hagerman B. (2010)** Successful and unsuccessful users of bilateral amplification: differences and similarities in binaural performance. *Int J Audiol*, 49(9):613-27.

940 **Kobler S, Rosenhall U. (2002)** Horizontal localization and speech intelligibility with bilateral and unilateral hearing aid amplification. *Int J Audiol*, 41(7):395-400.

941 **Kobler S, Rosenhall U, Hansson H. (2001)** Bilateral hearing aids - effects and consequences from a user perspective. *Scand Audiol*, 30(4):223-35.

942 **Kochkin S. (1992)** Marke Trak III identifies key factors in determining consumer satisfaction. *The Hear J*, 45(8):39-44.

943 **Kochkin S. (1993)** Marke Trak III: Why 20 million in US don't use hearing aids for their hearing loss. *The Hear J*, 46(1):20-27.

944 **Kochkin S. (1994)** Marke Trak IV: Impact on purchase intent of cosmetics, stigma, and style of hearing instrument. *The Hear J*, 47(9):29-36.

945 **Kochkin S. (1996)** Customer satisfaction and subjective benefit with high performance hearing aids. *Hear Rev*, 3(12):16-26.

946 **Kochkin S. (1996)** Marke Trak IV: 10 year trends in the hearing aid market - has anything changed? *The Hear J*, 49(1):23-34.

947 **Kochkin S. (1997)** Marke Trak IV: What is the viable market for hearing aids? *The Hear J*, 50(1):31-39.

948 **Kochkin S. (2000)** Customer satisfaction with single and multiple microphone digital hearing aids. *Hear Rev*, 7(11):24-34.

949 **Kochkin S. (2000)** Marke Trak V: 'Why are my hearing aids in the drawer': the consumers' perspective. *The Hear J*, 53:34-42.

950 **Kochkin S. (2002)** Marketrak VI: Consumers rate improvements sought in hearing instruments. *Hear Rev*, 9(11):18-22.

951 **Kochkin S. (2003)** MarkeTrak VI: Isolating the impact of the volume control on customer satisfaction. *Hearing Review*, 10(1):26-35.

952 **Kochkin S. (2003)** Two hearing instruments: The preferred fitting for bilateral hearing loss. *Audiology Insight*, 2:4-5.

953 **Kochkin S. (2005)** MarkeTrak VII: Customer satisfaction with hearing aids in the digital age. *The Hear J*, 58(9):30-37.

954 **Kochkin S. (2005)** MarkeTrak VII: Hearing loss population tops 31 million people. *The Hear Rev*, 12(7):16-29.

955 **Kochkin S. (2007)** MarkeTrak VII: Obstacles to adult non-user adoption of hearing aids. *The Hear J*, 60(4):24-50.

956 **Kochkin S, Rogin CM. (2000)** Quantifying the obvious: the impact of hearing instruments on quality of life. *Hear Rev*, 7(1):6-34.

957 **Koenig W. (1950)** Subjective effects in binaural hearing. *J Acoust Soc Amer*, 22(1):61-62.

958 **Kohan D, Sorin A, Marra S, Gottlieb M, Hoffman R. (2004)** Surgical management of complications after hearing aid fitting. *Laryngoscope*, 114(2):317-22.

959 **Kollmeier B, Peissig J, Hohmann V. (1993)** Real-time multiband dynamic compression and noise reduction for binaural hearing aids. *J Rehabil Res Dev*, 30(1):82-94.

960 **Kollmeier B, Wesselkamp M. (1997)** Development and evaluation of a German sentence test for objective and subjective speech intelligibility assessment. *J Acoust Soc Amer*, 102(4):2412-21.

961 **Kompis M, Dillier N. (1994)** Noise reduction for hearing aids: combining directional microphones with an adaptive beamformer. *J Acoust Soc Amer*, 96(3):1910-1913.

962 **Kompis M, Hausler R. (2002)** Electromagnetic interference of bone-anchored hearing aids by cellular phones revisited. *Acta Otolaryngol*, 122(5):510-2.

963 **Kompis M, Pfiffner F, Krebs M, Caversaccio MD. (2011)** Factors influencing the decision for Baha in unilateral deafness: the Bern benefit in single-sided deafness questionnaire. *Adv Otorhinolaryngol*, 71:103-11.

964	**Kong YY, Stickney GS, Zeng FG. (2005)** Speech and melody recognition in binaurally combined acoustic and electric hearing. *J Acoust Soc Amer*, 117(3 Pt 1):1351-61.

965	**Kopun JG, Stelmachowicz PG. (1998)** Perceived communication difficulties of children with hearing loss. *Amer J Audiol*, 7:30-38.

966	**Kopun J, Stelmachowicz P, Carney E, Schulte L. (1992)** Coupling of FM systems to individuals with unilateral hearing loss. *J Speech Hear Res*, 35(1):201-207.

967	**Korkko P, Huttunen K, Sorri M. (2001)** HI-SIMv1.0 - towards the virtual reality of hearing impairments. *Scand Audiol Suppl*, 30(Suppl 52):209-10.

968	**Kozma-Spytek L, Harkins J. (2005)** An evaluation of digital cellular handsets by hearing aid users. *J Rehabil Res Dev*, 42(4 Suppl 2):145-56.

969	**Kozma-Spytek L, Kates JM, Revoile SG. (1996)** Quality ratings for frequency-shaped peak-clipped speech: results for listeners with hearing loss. *J Speech Hear Res*, 39(6):1115-23.

970	**Kozma-Spytek MA. (2003)** Hearing aid compatible telephones: history and current status. *Semin Hear*, 24(1):17-28.

971	**Kramer SE, Allessie GH, Dondorp AW, Zekveld AA, Kapteyn TS. (2005)** A home education program for older adults with hearing impairment and their significant others: a randomized trial evaluating short- and long-term effects. *Int J Audiol*, 44(5):255-64.

972	**Kramer SE, Goverts ST, Dreschler WA, Boymans M, Festen JM. (2002)** International Outcome Inventory for Hearing Aids (IOI-HA): results from The Netherlands. *Int J Audiol*, 41(1):36-41.

973	**Kramer SE, Kapteyn TS, Festen JM, Tobi H. (1995)** Factors in subjective hearing disability. *Audiology*, 34(6):311-20.

974	**Krause JC, Braida LD. (2002)** Investigating alternative forms of clear speech: the effects of speaking rate and speaking mode on intelligibility. *J Acoust Soc Amer*, 112(5 Pt 1):2165-72.

975	**Krause JC, Braida LD. (2004)** Acoustic properties of naturally produced clear speech at normal speaking rates. *J Acoust Soc Amer*, 115(1):362-78.

976	**Kricos P. (1999)** Personal communication.

977	**Kricos P, Holmes A, Doyle D. (1992)** Efficacy of a communication training program for hearing-impaired elderly adults. *J Acad Rehab Audiol*, 25:69-80.

978	**Kricos PB. (1997)** Audiologic rehabilitation for the elderly: a collaborative approach. *The Hear J*, 50(2):10-19.

979	**Kricos PB. (2006)** Audiologic management of older adults with hearing loss and compromised cognitive/psychoacoustic auditory processing capabilities. *Trends Amplif*, 10(1):1-28.

980	**Kricos PB, Holmes AE. (1996)** Efficacy of audiologic rehabilitation for older adults. *J Amer Acad Audiol*, 7(4):219-29.

981	**Kricos PB, McCarthy P. (2007)** From ear to there: A historical perspective on auditory training. *Semin Hear*, 28(2):89-98.

982	**Kricos PB, Lesner S, Sandridge S. (1991)** Expectations of older adults regarding the use of hearing aids. *J Amer Acad Audiol*, 2(3):129-133.

983	**Kricos PB, Lesner S, Sandridge S, Yanke R. (1987)** Perceived benefits of amplification as a function of central auditory status in the elderly. *Ear & Hear*, 8(6):337-342.

984	**Kruger B. (1987)** An update on the external ear resonance in infants and young children. *Ear & Hear*, 8(6):333-336.

985	**Kryter K. (1985)** *The effects of noise on man, 2nd ed, (238-239)*. Academic Press: New York.

986	**Kuhl PK, Williams KA, Lacerda F, Stevens KN, Lindnlom B. (1992)** Linguistic experiences alter phonetic perception in infants by 6 months of age. *Science*, 255:606-608.

986a	**Kuhn GF. (1977)** Model for the interaural time differences in the azimuthal plane. *J Acoust Soc Amer*, 62(1):157-167.

987	**Kuhn GF. (1982)** Towards a model for sound localization. In *Localization of sound: theory and applications*, Gatehouse RW (ed), 51-64. Aphora Press: Connecticut.

988	**Kuhn GF, Guernsey RM. (1983)** Sound pressure distribution about the human head and torso. *J Acoust Soc Amer*, 73(1):95-105.

989	**Kuhnel V, Margolf-Hackl S, Kiessling J. (2001)** Multi-microphone technology for severe-to-profound hearing loss. *Scand Audiol Suppl*, 52:65-8.

989a	**Kujawa SG, Liberman MC. (2009).** Adding insult to injury: cochlear nerve degeneration after "temporary" noise-induced hearing loss, *J. Neurosci*, 29: 14077-14085.

990	**Kuk F. (1996)** Subjective preference for microphone types in daily listening environments. *Hear J*, 49(4):29-35.

991	**Kuk F. (2005)** Managing an "own voice" problem that has an amplifier origin. *J Am Acad Audiol*, 16(10):781-8.

992	**Kuk F, Baekgaard L. (2008)** Hearing aid selection and BTEs: Choosing among various "open-ear" and "receiver-in-canal" options. *Hear Rev*, 15(3):22-36.

993	**Kuk F, Jessen A, Klingby K, Henningsen LPH, Keenan D. (2006)** Changing with the times - Additional criteria to judge the effectiveness of active feedback cancellation algorithm. *Hear Rev*, 13(9):38-48.

994	**Kuk F, Keenan D. (2006)** How do vents affect hearing aid performance? *Hear Rev*, 13(2):34-42.

995	**Kuk F, Keenan D, Auriemmo J, Korhonen P, Peeters H, Lau C, Crose B. (2010)** Interpreting the efficacy of frequency-lowering algorithms. *The Hear J*, 63(4):30-40.

996	**Kuk F, Keenan D, Korhonen P, Lau CC. (2009)** Efficacy of linear frequency transposition on consonant identification in quiet and in noise. *J Am Acad Audiol*, 20(8):465-79.

997	**Kuk F, Keenan D, Lau CC. (2005)** Vent configurations on subjective and objective occlusion effect. *J Am Acad Audiol*, 16(9):747-62.

998 **Kuk F, Keenan D, Lau CC. (2009)** Comparison of vent effects between a solid earmold and a hollow earmold. *J Am Acad Audiol*, 20(8):480-91.

999 **Kuk F, Keenan D, Lau CC, Dinulescu N, Cortez R, Keogh P. (2005)** Real-world performance of a reverse-horn vent. *J Am Acad Audiol*, 16(9):653-61.

1000 **Kuk F, Keenan D, Lau CC, Ludvigsen C. (2005)** Performance of a fully adaptive directional microphone to signals presented from various azimuths. *J Am Acad Audiol*, 16(6):333-47.

1001 **Kuk F, Keenan D, Ludvigsen C. (2005)** Efficacy of an open-fitting hearing aid. *Hear Rev*, 12(2):26-32.

1002 **Kuk F, Keenan D, Peeters H, Lau C. (2007)** Critical factors in ensuring efficacy of frequency transposition. Part 1. Individualizing the start frequency. *Hear Rev*, 14(3):60-66.

1003 **Kuk F, Keenan D, Peeters H, Lau C, Crose B. (2007)** Critical factors in ensuring efficacy of frequency transposition. Part 2: Facilitating initial adjustment. *Hear Rev*, 14(4):90-96.

1004 **Kuk F, Korhonen P, Peeters H, Keenan D, Jensen A, Andersen H. (2006)** Linear frequency transposition: Extending the audibility of high-frequency information. *Hear Rev*, 13(11):42-48.

1005 **Kuk F, Ludvigsen C. (2002)** The real-world benefits and limitations of active digital feedback cancellation. *Hear Rev*, 9(4):64-68.

1006 **Kuk F, Ludvigsen C. (2003)** Reconsidering the concept of the aided threshold for nonlinear hearing aids. *Trends Amplif*, 7(3):77-97.

1007 **Kuk F, Paludan-Muller C. (2006)** Noise-management algorithm may improve speech intelligibility in noise. *The Hear J*, 59(4):62-71.

1008 **Kuk FK. (1997)** Open or closed? Let's weigh the evidence. *The Hear J*, 50(10):54, 56, 60.

1009 **Kuk FK, Potts L, Valente M, Lee L, Picirrillo J. (2003)** Evidence of acclimatization in persons with severe-to-profound hearing loss. *J Am Acad Audiol*, 14(2):84-99.

1010 **Kuk F. (1990)** Preferred insertion gain of hearing aids in listening and reading-aloud situations. *J Speech Hear Res*, 33(3):520-529.

1011 **Kuk F. (1991)** Perceptual consequence of vents in hearing aids. *Brit J Audiol*, 25(3):163-169.

1012 **Kuk F. (1994)** Maximum usable real-ear insertion gain with ten earmold designs. *J Amer Acad Audiol*, 5(1):44-51.

1013 **Kuk F, Pape N. (1992)** The reliability of a modified simplex procedure in hearing aid frequency-response selection. *J Speech Hear Res*, 35(2):418-429.

1014 **Kuk F, Pape N. (1993)** Relative satisfaction for frequency responses selected with a simplex procedure in different listening conditions. *J Speech Hear Res*, 36(1):168-177.

1015 **Kuk F, Plager A, Pape N. (1992)** Hollowness perception with noise-reduction hearing aids. *J Amer Acad Audiol*, 3(1):39-45.

1016 **Kuk F, Tyler R, Mims L. (1990)** Subjective ratings of noise-reduction hearing aids. *Scand Audiol*, 19(4):237-244.

1017 **Kumar M, Hickey S, Shaw S. (2000)** Manual dexterity and successful hearing aid use. *J Laryngol Otol*, 114(8):593-7.

1018 **Kyle J, Wood P. (1984)** Changing patterns of hearing-aid use and level of support. *Brit J Audiol*, 18(4):211-216.

1019 **Lalande N, Riverin L, Lambert J. (1988)** Occupational hearing loss: an aural rehabilitation program for workers and their spouses, characteristics of the program and target group (participants and nonparticipants). *Ear & Hear*, 9(5):248-255.

1020 **Lamb SH, Owens E, Schubert ED. (1983)** The revised form of the hearing performance inventory. *Ear & Hear*, 4:152-157.

1021 **Langendijk EH, Bronkhorst AW. (2002)** Contribution of spectral cues to human sound localization. *J Acoust Soc Amer*, 112(4):1583-96.

1022 **Lantz J, Jensen OD, Haastrup A, Olsen SO. (2007)** Real-ear measurement verification for open, non-occluding hearing instruments. *Int J Audiol*, 46(1):11-6.

1023 **Laplante A, Hickson L, Worrall L. (2010)** A qualitative study of shared decision making in rehabilitative audiology. *J Acad Rehab Audiol*, 43:27-43.

1024 **Laplante-Levesque A, Hickson L, Worrall L. (2010)** Factors influencing rehabilitation decisions of adults with acquired hearing impairment. *Int J Audiol*, 49(7):497-507.

1025 **Laplante-Levesque A, Hickson L, Worrall L. (2010)** Promoting the participation of adults with acquired hearing impairment in their rehabilitation. *J Acad Rehabil Audiol*, 43:11-26.

1025a **Larsen J, Blair J. (2008)** The effect of classroom amplification on the signal-to-noise ratio in classrooms while class is in session. *Lang Sp Hear Serv Schools*, 39:451-460.

1026 **Larson VD, Williams DW, Henderson WG, Luethke LE, Beck LB, Noffsinger D, et al. (2002)** A multi-center, double blind clinical trial comparing benefit from three commonly used hearing aid circuits. *Ear & Hear*, 23(4):269-76.

1027 **Larson V, Nelson J, Cooper WJ, Egolf D. (1993)** Measurements of acoustic impedance at the input to the occluded ear canal. *J Rehabil Res Dev*, 30(1):129-136.

1028 **Latzel M, Gebhart TM, Kiessling J. (2001)** Benefit of a digital feedback suppression system for acoustical telephone communication. *Scand Audiol Suppl*, 52:69-72.

1029 **Launer S. (2000)** Loudness scaling: should we predict it from threshold or can children do it? In *A Sound Foundation through Early Amplification*, Seewald R. (ed). Stafa, Switzerland, Phonak.

1030 **Launer, S. (2008)** Future trends in hearing instrument technology. IHCON. Lake Tahoe.

1031 **Lawson GD, Chial MR. (1982)** Magnitude estimation of degraded speech quality by normal- and impaired-hearing listeners. *J Acoust Soc Amer*, 72:1781-1787.

1032 **Lawton BL, Cafarelli DL. (1978)** The effects of hearing aid frequency response modification upon speech reception. ISVR Memorandum No 588. Southampton, Univ Southampton.

1033 **Leeuw A, Dreschler W. (1987)** Speech understanding and directional hearing for hearing-impaired subjects with in-the-ear and behind-the-ear hearing aids. *Scand Audiol*, 16(1):31-36.

1034 **Leeuw A, Dreschler W. (1991)** Advantages of directional hearing aid microphones related to room acoustics. *Audiol*, 30(6):330-344.

1035 **Lefebvre PP, Martin C, Dubreuil C, Decat M, Yazbeck A, Kasic J, Tringali S. (2009)** A pilot study of the safety and performance of the Otologics fully implantable hearing device: transducing sounds via the round window membrane to the inner ear. *Audiol Neurotol*, 14(3):172-80.

1036 **Lehrl S, Funk R, Seifert K. (2005)** [The first hearing aid increases mental capacity. Open controlled clinical trial as a pilot study]. *HNO*, 53(10):852-62.

1037 **Leigh-Paffenroth ED, Roup CM, Noe CM. (2011)** Behavioral and electrophysiologic binaural processing in persons with symmetric hearing loss. *J Am Acad Audiol*, 22(3):181-93.

1038 **Leijon A, Lindkvist A, Ringdahl A, Israelsson B. (1991)** Sound quality and speech reception for prescribed hearing aid frequency responses. *Ear & Hear*, 12(4):251-260.

1039 **Lejeune B, Demanez L. (2006)** Speech discrimination and intelligibility: outcome of deaf children fitted with hearing aids or cochlear implants. *B-ENT*, 2(2):63-8.

1040 **LePage EL. (1989)** Functional role of the olivo-cochlear bundle: a motor unit control system in the mammalian cochlea. *Hear Res*, 38(3):177-198.

1041 **Lesner S. (1995)** Group hearing care for older adults. In *Hearing care for the older adult*, Kricos P, Lesner S (eds), 203-227. Butterworth-Heinemann: Boston.

1042 **Lesner SA. (2003)** Candidacy and management of assistive listening devices: special needs of the elderly. *Int J Audiol*, 42(Suppl 2):2S68-76.

1043 **LeStrange RE, Burwood E, ByrneD, Joyner KH, Wood M, Symonds GL. (1995)** Interference to hearing aids by the digital mobile telephone system. NAL Report 131. Sydney, National Acoustic Laboratories.

1044 **Levitt H. (1987)** Digital hearing aids: a tutorial review. *J Rehabil Res Dev*, 24(4):7-20.

1045 **Levitt H. (1997)** Digital hearing aids: past, present, and future. In *Practical hearing aid selection and fitting*, Tobin H (ed) xi-xxiii. Dept of Veterans Affairs: Washington, D.C.

1046 **Levitt H.** Read My Quips. Accessed January 2011. www.sensesynergy.com.

1047 **Levitt H, Bakke M, Kates J, Neuman A, Schwander T, Weiss M. (1993)** Signal processing for hearing impairment. *Scand Audiol Suppl*, 38:7-19.

1048 **Levitt H, Harkins J, Singer B, Yeung E. (2001)** Field measurements of electromagnetic interference in hearing aids. *J Am Acad Audiol*, 12(6):275-80.

1049 **Levitt H, Kozmma-Spytek MA, Harkins J. (2005)** In-the-ear measurements of interference in hearing aids from digital wireless telephones. *Semin Hear*, 26(2):87-98.

1050 **Levitt H, Neuman A, Sullivan J. (1990)** Studies with digital hearing aids. *Acta Otolaryngol Suppl Stockh*, 469:57-69.

1051 **Levitt H, Oden C, Simon H, Lotze A. (2011)** Entertainment overcomes barriers of auditory training. *The Hear J*, 64(8):40-42.

1052 **Lewandowski R, Leditschke J. (1991)** Cutaneous button battery injury: a new paediatric hazard. *Aust N Z J Surg*, 61(7):535-537.

1055 **Lewis D. (2008)** Developmental perspectives in hearing assistance technology. In *A sound foundation through early amplification: Proceedings of the fourth international conference* Seewald RC, Bamford JM (eds). 253-260. Stäfa, Switzerland, Phonak Communications AG.

1056 **Lewis D, Eiten L. (2000)** One size does not fit all: Rationale and procedures for FM system fitting. In *A sound foundation through early amplification: Proceedings of an international conference,* Seewald R (ed). 87-108. Stäfa, Switzerland, Phonak Communications AG.

1057 **Lewis D, Eiten L. (2010)** FM systems and communication acces for children. In *Comprehensive handbook of pediatric audiology*, Seewald R, Tharpe AM (eds), 553-564. Plural: San Diego.

1058 **Lewis MS, Crandell CC, Kreisman NV. (2004)** Effects of frequency modulation (FM) transmitter microphone directivity on speech perception in noise. *Am J Audiol*, 13(1):16-22.

1059 **Lewis MS, Crandell CC, Valente M, Horn JE. (2004)** Speech perception in noise: directional microphones versus frequency modulation (FM) systems. *J Am Acad Audiol*, 15(6):426-39.

1060 **Lewis MS, Valente M, Horn JE, Crandell C. (2005)** The effect of hearing aids and frequency modulation technology on results from the communication profile for the hearing impaired. *J Am Acad Audiol*, 16(4):250-61.

1061 **Lewsen BJ, Cashman M.** Hearing aids and assistive listening devices in long-term care. *J Speech-Lang Path Audiol*, 21:149-152.

1062 **Libby ER. (1982)** A new acoustic horn for small ear canals. *Hear Instrum*, 33(9):48.

1063 **Libby E. (1981)** Editorial: binaural amplification - state of the art. *Ear & Hear*, 2(5):183-186.

1064 **Lieu JE. (2004)** Speech-language and educational consequences of unilateral hearing loss in children. *Arch Otolaryngol Head Neck Surg*, 130(5):524-30.

1065 **Lieu JE, Tye-Murray N, Karzon RK, Piccirillo JF. (2010)** Unilateral hearing loss is associated with worse speech-language scores in children. *Pediatrics*, 125(6):1348-55.

1066 **Lim JS, Oppenheim AV. (1979)** Enhancement and bandwidth compression of noisy speech. *Proc IEEE*, 67(12):1586-1604.

1066a **Lin FR. (2011)** Hearing loss and cognition among older adults in the United States. *J Gerontol A Biol Sci Med Sci*, 66(10):1131-6.

1066b Lin FR, Ferrucci L, Metter EJ, An Y, Zonderman AB, Resnick SM. (2011) Hearing loss and cognition in the Baltimore Longitudinal Study of Aging. *Neuropsychology*, 25(6):763-70.

1066c Lin FR, Metter EJ, O'Brien RJ, Resnick SM, Zonderman AB, Ferrucci L. (2011) Hearing loss and incident dementia. *Arch Neurol*, 68(2):214-20.

1067 Lin LM, Bowditch S, Anderson MJ, May B, Cox KM, Niparko JK. (2006) Amplification in the rehabilitation of unilateral deafness: speech in noise and directional hearing effects with bone-anchored hearing and contralateral routing of signal amplification. *Otol Neurotol*, 27(2):172-82.

1068 Lindholm J, Dorman M, Taylor B, Hannley M. (1988) Stimulus factors influencing the identification of voiced stop consonants by normal-hearing and hearing-impaired adults. *J Acoust Soc Amer*, 83(4):1608-1614.

1069 Lindley G, Palmer C. (1997) Fitting wide dynamic range compression hearing aids: DSL[i/o], the IHAFF protocol, and FIG6. *Am J Audiol*, 6:19-28.

1070 Lippmann R, Braida L, Durlach N. (1981) Study of multichannel amplitude compression and linear amplification for persons with sensorineural hearing loss. *J Acoust Soc Amer*, 69(2):524-534.

1071 Litovitz T, Schmitz B. (1992) Ingestion of cylindrical and button batteries: an analysis of 2382 cases. *Pediatrics*, 89(4 Pt 2):747-757.

1072 Litovitz T. (1985) Battery ingestions: product accessibility and clinical course. *Pediatrics*, 75(3):469-476.

1073 Litovsky RY, Johnstone PM, Godar S, Agrawal S, Parkinson A, Peters R, Lake J. (2006) Bilateral cochlear implants in children: localization acuity measured with minimum audible angle. *Ear & Hear*, 27(1):43-59.

1074 Liu C, Rosenhouse J, Sideman S. (1997) A targeting-and-extracting technique to enhance hearing in the presence of competing speech. *J Acoust Soc Amer*, 101(5 Pt 1):2877-2891.

1075 Lockwood ME, Jones DL, Bilger RC, Lansing CR, O'Brien WDJ, Wheeler BC, Feng AS. (2004) Performance of time- and frequency-domain binaural beamformers based on recorded signals from real rooms. *J Acoust Soc Amer*, 115(1):379-91.

1076 Lorenzi C, Gatehouse S, Lever C. (1999) Sound localization in noise in hearing-impaired listeners. *J Acoust Soc Amer*, 105(6):3454-63.

1077 Lorenzi C, Gilbert G, Carn H, Garnier S, Moore BCJ. (2006) Speech perception problems of the hearing impaired reflect inability to use temporal fine structure. *Proc Natl Acad Sci U S A*, 103(49):18866-9.

1078 Lotterman S, Kasten R. (1971) Examination of the CROS type hearing aid. *J Speech Hear Res*, 14:416-420.

1079 Loven F, Collins M. (1988) Reverberation, masking, filtering, and level effects on speech recognition performance. *J Speech Hear Res*, 31(4):681-695.

1080 Ludvigsen C, Elberling C, Keidser G. (1993) Evaluation of a noise reduction method - comparison between observed scores and scores predicted from STI. *Scand Audiol Suppl*, 38:50-55.

1081 Luetje CM, Brackman D, Balkany TJ, Maw J, Baker RS, Kelsall D. (2002) Phase III clinical trial results with the Vibrant Soundbridge implantable middle ear hearing device: a prospective controlled multicenter study. *Otolaryngol Head Neck Surg*, 126(2):97-107.

1082 Lundberg G, Ovegard A, Hagerman B, Gabrielsson A, Brandstrom U. (1992) Perceived sound quality in a hearing aid with vented and closed earmould equalized in frequency response. *Scand Audiol*, 21(2):87-92.

1083 Lundborg T, Risberg A, Holmqvist C, Lindstrom B, Svard I. (1982) Rehabilitative procedures in sensorineural hearing loss. Studies on the routine used. *Scand Audiol*, 11(3):161-170.

1084 Lunner T, Hellgren J, Arlinger S, Elberling C. (1997) A digital filterbank hearing aid: predicting user preference and performance for two signal processing algorithms. *Ear & Hear*, 18(1):12-25.

1085 Lunner T, Rudner M, Ronnberg J. (2009) Cognition and hearing aids. *Scand J Psychol*, 50(5):395-403.

1086 Lunner T, Sundewall-Thoren E. (2007) Interactions between cognition, compression, and listening conditions: effects on speech-in-noise performance in a two-channel hearing aid. *J Am Acad Audiol*, 18(7):604-17.

1087 Luntz M, Shpak T, Weiss H. (2005) Binaural-bimodal hearing: concomitant use of a unilateral cochlear implant and a contralateral hearing aid. *Acta Otolaryngol*, 125(8):863-9.

1088 Lupsakko T, Mantyjarvi M, Kautiainen H, Sulkava R. (2002) Combined hearing and visual impairment and depression in a population aged 75 years and older. *Int J Geriatr Psychiatry*, 17(9):808-13.

1089 Lupsakko TA, Kautiainen HJ, Sulkava R. (2005) The non-use of hearing aids in people aged 75 years and over in the city of Kuopio in Finland. *Eur Arch Otorhinolaryngol*, 262(3):165-9.

1090 Luterman D. (1999) Counseling families with a hearing-impaired child. *Otolaryngol Clin North Am*, 32(6):1037-50.

1091 Luterman D, Kurtzer-White E. (1999) Identifying hearing loss: parents' needs. *Am J Audiol*, 8(1):13-8.

1092 Luterman DA. (1997) The dispensing audiologist: Business person or professional? Oticon's 2nd Annual Human Link Conference. Atlanta.

1093 Lutman ME, Brown EJ, Coles RRA. (1987) Self-reported disability and handicap in the population in relation to pure-tone threshold, age, sex and type of hearing loss. *Brit J Audiol*, 21:45-58.

1094 Luts H, Maj JB, Soede W, Wouters J. (2004) Better speech perception in noise with an assistive multimicrophone array for hearing aids. *Ear & Hear*, 25(5):411-20.

1095 Lybarger S. (1963) *Simplified fitting system for hearing aids*. Radioear Co: Cantonsburg, Pa.

1096 Lybarger SF. (1988) A historical overview. In *Handbook of hearing aid amplification, Volume I*, Sandlin RE (ed), 1-29. College Hill Press: Boston.

1097　**Lyregaard PE. (1988)** POGO and the theory behind. In *Hearing aid fitting: Theoretical and practical views. Proceedings of the 13th Danavox Symposium,* Jensen J (ed), 81-96. Copenhagen, Danavox.

1098　**Lyxell B, Ronnberg J, Andersson J, Linderoth E. (1993)** Vibrotactile support - initial effects on visual speech perception. *Scandinavian Audiology,* 22(3):179-183.

1099　**Lyzenga J, Festen JM, Houtgast T. (2002)** A speech enhancement scheme incorporating spectral expansion evaluated with simulated loss of frequency selectivity. *J Acoust Soc Amer,* 112(3 Pt 1):1145-57.

1100　**Maassen MM, Lehner R, Leysieffer H, Baumann I, Zenner HP. (2001)** Total implantation of the active hearing implant TICA for middle ear disease: a temporal bone study. *Ann Otol Rhinol Laryngol,* 110(10):912-6.

1101　**Maassen MM, Lehner RL, Muller G, Reischl G, Ludtke R, Leysieffer H, Zenner HP. (1997)** [Adjusting the geometry of implantable hearing aid components to human temporal bone. II: Microphone]. *HNO,* 45(10):847-54.

1102　**MacDonald EN, Pichora-Fuller MK, Schneider BA. (2010)** Effects on speech intelligibility of temporal jittering and spectral smearing of the high-frequency components of speech. *Hear Res,* 261(1-2):63-6.

1103　**MacDonald JA, Henry PP, Letowski TR. (2006)** Spatial audio through a bone conduction interface. *Int J Audiol,* 45(10):595-9.

1104　**MacKeith NW, Coles RRA. (1971)** Binaural advantages in hearing of speech. *J Laryngol,* 75:213-232.

1105　**Mackenzie DJ. (2006)** Open-canal fittings and the hearing aid occlusion effect. *The Hear J,* 59(11):50-56.

1106　**Mackenzie E, Lutman ME. (2005)** Speech recognition and comfort using hearing instruments with adaptive directional characteristics in asymmetric listening conditions. *Ear & Hear,* 26(6):669-79.

1107　**MacKenzie K, Browning G, McClymont L. (1989)** Relationship between earmould venting, comfort and feedback. *Brit J Audiol,* 23(4):335-337.

1108　**Mackersie CL, Crocker TL, Davis RA. (2004)** Limiting high-frequency hearing aid gain in listeners with and without suspected cochlear dead regions. *J Am Acad Audiol,* 15(7):498-507.

1109　**Macpherson B, Elfenbein J, Schum R, Bentler RA. (1991)** Thresholds of discomfort in young children. *Ear & Hear,* 12(3):184-190.

1110　**Macrae J. (1990)** Static pressure seal of earmolds. *J Rehabil Res Dev,* 27(4):397-410.

1111　**Macrae JH. (1981)** An improved form of the high-cut cavity vent. *Aust J Audiol,* 3(2):36-39.

1112　**Macrae JH, Dillon H. (1996)** An equivalent noise level criterion for hearing aids. *J Rehab Res Dev,* 33(4):355-362.

1113　**Macrae JH, Dillon H. (1996)** Gain, frequency response and maximum output requirements for hearing aids. *J Rehab Res Dev,* 33(4):363-376.

1114　**Macrae JH, Frazier G. (1980)** An investigation of variables affecting aided thresholds. *Aust J Audiol,* 2(2):56-62.

1115　**Macrae JH. (1991a)** Permanent threshold shift associated with overamplification by hearing aids. *J Speech Hear Res,* 34(2):403-414.

1116　**Macrae JH. (1991b)** Prediction of deterioration in hearing due to hearing aid use. *J Speech Hear Res,* 34(3):661-670.

1117　**Macrae JH. (1994a)** A review of research into safety limits for amplification by hearing aids. *Aust J Audiol,* 16(2):67-77.

1118　**Macrae JH. (1994b)** An investigation of temporary threshold shift caused by hearing aid use. *J Speech Hear Res,* 37(1):227-237.

1119　**Macrae JH. (1994c)** Prediction of asymptotic threshold shift caused by hearing aid use. *J Speech Hear Res,* 37(6):1450-1458.

1120　**Macrae JH. (1995)** Temporary and permanent threshold shift caused by hearing aid use. *J Speech Hear Res,* 38(4):949-959.

1121　**Madaffari PL. (1983)** Directional matrix technical bulletin. No. 10554-1. Chicago, Industrial Research Products Inc.

1122　**Madden C, Rutter M, Hilbert L, Greinwald JH Jr, Choo DI. (2002)** Clinical and audiological features in auditory neuropathy. *Arch Otolaryngol Head Neck Surg,* 128(9):1026-30.

1123　**Madell J. (2008)** Evaluation of speech perception in infants and children. In *Pediatric audiology: diagnosis, technology, and management,* Madell J, Flexer C (eds), 89-105. Thieme: New York.

1124　**Magnusson L, Karlsson M, Leijon A. (2001)** Predicted and measured speech recognition performance in noise with linear amplification. *Ear & Hear,* 22(1):46-57.

1125　**Magnusson L, Karlsson M, Ringdahl A, Israelsson B. (2001)** Comparison of calculated, measured and self-assessed intelligibility of speech in noise for hearing-aid users. *Scand Audiol,* 30(3):160-71.

1126　**Maheshwar AA, Milling MA, Kumar M, Clayton MI, Thomas A. (2002)** Use of hearing aids in the management of children with cleft palate. *Int J Pediatr Otorhinolaryngol,* 66(1):55-62.

1127　**Maki-Torkko EM, Sorr MJ, Laukli E. (2001)** Objective assessment of hearing aid use. *Scand Audiol Suppl,* 52:81-2.

1128　**Makous JC, Middlebrooks JC. (1990)** Two-dimensional sound localization by human listeners. *J Acoust Soc Amer,* 87(5):2188-200.

1129　**Malinoff RL, Weinstein BE. (1989)** Changes in self-assessment of hearing handicap over the first year of hearing aid use by older adults. *J Acad Rehab Audiol,* 22:54-60.

1130　**Maniglia AJ, Ko WH, Garverick SL, Abbass H, Kane M, Rosenbaum M, Murray G. (1997)** Semi-implantable middle ear electromagnetic hearing device for sensorineural hearing loss. *Ear Nose Throat J,* 76(5):333-341.

1131 **Marcoux AM, Yathiraj A, Cote I, Logan J. (2006)** The effect of a hearing aid noise reduction algorithm on the acquisition of novel speech contrasts. *Int J Audiol*, 45(12):707-14.

1132 **Markides A. (1977)** *Binaural hearing aids*. Academic Press: London.

1133 **Markides A. (1982a)** The effectiveness of binaural hearing aids. *Scand Audiol Suppl*, 15:181-196.

1134 **Markides A. (1982b)** Reactions to binaural hearing aid fitting. *Scand Audiol Suppl*, 15:197-205.

1135 **Markides A. (1986)** Age at fitting of hearing aids and speech intelligibility. *Brit J Audiol*, 20(2):165-167.

1136 **Marks LE. (1978)** Binaural summation of the loudness of pure tones. *J Acoust Soc Amer*, 64:107-113.

1137 **Marozeau J, Florentine M. (2009)** Testing the binaural equal-loudness-ratio hypothesis with hearing-impaired listeners. *J Acoust Soc Amer*, 126(1):310-7.

1138 **Marriage JE, Moore BCJ, Alcantara JI. (2004)** Comparison of three procedures for initial fitting of compression hearing aids. III. Inexperienced versus experienced users. *Int J Audiol*, 43(4):198-210.

1139 **Marriage JE, Moore BCJ. (2003)** New speech tests reveal benefit of wide-dynamic-range, fast-acting compression for consonant discrimination in children with moderate-to-profound hearing loss. *Int J Audiol*, 42(7):418-25.

1140 **Marriage JE, Moore BCJ, Stone MA, Baer T. (2005)** Effects of three amplification strategies on speech perception by children with severe and profound hearing loss. *Ear & Hear*, 26(1):35-47.

1141 **Marrone N, Mason CR, Kidd G Jr. (2008)** Tuning in the spatial dimension: evidence from a masked speech identification task. *J Acoust Soc Amer*, 124(2):1146-58.

1142 **Marrone N, Mason CR, Kidd G Jr. (2008)** The effects of hearing loss and age on the benefit of spatial separation between multiple talkers in reverberant rooms. *J Acoust Soc Amer*, 124(5):3064-75.

1143 **Marrone N, Mason CR, Kidd G Jr. (2008)** Evaluating the benefit of hearing aids in solving the cocktail party problem. *Trends Amplif*, 12(4):300-15.

1144 **Martin BA, Boothroyd A. (1999)** Cortical, auditory, event-related potentials in response to periodic and aperiodic stimuli with the same spectral envelope. *Ear & Hear*, 20(1):33-44.

1145 **Martin C, Deveze A, Richard C, Lefebvre PP, Decat M, Ibanez LG, et al. (2009)** European results with totally implantable Carina placed on the round window: 2-year follow-up. *Otol Neurotol*, 30(8):1196-203.

1146 **Martin ES, Pickett JM. (1970)** Sensorineural hearing loss and upward spread of masking. *J Speech Hear Res*, 13:426-237.

1147 **Martin FN, Champlin CA, Chambers JA. (1998)** Seventh survey of audiometric practices in the United States. *J Am Acad Audiol*, 9(2):95-104.

1148 **Martin HC, Munro KJ, Lam MC. (2001)** Perforation of the tympanic membrane and its effect on the real-ear-to-coupler difference acoustic transform function. *Br J Audiol*, 35(4):259-64.

1149 **Martin HC, Munro KJ, Langer DH. (1997)** Real-ear to coupler differences in children with grommets. *Brit J Audiol*, 31(1):63-9.

1149a **Martin HC, Westwood GF, Bamford JM. (1996)** Real ear to coupler differences in children having otitis media with effusion. *Brit J Audiol*, 30(2):71-8.

1150 **Martin MC, Grover BC, Worrall JJ, Williams V. (1976)** The effectiveness of hearing aids in a school population. *Brit J Audiol*, 10:33-40.

1151 **Martin RL. (1998)** Improving high-power fittings: The impression. *The Hear J*, 51(3):72-74.

1152 **Martin RL, Oltman J, Killion MC. (1997)** The new high-power batteries are great, if you know how to use them. *The Hear J*, 50(10):62-65.

1153 **Martin RL, Pirzanski CZ. (1998)** Techniques for successful CIC fittings. *The Hear J*, 51(7):72,74.

1154 **Marttila TI, Karikoski JO. (2006)** Hearing aid use in Finnish children - impact of hearing loss variables and detection delay. *Int J Pediatr Otorhinolaryngol*, 70(3):475-80.

1155 **Mason D, Popelka G. (1986)** Comparison of hearing-aid gain using functional, coupler, and probe-tube measurements. *J Speech Hear Res*, 29(2):218-226.

1156 **Massie R, Dillon H. (2006)** The impact of sound-field amplification in cross-cultural classrooms. Part 1 Educational outcomes. *Australian J of Education*, 50(1):62-77.

1157 **May AE, Dillon H. (1992)** A comparison of physical measurements of the hearing aid occlusion effect with subjective reports. Audiol Soc of Aust Conf. Adelaide.

1158 **May AE, Upfold LJ. (1984)** The organisation of group hearing aid orientation programs in non-permanent facilities. 6th National Conf, Audiol Soc Aust. Coolangatta.

1159 **May A, Upfold L, Battaglia J. (1990)** The advantages and disadvantages of ITC, ITE and BTE hearing aids: diary and interview reports from elderly users. *Brit J Audiol*, 24(5):301-309.

1160 **McArdle R, Abrams HB, Chisolm TH. (2005)** When hearing aids go bad: an FM success story. *J Am Acad Audiol*, 16(10):809-21.

1161 **McArdle R, Chisolm TH, Abrams HB, Wilson RH, Doyle PJ. (2005)** The WHO-DAS II: measuring outcomes of hearing aid intervention for adults. *Trends Amplif*, 9(3):127-43.

1162 **McBride WS, Mulrow CD, Aguilar C, Tuley MR. (1994)** Methods for screening for hearing loss in older adults. *Am J Med Sci*, 307(1):40-2.

1163 **McCandless GA, Lyregaard PE. (1983)** Prescription of gain/output (POGO) for hearing aids. *Hear Instrum*, 34(1):16-21.

1164 **McDermott HJ, Dean MR. (2000)** Speech perception with steeply sloping hearing loss: effects of frequency transposition. *Br J Audiol*, 34(6):353-61.

1165 **McDermott HJ, Dorkos VP, Dean MR, Ching TY. (1999)** Improvements in speech perception with use of the AVR TranSonic frequency-transposing hearing aid. *J Speech Lang Hear Res*, 42(6):1323-35.

1166 **McDermott HJ, Lech M, Kornblum MS, Irvine DR. (1998)** Loudness perception and frequency discrimination in subjects with steeply sloping hearing loss: possible correlates of neural plasticity. *J Acoust Soc Amer*, 104(4):2314-25.

1167 **McGrath M, Summerfield Q. (1985)** Intermodal timing relations and audio-visual speech recognition by normal-hearing adults. *J Acoust Soc Amer*, 77(2):678-85.

1167a **McKay S. (2010)** Audiological management of children with single-sided deafness. *Semin Hear*, 31(4):290-312.

1168 **McKay S, Gravel JS, Tharpe AM. (2008)** Amplification considerations for children with minimal or mild bilateral hearing loss and unilateral hearing loss. *Trends Amplif*, 12(1):43-54.

1169 **McKenna L. (1987)** Goal planning in audiological rehabilitation. *Brit J Audiol*, 21(1):5-11.

1170 **McLarnon CM, Davison T, Johnson IJ. (2004)** Bone-anchored hearing aid: comparison of benefit by patient subgroups. *Laryngoscope*, 114(5):942-4.

1171 **McLeod B, Upfold L, Broadbent C. (2001)** An investigation of the applicability of the inventory, Satisfaction with Amplification in Daily Life, at 2 weeks post hearing aid fitting. *Ear & Hear*, 22(4):342-7.

1172 **McNeill C, Freeman SR, McMahon C. (2009)** Short-term hearing fluctuation in Meniere's disease. *Int J Audiol*, 48(8):594-600.

1173 **McPherson B, Wong ET. (2005)** Effectiveness of an affordable hearing aid with elderly persons. *Disabil Rehabil*, 27(11):601-9.

1174 **Meding B, Ringdahl A. (1992)** Allergic contact dermatitis from the earmolds of hearing aids. *Ear & Hear*, 13(2):122-124.

1175 **Mehrgardt S, Mellert V. (1977)** Transformation characteristics of the external human ear. *J Acoust Soc Amer*, 61(6):1567-1576.

1176 **Meister H, Lausberg I, Kiessling J, von Wedel H, Walger M. (2002)** Identifying the needs of elderly, hearing-impaired persons: the importance and utility of hearing aid attributes. *Eur Arch Otorhinolaryngol*, 259(10):531-534.

1177 **Meister H, Lausberg I, Kiessling J, von Wedel H, Walger M. (2003)** Modeling relationships between various domains of hearing aid provision. *Audiol Neurotol*, 8(3):153-65.

1178 **Meister H, Lausberg I, Kiessling J, von Wedel H, Walger M. (2005)** Detecting components of hearing aid fitting using a self-assessment-inventory. *Eur Arch Otorhinolaryngol*, 262(7):580-6.

1179 **Meister H, Lausberg I, Kiessling J, Walger M, von Wedel H. (2002)** Determining the importance of fundamental hearing aid attributes. *Otol Neurotol*, 23(4):457-62.

1180 **Meister H, Lausberg I, Walger M, von Wedel H. (2001)** Using conjoint analysis to examine the importance of hearing aid attributes. *Ear & Hear*, 22(2):142-50.

1181 **Meister H, von Wedel H. (2003)** Demands on hearing aid features - special signal processing for elderly users? *Int J Audiol*, 42 Suppl 2:2S58-62.

1182 **Mejia J. (2010)** Bilateral noise reduction methods for hearing aids. Ph.D. Dissertation. University of Sydney.

1183 **Mejia J, Dillon H, Carlile S, Johnson E. (Submitted)** Binaural noise reduction strategy for hearing aid applications. *J Acous Soc Amer*

1184 **Mejia J, Dillon H, Fisher M. (2008)** Active cancellation of occlusion: an electronic vent for hearing aids and hearing protectors. *J Acoust Soc Amer*, 124(1):235-40.

1185 **Mekata T, Yoshizumi Y, Kato Y, Noguchi E, Yamada Y. (1994)** Development of a portable multi-function digital hearing aid. Int Conf Spoken Lang Processing. Japan.

1186 **Melin L, Scott B, Lindberg P, Lyttkens L. (1987)** Hearing aids and tinnitus - an experimental group study. *Brit J Audiol*, 21(2):91-97.

1187 **Mendel LL, Roberts RA, Walton JH. (2003)** Speech perception benefits from sound field FM amplification. *Am J Audiol*, 12(2):114-24.

1188 **Meredith R, Stephens D. (1993)** In-the-ear and behind-the-ear hearing aids in the elderly. *Scand Audiol*, 22(4):211-216.

1189 **Meredith R, Thomas K, Callaghan D, Stephens S, Rayment A. (1989)** A comparison of three types of earmoulds in elderly users of post-aural hearing aids. *Brit J Audiol*, 23(3):239-244.

1190 **Metselaar M, Maat B, Krijnen P, Verschuure H, Dreschler WA, Feenstra L. (2009)** Self-reported disability and handicap after hearing-aid fitting and benefit of hearing aids: comparison of fitting procedures, degree of hearing loss, experience with hearing aids and uni- and bilateral fittings. *Eur Arch Otorhinolaryngol*, 266(6):907-17.

1191 **Middlebrooks JC, Makous JC, Green DM. (1989)** Directional sensitivity of sound-pressure levels in the human ear canal. *J Acoust Soc Amer*, 86(1):89-108.

1192 **Mildner V, Sindija B, Zrinski KV. (2006)** Speech perception of children with cochlear implants and children with traditional hearing aids. *Clin Linguist Phon*, 20(2-3):219-29.

1193 **Miller AJ. (1989)** An alternative approach to CROS and BI-CROS hearing aids: An internal CROS. *Audecibel*, 38(1):20-21.

1194 **Miller RL, Schilling JR, Franck KR, Young ED. (1997)** Effects of acoustic trauma on the representation of the vowel "eh" in cat auditory nerve fibers. *J Acoust Soc Amer*, 101(6):3602-16.

1195 **Mills A. (1972)** Auditory localization. In *Foundations of modern auditory theory, Volume 2*, Tobias JV (ed), 303-348. Academic Press: New York.

1196 **Mills AW. (1958)** On the minimum audible angle. *J Acoust Soc Amer*, 30:237-246.

1197 **Mills J, Gilbert R, Adkins W. (1979)** Temporary threshold shifts in humans exposed to octave bands of noise for 16 to 24 hours. *J Acoust Soc Amer*, 65:1238-1248.

1198 **Miyamoto R, Robbins A, Osberger M, Todd S, Riley A, Kirk K. (1995)** Comparison of multichannel tactile aids and multichannel cochlear implants in children with profound hearing impairments. *Amer J Otol*, 16(1):8-13.

1199 **Mo B, Lindbaek M, Harris S, Rasmussen K. (2004)** Social hearing measured with the Performance Inventory for Profound and Severe Loss: a comparison between adult multichannel cochlear implant patients and users of acoustical hearing aids. *Int J Audiol*, 43(10):572-8.

1200 **Moeller MP. (1998)** Early intervention of hearing loss in children. In *Fourth International Symposium on Childhood Deafness,* Bess FH (ed), 305-310. Nashville, Tn., Bill Wilkerson Center Press.

1201 **Moeller MP, Donaghy K, Beauchaine K, Lewis DE, Stelmachowicz PG. (1996)** Longitudinal study of FM system use in non-academic settings: Effects on language development. *Ear & Hear*, 17(1):28-41.

1202 **Moeller MP, Hoover B, Peterson B, Stelmachowicz P. (2009)** Consistency of hearing aid use in infants with early-identified hearing loss. *Am J Audiol*, 18(1):14-23.

1203 **Moir J. (1976)** On differential time delay. *J Audio Eng Soc*, 24(9):752.

1204 **Mok M, Galvin KL, Dowell RC, McKay CM. (2009)** Speech perception benefit for children with a cochlear implant and a hearing aid in opposite ears and children with bilateral cochlear implants. *Audiol Neurotol*, 15(1):44-56.

1205 **Mok M, Grayden D, Dowell RC, Lawrence D. (2006)** Speech perception for adults who use hearing aids in conjunction with cochlear implants in opposite ears. *J Speech Lang Hear Res*, 49(2):338-51.

1206 **Moncur JP, Dirks DD. (1967)** Binaural and monaural speech intelligibility in reverberation. *J Speech Hear Res*, 10(2):186-195.

1207 **Mondain M, Sillon M, Vieu A, Levi A, Reuillard-Artieres F, Deguine O, et al. (2002)** Cochlear implantation in prelingually deafened children with residual hearing. *Int J Pediatr Otorhinolaryngol*, 63(2):91-7.

1208 **Montgomery A. (1994)** WATCH: A practical approach to brief auditory rehabilitation. *Hear J*, 47(10):10, 53-55.

1209 **Montgomery A, Edge R. (1988)** Evaluation of two speech enhancement techniques to improve intelligibility for hearing-impaired adults. *J Speech Hear Res*, 31(3):386-393.

1210 **Montgomery A, Prosek R, Walden B, Cord M. (1987)** The effects of increasing consonant/vowel intensity ratio on speech loudness. *J Rehabil Res Dev*, 24(4):221-228.

1211 **Moodie KS, Seewald RC, Sinclair ST. (1994)** Procedure for predicting real-ear hearing aid performance in young children. *Amer J Audiol*, 3:23-31.

1212 **Moodie S. (2000)** Individualized hearing instrument fitting for infants. In *A Sound Foundation through Early Amplification,* Seewald R (ed), 213-217. Stafa, Switzerland, Phonak.

1213 **Moore BCJ. (1997)** A compact disc containing simulations of hearing impairment. *Brit J Audiol*, 31(5):353-7.

1214 **Moore BCJ. (2000)** Use of a loudness model for hearing aid fitting. IV. Fitting hearing aids with multi-channel compression so as to restore 'normal' loudness for speech at different levels. *Br J Audiol*, 34(3):165-77.

1215 **Moore BCJ. (2004)** Dead regions in the cochlea: conceptual foundations, diagnosis, and clinical applications. *Ear & Hear*, 25(2):98-116.

1216 **Moore BCJ. (2008)** The choice of compression speed in hearing aids: theoretical and practical considerations and the role of individual differences. *Trends Amplif*, 12(2):103-12.

1217 **Moore BCJ. (2012)** *An Introduction to the Psychology of Hearing. 6th Ed.* Emerald: Bingley, UK.

1218 **Moore BCJ, Alcantara JI. (2001)** The use of psychophysical tuning curves to explore dead regions in the cochlea. *Ear & Hear*, 22(4):268-78.

1219 **Moore BCJ, Alcantara JI, Glasberg BR. (1998)** Development and evaluation of a procedure for fitting multi-channel compression hearing aids. *Brit J Audiol*, 32(3):177-95.

1220 **Moore BCJ, Alcantara JI, Marriage J. (2001)** Comparison of three procedures for initial fitting of compression hearing aids. I. Experienced users, fitted bilaterally. *Br J Audiol*, 35(6):339-53.

1221 **Moore BCJ, Alcantara JI, Stone MA, Glasberg BR. (1999)** Use of a loudness model for hearing aid fitting: II. Hearing aids with multi-channel compression. *Brit J Audiol*, 33(3):157-70.

1222 **Moore BCJ, Fullgrabe C. (2010)** Evaluation of the CAMEQ2-HF method for fitting hearing aids with multichannel amplitude compression. *Ear & Hear*, 31(5):657-66.

1223 **Moore BCJ, Fullgrabe C, Stone MA. (2010)** Effect of spatial separation, extended bandwidth, and compression speed on intelligibility in a competing-speech task. *J Acoust Soc Amer*, 128(1):360-71.

1224 **Moore BCJ, Fullgrabe C, Stone MA. (2011)** Determination of preferred parameters for multichannel compression using individually fitted simulated hearing aids and paired comparisons. *Ear & Hear*, 32(5):556-68.

1225 **Moore BCJ, Glasberg BR. (1986)** A comparison of two-channel and single-channel compression hearing aids. *Audiology*, 25(4-5):210-226.

1226 **Moore BCJ, Glasberg BR. (1988)** A comparison of four methods of implementing automatic gain control (AGC) in hearing aids. *Brit J Audiol*, 22(2):93-104.

1227 **Moore BCJ, Glasberg BR. (1997)** A model of loudness perception applied to cochlear hearing loss. *Auditory Neurosci*, 3:289-311.

1228 **Moore BCJ, Glasberg BR. (1998)** Use of a loudness model for hearing-aid fitting. I. Linear hearing aids. *Brit J Audiol*, 32(5):317-35.

1229 **Moore BCJ, Glasberg BR. (2004)** A revised model of loudness perception applied to cochlear hearing loss. *Hear Res*, 188(1-2):70-88.

1230 **Moore BCJ, Glasberg BR, Alcantara JI, Launer S, Kuehnel V. (2001)** Effects of slow- and fast-acting compression on the detection of gaps in narrow bands of noise. *Br J Audiol*, 35(6): 365-74.

1231 **Moore BCJ, Glasberg BR, Stone MA. (1991)** Optimization of a slow-acting automatic gain control system for use in hearing aids. *Brit J Audiol*, 25(3):171-182.

1232 **Moore BCJ, Glasberg BR, Stone MA. (1999)** Use of a loudness model for hearing aid fitting: III. A general method for deriving initial fittings for hearing aids with multi-channel compression. *Brit J Audiol*, 33(4):241-58.

1233 **Moore BCJ, Glasberg BR, Stone MA. (2004)** New version of the TEN test with calibrations in dB HL. *Ear & Hear*, 25(5):478-87.

1234 **Moore BCJ, Glasberg BR, Stone MA. (2010)** Development of a new method for deriving initial fittings for hearing aids with multi-channel compression: CAMEQ2-HF. *Int J Audiol*, 49(3):216-27.

1235 **Moore BCJ, Huss M, Vickers DA, Glasberg BR, Alcantara JI. (2000)** A test for the diagnosis of dead regions in the cochlea. *Br J Audiol*, 34(4):205-24.

1236 **Moore BCJ, Johnson JS, Clark TM, Pluvinage V. (1992)** Evaluation of a dual-channel full dynamic range compression system for people with sensorineural hearing loss. *Ear & Hear*, 13(5):349-370.

1237 **Moore BCJ, Lynch C, Stone MA. (1992)** Effects of the fitting parameters of a two-channel compression system on the intelligibility of speech in quiet and in noise. *Brit J Audiol*, 26(6):369-379.

1238 **Moore BCJ, Marriage J, Alcantara J, Glasberg BR. (2005)** Comparison of two adaptive procedures for fitting a multi-channel compression hearing aid. *Int J Audiol*, 44(6):345-57.

1240 **Moore BCJ, Peters RW, Stone MA. (1999)** Benefits of linear amplification and multichannel compression for speech comprehension in backgrounds with spectral and temporal dips. *J Acoust Soc Amer*, 105(1):400-11.

1241 **Moore BCJ, Stainsby TH, Alcantara JI, Kuhnel V. (2004)** The effect on speech intelligibility of varying compression time constants in a digital hearing aid. *Int J Audiol*, 43(7):399-409.

1242 **Moore BCJ, Stone MA, Alcantara JI. (2001)** Comparison of the electroacoustic characteristics of five hearing aids. *Br J Audiol*, 35(5):307-25.

1243 **Moore BCJ, Tan CT. (2003)** Perceived naturalness of spectrally distorted speech and music. *J Acoust Soc Amer*, 114(1):408-19.

1244 **Moore BCJ, Vickers DA, Glasberg BR, Baer T. (1997)** Comparison of real and simulated hearing impairment in subjects with unilateral and bilateral cochlear hearing loss. *Brit J Audiol*, 31(4):227-45.

1245 **Moore JK, Perazzo LM, Braun A. (1995)** Time course of axonal myelination in the human brainstem auditory pathway. *Hear Res*, 87(1-2):21-31.

1246 **Moore JK, Ponton CW, Eggermont JJ, Wu BJ, Huang JQ. (1996)** Perinatal maturation of the auditory brain stem response: changes in path length and conduction velocity. *Ear & Hear*, 17(5):411-8.

1247 **Moore R, Gordon-Hickey S, Jones A. (2011)** Most comfortable listening levels, background noise levels, and acceptable noise levels for children and adults with normal hearing. *J Am Acad Audiol*, 22(5):286-93.

1248 **Morera C, Manrique M, Ramos A, Garcia-Ibanez L, Cavalle L, Huarte A, et al. (2005)** Advantages of binaural hearing provided through bimodal stimulation via a cochlear implant and a conventional hearing aid: a 6-month comparative study. *Acta Otolaryngol*, 125(6):596-606.

1249 **Morgan R. (1994)** The art of making a good impression. *The Hear Rev*, 1(3):10-24.

1250 **Mormer E. (2001)** Factors contributing to satisfaction and success. American Academy of Audiology. New Orleans.

1251 **Moryl C, Danhauer J, DiBartolomeo J. (1992)** Real ear unaided responses in ears with tympanic membrane perforations. *J Amer Acad Audiol*, 3(1):60-65.

1252 **Mosnier I, Sterkers O, Bouccara D, Labassi S, Bebear JP, Bordure P, et al (2008)** Benefit of the Vibrant Soundbridge device in patients implanted for 5 to 8 years. *Ear & Hear*, 29(2):281-4.

1253 **Most T. (2002)** The effectiveness of an intervention program on hearing aid maintenance for teenagers and their teachers. *Am Ann Deaf*, 147(4):29-37.

1254 **Mueller HG. (1994)** CIC hearing aids: what is their impact on the occlusion effect? *The Hear J*, 47(11):29-35.

1255 **Mueller HG. (2005)** Fitting hearing aids to adults using prescriptive methods: an evidence-based review of effectiveness. *J Am Acad Audiol*, 16(7):448-60.

1256 **Mueller HG. (2007)** Data logging: It's popular, but how can this feature be used to help patients? *The Hear J*, 60(10):19-26.

1257 **Mueller HG. (2009)** A candid round table discussion on open-canal hearing aid fittings. *The Hear J*, 62(4):19-26.

1258 **Mueller HG, Bentler RA. (2005)** Fitting hearing aids using clinical measures of loudness discomfort levels: an evidence-based review of effectiveness. *J Am Acad Audiol*, 16(7):461-72.

1259 **Mueller HG, Hawkins DB, Northern JL. (1992)** *Probe microphone measurements: Hearing aid selection and assessment.* Singular Press: San Diego.

1260 **Mueller HG, Holland SA, Ebinger KA. (1995)** The CIC: more than just another pretty hearing aid. *Audiology Today*, 7(5):19-20.

1261 **Mueller HG, Hornsby BW, Weber JE. (2008)** Using trainable hearing aids to examine real-world preferred gain. *J Am Acad Audiol*, 19(10):758-73.

1262 **Mueller HG, Powers TA. (2001)** Consideration of auditory acclimatization in the prescriptive fitting of hearing aids. *Semin Hear*, 22(2):103-124.

1263 **Mueller HG, Ricketts TA. (2005)** Digital noise reduction: Much ado about something? *Hear J*, 58(1):10-17.

1264 **Mueller HG, Ricketts TA. (2006)** Open canal fittings: Ten take home tips. *The Hear J*, 59(11):24-39.

1265 **Mueller HG, Weber J, Bellanova M. (2011)** Clinical evaluation of a new hearing aid anti-cardioid directivity pattern. *Int J Audiol*, 50(4):249-54.

1266 **Mueller HG, Weber J, Hornsby BW. (2006)** The effects of digital noise reduction on the acceptance of background noise. *Trends Amplif*, 10(2):83-93.

1267 **Mueller H, Grimes A, Jerome J. (1981)** Performance-intensity functions as a predictor for binaural amplification. *Ear & Hear*, 2(5):211-214.

1268 **Mukari SZ, Tan KY, Abdullah A. (2006)** A pilot project on hospital-based universal newborn hearing screening: lessons learned. *Int J Pediatr Otorhinolaryngol*, 70(5):843-51.

1269 **Mulac A, Danhauer JL, Johnson CE. (1983)** Young adults' and peers' attitudes towards elderly hearing aid wearers. *Aust J Audiol*, 5(2):57-62.

1270 **Muller J, Janssen T. (2004)** Similarity in loudness and distortion product otoacoustic emission input/output functions: implications for an objective hearing aid adjustment. *J Acoust Soc Amer*, 115(6):3081-91.

1272 **Muller-Wehlau M, Mauermann M, Dau T, Kollmeier B. (2005)** The effects of neural synchronization and peripheral compression on the acoustic-reflex threshold. *J Acoust Soc Amer*, 117(5):3016-27.

1273 **Mulrow C, Aguilar C, Endicott J, Tuley M, Velez R, Charlip W, et al. (1990)** Quality-of-life changes and hearing impairment. A randomized trial. *Ann Intern Med*, 113(3):188-194.

1274 **Mulrow C, Tuley M, Aguilar C. (1992a)** Correlates of successful hearing aid use in older adults. *Ear & Hear*, 13(2):108-113.

1275 **Mulrow C, Tuley M, Aguilar C. (1992b)** Sustained benefits of hearing aids. *J Speech Hear Res*, 35(6):1401-1405.

1276 **Munro KJ, Buttfield LM. (2005)** Comparison of real-ear to coupler difference values in the right and left ear of adults using three earmold configurations. *Ear & Hear*, 26(3):290-8.

1277 **Munro KJ, Davis J. (2003)** Deriving the real-ear SPL of audiometric data using the "coupler to dial difference" and the "real ear to coupler difference". *Ear & Hear*, 24(2):100-10.

1278 **Munro KJ, Hatton N. (2000)** Customized acoustic transform functions and their accuracy at predicting real-ear hearing aid performance. *Ear & Hear*, 21(1):59-69.

1279 **Munro KJ, Howlin EM. (2010)** Comparison of real-ear to coupler difference values in the right and left ear of hearing aid users. *Ear & Hear*, 31(1):146-50.

1280 **Munro KJ, Lazenby A. (2001)** Use of the 'real-ear to dial difference' to derive real-ear SPL from hearing level obtained with insert earphones. *Br J Audiol*, 35(5):297-306.

1281 **Munro KJ, Lutman ME. (2005)** The influence of visual feedback on closed-set word test performance over time. *Int J Audiol*, 44(12):701-5.

1282 **Munro KJ, Lutman ME. (2005)** Sound quality judgements of new hearing instrument users over a 24-week post-fitting period. *Int J Audiol*, 44(2):92-101.

1283 **Munro KJ, Millward KE. (2006)** The influence of RECD transducer when deriving real-ear sound pressure level. *Ear & Hear*, 27(4):409-23.

1284 **Munro KJ, Patel RK. (1998)** Are clinical measurements of uncomfortable loudness levels a valid indicator of real-world auditory discomfort? *Brit J Audiol*, 32(5):287-93.

1285 **Munro KJ, Salisbury VA. (2002)** Is the real-ear to coupler difference independent of the measurement earphone? *Int J Audiol*, 41(7):408-13.

1286 **Munro KJ, Toal S. (2005)** Measuring the real-ear to coupler difference transfer function with an insert earphone and a hearing instrument: Are they the same? *Ear & Hear*, 26(1):27-34.

1287 **Munro KJ, Trotter JH. (2006)** Preliminary evidence of asymmetry in uncomfortable loudness levels after unilateral hearing aid experience: evidence of functional plasticity in the adult auditory system. *Int J Audiol*, 45(12):684-8.

1288 **Murphy DR, Daneman M, Schneider BA. (2006)** Why do older adults have difficulty following conversations? *Psychol Aging*, 21(1):49-61.

1289 **Murray N, Byrne D. (1986)** Performance of hearing-impaired and normal hearing listeners with various high frequency cut-offs in hearing aids. *Aust J Audiol*, 8(1):21-28.

1290 **Musa-Shufani S, Walger M, von Wedel H, Meister H. (2006)** Influence of dynamic compression on directional hearing in the horizontal plane. *Ear & Hear*, 27(3):279-85.

1291 **Musicant A, Butler R. (1984)** The influence of pinnae-based spectral cues on sound localization. *J Acoust Soc Amer*, 75(4):1195-2000.

1292 **Musicant A, Butler R. (1985)** Influence of monaural spectral cues on binaural localization. *J Acoust Soc Amer*, 77(1):202-208.

1293 **Myers IB, Kirby LK, Myers KD. (1993)** *Introduction to type*. Consulting Psychologists Press: Palo Alto, Ca.

1294 **Mylanus EA, van der Pouw KC, Snik AF, Cremers CW. (1998)** Intraindividual comparison of the bone-anchored hearing aid and air- conduction hearing aids. *Arch Otolaryngol Head Neck Surg*, 124(3):271-6.

1295 **Nabelek AK. (2005)** Acceptance of background noise may be key to successful fittings. *Hear J*, 58(4):10-15.

1296 **Nabelek AK, Freyaldenhoven MC, Tampas JW, Burchfiel SB, Muenchen RA. (2006)** Acceptable noise level as a predictor of hearing aid use. *J Am Acad Audiol*, 17(9):626-39.

1297 **Nabelek AK, Pickett JM. (1974)** Monaural and binaural speech perception through hearing aids under noise and reverberation. *J Speech Hear Res*, 17:724-739.

1298 **Nabelek AK, Pickett JM. (1974)** Reception of consonants in a classroom as affected by monaural and binaural listening, noise, reverberation and hearing aids. *J Acoust Soc Amer*, 56 (2):628-639.

1299 **Nabelek AK, Tampas JW, Burchfield SB. (2004)** Comparison of speech perception in background noise with acceptance of background noise in aided and unaided conditions. *J Speech Lang Hear Res*, 47(5):1001-11.

1300 **Nabelek A, Mason D. (1981)** Effect of noise and reverberation on binaural and monaural word identification by subjects with various audiograms. *J Speech Hear Res*, 24(3):375-383.

1301 **Nabelek A, Tucker F, Letowski T. (1991)** Toleration of background noises: relationship with patterns of hearing aid use by elderly persons. *J Speech Hear Res*, 34(3):679-685.

1302 **Naidoo SV, Hawkins DB. (1997)** Monaural/binaural preferences: effect of hearing aid circuit on speech intelligibility and sound quality. *J Amer Acad Audiol*, 8(3):188-202.

1302a **Nair BR. (1998)** Patient, client or customer? Med J Aust, 169(7/21):593.

1303 **NAL.** COSI-C: Client Oriented Scale of Improvement for Children. Accessed September 2011. http://www.nal.gov.au/outcome-measures_tab_cosi.shtml.

1304 **NAL.** PEACH: Parents' Evaluation of Aural/Oral Performance of Children. Accessed September 2011. http://www.nal.gov.au/outcome-measures_tab_peach.shtml.

1305 **Narne VK, Vanaja CS. (2009)** Perception of envelope-enhanced speech in the presence of noise by individuals with auditory neuropathy. *Ear & Hear*, 30(1):136-42.

1306 **Narne VK, Vanaja CS. (2009)** Perception of speech with envelope enhancement in individuals with auditory neuropathy and simulated loss of temporal modulation processing. *Int J Audiol*, 48(10):700-707.

1307 **Naylor G, Johannesson RB. (2009)** Long-term signal-to-noise ratio at the input and output of amplitude-compression systems. *J Am Acad Audiol*, 20(3):161-71.

1308 **Needham AJ, Jiang D, Bibas A, Jeronimidis G, O'Connor AF. (2005)** The effects of mass loading the ossicles with a floating mass transducer on middle ear transfer function. *Otol Neurotol*, 26(2):218-24.

1309 **Neher T, Behrens T, Kragelund L, Petersen AS. (2007)** Spatial unmasking in aided hearing-impaired listeners and the need for training. In *Auditory signal processing in hearing-impaired listeners. 1st International Symposium on Auditory and Audiological Research.* Dau T, Bucholz JM, Harte JM, Christiansen TU (eds). 512-522. Copenhagen, Denmark, Centertryk A/S.

1310 **Nejime Y, Aritsuka T, Ifukube T, Matsushima J. (1996)** A portable digital speech-rate converter for hearing impairment. *IEEE Trans Rehab Eng*, 4:73-83.

1311 **Nejime Y, Moore BCJ. (1998)** Evaluation of the effect of speech-rate slowing on speech intelligibility in noise using a simulation of cochlear hearing loss. *J Acoust Soc Amer*, 103(1):572-576.

1312 **Neuman AC. (1996)** Late-onset auditory deprivation: A review of past research and an assessment of future research needs. *Ear & Hear*, 17(3 Suppl):3S-13S.

1313 **Neuman AC, Bakke MH, Mackersie C, Hellman S, Levitt H. (1998)** The effect of compression ratio and release time on the categorical rating of sound quality. *J Acoust Soc Amer*, 103(5 Pt 1):2273-81.

1314 **Neuman A, Bakke M, Hellman S, Levitt H. (1994)** Effect of compression ratio in a slow-acting compression hearing aid: paired-comparison judgments of quality. *J Acoust Soc Amer*, 96(3):1471-1478.

1315 **Neuman A, Bakke M, Mackersie C, Hellman S, Levitt H. (1995)** Effect of release time in compression hearing aids: paired-comparison judgments of quality. *J Acoust Soc Amer*, 98(6):3182-7.

1316 **Neuman A, Levitt H, Mills R, Schwander T. (1987)** An evaluation of three adaptive hearing aid selection strategies. *J Acoust Soc Amer*, 82(6):1967-1976.

1317 **Neuman A, Schwander T. (1987)** The effect of filtering on the intelligibility and quality of speech in noise. *J Rehabil Res Dev*, 24(4):127-134.

1318 **Newman CW, Sandridge SA. (1998)** Benefit from, satisfaction with, and cost-effectiveness of three different hearing aid technologies. *Amer J Audiol*, 7:115-128.

1319 **Newman C, Weinstein B, Jacobson G, Hug G. (1990)** The Hearing Handicap Inventory for Adults: Psychometric adequacy and audiometric correlates. *Ear & Hear*, 11:430-433.

1320 **Nicholas JG, Geers AE. (2006)** Effects of early auditory experience on the spoken language of deaf children at 3 years of age. *Ear & Hear*, 27(3):286-98.

1321 **Nielsen C. (1999)** Private communication.

1322 **Nikolopoulos TP, Lioumi D, Stamataki S, O'Donoghue GM. (2006)** Evidence-based overview of ophthalmic disorders in deaf children: a literature update. *Otol Neurotol*, 27(2 Suppl 1):S1-24.

1323 **Nilsson M, Soli SD, Sullivan JA. (1994)** Development of the Hearing in Noise Test for the measurement of speech reception thresholds in quiet and in noise. *J Acoust Soc Amer*, 95(2):1085-99.

1324 **Nittrouer S, Boothroyd A. (1990)** Context effects in phonemes and word recognition by young children and older adults. *J Acoust Soc Amer*, 87:2705-2715.

1325 **Nittrouer S, Chapman C. (2009)** The effects of bilateral electric and bimodal electric - acoustic stimulation on language development. *Trends Amplif*, 13(3):190-205.

1326 **Nittrouer S, Studdert-Kennedy M, McGowan RS. (1989)** The emergence of phonetic segments: evidence from the spectral structure of fricative-vowel syllables spoken by children and adults. *J Speech Hear Res*, 32(1):120-32.

1327 **Noble, W. (1999)** Hearing loss and hearing aids in the family. Hearing Aid Amplification for the New Millenium. Sydney.

1328 **Noble W. (1999)** Nonuniformities in self-assessed outcomes of hearing aid use. *J Amer Acad Audiol*, 10(2):104-111.

1329 **Noble W. (2002)** Extending the IOI to significant others and to non-hearing-aid-based interventions. *Int J Audiol*, 41(1):27-9.

1330 **Noble W. (2006)** Bilateral hearing aids: a review of self-reports of benefit in comparison with unilateral fitting. *Int J Audiol*, 45 Suppl 1:S63-71.

1331 **Noble W, Atherly GRC. (1970)** The Hearing Measurement Scale: a questionnaire for the assessment of auditory disability. *J Aud Res*, 10:229-250.

1332 **Noble W, Byrne D. (1990)** A comparison of different binaural hearing aid systems for sound localization in the horizontal and vertical planes. *Brit J Audiol*, 24(5):335-346.

1333 **Noble W, Byrne D. (1991)** Auditory localization under conditions of unilateral fitting of different hearing aid systems. *Brit J Audiol*, 25(4):237-250.

1334 **Noble W, Byrne D, LePage B. (1994)** Effects on sound localization of configuration and type of hearing impairment. *J Acoust Soc Amer*, 95(2):992-1005.

1335 **Noble W, Byrne D, Ter-Horst K. (1997)** Auditory localization, detection of spatial separateness, and speech hearing in noise by hearing impaired listeners. *J Acoust Soc Amer*, 102(4):2343-2352.

1336 **Noble W, Gatehouse S. (2006)** Effects of bilateral versus unilateral hearing aid fitting on abilities measured by the Speech, Spatial, and Qualities of Hearing Scale (SSQ). *Int J Audiol*, 45(3):172-81.

1337 **Noble W, Perrett S. (2002)** Hearing speech against spatially separate competing speech versus competing noise. *Percept Psychophys*, 64(8):1325-36.

1338 **Noble W, Ter-Horst K, Byrne D. (1995)** Disabilities and handicaps associated with impaired auditory localization. *J Amer Acad Audiol*, 6(2):129-140.

1339 **Noble WG. (1979)** The hearing measurement scale as a paper-pencil form: preliminary results. *J Am Aud Soc*, 5(2):95-106.

1340 **Noe CM, McArdle R, Chisolm TH. (2004)** FM Technology use in adults with significant hearing loss I: Candidacy. In *Achieving clear communication employing sound solutions. Proceedings of the first international conference* Fabry D, DeConde Johnson C (eds), 113-119. Stafe, Switzerland, Phonak AG.

1341 **Noffsinger D, Haskell GB, Larson VD, Williams DW, Wilson E, Plunkett S, Kenworthy D. (2002)** Quality rating test of hearing aid benefit in the NIDCD/VA Clinical Trial. *Ear & Hear*, 23(4):291-300.

1342 **Nolan M, Combe E. (1985)** Silicone materials for ear impressions. *Scand Audiol*, 14(1):35-39.

1343 **Nolan M, Combe E. (1989)** In vitro considerations in the production of dimensionally accurate earmoulds. I. The ear impression. *Scand Audiol*, 18(1):35-41.

1344 **Nolan M, Elzemety S, Tucker IG, McDonough DF. (1978)** An investigation into the problems involved in producing efficient ear moulds for children. *Scand Audiol*, 7:231-237.

1345 **Nolan M, Hostler M, Taylor I, Cash A. (1986)** Practical considerations in the fabrication of earmoulds for young babies. *Scand Audiol*, 15(1):21-27.

1346 **Nolan M, Lyon DJ. (1981)** Transcranial attenuation in bone conduction audiometry. *J Laryngol Otol*, 95(6):597-608.

1347 **Nordqvist P, Leijon A. (2004)** Hearing-aid automatic gain control adapting to two sound sources in the environment, using three time constants. *J Acoust Soc Amer*, 116(5):3152-5.

1348 **Nordrum S, Erler S, Garstecki D, Dhar S. (2006)** Comparison of performance on the hearing in noise test using directional microphones and digital noise reduction algorithms. *Am J Audiol*, 15(1):81-91.

1349 **Norman M, George C, McCarthy D. (1994)** The effect of pre-fitting counselling on the outcome of hearing aid fittings. *Scand Audiol*, 23(4):257-263.

1350 **Northern J, Beyer CM. (1999)** Reducing hearing aid returns through patient education. *Audiol Today*, 22(2):10-11.

1351 **Northern JL, Gabbard SA, Kinder DL. (1985)** The acoustic reflex. In *Handbook of clinical audiology*, Katz J (ed), 476-495. Williams & Wilkins: Baltimore.

1352 **Novick ML, Bentler RA, Dittberner A, Flamme GA. (2001)** Effects of release time and directionality on unilateral and bilateral hearing aid fittings in complex sound fields. *J Am Acad Audiol*, 12(10):534-44.

1353 **Nozza JN, Rossman RNF, Bond LC. (1991)** Infant-adult differences in unmasked thresholds for the discrimination of consonant-vowel syllable pairs. *Audiology*, 30:102-112.

1354 **Nozza RJ, Miller SL, Rossman RN, Bond LC. (1991)** Reliability and validity of infant speech-sound discrimination-in-noise thresholds. *J Speech Hear Res*, 34(3):643-50.

1355 **O'Brien A, Keidser G, Yeend I, Hartley L, Dillon H. (2010)** Validity and reliability of in-situ air conduction thresholds measured through hearing aids coupled to closed and open instant-fit tips. *Int J Audiol*, 49(12):868-76.

1356 **O'Donoghue NB, Rustin MH, McFadden JP. (2004)** Allergic contact dermatitis from gold on a hearing-aid mould. *Contact Dermatitis*, 51(1):36-7.

1357 **O'Mahoney CF, Stephens SDG, Cadge BA. (1996)** Who prompts patients to consult about hearing loss? *Brit J Audiol*, 30(3):153-158.

1358 **Oldfield S, Parker S. (1986)** Acuity of sound localisation: a topography of auditory space. III. Monaural hearing conditions. *Perception*, 15(1):67-81.

1359 **Oliveira RJ. (1995)** The dynamic ear canal. In *The human ear canal*, Ballachanda BB (ed) Singular: San Diego.

1360 **Oliveira RJ. (1997)** The active earcanal. *J Amer Acad Audiol*, 8(6):401-410.

1361 **Oliveira RJ, Hawkinson R, Stockton M. (1992)** Instant foam vs. traditional BTE earmolds. *Hear Instrum*, 43(12):22.

1362 **Olsen HL, Olofsson A, Hagerman B. (2004)** The effect of presentation level and compression characteristics on sentence recognition in modulated noise. *Int J Audiol*, 43(5):283-94.

1363 **Olsen SO, Rasmussen AN, Nielsen LH, Borgkvist BV. (1999)** Loudness perception is influenced by long-term hearing aid use. *Audiology*, 38(4):202-5.

1364 **Olsen W, Noffsinger D, Carhart R. (1976)** Masking level differences encountered in clinical populations. *Audiology*, 15:287-301.

1365 **Ono H, Kanzaki J, Mizoi K. (1983)** Clinical results of hearing aid with noise-level-controlled selective amplification. *Audiology*, 22(5):494-515.

1366 **Orton JF, Preves DA. (1979)** Localization ability as a function of hearing aid microphone placement. *Hear Instrum*, 30(1):18-21.

1367 **Osberger M, Maso M, Sam L. (1993)** Speech intelligibility of children with cochlear implants, tactile aids, or hearing aids. *J Speech Hear Res*, 36(1):186-203.

1368 **Osberger M, Miyamoto R, Robbins A, Renshaw J, Berry S, Myres W, et al. (1990)** Performance of deaf children with cochlear implants and vibrotactile aids. *J Amer Acad Audiol*, 1(1):7-10.

1369 **Ostroff JM, Martin BA, Boothroyd A. (1998)** Cortical evoked response to acoustic change within a syllable. *Ear & Hear*, 19(4):290-7.

1370 **Ovegard A, Ramstrom A. (1994)** Individual follow-up of hearing aid fitting. *Scand Audiol*, 23(1):57-63.

1371 **Owens E, Raggio M. (1988)** Performance inventory for profound and severe loss (PIPSL). *J Speech Hear Disord*, 53(1):42-56.

1372 **Oxenham AJ, Bacon SP. (2003)** Cochlear compression: perceptual measures and implications for normal and impaired hearing. *Ear & Hear*, 24(5):352-66.

1373 **Page S. (1996)** Dual FM sound field amplification: a flexible integrated classroom amplification system for mild to moderate conductive hearing loss. In *Second National Conference on Childhood Fluctuating Deafness / Otitis Media*, Moore D, Stokes D (eds), 161-172. Melbourne, Australian Conductive Deafness Association.

1374 **Palmer C. (1992)** Assistive devices in the audiology practice. *Am J Audiol*, 2:37-57.

1375 **Palmer C, Bentler RA, Mueller HG. (2006)** Evaluation of a second-order directional microphone hearing aid: II. Self-report outcomes. *J Am Acad Audiol*, 17(3):190-201.

1376 **Palmer CV. (1991)** The influence of individual ear canal and eardrum characteristics on speech intelligibility and sound quality judgments. Ph.D. Dissertation, Northwestern University, Chicago.

1377 **Palmer CV, Adams SW, Bourgeois M, Durrant J, Rossi M. (1999)** Reduction in caregiver-identified problem behaviors in patients with Alzheimer disease post-hearing-aid fitting. *J Speech Lang Hear Res*, 42(2):312-28.

1378 **Palmer CV, Adams SW, Durrant JD, Bourgeois M, Rossi M. (1998)** Managing hearing loss in a patient with Alzheimer disease. *J Amer Acad Audiol*, 9(4):275-84.

1379 **Palmer CV, Bentler RA, Mueller HG. (2006)** Amplification with digital noise reduction and the perception of annoying and aversive sounds. *Trends Amplif*, 10(2):95-104.

1380 **Palmer CV, Mormer E. (1997)** A systematic program for hearing aid orientation and adjustment. *Hear Rev - High Performance Hearing Solutions*, 1:45-52.

1381 **Palmer CV, Mormer EA. (1999)** Goals and expectations of the hearing aid fitting. *Trends Amplif*, 4(2):61-71.

1382 **Palmer CV, Nelson CT, Lindley GA. (1998)** The functionally and physiologically plastic adult auditory system. *J Acoust Soc Amer*, 103(4):1705-21.

1383 **Palmer CV, Solodar HS, Hurley WR, Byrne DC, Williams KO. (2009)** Self-perception of hearing ability as a strong predictor of hearing aid purchase. *J Am Acad Audiol*, 20(6):341-7.

1384 **Park AH, Warner J, Sturgill N, Alder SC. (2006)** A survey of parental views regarding their child's hearing loss: a pilot study. *Otolaryngol Head Neck Surg*, 134(5):794-800.

1385 **Parsons JO, Clark CR. (2002)** Comparison of an 'intuitive' NHS hearing aid prescription method with DSL 4.1 targets for amplification. *Int J Audiol*, 41(6):357-62.

1386 **Parving A. (2003)** The hearing aid revolution: fact or fiction? *Acta Otolaryngol*, 123(2):245-248.

1387 **Parving A, Boisen G. (1990)** In-the-canal hearing aids. Their use by and benefit for the younger and elderly hearing-impaired. *Scand Audiol*, 19(1):25-30.

1388 **Parving A, Christensen B. (2004)** Clinical trial of a low-cost, solar-powered hearing aid. *Acta Otolaryngol*, 124(4):416-20.

1389 **Parving A, Philip B. (1991)** Use and benefit of hearing aids in the tenth decade - and beyond. *Audiol*, 30(2):61-69.

1390 **Parving A, Sibelle P. (2001)** Clinical study of hearing instruments: a cross-sectional longitudinal audit based on consumer experiences. *Audiology*, 40(1):43-53.

1391 **Pascoe DP. (1982)** Private communication.

1392 **Pascoe D. (1978)** An approach to hearing aid selection. *Hear Instrum*, 29(6):12-16,36.

1393 **Pascoe D. (1988)** Clinical measurements of the auditory dynamic range and their relation to formula for hearing aid gain. In *Hearing aid fitting: Theoretical and practical views. Proceedings of the 13th Danavox Symposium*, Jensen J. (ed), 129-152. Copenhagen, Danavox.

1394 **Pavlovic C, Bisgaard N, Melanson J. (1997)** The next step: "Open" digital hearing aids. *The Hear J*, 50(5):65-66.

1395 **Pavlovic CV. (1984)** Use of the articulation index for assessing residual auditory function in listeners with sensorineural hearing impairment. *J Acoust Soc Amer*, 75(4):1253-8.

1396 **Pavlovic CV, Studebaker GA, Sherbecoe RL. (1986)** An articulation index based procedure for predicting the speech recognition performance of hearing-impaired individuals. *J Acoust Soc Amer*, 80(1):50-57.

1397 **Payton K, Uchanski R, Braida L. (1994)** Intelligibility of conversational and clear speech in noise and reverberation for listeners with normal and impaired hearing. *J Acoust Soc Amer*, 95(3):1581-1592.

1398 **Pearce W, Golding M, Dillon H. (2007)** Cortical auditory evoked potentials in the assessment of auditory neuropathy: two case studies. *J Am Acad Audiol*, 18(5):380-90.

1399 **Pearsons KS, Bennett RL, Fidell S. (1977)** Speech levels in various noise environments. Washington, D.C., U.S. Environmental Protection Agency.

1400 **Peissig J, Kollmeier B. (1997)** Directivity of binaural noise reduction in spatial multiple noise-source arrangements for normal and impaired listeners. *J Acoust Soc Amer,* 101(3):1660-70.

1401 **Perrett S, Noble W. (1997)** The effect of head rotations on vertical plane localization. *J Acoust Soc Amer,* 102(4):2325-2332.

1402 **Perrott D, Saberi K. (1990)** Minimum audible angle thresholds for sources varying in both elevation and azimuth. *J Acoust Soc Amer,* 87(4):1728-1731.

1403 **Peters RW, Moore BCJ, Baer T. (1998)** Speech reception thresholds in noise with and without spectral and temporal dips for hearing-impaired and normally hearing people. *J Acoust Soc Amer,* 103(1):577-87.

1404 **Peterson P, Durlach N, Rabinowitz W, Zurek P. (1987)** Multimicrophone adaptive beamforming for interference reduction in hearing aids. *J Rehabil Res Dev,* 24(4):103-110.

1405 **Pettersson E. (1987)** Speech discrimination tests with hearing aids in tele-coil listening mode. A comparative study in school children. *Scand Audiol,* 16(1):13-19.

1406 **Pfiffner F, Kompis M, Flynn M, Asnes K, Arnold A, Stieger C. (2011)** Benefits of low-frequency attenuation of baha in single-sided sensorineural deafness. *Ear & Hear,* 32(1):40-5.

1407 **Pfiffner F, Kompis M, Stieger C. (2009)** Bone-anchored hearing aids: correlation between pure-tone thresholds and outcome in three user groups. *Otol Neurotol,* 30(7):884-90.

1408 **Philbrick, RL. (1982)** Audio induction loop systems for the hearing impaired. Audio Engineering Society Convention. California.

1409 **Philibert B, Collet L, Vesson JF, Veuillet E. (2003)** Auditory rehabilitation effects on speech lateralization in hearing-impaired listeners. *Acta Otolaryngol,* 123(2):172-5.

1410 **Philibert B, Collet L, Vesson JF, Veuillet E. (2005)** The auditory acclimatization effect in sensorineural hearing-impaired listeners: evidence for functional plasticity. *Hear Res,* 205(1-2):131-42.

1411 **Picheny M, Durlach N, Braida L. (1985)** Speaking clearly for the hard of hearing. I: Intelligibility differences between clear and conversational speech. *J Speech Hear Res,* 28:96-103.

1412 **Picheny M, Durlach N, Braida L. (1986)** Speaking clearly for the hard of hearing. II: Acoustic characteristics of clear and conversational speech. *J Speech Hear Res,* 29(4):434-446.

1413 **Pickler AG, Harris JD. (1955)** Channels of reception in pitch discrimination. *J Acoust Soc Amer,* 27:124-131.

1414 **Picou EM, Ricketts TA. (2011)** Comparison of wireless and acoustic hearing aid-based telephone listening strategies. *Ear & Hear,* 32(2):209-20.

1415 **Piotrowska A. (2011)** Educational audiology in school screening. 10th EFAS. Warsaw.

1417 **Pirzanski C. (2006)** Earmolds and hearing aid shells: a tutorial. Part 4: BTE styles, materials and acoustic modifications. *Hear Rev,* 13(9):20-28.

1418 **Pirzanski CZ. (1996)** An alternative impression-taking technique: The open jaw impression. *The Hear J,* 49(11):30-35.

1419 **Pirzanski CZ. (1997a)** Critical factors in taking an anatomically accurate impression. *The Hear J,* 50(10):41-48.

1420 **Pirzanski CZ. (1997b)** In taking ear impressions, longer is better. *The Hear J,* 50(7):32-36.

1421 **Pirzanski CZ. (1998)** Diminishing the occlusion effect: Clinician/manufacturer-related factors. *The Hear J,* 66(4):66-78.

1421a **Pirzanski C, Chasin M, Klenk M, Maye V, Purdy J. (2000)** Attenuation variables in earmolds for hearing protection devices. *The Hear J,* 53(6):44-50.

1421b **Pittman A. (2011)** Age-related benefits of digital noise reduction for short-term word learning in children with hearing loss. *J Speech Lang Hear Res,* 54(5):1448-63.

1422 **Pittman AL, Lewis DE, Hoover BM, Stelmachowicz PG. (1999)** Recognition performance for four combinations of FM system and hearing aid microphone signals in adverse listening conditions. *Ear & Hear,* 20(4):279-89.

1423 **Pittman AL, Stelmachowicz PG. (2003)** Hearing loss in children and adults: audiometric configuration, asymmetry, and progression. *Ear & Hear,* 24(3):198-205.

1424 **Pittman AL, Stelmachowicz PG, Lewis DE, Hoover BM. (2003)** Spectral characteristics of speech at the ear: implications for amplification in children. *J Speech Lang Hear Res,* 46(3):649-57.

1425 **Plant G. (1989)** A comparison of five commercially available tactile aids. *Aust J Audiol,* 11(1):11-19.

1426 **Plant G. (1994)** *Analytica: Analytic testing and training lists.* Audiological Engineering Corporation: Somerville.

1427 **Plant G. (1996)** *Syntrex: Synthetic training exercises for hearing impaired adults (Revised Edition).* Hearing Rehabilitation Foundation: Somerville.

1428 **Plant G, Horan M, Reed H. (1997)** Speech teaching for deaf children in the age of bilingual/bicultural programs: the role of tactile aids. *Scand Audiol Suppl,* 47: 19-23.

1429 **Plant G, Macrae J, Dillon H, Pentecost F. (1984)** A single-channel vibrotactile aid to lipreading: preliminary results with an experienced subject. *Aust J Audiol,* 8(2):55-64.

1430 **Plant G, Spens KE. (1995)** *Profound deafness and speech communication.* Whurr: London.

1431 **Plant GL. (1979)** The use of tactile supplements in the rehabilitation of the deafened: a case study. *Aust J Audiol,* 1(2):76-82.

1432 **Plant GL, Macrae JH. (1977)** Visual identification of Australian consonants, vowels and dipthongs. *Aust Teach Deaf,* 18:45-50.

1433 **Plomp R. (1976)** Binaural and monaural speech intelligibility of connected discourse in reverberation as a function of azimuth of a single competing sound source (speech or noise). *Acustica*, 34:201-211.

1434 **Plomp R. (1978)** Auditory handicap of hearing impairment and the limited benefit of hearing aids. *J Acoust Soc Amer*, 63(2):533-49.

1435 **Plomp R. (1986)** A signal-to-noise ratio model for the speech-reception threshold of the hearing impaired. *J Speech Hear Res*, 29(2):146-154.

1436 **Plomp R. (1988)** The negative effect of amplitude compression in multichannel hearing aids in the light of the modulation-transfer function. *J Acoust Soc Amer*, 83(6):2322-2327.

1437 **Plomp R. (1994)** Noise, amplification, and compression: considerations of three main issues in hearing aid design. *Ear & Hear*, 15(1):2-12.

1438 **Plomp R, Mimpen AM. (1979)** Improving the reliability of testing the speech reception threshold for sentences. *Audiology*, 18:43-52.

1439 **Pluvinage V. (1989)** Clinical measurement of loudness growth. *Hear Instrum*, 40(3):28-34.

1440 **Plyler PN, Fleck EL. (2006)** The effects of high-frequency amplification on the objective and subjective performance of hearing instrument users with varying degrees of high-frequency hearing loss. *J Speech Lang Hear Res*, 49(3):616-27.

1441 **Plyler PN, Hill AB, Trine TD. (2005)** The effects of expansion on the objective and subjective performance of hearing instrument users. *J Am Acad Audiol*, 16(2):101-13.

1442 **Plyler PN, Hill AB, Trine TD. (2005)** The effects of expansion time constants on the objective performance of hearing instrument users. *J Am Acad Audiol*, 16(8):614-21.

1443 **Plyler PN, Trine TD, Blair Hill A. (2006)** The subjective evaluation of the expansion time constant in single-channel wide dynamic range compression hearing instruments. *Int J Audiol*, 45(6):331-6.

1444 **Po-Hung Li L, Shiao AS, Lin YY, Chen LF, Niddam DM, Chang SY, et al. (2003)** Healthy-side dominance of cortical neuromagnetic responses in sudden hearing loss. *Ann Neurol*, 53(6):810-5.

1445 **Ponton CW, Moore JK, Eggermont JJ. (1996)** Auditory brain stem response generation by parallel pathways: differential maturation of axonal conduction time and synaptic transmission. *Ear & Hear*, 17(5):402-10.

1446 **Ponton CW, Moore JK, Eggermont JJ. (1999)** Prolonged deafness limits auditory system developmental plasticity: evidence from an evoked potentials study in children with cochlear implants. *Scand Audiol Suppl*, 51:13-22.

1447 **Popelka GR, Derebery J, Blevins NH, Murray M, Moore BCJ, Sweetow RW, et al. (2010)** Preliminary evaluation of a novel bone-conduction device for sngle-sided deafness. *Otol Neurotol*, 31(3):492-7.

1448 **Popelka MM, Cruickshanks KJ, Wiley TL, Tweed TS, Klein BE, Klein R. (1998)** Low prevalence of hearing aid use among older adults with hearing loss: the Epidemiology of Hearing Loss Study. *J Am Geriatr Soc*, 46(9):1075-1078.

1449 **Portmann D, Boudard P, Herman D. (1997)** Anatomical results with titanium implants in the mastoid region. *Ear Nose Throat J*, 76(4): 231-236.

1450 **Posen MP, Reed CM, Braida LD. (1993)** Intelligibility of frequency-lowered speech produced by a channel vocoder. *J Rehab Res Dev*, 30(1):26-38.

1451 **Potts LG, Skinner MW, Litovsky RA, Strube MJ, Kuk F. (2009)** Recognition and localization of speech by adult cochlear implant recipients wearing a digital hearing aid in the nonimplanted ear (bimodal hearing). *J Am Acad Audiol*, 20(6):353-73.

1452 **Powers TA, Hamacher V. (2002)** Three-microphone instrument is designed to extend benefits of directionality. *The Hear J*, 55(10):38-45.

1453 **Preminger JE. (2003)** Should significant others be encouraged to join adult group audiologic rehabilitation classes? *J Am Acad Audiol*, 14(10):545-55.

1454 **Preminger JE, Carpenter R, Ziegler CH. (2005)** A clinical perspective on cochlear dead regions: intelligibility of speech and subjective hearing aid benefit. *J Am Acad Audiol*, 16(8):600-13.

1455 **Preminger JE, Cunningham DR. (2003)** Case-study analysis of various field study measures. *J Am Acad Audiol*, 14(1):39-55.

1456 **Preminger JE, Neuman AC, Cunningham DR. (2001)** The selection and validation of output sound pressure level in multichannel hearing aids. *Ear & Hear*, 22(6):487-500.

1458 **Preves DA. (1976)** Directivity of in-the-ear aids with non-directional and directional microphones. *Hear Aid J*, 29:7, 32-33.

1459 **Preves DA. (1996)** Revised ANSI standard for measurement of hearing instrument performance. *The Hear J*, 49(10):49-57.

1460 **Preves DA, Sammeth CA, Wynne MK. (1999)** Field trial evaluations of a switched directional/omnidirectional in-the-ear hearing instrument. *J Amer Acad Audiol*, 10(5):273-284.

1461 **Preves D. (1990)** Expressing hearing aid noise and distortion with coherence measurements. *ASHA*, 32(6-7):56-59.

1462 **Preves D, Fortune T, Woodruff B, Newton J. (1991)** Strategies for enhancing the consonant to vowel intensity ratio with in the ear hearing aids. *Ear & Hear*, 12(6 Suppl):139S-153S.

1463 **Priwin C, Jonsson R, Hultcrantz M, Granstrom G. (2007)** BAHA in children and adolescents with unilateral or bilateral conductive hearing loss: a study of outcome. *Int J Pediatr Otorhinolaryngol*, 71(1):135-45.

1464 **Priwin C, Stenfelt S, Granstrom G, Tjellstrom A, Hakansson B. (2004)** Bilateral bone-anchored hearing aids (BAHAs): an audiometric evaluation. *Laryngoscope*, 114(1):77-84.

1465 **Psarommatis I, Riga M, Douros K, Koltsidopoulos P, Douniadakis D, Kapetanakis I, Apostolopoulos N. (2006)** Transient infantile auditory neuropathy and its clinical implications. *Int J Pediatr Otorhinolaryngol*, 70(9):1629-37.

1466 **Pumford JM, Seewald RC, Scollie SD, Jenstad LM. (2000)** Speech recognition with in-the-ear and behind-the-ear dual-microphone hearing instruments. *J Am Acad Audiol*, 11(1):23-35.

1467 **Punch JL, Rakerd B, Amlani AM. (2001)** Paired-comparison hearing aid preferences: evaluation of an unforced-choice paradigm. *J Am Acad Audiol*, 12(4):190-201.

1468 **Punch J. (1988)** CROS revisited. *ASHA*, 30(2):35-37.

1469 **Punch J, Jenison R, Allan J, Durrant J. (1991)** Evaluation of three strategies for fitting hearing aids binaurally. *Ear & Hear*, 12(3):205-215.

1470 **Purdy SC, Farrington DR, Moran CA, Chard LL, Hodgson SA. (2002)** A parental questionnaire to evaluate children's Auditory Behavior in Everyday Life (ABEL). *Am J Audiol*, 11(2):72-82.

1471 **Purdy SC, Kelly AS, Thorne PR. (2001)** Auditory evoked potentials as measures of plasticity in humans. *Audiol Neurotol*, 6(4):211-5.

1472 **Purdy S, Pavlovic C. (1992)** Reliability, sensitivity and validity of magnitude estimation, category scaling and paired-comparison judgements of speech intelligibility by older listeners. *Audiology*, 31(5):254-271.

1473 **Qin MK, Oxenham AJ. (2006)** Effects of introducing unprocessed low-frequency information on the reception of envelope-vocoder processed speech. *J Acoust Soc Amer*, 119(4):2417-26.

1474 **Raicevich G, Burwood E, Dillon H. (2008)** Taking the pressure off bone conduction hearing aid users. *Aust NZ J Audiol*, 30(2):113-117.

1475 **Rajan R. (1995)** Involvement of cochlear efferent pathways in protective effects elicited with binaural loud sound exposure in cats. *J Neurophysiol*, 74(2):582-597.

1476 **Rakerd B, Vander Velde TJ, Hartmann WM. (1998)** Sound localization in the median sagittal plane by listeners with presbyacusis. *J Amer Acad Audiol*, 9(6):466-79.

1477 **Ramkalawan T, Davis A. (1992)** The effects of hearing loss and age of intervention on some language metrics in young hearing-impaired children. *Brit J Audiol*, 26(2):97-107.

1477a **Ramos A, Moreno C, Falcon JC, Meran J, Borkoski S, Artiles O, Osorio A. (2011)** Cochlear implantation in patients with sudden unilateral sensorineural hearing loss and associated tinnitus. *Audiol Neurotol*, 16(Suppl 1):10-11.

1478 **Rance G. (2005)** Auditory neuropathy/dys-synchrony and its perceptual consequences. *Trends Amplif*, 9(1):1-43.

1479 **Rance G, Barker EJ. (2008)** Speech perception in children with auditory neuropathy/dyssynchrony managed with either hearing aids or cochlear implants. *Otol Neurotol*, 29(2):179-82.

1480 **Rance G, Barker EJ. (2009)** Speech and language outcomes in children with auditory neuropathy/dys-synchrony managed with either cochlear implants or hearing aids. *Int J Audiol*, 48(6):313-20.

1481 **Rance G, Cone-Wesson B, Wunderlich J, Dowell R. (2002)** Speech perception and cortical event related potentials in children with auditory neuropathy. *Ear & Hear*, 23(3):239-53.

1482 **Rankovic CM. (1998)** Factors governing speech reception benefits of adaptive linear filtering for listeners with sensorineural hearing loss. *J Acoust Soc Amer*, 103(2):1043-57.

1483 **Rankovic C. (1991)** An application of the articulation index to hearing aid fitting. *J Speech Hear Res*, 34(2):391-402.

1484 **Rankovic C, Freyman R, Zurek P. (1992)** Potential benefits of adaptive frequency-gain characteristics for speech reception in noise. *J Acoust Soc Amer*, 91(1):354-362.

1485 **Raveh E, Buller N, Badrana O, Attias J. (2007)** Auditory neuropathy: clinical characteristics and therapeutic approach. *Am J Otolaryngol*, 28(5):302-8.

1486 **Reed CM, Delhorne LA. (2003)** The reception of environmental sounds through wearable tactual aids. *Ear & Hear*, 24(6):528-38.

1487 **Rees R, Velmans M. (1993)** The effect of frequency transposition on the untrained auditory discrimination of congenitally deaf children. *Brit J Audiol*, 27(1):53-60.

1488 **Reese JL, Chisolm TH. (2005)** Recognition of hearing aid orientation content by first-time users. *Am J Audiol*, 14(1):94-104.

1489 **Reiter LA, Camunas J. (2001)** Hearing aid remote control devices and the pacemaker patient. *The Hearing Journal*, 54(4):48-56.

1490 **Revit L. (1993)** The tip of the probe. 1999. http://www.frye.com/aud_resources/application/larry16.html.

1491 **Revit LJ. (1992)** Two techniques for dealing with the occlusion effect. *Hear Instrum*, 43(12):16-18.

1492 **Revoile S, Holden-Pitt L, Edward D, Pickett JM, Brandt F. (1987)** Speech cue enhancement for the hearing impaired: Amplification of burst/murmur cues for improved perception of final stop voicing. *J Rehab Res Dev*, 24(4):207-216.

1493 **Revoile S, Holden-Pitt L, Edward D, Pickett J. (1986)** Some rehabilitative considerations for future speech-processing hearing aids. *J Rehabil Res Dev*, 23(1):89-94.

1494 **Rey G, Knoblauch K, Jouvent R, Collet L, Dubal S. (2010)** The experience of pleasure before and after hearing rehabilitation. *Int J Rehabil Res*, 33(2):158-64.

1495 **Reynolds GS, Stevens SS. (1960)** Binaural summation of loudness. *J Acoust Soc Amer*, 32:1337-1344.

1496 **Richards VM, Moore BCJ, Launer S. (2006)** Potential benefits of across-aid communication for bilaterally aided people: listening in a car. *Int J Audiol*, 45(3):182-9.

1497 **Richardson B. (1990)** Separating signal and noise in vibrotactile devices for the deaf. *Brit J Audiol*, 24(2):105-109.

1498 **Ricketts T. (2000)** Directivity quantification in hearing aids: fitting and measurement effects. *Ear & Hear*, 21(1):45-58.

1499 **Ricketts T. (2000)** Impact of noise source configuration on directional hearing aid benefit and performance. *Ear & Hear*, 21(3):194-205.

1500 **Ricketts T, Henry P. (2002)** Evaluation of an adaptive, directional-microphone hearing aid. *Int J Audiol*, 41(2):100-12.

1501 **Ricketts T, Henry P. (2002)** Low-frequency gain compensation in directional hearing aids. *Am J Audiol*, 11(1):29-41.

1502 **Ricketts T, Henry P, Gnewikow D. (2003)** Full time directional versus user selectable microphone modes in hearing aids. *Ear & Hear*, 24(5):424-39.

1503 **Ricketts T, Hornsby B, Johnson E. (2005)** Adaptive directional benefit in the near field: competing sound angle and level effects. *Semin Hear*, 26(2):59-69.

1504 **Ricketts T, Lindley G, Henry P. (2001)** Impact of compression and hearing aid style on directional hearing aid benefit and performance. *Ear & Hear*, 22(4):348-61.

1505 **Ricketts T, Mueller HG. (2000)** Predicting directional hearing aid benefit for individual listeners. *J Am Acad Audiol*, 11(10):561-569.

1506 **Ricketts TA, Dittberner AB, Johnson EE. (2008)** High-frequency amplification and sound quality in listeners with normal through moderate hearing loss. *J Speech Lang Hear Res*, 51(1):160-72.

1507 **Ricketts TA, Galster J. (2008)** Head angle and elevation in classroom environments: implications for amplification. *J Speech Lang Hear Res*, 51(2):516-25.

1508 **Ricketts TA, Henry PP, Hornsby BW. (2005)** Application of frequency importance functions to directivity for prediction of benefit in uniform fields. *Ear & Hear*, 26(5):473-86.

1509 **Ricketts TA, Hornsby BW. (2003)** Distance and reverberation effects on directional benefit. *Ear & Hear*, 24(6):472-84.

1510 **Ricketts TA, Hornsby BW. (2005)** Sound quality measures for speech in noise through a commercial hearing aid implementing digital noise reduction. *J Am Acad Audiol*, 16(5):270-7.

1511 **Ringdahl A. (2000)** Private communication.

1512 **Ringdahl A, Eriksson-Mangold M, Andersson G. (1998)** Psychometric evaluation of the Gothenburg Profile for measurement of experienced hearing disability and handicap: applications with new hearing aid candidates and experienced hearing aid users. *Brit J Audiol*, 32:375-385.

1513 **Robbins AM, Svirsky M, Osberger MJ, Pisoni DB. (1998)** Beyond the audiogram: The role of functional assessments. In *Children with hearing impairments: Contemporary trends*, Bess F (ed) Vanderbilt Bill Wilkerson Center press: Nashville.

1514 **Robbins A, Renshaw J, Berry S. (1991)** Evaluating meaningful auditory integration in profoundly hearing-impaired children. *Amer J Otol*, 12 Suppl:144-150.

1515 **Robertson P. (1996)** A guide to NOAH-compatible programmable fitting software. *Hear Rev*, 3(2):12,14,16,19, 28-30.

1516 **Robinson CE, Huntington DA. (1973)** The intelligibility of speech processed by delayed long-term averaged compression amplification. *J Acoust Soc Amer*, 54:314.

1517 **Robinson JD, Baer T, Moore BCJ. (2007)** Using transposition to improve consonant discrimination and detection for listeners with severe high-frequency hearing loss. *Int J Audiol*, 46(6):293-308.

1518 **Robinson JD, Stainsby TH, Baer T, Moore BCJ. (2009)** Evaluation of a frequency transposition algorithm using wearable hearing aids. *Int J Audiol*, 48(6):384-393.

1519 **Robinson K, Gatehouse S. (1995)** Changes in intensity discrimination following monaural long-term use of a hearing aid. *J Acoust Soc Amer*, 97(2):1183-1190.

1520 **Robinson S, Cane M, Lutman M. (1989)** Relative benefits of stepped and constant bore earmoulds: a crossover trial. *Brit J Audiol*, 23(3):221-228.

1521 **Rodgers CAP. (1981)** Pinna transformations and sound reproduction. *J Audio Eng Soc*, 29(4):226-234.

1522 **Rogers DS, Harkrider AW, Burchfield SB, Nabelek AK. (2003)** The influence of listener's gender on the acceptance of background noise. *J Am Acad Audiol*, 14(7):372-82.

1523 **Roland PS, Shoup AG, Shea MC, Richey HS, Jones DB. (2001)** Verification of improved patient outcomes with a partially implantable hearing aid, The SOUNDTEC direct hearing system. *Laryngoscope*, 111(10):1682-6.

1524 **Romanow FF. (1942)** Methods of measuring the performance of hearing aids. *J Acoust Soc Amer*, 13(1):294-304.

1525 **Rosen S, Faulkner A, Smith D. (1990)** The psychoacoustics of profound hearing impairment. *Acta Otolaryngol Suppl Stockh*, 469:16-22.

1526 **Rosen S, Fourcin A, Moore BCJ. (1981)** Voice pitch as an aid to lipreading. *Nature*, 291(5811):150-152.

1527 **Rosengard PS, Payton KL, Braida LD. (2005)** Effect of slow-acting wide dynamic range compression on measures of intelligibility and ratings of speech quality in simulated-loss listeners. *J Speech Lang Hear Res*, 48(3):702-14.

1528 **Rosenhall U, Karlsson Espmark AK. (2003)** Hearing aid rehabilitation: what do older people want, and what does the audiogram tell? *Int J Audiol*, 42 Suppl 2:2S53-7.

1528a **Ross M. (1980)** Binaural versus monaural hearing aid amplification for hearing impaired individuals. In *Binaural hearing and amplification*, Libby ER (ed), 1-21. Zenetron: Chicago.

1529 **Ross M. (1987)** Aural rehabilitation revisited. *J Acad Rehab Audiol*, 20:13-23.

1530 **Ross M. (1997)** A retrospective look at the future of aural rehabilitation. *J Acad Rehab Audiol*, 30:11-28.

1531 **Ross M, Cirmo R. (1980)** Reducing feedback in a post-auricular hearing aid by implanting the receiver in an earmold. *Volta Rev*, Jan:40-44.

1532 **Ross M, Levitt H. (1997)** Consumer satisfaction is not enough: Hearing aids are still about hearing. *Semin Hear*, 18(1):7-10.

1533 **Rothpletz AM, Tharpe AM, Grantham DW. (2004)** The effect of asymmetrical signal degradation on binaural speech recognition in children and adults. *J Speech Lang Hear Res*, 47(2):269-80.

1534 **Roup CM, Noe CM. (2009)** Hearing aid outcomes for listeners with high-frequency hearing loss. *Am J Audiol*, 18(1):45-52.

1535 **Roush J. (2000)** Implementing parent-infant services: advice from families. In *Sound Foundation through Early Amplification,* Seewald RA (ed), 159-165. Stafa, Switzerland, Phonak.

1536 **Rowland RC, Tobias JV. (1967)** Interaural intensity difference limens. *J Speech Hear Res*, 10:745-756.

1537 **Rubinstein A, Boothroyd A. (1987)** Effect of two approaches to auditory training on speech recognition by hearing-impaired adults. *J Speech Hear Res*, 30(2):153-160.

1538 **Rudner M, Ronnberg J, Lunner T. (2011)** Working memory supports listening in noise for persons with hearing impairment. *J Am Acad Audiol*, 22(3):156-167.

1539 **Rupp R, Higgins J, Maurer J. (1977)** A feasibility scale for predicting hearing aid use (FSPHAU) with older individuals. *J Acad Rehab Audiol*, 10:81-104.

1540 **Russ SA, Kuo AA, Poulakis Z, Barker M, Rickards F, Saunders K, et al. (2004)** Qualitative analysis of parents' experience with early detection of hearing loss. *Arch Dis Child*, 89(4):353-358.

1541 **Saliba I, Calmels MN, Wanna G, Iversenc G, James C, Deguine O, Fraysse B. (2005)** Binaurality in middle ear implant recipients using contralateral digital hearing aids. *Otol Neurotol*, 26(4):680-685.

1542 **Salvinelli F, Maurizi M, Calamita S, D'Alatri L, Capelli A, Carbone A. (1991)** The external ear and the tympanic membrane. A three-dimensional study. *Scand Audiol*, 20(4):253-256.

1543 **Sammeth CA, Dorman MF, Stearns CJ. (1999)** The role of consonant-vowel amplitude ratio in the recognition of voiceless stop consonants by listeners with hearing impairment. *J Speech Lang Hear Res*, 42(1):42-55.

1544 **Sanborn PE. (1998)** Predicting hearing aid response in real ears. *J Acoust Soc Amer*, 103(6):3407-17.

1545 **Sandel TT, Teas DC, Feddersen WE, Jeffress LA. (1955)** Localization of sound from single and paired sources. *J Acoust Soc Amer*, 27:842-852.

1547 **Sarampalis A, Kalluri S, Edwards B, Hafter E. (2009)** Objective measures of listening effort: effects of background noise and noise reduction. *J Speech Lang Hear Res*, 52(5):1230-40.

1548 **Sasaki T, Yamamoto K, Iwaki T, Kubo T. (2009)** Assessing binaural/bimodal advantages using auditory event-related potentials in subjects with cochlear implants. *Auris Nasus Larynx*, 36(5):541-6.

1549 **Saunders G. (1997)** Other evaluative approaches. In *Practical hearing aid selection and fitting*, Tobin H (ed), 103-119. Dept of Veterans Affairs: Washington, D.C.

1550 **Saunders GH, Cienkowski KM. (2002)** A test to measure subjective and objective speech intelligibility. *J Am Acad Audiol*, 13(1):38-49.

1551 **Saunders GH, Cienkowski KM, Forsline A, Fausti S. (2005)** Normative data for the Attitudes Towards Loss of Hearing Questionnaire. *J Am Acad Audiol*, 16(9):637-52.

1552 **Saunders GH, Forsline A. (2006)** The Performance-Perceptual Test (PPT) and its relationship to aided reported handicap and hearing aid satisfaction. *Ear & Hear*, 27(3):229-42.

1553 **Saunders GH, Forsline A, Fausti SA. (2004)** The performance-perceptual test and its relationship to unaided reported handicap. *Ear & Hear*, 25(2):117-26.

1554 **Saunders GH, Lewis MS, Forsline A. (2009)** Expectations, prefitting counseling, and hearing aid outcome. *J Am Acad Audiol*, 20(5):320-34.

1555 **Saunders GH, Morgan DE. (2003)** Impact on hearing aid targets of measuring thresholds in dB HL versus dB SPL. *Int J Audiol*, 42(6):319-26.

1556 **Savage I, Dillon H, Byrne D, Bachler H. (2006)** Experimental evaluation of different methods of limiting the maximum output of hearing aids. *Ear & Hear*, 27(5):550-62.

1557 **Scarinci N, Worrall L, Hickson L. (2008)** The effect of hearing impairment in older people on the spouse. *Int J Audiol*, 47(3):141-51.

1558 **Scarinci N, Worrall L, Hickson L. (2009)** The effect of hearing impairment in older people on the spouse: development and psychometric testing of the significant other scale for hearing disability (SOS-HEAR). *Int J Audiol*, 48(10):671-83.

1559 **Scarinci N, Worrall L, Hickson L. (2009)** The ICF and third-party disability: its application to spouses of older people with hearing impairment. *Disabil Rehabil*, 31(25):2088-100.

1560 **Scharf B. (1970)** Critical bands. In *Foundations of modern auditory theory*, Tobias JV (ed) Academic Press: New York.

1561 **Scharf B, Fishken D. (1970)** Binaural summation of loudness reconsidered. *J Exp Psychol*, 86:374-379.

1562 **Scharf B, Magnan J, Collet L, Ulmer E, Chays A. (1994)** On the role of the olivocochlear bundle in hearing: a case study. *Hear Res*, 75(1-2):11-26.

1563 **Schilling JR, Miller RL, Sachs MB, Young ED. (1998)** Frequency-shaped amplification changes the neural representation of speech with noise-induced hearing loss. *Hear Res*, 117(1-2):57-70.

1564 **Schimanski G. (1992)** [Silicone foreign body in the middle ear caused by auditory canal impression in hearing aid fitting]. *HNO*, 40(2):67-68.

1565 **Schlegel RE, Ravindran AR, Raman S, Grant H. (2001)** Wireless telephone-hearing aid electromagnetic compatibility research at the University of Oklahoma. *J Am Acad Audiol*, 12(6):301-8.

1566 **Schmuziger N, Schimmann F, Wengen D, Patscheke J, Probst R. (2006)** Long-term assessment after implantation of the Vibrant Soundbridge device. *Otol Neurotol*, 27(2):183-8.

1567 **Schoepflin JR. (2007)** Binaural interference in a child: a case study. *J Am Acad Audiol*, 18(6):515-21.

1568 **Schow RL, Nerbonne MA. (1980)** Hearing handicap and Denver scales: applications, categories and interpretation. *J Acad Rehab Audiol*, 13:66-77.

1569 **Schow RL, Nerbonne MA. (1982)** Communication screening profile: use with elderly clients. *Ear & Hear*, 3(3):135-47.

1570 **Schow R, Brockett J, Sturmak M, Longhurst T. (1989)** Self-assessment of hearing in rehabilitative audiology: developments in the USA. *Brit J Audiol*, 23(1):13-24.

1571 **Schreurs K, Olsen W. (1985)** Comparison of monaural and binaural hearing aid use on a trial period basis. *Ear & Hear*, 6(4):198-202.

1572 **Schroeder MR. (1959)** Improvement of acoustic feedback stability in public address systems. In *Proc Third Int Cong on Acoust*, Cremer L (ed), 771-775. Elsevier Publishing Co: N.Y.

1573 **Schuknecht HF, Gacek MR. (1993)** Cochlear pathology in presbycusis. *Ann Otol Rhinol Laryngol*, 102(1 Pt 2):1-16.

1574 **Schulze-Gattermann H, Illg A, Schoenermark M, Lenarz T, Lesinski-Schiedat A. (2002)** Cost-benefit analysis of pediatric cochlear implantation: German experience. *Otol Neurotol*, 23(5):674-81.

1575 **Schum DJ. (1992)** Responses of elderly hearing aid users on the hearing aid performance inventory. *J Am Acad Audiol*, 3(5):308-314.

1576 **Schum DJ. (1993)** Test-retest reliability of a shortened version of the hearing aid performance inventory. *J Am Acad Audiol*, 4(1):18-21.

1577 **Schum DJ. (1997)** Beyond hearing aids: Clear speech training as an intervention strategy. *The Hear J*, 50(10):36-38.

1578 **Schum DJ. (1999)** Perceived hearing aid benefit in relation to perceived needs. *J Amer Acad Audiol*, 10(1):40-5.

1579 **Schwartz DM, Lyregaard PE, Lundh P. (1988)** Hearing aid selection for severe-to-profound hearing loss. *The Hear J*, 41(2):13-17.

1580 **Schweitzer C, Mortz M, Vaughan N. (1999)** Perhaps not by prescription - but by perception. *Hear Rev - High Performance Hearing Solutions*, 3:5-62.

1580a **Scollie SD. (2008)** Children's speech recognition scores: the Speech Intelligibility Index and proficiency factors for age and hearing level. *Ear & Hear*, 29(4):543-56.

1581 **Scollie S, Ching TY, Seewald R, Dillon H, Britton L, Steinberg J, Corcoran J. (2010)** Evaluation of the NAL-NL1 and DSL v4.1 prescriptions for children: Preference in real world use. *Int J Audiol*, 49 Suppl 1:S49-63.

1582 **Scollie S and Seewald R. (1999)** Private communication.

1583 **Scollie S, Seewald R, Cornelisse L, Moodie S, Bagatto M, Laurnagaray D, Beaulac S, Pumford J. (2005)** The Desired Sensation Level multistage input/output algorithm. *Trends Amplif*, 9(4):159-97.

1584 **Scollie SD. (2008)** Children's speech recognition scores: the Speech Intelligibility Index and proficiency factors for age and hearing level. *Ear & Hear*, 29(4):543-56.

1585 **Scollie SD, Ching TY, Seewald RC, Dillon H, Britton L, Steinberg J, King K. (2010)** Children's speech perception and loudness ratings when fitted with hearing aids using the DSL v.4.1 and the NAL-NL1 prescriptions. *Int J Audiol*, 49 Suppl 1:S26-34.

1586 **Scollie SD, Seewald RC. (2002)** Evaluation of electroacoustic test signals I: Comparison with amplified speech. *Ear & Hear*, 23(5):477-87.

1587 **Scollie SD, Seewald RC, Cornelisse LE, Jenstad LM. (1998)** Validity and repeatability of level-independent HL to SPL transforms. *Ear & Hear*, 19(5):407-13.

1588 **Scollie SD, Seewald RC, Cornelisse LE, Miller SM. (1998)** Procedural considerations in the real-ear measurement of completely-in-the-canal instruments. *J Am Acad Audiol*, 9(3):216-20.

1589 **Seabury D, Hill BJ. (2007)** Hearing aid compatibility (HAC) and wireless devices. *Hear Rev*, 14(4):98-106.

1590 **Searchfield GD, Kaur M, Martin WH. (2010 Aug)** Hearing aids as an adjunct to counseling: tinnitus patients who choose amplification do better than those that don't. *Int J Audiol*, 49(8):574-9.

1591 **Sebkova J, Bamford J. (1981)** Evaluation of binaural hearing aids in children using localization and speech intelligibility tasks. *Brit J Audiol*, 15(2):125-132.

1592 **Sebkova J, Bamford J. (1981)** Some effects of training and experience for children using one and two hearing aids. *Brit J Audiol*, 15(2):133-141.

1593 **Seeber BU, Baumann U, Fastl H. (2004)** Localization ability with bimodal hearing aids and bilateral cochlear implants. *J Acoust Soc Amer*, 116(3):1698-709.

1593a **Seeto M, Ching T, Gardner-Berry K, Dillon H. (Unpublished data)** Analysis of hearing loss characteristics of children in the Longitudinal Outcomes of Children with Hearing Impairment study.

1594 **Seewald R. (1998)** Private communication.

1595 **Seewald R. (2000)** Infants are not average adults: Clinical procedures for individualizing the fitting of amplification in infants and toddlers. In *Sound Foundation through Early Amplification,* Seewald R (ed). Stafa, Switzerland, Phonak.

1596 **Seewald R, Tharpe AM. (2011)** *Comprehensive handbook of pediatric audiology*. Plural Publishing: San Diego.

1597 **Seewald RC, Cornelisse LE, Black SL, Block MG. (1996)** Verifying the real-ear-gain in CIC instruments. *The Hear J*, 49(6):25-33.

1598 **Seewald RC, Moodie KS, Sinclair ST, Scollie SD. (1999)** Predictive validity of a procedure for pediatric hearing instrument fitting. *Am J Audiol*, 8(2):143-52.

1599 **Seewald RC, Scollie SD. (2003)** An approach for ensuring accuracy in pediatric hearing instrument fitting. *Trends Amplif*, 7(1):29-40.

1600 **Seewald R, Ramji K, Sinclair S, Moodie K, Jamieson D. (1993)** *Computer-assisted implementation of the desired sensation level method for electroacoustic selection and fitting in children: Version 3.1. Users Manual.* The University of Western Ontario: London, Ontario.

1601 **Seewald R, Ross M, Spiro M. (1985)** Selecting amplification characteristics for young hearing-impaired children. *Ear & Hear*, 6(1):48-53.

1602 **Sek A, Alcantara J, Moore BCJ, Kluk K, Wicher A. (2005)** Development of a fast method for determining psychophysical tuning curves. *Int J Audiol*, 44(7):408-20.

1603 **Sensimetrics.** Seeing and hearing speech. Accessed January 2011. www.seeingspeech.com.

1604 **Serpanos YC, Gravel JS. (2000)** Assessing growth of loudness in children by cross-modality matching. *J Am Acad Audiol*, 11(4):190-202.

1605 **Serpanos YC, Gravel JS. (2004)** Revisiting loudness measures in children using a computer method of cross-modality matching (CMM). *J Am Acad Audiol*, 15(7):486-97.

1606 **Sessler GM, West JE. (1962)** Self-biased condenser microphone with high capacitance. *J Acoust Soc Amer*, 34:1787-1788.

1607 **Shanks JE, Wilson RH, Larson V, Williams D. (2002)** Speech recognition performance of patients with sensorineural hearing loss under unaided and aided conditions using linear and compression hearing aids. *Ear & Hear*, 23(4):280-90.

1608 **Shannon RV, Galvin JJ3, Baskent D. (2002)** Holes in hearing. *J Assoc Res Otolaryngol*, 3(2):185-99.

1609 **Shapiro I. (1976)** Hearing aid fitting by prescription. *Audiology*, 15:163-173.

1610 **Shapiro I. (1979)** Evaluation of relationship between hearing threshold and loudness discomfort level in sensorineural hearing loss. *J Speech Hear Disord*, 64:31-36.

1611 **Sharma A, Cardon G, Henion K, Roland P. (2011)** Cortical maturation and behavioral outcomes in children with auditory neuropathy spectrum disorder. *Int J Audiol*, 50(2):98-106.

1612 **Sharma A, Gilley PM, Dorman MF, Baldwin R. (2007)** Deprivation-induced cortical reorganization in children with cochlear implants. *Int J Audiol*, 46(9):494-9.

1613 **Sharma A, Martin K, Roland P, Bauer P, Sweeney MH, Gilley P, Dorman M. (2005)** P1 latency as a biomarker for central auditory development in children with hearing impairment. *J Am Acad Audiol*, 16(8):564-73.

1614 **Shaw DW. (1999)** Allergic contact dermatitis to benzyl alcohol in a hearing aid impression material. *Am J Contact Dermat*, 10(4):228-32.

1615 **Shaw EAG. (1974)** Acoustic response of external ear replica at various angles of incidence. *J Acoust Soc Amer*, 55:432(A).

1616 **Shaw EAG. (1974)** Transformation of sound pressure level from the free field to the eardrum in the horizontal plane. *J Acoust Soc Amer*, 56:1848-1861.

1617 **Shaw EAG. (1975)** The external ear: new knowledge. *Scand Audiol*, Suppl 5:24-50.

1618 **Shaw EAG. (1980)** Acoustics of the external ear. In *Acoustical factors affecting hearing aid performance*, Studebaker GA, Hochberg I (eds), 109-125. University Park: Baltimore.

1619 **Shaw WA, Newman EB, Hirsh IL. (1947)** The difference between monaural and binaural thresholds. *J Exp Psychol*, 37:229-242.

1620 **Shepard N, Davis J, Gorga M, Stelmachowicz P. (1981)** Characteristics of hearing-impaired children in the public schools: part I - demographic data. *J Speech Hear Disord*, 46(2):123-129.

1621 **Shields PW, Campbell DR. (2001)** Improvements in intelligibility of noisy reverberant speech using a binaural subband adaptive noise-cancellation processing scheme. *J Acoust Soc Amer*, 110(6):3232-42.

1622 **Shorter DEL, Manson WI, Stebbings DW. (1967)** The dynamic characteristics of limiters for sound programme circuits. BBC Engineering Monograph No. 70. British Broadcasting Corporation.

1623 **Siegenthaler B, Craig C. (1981)** Monaural vs binaural speech reception threshold and word discrimination scores in the hearing impaired. *J Aud Res*, 21(2):133-135.

1624 **Silman S. (1995)** Binaural interference in multiple sclerosis: case study. *J Amer Acad Audiol*, 6(3):193-196.

1625 **Silman S, Gelfand S, Silverman C. (1984)** Late-onset auditory deprivation: effects of monaural versus binaural hearing aids. *J Acoust Soc Amer*, 76(5):1357-1362.

1626 **Silman S, Silverman C, Emmer M, Gelfand S. (1992)** Adult-onset auditory deprivation. *J Amer Acad Audiol*, 3(6):390-396.

1627 **Silman S, Silverman C, Emmer M, Gelfand S. (1993)** Effects of prolonged lack of amplification on speech-recognition performance: preliminary findings. *J Rehabil Res Dev*, 30(3):326-332.

1628 **Silverman CA, Silman S, Emmer MB, Schoepflin JR, Lutolf JJ. (2006)** Auditory deprivation in adults with asymmetric, sensorineural hearing impairment. *J Am Acad Audiol*, 17(10):747-62.

1629 **Silverman C, Silman S. (1990)** Apparent auditory deprivation from monaural amplification and recovery with binaural amplification: two case studies. *J Amer Acad Audiol*, 1(4):175-180.

1630 **Silverstein H, Atkins J, Thompson JHJ, Gilman N. (2005)** Experience with the SOUNDTEC implantable hearing aid. *Otol Neurotol*, 26(2):211-7.

1631 **Simon HJ. (2005)** Bilateral amplification and sound localization: Then and now. *J Rehabil Res Dev*, 42(4 Suppl 2):117-32.

1632 **Simpson A. (2009)** Frequency-lowering devices for managing high-frequency hearing loss: a review. *Trends Amplif*, 13(2):87-106.

1633 **Simpson A, Hersbach AA, McDermott HJ. (2005)** Improvements in speech perception with an experimental nonlinear frequency compression hearing device. *Int J Audiol*, 44(5):281-92.

1634 **Simpson A, Hersbach AA, McDermott HJ. (2006)** Frequency-compression outcomes in listeners with steeply sloping audiograms. *Int J Audiol*, 45(11):619-29.

1635 **Simpson A, McDermott HJ, Dowell RC. (2005)** Benefits of audibility for listeners with severe high-frequency hearing loss. *Hear Res*, 210(1-2):42-52.

1636 **Simpson AM, Moore BCJ, Glasberg BR. (1990)** Spectral enhancement to improve the intelligibility of speech in noise for hearing-impaired listeners. *Acta Otolaryngol (Stock) Suppl*, 469:101-107.

1637 **Sinclair S, Noble W, Byrne D. (1999)** The feasibility of improving auditory localization with a high-fidelity, completely-in-the-canal hearing aid. *Aust J Audiol*, 21:83-92.

1638 **Singer J, Healey J, Preece J. (1997)** Hearing instruments: A psychologic and behavioral perspective. *Hear Rev - High Performance Hearing Solutions*, 1:23-27.

1639 **Skafte MD. (1990)** Commemorative: 50 years of hearing health care 1940-1990. *Hear Instrum*, 41(9 Part 2):8-127.

1640 **Skinner MW. (1980)** Speech intelligibility in noise-induced hearing loss: Effects of high-frequency compensation. *J Acoust Soc Amer*, 67:306-317.

1641 **Skinner M, Binzer S, Fredrickson J, Smith P, Holden T, Holden L, et al. (1988)** Comparison of benefit from vibrotactile aid and cochlear implant for postlinguistically deaf adults. *Laryngoscope*, 98(10):1092-1099.

1642 **Skinner M, Karstaedt M, Miller J. (1982)** Amplification bandwidth and speech intelligibility for two listeners with sensorineural hearing loss. *Audiology*, 21(3):251-268.

1643 **Skinner M, Pascoe D, Miller J, Popelka G. (1982)** Measurements to determine the optimal placement of speech energy within the listener's auditory area: A basis for selecting amplification characteristics. In *The Vanderbilt hearing-aid report*, Studebaker G, Bess F (eds), 161-169. Monographs in Contemporary Audiology: Upper Darby, PA.

1644 **Skoe E, Kraus N. (2010)** Auditory brain stem response to complex sounds: a tutorial. *Ear & Hear*, 31(3):302-24.

1645 **Smaldino, J, Anderson, K. (1997)** Development of the Listening Inventory for Education. Second Biennial Hearing Aid Research and Development Conference. Bethsesda, Maryland.

1646 **Smaldino S, Smaldino J. (1988)** The influence of aural rehabilitation and cognitive style disclosure on the perception of hearing handicap. *J Acad Rehab Audiol*, 21:57-64.

1647 **Smeds K. (2004)** Is normal or less than normal overall loudness preferred by first-time hearing aid users? *Ear & Hear*, 25(2):159-72.

1648 **Smeds K, Keidser G, Zakis J, Dillon H, Leijon A, Grant F, et al. (2006)** Preferred overall loudness. I: Sound field presentation in the laboratory. *Int J Audiol*, 45(1):2-11.

1649 **Smeds K, Keidser G, Zakis J, Dillon H, Leijon A, Grant F, et al. (2006)** Preferred overall loudness. II: Listening through hearing aids in field and laboratory tests. *Int J Audiol*, 45(1):12-25.

1650 **Smeds K, Leijon A. (2001)** Threshold-based fitting methods for non-linear (WDRC) hearing instruments - comparison of acoustic characteristics. *Scand Audiol*, 30(4):213-22.

1652 **Smiljanic R, Bradlow AR. (2005)** Production and perception of clear speech in Croatian and English. *J Acoust Soc Amer*, 118(3 Pt 1):1677-88.

1653 **Smith, LZ, Boothroyd, A. (1989)** Performance intensity function and speech perception in hearing impaired children. Annual Conv American Speech-Language-Hearing Association. St Louis.

1654 **Smith P, Mack A, Davis A. (2008)** A multicenter trial of an assess-and-fit hearing aid service using open canal fittings and comply ear tips. *Trends Amplif*, 12(2):121-36.

1655 **Smith SL, West RL. (2006)** The application of self-efficacy principles to audiologic rehabilitation: a tutorial. *Am J Audiol*, 15(1):46-56.

1656 **Smits C, Houtgast T. (2005)** Results from the Dutch speech-in-noise screening test by telephone. *Ear & Hear*, 26(1):89-95.

1657 **Smits C, Kapteyn TS, Houtgast T. (2004)** Development and validation of an automatic speech-in-noise screening test by telephone. *Int J Audiol*, 43(1):15-28.

1658 **Smits C, Kramer SE, Houtgast T. (2006)** Speech reception thresholds in noise and self-reported hearing disability in a general adult population. *Ear & Hear*, 27(5):538-49.

1659 **Snapp HA, Fabry DA, Telischi FF, Arheart KL, Angeli SI. (2010)** A clinical protocol for predicting outcomes with an implantable prosthetic device (Baha) in patients with single-sided deafness. *J Am Acad Audiol*, 21(10):654-62.

1660 **Snik AF, Verhaegen V, Mulder J, Cremers CW. (2010)** Cost-effectiveness of implantable middle ear hearing devices. *Adv Otorhinolaryngol*, 69:14-19.

1661 **Snik AF, Beynon AJ, Mylanus EA, van der Pouw CT, Cremers CW. (1998)** Binaural application of the bone-anchored hearing aid. *Ann Otol Rhinol Laryngol*, 107(3):187-93.

1662 **Snik AF, Bosman AJ, Mylanus EA, Cremers CW. (2004)** Candidacy for the bone-anchored hearing aid. *Audiol Neurotol*, 9(4):190-6.

1663 **Snik AF, Dreschler WA, Tange RA, Cremers CW. (1998)** Short- and long-term results with implantable transcutaneous and percutaneous bone-conduction devices. *Arch Otolaryngol Head Neck Surg*, 124(3):265-8.

1664 **Snik AF, Mylanus EA, Cremers CW. (2001)** The bone-anchored hearing aid: a solution for previously unresolved otologic problems. *Otolaryngol Clin North Am*, 34(2):365-72.

1665 **Snik AF, Mylanus EA, Cremers CW. (2002)** The bone-anchored hearing aid in patients with a unilateral air-bone gap. *Otol Neurotol*, 23(1):61-6.

1666 **Snik AF, Mylanus EA, Proops DW, Wolfaardt JF, Hodgetts WE, Somers T, Niparko JK, Wazen JJ, Sterkers O, Cremers CW, Tjellstrom A. (2005)** Consensus statements on the BAHA system: where do we stand at present? *Ann Otol Rhinol Laryngol Suppl*, 195:2-12.

1667 **Snik AF, van den Borne P, Brokx JP, Hoekstra C. (1995)** Hearing aid fitting in profoundly hearing-impaired children: comparison of prescription rules. *Scand Audiol*, 24:225-230.

1668 **Snik AF, Hombergen G. (1993)** Hearing aid fitting of preschool and primary school children. An evaluation using the insertion gain measurement. *Scand Audiol*, 22(4):245-250.

1669 **Snik AF, Mylanus E, Cremers CW. (1995)** The bone-anchored hearing aid compared with conventional hearing aids. Audiologic results and the patients' opinions. *Otolaryngol Clin North Am*, 28(1):73-83.

1670 **Snik AF, Cremers WR. (2000)** The effect of the "floating mass transducer" in the middle ear on hearing sensitivity. *Am J Otol*, 21(1):42-8.

1671 **Sockalingam R, Holmberg M, Eneroth K, Shulte M. (2009)** Binaural hearing aid communication shown to improve sound quality and localization. *The Hear J*, 62(10):46-47.

1672 **Soede W, Berkhout A, Bilsen F. (1993)** Development of a directional hearing instrument based on array technology. *J Acoust Soc Amer*, 94(2 Part 1):785-798.

1673 **Soede W, Bilsen F, Berkhout A. (1993)** Assessment of a directional microphone array for hearing-impaired listeners. *J Acoust Soc Amer*, 94(2 Pt 1):799-808.

1674 **Sommers MS, Tye-Murray N, Spehar B. (2005)** Auditory-visual speech perception and auditory-visual enhancement in normal-hearing younger and older adults. *Ear & Hear*, 26(3):263-75.

1675 **Song JE, Tanaka SM, Pinto JM, Rasmussen B, Ferro LM, Saadia-Redleaf MI. (2011)** Long-term effects of hearing aids on word recognition scores. *Ann Otol Rhinol Laryngol*, 120(5):314-9.

1676 **Sood A, Taylor JS. (2004)** Allergic contact dermatitis from hearing aid materials. *Dermatitis*, 15(1):48-50.

1677 **Sorri M, Piiparinen P, Huttunen K, Haho M, Tobey E, Thibodeau L, Buckley K. (2003)** Hearing aid users benefit from induction loop when using digital cellular phones. *Ear & Hear*, 24(2):119-32.

1678 **Southall K, Gagne JP, Leroux T. (2006)** Factors that influence the use of assistance technologies by older adults who have a hearing loss. *Int J Audiol*, 45(4):252-9.

1679 **Souza PE, Jenstad LM, Folino R. (2005)** Using multichannel wide-dynamic range compression in severely hearing-impaired listeners: effects on speech recognition and quality. *Ear & Hear*, 26(2):120-31.

1680 **Souza PE, Kitch V. (2001)** The contribution of amplitude envelope cues to sentence identification in young and aged listeners. *Ear & Hear*, 22(2):112-9.

1681 **Souza PE, Tremblay KL. (2006)** New perspectives on assessing amplification effects. *Trends Amplif*, 10(3):119-43.

1682 **Spindel J, Lambert P, Ruth R. (1995)** The round window electromagnetic implantable hearing aid approach. *Otolaryngol Clin North Am*, 28(1):189-205.

1683 **Spivak L, Sokol H, Auerbach C, Gershkovich S. (2009)** Newborn hearing screening follow-up: factors affecting hearing aid fitting by 6 months of age. *Am J Audiol*, 18(1):24-33.

1684 **Staab WJ. (1999)** Private communication.

1685 **Staab WJ, Martin RL. (1995)** Mixed-media impressions: A two-layer approach to taking ear impressions. *The Hear J*, 48(5):23-27.

1686 **Stach B. (1990)** Hearing aid amplification and central processing disorders. In *Handbook of hearing aid amplification. Volume II: clinical considerations and fitting practices*, Sandlin RE (ed), 87-111. College-Hill Press: Boston.

1687 **Stach BA, Loiselle LH, Jerger JF, Mintz SL, Taylor CD. (1987)** Clinical experience with personal FM assistive listening devices. *Hear J*, 10(5):24-30.

1688 **Stach B, Jerger J, Fleming K. (1985)** Central presbyacusis: a longitudinal case study. *Ear & Hear*, 6(6):304-306.

1689 **Stach B, Loiselle L, Jerger J. (1991)** Special hearing aid considerations in elderly patients with auditory processing disorders. *Ear & Hear*, 12(6 Suppl):131S-138S.

1690 **Stadler RW, Rabinowitz WM. (1993)** On the potential of fixed arrays for hearing aids. *J Acoust Soc Amer*, 94(3):1332-1342.

1691 **Staffel J, Hall JI, Grose J, Pillsbury H. (1990)** NoSo and NoSpi detection as a function of masker bandwidth in normal-hearing and cochlear-impaired listeners. *J Acoust Soc Amer*, 87(4):1720-1727.

1692 **Staller S, Parkinson A, Arcaroli J, Arndt P. (2002)** Pediatric outcomes with the nucleus 24 contour: North American clinical trial. *Ann Otol Rhinol Laryngol Suppl*, 189:56-61.

1693 **Stark P, Hickson L. (2004)** Outcomes of hearing aid fitting for older people with hearing impairment and their significant others. *Int J Audiol*, 43(7):390-8.

1694 **Stearns WP, Lawrence DW. (1977)** Binaural fitting of hearing aids. *Hear Aid J*, 30(4):12, 51-53.

1694a **Stein DM. (1983)** Psychosocial characteristics of school-age children with unilateral hearing loss. *J Acad Rehab Audiol*, 16:12-22.

1695 **Steinberg JC, Gardner MB. (1937)** The dependence of hearing impairment on sound intensity. *J Acoust Soc Amer*, 9:11-23.

1696 **Stelmachowicz P, Lewis D, Hoover B, Nishi K, McCreery R, Woods W. (2010)** Effects of digital noise reduction on speech perception for children with hearing loss. *Ear & Hear*, 31(3):345-55.

1697 **Stelmachowicz PG. (1999)** Personal communication.

1698 **Stelmachowicz PG. (1999)** Hearing aid outcome measures for children. *J Amer Acad Audiol*, 10(1):14-25.

1699 **Stelmachowicz PG, Dalzell S, Peterson D, Kopun J, Lewis DL, Hoover BE. (1998)** A comparison of threshold-based fitting strategies for nonlinear hearing aids. *Ear & Hear*, 19(2):131-8.

1700 **Stelmachowicz PG, Lewis DE, Hoover B, Keefe DH. (1999)** Subjective effects of peak clipping and compression limiting in normal and hearing-impaired children and adults. *J Acoust Soc Amer*, 105(1):412-22.

1701 **Stelmachowicz PG, Pittman AL, Hoover BM, Lewis DE. (2001)** Effect of stimulus bandwidth on the perception of /s/ in normal- and hearing-impaired children and adults. *J Acoust Soc Amer*, 110(4):2183-90.

1702 **Stelmachowicz PG, Pittman AL, Hoover BM, Lewis DE. (2002)** Aided perception of /s/ and /z/ by hearing-impaired children. *Ear & Hear*, 23(4):316-24.

1703 **Stelmachowicz PG, Pittman AL, Hoover BM, Lewis DE. (2004)** Novel-word learning in children with normal hearing and hearing loss. *Ear & Hear*, 25(1):47-56.

1704 **Stelmachowicz PG, Pittman AL, Hoover BM, Lewis DE, Moeller MP. (2004)** The importance of high-frequency audibility in the speech and language development of children with hearing loss. *Arch Otolaryngol Head Neck Surg*, 130(5):556-62.

1705 **Stelmachowicz P, Lewis D. (1988)** Some theoretical considerations concerning the relation between functional gain and insertion gain. *J Speech Hear Res*, 31(3):491-496.

1706 **Stelmachowicz P, Mace A, Kopun J, Carney E. (1993)** Long-term and short-term characteristics of speech: implications for hearing aid selection for young children. *J Speech Hear Res*, 36(3):609-620.

1707 **Stenfelt S. (2005)** Bilateral fitting of BAHAs and BAHA fitted in unilateral deaf persons: acoustical aspects. *Int J Audiol*, 44(3):178-89.

1708 **Stenfelt S, Hakansson B, Jonsson R, Granstrom G. (2000)** A bone-anchored hearing aid for patients with pure sensorineural hearing impairment: a pilot study. *Scand Audiol*, 29(3):175-85.

1709 **Stephens D. (2002)** The International Outcome Inventory for Hearing Aids (IOI-HA) and its relationship to the Client-oriented Scale of Improvement (COSI). *Int J Audiol*, 41(1):42-7.

1710 **Stephens D, Jones G, Gianopoulos I. (2000)** The use of outcome measures to formulate intervention strategies. *Ear & Hear*, 21(4 Suppl):15S-23S.

1711 **Stephens D, Lewis P, Davis A, Gianopoulos I, Vetter N. (2001)** Hearing aid possession in the population: lessons from a small country. *Audiology*, 40(2):104-11.

1712 **Stephens S, Anderson C. (1971)** Experimental studies on the uncomfortable loudness level. *J Speech Hear Res*, 14:262-270.

1713 **Stephens SD. (1999)** Private communication.

1714 **Stephens SD, Hetu R. (1991)** Impairment, disability, and handicap in audiology: towards a consensus. *Audiology*, 30:185-200.

1715 **Stephens S, Callaghan D, Hogan S, Meredith R, Rayment A, Davis A. (1991)** Acceptability of binaural hearing aids: a cross-over study. *J R Soc Med*, 84(5):267-269.

1716 **Stephens S, Callaghan D, Hogan S, Meredith R, Rayment A, Davis A. (1990)** Hearing disability in people aged 50-65: effectiveness and acceptability of rehabilitative intervention. *Brit Med J*, 300(6723):508-511.

1717 **Stephens S, Meredith R. (1990)** Physical handling of hearing aids by the elderly. *Acta Otolaryngol Suppl Stockh*, 476:281-285.

1718 **Stephens S, Meredith R, Callaghan D, Hogan S, Rayment A. (1990)** Early intervention and rehabilitation: factors influencing outcome. *Acta Otolaryngol Suppl Stockh*, 476:221-225.

1719 **Sterkers O, Boucarra D, Labassi S, Bebear JP, Dubreuil C, Frachet B, Fraysse B, Lavieille JP, Magnan J, Martin C, Truy E, Uziel A, Vaneecloo FM. (2003)** A middle ear implant, the Symphonix Vibrant Soundbridge: retrospective study of the first 125 patients implanted in France. *Otol Neurotol*, 24(3):427-36.

1720 **Sticka, CJ. (2007)** Development and evaluation of a quality of life inventory for individuals with adult-onset hearing loss. Fourth International Adult Aural Rehabilitation Conference. Portland.

1721 **Stinson MR, Daigle GA. (2004)** Effect of handset proximity on hearing aid feedback. *J Acoust Soc Amer*, 115(3):1147-56.

1722 **Stone MA, Moore BCJ. (1999)** Tolerable hearing aid delays. I. Estimation of limits imposed by the auditory path alone using simulated hearing losses. *Ear & Hear*, 20(3):182-92.

1723 **Stone MA, Moore BCJ. (2002)** Tolerable hearing aid delays. II. Estimation of limits imposed during speech production. *Ear & Hear*, 23(4):325-38.

1724 **Stone MA, Moore BCJ. (2003)** Effect of the speed of a single-channel dynamic range compressor on intelligibility in a competing speech task. *J Acoust Soc Amer*, 114(2):1023-34.

1725 **Stone MA, Moore BCJ. (2003)** Tolerable hearing aid delays. III. Effects on speech production and perception of across-frequency variation in delay. *Ear & Hear*, 24(2):175-83.

1726 **Stone MA, Moore BCJ. (2004)** Estimated variability of real-ear insertion response (REIR) due to loudspeaker type and placement. *Int J Audiol*, 43(5):271-5.

1727 **Stone MA, Moore BCJ. (2005)** Tolerable hearing-aid delays: IV. effects on subjective disturbance during speech production by hearing-impaired subjects. *Ear & Hear*, 26(2):225-35.

1728 **Stone MA, Moore BCJ, Alcantara JI, Glasberg BR. (1999)** Comparison of different forms of compression using wearable digital hearing aids. *J Acoust Soc Amer*, 106(6):3603-19.

1729 **Stone MA, Moore BCJ. (1992)** Spectral feature enhancement for people with sensorineural hearing impairment: Effects on speech intelligibility and quality. *J Rehab Res Dev*, 29(2):39-56.

1730 **Stone M, Moore BCJ. (1992)** Syllabic compression: effective compression ratios for signals modulated at different rates. *Brit J Audiol*, 26(6):351-361.

1731 **Storey L, Dillon H. (2001)** Estimating the location of probe microphones relative to the tympanic membrane. *J Amer Acad Audiol*, 12(3): 150-154.

1732 **Storey L, Dillon H. (Unpublished data)** Real ear unaided responses with and without a control microphone.

1733 **Storey L, Dillon H. (Unpublished data)** Self-consistent correction figures for hearing aids.

1734 **Storey L, Dillon H, Yeend I, Wigney D. (1998)** The National Acoustic Laboratories' procedure for selecting the saturation sound pressure level of hearing aids: experimental validation. *Ear & Hear*, 19(4):267-79.

1735 **Streitberger C, Perotti M, Beltrame MA, Giarbini N. (2009)** Vibrant Soundbridge for hearing restoration after chronic ear surgery. *Rev Laryngol Otol Rhinol (Bord)*, 130(2):83-8.

1736 **Studdert-Kennedy M, Shankweiler D. (1970)** Hemispheric specialization for speech perception. *J Acoust Soc Amer*, 48(2):579-594.

1737 **Studebaker GA, Sherbecoe RL, McDaniel DM, Gray GA. (1997)** Age-related changes in monosyllabic word recognition performance when audibility is held constant. *J Amer Acad Audiol*, 8(3):150-162.

1738 **Studebaker G. (1992)** The effect of equating loudness on audibility-based hearing aid selection procedures. *J Amer Acad Audiol*, 3(2):113-118.

1739 **Studebaker G, Bisset J, Van OD, Hoffnung S. (1982)** Paired comparison judgments of relative intelligibility in noise. *J Acoust Soc Amer*, 72(1):80-92.

1740 **Sullivan J, Allsman C, Nielsen L, Mobley J. (1992)** Amplification for listeners with steeply sloping, high-frequency hearing loss. *Ear & Hear*, 13(1):35-45.

1741 **Sullivan R. (1988)** Probe tube microphone placement near the tympanic membrane. *Hear Instrum*, 39(7):43-44, 60.

1742 **Sullivan RF. (1988)** Transcranial ITE CROS. *Hear Instrum*, 39(1):11-12, 54.

1743 **Summerfield AQ, Marshall DH, Barton GR, Bloor KE. (2002)** A cost-utility scenario analysis of bilateral cochlear implantation. *Arch Otolaryngol Head Neck Surg*, 128(11):1255-62.

1744 **Summerfield Q. (1992)** Lipreading and audio-visual speech perception. *Philos Trans R Soc Lond Biol*. 335(1273):71-78.

1745 **Summers V. (2004)** Do tests for cochlear dead regions provide important information for fitting hearing aids? *J Acoust Soc Amer*, 115(4):1420-3.

1746 **Summers V, Molis MR, Musch H, Walden BE, Surr RK, Cord MT. (2003)** Identifying dead regions in the cochlea: psychophysical tuning curves and tone detection in threshold-equalizing noise. *Ear & Hear*, 24(2):133-42.

1747 **Sundewall, E, Behrens, T. (2004)** Cognitive function in relation to release times in hearing aids. Hearing in the Elderly: 1st International Congress on Geriatrc/Gerontologic Audiology. Stockholm.

1748 **Surr RK, Cord MT, Walden BE. (1998)** Long-term versus short-term hearing aid benefit. *J Amer Acad Audiol*, 9(3):165-71.

1749 **Surr RK, Cord MT, Walden BE. (2001)** Response of hearing aid wearers to the absence of a user-operated volume control. *The Hear J*, 54(4):32-36.

1750 **Surr RK, Kolb JA, Cord MT, Garrus NP. (1999)** Tinnitus Handicap Inventory (THI) as a hearing aid outcome measure. *J Amer Acad Audiol*, 10(9):489-95.

1751 **Surr RK, Montgomery AA, Mueller HG. (1985)** Effect of amplification on tinnitus among new hearing aid users. *Ear & Hear*, 6(2):71-75.

1752 **Surr RK, Schuchman GI, Montgomery AA. (1978)** Factors influencing use of hearing aids. *Arch Otolaryngol*, 104:732-736.

1753 **Surr RK, Walden BE, Cord MT, Olson L. (2002)** Influence of environmental factors on hearing aid microphone preference. *J Am Acad Audiol*, 13(6):308-22.

1754 **Surr R, Hawkins D. (1988)** New hearing aid users' perception of the "hearing aid effect". *Ear & Hear*, 9(3):113-118.

1755 **Suzuki, Y. (2002)** DSP techniques to cope with upward spread of masking. Int Soc Audiol. Melbourne.

1756 **Swan IRC. (1989)** The acceptability of binaural hearing aids by first time hearing aid users. *Brit J Audiol*, 23:360.

1757 **Swan I, Browning G, Gatehouse S. (1987)** Optimum side for fitting a monaural hearing aid. 1. Patients' preference. *Brit J Audiol*, 21(1):59-65.

1758 **Swan I, Gatehouse S. (1987)** Optimum side for fitting a monaural hearing aid. 2. Measured benefit. *Brit J Audiol*, 21(1):67-71.

1759 **Swan I, Gatehouse S. (1987)** Optimum side for fitting a monaural hearing aid. 3. Preference and benefit. *Brit J Audiol*, 21(3):205-208.

1760 **Sweetow R, Palmer CV. (2005)** Efficacy of individual auditory training in adults: a systematic review of the evidence. *J Am Acad Audiol*, 16(7):494-504.

1761 **Sweetow RW. (1999a)** *Counseling for hearing aid fittings*. Singular Publishing Group: San Diego, Ca.

1762 **Sweetow RW. (1999b)** Counseling: It's the key to successful hearing aid fitting. *The Hear J*, 52(3):10-17.

1763 **Sweetow RW. (2001)** An analysis of entry-level, disposable, instant-fit, and implantable hearing aids. *The Hear J*, 54(2):28-43.

1764 **Sweetow RW, Reddell RC. (1978)** The use of masking level differences in the identification of children with perceptual problems. *J Am Audiol Soc*, 4(2):52-6.

1765 **Sweetow RW, Sabes JH. (2006)** The need for and development of an adaptive Listening and Communication Enhancement (LACE) Program. *J Am Acad Audiol*, 17(8):538-58.

1766 **Sweetow RW, Sabes JH. (2010)** Auditory training and challenges associated with participation and compliance. *J Am Acad Audiol*, 21(9):586-93.

1767 **Sweetow RW, Valla AF. (1997)** Effect of electroacoustic parameters on ampclusion in CIC hearing instruments. *The Hear Rev*, 4(9):8-22.

1768 **Sziklai I, Szilvassy J. (2011)** Functional gain and speech understanding obtained by Vibrant Soundbridge or by open-fit hearing aid. *Acta Otolaryngol*, 131(4):428-33.

1769 **Tan CT, Moore BCJ. (2008)** Perception of nonlinear distortion by hearing-impaired people. *Int J Audiol*, 47(5):246-56.

1770 **Taubman LB, Palmer CV, Durrant JD, Pratt S. (1999)** Accuracy of hearing aid use time as reported by experienced hearing aid wearers. *Ear & Hear*, 20(4):299-305.

1771 **Taylor K. (1993)** Self-perceived and audiometric evaluations of hearing aid benefit in the elderly. *Ear & Hear*, 14(6):390-394.

1773 **Teie PU. (2009)** Ear-coupler acoustics in receiver-in-the-aid fittings. *Hear Rev*, 16(13):10-16.

1774 **Teoh SW, Pisoni DB, Miyamoto RT. (2004)** Cochlear implantation in adults with prelingual deafness. Part II. Underlying constraints that affect audiological outcomes. *Laryngoscope*, 114(10): 1714-9.

1775 **ter Keurs M, Festen JM, Plomp R. (1992)** Effect of spectral envelope smearing on speech reception. *J Acoust Soc Amer*, 91:2872-2880.

1776 **ter Keurs M, Festen JM, Plomp R. (1993)** Effect of spectral envelope smearing on speech reception II. *J Acoust Soc Amer*, 93(3):1547-1552.

1777 **Tharpe AM. (2000)** Service delivery for children with multiple involvements: How are we going. In *A Sound Foundation through Early Amplification*, Seewald R (ed), 175-190. Switzerland, Phonak.

1777a **Tharpe AM, Ashmead DH, Ricketts TA, Rothpletz AM, Wall R. (2002)** Optimization of amplification for deaf-blind children. In *A Sound Foundation Through Early Amplification*, Seewald RC, Gravel JS (eds), 203-210. Stafa, Phonak AG.

1778 **Tharpe AM. (2008)** Unilateral and mild bilateral hearing loss in children: past and current perspectives. *Trends Amplif*, 12(1):7-15.

1779 **Thibodeau L. (2010)** Benefits of adaptive FM systems on speech recognition in noise for listeners who use hearing aids. *Am J Audiol*, 19(1):36-45.

1780 **Thompson SC, LoPresti JL, Ring EM, Nepomuceno HG, Beard JJ, Ballad WJ, Carlson EV. (2002)** Noise in miniature microphones. *J Acoust Soc Amer*, 111(2):861-6.

1781 **Thornton AR, Raffin MJM. (1978)** Speech discrimination scores modeled as a binomial variable. *J Speech Hear Res*, 23:507-518.

1782 **Thornton A, Bell I, Goodsell S, Whiles P. (1987)** The use of flexible probe tubes in insertion gain measurement. *Brit J Audiol*, 21(4):295-300.

1783 **Thornton A, Yardley L, Farrell G. (1987)** The objective estimation of loudness discomfort level using auditory brainstem evoked responses. *Scand Audiol*, 16(4):219-225.

1784 **Tjellstrom A, Hakansson B. (1995)** The bone-anchored hearing aid. Design principles, indications, and long-term clinical results. *Otolaryngol Clin North Am*, 28(1):53-72.

1785 **Tjellstrom A, Luetje CM, Hough JV, Arthur B, Hertzmann P, Katz B, Wallace P. (1997)** Acute human trial of the floating mass transducer. *Ear Nose Throat J*, 76(4):204-6, 209-10.

1786 **Tobey EA, Devous MDS, Buckley K, Overson G, Harris T, Ringe W, Martinez-Verhoff J. (2005)** Pharmacological enhancement of aural habilitation in adult cochlear implant users. *Ear & Hear*, 26(4 Suppl):45S-56S.

1787 **Tobias JV. (1963)** Application of a 'relative' procedure to a problem in binaural-beat perception. *J Acoust Soc Amer*, 35:1442-1447.

1788 **Todt I, Rademacher G, Wagner F, Schedlbauer E, Wagner J, Basta D, Ernst A. (2010)** Magnetic resonance imaging safety of the floating mass transducer. *Otol Neurotol*, 31(9):1435-40.

1789 **Todt I, Seidl RO, Gross M, Ernst A. (2002)** Comparison of different vibrant soundbridge audioprocessors with conventional hearing aids. *Otol Neurotol*, 23(5):669-73.

1790 **Tolson D, Swan I, Knussen C. (2002)** Hearing disability: a source of distress for older people and carers. *Br J Nurs*, 11(15):1021-5.

1791 **Tomita M, Mann WC, Welch TR. (2001)** Use of assistive devices to address hearing impairment by older persons with disabilities. *Int J Rehabil Res*, 24(4):279-89.

1792 **Tongen J, Fire KM. (2005)** Visual speech discrimination: Getting patients to recognise their hearing problems during testing. *Hear Rev*, 12(4):18-19.

1793 **Tonning F, Warland A, Tonning K. (1991)** Hearing instruments for the elderly hearing impaired. A comparison of in-the-canal and behind-the-ear hearing instruments in first-time users. *Scand Audiol*, 20(1):69-74.

1794 **Tonning FM. (1971)** Directional audiometry III. *Acta Otolaryngol*, 72:404-412.

1795 **Traynor R, Buckles K. (1997)** Personality typings: Audiology's new crystal ball. *High Performance Hearing Solutions*, 3(1):28-31.

1796 **Traynor RM. (1997)** The missing link for success in hearing aid fittings. *The Hear J*, 50(9):10-15.

1796a **Traynor RM, Fredrickson JM. (2007)** The future is here: The Otologics fully implantable hearing system. Accessed January 2012. http://www.audiologyonline.com/articles/article_detail.asp?article_id=1903 .

1797 **Tremblay K, Kraus N, Carrell TD, McGee T. (1997)** Central auditory system plasticity: generalization to novel stimuli following listening training. *J Acoust Soc Amer*, 102(6):3762-73.

1798 **Truy E, Philibert B, Vesson JF, Labassi S, Collet L. (2008)** Vibrant soundbridge versus conventional hearing aid in sensorineural high-frequency hearing loss: a prospective study. *Otol Neurotol*, 29(5):684-7.

1799 **Trychin S. (1991)** *Manual for mental health professionals, Part II: Psycho-social challenges faced by hard of hearing people*. SHHH Press: Bethseda, MD.

1800 **Turk R. (1986)** A clinical comparison between behind-the-ear and in-the-ear hearing aids. *Audiol Acoustics*, 25(3):78-86.

1801 **Turner CW, Cummings KJ. (1999)** Speech audibility for listeners with high-frequency hearing loss. *Am J Audiol*, 8(1):47-56.

1802 **Turner CW, Henry BA. (2002)** Benefits of amplification for speech recognition in background noise. *J Acoust Soc Amer*, 112(4):1675-80.

1803 **Turner CW, Humes LE, Bentler RA, Cox RM. (1996)** A review of past research on changes in hearing aid benefit over time. *Ear & Hear*, 17(3 Suppl):14S-28S.

1804 **Turner CW, Hurtig RR. (1999)** Proportional frequency compression of speech for listeners with sensorineural hearing loss. *J Acoust Soc Amer*, 106(2):877-886.

1805 **Turner CW, Horwitz AR, Souza PE. (1992)** Identification and discrimination of stop consonants: formants versus spectral peaks. *Advances in the Biosciences*, 83:463-469.

1806 **Tye-Murray N.** Conversation made easy CD-ROMs. January 2011. www.cid.edu/ProfOutreachIntro/ListeningSupportProducts.aspx.

1807 **Tyler R, Parkinson AJ, Fryauf-Bertchy H, Lowder MW, Parkinson WS, Gantz BJ, Kelsay DM. (1997)** Speech perception by prelingually deaf children and postlingually deaf adults with cochlear implant. *Scand Audiol Suppl*, 46:65-71.

1808 **Tyler RS, Parkinson AJ, Wilson BS, Witt S, Preece JP, Noble W. (2002)** Patients utilizing a hearing aid and a cochlear implant: speech perception and localization. *Ear & Hear*, 23(2):98-105.

1809 **Tyler RS, Perreau AE, Ji H. (2009)** Validation of the Spatial Hearing Questionnaire. *Ear & Hear*, 30(4):466-74.

1810 **Ubido J, Huntington J, Warburton D. (2002)** Inequalities in access to healthcare faced by women who are deaf. *Health Soc Care Community*, 10(4):247-53.

1811 **Uchida Y, Yasue M, Asahi K, Ueda H, Nakashima T. (2001)** [Analysis of 200 university hospital hearing aid clinic patients]. *Nippon Jibiinkoka Gakkai Kaiho*, 104(11):1071-7.

1812 **Uhlmann RF, Larson EB, Rees TS, Koepsell TD, Duckert LG. (1989)** Relationship of hearing impairment to dementia and cognitive dysfunction in older adults. *JAMA*, 261(13):1916-9.

1813 **UK Cochlear Implant Study Group. (2004)** Criteria of candidacy for unilateral cochlear implantation in postlingually deafened adults III: prospective evaluation of an actuarial approach to defining a criterion. *Ear & Hear*, 25(4):361-74.

1814 **UK Cochlear Implant Study Group. (2004)** Criteria of candidacy for unilateral cochlear implantation in postlingually deafened adults I: theory and measures of effectiveness. *Ear & Hear*, 25(4):310-35.

1815 **Updike C. (1994)** Comparison of FM auditory trainers, CROS aids, and personal amplification in unilaterally hearing impaired children. *J Amer Acad Audiol*, 5(3):204-209.

1816 **Upfold, G, Dillon, H. (1992)** Gain and feedback effects in vented ITE and ITC hearing aids. Audiol Soc Aust Conf. Adelaide.

1817 **Upfold L, May A, Battaglia J. (1990)** Hearing aid manipulation skills in an elderly population: a comparison of ITE, BTE, and ITC aids. *Brit J Audiol*, 24(5):311-318.

1818 **Upfold L, Wilson D. (1982)** Hearing-aid use and available aid ranges. *Brit J Audiol*, 16(3):195-201.

1819 **Upfold L, Wilson D. (1983)** Factors associated with hearing aid use. *Aust J Audiol*, 5(1):20-26.

1820 **Uriarte M, Denzin L, Dunstan A, Sellars J, Hickson L. (2005)** Measuring hearing aid outcomes using the Satisfaction with Amplification in Daily Life (SADL) questionnaire: Australian data. *J Am Acad Audiol*, 16(6):383-402.

1821 **Uus K, Bamford J. (2006)** Effectiveness of population-based newborn hearing screening in England: ages of interventions and profile of cases. *Pediatrics*, 117(5):e887-93.

1822 **Uziel A, Mondain M, Hagen P, Dejean F, Doucet G. (2003)** Rehabilitation for high-frequency sensorineural hearing impairment in adults with the symphonix vibrant soundbridge: a comparative study. *Otol Neurotol*, 24(5):775-83.

1823 **Valente M, Fabry DA, Potts LG, Sandlin RE. (1998)** Comparing the performance of the Widex SENSO digital hearing aid with analog hearing aids. *J Amer Acad Audiol*, 9(5):342-60.

1824 **Valente M, Fabry D, Potts L. (1995)** Recognition of speech in noise with hearing aids using dual microphones. *J Amer Acad Audiol*, 6(6): 440-449.

1825 **Valente M, Mispagel K, Valente LM, Hullar T. (2006)** Problems and solutions for fitting amplification to patients with Meniere's disease. *J Am Acad Audiol*, 17(1):6-15.

1826 **Valente M, Mispagel KM. (2008)** Unaided and aided performance with a directional open-fit hearing aid. *Int J Audiol*, 47(6):329-36.

1827 **Valente M, Potts L, Valente M. (1997)** Clinical procedures to improve user satisfaction with hearing aids. In *Practical hearing aid selection and fitting*, 75-93. Department of Veterans Affairs: Washington, D.C.

1828 **Valente M, Valente M, Meister M, Macauley K, Vass W. (1994)** Selecting and verifying hearing aid fittings for unilateral hearing loss. In *Strategies for selecting and verifying hearing aid fittings*, Valente M (ed), 228-248. Thieme: New York.

1829 **Valente M, Van Vliet D. (1997)** The independent hearing aid fitting forum (IHAFF) protocol. *Trends Amplif*, 2(1):6-35.

1830 **van Buuren RA, Festen JM, Houtgast T. (1996)** Peaks in the frequency response of hearing aids: evaluation of the effects on speech intelligibility and sound quality. *J Speech Hear Res*, 39(2):239-50.

1831 **van Buuren RA, Festen JM, Houtgast T. (1999)** Compression and expansion of the temporal envelope: evaluation of speech intelligibility and sound quality. *J Acoust Soc Amer*, 105(5): 2903-13.

1832 **van Buuren R, Festen J, Plomp R. (1995)** Evaluation of a wide range of amplitude-frequency responses for the hearing impaired. *J Speech Hear Res*, 38(2):211-221.

1833 **Van Compernolle D. (1990)** Hearing aids using binaural processing principles. *Acta Otolaryngol Suppl Stockh*, 469:76-84.

1834 **Van Compernolle D, Ma W, Xie F, Van Diest M. (1990)** Speech recognition in noisy environments with the aid of microphone arrays. *Speech Communication*, 9:433-442.

1835 **van den Berg PJ, Prins A, Verschuure H, Hoes AW. (1999)** Effectiveness of a single and a repeated screen for hearing loss in the elderly. *Audiology*, 38(6):339-40.

1836 **Van den Bogaert T, Doclo S, Wouters J, Moonen M. (2009)** Speech enhancement with multichannel Wiener filter techniques in multimicrophone binaural hearing aids. *J Acoust Soc Amer*, 125(1):360-71.

1837 **Van den Bogaert T, Klasen TJ, Moonen M, Van Deun L, Wouters J. (2006)** Horizontal localization with bilateral hearing aids: without is better than with. *J Acoust Soc Amer*, 119(1):515-26.

1839 **van der Pouw KT, Snik AFM, Cremers CW. (1998)** Audiometric results of bilateral bone-anchored hearing aid application in patients with bilateral congenital aural atresia. *Laryngoscope*, 108(4 Pt 1):548-53.

1840 **Van Deun L, van Wieringen A, Scherf F, Deggouj N, Desloovere C, Offeciers FE, et al. (2009)** Earlier intervention leads to better sound localization in children with bilateral cochlear implants. *Audiol Neurotol*, 15(1):7-17.

1841 **van Dijkhuizen J, Festen J, Plomp R. (1991)** The effect of frequency-selective attenuation on the speech-reception threshold of sentences in conditions of low-frequency noise. *J Acoust Soc Amer*, 90(2 Pt 1):885-894.

1842 **van Harten-de Bruijn H, van Kreveld-Bos C, Dreschler W, Verschuure H. (1997)** Design of two syllabic nonlinear multichannel signal processors and the results of speech tests in noise. *Ear & Hear*, 18(1):26-33.

1843 **van Hoesel RJ, Clark GM. (1995)** Evaluation of a portable two-microphone adaptive beamforming speech processor with cochlear implant patients. *J Acoust Soc Amer*, 97(4):2498-503.

1844 **Van Lierde KM, Vinck BM, Baudonck N, De Vel E, Dhooge I. (2005)** Comparison of the overall intelligibility, articulation, resonance, and voice characteristics between children using cochlear implants and those using bilateral hearing aids: a pilot study. *Int J Audiol*, 44(8):452-65.

1845 **Van Tasell DJ. (1998)** New DSP instrument designed to maximize binaural benefits. *The Hear J*, 51(4):40-49.

1846 **van Toor T, Verschuure H. (2002)** Effects of high-frequency emphasis and compression time constants on speech intelligibility in noise. *Int J Audiol*, 41(7):379-94.

1847 **Van Vliet D. (1996)** What's that red thing down in my hearing aid? *The Hear J*, 49(10):84.

1848 **Vanden Berghe J, Wouters J. (1998)** An adaptive noise canceller for hearing aids using two nearby microphones. *J Acoust Soc Amer*, 103(6):3621-6.

1849 **Vaughan-Jones R, Padgham N, Christmas H, Irwin J, Doig M. (1993)** One aid or two? - more visits please! *J Laryngol Otol*, 107(4):329-332.

1850 **Velmans M, Marcuson M. (1983)** The acceptability of spectrum-preserving and spectrum-destroying transposition to severely hearing-impaired listeners. *Brit J Audiol*, 17(1):17-26.

1851 **Ventry I, Weinstein B. (1982)** The hearing handicap inventory for adults: a new tool. *Ear & Hear*, 3(3):128-134.

1852 **Ventry I, Weinstein B. (1983)** Identification of elderly people with hearing problems. *ASHA*(July):37-42.

1853 **Verschuure H, Prinsen T, Dreschler W. (1994)** The effects of syllabic compression and frequency shaping on speech intelligibility in hearing impaired people. *Ear & Hear*, 15(1):13-21.

1854 **Verschuure J, Maas AJ, Stikvoort E, de Jong RM, Goedegebure A, Dreschler WA. (1996)** Compression and its effect on the speech signal. *Ear & Hear*, 17(2):162-75.

1855 **Verstraeten N, Zarowski AJ, Somers T, Riff D, Offeciers EF. (2009)** Comparison of the audiologic results obtained with the bone-anchored hearing aid attached to the headband, the testband, and to the "snap" abutment. *Otol Neurotol*, 30(1):70-5.

1856 **Vestergaard MD. (2006)** Self-report outcome in new hearing-aid users: Longitudinal trends and relationships between subjective measures of benefit and satisfaction. *Int J Audiol*, 45(7):382-92.

1857 **Vickers D, Robinson JD, Fullgrabe C, Baer T, Moore BCJ. (2009)** Relative importance of different spectral bands to consonant identification: relevance for frequency transposition in hearing aids. *Int J Audiol*, 48(6):334-45.

1858 **Vickers DA, Moore BCJ, Baer T. (2001)** Effects of low-pass filtering on the intelligibility of speech in quiet for people with and without dead regions at high frequencies. *J Acoust Soc Amer*, 110(2):1164-75.

1859 **Villchur E. (1973)** Signal processing to improve speech intelligibility in perceptive deafness. *J Acoust Soc Amer*, 53:1646-1657.

1860 **Vincent C, Fraysse B, Lavieille JP, Truy E, Sterkers O, Vaneecloo FM. (2004)** A longitudinal study on postoperative hearing thresholds with the Vibrant Soundbridge device. *Eur Arch Otorhinolaryngol*, 261(9):493-6.

1861 **von Bekesy G. (1960)** *Experiments in hearing*. McGraw-Hill: New York.

1862 **von der Lieth L. (1972)** Hearing tactics. *Scand Audiol*, 1:155-160.

1863 **von der Lieth L. (1973)** Hearing tactics II. *Scand Audiol*, 2:209-213.

1864 **von Hapsburg D, Davis BL. (2006)** Auditory sensitivity and the prelinguistic vocalizations of early-amplified infants. *J Speech Lang Hear Res*, 49(4):809-22.

1865 **Vonlanthen A. (1995)** *Hearing instrument technology for the hearing healthcare professional*. Singular Press: Zurich.

1865a **Voss SE, Allen JB. (1994)** Measurement of acoustic impedance and reflectance in the human ear canal. *J Acoust Soc Amer*, 95(1):372-84.

1866 **Voss SE, Herrmann BS. (2005)** How does the sound pressure generated by circumaural, supra-aural, and insert earphones differ for adult and infant ears? *Ear & Hear*, 26(6):636-50.

1867 **Vuorialho A, Karinen P, Sorri M. (2006)** Counselling of hearing aid users is highly cost-effective. *Eur Arch Otorhinolaryngol*, 263(11):988-95.

1868 **Vuorialho A, Karinen P, Sorri M. (2006)** Effect of hearing aids on hearing disability and quality of life in the elderly. *Int J Audiol*, 45(7):400-5.

1869 **Vuorialho A, Sorri M, Nuojua I, Muhli A. (2006)** Changes in hearing aid use over the past 20 years. *Eur Arch Otorhinolaryngol*, 263(4):355-60.

1870 **Wagener K, Josvassen JL, Ardenkjaer R. (2003)** Design, optimization and evaluation of a Danish sentence test in noise. *Int J Audiol*, 42(1):10-7.

1871 **Wake M, Tobin S, Cone-Wesson B, Dahl HH, Gillam L, McCormick L, et al. (2006)** Slight/mild sensorineural hearing loss in children. *Pediatrics*, 118(5):1842-51.

1872 **Walden BE, Demorest ME, Hepler EL. (1984)** Self-report approach to assessing benefit derived from amplification. *J Speech Hear Res*, 27(1):49-56.

1873 **Walden BE, Grant KW, Cord MT. (2001)** Effects of amplification and speechreading on consonant recognition by persons with impaired hearing. *Ear & Hear*, 22(4):333-41.

1874 **Walden BE, Surr RK, Cord MT, Dyrlund O. (2004)** Predicting hearing aid microphone preference in everyday listening. *J Am Acad Audiol*, 15(5):365-96.

1875 **Walden BE, Surr RK, Cord MT, Edwards B, Olson L. (2000)** Comparison of benefits provided by different hearing aid technologies. *J Am Acad Audiol*, 11(10):540-60.

1876 **Walden BE, Surr RK, Grant KW, Van Summers W, Cord MT, Dyrlund O. (2005)** Effect of signal-to-noise ratio on directional microphone benefit and preference. *J Am Acad Audiol*, 16(9):662-76.

1877 **Walden B, Erdman S, Montgomery A, Schwartz D, Prosek R. (1981)** Some effects of training on speech recognition by hearing-impaired adults. *J Speech Hear Res*, 24(2):207-216.

1878 **Walden B, Schwartz D, Williams D, Holum HL, Crowley J. (1983)** Test of the assumptions underlying comparative hearing aid evaluations. *J Speech Hear Disord*, 48(3):264-273.

1879 **Walden TC. (2006)** Clinical benefits and risks of bilateral amplification. *Int J Audiol*, 45 Suppl 1:S49-52.

1880 **Walden TC, Walden BE. (2004)** Predicting success with hearing aids in everyday living. *J Am Acad Audiol*, 15(5):342-52.

1881 **Walden TC, Walden BE. (2005)** Unilateral versus bilateral amplification for adults with impaired hearing. *J Am Acad Audiol*, 16(8):574-84.

1882 **Walden TC, Walden BE, Cord MT. (2002)** Performance of custom-fit versus fixed-format hearing aids for precipitously sloping high-frequency hearing loss. *J Am Acad Audiol*, 13(7):356-66.

1883 **Walker G. (1988)** The size and spectral distribution of conductive hearing loss in an adult population. *Aust J Audiol*, 10(1): 25-29.

1884 **Walker G. (1997)** Conductive hearing impairment and preferred hearing aid gain. *Aust J Audiol*, 19(2):81-89.

1885 **Walker G. (1997)** Conductive hearing impairment: The relationship between hearing loss, MCLs and LDLs. *Aust J Audiol*, 19(2):71-80.

1886 **Walker G. (1997)** The preferred speech spectrum of people with normal hearing and its relevance to hearing aid fitting. *Aust J Audiol*, 19(1):1-8.

1887 **Walker G, Byrne D, Dillon H. (1984)** The effects of multichannel compression/expansion amplification on the intelligibility of nonsense syllables in noise. *J Acoust Soc Amer*, 76 (3):746-757.

1888 **Walker G, Dillon H, Byrne D, Christen C. (1984)** The use of loudness discomfort levels for selecting the maximum output of hearing aids. *Aust J Audiol*, 6(1):23-32.

1889 **Wallach H. (1940)** The role of head movements and vestibular and visual cues in sound localization. *J Exp Psychol*, 27:339-368.

1890 **Wallenfels HG. (1967)** *Hearing aids on prescription*. CC Thomas: Springfield.

1891 **Ward P. (1981)** Effectiveness of aftercare for older people prescribed a hearing aid for the first time. *Scand Audiol*, 10(2):99-106.

1892 **Ward P, Gowers J. (1981)** Hearing tactics: the long-term effects of instruction. *Brit J Audiol*, 15(4):261-262.

1893 **Ward P, Gowers J. (1981)** Teaching hearing-aid skills to elderly people: hearing tactics. *Brit J Audiol*, 15(4):257-259.

1894 **Ward W. (1960)** Recovery from high values of temporary threshold shift. *J Acoust Soc Amer*, 32:497-500.

1895 **Warland A, Tonning F. (1991)** In-the-canal hearing instruments. Benefits and problems for inexperienced users given minimal instruction. *Scand Audiol*, 20(2):101-108.

1896 **Watkins AJ. (1978)** Psychoacoustical aspects of synthesized vertical locale cues. *J Acoust Soc Amer*, 63:1152-1165.

1897 **Watson N, Knudsen V. (1940)** Selective amplification in hearing aids. *J Acoust Soc Amer*, 11:406-419.

1898 **Wayner DS. (1990)** *The hearing aid handbook: clinician's guide to client orientation*. Gallaudet University Press: Washington, D.C.

1899 **Wayner DS. (1996)** Using the hearing aid. In *Hearing aids: a manual for clinicians*, Goldenberg RA (ed), 193-214. Lipincott-Raven: Philadelphia.

1900 **Wazen JJ, Spitzer J, Ghossaini SN, Kacker A, Zschommler A. (2001)** Results of the bone-anchored hearing aid in unilateral hearing loss. *Laryngoscope*, 111(6):955-8.

1901 **Wazen JJ, Spitzer JB, Ghossaini SN, Fayad JN, Niparko JK, Cox K, Brackmann DE, Soli SD. (2003)** Transcranial contralateral cochlear stimulation in unilateral deafness. *Otolaryngol Head Neck Surg*, 129(3):248-54.

1902 **Webb T. (2007)** A comparison of frequency response with receiver in the canal, conventional and novel open-ear hearing aid fittings. Sydney, Macquarie University.

1903 **Weinstein BE, Spitzer JB, Ventry IM. (1986)** Test-retest reliability of the hearing handicap inventory for the elderly. *Ear & Hear*, 7(5):295-299.

1904 **Weinstein BE, Ventry IM. (1982)** Hearing impairment and social isolation in the elderly. *J Speech Hear Res*, 25(4):593-9.

1905 **Weinstein E, Feder M, Oppenheim AV. (1993)** Multi-channel signal separation by decorrelation. *IEEE Trans Speech Audio Proc*, 1(4):405-413.

1906 **Weisenberger JM. (1989)** Evaluation of the Siemens Minifonator vibrotactile aid. *J Speech Hear Res*, 32(1):24-32.

1907 **Weisenberger JM, Kozma-Spytek L. (1991)** Evaluating tactile aids for speech perception and production by hearing-impaired adults and children. *Amer J Otol*, 12 Suppl:188-200.

1908 **Weiss M. (1987)** Use of an adaptive noise canceler as an input preprocessor for a hearing aid. *J Rehabil Res Dev*, 24(4):93-102.

1909 **Werner LA, Boike K. (2001)** Infants' sensitivity to broadband noise. *J Acoust Soc Amer*, 109(5 Pt 1):2103-11.

1910 **Wesselkamp M, Margolf-Hackl S, Kiessling J. (2001)** Comparison of two digital hearing instrument fitting strategies. *Scand Audiol Suppl*(52):73-5.

1911 **West RL, Smith SL. (2007)** Development of a hearing aid self-efficacy questionnaire. *Int J Audiol*, 46(12):759-71.

1912 **Westerman S, Topholm J. (1985)** Comparing BTEs and ITEs for localizing speech. *Hear Instrum*, 36(2):20-24, 36.

1913 **Westone. (1996)** The whole Westone catalog. Colorado Springs, Westone.

1914 **Westwood G, Bamford J. (1995)** Probe-tube microphone measures with very young infants: Real ear to coupler differences and longitudinal changes in real ear unaided response. *Ear & Hear*, 16(3):263-273.

1915 **Wexler M, Miller LW, Berliner KI, Crary WG. (1982)** Psychological effects of cochlear implant: Patient and 'index relative' comparisons. *Annals of Otology, Rhinology and Laryngology*, Suppl 91:59-61.

1916 **Widrow B, Stearns DS. (1985)** *Adaptive signal processing*. Prentice Hall: Englewood Cliffs, NJ.

1917 **Wightman FL, Kistler DJ. (1989)** Headphone simulation of free-field listening. II: Psychophysical validation. *J Acoust Soc Amer*, 85(2):868-878.

1918 **Wightman FL, Kistler DJ. (1993)** Sound localization. In *Springer series in auditory research: Human psychophysics*, Fay R, Popper A, Yost W (eds), 155-192. Springer-Verlag: New York.

1919 **Wightman F, Kistler D. (1992)** The dominant role of low-frequency interaural time differences in sound localization. *J Acoust Soc Amer*, 91(3):1648-1661.

1920 **Williams C. (1994)** *See/hear: An aural rehabilitation training manual*. A.G. Bell Association for the Deaf: Washington, D.C.

1921 **Wilson C, Stephens D. (2003)** Reasons for referral and attitudes toward hearing aids: do they affect outcome? *Clin Otolaryngol Allied Sci*, 28(2):81-4.

1922 **Wilson D, Hickson L, Worrall L. (1998)** Use of communication strategies by adults with hearing impairment. *Asia Pac J Sp Lang Hear*, 3:29-41.

1923 **Wilson D, Walsh PG, Sanchez L, Read L. (1998)** Hearing impairment in an Australian population. Adelaide, Dept of Human Services Centre for Population Studies in Epidemiology.

1924 **Wilson RH. (2003)** Development of a speech-in-multitalker-babble paradigm to assess word-recognition performance. *J Am Acad Audiol*, 14(9):453-70.

1925 **Wilson RH, Weakley DG. (2005)** The 500 Hz masking-level difference and word recognition in multitalker babble for 40- to 89-year-old listeners with symmetrical sensorineural hearing loss. *J Am Acad Audiol*, 16(6):367-82.

1926 **Wise CL, Zakis JA. (2008)** Effects of expansion algorithms on speech reception thresholds. *J Am Acad Audiol*, 19(2):147-57.

1927 **Wolfe J, Schafer EC, Heldner B, Mulder H, Ward E, Vincent B. (2009)** Evaluation of speech recognition in noise with cochlear implants and dynamic FM. *J Am Acad Audiol*, 20(7):409-21.

1928 **Wong LL, Hickson L, McPherson B. (2003)** Hearing aid satisfaction: what does research from the past 20 years say? *Trends Amplif*, 7(4):117-61.

1929 **Wong LL, Hickson L, McPherson B. (2009)** Satisfaction with hearing aids: a consumer research perspective. *Int J Audiol*, 48(7):405-27.

1930 **Woods DL, Yund EW. (2007)** Perceptual training of phoneme identification for hearing loss. *Semin Hear*, 28(2):110-119.

1930a **Worrall L, Hickson L. (2003)** *Communication disability in aging: From prevention to intervention*. New York: Delmar Learning.

1931 **Wouters J, Berghe JV, Maj JB. (2002)** Adaptive noise suppression for a dual-microphone hearing aid. *Int J Audiol*, 41(7):401-7.

1932 **Wouters J, Litiere L, van Wieringen A. (1999)** Speech intelligibility in noisy environments with one- and two-microphone hearing aids. *Audiology*, 38(2):91-8.

1933 **Wu HY, Chin JJ, Tong HM. (2004)** Screening for hearing impairment in a cohort of elderly patients attending a hospital geriatric medicine service. *Singapore Med J*, 45(2):79-84.

1934 **Yanagihara N, Gyo K, Sato H, Yamanaka E, Saiki T. (1988)** Implantable hearing aid in fourteen patients with mixed deafness. *Acta Otolaryngol Suppl Stockh*, 458:90-94.

1935 Yanagihara N, Sato H, Hinohira Y, Gyo K, Hori K. (2001) Long-term results using a piezoelectric semi-implantable middle ear hearing device: the Rion Device E-type. *Otolaryngol Clin North Am*, 34(2):389-400.

1936 Yanz JL, Amdahl KD. (2007) Improving patient counseling, Part 2: The importance of social style. *Hear Rev*, 14(12):48-55.

1937 Yanz JL, Olsen L. (2006) Open-ear fittings: An entry into hearing care for mild losses. *Hear Rev*, 13(2):48-52.

1938 Yanz JL, Pisa JFD, Olson L. (2007) Integrated REM: Real-ear measurement from a hearing aid. *Hear Rev*, 14(5): 44-51.

1939 Yanz JL, Preves D. (2003) Telecoils: Principles, pitfalls, fixes, and the future. *Semin Hear*, 24(1):29-41.

1940 Yoshinaga-Itano C, Baca RL, Sedey AL. (2010) Describing the trajectory of language development in the presence of severe-to-profound hearing loss: a closer look at children with cochlear implants versus hearing aids. *Otol Neurotol*, 31(8):1268-74.

1941 Yoshinaga-Itano C, Sedey AL, Coulter DK, Mehl AL. (1998) Language of early- and later-identified children with hearing loss. *Pediatrics*, 102(5):1161-1171.

1942 Yost WA. (1977) Lateralization of pulsed sinusoids based on interaural onset, ongoing, and offset temporal differences. *J Acoust Soc Amer*, 61:190-194.

1943 Yost WA. (1997) The cocktail party problem: Forty years later. In *Binaural and spatial hearing in real and virtual environments*, Gilkey RA, Anderson TR (eds), 329-348. Erlbaum: Mahwah, N.J.

1944 Yost WA, Wightman FL, Green DM. (1971) Lateralization of filtered clicks. *J Acoust Soc Amer*, 50:1526-1531.

1945 Yueh B, McDowell JA, Collins M, Souza PE, Loovis CF, Deyo RA. (2005) Development and validation of the Effectiveness of Auditory Rehabilitation (EAR) scale. *Arch Otolaryngol Head Neck Surg*, 131(10):851-6.

1946 Yueh B, Souza PE, McDowell JA, Collins MP, Loovis CF, Hedrick SC, Ramsey et al. (2001) Randomized trial of amplification strategies. *Arch Otolaryngol Head Neck Surg*, 127(10):1197-204.

1947 Yuen HW, Bodmer D, Smilsky K, Nedzelski JM, Chen JM. (2009) Management of single-sided deafness with the bone-anchored hearing aid. *Otolaryngol Head Neck Surg*, 141(1):16-23.

1948 Yuen KC, McPherson B. (2002) Audiometric configurations of hearing impaired children in Hong Kong: implications for amplification. *Disabil Rehabil*, 24(17):904-13.

1949 Yund EW, Buckles KM. (1995) Discrimination of multichannel-compressed speech in noise: long-term learning in hearing-impaired subjects. *Ear & Hear*, 16(4):417-427.

1950 Yund EW, Roup CM, Simon HJ, Bowman GA. (2006) Acclimatization in wide dynamic range multichannel compression and linear amplification hearing aids. *J Rehabil Res Dev*, 43(4):517-36.

1951 Yund E, Buckles K. (1995) Enhanced speech perception at low signal-to-noise ratios with multichannel compression hearing aids. *J Acoust Soc Amer*, 97(2):1224-1240.

1952 Yund E, Buckles K. (1995) Multichannel compression hearing aids: effect of number of channels on speech discrimination in noise. *J Acoust Soc Amer*, 97(2):1206-1223.

1953 Zabel H, Tabor M. (1993) Effects of classroom amplification on spelling performance of elementary school children. *Educational Audiology Monograph*, 3:5-9.

1953a Zahorik P, Brungart DS, Bronkhorst AW. (2005) Auditory distance perception in humans: A summary of past and present research. *Acta Acustica united with Acustica*, 91(3):409-420.

1954 Zakis JA. (2011) Wind noise at microphones within and across hearing aids at wind speeds below and above microphone saturation. *J Acoust Soc Amer*, 129(6):3897-907.

1955 Zakis JA, Dillon H, McDermott HJ. (2007) The design and evaluation of a hearing aid with trainable amplification parameters. *Ear & Hear*, 28(6):812-30.

1956 Zakis JA, Hau J, Blamey PJ. (2009) Environmental noise reduction configuration: Effects on preferences, satisfaction, and speech understanding. *Int J Audiol*, 48(12):853-67.

1956a Zakis JA, McDermott HJ, Vandali AE. (2007) A fundamental frequency estimator for the real-time processing of musical sounds for cochlear implants. *Speech Comm*, 49(2):113-122.

1957 Zakis JA, Wise C. (2007) The acoustic and perceptual effects of two noise-suppression algorithms. *J Acoust Soc Amer*, 121(1):433-41.

1958 Zelisko D, Seewald R, Gagne J. (1992) Signal delivery/real ear measurement system for hearing aid selection and fitting. *Ear & Hear*, 13(6):460-463.

1959 Zeng FG, Liu S. (2006) Speech perception in individuals with auditory neuropathy. *J Speech Lang Hear Res*, 49(2):367-80.

1960 Zeng FG, Oba S, Garde S, Sininger Y, Starr A. (1999) Temporal and speech processing deficits in auditory neuropathy. *Neuroreport*, 10(16):3429-35.

1961 Zenner HP, Leysieffer H, Lenarz T, Baumann JW, Keiner S, Plinkert PK. (1997) [Intraoperative evaluation of signal transduction of prototypes of implantable hearing aid transducers in the human]. *HNO*, 45(10):855-66.

1962 Zenner HP, Limberger A, Baumann JW, Reischl G, Zalaman IM, Mauz PS, et al. (2004) Phase III results with a totally implantable piezoelectric middle ear implant: speech audiometry, spatial hearing and psychosocial adjustment. *Acta Otolaryngol*, 124(2):155-64.

1963 Ziecheck J. (1993) Expectations and experience with amplification. Ph.D. dissertation, University of Florida, Gainesville, FL.

1964 **Zimmerman-Phillips S, Osberger MJ, Robbins AM. (1997)** *Infant toddler: Meaningful Auditory Integration Scale (IT-MAIS)*. Symlar: Advanced Bionics Corporation.

1965 **Zurek PM. (1986)** Consequences of conductive auditory impairment for binaural hearing. *J Acoust Soc Amer*, 80(2):466-472.

1966 **Zurek PM. (1993a)** Binaural advantages and directional effects in speech intelligibility. In *Acoustical factors affecting hearing aid performance*, Studebaker GA, Hochberg I (eds), 255-276. Allyn & Bacon: Boston.

1967 **Zurek PM. (1993b)** A note on onset effects in binaural hearing. *J Acoust Soc Amer*, 93 (2):1200-1201.

1968 **Zurek PM, Delhorne LA. (1987)** Consonant reception in noise by listeners with mild and moderate sensorineural hearing impairment. *J Acoust Soc Amer*, 82(5):1548-1559.

1969 **Zwicker E, Schorn K. (1978)** Psychoacoustical tuning curves in audiology. *Audiology*, 17:120-140.

1970 **Zwicker E, Schorn K. (1982)** Temporal resolution in hard-of-hearing patients. *Audiology*, 21:474-494.

1971 **Zwicker E, Zollner M. (1984)** *Elektroakustik*. Springer: Heidelberg.

1972 **Zwislocki J. (1957)** Some impedance measurements on normal and pathological ears. *J Acoust Soc Amer*, 29(12):1312-1317.

1973 **Zwolan TA, Ashbaugh CM, Alarfaj A, Kileny PR, Arts HA, El-Kashlan HK, Telian SA. (2004)** Pediatric cochlear implant patient performance as a function of age at implantation. *Otol Neurotol*, 25(2):112-20.

1974 **Zwolan TA, Kileny PR, Telian SA. (1996)** Self-report of cochlear implant use and satisfaction by prelingually deafened adults. *Ear & Hear*, 17(3):198-210.

1975 **Zwolan T, Zimmerman PS, Ashbaugh C, Hieber S, Kileny P, Telian S. (1997)** Cochlear implantation of children with minimal open-set speech recognition skills. *Ear & Hear*, 18(3):240-251.

术语及索引

1/2 增益规则　half-gain rule　227
1/4 增益规则　quarter-gain rule　252
2D-DI 消声测量　2D-DI anechoic measurement　171
3D-DI 扩散场测量　3D-DI diffuse-field measurement　171
3D-DI 消声测量　3D-DI anechoic measurement　171
8 字形　figure-8　158
90 dB SPL 输入时的输出声压级　output sound pressure level for a 90 dB SPL input level, OSPL90　9
AC/DC 转换器　AC/DC converter　18
Griffiths-Jim 波束形成器　Griffiths-Jim beamformer　169
HA1 耦合腔　HA1 coupler　66
HA2 耦合腔　HA2 coupler　66
Libby 号角　Libby horn　120
Lybarger 高通导声管　Lybarger high-pass tubing　121
Y 形通气孔　Y-vent　117

A

阿姆斯特丹听力残疾与残障问卷　Amsterdam Inventory for Auditory Disability & Handicap, AIADH　329
安全限值　safety limit　263
奥尔登堡问卷　Oldenburg Inventory, OI　329

B

半倍频程响度增加　loudness growth in half-octave bands, LGOB　243
半导声管　half-tubing　121
半定制　semi-custom　41
半耳甲腔 ITE 助听器　half-concha ITE　106
半耳甲腔式　half-concha　10
半壳式　half-shell　10
半通用　semi-modular　41
包络　envelope　138，347
包络功率　envelope power　180
饱和　saturated　70
饱和声压级　saturation sound pressure level, SSPL　9
背板　back-plate　19
背景噪声　background noise, BN　90
背景噪声级　background noise level, BNL　209
倍频程　octave　7
二进制数字　bit　26
标准博弈　standard gamble　343
标准声管　standard tube　10
标准效度　criterion validity　327
表面通气孔　external vent　102
表面效度　face validity　327
得分—强度（P-I）函数　performance-intensity function　365
丙烯酸　acrylic　129
波谱　spectrum　7
波束形成器　beamformer　158
波束形成阵列　beamforming array　158
波形　waveform　7
波长　wavelength　7
波长共振　wavelength resonance　34
部分听小骨置换修复术　partial ossicular replacement prosthesis, PORPS　423

C

采样　sampling　26
采样频率　sampling frequency　26
采样速度　sampling rate　26，30
参考测试点　reference-test setting　71
参考等效阈值 SPL　reference equivalent threshold SPL, RETSPL　80
参考麦克风　reference microphone　67，80，89
参考平面　reference plane　66
参考作用力　reference force　415
参与限制　participation restriction　300，323
参与障碍　participation restriction　204
残疾　disability　300，323
残留障碍减少程度　freedom from residual difficulty　337

残障　handicap　300，323
槽通气孔　trench vent　102
测试箱　test box　67
插入损耗　insertion loss　110
差分二进制相位变化键控技术　differential binary phase-shift keying　51
场效应晶体管　field effect transistor, FET　14，19
超心形曲线　super-cardioid　158
成效　benefit　323
迟发性听觉剥夺　late-onset auditory deprivation　359
尺寸稳定性　dimensional stability　129
触觉助听器　tactile hearing aid　220
垂直定位　vertical localization　348
纯音　pure tone　69
唇读　lip-reading　307
磁力线　magnetic lines of force　46
磁通量　magnetic flux　35，46
磁性受话器　magnetic receiver　13
刺激器　stimulators　422
刺激声　stimulus　291
从上到下　top-down　313
从下到上　bottom-up　312

D

大功率电池　high performance/high power, HP　38
大脑重塑　brain rewiring　303
丹佛交流功能量表　Denver Scale of Communication Function, DS　329
单侧感音神经性耳聋　single-sided sensorineural deafness, SSD　415
单侧听力损失　unilateral hearing loss　410
单侧验配　unilateral fitting　346
单耳刺激　monaural stimulation　346
单耳验配　monaural fitting　346
单麦克风降噪　single-microphone noise reduction　180
单向指数　unidirectional index, UI　158
单元处理　block processing　29
导声管　tubing　77
等效测试环路敏感度　equivalent test loop sensitivity, ETLS　75
等效成人听力级　equivalent adult hearing level　381
等效矩形带宽　equivalent rectangular bandwidth, ERB　7
等效输入噪声　equivalent input noise, EIN　74
等效阈声压级值　reference equivalent threshold SPL, RETSPL　382
低声级输入　low-level inputs　153
低声级下的低音增强　bass increase at low level, BILL　143
低声级压缩　low-level compression　147
第二共振峰　the second formant　2
典型输入声级　typical input levels　152
电池　battery　13
电触觉　electrotactile　224
电感　inductance　48
电感线圈　telecoil　35
电话程序　telephone program　35
电路板　circuit boards　24
电容器　capacitors　24
电声联合刺激　electroacoustic stimulation　223
电枢　armature　33
电压　voltage　37
电阻　resistance　48
电阻抗　electrical impedance　37
定制　custom-made　41
动态范围　dynamic range　2
动态调频　dynamic FM　53
动态言语重编码　dynamic speech recoding　190
独立助听器验配论坛　independent hearing aid fitting forum, IHAFF　245
堵耳式　occluding　102
堵耳效应　occlusion effect　112
端射阵列　end-fire array　163
多频带　multi-band　33
多频道　multi-channel　33

E

儿童生活听力障碍问卷　Children's Home Inventory of Listening Difficulties, CHILD　399
儿童听功能问卷　Hearing Performance Inventory for Children, HPIC　399
儿童助听器性能简表　Abbreviated Profile of Hearing Aid Performance for Children, APHAP-C　399
耳坝　ear-dam　126

耳背式助听器　behind-the-ear, BTE　9
耳成形件　otoplastic　130
耳道过度狭窄（外耳道狭窄）　external auditory canal stenosis　415
耳道闭锁　atresia　415
耳道容积　ear canal volume　77
耳道式助听器　in-the-canal, ITC　10
耳灯　ear-light, oto-light, light-stick　126
耳堵　oto-block　126
耳甲艇　cymba　10
耳甲艇 ITE 助听器　cymba-concha ITE　106
耳间强度差　interaural level difference　347
耳间时间差　interaural time difference　347
耳间相位差　interaural phase difference　347
耳轮锁　helix lock　105
耳模模拟器　earmold simulator　66
耳模拟器　ear simulator　9
耳内式助听器　in-the-ear, ITE　10
耳印　ear impression　41
耳印垫　impression pad　126
耳障　canal block　126
二极管　diodes　24

F

发射机　transmitter　49
发射频道　transmission channel　50
发声探测器　voice activity detector, VAD　167,180
反号角　inverse horn, reverse horn, constriction　119
反快速傅里叶变换　inverse FFT　29
反馈　feedback　139
反馈环路　feedback loop　186
反馈式聆听　reflective listening　312
反馈探测与消除　search and destroy　186
反馈消除通道　feedback path cancellation　187
反馈啸叫　feedback oscillation　94,118
反馈压缩器　feedback compressor　25
反相　out of phase　7
反心形响应　reverse cardioid, anti-cardioid　162
方位角　azimuth　91
方向模式　polar directivity pattern　158
方向性灵敏度模式　polar sensitivity pattern, PSP　21

方向性麦克风　directional microphone　21,158
方向性因数　directivity factor　22
方向指数　directivity index, DI　22,158
放大目标　amplification target　227
放大区　amplified region　111
非堵耳式　nonoccluding　102
非线性频率压缩　non-linear frequency compression　190
分解式言语感知训练　analytic speech perception training　312
分量　subscale　328
分通道方向性　split-channel directivity　162
分频方向性　split-band directivity　162
风噪　wind noise　21
封闭式圆帽　closed dome　105
缝漏通气孔　slit leak vent　102
辅听设备　assistive listening device, ALD　13，58
辅音元音比　consonant-to-vowel ratio　194
负反馈　negative feedback　95
附加稳定增益　added stable gain, ASG　187
复听　diplacusis　362
复制　duplication　353
傅里叶变换　Fourier transform　7，29

G

感觉强度　sensation level　232
感应　induction　35
感应耳钩　inductive earhook　52
感知言语训练　perceptual speech training　312
干扰　interference　97
高频低输入声级增强　treble increase at low level, TILL　143
高声级输入　high-level inputs　153
高心形曲线　super-cardioid　158
哥德堡问卷　Gothenburg Profile, GP　329
格拉斯哥助听器效果问卷　Glasgow Hearing Aid Benefit Profile, GHABP　269，329，332
个人调整咨询　personal adjustment counseling　299
跟随器　follower　20
功能增益　functional gain　93
共时效度　concurrent validity　327
共同调制　co-modulation　154,180
骨锚式助听器　bone-anchored hearing aid, BAHA　418

骨锚植入 bone-anchored implant 419
骨融合听觉植入 osseointegrated auditory implant 419
骨性外耳道 bony canal 103
鼓板 tympanic plate 113
鼓膜管 tympanostomy tube 389
鼓膜置管 ventilation tube 389
固定区 retention region 105
固定线路 hard wired 28
固定阵列 fixed arrays 163
观察 observation 307
灌注通气孔 poured vent 133
硅麦克风 silicon microphone 20
国际电工委员会 International Electrotechnical Commission, IEC 65
国际助听器效果问卷 international outcome inventory for hearing aids, IOI-HA 322,337
过冲 overshoot 138
过渡频率 transition frequency 190
过敏反应 allergic reaction 132
过载方法 tangible excess method 397

H

毫安培每小时 milliamp hours, mAh 38
好耳效应 better ear effect 351
号角 horn 12
号角截止频率 horn cut-off frequency 120
盒式助听器 body aid 9
亥姆霍兹共振 Helmholtz resonance 20，34
红外线 infra-red 55
互补金属氧化物半导体 Complementary Metal Oxide Semiconductor, CMOS 23
互调失真 intermodulation distortion 25
缓冲放大器 buffet amplifier 20
换能器 transducer 9，19
换能器类型 transducer type 78
患儿听觉改善评估量表 Client Oriented Scale of Improvement for Children, COSI-C 398
患者教育 patient education 299
患者期望值表 Patient Expectation Worksheet, PEW 211，268
患者听觉改善量表 Client Oriented Scale of Improvement, COSI 211，268，332

混合模式验配 hybrid fitting 220，223
混合区 mixed region 111
混合物 hybrids 24
混频器 adder 18
混响 reverberation, RV 44，328
混响半径 reverberation radius 45
混淆椎体 cone of confusion 348
活动受限 activity limitation 204，300，323

J

机械共振 mechanical resonance 34
机械耦合腔 mechanical coupler 415
鸡尾酒会问题 cocktail party problem 350
鸡尾酒会效应 cocktail party effect 350
积极聆听 active listening 315
基板 substrates 24
基本频率响应 basic frequency response 71
基频 fundamental frequency 7
基线响应 baseline response 254，293
激光烧结 laser sintering 130
极重度听力损失的修正值 profound correction, PC 231
疾病影响量表 Sickness Impact Profile, SIP 341
集成电路 integrated circuit, IC 23
计算机辅助生产 Computer-aided manufacture, CAM 130
加成型硅胶 addition-cured silicone 129
加法阵列 additive array 162
加权社会听力残障指数 Weighted Index of Social Hearing Handicap, WISH 329
家庭期望量表 Family Expectations Worksheet, FEW 398
家用儿童听说能力评价量表 Parent's Evaluation of Aural/Oral Performance of Children, PEACH 399
间接残疾 third-party disability 311，328
间隙性听取 listening in gaps 5
监听器 stethoclip 96
检波器 envelope detector 18
剑桥响度恢复 Cambridge restoration of loudness, CAMREST 249
剑桥响度平衡法 Cambridge loudness equalization, CAMEQ 249

健康水平　health status　340
健康调整生命年　Quality Adjusted Life Years, QALYs　343
健康相关生活质量　Health-Related Quality of Life　340
健康效用指数 3　Health Utilities Index Mark 3, HUI3　342
健康信念模型　Health Belief Model　204
健康状况　health state　340
渐进 TTS　asymptotic TTS　264
讲话筒　speaking tube　12
降噪　noise-gating　72
交叉效应　cross?over effect　365
交流方便性　ease of communication,EC　328
交流能力自我评价量表　Self Assessment of Communication, SAC　329
角形通气孔　angle vent　117
教师评价与观察量表　Teacher Opinion and Observation List, TOOL　399
教育风险筛查量表　Screening Instrument for Targeting Educational Risk, SIFTER　399
教育听力问卷　Listening Inventories for Education, LIFE　399
结束时间　offset time　184
截止频率　cut-off frequency　190
近场电磁感应耦合　near-field magnetic inductive coupling　43
近鼓膜深耳道式助听器　peri-tympanic CIC　10,106
经颅 CROS 助听器　transcranial CROS　414
经皮　transcutaneous　419
经皮耦合　percutaneous coupling　419
晶体管　solid state　20
晶体管　transistor　23
精细降噪　fine-scale noise cancelling　180
静态特征　static characteristics　140
静噪　squelch　72
镜像听力图法　mirroring of the audiogram　227
聚合性　convergence　327
均方根　root mean square, RMS　7
均衡电路　averaging circuit　18

K

看话　speech-reading　307

开放环路增益　open-loop gain　94
开放平台　open platform　28
开放式　open　102
开放圆帽式　open dome　105
开始频率　start frequency　190
康复模式　rehabilitative model　320
康复中的听力态度问卷　Hearing Attitudes in Rehabilitation Questionnaire, HARQ　205
抗混叠滤波器　anti-alias filter　26
抗拉强度　tensile strength　129
可接受噪声级测试　Acceptable Noise Level, ANL　209
可视化模拟标尺　visual analog scale　342,343
可塑性　plasticity　359
可训练助听器　trainable hearing aid　197
客户模块　client module　275
空间处理障碍　spatial processing disorder　6
空间—听力问卷　Spatial Hearing Question naire, SHQ　329
孔　aperture　103
孔的封闭部　aperturic seal　103
控制麦克风　control microphone　67，80，89
快速傅里叶变换　fast Fourier transform, FFT　29
宽边阵列　broadside array　163
宽带　broad band　69
宽带码多址存取　Widened Code Division Multiple Access, W-CDMA　62
宽动态范围压缩　wide dynamic range compression, WDRC　136，386
扩展　expansion　72
扩展器　expander　140

L

拉伸弹性　stress relaxation　129
喇叭　trumpet　12
懒耳　lazy ear　360
老年人听力残障问卷—筛查版　Hearing Handicap Inventory of the Elderly-Screening, HHIE-S　329
老年听力残障问卷　Hearing Handicap Inventory of the Elderly, HHIE　208，326，329
理想感觉强度　Desired Sensation Level, DSL　246
立体光刻　stereo lithography　130

立体声 CROS 助听器　CRIS-CROS　413
连续讲话声　continuous discourse　291
连续流适配器　Continuous Flow Adapter, CFA　105
亮度　brilliance　357
量化丹佛交流功能量表　Quantified Denver Scale of Communication Function, QDS　329
量化丹佛问卷—重要关系人修订版　Quantified Denver Scale of Communication Function-modified for significant others, QDS-m　329
量化噪声　quantization noise, QN　30
林氏六音　Ling six-sound test　325
临界带宽　critical bands　7
临界距离　critical distance　45
鳞状部　squamous part　113
灵敏度　sensitivity　19
聆听标准　listening criterion　254
聆听策略　listening strategies　306
漏斗　funnel　12
漏声通道　leakage path　102
轮廓线圈　silhouette coil　52

M

迈尔斯—布里格斯性格分类法　Myers-Briggs Type Indicator, MBTI　314
麦克风的方向性　microphone directivity　118
麦克风位置效应　microphone location effects, MLE　83, 411
麦克风阵列　microphone array　158
脉冲声音平滑算法　impulsive sound smoothing　185
满档增益　full-on gain　71
满意度　satisfaction　323
满意度量表　Satisfaction with Amplification in Daily Life, SADL　336
盲信道分离　blind channel separation　167
盲源分离　blind source separation　167
每日噪声剂量　daily noise dose　264
美国标准研究院　American National Standards Institute, ANSI　65
美林瑞德社交风格问卷　Merrill-Reid Social Style Inventory　315
幂次定律　power law　264
幂频率压缩　power frequency compression　190

面板　faceplate　41
敏感模式　sensitivity pattern　158
敏感叶瓣　sensitivity lobe　158
模/数转换器　analog-to-digital converter, ADC　26
模拟　analog　26
模拟信号　analog　9
目标插入增益　Insertion gain, IG　416
目标达成量表　goal attainment scaling, GAS　211, 331, 398

N

脑干诱发电位　Auditory Brainstem Response, ABR　380
内部声反馈　internal feedback　21
内部时延　internal delay　158
内部一致性　internal consistency　327
内容效度　content validity　327
内容咨询　content counseling　299
内隐的　low profile　10
内置受话器　receiver-in-the-aid, RITA　10
能级检测器　level detector　18
能力　capability　299
能量敏感度　power sensitivity　171
能量掩蔽　energetic masking　353
黏度　viscosity　129
颞骨　temporal bone　113
浓缩成型硅胶　condensation-cured silicone　129

O

欧洲数字无绳电话　digital european cordless telephone, DECT　63
耦合腔　coupler　9

P

判别效度　discriminant validity　327
配对比较　paired comparisons　44, 291
漂浮—块换能器　floating-mass transducer　422
频带　band　32
频道　channel　32
频率　frequency　6
频率解析　frequency resolution　3
频率下相位变化言语编码器　frequency-lowering phase vocoder　192

频率下移　frequency lowering　189
频率下移言语编码器　frequency-lowering speech vocoder　190
频率响应曲线　frequency response curve　71
频率选择能力　frequency selectivity　3
频率压缩　frequency compression　190
频率压缩系数　frequency compression ratio　190
频率压缩阈　frequency compression threshold　190
频谱扁平化　spectral flattening　154
频谱对比增强　spectral contrast enhancement　194
频谱锐化　spectral sharpening　194
频移　frequency shifting　189
频域　frequency domain　29
平方反比定律　inverse square law　51
平行通气孔　parallel vent　117
平面方向性指数　planar directivity index, planar DI　171
评估法　evaluative approach　227
普及率　penetration rate　202
谱减　spectral subtraction　183

Q

启动时间　attack time　137
起始时间　onset time　184
前后比值　front-to-back ratio　22
前后差别　front-back differentiation　348
前馈　feed-forward　139
强迫选择　forced choice　293
清晰度指数　Articulation Index, AI　172,399
情绪困扰　emotional consequences　323
全球移动通信系统　Global System Mobile, GSM　62
全通滤波器　all-pass filter　187
全向性　omni-directional　21
群时延　group delay　29

R

人工乳突　artificial mastoid　67,415
日常听觉行为量表　Auditory Behavior in Everyday Life, ABEL　399
熔模　investment　130
软骨性外耳道　cartilaginous canal　103

S

社会－听力残障指数　Social Hearing Handicap Index, SHI　329
深耳道式助听器　completely-in-the-canal, CIC　10
深植入式CIC助听器　deeply-seated CIC　106
神经可塑性　neural plasticity　6
声机械敏感度级　acousto-mechanical sensitivity level　415
生活质量　quality of life　323
声孔　sound bore　107
声顺　acoustic compliance　65
声学号角　acoustic horn　119
声学人体模型　acoustic manikin　65
声压　pressure　7
声压级　sound pressure level, SPL　7
声音程序切换　voice-operated switching, VOX　53
声音厌恶感　aversiveness of sounds, AV　328
声质量　acoustic mass　107
剩余耳道容积　residual ear canal volume　65
失真　distortion　97
失真产物　distortion products　24
时间权衡　time tradeoff　343
时序　sequentially　29
时延比　delay ratio　158
时域解析能力　temporal resolution　4
时域掩蔽　temporal masking　4
使用情况　use　323
世界卫生组织残疾评估量表Ⅱ　World Health Organization Disability Assessment Scale Ⅱ, WHO-DAS Ⅱ　342
视觉强化测听　Visual Reinforcement Audiometry, VRA; Visual Reinforcement Orientation Audiometry, VROA　380
视觉强化操作性条件反射测听法　Visual Reinforcement Operant Conditioning Audiometry, VROCA　380
适应过程　process of adjustment　338
适应性地　adaptively　294
释放力　release force　130
释放时间　release time　137
受话器　receiver　49
受话器耳模　receiver mold　104
梳状滤波　comb filtering　29,111

梳状滤波器　comb filter　183
输出控制压缩　output-controlled compression, AGC_O　141
输出力级　output force level　415
输入/输出视图（I/O）定位算法　visual input/output locator algorithm, VIOLA　245
输入-输出函数　input-output function　71
输入相干干扰强度　input related interference level, IRIL　63
数/模转换器　digital-to-analog converters, DAC　30
数/数转换器　digital-to-digital converter　30
数字信号处理技术　digital signal processing　9
数字化　digitized　26
数字降噪　digital noise reduction　180
双侧CROS助听器　bilateral CROS, BICROS　412
双侧验配　bilateral fitting　346
双侧优势　bilateral advantage　346
双耳刺激　binaural stimulation　346
双耳分听　dichotic　346
双耳干扰　binaural interference　355,361
双耳积和　diotic summation　353
双耳静噪　binaural squelch　350,352
双耳可懂度级差　binaural intelligibility level difference, BILD　352
双耳冗余　binaural redundancy　350,353
双耳同听　diotic　346
双耳未掩蔽　binaural unmasking　352
双耳掩蔽级差　binaural masking level difference, BMLD/MLD　352
双耳掩蔽解除　binaural release from masking　352
双耳验配　binaural fitting　346
双耳优势　binaural advantage　346
双麦克风　dual microphone　22
双模式验配　bimodal fitting　220,222
双前端压缩器　dual front-end compressor　139
双向性曲线　bi-directional　158
水平（左-右）定位　horizontal localization　347
瞬时高音抑制　transient loudness reduction　185
死区　dead region　236
四分之一波长共振　quarter-wavelength resonance　120
随机电器噪声　random electrical noise　20
损失　loss　299
索环　grommet　389

T

探管　probe-tube　9
碳晶放大器　carbon amplifier　13
碳晶麦克风　carbon microphone　13
淘汰法　tournament　293
套管式耳模　sleeve mold　105
体积　physical size　37
体积速度　volume velocity　7，77
体验和练习情景表格　Situation To Experience and Practice, STEP　302
替代法　substitution method　68
添加器　summer　18
调幅　amplitude modulation　50
调幅深度　modulation depth　180
调频捕获效应　FM capture effect　50
调频扩频技术　frequency-hopping spread spectrum　51
调频优势　FM advantage　53
调频优先　FM priority　53
调频在前　FM precedence　53
调试　accomodation　338
调谐曲线　tunning curves　3
调整社会交流　manipulating social interaction　307
调整改善物理环境　manipulating the physical environment　307
调制　modulates　50
跳频　frequency hopping　189
铁氧体　ferrite　35
听觉残障　hearing handicap　204
听觉策略　hearing strategies　306
听觉康复有效性量表　Effectiveness of Auditory Rehabilitation, EAR　329
听觉劣势　auditory inferiority　360
听觉滤波器　auditory filters　7
听觉能力发展指数　Developmental Index of Audition and Listening, DIAL　398,400
听觉能力自我感知量表　Self Perception of Hearing Ability, SPHA　205
听觉皮质诱发电位　cortical auditory evoked potentials, CAEP　401
听觉停滞　auditory inactivity　360
听觉稳态诱发电位　Auditory Steady State Response,

ASSR 380
听觉训练 auditory training 312
听力表现量表 Hearing Performance Inventory, HPI 329
听力表现量表修订版 Revised Hearing Performance Inventory, RHPI 329
听力残疾 hearing disability 204
听力残障表 Hearing Handicap Scale, HHS 329
听力残障成人问卷 Hearing Handicap Inventory for Adults, HIHIA 329
听力测量量表 Hearing Measurement Scale, HMS 329
听力测试模块 audiometry module 276
听力损伤 hearing impairment 204
听力损失失敏 hearing loss desensitization 240
听力损失态度问卷 Attitudes Towards Loss of Hearing Questionnaire, ALHQ 205
听力应对评估 Hearing Coping Assessment, HCA 329
听力障碍助听器佩戴者交流问卷 Communication Profile for the Hearing Impaired, CPHI 329
听说增强 listening and communication enhancement, LACE 313
听取困难 listening effort 323
听性脑干反应 auditory brainstem responses, ABR 210
通气空心耳道式耳模 vented hollow canal mold 105
通气孔 vent 102
通气孔 venting 107
通气孔传输区 vent-transmitted region 111
通气孔接口 vent insert plug 107
通气孔声音传输通道 vent-transmitted sound path 109
通气通道 vent path 106
通用结构 modular construction 41
通用运算处理器 general arithmetic processor 28
同道分离 co-channel separation 167
头部衍射 head diffraction 347, 350
头相关传输函数 HRTF 348
头影效应 head shadow 347

W

外部化 externalization 348
外部时延 external delay 158
外耳缺失（无耳畸形） anotia 415
外置受话器 receiver-in-the-ear canal, RITE 10
完全耳甲腔ITE助听器 full-concha ITE 106
完全听小骨置换修复术 total ossicular replacement prosthesis, TORPS 423
完全植入式耳蜗放大器 totally-implanted cochlear amplifier, TICA 425
微电子机械系统 micro-electro-mechanical system, MEMS 20
微型耳道式助听器 mini-canal ITC 106
维纳滤波 Wiener filtering 149
维纳滤波器 Wiener filter 181
卫星麦克风 satellite microphone 410
位置 location 300
未助听部分 unaided administration 326
稳态噪声 stationary noises 183
无限脉冲响应 infinite impulse response, IIR 32
无效区 null 161
误操作 mis-steering 168

X

习得性无助 learned helplessness 214
习服 acclimatization 235,303,338,359
习服效应 acclimatization effect 288
喜欢的程度 strength of preference 294
细导声管 thin-tube 10
下冲瞬变 undershoot transient 138
先行压缩 look-ahead compression 139
先天性外耳畸形（小耳畸形） microtia 415
显著性检验 significance testing 328
现场言语调机 live speech mapping 92
限制 limiting 72,152
线性放大 linear amplifier 8
线性频率压缩 linear frequency compression 190
相对模拟等效电话敏感度 relative simulated equivalent telephone sensitivity,RSETS 75
相控阵线圈 phased-array loop 49
相位 phase 7
相位变化 phase shift 7
详细说明 instructions 299
响度不适级 loudness discomfort level, LDL 257,396

响度不适阈　threshold of loudness discomfort　2
响度分级评分　categorical scaling of loudness　147
响度增长曲线　loudness growth curve　147
响应标准　response criterion　291
向上掩蔽　upward spread of masking　4
效应量　effect size　328
效用值　utility value　342
斜形通气孔　diagonal vent　117
谐波　harmonics　7
谐波失真　harmonics distortion, HD　24, 72
心理声学调谐曲线　psychoacoustic tuning curve, PTC　238
心形曲线　cardioid　21,158
信号对传　contralateral routing of signals, CROS　410
信号开窗　windowing the signal　29
信息掩蔽　information masking　352
信息咨询　information counseling　299
信噪比　signal-to-noise, SNR　23
幸福感　well being　340
削峰　peak clipping　24
学前儿童教育风险筛查量表　Preschool Screening Instrument for Targeting Educational Risk, P-SIFTER　399
循环法　round robin　293

Y

压力法　pressure method　68
压力平衡管　pressure equalization tube　389
压缩　compression　2
压缩比　compression ratio　140
压缩范围　compression range　140
压缩器　compressor　25
压缩限制　compression limiting　136
压缩阈　compression threshold　140
亚振荡反馈　suboscillatory feedback　95
延时-相加　delay-and-add　162
言语/非言语探测器　speech/non-speech detector　180
言语程序切换　speech-operated switching, SOX　53
言语构图　speech-o-gram　92
言语可懂度指数　speech intelligibility index, SII　231, 324, 399
言语—空间—听力质量量表　Speech, Spatial and Qualities of Hearing Scale, SSQ　329
言语模式处理　speech pattern processing　195
言语识别阈　speech reception threshold in noise, SRT_n　172
言语调机图　speech map　92
言语性能—强度函数　performance-intensity function　324
衍射　diffraction　7
掩蔽空间释放　spatial release from masking, SRM　352
掩蔽下扩　downward spread of masking　239
掩蔽信号空间分离　spatial release from masking　6
眼镜式助听器　spectacle/eye-glass aid　11
验配目标　prescription target　118,227
一次性耳背式助听器　disposable BTE hearing aid　42
一次性耳道式助听器　disposable ITC hearing aid　42
一致性　coherence　73
一致性系数　Cronbach's alpha　327
医疗模式　medical model　320
医疗效果研究简表36　Medical Outcomes Study Short Form 36, SF36　342
异位的噪声下言语听力测试　Listening in Spatialized Noise Sentence, LiSN-S　6
音节压缩　syllabic compression　144
音色　timbre　32
音素压缩　phonemic compression　144
音调质量　tonal quality　32
音质绝对分级　absolute ratings of sound quality　292
隐蔽式ITE助听器　low-profile ITE　106
婴儿有意义听觉整合量表　Infant-Toddler Meaningful Auditory Integration Scale, IT-MAIS　399
迎合掩蔽曲线　flatter masking curves　3
应用功能性核磁　functional magnetic response imaging, fMRI　359
硬度　hardness　130,131
硬度计　durometer　131
永久性阈移　permanent threshold shift, PTS　263
优先效应　precedence effect　170,348
有条件的转频　conditional frequency transposition　190
有限脉冲响应　finite impulse response, FIR　32
有效可听度　effective audibility　240
有形强化操作性条件反射测听法　Tangible Reinforcement Operant Conditioning Audiometry, TROCA　380
有意义听觉整合量表　Meaningful Auditory Integration Scale, MAIS　399
与基线响应比较　comparison to the baseline　293

预测听力级　predicted hearing level　381
预测效度　predictive validity　327
预设法　prescription procedure　227
阈值均衡噪声　threshold equalizing noise, TEN　237
原位增益　in-situ gain　81
圆帽　dome　105
愿望与需求量表　Wishes and Needs Tool. WANT　205
越频聆听　off-frequency listening　237
越区聆听　off-place listening　237

Z

载波　carrier　50
暂时性阈移　temporary threshold shift, TTS　263
噪声　noise　97
噪声性听力损失　noise-induced hearing loss　263
噪声抑制　noise suppression　180
噪声中听力测试　hearing in noise test, HINT　365
噪声中言语测试　speech in noise, SIN　365
增益频率响应　gain-frequency response　8,118
增益适应　adaptation to gain　236
增益 - 输出预设　prescription of gain and output, POGO　229
长期堵耳　prolonged occlusion　132
长时平均言语频谱　long-term average speech spectrum, LTASS　230
针对人工乳突得到的参考等效阈值力级　reference equivalent threshold force level, RETFL　416
帧处理　frame processing　29
真耳饱和响应　real-ear saturation response, RESR　255
真耳表盘读数差　real-ear to dial difference, REDD　80
真耳测试　real-ear measurement　9
真耳插入增益　real-ear insertion gain, REIG　85
真耳传输增益　real-ear transmission gain　81
真耳堵耳插入增益　real-ear occluded insertion gain, REOIG　110
真耳堵耳增益　real-ear occluded gain, REOG　85,109
真耳—刻度差值　real-ear to dial difference, REDD　382
真耳耦合腔差值　real-ear to coupler difference, RECD　382
真耳未助听增益　real-ear unaided gain, REUG　85,387
真耳增益　real-ear gain　80
真耳增益测量　real-ear gain measurement　118
真耳助听响应　real-ear aided response, REAR　81

真耳助听增益　real-ear aided gain, REAG　80
振触觉　vibrotactile　224
振动　vibrations　20
振动听小骨假体　vibrating ossicular prosthesis, VORP　422
振膜　diaphragm　19
整合式交流训练　synthetic communication training　312
整流　rectification　137
正常听力的最小可听场　Minimum Audible Field for normal hearing, MAF　416
正反馈　positive feedback　95
正弦建模　sinusoidal modelling　194
直接评估法　direct change measures　325
直接听觉耳蜗刺激器　direct acoustic cochlear stimulator, DACS　425
直接听觉耳蜗植入　direct acoustic cochlear implants　425
直接音频输入　direct audio input, DAI　36
制模通气孔　molded vent　133
质点速度　particle velocity　7
中耳换能器　middle ear transducer, MET　423
中耳植入式助听器　middle-ear implant hearing aids　422
中潜伏期反应　middle latency responses, MLR　210
重度、极重度听力损失助听器佩戴者表现问卷　Performance Inventory for Profound and Severe Loss, PIPSL　329
重要关系人听力残疾人问卷　Significant Other Scale for Hearing Disability, SOS-HEAR　329
重振　recruitment　2
周期　period　7
周期的　periodic　7
主动沟通教育　active communication education, ACE　320
主动聆听训练　active listening training　312
主观幸福感　subjective well being　340
助听部分　aided administration　326
助听器动态评估法　Dynamic Assessment of Hearing Aids, DAHA　337
助听器佩戴者问卷　Hearing Aid User's Questionnaire, HAUQ　335
助听器效果简表　Abbreviated Profile of Hearing Aid Benefit, APHAB　326
助听器效果问卷　Profile of Hearing Aid Benefit, PHAB　329
助听器调查问卷　Hearing Aid Review　335

助听器性能问卷　Hearing Aid Performance Inventory, HAPI　325
助听器性能问卷　Profile of Hearing Aid Performance, PHAP　329
助听器选择量表　Hearing Aid Selection Profile, HASP　205
助听听阈　aided threshold　395
助听效果评估简表　Abbreviated Profile of Hearing Aid Benefit, APHAB　208
驻极体　electret　19
转换函数　transfer function　400
转角频率　corner frequency, CF　32，48
转频　frequency transposition　189
状态评估法　state measures　325
桌面/台式调频系统　desk-top FM　56
自动音量控制　automatic volume control, AVC　25,145
自动增益控制　automatic gain control, AGC　25
自动增益控制/输入　automatic gain control/input, AGC_i　141
自话音堵耳效应　own-voice occlusion　118
自己名字效应　own name effect　350
自适应　automatic adaptation　288

自适应动态范围变化　adaptive dynamic range optimization, ADRO　139
自适应降噪　adaptive noise reduction　118,180
自适应释放时间　adaptive release time　139
自适应跳频技术　adaptive frequency hopping　51
自适应阵列　adaptive arrays　163
自我效能　self-efficacy　312
自学型助听器　self-learning hearing aid　197
字节　byte　26
总体效果　overall benefit　337
整体相关系数　item-total correlation　327
总谐波失真　total harmonic distortion, THD　24，72
租借助听器　loaner aid　360
阻抗　impedance　7
阻抗不匹配　impedance mismatch　120
阻尼器　damping　107
最大电流　maximum current　37
最大功率输出　maximum power output, MPO　9
最大舒适阈　most comfortable level, MCL　209,228
最大稳定增益　maximum stable gain, MSG　187
最小均方　least mean squares, LMS　166

图书在版编目（CIP）数据

助听器：第二版/(澳) 哈维·迪龙 (Harvey Dillon) 著；胡向阳主译. --北京：华夏出版社，2019.1
书名原文：Hearing Aids: Second Edition
ISBN 978-7-5080-9590-5

Ⅰ. ①助… Ⅱ. ①哈… ②胡… Ⅲ. ①助听器 Ⅳ. ①TH789

中国版本图书馆CIP数据核字(2018)第219715号

Copyright © 2012 of the original English language edition by Boomerang Press, Australia
Original title: Hearing Aids, 2/e by Harvey Dillon
Chinese edition (simplified characters) published with permission of Boomerang Press. Agent for Translation Rights: Rights Department of Georg Thieme Verlag KG, Ruedigerstrasse 14, 70469 Stuuttgart, Germany

版权所有　　翻印必究
北京市版权局著作权合同登记号：图字01-2014-6894号

助听器：第二版

作　　者	［澳］哈维·迪龙
主　　译	胡向阳
责任编辑	张冬爽
出版发行	华夏出版社
经　　销	新华书店
印　　刷	三河市万龙印装有限公司
装　　订	三河市万龙印装有限公司
版　　次	2019年1月北京第1版　　2019年1月北京第1次印刷
开　　本	889×1194　1/16开
印　　张	32.75
字　　数	942千字
定　　价	398.00元

华夏出版社　地址：北京市东直门外香河园北里4号　邮编：100028
网址：www.hxph.com.cn　电话：(010) 64663331（转）
若发现本版图书有印装质量问题，请与我社营销中心联系调换。